国家出版基金项目
NATIONAL PUBLICATION FOUNDATION

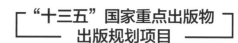
"十三五"国家重点出版物
出版规划项目

化学工程手册

袁渭康　王静康　费维扬　欧阳平凯　主编

第三版

CHEMICAL
ENGINEERING
HANDBOOK

第 **5** 卷

U0288628

化学工业出版社
·北京·

作为化学工程领域标志性的工具书，本次修订秉承"继承与创新相结合"的编写宗旨，分5卷共30篇全面阐述了当前化学工程学科领域的基础理论、单元操作、反应器与反应工程以及相关交叉学科及其所体现的发展与研究新成果、新技术。在前版的基础上，各篇在内容上均有较大幅度的更新，特别是加强了信息技术、多尺度理论、微化工技术、离子液体、新材料、催化工程、新能源等方面的介绍。本手册立足学科基础，着眼学术前沿，紧密关联工程应用，全面反映了化工领域在新世纪以来的理论创新与技术应用成果。

本手册可供化学工程、石油化工等领域的工程技术人员使用，也可供相关高等院校的师生参考。

图书在版编目（CIP）数据

化学工程手册．第5卷/袁渭康等主编．—3版．
—北京：化学工业出版社，2019.6
ISBN 978-7-122-34808-1

Ⅰ．①化…　Ⅱ．①袁…　Ⅲ．①化学工程-手册
Ⅳ．①TQ02-62

中国版本图书馆CIP数据核字（2019）第136450号

责任编辑：张　艳　傅聪智　刘　军　陈　丽　　　文字编辑：向　东　李　玥
责任校对：王素芹　　　　　　　　　　　　　　　装帧设计：尹琳琳
责任印制：朱希振

出版发行：化学工业出版社（北京市东城区青年湖南街13号　邮政编码100011）
印　　装：北京新华印刷有限公司
787mm×1092mm　1/16　印张70¾　字数1798千字　2019年10月北京第3版第1次印刷

购书咨询：010-64518888　　　　　　　　　　　售后服务：010-64518899
网　　址：http://www.cip.com.cn
凡购买本书，如有缺损质量问题，本社销售中心负责调换。

定　　价：358.00元

《化学工程手册》（第三版）
编写指导委员会

顾　　问　余国琮　中国科学院院士，天津大学教授
　　　　　陈学俊　中国科学院院士，西安交通大学教授
　　　　　陈家镛　中国科学院院士，中国科学院过程工程研究所研究员
　　　　　胡　英　中国科学院院士，华东理工大学教授
　　　　　袁　权　中国科学院院士，中国科学院大连化学物理研究所研究员
　　　　　陈俊武　中国科学院院士，中国石油化工集团公司教授级高级工程师
　　　　　陈丙珍　中国工程院院士，清华大学教授
　　　　　金　涌　中国工程院院士，清华大学教授
　　　　　陈敏恒　华东理工大学教授
　　　　　朱自强　浙江大学教授
　　　　　李成岳　北京化工大学教授
名誉主任　王江平　工业和信息化部副部长
主　　任　李静海　中国科学院院士，中国科学院过程工程研究所研究员
副 主 任　袁渭康　中国工程院院士，华东理工大学教授
　　　　　王静康　中国工程院院士，天津大学教授
　　　　　费维扬　中国科学院院士，清华大学教授
　　　　　欧阳平凯　中国工程院院士，南京工业大学教授
　　　　　戴猷元　清华大学教授
秘 书 长　戴猷元　清华大学教授
委　　员　（按姓氏笔画排序）
　　　　　于才渊　大连理工大学教授
　　　　　马沛生　天津大学教授
　　　　　王静康　中国工程院院士，天津大学教授
　　　　　邓麦村　中国科学院大连化学物理研究所研究员
　　　　　田　禾　中国科学院院士，华东理工大学教授
　　　　　史晓平　河北工业大学副教授
　　　　　冯　霄　西安交通大学教授
　　　　　邢子文　西安交通大学教授
　　　　　朱企新　天津大学教授
　　　　　朱庆山　中国科学院过程工程研究所研究员
　　　　　任其龙　浙江大学教授
　　　　　刘会洲　中国科学院过程工程研究所研究员

刘洪来　华东理工大学教授

孙国刚　中国石油大学（北京）教授

孙宝国　中国工程院院士，北京工商大学教授

杜文莉　华东理工大学教授

李　忠　华南理工大学教授

李伯耿　浙江大学教授

李洪钟　中国科学院院士，中国科学院过程工程研究所研究员

李静海　中国科学院院士，中国科学院过程工程研究所研究员

何鸣元　中国科学院院士，华东师范大学教授

邹志毅　飞翼股份有限公司高级工程师

张锁江　中国科学院院士，中国科学院过程工程研究所研究员

陈建峰　中国工程院院士，北京化工大学教授

欧阳平凯　中国工程院院士，南京工业大学教授

岳国君　中国工程院院士，国家开发投资集团有限公司教授级高级工程师

周兴贵　华东理工大学教授

周伟斌　化学工业出版社社长，编审

周芳德　西安交通大学教授

周国庆　化学工业出版社副总编辑，编审

赵劲松　清华大学教授

段　雪　中国科学院院士，北京化工大学教授

侯　予　西安交通大学教授

费维扬　中国科学院院士，清华大学教授

骆广生　清华大学教授

袁希钢　天津大学教授

袁晴棠　中国工程院院士，中国石油化工集团公司教授级高级工程师

袁渭康　中国工程院院士，华东理工大学教授

都　健　大连理工大学教授

都丽红　上海化工研究院教授级高级工程师

钱　锋　中国工程院院士，华东理工大学教授

钱旭红　中国工程院院士，华东师范大学教授

徐炎华　南京工业大学教授

徐南平　中国工程院院士，南京工业大学教授

高正明　北京化工大学教授

郭烈锦　中国科学院院士，西安交通大学教授

席　光　西安交通大学教授

曹义鸣　中国科学院大连化学物理研究所研究员

曹湘洪　中国工程院院士，中国石油化工集团公司教授级高级工程师

龚俊波　天津大学教授

蒋军成　常州大学教授

本版编写人员名单

主稿人

于才渊	马沛生	王静康	邓麦村	史晓平	冯霄
邢子文	朱企新	朱庆山	任其龙	刘会洲	刘洪来
江佳佳	孙国刚	杜文莉	李忠	李伯耿	李洪钟
余国琮	邹志毅	周兴贵	周芳德	侯予	骆广生
袁希钢	都健	都丽红	钱锋	徐炎华	高正明
席光	曹义鸣	蒋军成	鲁习文	谢闯	管国锋
谭天伟	戴干策				

编写人员

马友光	马光辉	马沛生	王志	王维	王睿
王文俊	王玉军	王正宝	王宇新	王军武	王如君
王运东	王志荣	王志恒	王利民	王宝和	王彦富
王炳武	王振雷	王彧斐	王海军	王辅臣	王勤辉
王靖岱	王静康	王慧锋	元英进	邓利	邓春
邓麦村	邓淑芳	卢春喜	史晓平	白博峰	包雨云
冯霄	冯连芳	邢子文	邢华斌	邢志祥	尧超群
吕永琴	朱焱	朱卡克	朱永平	朱企新	朱贻安
朱慧铭	任其龙	华蕾娜	庄英萍	刘珞	刘磊
刘会洲	刘良宏	刘春江	刘洪来	刘晓星	刘琳琳
刘新华	江志松	江佳佳	许莉	许建良	许春建
许鹏凯	孙东亮	孙自强	孙国刚	孙京诰	孙津生
阳永荣	苏志国	苏宏业	苏纯洁	李云	李军
李忠	李伟锋	李志鹏	李伯耿	李建明	李建奎
李春忠	李秋萍	李炳志	李继定	李鑫钢	杨立荣
杨良嵘	杨勤民	肖文海	肖文德	肖泽仪	肖静华
吴文平	吴绵斌	邹志毅	邹海魁	宋恭华	初广文
张栩	张楠	张鹏	张永军	张早校	张香平
张新发	张新胜	陈健	陈飞国	陈光文	陈国华
陈标华	罗英武	罗祎青	侍洪波	岳国君	金万勤

周 俊	周光正	周兴贵	周芳德	周迟骏	宗 原
赵 亮	赵贤广	赵建丛	赵雪娥	胡彦杰	钟伟民
侯 予	施从南	姜海波	骆广生	秦 炜	秦 衍
秦培勇	袁希钢	袁佩青	都 健	都丽红	贾红华
夏宁茂	夏良志	夏启斌	夏建业	顾幸生	钱夕元
徐 虹	徐 骥	徐炎华	徐建鸿	徐铜文	奚红霞
高士秋	高正明	高秀峰	郭烈锦	郭锦标	唐忠利
姬 超	姬忠礼	黄 昆	黄雄斌	黄德先	曹义鸣
曹子栋	龚俊波	崔现宝	康 勇	彭延庆	葛 蔚
蒋军成	韩振为	喻健良	程振民	鲁习文	鲁波娜
曾爱武	谢 闯	谢福海	鲍 亮	解惠青	骞伟中
蔡子琦	管国锋	廖 杰	谭天伟	颜学峰	潘 勇
潘旭海	戴干策	戴义平	魏 飞	魏 峰	魏无际

审稿人

马兴华	王世昌	王尚锦	王树楹	王喜忠	朱企新
朱家骅	任其龙	许 莉	苏海佳	李 希	李佑楚
杨志才	张跃军	陈光明	欧阳平凯	罗保林	赵劲松
胡 英	胡修慈	俞金寿	施力田	姚平经	姚虎卿
姚建中	袁孝竞	都丽红	夏国栋	夏淑倩	姬忠礼
黄 洁	鲍晓军	潘勤敏	戴猷元		

参加编辑工作人员名单
（按姓氏笔画排序）

王金生	仇志刚	冉海滢	向 东	孙凤英	刘 军
李 玥	张 艳	陈 丽	周国庆	周伟斌	赵 怡
昝景岩	袁海燕	郭乃铎	傅聪智	戴燕红	

第一版编写人员名单

（按姓氏笔画排序）

编写人员

于鸿寿	于静芬	马兴华	马克承	马继舜	王　楚
王世昌	王永安	王抚华	王明星	王迪生	王彩凤
王喜忠	尤大铖	邓冠云	叶振华	朱才铨	朱长乐
朱企新	朱守一	任德树	刘茱娥	刘隽人	刘淑娟
刘静芳	孙志发	孙启才	麦本熙	劳家仁	李　洲
李　儒	李以圭	李佑楚	李昌文	李金钊	李洪钟
杨守诚	杨志才	时　钧	时铭显	吴乙申	吴志泉
吴锦元	吴鹤峰	邱宣振	余国琮	应燮堂	汪云瑛
沃德邦	沈　复	沈忠耀	沈祖钧	宋　彬	宋　清
张有衡	张茂文	张建初	张迺卿	陈书鑫	陈甘棠
陈彦莼	陈朝瑜	邵惠鹤	林纪方	岳得隆	金鼎五
周肇义	赵士杭	赵纪堂	胡秀华	胡金榜	胡荣泽
侯虞钧	俞电儿	俞金寿	施力才	施从南	费维扬
姚虎卿	夏宁茂	夏诚意	钱家麟	徐功仁	徐自新
徐明善	徐家鼎	郭宜祐	黄长雄	黄延章	黄祖祺
黄鸿鼎	萧成基	盛展武	崔秉懿	章寿华	章思规
梁玉衡	蒋慰孙	傅煏街	蔡振业	谭盈科	樊丽秋
潘积远	戴家幸				

审校人

区灿棋	卢焕章	朱自强	苏元复	时　钧	时铭显
余国琮	汪家鼎	沈　复	张剑秋	张洪沅	陈树功
陈家镛	陈敏恒	林纪方	金鼎五	周春晖	郑　炽
施亚钧	洪国宝	郭宜祐	郭慕孙	萧成基	蔡振业
魏立藩					

第二版编写人员名单

（按姓氏笔画排序）

主稿人

王绍堂	王喜忠	王静康	叶振华	朱有庭	任德树
许晋源	麦本熙	时　钧	时铭显	余国琮	沈忠耀
张祉祐	陆德民	陈学俊	陈家镛	金鼎五	胡　英
胡修慈	施力田	姚虎卿	袁　一	袁　权	袁渭康
郭慕孙	麻德贤	谢国瑞	戴干策	魏立藩	

编写人员

马兴华	王　凯	王宇新	王英琛	王凯军	王学松
王树楹	王喜忠	王静康	方图南	邓　忠	叶振华
申立贤	戎顺熙	吕德伟	朱开宏	朱有庭	朱慧铭
刘会洲	刘淑娟	许晋源	孙启才	麦本熙	李佑楚
李金钊	李洪钟	李静海	李鑫钢	杨守志	杨志才
杨忠高	肖人卓	时　钧	时铭显	吴锦元	吴德钧
沈忠耀	宋海华	张成芳	张祉祐	陆德民	陈丙辰
陈昕宽	林猛流	欧阳平凯	欧阳藩	罗北辰	罗保林
金鼎五	金彰礼	周　瑾	周芳德	郑领英	胡　英
胡金榜	胡修慈	柯家骏	俞金寿	俞俊棠	俞裕国
施力田	施从南	姚平经	姚虎卿	贺世群	袁　一
袁　权	袁渭康	耿孝正	徐国光	郭　铨	郭烈锦
黄　洁	麻德贤	董伟志	韩振为	谢国瑞	虞星矩
鲍晓军	蔡志武	阚丹峰	樊丽秋	戴干策	

审稿人

万学达	马沛生	王　楚	冯朴荪	朱自强	劳家仁
李　桢	李绍芬	杨友麒	时　钧	余国琮	汪家鼎
沈　复	张有衡	陈家镛	俞芷青	姚公弼	秦裕珩
萧成基	蒋维钧	潘新章	戴干策	戴猷元	

前　言

化学工业是一类重要的基础工业，在资源、能源、环保、国防、新材料、生物制药等领域都有着广泛的应用，对我国可持续发展具有重要意义。改革开放以来，我国化学工业得到长足的发展，作为国民经济的支柱性产业，总量已达世界第一，但产品结构有待改善，质量和效益有待提高，环保和安全有待加强。面对产业转型升级和节能减排的严峻挑战，人们在努力思考和探索化学工业绿色低碳发展的途径，加强化学工程研究和应用成为一个重要的选项。作为一门重要的工程科学，化学工程内容非常丰富，从学科基础（如化工热力学、反应动力学、传递过程原理和化工数学等）到工程内涵（如反应工程、分离工程、系统工程、安全工程、环境工程等）再到学科前沿（如产品工程、过程强化、多尺度和介尺度理论、微化工、离子液体、超临界流体等）对化学工业和国民经济相关领域起着重要的作用。由于化学工程的重要性和浩瀚艰深的内容，手册就成为教学、科研、设计和生产运行的必备工具书。

《化学工程手册》（第一版）在冯伯华、苏元复和张洪沅等先生的指导下，从1978年开始组稿到1980年开始分册出版，共26篇1000余万字。《化学工程手册》（第二版）在时钧、汪家鼎、余国琮、陈敏恒等先生主持下，对各个篇章都有不同程度的增补，并增列了生物化工和污染治理等篇章，全书共计29篇，于1996年出版。前两版手册都充分展现了当时我国化学工程学科的基础理论水平和技术应用进展情况。出版后，在石油化工及其相关的过程工程行业得到了普遍的使用，为广大工程技术人员、设计工作者和科技工作者提供了很大的帮助，对我国化学工程学科的发展和进步起到了积极的推动作用。《化学工程手册》（第二版）出版至今已历经20余年，随着科学技术和化工产业的飞速发展，作为一本基础性的工具书，内容亟待更新。基础理论的进展和工业应用的实践也都为手册的修订提出了新的要求和增添了新的内容。

《化学工程手册》（第三版）的编写秉承继承与创新相结合的理念，立足学科基础，着眼学术前沿，紧密关联工程应用，致力于促进我国化学工程学科的发展，推动石油化工及其相关的过程工业的提质增效，以及新技术、新产品、新业态的发展。《化学工程手册》（第三版）共分30篇，总篇幅在第二版基础上进行了适度扩充。"化工数学"由第二版中的附录转为第二篇；新增了过程安全篇，树立本质更安全的化工过程设计理念，突出体现以事故预防为主的化工过程风险管控的思想。同时，根据行业发展情况，调整了个别篇章，例如，将工业炉篇并入传热及传热设备篇。另外，各篇均有较大幅度的内容更新，相关篇章加强了信息技术、多尺度理论、微化工技术、离子液体、新材料、催化工程、新能源等新技术的介绍，以全面反映化工领域在新世纪的发展成果。

《化学工程手册》（第三版）的编写得到了工业和信息化部、中国石油和化学工业联合会及化学工业出版社等相关单位的大力支持，在此表示衷心的感谢！同时，对参与本手册组织、编写、审稿等工作的高校、研究院、设计院和企事业单位的所有专家和学者表达我们最诚挚的谢意！尽管我们已尽全力，但限于时间和水平，手册中难免有疏漏及不当之处，恳请读者批评指正！

袁渭康　王静康

费维扬　欧阳平凯

2019 年 5 月

第一版序言

化学工程是以物理、化学、数学的原理为基础，研究化学工业和其他化学类型工业生产中物质的转化，改变物质的组成、性质和状态的一门工程学科。它出现于 19 世纪下半叶，至本世纪二十年代，从理论上分析和归纳了化学类型（化工、冶金、轻工、医药、核能……）工业生产的物理和化学变化过程，把复杂的工业生产过程归纳成为数不多的若干个单元操作，从而奠定了其科学基础。在以后的发展历程中，进而相继出现了化工热力学、化学反应工程、传递过程、化工系统工程、化工过程动态学和过程控制等新的分支，使化学工程这门工程学科具备更完整的系统性、统一性，成为化学类型工业生产发展的理论基础，是本世纪化学工业持续进展的重要因素。

工业的发展，只有建立在技术进步的基础上，才能有速度、有质量和水平。四十年代初，流态化技术应用于石油催化裂化过程，促使石油工业的面貌发生了划时代的变化。用气体扩散法提取铀 235，从核燃料中提取钚，用精密蒸馏方法从普通水中提取重水；用发酵罐深层培养法大规模生产青霉素；建立在现代化工技术基础上的石油化学工业的兴起等等，——这些使人类生活面貌发生了重大变化。六十年代以来，化工系统工程的形成，系统优化数学模型的建立和电子计算机的应用，为化工装置实现大型化和高度自动化，最合理地利用原料和能源创造了条件，使化学工业的科研、设计、设备制造、生产发展踏上了一个技术上的新台阶。化学工程在发展过程中，既不断丰富本学科的内容，又开发了相关的交叉学科。近年来，生物化学工程分支的发展，为重要的高科技部门生物工程的兴起创造了必要的条件。可见，化学工程学科对于化学类型工业和应用化工技术的部门的技术进步与发展，有着至为重要的作用。

由于化学工程学科对于化工类型生产、科研、设计和教育的普遍重要性，在案头备有一部这一领域得心应手的工具书，是广大化工技术人员众望所趋。1901年，世界上第一部《化学工程手册》在英国问世，引起了人们普遍关注。1934年，美国出版了《化学工程师手册》，此后屡次修订，至 1984 年已出版第六版，这是一部化学工程学科最有代表性的手册。我国从事化学工程的科技、教育专家们，在五十年代，就曾共商组织编纂我国化学工程手册大计，但由于种种原因，迁延至七十年代末中国化工学会重新恢复活动后方始着手。值得庆幸的是，荟集我国化学工程界专家共同编纂的这部重要巨著终于问世了。手册共分 26 篇，先分篇陆续印行，为方便读者使用，现合订成六卷出版。这部手册总结了我国化学工程学科在科研、设计和生产领域的成果，向读者提供理论知识、实用方法和数据，也介绍了国外先进技术和发展趋势。希望这部手册对广大化学工程界科技人员的工作和学习有所裨益，能成为读者的良师益友。我相信，该书在配合当前化学工业尽快克服工艺和工程放大设计方面的薄弱环节，尽快消化引进的先进技术，缩短科研成果转化为生产力的时间等方面将会起积极作用，促进化工的发展。

我作为这部手册编纂工作的主要支持者和组织者，谨向《手册》编委会的编委、承担编写和审校任务的专家、化学工程设计技术中心站、出版社工作人员以及对《手册》编审、出版工作做出贡献的所有同志，致以衷心的感谢，并欢迎广大读者对《手册》的内容和编排提出意见和建议，供将来再版时参考。

冯伯华
1989 年 5 月

第二版前言

《化学工程手册》（第一版）于 1978 年开始组稿，1980 年出版第一册（气液传质设备），以后分册出版，不按篇次，至 1989 年最后一册出版发行，共 26 篇，合计 1000 余万字，卷帙浩繁，堪称巨著。出版之后，因系国内第一次有此手册，深受各方读者欢迎。特别是在装订成六个分册后，传播较广。

手册是一种参考用书，内容须不断更新，方能满足读者需要。最近十几年来，化学工程学科在过程理论和设备设计两方面，都有不少重要进展。计算机的广泛应用，新颖材料的不断出现，能量的有效利用，以及环境治理的严峻形势，对化工工艺设计提出更为严格的和创新的要求。化工实践的成功与否，取决于理论和实际两个方面。也就在这两方面，在第一版出版之后，有了许多充实和发展。手册的第二版是在这种形势下进行修订的。

第二版对于各个篇章都有不同程度的增补，不少篇章还是完全重写的。除此而外，还有几个主要的变动：①增列了生物化工和污染治理两篇，这是适应化学工程学科的发展需要的。②将冷冻内容单独列篇。③将化工应用数学改为化工应用数学方法，编入附录，便于查阅。④增加化工用材料的内容，用列表的方式，排在附录内。

这次再版的总字数，经过反复斟酌，压缩到不超过 600 万字，仅为第一版的二分之一左右，分订两册，便于查阅。

本手册的每一篇都是由高等院校和研究单位的有关专家编写而成，重点在于化工过程的基本理论及其应用。有关化工设备及机器的设计计算，化工出版社正在酝酿另外编写一部专用手册。

本手册的编委会成员、撰稿人及审稿人，对于本书的写成，在全过程中都给予了极大的关怀、具体的指导和积极的参与，在此谨致谢忱。化工出版社领导的关心，有关编辑同志的辛勤劳动，对于本书的出版起了重要的作用。

化学工业部科技司、清华大学化工系、天津大学化学工程研究所、华东理工大学（原华东化工学院），在这本手册编写过程中从各个方面包括经费上给予大力的支持，使本书得以较快的速度出版，特向他们表示深深的谢意。

本手册的第一版得到了冯伯华、苏元复、张洪沅三位同志的关心和指导，冯伯华同志和张洪沅同志还参加了第二版的组织工作，可惜他们未能看到第二版的出版，在此我们谨表示深深的悼念。

时 钧 汪家鼎
余国琮 陈敏恒

目录

CHEMICAL ENGINEERING HANDBOOK

第 26 篇　生物化工

7 生物分离技术 …………………………………………………………………… 26-170

第27篇　过程系统工程

第 28 篇　过程控制

2 过程检测仪表

第 29 篇　污染治理

第 30 篇　过程安全

第26篇
生物化工

主　稿　人：谭天伟　中国工程院院士，北京化工大学教授

编写人员：谭天伟　中国工程院院士，　　　元英进　天津大学教授
　　　　　　　　　　北京化工大学教授　　　杨立荣　浙江大学教授

　　　　　　庄英萍　华东理工大学教授　　　岳国君　中国工程院院士，国
　　　　　　秦培勇　北京化工大学教授　　　　　　　家开发投资集团有限
　　　　　　吴绵斌　浙江大学副教授　　　　　　　　公司教授级高级工程师
　　　　　　邓　利　北京化工大学教授　　　王炳武　北京化工大学讲师
　　　　　　夏建业　华东理工大学副研究员　张　鹏　北京化工大学副教授
　　　　　　肖文海　天津大学副教授　　　　吕永琴　北京化工大学教授
　　　　　　李炳志　天津大学教授　　　　　刘　珞　北京化工大学副教授
　　　　　　吴文平　诺维信公司教授级　　　张　栩　北京化工大学教授
　　　　　　　　　　高级工程师　　　　　　苏志国　中国科学院过程工程
　　　　　　徐　虹　南京工业大学教授　　　　　　　研究所研究员
　　　　　　周　俊　南京工业大学副教授　　贾红华　南京工业大学教授

审　稿　人：欧阳平凯　中国工程院院士，南京工业大学教授
　　　　　　苏海佳　北京化工大学教授

第二版编写人员名单
主　稿　人：沈忠耀
编写人员：沈忠耀　俞俊棠　欧阳藩　欧阳平凯

概述

1.1 生化工程概况

1.1.1 生化工程定义和发展

生化工程是生物化学工程的简称，也称生物化工，它是以将生物技术从实验室规模扩大至生产规模为目的，以生物生产过程中带有共性的工程技术问题为核心的一门由生物科学与化学工程相结合的交叉学科。它既是生物技术的一个重要组成部分，又是化学工程的一个分支学科。

生化工程起始于 20 世纪 40 年代。在这之前，虽然原始生物技术产品早已出现，工业微生物学也已开始发展，但当时一些生物技术产品的生产过程较为简单，以厌氧发酵和非纯种培养为主，生产设备也较简陋，以套用常规化工设备为主。40 年代初，因青霉素深层培养技术的开发和生产的需要，在一批科学家和工程师的通力合作下，一个崭新的采用深层培养工艺的青霉素生产线诞生了。它采用了新设计的带有机械搅拌和通入无菌空气的密闭式发酵罐（初期为 5m³），培养新选育出来的适合于液体培养的新菌种（发酵效价约 200U•mL^{-1}发酵液），并用当时新颖的离心萃取机和冷冻干燥机进行提取和精制，使收率（约 75%）和纯度（约 60%）大幅度提高，5m³ 发酵罐每批即能生产 60% 的青霉素约 0.75kg。在半个多世纪里，人们利用各种传统的遗传学方法对产生青霉素的菌种进行大量的改造，不断改进培养基和发酵条件，不断地完善发酵设备及有关设备，对发酵工艺控制等方面做了大量工作，使青霉素的生产水平不断提高，几乎是每十年青霉素发酵水平翻一番，生产规模不断扩大，发酵罐容积不断扩大，现在工业上使用的发酵罐已达到 500m³。发酵效价已经达到 $(7\sim9)\times10^4$U•mL^{-1}发酵液，在小型发酵罐上发酵效价已达 $(9\sim10)\times10^4$U•mL^{-1}发酵液，发酵效价几乎提高近 2500 倍。产品分离纯化技术也有了大幅度的提高，收率达到 90%，产品纯度在 99.9% 以上。尽管与当今的生产技术相比，当时的生产水平还是相当低的，但是，青霉素生产新技术的成功，不但促进了生产力的提高，也孕育了生化工程这一交叉学科的形成。1947 年美国生产抗生素的工厂之一———默克（Merck）公司获得麦克劳-希尔（McGraw-Hill）化学工程成就奖。此后，生化工程的名称就一直沿用至今。

1.1.2 生化工程的任务和内容

1.1.2.1 生化工程的服务对象和生物生产过程

生化工程的主要服务对象是工业生物技术，而工业生物技术的核心是建立生物生产过程。生物生产过程（bioprocess）一般可用图 26-1-1 表示。

从图 26-1-1 看，生物生产过程可分为三个分过程。

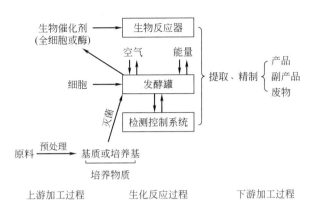

图 26-1-1 生物生产过程示意图

（1）上游加工过程（upstream processing） 包括原材料的预处理——物理、化学加工，培养基（即营养性基质，用于细胞生长和产物形成）或底物溶液（酶反应中的反应物）的配制和灭菌；生物催化剂制备——将细胞多次扩大培养，以作为"种子"接入发酵罐或制备足够量的固定化生物催化剂置于酶反应器中。

（2）生化反应过程（biochemical reaction processing） 通过生物反应器（发酵罐或酶反应器）在一定条件下进行生化反应，以达到细胞增殖和产品形成或实现生物催化和转化的目的。

（3）下游加工过程（downstream processing） 也即生物分离（bioseparation）过程，其中常分固体物去除、提取（isolation）和精制加工（purification and polishing）等步骤。固体物去除主要是用过滤、微滤、离心等手段除去细胞或截留细胞，对胞内产物还应破碎细胞，再将细胞残片去除；提取的主要目的是使目标产物在溶液中浓缩，可采用盐析、萃取、吸附、离子交换等方法；精制的主要目的是去除杂质，并达到产品质量要求。在药品及食品生产中还应符合"产品优质规范"（Good Manufacturing Practice，GMP）要求，常用的是沉淀、结晶、色层分离、超滤、电泳等方法。

由于各种产品性质及采用的生物催化剂不同，具体的生物生产过程也有较大的差异。

1.1.2.2 生化工程的内容

在生化工程发展初期，带有共性的工程技术问题主要有：大量培养基的灭菌和空气除菌的原理与方法，微生物大规模培养发酵过程中操作和控制以及发酵罐保持纯种培养的技术，好氧发酵过程中需氧和供氧的研究，发酵罐的设计、放大和制造技术，副产物和产品的无菌分离技术等。

随着生产和生物技术的发展，又逐步发展了：多种微生物培养技术，包括分批、补料分批（fed batch）、半连续、连续、混种、灌注（perfusion）、透析、固定化细胞等培养技术及其动力学研究；重组菌、动植物细胞的培养技术及其动力学研究；细胞代谢过程中的热力学和化学计量研究；细胞的混合、传质、传热以及生化反应器及工程的研究；发酵参数检测及过程控制的研究；各种生物反应器的放大技术研究；新型生化分离方法，特别是针对蛋白质产品的分离方法及设备的研究等。

上述内容中有的已作为生化工程的派生分学科出现，如：

（1）生化反应工程 ①从微观角度研究酶动力学、发酵细胞生长、产物形成、基质消耗动力学，即本征动力学；②从宏观角度研究生化反应动力学，即考虑到混合、传质、传热等因素对生化反应动力学所产生的影响；③将反应器的混合、传质、传热等性能（冷模试验）与具体生物产品在反应器中的应用效果（热模试验）相结合，研究反应器的结构、操作条件，为生物生产过程的优化和反应器设计放大服务。

（2）生化分离工程　研究生化产物的特点，适合各种生化产物提取和精制的原理、方法和设备，生化过程的设计和优化，生化工艺过程的经济分析和评价等。

（3）生化生产过程的检测和控制技术　包括传感器的研制、在线检测的方法、常规模拟控制仪表和计算机控制的理论与应用研究、生化过程的最优控制等。

（4）细胞培养工程　研究动植物细胞的培养技术及相应的生物反应器的研制和下游分离技术等内容。

1.2　生物生产过程的特点

① 由于采用生物催化剂，反应过程在常温、常压下进行，且可适用常规和现代选育或修饰方法改造生物催化剂，而给生物生产过程赋以巨大的活力；但生物催化剂易于失活，易受环境的影响和杂菌的污染，一般不能长时间使用，常以分批操作生产为主。

② 以可再生资源（renewable resources）中的天然生物物质（biomass）为主要初始原料。来源丰富，价格低廉，过程中的废物危害性较小。但原料成分常难以控制，给生产过程和产品质量控制带来一定困难和影响。

③ 与化学反应相比，生产设备较为简单，能量消耗一般较少；但由于过高的基质（底物）浓度和产物浓度会使细胞耐受不了如此高的渗透压或导致酶反应的抑制，因此反应液中的基质（底物）浓度不能太高，导致反应器的体积庞大，且要求在无杂菌污染情况下进行操作。

④ 发酵过程的成本低、应用广，但反应周期长且机理复杂，较难控制。酶反应过程和专一性强，转化率高，但酶的成本较高。

⑤ 生化反应的发酵液中成分复杂，为多相、多组分体系。而产物的浓度低，杂质的含量高，这给分离、提取和纯化带来了很大困难。因此往往分离纯化的步骤多，使收率降低，生产成本增高。

1.3　酶的概述

酶是由细胞所产生的具有催化活性的蛋白质，是生物体中的生物催化剂。它参与生物体所有生命活动的化学反应，包括体内外物质和能量的新陈代谢及交换，生物体的生长、繁殖、衰亡和对不利条件的适应等。酶的作用具有高度专一性（指一种酶仅能催化一种或一类特定的反应），因此一个细胞有可能含有 1000 种以上的酶。酶的催化能力很强，一个酶分子在 1min 内能催化数百至数百万个底物分子的转化。大部分酶位于细胞体内，一部分则分泌至体外。酶在常温、常压、近于中性的水溶液中进行催化反应。温度过高、溶液酸性或碱性过大和某些金属离子会导致酶的失活。目前已被人们所了解的酶估计已超过 3000 种。

1.3.1 酶的分类和命名

1.3.1.1 蛋白酶类的分类与命名

（1）酶的分类 主要根据催化反应的类型将酶分成六大类：

① 氧化还原酶类（oxidoreductases） 指催化底物进行氧化还原反应的酶类。例如，乳酸脱氢酶、琥珀酸脱氢酶、细胞色素氧化酶、过氧化氢酶等。

② 转移酶类（transferases） 指催化底物之间进行某些基团的转移或交换的酶类。例如，转甲基酶、转氨酸、己糖激酶、磷酸化酶等。

③ 水解酶类（hydrolases） 指催化底物发生水解反应的酶类。例如，淀粉酶、蛋白酶、脂肪酶、磷酸酶等。

④ 裂合酶类（lyases） 指催化一个底物分解为两个化合物，催化 C—C、C—O、C—N 的裂解或消去某一小的原子团形成双键，或加入某原子团而消去双键的反应。例如，半乳糖醛酸裂解酶、天冬氨酸酶等。

⑤ 异构酶类（isomerases） 指催化各种同分异构体之间相互转化的酶类。例如，磷酸丙糖异构酶、消旋酶等。

⑥ 连接酶类（ligases） 指催化两分子底物合成为一分子化合物，同时还必须偶联有 ATP 的磷酸键断裂的酶类。例如，谷氨酰胺合成酶、氨基酸-tRNA 连接酶等。

（2）酶的命名

① 习惯命名法 多年来普遍使用的酶的习惯名称是根据以下三个原则来命名的：一是根据酶作用的性质，例如水解酶、氧化酶、转移酶等；二是根据作用的底物并兼顾作用的性质，例如淀粉酶、脂肪酶和蛋白酶等；三是结合以上两种情况并根据酶的来源而命名，例如胃蛋白酶、胰蛋白酶等。

习惯命名法一般采用底物加反应类型而命名，如蛋白水解酶、乳酸脱氢酶、磷酸己糖异构酶等。对水解酶类，只要底物名称即可，如蔗糖酶、胆碱酯酶、蛋白酶等。有时在底物名称前冠以酶的来源，如血清谷氨酸-丙酮酸转氨酶、唾液淀粉酶等。习惯命名法简单，应用历史长，但缺乏系统性，有时出现一酶数名或一名数酶的现象。

② 系统命名法 鉴于新酶的不断发现和过去文献中对酶命名的混乱，国际酶学委员会规定了一套系统的命名法，使一种酶只有一个名称。系统命名法以 4 个阿拉伯数字来代表一种酶。例如 α-淀粉酶（习惯命名）的系统命名为 α-1,4-葡萄糖-4-葡萄糖水解酶，标示为：EC 3.2.1.1。EC 代表国际酶学委员会，其中的第一个数字分别代表酶的大类，以 1、2、3、4、5、6 来分别代表，1 为氧化还原酶类，3 为水解酶类，其余类推（见上述酶的分类）。第二个数字为酶的亚类，酶的每一大类下有若干个亚类：如在氧化还原酶中的亚类按供电子体的基团分类，如以 CH—OH 为电子供体标为 1，醛基为电子供体标为 2，其余类推；转移酶中以转移的基团为亚类；水解酶中以水解键连接的形式为亚类；裂解酶中以裂解键的形式为亚类；亚类一般较多，达数十个。标示中的第三个数字是属酶的次亚类，是在亚类的基础上再细分的类型，该次亚类中，氧化还原酶按电子受体基团分类，如都以 CH—OH 为电子供体的反应，可以有不同的电子受体，如以 NAD^+ 或 $NADP^+$ 为受体标为 1，其余类推；转移酶的次亚类也按接受基团分类，如以—OH 接受转移基团，该次亚类标为 1。总之，酶的系统名称中前三个数字表示酶作用的方式。第四个数字则表示对相同作用的酶的流水编号。

又如对催化下列反应酶的命名。

$$\text{ATP}+\text{D-葡萄糖} \longrightarrow \text{ADP}+\text{D-葡萄糖-6-磷酸}$$

ATP 的正式系统命名是：葡萄糖磷酸转移酶，表示该酶催化从 ATP 中转移一个磷酸到葡萄糖分子上的反应，标示为，EC 2.7.1.1，第一个数字"2"代表酶的分类名称（转移酶类），第二个数字"7"代表亚类（转移磷酸基），第三个数字"1"代表次亚类（以羟基作为受体的磷酸转移酶类），第四个数字"1"代表该酶在次亚类中的排号（D-葡萄糖作为磷酸基的受体）。

1.3.1.2 核酶的分类

自 1982 年以来，被发现的核酸类酶（R-酶）越来越多，对它的研究也越来越深入和广泛。但是由于历史不长，对于其分类和命名还没有统一的原则和规定。但根据酶催化反应的类型，区分为分子内催化 R-酶和分子间催化 R-酶，根据作用方式将 R-酶分为 3 类：剪切酶、剪接酶和多功能酶[1]。现将 R-酶的初步分类简介如下：

（1）分子内催化 R-酶 分子内催化的 R-酶是指催化本身 RNA 分子进行反应的一类核酸类酶。这类酶是最早发现的 R-酶。该大类酶均为 RNA 前体。由于这类酶是催化本身 RNA 分子反应，所以冠以"自我"（self）字样。

根据酶所催化的反应类型，可以将该大类酶分为自我剪切和自我剪接两个亚类。

① 自我剪切酶（self-cleavage ribozyme） 自我剪切酶是指催化本身 RNA 进行剪切反应的 R-酶。具有自我剪切功能的 R-酶是 RNA 的前体。它可以在一定条件下催化本身 RNA 进行剪切反应，使 RNA 前体生成成熟的 RNA 分子和另一个 RNA 片段。

② 自我剪接酶（self-splicing ribozyme） 自我剪接酶是在一定条件下催化本身 RNA 分子同时进行剪切和连接反应的 R-酶。自我剪接酶都是 RNA 前体。它可以同时催化 RNA 前体本身的剪切和连接两种类型的反应。根据其结构特点和催化特性的不同，该亚类可分为两个小类，即含 Ⅰ 型间隔序列（intervening sequence，IVS）的 R-酶和含 Ⅱ 型 IVS 的 R-酶。

（2）分子间催化 R-酶 分子间催化 R-酶是催化其他分子进行反应的核酸类酶。根据所作用的底物分子的不同，可以分为若干亚类。

① 作用于其他 RNA 分子的 R-酶 该亚类的酶可催化其他 RNA 分子进行反应。根据反应的类型不同，可以分为若干小类，如 RNA 剪切酶、多功能 R-酶等。

a. RNA 剪切酶。催化于其他 RNA 分子进行剪切反应的 R-酶。

b. 多功能 R-酶。多功能 R-酶是指能够催化其他 RNA 分子进行多种反应的核酸类酶。例如，1986 年，切克等人发现四膜虫 26 S RNA 前体通过自我剪接作用，切下的间隔序列（IVS）经过自身环化作用，最后得到一个在其 5′-末端失去 19 个核苷酸的线状 RNA 分子，称为 L-19 IVS。它是一种多功能 R-酶，能够催化其他 RNA 分子进行多种类型的反应。

② 作用于 DNA 的 R-酶 该亚类的酶是催化 DNA 分子进行反应的 R-酶。1990 年，发现核酸类酶除了以 RNA 为底物外，有些 R-酶还可以 DNA 为底物，在一定条件下催化 DNA 分子进行剪切反应。据目前所知的资料，该亚类 R-酶只有 DNA 剪切酶一个小类。

③ 作用于多糖的 R-酶 该亚类的酶是能够催化多糖分子进行反应的核酸类酶。兔肌 1,4-α-葡聚糖分支酶（EC 2.4.1.18）是一种催化直链葡聚糖转化为支链葡聚糖的糖链转移酶，分子中含有蛋白质和 RNA。其 RNA 组分由 31 个核苷酸组成，单独具有分支酶的催化功能，即该 RNA 可以催化糖链的剪切和连接反应，属于多糖剪接酶。

④ 作用于氨基酸酯的 R-酶 1992 年，发现了以催化氨基酸酯为底物的核酸类酶。该酶同时具有氨基酸酯的剪切作用、氨酰基-tRNA 的连接作用和多肽的剪接作用等功能。

由于蛋白类酶和核酸类酶的组成和结构不同，命名和分类原则有所区别。为了便于区分两大类别的酶，有时催化的反应相同，在蛋白类酶和核酸类酶中的命名却有所不同。例如，催化大分子水解生成较小分子的酶，在核酸类酶中的称为剪切酶，在蛋白类酶中则称为水解酶；在核酸类酶中的剪接酶，与蛋白类酶中的转移酶亦催化相似的反应等。

1.3.2 酶的组成

(1) 酶蛋白 酶是具有空间结构的蛋白质，即不但必须具有一定氨基酸顺序（一级结构），还在低聚蛋白中各多肽链的作用下折叠、扭曲、变形，在空间形成专一性的三维结构，否则不具活性。具有活性的酶都是球蛋白，即是被广泛折叠、结构紧密的多肽链，一般其氨基酸亲水基团在外表面，而疏水基团向内。按照化学组成酶可分为简单蛋白酶（例如脲酶、淀粉酶）和结合蛋白酶（例如转氨酶、乳酸脱氢酶）。结合酶除了蛋白质组分外，还含对热稳定的非蛋白小分子化合物（辅助因子）或者小分子有机化合物（辅酶）。根据酶蛋白在结构上的特点，酶有三种存在形式，即

① 单体酶指仅有一个活性部位的多肽链，分子量为 13000～35000，主要是水解酶。

② 寡聚酶由若干亚基结合组成，其亚基可相同或不同，亚基一般无活性，分子量为 35000 至数百万。

③ 多聚复合体指多种酶进行连续反应的系统，前一反应的产物为后一产物的底物。

(2) 核酸类酶 核酸类酶主要包括核酶和脱氧核酶。具有催化功能的 RNA 称为核酶，具有催化功能的 DNA 称为脱氧核酶。根据分子大小，核酶可以分成：大分子核酶，包括 Ⅰ型内含子、Ⅱ型内含子和核糖核酸酶 P 的 RNA 亚基三类；小分子核酶，包括锤头状核酶、发卡状核酶、肝炎 δ 病毒核酶以及 VS 核酶。目前研究表明，大多数核酶的主要底物是核酸类物质，其主要的反应类型包括：一是剪接作用，即磷酸二酯键的剪切和连接反应同时进行；二是剪切反应，包括自我剪切和异体剪切，同时该类酶也具有不同程度催化连接反应的活性，只是不与剪切反应同时进行。

目前，还没有发现天然的脱氧核酶，已发现的两种比较重要的脱氧核酶是 "8～17DRz" 和 "10～23DRz"。脱氧核酶在结构上具有生物酶的一般特征，包含底物结合部位和催化部位。一般来说，脱氧核酶由突环和臂两部分组成，突环为其催化部分，臂为底物结合部位。根据其不同的催化表位，主要包括四大类：具有水解酶活性的脱氧核酶、具有 DNA 连接酶活性的脱氧核酶、具有 DNA 激酶活性的脱氧核酶以及具有 N-糖基化酶活性的脱氧核酶。

(3) 辅酶 仅有少量的酶是由单一的酶蛋白组成，大多的酶均为复合蛋白质，也称全酶，是由酶蛋白和非蛋白质部分所组成，即酶蛋白本身无催化活性，需要在辅助因子存在下才具有活性。辅助因子可以是无机离子，也可以是有机化合物，有的酶蛋白仅需其中一种，有的则两者均需要，它们都属于小分子化合物。

约有 25% 的酶含有紧密结合的金属离子，包括铜、铁、锌、镁、钙、钾、钠等，它们在维持酶的活性和完成催化中起重要作用。有机辅助因子可依其与酶蛋白的结合程度分为辅酶（松散结合）和辅基（紧密结合），有时也把它们统称为辅酶。大多辅酶为核苷酸和维生素或它们的衍生物。常见辅酶见表 26-1-1。

表 26-1-1   常见辅酶及其参与的反应

辅酶名称	常用符号	转移基团或反应类型	相应维生素
与氧化还原酶结合的辅酶			
烟酰胺腺嘌呤二核苷酸	NAD$^+$	氢	维生素 PP
磷酸烟酰胺腺嘌呤二核苷酸	NADP$^+$	氢	维生素 PP
烟酰胺单核苷酸	NMN	氢	维生素 PP
黄素单核苷酸	FMN	氢	维生素 B_2
黄素腺嘌呤二核苷酸	FAD	氢	维生素 B_2
硫辛酸	LiP	氢.酰基	—
谷胱甘肽	GSH	氢	—
抗坏血酸	—	—	维生素 C
辅酶 Q	CoQ	氢	—
细胞色素 C 类	Cyt,C	电子	—
与转移酶结合的辅酶			
三磷酸腺苷	ATP	磷酸	—
二磷酸尿苷	UDP	糖、糖醛酸	—
二磷酸胞苷	CDP	磷酸胆碱	—
磷酸吡哆醛	PALP	氨基	维生素 B_6
腺苷甲硫氨酸	—	甲基	—
四氢叶酸	THF	甲酰胺	叶酸
生物素	—	羧基	维生素 H
辅酶 A	CoA	乙酰基	泛酸
焦磷酸硫氨素	TPP	C_2-醛	维生素 B_1
与裂合酶结合的辅酶			
磷酸吡哆醛	PALP	脱羧	维生素 B_6
焦磷酸硫胺素	TPP	脱羧	维生素 B_1
与异构酶结合的辅酶			
二磷酸尿苷	UDP	糖异构化	—
钴胺素辅酶	—	羧基取代	维生素 B_{12}

1.3.3   酶的作用机制和调节

1.3.3.1   酶的作用机制

酶是通过其活性中心——通常是酶蛋白的氨基酸残基的侧链基团先与底物形成一个中间复合物，随后再分解成产物并释出酶。至于酶对底物的专一性可用"诱导楔合"学说来说明，即当酶与底物接近时，酶受底物的诱导，使酶的构象发生有利于与底物复合的变化，并使酶活性中心的底物浓度增加，最后相互快速地楔合。此外，还有"锁与钥匙""扭曲和过渡态""三点附着"等学说。

与通常的化学催化剂相似，酶之所以能加速反应速率的原因是当酶与底物短暂复合时，能释放出复合能而使反应所需活化能降低。

1.3.3.2 酶的调节

生物体虽有可能产生上千种酶，但一般情况下仅有一定数量的酶是经常存在的，以合成最基本的蛋白质等物质和维持生命活动，这些酶称为组成酶；大多的酶，特别分解代谢酶是为适应外界环境的需要才产生的，称为诱导酶，诱导酶是仅在其底物或底物类似物存在时才进行合成。此外细胞也不合成过量的酶，当一种酶已能满足需要时，就会自动停止合成，以节约体内氨基酸等物质和能量。因此，生物体具有酶蛋白合成调控和多酶系统自我调节的作用。

（1）酶的诱导合成 酶的表达调控通过调节基因编码的蛋白结合在 DNA 的特定位点以调控其转录，这种相互作用可以通过正调控方式(激活基因表达) 和负调控方式(关闭基因表达)（图 26-1-2）来控制靶基因的表达活性[1]。细菌中最经典的转录调控模式是负调控，即通过阻遏物来抑制基因表达，如乳糖操纵子。在负调节物缺少的情况下，基因通常是表达的。启动子附近的另一个顺式作用元件称为操纵基因，它是阻遏物的结合位点，当阻遏物和操纵基因结合时，就会阻止 RNA 聚合酶的起始转录，从而关闭基因的表达。另一种调控是正调控，基因的表达需要激活因子的激活才能够进行转录，如阿拉伯糖操纵子和木糖操纵子。在细菌中，正调控和负调控的比例大致相同；而在真核生物中正调控则更为常见。

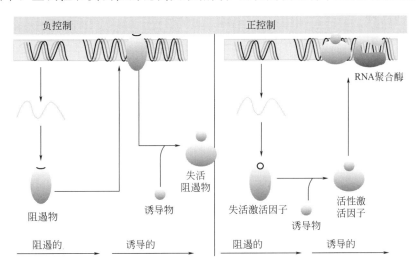

图 26-1-2 酶的诱导合成

工业用酶大多为诱导酶，因此在生产中可加入有关底物或其类似物以提高酶的生产能力。也可用诱变育种方法使调节基因失去产生阻遏物的能力，或使操纵基因失去与阻遏物结合的能力，以消除菌株对诱导物的依赖。

（2）分解代谢物的调节 微生物在培养过程中，常先利用最容易利用的糖类，通常是葡萄糖（当然也有例外），这是因为微生物在分解易被利用的碳源时所产生的分解代谢产物，会明显地阻遏其他碳源分解时所需的诱导酶，这种现象常称为葡萄糖效应。进一步的研究表明，上述现象的产生是由于负责葡萄糖转运的磷酸转移酶系统会对不易利用碳源的转运蛋白有显著的抑制作用，这样导致不易利用碳源不能运输进细胞，导致负责其利用的一系列诱导酶不能够表达，从而使其代谢受到抑制。

（3）反馈调节 反馈调节主要出现在多酶串联合成反应中，它包括两种形式，即反馈阻遏和反馈抑制。

① 反馈阻遏 反馈阻遏与前面介绍的酶的诱导不同之处在于串联反应中第一个酶基因中的调节基因所产生的阻遏蛋白不具活性，必须要经串联反应中的终产物或其类似物激活，并形成共遏物后才能作用于操纵基因。因此在无终产物或其类似物时能进行正常合成反应，而在终产物存在时，合成反应将受到阻遏而产生调节作用。

② 反馈抑制 反馈抑制主要发生在具有别构效应的调节酶的场合下，具有别构效应的酶称为别构酶。别构酶一般是寡聚酶，含有两个或两个以上的亚基，除具有与底物结合的活性中心部位外，还有能与效应物（常是串联反应的终产物）进行非共价结合的部位（别构部位，或称调节部位）。若终产物与合成途径中第一个酶的调节部位相结合后，会引起酶的构象以至酶的活性的相应变化，而对反应起着调节作用。

（4）同工酶的调节 同工酶是指具有同一催化作用但分子结构以及产生反馈抑制或阻遏作用有所不同的酶类，一般具有两个或两个以上多肽链。若有三种氨基酸的合成均以同一氨基酸为出发原料，且催化原料氨基酸的第一个酶是三种同工酶，而三种同工酶对三种产物氨基酸的反馈抑制或阻遏作用各异的话，则可保证三种氨基酸合成的平衡。

1.3.4 酶的修饰与改造

1.3.4.1 酶的修饰

酶因其来源、性质各异，各有其最佳反应条件。来自动物和植物的酶的最适反应温度分别为 35~40℃ 及 40~50℃，大多数的酶超过 60℃ 时将变性失活，温度升高后酶反应虽为之增快，但酶的失活也随之严重；大多数酶的最适反应 pH 为 6~8，其中微生物和植物来源的 pH 约为 4.5~6.5，动物来源的 pH 约为 6.5~8.0。氢离子浓度与酶的构象和活性中心的离解状态关系密切，超过一定限度时酶也因此变性。反应过程中有无酶激活剂（如 Ca^{2+}、Mg^{2+}、Cl^- 和某些中等分子量的有机还原剂，具有蛋白质性质的大分子物质等）和抑制剂对反应速率有较大影响。

为了提高酶的活性、改变其作用专一性或最适反应条件，增加其稳定性、消除其抗原性（指某些酶能在体内诱导产生抗体而失活）等目的而对酶进行修饰。用诱变选育、固定化酶等一些手段可在一定程度上对酶的性能进行某些有益的改变，但酶的修饰一般是指在分子水平上用化学方法或分子生物学方法对酶进行改造。用分子生物学方法涉及蛋白质工程，目前较多的是采用化学修饰法。常用的化学修饰方法是将酶的侧链与一些具有生物相容性的大分子进行共价连接。这些大分子物质有右旋糖苷、聚乳糖、聚丙氨酸、人血清白蛋白、糖肽、肝素、戊二醛、聚乙二醇、聚乙烯吡咯烷酮、聚丙烯酸、聚顺丁烯二酸等。

1.3.4.2 酶的改造

为了克服在实际工业条件下，天然的酶分子结构和功能常常遭到破坏的困难，发展酶分子进化理论和技术，通过对天然蛋白质的体外进化，获得性能更适合工业化需求的、人工进化的非天然蛋白质，成为全球关注的重点。目前，较为常用的蛋白质进化手段主要包括：理性设计、半理性设计、非理性设计（定向进化）和基因挖掘（gene mining）等技术。

以定点突变为代表的蛋白质理性设计，在天然酶的改造过程中发挥着重要的作用，具有突变率高、简单易行和重复性好等优点。该技术已广泛地应用于提高酶的稳定性、提高酶的催化活性、提高酶对底物的特异性以及在研究蛋白结构功能关系中发挥着重要的作用。该技术是以蛋白质的三维结构，以及蛋白质与底物、底物类似物或者抑制物的三维结构为基础，主要包含以下几方面：酶分子蛋白结构的获得（晶体结构或者预测结构）；确定与突变目标相关的结构域并选择合适的突变位点；突变体的结构预测；突变体的实现与性质分析验证。

以定向进化为代表的非理性设计，是人为地创制特殊的进化条件，模拟自然进化机制，体外对蛋白进行改造，并通过定向筛选获得具有预期特征的改造蛋白。该技术的应用大大拓宽了蛋白质工程学的研究和应用范围。定向进化的主要流程包括：目的基因的选取；进行突变和重组；突变基因文库的构建；突变酶的表达；突变酶的筛选和鉴定；分离改良基因并重复以上过程。目前常用的酶分子定向进化策略主要包括两个主要方面：以易错 PCR 为代表的无性进化和以 DNA 改组技术为代表的有性进化。

将理性设计与非理性设计结合起来，针对不同体系的特点灵活地将两种方法互为补充，就是半理性设计。通过这种方法，利用随机突变找到改变所需性质的关键位点，然后理性地选定其中的某些关键位点进行饱和突变，这种突变可以提高对目标酶所需性质的改造效率。根据不同的体系与各体系的不同特点，其主要应用的领域包括：基于结构的有选择性的随机突变；随机突变后的定点饱和突变；随机突变与定点饱和突变同步；计算机辅助的半理性设计。特别的是，随着计算机技术的发展与相关软件的不断改进，通过模拟的方式剔除不必要的突变，使之产生更多的有益突变已成为可能。

后基因组时代，随着分子生物学的发展，具有生物活性的酶的发现也从传统的"挖土"模式逐渐转变成"挖基因"模式，也就是所谓的基因组挖掘。该方法通过根据某一已知的探针酶的基因序列去搜索数据库来发现结构和功能类似的同源酶的编码序列，分析基因组序列中特定酶及基因簇的保守区序列，进而预测酶的功能及基因簇编码产物的结构，并指导新酶发现。其在新型酶分子的发现方面主要步骤为：首先是生物信息分析和结构预测，然后是根据预测的信息寻找目的酶，如果目的酶表达量较低或基因不表达，需要通过各种方法激活基因的表达，并寻找该目的酶进行鉴定。在此基础上，人们可以方便地利用基因工程手段对目的酶进行异源重组表达，体外定向进化，理性设计以及晶体结构解析等分子生物学操作。通过基因组挖掘不仅可以经济地大幅提高酶的产量，也为进一步从结构上改善酶的各种应用性能提供了分子基础，同时也可极大地缩短新酶的开发周期。

1.3.5　重要工业用酶简介

除了上面介绍的 EC 酶分类法外，在日常应用中尚有一些习惯分类名称，现择一些常见的介绍于下：

① 氧化酶类（oxidases）　将底物氧化并以氧为供体；

② 加氧酶类（oxygenases）　将氧分子加入底物，并将—C—C—键裂开；

③ 脱氢酶类（dehydrogenases）　将底物羟化并以氧为供体；

④ 氢化酶类（hydroxylases）　从底物中将氢传递至另一非氧分子；

⑤ 磷酸化酶 cphosphorylases）　将磷酸加入糖基或其他基团；

⑥ 磷酸酯酶（phosphatases）　磷酸酯的水解；

⑦ 激酶（kinases）　从三磷酸核苷中将磷酸根转移至底物；

⑧ 变位酶（mutases） 在同一分子中将磷酸根从一个部位转移至另一部位；

⑨ 硫激酶（thiokinases） 从羧酸底物中将 ATP 裂开形成硫醇脂肪酸酯（RCOSR）。

重要工业用酶的来源和性质见表 26-1-2。

表 26-1-2 重要工业用酶的来源和性质

名称	主要的微生物来源	所催化的反应及其用途	最适温度/℃	最适pH
D-氨基酸氧化酶	霉菌	D-氨基酸氧化酶可氧化氨基酸的氨基生成相应的酮酸和氨；制造氨基酸	35	8.0
溶菌酶	鸡蛋白	水解细胞壁中的 N-乙酰胞壁酸和 N-乙酰氨基葡糖之间的 β-1,4-糖苷键；人工乳添加剂,防腐,医药	35	6.5
乳糖酶	霉菌、酵母	使乳糖水解为葡萄糖和半乳糖；乳品加工（分解乳糖）、医药	39	6.5～7.5
凝乳酶	仔牛胃、霉菌	可专一地切割乳中 κ-酪蛋白的 Phe105～Met106 之间的肽键；制造乳酪	42	5.4
葡萄糖转苷酶	黑曲霉	从低聚糖类底物的非还原末端切开 α-1,4-糖苷键,释放出葡萄糖；生产异麦芽低聚糖	55	5.5
β-果糖基果糖转移酶	曲霉	催化蔗糖水解为葡萄糖和果糖；生产乳糖	55	6
腈水合酶	细菌	催化腈类物质转化成相应酰胺类物质；催化合成丙烯酰胺、烟酰胺等化工产品	37	7.0～7.5
氨基酰化酶	曲霉	水解 N-乙酰-DL-氨基酸,获得 L-氨基酸；L-氨基酸生产	55	7.0
α-甘露糖苷酶	细菌,植物	主要参与蛋白质糖基化和糖蛋白聚糖水解修饰；制造高效链霉素	45	6.0
青霉素酰化酶	大肠埃希菌、巨大芽孢杆菌	水解酰胺键；制造半合成青霉素和头孢霉素	40	7.5
氨基酰化酶	黑曲霉	催化水解 D-氨基酸的 N 取代衍生物得到 D-氨基酸；防止柑橘罐头及橘汁出现浑浊	50	7～8

1.4　重要微生物和其他生物组织细胞

微生物在生物技术发展中扮演着重要的角色，有许多产物是由它们产生的。用微生物生产具有以下优点：所需原材料为粮食或其加工后的农副产物，如豆类的饼粉、玉米浆和糖蜜等，故来源丰富、价格便宜；微生物酿造的饮料，在色香味等品质上都是其他化学方法无法代替的；由于发酵可大规模化，在上百吨的大罐中进行生产，故成本较低[2]。

微生物和其他生物的产物大致可分为以下几类：①所需产物为细胞本身；②细胞产生的酶；③细胞的代谢产物，又可分为初级或次级（生）代谢产物；④生物转化与催化，即利用生物细胞进行某一步反应。

1.4.1　常用的工业微生物

（1）所需产物为细胞本身　微生物生物物质目前已工业生产的有两大类：一是用于面包制造业和酿造业的酵母；二是作为动物饲料或人类食物的微生物细胞，称为单细胞蛋白（SCP）。

①面包酵母　又称啤酒酵母。酵母生长在很简单的培养基中，其成分如下：糖类，$NH_4H_2PO_4$、KH_2PO_4、$MgSO_4 \cdot 7H_2O$ 以及微量元素 Zn、Fe 和 Cu 等，添加适量的糖蜜或玉米浆有利于酵母生长。在培养时氧的供给可以使糖氧化完全，基质转化率高。但酵母的生长受糖浓度的影响，高糖浓度或高比生长速率会产生 Crabtree 效应，转化率降低且有乙醇产生。故加糖速度应控制在几乎耗竭的水平[3]。

②单细胞蛋白（SCP）　从 20 世纪 60 年代开始，就有许多公司研究用各种碳源来生产 SCP 的可行性，几乎无例外的均用连续培养法来生产 SCP。同分批法比较，连续培养的产率高，且菌种衰退也不明显。曾用乳清作为 SCP 生产的碳源，此生产过程还可清除乳酪工业中污染水源的废物，使它变成高品质的饲料。此外，也有用烃化物、石油副产品和有机废水等来生产 SCP。菌体中的蛋白质含量随菌种及基质而异，一般占 $50\% \sim 80\%$，且赖氨酸含量比大豆蛋白的高。故 SCP 的生产为解决人、畜食品中的蛋白质来源开辟了新的途径。

③活性乳酸杆菌　近年来由乳酸杆菌和牛奶发酵制成的酸奶是供人食用的可口饮料。这类菌在肠道菌群中占主导地位时可以帮助消化，吸收有用的养分和抑制有害的细菌。这类菌种的代表是保加利亚乳酸杆菌，用于制酸奶；干酪乳酸杆菌用于乳制品。最近流行的对人具有保健作用的双歧杆菌也属于乳酸杆菌。

（2）微生物产生的酶　酶的来源可以是动、植物和微生物，但从后者来的酶具有许多优点。它可用发酵技术大规模生产，且微生物的产酶性能容易改进。大多数酶的应用与食品有关，且属于水解酶类，其中最主要的是淀粉酶、糖化酶、葡萄糖异构酶和果胶酶等，除食品外还广泛用于纺织、制革、医药、日用化工和"三废"治理等方面。我国生产和应用的酶除上述外还有细菌产的中性和碱性蛋白酶，霉菌产的酸性、中性和碱性蛋白酶，葡萄糖氧化酶，脂肪酶，谷氨酸脱羧酶，青霉素酸化酶，链激酶，$5'$-磷酸二酯酶，天冬酰胺酶和超氧化物歧化酶等。下面分别介绍几种主要工业用酶：

①淀粉酶　这是水解淀粉的酶类总称，它包括许多种具有不同水解作用的酶，如 α-淀粉酶、β-淀粉酶、葡萄糖淀粉酶（简称糖化酶）、异淀粉酶和环状糊精生成酶等。其中由枯草杆菌 BF7688 生产的 α-淀粉酶是我国产量最大、用途最广的一种液化型 α-淀粉酶，主要应用于面包制造业，可减少面团的黏度、增加面包松软度；在啤酒业中用于制麦芽浆；用于纺织物的纤维脱浆、制造麦芽糖糖浆和作为助消化药物等。

②蛋白酶　一般按蛋白酶作用的最适 pH 分为酸性、中性和碱性蛋白酶三类。由黑曲霉生产的酸性蛋白酶可用作消化药、消炎药、啤酒澄清剂和用于皮革业中脱毛，使生皮软化。有些蛋白酶还用于面包业中，可改进面团组织、减少混合时间、增加面包体积。还可作洗涤剂、蛋白水解液等。

③葡萄糖氧化酶　由黑曲霉或青霉产生，前者为胞内酶，后者为胞外酶。由于它在葡萄糖转化为葡糖酸过程中耗 O_2 和生成 H_2O_2，因此，可利用它除去蛋粉的葡萄糖和用于调味品、果汁去氧；和溶菌酶搭配还能用于口腔抑菌；也可用作柠檬饮料等的萜烯的稳定剂。

④果胶酶　由真菌产生，主要用于咖啡豆发酵，制造浓缩咖啡；果汁澄清，制备蔬菜

水解液等。

此外，有用转化酶来制造软糖；葡萄糖异构酶将玉米糖浆转化为含果糖的甜味产品；链激酶制成治疗青肿、炎症的注射剂。

(3) 微生物代谢产物 有些代谢产物对细胞生长是必需的，它们的合成与细胞生长基本上平行进行，这些产物称为初级代谢产物，例如乙醇、乙酸、乳酸、柠檬酸、谷氨酸、赖氨酸、核苷酸等。

有些微生物在生长稳定期（生产期）才开始合成某种次级代谢产物。次级代谢物中以抗生素为代表，有 β-内酰胺族，如青霉素、头孢菌素等；肽类抗生素，如短杆菌肽 S，杆菌肽等；氨基糖类，如链霉素、卡那霉素；大环内酯类，如红霉素、麦迪霉素、螺旋霉素等；四环类，如四环素、土霉素和金霉素等；多烯类，如制霉菌素、杀假丝菌素。

1.4.2 植物组织细胞

整个或部分植株，单个植物细胞可以在含有矿物盐、生长因子、碳源和植物生长调节剂的人工培养基中生长，这样可以方便地操纵植物的生长并开发其商业用途。

(1) 组织培养 组织培养技术的特点为：①所有培养的植物组织必须维持严格无杂菌状态，仔细控制培养基组分及培养条件；②植物细胞生长比微生物慢许多，一般操纵和在控制其稳定性及变异上难度较大。现已能对多种植物作大规模快速无性繁殖，所得植株的质量和均匀性高于常规方法，有许多观赏、园艺、农艺和谷类植物可用这种方式作微繁殖。

(2) 植物细胞培养 可以用植物细胞培养法来大规模生产有用的植物及其代谢产物。植物细胞培养的优点在于：①与气候、昆虫害等环境因素隔离；②生产系统明确；③产品质量和产率一致；④繁殖大量的植物细胞只需很小的地方；⑤细胞群体均匀，易于产物提取。目前，这些研究绝大多数仍停留在实验室规模，由于植物细胞培养的成本很高，故此技术主要用于生产高价值和罕见、名贵的植物药物和香料。表 26-1-3 列举了各种植物组织细胞生产的次级代谢物。

表 26-1-3 各种植物组织细胞生产的次级代谢物

次级代谢产物	植物细胞来源	产率	用途
1. 生物碱			
萝芙木碱	*Catharanthus*	$264\mathrm{mg \cdot L^{-1}}$	血液循环疾病
小檗碱	*Coptis japonica*		
喜树碱	*Camptotheca acuminata*	$2.5\times10^{-4}\%$	因副作用停用
粗榧碱	*Cephalotaxine*	$144\mu\mathrm{g \cdot L^{-1}}$	
三尖杉酯碱	*Cephalotaxus harringtonia*（又称 Plumyew）	$11\mu\mathrm{g \cdot L^{-1}}$	抗肿瘤
脱氧三尖杉酯碱		$25\mu\mathrm{g \cdot L^{-1}}$	
同型三尖杉酯碱		$27\mu\mathrm{g \cdot L^{-1}}$	
异三尖杉酯碱		$48\mu\mathrm{g \cdot L^{-1}}$	
尼古丁	*Nicotiana rustica*	$0.25\%\sim0.58\%$	无工业意义
蛇根碱	*Vinca rosea*	$162\mathrm{mg \cdot L^{-1}}$	
长春新碱	*Vinca rosea*	$36\mathrm{mg \cdot L^{-1}}$	抗肿瘤
长春花碱	*Vinca rosea*		抗肿瘤

续表

次级代谢产物	植物细胞来源	产率	用途
2. 色素			
β-花色素苷	Centrospermae		有希望取代人工色素
3. 类固醇			
异羟基洋地黄毒碱	Digtalis lanata	转化率70%	强心药
4. 萜烯			
人参皂草苷	Panax ginsengcallus	21.2%	
5. 醌			
泛醌-10（又称辅酶Q）	N. tabacum	$360\mu g \cdot g^{-1}$	心脏病
萘醌	Lithospermum erythroshizon	12%DCW	烧伤,皮肤病
6. 其他生理活性物质			
抗生物质 PAFP-S	Phytolacca americanna	最低抑制浓度对枯草芽孢杆菌 $5.8\mu g \cdot mL^{-1}$	
抗植物病毒物质	P. americana	对90%TMV $7.0\mu g \cdot mL^{-1}$	
蛋白抑制剂	Scopola japonica	$1.5mg \cdot mL^{-1}$	炎症,胰腺炎
3,4-二羟基苯丙氨酸	Mucunap		

曾报道过的由植物组织和细胞在体外产生的物质还有：抗白血病药物、苯甲酸、苯并吡喃酮、苯醌、查耳酮、联蒽酮、呋喃色酮、呋喃香豆素，其他物质还有调味品、挥发油、香料、甜味剂、有机酸、胶乳、乳化剂、脂质、肽、蛋白质、核酸及其衍生物。

1.4.3 动物细胞培养

哺乳动物细胞在体外繁殖的技术曾经过几次变革。现可将哺乳动物细胞分为三个主要类型：①初生细胞；②从老的已建细胞系来的细胞；③来自二倍体细胞株的细胞。它广泛用于大规模生产人和兽用生物制品，如病毒疫苗、人干扰素、胰岛素和激素等，见表26-1-4。

表 26-1-4 动物细胞的生物制品

生物制品类别	生物制品和产物
人用疫苗	小儿麻痹症疫苗、狂犬病疫苗、乙肝表面抗原疫苗、脑炎疫苗
动物用疫苗	口蹄疫疫苗、猪霍乱疫苗、鸡新城疫疫苗、马脑炎疫苗
免疫调节剂	干扰素、白细胞介素-2、胸腺素
激素	绒膜促性腺激素、生长激素、促黄体激素
酶	尿激酶、胶原酶、天冬氨酰胺酶
单克隆抗体	

动物细胞对营养要求严格，除常规培养基成分外还需血清或血清代用品；对环境要求很高，特别是动物细胞对剪切应力非常敏感，通气时大气泡不能直接和细胞接触。另外，动物细胞生长缓慢，抵抗力极弱，故对反应器的严密性提出特殊要求。

动物细胞无细胞壁，附着在固体表面上生长。动物细胞培养时常用微载体作为支持物。

作微载体的材料有聚苯乙烯、聚丙烯酰胺、交联葡聚糖、纤维素衍生物、几丁质和明胶等。一般使用的微载体为直径 $100\sim200\mu m$ 的圆球形，表面光滑、带少量正电荷，这有利于细胞紧密锚定于载体表面，其最大优点是使锚定细胞可以像细菌那样悬浮培养。微载体的使用大多数是一次性的。

动物细胞的领域当前致力于降低血清用量，研究无血清培养基；采用灌注系统连续培养动物细胞；提高细胞密度；改善供氧和环境监控系统；开发新微载体和其他固定化技术。

1.5 微生物的培养

1.5.1 菌株选育

1.5.1.1 生物催化剂的制备

什么是催化剂？简单地说，催化剂就是能加速化学反应的一类物质。任何一个化学反应都具有方向、程度与速率三个问题，化学反应的方向与程度问题是由反应的内在性质决定；而反应进行的速率问题，除了内在因素外，还取决于反应的外在条件。催化剂对于化学反应来说，就是能够加速反应进行，但不能改变反应的性质即方向与程度（反应平衡点）；而其本身在反应后也不发生变化的外在因素。催化剂可分为生物催化剂和非生物催化剂。生物催化剂是指游离或固定化的酶或活细胞的总称。它包括从生物体，主要是从微生物细胞中提取出的酶或经过固定化加工的酶或活细胞。与非生物催化剂相比，生物催化剂具有很大的优势，能在常温常压下反应，反应速率快，催化作用专一，价格较低。但缺点是易受热、受某些化学物质及杂菌的破坏而失活，稳定性较差，反应时的温度和 pH 范围要求较高。

菌种是发酵生产酶制剂的重要条件，产酶微生物的筛选与其他发酵产品的生产菌种筛选是一样的，一般包括菌种采样、富集、菌株分离纯化与新种性能测试等环节。

(1) 菌种采样 采样前需要确定需要筛选的产酶微生物在哪些地方分布较广，有目的地从自然界中寻找优良品种。例如如果要分离产蛋白酶的菌种，可到经常堆放肉、鱼的土壤或食肉动物的粪便中寻找；分泌纤维素酶和半纤维素酶的微生物，普遍存在于森林的落叶和堆肥中。

(2) 富集 所谓富集就是为具有理想性能的微生物提供有利于其生长的条件，使它们在培养物中的相对数量增加。一般的菌样含所要分离的微生物量很少时，富集培养有利于某种产酶菌株的筛选。控制培养温度、pH 或营养成分可以达到富集的目的。例如在培养中以淀粉作为唯一的或主要碳源，那些在所采用的条件下最适合于淀粉代谢的微生物最终将占优势，并可在淀粉琼脂平板上分离到产淀粉酶的菌株。

(3) 菌株的分离纯化 通过富集培养还不能得到微生物的纯种，因为样品本身含有种类繁多的微生物。纯种分离的方法常有两种，即稀释法和划线法。为调高分离效率，可采用一些快速筛选技术，如可以选择合适的培养基和酶活测定方法等。

(4) 新种性能测试 得到新的分离种，这仅是第一步，得到新分离种的数量往往有数十株或数百株，需要进一步测定新种的性能。首先进行初筛工作，即先将新分离菌株活化，进行摇瓶实验或者通过其他技术方法，淘汰大部分性能较差的分离种，然后将筛选出的数株性能优良的菌株，进行生产性能测试，俗称复筛工作。经过数十次复筛，确定出 1~2 株具有实用价值的菌株。

（5）酶的生产方式 通过筛选得到的产酶微生物需要通过发酵得到酶制剂。按发酵方法可分为固体发酵法与液体发酵法[4]。

固体发酵法也叫作麸皮曲培养法。该法是利用麸皮和米糠为主要原料，添加谷糠、豆饼等，加水搅拌成半固体状态，供微生物生长和产酶用。20世纪初期酶的生产主要是固体发酵，以后因液体深层发酵的问世，固体发酵才逐渐被液体发酵所取代，只有酿酒工业的糖化曲仍用此法，但近10年来固体发酵又重新受到人们的重视，目前我国饲料工业中的酸性蛋白酶、纤维素酶、木聚糖酶、β-葡聚糖酶和饲料复合酶大多采用固体发酵法。固体发酵法一般适合于霉菌酶的生产，主要包括：浅盘法、转桶法、厚层通气法和机械化固体发酵法。

液体发酵法一般分为液体表面发酵法和液体深层发酵法两种。其中液体深层通气发酵是现代普遍采用的方法，我国酶制剂、抗生素、氨基酸、有机酸和维生素等发酵产品均采用此法生产。

液体表面发酵法又称液体浅盘发酵法或静置法。此法是将已灭菌的液体培养基，接入微生物菌种后，装入可密闭的发酵箱内盘架上的浅盘中，薄薄一层（厚1～2cm），然后向盘架间通入无菌空气，通过浅盘内培养基表面以供给氧气，并维持一定的温度进行发酵。此发酵无需搅拌，动力消耗少，但培养基的灭菌必须在另外设备中进行；缺点是杂菌控制较难，所需场地较大。液体表面发酵法实际已被淘汰。

液体深层通气发酵法是我国目前酶制剂发酵应用最广泛的方法，所采用的主要设备发酵罐是一个具有搅拌桨叶和通气系统的密闭容器。容量在国内主要是10～50t，国外普遍采用100t以上。从培养基灭菌、冷却到发酵都在同一罐中进行。液体深层通气发酵法的液态培养基的流动性大，对工艺条件如温度、溶氧、pH和营养成分等控制较容易，有利于自动化控制；同时在密闭的发酵罐内纯种发酵，因而产酶纯度高，质量稳定；还具有机械化程度高，劳动强度小，设备利用率高等优点[5]。

1.5.1.2 高产菌株的选育

通常，从自然界获得的菌种，其发酵活力往往是比较低的，不能达到工业生产的要求。因此要根据菌种的形态、生理上的特点，改良菌株。以微生物的自然变异为基础的生产选种的概率并不高，因为变异率太小。为了加大变异率，采用物理与化学因素促进其诱发突变，从而引起微生物遗传性状发生变异，并通过筛选获得符合生产要求的菌株的过程，就是诱变育种。诱变育种是一种提高菌株发酵水平的有效育种手段[6]。

（1）诱变育种的三个主要作用

① 提高有效产物的产量 通过诱变育种可以提高代谢产物的产量。目前在大多数发酵生产中所使用的菌株都是通过诱变育种获得的突变株。对新分离的野生型菌株，必须经过多次诱变才能提高菌株的生产水平，使之满足工业化生产的要求。

② 改善菌株的特性，提高产品的产量 通过诱变育种可以改进产品质量。如青霉素原始产生菌发酵会产生黄色素，很难分离除去，影响产品的质量，后来经过诱变育种，获得一株无色突变株，改进了产品质量、简化了提炼工艺、降低了生产成本。

诱变育种可以提高有效成分的含量。大多数微生物次级代谢产物如抗生素等都是多组分的，在多组分抗生素中，除有效组分外，有不少是无效组分，甚至是有毒组分。通过诱变育种可以消除不需要组分。

诱变育种可以改善菌株特性，选育出更适合发酵工业的突变株。如选育产孢子能力强的菌株，可以降低种子工艺的难度，选育产泡沫少的突变株，能节省消泡剂，提高生产水平，还能增加投料量，提高发酵罐的利用率。选育发酵液黏度小的突变株，有利于改善溶氧，并有利于提高过滤性能。

③ 开发新产品　通过诱变育种，可以获得各种突变株，其中有些能改变产物结构，有些能去除多余的代谢产物，有些能够改变原有的代谢途径，合成新的代谢产物。例如四环素产生菌通过诱变育种获得了 6-去甲基金霉素，6-去甲基金霉素是半合成二甲氨基四环素的原料[6]。

(2) 诱变剂　突变是指微生物的遗传物质发生了稳定可遗传的变化。基因突变的频率可以因为某些物理、化学或其他因素而显著提高。凡是能够显著提高基因突变频率的物理、化学或其他因素均可以称为诱变剂。

① 物理诱变剂　包括紫外线、X 射线、γ 射线、快中子、激光和超声波等。

紫外线：是波长在 136～390nm 的光波。虽然其波长范围较宽，但诱变的有效范围通常为 200～300nm，其中又以 260nm 的诱变效果最好。这主要是由于紫外线的作用光谱与核酸吸收光谱一致。紫外线的生物学效应主要是使 DNA 分子在两条链间或链内形成胸腺嘧啶二聚体，从而影响 DNA 的复制，导致突变的发生。

电离辐射：常用于微生物诱发突变的电离辐射有快中子、X 射线和 γ 射线等。当这几种高能电磁波照射微生物细胞后，能产生电离作用，造成 DNA 分子化学键的断裂、碱基的缺失和染色体畸变等，从而引起突变体的产生。

② 化学诱变剂　化学诱变剂的种类很多，从简单的无机化合物到复杂的有机化合物都能引起诱变效应，如金属离子、高分子化合物、农药、染料、碱基类似物等。虽能诱发突变的物质很多，但效果较好的只有其中少数。由于化学诱变剂用量少、操作简单、诱变效果好，所以在微生物育种中应用较多。其中，以碱基类似物与烷化剂最为常用。

碱基类似物：碱基类似物是一类与 DNA 分子中的嘧啶、嘌呤碱基化学结构相类似的物质。如 5-溴尿嘧啶、5-氟尿嘧啶等，它们的作用是替代碱基进入 DNA 分子中，不影响 DNA 的复制，但会造成碱基配对的错误，从而引起突变的发生。

烷化剂：烷化剂是一类相当有效的化学诱变剂，因具有一个或多个活性烷基，能与 DNA 分子中的碱基，特别是鸟嘌呤发生烷基化作用，从而改变 DNA 的分子结构，引起突变。

由烷化剂引起的突变机制目前还不是很清楚。有人认为，其作用机制与碱基类似物相似，即引起了碱基的转化或颠换；还有人认为是由于烷基化作用造成的脱嘌呤的作用，造成了 DNA 的缺损，进而引起了突变体的产生。

(3) 诱变育种的步骤　以人工诱变为基础的微生物诱变育种不仅能提高菌种的生产性能，而且能改变产品的质量、扩大品种和简化生产工艺等。从方法上讲，它具有方法简便、工作速度快和效果明显等优点。因此，虽然目前在育种方法上，杂交、转化、转导以及基因工程、原生质体融合等方面的研究都在加快，但诱变育种仍是比较主要、广泛使用的手段。

诱变育种主要包括诱变和筛选两大步骤，其中诱变过程包括：出发菌株的获得、单孢子或单细胞悬浮液的制备、诱变剂及诱变剂量的选择、诱变处理等。

① 出发菌株的获得　出发菌株一般主要可以从以下三个方面获得：

a. 自然界直接分离得到的野生型菌株。这些菌株的特点是它们的酶系统完整，染色体或 DNA 未损伤，但它们的生产性能通常很差。通过诱变育种，它们正突变的可能性很大。

b. 经历过生产条件考验的菌株。这些菌株具有一定的生产性状，对生产环境有较好的适应性，正突变的可能性很大。

c. 已经历多次育种处理的菌株。这些菌株的染色体已有较大的损伤，某些生理功能或酶系统有损伤，产量性状已经达到了一定的水平。它们负突变的可能性很大，可以正突变的位点已经被利用，继续诱变处理很可能导致产量下降或死亡。

此外，出发菌株还可以从菌株保藏机构购买。

一般可选择野生型菌株或经历生产考验的菌株，其中经历生产考验的菌株较佳，因为已证明它可以向好的方向发展。

② 单孢子或单细胞悬浮液的制备　在诱变育种中，进行诱变处理的细胞必须是单细胞或单孢子的悬浮液状态，这样可使细胞或孢子均匀接触诱变剂，避免长出不纯菌落。单孢子或单细胞悬浮液是直接供诱变处理的，其质量将直接影响诱变效果。用于制备单孢子或单细胞悬浮液的斜面培养物要年轻、健壮，而且要用新鲜的斜面培养物来制备单孢子或单细胞悬浮液。具体制备方法为取新鲜的斜面培养物，加入无菌生理盐水或无菌水，将斜面孢子或菌体刮下，然后倒入装有玻璃珠的三角瓶中振荡，再用滤纸或药棉过滤，即可得到单孢子或单细胞悬浮液。

③ 诱变剂的选择　一般来说，诱变剂的选择主要是根据已经成功的经验，诱变作用不但取决于诱变剂，还与菌种的种类和出发菌株的遗传背景有关。主要可分为以下三个方面：

a. 根据诱变剂作用的特异性来选择诱变剂。选择诱变剂要注意，诱变剂主要是对 DNA 分子上的某些位点发生作用，如紫外线的作用主要是形成嘧啶二聚体；亚硝酸主要作用于碱基上，脱去氨基变成酮基；碱基类似物主要取代 DNA 分子中的碱基；烷化剂亚硝基胍对诱发营养缺陷型效果较好；移码诱变剂诱发质粒脱落效果较好。

b. 根据菌种的特性和遗传稳定性来选择诱变剂。对遗传性稳定的菌种，可以采用以前尚未使用的、突变谱宽、诱变率高的强诱变剂；对遗传性不稳定的菌种，可以先进行自然选育，然后采用缓和的诱变剂进行诱变处理。对经过长期诱变后的高产菌株，以及遗传性不太稳定的菌株，宜采用较缓和的诱变剂和低剂量处理。选择诱变剂和诱变剂量，还要考虑选育的目的。筛选具有特殊特性的菌种或要较大幅度提高产量，宜采用强诱变剂和高剂量处理。对诱变史短的野生型低产菌株，开始时宜采用强诱变剂、高剂量处理，然后逐步使用较温和诱变剂或较低剂量进行处理。

c. 参考出发菌株原有的诱变系谱来选择诱变剂。诱变之前要考察出发菌株的诱变系谱，详细分析、总结规律。要选择一种最佳的诱变剂，同时要避免长期用同一种诱变剂。

④ 诱变剂量的选择　诱变的最适剂量应该是使所希望得到的突变株在存活群体中占有最大的比例，这样可以提高筛选效率和减少筛选工作量。

诱变剂对产量性状的诱变作用大致有如下趋势：处理剂量大，杀菌率高，负变株多，正变株少，但在少量正变株中有可能筛选到产量大幅度提高的菌株；处理剂量小，杀菌率低，正变株多，但要筛选得到大幅度提高产量的菌株的可能性较小。诱变剂剂量的控制：化学诱变剂主要通过调节诱变剂的浓度、处理时间和处理条件（温度、pH 值）来控制剂量；物理诱变剂可以通过控制照射距离、时间和照射条件（氧、水等）来控制剂量[4]。

⑤ 诱变处理　诱变处理主要包括以下两个方面：

a. 诱变剂的处理方式。诱变剂的处理方式有单因子处理和复合因子处理两种方式。单因子处理是指采用单一诱变剂处理出发菌株；而复合因子处理是指两种以上诱变剂诱发菌体突变。复合因子处理又可分为如下几种方式：两个以上因子同时处理；不同诱变剂交替处理；同一诱变剂连续重复使用；紫外线光复合交替处理。复合因子处理时需要考虑两个问题，即诱变剂处理时间与诱变效应的关系以及诱变剂处理先后和协同效应问题。一般来说，低浓度、长时间处理比高剂量、短时间处理效果好；先用弱诱变因子后用强诱变因子往往是比较有效的。

b. 诱变剂的处理方法。诱变剂的处理方法可以分为直接处理方法和生长过程处理方法。直接处理方法是指先对出发菌株进行诱变处理，然后涂平板分离突变株。生长过程处理方法适用于某些诱变率强而杀菌率低的诱变剂，或只对分裂 DNA 起作用的诱变剂。生长过程处理方法通常采用以下几种具体做法：一是将诱变剂加入培养基中涂平板；二是先将培养基制成平板，再将诱变剂和菌体加入平板；三是摇瓶振荡培养处理，即在摇瓶培养基中加入诱变剂，经摇瓶培养后涂平板。

⑥ 影响突变率的因素

a. 菌体遗传特性和生理状态。各种菌种因遗传特性不同对诱变剂的敏感性也不一样。另外，菌种的生理状态也明显影响突变率，有的诱变剂仅使细胞复制时期的 DNA 发生变化，对静止期、休眠期细胞不起作用，如碱基类似物；而紫外线、电离辐射、烷化剂、亚硝酸等不仅对分裂细胞有效，对静止状态的孢子或细胞也能引起基因突变。

b. 菌体细胞壁结构。菌体细胞壁结构也会影响诱变效果。丝状菌孢子壁的厚度及所含蜡质会阻碍诱变剂渗入细胞，减弱诱变剂与 DNA 发生作用。因此，要提高丝状菌的诱变效果，可以先将孢子培养至萌发再进行诱变处理[7]。

⑦ 培养条件与环境条件

a. 预培养和后培养。一个菌株在诱变剂处理前，通常要进行预培养，特别是细菌和放线菌。在预培养中加入一些咖啡因、蛋白胨、酵母膏、吖啶黄、嘌呤等物质，能显著提高突变频率。反之，如在培养基中加入氯霉素、胱氨酸等还原性物质，会使突变率下降。后培养是指诱变后的菌悬液不是直接分离涂平板，而是先转移到营养丰富的培养基中培养数代后再涂平板进行分离。进行后培养的主要原因是诱变处理后发生的突变，要通过修复、繁殖，即 DNA 复制，才能形成一个稳定的突变体。用于后培养的培养基，营养成分对突变体的形成和繁殖产生直接影响。一般在培养基中加入适量的酪素水解物、酵母膏等富含各种氨基酸、碱基和生长因子的营养物质，可以提高突变率和增加变异幅度。后培养的另一个作用是：根据突变体表型延迟现象，在诱变和筛选之间培养一定时间，使各种表型都有充分表达的机会。

b. 温度、pH 值、氧气等外界条件对诱变效应的影响。温度对诱变效应的影响是随菌种特性和诱变剂种类不同而异。化学诱变剂的反应速率在一定范围内随温度的提高而加速，但同时也要兼顾菌种本身对温度的生理要求。化学诱变剂需要在最适且稳定的 pH 值下才能表现出良好的诱变效果。辐射的诱变效果与是否供氧有密切的关系，在有氧的条件下诱变效果较好。

c. 平皿密度效应。诱变处理后的菌悬液分离于培养皿上的密度要适中，不能过密，因为菌落生长过密会影响突变体的检出。另外，有研究表明，随着加入平皿中原养型菌株数量的增加，营养缺陷型的回复突变概率将减少[7]。

(4) 高通量筛选 微生物育种工作技术包括构建突变菌种库和菌种筛选两个主要任务。菌株筛选是微生物菌株选育中非常关键的一部分。所谓筛选，就是应用精心设计的各种模型，在成千上万个突变的微生物中，将所需要的菌株鉴别出来。虽然菌种选育在提高微生物产物产量和纯度、改变菌株性状、改善发酵过程、改变合成途径获得新产品等方面具有重要作用，可是在诱变育种过程中，经诱变产生高产菌株的频率很低，因此提高育种效率的一个重要方面就是扩大筛选量，而现有的菌种筛选如随机筛选、理化筛选等都具有烦琐、耗时、耗资、劳动强度大等缺点。因此，需要改进并提升我国微生物生产菌种的筛选技术水平。可以说筛选是决定菌种选育成败的一个关键步骤[8]。

高通量筛选（high throughput screening，HTS）技术是 20 世纪 80 年代发展起来的一种用作新化合物开发及目的菌种选育等方面的高新技术，伴随着组合化学、微芯片技术和基因组学的发展而高速发展。近几年随着高通量筛选技术不断发展和成熟，用于微生物菌种筛选的高通量技术和装置研究引起微生物技术研究者的极大兴趣。

以微孔板为操作平台的高通量技术最早于 1951 年引入，主要用于分析性试验，后来又用于药物诊断、工业新药物的开发、组合化学及生物技术等，由于具备微量、高效、灵敏、准确、可重复等特点，成为药物筛选的重要技术手段。基于高通量筛选技术是以微孔板为实验工具载体，以自动化操作系统来执行试验过程，以灵敏快速的检测仪器采集试验数据，以计算机对试验数据进行分析处理，同一时间内可对数以千万的样品检测，并以相应的数据库支持整个系统运转的技术体系，因此，我们要建立的微生物高通量筛选平台可以说是众多前沿技术的大整合，需要系统地运用现代信息技术、自动化技术[9]。

近年来的芯片技术发展很快，出现了高通量菌种筛选和过程优化的微型生物反应器，但微孔板在生物医药研究中仍扮演着不可替代的角色。然而，从现行的几十毫升甚至上百毫升的大体积摇瓶培养转换到只有几毫升甚至几微升的微孔板中，如何满足菌体生长和产物生成不受影响，这是高通量筛选首要解决的技术问题。另一个需要克服的技术瓶颈是：与高通量培养配套的高通量产物检测技术。即使之前的培养实现了高通量，后续的分析不能配套实施，仍然无法体现高通量的优势。现在用于高通量的检测仪器已可以进行可见光、紫外光、荧光比色，也可以进行同位素放射活性测定和生物发光、化学发光等多方面的测定，目前比较新的技术有：时间分辨荧光分析、时间分辨荧光能量传递分析方法等，这样高灵敏检测方法的出现，使精确检测几十微升甚至几微升的样品中的变化成为可能。

一套完整的微生物菌种高通量筛选装备体系包括四个系列，分别承担整套高通量筛选技术流程中不同环节的技术任务。包括：a. 遗传多样性微生物菌种库制备系列，有自动化培养基制备分装系统、高通量单克隆制备系统、单克隆识别与拾取系统，完成单克隆构建、涂布、识别、挑选与平板制备任务；b. 微生物高通量培养系列，有多功能阵列化高通量培养系统、表型微阵列系统、多参数监测微型反应器系统和微流控芯片，实现大规模菌种培养和高产菌种工艺开发与优化研究；c. 微量样品自动化处理系列，有实现培养基分装、转移、合并、菌种复制、转移接种等功能的自动化液体处理工作站和微生物代谢产物阵列式微生物分析系统以及高通量细胞裂解技术与装置；d. 目标产物与参数分析系统，有基于光测量和微孔板阅读器、高通量质谱仪、傅里叶变换红外光谱、非接触式光化学传感器和一个数据集成管理平台。需要注意的是，筛选流程中涉及的所有环节的装备和技术需要有机匹配，才能真正实现菌种的高通量筛选，筛选通量的高低决定于整个流程中通量最低的一步，因此这些产品的开发需要同步进行[9,10]。

高通量筛选一般可分为细胞相筛选与非细胞相筛选，前者主要包括：Microbead-FCM联合筛选、放射免疫性检测、荧光检测、闪烁接近检测、酶联免疫吸附检测等；后者则包括：选择性杀死策略、离子通道检测、报告基因检测以及生物表型筛选等。高通量筛选技术极大地提高了对目标菌株、目标分子、活性物质以及前导药物的筛选速度。当前高通量筛选技术进一步向着高内涵筛选技术发展。高内涵筛选技术是生物学、分析软件、自动化控制以及显微观测技术最新发展的综合运用，高内涵筛选技术的出现彻底改变了以细胞为基础的靶目标的确认、二次筛选、前导化合物优化和结构活性分析的传统方法。随着科技的发展，高通量筛选技术将不断向着微型化、自动化、高效化、低廉化和微量化方向发展。微生物培养的基本条件必须有能满足其生长和产物合成所需的养分及适合的环境条件[9,10]。

1.5.1.3　代谢工程与系统生物学在微生物育种中的应用

传统的诱变育种仍是目前发酵工业菌种选育中最常用的育种技术，以基因工程技术为主的多元化育种方式的发展，为代谢途径操作引入了全新的理念和方法，使代谢工程得以发展。代谢工程（metabolic engineering），又称途径工程（pathway engineering），是指利用生物学原理，系统地分析细胞代谢网络，并通过 DNA 重组技术合理设计细胞代谢途径，通过遗传修饰，完成细胞特性改造的应用性学科。1974 年，Chakrabarty 在假单胞菌属的两个菌种中分别引入几个稳定的重组质粒，从而提高了对樟脑和萘等复杂有机物的降解活性，这成为代谢工程技术的第一个应用实例。代谢工程的概念是 1991 年由生化工程专家 James E. Bailey 首次提出的[11]。

代谢工程的主要目标是识别特定的遗传操作和环境条件的控制，以增强生物技术过程的产率及生产能力，或对细胞性质进行总体改造。在代谢工程发展的初期，代谢工程首先从分析细胞代谢网络结构着手，依据已知的生化反应找到代谢过程中的节点；然后采取合适的分子改造方法进行遗传改造，从而调整细胞的代谢网络；最后对改造后的细胞生理、代谢等状态进行综合分析，确定后续代谢工程的相关工作。经典的系统代谢工程的策略有以下 3 个步骤：

a. 构建起始工程菌。分析了局部代谢网络结构后，对其代谢途径进行改造，优化细胞生理性能等。

b. 基因组水平系统分析和计算机模拟代谢分析。通过高通量组学分析技术的使用，可以将能提高细胞发酵性能的基因和代谢途径有效地鉴定出来。

c. 对工业水平发酵过程进行优化，使目的产物代谢达到较高的工业化生产水平[4]。

代谢工程在工业微生物育种领域的应用，主要体现在以现代基因工程技术为优化手段，对微生物进行定向的改造，集中于细胞代谢流的控制，以提高目的代谢物的产量或产率。根据微生物的不同代谢特性，代谢工程的应用主要表现在以下三个方面：扩展代谢途径、重新分配代谢流和转移或构建新的代谢途径[5]。

系统生物学研究的是一个生物系统中包括基因、蛋白质、代谢产物等所有组分构成以及各组分之间的相互关系，是以整体性研究为特征的一门科学，其最大的特点是全域性，克服了随机诱变育种和定向代谢工程育种的局限。这种全域性的研究可以发掘微生物生物合成的调控基因，为菌种改进、重构微生物基因组及表达调控系统提供更全面的理论基础。系统生物学技术是以宏大的微生物基因组信息为基础，包括基因组学、转录组学、蛋白组学、代谢组学和代谢流组学等主要分析手段。系统生物学技术在微生物育种中的研究策略，首先是构建出一个假设的系统模型，预测基因相互作用、代谢途径以及细胞内和细胞间的作用机理等。然后通过改变基因或外部生长条件，在转录、翻译和代谢等水平，观测细胞对这些改变所做出的响应。整合试验数据并与模型预测结果进行比较，修订假设的模型。根据修正后模型的预测或假设，设定和实施新的试验方案，经过多次的试验、信息比较整合、修订建立新的模型，直至得到一个理想的模型，使其理论预测能够反映出生物系统的真实性[3,7]。

1.5.2 工业微生物培养基

微生物要有适当的养分才能生长和合成所需产物。不同微生物对养分有不同要求。对自养菌来说，其养分需求很简单，它们从一些无机物中吸取所需养分便能生长。而工业微生物绝大多数是异养菌，它们能消化有机物，从中获得合成生物高分子的单体和能量。所有微生物都需要水、碳源、氮源、矿物盐和微量元素；好氧微生物还需氧气，有的菌还需某些生长因素[12]。

一种培养基是否合理对发酵生产影响很大，对培养基的配方必须予以优化，大规模发酵经常采用来源丰富和价廉质优的培养基，还应满足以下要求：

① 能获得最大的产率（$g \cdot L^{-1} \cdot h^{-1}$）和得率（g 产物·$g^{-1}$ 基质），最高产物浓度（$g \cdot L^{-1}$ 或 $U \cdot mL^{-1}$），最大发酵指数（kg 产物·m^{-3} 罐容量·h^{-1} 发酵周期）和最少副产物。

② 原料来源丰富，价格便宜，加工方法简单，贮存质量稳定。

③ 对发酵操作和下游处理过程，如提取、废物及废水处理等不会带来重大影响。

另外，培养基的选择还要考虑菌种的性能，灭菌条件，生物反应器的类型，发酵过程中对 pH 值、溶解氧的影响和泡沫的形成及对菌的形态和传递特性的影响，等等。

1.5.2.1 培养基的种类

培养基按其组成物质的纯度、状态和用途进行分类。

按纯度可分为合成培养基和天然（复合）培养基。前者的化学成分明确、稳定，适用于菌种基本代谢和发酵过程中物质变化的研究工作；后者在工业生产中广泛应用。其特点是，来源丰富，价格低廉，一般无需添加微量元素或生长因素等；但成分复杂，若不控制原料质量，会影响生产的稳定性。

按状态可分为固态、凝胶态和液态培养基。固态培养基主要用于菌种培养、孢子制备和有子实体的真菌类，如香菇等的生产，常用麸皮、大米、木屑、米糠和琼脂等。凝胶态培养基主要用于鉴定菌种，观察细菌运动特性及噬菌体效价滴定等，在液态培养基中加入少量琼脂便可制得。液态培养基主要用于大规模生产，其中含 $80\% \sim 90\%$ 的水，并含有可溶性固体成分。

1.5.2.2 培养基的组成和各成分的作用

在考虑培养基组成时需先对细胞的组成有所了解。细胞的元素组成，不外有以下几种：C、N、H、O、P、S、K、Na、Ca、Mg、Fe 和氧化物以及若干微量元素（如 Zn、Cu、Mn、Co、Mo、B 等），见表 26-1-5。由表可见，培养基中至少含有以上成分才能满足微生物生长的需求。

表 26-1-5　各种微生物的元素组成（以细胞干重计）　　　　单位：%

微生物	C	N	P	S	K	Na	Ca	Mg
细菌	50~53	12~15	2.0~3.0	0.2~1.0	1.0~4.5	0.5~1.0	0.01~1.1	0.1~0.5
酵母	45~50	7.5~11	0.8~2.6	0.01~0.24	1.0~4.0	0.01~0.1	0.1~0.3	0.1~0.5
真菌	40~63	7~10	0.4~4.5	0.1~0.5	0.2~2.5	0.02~0.5	0.1~1.4	0.1~0.5

从物料衡算式：碳能源＋氮源＋矿物盐－菌体＋产物＋CO_2＋H_2O－热，可大致计算生产一定量的菌体和产物所需的最低养分需求量。一般，求得的 P 和 K 量总是比实际用量少得多；而 Zn、Cu 的需要量则和实际加入的相近。有的微生物不能合成某种生长因子，如氨基酸、维生素或核苷酸，必须以纯化合物或复合物形式补充。以下分别介绍培养基各要素的作用和对生长、生产的影响。

(1) 碳能源 是指糖和多糖以及油脂等化合物，其分解代谢可为生长和产物合成提供碳架和生物能，如 $NADH_2$、$NADPH_2$、ATP 等。在发酵中广泛采用玉米、谷物、薯类和土豆等，可以以全粉或淀粉形式加入。此外还有各种双糖和单糖，如从甘蔗或甜菜制得的蔗糖。淀粉水解得到的有葡萄糖，或用制糖时结晶母液浓缩的糖蜜，乳糖及乳清粉也可用作碳源。高品油除作为消沫用外，也可作为碳源，如玉米油、豆油、棉籽油、蓖麻油、棕榈油和橄榄油等。此外，醇类、简单有机酸和烷烃等也可作为某些菌种的碳源。用这种碳源可简化随后的回收和纯化过程。如用正烷烃来生产有机酸、氨基酸、酶、核酸和维生素等。

碳能源对产物合成的影响：高浓度的葡萄糖或高比生长速率会引起糖代谢的 Crabtree 效应，即在有氧存在下酵母会进行有氧发酵，产生乙醇。这说明正是碳源的代谢速率而不是碳源的化学性质影响着代谢的方向。易利用的糖在高浓度时也会影响次级代谢物的生产，如链霉素、放线菌素、青霉素、螺旋霉素和灰黄霉素等，现代发酵工业可用流加葡萄糖的方式来克服以上的影响。

(2) 氮源 氮源的作用主要是提供合成氨基酸和碱基等所需的氮，可以以无机氮如 NH_4^+ 盐的形式或氨基酸的形式提供。常用的无机氮有硫酸铵、硝酸钠等。这些无机氮源是生理酸性或碱性盐，如硫酸铵是生理酸性的，硝酸钠是生理碱性的。常用的有机氮和复合氮源，有尿素、氨基酸、蛋白胨、玉米浆、黄豆饼粉、花生饼粉、棉籽饼粉、蚕蛹粉、鱼粉、酵母膏等。

氮源对产物合成的影响：有的酶，如硝酸还原酶受 NH_3 的阻遏。NH_4^+ 才会阻遏真菌对氨基酸的吸收，影响细菌对碱性和中性蛋白酶的合成。一般菌优先同化一种组分，直到耗竭为止。因此，使用氮源混合物时个别氮组分会影响代谢调节。抗生素的发酵对氮源较挑剔。如黄豆粉是多烯抗生素发酵的好氮源。因其养分比较平衡，磷含量低，蛋白质水解缓慢。这种氮源有助于在生长期便打下高产的基础。玉米浆是青霉素的好氮源，因它含有青霉素侧链的前体——苯乙酰胺，且蛋白质的缓慢水解与菌对其分解产物的利用协调。氮源还能调节赤霉素中各组分的比例。对灰黄霉素生产来说，氮源的最适浓度随种子的质量和发酵罐的形式而变。故在培养基筛选时必须考虑上述因素。表 26-1-6 列出次级代谢物发酵常用的氮源。有关玉米浆、棉籽饼粉等的氨基酸组成见表 26-1-7。

表 26-1-6 用于若干次级代谢产物的氮源

产物	主要氮源	产物	主要氮源
阿维菌素	黄豆饼粉、酵母膏	四环素类抗生素、杆菌肽	花生饼粉
达托霉素	豆饼粉	螺旋霉素	鱼粉
万古霉素	棉籽饼粉	阿霉素	棉籽饼粉
卡泊芬净	棉籽饼粉	洛伐他汀	豆粕
青霉素	玉米浆		

表 26-1-7　玉米浆、Pharmamedal（脱棉酚的棉籽粉）的氨基酸组成

单位:%（以总氮计）

氨基酸	玉米浆	Pharmamedal	氨基酸	玉米浆	Pharmamedal
丙氨酸	25	3.8	赖氨酸		3.0
精氨酸	8	7.1	色氨酸		0.5
谷氨酸	8	3.5	天冬氨酸		7.5
亮氨酸	6	3.5	丝氨酸		17.4
脯氨酸	5	3.8	甘氨酸		3.7
异亮氨酸	3.5	2.9	酪氨酸		3.1
苏氨酸	3.5	2.9	组氨酸		2.2
缬氨酸	3.5	4.0	总固体	51	98
苯丙氨酸	2.0	4.9	游离还原糖	5.6	1.2
甲硫氨酸	1.0	1.6	水解还原糖	6.8	24.1
胱氨酸	1.0	1.4			

（3）矿物盐　许多培养基含有 Mg、P、K、S、Ca、Cl 等的无机盐，其他如 Co、Cu、Fe、Mn、Mo 和 Zn 等微量元素也不可缺少，但在复合培养基中它们往往作为杂质存在，无需补充。配制合成培养基时需添加这些微量元素。其添加量（%）：$FeSO_4 \cdot 4H_2O$ 0.01～0.1；$MnSO_4 \cdot H_2O$ 0.01～0.1；$ZnSO_4 \cdot 8H_2O$ 0.1～1.0；$CuSO_4 \cdot 5H_2O$ 0.003～0.01；$Na_2MoO_4 \cdot 2H_2O$ 0.01～0.1。单个或多个矿物盐的浓度对某些品种发酵是很关键的。多数次级代谢产物发酵对无机磷的耐受力在生产期比生长期低。高浓度的磷会影响四环素、链霉素、力复霉素、多烯抗生素、新生霉素、万古霉素、紫霉素、瑞斯托霉素、单霉素、杆菌肽、麦角生物碱的生产。但双环霉素（bicyclomycin）要在较高磷浓度下才能生产。Ca 间接促进链霉素的生产。对含氯的抗生素，发酵时培养基需含有 Cl^-。

（4）维生素　许多天然碳源及氮源含有所需维生素，如缺少一种可考虑添加纯的。醋的生产需泛酸钙，谷氨酸生产需生物素，有的生产菌种需硫胺素，等等。

（5）缓冲剂　pH 的控制对生产很重要，可在基础培养基中加入缓冲剂。如加入 $CaCO_3$，可使许多培养基缓冲在 pH7.0 左右。磷酸盐在培养基内也起缓冲作用。碳、氮源在培养基中的平衡也可作为调节 pH 的基础，因蛋白质、肽和氨基酸等对 pH 也有一定的缓冲作用。

（6）前体和代谢调节剂

① 前体　是指加入的化合物能在生物合成过程中直接结合到产物分子中去，而其自身并无多大变化的物质，产物产量往往会因前体的加入而有较大的提高。例如在青霉素发酵生产中，最早用的前体是青霉素的侧链。这是从玉米浆能增加青霉素发酵单位中发现的。因它含有苯乙胺，为苄青霉素的前体。据此，发酵过程中控制前体加入量，并维持适当的浓度是青霉素生产的关键之一。表 26-1-8 列出某些发酵过程用到的前体。

表 26-1-8　工业上常见的前体

产物	前体	产物	前体
青霉素 G	苯乙酸等	维生素 B$_{12}$	钴化物
青霉素 O	烯丙基-巯基乙酸	丝氨酸	甘氨酸
青霉素 V	苯氧乙酸	色氨酸	吲哚、氨茴酸
链霉素	肌醇、精氨酸	灰黄霉素	氯化物
金霉素	氯化物	异亮氨酸	D-苏氨酸
红霉素	丙酸、丙醇	苏氨酸	高丝氨酸

② 抑制剂　在发酵中加入某种抑制剂可形成特定产物或代谢中间体。用微生物进行甘油生产便是其中一例。如发酵液中加入硫酸氢钠会形成乙醛硫酸氢钠，因 NADH$_2$ 不再重新还原乙醛，而还原磷酸二氢丙酮，生成 3-磷酸甘油，再转化为甘油。若干抑制剂的应用见表 26-1-9。大多数情况下抑制剂能提高产率和减少不需要的产物。如在四环素发酵期间加入溴化剂会抑制金霉素的产生。抑制剂也用于影响细胞壁的结构，增加代谢物的分泌。最典型的例子是谷氨酸生产中有时使用青霉素和表面活性剂以增加产量。

表 26-1-9　某些产物的抑制剂

产物	被抑制的产物	抑制剂
链霉素	甘露糖链霉素	甘露聚糖
去甲链霉素	链霉素	乙硫氨酸
四环素	金霉素	溴化物、硫脲
去甲金霉素	金霉素	硫/磺化合物、乙硫氨酸
头孢霉素 C	头孢霉素 N	L-蛋氨酸
利福霉素 B	其他利福霉素	巴比妥药物

③ 诱导物　大多数工业用酶均是可诱导的，但只有在其周围存在诱导物或其结构类似物的情况下，诱导酶才会合成。如葡萄糖氧化酶在生物合成时需要诱导物——葡萄糖；蛋白酶的生产应在高浓度蛋白质和适量糖浓度下进行，因糖常引起分解代谢物阻遏作用。在链霉素生产中加入酵母聚甘露糖（mannan）可诱导灰色链霉菌产生 α-甘露糖苷酶，后者能把甘露糖链霉素降解为链霉素，从而提高链霉素的发酵单位[11]。表 26-1-10 列举了需诱导物的酶生产的例子。

表 26-1-10　工业用酶时的诱导物

酶	诱导物	微生物
几丁质酶	几丁质、纤维素	链霉菌
壳聚糖酶	壳聚糖	放线菌
纤维素酶	纤维素	里氏木霉
果胶酶	果胶	曲霉
α-淀粉酶	淀粉、麦芽糖	黑曲霉
半乳糖苷酶	乳糖	大肠杆菌

（7）消沫剂　可作为消沫剂的化合物有醇类、油脂、脂肪酸及其衍生物、硅酮、磺酸

酯，其他如聚丙二醇。一般，工厂发酵多采用油脂作为消沫剂。它既可消沫又可作为碳源被菌体利用。油脂的分解代谢物还可作为抗生素的前体。油脂的消沫效率和持久性比某些化学消沫剂如硅酮低。通常在发酵前期尽量少加或不加消沫剂。发酵过程加油过量，会剧烈降低氧的传质速率。油还会将细胞裹住，影响菌的呼吸、养分的吸收和代谢物的排泄。

1.5.3　微生物生长和生产条件

发酵过程中影响生产的因素很多，且各种因素间相互制约。一个好的菌种如果没有适当的培养基和发酵条件，其生产潜力便不能得到发挥。低产菌种和高产菌种对培养基、发酵条件有不同要求。要使菌种的生产性能得到充分表达，还必须对其产物生物合成机理，对菌的生长、代谢调节机制有所了解。这样才能对症下药，调节和优化各种参数，使之充分发挥高产菌种的生产潜力[13~15]。下面介绍影响发酵的各种因素和如何控制生长和生产条件。

（1）菌量的控制　发酵产物是由菌体生产的。如果菌体本身是生产对象，发酵往往是成本的主要方面，发酵的目标当然追求高产率、得率和细胞浓度。若产物是细胞的代谢产物，如酶、氨基酸、有机酸或次级代谢物，则菌体有一最适浓度。从式（26-1-1）可见，发酵时不是菌体浓度越高，产量就越大，因菌体浓度过高常会使比生产速率 q 下降，而达不到预期效果。

$$Q = qX \qquad (26\text{-}1\text{-}1)$$

式中，Q 为体积产率，g 产物·L^{-1}·h^{-1}；q 为比生产速率，g 产物·g^{-1}菌·h^{-1}，代表菌的生产能力；X 为菌体浓度，$g \cdot L^{-1}$。此外，发酵前期比生长速率的控制也十分重要，前期比生长速率过高，如青霉素发酵中，虽然抗生素起步单位较高，但常后劲不足，菌易衰老，最终发酵单位仍不高。

据此，测定发酵过程中菌体浓度的变化很有必要。对液体培养基的单细胞培养可用比浊法、细胞计数器或平板活体计数法；对丝状菌可用干重法；对含不溶性固体的发酵液，菌体浓度测定迄今仍未有理想的办法，曾试过测定菌体中的总核酸或 DNA 含量来代表生长；用氧耗速率或 CO_2 释放速率与菌体浓度关联；由测定的糖含量、溶氧值、排气 O_2 和通气量，通过物料衡算也可估算菌体浓度。后一方法无需取样，能在线监控[16]。

（2）温度和发酵热的监控　微生物生长和发酵需在适当的温度下进行。不同品种发酵和同一品种发酵在不同发酵阶段都有其最适的温度。一般，产物合成的适合温度范围比生长的要窄。对生长来说，过高的培养温度虽然其生长速率高，但死亡速率也加快，养分、特别是氧易耗竭。究竟控制在怎样的温度范围内，主要取决于各种分解代谢和合成酶的需要以及培养基的成分是否易于消化。此外，有些产物对热敏感，如青霉素生产，在发酵过程中采用变温发酵，即前期温度高些，中期温度低些，放罐前再提高罐温，这样温控可比常温发酵时的发酵单位高。

在发酵过程中，菌体生长和养分分解代谢会产生热量，称为生物热或发酵热，可通过系统的热量平衡测定。

实测得知，抗生素发酵的最大发酵热为 12.56~20.93kJ·m^{-3}·h^{-1}。从发酵热可大致估计发酵的剧烈程度。在生长期释放的发酵热与菌量有一定关系。如在新生霉素发酵前期（0~38h），热量的产生与菌的生长关系对应得很好。但在生产期，热量继续以 0.4kJ·g^{-1}·h^{-1} 的速率产生，而此时菌体的增长却中止。热量的产生与葡萄糖的消耗、抗生素的合成相关，每克葡萄糖的消耗相当于 20mg 新生霉素的产生。因此，发酵热也可用于监测菌的生长与产物的形成。

(3) 溶解氧浓度 在好氧发酵过程中，发酵液中溶解氧浓度（DO）的高低对菌的生长和产物合成关系重大。如 DO 下降到最低允许值［称为临界氧浓度（DO_{cris}）］时，则生长和产物的形成将受到限制。因此，在发酵过程中必须满足菌对 DO 的要求，一般，维持 DO 不低于 $2DO_{cris}$ 就足够了，过高的 DO 不仅浪费动力，且对某些产物的合成不利。因有不少酶的活性中心含—SH 基，过高的 DO 会引起合成酶的钝化，使菌种生产能力过早衰退。

影响 DO 值的因素很多，可从氧的供需角度考虑。提高供氧水平可通过增加氧分压，提高通气量、搅拌转速和搅拌输入功率（P/V）以及减少培养液的黏度等手段达到。

一般，抗生素发酵需在过程中加糖、补料、通氨、补水、加前体或抑制剂，这会影响菌对氧的需求。一次加糖、补料或加油过量会使 DO 迅速下降，故加糖的次数、数量、方式和时机需根据 DO 水平和其他参数而定。在监控水平较高的条件下，根据生产和 DO 情况来流加养分比较合理，可取。

DO 不仅是生产控制的重要参数，在发酵过程中 DO 的变化也可作为菌生长、生理和生化活动的表征。在供氧不变情况下，DO 不断下滑，说明菌的呼吸旺盛，后期 DO 上升说明菌的代谢活力下降，并可能伴随菌的自溶。在没有人工干预下，DO 突然下降或上升意味着发酵的不正常，有可能发生染菌，遭遇噬菌体侵袭或搅拌失灵、漏油等情况。因此，在发酵罐中安装 DO 电极，无疑对工艺控制和生产技术管理大有帮助。

(4) pH pH 是溶液中氢离子浓度的负对数。发酵过程中 pH 是一重要参数。各品种发酵和不同发酵阶段均有其适合的 pH 范围，使在此范围内与生长和产物合成有关的各种酶的活性较强。发酵过程中 pH 的变化是菌生理、代谢活动的结果，影响过程 pH 变化的因素很多。凡是导致有机酸等酸性物质的积累和碱性物质，如 NH_3 和 $(NH_4)_2SO_4$ 等生理酸性盐中 NH_4^+ 的利用，又如葡萄糖等碳源的迅速转化，会产生许多酸性中间体，都会使发酵液的 pH 值下降。另外，凡是能产生碱性物质和消耗有机酸的均会导致 pH 值的上升，如乙酸钠等生理碱性物质的利用和菌体自溶，氨基酸的碳架被利用产生 NH_3 等。

控制 pH 的办法有多种，可在过程中加酸或加碱来调节，但这不是最好的方法。较好的办法是根据生产菌的特性，在基础培养基中通过碳源与氮源的平衡、生理酸性和生理碱性物质的搭配，加入适量缓冲物质，如磷酸盐或 $CaCO_3$，可有效控制 pH 的变化在一定的范围内。对长周期发酵，如抗生素，也可通过按生理需求加糖来控制。如青霉素发酵过程中当糖不足时，pH 或 DO 会上升，这时流加适量糖水可以使 pH 或 DO 维持在适合范围内。链霉素、土霉素发酵过程常用通 NH_3 办法调节 pH，同时借此补充氮源[17]。

(5) 溶解 CO_2 发酵过程中糖的完全代谢会产生大量的 CO_2，而 CO_2 在水中的溶解度比 O_2 大许多。因此，在发酵生产过程中如不及时排出 CO_2，降低发酵液中溶解 CO_2（DCO）的浓度，则会给菌的生长和生产带来不利的影响。如发酵液中 DCO 浓度为 $1.6 \times 10^{-2} mol \cdot L^{-1}$ 时，会严重抑制酵母菌的生长。有人曾在 $63m^3$ 的发酵罐内改变 p_{CO_2}：改变四环素发酵液中的 DCO，结果表明，p_{CO_2} 为 $0.42 \times 10^3 Pa$ 时，四环素生物合成处于最佳状态。

CO_2 还会影响产黄青霉的形态，利用扫描电子显微镜，将产黄青霉接种到溶解 CO_2 浓度不同的培养基中，当 p_{CO_2} 达 $0 \sim 8\%$ 时，菌呈丝状；p_{CO_2} 达 $15\% \sim 22\%$ 时则菌体膨胀，粗短的菌丝占优势；$p_{CO_2} = 0.8 \times 10^4 Pa$ 时，则出现球状或酵母状细胞，致使青霉素合成受阻，其比生成速率降低 40%。在大规模发酵中 CO_2 的作用将成为突出问题。因发酵罐中 CO_2 分压是液体深度的函数。10m 高的罐中在 $1.01×10^5$ Pa 下操作，底部 p_{CO_2} 是顶部的两倍。

(6) 呼吸商与发酵的关系 所谓呼吸商，简称 RQ，是指发酵过程中 CO_2 的释放速率（CER）与氧的氧耗速率（OUR）之比。

$$RQ = CER/OUR \qquad (26-1-2)$$

CER 和 OUR 可以分别用式(26-1-3) 和式(26-1-4) 求得：

$$CER = Q_{CO_2} X = \frac{F_{进}}{V}\left[\frac{C_{惰}\ C_{CO_2出}}{1-(C_{O_2出}+C_{CO_2出})}-C_{CO_2进}\right]f \qquad (26-1-3)$$

$$OUR = Q_{O_2} X = \frac{F_{进}}{V}\left[C_{O_2进}-\frac{C_{惰}\ C_{O_2出}}{1-(C_{CO_2出}+C_{O_2出})}\right]f \qquad (26-1-4)$$

式中，Q_{CO_2} 和 Q_{O_2} 分别为比二氧化碳释放速率（mol $CO_2 \cdot g^{-1}$菌$\cdot h^{-1}$）和呼吸强度（mol $O_2 \cdot g^{-1} \cdot h^{-1}$）；$X$ 为菌体干重，$g \cdot L^{-1}$；$F_{进}$ 为通气量，mol$\cdot h^{-1}$；V 为发酵液体积，L；$C_{惰}$、$C_{O_2进}$ 和 $C_{CO_2进}$ 分别为进气中的惰性气体、O_2 和 CO_2 浓度（体积分数）；$C_{O_2出}$、$C_{CO_2出}$ 分别为出气中 O_2 和 CO_2 浓度（体积分数）；$f = 273/(273+t_{进})p_{进}$；$t_{进}$ 为进气温度，℃；$p_{进}$ 为进气绝对压力，10^5 Pa。

从式(26-1-3) 和式(26-1-4) 可见，利用红外分析仪和热磁氧分析仪或质谱仪测量进、出气体中 CO_2 和 O_2 的含量，以及进气流量、温度、压强和发酵液体积，便可测定不同发酵时间的 RQ 值。

RQ 可以反映菌的代谢情况。酵母发酵过程中，如 RQ＝1，表示糖代谢走有氧分解代谢途径，仅生成菌体，无其他产物形成；如 RQ＞1.1，表示走酵解途径，生成乙醇；如RQ＝0.93，生成柠檬酸；RQ＜0.7 时，表示生成的乙醇又被当作基质利用。

在实际生产中测得的 RQ 值明显低于理论值，说明发酵过程中存在着不完全氧化的中间代谢物。在青霉素发酵中如同时加入两种碳源：葡萄糖和油，由于后者的不饱和性和还原性，使 RQ 值大大低于葡萄糖为唯一碳源时的 RQ 值。试验结果表明，RQ 值在 0.5～0.7 范围，且随葡萄糖和加油量之比而波动。如在发酵的菌体生长期降低葡萄糖和加油量之比（C/O），并维持加入总碳量不变，结果 CER 和 OUR 上升速度减慢，且菌体浓度增加也缓慢；反之，菌体浓度迅速增加，这说明油不利于菌体生长。借此，油可用于控制生长以及用于菌体维持和产物合成所缺的碳源[18]。

(7) 补料控制 为了避免一次投料量太多而造成细胞长势过猛，并导致耗氧过多，引起分解代谢物阻遏效应，常采用中间补料法。补料法很讲究，要考虑补入哪些成分、配比、方式和时机。合理的补料延长产物合成期并提高产物浓度。

为了提高中间补料的效率，必须选择适当的反馈控制参数，以及了解这些参数对微生物代谢、生长、基质利用与产物形成之间的关系。反馈控制补料的操作有间接和直接法。前者以 DO、pH、尾气中的 p_{CO_2} 以及代谢物质浓度等作为控制参数，后者是直接以限制性养分浓度作为参数，如碳源、氮源或 C＝N 等方式。目前只有少数基质，如葡萄糖、甲醇、乙醇能在线测量。因此，直接法的使用受到限制。

有人做过研究，按菌的生理需要来补料比定时定量方式要好。反馈控制参数可用 pH 或 DO。在发酵后期利用 pH 值变化来控制加糖效果不好；若以 DO 参数为依据，则在整个发酵过程中均有效。补料的速率还取决于设备供氧能力，如图 26-1-3 所示，青霉素的补料速率和发酵单位的关系。

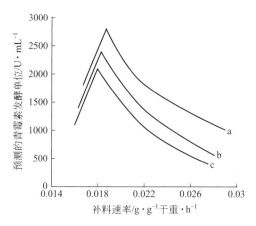

图 26-1-3 补料速率和传质系数 K_{La} 对青霉素发酵单位的影响

a—$K_{La}=400h^{-1}$；b—$K_{La}=100h^{-1}$；c—$K_{La}=80h^{-1}$

当 K_{La} 大时，补料速率可相应大些，同时生产水平也相应提高。不论设备供氧能力如何大，过量补料迟早会引起发酵单位的下跌，只是供氧能力差的，下跌更快。

1.5.4 微生物代谢调节

在微生物的生命活动中，基质的吸收、氧化、从中截留生物能，以及低分子利用和高分子的合成都是高度协调的。为了适应外界环境的千变万化，细胞必须平衡每一代谢途径中各反应的速率和流向各途径的基质的通量。细胞代谢调节的对象是一些关键酶，而一些小分子效应物则起信息传递作用[19~21]。调节的水平分为两种：一是控制酶的合成，如诱导作用和阻遏作用；二是改变已形成的酶的活性，如激活和抑制作用等。

(1) 酶的诱导作用 微生物能利用的碳、氮源很多。如乳糖，分解它需要 β-半乳糖苷酶，这是一种诱导酶，只有在与基质（诱导物）接触下才会诱发此酶的形成，并加快酶合成的速率。这一过程称为酶的诱导作用。诱导作用确保把有限的养分用于最需要的地方，不制造那些暂时用不着的酶。现将若干诱导酶所需的诱导物列于表 26-1-11。

表 26-1-11 若干诱导酶所需的诱导物

诱导酶	诱导物	基质	微生物
淀粉酶	麦芽糊精	淀粉	嗜热芽孢杆菌
支链淀粉酶	麦芽糖	支链淀粉	产气克氏杆菌
葡聚糖酶	异麦芽糖	葡聚糖	青霉属
内多聚半乳糖醛酸酶	半乳糖醛酸	多聚半乳糖醛酸	*Acrocylindrium* sp.
葡萄糖氧化酶	α-甲基葡萄糖苷	葡萄糖	青霉
β-半乳糖苷酶	异丙基-β-D-硫代半乳糖苷	乳糖	大肠杆菌
酯酶	脂肪酸	脂质	白地霉
色氨酸氧化酶	犬尿氨酸	色氨酸	假单胞菌属
组氨酸酶	尿刊酸	组氨酸	产气克氏杆菌
脲羧化酶	脲基甲酸	尿素	酿酒酵母

有些酶不管培养基如何，它们总是伴随生长而形成，这些酶称为组成型酶，换句话说，

它无需诱导物也能形成。组成型酶的合成速率也受到调节，如兼性厌氧微生物，在有氧条件下，TCA 循环（三羧酸循环）的酶浓度高；在无氧时，其酶浓度只有有氧时的 $5\%\sim10\%$。具有这种特性的菌株称为调节性或"组成型"突变株。

（2）**分解代谢物调节**　微生物遇到一种以上可利用基质时，它们总是先异化最易利用的基质，只有在该基质耗竭后才开始分解第二种基质。如大肠杆菌在含葡萄糖和乳糖的培养基中培养时，会出现两次旺盛的生长期，称为两次生长。其特征是两个对数生长期之间夹有一段明显的停滞期。在第一个生长期内菌利用葡萄糖，在这期间，只要葡萄糖未耗竭，分解乳糖的酶便不会形成。这种易代谢的基质阻碍另一基质的分解代谢的作用称为分解代谢物阻遏效应。表 26-1-12 归纳了一些受分解代谢产物阻遏的酶或系统。

表 26-1-12　受分解代谢产物阻遏的酶或系统

酶或系统	阻遏性物质	微生物
葡萄糖氧化酶	葡萄糖酸	青霉
GOD	琥珀酸	假单胞杆菌属
蔗糖酶	易利用碳源	枯草杆菌
麦芽糖酶	易利用碳源	酵母菌属
乳糖操纵子 半乳糖操纵子 阿拉伯糖操纵子 甘油激酶	碳源,尤其是葡萄糖、葡萄糖酸、6-磷酸葡糖酸	大肠杆菌
硝酸盐还原酶	NH_4^+	产气克雷伯氏菌
脯氨酸、精氨酸 的利用,酰胺酶	易利用的碳、氮源	构巢曲霉
N_2 的固定	NH_4^+	根瘤菌属、固氮菌
螺旋霉素生物合成	葡萄糖、NH_4^+	螺旋霉素链霉菌

（3）**反馈调节**　降解性酶类一般通过诱导作用和分解代谢物的调节来控制；而生物合成酶则主要由反馈调节控制。已知有两种类型的反馈调节：反馈抑制和反馈阻遏。前者是终产物抑制其合成途径中参与前一、二步反应的酶；后者是终产物阻遏整个产物合成途径中所有的酶的合成。

消除微生物对终代谢产物的反馈调节，可通过：①控制培养基成分，使少含阻遏性基质；②限制终产物在细胞内积累；③加入生物合成途径抑制剂；④限制补给营养缺陷型突变株所需的生长因子；⑤采用仅被缓慢利用的终产物衍生物；⑥经诱变，用终产物结构类似物来筛选调节性突变株。一些用来筛选对终产物具有抗性的突变株的结构类似物，见表 26-1-13。

表 26-1-13　用于耐反馈调节突变株筛选的结构类似物

代谢产物$(g\cdot L^{-1})$	结构类似物
精氨酸(20)	刀豆氨酸,D-精氨酸
组氨酸(8)	2-噻唑丙氨酸、1,2,4-三唑-3-丙氨酸
异亮氨酸(15)	缬氨酸、异亮氨酸氧肟酸

续表

代谢产物(g·L^{-1})	结构类似物
亮氨酸	三氟亮氨酸、4-氮亮氨酸
甲硫氨酸	乙硫氨酸、α-甲基甲硫氨酸、正亮氨酸
苯丙氨酸	2-氟苯丙氨酸、噻吩丙氨酸
脯氨酸	3,4-脱氢脯氨酸
苏氨酸(14)	α-氨基-β-羟戊酸
色氨酸	5-甲基色氨酸、5-氟色氨酸、6-甲基色氨酸
酪氨酸	对氟苯丙氨酸、D-酪氨酸
缬氨酸	α-氨基丁酸
对氨基苯甲酸	磺胺
腺嘌呤	2,6-二氨基嘌呤
尿嘧啶	5-氟尿嘧啶、8-氮黄嘌呤
次黄嘌呤 次黄苷	5-氟尿嘧啶、8-氮鸟嘌呤
烟酸 吡哆醇	3-乙酰吡啶异烟肼
硫胺素	吡啶硫氨酸

1.6　生物化工的发展与展望

在化工产业的发展过程中，由于受到原料、资源和能源的制约，传统化工行业的众多知名企业纷纷做出战略调整，积极探索包括生物化工在内的可持续绿色高效工业生产模式，希望逐步摆脱石油工业的依赖，迎接生物经济时代的快速发展。2015年5月，国务院印发了《中国制造2025》[22]，部署全面推进实施制造强国战略，提出制造业发展要由资源消耗大、污染物排放多的粗放制造向绿色制造转变，并将新材料、生物医药等列入十大突破发展的重点领域。近年来，我国"973"和"863"计划都将生物技术纳入重点资助领域，资助了多个生物化工研发项目。加大了对生物化工技术领域的科研投入。近年来，我国生物化工产品种类快速增加，产品经济性逐步增强，因此也带动了生物化工技术的不断发展和进步，在生物催化剂的定向改造、规模化的生物催化技术系统、生物材料和生物能源等领域取得重要成果[23]。因此，随着生物化工技术的不断发展，相关的基因操作、分析检测和控制技术以及生物分离技术的不断更新迭代，领域内的专业术语也在不断增加和修订，因此，本手册第三版在之前的基础上内容有所增加和修正。

尤其是近年来，合成生物学和基因组编辑等前沿生物技术的飞速发展，在技术手段上增强了生物制造过程的操控能力，带动了生物化工行业向着更加高效智能的方向前进。因此本手册在全面阐述生物化工领域专业知识和典型应用范例的基础上，与时俱进地增加了合成生物学等现代生物技术在生物化工领域应用的内容。当前，合成生物学研究不断取得令人瞩目的研究成果[24~27]，不断开发出可用于人造细胞工厂的新工具，并正在酝酿重大突破。革命性的基因组编辑工具CRISPR-Cas9可以用来删除、添加、激活或抑制其他各类生物体的目标基因，被视为精确的万能基因武器，在功能性生物体改造方面将发挥重要作用。利用生物资源或通过生物技术路线生产的化学品不胜枚举，越来越多的基础和大宗化学品、精细和特种化学品、药物平台化合物、生物塑料与生物材料，正在逐步向生物基生产模式过渡[28～30]。

生物化工对于促进工业技术进步和产业调整、促进绿色化学工业的发展起着至关重要的作用。随着基因重组、细胞融合、酶的固定化等技术和生物分离技术的发展，生物技术不仅可提供大量廉价的化工原料和产品，而且还将改变某些化工产品的传统工艺，甚至一些性能优异的化合物也将通过生物催化合成。生物化工的发展将有力地推动生物技术和化工生产技术的变革和进步，产生巨大的经济效益和社会效益。将来在化工领域 20%～30% 的化学工艺过程将会被生物技术过程所取代，生物化工产业必将成为 21 世纪的主导产业之一。

参 考 文 献

[1] Jocelyn E Krebs, Elliott S Goldstein, Stephen T Kilpatrick. Lewin's Genes X. Burlington: Jones & Bartlett Learning, 2009.

[2] Todaro Celeste C, Vogel Henry C. Fermentation and Biochemical Engineering Handbook. New York: William Andrew Publishing, 2014.

[3] Michael T Madigan, John M Martinko, David A Stahl, David P Clark. Brock. Biology of Microorganisms. New York: Pearson Education, 2010.

[4] 施巧琴, 吴松刚. 工业微生物育种学. 第 4 版. 北京: 科学出版社, 2013.

[5] 郭勇. 酶工程. 第 4 版. 北京: 科学出版社, 2016.

[6] 金志华, 金庆超. 工业微生物育种学. 北京: 化学工业出版社, 2015.

[7] 孙祎敏. 工业微生物及育种技术. 第 2 版. 北京: 化学工业出版社, 2015.

[8] Zhang Le, Yang Zhaoying, Granieri Letizi, et al. Oncotaget, 2016, 7 (15): 19948-19959.

[9] Shi Fei, Tan Jun, Chu Ju, et al. Journal of Microbiological Methods, 2015, 109: 134-139.

[10] Chen Cen, Yang Fengqing, Zuo Huali, Song Yuelin, Xia Zhining, Xiao Wen. Journal of Chromatographic Science, 2013, 51 (8): 780-790.

[11] 赵学明, 陈涛, 王智文, 等. 代谢工程. 北京: 高等教育出版社, 2015.

[12] Nielsen Jens, Villadsen John. Bioreaction Engineering Principles. Berlin: Springer, 2014.

[13] 黄培堂, 等. 分子克隆实验指南. 第 3 版. 北京: 科学出版社, 2008.

[14] 李春. 生物工程与技术导论. 北京: 化学工业出版社, 2015.

[15] Prasad M P Durga, Kolakoti Aditya, Ramana P Venkat. Fermentation Technology. Georgia: Scholars' Press, 2014.

[16] 焦炳华. 现代生物工程. 第 2 版. 北京: 科学出版社, 2014.

[17] Pavlovic Mirjana. Bioengineering: A Conceptual Approach. Berlin: Springer, 2014.

[18] Gadd Geoffrey Michael, Sariaslani Sima. Advances in Applied Microbiology. New York: Academic Press, 2015.

[19] Tortora Gerard J, Funke Berdell R, Case Christine L. Microbiology: An Introduction. Boston: Benjamin-Cummings Publishing Company, 2015.

[20] Black Jacquelyn G. Microbiology: Principles and Explorations. New Jersey: John Wiley & Sons, 2014.

[21] Howell Stephen H. Molecular Biology. Berlin: Springer, 2014.

[22] Nathan H Joh, Tuo Wang, Manasi P Bhate, et al. Science, 2014, 346 (6216): 1520-1524.

[23] Bernd Zetsche, Jonathan S Gootenberg, Omar O Abudayyeh, et al. Cell, 2015, 163 (3): 759-771.

[24] Daniel G Gibson, John I Glass, Carole Lartigue, et al. Science, 2010, 329 (5987): 52-56.

[25] Narayana Annaluru, Héloïse Muller, Leslie A Mitchell, et al. Science, 2014, 344 (6179): 55-58.

[26] Alexander I Taylor, Vitor B Pinheiro, Matthew J Smola, et al. Nature, 2014, 518 (7539): 427-430.

［27］ Denis A Malyshev, Kirandeep Dhami, Thomas Lavergne, et al. Nature, 2014, 509（7500）: 385-388.

［28］ 谭天伟. 石化技术与应用, 2001, 19（3）: 202-204.

［29］ 科技部.“十二五”现代生物制造科技发展专项规划, 2011. http: //most. gov. cn /fggw/ zfwj/ zfwj2011/201112/ W020111202596694213952. doc.

［30］ 谭天伟, 曹竹安, 岳国君. 中国战略新兴产业, 2014（22）: 54-55.

2

生物反应计量学和动力学

2.1 生物反应计量学

生物反应计量学是对反应物系的组成与反应转化程度的定量研究。根据生物反应计量学，可以了解反应过程中各种相关组分的变化规律和各个反应之间的数量关系，从而了解细胞生长、底物消耗和产物生成之间的数量关系，为生物反应器的设计和优化控制提供理论基础。

2.1.1 细胞的组成和计量表达式

微生物细胞由水分、蛋白质、糖类、脂质、核酸、维生素以及无机物等物质组成。大多数细菌的含水量约为 80%，酵母菌的含水量约为 75%，霉菌的含水量约为 85%[1]。细胞所含的各种元素中，一般磷、钾含量最多，其次是钙、硫、钠、镁等元素，见表 26-2-1。

表 26-2-1　各种微生物中元素的含量[2]　　　　单位：g·100g^{-1}干重

元素	细菌	霉菌	酵母
磷	2.0～3.0	0.4～4.5	0.8～2.6
硫	0.2～1.0	0.1～0.5	0.01～0.24
钾	1.0～4.5	0.2～2.5	1.0～4.0
镁	0.1～0.5	0.1～0.3	0.1～0.5
钠	0.5～1.0	0.02～0.5	0.01～0.1
钙	0.01～1.1	0.1～1.4	01.～0.3
铁	0.02～0.2	0.1～0.2	0.01～0.5
铜	0.01～0.02		0.002～0.01
锰	0.001～0.01		0.0005～0.007
钼			0.0001～0.0005
总灰分	7～12	2～8	5～10

不同的细胞，其组成不同；即使是同一种细胞，处在不同的生长阶段，其组成也有差别。由于细胞的数目巨大，通常用其平均值来表示，细胞的化学计量式通式可表示为 $CH_{\alpha}O_{\beta}N_{\gamma}$。表 26-2-2 给出了一些微生物细胞的元素组成及其相应的化学计量式。

表 26-2-2 集中微生物的元素组成和计量式[3]

微生物	限制性营养物	比生长速率/h^{-1}	含量/%							化学计量式
			C	H	N	O	P	S	灰分	
细菌			53.0	7.3	12.0	19.0			8	$CH_{1.666}N_{0.2}O_{0.27}$
			4.7	4.9	13.7	31.3				$CH_2N_{0.25}O_{0.50}$
酵母			47.0	6.5	7.5	31.0			8	$CH_{1.66}N_{0.13}O_{0.49}$
			50.3	7.4	8.8	33.5				$CH_{1.75}N_{0.15}O_{0.50}$
			44.7	6.2	8.5	31.2	1.08	0.6		$CH_{1.64}N_{0.16}O_{0.52}P_{0.01}S_{0.005}$
产朊假丝酵母	葡萄糖	0.08	50.0	7.6	11.1	31.3				$CH_{1.82}N_{0.19}O_{0.47}$
	葡萄糖	0.45	46.9	7.2	10.9	35.0				$CH_{1.84}N_{0.20}O_{0.56}$
	乙醇	0.06	50.3	7.7	11.0	30.8				$CH_{1.82}N_{0.19}O_{0.46}$
	乙醇	0.43	47.2	7.3	11.0	34.6				$CH_{1.84}N_{0.20}O_{0.55}$
克雷伯氏产气杆菌	甘油	0.10	50.6	7.3	13.0	29.0				$CH_{1.74}N_{0.22}O_{0.43}$
	甘油	0.85	50.1	7.3	14.0	28.7				$CH_{1.73}N_{0.24}O_{0.43}$

2.1.2 生物反应的计量表达式

虽然在细胞代谢的过程中，参与反应的含有碳、氢、氧、氮等元素的物质分子种类很多，参与的代谢途径复杂，但是仍然符合质量守恒定律，进入细胞内的各种元素的量等于环境中失去的量。

为了描述细胞反应过程中各种组分之间的数量关系，最常用的方法是对各种元素物料衡算。细胞的化学计量式通式可表示为 $CH_\alpha O_\beta N_\gamma$，有机碳源可表示为 $CH_m O_n$，无机氮源可表示为 NH_3，代谢产物可表示为 $CH_x O_y N_z$，上述的各种通式中的系数以一碳摩尔质量来定义。所以，细胞反应的计量表达通式为：

$$CH_m O_n + a O_2 + b NH_3 \longrightarrow c CH_\alpha O_\beta N_\gamma(细胞) + d CH_x O_y N_z(产物) + e H_2 O + f CO_2$$

式中，m、n、α、β、γ、x、y、z 由元素分析确定；a、b、c、d、e、f 等系数由反应前后的物料衡算得出。

例如，以葡萄糖为底物进行的面包酵母培养过程，有如下的反应计量式：

$$C_6 H_{12} O_6 + 3 O_2 + 0.48 NH_3 \longrightarrow 0.48 C_6 H_{10} O_3 N(酵母) + 4.32 H_2 O + 3.12 CO_2$$

2.1.3 计量系数

常用的表示生化反应计量关系的方法是使用计量系数，即得率系数，常用 $Y_{i/j}$ 表示。利用得率系数，不仅能对细胞消耗底物和生成产物的能力进行评价，还能将细胞生长、底物消耗和产物生成三者的动力学关联起来。

常见的得率系数有：

对底物的细胞得率系数

$$Y_{X/S} = \frac{生成细胞的质量}{消耗底物的质量}$$

对底物的产物得率系数

$$Y_{P/S} = \frac{生成代谢产物的质量}{消耗底物的质量}$$

对氧的细胞得率系数

$$Y_{X/O_2} = \frac{生成细胞的质量}{消耗氧的质量}$$

不同的细胞生长阶段和不同的代谢途径得率系数不同，表 26-2-3 给出了一些生物物质对不同底物和氧的得率系数的数值。

表 26-2-3　一些微生物好氧生长在基本培养基中的 $Y_{X/S}$ 和 Y_{X/O_2} 值[4]

微生物	底物	$Y_{X/S}$		Y_{X/O_2}
		$g \cdot g^{-1}$	$g \cdot mol^{-1}$	$/g \cdot g^{-1}$
产黄青霉	葡萄糖	0.43	77.4	1.35
产气杆菌	葡萄糖	0.40	72.7	1.11
	果糖	0.42	76.1	1.46
	甘露醇	0.52	95.5	1.18
	核糖	0.35	53.2	0.98
	琥珀酸	0.25	29.7	0.62
	丙酮酸	0.20	17.9	0.48
	乙酸	0.18	10.5	0.31
产朊假丝酵母	葡萄糖	0.51	91.8	1.32
	乙酸	0.36	21.0	0.70
	乙醇	0.68	31.2	0.61
荧光假单胞菌	乙醇	0.49	22.5	0.42
甲基单胞菌	甲醇	0.48	15.4	0.53
假单胞菌	甲醇	0.41	13.1	0.44
	甲烷	0.80	12.8	0.20

2.1.4　生物反应中的能量平衡

微生物细胞的合成、物质代谢、主动运输等生命活动都需要能量，所需能量由底物氧化分解而得。ATP 是最重要的能量物质，水解时可以释放出 $1914J \cdot mol^{-1}$ 的自由能。细胞反应是放热反应，底物氧化分解释放出的能量中，仅以 ATP 的形式回收一小部分，用于生命活动的能源，其余的部分则被细胞释放出来形成反应热（显热）。例如在好氧细胞反应中，只有 $40\% \sim 50\%$ 的能量被转化为 ATP，其余的均以热量的形式被释放。

如果把 ATP 视作细胞得率的基准，则对 ATP 的细胞得率为：

$$Y_{ATP} = \frac{生成的细胞的质量}{消耗的 ATP 的质量}$$

表 26-2-4 给出了厌氧条件下的 $Y_{X/S}$ 和 Y_{ATP}。

表 26-2-4　各种微生物的 $Y_{X/S}$ 和 Y_{ATP} （厌氧培养）[5]

微生物	底物	$Y_{X/S}$ /g 菌体·mol^{-1}底物	Y_{ATP} /g 菌体·mol^{-1}ATP
产气杆菌	葡萄糖	26.1	10.3
	果糖	26.7	10.7
	甘露醇	21.8	10.0
	葡糖酸	21.4	11.0
阴沟气杆菌	葡萄糖	25.8	11.5
伊氏放线菌	葡萄糖	24.7	12.3
双歧杆菌	乳糖	52.8	10.4
	半乳糖	27.8	9.9
	甘露醇	27.8	11.8
梭状双歧芽孢杆菌	谷氨酸	6.8	10.9
高温醋酸梭状芽孢杆菌	葡萄糖	20.0	10.0
去磺弧状菌	丙酮酸	9.6	9.6
大肠杆菌	葡萄糖	24.0	9.4
植质乳酸杆菌	葡萄糖	18.8	9.4
粪链球菌	葡糖酸	20.0	11.0

2.2　生物反应动力学概述

生物反应过程是指有生物催化剂酶或者细胞等参与的反应过程。生物反应过程的本质特征是有生物催化剂参与反应，这些生物催化剂包括酶、微生物细胞、动植物细胞和组织。

生物反应动力学是研究生物反应过程的速率及其影响因素的学科，是生物反应工程学的理论基础之一。生物反应动力学的研究目的是要定量地描述生化反应过程的速率及其影响因素，以便为生化过程的优化和控制提供基础。

在分子水平上研究微生物细胞的生化反应动力学称为微观动力学。在宏观上研究微生物群体生长、底物消耗和代谢产物生成的动力学称为宏观动力学。由于生化反应的复杂性，在工程上通常采用宏观动力学。

如果采用活细胞（微生物细胞、动植物细胞）作为生物催化剂，则称为发酵或者细胞培养过程，与之相对应的动力学称为发酵动力学或者细胞培养动力学；如果采用游离的酶或者固定化的酶作为生物催化剂称为酶反应过程，其动力学则称为酶催化反应动力学。

表 26-2-5 给出了酶催化反应过程和细胞培养过程的区别。

表 26-2-5　酶催化反应过程和细胞培养过程的区别[1]

特性	酶催化反应	细胞培养过程
水平	分子水平	群体水平
底物数量	1～2 种	几种底物
产物数量	1～2 种	细胞、几种代谢产物
X		细胞浓度

续表

特性	酶催化反应	细胞培养过程
S	底物浓度	培养基成分(底物)浓度
$Y_{X/S}$		细胞对底物的得率系数
r_X、μ		细胞生长速率和比生长速率
r_S	底物减少的速率	底物消耗速率
r_P	产物的生成速率	代谢产物生成速率
动力学表达	M-M 方程，机理模型	Monod 方程，结构模型
传质	固定化酶颗粒内外传质 氧化反应中氧的传递	细胞团内外的物质传递 氧的传递
反应器	CSTR 型酶反应器 滴流填料型反应器 FBR 型固定化酶反应器 旋转圆板型固定化酶反应器	CSTR、BSTR、CPFR FBR 型微生物反应器 气泡型微生物反应器 厌氧微生物反应器

2.3　酶催化反应动力学

酶催化反应动力学是研究酶催化反应速率以及影响该速率的各种因素的学科。酶催化底物的反应，是分子水平上的反应，它所建立的反应速率和反应物系之间的函数关系，反映了酶催化反应的本征动力学关系。

酶是一类由活细胞产生的、具有催化能力的蛋白质或者核酸，是一类生物催化剂。酶作为生物催化剂，具有如下特征：①高效的催化活性；②高度底物专一性，选择性高，副产物少；③催化活性可通过酶的浓度、共价修饰、激活剂、抑制剂等方式进行调节和控制；④对反应条件的变化敏感，易于变性失去生物学活性。

2.3.1　米氏方程

最简单的酶催化反应是单一底物参与的不可逆反应，属于此类反应的有酶的水解反应和异构化反应。单一底物的不可逆酶催化反应是酶催化反应动力学的基础，通常可以用下式表示：

$$S \xrightarrow{E} P$$

式中，E 表示酶；S 表示底物；P 表示产物。

酶催化反应过程的机理，目前得到大量实验结果支持的是活性中间复合物学说。该学说认为酶催化反应至少包括两步，首先是底物 S 和酶 E 相结合形成中间复合物 [ES]，然后该中间复合物 [ES] 分解生成产物 P，同时释放出酶 E。

即酶催化反应过程可以表示为：

$$S + E \underset{k_{-1}}{\overset{k_{+1}}{\rightleftharpoons}} [ES] \xrightarrow{k_{+2}} P + E$$

式中，[ES] 表示酶与底物相结合形成的活性中间复合物。

　　1913 年，Michaelis 和 Menten 根据此活性中间复合物的机理，提出了"平衡态"假设。该假设认为：

　　① 在酶催化反应的过程中，不考虑酶的失活，酶的浓度保持不变；

　　② 与底物的浓度相比，酶的浓度很低，可以忽略由于生成中间复合物而消耗的底物的量；

　　③ 在反应的初始阶段，由于产物浓度较低，可以忽略产物的抑制作用；

　　④ 生成产物的速率要远小于底物与酶形成中间复合物的速率，因此，整个酶催化反应的总速率取决于生成产物的那一步，而生成复合物的可逆反应则达到平衡状态。

　　根据上述假设，推导得到著名的米氏方程（即 M-M 方程）：

$$r_S = \frac{r_{max} C_S}{K_S + C_S} \tag{26-2-1}$$

　　式中，K_S 为中间复合物的解离常数；r_{max} 为最大反应速率；C_S 为底物浓度。

　　1925 年 Briggs 和 Haldane 在"平衡态"假设的基础上提出了"拟稳态"假设。他们认为由于反应体系中底物的浓度要远高于酶的浓度，中间复合物分解时释放出的游离酶会立即和底物相结合，从而使得反应体系中复合物的浓度保持不变，即活性中间复合物的浓度不随时间发生变化。根据上述假设，Briggs 和 Haldane 对 Michaelis 和 Menten 的米氏方程推导过程进行了修正，得到了米氏方程的最终形式：

$$r_S = \frac{r_{max} C_S}{K_m + C_S} \tag{26-2-2}$$

　　式中，K_m 为米氏常数；r_{max} 为最大反应速率。

　　米氏方程描述的底物浓度与反应速率的关系曲线如图 26-2-1 所示。

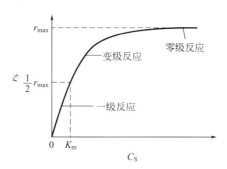

图 26-2-1　米氏方程描述的底物浓度与反应速率的关系曲线

2.3.2　动力学参数及其求取

　　米氏常数 K_m 的定义式为：

$$K_m = \frac{k_{-1} + k_{+2}}{k_{+1}}$$

　　式中，k_{-1} 和 k_{+2} 表示中间复合物 [ES] 解离的速率常数；k_{+1} 表示生成中间复合物 [ES] 的速率常数。

　　K_m 值的大小与酶、反应物系以及反应条件有关，是表示某一特定的酶催化反应性质的一个特征参数。

当 $r_S = \dfrac{1}{2}r_{max}$ 时，$K_m = C_S$，表明从数值上来看，K_m 表示了当反应速率为最大反应速率一半时的底物浓度。

米氏常数是酶的特征常数，只与酶的性质有关，不受底物浓度和酶浓度的影响。不同酶 K_m 值不同。K_m 值大，表明酶与底物之间的亲和力弱；反之，K_m 值小，则表明酶与底物的亲和力强。如果一种酶可以催化几种底物发生反应，就必然对每一种底物，各有一个特定的 K_m 值，其中 K_m 值最小的底物是该酶的最适底物。显然，最适底物与酶的亲和力最大。表 26-2-6 列出了一些酶的 K_m 值。

表 26-2-6　一些酶的 K_m 值[3]

酶	EC 号	来源	底物	$K_m/mol \cdot L^{-1}$
乙酰胆碱酯酶	3.1.1.7	牛 RBC	乙酰胆碱	0.27
醇脱氢酶	1.1.1.1	酵母	乙醇	13.0
L-氨基酸氧化酶	1.4.3.2	蛇毒	L-亮氨酸	1.0
		鼠肾线粒体	L-亮氨酸	13.1
α-淀粉酶	3.2.1.1	嗜热芽孢杆菌	淀粉	1.0
		猪胰	淀粉	0.4
β-淀粉酶	3.2.1.2	红薯	直链淀粉	0.07
淀粉葡萄糖苷酶	3.2.1.3	地窖粉孢革菌	支链淀粉	0.0007
		地窖粉孢革菌	直链淀粉	0.032
		德氏根霉	支链淀粉	0.0004
		德氏根霉	直链淀粉	0.044
天冬酰胺酶	3.5.1.1	假单胞菌	L-天冬酰胺	0.1
天冬氨酸酶	4.3.1.1	尸毒杆菌	L-天冬氨酸	30.0
菠萝蛋白酶	3.2.22.4	菠萝	苯基-L-精氨酰乙酯	170.0
			苯基-L-精氨酰胺	1.2
羧肽酶	3.4.17.1	牛胰	苄氧羰基甘氨酰-L-苯丙氨酸	5.83
胰凝乳蛋白酶	3.4.21.1	牛胰	乙酰-L-色氨酸乙酯	0.09
			乙酰-L-苯丙氨酸乙酯	1.8
			乙酰-L-亮氨酸乙酯	29.0
			乙酰-L-丙氨酸甲酯	129.0
			乙酰-L-缬氨酸甲酯	112.0
			乙酰甘氨酸乙酯	96.0
		猪胰	苯酰-L-亮氨酸乙酯	11.0
			苯酰-L-苯丙氨酸乙酯	5.0
肌酸激酶	2.7.3.2	兔肌	肌酸	16.0
无花果蛋白酶	3.4.22.3	无花果树液	苯酰-L-精氨酸乙酯	2.5
富马酸酶	4.2.1.2	猪心	L-富马酸盐	0.0017
			L-苹果酸盐	0.0038

续表

酶	EC 号	来源	底物	$K_m/\text{mol}\cdot\text{L}^{-1}$
半乳糖氧化酶	1.1.3.9	多孔菌	D-半乳糖	240.0
葡萄糖异构酶	5.3.1.5	短乳酸杆菌	D-葡萄糖	920.0
			D-木糖	5.0
葡萄糖氧化酶	1.1.3.4	黑曲霉	D-葡萄糖	33.0
		特异青霉	D-葡萄糖	9.6
葡萄糖-6-磷酸脱氢酶	1.1.1.49	酵母	葡萄糖-6-磷酸	0.02
组氨酸酶	4.3.1.3	荧光假单胞菌	L-组氨酸	8.9
		酵母	蔗糖	9.1
转化酶	3.2.1.26	粗糙脉孢菌	蔗糖	6.1
β-半乳糖苷酶	3.2.1.23	大肠杆菌	乳糖	3.85
乳酸脱氢酶	1.1.1.27	枯草杆菌	乳酸	30.0
苹果酸脱氢酶	1.1.1.37	枯草杆菌	L-苹果酸	0.9
木瓜蛋白酶	3.4.22.2	番木瓜汁	苯酰-L-精氨酸乙酯	1.89
			碳苯氨基甘氨酰甘氨酸	270.0
胃蛋白酶	3.4.23.1	猪胃液	乙酰-L-苯丙氨酰二碘酪氨酸	0.075
			乙酰-L-苯丙氨酰-L-苯丙氨酸	6.43
			乙酰-L-苯丙氨酰-L-酪氨酸	2.4
			碳苯氨基-L-谷氨酰-L-酪氨酸	1.89
青霉素酶	3.5.2.6	地衣形芽孢杆菌	苄基青霉素	0.049
丙酮酸激酶	2.7.1.40	兔肌	丙酮酸	10.0
色氨酸酶	4.1.99.1	大肠杆菌	L-色氨酸	0.3
		蜂疫杆菌	L-色氨酸	0.27
脲酶	3.5.1.5	刀豆	尿素	10.5
尿酸酶	1.7.3.3	猪肝	尿酸	0.017
黄嘌呤氧化酶	1.2.3.2	牛奶	黄嘌呤	0.0036

　　另一个动力学参数为最大反应速率 r_{max}。根据定义，$r_{max}=k_{+2}C_{E_0}$，表示当全部的酶都呈复合物状态时的反应速率。k_{+2} 表示单位时间内一个酶分子所能催化底物发生反应的分子数，因此它表示了酶催化反应能力的大小，不同的酶催化反应，其值不同。

　　要建立一个完整的动力学方程，必须要通过动力学实验确定其动力学参数，对于米氏方程，就是要确定最大反应速率和米氏常数。但是直接用米氏方程求取动力学参数所遇到的主要困难在于该方程为非线性方程。因此，通常将该方程加以线性化，通过作图法或者最小二乘法求取动力学参数。通常有以下几种作图方法：

（1）L-B 法（Lineweaver-Burk 作图法）　对米氏方程取倒数得

$$\frac{1}{r_S}=\frac{K_m}{r_{max}}\times\frac{1}{C_S}+\frac{1}{r_{max}} \tag{26-2-3}$$

以 $\dfrac{1}{r_S}$ 对 $\dfrac{1}{C_S}$ 作图，得到一条直线（图 26-2-2），斜率为 $\dfrac{K_m}{r_{max}}$，直线与纵轴交点为 $\dfrac{1}{r_{max}}$，与横轴交点为 $-\dfrac{1}{K_m}$。

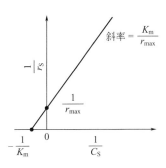

图 26-2-2　米氏方程动力学参数的求取（L-B 法）

（2）H-W 法（Hanes-Woolf 法）　将米氏方程变形后可得

$$\frac{C_S}{r_S}=\frac{K_m}{r_{max}}+\frac{1}{r_{max}}C_S \tag{26-2-4}$$

以 $\dfrac{C_S}{r_S}$ 对 C_S 作图，得到一条直线（图 26-2-3），斜率为 $\dfrac{1}{r_{max}}$，直线与纵轴交点为 $\dfrac{K_m}{r_{max}}$，与横轴交点为 $-K_m$。

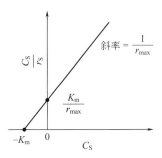

图 26-2-3　米氏方程动力学参数的求取（H-W 法）

（3）E-H 法（Eadie-Hofstee 法）　将米氏方程变形后可得

$$r_S=r_{max}-K_m\frac{r_S}{C_S} \tag{26-2-5}$$

以 r_S 对 $\dfrac{r_S}{C_S}$ 作图，得到一条直线（图 26-2-4），斜率为 $-K_m$，直线与纵轴交点为 r_{max}，与横轴交点为 $\dfrac{r_{max}}{K_m}$。

上述方法的共同点是要从动力学实验中获得不同的 C_S 和对应的 r_S，而 r_S 不能由实验直接测得。实验中能够直接测定的数据是不同时间 t 的浓度。因此，只能根据速率的定义式 $r_S=-\dfrac{dC_S}{dt}$，在底物浓度与时间的关系曲线上求取各点切线斜率，才能确定不同时刻的反应速率。这类方法称为微分法。

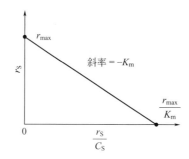

图 26-2-4 米氏方程动力学参数的求取（E-H 法）

（4）积分法 将米氏方程积分后变形得到

$$\frac{\ln\dfrac{C_{S0}}{C_S}}{C_{S0}-C_S}=\frac{r_{max}}{K_m}\times\frac{t}{C_{S0}-C_S}-\frac{1}{K_m} \tag{26-2-6}$$

以 $\dfrac{\ln\dfrac{C_{S0}}{C_S}}{C_{S0}-C_S}$ 与 $\dfrac{t}{C_{S0}-C_S}$ 对应作图，得到图 26-2-5。

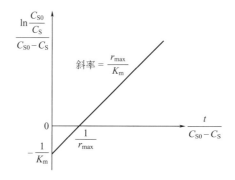

图 26-2-5 米氏方程动力学参数的求取（积分法）

2.3.3 有抑制的酶催化反应

简单的酶催化反应动力学有一个显著的特点，即反应速率与底物浓度的关系是一种单调增加的函数关系。而实际上有些酶的催化反应，由于底物浓度过高，其反应速率反而会下降，此种效应称为底物的抑制作用。此外，在酶催化反应中，由于某些外源化合物的存在而使反应速率下降，这类物质称为抑制剂。

抑制作用分为可逆抑制与不可逆抑制两大类。如果某种抑制可用诸如透析等物理方法把抑制剂去掉而恢复酶的活性，则此类抑制称为可逆抑制，此时酶与抑制剂的结合存在着解离平衡的关系。如果抑制剂与酶的基团成共价结合，则此时不能用物理方法去掉抑制剂。此类抑制可使酶永久性地失活。例如重金属离子 Hg^{2+}、Pb^{2+} 等对木瓜蛋白酶、菠萝蛋白酶的抑制都是不可逆抑制。

根据产生抑制的机理不同，可逆抑制又分为竞争性抑制、非竞争性抑制、反竞争性抑制等类型[6]。

2.3.3.1 竞争性抑制

若在反应体系中存在有与底物结构相类似的物质，该物质也能在酶的活性部位上结合，从而阻碍了酶与底物的结合，使酶催化底物的反应速率下降，这种抑制称为竞争性抑制，该物质称为竞争性抑制剂。其主要特点是，抑制剂与底物竞争酶的活性部位，当抑制剂与酶的活性部位结合之后，底物就不能再与酶结合，反之亦然。在琥珀酸脱氢酶催化琥珀酸为延胡索酸时，丙二酸是其竞争性抑制剂。

很多药物都是酶的竞争性抑制剂。例如磺胺药与对氨基苯甲酸具有类似的结构，而对氨基苯甲酸、二氢蝶呤及谷氨酸是某些细菌合成二氢叶酸的原料，后者能转变为四氢叶酸，它是细菌合成核酸不可缺少的辅酶。由于磺胺药是二氢叶酸合成酶的竞争性抑制剂，进而减少菌体内四氢叶酸的合成，使核酸合成障碍，导致细菌死亡。抗菌增效剂——甲氧苄氨嘧啶（TMP）能特异性地抑制细菌的二氢叶酸还原为四氢叶酸，故能增强磺胺药的作用。

竞争性抑制的机理式为：

$$E+S \underset{k_{-1}}{\overset{k_{+1}}{\rightleftharpoons}} [ES] \overset{k_{+2}}{\longrightarrow} E+P$$

$$E+I \underset{k_{-3}}{\overset{k_{+3}}{\rightleftharpoons}} [EI]$$

式中，I 为抑制剂；[EI] 为非活性复合物。

$$r_{SI} = \frac{r_{max} C_S}{K_m \left(1 + \dfrac{C_I}{K_I}\right) + C_S} = \frac{r_{max} C_S}{K_{mI} + C_S} \tag{26-2-7}$$

式中，r_{SI} 为有抑制时的反应速率；K_{mI} 为有竞争性抑制时的米氏常数；K_I 为抑制剂的解离常数。

抑制剂解离常数的表达式为 $K_I = \dfrac{k_{-3}}{k_{+3}}$，从中可以看出，$K_I$ 越小，抑制剂与酶的结合能力越强，对酶的催化反应能力的抑制作用就越强。

从式（26-2-7）中可以看出，竞争性抑制动力学的主要特点是米氏常数的改变。当 C_I 增加或者 K_I 减少，都会使 K_{mI} 增大，使酶和底物的结合能力下降，活性复合物减少，因而使底物反应速率下降。

无抑制和竞争性抑制的反应速率和底物浓度的关系曲线如图 26-2-6 所示。

以 $\dfrac{1}{r_{SI}}$ 对 $\dfrac{1}{C_S}$ 作图，如图 26-2-7 所示，直线斜率为 $\dfrac{K_{mI}}{r_{max}}$，与纵轴交点为 $\dfrac{1}{r_{max}}$，与横轴交点为 $-\dfrac{1}{K_m}$。

2.3.3.2 非竞争性抑制

如果抑制剂可以在酶的活性部位以外与酶相结合，并且这种结合与底物的结合没有竞争关系，这种抑制称为非竞争性抑制。此时抑制剂既可与游离的酶结合，也可以与复合物 [ES] 相结合，生成底物-酶-抑制剂的复合物 [SEI]。

绝大多数情况是复合物 [SEI] 为一无催化活性的端点复合物，不能分解为产物，即使增大底物的浓度也不能解除抑制剂的影响。核苷对霉菌酸性磷酸酯酶的抑制属于非竞争性

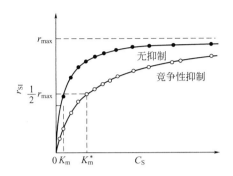

图 26-2-6 无抑制和竞争性抑制的底物浓度与
反应速率关系曲线

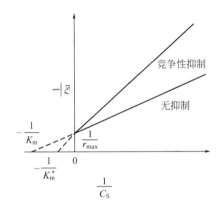

图 26-2-7 无抑制和竞争性抑制的动力学参数求取

抑制。

非竞争性抑制的普遍机理式表示为

$$E+S \underset{k_{-1}}{\overset{k_{+1}}{\rightleftharpoons}} [ES] \overset{k_{+2}}{\longrightarrow} E+P$$

$$E+I \underset{k_{-3}}{\overset{k_{+3}}{\rightleftharpoons}} [EI]$$

$$[ES]+I \underset{k_{-4}}{\overset{k_{+4}}{\rightleftharpoons}} [SEI]$$

$$[EI]+S \underset{k_{-5}}{\overset{k_{+5}}{\rightleftharpoons}} [SEI]$$

其动力学模型为：

$$r_{SI}=k_{+2}C_{[ES]}=\frac{r_{max}C_S}{\left(1+\dfrac{C_I}{K_I}\right)(K_m+C_S)}=\frac{r_{I,max}C_S}{K_m+C_S} \tag{26-2-8}$$

式中，$r_{I,max}$ 为存在非竞争性抑制时的最大反应速率。r_{SI} 和 C_S 关系如图 26-2-8 所示。

对于非竞争性抑制，由于抑制剂的作用使得最大反应速率降低，并且随着 C_I 增大或者 K_I 减少，都使其抑制程度增加。

以 $\dfrac{1}{r_{SI}}$ 对 $\dfrac{1}{C_S}$ 作图，如图 26-2-9 所示。

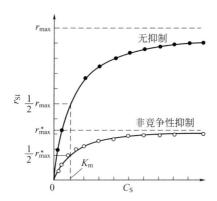

图 26-2-8　无抑制和非竞争性抑制的底物浓度与反应速率关系曲线

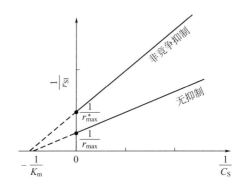

图 26-2-9　无抑制和非竞争性抑制的动力学参数求取

竞争性抑制与非竞争性抑制的主要不同点为：对于竞争性抑制，随着底物浓度的增大，抑制剂的影响减弱；而对于非竞争性抑制，即使增大底物浓度也不能减弱抑制剂的影响。

2.3.3.3　反竞争性抑制

反竞争性抑制的特点是抑制剂不能直接和游离的酶结合，而只能与复合物 ［ES］ 相结合生成复合物 ［SEI］。如肼对芳香基硫酸酯酶的抑制作用就属于此类。其抑制的反应机理可以表示如下：

$$E + S \underset{k_{-1}}{\overset{k_{+1}}{\rightleftharpoons}} [ES] \overset{k_{+2}}{\longrightarrow} E + P$$

$$[ES] + I \underset{k_{-3}}{\overset{k_{+3}}{\rightleftharpoons}} [SEI]$$

其动力学方程为：

$$r_{SI} = k_{+2} C_{[ES]} = \frac{r_{I,max} C_S}{K'_m + C_S} \tag{26-2-9}$$

式中，$r_{I,max} = \dfrac{r_{max}}{1 + \dfrac{C_I}{K_I}}$，$K'_m = \dfrac{K_m}{1 + \dfrac{C_I}{K_I}}$。

r_{SI} 和 C_S 关系如图 26-2-10 所示。

以 $\dfrac{1}{r_{SI}}$ 对 $\dfrac{1}{C_S}$ 作图，如图 26-2-11 所示。

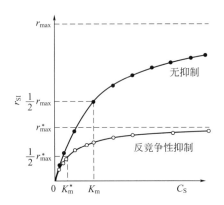

图 26-2-10　无抑制和反竞争性抑制的底物浓度与反应速率关系曲线

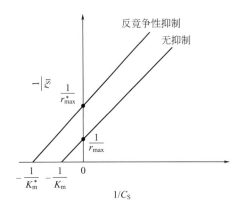

图 26-2-11　无抑制和反竞争性抑制的动力学参数求取

2.3.3.4　三种可逆抑制的比较

为了表示抑制剂对酶催化反应的抑制程度，可以定义抑制百分数来表示：

$$i = \frac{r_S - r_{SI}}{r_S} = 1 - \frac{r_{SI}}{r_S} \tag{26-2-10}$$

i 越大，表示抑制程度越大；i 越小，抑制程度越小；显然 $0 \leqslant i \leqslant 1$。

对于竞争性抑制有

$$i = 1 - \frac{r_{SI}}{r_S} = 1 - \frac{\dfrac{r_{max} C_S}{K_{mI} + C_S}}{\dfrac{r_{max} C_S}{K_m + C_S}} = \frac{C_I}{K_I \left(1 + \dfrac{C_S}{K_m}\right) + C_I} \tag{26-2-11}$$

随着底物浓度增加，抑制百分数减少，即抑制程度下降。

对于非竞争性抑制有

$$i = \frac{C_I}{K_I + C_I} \tag{26-2-12}$$

表明对于非竞争性抑制，抑制程度与底物浓度无关。

对于反竞争性抑制有：

$$i = \frac{C_I}{K_I \left(1 + \dfrac{K_m}{C_S}\right) + C_I} \tag{26-2-13}$$

当底物浓度增加时，抑制程度反而增大。

2.3.3.5 底物抑制

有些酶催化反应，在底物浓度增加时，反应速率反而会下降，这种由于底物浓度增大而引起反应速率下降的作用称为底物抑制作用，反应机理式为

$$E + S \underset{k_{-1}}{\overset{k_{+1}}{\rightleftharpoons}} [ES] \xrightarrow{k_{+2}} E + P$$

$$S + [ES] \underset{k_{-3}}{\overset{k_{+3}}{\rightleftharpoons}} [SES]$$

三元复合物〔SES〕不具有催化反应活性，不能分解为产物。采用拟稳态法进行求解，可以得到底物抑制的酶催化反应动力学方程为

$$r_{SS} = \frac{r_{max} C_S}{K_m + C_S + \dfrac{C_S^2}{K_S}} \tag{26-2-14}$$

或者

$$r_{SS} = \frac{r_{max}}{1 + \dfrac{K_m}{C_S} + \dfrac{C_S}{K_S}} \tag{26-2-15}$$

式中，K_S 为底物的抑制解离常数。r_{SS} 和底物浓度的关系曲线如图 26-2-12 所示。

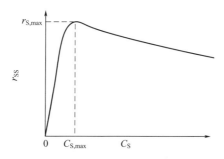

图 26-2-12 底物抑制的速率变化曲线

由图可知，速率曲线存在一个最大值，即 $r_{S,max}$ 为最大底物消耗速率，对应的底物浓度为 $C_{S,max} = \sqrt{K_m K_S}$

2.3.3.6 产物抑制

产物抑制是指当产物与酶形成复合物〔EP〕后，就停止继续进行反应的情况，特别是当产物浓度较高时有可能出现这种抑制。其反应机理式为

$$S+E \underset{k_{-1}}{\overset{k_{+1}}{\rightleftharpoons}} [ES] \xrightarrow{k_{+2}} P+E$$

$$P+E \underset{k_{-3}}{\overset{k_{+3}}{\rightleftharpoons}} [EP]$$

应用拟稳态法得到其反应速率方程式为

$$r_S = \frac{r_{max} C_S}{K_m \left(1+\dfrac{C_P}{K_P}\right)+C_S} \qquad (26\text{-}2\text{-}16)$$

式中，$K_P = \dfrac{k_{-3}}{k_{+3}}$，称为产物抑制解离常数。

与无抑制相比，最大反应速率不变，米氏常数增大 $1+\dfrac{C_P}{K_P}$ 倍，同竞争性抑制一样，使得反应速率下降。

2.4　细胞反应动力学

细胞反应动力学是在细胞水平上，通过对细胞的生长速率、底物的消耗速率以及产物的生成速率等动力学行为的研究，反映出细胞反应过程的基本动力学特性。细胞反应动力学是细胞反应过程优化和生物反应器设计的理论基础。

生物反应器的操作模型是描述理想生物反应器在不同操作模式下反应器内所进行的生物反应的动力学特征，它是在反应器水平上描述生物反应过程的宏观动力学，也是进行生物反应器设计和放大的理论基础。

对于同一个生物反应，如果在不同的操作模式下或者在不同类型的反应器内进行，会导致产生不同的动力学行为。根据生物反应器的加料和放料方式的不同，生物反应器的操作模式可以分为批式培养、连续培养和补料批式培养三种基本类型。下面将分别介绍。

2.4.1　批式培养动力学

批式培养又称为间歇培养（batch fermentation），主要特征为：

① 反应物料一次性加入反应器内，一次性排出反应器，在整个反应的过程中，除了氧的供给、消泡剂的添加和控制 pH 的酸碱的加入外，反应系统与外界环境一般没有其他物质的交换。

② 由于反应器内的物料是同时加入和同时停止反应的，因此所有的物料具有相同的停留时间和反应时间。

③ 由于在反应的过程中，底物不断被消耗，产物不断生成，反应器内细胞所处的环境随之不断发生变化，整个反应过程处于非稳态操作。

④ 反应器操作简单，不易发生污染杂菌和菌种退化变异的现象。

2.4.1.1　批式培养细胞生长动力学

细胞的生长过程，可以用细胞浓度的变化来加以描述。如果取细胞浓度的对数值和细胞生长时间对应作图，可以得到如图 26-2-13 所示的批式培养时细胞浓度的变化曲线。细胞生长动力学就是用数学模型来描述细胞生长速率与细胞浓度及其他影响因素的关系。

从图 26-2-13 中可知，分批培养时细胞浓度的变化可以分为Ⅰ迟滞期、Ⅱ加速期、Ⅲ指数生长期、Ⅳ减速期、Ⅴ静止期和Ⅵ衰亡期共六个阶段。

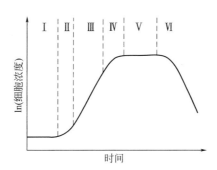

图 26-2-13　批式培养的细胞生长曲线

现代细胞生长动力学奠基人 Monod 在 1942 年指出，细胞的比生长速率与限制性基质浓度的关系可以用下式表示[7]：

$$\mu = \mu_{\max} \frac{C_S}{K_S + C_S} \tag{26-2-17}$$

式中，μ 为比生长速率；$\mu_{\max}$ 为最大比生长速率；C_S 为限制性底物浓度；K_S 为饱和常数，在数值上等于比生长速率为最大比生长速率一半时对应的底物浓度。

式(26-2-17) 称为 Monod 方程，在形式上和米氏方程相似，但 Monod 方程是从经验得出的，而米氏方程则是从反应机理推导得到的。

Monod 方程为典型的均衡生长模型，其基本假设为：

① 细胞的生长为均衡生长，因此描述细胞生长的唯一变量是细胞的浓度；

② 培养基中只有一种基质是生长限制性基质，其他组分过量，不影响细胞的生长；

③ 细胞的生长为简单的单一反应，细胞得率为常数。

根据 Monod 方程，底物浓度和比生长速率的关系如图 26-2-14 所示。

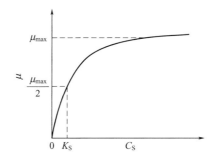

图 26-2-14　Monod 模型的底物浓度与比生长速率关系曲线

Monod 方程是最早提出的细胞生长动力学模型，形式简单，但在应用于许多实际过程中误差较大，因此人们又提出了其他的表达形式，如表 26-2-7～表 26-2-9 所示。

表 26-2-7　单底物限制的细胞生长动力学模型[6,8,9]

提出人	模型
Monod	$\mu = \mu_{max} \dfrac{C_S}{K_S + C_S}$
Teisseir	$\mu = \mu_{max} \left[1 - \exp\left(-\dfrac{C_S}{K_S} \right) \right]$
Moser	$\mu = \mu_{max} \dfrac{C_S^n}{K_{Sm} + C_S^n}$
Contois,Fujimoto	$\mu = \mu_{max} \dfrac{C_S}{K_X C_X + C_S}$
Powell	$\mu = \mu_{max} \dfrac{C_S}{(K_S + K_D) + C_S}$
Blackman	$\mu = \mu_{max} \dfrac{C_S}{2K} \quad (C_S < 2K)$ $\mu = \mu_{max} \quad (C_S > 2K)$
Dabes	$C_S = \mu K_{Da} + \dfrac{\mu K_S}{\mu_{max} - \mu}$
Kono Asai	$\dfrac{dC_X}{dt} = \mu \phi C_X$ 延迟期 $\phi = 0$；指数期 $\phi = 1$； 减速期 $\phi = \dfrac{C_{XC}}{C_{X,max} - C_{XC}} \times \dfrac{C_{X,max} - C_X}{C_X}$

注：K_D 为扩散阻力常数，$kg \cdot m^{-3}$；$C_{X,max}$ 为最大细胞浓度，$kg \cdot m^{-3}$；C_{XC} 为从指数生长期转为减速期时的细胞浓度，$kg \cdot m^{-3}$；K 为 Blackman 模型常数，$kg \cdot m^{-3}$；K_{Sm} 为 Moser 模型常数，$(kg \cdot m^{-3})^n$；K_{Da} 为 Dabes 模型常数，$h \cdot kg \cdot m^{-3}$；n 为幂次。

表 26-2-8　底物抑制的细胞生长动力学模型[6,9]

提出人	模型
Andrews,Noack	$\mu = \mu_{max} \dfrac{1}{1 + \dfrac{K_S}{C_S} + \dfrac{C_S}{K_I}} \approx \mu_{max} \dfrac{C_S}{K_S + C_S} \times \dfrac{1}{1 + \dfrac{C_S}{K_I}}$
Webb	$\mu = \mu_{max} \dfrac{C_S \left(1 + \dfrac{\beta C_S}{K'} \right)}{C_S + K_S + \dfrac{C_S^2}{K'_S}}$
Yano	$\mu = \mu_{max} \dfrac{1}{1 + \dfrac{K_S}{C_S} + \sum_j \left(\dfrac{C_S}{K_I} \right)^j}$
Aiba	$\mu = \mu_{max} \dfrac{C_S}{K_S + C_S} \exp\left(-\dfrac{C_S}{K_I} \right)$

提出人	模型
Teissier	$\mu = \mu_{\max}\left[\exp\left(-\dfrac{C_S}{K_I}\right) - \exp\left(-\dfrac{C_S}{K_S}\right)\right]$
Webb	$\mu = \mu_{\max}\dfrac{C_S\exp(1.17\sigma)}{C_S + K_S\left(1 + \dfrac{\sigma}{K_I}\right)}$
Tsen,Waymann	$\mu = \mu_{\max}\dfrac{C_S}{K_S + C_S} - K_t(C_S - C_{S0})$

注：K_I 为抑制常数，kg·m^{-3}；K_S' 为抑制常数，(kg·m^{-3})^2；K_t 为 Tsen Waymann 模型常数，m^3·s^{-1}·kg^{-1}；C_{S0} 为底物临界浓度，kg·m^{-3}；σ 为离子强度；β 为模型参数。

表 26-2-9 产物抑制的细胞生长动力学模型[6,8]

提出人	模型
Dagley,Hinshelwood	$\mu = \mu_{\max}\dfrac{C_S}{K_S + C_S}(1 - KC_P)$
Hozberg	$\mu = \mu_{\max}K_1(C_P - K_2)$
Ghose,Tyagi	$\mu = \mu_{\max}\left(1 - \dfrac{C_P}{C_{P,\max}}\right)$
Alba,Shoda	$\mu = \mu_{\max}\dfrac{C_S}{K_S + C_S}\exp(KC_P)$
Jerusalimský	$\mu = \mu_{\max}\dfrac{C_S}{K_S + C_S} \times \dfrac{K_{IP}C_P}{K_{IP} + C_P}$
Bazua,Wilk	$\mu_{\max} = \mu_0 - K_1\overline{C_P}(K_2 - C_P)$
	$\mu_{\max} = \mu_0\left(1 + \dfrac{\overline{C_P}}{C_{P,\max}}\right)^{\frac{1}{2}}$
Levenspiel	$\dfrac{\mathrm{d}C_X}{\mathrm{d}t} = K_{ob}\dfrac{C_S}{K_S + C_S}C_X$
	$K_{ob} = K\left(1 - \dfrac{C_P}{C_{P,\max}}\right)^n$
Hoppe,Hansford	$\mu = \mu_{\max}\dfrac{C_S}{K_S + C_S} \times \dfrac{K_{IP}}{K_{IP} + \dfrac{Y_{P/S}}{C_S - C_{S0}}}$

注：K、K_1、K_2 均为模型参数；$C_{P,\max}$ 为产物最大浓度，kg·m^{-3}，高于该浓度时细胞不能生长；$\overline{C_P}$ 为产物平均浓度，kg·m^{-3}。

2.4.1.2   批式培养底物消耗动力学

底物的消耗主要用于细胞的生长和新细胞的合成、细胞的维持代谢以及合成代谢产物三个方面，其动力学表达式为：

$$r_S = \frac{1}{Y_{X/S}^*}r_X + mC_X + \frac{1}{Y_{P/S}}r_P \tag{26-2-18}$$

式中，$Y_{X/S}^*$ 为最大细胞得率，$Y_{X/S}^* = \dfrac{\text{生成的细胞的质量}}{\text{完全消耗于细胞生长的基质的质量}}$；$m$ 为维持系数；$Y_{P/S}$ 为产物对基质的得率系数。

如果以基质的比消耗速率来描述，则可表示为：

$$q_S = \frac{1}{Y_{X/S}^*}\mu + m + \frac{1}{Y_{P/S}}q_P \tag{26-2-19}$$

式中，q_S 为基质的比消耗速率，表示单位质量细胞单位时间内的底物消耗量，表达式为 $q_S = \dfrac{r_S}{C_X}$；q_P 为产物的比合成速率，表示单位质量细胞单位时间内的生成的产物的量，表达式为 $q_P = \dfrac{r_P}{C_X}$。

表 26-2-10 给出了部分微生物以葡萄糖为底物时的维持系数[1,3]。

表 26-2-10   葡萄糖为底物时微生物的维持系数

微生物	培养条件	维持系数/g 糖·g^{-1} 干细胞·h^{-1}
干酪乳杆菌		0.135
阴沟杆菌	好氧，葡萄糖限制	0.094
产气克莱伯杆菌	厌氧，色氨酸限制，NH$_4$Cl 2g·L^{-1}	2.88
	厌氧,色氨酸限制,NH$_4$Cl 4g·L^{-1}	3.69
啤酒酵母	厌氧	0.036
	厌氧,NaCl　1mol·L^{-1}	0.36
产黄青霉菌	好氧	0.022
葡萄糖定氮杆菌	固定氮,溶氧分压 0.2atm	1.50
	固定氮,溶氧分压 0.02atm	0.15

注：1atm＝101325Pa。

如果底物的消耗除了用于细胞生长外，只用于维持细胞生命活动所需要的能量，如单细胞蛋白的生产，则基质消耗速率应当表示为：

$$r_S = \frac{1}{Y_{X/S}^*}r_X + mC_X \tag{26-2-20}$$

$$q_S = \frac{1}{Y_{X/S}^*}\mu + m \tag{26-2-21}$$

2.4.1.3　批式培养产物生成动力学

细胞反应生成的代谢产物有醇类、有机酸、抗生素、酶等，涉及初级代谢产物和次级代谢产物，合成途径复杂，目前尚无统一的模型描述。大多数人采用 Gaden 模型，根据产物生产速率与细胞生长速率之间的关系，将产物生成动力学模型分为三类[6,10]。

（1）相关模型

产物的生成与细胞生长相关，并且是同步的，产物通常是基质的分解代谢产物，如乙醇、葡萄糖酸、乳酸等的生产，其动力学模型为

$$r_P = Y_{P/X} r_X \qquad\qquad (26\text{-}2\text{-}22)$$

$$q_P = Y_{P/X} \mu \qquad\qquad (26\text{-}2\text{-}23)$$

从图 26-2-15 可见，基质浓度和产物浓度变化曲线完全同步，最大值出现在同一时间。

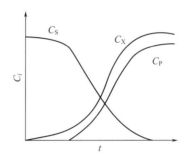

图 26-2-15　产物合成的相关模型

（2）部分相关模型

产物的生成与细胞的生长部分相关，如柠檬酸、氨基酸的生产，其动力学模型为

$$r_P = \alpha r_X + \beta C_X \qquad\qquad (26\text{-}2\text{-}24)$$

$$q_P = \alpha \mu + \beta \qquad\qquad (26\text{-}2\text{-}25)$$

如图 26-2-16 所示，当 C_S 增大至一定程度、比生长速率下降至一定程度后，产物比生成速率才开始明显上升，进入产物生成期。

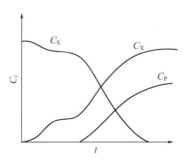

图 26-2-16　产物合成的部分相关模型

（3）非相关模型

次级代谢产物，如抗生素的发酵，产物的生成与细胞的生长没有直接联系。当细胞处于生长阶段时，无产物积累，当细胞停止生长后，产物开始大量合成，如图 26-2-17 所示。其

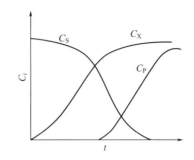

图 26-2-17 产物合成的非相关模型

动力学模型为

$$r_P = \beta C_X \tag{26-2-26}$$

$$q_P = \beta \tag{26-2-27}$$

2.4.2 连续培养动力学

连续培养（continuous fermentation）操作模型的主要特性是：

① 在反应的过程中，底物连续地进入反应器内，同时反应液（包含产物）以相同的速率连续地流出反应器，因此反应器内反应液的体积保持不变。

② 反应器内的各种物质的浓度保持不变，处于稳定的状态，为稳态操作，有利于对反应过程进行动力学研究。

③ 连续培养可以通过调节底物的加入速率来调节反应器内的细胞生长、产物合成速率，实现对反应过程的高效控制。

④ 连续培养容易受到杂菌的污染和产生菌种退化的现象，只适用于遗传性能稳定、反应环境不易受到污染的细胞反应过程，如单细胞蛋白、面包酵母、乙醇发酵等反应过程。

连续培养过程中，反应器内物系的组成将不随时间而变，属于稳态操作。

2.4.2.1 单级连续培养

连续培养的理想流动反应器模型即恒化器，相当于化学反应工程中的 CSTR，其特点如图 26-2-18 所示[11]。

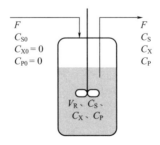

图 26-2-18 单级连续培养模型

F 为反应液的体积流率；C_{S0}、C_{X0}、C_{P0} 分别为加入反应器的底物浓度、
细胞浓度和产物浓度；C_S、C_X、C_P 分别为反应器内的底物浓度、细胞浓
度和产物浓度；V_R 为反应器内反应液的体积，即反应器的有效容积

(1) 浓度的动力学方程求取

对整个反应器进行底物的物料衡算，可得：

$$\tau_m = \frac{C_{S0} X_S}{r_S} = \frac{C_{S0} - C_S}{r_S} \tag{26-2-28}$$

式中，τ_m 为反应空时，即物料在反应器内的平均停留时间；X_S 为底物 S 的转化率。

如果反应器内进行的是符合米氏方程的酶催化反应，可将米氏方程代入得到单级连续培养下的酶催化反应动力学模型[1,12]：

$$r_{max} \tau_m = (C_{S0} - C_S) + K_m \frac{C_{S0} - C_S}{C_S} \tag{26-2-29}$$

对于细胞反应，定义稀释率 $D = \dfrac{F}{V_R}$，即 $D = \dfrac{1}{\tau_m}$。

对细胞作物料衡算，可得 $\mu = D$。

表明对于细胞反应的单级连续培养过程达到稳态操作时，细胞的比生长速率与稀释率相等，这是该反应器操作类型的重要特征。μ 是细胞的生长特性参数，而 D 则是操作参数，这表明通过改变加料速率 F 或者反应器的有效容积 V_R，就可以改变稳态下单级连续培养反应器内细胞的比生长速率，从而达到调节、控制细胞生长活性的目的。

同理，可以得到反应器内底物浓度、细胞浓度和产物浓度的动力学方程：

$$C_S = \frac{K_S D}{\mu_{max} - D} = \frac{K_S}{\mu_{max} \tau_m - 1} \tag{26-2-30}$$

$$C_X = Y_{X/S}(C_{S0} - C_S) = Y_{X/S}\left(C_{S0} - \frac{K_S D}{\mu_{max} - D}\right) \tag{26-2-31}$$

$$C_P = Y_{P/S}(C_{S0} - C_S) \tag{26-2-32}$$

(2) 优化操作

随着稀释率的变化，反应器的细胞生成速率 r_X 也发生变化，存在最大值。如果要求细胞产率 P_X（单位时间单位发酵体积的细胞产量）最大，即

$$P_X = \frac{F C_X}{V_R} \tag{26-2-33}$$

此时的稀释率称为最佳稀释率，其动力学方程为

$$D_{opt} = \mu_{max}\left[1 - \sqrt{\frac{K_S}{K_S + C_{S0}}}\right] \tag{26-2-34}$$

在最佳稀释率条件下对应的反应器内底物浓度、细胞浓度和产物浓度动力学方程分别为：

$$C_{S,opt} = \frac{K_S D_{opt}}{\mu_{max} - D_{opt}} \tag{26-2-35}$$

$$C_{X,opt} = Y_{X/S}(C_{S0} - C_{S,opt}) \tag{26-2-36}$$

$$C_{P,opt} = Y_{P/S}(C_{S0} - C_{S,opt}) \tag{26-2-37}$$

（3）临界稀释率

如图 26-2-19 所示，随着稀释率的增大，出口处底物浓度逐渐增加。当反应器出口处的底物浓度 C_S 等于入口处的底物浓度 C_{S0} 时，$C_X = C_P = 0$，反应器处于"洗出"状态。此时的稀释率称为临界稀释率 D_C，其动力学方程为

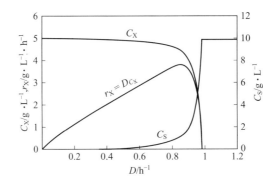

图 26-2-19 底物浓度、产物浓度与稀释率的关系曲线

$$D_C = \frac{\mu_{\max} C_{S0}}{K_S + C_{S0}} \qquad (26\text{-}2\text{-}38)$$

2.4.2.2 细胞再循环的单级连续培养

单级连续培养过程在操作时，为了避免产生细胞被"洗出"的现象，常常将稀释率控制在小于临界稀释率的条件下进行。较低的稀释率导致反应器内细胞的生长速率和细胞浓度较低，不利于提高反应器的生产能力。为此，可以将反应器出口处流出的部分细胞通过离心、沉降等方法循环回到反应器内，以提高反应器内的细胞浓度，进而提高细胞的反应速率和反应器的生产效率，同时也增加了反应器的操作稳定性。细胞再循环的单级连续培养体系如图 26-2-20 所示[13]。

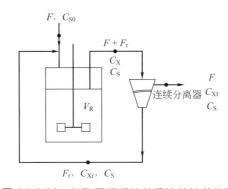

图 26-2-20 细胞再循环的单级连续培养体系

定义物料循环比 $R = \dfrac{V_r}{V_0}$，浓缩系数 $\beta = \dfrac{C_{Xr}}{C_{X1}}$。

对细胞进行物料衡算，可得

$$D = \frac{\mu}{1 + R(1 - \beta)} = \frac{\mu}{W} \qquad (26\text{-}2\text{-}39)$$

相应的底物浓度、细胞浓度和产物浓度动力学方程分别为：

$$C_S = \frac{K_S DW}{\mu_{max} - DW} \tag{26-2-40}$$

$$C_X = Y_{X/S}\frac{D}{\mu}(C_{S0} - C_S) = \frac{Y_{X/S}}{W}(C_{S0} - C_S) \tag{26-2-41}$$

$$C_P = Y_{P/S}(C_{S0} - C_S) \tag{26-2-42}$$

带循环的单级连续培养过程的临界稀释率为

$$D_{Cr} = \frac{1}{W}\frac{\mu_{max}C_{S0}}{K_S + C_{S0}} > D_C \tag{26-2-43}$$

由于有了浓缩细胞的循环，反应器的临界稀释率得到了提高，增加了操作的稳定性。

2.4.2.3 多级连续培养

采用多级串联系统的主要优点是基质利用充分、转化率高，对于价格昂贵的基质，如甾体的转化，是很有意义的，对环保中的废水处理也很重要；可在每级反应器中维持反应所需的最适操作条件。

多级串联可以分为三大类：①单流多级系统。单股基质以恒定的速率逐级流过串联系统，第一级与单级连续培养相同；后面的各级对前面的级没有影响；各级的稀释率取决于该级反应器的体积，如果各级体积相同，则各级稀释率相同。②多流多级系统。有多股基质输入，第一级与单级连续培养相同；前面的级与后面的级无关；各股流入的基质可单独改变流量，各级稀释率是独立变量。③带循环的多级系统。

在实际应用中，一般不超过三级，因为反应器级数越多，过程的复杂性增加，而带来的经济效益并不明显。单流多级串联，一般假设符合如下条件：①一股进料，稳态操作；②各级反应器体积相等；③每一个反应器内为全混流，各个反应器之间没有返混；④各个反应器的操作条件相同，得率系数为常数。

以最简单的两级串联系统为例，第一级与单级连续培养相同，第二级因为有细胞的流入，衡算方程发生变化。

对第二级反应器的细胞进行物料衡算，可得：

$$(\mu_{max} - D)C_{S2}^2 - \left(\mu_{max}C_{S0} - \frac{K_S D^2}{\mu_{max} - D} + K_S D\right)C_{S2} + \frac{K_S^2 D^2}{\mu_{max} - D} = 0 \tag{26-2-44}$$

可求得第二级反应器内的底物浓度 C_{S1}，同理可求出后续各级反应器内的物质浓度。

2.4.3 补料批式培养动力学

补料批式培养（fed-batch fermentation），又称为流加培养，主要特征为：

① 在反应的过程中，反应物分批或者连续地加入，反应液（含产物）则一次性或者分批排出，是介于批式培养和连续培养之间的一种操作模式。

② 补料批式培养既可以避免由于某种营养成分的初始浓度过高造成底物抑制的现象，又可以防止某些限制性底物在培养的过程中被耗尽而影响细胞的正常代谢过程，适用于次级代谢产物的生产过程。例如，在面包酵母生产中，如果反应液中葡萄糖浓度过高，会导致酵

母启动厌氧呼吸途径而将过量的葡萄糖转化为乙醇，产生 Crabtree 效应，导致细胞产率下降。又如，在青霉素的生产中，青霉素是次级代谢产物，主要在细胞生长的指数后期和稳定期生成，因此在工业上通常通过在指数生长后期向反应液中补加碳源和氮源的方法，以延长细胞合成产物的时间，提高产量[14,15]。

③ 在反应过程中，由于物料加入和流出的速率不同，反应液的体积和组成等过程参数随时间发生变化，是非稳态过程。

流加操作可分为无反馈流加和有反馈流加两种类型。如果底物的加入速率按照事先预定的规律变化，不受反应器内过程参数的影响，则属于无反馈流加，例如恒速流加、指数流加等；如果底物的加入速率与反应器内底物浓度、细胞浓度、溶氧浓度等过程参数的变化相联系而加以调节，则属于有反馈流加。目前补料批式培养已普遍应用于氨基酸、抗生素、单细胞蛋白、有机酸等产品的生产过程。无反馈流加模型和有反馈流加模型如图 26-2-21 所示。

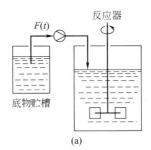

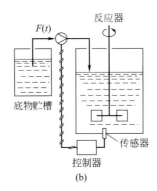

图 26-2-21 无反馈流加模型（a）和有反馈流加模型（b）

流加操作过程中，反应器内物料的体积随时间发生变化。对于细胞，流加操作的模型方程为：

$$\frac{\mathrm{d}(V_R C_X)}{\mathrm{d}t} = V_R \mu C_X \tag{26-2-45}$$

式中，V_R 为反应液的体积；C_X 为反应器内的细胞浓度；μ 为细胞的比生长速率。

对于底物，则有：

$$\frac{\mathrm{d}(V_R C_S)}{\mathrm{d}t} = F C_{Sf} - V_R q_S C_X \tag{26-2-46}$$

式中，C_S 为反应器内的底物浓度；F 为补料的速率；q_S 为底物的比消耗速率；C_{Sf} 为流加的底物的浓度。

如果底物的消耗同时用于细胞生长、维持代谢和产物合成时，则有：

$$\frac{dC_S}{dt}=D(C_{Sf}-C_S)-\left(\frac{\mu}{Y^*_{X/S}}+m_S+q_P\right)C_X \tag{26-2-47}$$

式中，D 为稀释率，$D=\frac{F}{V_R}$；$Y^*_{X/S}$ 为对底物的细胞理论得率系数；m_S 为维持系数；q_P 为产物的比生成速率。

对于产物，则有：

$$\frac{d(V_R C_P)}{dt}=V_R q_P C_X \tag{26-2-48}$$

而流加时反应器的体积的变化则为：

$$\frac{dV_R}{dt}=F \tag{26-2-49}$$

流加过程中反应液的总体积为：

$$V_R=V_{R0}+Ft \tag{26-2-50}$$

式中，t 为补料时间；V_{R0} 为刚开始流加时的反应液体积。

上述各式分别描述了流加操作时的细胞浓度、限制性底物浓度、产物浓度和反应液总体积的变化规律。

在无反馈流加中，底物的流加规律是事先预定的，当细胞的生长情况随时间的变化与预期的不一致时，就无法进行有效的控制。因此，工业上通常采用有反馈流加方式。

在反馈流加过程中，通常采用便于检测的参数来推测细胞的浓度或者产物的浓度变化，或者计算出与细胞代谢活性相关的参数，如耗氧速率、呼吸商等，进而对细胞反应过程进行有效的调节和控制。

参考文献

[1] 戚以政，夏杰，王炳武. 生物反应工程. 第2版. 北京：化学工业出版社，2009.

[2] 赵学明，陈涛，王智文，等. 代谢工程. 北京：高等教育出版社，2015.

[3] 岑沛霖，等. 生物反应工程. 北京：高等教育出版社，2005.

[4] 郑裕国，等. 生物工程设备. 北京：化学工业出版社，2007.

[5] 贾士儒. 生物反应工程原理. 第2版. 北京：科学出版社，2003.

[6] 戚以政，汪叔雄. 生物反应动力学与反应器. 第3版. 北京：化学工业出版社，2007.

[7] 吴振强. 固态发酵技术与应用. 北京：化学工业出版社，2006.

[8] William L H. Producing Biomolecular Substances with Fermenters, Bioreactors, and Biomolecular Synthesizers. New York: Taylor and Francis Group, 2007.

[9] Viktor N, et al. Fundamentals of Cell Immobilisation. Boston: Kluwer Academic Publishers, 2004.

［10］ Nielsen J, et al. 生物反应工程原理. 第 2 版（英文影印版）. 北京: 化学工业出版社，2004.

［11］ Levenspiel O. 化学反应工程. 第 3 版（英文影印版）. 北京: 化学工业出版社，2002.

［12］ Ghasem D N. Biochemical Engineering and Biotechnology. UK: Oxford，2007.

［13］ Asenjo J A. Bioreactor System Design. New York: Marcel Dekker，1995.

［14］ Blanch H W. Biochemical Engineering. New York: Marcel Dekker，1996.

［15］ Doran P M. Bioprocess Engineering Principles. New York: Academic Press，1995.

3

生物反应器

3.1　生物反应多相体系及其流动特性

在生物反应器中发生的生物反应过程往往涉及多相，而相间质量传递及多相体系的流动特性都直接影响反应器体系的混合，从而最终影响生物反应的效率。绝大多数生物反应体系都包括气-液-固三相，即空气或 CO_2 等气体产物、液态培养基和生物细胞（团）或其载体颗粒。也有些生物反应过程涉及三相以上。例如，以正烷烃为原料发酵生产长链二元羧酸，发酵体系就包括气、水、油和颗粒（菌体）四相。

在生物反应器中进行的生物过程受到反应器内多相流动特性的影响，尤其是在过程优化与放大中，多相流动的湍流特性对最终反应的效率具有十分重要的影响。因此有必要了解生物反应器内的多相体系的特点，以及随着生化反应过程的进行，反应器内多相流体的流变特性变化规律。

3.1.1　反应体系中的固相生物颗粒及其特性

生化反应过程中经常遇到的固体颗粒有：单个细胞、细胞群、絮凝细胞团、丝状细胞、固定化酶（或固定化细胞）颗粒。这些生物颗粒可以是球形、柱形、无定形等，它们在结构上要比通常化工过程遇到的颗粒复杂得多，且生物颗粒的密度较常规化工颗粒小，与液相培养基密度很接近。表 26-3-1 列举了常见微生物的湿密度。

表 26-3-1　常见微生物的湿密度[1,2]

微生物	湿密度/$g \cdot mL^{-1}$
酵母	1.0846 ± 0.0043
细菌	1.0300 ± 0.0080
放线菌	1.003 ± 0.0003

生物颗粒作为固相物质，区别于常规化工颗粒的最大特点是其具有生命活力。微生物、动物或植物细胞在生物反应器中形成无数个微型"反应器"，该"反应器"可以从环境中摄取原料、获取能量，用以自我繁殖或加工、合成能储存在胞内或分泌到胞外的代谢产物。

生物颗粒区别于化工颗粒的另一显著特点是，其结构和形态可能随着加工过程的进行而发生巨大变化。例如丝状真菌由很小的孢子状态萌发为菌丝，再由丝状变为圆球状或形成缠绕在一起的菌团。

此外，生物颗粒还有一个非常重要的特点，即大多数生物颗粒对流动或机械剪切力非常敏感，剪切作用可能影响细胞的生长速率、细胞的形状和体积、细胞膜的透性，也能改变代谢产物的生成速率和组成比例。

　　许多生物反应和过程都发生在生物界面或表面上，因而受界（表）面的强烈影响。例如，离子穿过细胞膜的选择性传递、抗体抗原的相互作用、细胞蛋白合成及神经脉冲刺激传输等，都是通过生物界（表）面的高效率过程。

　　许多通过生物界（表）面而实现的生物反应或过程表明，生物界（表）面并不同于常规化学化工过程遇到的相界面或介质表面。这主要表现在生物界（表）面的高选择性（或专一性）、自调节自适应性。

3.1.2　生物反应中的流体及其流动特性

　　黏度是影响流体流动状态的最重要物性参数之一，对泵的输送、物料混合、热量传递和质量传递等都有显著影响。由于生物反应过程中细胞（酶）、营养底物、代谢产物等浓度甚至菌体形态都随反应的进行而不断变化，因此，黏度也不断变化，从而影响反应器中流体的流动特性。反之，黏度和流动特性也会通过影响混合与传递，进而影响生物反应过程。

　　生物反应过程涉及的流体有牛顿型流体和非牛顿型流体。表 26-3-2 和表 26-3-3 为几种典型发酵液的流变特性及其测定方法。

表 26-3-2　发酵液的剪切应力——剪切率特性

发酵体系	发酵液流变特性
诺尔斯氏链霉菌/制霉菌素	牛顿型流体,黏度随发酵时间增加而增高
灰曲霉	宾汉(Bingham)型流体
产黄青霉	呈现卡松(Casson)型流变,随发酵时间而变化
青霉	宾汉(Bingham)型流体,随发酵时间而变化
链霉菌	高度可变的假塑型流体

表 26-3-3　黏度测定方法

流体类型	测定方法
牛顿型	毛细管式、同轴圆筒式、圆锥-平板式、变压毛细管式、震动管式、滚球式或落球式、旋转锭子式、孔式
非牛顿型	同轴圆筒式、圆锥-平板式、变压毛细管式
黏弹性	常规同轴圆筒式及其改进型、圆锥-平板式、震动剪切式

　　生物反应过程中，影响发酵液黏度的重要因素包括发酵培养基组成、微生物细胞及其代谢产物的特性和浓度。不同培养基组成对初始发酵液的黏度影响很大，采用糊化的淀粉作为培养基时比采用葡萄糖为碳源的培养基黏度大得多。另外，不同种类的微生物菌体，其悬浮液黏度也有很大差异。即使同一种菌体，其悬浮液的黏度还随菌体形态及菌体浓度不同而不同。图 26-3-1 是米曲霉菌种在发酵过程中，随发酵进行菌体浓度不断增加导致的表观黏度的变化情况。

　　有研究表明，酿酒酵母菌悬液的黏度与温度有密切关系，且当细胞浓度达 10% 以上时表现出拟塑性行为，

$$\tau = K\gamma^n \qquad 0 < n < 1 \qquad (26\text{-}3\text{-}1)$$

　　式中，τ 为剪应力，Pa；γ 为切变率，s^{-1}；K 为稠度系数，$Pa \cdot s^{-n}$；n 为流动特性指数。酵母悬浮液流变参数 K 和 n 的数值列于表 26-3-4 中。

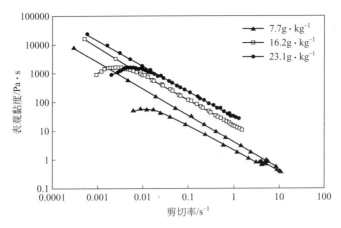

图 26-3-1　随发酵进行米曲霉发酵液表观黏度随菌体浓度变化趋势图[3]

表 26-3-4　酵母悬浮液的流变特性参数随温度和菌体浓度的变化[2]

温度/℃	菌含量/%	K	n
25	12	8.80	0.60
	15	18.70	0.51
	18	33.00	0.68
	21	42.20	0.68
35	18	34.00	0.68
	21	51.00	0.87
55	11	7.66	0.79
	15	24.00	0.88
	18	35.30	0.95
	22	42.70	0.90

　　微生物菌体在反应器发酵过程中受反应器操作条件、反应器形式等的影响，会形成不同的菌形，这种形态上的变化也会导致发酵液流变特性的变化。例如，土曲霉在搅拌通气式发酵罐中不同搅拌转速下，随着发酵进行会分别形成光滑菌球（高转速）与毛糙菌球（低转速），从而表现出明显不同的流动指数。而在流化床发酵罐中进行的发酵，同样生成毛糙菌球，但菌体浓度较低，也会对流动指数产生很大影响，见图 26-3-2。

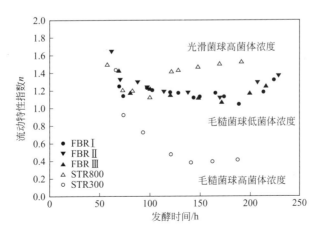

图 26-3-2　土曲霉不同菌体形态对流变指数的影响[4]

发酵产物中，以微生物多糖浓度对发酵液表观黏度的影响最显著。随多糖浓度的变化，发酵液黏度会急剧变化，如图 26-3-3 所示。

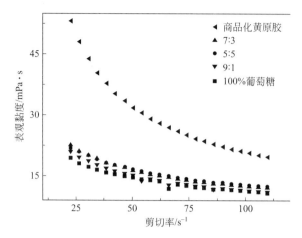

图 26-3-3   采用不同碳源发酵生成的黄原胶表观黏度差异[5]

3.2   生物反应器中的传递现象

生物反应器涉及空气、培养液和生物催化剂（生物细胞、固定化酶等）之间的质量与热量传递问题。空气中的氧在培养液中的溶解度很小，在常压下一般低于 0.23mmol·L^{-1}。这一溶解度相对于好氧微生物的耗氧速率来说太小（细菌如大肠杆菌的耗氧速率在 $80 \sim 200\text{mmol·L}^{-1}·\text{h}^{-1}$，酵母的耗氧速率在 $100 \sim 250\text{mmol·L}^{-1}·\text{h}^{-1}$ 水平），如果不持续供应的话，在几分钟时间内发酵液中的氧就被消耗光了。因此，生物反应必须不断通气和搅拌，使发酵液中维持一定的溶解氧浓度，以满足生物细胞生长的需要。此外，搅拌还起到使细胞和营养物均匀分散并促进生物反应热的散失等作用。

除了气液传质之外，在进行菌种的高密度培养过程中，发酵液与细胞之间营养物质的传递也是生物反应器中非常重要的一个传递过程。这种传递过程不能完全套用化工中传统的液固传递模型。

3.2.1   生物反应器中的搅拌与混合

生物反应器的搅拌方式大致有三种：①机械搅拌；②压缩空气鼓泡；③利用泵使液体循环。目前，工业上主要采用压缩空气鼓泡加机械搅拌的方式，实现生物反应器内的气液混合、强化传质和传热速率。第三种搅拌方式应用尚不多。搅拌功率的大小对液体的混合、气液固三相间的质量传递，以及反应器的热量传递有很大影响。因此生物反应器搅拌功率的确定对于生物反应器的设计是相当重要的。下面着重介绍机械搅拌功率的计算方法。

3.2.1.1   在牛顿流体中的机械搅拌功率

在牛顿流体中，定义无量纲功率准数 N_{p} 为：

$$N_{\text{p}} = \frac{P}{\rho N^3 D^5}$$

$$(26-3-2)$$

式中，P 为搅拌功率，W；N 为搅拌转速，s^{-1}；D 为搅拌器直径，m；ρ 为流体密度，$kg \cdot m^{-3}$。在搅拌生物反应器中，功率准数与搅拌雷诺数 Re 有关，Re 定义为：

$$Re = \frac{\rho N D^2}{\mu} \tag{26-3-3}$$

式中，μ 为流体黏度，$Pa \cdot s$。当搅拌槽中装有全挡板（挡板宽度 W_b 与反应器直径 T 之比为 0.1，且有 4 块挡板）时，搅拌器的功率准数 N_p 与 Re 有如下关系：

$$N_p = K Re^x \tag{26-3-4}$$

式中，x 为雷诺数指数，不同流动状态，该指数取不同值。

几种不同搅拌器的 N_p 与 Re 的关系示于图 26-3-4 中。此图分为三个区域：①层流区（$Re<10$），$x=1$，K 为常数，搅拌功率与 μ 成正比，与 ρ 无关；②湍流区（$Re>10000$），$x=0$，$N_p = K$ 常数，搅拌功率与 μ 无关，而与 ρ 成正比；③过渡区（$10<Re<10000$），K 与 x 均随 Re 而变。

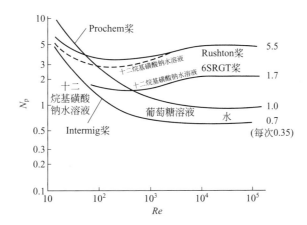

图 26-3-4　单个搅拌桨在不同雷诺数下的功率准数[6]

（数据来自伯明翰大学）

图 26-3-4 是在反应器直径 T 与搅拌器直径 D 之比 $T/D=3$，以及反应器中液层高度 H 与搅拌器直径 D 之比 $H/D=3$ 的条件下得出的。当上述条件改变时，搅拌功率必须进行校正，校正后的搅拌功率 P_c 为：

$$P_c = \frac{1}{3}\sqrt{\frac{T}{D} \times \frac{H}{D}} P \tag{26-3-5}$$

如果在搅拌轴上装了多层搅拌器，则多个搅拌器的总功率 P_m 可用下式估算：

$$P_m = P(0.4 + 0.6m) \tag{26-3-6}$$

式中，m 为搅拌器的个数；P 为单个搅拌器的功率。

当培养液通入空气后，搅拌功率会显著下降。这主要是气液混合液的密度下降引起的，此时的通气搅拌功率可用以下的经验式计算：

$$P_G = K \left(\frac{P^2 N D^3}{F_g^{0.56}}\right)^{0.45} \tag{16-3-7}$$

式中，F_g 为通气流量，$m^3 \cdot s^{-1}$；K 是与反应器结构有关的常数，当

$D/T=1/3$ 时，$K=0.157$；

$D/T=1/2$ 时，$K=0.101$；

$D/T=2/3$ 时，$K=0.113$。

该式是在 $\rho=800 \sim 1650 kg \cdot m^{-3}$，$\mu=9 \times 10^{-3} \sim 0.1 Pa \cdot s$，$\sigma=0.027 \sim 0.072 N \cdot m^{-1}$，装液量 $V_L=3.5 \sim 1.53L$ 的条件下获得的，但据报道可以用于装液量为 $100 \sim 42000L$ 的发酵罐设计。

3.2.1.2　非牛顿流体中的机械搅拌功率

在非牛顿流体中，流体黏度随搅拌速度（即剪应力）而变，其搅拌雷诺数定义为：

$$Re=\frac{\rho N D^2}{\mu_a} \tag{26-3-8}$$

式中，μ_a 为表观黏度，即剪应力与剪切率之比。

不通气时 N_p 与 Re 之间的关系可表示为：

$$N_p=k_1 Re^a \left(\frac{D}{T}\right)^b \left(\frac{W}{T}\right)^c \tag{26-3-9}$$

式中，W 为桨叶的宽度；a，b，c 为随 Re 而变的指数。通气时，湍流状态下非牛顿流体中的通气搅拌功率也可以用式(26-3-7) 进行估算。

3.2.2　生物反应器中的氧传递

氧是一种难溶气体，在好氧发酵体系中，特别是在高细胞密度下，微生物生长往往受到液相中氧浓度的限制，因此氧从气相向微生物细胞的传递至关重要。在涉及高氧需求的生化过程时，发酵罐设计中必须对强化氧的传递予以充分重视。

(1) 氧从气泡中传递到细胞的电子传递链的传质阻力　对于大多数细胞培养过程，供氧都是通过向发酵液中通入无菌空气进行的。细胞分散在液体中，只能利用溶解氧。因此，氧从气泡到达细胞内要克服一系列传递阻力，主要有：①气相主体到气液界面的气膜阻力；②通过气液界面的阻力；③气液界面液膜侧到液相主体的阻力；④通过细胞团周围的液膜阻力；⑤细胞团内的传递阻力；⑥细胞内的阻力。

总传递阻力等于各步阻力串联之和。一般情况下，相对于气液交界面液膜侧阻力要远大于气膜侧阻力，故气膜阻力可以忽略。因此，氧从气泡中传递到液相主体的总传质系数（K_L）近似等于液膜传质系数（k_L）。

在混合良好的发酵罐中，液相主体的阻力可以忽略，溶解氧浓度基本为一常数。但是，当发酵液为非牛顿流体时，液相主体中将存在氧浓度梯度，氧在液相主体中的传递阻力不容忽略。例如黄原胶发酵中，当黄原胶浓度累积到一定浓度后，发酵液非牛顿流体特性迅速增强，使得靠近搅拌桨区域溶解氧浓度较高，而远离搅拌桨的管壁区域溶解氧浓度则有可能接近零。此时，在好氧发酵罐设计中为了降低上述传递阻力，必须强化液相主体的混合。

如果反应器中绝大多数细胞处于单个悬浮状态，很少聚集成团，则单个细胞周围的液膜传质阻力可以忽略（这是由于细胞相对于气泡直径要小得多，所以具有相对大得多的比表面积，因而不构成传质阻力）。但是，当微生物以颗粒团形式生长时（尤其是当成团尺寸与气

泡尺寸相当时），细胞团周围的液膜阻力和颗粒内的传氧阻力就不容忽略。而单个细胞内的耗氧阻力与其他阻力相比，可以忽略。为了避免颗粒内部缺氧，颗粒团要足够小。颗粒的临界尺寸取决于耗氧速率、氧的扩散系数及液相主体中的氧浓度。

（2）气-液氧传递 假定氧从气相到液相的传递受到气泡周围的液膜阻力控制，则传氧速率（OTR）可标示为

$$OTR = k_L a (C^* - C_L) \tag{26-3-10}$$

式中，k_L 为液膜氧传递系数；a 为单位体积液体的气液界面面积；C^* 和 C_L 分别是液相介质中与气相主体氧分压平衡的氧浓度及液相主体的氧浓度，$mol \cdot m^{-3}$。通常，k_L 与 a 合并为一个参数处理，称为体积传氧系数。

在机械搅拌通气生物反应器中，搅拌转速（N）、单位液相体积的搅拌功率（P_G/V_L）和通气速率（W_g）等操作条件对 $k_L a$ 有很大影响，可用以下经验公式表示：

$$k_L a = K (P_G/V_L)^\alpha u_s^\beta \tag{26-3-11}$$

或

$$k_L a = K N^\gamma u_s^\beta \tag{26-3-12}$$

式中，α、β、γ 为指数；K 为有量纲的常数。搅拌器形状和反应器结构不同时，α、β 的值也会有较大差别。表 26-3-5 列出了 $T/D=3$、$H/D=2$ 的小型反应器中的 α、β 值。随着反应器体积的增大，指数 α 有下降趋势（见表 26-3-6）。

表 26-3-5　不同搅拌桨的模型参数值[7]

桨型	个数	α	β
六平叶涡轮	2	0.933	0.488
六弯叶涡轮	2	1.000	0.713
	3	1.192	0.966
六箭叶涡轮	2	0.755	0.578
十二叶翼轮		0.894	0.619
伍氏叶发酵罐		0.885	0.466

表 26-3-6　反应器大小对指数 α 的影响[8]

反应器体积	α
7.6L	0.95
416L	0.67
$22.7 \sim 45.4 m^3$	0.50

生物反应器通常安装不止一个（m 个）搅拌器，当装料量为 $100 \sim 42000L$ 时，几何形状不相似的发酵罐可用下式关联：

$$k_L a = K (2 + 2.8m)(P_G/V_L)^{0.56} u_s^{0.7} N^{0.7} \tag{26-3-13}$$

上述关系式只考虑了操作条件对 $k_L a$ 的影响，实际上液体的物理性质对 $k_L a$ 也有很大影响。在同样的操作条件下，液体的黏度越大，则 $k_L a$ 就越小。综合考虑操作条件和液体性质的影响，并通过量纲分析，可得：在 $T/D=2.5$，$H=T$ 的反应器中，对于牛顿流体有：

$$\frac{k_{\mathrm{L}}aD^2}{D_{\mathrm{O}_2}}=0.06\left(\frac{\rho ND^2}{\mu}\right)^{1.5}\left(\frac{N^2D}{g}\right)^{0.19}\left(\frac{\mu}{\rho D_{\mathrm{O}_2}}\right)^{0.5}\left(\frac{\mu u_{\mathrm{s}}}{\sigma}\right)^{0.6}\left(\frac{ND}{u_{\mathrm{s}}}\right)^{0.32} \tag{26-3-14}$$

对于非牛顿流体

$$\frac{k_{\mathrm{L}}aD^2}{D_{\mathrm{O}_2}}=0.06\left(\frac{\rho ND^2}{\mu_{\mathrm{a}}}\right)^{1.5}\left(\frac{N^2D}{g}\right)^{0.19}\left(\frac{\mu_{\mathrm{a}}}{\rho D_{\mathrm{O}_2}}\right)^{0.5}\left(\frac{\mu_{\mathrm{a}} u_{\mathrm{s}}}{\sigma}\right)^{0.6}\left(\frac{ND}{u_{\mathrm{s}}}\right)^{0.32}[1+2\lambda N^{0.5}]^{-0.67}$$

$$\tag{26-3-15}$$

式中，D_{O_2} 为氧在液相中的扩散系数，$\mathrm{m^2 \cdot s^{-1}}$；$\mu_{\mathrm{a}}$ 为非牛顿流体表观黏度，$\mathrm{Pa \cdot s}$；λ 为非牛顿流体黏弹性松弛时间；g 为重力加速度，$\mathrm{m \cdot s^{-2}}$。小分子溶质在低分子量液体中的扩散系数可用下式计算：

$$D_{\mathrm{L}}=1.2\times10^{-16}\frac{T(xM)^{0.5}}{\mu V_{\mathrm{m}}^{0.6}} \tag{26-3-16}$$

式中，T 为绝对温度，K；M 为溶质摩尔质量，$\mathrm{g \cdot mol^{-1}}$；$\mu$ 为液体黏度，$\mathrm{Pa \cdot s}$；V_{m} 为溶质在沸点下的分子摩尔体积（O_2 为 $0.0256\mathrm{m^3 \cdot kmol^{-1}}$）；$x$ 为溶剂缔合因子（对于水 $x=2.6$）。

此外，培养液中加入表面活性剂、培养液中的盐浓度均对体积氧传递系数 $k_{\mathrm{L}}a$ 有一定影响。

3.2.3 生物反应器中的液固传质

(1) 液固氧传递 通过细胞（或细胞团，菌球）外液膜的氧传递速率可表示为

$$\mathrm{OTR}=k'_{\mathrm{L}}a'(C_{\mathrm{L}}-C'_{\mathrm{i}}) \tag{26-3-17}$$

式中，k'_{L} 为液膜中的氧传递系数；a' 为单位体积培养液中细胞的外表面积，$\mathrm{m^2 \cdot m^{-3}}$；$C'_{\mathrm{i}}$ 和 C_{L} 分别为细胞表面处及液相主体中氧浓度，$\mathrm{mol \cdot m^{-3}}$。从流体向刚性球形固体颗粒的质量传递过程满足如下关系：

$$Sh=2+a_1(Re)^{a_2}(Sc)^{a_3} \tag{26-3-18}$$

式中，a_1、a_2、a_3 为常数；Sh、Re 和 Sc 分别为舍伍德数（Sherwood number）、雷诺数（Reynolds number）和施密特数（Schmidt number），定义式分别为：

$$Sh=\frac{k'_{\mathrm{L}}d_{\mathrm{p}}}{D_{\mathrm{O}_2}} \tag{26-3-19}$$

$$Re=\frac{\rho V d_{\mathrm{p}}}{\mu} \tag{26-3-20}$$

$$Sc=\frac{\mu}{\rho D_{\mathrm{O}_2}} \tag{26-3-21}$$

式中，d_{p} 为刚性固体颗粒的直径，m；V 为颗粒相对于液相的速度，$\mathrm{m \cdot s^{-1}}$。

由于生物细胞的密度与培养液的密度十分接近，故可以认为液固相对速度（V）接近于 0，这时有 $Sh=2$，即

$$k'_{\mathrm{L}}\approx 2D_{\mathrm{O}_2}/d_{\mathrm{p}} \tag{26-3-22}$$

表明液膜传质系数随氧的扩散系数增加而增加，随颗粒直径的增加而降低。细菌细胞常可看成刚性固体颗粒，因而其表面液膜中的传质系数常可满足上述条件，而丝状微生物细胞则不适用。

(2) 细胞团内的氧传递 细胞聚集成团时，氧在细胞团内边扩散边被细胞消耗。为简便起见，将细胞团看作均匀的耗氧球体。定常态时，氧在细胞团内的传质微分方程为

$$D_c\left(\frac{d^2C}{dr^2}+\frac{2dC}{r\,dr}\right)=q_{O_2}X_c \tag{26-3-23}$$

式中，D_c 为氧在细胞团内的扩散系数；C 为细胞半径 r 处对应的溶氧浓度；q_{O_2} 为细胞的比耗氧速率，$mol \cdot g^{-1} DW \cdot s^{-1}$；$X_c$ 为细胞团内的细胞浓度。当细胞团内局部氧浓度达到限制性氧浓度以下时，q_{O_2} 与溶氧浓度的关系可用米氏方程表示：

$$q_{O_2}=\frac{\mu_{max}C}{Y_{O_2}(K_m+C)} \tag{26-3-24}$$

式中，Y_{O_2} 为细胞耗氧系数（每生成 1g 干重的新菌体所消耗氧的物质的量）；μ_{max} 和 K_m 分别是细胞最大比生长速率和米氏常数。将式（26-3-24）代入式（26-3-23）再无量纲化，得

$$\frac{d^2y}{dx^2}+\frac{2dy}{x\,dx}=\phi^2\frac{y}{1+\alpha y} \tag{26-3-25}$$

式中，$y=C/C_L$；$x=r/R$；$\alpha=C_L/K_m$；$\phi=R(\mu_{max}X/Y_{O_2}D_cK_m)^{\frac{1}{2}}$。
边界条件为：

$$y\big|_{x=1}=1,\quad \frac{dy}{dx}\bigg|_{x=1}=0$$

参数 ϕ 称为西勒模数（Thiele number），是一级反应速率与扩散速率之比；参数 α 是对一级反应动力学的修正。当 α 值非常小时，可以视为一级反应；反之，当 α 非常大时，可视为零级反应。

在气液固三相氧传递过程中，如果细胞不聚集成团，悬浮在培养液中，且细胞浓度较大时，气泡周围的液膜阻力相对较大，成为供氧的限制因素，液相主体氧浓度很低。如果细胞聚集成团，则即使液相主体氧浓度较高，细胞团内的细胞仍可能因为团内扩散限制而缺氧，对于丝状真菌结团生长时尤其明显。

(3) 二氧化碳问题 在好氧发酵体系中，二氧化碳往往是发酵的重要产物之一（占消耗碳源的 $30\%\sim60\%$）。为了避免在培养过程中发酵液溶解的二氧化碳浓度过高而带来负效应，必须从发酵液中连续地除去二氧化碳。

发酵液中脱除二氧化碳的传质过程与氧从气相到液相传递过程的规律类似，脱除二氧化碳的总速率可表示为：

$$COTR=k_L''a''(C_L''-C^{*''}) \tag{26-3-26}$$

式中，C_L'' 为液相溶解的 CO_2 浓度；$C^{*''}$ 为与 CO_2 分压平衡的液相的 CO_2 浓度；$k_L''a''$ 为 CO_2 总体积传递系数，它具有与氧传质系数类似的关联式，即

$$Sh = \frac{k''_L d_p}{D_{CO_2}} = a'(Re)^{b'}(Sc)^{c'} \tag{26-3-27}$$

式中，D_{CO_2} 为二氧化碳在液相中的扩散系数，$m^2 \cdot s^{-1}$；常数 a'、b'、c' 与氧的系数不同。从进出口气流 CO_2 平衡关系可以得到 CO_2 的释放速率计算式：

$$CER = \frac{F_{in}}{V_L} \times \frac{1 - y_{O_2,in} - y_{CO_2,in}}{1 - y_{O_2,out} - y_{CO_2,out}} \times y_{CO_2,out} - \frac{F_{in}}{V_L} \times y_{CO_2,in} \tag{26-3-28}$$

式中，F_{in} 为标准状态下进气流量，$mmol \cdot h^{-1}$；V_L 为发酵液体积，L；$y_{O_2,in}$、$y_{CO_2,in}$ 分别为进气中氧含量与二氧化碳含量；$y_{O_2,out}$、$y_{CO_2,out}$ 分别为尾气中氧含量与二氧化碳含量。

3.2.4　生物反应器中的热量传递

生物反应器中的传热速率可表示为

$$Q_T = hA(T_L - T_c) \tag{26-3-29}$$

式中，h 为总传热系数；A 为总传热面积；T_L 和 T_c 分别为发酵液及冷却液的温度。主要传热阻力包括：①冷却液对流传热阻力；②换热壁面热传导阻力；③发酵液对流传热阻力。总传热阻力等于各分阻力之和，故而，

$$\frac{1}{h} = \frac{1}{h_c} + \frac{1}{k_w/\delta} + \frac{1}{h_f} \tag{26-3-30}$$

式中，k_w 为换热壁面的热导率，$W \cdot m^{-1} \cdot K^{-1}$；$\delta$ 为壁厚，m；h_c 和 h_f 分别为冷却液和发酵液的对流传热系数，$W \cdot m^{-2} \cdot K^{-1}$。对于通过内部盘管的热量传递，总传热阻力为

$$\frac{1}{h} = \frac{1}{h_o} + \frac{\ln(r_o/r_i)}{k_w/\delta} + \frac{r_o}{h_i r_i} \tag{26-3-31}$$

式中，r_i 和 r_o 分别为盘管管子的内外半径；h_i 和 h_o 分别为内外对流传热系数。热量传递关联式的一般形式为：

$$Nu = a(Re)^b(Pr)^c \tag{26-3-32}$$

式中，Nu、Re 和 Pr 分别为努塞尔数（Nusselt number）、雷诺数（Reynolds number）和普朗特数（Prandtl number），定义式分别为：

$$Nu = \frac{hD}{k_f}$$

$$Re = \frac{\rho VD}{\mu_f}$$

$$Pr = \frac{C_p \mu_f}{k_f}$$

式中，h、ρ 和 μ_f 分别为发酵液的对流传热系数、密度和黏度；V 为发酵液的平均流速；C_p 为发酵液比热容；D 为盘管直径；k_f 为发酵液热导率。

当 $10^4 < Re < 1.2 \times 10^5$，$0.7 < Pr < 120$，$L/D > 60$（$L$ 为管长）时，可以用下式计算

传热系数：

$$Nu = \frac{hD}{k_f} = 0.023(Re)^{0.8}(Pr)^c \qquad (26\text{-}3\text{-}33)$$

加热时，$c=0.4$；冷却时 $c=0.3$。

当壁面和流体的温差较大时，关联式中还必须包含黏度校正项，即：

$$Nu = \frac{hD}{k_f} = 0.023(Re)^{0.8}(Pr)^{1/3}\left(\frac{\mu_b}{\mu_w}\right)^{0.14} \qquad (26\text{-}3\text{-}34)$$

式中，μ_b 与 μ_w 分别为液相主体和壁面处流体的黏度。

当液体的密度不均匀时，自然对流变得更加重要。此时应考虑格拉肖夫数（Grashof number），

$$Gr = \frac{D^3 \rho g \Delta\rho}{\mu^2} \qquad (26\text{-}3\text{-}35)$$

对于水平管，关联式的形式为

$$Nu = \frac{hD}{k_f} = 1.75 \times \left[\frac{D}{L}Re \cdot Pr + 0.04 \times \left(\frac{D}{L}Gr \cdot Pr\right)^{0.75}\right]^{\frac{1}{3}} \times \left(\frac{\mu_b}{\mu_w}\right)^{0.14} \qquad (26\text{-}3\text{-}36)$$

上式方括号中第一项为强制对流的贡献，第二项为自然对流的贡献。对于垂直管，系数 0.04 应换为 0.072，且 $\mu_b/\mu_w=1$。

垂直板或圆柱体自然对流传热关联式为

$$Nu = \frac{hL}{k_f} = c(Gr \cdot Pr)^a \qquad (26\text{-}3\text{-}37)$$

湍流时，$3.5 \times 10^7 < Gr \cdot Pr < 10^{12}$，$c=0.13$，$a=1/3$；
层流时，$10^4 < Gr \cdot Pr < 3.5 \times 10^7$，$c=0.55$，$a=1/4$。

3.3 典型的生物反应器

目前工业化的生物反应器种类很多，从反应器构型上主要分为：机械搅拌罐、气升式反应器、流化床、固定床及膜反应器等。反应器的操作方式可以是间歇式、流加或灌注式，以及连续式操作。按照反应过程采用的生物催化剂，生物反应器又可分为微生物发酵设备、酶反应器、动物细胞和植物细胞培养器，其中生物量的存在方式可以是自由悬浮或固定化的。

生物反应器给微生物活细胞提供适当的环境，使其生长和代谢，最大限度地生成所需的产物。良好的生物反应器应具有如下特点：

① 良好的气液接触和液固混合性能，有较高的传质和传热效率；
② 适合工艺的要求，反应器生产产品的体积效率高；
③ 结构严密，密封性能好；
④ 附有必要和可靠的检测、控制装置。

以下着重介绍几种典型的生物反应器。

3.3.1 机械搅拌罐

机械搅拌罐是目前工业应用最多的一种生物反应器，最常见的是通气搅拌罐，典型的形式如图 26-3-5 所示。反应器主体用不锈钢制造，耐腐蚀，能湿热灭菌。搅拌桨分径流式涡轮桨或轴流式搅拌桨，常见的搅拌桨形式有六平叶涡轮、六箭叶涡轮、六弯叶涡轮、四宽叶下压（或上翻）轴流桨、翼型桨等，实验室规模的反应器高径比较小，常安装单个搅拌桨；工业规模反应器高径比较大，则装配多个搅拌桨。安装搅拌轴的轴承通常采用端面密封，并用无菌空气防漏和冷却，以保证无菌和密封。一般罐内装配 4～6 块挡板，防止搅拌时液体产生漩涡。无菌空气从分布器或喷嘴鼓进，用夹套或蛇管传热。对于易于产生泡沫的发酵过程，须用机械法破泡或加消泡剂消泡。

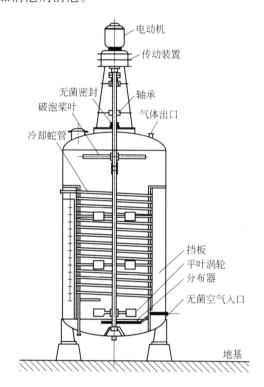

图 26-3-5 生产抗生素用的 100m³ 通气搅拌罐[9]

搅拌装置对反应器内质量、热量的传递，特别对氧的溶解具有重要意义。

经过多年实践，机械搅拌通气发酵罐的结构已渐趋成熟，有了定型设计的所谓"通用式"发酵罐，其几何尺寸如下：

$$\frac{H}{T} = 1.7 \sim 3$$

$$\frac{D}{T} = 0.5 \sim 0.33$$

$$\frac{W}{T} = \frac{1}{12} \sim \frac{1}{8}$$

$$\frac{B}{D} = 0.8 \sim 1.0$$

$$\left(\frac{S}{D}\right)_{N=2}=1.5\sim2.5$$

$$\left(\frac{S}{D}\right)_{N=3}=1\sim2$$

式中，H 为罐直筒部分高度；T 为罐直径；D 为搅拌桨直径；W 为挡板宽度；B 为搅拌桨与罐底距离；S 为多层搅拌桨的桨间距；N 为搅拌桨数。

通气搅拌罐具有放大方法成熟，pH、温度等控制容易，适用于连续全混流发酵等优点，但同时存在搅拌功耗大、罐内结构复杂、轴封处易发生杂菌污染等缺点。另外，由于搅拌桨叶端的剪切力大，培养丝状菌时容易造成细胞损伤。

机械搅拌罐的另一种常用形式是自吸式发酵罐。该反应器不需要通入压缩空气，而是利用中空轴连接的特殊搅拌桨，在搅拌桨旋转时形成负压，将空气吸入反应器进而在桨叶叶端实现气泡的分散，达到既通风又搅拌的目的。这种罐中最关键的部件是中空吸气的搅拌桨形式，目前使用较广的是具有固定导轮的三棱空心叶轮，其结构如图 26-3-6 所示。

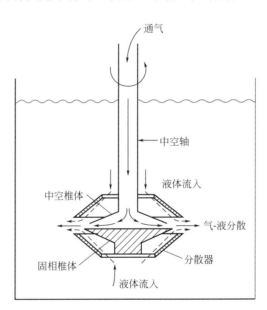

图 26-3-6 自吸式发酵罐[10]

自吸式发酵罐的搅拌轴有的从罐顶伸入，有的由罐底伸入。对于罐底伸入的，要采用密封性能良好的双端面机械密封装置，抽气管与搅拌器间也应采用滑动轴套或端面轴封，以免漏气而降低吸气量。为保证发酵罐有足够的吸气量，搅拌器的转速较通气式为高，更容易使菌丝被搅拌器损害。但因不需另行通入压缩空气，因此总的动力消耗还是比通气式的低。

由于自吸式反应器的吸程一般不高，因此需要采用高效、低阻力的空气除菌装置，或用于无菌要求较低的，如醋酸和酵母等的发酵生产中，将空气直接吸入反应器。

3.3.2 气升式反应器和鼓泡式反应器

气升式反应器是 20 世纪 70 年代发展起来的，鼓泡床和筛板塔型反应器是气升式反应器的简单形式[见图 26-3-7 的（a）与（b）]。在这类反应器中液体没有形成大的环流。环流型的气升式反应器分为内环流和外环流两种［见图 26-3-7 的（c）与（d）］，及加筛板的几种

变形 [见图 26-3-7 的 (e) 与 (f)]。

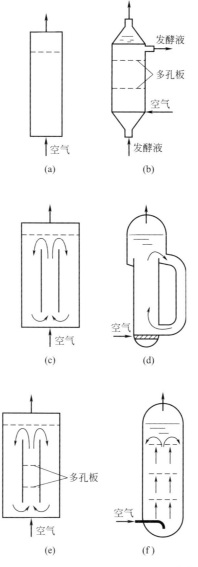

图 26-3-7 鼓泡式与气升式反应器[11]

气升式反应器相对于机械搅拌式反应器，结构更简单，不存在容易引起杂菌污染的轴封问题，通气消耗的功率较机械搅拌罐的总功耗为小，而且易于放大。

鼓泡或气升式反应器的功率可由下式求取：

$$P_g = \Delta p Q \qquad (26\text{-}3\text{-}38)$$

式中，Δp 为空气出入口压差，Pa；Q 为通气量，$m^3 \cdot s^{-1}$。

由于这类反应器的最大供氧能力一般低于搅拌通气反应器，因而传氧限制往往是限制这类反应器放大的主要因素，所以这类反应器的放大主要基于 $k_L a$ 相同的准则。对于不带机械搅拌的鼓泡式反应器，可以认为液相是完全混合的，$k_L a$ 可由下式估算：

$$\frac{k_L a D^2}{D_L} = 0.6 \left(\frac{\nu}{D_L} \right)^{0.5} \left(\frac{\rho g D^2}{\sigma} \right)^{0.62} \left(\frac{g D^3}{\nu^2} \right)^{0.31} \varepsilon^{1.1} \qquad (26\text{-}3\text{-}39)$$

式中，D 为塔径；ν 为液体运动黏度；σ 为气液表面张力；D_L 为液相扩散系数；ε 为气含率；g 为重力加速度。

不同塔径下，k_La 与空塔气速的关系见图 26-3-8。

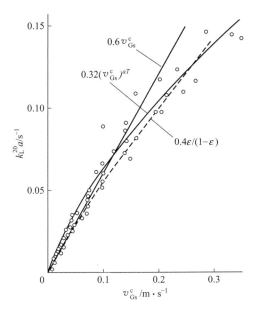

图 26-3-8 鼓泡反应器的 k_La 与空塔气速之间的关系[12]

图 26-3-7(c) 所示的内环流气升式反应器，其 k_La 与鼓泡反应器大致相同。各种环流气升式反应器的 k_La 与内环流反应器差别不大，都受到液体环流的影响。k_La 随气速增大而增大，随液体环流速度增大而减小。气升式反应器中加筛板，可以增大液相气含率，从而使 k_La 得到提高。不同鼓泡反应器 k_La 的比较见图 26-3-9。

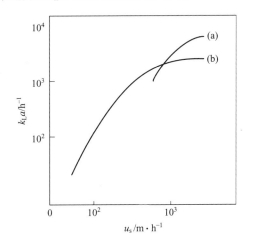

图 26-3-9 不同鼓泡反应器 k_La 的比较[13]

($0.5\,mol\cdot L^{-1}$ Na_2SO_3-空气体系，$CuSO_4$ 催化剂，$30\sim35℃$) (a) 简单鼓泡反应器（内径 15～30cm）；
(b) 多层鼓泡反应器（内径 15cm，5 层，间隔 30cm，孔径 2mm，开孔率 2%）

多层筛板塔的各层都可以看成连续搅拌槽反应器（CSTR），可以用串联的全混釜模型来表示，介于 CSTR 和平推流反应器（PFR）两者之间，连续操作时必须考虑液体的停留

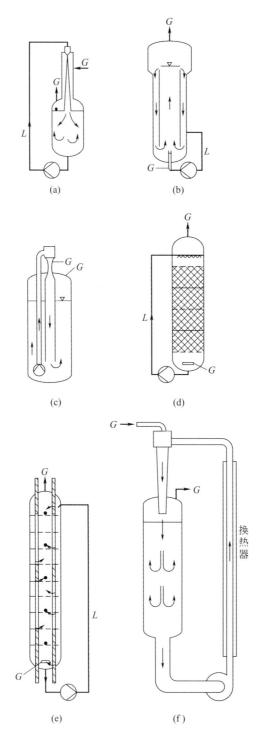

图 26-3-10 液体喷射循环反应器[14]

时间分布（RTD）。

气升式环流反应器结构简单，氧传递系数高，剪切力较小，单位反应器体积的比能耗低易于放大。目前，我国发酵行业正在积极采用这种设备。

3.3.3 液体喷射循环反应器

液体喷射循环反应器是环流反应器的另一种重要类型，利用泵驱动发酵液循环流动，氧的供给可以有两种方式，即通入压缩空气或利用液体高速喷射形成的负压自吸进气。这种反应器的喷嘴结构是关键，在喷嘴附件形成的气体分散和气液混合对溶氧传递十分重要。由于发酵液循环时经过反应器外的管道或设备，因此该反应器可通过反应器以外的循环换热来强化反应过程的热传递。图 26-3-10 是几种典型的液体喷射循环反应器。

目前，该反应器在单细胞蛋白生产及废水生物处理等方面已得到了成功应用。

3.3.4 流化床反应器

生物流化属于气、液、固三相流化过程，比化工过程中一般的两相流化更为复杂。可用于生物流化床反应器（FBR）的颗粒有两种类型：

（1）絮凝微生物 这种颗粒与培养液密度接近，起始流化速度小，激烈的流化作用使其受损破碎，小颗粒将被淘洗掉。

（2）生物物质固定化颗粒 这种颗粒的大小和密度主要取决于固定化载体的大小和密度，但生物质的生长将显著地影响颗粒的形态和密度。

流化颗粒特性的变化是导致生物流化过程复杂化的原因之一。流化颗粒产生的代谢气体可能附着于颗粒表面，使颗粒的流化行为更难以预测。

由于气泡的存在，三相流化床远比液-固或气-固流化床复杂，目前尚无一般化的规律，在设计和放大方面还有许多不清楚的地方。

目前工业化的生物流化床反应器主要用于酿造、制醋和废水处理。图 26-3-11 是法国采

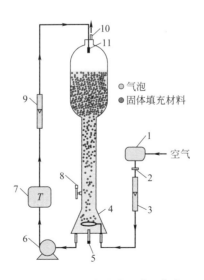

图 26-3-11 流化床示意图[15]

1—电动阀；2—过滤器；3—流量计；4—气体分布器；5—溶氧电极；6—泵；

7—温控系统；8—取样阀；9—流量计；10—排气口；11—分流器

用枯草杆菌发酵生产生物表面活性剂而设计的流化床示意图。

在这种反应器中，通过调节通气流量可以使氧传递速率提高 175%，而提高液体流速可提高氧传递速率 24%，反应器中能达到的最大氧传递系数约为 $0.015s^{-1}$（即 $54h^{-1}$）。另外发现，随着发酵过程进行，体积氧传质系数将降低 27% 左右，这是由于随着发酵进行、产物积累，使得表面张力降低，从而使 k_La 显著降低。

3.3.5 固定床生物反应器

固定床生物反应器一般用作固定化或半固定化微生物的反应器，且这种反应器常以连续方式操作。近年来在污水处理中采用的滴滤器（见图 26-3-12）即属于此种反应器。

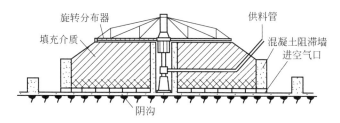

图 26-3-12 用于污水处理的滴滤器示意图[2]

本篇第 4 章将对固定床生物反应器做详细介绍。

在固定床反应器中，存在有营养和产物浓度的梯度变化，这对微生物细胞的生长和代谢有明显的影响；另外生物量的积累可能导致反应器堵塞。这是此类反应器不能广泛应用的两个主要原因。

3.3.6 动物细胞培养反应器

动物细胞由于没有细胞壁，不能耐受较高的剪切力，因此动物细胞培养器必须在低剪切条件下操作，并且能提供适合高密度培养所需的氧和营养的传递，这是动物细胞培养反应器与微生物发酵反应器的重要区别。另外，动物细胞对营养和环境条件要求严格，反应器的 pH、温度等控制精度要求也高。由于动物细胞传代时间远大于微生物细胞，因此在反应器密封和防污染方面，动物细胞反应器较微生物反应器也更为严格。

目前工业上较成功的动物细胞反应器主要有气升式反应器、机械搅拌式反应器和用于固定化动物细胞培养的流化床反应器等。

气升式反应器主要用于悬浮动物细胞的培养，如英国 Celltech 公司用于动物细胞培养的气升式反应器已达 10000L 规模。气升式反应器能提供低的剪切力和较高的氧传递速率，其结构简单，容易密封，较为经济。

机械搅拌式反应器用于工业化动物细胞培养，必须采用合理的搅拌方式，目前成功的例子是 NBS 公司的液体提升式机械搅拌反应器，以及由华东理工大学提出并设计的离心泵式搅拌反应器，其结构如图 26-3-13 所示。这种反应器的搅拌器在旋转时，由于离心作用使液体从导流筒甩出，在搅拌器中心管产生负压，从而使液体提升循环。该反应器结构相较 NBS 公司的液体提升式搅拌反应器要简单，主要用于贴壁细胞的微载体培养过程。

动物细胞利用微胶囊多孔载体固定化后，细胞得到了保护，因此对反应器内剪切力的敏感程度降低，可采用多种形式的反应器，特别是气液固三相流化床或液固两相流化床反应器。液态化反应器的优点是传质性能好、易实现流加灌注或连续培养，以及容易放大等。

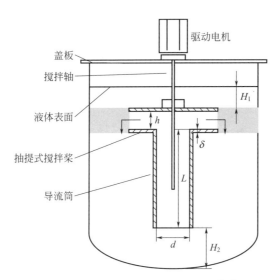

图 26-3-13　离心泵式搅拌反应器[16]

中空纤维膜反应器是一种连续培养、连续分离的高效细胞培养装置。中空纤维能提供细胞培养，排出小分子代谢产物，并截留所需的分泌产物，使其浓缩纯化。该类反应器培养细胞可达到较高的密度，但难于放大，尚无工业应用的成功实例。

由于动物细胞培养的设备和培养基十分昂贵，因此为降低生产成本，采用高密度培养、提高反应器效率和采用低成本的培养基是其实现大规模、工业化培养的关键。

3.3.7　植物细胞培养反应器

植物细胞有细胞壁，较动物细胞对剪切作用的耐受性好，因此植物细胞反应器对降低剪切力的要求不如动物细胞反应器那么严格，但是相较于微生物细胞来说，其耐剪切的能力也要差很多，因此其反应器的设计和放大过程中剪切也是一个重点考虑的问题。工业化的植物细胞培养反应器多为通气式搅拌罐和气升式反应器，从使用效果看，气升式反应器较佳。

植物细胞培养多为两级培养工艺，增殖细胞所需的某些基质对细胞分泌产物的代谢有抑制作用。因此反应器的设计还需充分考虑这一点。

植物细胞反应器同样要求较精密的测量与控制系统。植物细胞的培养周期比微生物细胞长很多，因此与动物细胞反应器类似，植物细胞培养反应器必须采取严格的密封、防污染措施。

3.4　生物反应器的放大

对于一个生物反应过程，尽管在容积不同的反应器中所进行的生物反应是相同的，但是质量、热量和动量的传递速率却因反应器容积不同而有明显差别，由此表现出生物反应速率也因反应器容积不同而有差异。生物反应器的放大，就是要使大小不同的生物反应器性能接近，从而使大型反应器的生产效率与小型反应器相似。

反应器的放大主要取决于两方面的因素，即反应本身的规律（工艺因素）和设备操作规律（工程因素）。生物反应比常规化学反应更复杂，人们对生物反应规律的认识还远远不够深刻和透彻，因此，生物反应器的放大比化学反应器的放大还要困难得多。这是由于生物中不仅参与反应的分子种类多、步骤复杂，而且与蛋白质、核酸等生命物质的生命活力调控网络密切相关，这就给研究生物反应的本征动力学规律带来了极大困难，从而使生物反应器放大更加困难。

3.4.1 生物反应器放大方法

生物反应器放大有三种常规方法。

① 在实验室研究的基础上，找出放大准则，然后按这一准则进行放大设计。常用作放大的准则，有单位发酵液体积的功率输入或溶氧传递、混合时间、停留时间等等。不同类别的产品需采用不同的放大准则，究竟应采用哪一种放大准则，目前一般还只能通过试验和经验来确定。而且随着生物技术的发展和基础研究工作的深入，新的观念和准则也在不断产生。

② 首先对所处理的生物反应器体系进行本征动力学和表观动力学的研究；然后对所采用的反应器进行混合和流动特性研究，确定物料在反应器中的混合时间和停留时间分布关系，得到有关反应器操作的冷模数学模型；最后将两者加以综合，得出放大规律。这种放大方法一般适合于酶催化反应等相对简单的生物反应。

③ 数学模型放大法。在微型或小型热模装置中进行反应和反应动力学研究，同时在大型冷模反应器中进行反应器流动和传质规律研究，分别得到相应的数学模型，然后在计算机上进行数值模拟，通过中间试验来验证、修改和完善用于反应器设计放大的数学模型，最后进行工业或半工业规模反应器的设计。这是利用现代化学工程的方法，进行生物反应器放大的方法。该方法的优点是放大倍数大，放大工作耗资少，易于实现工业自动化控制。

3.4.2 机械搅拌罐的放大

机械搅拌罐是目前使用最广的生物反应器，因此以它为实例来介绍生物反应器放大。假定放大时，保持其几何结构相似，即大小设备的相应部位几何尺寸比例一致，只需要根据小反应器的操作参数来确定放大以后的操作参数，并分别以下标 1 和 2 来表示小设备和大设备。

机械搅拌罐放大时，常采用下列三条准则之一，或将它们综合考虑。

(1) 单位体积发酵液的搅拌功率相同 本篇 3.2.1 节中已经介绍，湍流时，功率准数为常数，由式（26-3-2）：

$$P = \rho N_{\mathrm{p}} N^3 D^5$$

单位体积液体所获得的搅拌功率为：

$$\frac{P}{V_{\mathrm{L}}} = \frac{\rho N_{\mathrm{p}} N^3 D^5}{V_{\mathrm{L}}} \tag{26-3-40}$$

大小反应器的几何结构相似，装液系数相同，发酵液密度相同，则 $V_{\mathrm{L}} \propto D^3$，根据单位体积液体搅拌功率相同准则，由式（26-3-40）可得

$$\frac{N_1}{N_2} = \left(\frac{D_2}{D_1}\right)^{2/3} = \left(\frac{T_2}{T_1}\right)^{2/3} \quad (26\text{-}3\text{-}41)$$

上式表明，机械搅拌反应器放大时，转速与罐直径的 2/3 次幂成反比。

对于通气搅拌罐，根据式(26-3-7)，按上述相同的方法可得放大规律表达式：

$$\frac{N_1}{N_2} = \left(\frac{T_2}{T_1}\right)^{0.905} \left(\frac{F_1}{F_2}\right)^{0.08} \quad (26\text{-}3\text{-}42)$$

（2）体积传氧系数 $k_L a$ 相同　溶氧浓度对于许多好氧发酵过程十分重要，常成为生物反应的速率限制因素，因此以不同规模反应器的体积传氧系数 $k_L a$ 相同作为放大准则往往可以得到较好的效果。

根据式(26-3-11)：

$$k_L a = K (P_G / V_L)^\alpha u_s^\beta$$

考虑到发酵液物性相同，反应器结构相似，将式(26-3-7)代入上式，并令 $(k_L a)_1 = (k_L a)_2$，即可得到放大规律表达式为：

$$\frac{N_2}{N_1} = \left(\frac{u_{s,1}}{u_{s,2}}\right)^{\frac{\beta/\alpha - 0.252}{3.15}} \left(\frac{T_1}{T_2}\right)^{0.745} \quad (26\text{-}3\text{-}43)$$

（3）搅拌器叶端速度相同　很多生物细胞对机械和流动剪切力很敏感，而搅拌器叶端处是剪切力最大的区域，因此，以搅拌器的叶端速度相等作为放大准则也有成功的实例。搅拌器叶端速度相等，即 $N_1 D_1 = N_2 D_2$，于是放大规律为：

$$\frac{N_2}{N_1} = \frac{D_1}{D_2} \quad (26\text{-}3\text{-}44)$$

即搅拌器转速与直径成反比。

参考文献

[1] Bryan, A K, Goranov A, Amon A, Manalis S R, PNAS, 2010, 107（3）: 999-1004.

[2] Atkinson B, Mavituna F. 生化工程与生物技术手册//下册. 何忠效, 等译. 北京: 科学出版社, 1992.

[3] Müller C, Hansen K, Szabo P, et al. Biotechnology and Bioengineering, 2003, 81（5）: 525-534.

[4] Porcel E M R, Lopez J L C, Perez J A S, et al. Biochemical Engineering Journal, 2005, 26: 139-144.

[5] Zhang Z, Chen H, Applied Biochemistry and Biotechnology, 2010, 160: 1653-1663.

[6] Nienow A W. Applied Mechanics Reviews, 1998, 51（1）: 3-32.

[7] 俞俊棠, 顾其丰, 叶勤. 生物化学工程//生物工程丛书. 第4章. 北京: 化学工业出版社, 1991.

[8] Bartholomew W H. Advances in Applied Microbiology, 1960, 2: 289-300.

[9] Aiba S, Humphrey A E, Millis N F. Biochemical Engineering. 2nd ed. Tokyo: University of Tokyo Press, 1973.

[10] Pangarkar V G. Gas-inducing Reactors, in Design of Multiphase Reactors. Hoboken NJ: John Wiley & Sons Inc, 2015.

[11] 山根恒夫. 生物反应工程. 苏尔馥, 胡章助, 译. 上海: 上海科学技术出版社, 1989.

[12] Heijnen J J. van't Riet K. Mass transfer, mixing and heat transfer phenomena in low viscous bubble column reactors. Fourth Eur Conf On Mixing, Noordwijkerhout Netherlands, 1982, Paper F1: 195-224.

[13] Fukuda H, Shiotani T, Okada W, Morikawa H, Journal of Fermentation Technology, 1978, 56: 623.

［14］ Kargi F, Moo-Young M, Transport Phenomena in Bioprocesses in Comprehensive Biotechnology. vol 2. Oxford: Pergaman Press Ltd, 1985.

［15］ Fahim S, Dimitrov K, Vauchel P, et al. Biochemical Engineering Journal, 2013, 76: 70-76.

［16］ Xia J, Wang Y, Zhang S, et al. Biochemical Engineering Journal, 2009, 43（3）: 252-260.

4

细胞与酶固定化技术

4.1 细胞与酶固定化技术概述

　　固定化酶和细胞通称为固定化生物催化剂，它是生物技术工业化及其应用的重要手段。细胞作为一种复合酶体系，与天然酶相比，它可以大大降低酶及复合酶体系（细胞）应用的成本，降低分离的难度，提高其对温度、有机溶剂、极端 pH 和重金属离子的适应能力。固定化细胞是酶固定化技术的延伸，并被称为第二代固定化酶。它比单酶固定化成本更低、稳定性更高，该技术已扩展至动植物细胞、线粒体、叶绿体及细胞器的固定化，比固定化酶更为普遍广泛。与固定化酶体系类似，固定化细胞的大规模应用目前主要还在厌氧体系，好氧体系的开发正在进行之中。

　　一般而言，在酶与细胞的工业应用之中，采用固定化均是有利的，特别是酶与细胞制备成本较高的情况。不过尚有一些工程问题待解决，例如，敏感体系连续运行的防污染问题；细胞与菌种在长期运行中可能发生的退化与遗传变异。最重要的是要找到一种合适的载体及一种简单易行的固定化方法。固定化细胞与酶的载体一般应满足下述要求：

　　① 在工作介质中化学与物理性能稳定；

　　② 刚性较好；

　　③ 可渗透性；

　　④ 孔隙率高；

　　⑤ 亲水性；

　　⑥ 抗细菌或酶的降解；

　　⑦ 易于合成，易于购取，成本低。

　　目前固定化酶与细胞的工业应用如高果糖浆、L-氨基酸、低乳糖牛乳、酒精等产品的生产皆已达经济的商业规模，它比传统的发酵过程具有管理与控制较易、低公害、低能耗之优点，此外由于酶或细胞可以反复使用，降低了生产成本。除此之外，在人工脏器、医疗分析、自动化测定等方面亦有着广泛的应用。固定化技术在化工及生物技术各领域有着广阔的前景，具有极大的应用价值。

　　固定化酶与细胞在食品、化工及医药工业中的应用如表 26-4-1 所示。

表 26-4-1　某些固定化酶与细胞的应用

固定化酶与细胞	应用
氨基酰化酶	生产 L-甲硫氨酸、苯丙氨酸、缬氨酸等
门冬氨酸酶	合成 L-门冬氨酸
谷氨酸合成酶系	合成 L-谷氨酸
葡萄糖氧化酶＋过氧化氢酶	葡萄糖酸

续表

固定化酶与细胞	应用
精氨酸脱亚胺酶	由 L-精氨酸合成 L-瓜氨酸
葡萄糖异构酶	生产果糖及高果糖浆
葡萄糖淀粉酶	生产葡萄糖和高果糖浆
凝乳酶	生产乳酪
过氧化氢酶,胰蛋白酶	防止牛奶酸败,增长保质期
木瓜蛋白酶	澄清啤酒
果胶酶	澄清果汁和果酒
过氧化物酶	用于食用或医用液体冷消毒
单宁酶	除去食物中单宁
脂肪酶	合成生物柴油及结构脂

4.2   固定化方法

酶与细胞的固定化实质上是将具有化学催化活性的蛋白质限制及定位于一定的空间范围内，实现催化化学反应。由于它在反应后易于与底物及产物分开，因而可达到反复使用的目的。一般而言，酶与细胞固定化之后，其催化活性将发生变化，因此在制备固定化酶与细胞时，应尽可能避免酶与细胞的活性中心受到损害，尽可能在温和条件下进行。酶与细胞的固定化方法可分为：吸附法、包埋法、交联法、化学共价法、逆胶束酶反应系统絮凝法[1]。此外还有一种膜式生物反应器，在半透膜的一侧是介质，另一侧为反应介质（本章中不作介绍）。

目前，细胞与酶固定化方法尚无一般规律可循，根据固定化体系和应用目的之不同，差别很大。酶与细胞固定化后的操作稳定性、制备费用以及酶活回收率、成本，是选择、比较固定化方法的准则。表 26-4-2 列出了不同固定化方法的特性。

表 26-4-2   固定化方法及其特性

特性 \ 制法	吸附法		包埋法	交联法	化学共价法
	离子吸附	物理吸附			
制备	易	易	难	易	难
结合力	中	弱	强	强	强
总酶活回收率①	高	低	高	中	高
底物专一性	无变化	无变化	无变化	有变化	有变化
再生性	可能	可能	不可能	不可能	不可能
应用广泛性	中	低	高	低	中
固定化费用	低	低	中	中	高

① 总酶活收率＝平均酶活×使用时间。

4.2.1   吸附法

吸附固定法是一种古老而简便、经济的方法，它是利用载体的表面特性或电荷作用，将酶或细胞吸附于其表面，一般可简单地把酶溶液与吸附载体相互接触而达到吸附结合。吸附固定化过程中没有有毒化学物质并且所得固定化酶与包埋、交联法不同，没有经过内部的传质过程，酶活损失较小。但蛋白质与载体之间的结合力相当弱，例如范德华力、疏水作用力和分散力等，因此吸附固定化酶的稳定性低，重复使用受限，当要求酶的固定化十分牢固时，采用吸附法是不可靠的[2]。

(1) 物理吸附法 将含酶水溶液与具有高度吸附能力载体接触，通过范德华引力与各种盐键、氢键、疏水键、π-电子亲和力等把酶连接在载体骨架之上，经洗涤除去不吸附杂质和游离酶即制得固定化酶。此类载体很多，包括无机载体，如纤维素、胶原、赛璐玢、火胶棉、面筋、淀粉等；无机载体，如氧化铝、皂土、高岭土、多孔玻璃、陶瓷、大孔树脂、硅胶、二氧化钛等。部分应用详见表 26-4-3。

表 26-4-3　吸附法载体及其应用

	吸附载体	应用		吸附载体	应用
物理吸附载体	矾土	α-淀粉酶	物理吸附载体	焦炭	磷酸葡萄糖变位酶
	酸性白土	过氧化氢酶		磷酸钙凝胶	亮氨酸氨基肽酶
	聚氨酯泡沫	脂肪酶		木屑或木片	酵母
	活性炭	细菌或酵母		纺织膜	脂肪酶
	氧化铝	α-淀粉酶、转化酶		纳米载体材料（碳纳米管、磁性纳米颗粒、纳米纤维等）	脂肪酶
	纤维素	天冬酰胺酶	离子吸附载体	DEAE-纤维素	蛋白酶、胰蛋白酶
	石英砂	厌氧菌		羧甲基纤维素	葡萄糖淀粉酶
	胶原	脲酶、溶菌酶		DEAE-SephadexA-50	葡聚糖蔗糖酶
	皂土	脲酶、α-淀粉酶		纤维素柠檬酸盐	
	高岭土	蔗糖转化酶		大孔阳离子交换树脂	核糖核酸酶 A 微生物
	微孔玻璃	糖化酶			
	硅胶	6-磷酸葡萄糖脱氢酶		大孔阴离子交换树脂	脂肪酶
	带涂层的金属	胰蛋白酶、脲酶			

不同固定化载体的表面性质直接影响着酶与载体的结合水平以及固定化酶的酶活。近些年发展起来的纳米级固定化载体，由于其独特的尺寸以及物理性质对固定化酶的稳定性及其对温度、pH 值的耐受性方面都有很显著的改善作用。虽然成本较高、制备较复杂，但是此类载体化学性质稳定、在液体中分散性好、尺寸均一，因而在大规模应用中仍有其独特的优越性。

物理吸附法也能固定化微生物细胞，有可能应用此法开发出固定化增殖微生物的优良载体。一般而言，本方法中蛋白质与载体结合力较弱，每克无机载体可吸附的蛋白质量不大于1mg；有机载体通常有较高的吸附容量，可达每克载体 50mg 蛋白质。

(2) 离子吸附法 此法是将酶溶液流过具有离子交换基的水不溶性载体，使两者通过离子键结合而实现固定化。此类载体有多糖类离子交换剂和合成高分子离子交换树脂两类，详见表 26-4-3。

离子交换剂对酶的吸附主要靠静电吸引，此法操作简单，处理条件温和，酶活回收率较高，吸附量较物理吸附量大，其中多糖离子交换剂结合蛋白质量可高达每克载体 50～150mg 蛋白质。但当环境离子强度增加或介质的 pH 值、溶液活度系数、温度变化时，这种结合可能失效，使酶从载体上脱落。当此法用于微生物细胞固定化时，由于微生物在使用中会发生自溶，故较难得到稳定的固定化微生物。

4.2.2 包埋法

包埋法是一种将酶或微生物细胞包裹于凝胶格子或聚合物半透膜微胶囊中的方法。此类方法的突出优点是通用性强，因为在包埋过程中其酶分子本身并不直接参与这种限制空间结构的形成。酶还是以游离酶的形式存在于网格或微囊中，酶的空间构象一般不会发生变化，除了包埋过程中的化学反应可能对酶有不利影响或者作为包埋材料的聚合物会引起酶的变性外，基本上大多数酶、粗酶制剂、微生物细胞甚至完整的动植物细胞、细胞器等均可用。包埋法固定化的条件温和，酶活力回收也高，由于包埋孔径的影响，其局限性是只有小分子底物和产物容易通过高聚物网格扩散，对底物和产物为大分子的情况是不可取的。此外高聚物网格或半透性膜对大分子物质扩散阻力会导致固定化酶动力学行为改变，活力降低，催化转化率降低。而且酶分子容易泄漏，因此包埋法常和其他方法结合使用以改善这一问题。

包埋法又可分为凝胶包埋法和微囊化法。凝胶包埋法是将酶分子包裹在聚合物的网状格子中，而微囊化法则是将各种浓度、体积或数量的酶关闭在不同形状的膜壳内[3]。

(1) 凝胶包埋法 凝胶包埋法的基本原理是设法在所需包埋的酶分子的周围形成交联的聚合物网格。通常的做法是向含酶、混合单体及交联剂缓冲液中加入催化剂，使它们聚合成具有疏松网状结构的载体，从而将酶分子限制于聚合物的网格内部而达到固定的目的。常用凝胶包埋法载体及应用如表26-4-4所示。

表 26-4-4 凝胶包埋法载体及其应用

	载体	应用
凝胶包埋法	海藻酸盐	紫草细胞、酵母
	K-卡拉胶	延胡索酸酶、大肠杆菌
	硅橡胶树脂	乙酰胆碱酯酶
	聚丙烯酰胺	醛缩酶、醇脱氢酶
		磷酸果糖激酶
	聚 N,N-亚甲基双丙烯酰胺	木瓜蛋白酶、胰蛋白酶
	变形淀粉	胆碱酯酶、葡萄糖氧化酶
	硅胶	天冬酰胺酶
	明胶	葡萄糖异构酶
	琼脂	大肠杆菌、水解酶
微囊化法	尼龙、火棉胶	L-天冬酰胺酶、胰蛋白酶
	硅胶	碳酸酐酶
	硅胶、聚苯乙烯、硅酮	过氧化氢酶
	硅酮、乙基纤维素、聚苯乙烯	脂肪酶
	尼龙 610	蛋白酶
	硝酸纤维素、聚甲基丙烯酸甲酯	蛋白酶
	肝素、火胶棉、乙基纤维素	脲酶
	复合载体(例如海藻酸钠和明胶复合体系)	脂肪酶

目前使用较多的载体有海藻酸盐、K-卡拉胶等，其中海藻酸盐是一种天然有机高分子

电解质，是由 d-甘露糖醛酸和 l-古罗糖醛酸通过 1,4-键连接组成，其包埋酶与细胞的一般操作方法为：先将海藻酸钠盐溶于水中，使其具有一定黏度后，加入一定量的酶或细胞菌体，充分搅拌后将该胶液与含有 Ca^{2+}、Zn^{2+} 或 Al^{3+} 等高价离子的溶液接触固化，得到各种不同的形状。海藻酸盐作为载体有两个缺点：它在高浓度的电介质（K^+，Na^+ 等）溶液中会变得不稳定；在磷酸缓冲液中固定化颗粒发生溶胀，机械强度降低。不过海藻酸盐价格便宜，来源丰富又无毒性，且固定化条件温和，操作简单，易于成形，故目前仍为使用较广的包埋载体之一。

而且有研究表明一些复合载体的包埋固定化（例如海藻酸钠和明胶复合体系），可以使包埋的胶囊网孔更大、更松散，更有利于酶分子与底物的接触，提高催化效率，利于工业上的应用。

K-卡拉胶是一种含有多硫酸根基团的多糖化合物，在 K^+ 存在下，能立即发生胶凝作用，其固定化颗粒可在磷酸缓冲液和其他电介质溶液中使用，而稳定性不受影响。但它对 Na^+ 溶液敏感，机械强度会下降。它的固定化温度较高（需 $45\sim55$℃），易影响酶活。

（2）微囊化法 将酶溶液包裹在半透膜内，以防止酶脱落或直接与微囊外环境接触的技术称为微囊包埋法。由微囊化法制得的微囊型固定化酶通常为直径几微米到几百微米的球形体，能提供很大的表面积，颗粒也比网格型要小得多，因此小分子底物可迅速通过膜与酶接触，产物可扩散到膜外，而酶与其他大分子物质则不能。但是反应条件要求高，制备成本也高。通常的微胶囊包埋方法有四种：第一种是界面沉降法，它是利用物理原理，将酶溶在有机相中乳化成微滴后，再将溶于有机溶剂的高聚物加入乳化液中，同时加入不溶解该高聚物的有机溶剂，使高聚物在油水界面上沉淀、析出及成膜，形成人工细胞。第二种方法则称为界面聚合法，它是利用不溶于水的单体在油-水界面聚合成膜而形成人工细胞，该法制成的人工细胞直径在 $1\sim100\mu m$，比表面积大。该法因有化学反应，要注意酶失活的问题。第三种称为液体干燥法，将一种聚合物溶于一种沸点低于水、与水不互溶的有机溶剂中，加入酶溶液，以油溶性表面活性剂为乳化剂制成第一乳化液，把此乳化液分散于含有保护性胶质（如明胶）、聚丙烯酰胺和表面活性剂的水溶液中，形成第二乳化液，温和条件蒸发有机溶剂，得到含酶微胶囊。第四种方法称为表面活性乳化液膜包埋法，在酶溶液中添加表面活性剂，乳化形成液膜达到包埋目的。常见的微囊包埋载体见表 26-4-4。

4.2.3 交联法

交联法的基本原理是利用双功能试剂或多功能试剂使蛋白彼此共价交联，形成网格结构的固定化酶。参与交联反应的酶蛋白的功能基团有 N 端的 α-氨基，赖氨酸的 ε-氨基，酪氨酸酚基、半胱氨酸的巯基和组氨酸的咪唑基等。能起交联作用的试剂很多，常用的交联试剂有：戊二醛、异氰酸酯、双重氮联苯胺或 N,N-乙烯双马来亚胺，它可用于晶体酶的固定化、酶直接交联、吸附于固相载体上酶的交联、酶与惰性蛋白质（辅助蛋白）的交联，也可用于封闭在微囊内酶的交联以及用于某些高聚物载体的化学修饰等。戊二醛与酶蛋白的交联方式如下：

$$OHC-(CH_2)_3-CHO + 酶 \longrightarrow -CH=N-酶-N=CH-(CH_2)_3-CH=N-酶-$$

$$\begin{array}{ccc} & N & N \\ & \parallel & \parallel \\ & CH & CH \end{array}$$

交联反应可以发生在酶分子之间，也可以发生于分子内。根据条件和添加材料的不同，能产生不同物理性质的固定化酶。分子间和分子内交联的比例在一定程度上与酶和交联剂的浓度、pH、离子强度等条件有关。通常,较低浓度酶主要形成分子内交联,交联后酶仍保持溶解状态,酶浓度升高,分子间交联比例上升,形成不溶态固定化酶。

用交联法制备的固定化酶与细胞如表 26-4-5 所示。交联法反应条件比较激烈,固定化酶活收率一般比较低,但是尽可能降低交联剂浓度和缩短反应时间将有利于提高固定化酶比活。交联法也常与吸附法结合使用,或者与包埋法配合,相互取长补短,以使酶牢固地结合于载体上,大大延长固定化生物催化剂的使用寿命。

表 26-4-5   用交联法制备的固定化酶与细胞

载体	交联剂	应用对象
明胶	戊二醛	葡萄糖异构酶、酵母
玻璃纸膜	戊二醛	醇脱氢酶
滤纸、微孔滤膜	偶氮苯	ATP 双磷酸酶(EC 3.6.1.5)
微胶囊	戊二醛	天冬酰胺酶
硅胶	戊二醛	羧肽酶 A(EC 3.4.17.1)
干酪、玻璃纸	戊二醛	α-糜蛋白酶
玻璃纸、白蛋白	戊二醛 偶氮苯-3、3-二苯甲醚	葡萄糖氧化酶
玻璃纸膜	戊二醛	6-磷酸葡萄糖脱氢酶
离子交换树脂	京尼平	脂肪酶

4.2.4 化学共价法

化学共价法是利用共价结合把酶分子结合的固定化方法。如载体分子缺乏直接与酶反应的能力,可把载体活化以促其共价结合。典型的反应有肽链形成、烷基化或酯化、重氮连接、异脲连接。用化学共价法固定化酶,酶分子与载体间结合牢固,操作过程不易脱落,半衰期较长。目前对该方法的研究十分活跃,但是在固定化操作时如反应条件剧烈,常常引起酶蛋白高级结构发生变化。

共价法所用载体的理化性质与固定化效果有密切关系,要求载体需有亲水性和多孔性,粒度细而均匀,结构疏松,表面积大,有一定的机械强度和化学稳定性,具有与酶连接的可活化基团,能耐受温和条件下的酶连接反应。常用的载体有三类:①天然有机物,如琼脂、糖、淀粉、纤维素、蛋白质、葡聚糖凝胶、甲壳素;②合成有机物,如尼龙、聚丙烯酰胺、甲基丙烯酸聚合物;③无机支持物,如微孔玻璃、多孔陶瓷、金属氧化物。

酶蛋白上可供载体结合的活性中心必需基团主要有:酶分子 N 端的 α-氨基或赖氨酸的 ε-氨基;C 端的羧基、Asp 的 β-羧基和 γ-羧基;Cys 的巯基;Ser、Tyr、Thr 的羟基;Phe、Tyr 的苯环;His 的咪唑基;Trp 的吲哚基。应用中最常用的是氨基、羧基和苯环,需要注意的是被共价偶联的基团必须是酶的非活性基团。

化学共价法固定化酶的典型方法有重氮化法、溴化氰法、硅烷基化法、叠氮法[4]。

(1) 重氮化法   带有侧链芳香族氨基的载体经亚硝酸氧化处理后,可以得到含芳香族重氮基团的活性载体,当这种活性载体与酶在弱碱性条件(pH 6~8)下作用时,通过酶蛋白中酪氨酸残基上的酚羟基以及组氨酸残基上的咪唑基发生偶联,形成相应的偶联化合物,从而使酶固定，如图 26-4-1 所示。除此之外，蛋白质 N 末端上 α-氨基和赖氨酸残基上的 ε-氨基也能参与活性载体偶联，形成双偶重氮化合物。

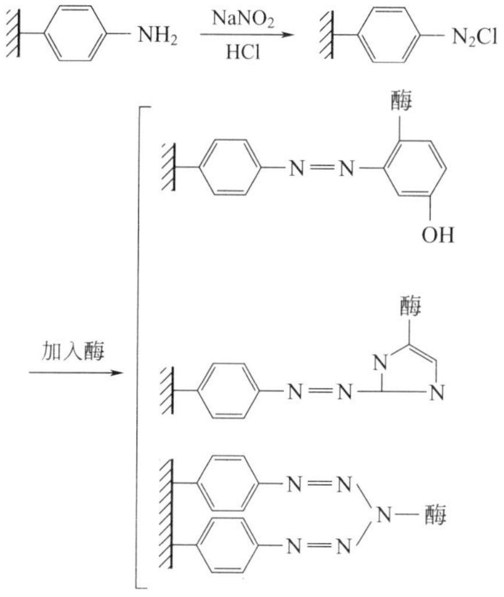

图 26-4-1 通过重氮化法反应使酶蛋白共价固定的机理

重氮化法所选用的载体为：含苯胺的珠状聚丙烯酰胺 Enzacryl AA、苯胺多孔玻璃、间氨基苯甲酰甲基纤维素、对氨基苯纤维素、L-亮氨酸和对氨基-DL-苯丙氨酸共聚物、二亚甲基二苯胺淀粉和多氨基聚苯乙烯，以及我国独创的多糖载体对氨基苯磺酰乙基（ABSE）纤维素等。

通过重氮化反应可以固定化的酶有：α-淀粉酶、木瓜蛋白酶、脲酶、葡萄糖氧化酶、氨基酸氧化酶、碱性磷酸酯酶及 β-葡萄糖苷酶等。酶的固定化量最高可达 $500 \mathrm{mg \cdot g^{-1}}$ 载体。

（2）溴化氰法 该法一般是先通过溴化氰法活化多糖分子（纤维素、葡聚糖凝胶和琼脂糖凝胶），再偶联酶，其中溴化氰活化的 Sepharose 已在实验室广泛用于制备固定化酶以及亲和层析固定化吸附剂。该法的基本原理为：在碱性（pH 10.0～11.5）条件下用溴化氰使多糖类物质活化形成环化的亚氨碳酸盐，然后此活性聚合物能在温和的 pH 条件下与酶蛋白中氨基偶联并使酶固定。偶联反应通常产生三种不同的结构：①在 N 位与酶偶联的氨基甲酸酯；②N 位与酶偶联的亚氨碳酸酯；③N 位与酶偶联的异脲，如图 26-4-2 所示。

其他常用载体还有纤维素、DEAE-纤维素等，在这些载体上利用溴化氰法固定的酶有：青霉素酰化酶（EC 3.5.1.11）、L-天冬酰胺酶、胰凝乳蛋白酶等。酶的固定化量一般可达 $70～400 \mathrm{mg \cdot g^{-1}}$ 载体。

（3）硅烷基化法 硅烷基化法所选用的载体为一些无机载体，如多孔玻璃、多孔陶瓷、多孔氧化铝等，它们来源丰富、价格低廉、机械强度高，而且能耐受有机溶剂作用及微生物侵袭，可以再生，在广泛的 pH、压力和温度范围内不改变结构。但此类载体表面缺乏与蛋白质分子共价连接的活性基团，通常需采用烷基化引入功能团。采用上述无机载体制备的固定化酶稳定性大多超过有机高聚物作载体的固定化酶。能以多孔玻璃为载体固定化的酶有胰蛋白酶、胰凝乳蛋白酶及核糖核酸酶等，酶的固定化量较低，通常约为 $10～100 \mathrm{mg \cdot g^{-1}}$ 载体。

（4）叠氮法 叠氮法适用于含羟基和羧甲基的载体，如 CM-纤维素、葡聚糖、聚氨基酸、乙烯-顺丁烯二酸酐共聚物等。首先将带有羟基和羧甲基的载体在酸性条件下用甲醇处

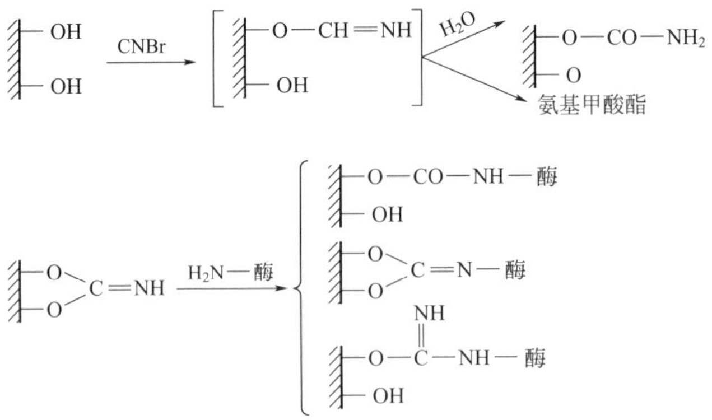

图 26-4-2　多糖类载体的溴化氰法活化及酶偶联

理使之酯化，再用水合肼处理形成酰肼，最后在 HNO_2 的作用下转变为叠氮衍生物。这种衍生物能在底物，pH7.5～8.5 条件下与酶蛋白的氨基、羟基、酚羟基或巯基偶联反应。

目前传统的固定化方法已经发展成几种形式的结合，例如吸附-包埋、交联-包埋、交联-吸附、共价结合-包埋等。而且一些新的固定化方法也应运而生，例如印迹酶固定化、基于修饰的酶固定化、无载体的酶固定化、多酶共固定化等。

虽然酶的固定化技术已经在工业上得到广泛的应用，但是对固定化酶并没有统一的设计思路，而且各种固定化技术在机理上并没有解释清楚，不能对固定化酶实现理性的设计。因此，酶的固定化研究仍存在很多需要亟待解决的问题。

4.2.5　逆胶束酶反应系统

表面活性剂等两性分子在有机溶剂中可自发形成一种逆胶束聚集体，酶蛋白可以限制与定位在这种微团之中，如图 26-4-3 所示。表面活性剂的亲水性一端连接成逆胶束的极性核，而其疏水性一端向外伸展进入有机溶剂主体。酶的水溶液可以溶解到这种结构的极性核中，形成热力学上稳定的"油包水"型微观乳状液。逆胶束中溶解的酶既可以催化油相（如脂肪）反应，亦可与溶解在水中的底物反应，形成逆胶束酶反应系统。

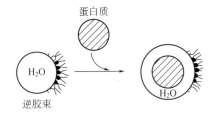

图 26-4-3　逆胶束酶反应系统

在逆胶束反应系统中，逆胶束为球形，而且多数是单分散悬浮的。胶束的尺寸可用 w_o 表示（w_o＝水含量/表面活性剂量），w_o 增大表示逆胶束加大。一般而言，逆胶束的直径为 40～200Å（$1Å＝10^{-10}$ m）之间，逆胶束酶反应系统中的水含量为 0.1%～5%。

常用于逆胶束酶反应系统的表面活性剂有：AOT（琥珀酸二辛酯磺酸钠）、CTAB（十六烷基三甲基溴化铵）、TOMAC（氯化三辛基甲铵）、PC（磷脂酰胆碱）等，其中以 AOT 最为常用。

逆胶束酶反应系统的制备方法有以下三种。

（1）注射法　注射法是一种最简单的方法。首先制备含有表面活性剂的碳氢化合物溶液，然后注入少量的一定浓度的含酶水溶液（含酶水溶液必须缓慢地以极小的微滴加入），随后进行搅拌直到形成均匀的溶液为止，如图 26-4-4 所示。

酶溶液

图 26-4-4　注射法

（2）液相相转移法　液相相转移法是将酶从主体溶液中转移到含表面活性剂的有机溶剂中，以形成逆胶束酶反应系统。在此方法中，下层为含酶水溶液，而上层为碳氢化合物胶束溶液，按一定速率缓慢搅动，水溶液中的酶蛋白被转移到胶束溶液中，其转移效率与缓冲液、pH 及浓度有关。用此法虽然能得到较高的酶浓度，但整个转移过程很慢（通常需数小时），见图 26-4-5。

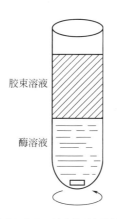

胶束溶液

酶溶液

图 26-4-5　液相相转移法

（3）固相相转移法　在此法中，逆胶束溶液与固体酶直接搅拌，使酶进入逆胶束内。此法所需时间长，酶变性失活较严重。固相相转移法见图 26-4-6。

逆胶束系统最早出现在酶分离的应用之中，将它用于一些油-水反应体系，酶反应同分离体系，如脂肪的水解反应等是十分有利的。

4.2.6　絮凝法

絮凝技术作为固液分离的一个重要手段，在生化过程中的应用可以分为两类。一类是沉降分离发酵液中的细胞碎片和酶产物中的杂蛋白等，例如从肌苷发酵液中用絮凝法除去菌

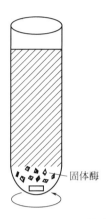

固体酶

图 26-4-6 固相相转移法

体;另一类是富集或固定化酶与细胞,以达到回收和循环使用酶与细胞的目的,例如在上流式厌氧活性污泥处理废水反应器中,就是利用活性污泥自身的絮凝作用,使活性污泥成团,而维持在反应器内循环使用。

絮凝作为一种固定化方法,有其独到的优点。用于固定化的酶与细胞往往不需分离提纯,而只要向含有酶或细胞的液体中加入少量絮凝剂(通常为 10^{-6} 级),通过酶或细胞与絮凝剂之间的吸附架桥、电中和及溶剂化等作用,就可实现固定化,因而可大大简化生产工艺,降低生产成本。特别是利用微生物自身絮凝现象的固定化,更具吸引力。与其他固定化方法相比,这种方法能获得较高的菌体浓度($40\sim60g$ 干重·L^{-1})。

利用絮凝法固定化酶或细胞很可能给固定化技术带来一个新的局面,但目前要研究的课题很多,包括优良絮凝剂,特别是微生物絮凝剂的获得,絮凝体的强度及絮凝后酶与细胞活性的保持和恢复等。至于絮凝机理的研究,更是今后的一大课题[5]。

4.2.7 新型固定化方法

除上述介绍的固定化方法外,近年来还出现了多种不同的固定化方法,例如无载体固定化、定向固定化等。无载体固定化是指无需固定化载体,通过一定的交联手段使酶形成稳定的聚集体,以提高酶的催化活性和稳定性。常见的无载体固定化技术有交联酶结晶(cross-linked enzyme crystals,CLECs)技术和交联酶聚集体(cross-linked enzyme aggregate,CLEAs)技术。其中,CLEAs 技术是在 CLECs 技术的基础上发展出来的一种更为新型的无载体固定化技术。与 CLECs 法相比,CLEAs 无需对酶蛋白进行结晶处理,因此具有更为广泛的应用范围,且操作方法更为简单便捷。目前,CLEAs 技术已成功应用于青霉素酰化酶、酪氨酸酶和脂肪酶等多种酶类的固定化[6]。

定向固定化技术是在传统的固定化技术手段上发展而来,是指将酶以特定构象或构型固定在载体上,避免由于传统固定化方法中酶以随机构象固定于载体中产生的活性中心遮盖和无序构型而导致酶活降低的现象。定向固定化技术由于充分考虑了酶的催化活性构象,因此,得到的定向固定化酶催化活性和稳定性明显高于传统固定化酶。常用的定向固定化方法有共价固定法、氨基酸置换法、抗体偶联法、生物素-亲和素亲和法等。目前,定向固定化方法已被用于荧光素酶、氧化还原酶、脂肪酶、蛋白酶等多种酶的固定化过程中[7]。

4.3　固定化技术在工业上的应用举例

固定化酶与细胞在生化工业方面的应用目前正在增多，其中比较成熟的例子是从玉米淀粉生产果葡糖浆以及由外消旋氨基酸混合物生产 L-氨基酸。另外用固定化青霉素酰胺酶制备半合成青霉素也已用于工业生产。此外固定化酶与细胞在医学、分析化学及环境保护等方面也有许多应用实例。

4.3.1　生产高果糖浆

果糖是一种单糖，在自然界它以很少几种形式存在，果糖的最大吸引力是它的甜味。以质量计，其甜度是蔗糖的 1.2～1.8 倍，味道纯正，它在人体内参加三羧酸循环的速度快，合成肝糖的速度是葡萄糖的 16 倍，而且其代谢途径不受胰岛素的影响，糖尿病患者食后不会提高血糖浓度。此外，在内陆农业地区生产玉米淀粉比甘蔗与甜菜生产蔗糖更合算，葡萄糖浆可廉价地由淀粉生产。但甜度只有蔗糖的 0.69 倍，在多数食品和饮料中应用，无力和蔗糖竞争。1957 年 Kool 发现了葡萄糖异构酶，60 年代 Takasaki 以及其同事分离出具有工业应用价值的链霉素菌株，所产生的葡萄糖异构酶被数家高果糖浆制造商大量采用，葡萄糖异构酶能将葡萄糖转化为几乎等量的葡萄糖和果糖的混合物。美国与加拿大已能廉价地大量生产。导致高果葡萄糖浆（HFCS）占据了以前蔗糖（液态）甜味剂市场的大部分。其他生产葡萄糖异构酶的菌株还有凝结芽孢杆菌、米苏黑游动放线菌，葡萄糖异构酶是胞内酶，并且具有非常高的热稳定性，工业上一般都使用固定化细胞，并加以热处理的方法。这样不但可以防止细胞溶解引起的酶释放，而且可抑制其他胞内酶的活性[8]。表 26-4-6 为葡萄糖异构酶的固定化方法。

表 26-4-6　商业规模利用葡萄糖异构酶所采用的固定化方法

固定化方法	公司
明胶包埋整个细胞	丹麦 Novo 公司、美国 ICI 公司
戊二醛交联后热处理	
制成颗粒状	Gist Brocades 公司
制成纤维状	无锡酶制剂厂，克林顿玉米加工公司
细胞包埋在磺酸纤维素中	Snam Progetti 公司
游离细胞吸附在离子交换树脂上	San matsn 公司

用淀粉生产高果糖浆的典型工艺流程如图 26-4-7 所示。葡萄糖异构酶催化生产的葡萄糖和果糖的平衡混合物中约有 55%～60% 的果糖，要达到这种平衡需要很长的时间，因此生产厂家通常制取 42% 的果糖。Novo 公司固定化酶催化异构化反应的条件是：底物浓度 40%～45%（质量分数），pH 8.2，温度 60～62℃，镁或钙盐，转化平衡时可达 80%～87%，终产品浓缩至干物质浓度 72%，以利于贮藏与运输。

4.3.2　生产 L-氨基酸

利用固定化氨基酰化酶是制备纯净 L-氨基酸最好的生产方法之一。将氨基酰化酶固定于载体上制成酶反应器，再将化学合成的 DL-氨基酸乙酰化并连续通过酶反应器，则乙酰

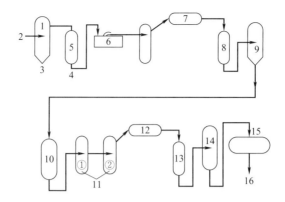

图 26-4-7   固定化异构酶生产高果糖浆的典型工艺流程图

1—细菌 α-淀粉酶；2—淀粉原料（干物质 35%～40%）；3—液化；4—糖化；5—葡萄糖化酶；6—过滤；
7—活性炭脱色；8,13—离子交换；9—真空浓缩；10—料液制备；11—葡萄糖异构酶反应器（①和②）；
12—活性炭处理；14—蒸发；15—冷却贮槽；16—产品

DL-氨基酸水解为 L-氨基酸和乙酰-D-氨基酸，反应式如下：

$$
\text{DL-}\underset{\substack{|\\ \text{NH—CO—R}'}}{\overset{\text{—R—CH—COOH}}{}} + H_2O \xrightarrow{\text{氨基酰化酶}} \text{L-}\underset{\substack{|\\ \text{NH}_2}}{\overset{\text{R—CH—COOH}}{}} + \text{D-}\underset{\substack{|\\ \text{NH—CO—R}'}}{\overset{\text{R—CH—COOH}}{}}
$$

乙酰-DL-氨基酸   L-氨基酸   乙酰-D-氨基酸

外消旋作用 ←

由于两种水解产物的溶解度不同，故极易分离。其中溶解度较大的乙酰-D-氨基酸，经外消旋作用后可再作为原料进入酶反应器，经反复酰化拆分及分离纯化，可使 DL-氨基酸混合物转变为 L-氨基酸[9]。

在各种固定化氨基酰化酶中，以离子键吸附在 DEAE-葡聚糖凝胶、以共价键固定在乙酰纤维素以及在聚丙烯酰胺凝胶空格里包埋的，其酶活和稳定性最好。表 26-4-7 将三种固定化氨基酰化酶与天然游离氨基酰化酶进行了比较。

表 26-4-7   各种固定化氨基酰化酶的性质

性质		游离酶	DEAE-葡聚糖凝胶	乙酰纤维素	聚丙烯酰胺凝胶
最适 pH		7.5～8.0	7.0	7.5～8.0	7.0
最适温度/℃		60	72	55	65
活化能/kcal·mol^{-1}		6.9	7.0	3.9	5.3
米氏常数 K_m/mol·m^{-3}		5.7	8.7	6.7	5.2
最大速度/mol·h^{-1}		1.52	3.33	4.65	2.33
活性得率/%	60℃ 10min	62.5	100	77.5	78.5
	70℃ 10min	12.5	87.5	62.5	34.5
半衰期/d			65（50℃）		48（37℃）

日本从 1969 年开始应用此法生产 L-氨基酸，日产能力达数十吨。用这种固定化方法，

其酶活性高、稳定性好，可连续地拆分酰化-DL-氨基酸。具体制备方法为：1000L DEAE-Sephadex A25 预先用 $0.1mol \cdot L^{-1}$ 磷酸缓冲液处理，然后在35℃下与1100～1700L的天然氨基酰化酶水溶液（内含 $33400 \times 10^4 U$ 的酶）一起搅拌10h，过滤后，DEAE-葡聚糖-酶复合物用水洗涤，所得固定化酶的活性可达 $(16.7 \sim 20.0) \times 10^4 U \cdot L^{-1}$，活性得率为50％～60％。

千烟一郎等设计了一个利用固定化氨基酰化酶连续生产L-氨基酸的酶反应系统，其中采用了填充床的反应器，底物溶液自顶部加入，如图26-4-8所示。

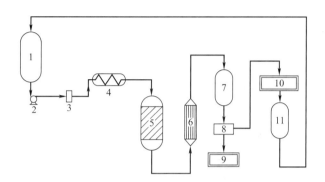

图 26-4-8 固定化氨基酰化酶连续生产 L-氨基酸流程图

1—乙酰-DL-氨基酸；2—泵；3—过滤器；4—热交换器；

5—酶反应器；6—连续蒸发器；7—结晶槽；8—分离器；

9—结晶 L-氨基酸；10—乙酰-D-氨基酸；11—消旋槽

4.3.3 在合成生物柴油中的应用

胞内脂肪酶及胞外脂肪酶都可用于生物柴油生产，见表26-4-8。通常情况下，脂肪酶需要经过固定化后再催化反应，固定化可以稳定脂肪酶三级结构，增加其使用寿命，并使催化剂易于分离重复利用。常用的方法有吸附法、沉淀法和共价交联法。迄今为止，没有一个公认的方法用于脂肪酶的固定化，使用的载体也各不相同。三种常用的固定化方法均可用于酶促醇解的脂肪酶体系[10]。

表 26-4-8　固定化酶用于生物柴油生产

固定化方法	脂肪酶和基质	转化率、重复使用周期
树脂吸附法	*C. antarctica* 脂肪酶，大孔丙烯酸树脂（如 Novozym 435）	三步甲醇解转化率>90％～95％，重复使用50批次
无机载体吸附法（硅藻土、陶瓷）	*Rhizomucor miehei* 脂肪酶，大孔离子交换（如 Lipozyme IM60，RM IM） *Pseudomonas fluorescens* 脂肪酶，陶瓷为载体（Lipase AK）	转化率80％～90％ 转化率56％
膜/布固定化酶	*Candida* sp. 脂肪酶，无纺棉布作为固定载体	三步植物油甲醇解转化率>96％
固定化细胞	固定化的 *Reizopus oryzeo* 细胞悬液用戊二醛进行交联制备而成	植物油，转化率为70％～80.5％，重复使用6批次

目前用于生物柴油生产的酶反应器主要是 BSTR 和 PBR。大规模的连续生产使用 PBR 反应器是最有效的，可以避免固定化酶载体因剪切力造成的碎裂。为了防止甲醇等短链醇对固定化酶的毒性，Shimada 等开发了一个带搅拌的三步连续操作的反应器，利用 PBR 进行酶反应，利用 BSTR 来沉降甘油，反应可以连续操作，固定化酶 Novozym 435 可以连续使用 100d。

4.3.4　在医学与分析化学上的应用

4.3.4.1　在医学中的应用

细胞与酶的固定化技术在医学中已得到大量应用。具体可分为临床治疗与临床诊断两个方面。

固定化酶技术可用于治疗一些代谢障碍的疾病。已知人类关于新陈代谢的疾病已超过 120 余种。这些疾病的原因很多归结于缺乏某种正常人体所具有酶的活性。例如苯酮尿是一种严重的代谢障碍病，就是因为病人缺少正常人体所具有的一种能将苯丙氨酸转变成酪氨酸的酶。一种可能的治疗方法就是给病人注射这种他所缺乏的酶。但在大多数情况下，这种异体酶源作为一种异体蛋白，会导致严重的过敏（免疫反应），而不能直接注射到人体内。目前可能解决这个问题的办法之一，就是在病人体内植入装有固定化酶的小囊。这种方式的异体酶源不会引起人体的免疫反应。因为只有酶反应的底物与产物在小囊上进出，而酶本身的运动受到固定化的约束，不致扩散到人体的其他部位而引起严重的过敏反应[11]。

固定化酶的各种具体实施已经用到人工肾构造的设计中，在这些人工肾中，脲酶被吸附在树脂或其他载体之上，形成一个固定酶反应器，血液中的尿素被固定化脲酶分解后为树脂所吸附。其过程如下：

$$尿素 \xrightarrow{扩散系} 固定化酶 + 尿素 \xrightarrow{固定化脲酶} HCO_3^- + NH_4^+ \xrightarrow{为树脂所吸附}$$

酶的固定化技术在临床诊断中已经得到大量应用。表 26-4-9 列出了采用固定化酶柱反应器的 FIA（流动注射法）在医学临床中的应用，该法用于血液中血糖分析以及尿液分析，非常快速、准确。据报道，由葡萄糖氧化酶的微酶柱传感器与灌注胰岛素的蠕动泵组成的闭环控制系统（尺寸 $12cm \times 15cm \times 6cm$，重 400g），可对糖尿病人的血糖进行控制。

表 26-4-9　用于临床分析的固定化酶实例

分析物	酶	酶源	固定化方法	酶反应类型
尿酸	尿酸酶	*Candida utilis*（产朊假丝酵母）	戊二醛法	填充床
葡萄糖	葡萄糖氧化酶	*Aspergillus niger*（黑曲霉）	戊二醛	
	葡萄糖氧化酶	*Aspergillus niger*（黑曲霉）	糖基团	填充床
	过氧化物酶	Horseradish（辣根）	糖基团	混合床或复合固定化
氨	谷氨酸脱氢酶	*Proteus sp.*（变形杆菌属）	戊二醛	序贯反应
	L-谷氨酸氧化酶	*Streptomyces sp.*（链霉菌属）	戊二醛	
尿素	脲酶	Jack bean 刀豆	戊二醛	填充床或管序贯反应
	脲酶	Jack bean 刀豆	戊二醛	
	谷氨酸脱氢酶	*Proteus sp.*（变形杆菌属）	戊二醛	

续表

分析物	酶	酶源	固定化方法	酶反应类型
胆甾醇	L-谷氨酸氧化酶	*Streptomyces* sp.（链霉菌属）	戊二醛	
	胆甾醇酯酶	*Pseudomonas* sp.（假单胞菌属）	戊二醛	复合固定化
	胆甾醇氧化酶	*Nocardia erythropodis*（红细胞生成诺卡氏菌）	戊二醛	
谷氨酸	谷氨酸脱氢酶	Beef liver（牛肝）	戊二醛	填充床
乳酸	乳酸脱氢酶	Rabbit(or hog or beef) heart muscle 兔（或猪、牛）心肌	戊二醛	填充床
肌酸酐	肌苷酸脱酰酶	Corynebacterium（棒状杆菌）	戊二醛	序贯反应
	肌酸酐脱酰酶	*Proteus* sp.（变形杆菌属）	戊二醛	
无机磷	丙酮酸氧化酶	*Pediococcus* sp.（片球菌属）	戊二醛	填充床

4.3.4.2　在分析化学中的应用

　　酶和细胞固定化技术在分析化学中的应用一般为构成生物传感器的传感元件。利用生物传感器分析检测葡萄糖、尿素、抗生素、L-氨基酸、磷酸盐、维生素、细胞色素、BOD 等多种化合物时，可以方便、快速、准确地得到结果。它是分析化学新的重要领域。将酶、细胞、亚细胞器（通常是微粒体、叶绿体、线粒体等，如肝脏微粒体）、组织（如猪肾细胞切片、黄瓜、南瓜、黄瓜叶等）进行固定化处理后构成的传感元件一般分成酶（细胞）膜与固定化酶（细胞）柱两种形式。

　　图 26-4-9 说明了一种微生物膜的制备方法。

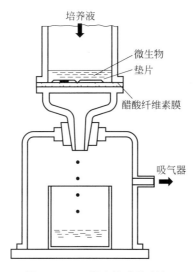

培养液

微生物
垫片

醋酸纤维素膜

吸气器

图 26-4-9　微生物膜的制备

　　固定化细胞膜或酶膜与电化学传感器组合可以构成酶电极或细胞电极。图 26-4-10 说明了一种微生物电极的构成方法。

　　固定化酶（细胞）反应器与电化学传感器、光度计、热敏电阻可以构成流动注射分析系统。图 26-4-11 说明了一种使用固定化酶柱的分析仪原理。

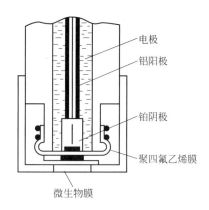

图 26-4-10   用于 BOD 估测的微生物传感器设计

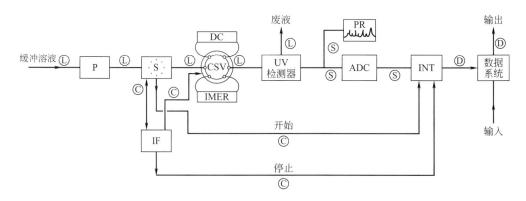

图 26-4-11   自动酶测光仪流注（EP-FIA）系统方框图

［当用柱-开关阀和紫外检测器代替铝恒温槽和惠斯登电桥时，酶热敏电阻流动系统（ET-FIA）也可用相同的框图］

P—泵；S—采样器；IF—接触面；CSV—柱-开关阀；DC—伪柱；IMER—固定化酶反应器；PR—笔式记录仪；

ADC—模-数转换器；INT—积分仪；Ⓛ—液流线；Ⓒ—控制线；Ⓢ—信号线；Ⓓ—数据线

4.4   固定化反应器设计原理

4.4.1   固定化细胞与酶的酶活收率

固定化细胞与酶活性有两个重要的判定标准：①相对活性，即固定化细胞的活性与相同数量的游离细胞活性之比；②绝对比活性，即以单位重量或单位体积固定化催化剂为基础的反应速率。任何酶与细胞的固定化过程都必须最大限度地提高和保持细胞与酶的催化活性。这种活性与固定化工艺的关系十分密切，与细胞的生物学特性也有关，而生物特性涉及非常复杂的生化过程[12]。

当酶结合到带负电荷的载体上时，pH-活力曲线向碱性 pH 值漂移；对带正电荷的载体而言，pH-活力曲线则向酸性 pH 值漂移。

离子强度增加可以消除因 pH 变化而引起的漂移，一般而言，离子强度增加会减少固定化酶的酶活（即 K_m 增加）。

温度增加可使固定化细胞与酶的本征动力学速率常数增加，还能增加内扩散速度。而温度过高会使酶发生钝化，这种钝化关系可以简单地表示为：

$$\frac{\mathrm{d}(活力)}{\mathrm{d}t} = -K_i t \tag{26-4-1}$$

式中，K_i为钝化系数，与固定化体系有关；t为温度。

表 26-4-10 列出一些固定化细胞与酶的相对活性。

表 26-4-10 固定化细胞与酶的相对活性

固定化方法	细胞或酶	相对活性/%
酸性氧化铝	氨基酰化酶	1
DEAE-纤维素	氨基酰化酶	55.2
重氮化芳氨基	氨基酰化酶	43.4
AE-纤维素戊二醛交联	氨基酰化酶	0.6
聚丙烯酰胺包埋	氨基酰化酶	52.6
尼龙微胶束	氨基酰化酶	36
卡拉胶包埋	产氨短杆菌（延胡索酸酶）	70
N,N'-亚甲基双丙烯酰胺	大肠杆菌（天冬氨酸酶）	67

4.4.2 反应器中的流动

就连续反应器而言，根据流体在固定化生物反应器中的返混情况可分为：全混流、活塞流、非理想混合流动。

（1）全混流 全混流情况如图 26-4-12 所示，反应物料以移动的流率进入反应器后，刚进入反应器的新鲜物料与存留在反应器中的物料能发生瞬间的完全混合。

（2）平推流 平推流模型又可称为活塞流模型，反应物料以稳定的流率进入反应器，就如同一个活塞在流缸里朝一个方向向前移动一样。其特点是：垂直于反应物料总的流动方向的截面上，所有的物系都是均匀的，亦即任一截面上各点的温度、浓度、压力、速度均相等，如图 26-4-13 所示。

在管式反应器中，流动的形式基本上是平推流。工业生产上许多反应过程的物料流动形式大多介于上述两种极端的理想流型之间。由于大多数固定化生物反应器中不存在通气等传质问题，作为宏观动力学控制，返混所引起的流动形式变化直接影响到固定化生物催化剂接触的底物与产物浓度，流动形式对反应效果的影响较大。例如固定化生物催化剂的动力学为米氏方程时，如图 26-4-14 所示，图 26-4-14（b）中阴影部分表示达到某一转化率时所需反应器的体积，说明在达到转化率 x_2 时，返混将使所需的停留时间大大增加。

如生物催化剂为自催化动力学形式，则采用全混流与平推流的组合为佳，如图 26-4-15 所示。图 26-4-15（a）中的阴影部分表示最佳组合时所需的反应器体积，其他流动形式都将使反应效果下降。

4.4.3 基本动力学模型

将固定化生物催化剂颗粒置于流动的液相主体中，主体溶液可看作大环境，而固定化颗粒内部细孔结构可看作是微环境。当固定化颗粒与主体溶液接触时，其传质过程由下面三部

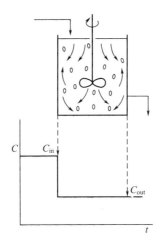

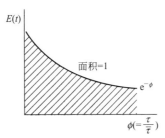

图 26-4-12　全混流流动模型

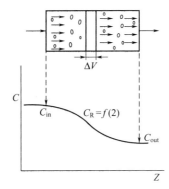

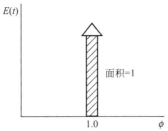

图 26-4-13　平推流流动模型

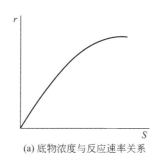
(a) 底物浓度与反应速率关系

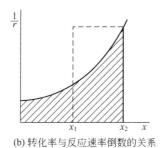
(b) 转化率与反应速率倒数的关系

图 26-4-14 返混与米氏动力学生物催化反应器的关系

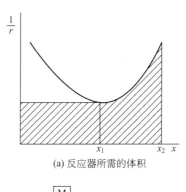
(a) 反应器所需的体积

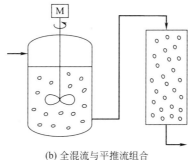
(b) 全混流与平推流组合

图 26-4-15 反应动力学为自催化反应的情况

分组成：①底物从主体溶液中通过界膜传递到固定化颗粒外表面；②底物从颗粒外表面传递到颗粒内部，在活性部位进行催化反应，转化为产物；③产物沿着上述相反的传递路线，从颗粒内部渗透过界膜传递到主体溶液中。在上述传递过程中包括了外扩散传质、内扩散传质及酶催化反应（符合米氏动力学方程）。

（1）外扩散传质过程对动力学的影响 图 26-4-16 所示为靠近固体表面底物和产物的浓

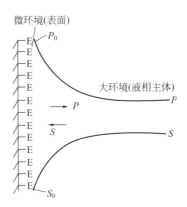

图 26-4-16   固定化酶催化反应时的底物及产物浓度分布

度分布，此时底物的消耗以及产物的积累量取决于表面上酶的活性和溶液中物质的传递速率。设底物 S 和产物 P 在整个外表面是均匀一致的，则底物和产物的传递速率可用 Fick 第一定律表示为：

$$J_s = K_s a_m (S - S_0) = K_s a_m \Delta S \tag{26-4-2}$$

$$J_p = K_p a_m (P_0 - P) = K_p a_m \Delta P \tag{26-4-3}$$

式中 J_s，J_p——底物和产物的扩散传递速率，$mol \cdot s^{-1} \cdot L^{-1}$；

　　　K_s，K_p——底物和产物的传质系数，$m \cdot s^{-1}$；

　　　　　a_m——传质比表面积，相当于固定化酶颗粒比表面积，$m^2 \cdot m^{-3}$；

　　　S，P——底物和产物在大环境中的浓度，$mol \cdot L^{-1}$；

　　　S_0，P_0——在固定化颗粒外表面底物和产物的浓度，$mol \cdot L^{-1}$；

　　　ΔS，ΔP——底物和产物的浓度差，为扩散传递的推动力。

传质系数 K 随反应器中颗粒周围流动状态而变化，可由不同物质的扩散系数 D 与表面界膜厚度来确定：

$$K = D / \delta \tag{26-4-4}$$

式中 D——扩散系数，$m^2 \cdot s^{-1}$；

　　　δ——表面界面厚度，m。

传质系数 K 之倒数为外扩散阻力。如果外扩散阻力很小，底物传递的速率相当快，而酶促反应速率又相对很慢时，过程的表观反应速率就取决于表面反应，而与传递过程无关，这种情况称为动力学控制。反之，如果酶的活性极高，表面反应极快，而底物的传递速率相对很慢，即传质阻力很大时，过程的表观反应速率只受底物传递速率快慢的支配，而与表面反应无关，这种情况称为外扩散控制，将导致表观反应速率的降低。

(2) 内扩散传质过程对动力学的影响　酶与细胞被包埋或吸附于多孔性载体中时，还必须考虑底物与产物在孔内的传递。假定酶或细胞在球珠状颗粒内分布均匀，且固定不流动，底物或产物的内扩散阻力为通过界膜时的扩散阻力和在颗粒内部的扩散阻力之和。当增强外部扩散传质时，后者较前者的阻力大得多，因而内扩散传质可以认为仅受内部扩散阻力的影响。内扩散传质仍可用 Fick 第一定律来表示：

$$J_{ms} = K_{ms} a_m (S_0 - S_g) \tag{26-4-5}$$

$$J_{mp} = K_{mp} a_m (P_g - P_0) \tag{26-4-6}$$

式中　J_{ms}，J_{mp}——底物和产物的内扩散速率，$mol \cdot s^{-1} \cdot L^{-1}$；

a_m——传质比表面积，相当于固定化酶颗粒比表面积，$m^2 \cdot m^{-3}$；

S_0，P_0——底物和产物在界膜表面的浓度，$mol \cdot L^{-1}$；

S_g，P_g——底物和产物在颗粒内部的浓度，$mol \cdot L^{-1}$；

K_{ms}，K_{mp}——底物和产物的内传质系数，$m \cdot s^{-1}$。

由于以包埋法制备的固定化酶与细胞颗粒内部结构有许多弯曲的细孔，在细孔中的某些部位存在着酶与细胞，某些部位没有酶与细胞，因此与在主体溶液中的自由扩散相比，扩散阻力就大得多。相对而言，内扩散传质系数 K_m 也减少。通常采用有效扩散系数 D_e 代替 D，则：

$$K_m = D_e / \delta \tag{26-4-7}$$

$$D_e = \varepsilon D / \tau_p \tag{26-4-8}$$

式中　ε——持液率；

τ_p——细孔弯曲系数，>1，常取 4。

(3) 有效系数 η　在固定生物催化剂系统中，也可用有效系数 η 表示扩散对反应的影响程度。当可忽略外扩散阻力时，固定化球形颗粒的有效系数 η 可定义如下：

$$\eta = \frac{\text{表观反应速率}}{\text{固定化颗粒内部不存在浓度梯度时的反应速率}} \tag{26-4-9}$$

一般情况下 $0 < \eta \leqslant 1$，但有时也可能出现 $\eta > 1$ 的情况。当 $\eta = 1$ 时表示整个反应过程受动力学控制。

对于球形固定化颗粒而言，

$$\eta = \frac{D_e \frac{dS_g}{dr}\big|_{r=R} \times 4\pi R^2}{(-r'_s) \times \frac{4}{3}\pi R^3} \tag{26-4-10}$$

式中，$(-r'_s)$ 为本征反应速率。当酶促反应速率表达式代入式（26-4-10），可得球形固定化酶颗粒的有效系数为：

$$\eta = \frac{3}{\phi}\left(\frac{1}{\tanh\phi} - \frac{1}{\phi}\right) \tag{26-4-11}$$

式中，ϕ 为西勒模数（Thiele modulus），其值为：

$$\phi = R\sqrt{\frac{V'_{max}}{K'_m D_e}} \tag{26-4-12}$$

式中，R 为固定化颗粒半径，m；V'_{max} 及 K'_m 为固定化酶的最大反应速率（$kmol \cdot m^{-3} \cdot s^{-1}$）和米氏常数（$kmol \cdot m^{-3}$）。

西勒模数是阐明固体催化特性的重要无量纲参数，图 26-4-17 为 ϕ 与 η 关系曲线。由图可知，当 ϕ 值小时，$\eta = 1$，表示不存在内扩散阻力影响；ϕ 值变大，η 值则小于 1，这说明

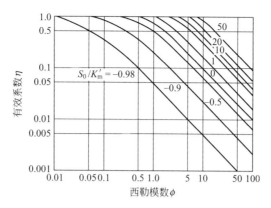

图 26-4-17　固定化酶（板状）的 η 和 ϕ 及 S_0/K'_m 之间的关系

酶未被有效利用。此外，底物浓度 S_0 与 K'_m 的比值越大，η 值就越接近于 1。

　　为了降低内扩散对反应速率的影响，对于一定的固定化体系一般可采用下列措施：①降低单位载体体积中载体物质的浓度；②增加底物浓度或适当增加反应温度；③选用固定化酶最小直径颗粒的载体。通常总是尽可能选用小直径的颗粒载体。但要注意的是，当采用固定床反应器时，小颗粒会增加底物溶液的流动阻力[13]。

4.4.4　设计的优化

　　固定化生物反应器设计的优化一般包括有两类问题，一类问题是指反应装置建立的优化，它包括反应器的选型，使其在反应器中的宏观流动适合反应动力学的特征，如 4.4.2 中所述。此外还应精细考虑与设计反应器中的结构。对后者而言目前还无一般规律，建议读者考虑：

　　① 物料流动应减少催化剂的破损；

　　② 物料在反应器中不应形成死角；

　　③ 物料在反应器的入口应均匀分配；

　　④ 物料在反应器中不应形成短路与沟流；

　　⑤ 反应器结构应考虑因催化剂刚性不够的催化剂变形；

　　⑥ 因反应热或夹套传热引起物料在反应器内热对流产生的返混；

　　⑦ 催化剂能装载均匀及便于拆卸。

　　另一类优化问题是指反应装置，在一组操作条件（如底物和产物的组成，反应温度，固定化酶的荷载量、活性及物料流量等）下进行生产，达到优质、高产、低消耗的目的。可以选择反应装置的目标函数（P）为生产能力或收率，约束条件由动量衡算、物料衡算或热量衡算关系式来表示，其可为等式或不等式。过程的变量有操作变量（如温度、流量等，以 x_1，x_2……表示）及状态变量（如浓度等，以 y_1，y_2……表示），为了达到最优化的目标，要确定出相应的操作变量[14]。

　　最优化问题一般可分为两类：

　　① 目标函数及约束条件均为代数方程；

　　② 约束条件为与坐标变量有关的微分方程或积分方程，目标函数以积分或加和的形式表示。如以数学式表示，则对第一类情况，分别有

目标函数：

$$P = P(x_1, x_2, \cdots, x_m, y_1, y_2, \cdots, y_n) \tag{26-4-13}$$

等式约束条件：

$$F_i = F_i(x_1, x_2, \cdots, x_m, y_1, y_2, \cdots, y_n) = 0$$
$$(i = 1, 2 \cdots, n) \tag{26-4-14}$$

不等式约束条件：

$$I_j = I_j(x_1, x_2, \cdots, x_m, y_1, y_2, \cdots, y_n) \leqslant 0$$
$$(j = 1, 2 \cdots, l) \tag{26-4-15}$$

对第二类情况，则分别有

目标函数：

$$P = \int_{t_A}^{t_B} q(x_1, x_2, \cdots, x_m, y_1, y_2, \cdots, y_n, t) \mathrm{d}t$$

或
$$P = \sum_{k=1}^{N} P_k(x_1, x_2, \cdots, x_m, y_1, y_2, \cdots, y_n, t) \tag{26-4-16}$$

等式约束条件：

$$\frac{\mathrm{d}y_i}{\mathrm{d}r} = F_i(x_1, x_2, \cdots, x_m, y_1, y_2, \cdots, y_n, t)$$

$$(i = 1, 2, \cdots, n)$$

或

$$\Delta y_i = F_i(x_1, x_2, \cdots, x_m, y_1, y_2, \cdots, y_n, t) \Delta t$$

$$(i = 1, 2, \cdots, n) \tag{26-4-17}$$

不等式约束条件：

$$I_j = I_j(x_1, x_2, \cdots, x_m, y_1, y_2, \cdots, y_n, t) \leqslant 0$$

$$(j = 1, 2 \cdots, l) \tag{26-4-18}$$

一般来说，最常用的优化方法有：微分法、拉格朗日乘子法、迭代法（爬山法）、线性规划法、变分法、动态规划法、最大（小）值原理法等，在此不做详细介绍。

4.5　固定化酶和细胞反应器

固定化酶与细胞能否应用于工业生产，在很大程度上还取决于固定化反应器的设计和选用。因此，近年来众多学者愈来愈重视固定化反应器的研究。

4.5.1　制备固定化生物催化剂的装置

制备球珠状固定化颗粒，实验室常用滴注法。通常注射器和滴管就是一种最简单的制备固定化装置，但是用这种方法的制备速度慢，费工费时，不能满足大量生产的需要。为了满足大量生产所需要的高产率和获得均匀、最佳尺寸的球珠，现已有大量生产固定化颗粒的装置。图 26-4-18 为滴落法固定化装置示意图，该装置所用喷嘴（出口直径为 0.5mm、0.8mm 和 1.1mm）的生产能力比传统的滴落法大得多（直径为 1.1mm 的喷嘴最大生产能力为 24L·h^{-1}）。图 26-4-19 为该种振动喷嘴的示意图。

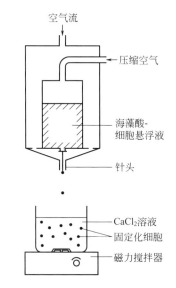

图 26-4-18　滴落法固定化装置示意图

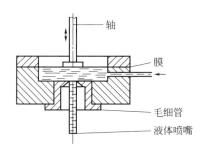

图 26-4-19　振动喷嘴示意图

4.5.2　固定化颗粒及形状

由于固定化酶在酶促反应过程中具有如下特点：①极容易与反应物分开，因而可以加以回收；②在一定程度上可以改善酶的操作性能的稳定性；③可以多次反复使用和有利于采用连续操作工艺，从而使得酶的利用率提高，降低生产成本；④酶不混入产物，可精简产物分离工序。因此，固定化酶在经济效益和工艺改革方面具有很大的潜力。

近年来，在生产实际中还普遍采用直接固定化微生物进行工业生产。这是因为若以细胞悬浮液形式直接利用细胞内的酶系时，常因细胞壁和细胞膜被破坏而使酶泄漏，并且由于微生物的大小充其量为 5μm 或 5μm 以下，难以和底物与产物分离。因此常认为把微生物经固定化处理后制备成大小适当的颗粒作为固体催化剂更为合理，而且固定化微生物细胞具有完整的酶系，可以作为复杂酶反应的生物催化剂。

　　酶与细胞的固定化方法在本篇 4.2 中已有详细讨论。经不同方法获得的固定化酶与细胞，还必须制备成不同的形状装填于固定化反应器中以进行酶促反应。通常制备的固定化颗粒形状有：①颗粒状；②膜状（板状、薄膜或片状）；③酶管状；④中空纤维状。由于球珠状颗粒容易制备、处理，而且载体表面积大、反应效率高，因此大部分固定化酶制备成颗粒状。但是根据各种形状的使用目的不同，膜状、酶管状、纤维状仍有各自独特之处[15]。

4.5.3　填充床反应器（PFR）

　　这类反应器使用最普遍，迄今已发表的固定化酶反应器的研究工作主要也集中在填充床反应器。它具有单位反应器容积固定化颗粒装填密度高，结构简单，工程放大容易，剪切力小，反应器内流动状态近似于平推流等优点。但此反应器亦有不少缺点，传质系数和传热系数相对较低，如加上循环装置，可适当改善。固定化颗粒的大小会影响压降及内扩散阻力，一般要求颗粒大小尽量均匀。为了减小床层底部的催化剂被压缩，可将柱体分成若干节。当反应液内含有固体物质时，不宜采用此反应器，因为固体物质易引起床层堵塞，更换催化剂比较麻烦。有底物抑制时不宜用这类反应器，相反，若有产物抑制时效果较好。根据工艺需要可用上流、下流等操作方式，如图 26-4-20 所示。总之，连续固定床反应器可增加器内细胞浓度，减少物料返混，提高底物利用率。

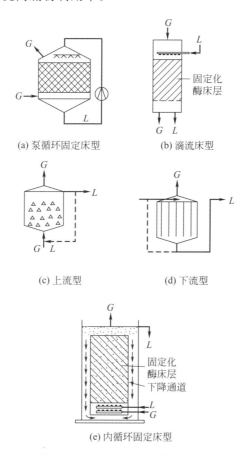

(a) 泵循环固定床型　　　　(b) 滴流床型

(c) 上流型　　　　(d) 下流型

(e) 内循环固定床型

图 26-4-20　固定床生化反应器

4.5.4　连续搅拌式反应器（CSTR）

连续搅拌式反应器可分单级、多级及附超滤单元搅拌罐三种，如图 26-4-21 所示。这类反应器在运行过程中，以恒定流速流入新的底物，与此同时，反应液以同样的流速流出反应器。在理想 CSTR 中，反应液完全返混，各部分成分相同，并与流出液组成一致。受底物抑制的固定化酶反应体系采用这种反应器能获得较高的转化率，这类反应器的形式有利于温度、pH 的控制，能处理胶体状底物及不溶性底物。但搅拌桨产生的剪切力较大，常会引起固定化酶颗粒的破坏。有一种改良的 CSTR，就是将载有酶的固定化颗粒放置在与搅拌轴一起转动的金属网筐内，如图 26-4-22 所示。这样，既能保证反应液搅拌均匀，同时又不致损坏固定化颗粒。

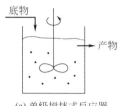

(a) 单级搅拌式反应器

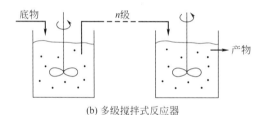

(b) 多级搅拌式反应器

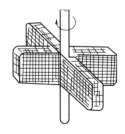

(c) 附超滤单元的搅拌式反应器

图 26-4-21　典型的连续搅拌式反应器

图 26-4-22　由丝网组成的装有固定化酶颗粒的篮筐桨叶

4.5.5　膜式或管式反应器

膜式反应器亦是近年来发展的新型生化反应器，它包括中空纤维反应器。其中，螺旋卷绕膜式反应器是将含有酶的膜片和支承材料交替缠绕于中心棒上。膜片一般是胶原蛋白，支承材料为惰性聚合网状物。螺旋元件具有许多流动分隔空间，能为底物与固定化酶之间提供较大的传质表面积，增强物质传递过程，作用类似于板式换热器中增强局部漏流程度的湍流结构，如图 26-4-23 所示。

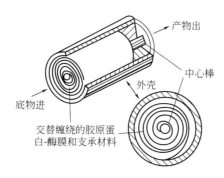

图 26-4-23　螺旋卷绕膜反应器

中空纤维多用基质均匀的醋酸纤维、丙烯共聚物制成。只允许底物和产物等分子量小的物质通过。纤维壁厚约 $70\mu m$，腔直径约 $20\mu m$，其结构如图 26-4-24 所示。

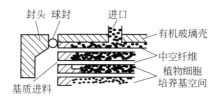

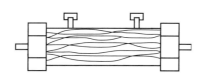

图 26-4-24　固定化植物细胞中空纤维反应器示意图

工业装置的膜面积可达 $100 \sim 1000 cm^2$ 时，可通过几个单元并联，放大腔面积达 $10^5 cm^2$。通过膜的营养物或产物的扩散可能是其速率控制步骤。

列管式反应器（图 26-4-25）结构类似列管式换热器，其填充管的材料一般为聚苯乙烯塑料管等。

4.5.6　流化床反应器（FBR）

流化床反应器是在装有固定化颗粒的塔器内，通过流体自下而上流动，使固定化颗粒在流体中保持悬浮状态，适用于高黏度、含固形物底物及有大量气体产物的连续生产，具有良好的传热、传质特性，而且不易堵塞。但流化态要求流速必须提高到一定程度，

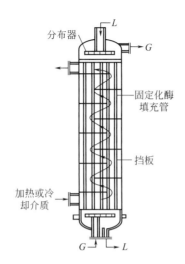

图 26-4-25　列管式反应器示意图

同时存在工程放大困难等缺点。目前，该类反应器（图 26-4-26）还处于实验室研究和中试阶段[16]。

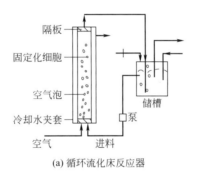

(a) 循环流化床反应器

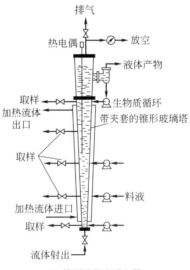

(b) 锥形流化床反应器

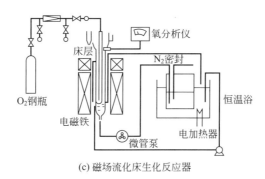

图 26-4-26 　流化床反应器

4.5.7　逆胶束萃取反应器

逆胶束是表面活性剂在有机溶剂中形成的一种聚集体，如图 26-4-27 所示。当含有此种逆胶束的有机溶剂与含有蛋白质的水溶液接触时，由于逆胶束的内表面与蛋白质表面间的相互作用，蛋白质就会从水相进入有机相中的逆胶束，从而实现蛋白质的固定。逆胶束体的酶催化反应可在一个均匀搅拌槽中进行[17]。

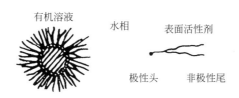

图 26-4-27 　逆胶束的结构

参考文献

[1]　Wingard L B，et al. Applied B ì ochemistry and Bioengineering∥vol 1 Immobilized Enzyme Principles. New York：Academic Press，1976.

[2]　Chibata I，et al. Immobilized Enzymes，Research and Development. Tokyo：Kodansha Ltd，1978.

[3]　Gutcho S J. Immobilized Enzymes，Preparations and Engineering Techniques. Park Ridge：Noyes Data Corp，1974.

[4]　Tetsuya T，et al. Biotech Biocng，1979，21：1697.

[5]　Kdein J，et al. DECHEMA-Monogr，1978，82：142.

[6]　Pchelintsev N A，Youshko M，Svedas V K. J Mol Cat B：Enzymatic，2009，56：202-207.

[7]　Aytar B S，Bakir U. Process Biochem，2008，43：125-131.

[8]　陈陶声，等. 固定化酶理论与应用. 北京：轻工业出版社，1987.

[9]　Hulst A C，et al. Biotech Bioeng，1985，27：870.

[10]　Jegannathan Kenthorai Raman，Abang Sariah，Poncelet Denis，et al. Critical Reviews in Biotechnology，2008，28（4）：253-264.

[11]　Mosbach K. Methods in Enzymology：vol. 44，Immobilized Enzyme. New York：Academic Press，1976.

［12］ Bailey J E, et al. Biochemical Engineering Fundamentals. 2nd ed. New York: McGraw-Hill, 1986.

［13］ 俞俊棠, 等. 生物化学工程. 北京: 化学工业出版社, 1986.

［14］ Tan Tianwei, Lu Jike, Nie Kaili, et al. Biotechnology Advances, 2010, 28（5）: 628-634.

［15］ Walas S M. Reaction Kinetics for Chemical Engineers. Butterworths, 1990.

［16］ Westerte K R, et al. Chemical Reactor Design and Operations. 2nd ed. New York: John Wiley&Sons, 1984.

［17］ Cipolatti Eliane P, Silva María José A, Klein Manuela, et al. Journal of Molecular Catalysis B: Enzymatic, 2014, 99: 56-67.

5

灭菌及安全防护技术

微生物和动植物细胞的培养通常要在严格的纯种培养条件下进行，以避免因环境中杂菌的污染而影响产品的收率、纯度或质量，甚至会造成使培养过程完全失败的后果。对有关设备和物料进行灭菌是实现纯种培养的保证。当所培养的细胞具有毒害或潜在的毒害作用时，还要在培养过程中防止它们逃逸到环境中去造成危害。

5.1 灭菌的方法

采用强烈的理化因素使任何物体内外部的一切微生物永远丧失其生长繁殖能力的措施称为灭菌。灭菌操作是生物加工过程所特有的一种操作。良好的灭菌方法应有可靠的杀菌效果，并在灭菌处理后不影响细胞的生长、繁殖和产物的生成。常用的灭菌方法有以下几种：

(1) 射线灭菌 波长 253.7nm 的紫外线是最常用的射线。由于紫外线的穿透力很弱，通常在无菌室、手术室等处用于空气、器械表面等的消毒处理，而不能对培养基进行灭菌。短波长的 X 射线和 γ 射线也被用于灭菌。

(2) 化学药剂灭菌 一些化学药品对微生物有杀灭作用，在医院和微生物实验室广泛被用来进行消毒处理，有的也用于工厂设备或器材的灭菌。对不同的微生物，各种药品的杀菌作用不同，杀菌效果还受到药品的浓度、作用时间、pH、湿度等因素的影响。表 26-5-1 为一些常用药品的灭菌效果[1]。

(3) 加热灭菌 利用加热杀死微生物的方法，效果可靠，易实施，成本低，是最基本的灭菌方法，可用于设备和培养基的灭菌，根据用的热源不同，加热灭菌可分为干热灭菌和湿热灭菌两种方法。干热灭菌通常是利用热空气直接加热或用其他热源间接加热，用于某些需要保持干燥的器具或物料的灭菌。湿热灭菌则是利用蒸汽进行灭菌，由于蒸汽的穿透力强，对各种耐热的细菌、芽孢的杀菌效果比干热灭菌好（见表 26-5-2)[2]，而且蒸汽的来源方便、价格低廉，是最普遍使用的灭菌方法。若用过高温度灭菌有可能造成培养基颜色变深、某些成分被破坏等后果，从而影响培养过程效果。

(4) 过滤除菌 利用过滤技术可将物料中的微生物去除以用于纯种培养。因操作在常温或低温下进行，不会使被处理物料发生变化，灭菌质量高，但只能用于气体或澄清液体的除菌。在动物细胞培养中，因培养基中热敏物质较多，一般用此法除菌。符合 GMP 要求的洁净厂房、洁净间、洁净操作台也采用空气的过滤除菌。

近年来还发展了一些新的灭菌技术，如微波灭菌、超声波灭菌等，但由于存在一些问题，这些新技术目前还没有在工业发酵中广泛使用。

微波 （microwave，MW）是一种波长在 0.001～1μm、频率介于 300MHz～300GHz 之间的超高频电磁波。微波为直线传播，因其波长短、频率高而会产生显著的反射，具有振荡

表 26-5-1　常用灭菌剂的灭菌效果

消毒剂	作用速率	最佳pH范围 (2~10)	作用谱 细菌 革兰氏阳性 芽孢	营养体	分枝细菌	革兰氏阴性	真菌 酵母	霉菌	病毒
过氧乙酸	f								
次氯酸钠	f								
氯的供体	f								
碘	f								
甲醛	s								
甲醛供体	ss								
戊二醛	f								
酚及其衍生物	f					—			
醇类	f					—			
季铵化合物	s								
双氯苯双胍己烷	f								
两性化合物	s					—			

f 快
s 慢
ss 极慢

■ 高效、效果减弱
▨ 低效
▥ 选择性有效

▤ 高效
▥ 中效
— 无效

表 26-5-2　几种微生物芽孢的耐热特性

微生物	D/min[①]						
	湿热灭菌		干热灭菌				
	115℃	120℃	120℃	140℃	150℃	160℃	180℃
Bacillus stearothermophilis	10~24	1.5~4.0				0.3	0.17
Bacillus subtilis	2.2	0.4~0.7	30	2.7	2	1.3	0.05
Clostridium sporogenes	2.8~3.6	0.8~1.4			6	2	0.25

① 杀灭 90% 微生物所需的时间。

周期短、穿透能力强、与物质相互作用会产生特定效应等特点。微波的灭菌机理主要是由热力效应和电磁力效应共同作用完成，其中的电磁力效应起主导作用：一方面，微波高频交变电场使细菌受热而出现细胞核浓缩、溶解，细胞缩小、解体，从而达到杀灭细菌的目的，即热力效应；另一方面，在微波交变电磁场中，细菌出现电性质的强烈反应，电容性结构的细胞膜被击穿破裂，破坏了细菌赖以生存的离子通道，使其调节功能受到严重障碍，从而导致细菌的死亡。为使微波器件和设备标准化，减少对雷达等通信的干扰，国际电信联盟规定用于消毒灭菌的微波频率为 902～928MHz、2440～2500MHz、5725～5875MHz、24000～24250MHz。用微波进行加热或者消毒，都不能选择金属器皿，否则在耦合口附近或在腔内会产生很大驻波，影响干燥、灭菌的效果。盛装需灭菌物料的容器不能用密闭的，以免内外温差过大而引起容器的破裂，诱发事故发生。微波系统运行时，必须严格防止微波泄漏[3]。目前微波灭菌主要在食品卫生、医院、药品生产上有一些应用，但在工业发酵领域应用很少。

超声波是指频率大于 20kHz 的声波，其频率高、波长短，除了具有方向性好、功率大、穿透力强等特点之外，还能引起空化作用和一系列的特殊效应，如机械效应、热效应、化学效应等。一般认为，超声波具有的杀菌效力主要由其产生的空化作用所引起。超声波处理过程中，当高强度的超声波在液体介质中传播时，产生纵波，从而产生交替压缩和膨胀的区域，这些压力改变的区域易引起空穴现象，并在介质中形成微小气泡核。微小气泡核在绝热收缩及崩溃的瞬间，其内部呈现 5000℃ 以上的高温及 50000kPa 的压力，从而使液体中某些细菌致死、病毒失活，甚至使体积较小的一些微生物的细胞壁破坏，但是作用的范围有限。超声波灭菌效果主要受超声作用参数（振幅、频率及时间）、微生物特性以及介质等因素影响。超声波灭菌作为一种新兴技术，其单独作用灭菌效果有限，在进行实际应用时，可考虑与其他技术协同灭菌，以提高灭菌率[4]。目前，超声波灭菌主要在废水处理、饮用水消毒以及食品行业领域有一些实验研究，工业发酵领域还没有应用。

5.2 微生物的死亡规律

大量微生物在高温、接触有害物质等不利环境中的死亡速率一般可用一级反应描述：

$$\frac{\mathrm{d}N}{\mathrm{d}t} = -kN \tag{26-5-1}$$

式中，N 为活微生物数；t 为处理时间；k 为微生物的死亡速率常数。k 的大小随微生物种类和灭菌条件不同而改变。从概率论角度看，k 即微生物群体在一定灭菌条件下平均寿命的倒数。由式（26-5-1）可得：

$$\ln\frac{N}{N_0} = -kt \tag{26-5-2}$$

式中，N_0 为开始时的活微生物数，式（26-5-2）也称为对数残留定律。图 26-5-1 和图 26-5-2[5,6] 分别是加热和用化学药剂处理时残存微生物数随处理时间的变化。另外，常用在一定灭菌条件下微生物数减为 1/10 所需时间 D 来描述其耐受性：

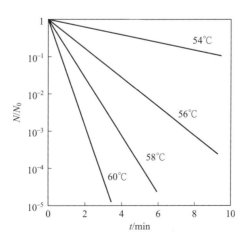

图 26-5-1 大肠杆菌在不同温度下的残存曲线

$$D = \ln10/k \tag{26-5-3}$$

按式（26-5-2）计算时，完成灭菌操作时残存的活菌数取 10^{-3} 已足够安全。由于处理对

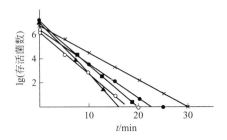

图 26-5-2　一些芽孢杆菌在环氧乙烷作用下的残存曲线

环氧乙烷浓度 500mg/L，相对湿度 30%～50%，温度 54.4℃

象中往往带有各种微生物，它们的数量和耐受性都影响处理的时间，但通常仅需考虑耐受性最强者（图 26-5-3）。

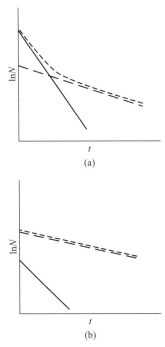

图 26-5-3　混合微生物在一定灭菌条件下的残存曲线

（a）热敏性微生物占多数时；（b）耐热性微生物占多数时

- - - - - 全部微生物；———— 热敏微生物；— — 耐热微生物

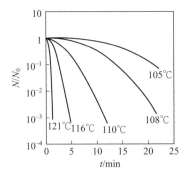

图 26-5-4　嗜热脂肪芽孢杆菌在不同温度下的残存曲线

有时微生物的死亡不能用式（26-5-1）表示，如图 26-5-4 所示。发生此现象的多是微生物的芽孢。

5.3 培养基的加热灭菌

5.3.1 温度的影响

加热灭菌时，微生物的死亡速率常数与温度的关系如下：

$$k = A\exp[-\Delta E/(RT)] \tag{26-5-4}$$

式中，A 为频率因子；ΔE 为微生物的死亡活化能；T 为温度。一些耐热微生物的 ΔE 值见表 26-5-3。在缺乏数据时可取嗜热脂肪芽孢杆菌的数据进行计算，即 A 为 $1.34 \times 10^{36}\,s^{-1}$，$\Delta E$ 为 $2.83 \times 10^{5}\,J \cdot mol^{-1}$。

培养基中的维生素等对热不稳定性物质在受热时的破坏也属一级反应，其破坏速率与温度的关系也可用式（26-5-4）表示。一些维生素等热敏性物质的 ΔE 值也列于表 26-5-3 中。因微生物的 ΔE 较大，在较高温度下微生物 k 值的增加较维生素为大，故在一定的灭菌度（N_0/N）时，高温快速处理有利保留维生素等热不稳定性物质（见表 26-5-4）。

表 26-5-3　一些细菌芽孢和热敏性物料的 ΔE [7,8]

物料名称	活化能/$kJ \cdot mol^{-1}$	物料名称	活化能/$kJ \cdot mol^{-1}$
叶酸	70.3	胰蛋白酶	170.5
维生素 B_6	98.8	过氧化物酶	98.7
维生素 B_{12}	96.3	胰脂肪酶	192.3
维生素 B_1	92.1	嗜热脂肪芽孢杆菌	283
维生素 B_2	98.7	枯草杆菌	318
血红蛋白	321.4	肉毒梭菌	343

表 26-5-4　一定灭菌度（$N_0/N = 10^{16}$）下维生素 B_1 的损失

温度/℃	灭菌时间/min	维生素 B_1 的损失/%
100	843	＞99.99
110	75	89
120	7.6	27
130	0.85	10
140	0.11	3
150	0.015	1

5.3.2 分批灭菌

分批灭菌也称实罐灭菌。分批灭菌时，培养基经升温、保温和冷却三个阶段（图 26-5-5），除保温阶段温度恒定外，其他阶段的温度和微生物的死亡速率常数随时间不断变化。根据升温和冷却过程中的热量平衡，得出不同加热方法和冷却方式下培养基温度与时间的关系（见表 26-5-5）[9]。

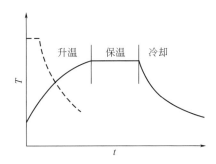

图 26-5-5　培养基经分批灭菌和连续灭菌的温度曲线
—— 分批灭菌；---- 连续灭菌

若培养基中的初始耐热微生物总数为 N_0，灭菌完成时的残余微生物数为 $N(10^{-3})$，

$$\ln\frac{N_0}{N} = \ln\frac{N_0}{N_1} + \ln\frac{N_1}{N_2} + \ln\frac{N_2}{N} = \int k_1 dt + \int k_2 dt + \int k_3 dt \qquad (26\text{-}5\text{-}5)$$

式中，N_1 和 N_2 分别是升温结束和保温结束时残留的活菌数。由 N_0 和需要达到的 N 根据式（26-5-5）所示关系分别求出加热结束和冷却开始时的残留活菌数 N_1 及 N_2，从而由保温温度确定保温时间。当培养基中存在不溶性颗粒时，因颗粒中的传热阻力造成内部温度偏低（见图 26-5-6）[10]，灭菌时间需高于无固体颗粒存在时的时间。

表 26-5-5　不同加热和冷却方式下培养基温度与时间的关系

传热方式	$T\text{-}t$ 关系	常数
蒸汽直接喷射	$T = T_0\left[1 + \left(\dfrac{\alpha t}{1 + \delta t}\right)\right]$	$\alpha = \dfrac{hs}{MC_p T_0}$　　$\delta = \dfrac{S}{M}$
夹套蒸汽加热	$T = T_H(1 + \beta e^{-\alpha t})$	$\alpha = \dfrac{UA}{MC_p}$　　$\beta = \dfrac{T_0 - T_H}{T_H}$
电加热	$T = T_0(1 + \alpha t)$	$\alpha = \dfrac{q}{MC_p T_0}$
冷却	$T = T_{C0}(1 + \beta^{-\alpha t})$	$\alpha = \left(\dfrac{WC'_p}{MC_p}\right) \times \left[1 - e^{-(UA/WC'_p)}\right]$　　$\beta = \dfrac{T_0 - T_{C0}}{T_{C0}}$

注：T—培养基温度，K；T_0—培养基初始温度，K；t—时间，min；h—蒸汽相对热焓，kJ·kg^{-1}；S—蒸汽质量流量，kg·min^{-1}；M—培养基质量，kg；C_p—培养基比热容，kJ·kg^{-1}·K^{-1}；U—总传热系数，kJ·m^{-3}·min^{-1}·K^{-1}；T_H—热源温度，K；q—传热速率，kJ·min^{-1}；C'_p—冷却水比热容，kJ·kg^{-1}·K^{-1}；W—冷却水质量流量，kg·min^{-1}；T_{C0}—冷却水温度，K。

5.3.3　连续灭菌

连续灭菌是将培养基向已灭菌的反应器输送过程中，经加热、保温和冷却完成灭菌的操作。由于连续灭菌的加热、冷却速度很大，可将培养基迅速加热到较高温度，保温较短时间后再快速降温，从而可保留较多热不稳定性物质，灭菌后培养基的质量较高。采用适当的换热装置还可节约蒸汽用量，降低能耗（图 26-5-7）。

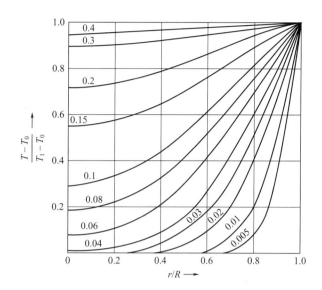

图 26-5-6 半径 R 的球体内的温度分布

参数为无量纲时间 $\lambda_t/(\rho C_p R^2)$（λ 为热导率；t 为时间；ρ 为球体密度；
C_p 为球体比热容）；T_0 为球体初始温度；T_1 为介质温度（恒定）

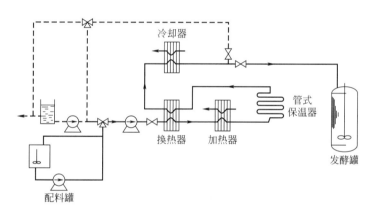

图 26-5-7 连续灭菌的热量回收利用
（虚线旁路在开始操作时用水打循环）

保温装置（也称维持设备）是连续灭菌的关键设备，按其外形可分成罐式和管式两种。物料在保温装置中停留时间过短造成灭菌不彻底，停留时间过长则热不稳定性物质破坏严重。培养基在罐式保温装置中的运动情况较为复杂，很难消除物料停留时间随机分布。一般采用图 26-5-7 所示的管式保温装置结构，物料的平均停留时间按理论值适当延长[11]。管式保温设备可采用扩散模型[12]处理，在稳态下有：

$$D_z \frac{\mathrm{d}^2 N}{\mathrm{d}X^2} - \frac{\overline{w}\mathrm{d}N}{\mathrm{d}X} - kN = 0$$

$X = 0^+$ 时

$$-D_z \frac{\mathrm{d}N}{\mathrm{d}X} = \overline{w}(N_0 - N) \tag{26-5-6}$$

$$X = L \text{ 时} \qquad dN/dX = 0$$

式中，D_z 为微生物的轴向扩散系数；$\overline{w}$ 为物料的平均流速；L 为管式保温设备的长度；X 为离进口的距离。此式的解为：

$$\left.\frac{N}{N_0}\right|_{X=L} = \frac{4\xi \exp(Pe/2)}{(1+\xi)^2 \exp(Pe\xi/2) - (1-\xi)^2 \exp(Pe\xi/2)}$$

$$\xi = \sqrt{1 + 4kL/\overline{w}/Pe} \qquad\qquad (26\text{-}5\text{-}7)$$

$$Pe = \overline{w}L/D_z$$

在不同的 Pe 数下式（26-5-7）所反映的 N/N_0 与 $kL/\overline{w}$ 的关系也可由图 26-5-8 表示。求 Pe 时所需 D_z 可按图 26-5-9 计算[12]。

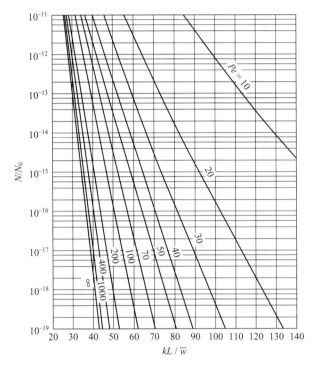

图 26-5-8　微生物残存率与 $kL/\overline{w}$ 的关系（参数为 Pe）

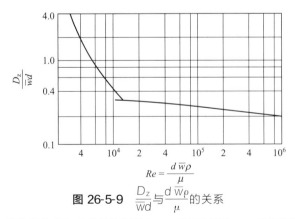

图 26-5-9　$\dfrac{D_z}{\overline{w}d}$ 与 $\dfrac{d\overline{w}\rho}{\mu}$ 的关系

d—管道内径；$\overline{w}$—培养基平均流速；ρ—培养基密度；μ—培养基黏度

5.4 空气除菌

好氧微生物的大规模培养需耗用大量无菌空气。空气的灭菌或除菌有多种方法，如利用空气被压缩时产生的高热灭菌[13]、紫外线灭菌、静电除尘（包括菌体）、喷洒化学杀菌剂等，但各有缺陷，最普遍应用的是过滤除菌。

空气中的微生物密度大约在 $10^3 \sim 10^4$ 个·m^{-3}，大小为 $0.5 \sim 1\mu m$（不包括病毒）[14]。它们往往附着在空气中的尘埃上，空气压缩机的预过滤器可除去部分微生物。进行无菌过滤的过滤介质，按其孔隙大小可分成两类，一类孔隙比微生物小的称为绝对过滤介质，其除菌原理同机械过滤。另一类孔隙比微生物大得多，介质为纤维状物质，其除菌机理较为复杂，一般认为有惯性、拦截、扩散、静电、重力等因素造成颗粒被纤维介质捕获（图 26-5-10）。这种介质须有一定厚度才有可靠的除菌作用，称为深层过滤介质。

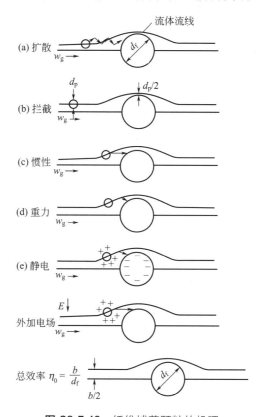

图 26-5-10 纤维捕获颗粒的机理

菌体被深层过滤介质的截留可由下式表示：

$$\frac{\mathrm{d}N}{\mathrm{d}x} = -KN \tag{26-5-8}$$

即

$$\ln(N_0/N) = KL \tag{26-5-9}$$

式中，x 为介质深度；K 为介质的除菌常数；L 为介质层厚度。影响除菌常数 K 的因素有纤维的直径 d_f、填充率 α、气流速度 w_g 等。Davies 提出[15]

$$K = \frac{4\eta_0\alpha}{\pi d_f} \tag{26-5-10}$$

式中，η_0 为单纤维除菌效率。Aiba 则建议[16]

$$K = \frac{4(1+4.5\alpha)\eta_0\alpha}{\pi d_f(1-\alpha)} \tag{26-5-11}$$

η_0 为单纤维的扩散、拦截、惯性、扩散-拦截协同除菌效率以及重力、静电除菌效率之和，具体计算可参考文献［11］第 4 章和文献［15］第 4、5 章。

深层过滤介质的除菌常数 K 受空气流速的影响很大（图 26-5-11），为了保证过滤器的可靠性，设计时应取最小的 K 值计算。深层过滤介质常用的材料为棉花纤维、玻璃纤维及由超细玻璃纤维制成的滤纸。图 26-5-12 及图 26-5-13 分别是填充纤维介质和超细玻璃纤维纸的空气过滤器结构示意图。空气经压缩并冷却后有水滴析出，使用往复式压缩机时还带有油滴，这些液滴的存在会使纤维介质的除菌效率大大下降，因此须将压缩空气减湿和去除液滴，即将压缩空气的相对湿度降到 60％后再进行无菌过滤[16]。

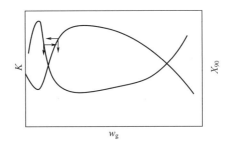

图 26-5-11　空气过滤器除菌常数 K 与空气流速的关系

（X_{90} 为捕获空气中 90％颗粒所需的介质层厚度）

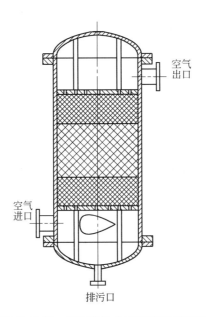

图 26-5-12　填充纤维介质的空气过滤器

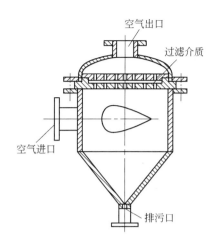

图 26-5-13　安装超细玻璃纤维纸的空气过滤器

　　绝对过滤介质的孔径小于细菌或孢子，因此即使空气中带有液滴，也不会影响过滤器的除菌性能，但可能增加过滤阻力。这一类过滤介质通常用微孔的高分子材料如 PVA 等制成，加工成片状或管状，装入过滤器（图 26-5-14）。也可采用烧结的方法制成金属滤芯。这种过滤器因其可靠性高和阻力低，近年来在我国的发酵工厂中得到了广泛的应用。此外还有用超细玻璃纤维制成的绝对过滤介质[17]和高分子材料制成的精密过滤膜，可用于气体或液体的除菌。

　　比较理想的空气除菌流程应具备以下特点：①高空采风，吸气风管设置在工厂上方高为 $20\sim30m$ 处，减少吸入空气的细菌含量；②在空压机空气入口处安装中效或高效前置过滤器，以减轻总过滤器的负荷；③采用无油润滑压缩机，减少压缩后空气中的油雾污染；④压缩机后部采用冷却型的空气储罐可降低空气的温度，同时除去部分润滑油；⑤采用二级冷却

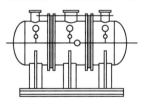

(a) 装入板式滤板

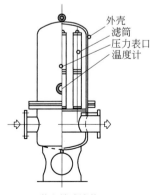

(b) 装入管式滤芯

图 26-5-14　装有 PVA 滤芯的空气过滤器

二级旋风分离器，使油水分离较完全；⑥采用旋风金属网除雾器，除去空气中的雾滴；⑦用蒸汽加热器将空气加热至约 50℃，使空气的相对湿度低于 60%，再进入总过滤器，以保证总过滤器保持干燥状态；⑧空气经总过滤器进入分过滤器，再进入发酵罐，空气的除菌程度达到 99.999%[18]。

5.5 污染的防止

5.5.1 纯种培养的保证

工业发酵稳产的关键条件之一是整个生产过程中维持纯种培养，避免杂菌的入侵。行业上把过程污染杂菌的现象称为染菌。染菌对工业发酵的危害，轻则影响产品的质和量，重则倒罐、颗粒无收，严重影响工厂的效益。从技术上分析，染菌的途径不外有以下几方面：种子包括进罐前菌种室阶段出问题；培养基的配制和灭菌不彻底；设备上特别是空气除菌不彻底和过程控制操作上的疏漏。遇到染菌首先要监测杂菌的来源。对顽固的染菌，应对种子、消毒后培养基和补料液、发酵液及无菌空气取样作无菌试验以及设备试压检漏，只有系统严格监测和分析才能判断染菌原因，做到有的放矢[19]。在培养过程中，为了防止外部环境中的杂菌污染培养物而造成各种损失，除了对所用的设备、培养基和其他物料（包括空气）进行灭菌或除菌处理外，通常还要采取以下措施：①使用纯种无污染的种子；②培养系统严密无泄漏；③培养系统维持高于外部环境的压力；④取样、移出等管道用蒸汽封口；⑤设备、管道等设计合理，易清洗，灭菌无死角；等等。

反应器及有关贮罐的管道布置很重要。通常浸没在液体中的所有管道均应配有蒸汽管以便通入蒸汽，所有在液面以上的管道在进行灭菌时均应排汽，这样可保证在灭菌时设备内部的各处不断有流动的蒸汽通过，温度均一，没有死角。管道和阀门的布置还应考虑到某些设备或管道可单独进行灭菌，不影响其他设备的运行。反应器内的结构应尽可能简单，搅拌轴及管道的支承和连接、降温蛇管的支架、检修用的梯子、挡板等部件的设计均应不容易堆积培养液中的固态物，容易清洗。图 26-5-15 是发酵罐的一种管道布置方案。

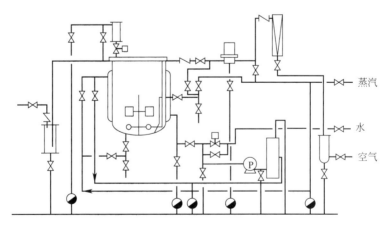

图 26-5-15 发酵罐的一种管道布置方案

轴封是保证反应器密封性能的一个关键部件。填料箱密封装置因性能差，因而很少使用。当搅拌轴从反应器上方插入时，一般采用单端面机械密封装置（图 26-5-16），当搅拌轴从反应器底部插入时，采用双端面机械密封装置（图 26-5-17）较为安全。或者利用磁力传

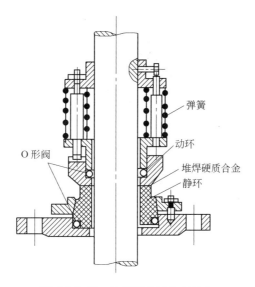

图 26-5-16 单端面机械密封结构

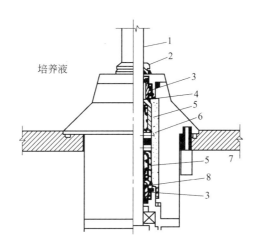

图 26-5-17 双端面机械密封结构

1—轴；2—油封；3—静环；4—密封面1；5—动环；6—无菌水；7—反应器壁；8—密封面2

递扭矩的方法[20]（图 26-5-18）从根本上解决了密封的问题，但大功率的传递问题等尚有待解决。

保证培养过程无杂菌污染的另一重要问题是阀门。一般的阀门也存在轴封问题，隔膜阀和夹阀（图 26-5-19）中的物料不和阀杆接触，是较理想的阀门形式。

种子罐的接种（摇瓶种子或米孢子等）可采取在火焰保护下倒入的方法，接种孢子悬浮液可采用注射的方法。也可将种子在无菌室中倒入接种罐，再将接种罐按无菌操作装在种子罐中，利用压差将种子压入罐中。将种子罐中的培养液向后一级反应器移出时，借助专用的移种管道可保证移种过程不发生杂菌污染。

在工业发酵中还有一种污染是污染噬菌体。当发酵液受噬菌体严重污染时，会出现：发酵周期明显延长；碳源消耗缓慢；发酵液变清，镜检时有大量异常菌体出现；发酵产物的形成缓慢或根本不形成；用敏感菌做平板检查时出现大量噬菌斑；用电子显微镜观察时可见到无数噬菌体粒子存在。当出现以上现象时，轻则延长发酵周期、影响产品的产量和质量，重

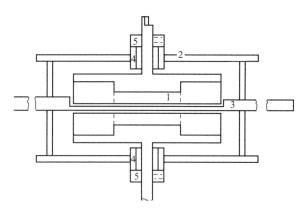

图 26-5-18   磁力驱动搅拌

1—磁铁；2—外壳；3—发酵罐罐盖；4—轴承；5—轴向固定的轴承（位置可调）

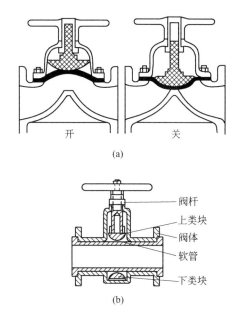

图 26-5-19   隔膜阀（a）和夹阀（b）

则引起倒罐甚至使工厂被迫停产。这种情况在谷氨酸发酵、细菌淀粉酶或蛋白酶发酵、丙酮丁醇发酵以及各种抗生素发酵中是司空见惯的，应严加防范[21]。一般根据每种发酵的特点，选择其中一项具有代表性的明显的变化作为判断感染噬菌体的依据。还可以直接利用双层平板法和单层平板法来观察噬菌斑的表现。

5.5.2   防止培养物污染环境

当培养物是病原体或具有潜在的危害时，应注意不可使活培养物泄漏到环境中去造成危害。基因工程技术迅速发展，有关防止基因工程菌泄漏的法规已经制订。如美国 NIH 于 1984 年对规模大于 10L 的基因工程菌培养，按宿主-载体系统的潜在致死性分成 BL1-LS、BL2-LS 和 BL3-LS 三个物理防护级别，其中 BL1-LS 最不严格，BL3-LS 最严格。1999 年美国疾病预防控制中心（CDC）和 NIH 发布了《微生物学和生物医学实验室生物安全手册》

第四版，将生物安全级别分为四级：BSL-1（P1），BSL-2（P2），BSL-3（P3），BSL-4（P4）。世界卫生组织2003年也发布了《实验室生物安全手册》第三版。中国2004年发布了国家标准《实验室生物安全通用要求》（GB 19489—2004，2008年进行了修订）和《生物安全实验室建筑技术规范》（GB 50345—2004，2012年修订为《屋面工程技术规范》）对实验室生物安全也做出了要求。

国家标准《实验室　生物安全通用要求》（GB 19489—2008）[22]，根据对所操作生物因子采取的防护措施，将实验室生物安全防护水平分为一级、二级、三级和四级，一级防护水平最低，四级防护水平最高。依据国家相关规定：

① 生物安全防护水平为一级的实验室　适用于操作在通常情况下不会引起人类或者动物疾病的微生物；

② 生物安全防护水平为二级的实验室　适用于操作能够引起人类或者动物疾病，但一般情况下对人、动物或者环境不构成严重危害，传播风险有限，实验室感染后很少引起严重疾病，并且具备有效治疗和预防措施的微生物；

③ 生物安全防护水平为三级的实验室　适用于操作能够引起人类或者动物严重疾病，比较容易直接或者间接在人与人、动物与人、动物与动物间传播的微生物；

④ 生物安全防护水平为四级的实验室　适用于操作能够引起人类或者动物非常严重疾病的微生物，以及我国尚未发现或者已经宣布消灭的微生物。

以 BSL-1、BSL-2、BSL-3、BSL-4（bio-safety level，BSL）表示仅从事体外操作的实验室的相应生物安全防护水平。

以 ABSL-1、ABSL-2、ABSL-3、ABSL-4（animal bio-safety level，ABSL）表示包括从事动物活体操作的实验室的相应生物安全防护水平。

标准规定了对不同生物安全防护级别实验室的设施、设备和安全管理的基本要求。标准

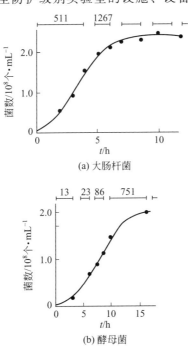

(a) 大肠杆菌

(b) 酵母菌

图 26-5-20　发酵过程排气中带出的微生物数量的变化

还提出了"生物安全实验室良好工作行为指南"和"实验室生物危险物质溢洒处理指南"。在工业发酵涉及生物安全时皆可参考。

微生物在培养过程中向环境泄漏主要有三大途径：①排气；②轴封；③废液。好氧培养过程中排放的废气中带有大量微生物，图 26-5-20 是酵母和大肠杆菌培养过程中排气菌量随时间的变化[23]。采用旋风分离、碱溶液洗涤等方法除去排气中的微生物，效果都不好，而加热焚烧的效果则很好。也可用膜过滤器除菌，但应消除排气中的液滴以免过滤阻力增大。轴封可采用双端面机械密封，中间通以蒸汽可避免微生物活体外泄，磁力驱动也是很好的方法。培养过程中的取样操作及培养后反应器清洗产生的污水应集中到专用的贮罐中，经灭菌处理后方可排放。图 26-5-21 是基因工程菌反应器的一种配管方案[23]。

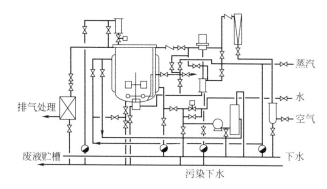

图 26-5-21   一种基因工程菌发酵罐的管道布置方案

此外。处理有关微生物活体的区域应与其他区域隔开，入口设更衣室、淋浴室，区域内部空间应易清洗和消毒，下水道应通入专用贮罐，气压相对其他区域应为负压，排出该区域

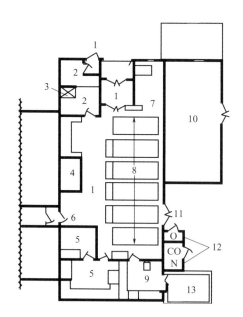

图 26-5-22   大规模培养基因工程菌的发酵实验室的一种平面布置方案

1—紫外灯气塞；2—更衣室；3—淋浴间；4—离心机室；5—实验室；6—紧急出口；7—备件室；
8—发酵罐区；9—消毒、洗涤间；10—公用设备室；11—进口（工作时封闭）；
12—气体贮藏室；13—培养室

的空气应通过空气过滤器除菌，等等。图 26-5-22 是一种大规模培养基因工程菌的发酵实验室布置方案[24]。

参考文献

[1] Wallhausser K H. Sterilization in Biotechnology, 1985, 2: 722.

[2] 森光国. 食品工业, 1983, 11: 20.

[3] 赵丹, 连微微, 汤蓉, 等. 贵阳中医学院学报, 2014, 36 (5): 48.

[4] 周红生, 许小芳, 王欢, 等. 声学技术, 2010, 29 (5): 498.

[5] Aiba S, et al. J Ferm Tech, 1965, 43: 527.

[6] Kereluk K, et al. Adv Ind Microbiol, 1973, 14: 28.

[7] Wang D I C, et al. Enzyme and fermentation technology. New York: John Wiley & Sons, 1979: 144.

[8] Cooney C L. Comprehensive Biotechnology. MooYoung M, ed. Pergamon Press, 1985: 287.

[9] Deindoerfer F H, et al. Appl Microbiol, 1959, 7: 264.

[10] Aiba S, et al. Biochemical Engineering. 2nd ed. Tokyo: University of Tokyo Press, 1973: Chapt 9.

[11] 俞俊棠. 抗生素生产设备. 北京, 化学工业出版社, 1982.

[12] Levenspiel O. Chemical Reaction Engineering. New York: John Wiley & Sons, 1962: 242.

[13] Stark W H, et al. Ind Eng Chem, 1950, 42: 1789.

[14] Aiba S, et al. Biochemical Engineering. 2nd ed. Tokyo: University of Tokyo Press, 1973: Chapt 10.

[15] Davies C N. Air Filtration. Academic Press, 1973.

[16] Yu J T, et al. // Aiba S ed. Horizons of Biochemical Engineering. Tokyo: University of Tokyo Press, 1987.

[17] Morris N J H. Filtration & Separation, 1984, 21: 251.

[18] 麦浩荣. 现代化工, 2004, 24 (7): 47.

[19] 储炬, 李友荣. 现代工业发酵调控学. 北京: 化学工业出版社, 2006.

[20] Cameron J, et al. Biotech. Bioeng, 1969, 11: 967.

[21] 周德庆. 微生物学教程. 第 3 版, 北京: 高等教育出版社, 2011.

[22] GB 19489—2008 实验室 生物安全通用要求.

[23] 坪田康信, バィォエンヅニァング（日本醱酵工学会编）. 東京: 日刊工業新聞社, 1985: 213.

[24] Giorgio R J, et al. Trends Biotech, 1986, 4 (3): 60.

6

生化过程检测与控制

6.1 生化过程检测

6.1.1 概述

生化过程检测是指通过传感器或其他检测系统以各种方式把生化过程中各种各样非电量参数转化成电量变化，送到二次仪表显示或计算机数据处理。对于那些难以实施在线监测的参数，就把实验室手工取样测定的内容列为检测项目。整个过程中各种检测参数（自动或手工检测）随时间变化，反映了分子水平的遗传特性、细胞水平的代谢调节和工程水平的传递特性的不同变化。通过各种参数检测，对于了解过程的本质，以及生产过程的定性和定量分析具有重要意义，实现过程的优化控制。

生化过程检测参数的基本特点是多样性、时变性、调和性和不确定性，反映了过程的高度非线性系统的基本特征。

一般来说，有关生化工程的反应都在生物反应器中进行，所配置的传感器或检测装置根据其装配位置，分为就地测量、在线测量和离线测量。就地测量是指测量系统中的传感器直接与培养液接触，给出连续和快速响应的信号，测量信号系统对过程没有影响，例如 pH、溶氧浓度和罐压的测量。在线测量是指利用连续的取样系统与有关的分析器连接，取得测量信号，其有效的响应时间应介于过程处理与控制的精度内。例如从尾气取样的气体分析器，多孔氟塑料管扩散的培养液挥发成分分析系统或流动注射分析（FIA）系统等。离线测量是指在一定时间内离散取样，在反应器外进行样品处理和分析的测量，包括常规的化学分析和自动实验室分析系统。

由于培养过程的纯种要求，培养前的高温灭菌处理和培养过程中的严密性，增加了参数检测的复杂性。生化过程对传感器的要求有以下几个方面：

① 发酵过程对传感器的常规要求为准确性、精确度、灵敏度、分辨能力要高，响应时间滞后要小，能够长时间稳定工作，可靠性好，具有可维修性；

② 必须考虑卫生要求，发酵过程中不允许有其他杂菌污染；

③ 一般要求传感器能与发酵液同时进行高压蒸汽灭菌，不耐受蒸汽灭菌的传感器可在罐外用其他方法灭菌后无菌装入；

④ 要求传感器与外界大气隔绝，采用的方法有蒸汽汽封、O形圈密封、套管隔断等；

⑤ 应选用不易污染的材料如不锈钢，防止微生物附着及干扰，便于清洗，不允许泄漏；

⑥ 传感器只与被测变量有关而不受过程中其他变量和周围环境条件变化影响，如抗气泡及泡沫干扰等。

6.1.2 生化过程参数分类

按照参数的性质特点，可以分为物理参数、化学参数及间接参数三大类。表 26-6-1 列举了目前已成熟的或今后有待发展的一些参数项目[1~5]。

表 26-6-1 生化过程参数检测的分类

物理参数	化学参数		间接参数
	成熟	尚不成熟	
温度	pH	成分浓度	耗氧量（OUR）
压力	氧化还原电位	氮	二氧化碳释放率（CER）
功率输入	溶解氧浓度	前体	呼吸商（RQ）
搅拌转速	溶解 CO_2 浓度	诱导物	总氧利用
通气流量	排气 O_2 分压	产物	体积氧传递系数（K_La）
泡沫水平	排气 CO_2 分压	代谢物	细胞浓度（X）
加料速率	其他排气成分	金属离子	细胞生长速率
基质	糖	$Mg^{2+}, K^+, Ca^{2+}, Na^+$	比生长速率（μ）
前体		$Fe^{2+}, SO_4^{2-}, PO_4^{3-}, NAD, NADH$	细胞得率（$Y_{X/S}$）
诱导物		ATP,ADP,AMP	糖利用率
培养液重量		脱氢酶活力	氧利用率
培养液体积		其他各种酶活力	比基质消耗率
生物热		细胞内成分	前体利用率
培养液表观黏度		蛋白质	产物量（P）
积累消耗率		DNA	比生产率
基质		RNA	其他需要计算的值参数
酸			功率,功率准数
碱			雷诺数
消泡剂			细胞量
细胞量			生物热
气泡含量			碳平衡
气泡表面积			能量平衡
表面张力			

各种非电量转换成电量的方式，基本上可以分为两大类：无源传感器，即按照能量控制（或调解）原理设计的传感器装置；有源传感器，即按照能量变换原理设计而成的传感器装置。

6.1.3 几种主要的间接参数计算或测量方法

（1）耗氧量 OUR，$mol \cdot L^{-1} \cdot h^{-1}$

$$OUR = \frac{F_{in}}{V}\left[C_{O_2 in} - \frac{C_{惰 in}C_{O_2 in}}{1 - (C_{O_2 out} + C_{CO_2 out})}\right]f \qquad (26-6-1)$$

式中，F_{in} 为进气流量，mol；$C_{惰 in}$、$C_{O_2 in}$ 分别为进气中惰性气体、氧的体积分数，%；$C_{O_2 out}$、$C_{CO_2 out}$ 分别为排气中氧及二氧化碳的体积分数，%；V 为发酵液体积，L。

其中
$$f = \frac{273}{273+t_{in}} P_{in} \frac{1}{1+h} \times 10^{-5}$$

式中，P_{in} 为进气的绝对压强；t_{in} 为进气的温度，℃；h 为进气的相对湿度，%。

一般可取 $C_{O_2 in}$ 为 20.95%，$C_{CO_2 in}$ 为 0.03%，$C_{惰in}$ 为 79.02%，只需连续测得排气中氧和二氧化碳浓度，就可计算菌体细胞不同时间的 OUR。

（2）二氧化碳释放率 CER，mol·L⁻¹·h⁻¹

$$\mathrm{CER} = \frac{F_{in}}{V} \left[\frac{C_{惰in} C_{CO_2 in}}{1-(C_{O_2 out}+C_{CO_2 out})} - C_{CO_2 in} \right] f \tag{26-6-2}$$

式中，$C_{CO_2 in}$ 为进气中 CO_2 的体积分数，%。

（3）呼吸强度 Q_{O_2}，mol·g⁻¹·h⁻¹

$$Q_{O_2} = \frac{\mathrm{OUR}}{X} \tag{26-6-3}$$

式中　X——菌体干重，g·L⁻¹。

（4）比二氧化碳释放率 Q_{CO_2}，mol·g⁻¹·h⁻¹

$$Q_{CO_2} = \frac{\mathrm{CER}}{X} \tag{26-6-4}$$

式中　X——菌体干重，g·L⁻¹。

（5）呼吸商 RQ

$$\mathrm{RQ} = \frac{\mathrm{CER}}{\mathrm{OUR}} = \frac{Q_{CO_2}}{Q_{O_2}} \tag{26-6-5}$$

（6）累积呼吸商 CRQ

$$\mathrm{CRQ} = \frac{\mathrm{CER}dt}{\mathrm{OUR}dt} \tag{26-6-6}$$

（7）体积氧传递系数 $K_L a$，h⁻¹

① 静态测量方法

$$K_L a = \frac{\mathrm{OUR}}{C^* - C} \tag{26-6-7}$$

式中　C——整体液相中的溶解氧浓度，mol·L⁻¹；

C^*——与气相氧分压平衡的液相中氧浓度，mol·L⁻¹。

C^* 一般可由亨利定律从气相浓度（C_g）中计算得到

$$C^* = K C_g \tag{26-6-8}$$

由于 K 决定于温度和培养液中其他成分的浓度，一般可粗略地取 C^* 为 0.2mmol·L⁻¹。

② 动态测量方法　对培养系统，先停止通气，然后通入空气，记录溶解氧浓度随时间的变化。如图 26-6-1 所示可用下式表示 $K_L a$ 与 C_L 的时间变化关系。

$$C_L = \left(-\frac{1}{K_L a} \right) \left(\frac{dC_L}{dt} + \mathrm{OUR} \right) + C^* \tag{26-6-9}$$

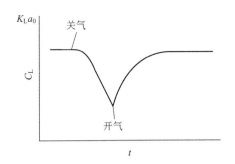

图 26-6-1 关气和开气后溶液中氧浓度的变化

将 C_L 对 $\left(\dfrac{\mathrm{d}C_L}{\mathrm{d}t}+\mathrm{OUR}\right)$ 作图（见图 26-6-2）可以得到一条直线，其斜率为 $-\dfrac{1}{K_La}$，在 C_L 轴上的截距为 C^*。

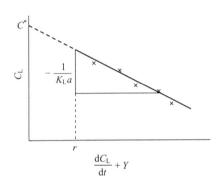

图 26-6-2 利用动态过程的数据求 K_La 和 C^*

对非培养系统（即冷却系统），只需测定一个变量——溶解氧浓度 C_L 随时间的变化。可用下式表示 K_La 与 C_L 的时间变化关系。

$$\ln\frac{C^*-C_L}{C^*}=-K_Lat \tag{26-6-10}$$

将 $(C^*-C_L)/C^*$ 对时间 t 在半对数坐标中作图，得一条直线，它的斜率为 $-\dfrac{1}{K_La}$。

实际使用的复膜溶解氧电极的响应都有一定的滞后现象，造成动态法测量 K_La 的误差，因此以使用快速响应复膜氧电极为宜，并且采用拉普拉斯变换或矩阵分析法消除这种滞后的影响[6,7]。

(8) 氧传递速率 OTR，mol·L⁻¹·h⁻¹

$$\mathrm{OTR}=K_La(C^*-C_L) \tag{26-6-11}$$

(9) 细胞的比生长速率 μ，h⁻¹

$$\mu=\frac{\mathrm{d}X}{X\mathrm{d}t} \tag{26-6-12}$$

积分得

$$\ln X=\mu t \tag{26-6-13}$$

将 X 对 t 在半对数坐标上作图，可得一直线，它的斜率即为 μ，对分批培养操作，在半对数坐标为一曲线。曲线某点的切线斜率即可近似为该点的 μ 值。

（10）比耗氧速率 V_S，h^{-1}

$$V_S = \frac{dS}{X\,dt} = \frac{\Delta S}{X\,\Delta t}$$ (26-6-14)

（11）比产物形成速率 V_P，h^{-1}

$$V_P = \frac{dP}{X\,dt} = \frac{\Delta P}{X\,\Delta t}$$ (26-6-15)

（12）搅拌功率 P，W

$$P = \frac{2\pi NM}{60 \times 102}$$ (26-6-16)

式中，N 为转速，$r \cdot min^{-1}$；M 为扭力矩，$N \cdot m$。

（13）通气准数 N_A

$$N_A = \frac{F}{ND_1^3}$$ (26-6-17)

式中，F 为通气速率，$m^3 \cdot min^{-1}$；N 为转速，$r \cdot min^{-1}$；D_1 为搅拌叶直径，m。

（14）功率准数 N_P

$$N_P = \frac{P}{N^3 D_1^3 \rho}$$ (26-6-18)

式中，ρ 为密度，$kg \cdot m^{-3}$。

（15）搅拌雷诺数 N_{Re}

$$N_{Re} = \frac{D_1^2 N\rho}{\mu}$$ (26-6-19)

式中，μ 为显示黏度。

对某一确定的发酵反应器，当通气量一定时，搅拌转速升高，其溶氧速率增大，消耗的搅拌功率也越大。在完全湍流的条件下，搅拌功率与搅拌转速的三次方成正比。

6.2　生物传感器

6.2.1　概述[8~11]

生物传感器发展历史如图 26-6-3 所示。

营养液中细胞、营养物及产物等有机物的测定对发酵过程的控制是极为重要的。这些化合物测定主要是采用手工取样在实验室完成，大都可以用光谱方法进行测定。生物传感器的开发研究对监测这些化合物有明显优点。除了在实验室代替上述测定方法外，还有可能与生物反应器联机使用，进行培养液成分的在线测量。

1992 年 Clark 嫁接酶法和 ISE 技术，将酶与各种电化学传感器结合起来。酶传感器是

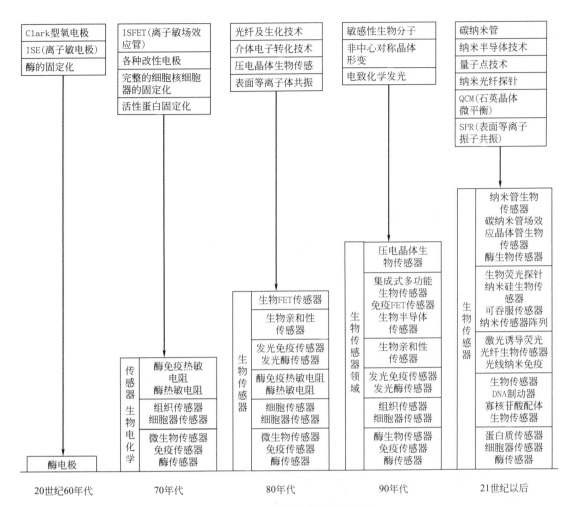

图 26-6-3 生物传感器发展历史

第一个实现生物传感器概念的构型。随着新的生物功能材料及换能器的研究和应用，形成了生物传感器的重大研究领域。

生物传感器的基本原理如图 26-6-4 所示。由图可看出，它是由固定化的生物功能材料与一合适的换能器密切接触而构成的检测器件。

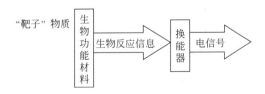

图 26-6-4 生物传感器的基本原理

表 26-6-2 列出了各种可能的"靶子"物质。

表 26-6-2 各种可能的"靶子"物质

底物、类似物、辅因子、抑制剂 抗原、半抗原、补体 激素	酶 抗体 激素受体

表 26-6-3 列出了各种生物活性材料及其组成的分子识别元件，表 26-6-4 为各种生物学反应和换能器。

表 26-6-3   各种生物活性材料及其组成的分子识别元件

分子识别元件	生物活性材料
酶膜	各种酶类
全细胞膜	细菌、真菌、动植物细胞
组织膜	动植物组织切片
细胞器膜	线粒体；叶绿体
免疫功能膜	抗体抗原，酶标抗原等

表 26-6-4   各种生物学反应和换能器

生物学反应	换能器的选择
离子变化	电流型或电位型 ISE、阻抗计
质子变化	ISE，场效应晶体管
气体分压变化	气敏电极，场效应晶体管
热效应	热敏元件
光效应	光纤、光敏管、荧光计
色效应	光纤、光敏管
质量变化	压电晶体
电荷密度变化	阻抗计、导线、场效应晶体管
溶液密度变化	表面等离子共振体

由此可见，生物传感器具有以下几个主要特点：
① 特异性和多样性，理论上可以制成测定所有生物物质的传感器；
② 无试剂条件下操作（缓冲液除外），简便，快捷，准确；
③ 可连续分析、联机在线操作。

6.2.2   酶传感器[12,13]

由载体结合酶和电化学器件组成的生物传感器，图 26-6-5 表示了酶膜电化学传感器的各种组装。待测定的酶底物通过载体结合酶有选择地转变成相应的产物，产物导致电化学器件的输出变化。表 26-6-5 为一些主要酶传感器产物的基本产物结构和性能。

图 26-6-5   酶膜电化学传感器耦联

表 26-6-5 一些主要酶传感器产物的基本产物结构和性能

测定对象		酶	换能器
糖类	葡萄糖	GOD(葡萄糖氧化酶) GOD/过氧化氢酶磷酸荧光素	O_2 电极、H_2O_2 电极、热敏电极 电阻、O_2 电极
醇	乙醇	乙醇氧化酶 *T. brassicac*	O_2 电极 O_2 电极
氨基酸	谷氨酸	谷氨酸 DH(脱氢酶)	NH_3 电极
		大肠杆菌	CO_2 电极
酸	乙酸	乙醇氧化酶 *T. brassicac*	O_2 电极 O_2 电极
	尿酸	尿酸酶	O_2 电极 热敏电极
	乳酸	乳酸氧化酶	O_2 电极
	丙酮酸	丙酮酸氧化酶	O_2 电极
脂类	胆固醇	胆固醇脂酶 胆固醇氧化酶 胆固醇氧化酶	Pt 电极 H_2O_2 电极 热敏电阻
	磷酸酰胆碱	磷脂酶 胆固醇氧化酶	H_2O_2 电极
抗生素	青霉素	青霉素酶	H^+ 电极 热敏电阻
	头孢菌素	*C. freundii* 头孢菌素酶	H^+ 电极 热敏电阻
尿素		尿素酶	H^+ 电极、NH_3 电极、CO_2 电极 热敏电阻
ATP(三磷酸腺苷)		己糖激酶	热敏电阻
生物素		抗生物素蛋白/HABA	O_2 电极
T4(甲状腺素)		抗 T1/T4	O_2 电极

6.2.3 微生物传感器[14]

微生物传感器由载体结合的微生物细胞和电化学器件组装而成。已开发的如图 26-6-6 所示的两种类型：①以微生物呼吸活性（氧消耗量）为指标的呼吸活性测定型传感器；②以微生物代谢产物（电极活性物质）为指标的电极活性物质测定型传感器。表 26-6-6 列出了一些主要的各种微生物传感器的基本结构和性能。

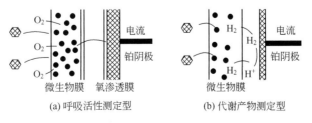

(a) 呼吸活性测定型　　　　　(b) 代谢产物测定型

图 26-6-6 微生物传感器的组装

表 26-6-6 一些主要的各种微生物传感器的基本结构和性能

测定对象		微生物	电化学换能器	稳定工作周期/d	响应时间/min	测量范围/mg·L^{-1}
糖	葡萄糖	*P. fluorescens*	膜式 O_2 电极	>14	10	5~20
	乳糖	*B. lacto fermentum*	膜式 O_2 电极	20	10	20~200
醇	甲醇	未固定菌	膜式 O_2 电极	30	10	5~20
	乙醇	*T. brassicac*	膜式 O_2 电极	30	10	5~30
酸	乙酸	*T. brassicac*	膜式 O_2 电极	20	10	10~100
	甲酸	*C. butycicum*	铂阳极-Ag_2O_2 电极	0	30	1~30
氨基酸	谷氨酸	*E. coli*	CO_2 电极	20	5	10~800
	赖氨酸	*E. coli*	CO_2 电极	14	5	10~1000
	谷氨酸	*Sarcina flave*	NH_3 电极	14	5	20~1000
	精氨酸	*S. faccium*	NH_3 电极	20	10	10~170
	天冬氨酸	*B. cacaveris*	NH_3 电极	10	5	0.5~90
抗生素	制霉菌素	*S. cerevisiac*	膜式 O_2 电极	—	60	1~8000
气体	氨	硝化细菌	膜式 O_2 电极	20	5	5~45
	甲烷	甲基单胞菌	膜式 O_2 电极	30	0.5	0.3~10^2
BOD	BOD	*Trichosporon cutaneum*	膜式 O_2 电极	30	10	5~30
菌体数			燃料电池	60	15	10^6~10^{11}

6.2.4 免疫传感器[15]

免疫传感器是以免疫测定法,即抗体识别抗原的功能为基础构成的传感器,分为非标记免疫传感器和标记免疫传感器。主要用来识别肽或蛋白质等高分子化合物。

非标记免疫传感器是基于传感器表面上形成抗原抗体复合物引起的电位变化直接转换成电信号,有两种方式:①在膜表面上结合抗体(或抗原)与被测定的抗原(或抗体)反应前后的膜电位变化;②在金属表面上结合抗体(或抗原)反应时产生的电位变化。

标记免疫传感器是利用酶、血红细胞或核糖体等作为标记物,在免疫反应后,标记物最终变化用电化学换能器转化为电信号。标记物起了检测和放大作用,从而获得较高的灵敏度。

表 26-6-7 与表 26-6-8 分别列入了一些较成熟的非标识型与标识型免疫传感器。

表 26-6-7 非标识型免疫传感器一览表

测定对象	构成	测定法
糖	ConA/PVC/铂电极	电极电位的测定
梅毒抗体	心磷脂抗原/醋酸乙烯膜	膜电位的测定
白朊	抗白朊抗体/醋酸乙烯复合体膜	膜电位的测定
血型	血型物质/醋酸乙烯膜	膜电位的测定
HCG①	抗 HCG 抗体/TiO_2 电极	电极电位的测定

① HCG:人绒毛膜促性腺激素。

表 26-6-8 标识型免疫传感器一览表

测定对象	感受器	换能器	测定方法
IgG	抗 IgG 膜（过氧化氢酶标识）	膜式氧电极	竞争法酶免疫
	抗 IgG 膜（过氧化氢酶标识）	膜式氧电极	夹心法酶免疫
	抗 IgG 膜（过氧化氢酶标识）	膜式氧电极	竞争法酶免疫
IgM	抗 IgM 膜（过氧化氢酶标识）	膜式氧电极	夹心法酶免疫
白朊	抗白朊膜（过氧化氢酶标识）	膜式氧电极	夹心法酶免疫
HCG	抗 HCG 膜（过氧化氢酶标识）	膜式氧电极	竞争法酶免疫
AFP	抗 AFP 膜（过氧化氢酶标识）	膜式氧电极	竞争法酶免疫
HBs 抗系	抗 HBs 膜（过氧化氢酶标识）	离子选择电极（I^-）	竞争法酶免疫
抗体	抗原结合红细胞核糖体	离子选择电极（TPA^+）	补体结合

注：竞争法是在测定对象物质（抗原）上加标识，夹心法是在抗体上加标识。

6.2.5 生物传感器的换能器

换能器是指将被测物与生物功能材料生物反应后的物理或者化学变化转化为电量变化的装置，最早出现的是各类电化学装置，统称为电极。随着研究技术的发展，出现了如表 26-6-6所示的各种换能装置。

(1) 电化学的基础电极

① 离子选择性电极[16,17]　以电化学电池的电势测量或膜电位测量为基本原理，表 26-6-9列出了各类电极类型及测定底物。

表 26-6-9 可作为换能器件的离子选择性电极类型及测定底物

电极类型	测定底物
玻璃膜电极	H^+，Na^+，Ag^+，Li^+，K^+
离子交换液膜电极	Cu^{2+}，U^-，Mg^{2+}，NO_2^- 等
中性载体电极	K^+，Li^+，H^+，Ca^{2+}，NO_2^- 等
晶膜电极	F^-，Cl^-，Br^-，S^{2+}，CN^- 等
气敏膜电极	CO_2，NH_3，H_2S，SO_2，HCN 等

② 电流型电极　以电化学物质的扩散控制的氧化还原反应所产生的电子转移为基本原理，测量电化学变化的电流大小。主要使用的是氧电极和过氧化氢电极。

电流型电极与电位型电极的主要原理与性能差别列于表 26-6-10。

(2) 热敏器件[18,19]　以温度测量原理为基础，把生物功能材料和高性能温度检测器件结合成使用型传感器，称为"酶热敏电阻"。要求量热元件检测温度水平为 $10^{-4}K$ 的温差，1%的精度。以负温度系数的半导体材料的热敏电阻为最宜，具有温度系数大、灵敏度高、体积小、稳定性好的特点（参见表 26-6-11）。

表 26-6-10　电流型电极与电位型电极区别比较

内容	电位型电极	电流型电极
电化学反应类型	可逆	不可逆
电信号与浓度关系	$E \propto \lg C$	$I \propto C$
是否消耗试样	不消耗	消耗（微量）
电极面积对测量的影响	不影响	影响
操作条件（搅拌、黏度）	不影响	受影响
温度影响	影响热力学平衡 Nernst 方程	影响扩散速度
大电流	极化	不极化
二次仪表输入阻抗	高	低
连接线	特殊屏蔽线	双绞线

表 26-6-11　使用生物热敏电阻进行检测

测定对象	识别用的物质	检测范围/mmol·L^{-1}
医疗方面		
L-抗坏血酸	抗坏血酸氧化酶	0.01~4
腺苷三磷酸	己糖磷酸激酶	1~8
D-葡萄糖	葡萄糖氧化酶＋过氧化氢酶	0.002~0.8
肌酸酐	肌酸酐亚氨基水合酶	0.01~10
胆固醇	胆固醇氧化酶	0.03~0.15
草酸	草酸氧化酶	0.003~0.15
甘油酯	脂蛋白脂肪酶	0.1~5
乳酸	乳酸 2-单氧化酶	0.01~1
尿酸	尿酸酶	0.5~4
尿素	尿素酶	0.01~500
焦磷酸	无机焦磷酸酶	0.05~0.19
磷酸酰胆碱	磷脂酶＋胆碱氧化酶＋过氧化氢酶	0.03~0.19
过程控制		
苦杏仁苷	β-葡萄糖氧化酶	1.0~15
乙醇	乙醇氧化酶	0.01~1
半乳糖	半乳糖氧化酶	0.01~1
谷胱甘肽	谷胱甘肽磺胺联甲苯氧化酶	0.5~10
黄嘌呤	黄嘌呤氧化酶	0.1~0.5
蔗糖	蔗糖酶	0.05~100
头孢菌素	头孢菌素酶	0.005~10
青霉素	青霉素酶	0.01~500
胰岛素	抗体＋TELISA[①]	0.1~50mg·L^{-1}
乳糖	乳糖酶＋葡萄糖氧化酶＋过氧化氢酶	0.05~10
L-赖氨酸	L-赖氨酸氧化酶	0.05~1

续表

测定对象	识别用的物质	检测范围/mmol·L^{-1}
环境检测		
对硫磷	醋酸胆碱酯酶	$5×10^{-6}$(检出限)
氰化物离子	硫氰生成酶	$0.02\sim1$
苯酚	酪氨酸酶	$0.01\sim1$
重金属离子(Hg^{2+},Cu^{2+})	尿素酶	10^{-6}mol(检出限)
Co^{2+}	羰基脱水酶	$5.0×10^{-6}$mol(检出限)
Cu^{2+}	抗坏血酸氧化酶 }(AT)[2]	$5.0×10^{-6}$mol(检出限)
Zn^{2+}	羰基脱水酶	$2.5×10^{-6}$mol(检出限)

① TELISA:酶免疫热敏电阻。

② AT:酶蛋白热敏电阻。

酶热敏装置分密接型(即把生物活性材料直接固定在热敏电阻上)和反应器(即固体化生物材料以柱式或管式装载,测量元件装在其内分离安装)。

提高系统测量精度和抗干扰是"酶热敏电阻"测量应用的主要技术问题。为此除了保证反应器的稳定热环境外,大多采用设置与工作酶柱平行的参比反应柱的分离流动型、斩波稳定放大器和低温度系数的惠斯顿电桥。图 26-6-7 为系统示意图。

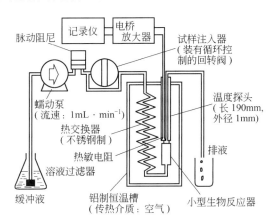

图 26-6-7 生物热敏电阻的检测系统

这是一个把"流动型""准断热型"热量计和流体注射系统组合在一起的系统。恒温槽用
功率晶体管控制,在设定温度下(298K、303K 或 310K)可控制在±1mK。测定微小温度变化
(0.1mK),也可以获得 1% 的精度

(3) 半导体生物传感器[11,20,21] 由半导体传感器和生物材料识别器件构成。半导体大多是场效应管,特别是绝缘场效应晶体管用于氢的检测和离子敏感场效应管(ISFET)的研究成功把生物敏感材料引导到场效应管(FET)的栅极上,出现了所谓 BioFET 器件。由于体积小、输出阻抗低,可以在同一硅片上集成多种传感器,可与电路直接整合等优点而引起人们的注视。

其中由于氢离子敏感的 FET 器件最为成熟,与 H^+ 变化有关的生化反应自然首先被用到 BioFET 上,随后出现了免疫 FET 和细菌 FET。

半导体生物传感器可以有分离型和结合型两种。

分离型 BioFET 中，生物反应系统（如酶柱）与 MOSFET 各为独立组件。这种传感系统常用于检测产气生物催化反应，例如产氢酶促反应。一般为流动注射式。结合型 BioFET 中，生物功能材料直接涂在长效应晶体管中的绝缘栅板上，并通过参比电极（常为 Ag/AgCl 电极）提供电压，可直接插入液体样品进行测量。图 26-6-8 为酶场效应管（EnFET）的结构示意图，所采用的大多是双管差动式测量电路。

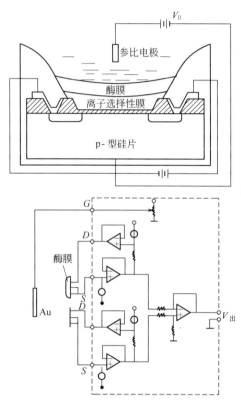

图 26-6-8 典型的 EnFET 及差动式测量电路

（4）介体生物传感器 以电子介体作为电流型生物传感器的电子受体，取代了通常用 O_2 或 H_2O_2 在酶反应中所起的电子传递作用。由这些电子介体所构成的传感器称为介体生物传感器，也可称为第二代电流型生物传感器。

以葡萄糖氧化酶（GOD）为例所构成的介体酶电极的反应过程可用下式表示：

$$葡萄糖 + GOD/FAD \longrightarrow 葡萄糖酸 + GOD/FADH_2$$

$$GOD/FDAH_2 + 2M^+ \longrightarrow GOD/FAD + 2M + 2H^+ \tag{26-6-20}$$

在电极：
$$M \longrightarrow M^+ + e^-$$

对介体的基本要求是具有低的氧化还原电势和高的电化学反应速率并且反应可逆。通常采用直流循环伏安法考察介体的电化学性质。此外，也应注意 pH、温度、氧分压、酶抑制剂和干扰因子对介体性质的影响。研究较多的非生物源电子介体大多系二茂铁及其衍生物。

第三代电流型生物传感器。一些导电有机盐可使氧化酶直接进行酶的氧化再生，起电子传递作用，不需要中间电子介体的电子传递。由此原理构成更新型的第三代电流型微生物传感器。以 GOD 为例，可用下式表示：

$$葡萄糖＋GOD/FAD \longrightarrow 葡萄糖酸＋GOD/FADH_2$$

$$GOD/FDAH_2 \longrightarrow GOD/FAD＋2H^+＋2e^- \tag{26-6-21}$$

这些导电有机盐主要列于图 26-6-9，作为电子的供体和受体的复合物在室温下显金属性质。

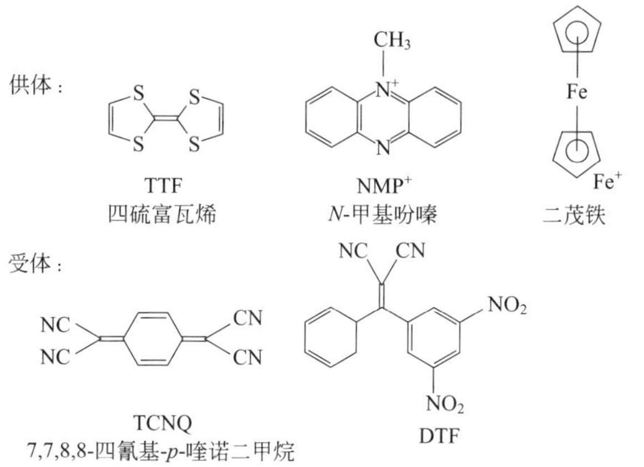

图 26-6-9　作酶电极的导电有机盐

(5) 光生物传感器[9,22]　把光信号的传播测量与生物功能材料组合构建而成的测量系统称为光生物传感器。可以分为三种测量原理：

① 以生物发光反应为测量原理；

② 以生物物质的光吸收、受光激发等光在生物物质中的能量传递为测量基础；

③ 生物反应物对光传播的干扰。

构成光生物传感器的最通常方法，是用光纤和可引起光学变化的生物功能材料组合起来。图 26-6-10 为光纤组成光生物传感器的几种基本结构形式。反应相中是生物活性物质在起作用。在双束光纤中，光从一束纤维传至"反应相"，再从另一束纤维中传出。图 26-6-10 (b) 和 (c) 为单束光纤传感器，较适合于荧光测定。图 26-6-10 (c) 组件光纤维的包层被剥去一部分，用反应相取代。反应相产生的吸收现象或折射率的变化会改变传导光的辐射强度。

在反应相中生物活性物质的作用原理可分为以下几种类型：

① 竞争结合型。被分析物与带光标记的配体在受体上竞争性结合反应。游离的光标记配体进入光路受激而产生激发光，其光强度与进入反应相的被测物浓度成正相关。

② 光吸收型。被分析物经生物功能材料催化后产生具有特征光吸收变化的产物，使能通过反应前后消光值的变化来测定底物。

③ 荧光猝灭型。大多数蛋白质含有色氨酸残基，在受绿光激发时产生荧光。如果底物的吸收光谱覆盖了色氨酸的发射光谱，就发生荧光猝灭，其猝灭程度与底物的浓度有关。

如果荧光猝灭不能直接发生，可考虑采用荧光标记的间接方法，通过检测游离状态的荧光标记物的前后能量变化来测定被测物。

④ 指示剂型。反应相中的生物反应引起 pH 的变化。进而引起 pH 指示染料的光吸收或荧光变化，来测定被测物的含量。

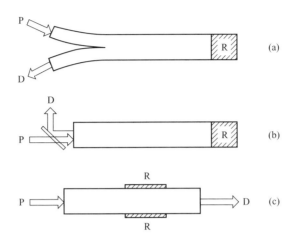

图 26-6-10 光纤生物传感器

(a) 双束光纤；(b) 单束光纤，配有分束器；(c) 单束光纤，反应相在包层

P—入射光；D—检测辐射；R—反应相

⑤ 生物发光型。分 ATP 依赖型和 $FMNH_2$（还原型黄素蛋白）依赖型。

ATP 依赖型：ATP 在虫荧光素酶（E）的镁离子的存在下，与还原荧光素（LH_2）形成荧光素酶、荧光素、单磷酸腺苷的复合物和焦磷酸盐（PP），继而该复合物与氧结合产生 562nm 波长的光（$h\nu$），水和荧光素酶、脱氧荧光素酶、AMP，可用下列简式表达：

$$\left.\begin{array}{l} E+ATP+LH_2 \xrightleftharpoons{Mg^{2+}} E \cdot LH_2 \cdot AMP+PP \\ E \cdot LH_2 \cdot AMP+O_2 \longrightarrow E \cdot L \cdot AMP+H_2O+h\nu \end{array}\right\} \tag{26-6-22}$$

当所有其他反应物过量时，发出的总光量和最大光强度与 ATP 的量成正比。

$FMNH_2$ 依赖型：在分子氧存在下，NADH 的氧化与 $FMNH_2$ 的氧化偶联，发出 $480\sim490nm$ 波长的光，如果 NAD(P)H 为限制性底物，则生物发光强度就与 NADH 的浓度联系起来。反应可用下面简式表示：

$$\left.\begin{array}{l} NADH+FMN \xrightarrow{氧化还原酶} FMNH_2+NAD \\ FMNH_2+E+O_2 \longrightarrow FMNH(OOH) \cdot E \\ FMNH(OOH) \cdot E+RCHO \longrightarrow FMN+R \cdot CO_2H+E+H_2O+h\nu \end{array}\right\} \tag{26-6-23}$$

⑥ 鲁米诺依赖性发光型。鲁米诺（Luminol）是一种化学发光物质，在 H_2O_2 存在的条件下可以转变成激发态氨基邻苯二甲酸，后者发出较强的荧光。

$$\tag{26-6-24}$$

H_2O_2 是许多生物氧化反应产物，通过引入鲁米诺将这些生物氧化反应与光检测联系起来。

⑦ 光传递干扰型。生物特异性反应产物的形成引起体积及物理性能的变化，在光纤表面的界面上引起折射率变化，所以光纤的传递特性被改变。例如在波导管上涂有一层抗体，当抗体结合了它特异识别的抗原分子时，就出现光散射的变化，可用来检测大的蛋白质

分子。

（6）碳纳米生物传感器 碳纳米管自 1991 年被 S. Iijima 发现以来，因其独特的结构、电学、机械等性能，在纳米电子器件、超强复合材料、储氢材料、催化剂载体等诸多新领域取得了较大突破，已引起物理、化学及材料等科学界的极大关注。一维纳米材料碳纳米管用作传感器电极材料时，不仅可将纳米材料本身的物理、化学特性引入传感器，还具有碳纳米管本身独特的优异性能：比表面积大、表面活性高、催化效率高、表面带有较多的功能基团等，能提高生物识别分子（酶、DNA、抗原/抗体等）在碳纳米管电极的固定效率，是一种理想的电极材料，与常规的固态碳传感器相比，碳纳米管制作的传感器的灵敏度高、反应速度快、检测范围广。因此，将碳纳米管应用到修饰电极、传感器和生物技术领域为生物传感器的发展带来了更大的进步。

2003 年 Sotiropoulou 等开发出了碳纳米管阵列生物传感器。该传感器是由在铂底板上生成的线状多壁碳纳米管（MWNT）做成的。通过碳纳米管阵列的氧化而实现的碳纳米管顶端开口和功能化使得能够有效固定样品酶——葡萄糖氧化酶。羧酸化的碳纳米管开口端用来固定酶，铂底板直接作为信号检测的换能平台。

MWNT 阵列是用化学气相沉积法在铂底板上长成的，封闭的碳纳米管长 $15 \sim 20 \mu m$，内径为 150nm。碳纳米管通过两种刻蚀方法来进行顶端开口，分别为酸氧化和空气氧化。刻蚀完成后，阵列用双氧水冲洗，然后再在 100℃ 下干燥 12h，最后酶在传感器上繁殖而固定。

图 26-6-11 为碳纳米管阵列生物传感器示意图。固定在碳纳米管上的酶能够与铂换能平台直接进行电荷迁移。在固定酶之后，葡萄糖的校准曲线被记录下来。酸氧化的阵列所构成的传感器，线性范围较宽、灵敏度高，可以应用到微分析领域，而且传感器在缓冲溶液中浸泡 24h 后其灵敏度仍然很高。空气氧化处理的阵列所构成的传感器表现出完全不同的分析特征，线性范围较窄，灵敏度偏低，但相对于传统生物传感器灵敏度仍然很高。

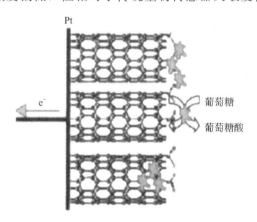

Pt

e⁻

葡萄糖

葡萄糖酸

图 26-6-11　碳纳米管阵列生物传感器示意图

6.2.6　生化过程培养液成分的在线检测

生物传感器的开发研究为过程培养液的成分检测提供了各种可能性，但实际应用时，由于培养过程的纯种要求，防止杂菌污染及蒸汽无菌给生物传感器的在线检测使用带来困难，因此研究采用了图 26-6-12 所示的各种弥补办法。其中主要有：

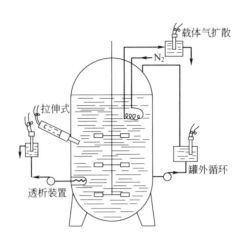

图 26-6-12　克服高温无菌的各种测量装置

① 传感器用化学试剂，如环氧乙烷、过氧乙酸灭菌，然后用无菌手续安装到罐内，这种方法一般只适合小型容器；

② 连续取样或罐外循环，把不耐热的传感器置于罐外流动样品盒内，可用化学试剂灭

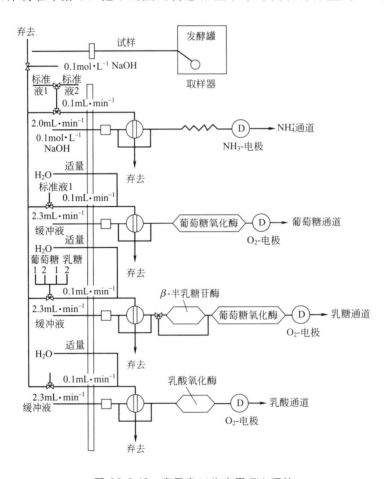

图 26-6-13　青霉素 V 生产用 FIA 系统

菌，用无菌水冲洗试剂后与罐内接通，罐大时样品不循环，罐小时样品用泵循环；

③ 用多孔氟塑料管道（透气法）检测惰性载气带出的样品，如 O_2、CO_2，以及挥发性低分子有机化合物，如甲醇、乙醇等输送到有传感器的容器内测量；

④ 利用烧结微孔管从罐内取无菌液样供检测；

⑤ 用透析器、水为载体，低分子化合物透过半透膜进入水中，被输送到传感器装置中测定。

流动注射分析技术（flow inject analyze）简称 FIA 技术，是近年来在分析技术领域的重要进展。把一定体积试液间歇地注入密闭流动的载体中，形成的"试样塞"在向前运动过程中与载流发生对流及轴向扩散和径向扩散，形成一个浓度梯度带。如果把此带送入由生物传感器组成的检测器，就形成一个信号输出峰。根据峰高或峰面积，就可得被测物浓度。

FIA 过程建立在物理化学反应不平衡基础上。在保证流路稳定情况下，可以提高生物传感器的线性范围和灵敏度，系统结构紧凑，与发酵取样系统联机方便，因而被逐渐采用。图 26-6-13 为青霉素 V 生产用 FIA 系统。

6.3　生化过程控制

6.3.1　概述

在发酵工艺和细胞生理调节研究基础上，外部环境控制就成为重要的操作内容，即所谓生化过程控制。在使用现有发酵菌种、不增加发酵工艺（条件）和能耗的前提下，过程控制要解决的过程问题是：①解决发酵产品浓度（效价）低、副产物杂生、发酵生产强度低下等问题；②降低精制、回收成本，提高设备使用效率，进而提高发酵工业的整体经济效益；③实现发酵过程平稳、无故障和高效运转。与此相对应，发酵过程控制优化要解决以下控制难点：①动力学模型呈高度的非线性，建立数学模型困难；②强烈的时变性特征；③可在线测量的状态变量有限，状态变量（被控变量）与控制变量间存在响应滞后；④发酵工段产物质量波动大，错误和故障早期不易发现。生化过程的控制变量主要包括温度、通气速度、搅拌转速、pH、DO、基质浓度、补料速率等，一般在过程检测、数据采集基础上，由控制装置和仪表完成控制。过程控制可由计算机在线完成，图 26-6-14 为在线计算机数据采集和控制示意图。

根据控制目标的不同要求，生化过程控制分为常规控制和高级控制两类。常规控制是以完成过程的单参数控制为目标，在方法上采用经典控制理论。高级控制是以多参数的过程优化控制为目标，在方法上多采用现代控制理论。生物过程具有批处理的特点，各参数之间相关特性随发酵时间发生变化，显现出高度非线性和时变性特征。此外，实际过程中许多不确定因素的存在，以及测量过程中的随机误差，统称为"噪声"，导致发酵过程模型的"劣构性"和控制决策的模糊性，往往需要依靠人工专家经验积累的方法实现过程最优化。因而各种高级控制大多处于实验室研究阶段，并且还在不断探索新的、更有效的优化控制方法。

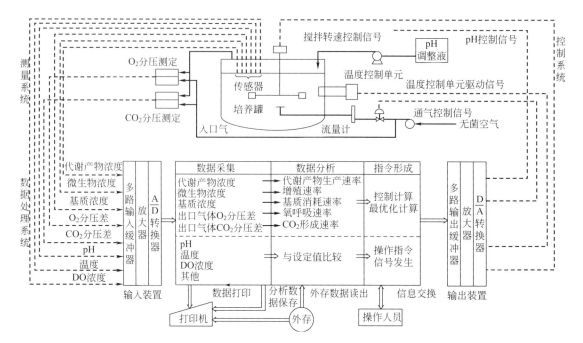

图 26-6-14 带有计算机数据采集与控制的生物反应器系统

6.3.2 常规控制

生化过程主要应用的常规控制有以下几类。

(1) 开关 (ON-OFF) 调节 主要用于温度, pH 及自动流加补料调节。

在实际使用时, 多在控制器和执行器之间插入一个时间控制单元, 周期性地向执行机构传送信号, 改变时间控制单元的开-闭时间, 进而对控制 (操作) 变量进行调节。

(2) PID 调节

$$Y(t) = \frac{1}{\delta}\left[X(t) + \frac{1}{T_I}\int_0^t X(t)\mathrm{d}t + T_d\frac{\mathrm{d}X(t)}{\mathrm{d}t}\right] \qquad (26\text{-}6\text{-}25)$$

式中, Y 为调节器输出; X 为偏差值; δ 为比例度, 也可表示为 $K_p = 1/\delta$, K_p 称为比例系数; T_I 为积分时间; T_d 为微分时间。

在发酵或细胞培养过程中, 特别是分批发酵或培养, 许多参数, 例如温度、pH、溶氧、黏度等有时变化较大。但变化速率不快, 可用 PI 反馈控制器调节有关控制变量 (例如温度、流量、转速等), 得到满意结果。

(3) 脉冲 PID 调节 开关控制周期的开-关比率随被控变量与其设定值间的偏差大小成 PID 形式的变化。可用下式来表示:

$$\frac{t_n}{t} = K_p\left[(X_n - X_{n-1}) + \frac{X_n \Delta t}{T_I} + \frac{T_d}{\Delta t}(X_n - 2X_{n-1} + X_{n-2})\right] + \frac{t_{n-1}}{t} \qquad (26\text{-}6\text{-}26)$$

式中, t 为开关控制周期; t_n 为开通时间; n 为开关控制周期序号, $n = 1, 2, 3\cdots$; X_n 为第 n 次偏差; $\Delta t = t_n - t_{n-1}$。

(4) 前馈十反馈调节 如图 26-6-15 所示, 根据过程模型的预测和干扰因素的测量, 由控制策略预报并决定相应的超前调节（前馈），并结合使用被控变量与其设定值的偏差（反馈），最终确定过程的调节（控制）变量。这种系统适用于（被控变量-控制变量间）响应滞后大，外部干扰严重的过程。但必须事先知道过程的模型和所有干扰因素。

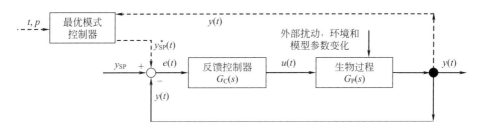

图 26-6-15　前馈+ 反馈调节控制系统

虚线代表"前馈"部分，实线代表"反馈"部分；y_{SP} 为设定值；y 为过程输出

$e(t)$—设定值与测量值（过程输出）的偏差；$u(t)$—操作变量；p—动力学模型参数；

$G_C(s)$，$G_P(s)$—经拉普拉斯变换得到的反馈控制器和生物过程的传递函数，其中，

$G_C(s)=u(s)/e(s)$，$G_P(s)=y(s)/u(s)$；s—拉普拉斯转换符（拉氏域）；t—时间（时间域）

（5）串级调节　由主、副两个调节回路组成的调节系统。副环回路调节器的设定值是由主环回路调节器输出自动校正，副环回路的实际被控参数在不断变化。最后，被控参数（或称主参数）被控制在设定值附近。

串级调节在微生物发酵过程中是一种较有效的控制手段。图 26-6-16 为以通气量、搅拌转速和罐压为副环调节组成的溶氧（DO）控制串级调节系统。

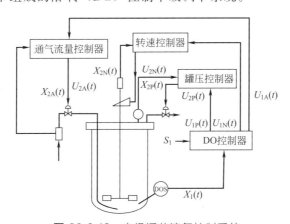

图 26-6-16　串级调节溶氧控制系统

DOS—溶氧传感器 $X_1(t)$ 溶氧水平状态；

$U_{1P}(t)$，$U_{1N}(t)$，$U_{1A}(t)$—罐压，搅拌转速和通气量的初级控制信号；

$U_{2P}(t)$，$U_{2N}(t)$，$U_{2A}(t)$—罐压，搅拌转速和通气量的次级控制信号；

$X_{2P}(t)$，$X_{2N}(t)$，$X_{2A}(t)$—罐压，搅拌转速和通气量的测定值

可用下式表示输出量变化：

初级控制输出 $U_1(t)$

$$U_1(t) = K_1\big[X_1(t) - S_1\big] + \int_{t_1}^{K_1}\big[X_1(t) - S_1\big]\mathrm{d}\theta \qquad (26\text{-}6\text{-}27)$$

次级控制输出 $U_2(t)$

$$U_2(t) = K_2[X_2(t) - U_1(t)] + \int_{t_2}^{K_2}[X_2(t) - U_1(t)]\mathrm{d}\theta \qquad (26\text{-}6\text{-}28)$$

整体控制动作可用下式表示

$$U_2(t) = K_1 X_2(t) - K_1 K_2[X_1(t) - S_1] + \int_{t_2}^{K_2} X_2(t)\mathrm{d}\theta + K_1 K_2(t_1 + t_2)/(t_2 t_1)$$

$$+ \int_{t_1}^{K_1}[X_1(t) - S_1]\mathrm{d}\theta - \int_{t_1}^{K_1}\int_{t_2}^{K_2}[X_1(t) - S_1]\mathrm{d}\theta\mathrm{d}\theta \qquad (26\text{-}6\text{-}29)$$

式中，$X_1(t)$ 为溶氧浓度；S_1 为溶氧设定值；$X_2(t)$ 为通气，转速或压力测量值；$U_1(t)$ 为初级控制器的输出量，次级控制器的设定值；$U_2(t)$ 为次级控制器的控制信号；K_1，K_2，t_1，t_2 分别为初级、次级控制器的放大系数和积分时间。

6.3.3　高级控制

6.3.3.1　最优化控制

(1) 概述　发酵过程最优化控制即从所有可供选择的、容许控制域 u（如：发酵温度、pH、溶解氧、搅拌转速、空气流量、补料等）中，寻求一个最优化控制轨道 $u^*(t)$，使连续（或离散）时间系统的状态轨线 $X(t)$ 或 $X(k)$，从初始状态出发，经过一定时间，转移到目标集 Ω，并且沿着此状态轨线，使相应的目标函数取最小（大）值，以获得发酵生产过程中产品质量最好、或产量最高、或利润最高、或能耗最低所相对应的最佳操作条件。最优化控制可分为稳态和动态最优化控制两种类型。最优化控制一般需要描述状态变量 x 和控制变量 u 之间关系的（动态）模型——以时间为独立变量的常微分方程组。

(2) 稳态最优化控制　稳态最优化控制一般应用于过程状态变量不随时间变化的稳态（连续）操作中。在稳态最优化控制中，目标函数是与时间无关的稳态函数，一般是与经济指标有关的函数，如收益最高、收率最高、产量最高、能耗最低等。在一定的约束条件（产量、质量）下达到最大值或最小值。自变量是若干可容许调整的操作或控制变量（如物料配比、搅拌转速、通气速度、压力、稀释率等）。用数学式描述：

目标函数　　　　　　　　$J = f(\boldsymbol{X}) \rightarrow \min(\max)$　　　　　　　(26-6-30)

式中，$\boldsymbol{X} = [X_1, X_2, \cdots, X_n]^{\mathrm{T}}$。

约束条件可分为三类：无约束条件、等式约束条件和不等式约束条件[23]。

稳态最优化的算法较多。常用的有求导法、线性规划（LP）法、直接搜索法和梯度法等[24,25]。

① 直接搜索法　在实际控制问题中，常采用走一步试一步的方法。走了一步，如果目标函数改善，则继续前进；如果目标函数变差，则反方向后退一步。如果要搜寻更精确的 x 最优值，则可以在有利时加大步长，不利时减小步长，如使用进退算法、黄金分割法（优选法）、三次插值法等确定步长，直到达到某一极值为止。另外，还有标准单纯形（Simplex）法和 NMS 法，NMS 法是 1965 年由 Nelder 等对标准单纯形法的一种改进算法，有较好的计算效果[26,27]。

② 梯度法（最陡下降法）

$$\frac{\partial J}{\partial X} = \left[\frac{\partial J}{\partial X_1} \ \frac{\partial J}{\partial X_2} \cdots \frac{\partial J}{\partial X_n}\right]^{\mathrm{T}}$$

随着迭代次数的增加，梯度会变得越来越小，目标函数下降得越来越慢，甚至会无法抵达最优值，为此必须进行改进。改进的方法很多，如共轭梯度、二阶梯度（牛顿-拉夫森）、变尺度（DFP）等[26,28,29]。

（3）动态最优化控制　在动态最优化控制中，目标函数与时间 t 有关，自变量就是控制域 u。由于生物过程大多以分批发酵生产进行，过程状态（变量）随时间变化而变化，最优化控制中大都采用动态最优化控制。

系统用下列微分方程组表示：

$$\dot{x} = f[x(t), u(t), t]$$

目标函数的一般形式：

$$J(u) = \phi[x(t_f)] + \int_{t_0}^{t_f} L[x(t), u(t), t]dt \tag{26-6-31a}$$

在离散时间情况下，目标函数：

$$J(u) = \phi[x(N)] + \sum_{k=0}^{N} L[x(k), u(k), k] \tag{26-6-31b}$$

式中，t_0 和 t_f 分别为发酵起始和最终时刻。

在发酵过程控制时须考虑扰动作用，x 的信息须采用观测器（确定性系统）或 Kalman 滤波器（随机性系统）获取。发酵最优化控制一般都有约束条件，当考虑 $x(t)$，$u(t)$ 与 t 之间的内在联系时，为等式约束；当 $u(t)$ 有一定限值时为不等式约束。一般情况下，问题的求解方法有：极小值原理、动态规划、变分法（最大原理）等[30]。

6.3.3.2　系统辨识与变量估计

（1）系统辨识和参数估计的基本内容　根据控制系统或控制过程的输入输出数据，从一类模型中确定一个在某种意义下最能代表该系统或该过程特性的数字模型，这种建模的方法就称为系统辨识。一般包括两部分内容，即模型结构确定和模型变量估计，而变量估计又包括状态估计和参数估计。状态估计是指表示系统动态过程的性质所需的一组最少数目的状态变量；参数估计一般指数学模型方程中待定的未知系数的估值。状态变量和模型参数的基本差别在于，前者随时间变化而后者保持不变或只发生缓慢变化，所以前者是动态估计，后者是静态估计。图 26-6-17 为基于 DO/pH 在线测量的辨识系统和相应的发酵过程底物流加控制系统。

在细胞培养或微生物发酵过程中，通过对内在机理的分析，并结合过程的实际情况进行简化，得到基本的模型方程，实现过程模型化。实际上这只是建模的第一部分工作，即模型结构的确定，而模型中的未知参数需要利用过程的实测数据进行估计。由于微生物在生长和代谢过程中对其所处的环境条件的微小变化都是极为敏感的，因此模型的参数（或其中的一部分）看成随机波动，而过程的时变性又表明了过程状态的可变性，必须在运行过程中不断地搜集数据去修正或估计，这构成了生物过程辨识的主要内容。此外，由于生物过程高度的非线性特征，甚至不能用一组数学方程来表达，模型结构随过程状态而变化，这时还应增加有关模型结构辨识的内容。系统在进行辨识时必须具备三个要素：模型 M，观测信息 I 和目标函数 J。

辨识黑箱性质的数学模型比较麻烦。但是，对于生化过程大都有先验的部分了解，黑箱

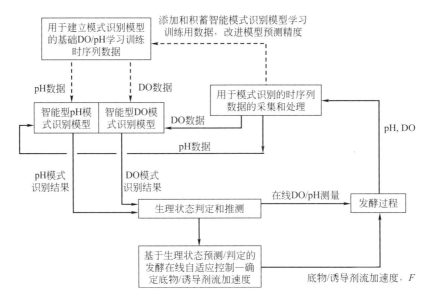

图 26-6-17　系统辨识的内容和步骤

问题便可退化为灰箱问题，辨识灰箱性质的数学模型相对容易，模型常可分为：

① 按反馈控制系统的输入输出个数，将控制过程分成单输入单输出（single input single output，SISO）模型，或多输入多输出（multi input multi output，MIMO）模型。

② 按过程参数的性质可分成分布参数模型（如：氧传递、膜分离等）和集总参数模型（如：微生物生长，物料衡算等）。

③ 反馈控制系统有线性和非线性之分，发酵过程的控制系统大多为非线性。

④ 可按所建模型与时间的关系分成连续模型和离散模型。生化工程的理论模型一般都是连续的，用计算机进行数据处理和采样所得到的是离散型的数学模型。它们之间也可以相互转换。

⑤ 可分成参数模型和非参数模型。

⑥ 模型可分成离线模型和实时在线模型。离线辨识所得到的数学模型（离线模型）需要具备较高的预测精度和较广泛的适用能力，否则过程控制性能较差。随着自适应控制技术的发展，实时在线辨识在生化工程中得到越来越多的应用。

(2) 变量估计方法　参数估计的方法很多，目前尚没有一种公认的最好方法。除了常用的最小二乘参数估计、最大似然法等[31]外，下面几种有关变数估计方法也常被推荐。

① Kalman 滤波[6,32]　当发酵过程的输入或者测定变量存在扰动或噪声时，使用卡尔曼滤波器（Kalman filter）可以推定最准确的状态变量和模型参数的值。从本质上讲，卡尔曼滤波器是在给定过程状态方程式(动力学模型) 及其初始条件、测量噪声的大小和分布规律的条件下，使用最小二乘法处理逐次得到的在线数据的一种计算方法。卡尔曼滤波器一般适用于离散型的线性系统。对于非线性系统，卡尔曼滤波器可以通过在推定值的附近对系统进行线性化来加以扩展使用，称为扩展卡尔曼滤波器（extended Kalman filter）。

假定过程可以用以下离散型线性方程式来加以表现：

$$x(k+1) = Ax(x) + v(k)$$
$$y(k) = Cx(k) + w(k)$$

$(26\text{-}6\text{-}32)$

　　式中，x 和 y 分别是（$n \times 1$）和（$m \times 1$，$n \geqslant m$）阶的状态变量和过程输出（测量变量）的向量集合；k 是采样时间；A 和 C 分别是（$n \times n$）和（$m \times n$）阶的常数方阵；v 和 w 则分别是（$n \times 1$）和（$m \times 1$）阶的相互独立的高斯（Gaussian）型白色噪声向量或标量（噪声遵从正规分布），它们的协方差矩阵（covariance matrix），也就是（vv^T 和 ww^T）的期待值分别用 Q 和 R 来表示。这时，使用到 $k-1$ 时刻为止的时间序列数据 $\{y(0), y(1), \cdots, y(k-1)\}$ 所得到的状态变量推定值用 $x(k|k-1)$ 来表示；而使用到 k 时刻为止的时间序列数据所得到的状态变量推定值则用 $x(k|k)$ 来表示。最后，用 k 时刻的推定值 $x(k|k)$ 计算得到的 $k+1$ 时刻（将来时刻）的状态变量推定值用 $x(k+1|k)$ 来表达。这时，卡尔曼滤波器的计算方法可以概括如下：

$$x(k|k)\text{的计算：}$$
$$x(k|k) = x(k|k-1) + K(k)z(k) = x(k|k-1) + K(k)\{y(k) - Cx(k|k-1)\}$$
$$(26\text{-}6\text{-}33)$$

卡尔曼增益（Kalman gain）$K(k)$ 的计算：
$$K(k) = P(k|k-1)C^T\{CP(k|k-1)C^T + R\}^{-1} \qquad (26\text{-}6\text{-}34)$$

推定误差协方差矩阵的计算：
$$P(k|k) = P(k|k-1) - K(k)CP(k|k-1) \qquad (26\text{-}6\text{-}35)$$
$$P(k+1|k) = AP(k|k)A^T + Q$$

$x(k+1|k)$的计算：
$$x(k+1|k) = Ax(k|k) \qquad (26\text{-}6\text{-}36)$$

　　以上卡尔曼滤波器的计算推定方法仅对于线性系统适用和有效。由于发酵过程是非线性系统，将卡尔曼滤波器用于发酵过程的状态推定和参数确定，就必须将非线性系统以一定的形式线性化，然后使用扩展卡尔曼滤波器的方法来实施具体的计算。这时，假定离散型的非线性状态方程式为：

$$x(k+1) = f[x(k)] + v(k)$$
$$y(k) = Cx(k) + w(k) \qquad (26\text{-}6\text{-}37)$$

　　式中，$f = (f_1, f_2, \cdots, f_n)$ 是 n 阶的非线性函数向量，$x = (X_1, X_2, \cdots, X_n)$。如果按照式（26-6-38）的方式对其进行处理，就可以将其转化成扩展卡尔曼滤波器的适用形式，从而可以在非线性的发酵过程状态预测中使用。

$$x(k+1) = A(k)x(x) + v(k)$$
$$y(k) = Cx(k) + w(k)$$

$$A(k) = \begin{bmatrix} \dfrac{\partial f_1}{\partial X_1} & \dfrac{\partial f_1}{\partial X_2} & \cdots & \dfrac{\partial f_1}{\partial X_n} \\[2mm] \dfrac{\partial f_2}{\partial X_1} & \dfrac{\partial f_2}{\partial X_2} & \cdots & \dfrac{\partial f_2}{\partial X_n} \\[2mm] \vdots & \vdots & \vdots & \vdots \\[2mm] \dfrac{\partial f_n}{\partial X_1} & \dfrac{\partial f_n}{\partial X_2} & \cdots & \dfrac{\partial f_n}{\partial X_n} \end{bmatrix} \qquad (26\text{-}6\text{-}38)$$

② 闭环参数估计　闭环辨识的主要任务是利用闭环输入和输出试验数据，估计过程和噪声的数学模型。它比开环辨识困难得多。在发酵过程的自适应控制中有相当部分参数需闭环参数估计。常用的闭环参数估计方法有全参数递推估计法和代数求和估计法[27,31,33]。

③ MIMO 系统辨识与参数估计　由于微生物发酵过程的复杂性和多状态参数特征，有些发酵过程的优化控制属于 MIMO 系统。相关辨识法只有当过程输入参数是白噪声时才有比较简单的算法。因此，把各种有色噪声近似为白噪声。

在青霉素的底物流加生产中，MIMO 时变系统状态空间表达式为：

$$A_1(z^{-1})y_1(k) = B_1(z^{-1})z^{-d1}u_1(k) + C_1(z^{-1})z^{-d2}u_2(k) + \sigma_1 D_1(z^{-1})e_1(k)$$

$$(26\text{-}6\text{-}39)$$

$$A_2(z^{-1})y_2(k) = B_2(z^{-1})z^{-d3}u_2(k) + \sigma_2 D_2(z^{-1})e_2(k) \tag{26-6-40}$$

式中，$y_1(k) = CER(k)$，二氧化碳释放速率；$y_2(k) = v(k)$，发酵液体积；$u_1(k) = F(k)$，补糖速率；$u_2(k) = F(k)/S_f(k)$，糖的稀释速率；$e_1(k)$，$e_2(k)$ 为白噪声；A、B、C、D、σ 均为系数；$-d1$、$-d2$、$-d3$ 均表示时间滞后。

有关 MIMO 系统辨识与参数估计的方法在许多书籍中已有介绍[27,29,30,34]。

6.3.3.3　自适应控制

对动态特性随时间变化，不确定性很强的生物过程，采用常规反馈控制时，由于该控制器不具有"自适应"过程变化的能力，在系统内部特性或外部扰动变化较大时，控制指标大幅度下降，甚至引起系统的不稳定。即使描述生物过程的动力学模型存在，但其参数强烈依赖于菌种和培养条件，很难作为控制模型加以利用。解决该问题的方法之一就是建立合适的过程动态模型，进行自适应控制。

自适应控制没有统一的处理方法。人们根据不同的具体情况按照不同的适应环境发展了多种自适应控制的方案，其中最有吸引力的是模型参考自适应控制系统（MRAS）和自校正调节器（STR）。这两种方法理论上发展比较完善，近年来在微生物发酵和生物物质分离上的应用也十分广泛。自适应控制系统往往包含三个过程：测量（或辨识）、计算和调整（或整定），其中计算过程是一个核心环节，对提高自适应控制系统的性能起着决定性的作用。

图 26-6-18 为青霉素发酵过程流加控制葡萄糖时、基于带参考模型的自校正模型算法的自适应控制（MAC）系统[35]，其中 y 为过程输出；y_M 为内部模型输出；y_r 为参考模型数输出；c 为设定值；u 为输出控制；H 为 Hamilton 函数。

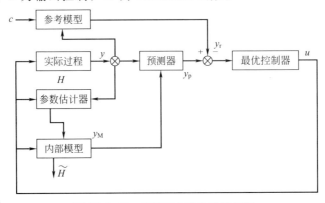

图 26-6-18　自校正 MAC 系统框图

图 26-6-19 为用于青霉素的半连续发酵过程的单输入单输出（SISO）的自适应控制系统[36]，其中 $r(k)$ 为参考输入；$\omega(k)$、$v(k)$ 为随机扰动和状态变量噪声；$\hat{\theta}(k)$、$\hat{x}(k)$ 分别为自校正模型的参数估计值和状态变量估计值；$y(k)$ 为过程的观测输出值；$u(k)$ 为过程的输入值，即控制动作。采用带忘却因子的递推最小二乘法（KLS），对模型参数进行辨识，其控制品质也随之不断提高。

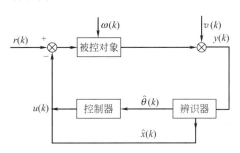

图 26-6-19 自适应控制系统框图

也有人研究了多输入多输出（MIMO）系统的动态自校正模型描述生化反应过程的动态行为[34]。

6.3.3.4 专家系统和模糊控制

(1) 专家系统 分批或分批-补料操作的发酵过程，由于反应过程复杂，影响因素众多，动力学特征呈高度非线性和时变性，实际生产操作中大多无法建立能准确描述过程动力学特征的数学模型。针对这种建模"劣构性"系统，基于或模仿人类的控制决策方式的专家系统控制受到了重视。

专家系统是根据某一特定领域专家的知识和经验，模仿其解决问题的方法的计算机系统，对解决该领域的问题可用一种适当的知识表达方式表示，关心的是知识表达方法，知识的构成、组织和使用，一般包括知识库、推理机和用户接口。知识库包含数据和规则。数据可分为事实和目标，事实的例子有"溶解氧偏低""PID 控制是适当的""呼吸商（RQ）值是正常的"等。上述语句可经由用户或由实时知识获取系统引入数据库，所以事实也可由规则产生，规则库包括产生式规则（production rules），即"if 前提，then 结论，do 动作"。前提代表来自数据库的事实；结论是可附加到数据库中的一个新的事实或修改一个现有事实；动作可能是一个控制算法或状态预估算法。图 26-6-20 为知识库专家控制系统示意图。

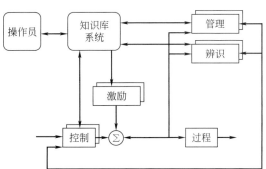

图 26-6-20 知识库专家控制系统

推理机处理满足结论或目标的规则。推理机按某种策略对规则进行扫描，以便选择下一个产生式规则。

用户接口分为两部分。第一部分是系统的开发支持接口，包含一些开发工具，另一部分是运行用户接口，包含一些解释工具。

① 专家系统的基本功能

a. 咨询功能：回答用户提出的某个专门领域的问题，解释自己的决策过程，相当于人类的"专家"；

b. 学习功能：在专家的训练下，系统能不断增添和修改自己的知识[37,38]；

c. 教育功能：通过回答有关询问，向用户提供某个专门领域的知识。

② 专家系统控制策略   专家系统控制策略主要指推理方向的控制及推理规则的选择策略。

推理方向有正向推理、反向推理和正反方向混合推理。

推理规则的选择是一个十分重要的问题，它决定了推理的效率。常用的方法有：状态空间法、问题递归法、最佳优先法、解空间分解法、解空间逐步求精法和附加空间法[39]。

③ 专家系统开发工具   国际上已推出不少有影响的专家系统，如：GPS，MYCIN，EURISJO，FerExpert 等。

目前国内外开发专家系统大多采用 LISP 或 PROLOG 语言来写，当然也有少数人采用 C 语言、FORTRAN、PASCAL 语言编写。

（2）模糊控制   模糊控制是一种模仿人的控制决策方式。使用模糊控制时，过程状态变量（过程输出）和模糊控制器的输出（过程输入）均为一组量化的模糊语言集，并运用模糊逻辑进行直觉推理，由一个模糊控制器来对过程进行控制。模糊控制器由一组语式规则组成，规则的前提（IF～）是被控状态参数的数值，结论（THEN～）是模糊控制器的输出值。图 26-6-21 就是一种模糊控制框图。

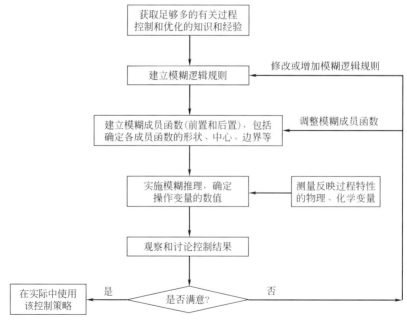

图 26-6-21   模糊控制框图

图 26-6-21 中的规则之间用逻辑"或"连接，它是由数据采集、模糊化、模糊规则、模糊推理（解模糊规则）等所构成的过程，将这样一组规则转换成一个查询表，最终用来调节反馈控制器的输出。

模糊控制不需要过程的数学模型，响应速度快、超调量小、鲁棒性强，特别适用于高度非线性、交叉耦合严重、环境因素影响大、有较大（输入-输出）延时效应和时变特性的过程。

（3）专家模糊控制系统　把专家系统技术引入模糊控制器，利用专家系统丰富的知识表达形式和灵活的推理机构，来克服经典模糊控制器的结构简单刻板、知识表达形式单一的缺点，从而实现多模式灵活控制，提高判断和推理能力。

图 26-6-22 为青霉素发酵过程控制的专家模糊控制系统的示意图[35]。其中推理机构是在发酵时期识别基础上，以 pH 和 ΔpH 为论域，由模糊查询表计算加糖率，实现过程优化控制。程序示意如下：

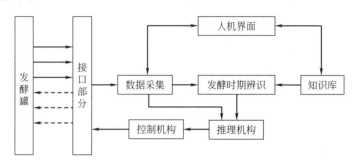

图 26-6-22　发酵过程专家模糊控制系统的组成

设 D_{11} 和 D_{21} 分别为 pH 的论域，D_{12} 和 D_{22} 为 pH 变化量 ΔpH 的论域，D_{31} 和 D_{32} 分别为效价 P 及其变化量 ΔP 的论域，则有：

IF(pH $\subset D_{11}$ and ΔpH $\subset D_{12}$)then 补糖

　　else if(pH $\subset D_{21}$ and ΔpH $\subset D_{22}$)then 加酸

　　else 停止加糖

IF($P \subset D_{31}$ and $\Delta P \subset D_{32}$)then 加前体

　　else 停止加前体

6.3.3.5　神经元网络控制

（1）概述　生物过程的复杂性和高度非线性等诸多因素的影响和多状态变量的过程特征，使系统具有强烈的时变性和不可预测性。因此，用一个线性或拟线性关系式，通过参数优化来实现过程的"最优化"是难以真正实现的。即使采用自适应控制或专家系统，实质上还只是把过程分段拟线性处理，只不过根据过程的输出特性对控制策略进行自动调整，在调整方法上还离不开拟线性化，特别是当系统输入变量数增加的情况下，输出精度和估计速度剧烈下降，计算量增加，不得不又进行人工经验干预，学习联想困难。

20世纪70年代以来，非线性科学的迅速发展，也促进了人工神经元网络的发展。它是一种模拟人脑思维的方法，适用于大规模并行处理非线性数据的处理系统，其特点是网络式信息结构，输出是输入的高度非线性映射，具有非线性动态系统的共性，即高维性、非平衡性、广泛联结性、不可逆性、不可预测性和自适应性。在存在大量学习样本的前提下，通过学习和训练，人工神经元网络模型可以具备优良的模式识别和控制功能，因而在生化工程中越来越受到重视[29,40]。

　　网络式信息结构的基本特点是，各神经元的输出为外界激励信号加权和的函数，且当这个加权和的值超过某一阈值时，该神经元被激活。神经网络可分为阶层网络模型和互连网络模型。根据输出值的形式又可分为离散输出模型，连续输出模型，微分差分方程模型和概率模型等。近年来，在生化工程领域常使用的模型有 BP 和 Hopfield 模型。

$$u_i = \sum_{j=1}^{n}(W_{ji}V_j - \theta_i) \tag{26-6-41}$$

离散输出模型：

$$y_i = f(u_i) = \begin{cases} 1 & u_i \geqslant \theta_i \\ 0 & u_i < \theta_i \end{cases}$$

　　式中，V_j 是来自于其他神经元 j 对于神经元 i 的输入；y_i 是神经元 i 的输出；W_{ji} 是神经元 i 与其他神经元 j 之间的结合系数；θ_i 是神经元 i 的阈值。

连续输出模型： $$y_i = f(u_i) = \frac{1}{1 + \exp[-(u_i - \theta_i)]} \tag{26-6-42}$$

　　(2) BP 算法概述　图 26-6-23 为 BP 型神经元网络结构的示意图。整个系统包括输入层、中间层和输出层。

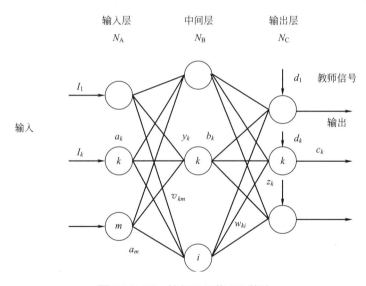

图 26-6-23　神经元网络 BP 算法

　　BP 算法除考虑最后一层外，还考虑网络中其他各层权值参数的改变，使得算法适用于多层网络，因此是目前广泛应用的神经元网络学习算法之一。

　　在图 26-6-23 所示的标准 3 层阶层型人工神经网络中，假定输入层的神经元数为 N_A，第 k 个单元的输出为 a_k；中间层只有一层、神经元数为 N_B，第 k 个单元的输出为 b_k；输出层的神经单数为 N_C，第 k 个单元的输出为 c_k。人工神经元网络的学习过程就是通过逐步修改神经元网络各层各神经元间的结合系数（$w_{ki}, v_{km}, \cdots$）使得神经元网络输出层各神经元的输出值 c_k 和教师信号 d_k 逐步趋向一致（$k = 1, 2, \cdots, N_C$），使得式（26-6-43）所示的目标函数、即网络输出层中所有神经元的输出值与相应的教师信号的总误差值（E_1）达到最小。如果有 M 套输入输出的教师信号数据可以利用，则要使所有 M 套数据的总误差（E_M）达到最小。

$$E_1 = \underset{w_{ki}, v_{km}}{\text{Min}} \left\{ E = \frac{1}{2} \sum_{k=1}^{N_C} (c_k - d_k)^2 \right\} \tag{26-6-43}$$

$$E_M = \sum_{i=1}^{M} \sum_{k=1}^{N_C} \{ c_k^{(i)} - d_k^{(i)} \}^2 \tag{26-6-44}$$

式（26-6-45）中的输出层第 k 个单元的输出 c_k 为：

$$c_k = f(z_k) \qquad z_k = \sum_{i=1}^{N_B} w_{ki} b_i \tag{26-6-45}$$

$d_k^{(i)}$ 是第 i 套学习数据中第 k 个输出单元的目标值（教师信号的输出值），而 $c_k^{(i)}$ 则是对应于第 i 套学习数据的神经元网络输出层第 k 个单元的计算值。

图 26-6-23 中，z_k 是输出层第 k 个单元的输入；b_k 是中间层第 k 个单元的输出；w_{ki} 是中间层第 i 个单元与输出层第 k 个单元之间的结合系数；y_k 是中间层第 k 个单元的输入；a_m 是输入层第 m 个单元的输出；w_{ki} 是中间层第 k 个单元与输出层第 i 个单元之间的结合系数；v_{km} 是输入层第 m 个单元与中间层第 k 个单元之间的结合系数。f 是式（26-6-42）所述的连续模型函数（Sigmoid 函数），f' 表示连续函数 f 的微分。

根据公式（26-6-46）计算 M 套数据中第 i 套数据的神经网络各层各单元的输出值。

$$\left. \begin{array}{l} \text{输入层第 } i \text{ 个单元的输出值：} a_i = f(I_i) = \dfrac{1}{1+\exp(-I_i)} \quad i=1,2,\cdots,N_A \\[2mm] \text{中间层第 } i \text{ 个单元的输出值：} b_i = f\left\{ \sum_{k=1}^{N_A} (v_{ik} a_k) + \theta_B \right\} \quad i=1,2,\cdots,N_B \\[2mm] \text{输出层第 } i \text{ 个单元的输出值：} c_i = f\left\{ \sum_{k=1}^{N_B} (w_{ik} b_k) + \theta_C \right\} \quad i=1,2,\cdots,N_C \end{array} \right\} \tag{26-6-46}$$

式中，θ_B 和 θ_C 分别是中间层和输出层的阈值；N_A，N_B 和 N_C 分别是输入层、中间层和输出层的神经元个数。然后，再根据式（26-6-44）计算 M 套学习训练数据的总误差（E_M）。根据标准形式的误差逆向传播迭代计算公式（BP），逐步修正和计算神经元网络各层各单元间的结合系数，直到总误差收敛到某一规定的数值以下为止。这里，神经元网络各层各单元间的结合系数（w_{ki}，v_{km}，$\cdots$）按照式（26-6-47）进行更新。

$$\begin{array}{l} w_{ki}(n+1) = w_{ki}(n) - \eta \delta_k^{(3)} b_i + \alpha \Delta w_{ki}(n) \\[1mm] v_{km}(n+1) = v_{km}(n) - \eta \delta_k^{(2)} a_m + \alpha \Delta v_{km}(n) \\[1mm] \Delta w_{ki}(n) = w_{ki}(n) - w_{ki}(n-1) \\[1mm] \Delta v_{km}(n) = v_{km}(n) - v_{km}(n-1) \end{array} \tag{26-6-47}$$

式（26-6-47）中，参数 η 和 α 分别被称为学习系数和惯性系数（$0 < \eta < 1$，$0 < \alpha < 1$）。神经元网络输出层第 k 个单元的梯度项 $\delta_k^{(3)}$ 和中间层第 k 个单元的梯度项 $\delta_k^{(2)}$ 为：

$$\delta_k^{(3)} \equiv (c_k - d_k) f(z_k) [1 - f(z_k)] \qquad k = 1, 2, \cdots, N_C$$

$$z_k = \sum_{i=1}^{N_B} (w_{ki} b_i) + \theta_B \tag{26-6-48}$$

$$\delta_k^{(2)} = f'(y_k) \sum_{i=1}^{N_C} \{ \delta_i^{(3)} w_{ik} \} \quad k = 1, 2, \cdots, N_B$$

$$y_k = \sum_{k=1}^{N_A} (v_{ik} a_k) \tag{26-6-49}$$

（3）Hopfield 模型   Hopfield 模型是一种离散的随机模型（图 26-6-24），由 N 个神经元构成互联网络，其特点是具有联想功能。

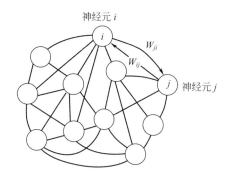

图 26-6-24　Hopfield 模型

对于 $W_{ji} = W_{ij}$ 的对称连接，引入"能量"函数。

$$E = -\frac{1}{2} \sum_i \sum_{j \neq i} W_{ij} V_i V_j - \sum_i \theta_i V_j \tag{26-6-50}$$

设第 m 个神经元的输出由 0 变为 1，有

$$\sum_{j \neq m} W_{mj} V_j + \theta_m > 0 \tag{26-6-51}$$

则
$$\Delta E = -\left(\sum_{j \neq m} W_{mj} V_j + \theta_m > 0 \right) < 0 \tag{26-6-52}$$

即任意一个神经元当其输出发生变化时，能量函数值都将减小（E 是单调下降的）。由于 E 有界，系统必趋于稳定状态，并对应于 E 函数在 V 状态空间的局部最小值。适应选取神经元兴奋模式的初始状态，则网络的状态就将按照上述的运算过程到达初始状态附近的极小点。因此，如果储存的样本是对应于网络的极小点，则当输入其附近的模式时，网络将"联想"极小点处的样本，所以 Hopfield 模型是按照一种联想记忆进行工作的，具有联想记忆、模式识别、分类和误差自校正能力等智能工作功能。

6.3.4　发酵过程故障诊断和早期预警

发酵过程非常复杂，具有高度时变性和批次变化的特征。发酵工段的产品质量波动大，错误和故障不易早期发现，一旦发现发酵已不可逆转，造成原料的浪费和设备的空转。许多场合，发酵工段产品的效价或浓度只要能够稳定地达到某一水平以上，发酵就算成功。发酵

工段的产品质量与下游产品精制纯化过程的操作和正常实施息息相关，质量波动太大将直接增加下游精制过程的操作负担和成本，有时确保发酵工段产品效价的稳定性甚至比进一步提高效价指数更为重要。因此，应及时、准确地对发酵过程处于"正常"状态，还是处在"非正常"状态（病态）进行判断识别，如果可能还应该采取措施，挽救失败色彩浓厚的发酵。

发酵过程优化控制是按照对发酵过程的认知（数据采集），建立模型，提出优化方案，实施优化，进行过程控制的顺序来实现的。但是，有时发酵条件虽然严格控制在预先设定的"最佳轨道"上，但往往却达不到预期的优化效果，甚至导致发酵失败。失败的原因一般可归咎为发酵菌种退化、配料错误、机械或测量故障、误操作等。因此，发酵过程优化控制能否真正发挥实效，还需要研究过程的异常诊断、及时发布预警信息、采取补救措施等问题，这样才能够尽量减少原料损失和事故的发生、增强发酵过程的经济性和安全性。及时和频繁地测量发酵过程的最重要状态参数如产物浓度或效价等，实际上是发现异常、发布早期预警的最基本、最原始的手段。但是，这种方法在实用上存在很大问题：试样分析复杂烦琐、存在着很长的测量滞后。通过在线获取多变量的可测量数据、并结合实用有效的数据处理方法，从海量数据中挖掘和浓缩有用的数据情报，才是实现发酵过程故障诊断和早期预警的出发点。现代发酵工业过程中，有许多常规状态变量，如 DO、pH、尾气分压、耗氨和耗糖量（速度）还是可以在线测量的。这些变量间经常存在互相关联的关系，也就是说这些变量不是互相独立的。如果仅是利用单变量发酵趋势图对过程进行分析监测，摆在操作人员面前的将是一堆多个、独立、错综复杂的发酵历史曲线，操作人员很难利用这些曲线或数据对发酵处于"正常"还是"非正常"的状态进行判断。如果能将多个互相关联的状态变量压缩为少数、可独立观测的变量，则操作人员将有可能从这几个少数、独立变量的变化趋势中，对发酵所处的状态进行准确的判断。

（1）基于主元分析的多变量聚类统计、故障诊断和早期预警　在多变量聚类统计分析中，最基本的方法就是主元分析（principal components analysis，PCA）。主元分析是将多个相关的变量转化为少数相互独立的变量的一个有效分析方法。主元分析的特点是通过多元统计投影的手段，对海量的相关多变量进行数据降维，利用数据压缩得到的少数独立变量来表征由多相关变量构成的过程的动态信息。PCA 统计监测模型是将过程数据向量投影到两个正交的子空间（主元子空间和残差子空间）上，并分别建立相应的统计量进行假设检验，以判断过程的运行状况，它的目标就是在保证数据信息丢失最少的条件下，对高维变量空间进行降维处理。现在，主元分析是一种较为成熟的多元统计监测方法，它可以从生产过程历史数据中挖掘统计信息、建立 PCA 模型，并根据统计模型将存在相关关系的多变量投影到由少量隐变量定义的低维空间中去，用少量变量反映多个变量的综合信息，使生产过程监控、故障检测和诊断的工作得以简化。主元分析可以用来实现下列目标：数据压缩、奇异值检测、变量选择、潜在故障的早期预报、故障诊断等。用主元分析进行过程监控的主要工具是多元统计过程控制图，如 SPE 图、Hotlling T^2 图等，它们分别是多元统计量平方预测误差（squared prediction error，SPE）、Hotlling T^2 的时序图。一般认为，SPE 描述了生产过程与统计模型的偏离程度，而 Hotlling T^2 描述了由统计模型所决定的前 k 个隐变量的综合波动程度，它们是最常用的多元统计过程控制图。但是，主元分析（PCA）的适用范围一般限于线性系统或过程。对废水处理、青霉素发酵等生物过程的计算机模拟研究发现，传统的主元分析法在这类过程的故障诊断中难以收到实效，必须要使用诸如 Kernel Fisher 等扩展型的非线性 PCA 法。研究者[41]以青霉素发酵为对象，使用扩展型的 Kernel Fisher 非线性 PCA 法对过程进行故障诊断。该法不但可以对发酵过程进行聚类分析（识别"正常"或"不正常"），还能够以 SPE、Hotlling T^2 和欧几里得距离（ED）等统计参数是否超过控制限（control limit），超过控制限时的 SPE、T^2 和 ED 的组合方式为依据，对发酵过程的故障类别进行分类：如通气速度下降、搅拌速度变慢、基质流加速度减小、初期接种量过小等，从而为排除故障提供信息和参考。Kernel Fisher 型 PCA 法虽然可以对具有高度非线性特征的发酵过程进行故障识别和诊断，但是它有以下几个突出缺点：①它需要使用发酵进行到某阶段为止的全体数据，而不是瞬时数据或某一移动时间窗口内的数据，数据处理量大；②计算程序复杂，因为跨学科知识因素的原因，普通的发酵工程师还难以学习和效仿；③研究报道例还基本停留在使用已有数据（bench data）或模型进行计算机模拟的层面，真正实时在线的发酵过程的实用例还非常少见。

(2) 2 维平面图上的直观多变量聚类分析、故障诊断和早期预警　在存在大量可测量的状态变量的条件下，一个更为直接、合理和简单的故障识别诊断的方法是：①按照发酵性能和一定的标准（如产品效价或活性超过一定水平），将所有批次划分为"正常发酵"和"非正常发酵"两类；②将不同发酵批次的在线可测量数据以任何可能、合理的组合方式置于相应的 2 维平面图上，直接观察聚类效果；③挑选具有明显聚类效果的 2 维数据组合作为解释故障产生原因的基本依据，并找出解决故障的合理方法和手段。

利用毕赤酵母高密度流加培养生产生物酶、药物蛋白、抗体等高附加值产品的过程是典型的生长非耦联的发酵过程。发酵分成两个阶段：高密度流加培养和蛋白诱导阶段。发酵性能的好坏只能到了发酵后期，即进入到甲醇诱导以后才能得到体现。另外，毕赤酵母高密度流加培养生产上述目标产物是一个漫长的发酵过程，其中细胞培养期时间较短，诱导期时间漫长。发酵的直接性能指标——目标产物的效价/活性/浓度的测定需要按天（日）的尺度才能完成。发酵操作难度性和发酵性能的不可逆转性要求必须在发酵早期对发酵是否正常进行预判，一旦发现发酵出现问题，必须尽早地终止发酵，以节省宝贵的人力和物力资源。利用毕赤酵母高密度流加培养生产猪 α-干扰素时，发酵结束时各批次发酵的猪 α-干扰素的活性存在上千倍的巨大差异。"不正常"发酵主要是由于诱导期发酵过程控制条件不当所引起的。在发酵进入到诱导稳定期后，将在线可测量的参数，如耗氧量（OUR）、CO_2 释放速度（CER）、呼吸商（RQ）、甲醇浓度（MeOH）和甲醇消耗速度（r_{MeOH}）的任意 2 维组合（OUR-MeOH、OUR-RQ、r_{MeOH}-OUR、CER-MeOH 等）置于相应的 2 维平面图上，与已知的"正常"和"不正常"的数据区域进行比对，进而分析判别当前的发酵是否正常[42]。但是，许多情况下，即使在诱导期将控制条件（r_{MeOH}、MeOH、DO 等）维持在"最优"区域，由于生长期细胞增殖生长出现问题，骨架健全、目标产物表达功能完备的健康细胞没有形成，目标产物的诱导生产依旧无法正常进行，产物活性很低。为此，在细胞生长期的一段时间内，可对细胞比生长速度（μ）和底物（甘油和氧气）比消耗速度（r_{gly}，r_{O_2}）在 2 维平面上进行聚类分析，在第一时间对能否在甲醇诱导期形成"正常"发酵进行早期预判。如果 μ-r_{gly} 和 μ-r_{O_2} 间存在线性关系、符合细胞培养的正常规律，则认为骨架健全、目标产物表达功能完备的健康细胞正在生成，只要诱导期控制条件得当，"正常"发酵可以形成；反之，如果 μ 与 r_{gly}/r_{O_2} 间没有任何关系，则说明细胞的正常生理特性存在问题，即便进入到诱导期且诱导条件控制在最优区域，甲醇诱导也无法正常启动，细胞不能分泌出目标产物导致发酵失败[42]。在细胞生长期对 μ 和 r_{gly}/r_{O_2} 在 2 维平面上的分析聚类，最终还可以为探究生理特性正常的健康细胞无法形成的原因提供重要参考，代谢副产物——乙醇的过量积累就是其最主要的原因。此时，毕赤酵母系统的 AOX 启动机制受到极大损伤，导致甲醇诱导无法正常启动。为此，在细胞生长期在线测量乙醇浓度、自动调节甘油的流加速度，将乙醇浓度始终维持在低水平，可以彻底解决因生长期细胞培养特性的波动所导致的猪 α 干扰素生产不稳定的问题[43]。

（3）基于自我联想神经网络的故障诊断和早期预警　　自我联想神经网络（auto associative neural network，AANN）是一种特殊的前馈式神经网络，它通过联想学习、适当地选择拓扑空间和压缩数据、在网络的瓶颈层获得过程的特征情报，并将该特征情报还原到网络的输出层。因此，AANN 模型实际上是一种可以处理高度非线性特性的非线性型 PCA 模型。自我联想神经网络 AANN 的原型是一种具有对称拓扑结构的五层前馈传递神经网络。从前到后依次为输入层、映射层（mapping）、瓶颈层（bottleneck layer）、解映射层（demapping）和输出层。图 26-6-25 是利用温敏型基因重组酿酒酵母生产 α-淀粉酶的发酵过程中，使用 AANN 自我联想神经网络模型进行发酵过程故障诊断的一例。AANN 自我联想神经网络模型的最大特点是：①过程的"特征情报"可以在"瓶颈层"直接获取；②也可以通过将"压缩聚类"后的数据伸展、还原，通过对比输入层和输出层各神经元值间的"差异"，来获取"特征情报"。在该发酵过程中，有三个状态变量在线可测量，它们是：细胞浓度（光密度 OD）、乙醇浓度（EtOH）和呼吸商（RQ）。

建立一个具有故障诊断和早期预警功能的 AANN 模型大致包括以下五个主要步骤：①在线监测并存储诸如 OD、EtOH 和 RQ 等数据，建立具有历史数据库生成、图形报表生成等功能的软件和数据库。②掌握操作变量（如温度、DO 等）与"正常"和"非正常"发酵的性能指标（产物浓度、带基因质粒细胞的比率等）间的简单定性关系。③选取适量批次和规模的正常发酵数据，并将其输入到结构已经确定的 AANN 网络的输入、输出层的相应神经元中进行学习训练，构建具有故障诊断和早期预警功能的 AANN 模型。利用试行错误法确定拓扑空间的大小（映射层、瓶颈层、解映射层中神经元的个数），并将未参与训练学习的"正常发酵"样本数据输入到构建好的 AANN 中进行计算，确认该 AANN 模型的通用性和精确度是否满足要求。④基于 AANN 模型的在线故障诊断和早期预警。按照 AANN 模型的拓扑学结构，在输入正常发酵数据时，原有数据在 AANN 输出层的相应神经元上可以得到复原，网络的输出值与输入值基本保持一致；而在输入"非正常发酵"的数据时，位于瓶颈层处的数据将会被映像到不同的拓扑空间处，网络的输出值与输入值会出现很大的差异。通过在线计算各发酵时刻、网络输入和输出层中各单元值之差的平方和，并以此作为评价标准，就可以对发酵过程进行在线故障诊断并发布早期预警信息。⑤一旦 AANN 模型检测到发酵处于"异常"状态，则可以按照②中的定性关系，反推可能造成发酵"异常"的原因，并采取补救措施。生物酶、药物蛋白等一般是次级代谢产物，它们要在发酵后期、细胞生长停止后才开始生产。尽可能地提前了解次级代谢产物的生产情况，是高产、还是低产、还是根本不产非常重要。一些研究[44,45]表明，在发酵还没有进入到次级代谢产物的生产期前，AANN 模型就可以对发酵是否低产进行预判，从而为及时采取补救措施、挽救"低产"发酵提供了宝贵的时间。

（4）基于支持向量机的故障诊断和早期预警　　支持向量机（support vector machine，SVM）是一种理论分析工具和分类算法，能把抽象的机器学习理论转化为实际的分类算法［图 26-6-26(a)］。SVM 分类算法的基本原理是构建一个最优分类超平面，将线性可分的两类样本完全分开。所谓最优分类超平面是指不但能将两类样本正确分类，同时能够使得该超

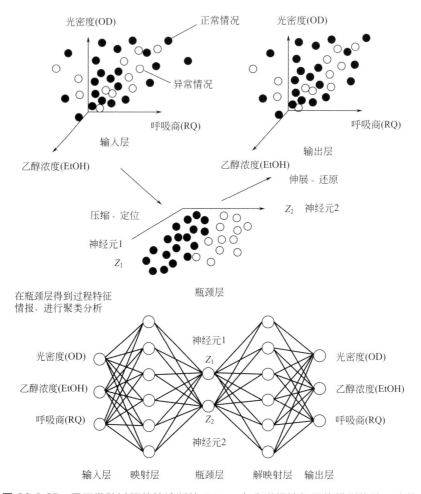

图 26-6-25 用于发酵过程故障诊断的 AANN 自我联想神经网络模型构造和功能

平面与每一类样本中距离它最近的样本点之间的距离最大（即分类间隔最大）的超平面。对于线性不可分的样本，无法使用一个超平面将其分开。这时，SVM 算法通过非线性变换将原始样本映射至一个高维的特征空间内，并在其中对变换后的样本进行线性分类。SVM 算法引入了核函数来代替求向量内积的运算，避免了高维空间中的复杂计算。SVM 算法不但可以用于处理分类问题，也可以用于处理回归问题。SVM 算法问世以来，引起了人工智能领域研究者的关注，标准 SVM 算法也不断改进，如最小二乘支持向量机（least square support vector machine）、模糊支持向量机（fuzzy support vector machine）、拉格朗日支持向量机（lagrangian support vector machine）、小波支持向量机（wavelet support vector machine）等。SVM 算法广泛用于各种模式识别的问题，例如文本识别、语音识别、图像分类等。

将二叉树结构（BTA）的支持向量机分类器与模糊推理技术相结合，构建用于谷氨酸发酵的故障诊断/早期预警系统，该系统可以及时识别并排除"生物素添加不足"或"添加过量"的故障[46]［图 26-6-26（b）］。利用生物素缺陷型谷氨酸棒杆菌和生物素亚适量工艺是生产谷氨酸（味精）的主流。通常，生物素不足会导致细胞生长缓慢、细胞浓度偏低，限制了谷氨酸合成；相反，生物素过量会导致细胞疯长，阻碍细胞的正常转型及谷氨酸分泌，同

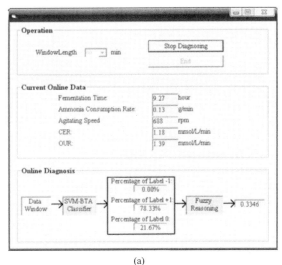

(a)

(b)

图 26-6-26 基于 SVM 和模糊推理技术的故障诊断系统和计算机可视化界面

样会大幅度降低谷氨酸产量。工业生产中，需要在初始培养基中添加玉米浆及纯生物素。然而，不同来源、不同批次的玉米浆中生物素的含量波动较大，使得操作者难以准确掌握玉米浆和纯生物素的配比，生物素添加量偏低或者偏高的情况时有发生。

在某一时间窗口内，利用该故障诊断/早期预警系统，对可在线测量的过程参数发酵时间、搅拌转速、耗氨速率、OUR、CER 进行状态分类，将发酵状态划分成生物素"不足""适量""过量"的三种类别。在初始生物素含量"适量"的情况下，该在线故障诊断系统自始至终没有发出预警信号；而在初始生物素含量不当的情况下，该系统均可以在发酵初期（6～8h）准确地判别出故障类型，并通过补加纯生物素（对应"不足"）或吐温 40（对应"过量"）对"错误"发酵批次进行补救。实施补救后，该系统对"错误"发酵批次的识别结果逐步返回到生物素"适量"的范围内，所有发酵批次的谷氨酸最终浓度均达到 $75\sim80\ \mathrm{g\cdot L^{-1}}$ 的正常水平。使用上述支持向量机＋模糊推理的故障诊断/排除系统，增强了谷氨酸发酵生产的稳定性，降低了原料、能源与人力的浪费，提高了发酵过程的经济性。

参考文献

［1］ Perlman D. Annual Reports on Fermentation Processes: Vol 3. New York: Academic Press, 1979.

［2］ Mizrahi A. Advances in Biotechnological Processes: Vol 3. New York: Alan R Liss Inc, 1984.

［3］ 合莱修一. 発酵プロセスの最適計測・制御. 東京: **サイエンスフオーテム**, 1983.

［4］ Moo-Young M. Comprehensive Biotechnology: The Principles, Applications and Regulations of biotechnology in Industry, Agriculture and Medicine: Vol 2. Oxford: Pergamon Press, 1985.

［5］ 俞俊棠, 等. 生物工艺学: 下册. 上海: 华东化工学院出版社, 1992.

［6］ Byopadhyay B, Humphrey A E, Taguchi H. Biotech Bioeng, 1967, 9（4）: 533-544.

［7］ Dang N D P, Karrer D A, Dunn I J. Biotech Bioeng, 1977, 19（19）: 853-865

［8］ Aizawa M. Proc Int Meeting Chemical Sensors, Fukuoka. Amsterdam: Elsevier, 1983: 683-692.

［9］ 张先恩. 生物传感技术原理与应用. 长春: 吉林科学技术出版社, 1991.

［10］ 于兆林, 等. 生物传感器. 上海: 上海远东出版社, 1992.

［11］ Turner A P F, Karube I, Wilson G S. Biosensors: Fundamentals and Applications. Oxford: Oxford Univ Press, 1987.

［12］ Romette J. Biofuture, 1985, 35: 60-72.

［13］ Clark L C, Lyons C. Annals of the New York Academy of Sciences, 1962, 102（1）: 29-45.

［14］ 轻部征夫, 等. Annual Reports on Fermentation Processes∥Vol 6. Tsao G. New York: Academic Press, 1983: 203-236.

［15］ North J R. Trends in Biotechnology, 1983, 3（7）: 180-186.

［16］ 黄德培, 等. 离子选择电极的原理及应用. 北京: 新时代出版社, 1982.

［17］ Beecher R B. Methods in Microbiology∥Vol 6B. Norries J R, Ribbons D W. 1972: 25-54.

［18］ 佐藤生男. **センス**-技术, 1989, 9（5）: 36-39.

［19］ Mosbach K, Danielsson B. Anal Chem, 1981, 53（1）: A83.

［20］ Wohltjen H. Anal Chem, 1984, 56（1）: A87.

［21］ Murakami T. Transducers, 1987, 87: 804-807.

［22］ Aizawa M, et al. Transducers 87, 1987: 783.

［23］ Kane Lesa. Process Control and Optimzation Handbook. Hustor Gulf, 1980.

［24］ 谢国瑞. 最优化法. 上海: 华东化工学院出版社, 1987: 8-231.

［25］ Posten C. Pro of ICCAFT4, 1988: 1-79.

［26］ 蒋慰孙, 等. 过程控制工程. 北京: 中国石化出版社, 1988: 152-154.

［27］ 张成乾, 等. 系统辨识与参数估计. 北京: 机械工业出版社, 1986.

［28］ Hartmann G L, et al. Optimal Linear Control, ADA023117, March, 1976.

［29］ Hilaly A K, et al. Proc of ICCAFT5, 1992: 371.

［30］ 王梓坤. 常用数学公式大全. 重庆: 重庆出版社, 1991: 1434-1444.

［31］ Finlayson B A. Nonlinear Analysis in Chemical Engineering. New York: Mc Graw-Hill Inc, 1980.

［32］ Albiol J, et al. Biotechol Prog. 1993, 9: 174-178.

［33］ Bastin G, et al. On-line Estimation and Adaptive Control of Bioreactors. Amsterdam: Elsevier, 1990.

［34］ Ye K M, et al. Proc of APBEC, 1992: 673.

［35］ 徐萼辉, 等. 青霉素发酵过程专家模糊控制系统. 信息与控制, 1989（4）: 44-48.

［36］ 金沙, 等. 生物工程学报, 1990（1）: 50-55.

［37］ 张宏, 等. 华东化工学院学报, 1992（5）: 615-623.

［38］ 赵瑞清. 专家系统原理. 北京: 气象出版社, 1987: 57-98.

［39］ Forsyth R, et al. Expert Systems Principles and Case Studies. England: Chapman and Hall Ltd, 1984: 1-155.

[40] Syu M J, et al. Neural Network Modeling of Batch Cell Growth Pattern. Biotechnol Bioeng, 1993, 42: 376-386.

[41] Zhang X, et al. Process Biochem, 2007, 42: 1200-1210.

[42] Yu R S, et al. Bioprocess Biosyst Eng, 2010, 33: 473-483.

[43] Ding J, et al. J Chem Technol Biot, 2014, 89（12），1948-1953.

[44] 清水浩. 日本生物工学会誌, 1998, 76: 338-348.

[45] Huang J H, et al. J Biosci Bioeng, 2002, 94（1）: 70-77.

[46] Ding J, et al. Chem Eng Res Des, 2012, 90: 1197-1207.

7

生物分离技术

7.1 概述

7.1.1 生物分离过程的特点

生物分离是生物化学工程的一个重要组成部分。从发酵液或者培养液中获得最终产品的全部过程，称为生物分离，又称为"下游加工过程"（downstream processing）。

典型的生物产品的分离有以下特点：

① 分离的对象组成复杂，发酵液或培养液是复杂的多相体系，料液黏度大，固液密度差小；

② 目的产物和其他代谢产物品种多，理化性质复杂；

③ 许多发酵产品具有生理活性，很容易变性失活；

④ 发酵液中所需产品的浓度很低，而杂质含量却很高，这使分离所需能量以及产品价格大大提高。几种不同类型发酵液的浓度列于表 26-7-1。图 26-7-1 是发酵液的浓度与产品价格之间的关系。

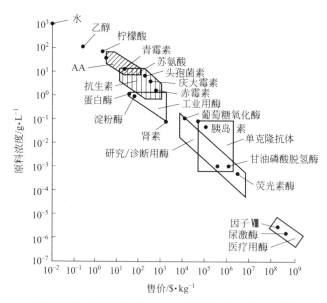

图 26-7-1 发酵液的浓度与产品价格之间的关系[1]

7.1.2 生物分离过程的一般流程及单元操作

一般来说，下游加工过程可分为四个步骤：①发酵液的预处理和液固分离，包括细胞破

表 26-7-1 典型发酵液组分含量

产物	干重量浓度/%	产物	干重量浓度/%
细菌或酵母	3～5	抗体	1～5
真菌(柠檬酸、青霉素生产)	1.5～3	抗生素	2～5
动物细胞(哺乳动物组织培养)	0.05～0.2	氨基酸	5～10
植物组织培养	0.1～5	有机酸	5～10
酶	0.5～1.0	维生素	0.005～0.1
γ-DNA 蛋白质	～1	乙醇	7～12

碎等；②初步提取分离；③精制；④成品加工。如图 26-7-2 所示，许多化工单元操作可用于生物分离，本篇就其几个主要的生物分离方法作一介绍。

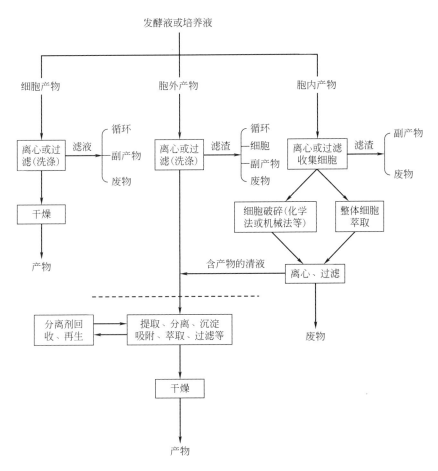

图 26-7-2 生化产品分离纯化的一般步骤[2]

7.2 细胞及其他固形物的回收和去除

从发酵液中分离细胞和其他固形物的目的有：分离完整细胞作为产品；分离细胞后进行破碎以提取胞内产品；除去细胞碎片；回收细胞返回反应器再利用；去除或回收少量未转化的可溶性底物等。回收的方法主要是过滤、离心和沉降。

7.2.1 发酵液的预处理

发酵液的物理性质对液固分离速度的影响很大。发酵液预处理的目的：絮凝蛋白质；增大固体颗粒粒度；去除高价无机离子；改变发酵液的物理性质，特别是降低黏度等。

发酵液的预处理过程一般包括以下几部分：

(1) 发酵液杂质的去除 包括除去蛋白质、无机离子以及色素、热原、毒性物质等有机物质。对提取影响最大的是高价无机离子（Ca^{2+}、Mg^{2+}、Fe^{3+} 等）和杂蛋白。

通常加入草酸钙可去除 Ca^{2+}。加入三聚磷酸钠 $Na_5P_3O_{10}$ 与 Mg^{2+} 形成络合物。加入黄血盐形成沉淀，可去除 Fe^{3+}。

去除杂蛋白质的主要方法有：

① 加热使杂蛋白变性絮凝，形成较大颗粒，此法适用于非热敏性产品；

② 调节发酵液 pH，改变某些组分的电离度，促进蛋白质沉淀；

③ 添加絮凝剂，使菌体形成较大絮凝团。

(2) 改善培养液的处理性能 主要通过降低发酵液的黏度，调节适宜的 pH 值和温度及絮凝与凝聚等操作来实现。

7.2.2 凝聚和絮凝

凝聚和絮凝能有效聚集细胞、菌体和蛋白质等胶体粒子。凝聚是在加入的某些无机盐作用下，由于双电层排斥电位降低，使胶体形成不稳定状态的过程。絮凝是指在某些高分子絮凝剂存在时，基于架桥作用，使粒子形成较大的絮凝团的过程。

(1) 絮凝剂的分类 絮凝剂从化学结构看，主要分为：高聚物、无机盐、有机溶剂及表面活性剂。根据活性基团在水中解离情况的不同，絮凝剂又可分为非离子型、阴离子型（含羧基）和阳离子型（含氨基）三类。几种主要的絮凝剂如表 26-7-2 所示。

发酵液中菌体主要带负电荷，由于静电引力使溶液中的正离子被吸附在其周围，在界面形成双电层。此外由于粒子表面的水化作用，形成了包围粒子周围的水化层。双电层之间的排斥作用和水化层的存在都阻碍胶粒间的聚集。若是在发酵液中加入具有高价阳离子的电解质，可降低双电层电动电位和破坏胶粒周围的水化膜，从而导致胶体粒子间的凝聚。阳离子对带负电胶粒的凝聚作用大小的次序为

$$Al^{3+} > Fe^{2+} > H^+ > Ca^{2+} > Mg^{2+} > K^+ > Na^+ > Li^+$$

其中应用较广的无机絮凝剂有 $Al_2(SO_4)_3 \cdot 18H_2O$（明矾）、$AlCl_3 \cdot 6H_2O$、$FeCl_3$ 和 $ZnSO_4$ 等。

与凝聚剂不同，一些高分子絮凝剂是一些具有长链结构的水溶性聚合物，长链上有相当多的活性基团，通过静电引力、范德华力和氢键作用，一个高分子聚合物可吸附许多胶粒，产生架桥连接，生成较大絮团，这就是絮凝。

其中最常见的絮凝剂是聚丙烯酰胺类衍生物，有阴离子型（含有羧基）、阳离子型（含有氨基）和非离子型三类。其用量少（一般以 10^{-6} 计），絮凝速度快，分离效果好，故应用广泛。其缺点是具有一定的毒性，特别是阳离子型。聚丙烯酸类是阴离子交换剂，无毒，可用于食品和医药行业。也可采用天然有机絮凝剂，如多聚糖类胶黏物、海藻酸钠、明胶、骨胶、壳聚糖和脱乙酰壳聚糖等。絮凝效果主要与絮凝剂类型、分子量和用量、溶液的 pH 值、

表 26-7-2　絮凝剂的种类及应用

絮凝剂种类		絮凝剂
高聚物	阴离子型	聚丙烯酸、海藻酸、羧酸乙烯共聚物、磺化聚丙烯苯
	阳离子型	聚乙烯吡啶、聚乙烯亚胺
	非离子型	聚乙烯酰胺、尿素甲醛聚合物、水溶性淀粉
	两性	明胶、改性聚丙烯酰胺
	混合物	离子型与非离子型混合物
有机物	溶剂	乙醇
		丙酮
	其他有机物	腐殖酸
		单宁
无机物	金属离子	镁盐
		钙盐
		铝盐
	无机盐	$Al_2(SO_4)_3$,$ZnSO_4$,$FeCl_3$,$AlCl_3$,$CaCl_2$,$TiCl_4$
	酸	H_2SO_4,HCl
	碱	Na_2CO_3,NaOH,$Ca(OH)_2$,$Al(OH)_3$,$Fe(OH)_3$
	固体粉末	高岭土、皂土、酸性白土、炭黑、烟灰
	其他	无机高聚物电解质

搅拌速度和时间等因素有关。

除常见的絮凝剂外，新型絮凝剂主要包括主絮凝剂＋助絮凝剂、F-717、无机有机复合絮凝剂、微生物絮凝剂与传统絮凝剂复合物等。如在维生素生产过程中，去除蛋白质等易乳化的杂质所用的新型絮凝剂主要由主絮凝剂 A 和助絮凝剂 B 组成，絮凝作用由两者协同完成，主絮凝剂 A 吸附蛋白质，助絮凝剂 B 将吸附蛋白质后的主絮凝剂进一步交联，加快其沉降速度。F-717 是一种网状多聚电解质的分散体（由强碱性阴离子交换树脂经物理磨碎得到），在生产抗生素的预处理过程中效果很好。

(2) 絮凝机理和动力学　絮凝机理比较复杂，到目前为止，主要有胶体理论、高聚物架桥理论和双电层理论三种理论。细胞絮凝动力学比较复杂，一般认为，絮凝有两种：同向絮凝和异向絮凝。同向絮凝是因流体流动产生的絮凝，而异向絮凝是由流体分子布朗运动产生的聚并。当絮凝颗粒的直径小于 $1\mu m$ 时，异向絮凝占主导地位；当絮凝颗粒的直径大于 $1\mu m$ 时，同向絮凝占主导地位。絮凝初期，颗粒聚并快，此时搅拌应剧烈一些；絮凝后期，颗粒聚并速度变慢，搅拌速率应降低；增加颗粒（细胞）的浓度，有利于聚并絮凝；加大搅拌，增加速度梯度，有利于颗粒聚并，但搅拌速率过大时，剪切力会导致絮凝体破裂。

7.2.3　过滤

过滤就是利用多孔性介质（如滤布）截留固液悬浮物中的固体颗粒，从而实现固液分离的方法。过滤是发酵液处理中常用的单元操作。

传统的过滤单元操作，根据过滤机理的不同，可以分为深层过滤和滤饼过滤。

深层过滤所用的过滤介质为硅藻土、砂、颗粒活性炭和塑料颗粒等。过滤介质填充于过滤器内形成过滤层。过滤时，悬浮液通过滤层，滤层上的颗粒阻拦或者吸附固体颗粒，使滤液澄清，因此，过滤介质在过滤中起主要作用。澄清过滤适于过滤固体含量少于 $0.1g \cdot 100mL^{-1}$、颗粒直径在 $5\sim100\mu m$ 范围内的悬浮液，如河水、麦芽汁等。

滤饼过滤的过滤介质是滤布。悬浮液通过滤布时，固体颗粒被阻拦形成滤饼或滤渣。悬浮液本身形成的滤饼起主要过滤作用。滤饼过滤一般用于过滤固体含量大于 $0.1g \cdot 100mL^{-1}$ 的悬浮液。就滤饼过滤而言，如果按照过滤推动力的不同，又可分为常压过滤、加压过滤和真空过滤三类。常压过滤效率低，所以只适合于过滤易分离的物料。例如，啤酒糖化醪的过滤。而加压和真空过滤在生物和化工工业中的应用比较广泛。

以菌体细胞为主的滤饼是可压缩的，受压变形，易堵塞滤饼的毛细孔道。为了改善滤饼的过滤特性，添加助滤剂是有益的。常用的助滤剂有硅藻土、珍珠岩等。最常用的过滤设备是板框压滤机和转鼓式真空过滤机（详见本手册第 22 篇）

过滤速度是指单位时间内通过过滤面积的滤液体积，又称滤液的透过速度。影响过滤速度大小的因素主要有两个：一是促进过程进行的推动力 Δp；二是阻碍过程进行的阻力。发酵液的过滤速度与菌种、培养基组成、发酵时间、未用完的培养基数量、消泡油等有关。

各种产生菌的发酵液的过滤特性参数见表 26-7-3。

表 26-7-3　各种产生菌的发酵液的过滤特性参数[3]

产生菌			培养基		特性参数	
种类	名称	抗生素	主要成分	干渣重量 /%	X_B /kg·m^{-3}	γ_B· /10^2m·kg^{-1}
真菌	产黄青霉	青霉素	乳糖、玉米浆	11	40～48	0.15～0.20
			玉米糖蜜	14	48～55	0.20～0.30
			乳糖、酵母蛋白、玉米糖蜜	14	55～63	0.20～20
			乳糖、玉米浆	24	60～70	0.25～0.35
			玉米糖蜜、玉米浆	30	65～75	0.30～0.35
			乳糖、玉米浆	16.4	65～75	0.5～0.6
放线菌	红色链霉菌	红霉素	葡萄糖、玉米浆	17.7	20～34	80～500
	龟裂链霉菌	土霉素	淀粉、黄豆粉、鲸油	11.5	34～41	120～180
	产金链霉菌	四环素	玉米粉、玉米浆	14.5	41～55	200～500
	绛红小单孢菌 Micromonospora purpurea	庆大霉素	淀粉、黄豆粉	8.3	34～41	20～40
	灰色链霉菌	链霉素	葡萄糖、玉米浆	8.5	30～40	500～2000
			葡萄糖、黄豆粉	8.5	35～42	800～4000

注：X_B 为通过单位体积滤液所形成的滤渣质量；γ_B 为滤饼的质量比阻。

7.2.4　离心分离

(1) 离心分离的原理和分类　依靠惯性离心力的作用而实现的沉降过程称为离心。

差速离心是生化分离中最为常用的离心分离方法。在差速离心操作中，离心转速和时间等操作条件要根据实际物系的特点（目标产物和其他组分的性质和相互作用）、分离的目的和所需的分离程度来选择，从而使料液中的不同组分得到分级分离。

差速区带离心的原理是沉降系数不同的组分在密度梯度中会形成各自不同的区带。

平衡区带离心与差速区带离心的不同之处在于其密度梯度比差速离心的密度梯度大。离心操作后，料液中的高分子溶质在与其自身密度相等的溶剂密度处形成稳定的区带，区带中的溶质浓度以该密度为中心，呈高斯分布。

（2）离心分离的设备 根据离心力（转数）的大小，离心设备可分为普通离心机、高速离心机和超速离心机三类。表 26-7-4 给出了各种离心机的离心力范围和分离对象。

表 26-7-4 离心机的种类适用范围

种类		普通离心机	高速离心机	超速离心机
离心机参数	转速/r·min⁻¹	2000～6000	10000～26000	30000～120000
	离心力/g	2000～7000	8000～80000	100000～600000
适用范围	细胞	适用	适用	适用
	细胞核	适用	适用	适用
	细胞器	—	适用	适用
	蛋白质	—	—	适用

按照作用原理不同，离心机又可分为过滤式离心机和沉降式离心机两大类。过滤式离心机转鼓上开有小孔，有过滤介质，液体在离心力的作用下穿过过滤介质，经小孔流出而分离，分离原理与过滤基本相同。该种离心机主要用于处理颗粒粒径较大、固体含量较高的悬浮液。沉降式离心机转鼓上不开孔，没有过滤介质，物料在离心力的作用下，按密度大小分层沉降，可以用于液-固、液-液和液-液-固物料的分离。

工业生产中，主要采用的沉降式离心机包括管式离心机、碟片式离心机和倾析式离心机，它们处理量较大，并可以进行连续操作。

管式离心机（图 26-7-3）主要应用于微生物细胞，用于细胞碎片、细胞器、病毒、蛋白质及核酸等生物大分子的分离。它的设备构造简单，操作稳定，分离效率高，转数可达 2×10^4 r·min⁻¹，特别适合于分离一般离心机难以分离、固形物含量小于 1% 的发酵液。但是，

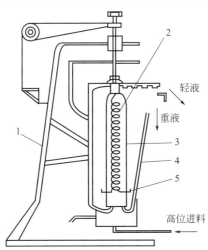

图 26-7-3 管式离心机结构示意图

1—机架；2—分离盘；3—转筒；4—机壳；5—挡板

由于管式离心机的转鼓直径较小、容量有限，所以生产能力较小。

碟片式离心机，又称为分离板式离心机（图26-7-4），适于分离细菌、酵母菌、放线菌等多种微生物细胞悬浮液及细胞碎片悬浮液。生产能力较大，一般用于大规模的分离过程。如瑞典 Alfa Laval 公司制造的 BRPX-213 型离心机，是一种具有活门式自动出渣装置的碟片式离心机，用来分离放线菌发酵液，效果甚佳。但是碟片式离心机结构比较复杂，离心转数一般较管式离心机低，约为 1×10^4 r·min^{-1}。

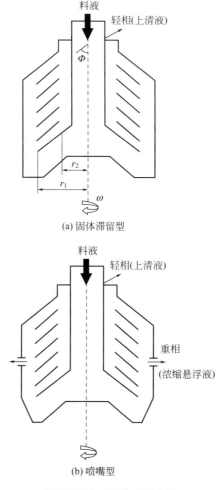

图 26-7-4   碟片式离心机

倾析式（或称为螺旋型）离心机（图 26-7-5），依靠离心力和螺旋的推进作用自动排渣。倾析式离心机可以连续操作，适应于离心分离多种悬浮液，并且还具有结构紧凑、便于维修等特点，因此，应用广泛，特别适合于分离固形物较多的悬浮液。在发酵工业中，倾析式离心机常用来精制淀粉和处理废液。当用于酒精废糟处理时，离心后所得固形物的浓度在20％～30％的范围内变化，而液相中悬浮物的含量大约为 0.5％。由于倾析式离心机的分离因数一般比较低，大多只有 1500～3000，所以不适合分离直径较小的细菌、酵母菌等微生物悬浮液。

除过滤和离心两种方法，沉降常被用于初步分离和浓缩固体。这种方法简单低廉，但分离能力有限。

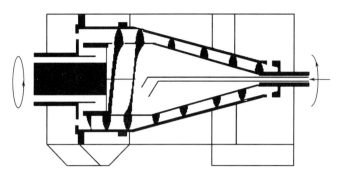

图 26-7-5 倾析式离心机

发酵液中的细胞含水量可分为自由水分、絮凝水分、毛细水分和胞内水分等四种。一般沉降法去除自由水分，离心及过滤去除絮凝水分，毛细水分用高速离心机去除，而胞内水分只能借助干燥。

7.3 细胞破碎

7.3.1 破碎分类

为了提取细胞内的酶、多肽和核酸等，必须首先破碎细胞。破碎细胞的目的是使细胞壁和细胞膜受到不同程度的破坏（增大渗透性）或破碎，进而释放其中的目标产物。主要采用的方法有机械法和非机械法两大类，图 26-7-6 列出了一些主要的方法。

机械破碎中细胞所受的机械作用力主要有压缩力和剪切力；化学破碎则是利用化学或生化试剂以及相应的酶，改变细胞壁或细胞膜的结构，增大胞内物质的溶解速率，或完全溶解细胞壁，形成原生质体后，在渗透压作用下，使细胞膜破裂而释放胞内物质。

图 26-7-6 中所列机械法中的高压匀浆法和高速湿式球磨法在生产上应用较多。非机械方法，如酶解法、化学渗透压法，目前尚处在工业应用开发阶段，而其他非机械方法仅在实验室使用，工业应用仍受许多因素限制。

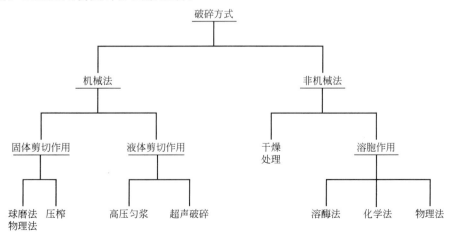

图 26-7-6 细胞破碎方法分类[4]

7.3.2　机械破碎

机械破碎处理量大，破碎速度较快，时间短，效率较高，是工业规模细胞破碎的重要手段。机械处理法是使细胞受到挤压，剪切和撞击作用使细胞易被破碎。在许多情况下，细胞内含物会全部释放出来，由于机械搅拌产生热量，破碎时要采用冷却措施。机械破碎主要包括球磨法、高压匀浆法、撞击破碎法和超声破碎法等方法。

表 26-7-5 列举了用各种机械方法破碎不同细胞的难易程度。动物细胞因只有一层膜包围原生质，故易于破碎。

表 26-7-5　细胞对破碎的敏感度

细胞	超声波	搅拌	液体压榨	冻结压榨
动物细胞	7	7	7	7
革兰氏阴性杆菌和球菌	6	5	6	6
革兰氏阳性杆菌	5	(4)	5	4
酵母	3.5	3	4	2.5
革兰氏阳性球菌	3.5	(2)	3	2.5
孢子	2	(1)	2	1
菌丝	1	6	(1)	5

注：表中数字是相对的，数字越大越易破碎，括号中的数字表示仅供参考。

(1) 高压匀浆法　高压匀浆法是大规模破碎细胞的常用方法，高压匀浆器是该法所采用的设备，它由高压泵和匀浆阀组成。图 26-7-7 是高压匀浆器排出阀的示意图。利用高压迫使悬浮液通过针形阀，由于突然减压和高速冲击撞击造成细胞破裂。影响高压匀浆破碎的因素主要有压力、温度和通过匀浆器阀的次数。我国国产的有 DYJ-6H 等型号产品。

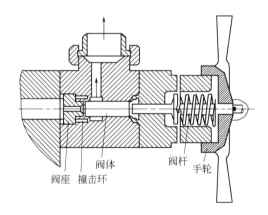

阀座　撞击环　阀体　阀杆　手轮

图 26-7-7　高压匀浆器排出阀示意图

高压匀浆破碎细胞的动力学符合一级反应速率方程，细胞种类和培养条件对破碎率有影响（图 26-7-8）。破碎率可用下式表示[5]

$$\ln \frac{1}{1-R} = K_T N^b p^a \tag{26-7-1}$$

式中　R——破碎率；

　　　K_T——与温度有关的速率常数；

N——悬浮液通过匀浆阀的次数；

p——操作压力；

b——与细胞种类、培养条件有关的常数；

a——常数，可取 2.9（酵母）、2.2（大肠杆菌）、1.77（产朊假丝酵母）。

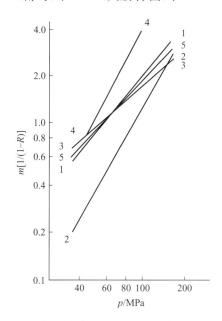

图 26-7-8　细胞种类和培养条件对破碎率的影响[5]

1—产朊假丝酵母，分批培养，$\mu=0.5$；2—产朊假丝酵母，连续培养，$D=0.1$；

3—酿酒酵母，需氧连续培养，$D=0.1$；4—被排放的啤酒厂酵母；

5—枯草杆菌，连续培养 $D=0.2$

μ 为比生长速率，h^{-1}；D 为稀释率，h^{-1}

（2）高速球磨法　高速球磨法是让细胞悬液和超细研磨剂（无铅玻璃珠）在搅拌桨作用下充分混合，玻璃珠与玻璃珠，玻璃珠与细胞之间互相剪切、碰撞促进细胞壁破裂，释放内含物[6]。工业上采用的高速球磨机示于图 26-7-9。由于圆盘的高速旋转，细胞悬浮液与极细的玻璃小珠、石英砂或氧化铝一起快速搅拌或研磨，使细胞得以破碎。

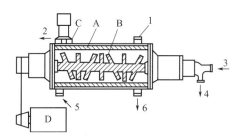

图 26-7-9　Netzsch LME20 球磨机

A—带冷却夹套的研磨筒；B—带冷却转轴及圆盘的搅拌器；C—震动式环隙分离器；D—变速电机；

1—物料进口；2—物料出口；3—搅拌器冷却水进口；4—搅拌器冷却水出口；

5—夹套冷却水进口；6—夹套冷却水出口

研究表明，球磨中胞内产物释放符合一级反应动力学，间歇操作[7]：

$$\ln \frac{1}{1-R} = Kt \qquad (26\text{-}7\text{-}2)$$

连续操作[8]：

$$\ln \frac{1}{1-R} = \frac{KV}{F} \qquad (26\text{-}7\text{-}3)$$

式中　R——破碎率；

　　　K——破碎速率常数，与温度等条件有关；

　　　t——时间，s；

　　　V——腔室体积，L；

　　　F——进料速度，L·s^{-1}。

高速球磨破碎过程中产生的热量会引起蛋白质失活，必须用夹套冷却。

（3）超声破碎　超声破碎的声波频率在 15～20kHz 范围内，其机理与空化现象引起的冲击波及剪切力有关。处理过程中，高强度的超声波在液体中产生纵波传播，因而产生交替压缩和膨胀区，压力变化引起空化现象，在介质中形成微小气泡核。小气泡核在绝热压缩和崩溃时，产生 5000℃高温和超过 50000kPa 压力，使细胞壁损伤[9]。超声破碎的频率与声频、声强、处理时间、细胞种类和浓度等因素有关，对啤酒酵母的破碎实验结果与分析得到下式[9]：

$$\ln \frac{1}{1-R} = Kt = \left(\frac{P-P_0}{\alpha}\right)^{\beta} \qquad (26\text{-}7\text{-}4)$$

式中，P 为输入功率，erg·g^{-1}·s^{-1}；P_0为空化作用的最低极限功率；β 为常数，理论值为 0.895；α 为常数。

超声破碎主要是用于实验室，大规模装置的能量传递和散热是难以解决的问题，因而应用受到限制。

7.3.3　非机械破碎方法

非机械破碎方法包括酶解法、渗透压冲击法、化学渗透法、冷冻和融化法、干燥法。

（1）酶解法　酶解法是用生物酶将细胞壁和细胞膜消化、溶解的方法。细胞壁主要成分是肽聚糖，能够破坏它们之间连接键的酶可以用来去除细胞壁。可用的酶有溶菌酶、β-1,3-葡聚糖酶、β-1,6-葡聚糖酶、蛋白酶、甘露糖酶、糖苷酶、肽链内切酶、壳多糖酶等。细胞壁溶解酶是几种酶的复合物。不同的细胞要用不同的酶来溶解，革兰氏阳性菌很容易被溶菌酶或类似的酶溶解，革兰氏阴性菌先用 EDTA 处理后，也可以被溶菌酶裂解。表 26-7-6 列出了能水解细胞壁的酶。酵母菌的细胞壁与细菌的不同，不能用溶菌酶，一般用蜗牛消化液或微生物产生的酶类去除细胞壁。高等植物的细胞壁主要是纤维素，可以用纤维素裂解酶裂解，如日本生产的纤维素酶 R$_{10}$。

（2）化学渗透法　某些有机溶剂（如苯、甲苯）、表面活性剂（SDS、Triton X-100）及变性剂（盐酸胍、脲）等化学试剂可以改变细胞壁的通透性，从而使内含物有选择性地渗透出，故称为化学渗透法。针对不同的细胞有不同的处理方式（见表 26-7-7）。化学渗透法释放率低，某些化学试剂对活性物有毒性。

表 26-7-6　细胞壁肽聚糖的降解酶类[10]

酶	来源
乙酰胞壁酸内切酶	植物、动物及 T_2 系噬菌体的溶菌酶,链霉菌 G,粪链球菌
乙酰葡萄糖胺内切酶	链球菌、葡萄球菌
乙酰葡萄糖胺外切酶	猪附睾、大肠杆菌
乙酰胞壁酰-L-丙氨酰胺酶	链酶菌 G、枯草杆菌、大肠杆菌、金黄葡萄球菌等
内肽酶	链霉菌 G、大肠杆菌、链霉菌等
外肽酶	链霉菌 G、大肠杆菌

表 26-7-7　针对不同细胞的化学渗透处理方式[11]

细胞类型	变性剂	表面活性剂	溶剂	酶	抗生素	生物试剂	螯合剂
革兰阴性	X	X	X	X	X		X
革兰阳性		X	X	X			
酵母	X	X	X	X	X	X	
植物细胞		X	X		X	X	
巨噬细胞		X	X			X	

注：X 表示可用的处理方式。

（3）渗透压冲击法　这是一种较温和的方法。将细胞放在高渗透压的介质中（如一定浓度的甘油或蔗糖溶液中），水分外渗、细胞收缩，产生质壁分离。达到平衡后突然转入水溶液或缓冲液等低渗溶液中，会因渗透压的突变，细胞迅速膨胀，使细胞破碎。通常认为这种方法可使酶释放到细胞周质，或者至少释放到细胞表面。此法对细胞壁由牢固的肽聚糖构成的革兰氏阳性菌不适用。

以上介绍的机械破碎法和非机械破碎法相比，各有特点，表 26-7-8 对二者进行了比较。

表 26-7-8　机械破碎法与非机械破碎法的比较

比较项目	机械破碎法	非机械破碎法
破碎机理	切碎细胞	溶解局部壁膜
碎片大小	碎片细小	细胞碎片较大
内含物释放	全部	部分
黏度	高(核酸多)	低(核酸少)
时间,效率	时间短,效率高	时间长,效率低
设备	需专用设备	不需专用设备
通用性	强	差
经济	成本低	成本高
应用范围	实验室,工业	实验室

7.4　生化物质的提取

此步的主要目的是对生物产品料液进行浓缩和初步分离。所用的主要方法有沉淀、萃取、离子交换及吸附和膜分离。除沉淀外，其他方法在本手册中均有专门章节进行详细介绍，这里只就与生化物质有关的内容作一些补叙。

7.4.1　沉淀法

根据所加沉淀剂的不同，沉淀法可以分为盐析法、有机溶剂沉淀法、等电点沉淀法、非离子型聚合物沉淀法、聚电解质沉淀法、生成复合盐沉淀法、选择性变性沉淀法等。

(1) 盐析法

① 盐析的基本原理[12~14]。许多生化物质如蛋白质、多肽、多糖、核酸等均可用盐析法进行分离。但应用最多的还是蛋白质的沉淀分离。当加入中性盐达到一定浓度时，水分子在中性盐的作用下活度大大减小，蛋白质表面电荷被大大中和，最后破坏了蛋白质表面的水化层，暴露了憎水区域，憎水区域相互作用，使蛋白质互相聚集而沉淀。蛋白质表面憎水区域越多，越易形成沉淀。蛋白质盐析与溶液中离子强度的定量关系可以用 Cohn 经验公式来表示：

$$\lg S = \beta - K_s I \qquad (26\text{-}7\text{-}5)$$

$$I = \frac{1}{2} \sum m_i \times Z_i^2$$

式中　S——蛋白质溶解度，$g \cdot L^{-1}$；

　　　I——离子强度；

　　m_i——离子 i 的浓度；

　　Z_i——离子 i 所带电荷；

　　　β——常数，与盐类无关，与温度和 pH 有关；

　　K_s——盐析常数，与温度和 pH 有关。

有时为简单计算，可用浓度代替离子强度，

$$\lg S = \beta' - K_s' m \qquad (26\text{-}7\text{-}6)$$

式中　m——盐的浓度。

② 盐析法的影响因素——K_s 盐析与 β 盐析。

实验证明，式(26-7-5)中的 K_s 值与溶液的 pH 及温度无关，它依赖于蛋白质的性质与盐的种类。如表 26-7-9 和表 26-7-10 所示，不同的蛋白质、不同的盐，K_s 不同。

表 26-7-9　各种氨基酸与蛋白质的盐析常数 K_s 值

物质	NaCl	MgSO₄	(NH₄)₂SO₄	Na₂SO₄	磷酸盐
胱氨酸	0.04		0.05		
氨基丁酸	0.04				
亮氨酸	0.09				
酪氨酸	0.31				
乳球蛋白				0.63	
牛血红蛋白		0.33	0.71	0.76	1.00
人血红蛋白					2.00
牛肌红蛋白			0.94		

表 26-7-10　各种盐类对碳氧血红蛋白盐析时的 K_s 值和 β 值

参数	磷酸钾	硫酸钠	硫酸铵	柠檬酸钠	硫酸镁
K_s	1.00	0.76	0.71	0.69	0.33
β	3.01	2.53	3.09	2.60	3.23

β 不仅与蛋白质的性质和盐的种类有关，还与溶液的温度和 pH 有关，见图 26-7-10。

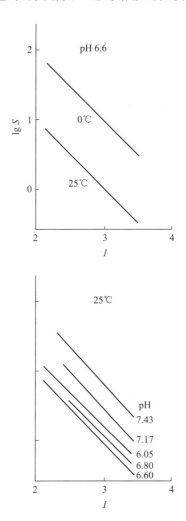

图 26-7-10　温度与 pH 对碳氧血红蛋白磷酸盐盐析的影响

目前，蛋白质的盐析可以用两种操作方式，一是固定蛋白质溶液的 pH 与温度，变动其离子强度进行沉淀，称为 K_s 盐析；二是在一定的离子强度下，改变 pH 与温度进行沉淀，称为 β 盐析。K_s 盐析常用于蛋白质粗品的分级沉淀，而 β 盐析则适用于蛋白质的进一步纯化。

无机盐析剂中最常用的是硫酸铵，价格便宜，溶解度大，对大多数蛋白质的 K_s 大，定氮法测蛋白质时需要除尽 NH_4^+。

（2）有机溶剂沉淀法　有机溶剂对许多能溶于水的小分子生化物质以及核酸、多糖和蛋白质有沉淀作用。其原理主要是有机溶剂降低了水溶液的介电常数，溶质分子上异种电荷库仑引力增加，从而发生凝聚和沉淀。对于具有表面水化层的两性生物大分子，有机分子使水溶液的极性减小。其表面水化层发生破坏而生成沉淀。表 26-7-11 列出几种常用溶剂的相对介电常数。

表 26-7-11　几种常用溶剂的相对介电常数

溶剂	相对介电常数	溶剂	相对介电常数
水	80	$5mol \cdot L^{-1}$尿素	91
40%乙醇	60	丙酮	22
60%乙醇	48	甲醇	33
100%乙醇	24	丙醇	23
$2.5mol \cdot L^{-1}$尿素	84	$2.5mol \cdot L^{-1}$甘氨酸溶液	137

（3）等电点沉淀法　氨基酸、核苷酸和许多同时具有酸性和碱性基团的生物小分子，以及蛋白质、酶、核酸等生物大分子都是两性电解质，具有不同的等电点。等电点时，两性电解质的溶解度最低。

等电点沉淀法的主要缺点是酸化时易使蛋白质失活，另外不少蛋白质等电点接近，分辨率差。

（4）生成复合盐沉淀法　生物大分子和小分子都能生成盐类复合物沉淀，这可用来提取一些生化物质。

① 金属复合盐法　蛋白质在碱性溶液中带负电荷，都能与金属离子形成复合物，这种蛋白质-金属复合物的溶解度对介电常数非常敏感。调整介电常数（如加入有机溶剂），可沉淀许多蛋白质。常用的金属离子可以分为三类：

第一类包括 Mn^{2+}、Fe^{2+}、Co^{2+}、Ni^{2+}、Zn^{2+} 和 Cd^{2+}，主要用于羧酸以及杂环等含氮化合物；

第二类包括 Ca^{2+}、Ba^{2+}、Mg^{2+}、Pb^{2+}，它们也能与羧酸结合，但对含氮物质的配基没有亲和力；

第三类包括 Ag^+、Hg^+、Pb^+，能与巯基结合。

如用 Zn^{2+} 沉淀杆菌肽和胰岛素，用 Ca^{2+} 分离乳酸、血清清蛋白和柠檬酸，Mg^{2+} 用于去除 DNA 和其他核酸。

② 有机盐法　含氮有机酸，如苦味酸、单宁酸都能与生物分子的碱性基团结合形成沉淀。为防止蛋白质发生变性，常常采用温和条件，有时候需要加入稳定剂。

（5）选择性变性沉淀法　利用蛋白质、酶、核酸等生物大分子对某些物理或化学因素敏感性的不同，有选择地使之变性沉淀，而使反应物分离纯化。此法分为：

① 利用表面活性剂或有机溶剂引起变性；

② 利用热稳定性的不同，加热破坏某些组分，而保存其他有用成分；

③ 选择性的酸碱变性。通过调节 pH 值，使组分发生变性而除去蛋白质。

（6）非离子型聚合物沉淀法　聚合物的作用与有机物相似，可降低水化层，使蛋白质沉淀。聚乙二醇（PEG）是一种特别有用的沉淀剂。它无毒，不可燃，对大多数蛋白质有保护作用。分子量 6000 和 20000 的 PEG 最常用，浓度通常为 20%，再高则黏度太大，操作困难。蛋白质溶解度与 PEG 浓度的关系为[15]：

$$\lg S = \lg S_0 - K C_{\text{PEG}} \tag{26-7-7}$$

式中，S 为 PEG 存在时的溶解度；S_0 为无 PEG 时溶解度；K 为常数，它与蛋白质和 PEG 的分子量有关；C_{PEG} 为 PEG 浓度。

(7) 聚电解质沉淀法　与加絮凝剂相似，加入聚电解质兼有盐析和降低水化的作用。有一些离子型多糖如酸性多糖、羧甲基纤维素、海藻酸盐、卡拉胶等用于沉淀食品蛋白质，一些阴离子聚合物如聚丙烯酸、聚甲基丙烯酸，以及一些阳离子聚合物如聚乙烯亚胺等，用来沉淀乳清蛋白质。此法的最大缺点是易引起蛋白质结构改变。

7.4.2　萃取

萃取法在生物化工中有广泛的应用，它比沉淀法分离程度高，比离子交换法处理量大，比蒸馏法耗能少，易于连续操作和实现自动化。传统的有机溶剂萃取法在抗生素生产中应用最多，有机酸、维生素、氨基酸、激素等发酵产品的提取也可采用此方法。有关内容参见本手册第 15 篇。本篇介绍针对生物活性物质的提取所开发的双水相萃取和反胶团萃取等。

7.4.2.1　双水相萃取[16]

两种亲水性高聚物溶于水中，达到一定浓度时就会形成两相，两种高聚物分别溶于两相，某些高聚物和盐也会形成两相。这样的体系称为双水相体系。许多生物物质在两相有不同的分配，从而实现它们之间的分离，称为双水相萃取。常见的用于生物分离的双水相体系列于表 26-7-12。其中最常用的是聚乙二醇（PEG）/葡聚糖和 PEG/无机盐体系，常用无机盐是硫酸铵和磷酸盐等。因为双水相体系含水量高达 $80\% \sim 90\%$，而且聚乙二醇和葡聚糖无毒，并对生物大分子有稳定作用，所以特别适用于处理生物物质。

表 26-7-12　几种常见的双水相体系

类型	上相	下相
非离子型高聚物/非离子型高聚物	聚丙二醇	聚乙二醇 聚乙烯醇 葡聚糖
	聚乙二醇	聚乙烯醇 葡聚糖 聚乙烯吡咯烷酮
聚电解质/非离子型高聚物	DEAE 葡聚糖·HCl	聚丙二醇 NaCl 聚乙二醇 Li_2SO_4
聚电解质/聚电解质	甲基葡聚糖钠盐	羧甲基纤维素钠盐
聚电解质/无机盐	聚乙二醇	磷酸钾 硫酸铵 硫酸钠

图 26-7-11 是双水相体系的相图。图中以聚合物 Q 的浓度（质量分数）为纵坐标，以聚合物 P 的浓度（质量分数）为横坐标。图中把均相区和两相区分开的曲线，称为双节线（bimodal）。双节线下方为均相区，双节线上方为两相区。用 M 点代表体系总组成。用 T 点和 B 点分别代表互相平衡的上相和下相组成。M、T、B 三点在一条直线上，称为系线（tieline）。在同一系线不同的点，总组成、两相体积 V_T 和 V_B 不同，而上、下两相组成相同，它们服从杠杆原理，即

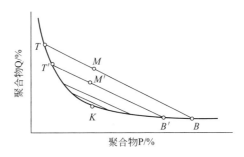

图 26-7-11 双水相体系相图

$$\frac{V_T d_T}{V_B d_B} = \frac{BM}{MT} \tag{26-7-8}$$

d 为密度，因两相密度差很小，所以

$$\frac{V_T}{V_B} = \frac{BM}{MT} \tag{26-7-9}$$

若 M 向双节线移动，系线变短，T、B 两点接近，即两相组成差别减小，M 点在双节线 K 点时，体系变成一相，K 称为临界点（critical point）。图 26-7-12 和图 26-7-13 是两个常用体系的相图。

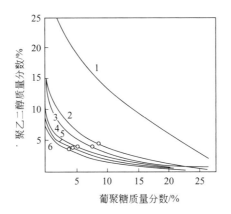

图 26-7-12 聚乙二醇 6000/葡聚糖体系相图[16]

1—D_5（$M_n=2800$，$M_w=3400$）；2—D_{17}（$M_n=23000$，$M_w=30000$）；

3—D_{24}（$M_n=40500$）；4—D_{37}（$M_n=83000$，$M_w=179000$）；

5—D_{48}（$M_n=180000$，$M_w=460000$）；6—D_{68}（$M_n=280000$，$M_w=2200000$）

其中，M_n 为以分子数为基准的平均分子量；M_w 为以重量为基准的平均分子量

双水相体系的相图与聚合物的类型和分子量、成相无机盐的类型、温度等因素有关。

影响生物大分子在双水相体系中分配的主要因素有：高聚物的分子量和浓度；成相盐的种类和浓度；pH（图 26-7-14）；温度；非成相盐的种类和浓度（图 26-7-15）。这些因素直接影响被分配物质在两相的界面特性和电位差，从而影响物质在两相的分配。通过选择合适的萃取条件，可以提高生物物质的收率和纯度，也可以通过改变条件实现生物物质的反萃取。

在高聚物上接上亲和配基的亲和双水相萃取是一种提高萃取专一性的新发展。根据配基的不同可分为三类：

第 26 篇

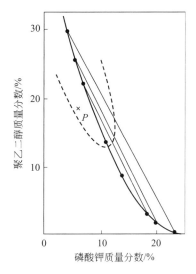

图 26-7-13　聚乙二醇 1550/磷酸钾体系相图[17]

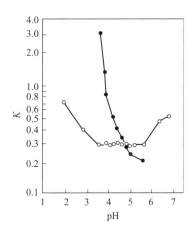

图 26-7-14　血清白蛋白分配系数（K）与 pH 的关系[16]

● 0.1mol·L⁻¹ NaCl；○ 0.05mol·L⁻¹ Na₂SO₄

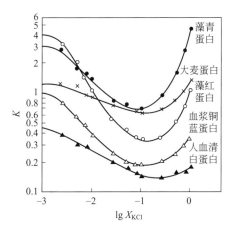

图 26-7-15　KCl 浓度 X_{KCl} 对蛋白质分配系数（K）的影响[16]

① 基团亲和配基型。即在 PEG 或 Dextran 上接上—NH_2，—COOH，—PO_4^{3-}，—SO_4^{2-} 等基团，主要利用基团的疏水性及电荷性质。

② 染料亲和配基型。即在 PEG 或 Dextran 上接染料配基。特别是三嗪染料，易于合成，价格也不高，它对几十种生物物质有亲和作用。

③ 生物亲和配基型。即在 PEG 上接单克隆抗体等生物配基。这与生物亲和色谱一样，专一性非常高，但成本较高。

双水相萃取法的应用日益广泛，表 26-7-13 中所列为部分实例。

表 26-7-13 应用双水相萃取法从细胞碎片中分离酶[20]

酶	菌种	收率/%	K	β	X/%
延胡索酸酶	B. ammoniagennes	83	3.3	7.5	20
天冬氨酸酶	E. Coli	96	5.7	6.6	25
异亮氨酸-tRNA 合成酶	E. Coli	93	3.6	2.3	20
青霉素酰化酶	E. Coli	90	2.5	8.2	20
延胡索酸酶	E. Coli	93	3.2	3.4	25
β-半乳糖苷酶	E. Coli	87	62	9.3	12
亮氨酸脱氢酶①	B. sphaericus	98	9.5	2.4	20
葡萄糖-6-磷酸盐脱氢酶	L. species	94	6.2	1.3	35
乙醇脱氢酶	B. yeast	96	8.2	2.5	30
甲醛脱氢酶①	C. boidinii	94	11	—	20
葡萄糖异构酶	S. species	86	3.0	2.5	20
L-2-羟基异己酸盐脱氢酶	L. casei	93	6.5	17	20

① 相体系为 PEG/粗 Dextran，其他为 PEG/盐。

注：K 为分配系数；β 为纯化因子；X 为细胞浓度。

7.4.2.2 反微团萃取[18]

反微团萃取又称反胶团萃取，是利用有机溶剂中生成的反微团进行蛋白质萃取分离的一种技术。众所周知，表面活性剂分子式用亲水憎油极性头和亲油憎水非极性头组成的。将表面活性剂溶于非极性的有机溶剂中，使其浓度超过临界微团浓度（CMC），便会在有机相中形成聚集体，称为反微团。正常微团与反微团的结构示于图 26-7-16。在反微团中，表面活性剂非极性尾在外与非极性有机溶剂接触，而极性头排列在内形成了一个可以溶解水的空腔。当含有此种反微团的有机溶剂与蛋白质的水溶液接触时，蛋白质便会溶解于此空腔中。由于周围水层和极性头的保护，蛋白质不会因与有机溶剂接触而失活。蛋白质的溶解过程示于图 26-7-17。

利用反胶团萃取分离蛋白质有利于实现连续操作，并且此种液-液萃取技术易于放大，可以解决其他蛋白质分离技术放大时遇到的处理能力低、不能连续操作以及经济性差等问题[19]。

常用的表面活性剂是丁二酸-2-乙基己基酯磺酸钠，商品名是 Aerosol OT（AOT），其形成的空腔较大，可溶解大分子。与之相配的有机溶剂有正辛烷等。

影响反微团萃取蛋白质的因素主要有水相 pH 值，水相离子强度，离子种类和表面活性剂浓度。

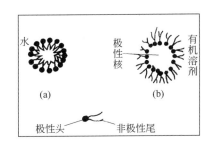

图 26-7-16 正常微团与反微团示意图

（a）正常微团；（b）反微团

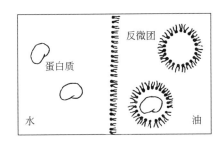

图 26-7-17 蛋白质在反微团中溶解示意图

此法目前尚在研究开发阶段，现在已知的可以通过反微团溶于有机溶剂的蛋白质有：细胞色素 C、α-胰凝乳蛋白酶、胰蛋白酶、胃蛋白酶、磷脂酶 A_2、乙醇脱氢酶、核糖核酸酶、溶菌酶、过氧化氢酶、α-淀粉酶和羟类固醇脱氢酶等。

7.4.3　离子交换及吸附

许多生物物质是两性物质，如四环类抗生素、氨基酸、蛋白质、多肽、核苷酸等。随着溶液 pH 值的不同，可以分为阳离子 $H_3^+NR^1COOH$、阴离子 $H_2R^1COO^-$ 和偶极离子 $H_3^+NR^1COO^-$ 三种形式存在。依靠静电力这些分子能可逆地结合在离子交换树脂上，依据结合能力的差别，可有效地达到分离的目的。因此离子交换法广泛用于抗生素、氨基酸、有机酸、嘌呤碱、磷脂、长链脂肪酸以及核苷酶等极性带电小分子的分离提取，尤其在抗生素和氨基酸的生产中应用最广泛。离子交换也逐渐应用于与蛋白质、核酸等大分子的分离提取，但用于分离介质大多是多糖类，且是色谱方法，原理有所不同，本篇另外介绍。

吸附在生物化工中主要用于酶、蛋白质、核苷酸、抗生素。氨基酸等产物的分离，空气的净化和除菌、脱色、去除热原等杂质。使用的吸附剂有氧化铝、硅胶、活性炭、碳酸钙、分子筛、凝胶型吸附树脂和纤维素等。近年来合成的有机大孔树脂是一种性能优良的吸附剂，在生物分离中应用日益广泛，特别是对抗生素的分离，包括 β-内酰胺类、大环内酯类、林可霉素类、糖苷类、博来霉素类、多烯类、蒽环类、醌类、核苷类等。对于水溶解度不太大而易溶于有机溶剂的生化物质，均可考虑用大孔树脂吸附剂提取。

离子交换法和吸附的基本原理及设备等可参看本手册第18篇。

7.4.4　膜分离

膜的孔径一般为微米级，依据其孔径的不同（或称为截留分子量），可将膜分为微滤膜

（MF）、超滤膜（UF）、纳滤膜（NF）和反渗透膜（RO）等；根据材料的不同，可分为无机膜和有机膜：无机膜只有微滤级别的膜，主要是陶瓷膜和金属膜；有机膜是由高分子材料做成的，如醋酸纤维素、芳香族聚酰胺、聚醚砜、氟聚合物等。

膜分离技术在生物工程领域的应用日益广泛是因为如下原因：

① 处理量大，易于放大；

② 可在室温或者低温下操作，适于热敏性物质的分离；

③ 化学与机械损伤较少，减小失活；

④ 无相变，能耗低；

⑤ 系统可密闭循环，防止外来污染；

⑥ 对环境污染少。

表 26-7-14 列出了用于生物工程的五个主要膜过程的基本原理和应用。

表 26-7-14　用于生物工程后处理的几种膜过程

过程	膜	驱动力	应用对象
微滤	对称微孔膜（$0.05\sim10\mu m$）	压力 $0.1\sim0.5$MPa	消毒、细胞收集
超滤	不对称微孔膜（$1\sim20\mu m$）	压力 $0.2\sim1$MPa	大分子物质分离
反渗透	带皮层不对称膜	压力 $1\sim10$MPa	小分子物质浓缩
透析	对称或不对称膜	浓度梯度	小分子有机物、无机物分离
电渗析	离子交换膜	电位差	离子蛋白质分离

发酵液的主要成分及其粒度大小列于表 26-7-15。可见微滤、超滤、反渗透、透析与电渗析五种膜分离技术覆盖了从离子到 $10\mu m$ 范围内的微粒。

表 26-7-15　发酵液中可能存在的主要成分及其粒度大小[11]

成分	分子量	尺寸/μm
酵母与真菌		$10^3\sim10^4$
细菌		$300\sim10^4$
胶体		$100\sim10^8$
病毒		$30\sim300$
蛋白质	$10^4\sim10^6$	$2\sim10$
多糖	$10^4\sim10^6$	$2\sim10$
酶	$10^4\sim10^6$	$2\sim10$
抗体	$300\sim10^3$	$0.6\sim1.2$
单糖	$200\sim400$	$0.8\sim1.0$
有机酸	$100\sim500$	$0.4\sim0.8$
无机离子	$10\sim100$	$0.2\sim0.4$

在生化工程后处理中，膜分离主要应用在以下几方面：

① 细菌和菌体的分离和收集。其使用效果主要取决于发酵液的组成和特性，表 26-7-16 给出了典型的发酵液特性。

表 26-7-16　一些典型发酵液的特性

类型	大小/μm	2%（质量分数）悬浮液黏度/mPa·s	抗剪切性能
细胞残核	0.4×0.4	1.5	
细菌	1×2	1.5	好
酵母	2×10	1.5	好
哺乳动物细胞	40×40	3	弱
植物细胞	100×100	3	弱
真菌	1.10×一簇	8000	相当好

② 酶、蛋白质、抗体、多糖和一些基因工程产品的分离浓缩。它的分子量约在 $10^4 \sim 10^6$ 之间，操作中遇到的最大困难是浓差极化的影响。影响浓差极化的主要因素有料液流速、溶质分子量、溶液浓度和操作压力。生物分子的分离浓缩中的另外一个技术问题是膜污染，使用中要找到合适的洗涤方式。

③ 除水中热原，大多数热原来自细胞壁的黏多糖，分子大小约从 2000 分子量到 0.1μm 范围。

7.5　生化物质的纯化

生化物质的纯化是生物分离过程的重要步骤，前面所介绍的用于初步提取分离的方法，在一定条件下也可用于一些生物产品的精制，但色谱和电泳技术应用最广泛。

7.5.1　色谱技术

(1) 色谱技术的分类及机理　色谱是一组相关分离技术的总称，它们的共同特点是包含固定相（固体或液体）和流动相（液体或气体）两个相，根据不同的溶质在两相间分配情况不同，因而流动相移动过程中溶质的移动速度不同，从而达到彼此分离的目的。色谱法又称层析法或色层法。色谱技术具有分离效率高，易于放大，适用范围广等特点。

色谱的类型很多，按不同原理所作的分类见表 26-7-17。生物分离中应用最多的是液相柱色谱。表 26-7-18 所示是各类液相柱色谱的工作原理。

(2) 色谱介质　各类色谱主要在色谱柱中进行，其装置和操作方式也基本相似，差别主要在于色谱介质。色谱介质主要由基质和表面活性基团（如果必需的话）所组成。基质应是化学惰性和生物相容的，与产物和杂质均无结合作用，不溶于流动相，有足够的机械强度，比表面积大，粒度均匀，孔径适当。常用的基质材料示于表 26-7-19。

表 26-7-17　色谱法分类

分类依据	色谱类型
色谱机理	吸附色谱、离子交换色谱、凝胶过滤色谱、分配色谱、亲和色谱
固定相状态	柱色谱、纸色谱、薄层色谱
流动相状态	气相色谱、液相色谱、超临界色谱
洗脱方式	前沿分析色谱、洗脱色谱、置换色谱
操作压力	高压（又称高效）、中压、低压

表 26-7-18 各类液相柱色谱技术

色谱类型	工作原理
吸附色谱	依靠吸附力的不同而分离
普通吸附色谱	依靠物质与固定相之间范德华力所引起物理吸附力的不同而分离
疏水作用色谱	依靠物质与固定相之间疏水作用的不同而分离
金属螯合色谱	依靠物质与固定相上金属离子的螯合能力不同而分离
共价作用色谱	依靠巯基化合物的巯基与固定相表面的二硫键的作用而分离
离子交换色谱	依靠物质与固定相离子之间静电力的不同而分离
凝胶过滤色谱	依靠凝胶固定相对大小和形状不同的物质的分子阻滞作用不同而分离
分配色谱	依靠物质在液体固定相与流动相之间分配系数的不同而分离
正相作用色谱	固定相极性大,流动相极性小,用于分离极性强的物质
反相作用色谱	固定相极性小,流动相极性大,用于分离非极性或弱极性物质
亲和色谱	靠生物分子对它的互补结合体(配基)的生物亲和力的不同而分离
色谱聚焦	依靠组分的等电点的不同而分离

表 26-7-19 常用色谱介质的基质材料

基质	材料
无机基质	氧化铝、硅胶、活性炭、磷酸钙、膨润土、氧化钛、氢氧化锌凝胶、羟磷灰石(HAP)、多孔陶瓷、多孔玻璃等
天然有机基质	琼脂糖、葡聚糖、纤维素等
合成有机基质	聚丙烯酰胺、聚乙烯醇、聚苯乙烯、聚丙烯酸羟乙基酯等
天然-合成混合型有机基质	葡聚糖-聚丙烯酰胺、琼脂糖-聚丙烯酰胺等

对普通物理吸附色谱,一般不再需要在基质上接功能团,适用于各种场合的吸附色谱介质列于表 26-7-20,其中羟磷灰石在生物大分子物质的分离上应用日益广泛。

表 26-7-20 吸附色谱介质

应用场合	色谱介质
用于无机小分子	各类吸附树脂
用于有机大分子	氧化铝、硅胶、活性炭、大孔吸附剂
用于生物大分子	磷酸钙、氧化钛、膨润土、氢氧化锌、羟磷灰石

疏水作用色谱介质是琼脂糖、硅胶等经溴化氰活化后引入包括丁基、苯基、辛基等疏水基团形成的,一般烷烃碳链长 $n = 1 \sim 6$。

金属螯合固定相是经过环氧氯丙烷活化的琼脂糖上偶合各种螯合形成基团:双羧甲基氨基、水杨酸基、8-羟基喹啉基等,这种琼脂糖固定相能与过渡金属离子 Cu^{2+}、Zn^{2+}、Fe^{3+} 等牢固结合,成为吸附生物大分子的活性中心。

共价色谱最常用的是二硫键共价色谱,主要有谷胱甘肽型和巯基丙基型两种固定相,基质是 BrCN 活化的葡聚糖和琼脂糖。另一种新型共价固定相是苯基硼酸盐琼脂糖。

离子交换色谱的基质上必须偶联上不同功能基,一般树脂可参见本手册第 18 篇。用于生物大分子物质的离子交换色谱介质包括:交换基团为二乙基氨乙基(DEAE)的弱碱性阴离子交换剂,二甲基-β-羟基乙基胺的强碱性阴离子交换剂,交换基团为羧基的弱酸性阳离子交换剂、磺酸基的强酸性阳离子交换剂。

凝胶过滤的介质无需偶联活性基团，常用的有琼脂糖、葡聚糖、聚乙烯醇和聚丙烯酰胺等，介质的主要技术指标包括：排阻极限、分级范围、水滞留量。

分配色谱的介质又称支持剂，主要用硅胶、硅藻土、纤维素、葡聚糖凝胶等。对正相色谱，采用极性固定相和非极性流动性。对反相色谱，则以非极性反向介质作为固定相，流动相为极性有机溶剂或其水溶液。

色谱聚焦介质种类较少，主要为琼脂糖，将多氨基多羧基化合物通过共价结合到琼脂糖载体上，流动相为多缓冲剂。

在亲和色谱中经常采用的亲和关系见表 26-7-21。根据生物大分子和配基的差异，可把亲和色谱分为：生物亲和色谱、免疫亲和色谱、金属离子亲和色谱和拟生物亲和色谱。

表 26-7-21　亲和色谱常用亲和关系

生物大分子	配基
酶	底物,底物类似物,抑制剂,辅因子(辅酶、金属离子等)
抗体	抗原、病毒、细胞
激素、维生素	受体蛋白、载体蛋白
外源凝集素	多糖化合物、糖蛋白、细胞表面受体蛋白、细胞
核酸	互补碱基链段,组蛋白、核酸聚合酶、核酸结合蛋白

上述生物亲和关系中，有一些是属于类别专一的亲和关系，即一种配基能与一大类生物活性物质而不是某一个发生亲和关系。常用类别亲和色谱固定相示于表 26-7-22。

表 26-7-22　常用类别亲和色谱固定相

亲和色谱固定相类别	纯化对象
蛋白 A	免疫球蛋白(Ig G)及其有关的生物活性物质
伴刀豆球蛋白 A	糖蛋白、糖多肽、多糖化合物、糖脂、细胞、细胞表面受体蛋白、细胞膜片段
5′-ATP	以 NAD^+ 及 ATP 作辅酶的酶(一些脱氢酶、激酶等)
2,5′-ADP	以 $NADP^+$ 作辅酶的酶(一些脱氢酶)
聚尿苷酸	mRNA、逆转录酶、干扰素、植物中核酸
聚腺苷酸	mRNA 的结合蛋白、病毒 RNA、与 DNA 有关的 RNA 聚合酶、核酸的抗体
三嗪类活性染料	氧化还原酶、磷酸激酶、与辅酶 A 有关的酶、水解酶、RNA 和 DNA 的核酸酶和聚合酶、糖解酶、磷酸二酯酶、脱羧酶、许多血液蛋白质以及干扰素

为克服位阻效应，在配基与基质间接上"手臂"。有两类常用"手臂"：$NH_2(CH_2)_nR$ 类的烷基疏水"手臂"和具有酰胺基、氧基、羧基等的短肽类亲水"手臂"。

(3) 色谱法基本理论[21]　从化学工程角度，不同类型的色谱技术有共同的基本理论，它们的设计放大遵循共同的原则。

① 色谱图及其数学模型　主要介绍应用最广泛的洗脱柱色谱。图 26-7-18 是洗脱流出液浓度分布曲线，横坐标是时间，或是流出液累积体积。洗脱曲线的位置和形状决定于溶质在固定相与流动相之间的分配平衡和传质动力学性能。

溶质的分配平衡一般用线性方程、Langmuir 方程和 Freundlich 方程来表示。符合线性

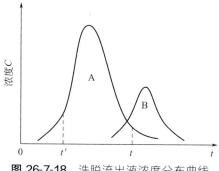

图 26-7-18 洗脱流出液浓度分布曲线

关系的色谱称为线性色谱，其他称为非线性色谱。在线性色谱条件下，洗脱曲线近似为一正态分布曲线。

$$C = C_0 \exp \frac{(t - t_R)^2}{2\sigma^2} \tag{26-7-10}$$

$$t_R = [\varepsilon + (1 - \varepsilon)K]V_B/F \tag{26-7-11}$$

式中　C——流出液浓度（任意）；

$\quad\quad C_0$——峰值浓度（任意）；

$\quad\quad \sigma^2$——流出曲线的标准方差；

$\quad\quad t_R$——溶质的保留时间，s；

$\quad\quad \varepsilon$——固定相颗粒间空隙率；

$\quad\quad K$——溶质的分配系数；

$\quad\quad V_B$——床层体积，cm^3；

$\quad\quad F$——流动相流量，$cm^3 \cdot s^{-1}$。

若洗脱液流速是恒定的，则

$$C = C_0 \exp \frac{(V - V_R)^2}{2\sigma^2} \tag{26-7-12}$$

$$V_R = [\varepsilon + (1 - \varepsilon)K]V_B \tag{26-7-13}$$

式中　V_R——溶质的保留体积，cm^3。

方程式（26-7-11）和式（26-7-13）称为保留方程。t_R 是溶质在柱内的有效停留时间；V_R 可被看成是柱的有效体积，均与分配系数有关，分配系数不同，在色谱柱内停留时间不同，由此达到溶质相互分离的目的。

若分配平衡是非线性的，洗脱曲线将偏离正态分布。若平衡曲线是凸形，则洗脱曲线前倾；若平衡曲线是凹形，则洗脱曲线拖尾。

② 产品收率及纯度　一般说来，由实际测得的洗脱曲线可以求得产品收率及纯度。

$$Y = \frac{\int_{t'}^{t} C_A F \, dt}{\int_{0}^{\infty} C_A F \, dt} \tag{26-7-14}$$

$$P = \frac{\int_{t'}^{t} C_A F \, dt}{\int_{t'}^{t} C_i F \, dt} \tag{26-7-15}$$

式中　Y——收率；

t'，t——开始和结束的时间；

C_A——组分 A 浓度；

P——纯度；

C_i——组分 i 浓度。

对于线性色谱，可直接得到下式

$$Y = \frac{1}{2}\left(\mathrm{erf}\,\frac{t - t_R}{\sqrt{2}\,\sigma} - \mathrm{erf}\,\frac{t' - t_R}{\sqrt{2}\,\sigma}\right) \tag{26-7-16}$$

$t'=0$ 时

$$Y = \frac{1}{2}\left(1 + \mathrm{erf}\,\frac{t - t_R}{\sqrt{2}\,\sigma}\right) \tag{26-7-17}$$

其中，erf 为误差函数。

组分 A 的纯度为

$$P_A = \frac{C_{0A}Y_A}{\sum C_i Y_i} \tag{26-7-18}$$

③ 色谱过程的塔板理论　塔板理论是将色谱柱等分成若干塔段，离开每一段的流动相与这一段固定相的平均浓度相平衡，称为一个理论塔板。料液从第 0 级加入，并假定分配系数为常数，没有轴向混合。在此条件下，可推导出任一时刻柱内第 n 段浓度服从泊松分布。当 n 足够大时，近似为正态分布。对柱流出液即第 N 级流出液，

$$C = C_0 \exp\left[-\frac{(t - t_R)^2}{2t_R^2 / N}\right] \tag{26-7-19}$$

峰值浓度

$$C_0 = \frac{C_F}{\sqrt{2\pi N}} \tag{26-7-20}$$

式中　C_F——加料级浓度。

理论板数

$$N = \left(\frac{t_R}{\sigma}\right)^2 \tag{26-7-21}$$

可见理论板数与洗脱曲线形状直接相关，即与反映系统传质特性的标准方差有关。

④ 非平衡速率理论　由于理论塔板数是平衡常数的函数，因此塔板理论仅适用于线性层析。速率理论假设单位柱长中谱带的总扩展过程是通过许多相互独立的扩展过程的叠加而实现的[22]。

速率理论引入理论等板高度（HETP）的概念，用 h 表示。其中，

$$h = \frac{\sigma^2}{L}$$

式中，σ 为溶质谱带标准偏差；L 为色谱柱的长度。

理论等板高度等于柱长除以柱塔板数，即单位柱长的变化。假设在色谱柱中发生 n 个相互独立的任意扩展过程，任何单独的行为过程 p 将产生一个 σ_p^2 变化的 Gauss 洗脱曲线。利用各个变化累加原理得：

$$\sigma_1^2 + \sigma_2^2 + \sigma_3^2 + \cdots + \sigma_n^2 = \sigma^2 = hL \tag{26-7-22}$$

速率理论认为，对柱子中可能发生的每一单独过程进行逐个相加即可得到最终的 h 值。

⑤ 层析过程的动力学理论　与一般液固传质相似，层析过程的质量传递也分为外扩散、内扩散和液固表面的吸附反应几个过程。对不同控制步骤，有不同形式的传质速率方程。若外扩散是控制步骤，忽略轴相扩散，又考虑到溶质在液相积累比在固定相小得多，可得到柱长

$$L = \frac{v}{k_a} \int_{C_F}^{C} \frac{dC}{C - C^*} = (HTU)(NTU) \tag{26-7-23}$$

式中　HTU——传质单元高度；

NTU——传质单元数。

在 NTU 很大时，可近似认为 $N \approx NTU$，因而

$$NTU \approx N = \left(\frac{t_R}{\sigma}\right)^2 = \frac{k_a L}{v} \tag{26-7-24}$$

这样表征流出曲线位置和形状的两个重要参数保留时间 t_R 和标准偏差 σ 分别主要决定于热力学平衡特性 K 和传质动力学特性 k_a。

⑥ 色谱过程的放大　由上面的讨论可以看出，要提高层析效果，第一是选择优良色谱介质，使组分的分配系数差别尽可能大；第二在体系确定的条件下，改善和优化操作条件，使 σ 尽可能小。色谱系统的放大，就是放大后尽可能保持 σ 不变。表 26-7-23 列出不同条件下 σ 与操作参数之间的关系。

表 26-7-23　标准偏差 σ 与操作参数的关系

控制步骤	$(\sigma/t_R)^2$ 正比于	备注
内扩散和反应	$\dfrac{vd^2}{L}$	通常情况
外传质	$\dfrac{v^{1/2}d^{3/2}}{L}$	被最全面分析所支持
Taylor 扩散	$\dfrac{vd^2}{DL}$	适用于大规模
轴向扩散	$\dfrac{D}{vL}$	可以忽略

7.5.2　电泳分离技术

电泳分离是靠溶质在电场中移动速度不同而分离的方法。生化物质无论是大分子物质（蛋白质、核酸）还是小分子物质（氨基酸、核苷酸）都有带电基团，因而都能用电泳的方法进行分离、纯化、测定。

7.5.2.1 凝胶电泳[23]

目前凝胶电泳的主要介质是琼脂糖和聚丙烯酰胺凝胶。其中琼脂糖凝胶孔径较大，对蛋白质筛分作用不大。

(1) 聚丙烯酰胺凝胶 聚丙烯酰胺凝胶是由丙烯酰胺通过交联剂 N,N'-亚甲基双丙烯酰胺交联形成三维网状结构。聚丙烯酰胺凝胶的化学结构式和三维网状结构如图 26-7-19 和图 26-7-20 所示。聚丙烯酰胺的特性包括其机械性能、弹性、透明度、黏着度以及孔径大小，它们均由 T 和 C 这两个重要的参数决定。T 是两个单体的总百分浓度，C 是与总浓度有关的交联百分浓度。

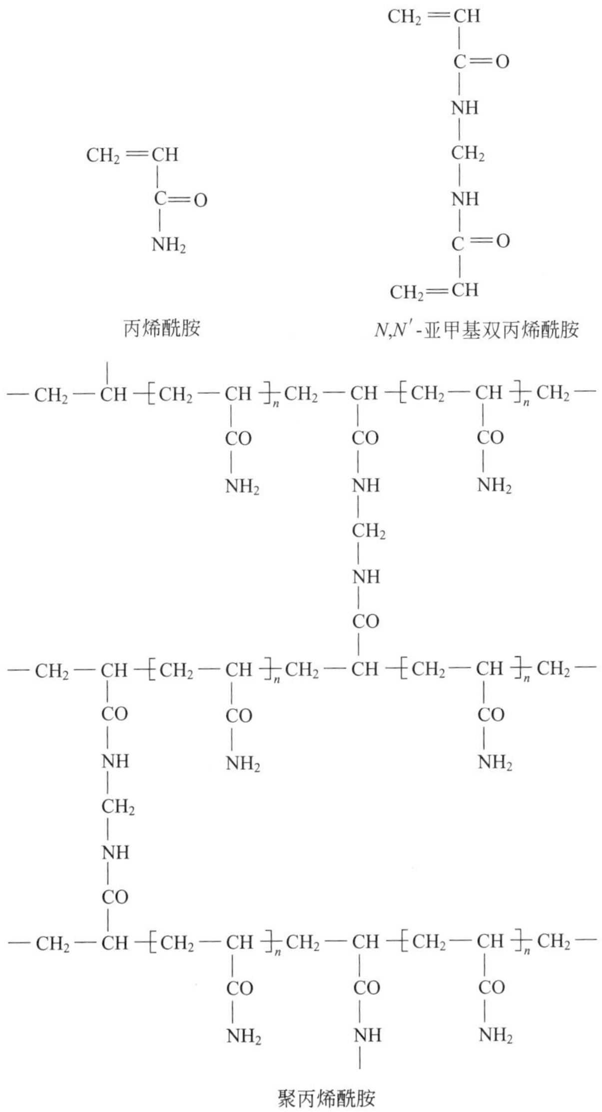

图 26-7-19 丙烯酰胺、N,N'-亚甲基双丙烯酰胺和聚丙烯酰胺的化学结构式

(2) 琼脂糖凝胶 琼脂糖是从琼脂中精制分离出的胶状多糖，通常为白色粉末，有时稍有颜色。它的分子结构大部分是由 1,3 连接的 β-D-吡喃半乳糖和 1,4 连接的 3,6-脱水 α-D-

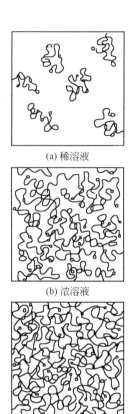

(a) 稀溶液

(b) 浓溶液

(c) 凝胶

图 26-7-20 聚丙烯酰胺凝胶的三维网状结构

吡喃半乳糖交替而成的。琼脂糖的结构式见图 26-7-21。

图 26-7-21 琼脂糖的结构式

琼脂糖凝胶作为电泳基质有如下的优点：①琼脂糖凝胶是具有大量微孔的基质，其孔径尺寸取决于它的浓度。它可以分析分子量为百万道尔顿的大分子，但电泳分辨率低于聚丙烯酰胺凝胶。②琼脂糖无毒，制作过程不会发生自由基聚合，无需催化剂。③琼脂糖具有较高的机械强度，允许在 1% 或更低的浓度下使用。④琼脂糖凝胶有热可逆性，低熔点的琼脂糖可以容易地被回收。⑤染色、脱色程序简单、快速，背景色较低。⑥琼脂糖凝胶是高灵敏度放射自显影的理想材料。

琼脂糖的主要性能指标包括电内渗（electroendosmosis，EEO）、胶凝温度、溶化温度、凝胶强度和脱水收缩作用。

（3）新介质凝胶　除常规使用的琼脂糖凝胶和聚丙烯酰胺凝胶外，目前还有琼脂糖-聚丙烯酰胺混合凝胶、电泳海绵等新型凝胶。

7.5.2.2　等电聚焦

等电聚焦（isoelectrofocusing，IEF）的基本原理是利用蛋白质或其他两性分子的等电点不同，在一个稳定的、连续的、线性的 pH 梯度中进行蛋白质的分离纯化和分析。

根据 pH 梯度的不同，又分为载体两性电解质 pH 梯度（carrier ampholytes pH gradients）或固定化 pH 梯度（immobilized pH gradients）。前者是通过电场中两性缓冲电解质建立 pH 梯度；后者是将缓冲基团固定化在凝胶介质上建立 pH 梯度。显然用固定化两性电解质的分辨率比直接两性电解质分辨率高。等电聚焦的关键是形成 pH 梯度的介质。

等电聚焦在蛋白质的分离纯化中应用较多，特别是在蛋白质组学研究上，可制备少量纯化蛋白质。而且等电聚焦是目前测定蛋白质等电点的标准方法。

7.5.2.3　双向电泳

双向 PAGE，是在平板凝胶上由两个单向 PAGE 组合而成。在第一向电泳后，再在与第一向垂直的方向上进行第二向电泳。其各向的电泳原理，与单向时相同。为使双向 PAGE 得到较好的分离效果，应安排组成双向电泳的两个单向电泳所依据的分离原理有很大差别（如：一向按 M_w 区别；另一向按 pI 分离）。两种常用的双向 PAGE 技术包括 IEF/SDS-PAGE 双向电泳和 IEF/PG-PAGE 双向电泳[24]，见图 26-7-22。

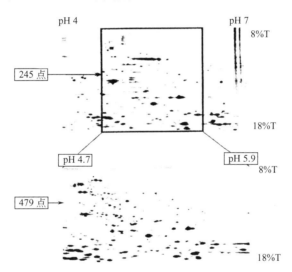

图 26-7-22　IEF/PG-PAGE 双向电泳[13]

IEF/SDS-PAGE 是一种分辨力非常高的分离技术，可分离 5000 个不同的蛋白质组成。操作时，第一向 IEF-PAGE 是先用柱状凝胶进行电泳，电泳后再将其卧于板状凝胶上部，进行第二向 SDS-PAGE。

第一向 IEF-PAGE 也是在凝胶柱中进行，但省略了第一向电泳与第二向电泳之间凝胶柱的平衡步骤。在进行第二向电泳前，样品无需进行特殊处理。因第一向电泳后，胶柱内除含有初步分离的各蛋白质组分外，仅含有极少量的两性电解质，它们在进行第二向电泳时，很快从柱内扩散出，从而使胶柱内有的环境与第二向电泳的电极缓冲液一致。此外，由于两向电泳过程中都没有变性剂（尿素、SDS 等）存在，故蛋白质样品的生物活性不受影响，这时进一步研究其生物活性（特别是酶）是十分有益的。

双向电泳的应用包括低丰度蛋白质的检测、蛋白质检测和分析。

7.5.2.4　毛细管电泳

(1) 毛细管电泳原理　毛细管电泳（capillary electrophoresis，CE）是一种经典电泳技术与现代微量毛细管柱分离有机结合的分离技术。基本装置包括毛细管、电解液槽、进样器、高压电源及检测器组成，其原理如图 26-7-23 所示。

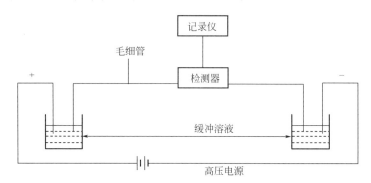

图 26-7-23　毛细管电泳原理示意图

毛细管电泳可以高压电场为驱动力，在毛细管中实现高分辨分离。与经典电泳相比，CE 克服了由于焦耳热引起的谱带展宽、柱效较低的缺点，确保引入高的电场强度，改善分离质量。柱效高的可达每米几百万乃至几千万理论板数以上。CE 与高效液相色谱（HPLC）一样同是液相分离技术，很大程度上 CE 与 HPLC 互为补充，但无论从效率、速度、用量和成本来说，CE 都显示了它的优势。CE 没有泵输运系统，成本相对要低，且可通过改变操作模式和缓冲液成分，根据不同的分子性质（如大小、电荷数、手性、疏水性等）对极广泛的物质进行有效分离。相比之下，为达到相同目的，HPLC 要用价格昂贵的柱子和溶剂。另外，CE 在进样和检测时均没有像 HPLC 那样的死体积，且 CE 以电渗流为推动力，使溶质带在毛细管中原则上不会扩散，而 HPLC 以压力驱动，柱中流呈抛物线形导致谱带变宽，柱效降低。概括起来 CE 有高灵敏度、高分辨率、高速度、低成本、低耗样、应用范围广等优点。

毛细管电泳作为一种技术主要涉及毛细管电泳的分离模式、进样技术和检测器。

(2) 毛细管电泳的进样技术　CE 分离效率高，但受到诸多因素的影响，进样是很重要的因素之一，同时，进样还影响初始样品区带的宽度和分析的重现性。CE 常用的定量进样技术有：电迁移进样、压差进样、进样阀进样、电分流进样、扩散进样等。目前的几种新的进样技术包括直接在线进样、微进样装置和近端进样及双向进样[25]。

(3) 毛细管电泳的检测器　由于 CE 中溶质区带超小体积的特性，对检测器灵敏度要求很高，因此检测是 CE 中的关键问题。现有的检测器可分为：光学检测器如紫外检测器和激光诱导荧光检测器，电化学检测器如电导检测器，质谱检测器与核磁共振检测器等。

CE 中应用最广泛的是紫外/可见检测器（UV），其灵敏度较低，但通用性好，适用于小分子如药物类分析。激光诱导荧光检测器（LIF）灵敏度可比 UV 高 1000 倍，但造价昂贵，大多数样品需要衍生化，当然这也增加了选择性。DNA 序列的分析必须用 LIF，特殊的 LIF 可做到单分子水平检测，已达到光谱分析方法的极限。

电化学检测器（ECD）中的安培检测器是 CE 中最灵敏的检测器，可用于单细胞分析。它可分为柱前安培检测和柱后安培检测。

CE 与质谱（MS）联用在肽链测序及蛋白结构、分子量测定、单细胞分析等方面有卓越表现，可提供组分的结构信息。

迄今为止，除了 ICP 和 IR 未作为 CE 的检测器外，其他检测方法均已和 CE 联用，但已商品化的只有 UV、LIF 和 MS。

（4）**毛细管电泳的应用** 毛细管的小孔径、高电阻、抗对流、大比表面积等特性使毛细管电泳（CE）可在高电场、小电流下工作，可实现对生物分子如神经递质、肽、蛋白、核苷酸的高效、快速分离分析和 DNA 的快速测序。

7.5.2.5 亲和毛细管电泳

亲和毛细管电泳（affinity capillary electrophoresis，ACE）是近几年发展起来的毛细管电泳的一个新的分支，它是指在电泳过程中具有生物专一性亲和力的两种分子〔受体（receptor）和其配体（ligand）〕间，发生了特异性相互作用，形成了受体-配体复合物，通过研究受体或配体在发生亲和作用前后的电泳谱图变化，可获得有关受体-配体亲和力大小、结构变化、作用产物等方面的信息。蛋白、核酸等生物大分子能够与配体通过静电、疏水、氢键等非共价键作用结合在一起，具有特异性高、可逆等特点。基于这种作用的亲和毛细管电泳技术，在蛋白、多肽、亲和常数测定、核酸片段识别、竞争免疫分析中具有独特的优越性和很大的应用潜力。通过改善被分析物的电泳迁移行为，可提高分离分辨率和分析灵敏度。

在电泳缓冲液中加入被分析样品的带电亲和配体时，由于样品和配体发生了一定程度的相互作用，改变了样品的质量和电荷，从而导致了电泳淌度的变化。根据样品在配体加入前后的迁移时间变化，可判断样品与配体是否发生了前后相互作用，并可估计亲和力的大小。还可将亲和配体通过化学键结合到毛细管柱上，增加了分离的选择性，同时与亲和配体作用力强的样品组分的出峰时间延长了。配体对受体淌度变化的影响与配体的大小及带电量有关。小配体引起的变化小，带电量大的配体对受体淌度的影响大。配体浓度、配体-受体结合常数 K_b 对受体迁移时间有正性影响，其值越大，受体迁移时间变化就越大。

亲和毛细管电泳技术在核酸的分析、受体-配体相互作用研究及亲和常数测定，以及手性分离中具有广泛的应用前景。

7.5.2.6 毛细管电色谱

（1）**CEC 原理** 毛细管电色谱（capillary electro chromatography，CEC）是在毛细管中填充或在毛细管壁涂布、键合色谱固定相，依靠电渗流推动流动相，溶质根据它们在色谱固定相和流动相间吸附、分配平衡常数的不同和电泳速率的不同而达到分离目的的一种电分离模式，既能分离中性物质又能分析带电组分。

CEC 具有活塞流型的电流代替了具有抛物线流形的压力流，同时采用液相色谱的固定相和流动相，因而具有毛细管区带电泳（CZE）的高效性和高效液相色谱（HPLC）的高选择性，是 HPLC 和 CE 的有机结合，它克服了 CE 选择性差和分离中性物质难的困难，同时大大提高了液相色谱的分离效率，形成独特的高效、微量、快捷的特点，开辟了高效的微分离技术新途径。

CEC 具有以下特点：①采用的是电场驱动的电渗流（EOF），EOF 扁平流形较 HPLC 的抛物线流形有高得多的柱效，如图 26-7-24 所示。②没有背压问题，可以使用更小粒度的填料和更长的毛细管柱，具有更高的分辨能力。③在高 pH 下，电渗流很大，CEC 有可能解决大范围中性粒子的分离问题。④在分离中性粒子时，不需要表面活性剂，有利于和质谱联用。⑤在低 pH 下，也可对带电组分达到很好的分离。⑥CEC 类似于 CE 采用柱检测，检测的死体积很小，有利于提高柱效和检测灵敏度。⑦加压电色谱（PEC）是在加电压的同时，附加一定压力驱动流动相，避免分离过程中产生气泡，提高稳定性。又可用压力来控制

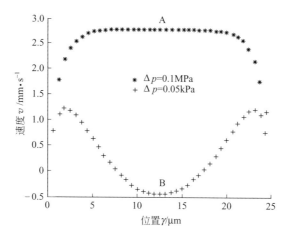

图 26-7-24　毛细管电色谱（A）和毛细管 HPLC（B）的流动比较[26]

流速，缩短分离时间，并能实现洗脱的作用。

（2）CEC 的操作　在 CEC 中，常用方法是柱内填充固定相颗粒，即填充电色谱柱，主要方式有匀浆填充制备法、拉伸填充制备法、电动填充法。然而，这些方法制得的填充柱，存在塞子效应、气泡、填充均匀度等问题。最近发展起来的开管电色谱柱，通过涂布聚合物固定相、表面粗糙化后键合固定相和溶胶-凝胶（sol-gel）技术三种方法可制备出大比表面积、大柱容量的色谱柱。

（3）CEC 的应用　CEC 的应用对象首先集中于核酸、蛋白质和多糖等生物大分子，目前也已扩展到芳香族化合物、药物、染料、对映体的手性分离中[27]。对于疏水性很强的样品或电泳淌度相近的离子化合物、对映体，CEC 表现出很强的分离能力。

（4）CEC 和其他技术的集成　与双水相萃取技术相结合——双水相电泳。它是电泳萃取技术在多液相状态下实施的，采用两相或多相，利用界面的选择性，消除对流的不利影响，提高分离能力。

毛细管电泳与质谱联用被认为是对糖蛋白混合物提供高分辨率和高结构信息的有效手段。毛细管电色谱-质谱联用技术（CEC-MS）可以充分发挥这两种方法的优势，进一步进行定性和定量分析，特别对难以分析的复杂组分有重要意义。

毛细管等电聚焦（CIEF）用两性电解质在毛细管内建立 pH 梯度，使各种不同等电点的蛋白质在电场作用下迁移到等电点的位置，形成一非常窄的聚焦区带。可用于测定蛋白质的等电点，分离异构体和其他方法难以分离的蛋白质。

毛细管等速电泳（CITP）是一种较早的分离模式，可用较大内径的毛细管，在微制备中很有用处，可作为柱前浓缩方法用于富集样品。

此外，还有在这些 CE 基本分离模式基础上利用各种技术建立起来的特殊的分离模式，如微毛细管电泳装置的柱短、场强大，因此速度快、效率高、检测限低。

7.5.2.7　制备电泳

制备电泳按分离原理可分为：等电聚焦制备电泳（isoelectric focusing electrophoresis，IFE）、自由流动制备电泳（free-flow electrophoresis，FFE）和自由流动与膜分离的耦合-梯度流系统（grandflow system）制备电泳。

（1）等电聚焦制备电泳　等电聚焦作为一种制备方法，其独到的优点包括能以高分辨率提供大量物质的分离，且回收率高，具有浓缩的功能，不改变生物样品的物理化学性质和生物学性质。

等电聚焦就是在电解槽中放入载体两性电解质，当通以直流电时，即形成一个由阳极到阴极逐步增加 pH 值的梯度。当把两性大分子放入此体系中，不同的大分子即移动并聚焦在相当其等电点的 pH 值，从而可达到依等电点的不同将两性大分子彼此分离，用于制备的目的。等电聚焦的关键是理想的两性电解质，以形成稳定的 pH 梯度。

根据所用支持介质的不同，等电聚焦可分为液体介质中的制备等电聚焦和凝胶介质中的制备等电聚焦等。

（2）自由流动制备电泳　在自由流动制备电泳（FFE）中，离子溶液从一点注入连续流动的带状缓冲液中，由于电场的作用离子溶液会随之产生偏移；如图 26-7-25 所示，偏离的角度随着场强和湍度的增加而增加，随着流动速率的增加而减小[24]。

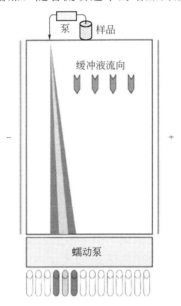

图 26-7-25　FFE 原理示意图

影响 FFE 分离效率的影响因素包括热不稳定性、载流体的层流分布、电渗和电流体动力扭曲。FFE 具有区带电泳、阶跃场电泳、等速电泳和等电聚焦四种操作模式。

FFE 有潜力发展成为一种大规模的制备分离技术，用于分离细胞、生物分子，如蛋白质、多肽、氨基酸。其连续分离性质和温和的分离条件使 FFE 有可能取代色谱和凝胶电泳。

（3）梯度流系统　梯度流系统克服了传统分离操作工艺的不足之处，对自由流动电泳（FFE）在操作模式上进行改良，实现了电泳分离与膜分离技术的耦合，有利于实现蛋白质、多肽等生物分子的制备分离。梯度流电泳技术分离纯化物质的两种方式见图 26-7-26。

在梯度流系统中，连续流动的样品溶液流过分离膜，并在此处加上电压，带电的大分子在电场的作用下向分离膜泳动，小于分离膜孔尺寸的分子就可以透过膜进入下面流体中，冷却水和 pH 缓冲液，由大体积的缓冲液流提供，并通过更小尺寸的膜与样品溶液分开，以防止样品的泄漏。

梯度流系统的操作模式包括基于分子尺寸大小的分离、基于分子电荷大小的分离、浓缩模式、除盐模式、亲和操作和回流操作。

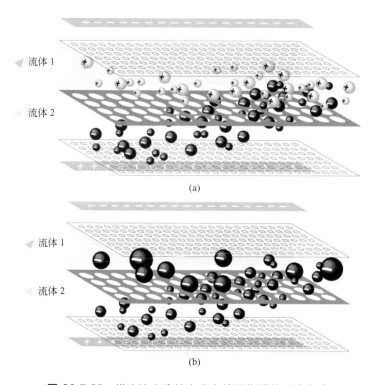

图 26-7-26　梯度流电泳技术分离纯化物质的两种方式

（a）利用物质所带电荷的性质不同进行电荷分离；（b）利用物质分子量大小的不同进行体积分离

　　梯度流系统由于分离条件温和、操作连续、样品处理量大、分离效果佳、抗干扰能力强、易于操作等特点，具有很大的工业化价值和市场前景。

（4）多通道流动电泳　多通道流动电泳是借鉴自由流场分离基础上的分离技术[28]，根据"场"和"流"相互垂直，如图 26-7-27 所示。该设备为一窄长形电泳槽，电泳槽中纵向平行设置有阳极室、阴极室、隔离室、薄膜和腔室体。阳极室和阴极室为一薄板，板中间开有槽沟，槽沟内设有电线，由此产生电场。腔室体为一薄板，中间挖有开通的槽沟，两侧贴有薄膜，使槽沟成为一腔室。当蛋白质混合物被连续引入进样室时，带电组分在电场作用下迁移过膜进入其对应的冲洗室，被载流冲出；中性组分则被进样流从进样室出口带出，从而

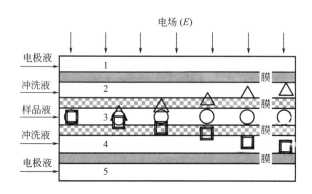

图 26-7-27　多通道流动电泳分离过程示意图

1—阳极通道；2—阳极分离通道；3—引进通道；4—阴极分离通道；5—阴极通道

实现分离[29]。

多通道电泳有连续操作（continuous mode）和动态操作（dynamic mode）。连续操作中，样品连续上样，根据带电性质不同，带电组分迁移到相应的分离室，随后随载流缓冲液流出，目标组分可在相应的小室口收集。动态操作中，样品注入中间室，各带电组分按一定速度迁移到相应的洗脱室。迁移速度取决于目标分子的电荷、分子量、电场强度等。

(5) 制备电泳的发展方向　制备电泳的发展方向如下：

① 允许从复杂的混合物体系中进行单一组分的分离纯化；

② 保持快速的物料处理量，以满足大量制备；

③ 适合连续操作；

④ 操作过程不会引起生物分子的变性和引入其他杂质；

⑤ 适合多种功能，如去除盐分、浓缩等功能。

7.6　生物产品的后加工

7.6.1　结晶

结晶是制备纯物质的一种有效方法。在生物技术中，结晶广泛用于抗生素、氨基酸、有机酸、糖、核苷酸、维生素、辅酶等小分子的生产，多糖、蛋白质、酶和核酸等生物大分子的结晶也日益受到重视。生物小分子由于其结构比较简单，分离至一定纯度后，绝大部分都可以定向聚合成分子型或离子型晶体。至于生物大分子，由于分子量大、结构复杂、不易定向聚集，因而结晶非常困难。但生物大分子都是由相同或相似的小分子单体缔合而成，如蛋白质和酶由多种氨基酸通过肽键组成，多糖由一种或数种单糖通过糖苷键组成，两大类核苷酸通过磷酸二酯键连接而成。因此生物大分子也具有形成晶体的能力，但这种能力和大分子的结构及外形有很大关系。一般说来，分子支链较小、对称的大分子比支链多、不对称的容易结晶，分子量小的比分子量大的难结晶。例如大多数球蛋白和酶蛋白容易结晶，一些大小均匀的病毒特别是植物球状病毒，也较易结晶。还有一些结构复杂不对称的核酸、蛋白质和多糖，迄今仍未获得结晶。大多数结晶在水溶液中进行，晶格中常含结晶水。对于许多蛋白质和酶，结晶水含量高达 $10\% \sim 30\%$，β-乳清蛋白、溶菌酶的晶体，水分达 46% 和 48%，而原肌球蛋白的长片结晶水分高达 90%。

生物产品结晶的主要方法有盐析法、有机溶剂结晶法、等电点结晶法、利用温度差结晶法、加金属离子结晶法等。对蛋白质结晶要采用一些特殊的技术，如抽提结晶技术、热盒技术、平衡透析技术和蒸发扩散技术。但因这些技术主要用于实验室，在此不作介绍，可参考有关文献。

7.6.2　干燥

生物产品含水易引起水解变性，影响质量，所以要进行干燥处理。工业上干燥设备很多，但因生物制品大多为热敏性物质，易变性失活，所以用于生化产品干燥的设备必须是快速高效的，加热温度不能过高，产品与干燥介质的接触时间不能太长。而且为防止杂质混入和保持无菌，干燥设备要能保持密封。常用干燥设备列于表 26-7-24。

有关干燥的基本理论和设备参见本手册第 17 篇。

表 26-7-24　生物产品常用干燥设备

干燥方法	特点	应用对象
喷雾干燥	蒸发快，干燥时间短，可在常压下操作；剪切力大，能力小，占地大	粗酶制剂，抗生素，活性干酵母等
气流干燥	干燥时间短，强度大，只适合颗粒状物料	适合葡萄糖、味精、柠檬酸、四环素类抗生素等颗粒状物料
沸腾干燥	干燥能力强，停留时间长，温度高	适合葡萄糖、味精、柠檬酸等较稳定物料
真空干燥	温度不太高；时间长，占地大	热敏性物料
冷冻干燥	低温，高真空，不起泡，不爆沸，干物不粘壁，成品疏松	对热敏感、易吸湿、易氧化、易起泡物料，如蛋白质、核酸、激素、抗生素等

参考文献

[1] Bomben J L, Frierman M. An Overview of Separation Technology. Menlo Park, California: SRI International Health Industries Center, 1984.

[2] 梅乐和，姚善泾，林东强. 生化生产工艺学. 北京：科学出版社，1999.

[3] 华东化工学院，沈阳药学院. 抗生素生产工艺：第 11 章. 北京：化学工业出版社，1982.

[4] Chisti Y, Moo-Yonng M. Enzyme Microb Technol, 1986, 8（4）：194-204.

[5] Follows M, Hetherington P J, Dunnill, et al. Trans Inst Chem Eng, 1971, 49: 142-148.

[6] 梁蕊芳，徐龙，岳明强. 内蒙古农业科技，2013（1）：113-114.

[7] Marffy F, Kula M R. Biotechnol Bioeng, 1974, 16（5）：623-634.

[8] Mogren H, Lindblom M, Hedenskog G. Biotechnol Bioeng, 1974, 16（2）：261-274.

[9] Wase D A J, Patel Y R. J Chem Technol Biotechnol B, 1985, 35（2）：165-173.

[10] 焦瑞身，等. 生物工程概论. 北京：化学工业出版社，1991.

[11] Asenjo J A. Downstream Processing in Biotechnology. New York: Macel Decker Inc, 1990: 67-209.

[12] Dixon M, Webb E C. Adv Protein Chem, 1961, 16: 197-219.

[13] Taylor J F. The Protein: Vol 1. New York: Academic Press, 1953.

[14] 阿南功一，等. 基礎生化学実験法（2）：抽出，分離，精製. 東京：丸善株式会社，1974.

[15] Kennedy J F. Biotechnology: Vol 7a, Enzyme Technology. Weinheim: VCH Pub, 1987.

[16] Albertsson Per-Ake. Partition of Cell Particles and Macromolecules. 3rd Ed. New York: John Wiley & Sons, 1986.

[17] Walter H, Brooks D E, Fisher D. Partitioning in Aqueous Two-phase Systems, Chapter 15. Orlando: Academic Press, 1985.

[18] Goklen K E, Hatton T A. Biotechnol Prog, 1985, 1（1）：69-74.

[19] Porter M C. Handbook of Industrial Membrane Technology. Park Ridge, New Jersey: Noyes Pub, 1990.

[20] Hustedt H, Kroner K H, Menge U, et al. Trands in Biotechnology, 1985, 3（6）：139-144.

[21] Belter P A, Cussler E L, Hu W S. Bioseparauons. New York: John Wiley& Sons, 1988.

[22] 谭天伟. 生物分离技术. 北京：化学工业出版社，2007.

[23] David E Garfin. Trends in Analytical Chemistry, 2003, 22（5）：1-10.

[24] Ivory C F. Electrophoresis, 1990, 11: 919-926.

[25] Svec F. Biotechnology, 2002, 76: 1-43.

[26] 李方, 顾峻岭, 傅若农. 色谱, 1997, 15 (5): 392-394.

[27] 任吉存, 刘焕文. 分析化学, 1996, 1 (24): 90-93.

[28] 胡深, 黄波, 李培标, 陈介克. 色谱, 1997, 15 (1): 27-30.

[29] 张维冰, 熊建辉, 许国旺, 张玉奎. 分析化学, 2001, 3 (29): 342.

8

合成生物技术

8.1 概述

合成生物技术（synthetic biology）从工程学角度设计创建元件、器件或模块，以及通过这些元器件改造和优化现有自然生物体系，或者设计合成具有预定功能的全新人工生物体系，实现合成生物体系在化学品、医药、重大疾病的诊断与治疗、农业、能源、环境等领域的规模化应用，同时加深人类对生命本质的理解。合成生物学并非基因工程的简单升级版，而是创造新的生命，赋予其新功能或强化细胞已有的功能。合成生物技术为工业微生物育种带来了机遇，拓展了生物炼制的范畴，也极大丰富了生物工程学科的内涵。

合成生物技术是科学和工程融合产生的一个新兴学科领域，探讨天然与人工设计生物系统的理论，阐述结构整合、调适稳态与建构层级等规律；基于系统结构、发生动力与模块建构、工程设计等结构理论原理，从信息技术的系统科学理论到遗传工程的系统科学方法，将科学、工程技术原理与方法贯彻到细胞、遗传机器与细胞通信技术等分子层面的生物系统分析与设计中。合成生物技术亦是由基因组学、工程学、分子生物学、信息学等技术集成产生的工具与方法。从社会重大需求出发，合成具有生命功能的生物分子、细胞与系统，并使用系统生物学的全方位整合及分析研究策略，为生物学研究提供正向工程学方法。目的是改造、设计、重建生物部件、代谢途径、生物系统和发育分化过程，乃至具备生命活动能力的体系、生物部件、生物个体以及人造生态（图 26-8-1）。

传统生物学通过解剖生命体以研究其内在组分并进行局部改造，与之相反，合成生物技术是在基因组解析、生物分析、化学合成及现代生物技术基础上，不仅从宏观上采用系统生物学（systems biology）思想与知识作为指导，也综合生物物理、生物化学以及生物信息方面的具体技术，创建基因与基因组和工程化技术平台与资源库，从最基本的元素开始一步步建立零部件，并进行组装和调试。零部件（parts）主要是基因，通常来源于不同物种，其密码子偏好性、编码酶所适应的微环境，如 pH、离子强度等与目标宿主都有很大差异。

目前单一生物部件的设计、组装、精细调控都取得了一定的进展。在标准组件的构建方面，麻省理工学院在 2003 年成立的标准生物部件登记处，目前已经收集了数千个 BioBrick 标准化生物部件，用于组装具有更复杂功能的生物系统[1]，同时也有很多学者设计出了众多各种基因控制模块，包含振荡器（oscillator）、开关（toggle switch）、脉冲发生器等[2]，可以调控蛋白质功能、基因表达、细胞间相互作用以及细胞代谢等；快速发展到对多种基本部件和模块设计标准接口，采用兼容性标准化组装平台，实现多部件的高效率整合[3]；并通过设计多部件之间的协调运作，建立复杂的系统，实现对代谢网络流量进行精细调控[4]，从而构建人工细胞行为来实现药物、功能材料与能源替代品的大规模生产。2013 年，合成生物技术研究在生产抗疟药青蒿素方面取得了瞩目成就，法国赛诺菲公司基于美国 Keasling

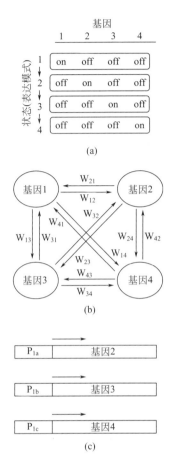

图 26-8-1 将基因组件标准化、抽象化，用工程化手段解析、设计生物系统
on—开；off—关；P—启动子

教授的工作，历经 12 年研究，产量上实现了重大突破，达到 $25g \cdot L^{-1[5]}$，初步实现了微生物发酵生产青蒿素。上述研究表明，合成生物技术不仅具有很高理论指导意义，而且具有很高的实用价值。

8.2 人工基因组的设计与合成

8.2.1 DNA 合成技术——Building block 构建

（1）概述 体外 DNA 合成技术的发展使得天然基因序列的重新设计和人工合成成为可能。在计算机辅助设计下，原始 DNA 序列得到优化并被分解为众多的寡核苷酸链（oligo-nucleotides）；利用聚合酶链式组装反应（polymerase chain assembly，PCA），寡核苷酸链得到组装并获得目标 DNA 片段[6,7]，有效地避免了传统 DNA 克隆和连接方法中对限制性酶切位点的限制，实现无痕组装并降低了昂贵的 DNA 合成费用。

（2）DNA 合成简介 DNA 合成是指在体外人工合成双链 DNA 分子，利用聚合酶链式组装反应（polymerase chain assembly，PCA）等方法将化学合成的长度范围在 10～100nt

的寡核苷酸链融合为长度达到数千碱基对的双链DNA。

在酿酒酵母V号染色体的再设计与全合成过程中，人工V号染色体（536024bp）被分解为942个长度约为750bp的building block，每个building block被进一步分解为16～18个长度约为70nt的寡核苷酸链（oligonucleotide），相邻寡链核苷酸之间有约15nt的重叠区域。对于每一个building block，首先利用无模板PCR（template PCR，TPCR）将等摩尔量的全部寡核苷酸链进行融合，然后利用两端寡核苷酸链进行第二轮扩增（finish PCR，FPCR），获得长度约为750bp的DNA片段building block。将building block与载体质粒连接后进行大肠杆菌转化，并挑选正确转化子进行测序确认（图26-8-2）。

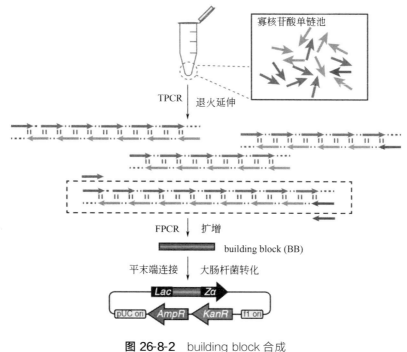

图 26-8-2 building block 合成

AmpR—氨苄霉素抗性基因；*KanR*—卡那霉素抗性基因

8.2.2 DNA组装技术——Minichunk构建[8]

（1）概述 高效快速DNA组装技术的发展对合成生物技术和生物医药基础研究都有着重要影响。传统的DNA片段组装利用限制性内切酶位点对不同DNA片段和载体质粒进行连接，不能实现融合蛋白和多基因元件的无痕组装，而且受限制性酶切位点种类和数目的限制。通过对现有方法进行改进，新型DNA组装方法可以实现多个DNA片段的快速无痕组装。

（2）DNA组装简介 DNA大片段的合成与组装是自上而下基因组工程和人造生命的基础，常用的组装技术包括体内组装和体外组装两类。体外组装是指在体外条件下利用各种生物酶的特性来实现DNA片段的组装，如Golden Gate组装（Golden Gate shuffling）[9]，SLIC（sequence and ligation independent cloning）[10]，等温组装反应（isothermal assembly reaction）[11]，重叠延伸PCR（overlap extension PCR，OE-PCR）[12]和环形聚合酶延伸克隆（circular polymerase extension cloning，CPEC）[13]等。体内组装主要为酵母组装（yeast assembly)[14]，利用了酵母自身对 DNA 片段的高效组装能力。

重叠延伸 PCR 技术可以通过一轮 PCR 反应，将多个末端存在约 40bp 重叠区域的 DNA 片段进行组装，并扩增获得目标 DNA 片段。等温组装反应同时利用 T5 核酸外切酶、Phusion DNA 聚合酶和 Taq DNA 连接酶，通过一步组装反应，实现多个末端存在约 20～200bp 重叠区域的 DNA 片段的组装。酵母组装技术利用酿酒酵母高效的同源重组特性，利用醋酸锂转化法将具有约 40bp 同源臂的多个 DNA 片段和线性化的载体质粒共转化至酿酒酵母细胞中，通过筛选获得携带目标 DNA 片段的质粒。

在酿酒酵母 V 号染色体的人工设计与再合成过程中，体外 OE-PCR 技术以及体内酵母组装（yeast assembly）技术被应用于 DNA 片段的快速组装。对于每种组装方法，每一个基本组装单元 building block 的平均长度约为 750bp，相邻 building block 之间重叠区域长度约为 40bp。利用 PCR 方法对每一个 building block 进行扩增，同时在最外侧 building block 添加限制性酶切位点，然后通过体外 OE-PCR 方法或者体内酵母组装的方法对 building block 进行融合，获得长度约为 2～4kb 的 DNA 片段 Minichunk。在体外组装过程中，将 Minichunk 与载体质粒连接后进行大肠杆菌转化，并进行测序确认。体内组装过程中，直接将等摩尔量的 building block 混合物和线性化的载体质粒进行酿酒酵母转化，然后提取酵母质粒后回转大肠杆菌，挑选正确转化子进行测序确认（图 26-8-3）。

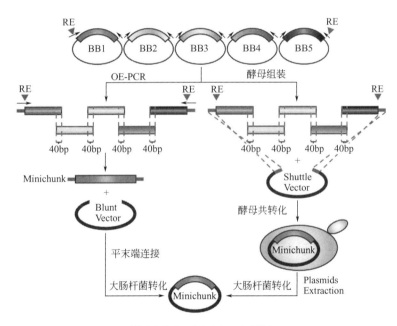

图 26-8-3 Minichunk 组装

8.2.3 染色体替换技术——酵母染色体替换

（1）概述 利用酵母细胞自身高效的同源重组机制可以将多片段 DNA 组装与基因组整合一步完成。

（2）酵母染色体替换技术[15,16] 人工合成酵母基因组计划（Sc2.0）旨在合成人类历史上第一个真核生物的基因组。在合成酵母十号染色体的过程中，人工十号染色体被分割为 18 个长 30～60kb 的 Megachunk，每个 Megachunk 由 8～10 个 Minichunk（长度约 5kb）组

成，相邻 Minichunk 间设计有约 500bp 同源序列，并循环利用酿酒酵母缺陷型基因（URA3
或 LEU2）提供筛选标记。利用酵母自身同源重组机制，合成型 DNA 片段整合到设计位点
并利用筛选标记挑选表型正确转化子。通过两端标记基因的筛选，大大提高了正确转化子的
筛选效率。通过两端标记基因的交替使用，可以完成染色体尺度的逐步替换合成。图 26-8-4
是酿酒酵母十号染色体逐步完成合成型片段替换的示意图。

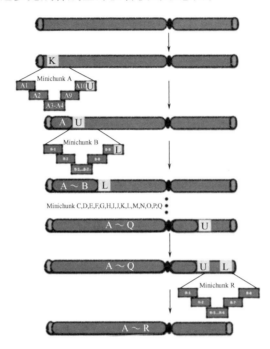

图 26-8-4　酿酒酵母十号染色体逐步完成合成型片段替换的示意图

K—遗传霉素抗性基因；U—尿嘧啶基因；L—亮氨酸基因；A～R—DNA 预制板编号

8.3　天然产物的异源合成

8.3.1　天然产物及生产现状

天然产物主要是指动物、植物或者昆虫、海洋生物和微生物体内的组成成分或代谢产
物，以及人和动物体内许多的内源性化学成分，其种类繁杂、资源丰富。其中，主要包括氨
基酸、核酸、蛋白质、多肽、各种酶类、各种单糖、寡糖和多糖、糖蛋白、树脂、胶体物、
维生素、木质素、生物碱、挥发油、萜类、苯丙素类、黄酮类、脂肪、油脂、蜡、酚类、醌
类、甾体类物质、鞣酸类、抗生素类物质等。

很多天然产物由于其在抗氧化、抗肿瘤、镇痛、抗病毒等方面的生物学活性，已被广泛
应用于医疗保健和营养等领域。如一线抗癌药物紫杉醇和长春新碱、抗疟疾药物青蒿素、镇
痛药吗啡、抗氧化剂虾青素和番茄红素等。目前，生产上述天然产物的主要方式为从原植物
或组织中提取，但此法面临诸多问题：①伴随药物的开发利用使天然野生资源数量在不断减
少，且药物中活性成分含量仅为万分之一或更低，如长春碱（含量约 0.0003％干重）[17]、
紫杉醇（含量约 0.02％干重）[18]、人参皂苷 Rh₂（含量低于 0.001％）[19]。如红豆杉资源已

经非常缺乏，而且紫杉醇在红豆杉不同部位的含量均很低。红豆杉树皮中紫杉醇的含量仅有0.01%，每提取 1kg 的紫杉醇就需要砍剥 1000～2000 棵红豆杉树的树皮。据估计，为治疗一位卵巢癌患者，需消耗 6 棵树龄在 60 年以上的红豆杉大树。当前，全球每年消耗 200kg紫杉醇，这就意味着需要砍伐 100 万棵红豆杉大树。随着紫杉醇应用范围的不断延伸，其需求量必然还会逐年上升，但是红豆杉树生长速度是相当缓慢的，直径 20cm 的树就需生长约100 年。因此，直接从红豆杉提取紫杉醇的途径不仅无法满足人们对紫杉醇的大量需求，而且还会严重破坏红豆杉的长期生存与分布[20]。②利用结构修饰或化学合成方法生产的高活性新化合物，不但污染环境，且费时费力。并且大部分天然产物结构复杂，具有较多的手性中心，利用化学法合成时容易形成无活性甚至有毒的、难以分离的旋光异构体，而且合成过程步骤烦琐，转化率低，能耗高，所用有机溶剂易造成污染，无法满足工业化需求。

在这样的大背景下，利用微生物作为宿主细胞，通过生物发酵过程生产天然产物具有生产周期短，不受时节和原料供应的限制，占地面积相对小，可以通过改造使得宿主细胞能够利用低劣生物质，发酵产物比较单一，易于分离纯化等优点，容易实现工业放大。尤其是基于合成生物学的原理，设计和改造微生物菌株来发酵生产天然产物的方法，能有效控制市场的原料供给，并保护自然资源及环境，其作为绿色天然产物合成已被科学界及工业界认可[21]。

8.3.2 合成生物技术对天然产物合成带来的发展机遇

8.3.2.1 合成生物技术对绿色制造的影响

作为工程化的科学，合成生物技术的发展符合我国经济转型升级的战略需求。随着我国经济的高速发展，高能耗、高污染、大规模的传统工业发展已经不适应社会发展的需求。而合成生物技术正在对现代工业产生革命性的影响。人类赖以生存的化学品、燃料等的制造，正面临着原料路线从化石资源向可再生生物资源转移、加工路线从化学制造向生物制造转移两个不可避免的变革。利用合成生物技术设计有机化学品、天然产物等的高效合成路线和人工生物体系，不仅有可能高效利用原来不能利用的生物质资源，也有可能高效合成原来不能生物合成或者原来生物合成效率很低的产品。这将为突破自然生物体合成功能与范围的局限，打通传统化品的生物合成通道，为发展先进生物制造技术，促进可持续经济体系的形成与发展，提供重大机遇。合成生物技术将以重新"设计合成"的视角创新化工产业、医药产业、能源资源产业、环境产业等的发展，推动关键技术瓶颈的突破和新型技术的引入，重点推进我国在生物制造、生物医学、农业领域战略性新兴产业及技术转让、产业化过程的发展[22]。

8.3.2.2 合成生物技术天然产物生产示例：青蒿素细胞工厂的研发[23]

一线抗疟药物青蒿素（artemisinin），是 20 世纪 70 年代由中国中医科学院中药研究所及其研究团队在我国传统中草药青蒿中发现的一种倍半萜类化合物，并且由于该项发现使得屠呦呦获得了 2015 年的诺贝尔生理和医学奖。过去的生产方式为从黄花蒿中直接提取，由于青蒿素含量极微，这大大限制了青蒿素的广泛应用。加州大学伯克利分校的J. D. Keasling 教授及其团队从 2003 年开始，历时 10 年实现了青蒿酸在酿酒酵母中的发酵生产，产量高达 25g·L^{-1}，并经简单化学反应合成了抗疟药物青蒿素（图 26-8-5）[23]；经过计算，在不到 100m^2 发酵车间年产青蒿素能达到 35t，相当于我国近 5 万亩（1 亩＝666.7m^2）

耕地的种植产量。该项工作被认为是通过合成生物技术生产天然产物研究领域具有划时代意义的大事件。

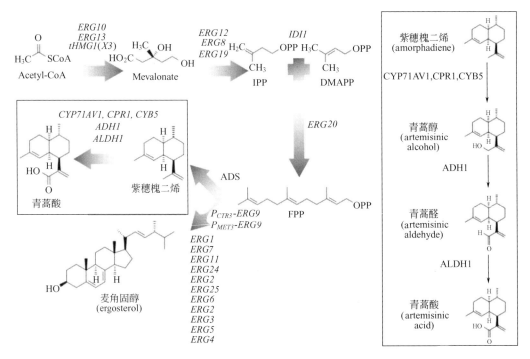

图 26-8-5 青蒿酸在酿酒酵母体内生物合成路径示意图[23]

2006 年，他们从黄花蒿中克隆出细胞色素 P450 氧化酶 CYP71AV1 及相关的还原伴侣 AaCPR，将其整合至已经增加 FPP 供给、下调分支途径代谢通量、引入 ADS 的底盘细胞中，成功地在酿酒酵母中合成了青蒿酸。2013 年，他们通过将 CYP71AV1 与 AaCPR 分别表达，并且优化它们的相对比例，并逐步将黄花蒿中克隆得到的 3 个与青蒿酸合成相关的酶（CYB5、ALDH1、ADH1）引入到酵母细胞中，首次在微生物中完成了完整青蒿酸合成途径的构建工作。在此基础上，他们通过采用两相萃取发酵，变更补料方式的手段，使得青蒿酸的产量达到了 25g·L^{-1}[23]。目前 Amyris 和 Sanofi-Aventis 正式展开合作，利用酵母细胞生产青蒿酸，进行青蒿素的半合成生产。

8.3.2.3 合成生物技术在天然产物合成方面特有的优势[24]

与传统的化学合成以及代谢工程技术相比，在天然产物合成领域，合成生物技术在非天然分子生物合成、新的代谢通路的创建和代谢路径异源构建方面有着特有的优势：

① 合成生物技术可以通过不同生物来源的元件和模块的设计和组合，合成非天然分子。通过在大肠杆菌体内人工构建非天然分子 β-甲基-δ-戊内酯的合成代谢通路，即在甲羟戊酸代谢途径的基础上引入了来自烟曲霉的乙酰-CoA 连接酶编码基因 sidI 和烯酰-CoA 水合酶编码基因 sidH 以及酵母来源的烯醇还原酶编码基因 oye2，实现 β-甲基-δ-戊内酯的生物合成[25]。该非天然分子经过后续的化学修饰和聚合能够形成一种较聚乙烯、聚苯乙烯弹性更佳的新型材料。

② 合成生物技术根据工程学和反应的原理，可以人工设计非天然存在的代谢路径，进而实现所需目标产物的合成或者特定的功能。赵广荣等[26]在大肠杆菌中引入了来源于戊糖

乳杆菌的乳酸脱氢酶编码基因 *d-ldh* 和大肠杆菌内源羟化酶混合物编码基因 *hpaBC*，成功创建了从酪氨酸到丹参酸 A 的非天然代谢通路，并且通过上调丹参酸 A 合成模块的表达量以及阻断竞争代谢通路，最终使丹参酸 A 的产量达到 7.1g•L^{-1}。Toshiaki Fukui 等[27]通过在罗尔斯通氏菌中同时引入丁烯醇-CoA 羧化酶编码基因 *ccr*、中等长度碳链烯酰-CoA 水合酶编码基因 *phaJ4a* 以及丙二酸单乙酯酰-CoA 脱羧酶编码基因 *emd*，人工构建了从果糖到聚（*R*）3-羟基丁酸-（*R*）-3-羟基丁酸 ｛Poly［(*R*)-3-hydroxybutyrate-co-(*R*)-3-hydroxy-hexanoate］，P(3HB-co-3HHx)｝的代谢途径，最终获得了可以生产富含 C$_6$ 单体（HHx）的菌株。

③ 合成生物技术可以在改造和优化天然表达体系的同时，将动物源和植物源的代谢路径构建到微生物体系中，最终实现目标代谢物的异源表达。Ajikumar 等[28]在大肠杆菌中构建了来自植物红豆杉中的紫杉二烯合成途径，并通过模块调谐使紫杉二烯的产量提高了6000 倍。Leonard 等[29]通过合成生物技术将来自银杏树中的左旋海松二烯合成途径成功构建在大肠杆菌中，并且通过与蛋白质工程相结合的底盘菌株优化，使目标产物的产量达到约800mg•L^{-1}。2003 年，法国国家科学研究所分子遗传学中心的 Denis Pompon 与 Transgene公司合作研究，通过引入哺乳动物蛋白源蛋白 matP450scc（CYP11A1）、matADX、matADR 以及线粒体靶向的 ADX、CYP11B1、3βHSD、CYP17A1 和 CYP21A1，首次实现了酿酒酵母中氢化可的松的全生物异源合成[30]。

④ 通过合成生物技术构建的人工混菌体系也是天然产物生产的重要体系。人工混菌体系与单细胞体系相比，尤其是在构建长的代谢通路或者完成更为复杂的功能方面有着如下三个方面的优点：a. 混菌体系中细胞间作用关系处于动态平衡，对环境波动更具强的适应性和稳定性；b. 混菌体系中不同细胞功能分工，适于同时完成多项复杂工作；c. 不同来源、不同功能的元件和模块可以在不同细胞中构建，既减轻对单细胞底盘的代谢负荷，又便于将功能分区、避免功能间的交叉影响。2015 年美国麻省理工学院的 Gregory Stephanopoulos教授课题组[31]将萜类代谢途径构建到大肠杆菌-酿酒酵母的人工混菌体系中，成功实现了抗癌药物紫杉醇重要前体 Taxa-4(20),11(12)-dien-5alpha-acetoxy-10-beta-ol 的大量积累，产量达到 33mg•L^{-1}，为最终实现紫杉醇的异源生物合成奠定了坚实的基础。同时该工作研究者还证明，所构建的混菌体系同样适用于其他萜类物质的合成，例如合成香料诺卡酮和药品丹参酮的重要前体铁锈醇[32]。

8.4 酶和蛋白质工程

8.4.1 蛋白质设计与酶的优化

蛋白质是细胞功能的主要执行单位，其执行由基因信息编码的任务。其中最重要一类是酶。酶存在于所有的生物中，它体现一个活的有机体的生物学功能，是其催化活性的关键组成部分。酶催化反应的范围广泛，约 4000 种已知的反应由酶来催化，包括氧化，功能基团转移反应，化学键断裂、异构化及连接。它们发挥着核心作用，存在所有进程中，对细胞活性至关重要，如 DNA 的合成、蛋白质的合成、初级和次级代谢等。

发现新的酶的传统方法是基于筛选，例如，从不同来源的土壤样品，特殊的极端环境，工业用地周边，或者从植物或动物组织的富集培养物中提取。通常通过特定的检测方法来测定酶的活性。一旦确定酶的来源，例如某种微生物，之后通过蛋白质纯化方法将酶纯化，并进行系统的生化特性表征，也就是，底物谱，pH 值和温度范围，辅因子如 NAD(P)H、FAD、FMN 以及依赖金属离子，分子量，四级结构和动力学常数 V_{max}、k_{cat} 和 k_m。多种方法可用于克隆和重组表达目的蛋白质，可以根据在数据库中的同源酶序列，从 N-末端蛋白质序列，基因编码规律使用序列设计简并引物，或者通过鸟枪法克隆片段的表达来获得目的蛋白的基因[33]。

通过这些成熟的重组 DNA 技术，实现了发现新酶和在实验室与工业规模化重组形式表达的生物催化剂[34]。例如，从橡胶树分离醇腈裂解酶或纯化的猪肝酯酶同工酶。然而，只有少数微生物可以成功地在实验室中培养。根据不同的栖息地，目前的环境样本中的微生物只有<1%可以在标准的实验室中进行培养。因此，可以采用宏基因组，首先，在同源蛋白基础上设计简并引物（用 BLAST 和 ClustalW 对比）。使用这些引物从该微生物的宏基因组 DNA 扩增的序列片段。采取多种方法获得全长基因，如基因步行，同源 PCR，反向 PCR。一旦测出整个基因序列，它就可以被亚克隆转化，并在表达宿主生物体重组表达[35]。

8.4.2   酶定向进化

20 世纪 90 年代中期出现的策略是定向进化（也称为分子或体外进化）。这种"在试管中的进化"基本上包括两个步骤：①编码酶基因的随机突变；②通过筛选或选择文库鉴定突变体。用于定向进化的先决条件是该基因编码的有实用意义的酶，合适的（通常是微生物）表达系统，创建突变体文库的有效方法和一个合适的筛选或选择系统。

很多方法已被开发用来创建突变体文库。这些方法可以分为两类：①非重组突变，其中亲代基因进行随机突变，导致点突变；②重组方法，其中几个亲代基因（通常高度序列同源性）随机重组，导致基因嵌合而非点突变的累积。

在定向进化实验中的一个挑战是需要覆盖足够大的序列范围，创建相应文库及突变体的快速分析方法。例如一个蛋白质（酶）由 200 个氨基酸组成，其可能性达到 20200。用于创建库的仍然最常用的方法是易错 PCR，使用了很容易发生错配的易错 PCR（epPCR），通常导致每 1000 碱基对导入约 1～10 个核苷酸突变（可通过改变反应条件来实现，使用锰离子代替镁离子），通常使用 Taq 聚合酶，并且四个脱氧核苷酸（dNTPs 浓度）的浓度不同。但应当指出的是，由于 Taq 酶的特性，核苷酸置换其他的 19 个氨基酸的概率是不同的，可以通过使用一种优化的聚合酶如 Mutazyme。另一种方法利用突变株。例如，缺乏 DNA 修复机制的大肠杆菌衍生菌大肠杆菌 XL1。导入的质粒含有目的蛋白质编码基因并且在复制过程中导致突变。这两种方法导入点突变，以及几个迭代轮突变，接着最好的变体通常需要通过鉴定，以获得生物催化剂所需的性能。另一个例子是将 DNA（或基因）混合进行重排，其中 DNA 酶降解基因，随后使用 PCR 和引物的片段进行重组。这个过程模仿自然重组，并在很多的实例中已被证明是一种非常有效的工具用以创建所需的酶。后来，这种方法进一步完善，被称为"DNA 家族改组"或"分子育种"。

定向进化的主要难题是识别突变文库中的改良的突变体。合适的测定方法应该实现快速、精确识别所需的生物催化剂。对于体外进化，文库一般包含 $10^3 \sim 10^6$ 个突变体。高通量的筛选系统十分关键。有时，可以采用营养补充法。一个重要的代谢物是仅由一个突变的酶变体产生的。例如，使用了生长测定识别单体分支酸变位酶。文库采用的培养基缺乏 L-酪氨酸和 L-苯丙氨酸。同样，生化途径的互补也被用来鉴定参与色氨酸生物合成的酶的突变体。HisA 和 TrpF（异构酶，分别参与组氨酸和色氨酸的生物合成）具有类似的三级结构。在营养缺乏的培养基中使用随机突变和选择补充色氨酸，在体内和在体外鉴定得到了几个 HisA 突变体，可以催化 TrpF 反应[36]。

在补充有 3-羟基的甘油衍生物酯的琼脂平板上，基于菌落可以进行筛选。因为当只有大肠杆菌菌落产生活性的酯酶，得到碳源甘油，从而强化生长来产生较大的菌斑。通过这个策略，得到了一个双突变体酯酶，经筛选，相比野生型，可以高效地催化水解反应[37]。

由于通过定向进化产生非常大量的突变体，采用常规分析手段，例如气相色谱法和高效液相色谱法效率太低，因为它们通常费时太长。噬菌体展示、核糖体展示，以及荧光流式细胞分选（FACS）也被用于筛选含有＞10^6 量级的突变体文库，但它们不是普遍适用的。最常使用的方法是基于显色法和荧光法在微孔板（MTP）中结合高通量移液机器人进行测定的。这使得在合理的时间内可以进行相当准确的数万突变体的检测，并提供有关酶学性质的信息。一个常用的例子是使用的伞形花内酯衍生物。酯或伞形花内酯的酰胺相当不稳定，特别是在极端的 pH 值及较高的温度下。但作为荧光基团经由醚键被连接到这些醚衍生物是非常稳定的。酶促反应和用高碘酸钠处理后，和牛血清白蛋白（BSA）将释放的荧光团产生伞形荧光，用此来测定酶催化产生的产物[38]。

8.4.3 理性设计

早期的生物工程是根据生物催化剂的特点来设计优化反应过程，通常效率不高，并且一些反应无法实现。随着人们对于酶的深入理解，以及信息技术的高速发展，目前的趋势是通过酶工程手段，对酶进行设计优化，使其适合高效的反应过程，以及催化天然酶不能催化的反应。蛋白质的理性设计是基于蛋白质结构-功能关系的认识，通过定点突变技术改造蛋白质的一种先进方法，目的性强、效率高，但需要对酶有深入的理解，以及较强的计算能力。随着计算生物学的发展，计算机辅助设计为理性设计带来了强有力手段。通常计算机理性设计可从以下几个方面对酶进行改进[39~41]。

（1）稳定性 一般可以通过引入二硫键、盐桥等来提高酶的稳定性。同时可以在蛋白质结构的刚性部分引入新的分子作用力，以提高稳定性。

（2）催化活性 酶的催化通常都是由活性中心的少数几个关键残基决定的，改变这些残基的组成、电荷、构象都会使酶催化特性发生改变。如 Liu 等改变 P450 单加氧酶的数个氨基酸残基，使酶活提高了 10 倍以上[42]。

（3）底物选择性 通过对酶活性中心结构的分析，可以进一步探究其特异性口袋的功能和结构，口袋中残基组成与空间结构决定了酶与底物间的精细相互作用。如 F.Frigerio 等人将 BPN 酶活性中心的 His 突变为 Ala，使得突变体对含 His 的底物专一性提高了 200 倍[43]。

由于技术进步，与早期的功能优化相比，近年来理性设计实现了更具挑战性的酶改造，使酶获得新的功能，催化新的底物。为了使大肠杆菌等不具备代谢碳一物质的微生物能够利用二氧化碳还原得到的甲酸、甲醛等生长，Siegel 等首先使用分子对接研究了苯甲醛裂解酶的底物识别机理，之后进行了理性设计，改造了活性部位的 4 个氨基酸残基，得到的酶突变体，可以将自二氧化碳还原得到的甲醛缩合为二羟基丙酮，大肠杆菌可以以二羟基丙酮作为唯一碳源很好地生长。可见，蛋白质的理性设计对于人工改造酶的催化特性具有明显的指导意义[44]。

8.4.4　多酶催化组装

一般来说，代谢途径包括多步反应的级联酶促过程，这需要一个良好的组织机制，协调不同的酶和它们的辅因子。通常，该产品的第一个酶反应的产物是下一个酶促反应的底物。在活细胞中，酶通过酶复合物或细胞器形成高度有序微室，受到空间组织和复杂的网络信号通路所控制。例如，在胚胎细胞中的 DNA 合成期（S 期），一个多酶群集组装具有六个不同的酶，包括前体的 DNA 合成酶和 DNA 聚合酶等。通过底物通道可以形成有效的前体区室化。通过这种酶复合体的直接转化，底物 rNDPs 可以有效地整合入 DNA。在线粒体中，延胡索酸、苹果酸脱氢酶、柠檬酸合成酶、顺乌头酸酶、异柠檬酸脱氢酶组装成多酶群集，催化从富马酸形成酮戊二酸的级联反应。这种高度组织化的酶群集确保酶的活性位点相互密集，具有高精确度和高效率，使催化位点之间的物质转移不受或较少限制扩散到溶液中。这种纳米级组织已经显示，增加的局部浓度的酶和它们的底物的、局部高浓度的中间体对反应是非常有利的，可以提高连续反应之间代谢物的耦合，并避免与存在于细胞中的其他途径的竞争。从实际角度来看，工程所需的高效酶集群界面相互作用是极具挑战性的。设计基于支架策略的多酶复合物具有非常有吸引力的模块化性质，并且可以作为一个用于控制级联反应的策略，用于复杂的代谢流调控。为了增加功能模块之间的代谢物传递，降低酶之间的扩散路径长度，通过支架和通过融合酶的连接方式可以有效促进相互作用[45]。例如，酵母法尼基焦磷酸合成酶（FPPS）、广藿香合成酶（PTS）使用不同长度和刚性连接融合在一起，使用非常短的三种氨基酸接头（甘氨酸-丝氨酸-甘氨酸）被发现得到最高的最终广藿香含量，产量超过游离酶的 2 倍。有意思的是，短肽接头放置 FPPS 在 N 末端侧和 PTS 在 C 端一侧，导致 2 倍的增强效果；而相反的方向几乎没有作用。这个例子展示了融合酶的协同作用。此外，通过设计蛋白质支架或者核酸支架，将多酶形成催化集群，可以有效提高整体催化效率。

参考文献

［1］ Knight T. Idempotent Vector Design for Standard Assembly of Biobricks. MIT Artificial Intelligence Laboratory; MIT Synthetic Biology Working Group, 2003.

［2］ Daniel R, Rubens J R, Sarpeshkar R, et al. Nature, 2013, 497（7451）: 619-623.

［3］ Xu P, Vansiri A, Bhan N, et al. ACS Synth Biol, 2012, 1（7）: 256-266.

［4］ Mutalik V K, Guimaraes J C, Cambray G, et al. Nat Methods , 2013, 10（4）: 354-360.

［5］ Paddon C J, Westfall P J, Pitera D J, et al. Nature, 2013, 496（7446）: 528-532.

［6］ Stemmer W P C, Crameri A, Ha K D, et al. Gene, 1995, 164（1）: 49-53.

［7］ Richardson S M, Wheelan S J, Yarrington R M, et al. Genome Res, 2006, 16（4）: 550-556.

［8］ Annaluru N, Muller H, Ramalingam S, et al. Methods Mol Biol, 2012, 852: 77-95.

［9］ Engler C, Marillonnet S. Methods in molecular biology, 2011, 729: 167-181.

［10］ Li M Z, Elledge S J. Nature methods, 2007（4）: 251-256.

［11］ Gibson D G, et al. Nature methods, 2009（6）: 343-345.

［12］ Bryksin A V, Matsumura I. Biotechniques, 2010, 48: 463-465.

［13］ Quan J, Tian J. PloS one, 2009, 4: e6441.

［14］ Gibson D G, et al. Science, 2008, 319: 1215-1220.

［15］ Dymond J S, et al. Nature, 2011, 477: 471-476.

［16］ Annaluru N, et al. Science, 2014, 344: 55-58.

［17］ Ye V M, Bhatia S K. Biotechnol J, 2012, 7（1）: 20-33.

［18］ Kuboyama T, et al. Proc Natl Acad Sci USA, 2004, 101（33）: 11966-11970.

［19］ Wang P P, et al. Metab Eng, 2015, 29: 97-105.

［20］ 张欢，赵赟鑫，高文，等. 中国现代中药, 2016, 18（1）: 126-130.

［21］ 王冬，戴住波，张学礼. 微生物学报, 2016, 56（3）: 516-529.

［22］ 肖文海，周嗣杰，王颖，等. 化工进展, 2016, 35（6）: 1827-1836.

［23］ Paddon C J, Westfall P J, Pitera D J, et al. Nature, 2013, 496（7446）: 528-531.

［24］ 肖文海，王颖，元英进. 化学品绿色制造核心技术——合成生物学. 化学学报, 2016, 67（1）: 119-128.

［25］ Xiong M, Schneiderman D K, Bates F S, et al. Proc Natl Acad Sci USA, 2014, 111（23）: 8357-8362.

［26］ Yao Y F, Wang C S, Qiao J, et al. Metab Eng, 2013, 19: 79-87.

［27］ Insomphun C, Xie H, Mifune J, et al. Metab Eng, 2015, 27: 38-45.

［28］ Ajikumar P K, Xiao W H, Tyo K E J, et al. Science, 2010, 330（6000）: 70-74.

［29］ Leonard E, Ajikumar P K, Thayer K, et al. Proc Natl Acad Sci USA, 2010, 107（31）: 13654-13659.

［30］ Szczebara F M, Chandelier C, Villeret C, et al. Nat Biotechnol, 2003, 21（2）: 143-149.

［31］ Zhou K, Qiao K, Edgar S, et al. Nat Biotechnol, 2015, 33（4）: 377-383.

［32］ Luo Y, Li B Z, Liu D, et al. Chem Soc Rev, 2015, 44（15）: 5265-5290.

［33］ Whitaker W R, Dueber J E. Methods in Enzymology, 2011, 497（497）: 447-468.

［34］ Choi J H, Laurent A H, Hilser V J, et al. Nature Communications, 2015（6）: 6968-6968.

［35］ Tzeng S R, Kalodimos C G. Nature, 2009, 462（7271）: 368-372.

［36］ Jiang D, Tu R, Bai P, et al. Chemistry Letters, 2013, 42（9）: 1007-1009.

［37］ Chen J, Zhang Y Q, Zhao C Q, et al. Journal of Applied Microbiology, 2007, 103（6）: 2277-2284.

［38］ Liu M, Yu H. Biochemical Engineering Journal, 2012, 68: 1-6.

［39］ Akeboshi H, Tonozuka T, Furukawa T, et al. European Journal of Biochemistry, 2004, 271（22）: 4420-4427.

［40］ Goodey N M, Benkovic S J. Nature Chemical Biology, 2008, 4（8）: 474-482.

［41］ Xu P, Li L, Zhang F, et al. Proceedings of the National Academy of Sciences, 2014, 111（31）: 11299-11304.

［42］ Liu L, Schmid R D, Urlacher V B. Biotechnology Letters, 2010, 32（6）: 841-845.

［43］ Yang H, Liu L, Wang M, et al. Applied & Environmental Microbiology, 2012, 78（21）: 7519-7526.

［44］ Yang H, Liu L, Shin H D, et al. Journal of Biotechnology, 2013, 164（1）: 59-66.

［45］ Chen R, Chen Q, Kim H, et al. Current Opinion in Biotechnology, 2013, 28C（8）: 59-68.

9

典型的生化过程

9.1　生化过程的分类

　　生物技术历经数千年的发展，产品日益丰富，应用范围不断扩展，已广泛应用于医药工业、食品工业、农业、环境保护等领域。随着细胞融合和 DNA 重组等现代生物技术的发展，人类已可以从细胞水平和分子水平上改良生物品种。可以相信，随着生物技术的进一步发展，它将给工农业生产、人们医疗保健和社会福利事业带来深远的影响。

　　生物技术按其发展历史可分为传统生物技术、近代生物技术和现代生物技术；按其研究对象可分为微生物发酵技术、动物细胞培养技术和植物细胞培养技术。生物技术产品按其应用范围分为医药产品、食品及饲料添加剂、化工及能源产品、农用生物制剂等。本章以生物技术产品分类为：①有机溶剂类产品；②有机酸类产品；③氨基酸类产品；④抗生素类产品；⑤酶制剂类产品；⑥维生素类产品；⑦蛋白质、多肽类药物等医药产品；⑧其他。下述各节将对生物技术产品的典型生化过程进行介绍。

9.2　有机溶剂类产品生产过程

9.2.1　乙醇

9.2.1.1　玉米乙醇

　　乙醇是重要的溶剂和化工原料，在轻工、医药和化工中应用广泛。乙醇生产是农业原料深加工和综合利用的重要途径。20 世纪 50 年代前乙醇的生产主要是发酵法，50 年代石油工业的发展使化学合成法生产乙醇发展迅速，70 年代由于石油危机的冲击，乙醇发酵法的生产重新引起世界各国科技和工商业的重视。人类大规模排放温室气体引发的全球变暖等气候变化得到越来越多的重视，以（燃料）乙醇为代表的生物液体燃料可以增加汽油的含氧量，提高汽油的辛烷值，有效提高汽油的抗爆指数，使其燃烧更充分、排放降低、温室气体减排效果最好，被认为是实现"解决对化石燃料依赖，降低燃油价格，创造国内工作机会，促进经济发展，清洁环境方案"的重要组成部分。

　　（1）菌种　最常用的是酵母菌，它生产乙醇的选择性高、副产物少，如酿酒酵母、葡萄汁酵母、乙醇假丝酵母、粟酒裂殖酵母、马克斯克鲁维酵母等。产乙醇的其他微生物有热解糖梭菌、运动发酵单胞菌、解淀粉欧文氏菌、嗜糖假单胞菌、克雷伯氏菌、丙酮丁醇梭菌等，但它们在产乙醇的同时，往往有较多的副产物。

　　（2）培养基　工业上用于乙醇发酵的原料主要有谷物原料（玉米、小麦、水稻）、薯类原料（木薯、马铃薯）、糖质原料（甘蔗、糖蜜）、纤维素原料。玉米是粮食作物中用途最广、用量最大的工业原料，也是乙醇发酵工业最主要的原料，将玉米粉碎后经过液化及糖化，产生大量可供发酵的糖分，以此作为乙醇发酵的工业培养基。实验室乙醇生产常采用化学成分明确的限定性培养基，其培养基成分为（g·L^{-1}）：葡萄糖 100，硫酸铵 5.19，磷酸二氢钾 1.53，$MgSO_4 \cdot 7H_2O$ 0.55，氯化钙 0.13，硼酸 0.01，$CoSO_4 \cdot 7H_2O$ 0.001，$CuSO_4 \cdot 7H_2O$ 0.004，$ZnSO_4 \cdot 7H_2O$ 0.01，$MnSO_4 \cdot H_2O$ 0.03，碘化钾 0.001，$FeSO_4 \cdot 7H_2O$ 0.002，硫酸铝 0.003，生物素 0.000125，泛酸 0.00625，肌醇 0.125，硫胺素 0.005，吡哆醇 0.00625，对氨基苯甲酸 0.001，烟酸 0.005。另外，富含营养的合成培养基如 YEPD 也可用于乙醇发酵，其成分为（g·L^{-1}）：酵母粉 10，蛋白胨 20，葡萄糖 20。

（3）代谢途径　乙醇发酵途径主要有两种，分别为酵母型发酵途径和细菌型发酵途径（又称 ED 途径）（图 26-9-1）。绝大多数真菌都采用酿酒酵母（*Saccharomyces cerevisiae*）的代谢途径，1 分子葡萄糖经过糖酵解途径生产丙酮酸后，经过丙酮酸脱羧酶生产乙醛，释放二氧化碳，乙醛最终通过乙醇脱氢酶生成乙醇，此过程生成 2 分子 ATP。以运动发酵单胞菌（*Zymomonas mobilis*）为代表的细菌采用的是 ED 途径，1 分子葡萄糖发酵产生乙醇的同时仅有 1 分子 ATP 生成，所产生的生物量也比酵母少，因而具有更高的乙醇产率。图 26-9-2 为葡萄糖在酿酒酵母细胞内的厌氧和需氧分解代谢途径。

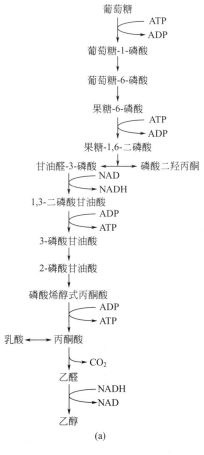

(a)

图 26-9-1

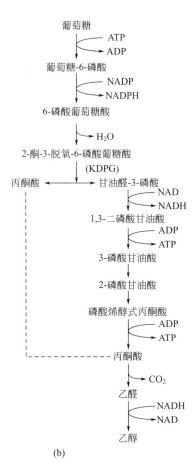

(b)

图 26-9-1　酵母和细菌的乙醇发酵途径

（a）酵母；（b）细菌

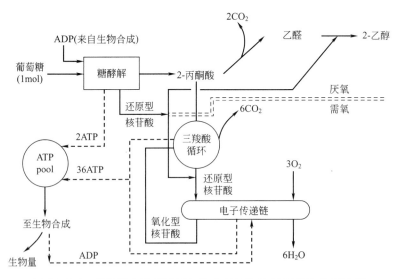

图 26-9-2　葡萄糖在酿酒酵母细胞内的厌氧和需氧分解代谢途径

（4）**工艺过程**　目前由于全世界对乙醇发酵的关注，各国根据各自的不同环境和条件，设计出不同的发酵工艺，淀粉质是生产乙醇的主要原料，淀粉质在微生物作用下水解葡萄糖，再进一步发酵生成乙醇。目前生产无水乙醇主流工艺过程见图 26-9-3。

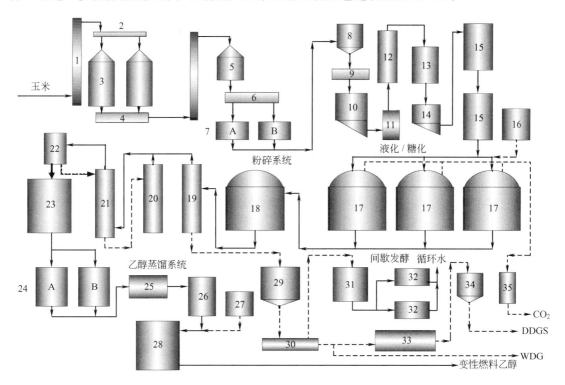

图 26-9-3　无水乙醇工艺流程图

1—斗式提升机；2,4—刮板输送机；3—筒仓；5—缓冲仓；6—皮带秤；7—粉碎机；8,23,29—储料罐；
9—混合器；10—拌料罐；11—喷射器；12—蒸煮罐；13—闪蒸罐；14—中转罐；15—液化罐；
16—酒母扩培罐；17—发酵罐；18—成熟醪罐；19—粗馏塔；20—第二精馏塔；21—第一精馏塔；
22—冷却器；24—分子筛；25—冷凝器；26—无水乙醇储罐；27—变性剂储罐；28—变性燃料
乙醇储罐；30—卧螺沉降离心机；31—蒸发器；32—甲醇转化器；33—烘干机；
34—除尘冷却器；35—洗涤塔；DDGS—酒槽蛋白饲料；WDG—潮湿酒糟

（5）**展望**　通过对发酵工艺的持续改进，以及酵母和酶制剂性能的大幅度提升，目前发酵法已经基本取代石油化工法生产乙醇。同时，科学家还在不断为改进发酵而努力，如筛选、诱变和基因重组开发高产菌种，开发固定化技术和连续发酵技术，以及发酵工艺和设备的改造等，都将继续促进发酵法生产乙醇的发展。

目前人们一直倚重于使用石油、天然气、煤炭等含有碳元素的化石能源，传统的可再生能源太阳能、风能、海洋能等具有间歇性和随机性，随着资源的日益匮乏，在所有可再生能源中追溯碳源，由二氧化碳、水合成的乙醇可望成为未来替代汽油等液体燃料的主要生物能源。从理论上说，以乙醇为代表的生物能源具有全面替代化石能源的潜力。

9.2.1.2　纤维素乙醇

纤维素乙醇也称第二代生物液体燃料，是利用先进技术从玉米秸秆、麦秆、干草、木材等农林业废弃物中制取的乙醇，主要用途是作为燃料乙醇与汽油混配形成不同配比的乙醇汽油，供汽车使用。其原料丰富，但技术难度大，国际上已研究几十年，现已完成中试，进入商业化示范阶段[1]。目前纤维素乙醇研究主要集中在生物酶解发酵路线。

(1) 菌种 木质纤维素主要由纤维素、半纤维素和木质素组成，其经过预处理后酶解的主要产物是己糖和戊糖，发酵时必须采用己糖-戊糖共发酵菌株，以提高乙醇收率。现有工业中使用的传统酿酒酵母菌（*Saccharomyces cerevisiae*）无法利用戊糖生产乙醇。自然界也有可利用己糖和戊糖共发酵的菌株，如树干毕赤酵母、多形汉逊酵母及马克斯克鲁维酵母等，但戊糖的糖醇转化率很低。纤维素乙醇生产工艺要求菌种的发酵性能更高，对高温、酸和醛的耐受性更强，因此生产用己糖-戊糖共发酵菌株都是运用基因工程改良的菌株，如经遗传改造的酿酒酵母、运动发酵单胞菌、嗜热微生物厌氧杆菌等，其中基因修饰的酿酒酵母应用更为广泛[2]。

(2) 培养基 以遗传改造的酿酒酵母二级扩培为例，种子液活化用的培养基为 YEPX 培养基，成分一般为：1%酵母膏，2%蛋白胨，2%木糖。YEPX 培养基制备的菌液也用于种子的短期和长期保存。一级发酵种子扩培培养基为 YEPD 培养基，成分为：1%酵母膏，2%蛋白胨，2%葡萄糖。二级发酵种子扩培培养基选择较多，可用 YEPD 培养基或玉米糖化醪液，工业上也可用酶法水解木质纤维素得到的酶解液，酶解液主要提供酵母生产所需的碳源，其他营养略有不足，需要另外添加氮源、磷源等。添加的营养成分与传统酿酒酵母培养添加的营养成分大致相同，如玉米浆、KH_2PO_4、$(NH_4)_2HPO_4$ 等，添加量根据菌株不同而异。

(3) 代谢途径 以遗传改造的酿酒酵母为例，自然界中的酿酒酵母不能发酵包括木糖、阿拉伯糖在内的戊糖，为实现木糖利用，需要引入一条异源的转化木糖为木酮糖的代谢途径。经过多年研究，已向酿酒酵母中成功引入两种木糖代谢途径。一种是采取异源表达木糖还原酶（XR）和木糖醇脱氢酶（XDH）的酿酒酵母来进行厌氧木糖发酵，将木糖还原得到木糖醇，并进一步氧化生成木酮糖。木酮糖再通过酵母的木酮糖激酶被磷酸化后进入磷酸戊糖途径。但是大量的木糖醇在这一过程中积累，从而降低了重组菌株的乙醇得率。这一结果主要是由于胞内依赖 NADPH 的木糖还原酶和依赖 NAD^+ 的木糖醇脱氢酶二者辅酶不平衡所致。在过去的 30 年里，研究者运用了许多方法来解决这一辅酶不平衡问题。例如，异源表达转氢酶将 NADH 转化为 NADPH，或者利用蛋白质工程改变木糖还原酶/木糖醇脱氢酶的辅酶专一性。第二种途径是将异源木糖异构酶（XI）基因克隆到酿酒酵母中，绕过了 XR/XDH 途径固有的氧化还原的限制。木糖在异构酶作用下直接生成木酮糖，酮糖再通过酵母的木酮糖激酶被磷酸化后进入磷酸戊糖途径，最后生成乙醇（如图 26-9-4 所示）[3]。

(4) 工艺流程 纤维素乙醇按照预处理工艺可分为稀酸预处理、氨爆预处理及中性预处理工艺三种。以目前主流的稀酸预处理工艺为例，纤维素乙醇生产流程包括木质纤维素（玉米秸秆）稀酸预处理、酶法水解木质纤维素（糖化作用）、发酵葡萄糖和木糖得到乙醇等步骤。整个工厂运营还包括原料处理和储存、产品精制、污水处理、木质素燃烧、产品储存以及所需设备设施等（如图 26-9-5 所示）[4]。

(5) 展望 经过多年的技术研发与实践，纤维素乙醇技术已处于示范推广阶段。从原料来源、全生命周期的能量产出/投入比、温室气体排放等角度来看，纤维素乙醇都要强于淀粉乙醇及甘蔗乙醇。随着生物技术的进步，产酶菌株的效率、酶的活性以及共发酵菌株的糖醇转化效率会不断提高，纤维素乙醇成本将更有竞争力，可望成为替代汽油等液体燃料的生物能源。

第 26 篇

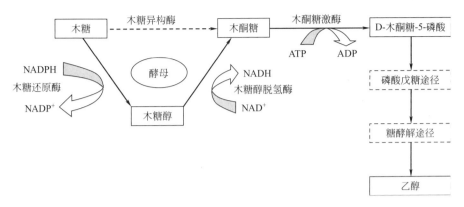

图 26-9-4 酿酒酵母两种不同的木糖代谢途径

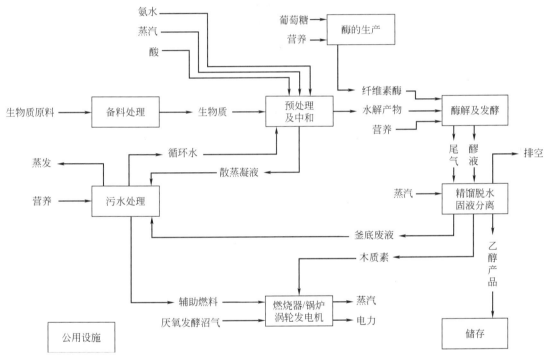

图 26-9-5 典型稀酸预处理纤维素乙醇全过程工艺流程简图

9.2.2 丙酮、丁醇

丙酮、丁醇是重要的化工原料，用途广泛，可用于合成塑料、医药中间体和国防工业等。丁醇亦可作为新型生物燃料使用，具有热值高、性质稳定、与汽油互溶性好等优点。

（1）菌种 用于发酵生产丙酮、丁醇的微生物主要为梭菌属的一些种，主要包括丙酮丁醇梭菌、拜氏梭菌、巴氏梭菌和糖丁酸梭菌等。

（2）培养基 丙酮丁醇梭菌可以代谢利用多种糖类，如葡萄糖、木糖、果糖、阿拉伯糖、半乳糖、甘露糖、果糖等单糖，也可利用纤维二糖、淀粉、蔗糖等二糖或多糖。此外，一些菌种亦具备代谢甘油、糊精、一氧化碳作为碳源的能力。因此，从丙酮、丁醇发酵原料选择上，可以是糖类或淀粉质、木质纤维素类水解液、废弃甘油、合成气等。以丙酮丁醇梭菌为例，当用玉米发酵时，以玉米粉（15％）加水制成培养基；以葡萄糖发酵时，培养基内含 4％葡萄糖、0.1％磷酸二氢钾/磷酸氢二钾、0.2％乙酸铵、0.02％硫酸镁。培养基初始 pH 约为 6.5～7.0，厌氧发酵。

（3）代谢途径　丙酮丁醇梭菌代谢网络中，葡萄糖底物经乙酰辅酶 A 转化生产丙酮、丁醇、乙醇产物的代谢途径见图 26-9-6，葡萄糖先生成丁酸，之后将丁酸还原成丁醇。

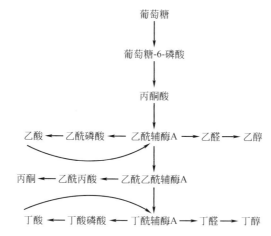

图 26-9-6　丙酮、乙醇和丁醇的主要代谢途径简图

（4）工艺过程　图 26-9-7 为以淀粉质为原料的典型丙酮、丁醇生产工艺流程图。

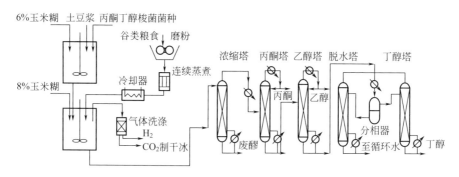

图 26-9-7　以玉米淀粉为原料的典型丙酮、丁醇发酵及分离流程示意图

（5）展望　随着化石能源的日益枯竭，气候变化及温室气体排放等环境问题的凸显，生物丙酮、丁醇具有广阔的市场增长空间。发酵法生产丙酮、丁醇的生产成本目前还无法与化学合成法相竞争。随着菌种的驯化改良，发酵技术、分离技术的提高，尤其是低值生物质资源的有效利用以及发酵分离耦合技术的应用，丙酮、丁醇发酵产业将迎来新的发展机遇。

9.3　有机酸类产品生产过程

9.3.1　柠檬酸

柠檬酸又称枸橼酸，是一种较为稳定的有机酸，在食品工业中可作为稳定剂和食品添加剂。在医药工业中柠檬酸钠为抗血凝药物，柠檬酸和柠檬酸的复盐——柠檬酸铁铵是补血剂，也是缺铁性贫血的特效药物。在化学工业中可作为洗涤剂。在柠檬酸酯类衍生物中，如柠檬酸三乙酯、柠檬酸三丁酯都是良好的纤维素塑料和乙烯基塑料的增塑剂，此外柠檬酸在电镀工业和化妆品工业中也有一定的应用[5,6]。

（1）菌种 许多真菌能产柠檬酸，如黑曲霉、棒曲霉、纯黄青霉、黏青霉、拟青霉、梨形毛霉、焦菌、绿色木霉等。解脂假丝酵母和其他假丝酵母也能产柠檬酸。黑曲霉、延胡索酸曲霉、混特曲霉和解脂假丝酵母适用于深层培养。

（2）培养基 黑曲霉生产柠檬酸的通用培养基见表 26-9-1。

表 26-9-1 黑曲霉生产柠檬酸的通用培养基

成分	含量/g·L^{-1}	
	生孢子培养基	发酵培养基
蔗糖	140	140
Bacto 琼脂	20	0.0
硝酸铵	2.5	2.5
磷酸二氢钾	1.0	2.5
七水硫酸镁	0.25	0.25
铜离子	0.00048	0.0006
锌离子	0.0038	0.00025
亚铁离子	0.0022	0.0013
锰离子	0.001	0.001

黑曲霉生产柠檬酸的专用培养基见表 26-9-2。

表 26-9-2 黑曲霉 Co827，T429 柠檬酸生产菌的培养基

培养基组成	生孢子培养基	发酵培养基
(1)斜面培养基		
麦芽汁	10～12°Bé	
蔗糖	2%	
琼脂	2%	
(2)麸曲培养基		
麸皮	50～100g 湿麸皮	
(3)薯干粉		16%～20%
(4)玉米液化液(总糖)		15%～20%
硝酸铵		4%～5%

解脂假丝酵母产柠檬酸的培养基为（g·L^{-1}）：乙酸钠 40，葡萄糖 20，$MgSO_4·7H_2O$ 1.0，氯化铵 6.0，磷酸二氢钾 2.0，酵母膏 0.5，每 24～36h 添加乳酸钠，总量达 120g/L。

温特曲霉产柠檬酸的培养基组成为（g·L^{-1}）：蔗糖 150，尿素 1.0，硫酸镁·$7H_2O$ 0.5，氯化钾 0.15，$MnSO_4·4H_2O$ 0.02，$ZnSO_4·7H_2O$ 0.01，磷酸二氢钾 0.08。

（3）代谢途径 黑曲霉所消耗糖的 78% 是通过 Embden-Meyerhof-Parnas 途径。此途径

和己糖单磷酸途径在整个发酵过程中是都存在的。但在营养生长阶段，前一途径更活跃，而后一途径主要是在生孢子阶段。丙酮酸转化成乙酰辅酶 A，在缩合酶存在下与草酰乙酸缩合形成柠檬酸，如图 26-9-8 所示。

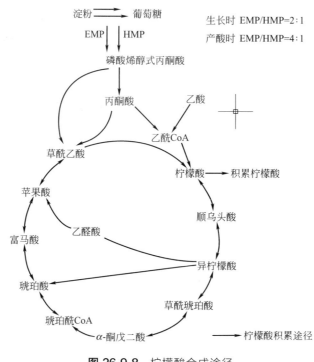

图 26-9-8   柠檬酸合成途径

（4）**工艺过程**   柠檬酸可以用液体表面培养和深层培养法生产。图 26-9-9 示出柠檬酸生产的工艺流程图。

（5）**展望**   近年来，柠檬酸深层培养工艺取得突破进展，单罐产能已有大幅度提升。未来，将以市场为导向，以质量为中心，以利润为纽带，向着清洁生产工艺方向发展。目前，深层培养清液发酵已有诸多报道，随着清液发酵的实现，柠檬酸菌丝体的提取利用将得到充分提升，这样大大减少了固体废弃物的排放。以大麸曲孢子自动化培养的方式也将取代目前的三角瓶的麸曲培养工艺，大大降低劳动强度，节省人力，降低生产成本。同时随着提取新工艺的推广应用，高效液相色谱分离或萃取分离的提取方法将替代目前的钙盐法提取工艺，大大减少辅料消耗，杜绝生产过程中固体废弃物的排放。目前已有报道采用 Lewis 碱基团的萃取剂可以实现柠檬酸发酵液的高效萃取，可以取代目前钙盐法的提取工艺，大大节省提取成本，具有分离效率高、污染小、溶剂可再生循环利用、反萃取容易等特点。但是，清洁高效萃取剂的选择是目前一大难点，同时新萃取剂会不会带来食品安全方面的问题也是将来值得重视的问题之一。

9.3.2   葡萄糖酸

葡萄糖酸也被称为五羟基己酸，含有 4 个不对称碳原子，是制药工业和食品工业的重要原料。葡萄糖酸与碳酸钙或石灰水中和生成的葡萄糖酸钙可治疗生理缺钙症和血钙过低引起

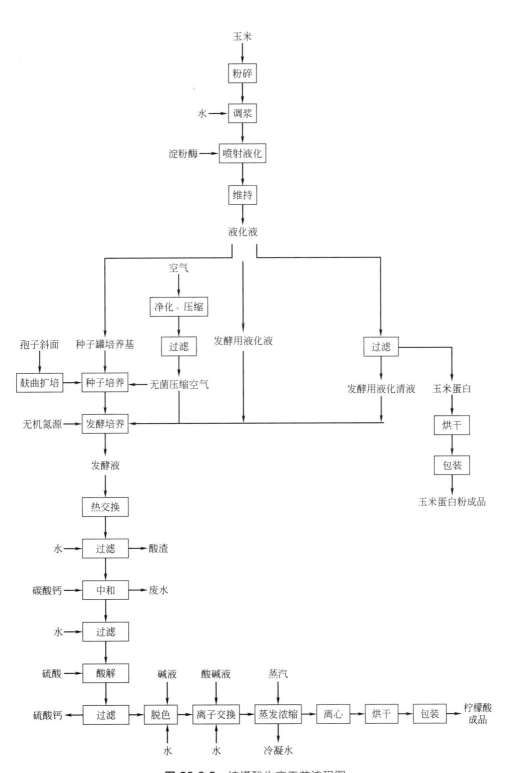

图 26-9-9 柠檬酸生产工艺流程图

的一系列疾病；在食品工业中用来制作果酱，也可以作为凝固剂、膨化剂和酸味剂；与氢氧化钠中和形成葡萄糖酸钠盐[7]。在建筑行业中常作为水泥添加剂起减水及缓凝的作用；在化工行业中，作为生产其他葡萄糖酸盐、葡萄糖酸及葡萄糖酸内酯的基础原料；在医药行业中，能够调节酸碱平衡，维持细胞外渗透压。

（1）菌种　黑曲霉是工业生产葡萄糖酸的主要菌株，并且美国食品和药品管理局认定黑曲霉的发酵属于 GRAS（公认安全）级别。黑曲霉是一种丝状真菌，通常可以在土壤、垃圾堆、肥料堆和一些腐烂的植物中提取到。黑曲霉能够在 $6 \sim 47℃$ 温度内生长，这是一个较为宽泛的区间。其生长的最适温度为 $35 \sim 37℃$。除了黑曲霉之外，也有其他微生物：如出芽短梗霉菌、青霉、黏帚霉、拟内孢霉等[8]。

（2）培养基　黑曲霉工业化生产葡萄糖酸的主要培养基见表26-9-3。

表 26-9-3　常用葡萄糖酸发酵培养基配方

培养基	配方
一、二代的保藏斜面	葡萄糖 6%，尿素 0.02%，KH_2PO_4 0.013%，$MgSO_4 \cdot 7H_2O$ 0.002%，玉米浆 0.1%；pH 调至 $6.5 \sim 7.0$。再加入 $CaCO_3$ 0.5%，琼脂 2.0%。在 0.1MPa 的压力下，121℃灭菌 20min。培养温度：35℃，相对湿度 40%，培养时间：60h，保藏方式：棉塞密封
发酵罐种子培养基	葡萄糖 30%，KH_2PO_4 0.058%，$(NH_4)_2HPO_4$ 0.23%，$MgSO_4 \cdot 7H_2O$ 0.025%，玉米浆 0.25%。在 0.1MPa 的压力下，115℃灭菌 20min
发酵罐发酵培养基	葡萄糖 27.5%，KH_2PO_4 0.017%，$(NH_4)_2HPO_4$ 0.029%，$MgSO_4 \cdot 7H_2O$ 0.021%。在 0.1MPa 的压力下，115℃灭菌 20min

（3）代谢途径　黑曲霉产葡萄糖酸的代谢途径如图 26-9-10 所示，该反应包括如下两个最关键步骤：第一步，葡萄糖在葡萄糖氧化酶的作用下生成葡萄糖内酯和过氧化氢两种产物，与此同时伴随着氧化态的 FAD^+ 转化为 $FADH_2$，O_2 作为电子受体重新使 $FADH_2$ 再氧化生成过氧化氢，过氧化氢在过氧化氢酶催化作用下生成一分子 H_2O 和 $1/2$ 分子 O_2；第二步，葡萄糖内酯酶催化葡萄糖酸内酯使其水解为葡萄糖酸。

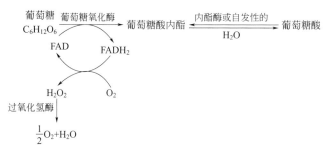

图 26-9-10　黑曲霉产葡萄糖酸的代谢途径

（4）发酵法工艺过程　工业葡萄糖酸钠生产的工艺如图 26-9-11 和图 26-9-12 所示。葡萄糖酸发酵有如下特点：①葡萄糖酸发酵是一个高耗氧过程；②一般采取低菌浓度发酵；③过程中控制二氧化碳低的释放速率（CER）和低的呼吸商（RQ），用于细胞维持所消耗的碳源降低和得率提升[9]。

（5）酶催化法工艺过程　20 世纪 80 年代起，许多学者开始研究使用固定化酶法生产葡萄糖酸钠，其中包括固定化细胞和固定化酶，但都遇到同样难以解决的问题，即反应过程中耗氧量极大，传氧速率慢。近年来，随着基因工程以及生物发酵产业的发展，出现了商品化

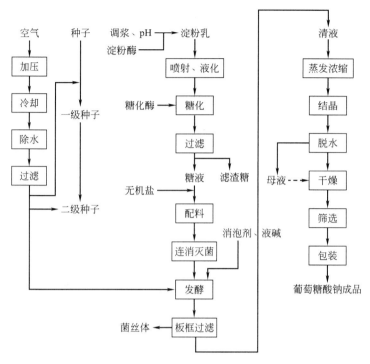

图 26-9-11　典型黑曲霉发酵生产工艺流程图（一）

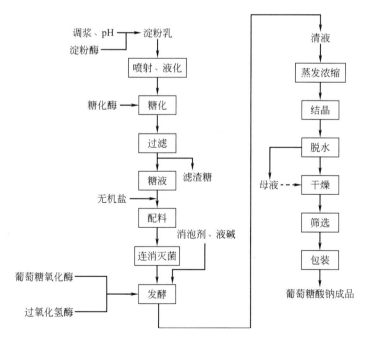

图 26-9-12　典型黑曲霉发酵生产工艺流程图（二）

价格低廉的葡萄糖氧化酶以及过氧化氢酶，所以在发酵罐中直接用双酶法进行酶法催化反应生产葡萄糖酸钠的工艺得以实现[7,10]。

该方法相比于发酵法有如下优点：不需要做种子；反应完成的反应液可直接进行提取，不需要过滤；反应速率快，得率高；产品质量稳定，品质好。

(6) 展望   目前大部分的葡萄糖酸钠应用在建筑行业中，随着人们对健康越来越重视，葡萄糖酸钠在低钠盐市场的潜力日益为人们所重视[11]。如果葡萄糖酸钠能够取代一部分 NaCl，那么其市场将大大扩大。目前的生物发酵法存在着产葡萄糖酸钠速率低、产品质量不稳定等问题，酶法发酵存在着酶价格过高等限制性因素，葡萄糖酸钠发酵还有较大的提升空间。

9.4 氨基酸类产品生产过程

9.4.1 谷氨酸

谷氨酸是生物机体内氮代谢的基本氨基酸之一，也是连接糖代谢与氨基酸代谢的枢纽之一，在代谢上具有比较重要的意义。谷氨酸被用于生产味精、医药、聚谷氨酸、润肤剂、洗涤剂等。L-谷氨酸单钠通称味精，是重要的调味品，广泛应用于烹调、鸡精生产和食品加工。目前，我国味精年产量达到 220 万吨，约占世界味精产量的 3/4，高居世界首位。

谷氨酸的化学名称为 α-氨基戊二酸，结构式如下：

L 型   D 型

由于分子中存在不对称碳原子，因此存在 L 型、D 型和 DL 型 3 种光学异构体。L 型谷氨酸的水溶液呈右旋，D 型谷氨酸呈左旋，DL 谷氨酸为消旋体。只有 L 型谷氨酸单钠才具有强烈的鲜味。

(1) 菌种   能积累 L-谷氨酸的野生菌株列于表 26-9-4。

(2) 培养基   虽然不同生产菌株和各工厂的培养基成分和配比不尽相同，但是基本的成分仍有相似之处，表 26-9-5 和表 26-9-6 分别列出了亚适量菌种（CM415 菌株）及温度敏感型菌种（黄色短杆菌 FM-8 菌株）的培养基成分。生物素是谷氨酸生长的必需因子，应该根据菌株、原料特性等因素合理调整。发酵过程中补料增加糖浓度是提高谷氨酸产酸率的关键，根据相关研究结果并结合生产的实际情况，发酵中拟定亚适量菌种（CM415 菌株）的培养基流加糖含量为 600g/L，温度敏感型菌种（黄色短杆菌 FM-8 菌株）的培养基流加糖含量为 500g/L。

表 26-9-4　L-谷氨酸生产的微生物（野生菌株）

属	种	属	种
杆菌属	*Arthobacter aminafaciens* 球形节杆菌	棒杆菌	美棒杆菌 谷氨酸棒杆菌 力士棒杆菌 百合棒杆菌 嗜氨棒杆菌 黄色微杆菌谷氨酸变种 *Microbacterium salicinovolum*
短杆菌	丙氨酸短杆菌 产氨基短杆菌 产氨短杆菌 叉开短杆菌 黄色短杆菌 *Brevibacterium immariophilum* 乳发酵短杆菌 玫瑰色短杆菌 解糖短杆菌 *Brevibacterium thiogenialis*		

表 26-9-5　CM415 菌种谷氨酸发酵生产培养基　　　　单位：$t \cdot t^{-1}$

成分	斜面	摇瓶种子	二级种子	三级种子	发酵
葡萄糖	0.001	0.025	0.03	0.035	0.16
牛肉膏	0.01				
蛋白胨	0.01				
琼脂	0.02				
NaCl	0.0025				
玉米浆		0.03	0.03	0.002	0.0006
尿素		0.005			
K_2HPO_4		0.001			
Na_2HPO_4			0.0018	0.0015	0.0023
KCl			0.0017	0.0013	0.002
$MgSO_4 \cdot 7H_2O$		0.0004	0.00055	0.0005	0.0008
$FeSO_4 \cdot 7H_2O$		0.000002	0.00001	0.00001	0.00001
$MnSO_4$		0.000002	0.0000015	0.0000013	0.000004
糖蜜			0.0148	0.0019	0.00086
pH	7～7.2	7	7.1	7.1	6.8～7.1

表 26-9-6　FM-8 菌种谷氨酸发酵生产培养基　　　　单位：$t \cdot t^{-1}$

成分	斜面	摇瓶种子	二级种子	三级种子	发酵
葡萄糖	0.005	0.025	0.03	0.05	0.05
酵母粉	0.01	0.01			
琼脂	0.015				
玉米浆				0.01	0.035
豆粕水解液	0.01	0.01	0.04	0.01	0.01
尿素	0.002	0.01			
H_3PO_4			0.002	0.002	0.002
KH_2PO_4	0.001				

续表

成分	斜面	摇瓶种子	二级种子	三级种子	发酵
KCl			0.01	0.02	0.3
$MgSO_4 \cdot 7H_2O$		0.0003	0.001	0.001	0.0015
$FeSO_4 \cdot 7H_2O$		0.00001	0.00001	0.00001	0.00001
$MnSO_4$		0.00001	0.00001	0.00001	0.00001
甜菜碱					0.001
琥珀酸	0.001	0.001	0.001	0.001	
pH	7	7	6.8	6.8	6.8

（3）代谢途径   谷氨酸生物合成的途径见图 26-9-13。图中实线表示 Embden-Meyerhof-Parnas（EMP）途径，虚线表示己糖单磷酸途径。在发酵条件下，通常以 EMP 途径为主。

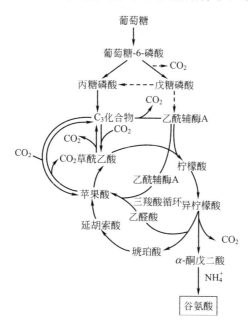

图 26-9-13   葡萄糖生物合成谷氨酸

（4）工艺过程   采用亚适量菌种及温度敏感型菌种生产谷氨酸工艺过程示意图见图 26-9-14 及图 26-9-15，由谷氨酸生产味精工艺过程示意图见图 26-9-16。

（5）展望   谷氨酸是我国最早投入工业化生产的氨基酸之一，在食品、医药等领域有广泛用途。近 40 年来，全国味精产量（不含台湾）已由水解法生产的 4200t 发展到 220 万吨，约占世界味精产量 3/4，我国已成为世界的味精生产中心。

目前，在生产上，谷氨酸生产方法都是采用微生物发酵法生产，国内发酵法生产 L-谷氨酸行业的平均产酸水平：采用生物素亚适量菌种发酵产酸水平（120±10）$g \cdot L^{-1}$，糖酸转化率为 60%±2%，谷氨酸的提取工艺采用等电离子交换转晶工艺，提取收率 90%～93%。近年来，以淀粉为原料的温度敏感型菌种生产谷氨酸技术在国内得到广泛推广，采用温度敏感型菌种发酵产酸（170±10）$g \cdot L^{-1}$，糖酸转化率为 69%±2%，谷氨酸的提取工艺采用浓缩连续等电转晶工艺，提取收率 86%～90%。与采用亚适量菌种工艺比较，采用温度敏感

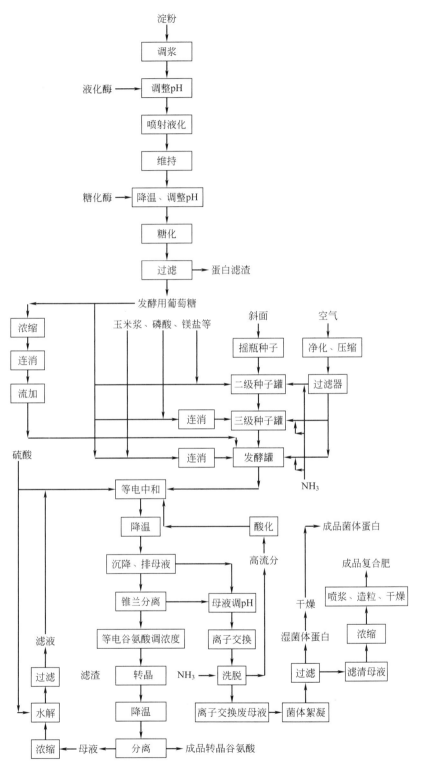

图 26-9-14　亚适量菌种发酵谷氨酸生产工艺流程示意图

（提取：等电、离子交换、转晶工艺）

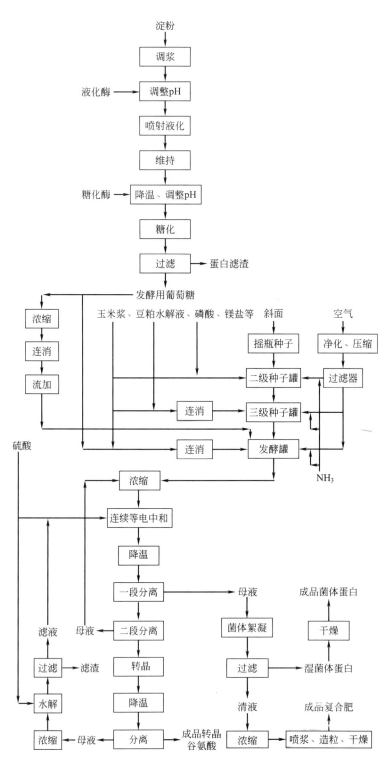

图 26-9-15   温度敏感型菌种发酵谷氨酸生产工艺流程示意图

（提取：浓缩、连续等电、转晶工艺）

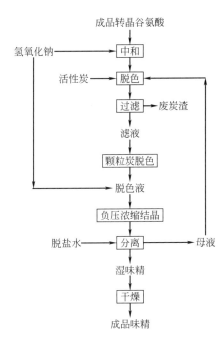

图 26-9-16 谷氨酸生产味精工艺流程示意图

型菌种工艺在生产上消耗、成本更低，但是温度敏感型菌种对发酵设备条件要求较高，在预防发酵染菌方面需要加强。在科研上，不少学者仍在进行以下工作：①继续选育各种生化突变性菌株，已拓宽原料来源，提高产酸水平；②应用 DNA 重组技术、原生质融合技术和固定化细胞技术于谷氨酸发酵研究，构建新菌株，开拓新工艺；③改进发酵工艺，通过开拓原料，改进流加工艺和自动化控制水平，以提高原料的转化率；④继续研究微生物生理、生化、遗传变异和发酵机制等问题，以便更好地促进谷氨酸这类微生物中间代谢产物的发展。随着新技术、新工艺的不断应用，谷氨酸生产将达到一个更高的水平。

9.4.2　赖氨酸

赖氨酸的化学名称为 2,6-二氨基己酸或 α,ε-二氨基己酸，具有 D 型和 L 型两种光学构型，微生物发酵生产的为 L 型赖氨酸。赖氨酸是人体必需的氨基酸之一，人体和高等动物体内不能合成。赖氨酸有促进儿童生长发育、增强体质的作用，同时还具有促进肝细胞再生和治疗白细胞减少症的功能，是医药工业中不可缺少的氨基酸。赖氨酸又是谷类饲料中最缺乏的一种氨基酸，饲料中添加赖氨酸，可有效地提高畜禽的增重，改善瘦肉品质，因此赖氨酸也是饲料工业中的重要原料之一。此外，食品、饮料工业也需要部分赖氨酸。

（1）菌种　用于工业上发酵生产赖氨酸的菌株主要是棒状杆菌和短杆菌等的变异株，其中谷氨酸棒状杆菌（*Corynebacterium glutamicum*）和大肠杆菌（*Escherichia coli*）应用最为广泛。此外，赖氨酸生产还有应用黄色短杆菌、酿酒酵母、乳酸发酵短杆菌、假丝酵母等。

（2）培养基　糖蜜、葡萄糖、乙酸或乙醇可作碳源，铵盐、尿素可作为氮源。以谷氨酸棒杆菌为例，赖氨酸发酵种子培养基为（质量分数/%）：葡萄糖 2.0，蛋白胨 1.0，肉膏 0.5，氯化钠 0.25。以葡萄糖为碳源的赖氨酸发酵培养基组成为（质量分数/%）：玉米浆 3.5，糖蜜 2，葡萄糖 3.0，磷酸二氢钾 0.2，$MgSO_4 \cdot 7H_2O$ 0.04，$FeSO_4 \cdot 7H_2O$ 0.001，$MnSO_4 \cdot H_2O$ 0.001，生物素 $50\mu g \cdot L^{-1}$，盐酸硫胺素 $40\mu g \cdot L^{-1}$。

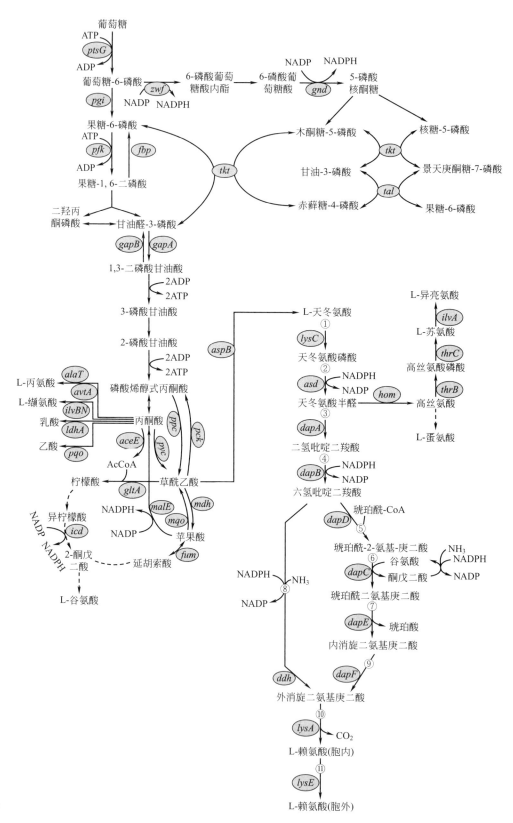

图 26-9-17   谷氨酸棒杆菌 L-赖氨酸生物合成途径

发酵条件：37℃，按质量比（3∶1）～（4∶1）流加 70％浓度的葡萄糖和 45％浓度的硫酸铵，控制 pH＝7.0，发酵终了赖氨酸盐酸盐含量为 220～240g·L^{-1}。

（3）代谢途径 把葡萄糖转化为赖氨酸的代谢途径见图 26-9-17[12]。

（4）工艺过程 赖氨酸生产工艺流程见图 26-9-18。

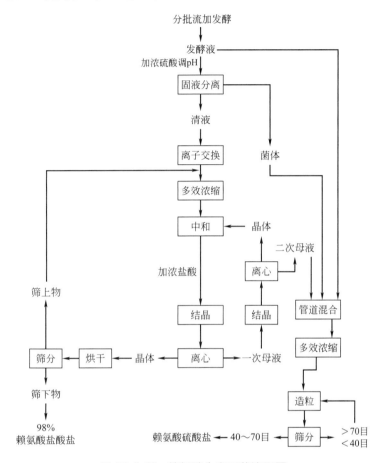

图 26-9-18 赖氨酸生产工艺流程图

（5）展望 目前，工业上 L-赖氨酸主要采用基因改造的谷氨酸棒杆菌和大肠杆菌发酵生产。随着新的饲料添加剂国家标准中对大肠杆菌的限制，谷氨酸棒杆菌将替代大肠杆菌成为主要的 L-赖氨酸工业生产菌株。随着基因改造技术的不断提升，L-赖氨酸的最高发酵水平已经达到了 240g·L^{-1}，并且还在不断改进中。同时，全球的赖氨酸产能不断扩大，已经远远超过需求，市场竞争十分激烈。因此，亟需开拓赖氨酸的下游应用市场，例如将赖氨酸转化为戊二胺以及戊二胺衍生产品等，才能促进产业的持续健康发展。

9.5 抗生素类产品生产过程

9.5.1 青霉素

青霉素（penicillin）是 β-内酰胺类抗生素的一种，为广谱类抗生素，对多种革兰氏阳性细菌、部分革兰氏阴性球菌、各种螺旋体和部分放线菌具有较强的抗菌作用。在临床上，青霉素主要用于治疗败血症、肺炎和化脓性关节炎、淋病、梅毒及各种脓肿、链球菌所致的扁桃体炎等。

（1）菌种[13]   早期青霉素开发所用的菌株为特异青霉，现在使用的是产黄青霉的突变菌株，采用补料分批发酵工艺。近年来，随着基因工程技术在工业微生物生产菌种改造领域的应用，新型工业生产菌种已广泛应用。

（2）培养基

① 种子培养基：玉米浆 2.5%，蔗糖 2.0%，硫酸铵 0.3%，碳酸钙 0.2%，玉米油 $4mL \cdot L^{-1}$。

② 发酵培养基：玉米浆 3.5%，磷酸二氢钾 0.8%，硫酸钠 1.0%，硫酸锰 0.006%，硫酸亚铁 0.03%，碳酸钙 0.06%，玉米油 $1mL \cdot L^{-1}$。

新的基因工程工业生产菌可采用全合成培养基，含有 Fe^{2+}、Cu^{2+}、Mn^{2+}、Zn^{2+}、Mg^{2+} 以及硫酸铵、硫酸钠、磷酸二氢钾等，培养基中基本没有碳源，发酵一开始即流加葡萄糖，过程中的其他补料包括 PAA、硫酸铵等。

（3）代谢途径   青霉素是次级代谢产物，其代谢途径如图 26-9-19 所示。

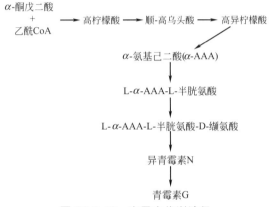

图 26-9-19   青霉素代谢途径

（4）工艺过程   青霉素生产工艺流程如图 26-9-20 所示。

（5）展望   基因工程改造技术已在工业生产菌改造中得到应用，需要设计合适的过程工艺和过程装备来配合新菌种的特性。20 世纪 60 年代后，新抗生素研究的特点是寻找微生物所产生的抗生素发展速度已逐步缓慢，取代的是半合成抗生素的出现。随着对化学结构与生物活性关系的深入研究，再加上有机合成、生物合成和转化的理论与技术的渗透及应用，已制备出许多衍生物，从中不仅获得了高疗效、低毒性的新品种，而且已逐步取代了天然抗生素，从而为寻找和发现新的化学治疗剂开辟了广阔的领域。

9.5.2   红霉素

红霉素（erythromycin）是十四元大环内酯类抗生素，具有广谱抗菌作用，对葡萄球菌、化脓性链球菌、绿色链球菌、肺炎链球菌、梭状芽孢杆菌、白喉杆菌等有较强的抑制作用，在临床上主要应用于治疗革兰氏阳性细菌感染。对革兰氏阴性菌如脑膜炎球菌、淋球菌、流感杆菌、百日咳杆菌、布氏杆菌及军团菌等也有抗菌作用。同时能抗对青霉素产生耐药性的菌株，用于治疗其他抗生素无效或有药物过敏反应时的呼吸道感染。红霉素类药物在我国医院抗感染类药物中作为重要药物用于治疗，同时在提高红霉素的新活性并降低其抗菌

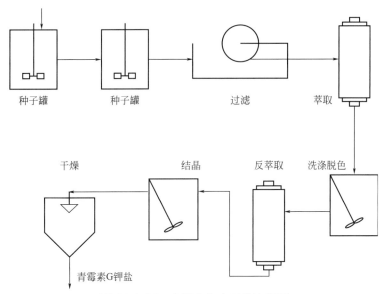

图 26-9-20   青霉素生产工艺流程图

作用的研究中，一些新结构的红霉素衍生物不断出现。

（1）菌种[14]   红霉素的生产菌种为红色糖多孢菌 *Saccharopolyspora erythraea*。工业生产采用补料分批发酵工艺，过程中流加葡萄糖、正丙醇、油等。为了提高有效组分含量，出现了基因工程改造的菌种。

（2）培养基

① 种子培养基[6]：淀粉 3%，黄豆饼粉 1.5%，氯化钠 0.5%，硫酸铵 0.2%。

② 发酵培养基[15]：淀粉 3.5%，黄豆饼粉 3.0%，玉米浆 1.8%，泡敌 0.03%。

（3）代谢途径   红霉素代谢途径如图 26-9-21 所示。

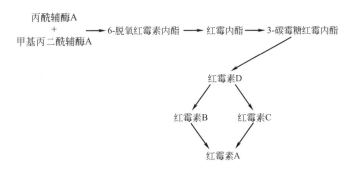

图 26-9-21   红霉素代谢途径

（4）工艺过程   红霉素生产工艺流程如图 26-9-22 所示。传统的红霉素生产提炼工艺一般是采用絮凝沉淀后板框过滤、溶剂萃取、生成中间盐再转碱结晶的路线。目前国内一些抗生素原料药生产厂家已经开始应用膜分离技术。

（5）展望   随着半合成红霉素在临床领域的应用，红霉素原料药的组分控制成为生产的控制核心之一，通过基因工程改造来获取高组分的红霉素生产菌已经成为热点。同时，需要发酵过程工艺的优化来适应基因工程菌生理特性的改变，并通过过程控制来进一步提高产量和组分。在过程装备方面，需要通过理性的设计，来实现装备的高效节能。目前，膜过滤的

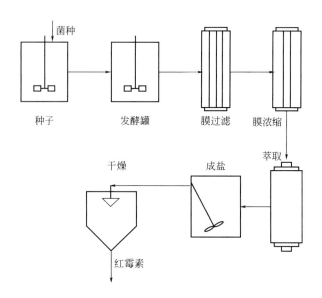

图 26-9-22 红霉素生产工艺流程图

提取工艺已经在生产上得到应用，提取新工艺的研发可以进一步提升产品的质量，实现节能减排。

9.5.3 头孢菌素

头孢菌素是 β-内酰胺类抗生素，目前临床上应用的头孢菌素抗生素主要是 7-ACA（7-氨基头孢霉烷酸）系列衍生物及其 C3 功能化系列衍生物。此类药物从发酵法生产头孢菌素 C，经裂解后得到 7-ACA，然后以 7-ACA 为出发原料，接上适当侧链以制备一系列的头孢菌素衍生物。

（1）菌种[16] 头孢菌素 C 的生产菌种为顶头孢霉菌。

（2）培养基

① 种子培养基：蔗糖 $25g \cdot L^{-1}$，葡萄糖 $10g \cdot L^{-1}$，豆油 $10mL \cdot L^{-1}$，豆饼粉 $30g \cdot L^{-1}$，金枪鱼膏 $20mL \cdot L^{-1}$，玉米浆 $15g \cdot L^{-1}$，碳酸钙 $5g \cdot L^{-1}$，消毒前调节 pH 值 6.9～7.1。

② 发酵培养基：蔗糖 $10g \cdot L^{-1}$，葡萄糖 $5g \cdot L^{-1}$，豆油 $70mL \cdot L^{-1}$，花生粉 $25g \cdot L^{-1}$，玉米粉 $17.5g \cdot L^{-1}$，谷朊粉 $30g \cdot L^{-1}$，金枪鱼膏 $20mL \cdot L^{-1}$，玉米浆 $40mL \cdot L^{-1}$，蛋氨酸 $9g \cdot L^{-1}$，硫酸铵 $10g \cdot L^{-1}$，硫酸钙 $12g \cdot L^{-1}$，碳酸钙 $5g \cdot L^{-1}$，消沫剂 $1mL \cdot L^{-1}$，消毒前调节 pH 值 7.2～7.4。

（3）代谢途径 头孢菌素 C 生物代谢途径如图 26-9-23 所示。

（4）工艺过程 上海医药工业研究院赵风生等用 D-1 型非极性大孔吸附剂作为分离介质的工艺流程，如图 26-9-24 所示。

（5）展望 头孢菌素由第一代发展到第四代，其毒性小、疗效好等特点已广为人知，但仍存在一定的缺点。近年来研究的主要动向有：①进一步扩展抗菌谱，寻找新一代头孢菌素；②发展长效、高效头孢菌素；③菌种生产性能的改进，例如高通量筛选等。从生产工艺上看，降低发酵生产成本始终是重要的研发内容，例如碳源和氮源的替代、发酵罐装备技术的改进等；分离是整个生产的制约因素之一，因此寻找新的分离方法，选择新的分离介质仍是头孢菌素生产的重要环节。

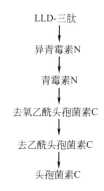

图 26-9-23 头孢菌素 C 生物代谢途径

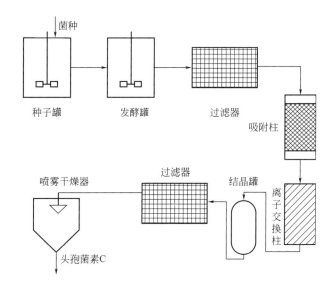

图 26-9-24 头孢菌素 C 生产工艺流程图

9.6 酶制剂类产品生产过程

9.6.1 淀粉酶和糖化酶

α-淀粉酶是淀粉酶的一种，它是研究较多、生产最早、应用较广的酶。早在 1915 年法国的 Badin 和 Effront 就生产枯草杆菌淀粉酶代替麦芽用于纺织品退浆。1937 年日本的福本获得了产生 α-淀粉酶的枯草杆菌。1959 年，日本采用淀粉酶和糖化酶进行淀粉的液化和糖化，确定了酶法制造葡萄糖糖浆的工艺。1973 年高温淀粉酶投入生产，使淀粉酶的生产进入了一个新阶段。近年来新的淀粉酶的开发仍在不断的进行中，并有许多突破性进展，包括用于烘焙工业起到保鲜功能的麦芽糖淀粉酶和真菌淀粉酶，成功地用于玉米生料发酵生产燃料乙醇的生淀粉降解酶，用于洗涤剂中去除淀粉质污渍的碱性淀粉酶等。α-淀粉酶的用途极为广泛，目前 α-淀粉酶已用在淀粉加工工业、烘焙工业、酿造发酵工业、饲料工业、纺织工业、洗涤剂工业等。不同的淀粉酶特性不同，应用范围也不同，如黑曲霉酸性 α-淀粉酶适用于消化药；米曲霉 α-淀粉酶耐热性差，可用于面包工业；糖化型细菌淀粉酶可用于制造糖浆；耐热性强的细菌 α-淀粉酶，由于液化完全，用酶量小，操作容易，适用于淀粉液化及棉布退浆、酶法生产葡萄糖等。

糖化酶又称葡萄糖淀粉酶（glucoamylase，EC3.2.1.3），是一种习惯上的名称，学名为 α-1,4-葡萄糖-4-水解酶（α-1,4-Glucan glucohydrolace），它能把淀粉从非还原性末端水解 α-1,4-葡萄糖苷键产生葡萄糖，也能缓慢水解 α-1,6-葡萄糖苷键，转化为葡萄糖。糖化酶同时也能水解糊精，糖原的非还原末端释放 β-D-葡萄糖。多和淀粉酶一起应用在酒精、淀粉糖、味精、抗生素、柠檬酸、啤酒、白酒、黄酒等工业。

(1) 菌种　淀粉酶的来源十分丰富，目前用于工业生产的淀粉酶大多数来自微生物。自然界的许多微生物包括细菌和真菌都可产生淀粉酶，不同微生物产生的淀粉酶的性质和功能也不相同。目前用于淀粉酶工业化生产的菌株包括枯草芽孢杆菌、解淀粉芽孢杆菌、地衣芽孢杆菌、黑曲霉、米曲霉等。近年来基因工程菌已广泛用于淀粉酶的生产，包括枯草芽孢杆菌、地衣芽孢杆菌、黑曲霉和米曲霉，其优势是产量高、纯度高、生产工艺便于控制。

糖化酶的最广泛来源是真菌。目前用于工业生产的糖化酶来自 4 种真菌，包括黑曲霉、艾默森蓝状菌、里氏木霉和栓菌。目前用于糖化酶工业化生产的菌株大多数都是由基因工程菌发酵生产，包括黑曲霉和里氏木霉。

(2) 培养基　用于淀粉酶发酵的培养基因菌种和生产厂家略有不同，表 26-9-7 示出枯草杆菌 BF7658 α-淀粉酶生产的培养基组成。

表 26-9-7　枯草杆菌 BF7658 α-淀粉酶生产的培养基组成

培养基成分	种子/%	发酵		
		基础料/%	补料/%	占总量/%
豆饼粉	4	5.6	5.3	5.5
玉米粉	3	7.2	22.3	11
Na_2HPO_4	0.8	0.8	0.8	0.8
$(NH_4)_2HPO_4$	0.4	0.4	0.4	0.4
$CaCl_2$	—	0.13	0.4	0.2
NH_4Cl	0.15	0.13	0.2	0.15
α-淀粉酶①	—	100 万单位	30 万单位	—
体积/L	200	4500	1500	600

① 用于灭菌时（120℃，30min）液化培养基中的淀粉。

用于黑曲霉糖化酶发酵的培养基也因菌种和生产厂家略有不同。供参考的种子培养基的配方为：玉米粉（60g·L^{-1}）、玉米浆（20g·L^{-1}）、黄豆粉（20g·L^{-1}）、KNO_3（3g·L^{-1}），$MgSO_4$·$7H_2O$（1.2g·L^{-1}），KH_2PO_4（2.7g·L^{-1}）；供参考的发酵培养基的配方为：玉米粉（50g·L^{-1}）、玉米浆（20g·L^{-1}）、黄豆粉（20g·L^{-1}）、麸皮（30g·L^{-1}），料：水 1∶7。

(3) 工艺过程　枯草杆菌 BF7658 α-淀粉酶的生产工艺流程见图 26-9-25。黑曲霉糖化酶的生产工艺流程见图 26-9-26。

(4) 展望　α-淀粉酶和糖化酶的生产工艺经多年实践，已不存在关键的技术难题。由于这些酶不是高附加值的生物产品，如何减少工艺各个环节的成本显得尤为重要。目前发展的

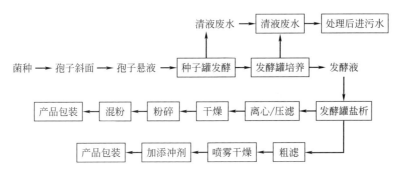

图 26-9-25 枯草杆菌 BF7658 α-淀粉酶生产工艺流程图

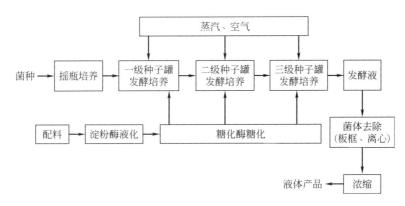

图 26-9-26 黑曲霉糖化酶生产工艺流程图

趋势是在现有知识的基础上，研究新的菌种（包括基因工程菌种和具有特定功能的新的淀粉酶和糖化酶新品种）和工艺条件，简化设备，降低原料消耗和能源消耗，通过多种酶的复配提高原料转化率，这是今后淀粉酶和糖化酶工业可以进一步改进之处。

9.6.2 葡萄糖异构酶

葡萄糖异构酶（EC5.3.1.5）也称木糖异构酶，它可催化 D-木糖、D-葡萄糖、D-核糖等醛糖转化为相应的酮糖。葡萄糖异构酶的主要用途是把葡萄糖异构化为高果糖浆。葡萄糖的甜度只有同样重量蔗糖的 65%，而果糖的甜度常为蔗糖的 $120\% \sim 180\%$，因此将葡萄糖转变为果糖可增加甜度。目前，所用高果糖浆都是通过这种酶产生。由于此方法制备方便，生产成本低，产品甜度高，许多国家相继投产，彻底改变了甜味剂由蔗糖独占的局面。

（1）菌种 生产葡萄糖异构酶的微生物不下百种，其中包括细菌、放线菌、链霉菌等许多种。目前工业上采用的菌种主要是暗色产色链霉菌、凝结芽孢杆菌、米苏里游动放线菌、白色链霉菌、节杆菌，另外还有橄榄色链霉菌、乔木黄杆菌等。

（2）培养基 白色链霉菌 YTN0.5 发酵培养基组成：麸皮 3%，玉米浆 2%，$MgSO_4 \cdot 7H_2O$ 0.1%，$CoCl_2 \cdot 6H_2O_2$ 0.024%。米苏里游动放线菌发酵培养基组成：甜菜糖 2.0%，豆粉 1.5%，K_2HPO_4 0.15%，$MgSO_4 \cdot 7H_2O_2$ 0.05%。节杆菌发酵培养基组成：葡萄糖 2.0%，蛋白胨 0.6%，酵母膏 0.15%，$(NH_4)_2HPO_4$ 0.6%，KH_2PO_4 0.2%，$MgSO_4 \cdot 7H_2O$ 0.01%。

（3）工艺过程 葡萄糖异构酶生产工艺见图 26-9-27。

（4）展望 从葡萄糖异构酶的生产来看，需对下述问题进一步研究：①设法努力提高葡

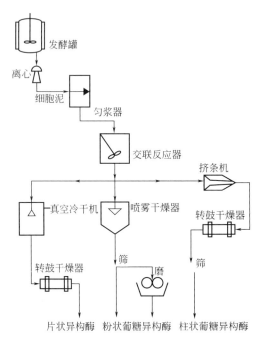

图 26-9-27　葡萄糖异构酶制备的生产工艺

萄糖转为果糖的转化率。据文献报道，用硼酸盐树脂固定化酶，硼酸盐与果糖间络合稳定性较它与葡萄糖大，可以打破反应平衡，增加果糖产量。文献中也有报道转化率较高的新的葡萄糖异构酶菌种和基因，有待于开发。②固定化游离异构酶的转化能力很高，这方面工作值得研究下去，特别是随着生物工程菌种开发的不断进展。

9.6.3　纤维素酶

纤维素酶（EC 3.2.1.4）是指将纤维素水解成纤维二糖和葡萄糖的一组复杂的酶系的总称，又可称纤维素酶系。纤维素酶系根据其中各酶功能的差异，主要被分为 3 大类：内切葡聚糖酶（简称 EG）；外切葡聚糖酶（来自真菌的 CBH 和来自细菌的 Cex）；β-葡萄糖苷酶（简称 BG）。纤维素酶系在降解纤维素过程中的作用具体机理十分复杂。协同作用是纤维素酶系的最重要的特征之一，并且这种协同作用比较复杂，不仅内切和外切酶之间具有协同作用，不同的外切酶及不同的内切酶之间也有协同作用。由于世界人口不断增长，粮食和饲料的需求成为全世界一个亟待解决的大问题，因此研究和开发纤维素酶的有效生产方法是十分必要的。近年来纤维素酶的研究、生产技术和应用都有很大的突破。目前纤维素酶已广泛应用在纺织工业、洗涤剂工业、饲料工业、烘焙工业、中药提取等许多方面。

（1）菌种　产生纤维素酶的菌种来源非常广泛，细菌、真菌、放线菌等均能产生纤维素酶。目前生产上主要用于工业生产纤维素酶的微生物有：里氏木霉、康氏木霉、长孢木霉、绿色木霉、斜卧青霉、刺孢曲霉、黑曲霉、土曲霉、烟色曲霉、粉制侧孢霉、耐热性嗜热侧孢、嗜热毛壳霉、嗜热单孢放线菌、芽孢杆菌等。纤维素酶的生产可用液体发酵生产，也可用固体法培养，但目前多数采用液体发酵。值得一提的是最近绿色木霉基因工程菌用于纤维素酶的生产已广泛地用于大规模生产，可用于生产单体或复合酶系。

采用工程菌生产纤维素酶的优点是产量高、质量好、成本低，为纤维素酶的广泛应用奠定了基础。

（2）培养基　目前纤维素酶的生产多采用液体发酵生产，也可用固体法培养。绿色木霉4030所用原料主要是青干草粉（70％）和麸皮（30％），另外加入少量无机盐，如（NH₄）₂SO₄、KH₂PO₄、MgSO₄和NaH₂PO₄等。康宁木霉3.4290进行固体培养所用原料主要是稻草粉，加入少量（NH₄）₂SO₄。利用里氏木霉通过液体发酵生产纤维素酶的培养基变化较大，一般是采用基础培养基添加不同的碳源，包括微晶纤维素、纤维二糖、葡萄糖等。

（3）工艺过程　曲法生产绿色木霉纤维素酶的生产工艺流程见图 26-9-28。液体深层发酵生产里氏木霉纤维素酶的生产工艺流程见图 26-9-29。

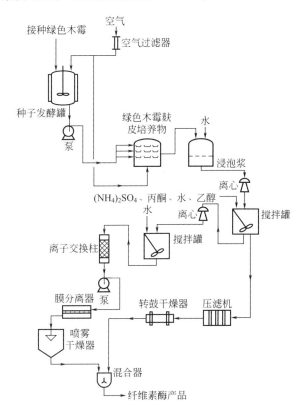

图 26-9-28　曲法生产绿色木霉纤维素酶的生产工艺流程

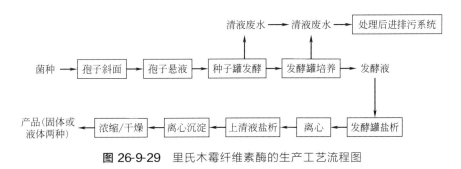

图 26-9-29　里氏木霉纤维素酶的生产工艺流程图

（4）展望　近年来纤维素酶的应用不断扩大，在纺织品、洗涤剂、食品、酿造和饲料工业等方面的应用越来越广。近年来，纤维素酶的研究和开发的热点是高效降阶木质纤维素新酶的开发，并已取得很好的进展。研究方向包括：①筛选新菌株或通过蛋白质工程改造现有酶分子，寻找高活力纤维素酶菌株和基因；②应用基因工程菌开发技术开发高效的复合酶系，提高纤维素酶的效率，缩短生产周期和降低生产成本。

9.6.4　脂肪酶

脂肪酶（lipase，甘油酯水解酶）隶属于羧基酯水解酶类，包括磷酸酯酶、固醇酶和羧酸酯酶。脂肪酶是一类具有多种催化能力的酶，可以催化三酰甘油酯及其他一些水不溶性酯类的水解、醇解、酯化、转酯化及酯类的逆向合成反应，除此之外还表现出其他一些酶的活性，如磷脂酶、溶血磷脂酶、胆固醇酯酶、酰肽水解酶活性等。脂肪酶是重要的工业酶制剂品种之一，可以催化解酯、酯交换、酯合成等反应，广泛应用于油脂加工、洗涤剂、烘焙、皮革、造纸、饲料、医药和生物化工等领域。不同来源的脂肪酶具有不同的催化特点和催化活力。其中用于有机相合成的具有转酯化或酯化功能的脂肪酶的规模化生产，对于酶催化合成精细化学品和手性化合物有重要意义。

（1）菌种　脂肪酶广泛存在于自然界中，在动物、植物、微生物中均有发现。自然界中产脂肪酶的微生物种类繁多，如细菌、霉菌、真菌等。目前生产上主要用于工业化生产的微生物脂肪酶来源有：*Thermomyces langunosus*、腐殖霉、华根霉、白地霉、镰刀菌、青霉、皱褶假丝酵母（Novozyme 435）、假单孢菌、宏基因组文库等。野生菌株产量较低，限制了脂肪酶的广泛应用。近年来基因工程菌已广泛用于脂肪酶的生产，包括里氏木霉、毕氏酵母、黑曲霉和米曲霉，大大降低了生产成本，为脂肪酶更广泛的应用奠定了基础。另外，蛋白质工程已成功应用于改造许多种脂肪酶的性质，特别是在洗涤剂、医药和生物化工合成领域的脂肪酶，许多酶都是蛋白工程改造的变体。

（2）培养基和工艺过程　用于脂肪酶发酵的培养基和工艺过程因菌种和生产厂家有所不同。利用毕氏酵母基因工程菌生产脂肪酶的生产工艺流程参见图 26-9-30。

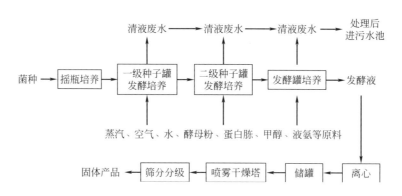

图 26-9-30　毕氏酵母基因工程菌生产脂肪酶生产工艺流程图

利用米曲霉基因工程菌生产脂肪酶的生产工艺流程参见图 26-9-31。用于医药和生物化工领域的脂肪酶产品大都是固定化酶，以达到高效、副产物少和低成本的目的。

（3）展望　脂肪酶相对来说是一种研究较少的酶种，我国直到最近几年才开始规模化生产一些小的品种。在应用上，应用最广的是医药和生物化工，其次是烘焙和饲料行业。近年来脂肪酶的研究和开发的热点包括：①筛选野生型新菌株或蛋白质工程变体，寻找耐有机溶剂、和表面活性剂很好兼容、专一性强、高比活、高 pH 等良好特征的脂肪酶分子；②高活

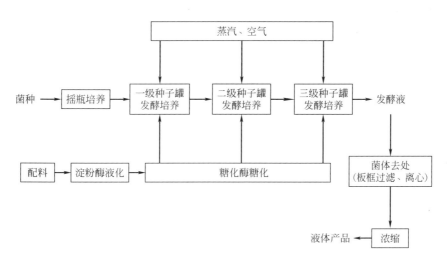

图 26-9-31　黑曲霉或米曲霉糖化酶生产工艺流程图

力脂肪酶工程菌株的构建和发酵条件优化；③高效、廉价的固定化酶技术；④脂肪酶的新应用技术开发，比如酶法生物脱胶、涤纶衣物的生物抛光等。

9.6.5　蛋白酶

蛋白酶（protease）是水解蛋白质肽链的一类酶的总称。按其降解多肽的方式分成内肽酶和端肽酶两类。前者可把大分子量的多肽链从中间切断，形成分子量较小的朊和胨；后者又可分为羧肽酶和氨肽酶，它们分别从多肽的游离羧基末端或游离氨基末端逐一将肽链水解生成氨基酸。蛋白酶按其活性中心和最适 pH 值，又可分为丝氨酸蛋白酶、巯基蛋白酶、金属蛋白酶和天冬氨酸蛋白酶。按其反应的最适 pH 值，分为酸性蛋白酶、中性蛋白酶和碱性蛋白酶。蛋白酶是重要的工业酶制剂品种之一，已广泛应用于洗涤剂、皮革、淀粉发酵、燃料酒精发酵、饮料、乳品、烘焙、食品和饲料加工等领域。

（1）菌种　蛋白酶广泛存在于自然界中，在动物、植物、微生物中均有发现，多样性极其丰富。目前生产上主要用于工业化生产的蛋白酶包括来自动、植物提取和微生物发酵，其中来自提取的包括动物内脏提取的猪胰蛋白酶和来自植物提取的木瓜蛋白酶。微生物来源的蛋白酶种类有许多，包括：枯草芽孢杆菌、地衣芽孢杆菌、解淀粉芽孢杆菌、嗜碱芽孢杆菌、短小芽孢杆菌、根霉、黑曲霉、宇佐曲霉、米曲霉、刺孢曲霉、嗜热子囊菌（*Thermoascus aurantiacus*）等。近年来基因工程菌已广泛用于蛋白酶的生产，包括枯草芽孢杆菌、地衣芽孢杆菌、毕氏酵母、黑曲霉和米曲霉，大大降低了生产成本，使得蛋白酶有更多、更广泛的应用空间。另外蛋白质工程已成功应用于改造用于洗涤剂工业的碱性蛋白酶，并用于生产。

（2）培养基和工艺过程　用于蛋白酶发酵的培养基和工艺过程因菌种和生产厂家有所不同。利用毕氏酵母基因工程菌生产蛋白酶的培养基和工艺过程可参见图 26-9-30。利用黑曲霉和米曲霉基因工程菌生产酸性或中性蛋白酶的培养基和工艺过程可参见图 26-9-31。利用地衣芽孢杆菌或枯草芽孢杆菌生产中性或碱性蛋白酶的培养基和工艺过程参见图 26-9-32。

（3）展望　蛋白酶是十分重要的工业酶制剂之一，种类多、应用广。我国早在 20 世纪 80 年代就开始自主研发多种蛋白酶的生产菌株和生产工艺，并成功地用于生产，包括生产

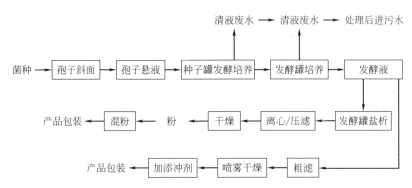

图 26-9-32   枯草芽孢杆菌 BF7658 α-淀粉酶生产工艺流程图

酸性蛋白酶 537、碱性蛋白酶 2709、中性蛋白酶 1398 等。但近年来的研究较少，且远远落后于欧美国家。鉴于蛋白酶的重要性，我们应该进一步在以下领域进行研发：①高活力脂肪酶工程菌株的构建和发酵条件优化；②筛选野生型新菌株或蛋白质工程变体，寻找高活性、热稳定、和表面活性剂很好兼容、高 pH 等良好特征的蛋白酶分子。

9.6.6   植酸酶

植酸酶从广义上讲，是指与植酸分解有关的酶类，其能将磷酸残基从植酸上水解下来。植酸即肌醇六磷酸，作为磷酸的储存库，广泛存在于植物中。在饲料工业植酸酶可以分解动物饲料中的天然有机磷，释放可被动物直接吸收利用的无机磷。在饲料中添加植酸酶既可以降低磷酸氢钙的添加，也可以减少动物粪便中磷的排放，从而达到降低饲料成本和环保的目的。大量试验证明在饲料中添加植酸酶，可使动物粪便中磷的排除量减少 $40\% \sim 60\%$，大大减少了集约化畜牧场排除粪便中磷对环境的污染。目前，我国自主研发的植酸酶产品已广泛用于饲料行业。植酸酶在饲料行业的广泛应用，改变了饲料企业对酶制剂的认识，推动了中国饲料添加剂行业的发展。

(1) 菌种   植酸酶广泛存在于自然界中，在动物、植物、微生物中均有发现。自然界中产植酸酶的微生物种类繁多，如细菌、霉菌、真菌等。目前生产上主要用于工业化生产的微生物植酸酶来源有：无花果曲霉、黑曲霉、白腐菌、枯草芽孢杆菌、大肠杆菌等。另外蛋白质工程已成功应用于改造植酸酶特性，工业化生产的植酸酶有许多是大肠杆菌植酸酶蛋白工程改造的变体。近年来基因工程菌已广泛用于植酸酶的生产，包括毕氏酵母、枯草芽孢杆菌、地衣芽孢杆菌、黑曲霉和米曲霉，其优势是产量高、纯度高、生产工艺便于控制。特别值得提出的是，我国科学家近年来成功地开发出了基于毕氏酵母为表达系统的高比活、稳定性好、高活力的植酸酶，并已经在生产上大规模应用。正是由于这些高效基因工程菌的采用，使得植酸酶在饲料工业得到广泛的应用。

(2) 培养基   用于植酸酶发酵的培养基因菌种和生产厂家有所不同。以下是利用毕氏酵母基因工程菌生产植酸酶的基本培养基。母种培养基为 BMGY（$10g \cdot L^{-1}$ 酵母提取物，$20g \cdot L^{-1}$ 蛋白胨，$13.4g \cdot L^{-1}$ YNB，$0.4mg \cdot L^{-1}$ 生物素，1% 甘油），生产用诱导培养基为 BMGY（$10g \cdot L^{-1}$ 酵母提取物，$20g \cdot L^{-1}$ 蛋白胨，$13.4g \cdot L^{-1}$ YNB，$0.4mg \cdot L^{-1}$ 生物素，0.5% 甲醇）。高密度培养和甲醇诱导是获得高植酸酶产量的关键。

(3) 工艺过程   利用毕氏酵母基因工程菌生产植酸酶的生产工艺流程可参考图 26-9-30。

（4）**展望** 近年来植酸酶的研究和开发的热点包括：①通过筛选野生型新菌株或蛋白质工程技术，寻找高比活、热稳定性好或适合于不同动物肠胃特征的新的植酸酶分子；②高活力植酸酶工程菌株的构建和发酵条件优化。

9.7 维生素类产品生产过程

9.7.1 维生素 B_2

核黄素（riboflavin）是一种水溶性的 B 族维生素，即维生素 B_2，其分子式为 $C_{17}H_{20}O_6N_4$，分子量 376.368，系统命名为 7,8-二甲基-10（$1'$-D-核糖醇基)-异咯嗪。1933 年，Kuhn 等人由鸡蛋中分离到了核黄素结晶并于 1935 年揭示了核黄素的结构，由此开始了核黄素化学合成的研究。由于核黄素的化学结构上存在核糖醇，并且基于该物质本身的颜色将其命名为核黄素。核黄素的结构式如图 26-9-33 所示。

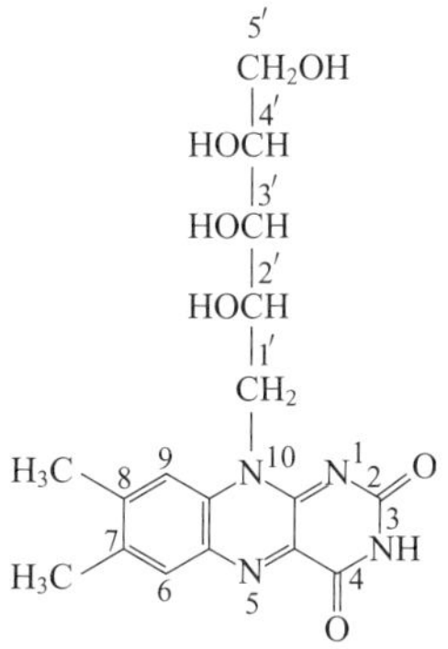

图 26-9-33 核黄素的结构式

核黄素是黄色或橙黄色的细针状结晶，微臭，微苦，加热到 280℃时分解。核黄素微溶于水（溶解度约为 $7mg\cdot100mL^{-1}$），可溶于氯化钠溶液，易溶于稀的氢氧化钠溶液，略溶于乙醇，不溶于乙醚和氯仿。其饱和水溶液 pH 值约为 6，呈黄色并有黄绿色荧光。核黄素溶解在 $0.1mol\cdot L^{-1}$ 盐酸溶液时，分别在 223nm、267nm、374nm 和 444nm 处具有最大吸收峰。核黄素易溶于酸碱性溶液，在中性和酸性溶液中稳定，但在碱性溶液中不稳定、易分解，对可见光和紫外线辐射敏感，但对热和空气中的氧稳定。光线对核黄素有明显作用，随着介质中 pH 不同，通过光化反应产生不同的产物：中性或酸性条件下分解为光化黄素；而在碱性条件下分解为感光黄素。

（1）**功能和用途** 细胞中游离的核黄素很少，在人体中，游离的核黄素主要存在于眼睛的视网膜、乳清和尿中。核黄素为黄素酶类的辅酶组成部分，在生物体内主要以黄素单核苷酸（FMN）和黄素腺嘌呤二核苷酸（FAD）的形式存在（图 26-9-34），它作为黄素蛋白的辅基参与机体组织呼吸链电子传递及氧化还原反应。作为辅基，FMN 和 FAD 与酶蛋白结合成黄素酶类，与核黄素相关的酶还包括琥珀酸脱氢酶、NADH 脱氢酶、乙酰-CoA 脱氢酶、丙酮酸脱氢酶复合体等中心代谢中的关键酶。FMN 和 FAD 参与胞内多种氧化-还原反应，如脂肪酸氧化、TCA 循环以及呼吸链中氢的传递，在呼吸和生物氧化中起着重要的作用，在生命活动中不可或缺。

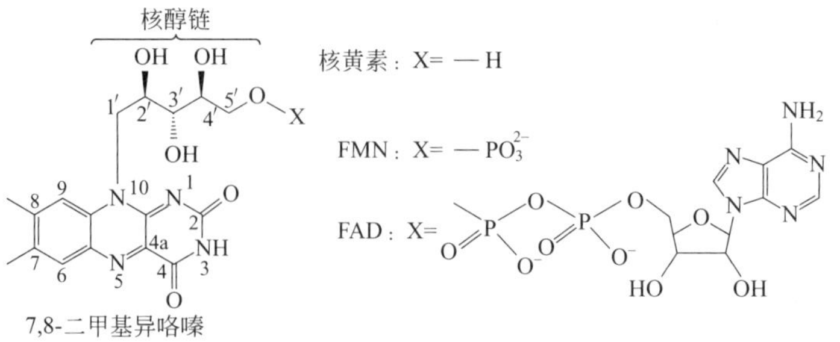

图 26-9-34   核黄素、FMN 和 FAD 的结构式

核黄素能促进蛋白质、脂肪、糖的代谢，具有维护皮肤和黏膜的生理功能。核黄素缺乏会妨碍细胞的氧化作用，使物质代谢发生障碍。因此，核黄素作为常用临床药物，用于辅助治疗口角炎、眼角膜炎、白内障、眼角膜及口角血管增生等多种疾病。

大多数真菌、细菌和植物自身具有核黄素生物合成功能，而动物和人类不能自身合成，因此机体需要从外界补充适量核黄素。对于男性而言，推荐的核黄素摄入量为 $1.3 mg \cdot d^{-1}$，女性为 $1.1 mg \cdot d^{-1}$。日常饮食中，谷物、肉类、脂质鱼和绿叶蔬菜都含有丰富的维生素 B_2。维生素 B_2 在饲料工业中用做饲料添加剂，动物饲料中必须含有 $1 \sim 4 mg \cdot kg^{-1}$ 的核黄素才能满足其生长需要并提高营养的利用率。

核黄素主要用于医药行业、食品及饲料工业，作为食品、饲料添加剂和食用天然色素等。目前我国核黄素年生产量约为 1000 多吨，全世界年产销量为 6000 多吨，其中约 1400 吨用于医药和食品，约 4600 吨用于饲料。随着食品保健业与饲料工业的迅速发展，核黄素的产销量将会进一步增加。

(2) 核黄素的生产   工业上应用的核黄素生产方法主要有化学合成法、化学半合成法和微生物发酵法三种。与化学合成法相比，微生物发酵法具有生产工艺简单、原料廉价以及对环境污染少、绿色可再生等优点。因此，生物方法生产核黄素倍受世界核黄素生产商的青睐，正在逐渐代替以石油为基础的化学合成法。生物法生产核黄素在 1990 年占世界核黄素市场份额的 5%。在 2002 年，大约 75%（400 吨）的核黄素是由微生物生产的。

20 世纪 70 年代前，微生物发酵法生产核黄素主要以棉囊阿舒氏酵母（*Ashbya gossypii*）、解肮假丝酵母（*Candida famata*）、阿舒氏假囊酵母（*Eremothecium ashbyii*）等真菌为主。*Ashbya gossypii* 和 *Candida famata* 经过 5d 的发酵，核黄素的产量可以达到 $20 g \cdot L^{-1}$，*Corynebacterium ammoniagenes* 发酵生产核黄素在发酵时间小于 3d 的情况下可达到约 $20 g \cdot L^{-1}$。不过，这些真菌对核黄素生物合成的调节并不严密，可通过诱变筛选和基因工程进行定向改造。然而在利用以上真菌进行核黄素生产仍然存在着诸如发酵周期过长、原料成分配比复杂、需加入不饱和脂肪酸来促进核黄素的产量等缺点。

随着基因工程技术的发展，以细菌为受体菌的基因工程菌具有发酵周期短、原料要求简单、成熟的原核细胞基因工程技术等优点，成为重点研究对象。特别是相继构建成功的 *Bacillus subtilis* 等产核黄素工程菌，最高报道在 3d 时间内可达到 $20 \sim 27 g \cdot L^{-1}$。此外，在芽孢杆菌属中，包括 *Bacillus subtilis* 在内的许多菌株具有可靠的安全性，它们的发酵产物在食品与饲料工业中已有长期的应用，对环境、医药和工业发酵生产都非常重要；其次，芽孢杆菌属的突变株能够过量合成叶酸、肌苷或鸟苷，具有为核黄素过量合成提供足够前体物的潜力。

Bacillus subtilis 是除大肠杆菌（*E. coli*）以外最重要的模式原核细菌，人们把它当作一个"平台菌株"从生物化学、生理学及分子遗传学等方面进行了较深入的研究，其基因组测序已于 1997 年完成，专门的菌株特异性数据库已经建立，基因组规模的高质量代谢网络也于 2007 年发布，其核黄素合成的代谢及遗传背景清楚，便于确定代谢靶点及基因工程改造。因此 *Bacillus subtilis* 基因工程菌在核黄素的微生物发酵生产中逐渐显示出了强大的生命力，成为采用的主要生产菌株。

（3）核黄素的生物合成途径　在枯草芽孢杆菌中，葡萄糖经磷酸戊糖途径生成 Ru5P，Ru5P 可以异构化生成 R5P；在磷酸核糖焦磷酸合成酶的催化下，ATP 的焦磷酸基转移到 R5P 上生成 PRPP；由 PRPP 开始进入了嘌呤合成途径，生成 GMP；GMP 在相应的酶的作用下进一步转化成 GTP；最后 GTP 和 Ru5P 在核黄素操纵子编码的一系列核黄素合成酶的作用下，合成核黄素。枯草芽孢杆菌的核黄素生物合成途径如图 26-9-35 所示。

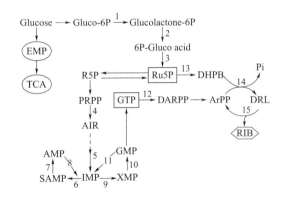

图 26-9-35　核黄素生物合成途径

关键酶：1—6-磷酸葡萄糖脱氢酶；2—6-磷酸葡萄糖内酯酶；3—6-磷酸葡萄糖脱氢酶；
4—PRPP 转酰胺酶；5—IMP 环水解酶；6—SAMP 合成酶；7—SAMP 裂解酶；
8—AMP 脱氨酶；9—IMP 脱氢酶；10—GMP 合成酶；11—GMP 还原酶；
12—GTP 环水解酶Ⅱ；13—3,4-二羟基-2-丁酮-4-磷酸合成酶；
14—二氧四氢蝶啶合成酶；15—核黄素合成酶

（4）微生物发酵法生产核黄素工艺过程　目前在工业生产过程中采用液体深层发酵法生产核黄素。

① 菌种：枯草芽孢杆菌（*Bacillus subtilis*）。

② 发酵培养基：葡萄糖、玉米浆、酵母粉、豆粕粉、硫酸铵、硫酸镁、氯霉素。

③ 发酵过程：把甘油管保藏的菌种经母瓶以及种子罐扩大培养后移入发酵罐，在通气、搅拌的情况下控制温度、pH 值和溶解氧，同时流加葡萄糖作为碳源，发酵培养 50h 左右进行提取。

从核黄素发酵液中提取核黄素的方法主要有 2-羟基-3-萘甲酸法，重金属盐沉淀法，Morehouse 法，酸溶法，碱溶法等。发酵液中分离提取核黄素经典方法首先将核黄素发酵液用稀盐酸水解，释放部分与蛋白质结合的核黄素；然后加黄血盐和硫酸锌，除去蛋白质等杂质；加入 2-羟基-3-萘甲酸钠，使之与核黄素形成复盐，最后分离精制即可。酸溶法提取核黄素的能耗较大，经一次溶解、分离、结晶获得的产品纯度只有 $60\%\sim70\%$。

（5）展望　核黄素是人体和其他动物必需的水溶性维生素，具有广泛的生理功能，因此被世界卫生组织列为评价人体生长发育和营养状况的六大指标之一。随着时代的发展，人们生活水平的提高，核黄素在临床治疗、饲料工业、食品工业及化妆品工业中均有着越来越广泛的应用。微生物发酵产核黄素是一种经济有效的生产工艺，以其成本低、生产速度快、产品纯度高、易于自动化控制等优点，正日益引起人们的广泛重视。

9.7.2　维生素 B_{12}

维生素 B_{12} 在临床上主要用于治疗恶性贫血，亦与叶酸合用于治疗各种巨幼细胞贫血、抗叶酸药引起的贫血及脂肪泻等；其也用于治疗神经系统疾病，如神经炎、神经萎缩等；还用于治疗肝脏疾病，如肝炎、肝硬化等。另外，维生素 B_{12} 还与其他维生素一起构成复合维生素产品，作为 OTC 药物、保健品广泛销售。维生素 B_{12} 除了用于医药方面，还大量应用于动物饲料、营养补充剂和食品加工，如维生素强化面粉、再制食品、婴儿食品等[17]。

（1）菌种　厌氧菌：鼠伤寒沙门氏菌、费氏丙酸杆菌、谢氏丙酸杆菌；好氧菌：脱氮假单胞杆菌和根瘤菌[18]。

（2）培养基[19,20]　费氏丙酸杆菌厌氧发酵培养基（$g \cdot L^{-1}$）：萄糖 60，玉米浆 40，磷酸二氢钾 4.6，氯化钴 0.0127；pH 6.8～7.0。

脱单假单胞菌培养基（$g \cdot L^{-1}$）：糖 80，玉米浆 45，甜菜碱 14，$(NH_4)_2SO_4$ 1，KH_2PO_4 0.75，$CoCl_2 \cdot 6H_2O$ 0.075，MgO 0.5，DMBI 0.05，$ZnSO_4 \cdot 7H_2O$ 0.08，$CaCO_3$ 1；pH 7.2～7.4。

（3）代谢途径　维生素 B_{12} 的生物合成途径有两种[7]：好氧途径和厌氧途径（图 26-9-36）。

（4）工艺过程　厌氧发酵工艺研究近些年来取得了很大的进展，为了解除胞外丙酸、乙酸的抑制，采用中空纤维滤膜器和维生素 B_{12} 发酵罐组成的膜反应系统，可有效地去除发酵过程中产生的丙酸。使维生素 B_{12} 的产量比普通发酵罐的发酵产量显著提升。耗氧工艺是目前主要生产方式，通过培养基质优化、前体底物的添加策略调整、发酵过程氧消耗、二氧化

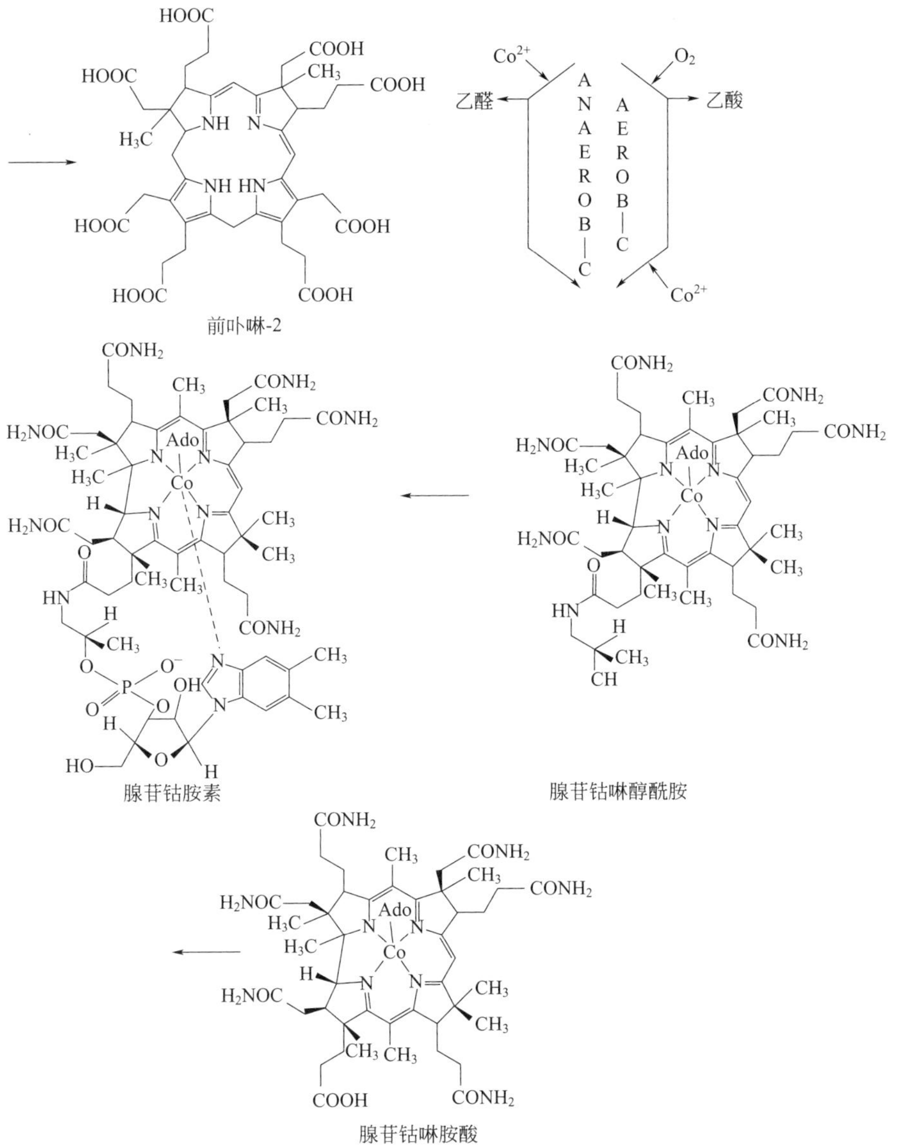

图 26-9-36 钴胺素的需氧和厌氧合成途径示意图

碳浓度、流体混合优化等研究，160t 发酵罐生产水平达到了 $260mg \cdot L^{-1}$ 以上[21,22]。发酵采取逐级放大模式，常用两条提取工艺如下：

① 发酵液 → 吸附（活性炭） → 吡啶洗脱 → 浓缩 → 氧化铝层析 → 甲醇洗脱 → 收集洗脱液 → 浓缩 → 结晶

② 发酵液 → 亚硫酸钠调节 pH 3～4 高温水解（板框过滤，得到滤液和菌泥）→ 二次水解 → 纤维球罐过滤去除杂蛋白 → 一柱大孔吸附树脂 → 二柱阴离子交换树脂 → 三柱阳离子交换树脂 → 四柱大孔吸附树脂 → 得到四解液（含量 98％以上）→ 氧化铝层析 → 结晶 → 纯品

（5）展望 微生物生产维生素 B_{12} 在医药及人类、家畜的营养方面很有价值。日益增加的市场消耗量和激烈的竞争使得提升生产水平、降低生产成本、减少污染排放，是维生素

B_{12} 成为工业化绿色生产的关键。利用膜反应器从体系中移除丙酸可有效地将细胞生长代谢时伴随产生的代谢产物丙酸从发酵体系中移除，但针对膜反应器中原料流失多、利用率低的缺点，急需改进。采取联合处理技术，如膜-树脂联用、膜-活性炭联用进行有效物质的回收和重复利用。这些技术行之有效，可借鉴应用到其他终产物抑制反应的发酵体系中，具有良好的发展前景[23]。在耗氧发酵过程中深入研究原材料组成对发酵过程菌体生理代谢的影响、建立基于氧消耗速率、二氧化碳释放速率、呼吸商、活细胞量及形态分析仪等先进在线生理代谢参数采集技术和多参数动态相关性分析的发酵过程优化理念[24]，结合大型反应器流场混合设计，优化生产工艺，对提升我国维生素 B_{12} 产业具有重大意义。

9.8 蛋白质、多肽类药物等医药产品的生产过程

蛋白质和多肽药物包括细胞因子药物、抗体药物、重组疫苗等具有特异性高、毒副作用小、生物功能明确、有利于临床应用等诸多优点，在人类疾病治疗中的地位日趋重要。除了部分多肽药物是通过化学合成之外，许多蛋白质和多肽类药物是通过动物细胞和微生物细胞生产的。

微生物表达蛋白质和多肽具有生长速度快、培养周期短、表达产量高、培养基组分构成简单的优点。其中大肠杆菌（*Escherichia coli*）原核表达系统和酵母（yeast）真核表达系统应用最为广泛。大肠杆菌表达蛋白分为可溶或不可溶（包涵体）两种形式。不可溶形式的蛋白常常以纳米颗粒形式出现，被称为包涵体。其中的蛋白质没有正确的空间结构和相应的生理活性，需要重新折叠复性才能恢复其结构和活性。此外大肠杆菌系统还缺乏糖基化修饰功能，难以生产出长效的蛋白质药物。通过聚乙二醇修饰的策略可以弥补大肠杆菌表达系统的缺陷，制造出长效的蛋白质药物。与大肠杆菌表达系统相似，酵母表达系统同样具有生长速度快、培养方式简便等特点。与原核表达体系不同，酵母表达体系属于真核表达系统，表达的蛋白一般为可溶形式，且具有一定的翻译后修饰功能，能够对表达的重组蛋白进行一定程度的糖基化和二硫键氧化。此外酵母可以实现分泌型表达，不需要对蛋白质重新折叠复性。

9.8.1 典型的多肽药物：胰岛素

胰岛素（insulin）是一种由胰脏内的胰岛 β 细胞分泌的多肽类激素，由 A，B 两条多肽链通过两对链间二硫键和一对链内二硫键构成，共含有 51 个氨基酸，其中 A 链 21 个，B 链 30 个，分子量约 5.7kDa。胰岛素主要生理功能是与其他多种激素协同作用参与维持机体血糖浓度在一个相对稳定的生理水平。临床上胰岛素主要用于糖尿病患者的治疗。目前胰岛素主要由基因工程大肠杆菌或酵母菌培养来生产。

大肠杆菌表达体系制备胰岛素的工艺流程如图 26-9-37 所示。

酵母菌表达体系制备胰岛素的工艺流程如图 26-9-38 所示。

可以看出，大肠杆菌由于生产了包涵体蛋白质，必须进行变性和复性两个主要的过程。相比之下，酵母菌表达的产物位于胞外，分离纯化步骤相对少一些。但从培养成本来讲，大肠杆菌系统生长速度快，培养基费用低。无论是大肠杆菌还是酵母菌产物，都要进行高效液相制备色谱的纯化。

9.8.2 典型的蛋白质药物：干扰素

干扰素（interferon，IFN）是由宿主细胞在受到外界病原体刺激作用后分泌出的一组信

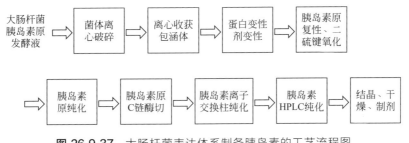

图 26-9-37 大肠杆菌表达体系制备胰岛素的工艺流程图

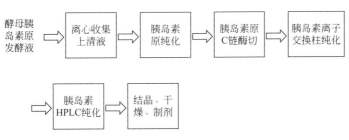

图 26-9-38 酵母表达体系制备胰岛素的工艺流程图

号蛋白，作用于周围细胞增强抵抗外源性病原体的效应。这些病原体包括病毒、细菌和寄生虫或肿瘤细胞等。干扰素根据不同的结构组成可分为多种亚型，如 IFN-α、IFN-β、IFN-ε、IFN-κ、IFN-γ 和 IFN-ω 等，一般具有不同程度的糖基化，大部分分子量约 20kDa。干扰素是一类广谱抗病毒剂，并不直接杀伤或抑制病毒，而主要是通过诱导细胞表达产生抗病毒蛋白，同时增强自然杀伤细胞（NK 细胞）、巨噬细胞和 T 淋巴细胞的活力。临床上使用干扰素主要用于多发性硬化病（IFN-β-1a，IFN-β-1b）、自身免疫性疾病（IFN-β-1a，IFN-β-1b）、乙肝或丙肝（IFN-α）以及抗肿瘤（IFN-α-2b）治疗。

早期干扰素的生产主要使用人为添加病毒刺激培养细胞分泌干扰素，制备成本高，操作烦琐，组分复杂，安全性差。基因重组表达干扰素是当前制备的主流，主要采用的表达系统为大肠杆菌（*E. coli*）。大肠杆菌表达的干扰素疏水性较强，多以包涵体形式存在。因此，在干扰素复性过程中常使用有机溶剂（如异丁醇）来辅助蛋白结构恢复。此外在对干扰素进行修饰过程中，为了提高修饰率和修饰蛋白浓度，可以采用有机相修饰干扰素的策略，解决疏水性较强的 IFN-β-1b 的修饰问题。

大肠杆菌表达体系制备干扰素的生产工艺流程如图 26-9-39 所示。

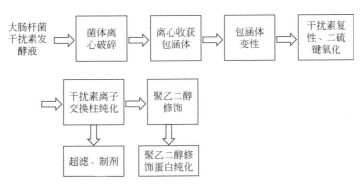

图 26-9-39 大肠杆菌表达体系制备干扰素的生产工艺流程图

虽然干扰素功能繁多，疗效明确，但是在干扰素众多亚型中，目前只有少数的亚型成功应用于临床使用。一方面是多数干扰素存在糖基化修饰，原核体系表达的无糖基化干扰素体内活性不同于天然干扰素；另一方面原核表达的干扰素疏水性极强，常规复性手段很难以恢复正确结构，复性收率低，并且极强的疏水性为干扰素的纯化和制剂带来极大的困难。

9.9 生物燃气产品生产过程

生物燃气也称生物天然气，是指从生物质转化而来的燃气，一般指沼气，主要是指利用农作物秸秆、林木废弃物、生活有机垃圾、食用菌渣、牛羊畜粪、高浓度有机废水等有机质生物质为原料，在厌氧条件下被厌氧菌利用产生沼气。生物燃气的主要成分是甲烷和二氧化碳，以及少量水蒸气、硫化氢、氢气、小分子烷烃和硅氧烷等[25]。

(1) 菌种 生物燃气的发酵制备过程由三类分别在各阶段发挥作用的不同细菌协作的结果[26]。

① 发酵前期细菌菌群 生物燃气原料通过微生物酶解，分解成可溶于水的小分子化合物。发酵前期各细菌生理群主要包括蛋白质氨化菌、纤维素分解细菌、梭状芽孢杆菌、硫酸盐还原细菌、硝酸盐还原细菌和脂肪分解细菌等。

② 产氢产酸菌 产酸细菌有梭菌属（Clostridium）、芽孢杆菌属（Bacillus）、葡萄球菌属（Staphylococus）、变形菌属（Proteus）、杆菌属（Bacterium）等。

③ 产甲烷菌 产甲烷细菌在沼气生产过程中起着决定性作用。迄今为止，已经分离鉴定的产甲烷细菌有70种左右，有人根据它们的形态和代谢特征划分为3目、7科、19属。甲烷菌是自养型严格厌氧菌，属于水生占细菌门（Euryarchaeota），不能利用糖类等有机物作为能源和碳源，以 NH_4^+ 作为氮源。

(2) 培养基 自然界中生物燃气发酵原料十分广泛、丰富，几乎所有的有机物都可以作为生物燃气发酵的原料，农业剩余物（如秸秆、杂草、树叶等）、家畜家禽粪便、工农业生产的有机废水废物（如豆制品的废水、酒糟和糖渣等）以及水生植物都可以作为生物燃气发酵的原料[27]。根据生物燃气发酵原料的化学性质和来源，分为以下三类。

① 富氮原料 在农村主要是指人、畜、家禽的粪便，这类原料氮素含量高，含有较多易分解有机物。常见生物燃气发酵原料有鲜马粪、鲜猪粪、鲜人粪、鲜人尿和鸡粪等，碳氮比一般小于25:1，不用进行预处理，分解和产气速度快，发酵周期短。

② 富碳原料 在农村主要是指农作物秸秆，这类原料的碳素较高，常见的有干麦秸、干稻草、玉米秸、大豆茎和野草等，原料的碳氮比一般在30:1以上，入池前须经预处理，分解和产气速度慢，发酵周期长。

③ 其他类型的原料 水生植物。如水葫芦、水花生等。这些原料繁殖速度快，组织鲜嫩，易被微生物分解利用，是生物燃气发酵的良好原料。

城市有机废物，如人粪、生活废水和有机垃圾、有机工业废水、废渣、污泥等。

(3) 代谢途径 生物燃气发酵是在厌氧条件下，由微生物分解转化动植物有机质产生的一种可燃性气体的过程。各种有机质，包括农作物秸秆、人畜粪便以及工农业排放废水中所含的有机物等，在厌氧及其他适宜的条件下，通过微生物的作用，最终转化成生物燃气。生物燃气发酵主要分为水解、产酸和产甲烷三个阶段[28]。

① 水解阶段 复杂的有机物在厌氧菌胞外酶的作用下，首先被分解成简单的有机物，

这些简单的有机物在产酸菌的作用下经过厌氧发酵和氧化转化成乙酸、丙酸、丁酸和醇类。

② 产酸阶段 产氢产乙酸菌把除乙酸、甲酸、甲醇以外的水解阶段产生的中间产物，如丙酸、丁酸等脂肪酸和醇类等转化成乙酸和氢，并有二氧化碳产生。

③ 产甲烷阶段 在此阶段中，产甲烷细菌群，可以分为食氢产甲烷菌和食乙酸产甲烷菌两大类群，这两大菌群可以将甲酸、乙酸、氢和二氧化碳等小分子分解成甲烷和二氧化碳，或通过氢还原二氧化碳的作用，形成甲烷，这个过程称为产甲烷阶段，这种以甲烷和二氧化碳为主的混合气体便称为生物燃气。

（4）工艺过程 生物燃气工程工艺流程可分为三个阶段，即预处理阶段、生物燃气发酵阶段和后处理阶段。工艺流程如下：原料收集、预处理、消化器（沼气池）、出料的后处理、生物燃气的净化、储存和输配以及利用等环节。在确定具体的工艺流程时，要考虑到原料的来源、原料的性质和数量，不同的发酵原料具有不同的发酵工艺，同种发酵原料也有不同的发酵工艺[29]。以农作物秸秆为主要原料制备生物燃气工艺流程如图 26-9-40 所示。

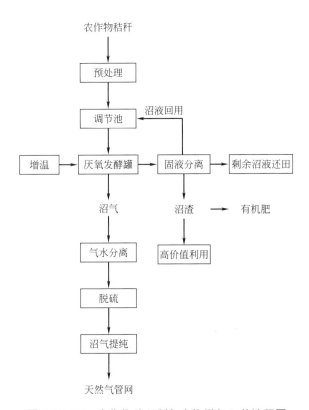

图 26-9-40 农作物秸秆制备生物燃气工艺流程图

（5）展望 利用废弃生物质制备生物燃气对解决能源、生态环境问题能够起到十分积极的作用，但在工艺技术与工程设备的规范化、标准化和资源高效综合利用率方面仍有诸多问题需要解决，这需要在以下几个方面进行深入的研究[29,30]：①探索各功能菌群的耦联代谢关系，提升发酵原料产气效率尤其是开展以秸秆为原料的生物燃气发酵技术攻关；②针对不同的发酵原料性质和工艺类型，开发专用的生物燃气生产配套设备；③研究生物燃气提纯压缩和灌装技术与设备，提升生物燃气的附加值和扩大生物燃气的使用范围。

参考文献

［1］ 岳国君，武国庆，林鑫．生物工程学报，2014，30（6）：816-827.

［2］ 岳国君．纤维素乙醇工程概论．北京：化学工业出版社，2014：221-226.

［3］ 岳国君．纤维素乙醇工程概论．北京：化学工业出版社，2014：218-220.

［4］ 岳国君．纤维素乙醇工程概论．北京：化学工业出版社，2014：426-427.

［5］ Luciana P S V, Carlos R, et al. Bioresource Technology, 2000, 74: 175.

［6］ 高年发，杨枫．中国酿造，2010（7）：1.

［7］ Lu Fei, Kangkang Ping, Zejian Wang, et al. Process Biochemistry, 2015, 50: 1342.

［8］ Klein J, Rosenberg M, Markoš J, et al. Biochem Eng J, 2002, 10: 197.

［9］ Sankpal N V, Kulkarni B D. Process Biochem, 2002, 37: 1343.

［10］ Singh O V, Sharma A, Singh R P. Indian J Exp Biol, 2001, 39: 1136-1143.

［11］ Dronawat S N, Svihla C K, Hanley T R. Appl Biochem Biotech, 1995, 51: 347.

［12］ 徐建中．基于代谢工程选育谷氨酸棒杆菌 L-赖氨酸高产菌．无锡：江南大学，2014.

［13］ 周亮，冯涛，黎亮，等．中国医药工业杂志，2013，44（11）：1101.

［14］ Zou X, Hang H F, Chu J, et al. Bioresour Technol, 2009, 100: 1406.

［15］ 陈竹，李万钧，储炬，等．中国抗生素杂志，2011，36（10）：751.

［16］ 黎亮，王泽建，郭没锦，等．中国生物工程杂志，2014，34（8）：61.

［17］ 罗伟，郝常明．中国食品添加剂，2002（3）：15.

［18］ Wang Z J, Wang P, Zhuang Y P, et al. J Taiwan Inst Chem Eng, 2012, 43: 181.

［19］ Quesada-Chanto A C, Schmid-Meyer A G Schroeder. World Journal of Microbiology & Biotechnology. 1998, 14: 843.

［20］ Blanche F, Maton L, Debussche L, Thibaut D. J Bacteriol, 1992, 174: 7452.

［21］ Scott A I, Roessner C A, Stolowich N J, et al. FEBS Lett, 1993, 331: 105.

［22］ Li K-T, Liu D-H, Li Y-L, Chu J, et al. Bioresource Technology, 2008, 99: 8516.

［23］ Li K-T, Liu D-H, Li Y-L, Chu J, et al. Bioresource Technology, 2008, 99: 8516.

［24］ Warren M J, Raux E, Schubert H L, et al. Nat Prod Rep, 2002, 19: 390.

［25］ 石元春．决胜生物质．北京：中国农业大学出版社，2011.

［26］ 郑国香，等．能源微生物学．哈尔滨：哈尔滨工业大学出版社，2013.

［27］ 袁振宏，吴创之，马隆龙，等．生物质能利用原理与技术．北京：化学工业出版社，2005.

［28］ 王家德，成卓韦．现代环境生物工程．北京：化学工业出版社，2014.

［29］ Weiland P. Applied Microbiology and Biotechnology, 2010, 85（4）：849-860.

［30］ Karellas S, Boukis I, Kontopoulos G. Renewable and Sustainable Energy Reviews, 2010, 14（4）：1273-1282.

符号说明

C	整体液相中的溶解氧浓度，$mol \cdot L^{-1}$；流出液浓度（任意）
C^*	与气相氧分压平衡的液相中氧浓度，$mol \cdot L^{-1}$；饱和氧浓度，$mmol \cdot L^{-1}$
C_0	峰值浓度（任意）
$C_{CO_2 in}$	二氧化碳的体积分数，%
$C_{CO_2 out}$	排气中二氧化碳的体积分数，%
CER	二氧化碳释放率，$mol \cdot L^{-1} \cdot h^{-1}$
$C_{O_2 in}$	氧的体积分数，%
$C_{O_2 out}$	排气中氧的体积分数，%
$C_{惰in}$	进气中惰性气体的体积分数，%
D	搅拌桨直径，m
D_1	搅拌叶直径，m
D_c	氧在细胞团内的扩散系数，$m^2 \cdot s^{-1}$
D_{O_2}	氧在发酵液中的扩散系数，$m^2 \cdot s^{-1}$
d_p	颗粒直径，m
F	进料速度，$L \cdot s^{-1}$；流动相流量，$cm^3 \cdot s^{-1}$；通气速率，$m^3 \cdot min^{-1}$
F_g	通气流量，$m^3 \cdot s^{-1}$
F_{in}	进气流量，mol
h	进气的相对湿度，%；传热系数，$W \cdot m^{-2} \cdot K^{-1}$
H	反应器内液面高度，m；
h_c	冷却液对流传热系数
HETP	理论等板高度
h_f	发酵液传热系数
HTU	传质单元高度
I	离子强度
K	溶质的分配系数；流变特性公式中稠度系数，$Pa \cdot s^{-n}$
K_1，K_2	初级，次级控制器的放大系数
$K_L a$	体积氧传递系数，h^{-1}
$k_L a$	体积传质系数，h^{-1}
K_s	盐析常数，与温度和 pH 有关
K_m	米氏方程中米氏常数，$mol \cdot m^{-3}$
K_T	与温度有关的速率常数
k_w	换热管热导率，$W \cdot m^{-1} \cdot K^{-1}$
M	扭力矩，$N \cdot m$
m_i	离子 i 的摩尔浓度
N	转速，$r \cdot min^{-1}$
n	开关控制周期序号；流变特性公式中流动特性指数

N	悬浮液通过匀浆阀的次数；理论板数；搅拌转速，s^{-1}
N_A	通气准数
N_P	功率准数；搅拌桨功率准数
N_{Re}	搅拌雷诺数
NTU	传质单元数
Nu	努塞尔数（Nusselt number）
OTR	氧传递速率，$mol \cdot L^{-1} \cdot h^{-1}$
p	操作压力
P	输入功率，$erg \cdot g^{-1} \cdot s^{-1}$；搅拌功率，W
P_0	空化作用的最低极限功率
P_c	校正后搅拌功率，W
P_G	通气下搅拌功率，W
P_{in}	进气的绝对压强
Pr	普朗特数（Prandtl number）
q	比生长速率
Q_{O_2}	呼吸强度，$mol \cdot g^{-1} \cdot h^{-1}$
q_{O_2}	细胞比耗氧速率，$mol \cdot g^{-1}DW \cdot h^{-1}$
Q_T	总传热速率，W
R	破碎率
Re	雷诺数
RQ	呼吸商
S	蛋白质溶解度，$g \cdot L^{-1}$
S_1	溶氧设定值
Sc	施密特数（Schmidt number）
Sh	舍伍德数（Sherwood number）
t	开关控制周期；时间，s
T	搅拌槽直径，m
t'，t	开始和结束的时间
T_1	积分时间
T_d	微分时间
t_{in}	进气的温度，℃
t_n	开通时间
t_R	溶质的保留时间，s
$U_1(t)$	初级控制器的输出量，次级控制器的设定值
$U_2(t)$	次级控制器的控制信号
u_s	表观气速，$m \cdot s^{-1}$
V	发酵液体积，L；腔室体积，L
V_B	床层体积，cm^3
V_P	比产物形成速率，h^{-1}
V_R	溶质的保留体积，cm^3
V_S	比耗氧速率，h^{-1}
W	搅拌桨桨叶宽度，m
X	菌体干重，$g \cdot L^{-1}$
$X_1(t)$	溶氧浓度

$X_2(t)$	通气，转速或压力测量值
X_c	细胞团内的细胞浓度，$g \cdot m^{-3}$
X_n	第 n 次偏差
Y	调节器输出
Y	收率
Z_i	离子 i 所带电荷
β	常数，与盐类无关，与温度和 pH 有关
γ	剪切应变率，s^{-1}
δ	比例度
δ	换热管壁厚，m
ε	固定相颗粒间空隙率
μ	细胞的比生长速率，h^{-1}；流体黏度，$Pa \cdot s$
μ_a	流体表观黏度，$Pa \cdot s$
μ_b	换热计算中发酵液的黏度，$Pa \cdot s$
μ_{max}	细胞最大比生长速率，h^{-1}
μ_w	换热计算中冷却管内冷却液的黏度，$Pa \cdot s$
ρ	密度，$kg \cdot m^{-3}$
σ^2	流出曲线的标准方差
τ	剪切应力，Pa

第27篇

过程系统工程

主 稿 人：冯　霄　西安交通大学教授
　　　　　都　健　大连理工大学教授
编写人员：冯　霄　西安交通大学教授
　　　　　都　健　大连理工大学教授
　　　　　王彧斐　中国石油大学（北京）副教授
　　　　　邓　春　中国石油大学（北京）副教授
　　　　　刘琳琳　大连理工大学副教授
审 稿 人：姚平经　大连理工大学教授

第一版编写人员名单
编写人员：梁玉衡
审 校 人：陈敏恒

第二版编写人员名单
主 稿 人：袁　一
编写人员：袁　一　姚平经　俞裕国

概论

随着科学技术的进步，现代过程工业实现了综合生产，生产装置日趋大型化，产品品种精细化，要求实现整个装置、甚至整个企业或整个工业园区的最优设计、最优控制和最优管理，并在安全、可靠、对环境污染最小的情况下运行。以单元操作概念为基础的传统化学工程方法已不能适应时代的要求。20世纪60年代初，在系统工程、运筹学、化学工程学、过程控制及计算机技术等学科的基础上，产生和发展起来一门新兴的技术学科——过程系统工程。

20世纪60年代是过程系统工程产生和发展的理论准备时期，代表性的研究者有美国的Rudd和Watson（1968）[1]、Himmelblau和Bischoff（1968）[2]、日本的矢木荣和西村肇（1969）[3]、苏联的Кафаров（1971）[4]等，上述研究者的论著开创性地阐述了过程系统工程的研究方法和内容，并给以不同的名称，如"过程工程""化学过程工学""化工控制论"等。

20世纪70年代是过程系统工程走上实用的时期。随着计算机应用的普及，采用过程系统工程方法研制工业用化工流程通用模拟系统，对过程系统生产实现计算机控制，取得了显著的经济效益。

20世纪80年代和90年代是过程系统工程普及推广的时代，过程系统工程已经从学术理论走向工业应用，不仅在化工、石油、石油化工、核工业和能源等过程工业中获得广泛应用，而且向冶金、轻工、食品等工业部门推广，有力地促进了这些部门生产技术的发展，并实现了不少重大技术突破。相应地，过程系统工程学科在理论、方法和内容方面也在不断发展和完善。

21世纪以来，过程系统工程进入扩展时期，在研究领域和研究内容方面继续向纵深发展，从以换热网络为代表的能量系统的研究和应用，扩展到质量交换网络的研究和应用，典型的有水网络集成和氢网络集成，在国民经济各方面得到越来越深入广泛的应用。

1.1 过程系统工程的领域

过程系统工程，又称化工系统工程，是将系统工程的思想和方法用于过程系统所形成的一门工程技术与管理科学相结合的综合性边缘学科，是化学工程学的一个分支[5]。

一个完整的过程工业系统从研究开发直到操作运行的全过程如图27-1-1所示[6]。根据市场调查、过程研究开发以及经营管理的决策等资料，可以着手进行某项产品的过程设计及设备设计，然后按着图示顺序进行设备制造、安装、调试和投产运行。考虑原料、能源、市场、技术等的变化，这一过程系统还需要不断改进，以达到相应的最优状态。其大体上包含了过程系统的规划、设计、操作和控制等方面。

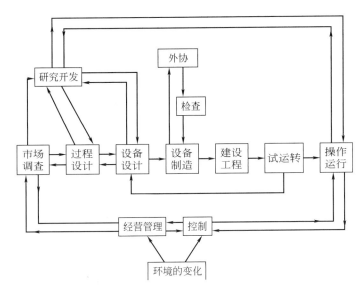

图 27-1-1 过程工业系统的内容[6]

过程系统工程以处理物质-能量-信息流的过程系统为研究对象，从过程系统的整体目标出发，根据系统内部各个组成部分的特性及其相互关系，确定在组织、规划、协调、设计、操作和控制等方面的最优策略，目的是在总体上达成技术上和经济上的最优化，并符合可持续发展的要求。

1.2 过程系统工程的基本概念

1.2.1 系统，环境

系统是由组成系统的各个部分（或元素）以及这些部分的关系所构成的[5]。这些关系包括因果、逻辑、随机关系，以协调进行一定活动或完成一定任务。

环境是在系统的外部，而且是与该系统相互作用的所有元素的集合。环境的变化会影响系统，反之，系统的作用会影响环境。系统及其环境构成了问题的整体。

某系统的部分组合所组成的系统称为子系统。属于某子系统的元素可以是其他子系统的环境元素。

开系统是指受环境变化影响的系统，反之称为闭系统。

1.2.2 过程系统

过程系统是对原料进行物理的或化学的加工处理的系统，它由一些具有特定功能的过程单元按照一定方式互相联结而组成，它的功能在于实现工业生产中的物质和能量的转换；过程单元用于进行物质和能量的转换、输送和储存；单元间借物料流、能量流和信息流相连而构成一定的关系[7]。

1.2.3 过程系统分析

过程系统分析，又称过程分析，是指：对于系统结构及其中各个子系统均已给定的现有系统进行分析，预测在不同条件下系统的特性和行为，以发现其薄弱环节并给予改进。过程系统分析的概念如图 27-1-2 所示，即对于已知的过程系统，给定其输入参数，求解其输出参数。具体说，包含三部分内容：一是过程系统的物料和热量衡算；二是确定设备的尺寸及费用；三是对过程系统进行技术、经济、环境等性能评价[8]。

图 27-1-2 过程系统分析示意图

1.2.4 过程系统综合

过程系统综合，又称过程综合，是过程系统工程学科的核心内容，是指：按照规定的系统特性，寻求所需的系统结构及其各子系统的性能，并按照系统规定的目标进行最优组合。过程系统综合的概念如图 27-1-3 所示，即给定过程系统的输入参数并规定其输出参数，确定满足该性能的过程系统，包括选择所采用的特定设备及其间的联结关系，并提供某些变量的初值[5]。

图 27-1-3 过程系统综合示意图

1.2.5 过程系统优化

过程系统优化，又称过程优化，可分为参数优化和结构优化。参数优化是指在一已确定的系统流程中对其中的操作参数（如温度、压力等）进行优选，以满足某项指标（如费用、

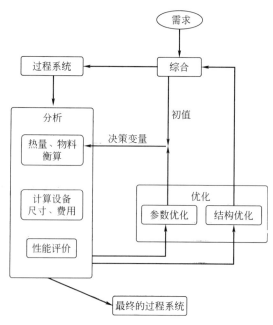

图 27-1-4 过程系统设计示意图

能耗等）达到最优。如果改变过程系统中的设备类型或其相互间的联结，以优化过程系统，则称为结构优化[9]。

1.2.6　过程系统设计

过程系统设计，又称过程设计，是指根据给定的生产任务要求，完成一套化工过程的设计[5]。其主要内容包括过程系统综合、分析与优化三个基本环节，其相互关系如图 27-1-4 所示[9]。

1.3　过程系统工程的研究方法与手段

系统工程研究和处理问题的方法，一般称作系统方法论，它把研究的对象系统看作一个整体，同时把研究过程也看作一个整体，并自始至终贯穿着一种思想——最优化，即把系统中可调的部分调节到获得可能的最优性能。过程系统工程沿用了这一系统方法论。

过程系统工程主要采用的研究方法有图示法和数学模型法。过程系统模型包括两个基本部分：一是系统中各单元的数学模型；二是各单元之间的相互联结，即系统结构。

1.3.1　图示法

运用直观图形来分析、求解问题的方法叫做图示法。图示法采用二维图，可以直观地表达两个物理量间的函数关系，具有物理意义明确的优点，但受图形维数的限制，不能处理多参数问题。在过程系统工程中常用的图形有温-焓图（用于换热网络和能量系统）、浓度-负荷图（用于质量交换网络、水网络、氢网络等）等。图示法主要用于过程系统分析以及确定系统的性能目标（如能量目标、新鲜水目标、新氢目标等）。

1.3.2　数学模型法

建立过程系统的数学模型并对该模型进行求解的方法叫做数学模型法。把与系统机理或特性有关的变量关系归纳整理或推导成数学方程组，这些数学方程组就称为系统的数学模型[5]。

采用数学模型在计算机上进行试验（数学模拟）比在实际过程系统上做试验要经济、灵活得多，可以减少中间放大试验，能够获得难以在试验条件下得到的性能信息，可以充分利用已有的理论成果来研究复杂过程系统的性能。

1.3.3　数学模型的类型与建立

按建立模型的方法，数学模型可分为机理模型和经验模型。机理模型是按照化学工程学的基本原理建立的，适用范围广，但模型比较复杂。经验模型（又称黑箱模型）是依据试验数据或生产装置的实测数据，按统计理论得出过程系统输入-输出关系的数学表达式，形式比较简单，针对性强，但应用范围受到限制。

根据数学模型是否考虑时间变量，可将其分为稳态模型和动态模型。稳态模型中系统变量不随时间变化，故模型不含时间变量。动态模型则相反。

根据数学模型是否考虑空间变量，可将其分为集中参数模型和分布参数模型。集中参数模型中各种变量值与空间位置无关。分布参数模型中的变量则与空间有关，是空间位置的函数。

根据数学模型过程的特征，可将其分为确定模型和随机模型。确定模型是指系统中的变量在一给定的条件下具有确定的数值。随机模型是采用概率统计规律来描述随机过程。

数学模型的建立过程称作模型化。模型化的最基本要求是：数学模型与所描述的过程系统原型具有客观的一致性。根据过程系统的特征与研究工作的需求来选择适当的模型类型。可以利用现有的商品化的过程系统模拟软件开发出用户所需要的过程系统数学模型，必要时可以修正或增补特定的过程单元模型以及有关的热力学数据等，以提高模型的准确性。

1.4　过程系统结构的表示

过程系统的模型主要由其过程单元模型和系统结构所构成。过程单元的数学模型化将在第 2 章中讨论。本节介绍过程系统结构的表示方法——图形表示和矩阵表示。

过程系统中各单元之间的联结关系，即系统结构，可由下式表达：

$$y_i^k = x_j^l \tag{27-1-1}$$

式中　　y_i^k——单元 i 的第 k 个输出流股；

x_j^l——单元 j 的第 l 个输入流股；

i,j——单元序号；

l,k——流股序号。

该式描述了单元 i 与单元 j 之间的联结关系。

1.4.1　图形表示

图是由节点和节点间相互联结的边（或弧）所构成。在一过程系统中，过程单元可用节点表示，单元之间的流股（包括物料流、能量流、信息流）用边表示。如果考虑流股的方向，则边是有方向的，此时得到的图称为有向图，否则为无向图。例如，一过程系统如图 27-1-5(a) 所示，其中包含 11 个单元和 13 个流股，其有向图如图 27-1-5(b) 所示。节点为 $X(x_1,x_2,\cdots,x_{11})$，边为 $E(e_1,e_2,\cdots,e_{13})$。该图可用下面的集合形式表示：

$$G = (X,E) \tag{27-1-2}$$

图可以分解为若干个子图，其中有两种典型的子图：一种称为路径；另一种称为回路。所谓路径是指相互顺序联结的有向边，即每个边的终节点是后续边的起始节点（路径的两个端点例外）。图 27-1-5(b) 中节点 x_1、x_2、x_3、x_4、x_{10} 即为一个路径。若一个路径的起始节点和终节点重叠在一起，即为一个回路。图 27-1-5(b) 中节点 x_5、x_6、x_7、x_5 即构成一个回路。图中的每一个边对应一对节点，而每个节点对应一定数量的边。某一有向图相应于一定的过程系统，就可以采用图论的方法来研究、处理系统结构问题。

1.4.2　矩阵表示

过程系统结构除了用有向图表示外，也可写作矩阵形式。用矩阵表达的方式有多种，这

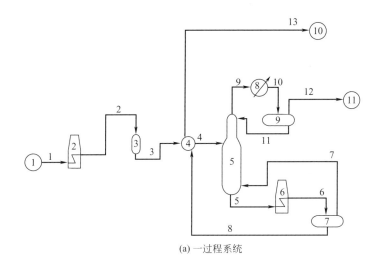

(a) 一过程系统

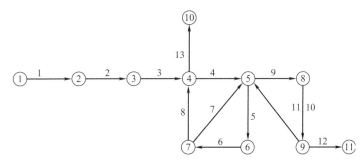

(b) 有向图(图中数字为节点与边的序号)

图 27-1-5 图形表示

里介绍邻接矩阵表示法和关联矩阵表示法[5]。

邻接矩阵中行和列的序号都代表单元的序号。邻接矩阵的元素定义如下：

$$A_{ij} = \begin{cases} 1, \text{从节点 } i \text{ 到节点 } j \text{ 有边联结} \\ 0, \text{从节点 } i \text{ 到节点 } j \text{ 没有边联结} \end{cases}$$

矩阵中的元素由 1 和 0 所构成，这种矩阵属于布尔矩阵，元素中的 0 也可以不写出。

由图 27-1-5(b) 所示的有向图，可写出其邻接矩阵，见图 27-1-6。

邻接矩阵具有如下特点：

① 若有向图中有 n 个节点，则该矩阵为 n 行 n 列的方阵。

② 空的列（元素都为 0 的列）表示其对应系统的起始节点，即没有输入边的节点。如图 27-1-6 中的第一列为空列，对应图 27-1-5(b) 中的起始节点 1。

③ 空的行（元素都为 0 的行）表示其对应系统的终节点，即没有输出边的节点。如图 27-1-6 中的第 10、11 行为空行，对应图 27-1-5 (b) 中的终节点 10 及 11。

邻接矩阵表达了系统中各单元之间的联结关系，通过矩阵的运算，还可以识别出系统中所包含的回路，具体内容参阅本篇第 2 章。

在关联矩阵中，行序号与节点号对应，列序号与边号对应。关联矩阵的元素是这样规定的：

到节点

	1	2	3	4	5	6	7	8	9	10	11
1	0	1	0	0	0	0	0	0	0	0	0
2	0	0	1	0	0	0	0	0	0	0	0
3	0	0	0	1	0	0	0	0	0	0	0
4	0	0	0	0	1	0	0	0	0	1	0
$A=$ 5	0	0	0	0	0	1	0	1	0	0	0
6	0	0	0	0	0	0	1	0	0	0	0
7	0	0	0	1	1	0	0	0	0	0	0
8	0	0	0	0	0	0	0	0	1	0	0
9	0	0	0	0	1	0	0	0	0	0	1
10	0	0	0	0	0	0	0	0	0	0	0
11	0	0	0	0	0	0	0	0	0	0	0

（出节点）

图 27-1-6　邻接矩阵

$$S_{ij}=\begin{cases}-1,\text{当边 }j\text{ 为节点 }i\text{ 的输出}\\1,\text{当边 }j\text{ 为节点 }i\text{ 的输入}\\0,\text{当边 }j\text{ 与节点 }i\text{ 不联结}\end{cases}$$

图 27-1-5(b) 的有向图可用关联矩阵来表达，见图 27-1-7。

边

	1	2	3	4	5	6	7	8	9	10	11	12	13
1	-1	0	0	0	0	0	0	0	0	0	0	0	0
2	1	-1	0	0	0	0	0	0	0	0	0	0	0
3	0	1	-1	0	0	0	0	0	0	0	0	0	0
4	0	0	1	-1	0	0	0	1	0	0	0	0	-1
5	0	0	0	1	-1	0	1	0	-1	0	1	0	0
$S=$ 6	0	0	0	0	1	-1	0	0	0	0	0	0	0
7	0	0	0	0	0	1	-1	-1	0	0	0	0	0
8	0	0	0	0	0	0	0	0	1	-1	0	0	0
9	0	0	0	0	0	0	0	0	0	1	-1	-1	0
10	0	0	0	0	0	0	0	0	0	0	0	0	1
11	0	0	0	0	0	0	0	0	0	0	0	1	0

（节点）

图 27-1-7　关联矩阵

关联矩阵中可不写出其中的 0 元素。它具有如下特点：
① 若有向图中有 n 个节点，m 个边，则为 n 行 m 列矩阵；
② 每一流股（边）在矩阵中标出两次，即为前一节点的输出边及后续节点的输入边；
③ 列的总和为 0。

参考文献

［1］ Rudd D F，Watson C C. Strategy of process engineering. New York：John Wiley and Sons，1968.

［2］ Himmelblau D M，Bischoff K B. Process analysis and simulation. New York: John Wiley and Sons，1968.

［3］ 矢木荣，西村肇. 化学プロセス工学. 東京：丸善株式会社，1969.

［4］ Кафаров В В. Методы кибернетики b химии и химилеской техноэии. Иэдательсть：Химия，1971.

［5］ 王基铭. 过程系统工程词典. 第2版. 北京：中国石化出版社，2011.

［6］ 高松武一郎，等. 化工过程系统工程. 张能力，沈静珠，译. 北京：化学工业出版社，1983.

［7］ 格隆，等. 过程系统工程：上册. 陆震维，译. 北京：化学工业出版社，1981.

［8］ 都健. 化工过程分析与综合. 大连：大连理工大学出版社，2009.

［9］ Westerberg A W，Hutchison H P，Motard R L，et al. Process Flowsheeting. England：Cambridge University Press，1979.

第
27
篇

2

过程系统的稳态模拟

过程系统的模拟可分为稳态模拟和动态模拟两类。稳态模拟是过程系统模拟研究中开发最早和应用最为普遍的一种技术，它包括物料和能量衡算、设备尺寸和费用计算以及过程的技术经济评价等。早期的模拟主要集中于发展分析模型，各种数学方法被用来获得不同化工问题的解析解，之后各种数学方法也被用来解决更严格的化工问题。目前，逆矩阵、非线性方程的求解和数值积分等方法在很多软件中均有应用；模型主要是更详细的理解过程并用数学形式表达；目的是在各种水平上采用"模型图"以简化模型来表达复杂问题，并应用系统方法解决问题。最新的比较全面的过程系统模拟方法和应用见参考书 [1]。

2.1 过程系统稳态模拟的基本知识[2~6]

2.1.1 过程系统的数学模型

数学模型是对单元过程及过程系统或流程进行模拟的基础，对模拟结果的可靠性及准确程度起到关键作用。不同的过程具有不同的性能，因而需建立不同类型的模型，不同类型的模型求解方法也不同。

（1）稳态模型与动态模型 在模型中，若系统的变量不随时间而变化，即模型中不含时间变量，称此模型为稳态模型。当连续生产装置正常运行时，可用稳态模型描述。对于间歇操作，装置的开、停车过程或在外界干扰下产生波动，则用动态模型描述，反映过程系统中各参数随时间的变化规律。

（2）机理模型与"黑箱"模型 数学模型的建立是以过程的物理与化学变化本质为基础的。根据化学工程学科及其他相关学科的理论与方法，对过程进行分析研究而建立的模型称为机理模型。例如，根据化学反应机理、反应动力学和传递过程原理建立起来的反应过程数学模型，以及按传递原理及热力学等建立起来的换热及精馏过程的数学模型等。而当缺乏合适的或足够的理论依据时，则不能对过程机理进行正确的描述，对此，可将对象当作"黑箱"来处理。即根据过程输入、输出数据，采用回归分析方法确定输出与输入数据的关系，建立"黑箱"模型，即经验模型。这种模型的适用性受到采集数据的覆盖范围的限制，使用范围只能在数据测定范围内，而不能外延。

（3）集中参数模型与分布参数模型 按过程的变量与空间位置是否相关，可分为集中参数模型和分布参数模型。当过程的变量不随空间坐标而改变时，称为集中参数模型，如理想混合反应器等；当过程的变量随空间坐标而改变时，则称为分布参数模型，如平推流式反应器，其数学模型在稳态时为常微分方程，在动态时为偏微分方程。若在以 z 轴为中心的半径方向也存在变化，则该模型为二维分布参数模型。

（4）**确定性模型与随机模型**　按模型的输入与输出变量之间是否存在确定关系可分为确定性模型和随机模型。若输出与输入变量存在确定关系则为确定性模型，反之为随机模型。在随机模型中时间是一个独立变量，若时间不作为变量，则称其为统计的数学模型。单元过程的模拟是过程系统模拟的基础，本章主要介绍单元过程的模拟。

2.1.2　过程系统模拟的基本任务

过程系统模拟的基本任务主要有以下三个方面：

（1）**过程系统的模拟分析**　过程系统的模拟分析常称为标准型问题或操作型问题（operating problem），该问题首先应给定过程系统的结构，即过程系统及设备参数向量，给定输入流股向量，求解输出流股向量。对于过程系统，可获得系统内各单元过程输出流股向量，如图 27-2-1 所示。然后，由获得的输出流股的各种信息，对过程系统及单元过程的各种工况进行分析，以指导操作和过程的改造。如对一生产装置，通过模拟计算，获得所需要的信息，对实际生产的故障进行分析诊断。对装置的操作状况进行评价，对不同操作条件下运行工况进行预测，这对保证装置的正常运行是十分必要的。

图 27-2-1　过程系统模拟分析

（2）**过程系统设计**　在实际生产中，若新建一生产装置或对现有装置进行改造，均离不开过程系统及单元过程的设计，此类问题为设计型问题（design problem）。

设计型问题的表达如图 27-2-2 所示。设计型问题是首先给定部分输入流股向量与设备参数向量，同时，指定输出流股向量中产品的特性要求。

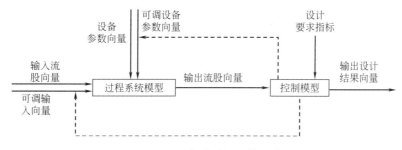

图 27-2-2　设计型问题的表达

在求解过程中，通过调整另一部分输入向量和设备参数向量使产品达到规定的特性指标，从而获得过程系统中各物流、能流及特性等信息，为过程系统及单元设备设计提供设计的基础数据。在实际工程设计中，通常是经过广泛调查研究和充分论证，确定一个或几个初步的工艺流程方案。然后分别对各流程进行严格的模拟计算，对系统单元过程、设备以及操作条件进行调节，使之满足规定的工艺要求，并将方案进行比较，确定一个比较适宜的方案为最终方案。由最终方案的计算结果，作为基础设计的依据。

（3）**过程系统优化**　过程系统优化是指应用优化的模型或方法，求解过程系统的数学模型，确定一组关于某一目标函数为最优的决策变量的解（优化变量的解），以实现过程系统最佳工况。

优化问题与设计型问题相似，如图 27-2-3 所示。优化问题是通过不断调整有关的决策变量，即相关的可调的输入流股条件与设备参数，使目标函数在规定的约束条件下达到最佳，而调整决策变量是通过优化程序实现的。当优化目标涉及经济评价时，还必须提供描述经济指标的经济模型。

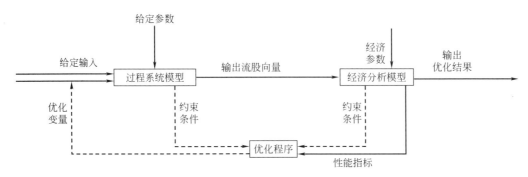

图 27-2-3   过程系统优化

2.1.3   过程系统稳态模拟的基本方法

过程系统稳态模拟有以下几种基本方法[6~11]：

（1）序贯模块法   序贯模块法（sequential modular approach）是开发最早、应用最广泛的方法。目前绝大多数通用应用软件多采用该方法。序贯模块法是以过程系统的单元设备数学模型为基本模块，该模块的基本功能是只要给定全部输入流股相关变量和设备的主要结构尺寸，即可求得所有输出流股的全部信息。同时，该信息提供后续单元设备模块的输入。根据过程系统流程拓扑的信息流图，按照流股方向依次调用单元设备模块，逐个求解全系统的各个单元设备，获取全系统的所有输出信息。可见，序贯模块法也就是逐个单元模块依次序贯计算求解系统模型的一种方法。

（2）联立方程法   联立方程法（equation-based approach）的基本思想是将描述过程系统的所有方程组织起来，形成一大型非线性方程组，进行联立求解。这些方程来自各单元过程的描述及生产工艺要求、过程系统设计约束条件等。与序贯模块法不同的是，序贯模块法是按单元过程模块求解，而联立方程法是将所有方程放在一起联立求解，从而打破单元模块间的界限，可根据计算任务的需要按一定方法分隔成若干较小的方程组，按一定顺序联立求解。或将非线性方程线性化，与原线性方程一起形成大型稀疏线性方程组，再联立求解。

（3）联立模块法   联立模块法（simultaneous modular approach）用各个模块的严格模型计算出结果，根据输出信息与输入信息间的关系产生简化模型，例如线性模型，再对简化模型以及联结方程联立求解，求解过程中可以包括规定方程，对断裂流股要设定初值，求解后得出各流股的新值，再迭代使收敛。根据简化模型与 Jacobi 矩阵产生的方法以及迭代变量选定方法的不同，具体的算法有所不同。

2.1.4   流程模拟软件

（1）流程模拟软件的基本结构   流程模拟软件的基本结构如图 27-2-4 所示。输入模块提供模拟计算所需的所有信息，其中包括过程系统的拓扑结构信息。单元过程模块是过程系统模拟的重要组成部分。单元过程模块是根据输入流股及单元结构信息，通过过程速率或平衡级等的计算，对过程进行物料流及能量流的衡算，获得所有输出流股的信息。物性和热力学数据库及计算方法库为单元过程模块求解提供基础数据和求解方法。优化方法库为系统模拟需要进行优化时提供优化计算方法。经济分析模块则是将生产操作费用和设备投资费用与市场联系起来，对系统生产进行经济评价的模块。管理系统执行模块是过程系统模拟的核心，用以控制计算顺序及整个模拟过程。输出模块按照单元过程模块或流股输出用户所需的中间结果或最终结果等。

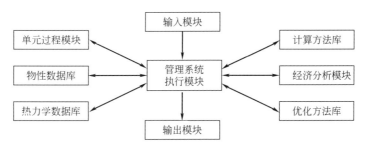

图 27-2-4 流程模拟软件的基本结构

（2）稳态流程模拟软件介绍 化工过程稳态模拟通过运用工程研究的基本理论与方法描述过程与设备各变量间的基本关系以预测过程系统行为[4]。20 世纪 50 年代末期，人们开始尝试在计算机上实现过程系统工艺流程的开发设计，这种在计算机上模拟化工过程的统一流程软件称为化工模拟软件。发展至今，化工模拟软件已经成为化工过程设计、生产过程优化与诊断的强有力工具，在工艺开发、工程设计、优化操作和技术改造中发挥着巨大作用。

目前应用最广的稳态流程模拟软件主要有 Aspen Plus、Pro/Ⅱ、ChemCAD 和 HYSYS等，其中前三种软件主要采用序贯模块法进行计算，HYSYS 则主要基于联立方程法求解。

① Aspen Plus Aspen Plus 是美国 AspenTech 公司 aspenONE 工程与创新解决方案中的重要部分，是目前应用最广的大型通用稳态模拟软件系统之一。Aspen Plus 源于美国能源部 20 世纪 70 年代在美国麻省理工学院（MIT）组织开发的第三代流程模拟软件——过程工程的先进系统（advanced system for process engineering，ASPEN）。该软件经过四十几年的不断改进、扩充和提高，先后推出了十多个版本，已经成为公认的标准大型流程模拟软件，世界各地的大型化工集团、石化生产厂家及著名工程公司都是 Aspen Plus 的用户。

Aspen Plus 内置了如下的很多内容：

a. 丰富的物性数据库 包含 6000 种纯组分、5000 对二元混合物、3314 种固体、900 种电解质、40000 个二元交互作用参数的数据库。此外，Aspen Plus 还可与 DECHEMA 数据库接口，用户也可以把自己的物性数据与 Aspen Plus 系统连接。

b. 各种类型的过程单元操作模型库 包括混合器/分流器、分离器、换热器、塔、反应器、压力变送器、手动操作器、固体处理和用户模型 8 大类单元操作模型。

c. 几十种计算传递物性和热力学性质的方法 当物性缺失或需要校正时，可采用软件中的数据回归系统和估算系统计算模型参数，包括用户自编模型。

基于先进的数值计算方法，Aspen Plus 能够准确地进行物性分析、工艺过程模拟、数据估算与回归、数据拟合、参数优化、设备尺寸设计、灵敏度分析和经济评价等操作，可用于化学、化工、石油化工、医药等多个工程领域，也可用于从单个操作单元到整个工艺流程的稳态模拟，以及过程开发、设计、改造、优化和监控等各个方面。

此外，Aspen Plus 作为 aspenONE 系统的一部分，还能够链接系统中的其他软件，为它们提供运行数据，使 aspenONE 成为目前功能最全面的过程工程软件。

② Pro/Ⅱ　Pro/Ⅱ 是一个历史悠久的通用化工稳态流程模拟软件，起源于 1967 年 SimSci 公司开发的世界上第一个炼油蒸馏模拟器 SF05，随后扩展为流程模拟软件，并最终发展为流程模拟领域影响力最大的通用稳态模拟系统之一，成为该领域的国际标准。

与 Aspen Plus 一样，Pro/Ⅱ 拥有庞大的数据库（包含组分数据库和混合物数据库两类，组分数超过 1750 种）、强大的热力学物性计算系统、丰富的单元操作模块（包含闪蒸、精馏、换热器、反应器、聚合物和固体六大类模型）和稳定的流程计算能力，能够开展流程模拟与优化、物性回归、设备设计、费用估算/经济评价、环保评测等计算。

Pro/Ⅱ 可以模拟包括从管道、阀门到复杂反应与分离过程在内的几乎所有生产装置和流程，在油/气加工、炼油、化学、化工和制药等领域得到广泛应用，客户遍布全球各地。自 20 世纪 80 年代进入我国后，Pro/Ⅱ 软件已经成为目前国内各设计院必备的流程模拟软件之一，工业应用效益显著。同时，与 Aspen Plus 一并成为大学化工类专业最常用的教学软件系统。

③ ChemCAD　ChemCAD 是由美国 Chemstations 公司开发的一款大型化工流程模拟软件。其可建立与现场装置吻合的数据模型，模拟系统的稳态与动态行为，为过程工艺开发、工程设计、操作优化以及瓶颈消除等提供理论指导。

ChemCAD 软件中包含稳态流程模拟、动态流程模拟、换热器设计与分析、间歇精馏设计模拟、紧急排放与管网设计分析、在线模拟与优化分析六大模块，能够实现对流程的稳态模拟、动态模拟、间歇操作、安全设计、管网分析等计算功能及二次开发功能，被广泛应用于石化、化工、冶金、制药等领域中的工艺过程。

④ HYSYS　HYSYS 是 Hyprotech 公司开发的化工流程模拟软件。2002 年，Hyprotech 公司被 Aspen Tech 公司收购，HYSYS 也随之成为 aspenONE 系统中的一员，其在世界范围内的石油化工模拟、仿真技术领域占有重要地位。

(Aspen) HYSYS 软件分稳态和动态两大部分。其中稳态部分主要用于油田地面工程建设设计和石油、石化炼油工程设计计算分析，动态部分则可用于指导原油生产和储运系统的运行。软件内含有先进的集成式工程环境、严格的物性计算包与物性预测系统、丰富的过程单元操作模型库、内置人工智能系统、各种塔板的水力学计算系统、工艺参数优化器、方案分析工具、夹点分析工具及强大的动态模拟、事件驱动和 DCS 链接等功能。另外，HYSYS 还具有良好的功能拓展性，用户可以通过 Windows 的 OLE 对 HYSYS 进行个性化开发。目前国内所有的油田设计系统均全部采用该软件进行工艺设计。

2.2　过程单元与过程系统的自由度分析

2.2.1　自由度概念

自由度是一个抽象的概念，同时也是系统的非常重要的参数[12,13]。自由度分析的主要目的是在系统求解之前，确定需要给定多少个变量，可以使系统有唯一确定的解。在求解模型之前，通过自由度分析正确地确定系统应给定的独立变量数，可以避免由设定不足或设定过度而引起的方程无解。

单元操作过程的数学模型由代数方程组和（或）微分方程组构成，假定共有 m 个独立方程式，其中含有 n 个变量，且 $n>m$，则该模型具有的自由度为

$$d=n-m \tag{27-2-1}$$

即需要在 n 个变量中给定 d 个变量的值，对选出的 d 个变量赋以不同的值，模型方程得到的解也将有所不同，这些变量称为设计变量；其余 m 个变量可由 m 个方程式解出，称为状态变量。

由相律可知，对于一多组分、多相的平衡系统来说，自由度为

$$d=C-P+2 \tag{27-2-2}$$

式中　C——组分数；

　　　P——相数。

相律中的自由度只包括强度性质（T、p 等），而不涉及系统的大小数量（总量、各相的量）。但在建立单元操作过程模型时必然要考虑系统的大小数量，如流股的流量、热负荷以及压力的变化等。

根据杜亥姆（Duhem）定理，可推知一个独立流股具有 $C+2$ 个自由度，或者说，指定 $C+2$ 个独立变量即可确定一个独立流股。如规定了流股中 C 个组分的摩尔流量以及流股的温度 T 和压力 p，则该流股就确定了。也可用流股中组分的摩尔分数（即 $C-1$ 个组分的摩尔分数）和该流股的总摩尔流量来代替各组分的摩尔流量。

2.2.2　过程单元的自由度分析

过程单元的自由度分析的基本步骤是：求出该单元所有输入与输出流股独立变量数与设备参数的总和 n 及该单元的独立方程数 m，则自由度 d 即为 $n-m$。

独立方程的类型主要有：物料衡算、焓衡算、相平衡、温度与压力平衡及其他有关的独立方程。物性参数的计算式，例如求相对焓值及求汽-液平衡常数的关联式等不作为独立方程。

典型单元操作过程的自由度分析如下。

(1) 混合器[4,5]　简单混合器的示意图如图 27-2-5 所示，两个流股混合成一个流股，每一流股有 $C+2$ 个独立变量。对该过程可以建立以下独立方程：

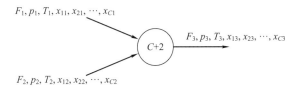

图 27-2-5　简单混合器示意图

压力平衡方程　　　　　　　　　　　$p_3=\min\{p_1,p_2\}$

物料衡算方程　　　　　　　　　　　$F_1=F_2+F_3$

$$x_{j1}F_1+x_{j2}F_2=x_{j3}F_3\,(j=1,2,\cdots,C-1)$$

热量衡算方程 $\qquad F_1H_1+F_2H_2=F_3H_3$

式中 H——流股的比摩尔焓，kJ·kmol^{-1}；

$\quad\quad F$——流股的摩尔流量，kmol·h^{-1}；

$\quad\quad x$——流股中组分的摩尔分数；

$\quad\quad p$——压力，kPa。

上述混合器的独立方程数

$$m=C+2$$

混合器的自由度为

$$d=n-m=3(C+2)-(C+2)=2(C+2)$$

由上式可见，两个独立流股混合过程的自由度为两个独立流股自由度之和，即相当于指定这两个输入流股变量后，混合器出口流股的变量就完全确定了，可用 $C+2$ 个独立方程解出。也可指定包括输出流股在内的 $2(C+2)$ 个独立变量，用 $C+2$ 个方程求出输入流股中的某些变量。如果混合器有 S 个输入流股，则自由度为 $S(C+2)$，即相当于指定 S 个输入流股变量后，混合器出口流股的变量也就确定了。

(2) 分割器[4,5] 简单分割器的示意图如图 27-2-6 所示，由一股输入物流按一定分率分割成两股物流。由直观分析得知，当指定 $C+2$ 个输入流股变量以及一个分割分率值（其值为 0～1 的一个参量）时，该分割器的两股输出物流的变量就完全确定了，即该简单分割器的自由度为 $(C+2)+1$。

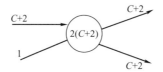

图 27-2-6 简单分割器示意图

当一个流股分割成 S 个流股时，由以上分析可知，指定 $C+2$ 个输入流股变量以及 $S-1$ 个分割分率值（因为分割分率之和为 1，故在 S 个分割分率中只有 $S-1$ 个是可以被规定的），则可由 $S(C+2)$ 个独立方程式解出 S 个分支流股包含的变量。该分割器的自由度为

$$d=(S+1)(C+2)+(S-1)-S(C+2)=(C+2)+(S-1)$$

(3) 闪蒸器[4,5] 如图 27-2-7 所示，闪蒸器不一定是绝热闪蒸，输出的气液相平衡。自由度分析对于阀后这种情况，闪蒸器共有三个流股，此外，闪蒸器的加热量 Q 必须作为设备参数。故变量总数为 $3(C+2)+1$，表示闪蒸器变量之间关系的方程如下：

物料衡算方程

$$F_1x_{j1}=F_2x_{j2}+F_3x_{j3}\ (j=1,2,\cdots,C)$$

热量衡算方程

$$F_1H_1+Q=F_2H_2+F_3H_3$$

温度平衡方程 $\qquad T_2=T_3=T_1$

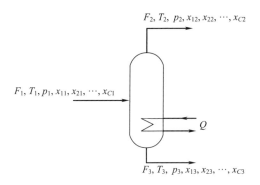

图 27-2-7 闪蒸器单元示意图

压力平衡方程 $\qquad\qquad\qquad p_2 = p_3$

相平衡方程 $\qquad\qquad\qquad x_{j2} = k_j x_{j3} (j = 1, 2, \cdots, C)$

这里共有 $2C + 4$ 个独立方程式。故闪蒸器的自由度为

$$d = 3(C + 2) + 1 - (2C + 4) = C + 3$$

对于阀前另外一种情况，变量数多一个减压阀压力降 Δp，即 $n = 3(C + 2) + 2$，则 d 也就多一个，为 $C + 4$。

(4) 换热器[4,5] 设换热器两侧物流的组分数目分别为 C_1 与 C_2，如图 27-2-8 所示，则自由度分析如下：

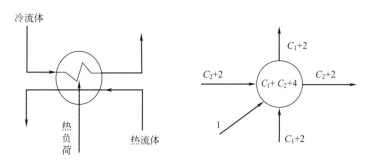

图 27-2-8 换热器单元示意图

方程名称	一侧方程数	另一侧方程数
物料衡算	C_1	C_2
焓衡算	1	1
压力变化	1	1
独立方程数	$C_1 + 2$	$C_2 + 2$
独立方程总数	$m = (C_1 + 2) + (C_2 + 2)$	

独立变量数	一侧	另一侧
输入物流	$C_1 + 2$	$C_2 + 2$
输出物流	$C_1 + 2$	$C_2 + 2$
热负荷,作为设备参数	1	

独立变量总数 $\qquad n=(C_1+2)+(C_2+2)+1$

故自由度为

$$d=2(C_1+2)+2(C_2+2)+1-[(C_1+2)+(C_2+2)]=C_1+C_2+5$$

即当给定进口热、冷流股的 C_1+C_2+4 个变量以及换热负荷（一个变量）后，出口流股的变量就完全确定了，可由 C_1+C_2+4 个独立方程式求出。

（5）反应器[8]　如图 27-2-9 所示，常用的反应器模型是规定出口反应程度的宏观模型，称"反应度模型"。不假定反应达到平衡，而是规定了 r 个独立反应的反应度 ξ_i（$i=1,2,\cdots,r$）。向反应器提供的热量 Q（移出时 Q 为负值）和反应器中的压力降 Δp 是两个设备单元参数，所以共有 $r+2$ 个设备单元参数；独立方程为 C 个组分物料平衡方程、1 个焓平衡方程、1 个压力平衡方程，即独立方程总数为 $C+2$。其自由度为

$$d=2(C+2)+(r+2)-(C+2)=C+r+4$$

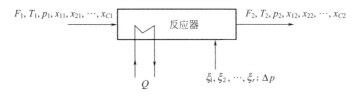

图 27-2-9　反应器单元示意图

（6）压力变化单元[7]　压力变化单元包括阀门、泵、压缩机等单元，如图 27-2-10 所示。压力变化单元中除了压降 Δp 作为设计参数予以规定，对于泵、压缩机而言，与物料流无关的能量流（轴功 W）也作为设计参数予以规定；独立方程为 C 个组分物料平衡方程、1 个温度相等（忽略温度变化）方程、1 个压力平衡方程，即独立方程总数为 $C+2$。

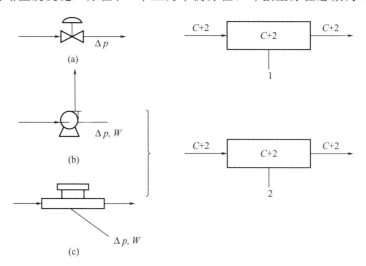

图 27-2-10　压力变化单元示意图

阀门的自由度为

$$d=2(C+2)+1-(C+2)=C+3$$

泵、压缩机的自由度为

$$d=2(C+2)+2-(C+2)=C+4$$

（7）分离过程基本单元的自由度分析[14]　分离过程基本单元的自由度分析如表 27-2-1
所示。分离过程复杂单元的自由度分析及涉及变量的指定请参阅文献 [14]。

表 27-2-1　分离过程基本单元的自由度分析

简图	名称	独立变量总数[①]m	独立方程总数[①]n	自由度d
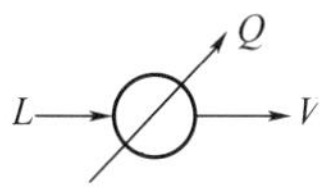	全沸器	$2C+5$	$C+1$	$C+4$
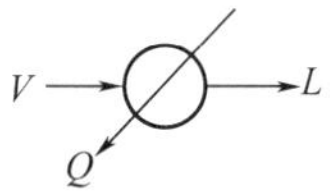	全凝器	$2C+5$	$C+1$	$C+4$
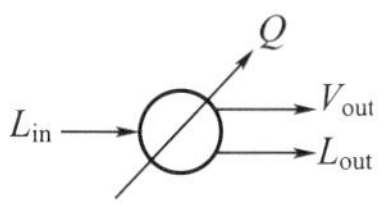	部分再沸器	$3C+7$	$2C+3$	$C+4$
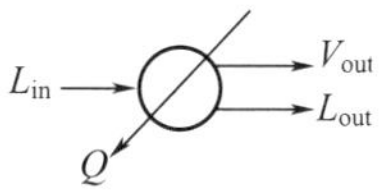	部分冷凝器	$3C+7$	$2C+3$	$C+4$
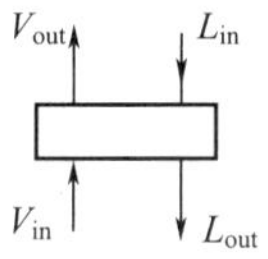	绝热平衡级	$4C+8$	$2C+3$	$2C+5$
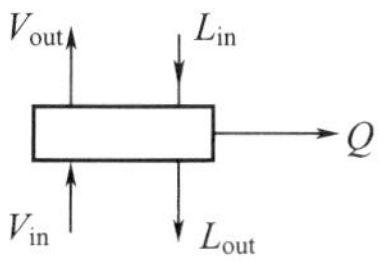	平衡级,有热负荷	$4C+9$	$2C+3$	$2C+6$
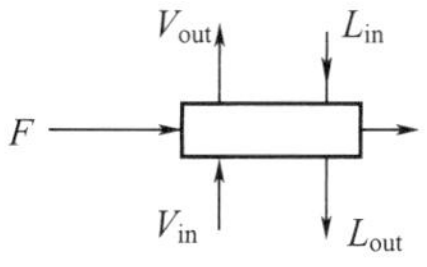	平衡级,有进料及热负荷	$5C+11$	$2C+3$	$3C+8$
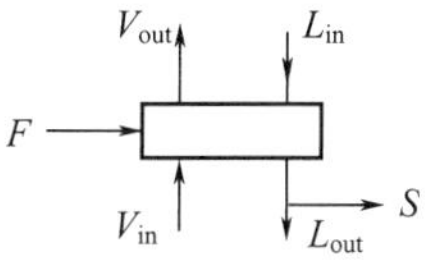	平衡级,有进料侧线引出与热负荷	$6C+13$	$3C+4$	$3C+9$

续表

简图	名称	独立变量总数[①] m	独立方程总数[①] n	自由度 d
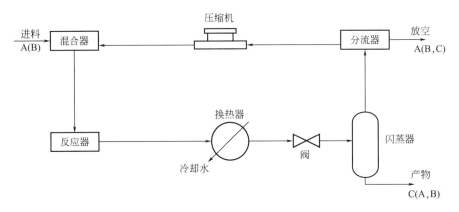	N 平衡级,有热负荷	$5N+2NC+2C+5$	$3N+2NC$	$2N+2C+5$

① 原书中流股变量按 $C+3$ 计,即温度或焓、压力、总流率及 C 个组分的组成摩尔分数,相应的方程多一个,即组成约束方程: $\sum_{i}^{C} x_i = 1$,本表按独立变量及独立方程考虑,作相应调整。

2.2.3 过程系统的自由度分析[15]

设化工流程如图 27-2-11 所示,该过程的进料为含有少量杂质 B 的高压气相组分 A。进料首先与主要组分为 A 的循环物流混合,然后进入反应器,在反应器中发生由单组分 A 生成 C 的放热反应。反应器出口物流用冷却水冷却,然后通过一节流阀减压进入闪蒸器。在闪蒸器中,未反应的组分 A 和 B 进入气相,液相出料为纯度较高的组分 C。未反应的组分 A 被循环利用。为防止系统里杂质 B 的含量过高,将闪蒸器的一部分气相出料放空,其余部分则经压缩机升压,然后和进料混合。

图 27-2-11 化工流程示例

该流程的自由度分析如图 27-2-12 及表 27-2-2 所示。图中有箭头的各流股所注数字都等于 C_1+2。单元设备内的数字为独立方程数。无箭头线段上的数字为该单元设备参数的数目。

独立方程总数 $m=48$

流股独立变量数 $=55$

单元参数 $=9$

独立变量总数 $n=55+9=64$

所以,流程自由度 $d=n-m=64-48=16$

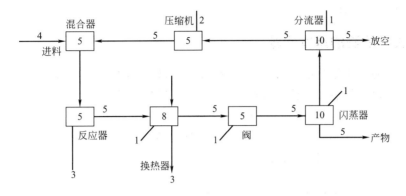

图 27-2-12　流程自由度分析示例

表 27-2-2　图 27-2-11 流程的自由度分析

单元	独立方程数	独立变量数	单元参数	说明
系统的输入物流				
混合器	5	9	0	
反应器	5	5	3	$\varepsilon, \Delta p, Q$
换热器	8	8	1	Q
阀	5	5	1	Δp
闪蒸器	10	5	1	Q
分流器	10	5	1	$S-1$
压缩机	5	5	2	$\Delta p, W$
系统的输出物流				
冷却水		3		
产品		5		
排放		5		
总数	48	55	9	

2.3　过程系统模拟的序贯模块法

过程系统模拟的依据是数学模型，要准确定量地对过程进行描述，重要的是要依据有关的基本定律，对过程进行分析，按照模拟的要求，建立起相应的模型。数学模型建立过程中所依据的基本定律主要如下：

① 质量守恒定律；

② 能量守恒定律；

③ 传递速率方程，包括热量传递、质量传递、动量传递等过程的速率方程；

④ 状态方程；

⑤ 化学平衡；

⑥ 相平衡；

⑦ 化学反应动力学。

2.3.1 序贯模块法的基本问题

序贯模块法的算法是给定模块的输入流股向量与设备参数向量，计算输出流股向量，再将此作为下一个模块的输入，整个流程的计算按一定的顺序进行，此顺序与流程的拓扑结构有关，示例如下。

【例 27-2-1】 如图 27-2-13 所示。计算中可断裂流股 4，设收敛块 "C"，给定进料 1，设流股 4a 初值，迭代计算使循环流股 4 收敛。

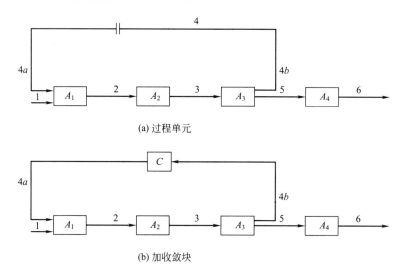

图 27-2-13 流程中有一循环回路

【例 27-2-2】 如图 27-2-14 所示。流程中除简单回路外，还有嵌套回路、交叉回路、而且系统可以分隔，可分成三个子系统，系统（1）的两个回路可同时收敛或先收敛内层，系统（2）的两个回路同时收敛，最后使系统（3）收敛。

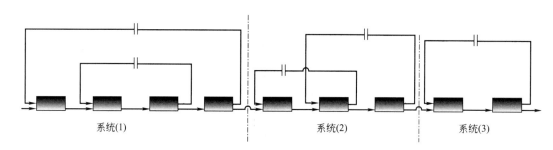

图 27-2-14 不同类型的循环回路

当输出流股有规定的性能指标时，即模拟的问题是设计型问题时，还要解决控制模块的问题，因此序贯模块法在确定了各单元模块的数学模型以后，从流程水平方面主要应研究以下基本问题：

① 大系统如何分隔成若干子系统并确定解算顺序。

② 如何识别循环回路；如何确定最佳的断裂流股集。

③ 如何加速断裂流股的收敛。

④ 如何解决输出流股有规定要求指标的设计型问题。

2.3.2　不相关子系统的分隔

（1）系统分隔的基础　系统分隔的基础在于描述系统性能的方程组存在稀疏性，而且数学模型中存在不相关的子系统。设描述系统的方程组为

$$f_1(x_1,x_3)=0$$
$$f_2(x_2,x_5)=0$$
$$f_3(x_1,x_3)=0$$
$$f_4(x_2,x_5)=0$$
$$f_5(x_2,x_4,x_5)=0$$

则可以分隔成两个不相关的子系统（f_1,f_3）和（f_2,f_4,f_5），分别求解。

（2）系统分隔的 Sargent 和 Westerberg 单元串搜索法[16]　系统分隔是找出必须同时求解的单元组（groups of units），即循环回路或最大循环网或不可分隔子系统，然后把这些单元组排成有利的计算顺序。例如，图 27-2-15 为一过程系统的方框图（functional block diagram，亦称有向图，directed graph），现对该系统进行分隔。按信息流方向，可以直观地作如下分析，首先从单元 H 开始，当给定该单元的结构参数、操作参数及输入流股信息时，就可以独立进行计算，求出其输出流股 S_2 的信息，所以单元 H 构成了第一个单元组（只由 1 个单元构成）；再沿单元 H 输出流股的方向可见，单元 A、B、C、D 和 E 构成再循环结构，必须同时求解，它们构成了第二个单元组（由 5 个单元构成）；单元 F 和 G 在一个循环回路中，也必须同时求解，构成了第三个单元组（由 2 个单元构成）；最后，单元 I 构成了第四个单元组（只由 1 个单元组成）。

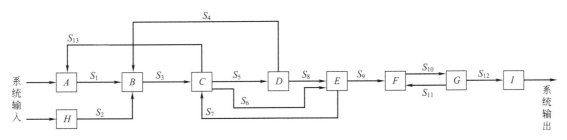

图 27-2-15　一过程系统的方框图（有向图）

$A,B,C,\cdots,I$—单元；$S_1,S_2,\cdots,S_{13}$—流股

下面采用单元串搜索法找出上述 4 个单元组，并排出适宜的计算顺序。

① 从单元 A 开始（一般先从有系统输入流的单元开始，或单元排成序号，由序号小的单元开始），沿其输出流股搜索下去，搜索过的单元形成一单元串。当发现某一单元在单元串中出现两次时，则把单元串中重复出现的单元之间所有的单元（包括重复出现的单元）合并为一拟节点，该拟节点可暂按单个单元处理。具体得到的单元串为

$$A,B,C,D,B \xrightarrow{\;合并B,C,D\;} A,(B,C,D)$$

单元 B 重复出现，B、C、D、B 构成一环路，合并单元 B、C、D 为一拟节点。

值得提出的是，搜索到单元 C 时，该单元有 3 个输出流股，按输出流股序号由小到大依次搜索下去（对单元 D 也同样处理）。单元 C 有 3 个输出流股 S_5、S_6、S_{13}，依次按输出流股序号进行搜索，则先沿 S_5 搜索，得到上面的结果。

② 从单元 C 沿其第二个输出流股 S_6 搜索，得到的单元串为

$$A,(B,C,D),E,C \xrightarrow{\text{合并}B,C,D,E} A,(B,\underset{E}{\widehat{C}},D)$$

节点 C、E、C 构成一环路，合并 B、C、D、E 为拟节点，该节点包含 2 个环路，(B,C,D,B) 及 (C,E,C)。

③ 从单元 C 沿其第三个输出流股 S_{13} 搜索，得到的单元串为

$$A,(B,\underset{E}{\widehat{C}},D),A \xrightarrow{\text{合并}A,B,C,D,E} (A,B,\underset{E}{\widehat{C}},D)$$

节点 C、A、B、C 构成一环路，合并 A、B、C、D、E 为拟节点，该节点包含 3 个环路，(B,C,D,B)、(C,E,C) 及 (C,A,B,C)。

④ 从单元 D 沿其第二个输出流股 S_8 搜索，得到的单元串为

$$(A,B,\underset{E}{\widehat{C}},D),E,C,D \xrightarrow{\text{拟节点中又识别出一个环路}} (A,B,\underset{E}{\widehat{C}},D)$$

节点 D、E、C、D 构成一环路，即原拟节点中又识别出一个环路，此时，该拟节点包含 4 个环路，(B,C,D,B)、(C,E,C)、(C,A,B,C) 及 (D,E,C,D)。

⑤ 从单元 E 沿其输出流股 S_9 搜索，得到的单元串为

$$(A,B,C,D,E),F,G,F \xrightarrow{\text{合并}F,G} (A,B,C,D,E),(F,G)$$

节点 F、G、F 构成一环路，合并成另一拟节点。

⑥ 从单元 G 沿输出流股 S_{12} 搜索，得到的单元串为

$$(A,B,C,D,E),(F,G),I$$

单元 I 只有系统输出流股，没有输出到系统内其他单元的流股，此时，由节点 A 开始搜索的阶段结束，得到的单元串的顺序就是计算各单元组的顺序。下一步再从有系统输入流股的另一单元 H 开始搜索。

⑦ 因单元 H 没有从系统中返回的输入流股，所以 H 不在任何环路中，则可最先计算。从单元 H 沿输出流股 S_2 搜索，到达单元 B，单元 B 的输出流股已搜索过，所以不必再搜索了。至此，系统中所有的单元及物流皆搜索过，即全部搜索工作结束，得出计算各单元组的顺序是

$$H,(A,B,C,D,E),(F,G),I$$

（3）系统分隔的邻接矩阵法（adjacency matrix approach）　一个由 n 个单元或节点组成的系统，其邻接矩阵（或相邻矩阵）可表示为 $n \times n$ 的方阵。其行和列的序号均与节点号对应。行序号表示流股流出的节点号，而列序号则表示流股流入的节点号。邻接矩阵中的元素由节点间的关系而定。具体定义如下：

$$\boldsymbol{R} = \begin{bmatrix} \boldsymbol{A}_{ij} \end{bmatrix}$$

$$\boldsymbol{A}_{ij} = \begin{cases} 1, & \text{从节点 } i \text{ 到节点 } j \text{ 有边联结} \\ 0, & \text{从节点 } i \text{ 到节点 } j \text{ 无边联结} \end{cases}$$

由此可见，邻接矩阵的元素由 1 和 0 所构成，该矩阵属布尔矩阵。矩阵中的元素都为 0 的列称为空列，表示系统中没有输入的节点，即系统的起始节点；矩阵中的元素都为 0 的行称为空行，表示系统中没有输出的节点。这些特性将用于过程的分解中。

现以例子说明邻接矩阵法进行系统分隔的工作过程。图 27-2-16 示出一含有循环回路的系统及该系统的邻接矩阵 $\boldsymbol{R}$。邻接矩阵 $\boldsymbol{R}$ 有一个重要性质，即该矩阵的 P 次方得到的矩阵 $\boldsymbol{R}^P$ 给出了步长（由一个节点经输出流股到另一个节点为 1 个步长）为 P 的全部节点，由此可识别循环回路。

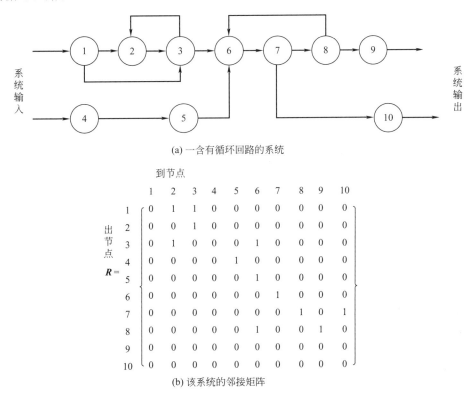

(a) 一含有循环回路的系统

(b) 该系统的邻接矩阵

图 27-2-16 含有循环回路的系统及该系统的邻接矩阵 $\boldsymbol{R}$

根据邻接矩阵，具体工作步骤如下[17]：

① 除去"一步循环回路"（one-step cyclical loop，指由一个节点经其输出流股又直接回到该节点，也称"自身回路"，self-loop）。在邻接矩阵上，主对角线元素值为 1 的就表示"一步循环回路"，所以把主对角线上元素值为 1 的全部改为零，并记录下来，以便于后面步骤的处理。该例中没有"一步循环回路"。

② 除去没有输入流股的节点。邻接矩阵中只含零元素的列即代表这样的节点，则把该节点排在计算顺序表中的最前面，因为这样的节点没有从系统内的节点输入该节点的流股，只有从系统外来的输入流股。图 27-2-16(b) 邻接矩阵中第 1 列和第 4 列只含零元素，则除掉第 1 列和第 4 列及其对应的行，即第 1 行和第 4 行，把节点 1 和节点 4 从系统中除去，得

到约简的系统及其邻接矩阵，如图 27-2-17 所示。节点 1 和节点 4 排在计算顺序表的最前面。图 27-2-17(b) 中又新出现了节点 5 的列只含零元素（因节点 4 已消去），则同样处理，把这一列及其对应的行从矩阵中除去，在计算顺序表中把节点 5 排在节点 4 后面。如此重复进行，消去没有输入流股的节点。

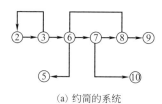

(a) 约简的系统

$$
\begin{array}{c|cccccccc}
 & 2 & 3 & 5 & 6 & 7 & 8 & 9 & 10 \\
\hline
2 & 0 & 1 & 0 & 0 & 0 & 0 & 0 & 0 \\
3 & 1 & 0 & 0 & 1 & 0 & 0 & 0 & 0 \\
5 & 0 & 0 & 0 & 1 & 0 & 0 & 0 & 0 \\
6 & 0 & 0 & 0 & 0 & 1 & 0 & 0 & 0 \\
7 & 0 & 0 & 0 & 0 & 0 & 1 & 0 & 1 \\
8 & 0 & 0 & 0 & 1 & 0 & 0 & 1 & 0 \\
9 & 0 & 0 & 0 & 0 & 0 & 0 & 0 & 0 \\
10 & 0 & 0 & 0 & 0 & 0 & 0 & 0 & 0 \\
\end{array}
$$

(b) 邻接矩阵

图 27-2-17 约简的系统及其邻接矩阵

③ 除去没有输出流股的节点。邻接矩阵中只含零元素的行即代表这样的节点，该节点排在计算顺序表的最后面，因为这样的节点没有向系统内的节点输出流股，只有向系统外的节点输出流股，如图 27-2-17 (a) 中的节点 9，10 所示。图 27-2-17 (b) 邻接矩阵中第 9 行和第 10 行只含零元素，则从矩阵中除去第 9 行和第 10 行及其对应的第 9 列和第 10 列，即从图中除去节点 9 与节点 10，并将节点 9 与节点 10 排在计算顺序表的最后面（节点 9 与节点 10 谁先谁后无妨）。重复进行除去没有输出流股的节点，得到进一步约简的系统及其邻接矩阵，如图 27-2-18(a) 所示。

④ 邻接矩阵中已经没有全为零元素的列或全为零元素的行了，说明系统中存在循环回路。首先寻找 "2 步回路"（two-step loop），比如，由节点 i 经输出流股至节点 j，又由节点 j 经其输出流股直接回到节点 i，即中间经过 2 个流股又回到原节点，此即 "2 步回路"。寻找 "2 步回路" 的方法如下：图 27-2-18(b) 邻接矩阵用 R^1 表示，R^1 的上标 1 指幂次，R^2 指邻接矩阵 R 经 2 次幂运算后得到的矩阵。按布尔运算规则❶得到矩阵 R^2，如图 27-2-19(b) 所示。

图 27-2-19(b) 中矩阵的主对角线上有 2 个元素的值为 1，其指出某一节点经 2 步又到达本身节点，如节点 2，经输出流股到达节点 3，由节点 3 经另一输出流股又回到节点 2，即构成了 2 步回路，节点 3 也是一样，所以节点 2 与节点 3 构成了 2 步回路。把节点 2 与节点

---

❶ 布尔运算规则：例如，

$$
\begin{cases}
0+0=0 \\
1+1=1, \\
1+0=1
\end{cases}
\begin{cases}
0\times 0=0 \\
1\times 1=1, \\
1\times 0=0
\end{cases}
\begin{aligned}
& x+y=\max\ \{x,\ y\} \\
& x\times y=\min\ \{x,\ y\}
\end{aligned}
$$

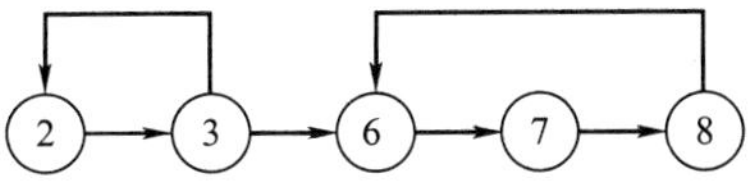

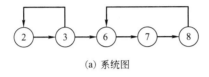

(a) 进一步约简的系统

$$
\begin{array}{c} \\ 2 \\ 3 \\ 6 \\ 7 \\ 8 \end{array}
\begin{array}{c} \begin{array}{ccccc} 2 & 3 & 6 & 7 & 8 \end{array} \\ \begin{bmatrix} 0 & 1 & 0 & 0 & 0 \\ 1 & 0 & 1 & 0 & 0 \\ 0 & 0 & 0 & 1 & 0 \\ 0 & 0 & 0 & 0 & 1 \\ 0 & 0 & 1 & 0 & 0 \end{bmatrix} \end{array} = \boldsymbol{R}^1
$$

(b) 邻接矩阵

图 27-2-18 进一步约简的系统及其邻接矩阵

(a) 系统图

$$
\begin{array}{c} \\ 2 \\ 3 \\ 6 \\ 7 \\ 8 \end{array}
\begin{array}{c} \begin{array}{ccccc} 2 & 3 & 6 & 7 & 8 \end{array} \\ \begin{bmatrix} 1 & 0 & 1 & 0 & 0 \\ 0 & 1 & 0 & 1 & 0 \\ 0 & 0 & 0 & 0 & 1 \\ 0 & 0 & 1 & 0 & 0 \\ 0 & 0 & 0 & 1 & 0 \end{bmatrix} \end{array} = \boldsymbol{R}^2
$$

(b) 邻接矩阵的2次幂

图 27-2-19 系统图及其邻接矩阵的 2 次幂

3 合并为一拟节点（2,3），得到的系统及其邻接矩阵如图 27-2-20 所示。再返回步骤②，进行上述计算过程。拟节点（2,3）无输入流股，则除去，在计算顺序表中排在节点 5 的后面。此时，图 27-2-20 又约简为图 27-2-21。

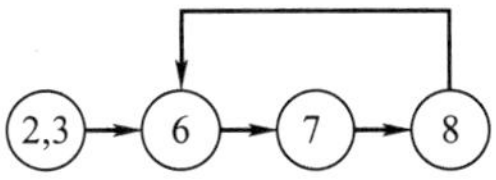

(a) 节点2、节点3合并后的系统

$$
\begin{array}{c} \\ (2,3) \\ 6 \\ 7 \\ 8 \end{array}
\begin{array}{c} \begin{array}{cccc} (2,3) & 6 & 7 & 8 \end{array} \\ \begin{bmatrix} 0 & 1 & 0 & 0 \\ 0 & 0 & 1 & 0 \\ 0 & 0 & 0 & 1 \\ 0 & 1 & 0 & 0 \end{bmatrix} \end{array}
$$

(b) 该系统的邻接矩阵

图 27-2-20 节点 2、节点 3 合并后的系统及该系统的邻接矩阵

⑤ 建立图 27-2-21(a) 的邻接矩阵，如图 27-2-21(b) 所示，由其邻接矩阵可见，不含无输入或无输出的节点，为存在回路。作图 27-2-21(b) 邻接矩阵的 3 次幂运算，得到矩阵 R^3，如图 27-2-22(b) 所示，其中主对角线上有 3 个元素的值为 1，即节点 6、7、8 构成 3 步回路，合并为一拟节点（6,7,8）。至此，矩阵中已无其他节点存在，则把拟节点（6,7,8）排在拟节点（2,3）之后。系统分隔过程结束，得到计算顺序表（表 27-2-3）。

表 27-2-3   计算顺序表

计算顺序	节点	计算顺序	节点
1	1,4	4	(6,7,8)
2	5	5	9,10
3	(2,3)		

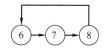

(a) 除去拟节点(2,3)后的系统

$$\begin{array}{c}
\begin{array}{ccc} 6 & 7 & 8 \end{array} \\
\begin{array}{c} 6 \\ 7 \\ 8 \end{array}
\begin{bmatrix} 0 & 1 & 0 \\ 0 & 0 & 1 \\ 1 & 0 & 0 \end{bmatrix} = R^1
\end{array}$$

(b) 邻接矩阵

图 27-2-21   除去拟节点（2,3）后的系统及其邻接矩阵

(a) 系统图

$$\begin{array}{c}
\begin{array}{ccc} 6 & 7 & 8 \end{array} \\
\begin{array}{c} 6 \\ 7 \\ 8 \end{array}
\begin{bmatrix} 1 & 0 & 0 \\ 0 & 1 & 0 \\ 0 & 0 & 1 \end{bmatrix} = R^3
\end{array}$$

(b) 矩阵 R^3

图 27-2-22   系统图及其矩阵 R^3

由上可见，邻接矩阵法采用了矩阵和布尔运算，容易在计算机上实现，但占用计算储存单元较多，尤其是对于大规模系统，该法就显得不太合适。

若一过程系统已用方程组的形式描述，则先用事件矩阵表示该方程组，然后再把事件矩阵转换成邻接矩阵（方程式当作节点），则用上述方法即可把该方程组进行分隔。例如，一过程系统以下面的方程组描述。

$$\begin{cases} f_1(x_1,x_4)=0 \\ f_2(x_2,x_3,x_4,x_5)=0 \\ f_3(x_1,x_2,x_4)=0 \\ f_4(x_1,x_4)=0 \\ f_5(x_1,x_3,x_5)=0 \end{cases}$$

其事件矩阵（occurrence matrix，亦称关联矩阵，incidence matrix）为：

$$\begin{array}{c|ccccc} & x_1 & x_2 & x_3 & x_4 & x_5 \\ \hline f_1 & ①_4 & & & 1 & \\ f_2 & & 1 & ①_2 & 1 & 1 \\ f_3 & 1 & ①_1 & & 1 & \\ f_4 & 1 & & & ①_5 & \\ f_5 & 1 & & 1 & & ①_3 \end{array}$$

该矩阵中的每一行对应一方程，每一列对应一变量，如果变量 x_j 在方程式 f_i 中出现，则矩阵中第 i 行第 j 列的元素值为 1，否则为 0。

为把该事件矩阵转换成邻接矩阵，首先要确定每一方程的"输出变量"（output variable）。用该方程及其中的其他变量可以解出该方程的输出变量，该输出变量即可代入有关方程中，达到各方程之间的信息联通。

确定各方程的输出变量，要使得一个方程只有一个输出变量，而一个输出变量只对应一个方程，通常采用下面的方法[15]：首先选择非零元素最少的列（或行），非零元素个数相同时，则按序号先后来选取，以列 A 表示，在列 A 中非零元素所在的行中选取含有最少非零元素的行，以行 B 表示。位于列 A 与行 B 的元素对应的变量即为行 B 对应方程的输出变量。除去列 A 与行 B，重复上述过程，依次确定其他方程的输出变量。在本例中，第 2 列含有最少非零元素（即 A=2），2 个，这 2 个非零元素所在的行中，第 3 行含有 3 个非零元素，而第 2 行含有 4 个非零元素（即 B=3），所以选第 2 列、第 3 行对应的变量 x_2 为方程 f_3 的输出变量。在矩阵中第 2 列、第 3 行对应的元素画上圆圈，并除去第 2 列及第 3 行。继续进行下去，第 3 列（有 2 个非零元素）、第 2 行对应的元素画上圆圈，即变量 x_3 为方程 f_2 的输出变量，最后得到的输出变量都画上圆圈，圆圈内的数字表示选择输出变量的顺序。各方程的输出变量为

$$f_1 \rightarrow x_1, f_2 \rightarrow x_3, f_3 \rightarrow x_2, f_4 \rightarrow x_4, f_5 \rightarrow x_5$$

选定各方程的输出变量后，由事件矩阵可看出方程 f_1 的输出变量是 x_1，x_1 也存在于方程 f_3、f_4、f_5 中，说明 f_1 与 f_3、f_4、f_5 有信息联通；方程 f_2 的输出变量是 x_3，x_3 也存在于方程 f_5 中，说明 f_2 与 f_5 有信息联通，等等。若方程以节点表示，各方程间以输出变量相联通，这 5 个方程可用有向图表示，如图 27-2-23（a）所示，其邻接矩阵如图 27-2-23（b）所示。再按前面介绍的方法，根据邻接矩阵对该系统进行分隔。

2.3.3　不可分隔子系统的断裂

(1) 最优断裂准则[18~20]　流股的最优断裂准则主要有：

① 断裂流股的数目最少；

② 断裂流股包含的变量数目最少；

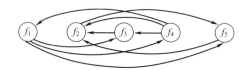

(a) 5个方程的有向图

(b) 邻接矩阵

图 27-2-23 5个方程的有向图及其邻接矩阵

③ 对每一流股选定一个权因子，该权因子的数值反映了断裂该流股时迭代计算的难易程度，应当使所有的断裂流股权因子数值总和最小；

④ 选择一组断裂流股，使直接代入法具有最好的收敛特性。

现在还不能确定哪一种准则是最可取的。准则①和②我们很直观地就可以想象出来，迭代变量少，收敛起来会容易些，但这只是经验看法，在某些场合是正确的。准则③应当说是比较完善的，但各流股权因子的估计是困难的。准则④具有相当的实用性，但还需要深入的探究。

（2）Lee-Rudd 断裂法[21]　该方法简单，给出了很直观的思维方法。Lee-Rudd 提出的断裂法是使断裂的流股数目最少（属第①类最优裂断准则），把一不可分隔子系统包含的所有回路打开。例如，有一不可分隔子系统如图 27-2-24（a）所示，其中有 4 个回路（A、B、C、D）以及 8 个流股（S_1、S_2、$\cdots$、S_8）。其相应的回路矩阵（loop matrix）如图 27-2-24（b）所示

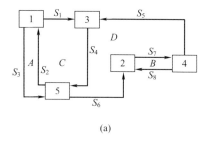

(a)

	S_1	S_2	S_3	S_4	S_5	S_6	S_7	S_8	R
A	0	1	1	0	0	0	0	0	2
B	0	0	0	0	0	0	1	1	2
C	1	1	0	1	0	0	0	0	3
D	0	0	0	1	1	1	1	0	4
f	1	2	1	2	1	1	2	1	

(b)

图 27-2-24 不可分隔子系统

回路矩阵的元素定义：

$$C_{ij} = \begin{cases} 1，流股\ S_j\ 在回路\ i\ 内 \\ 0，流股\ S_j\ 不在回路\ i\ 内 \end{cases}$$

矩阵中　f——流股频率（stream frequency），指某一流股出现在各回路中的次数，数值上
　　　　　等于矩阵中每一列元素的代数和；

　　　　R——回路中的秩（loop rank），指某一回路中包含的流股总数，即矩阵每一行元素的代数和。

找出切断流股的步骤如下：

① 除去不独立的列 k　若第 j 列流股频率 f_j 与第 k 列流股频率 f_k 对不等式 $f_j \geqslant f_k$ 成立，且 k 列中非零元素的行对应 j 列的行也为非零元素，则 k 列不是独立的，为 j 列所包含。例如，上述回路矩阵中，S_1、$S_3 \subset S_2$，则除去 S_1，S_3（即 S_2 包含了 S_1 和 S_3，切断 S_2 相当于切断 S_1 和 S_3）；又 S_5、$S_6 \subset S_4$，则除去 S_5、S_6；以及 $S_8 \subset S_7$，则除去 S_8。

② 选择断裂流股　最后剩下的独立列构成的回路矩阵中，秩为 1 的行说明该行所对应的回路只剩下一流股，为打开此回路，必须将该行非零元素对应的流股断裂。所以，当断裂 S_2 时，A、C 两回路断开；当断裂 S_7 时，B、D 两回路断开，即所有回路被打开，断裂流股的选择结束。

上述步骤用矩阵表示为

$$
\begin{array}{c}
\begin{array}{cccccccccc}
 & S_1 & S_2 & S_3 & S_4 & S_5 & S_6 & S_7 & S_8 & R \\
A & 0 & 1 & 1 & 0 & 0 & 0 & 0 & 0 & 2 \\
B & 0 & 0 & 0 & 0 & 0 & 0 & 1 & 1 & 2 \\
C & 1 & 1 & 0 & 1 & 0 & 0 & 0 & 0 & 3 \\
D & 0 & 0 & 0 & 1 & 1 & 1 & 1 & 0 & 4 \\
f & 1 & 2 & 1 & 2 & 1 & 1 & 2 & 1 &
\end{array}
\end{array}
\xrightarrow{\text{根据步骤①}}
\begin{array}{c}
\begin{array}{ccccc}
 & S_2 & S_4 & S_7 & R \\
A & 1 & 0 & 0 & 1 \\
B & 0 & 0 & 1 & 1 \\
C & 1 & 1 & 0 & 2 \\
D & 0 & 1 & 1 & 2
\end{array}
\end{array}
\xrightarrow{\text{根据步骤②}}
[\Phi]
$$

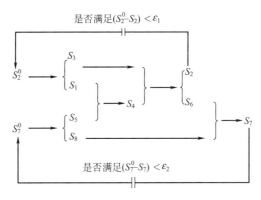

图 27-2-25 计算顺序图示

（ε_1、ε_2 为收敛判据）

当所有回路已断裂开，则该不可分隔子系统的计算顺序如图 27-2-25 所示。选择 S_2、S_7 为断裂流股，即可假定这两流股所有变量初值 S_2^0 和 S_7^0，则单元 1、4 可以进行计算，然后计算单元 3、5、2，计算出的单元 2 的输出（S_7）和单元 5 的输出（S_2）同假定值进行比较，若不满足精度，则迭代计算，直到满足精度，计算结束。这样，就把一个联立求解的过程（通常求解比较困难）转变为顺序求解的迭代过程。

（3）Upadhye 和 Grens 断裂法[22]　该断裂方法的基本思想是尽量避免单个循环回路的重复断裂（double tearing）。下面首先介绍该断裂方法中涉及的基本概念。

① 断裂组的类型 一个不可分隔的子系统可以包括若干个简单回路。能够把全部简单回路至少断裂一次的断裂流股组称为有效断裂组。有效断裂组可以分为两类：多余断裂组（redundant tearing set）和非多余断裂组（nonredundant tearing set）。如果从一个有效断裂组中至少可以除去一个流股，而得到的断裂组仍为有效断裂组，则原有效断裂组为多余断裂组，否则为非多余断裂组。

② 断裂族 断裂组对迭代计算顺序的影响不同，可以用断裂族的概念来表示。不同的断裂组对应不同的单元计算次序，从而引起迭代序列上的差异，即任何一种单元计算序列都同时具有一种特定的收敛行为和与其对应的许多断裂组。我们可以把与每一种单元计算顺序对应的断裂组看作一个断裂族，同一断裂族的断裂组具有相同的收敛行为。

③ 断裂族的识别——替代规则 Upadhye 等提出用下述替代规则识别断裂族：令 $\{D_1\}$ 为一有效断裂组，A_i 为所有输入流股均属于 $\{D_1\}$ 的单元（至少有一个这样的单元存在，否则 $\{D_1\}$ 为无效断裂组）。将 A_i 的所有输入流股用 A_i 的所有输出流股替代，形成一等效的断裂组，这是因为一单元所有的输入流股被断裂，与该单元所有的输出流股被断裂对断开回路的作用（用直接代入法计算时的收敛性能）相同。经多次替代可获得一个具有相同收敛行为的断裂族；反之，用所有的输入流股替代该单元所有的输出流股可得到相同的结果。这样就构成新的断裂组，令得到的新断裂组为 $\{D_2\}$，则

a. $\{D_2\}$ 也是有效断裂组。

b. 对于直接迭代，$\{D_2\}$ 与 $\{D_1\}$ 具有相同的收敛性质。对某一有效断裂组，反复利用替代规则可以得到属于同一断裂族的全部断裂组。因此，断裂族可以定义为由替代规则联系起来的断裂组的集合。

④ 断裂族的类型 断裂族可以分为以下三类。

a. 非多余断裂族：不含有多余断裂组的断裂族。

b. 多余断裂族：仅含有多余断裂组的断裂族。

c. 混合断裂族：同时含有多余断裂组和非多余断裂组的断裂族。

由于同一断裂族的断裂组具有相同的收敛行为（至少对直接迭代收敛是如此），因而寻求最佳断裂组的问题可简化成寻求断裂族的问题，从而使原问题得到简化。

对多余断裂族和混合断裂族反复使用替代规则，找出断裂族的全部断裂组，则这些断裂组中存在着重复出现的流股。例如，假设一断裂族中包括下列断裂组：$\{S_1, S_3\}$，$\{S_2, S_3\}$，$\{S_2, S_4, S_6\}$ 和 $\{S_4, S_4, S_5, S_6\}$。断裂组 $\{S_4, S_4, S_5, S_6\}$ 中的流股 S_4 出现两次，这样的断裂组称为二次断裂组，二次断裂组导致了一个回路的两次断裂。由此可见，多余断裂族和混合断裂族均会造成回路的两次断裂。实际上，两次以上的断裂也是存在的。两次以上的断裂将使收敛速度减缓，一般情况下，非多余断裂族不包含两次以上的断裂组，所以寻找目标是非多余断裂族，然后从非多余断裂族中筛选最优断裂组。

⑤ 最优断裂组确定算法 确定非多余断裂族和最优断裂组的算法，其步骤如下：

a. 选择任一有效断裂组。

b. 运用替代规则。

如果在任何一步中出现两次断裂组，则消去其中的重复流股，消去重复流股后所形成的新断裂组作为新的起点。

c. 重复步骤 a、b，直到没有两次断裂组出现，且某个"树枝"上的断裂组重复出现为止。从最后一个新的起点开始，其后出现的所有不重复的断裂组构成非多余断裂族。

d. 非多余断裂族中权因子总和最小的断裂组为最优断裂组。

图 27-2-26 示出了含有 4 个简单回路的网络，以该系统为例，说明确定最优断裂组的具体算法。

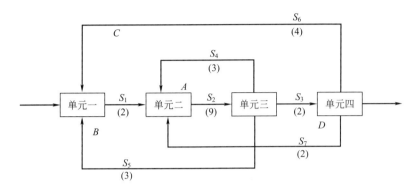

图 27-2-26 含有 4 个简单回路 (A、B、C、D) 的网络 (括号内数值为流股权因子数值)

从有效断裂组 $\{S_1, S_2, S_3\}$ 开始，反复利用替代规则，过程如图 27-2-27 所示，图中箭头侧标注的流股为被替代的流股。

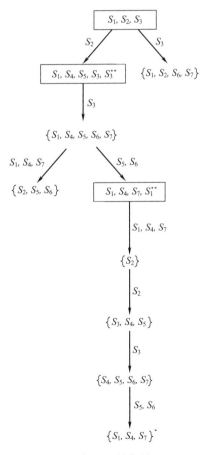

图 27-2-27 替代过程

＊＊—找到多余断裂组，消去重复流股，重新开始；

＊—重复断裂组出现，不必继续展开

从图 27-2-27 中的替代过程可找到非多余断裂族，并参考图 27-2-26 中给出的各流股的权因子数值，按断裂流股权因子之和最小的准则，通过计算找出最优断裂组，见表 27-2-4。

表 27-2-4　非多余断裂族的权因子总和

非多余断裂族	权因子总和
$\{S_2\}$	9
$\{S_1,S_4,S_7\}$	$2+3+2=7$
$\{S_3,S_4,S_5\}$	$2+3+3=8$
$\{S_4,S_5,S_6,S_7\}$	$3+3+4+2=12$

所以，断裂组 $\{S_1,S_4,S_7\}$ 为最优断裂组。

2.3.4　断裂流股变量的收敛[7,12,13]

迭代法是方程的数值解法中最常用的一大类方法的总称。其共同特点是，对求解变量的数值进行逐步改进，使之从开始不能满足方程的要求，逐渐逼近方程所要求的解，每一次迭代所提供的信息（表明待解变量的数值同方程的解尚有距离的信息）用来产生下一次的改进值。迭代方案可有多种，这就形成了各种不同的迭代方法。

过程系统经过分隔和再循环网的断裂后，对所有断裂流股中的全部变量给定一初值，即可按顺序对该系统进行模拟计算，这需要选择有效的迭代方法，以使断裂流股变量达到收敛解。

图 27-2-28 所示为典型的再循环网，图中方框表示单元操作过程，线段表示流股。

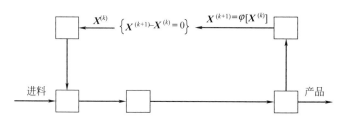

图 27-2-28　典型的再循环网

图中，$\boldsymbol{X}^{(k)}$ 为向量，表示所有断裂流股中全部变量的 k 次迭代计算值，当 $k=0$ 时，即 $\boldsymbol{X}^{(0)}$ 为初值；$\boldsymbol{X}^{(k+1)}$ 为上述变量的 $k+1$ 次迭代计算值。

显然 $\boldsymbol{X}^{(k+1)}=\varphi[\boldsymbol{X}^{(k)}]$，并且当 $\boldsymbol{X}^{(k+1)}-\boldsymbol{X}^{(k)}=0$（或 $<\varepsilon$）时，即得到收敛解。

（1）直接迭代法（direct substitution method）　直接迭代法是一种最简单的迭代方法。其迭代方程式为

$$\boldsymbol{X}^{(k+1)}=\varphi[\boldsymbol{X}^{(k)}] \tag{27-2-3}$$

收敛判据为

$$\left|\frac{\boldsymbol{X}^{(k+1)}-\boldsymbol{X}^{(k)}}{\boldsymbol{X}^{(k+1)}}\right|\leqslant\varepsilon（\varepsilon \text{ 为收敛容差或收敛误差}）$$

式（27-2-3）表明，当第 k 次迭代未能收敛时，将该次的数值直接取为下一轮 $\boldsymbol{X}$ 的估计值 $\boldsymbol{X}^{k+1}$，而转入下一轮迭代。算法起步时，只需设置一个初始点。这种迭代公式本身并不提供迭代能够收敛的保证。迭代能否收敛在很大程度上取决于方程中 $\varphi(\boldsymbol{X})$ 的函数性质。

直接迭代法比较广泛地用于流程模拟计算中，当初值选得较好时会收敛，但其收敛速度较慢。

(2) 部分迭代法（partial substitution method） 在迭代过程中，如果通过一次迭代把 X 的计算值 $\varphi[X^{(k)}]$ [或记作 $X_{cal}^{(k)}$] 算出之后，不是取其全部，而是只取其一部分，另外，再加上本次 X 的估计值 $X^{(k)}$ 部分，把这两部分之和取为下次 X 的估计值 $X^{(k+1)}$，则这样得到的迭代方法就叫做部分迭代法。其迭代公式为

$$X^{(k+1)} = (1-\omega)X^{(k)} + \omega\varphi[X^{(k)}] \tag{27-2-4}$$

或写成

$$X^{(k+1)} = X^{(k)} + \omega\{\varphi[X^{(k)}] - X^{(k)}\} \tag{27-2-5}$$

式中，ω 是用来调节两部分大小的一个系数，叫做松弛因子。

实际使用部分迭代法时，要对 ω 的数值进行合理的估计。

(3) 韦格斯坦法（Wegstein method） 这是一种应用最为广泛的迭代方法，是用于显式方程且具有显式迭代形式的割线法。

其迭代公式为

$$X^{(k+1)} = X^{(k)} + \omega^{(k)}\{\varphi[X^{(k)}] - X^{(k)}\} \tag{27-2-6}$$

式中，$\omega^{(k)} = \dfrac{1}{1-S^{(k)}}$。

而

$$S^{(k)} = \frac{\varphi[X^{(k)}] - \varphi[X^{(k-1)}]}{X^{(k)} - X^{(k-1)}} \tag{27-2-7}$$

此法具有超线性收敛的性质，其收敛速度比部分迭代法（包括直接迭代法）快，因此，相对于部分迭代法或直接迭代法而言，这种方法具有收敛加速的作用。从迭代公式来看，这一迭代法需设置两个初始点，但如果在第一轮迭代中采用直接迭代法，从第二轮迭代开始再改用韦格斯坦法，则只需设置一个初始点即可迭代求解。

(4) 优势特征值法（dominant eigenvalue method） 优势特征值法（常简称 DEM 法）是一种与直接迭代法配合使用的方法，可对直接迭代法的收敛过程起到显著的加速作用。其迭代公式为

$$X_{DEM}^{(k+1)} = X^{(k)} + \frac{1}{1-\lambda^{(k)}} f(X) \tag{27-2-8}$$

式中 $\lambda^{(k)} = \dfrac{\|f[X^{(k)}]\|}{\|f[X^{(k-1)}]\|}$。

在应用优势特征值法时，先用直接迭代法进行若干次（一般只需 4~5 次）迭代，即可发现相继两轮函数向量的欧氏范数之比已渐趋稳定，于是可得 $\lambda^{(k)}$ 的估值，进而可进行一轮优势特征值法的迭代，而使收敛过程得到一次明显的加速。此后，即按此做法反复进行，每按直接迭代法进行若干轮迭代之后，就接着进行一轮优势特征值法的迭代，直至整个迭代过程达到收敛。

(5) 牛顿-拉夫森法（Newton-Raphson method） 对于非线性方程组 $f(X)=0$，在 $X=$

$X^{(k)}$ 作泰勒展开，只截取一次项，则可得如下方程：

$$f(X) = f(X)^{(k)} + \frac{\partial f}{\partial X}\bigg|_{X=X^{(k)}} \left[X - X^{(k)} \right] \qquad (27\text{-}2\text{-}9)$$

将 $\dfrac{\partial f}{\partial X}\bigg|_{X=X^{(k)}}$ 记作 $J^{(k)}$，称为雅克比矩阵，则可得如下方程：

$$f\left[X^{(k)} \right] + J^{(k)} \left[X^{(k+1)} - X^{(k)} \right] = 0 \qquad (27\text{-}2\text{-}10)$$

与单变量方程情况相仿，上式为一线性方程组。于是，可得牛顿-拉夫森法迭代公式为

$$X^{(k+1)} = X^{(k)} - \left[J^{(k)} \right]^{-1} f\left[X^{(k)} \right] \qquad (27\text{-}2\text{-}11)$$

牛顿-拉夫森法的收敛速度很快，具有二次收敛性。另外，算法起步时，也只需设置一个初始点。

(6) 拟牛顿法（quasi-Newton method） 设代替雅克比矩阵逆矩阵的矩阵为 $H^{(k)}$，即

$$H^{(k)} = -\left[J(X)^{(k)} \right]^{-1} \qquad (27\text{-}2\text{-}12)$$

则拟牛顿法的迭代公式为

$$X^{(k+1)} = X^{(k)} + H^{(k)} f\left[X^{(k)} \right] \qquad (27\text{-}2\text{-}13)$$

根据矩阵 $H^{(k)}$ 的构造方法以及每次迭代 $H^{(k)}$ 取值方式的不同，可有多种拟牛顿法。这类拟牛顿法是近年发展起来的求解非线性方程组的主要方法，其初值要求不高，收敛速度快，收敛性能大为改善。

2.3.5 应用实例

苯加氢生产环己烷的过程分析，反应方程式为

$$C_6H_6 + 3H_2 \longrightarrow C_6H_{12}$$

设过程采用固定床催化反应器，反应热由催化剂管外的沸腾水汽化带走，流程如图 27-2-29 所示。

今介绍应用 Aspen Plus 模拟系统软件进行模拟的步骤如下[9,10,23]：

① 确定工艺流程及模拟目的。工艺流程如图 27-2-29 所示。模拟目的：进行物料平衡和热量平衡，了解主要单元的操作性能。

② 选择输入与输出报告的计量单位。

③ 确定流程中出现的化学组分：按该模拟系统规定的要求，用语句说明有关的组分为氢、氮、甲烷、苯和环己烷，Aspen Plus 软件在数据库中将自动按组分的名称检索物性常数，并在此模型的所有地方，将这些组分分别用 H_2、N_2、Cl、BZ 和 CH 代表。

④ 确定物性数据的计算方法及模型。可按规定的语句，从 18 个内装物性选择系统中选出 $SYSOP_3$ 来计算物性，既能用 S-R-K 状态方程计算热力学性质，也可选用其他状态方程，如果某些物性参数，数据库中没有，用户要提供所缺的数据。

⑤ 采用单元操作模块组合流程，并对每个模块选择合适的单元操作模型。所选的单元操作模型见图 27-2-30，图中标明所选的模型与原流程图的关系。流程模型框图，即模块的

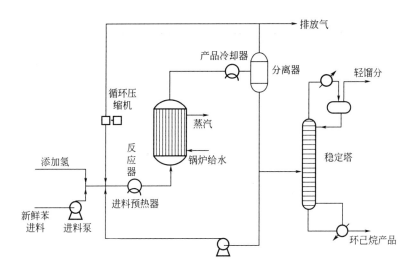

图 27-2-29 生产环己烷的工艺流程

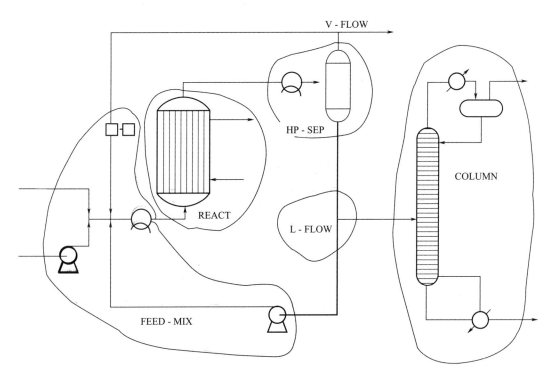

图 27-2-30 过程流程图与流程模型框图的关系
FEED-MIX—混合进料；REACT—反应；HP-SEP—高压分离器；
V-FLOW—气相物流；L-FLOW—液相物流；COLUMN—塔

信息流图如图 27-2-31 所示。按 Aspen Plus 规定，每个模块及每一流股，用户都需要给出标识符，见表 27-2-5。

Aspen Plus 的每一单元模块常用于几个设备，如 FEED-MIX 可模拟两台泵、一台压缩

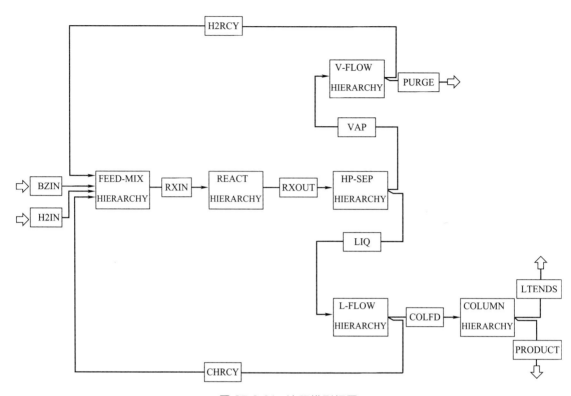

图 27-2-31   流程模型框图

机、一台加热器及混合器，也可以采用单独的模块，以提供更详细的信息。

⑥ 定义过程的进料流股，即用语句给定进料条件，但未规定进料流股的相态和焓。Aspen Plus 能在给定的温度和压力下，进行闪蒸计算，自动确定相态和焓。

表 27-2-5   各单元操作模块在流程模拟中的功能

单元操作模块	单元操作模型	在流程模拟中的作用
FEED-MIX	HEATER	使物流 H2IN、BZIN、H2RCY、CHRCY 混合并达到规定的出口温度、压力
REACT	RSTOIC	使进料 RXIN 中的苯和氢气反应，并按规定进料中苯的转化率生成环己烷，计算规定出口温度和压力下的热负荷，并求出出口物流 RXOUT 的条件
HP-SEP	FLASH2	使入口流股 RXOUT 达到规定的温度和压力，求出平衡组成、气相流股 VAP 及液相流股 LIQ 的流率，并计算所需的热负荷
V-FLOW	FSPLIT	将入口流股 VAP 按规定的分率分成两股出口流股 H2RCY 和 PURGE
L-FLOW	FSPLIT	将入口流股 LIQ 按规定的分率分成两股出口流股 CHRCY 和 COLFD
COLUMN	RADFACT	将进料 COLFD 分离成塔顶馏出物 LTENDS 和釜液 PRODUCT，用严格的多级塔板、多组分塔进行计算

⑦ 规定每一单元模块的性能并提供所需要的全部数据。

⑧ 根据需要提出设计规定，即必要时可以完成设计型问题的计算。

⑨ 根据需要进行灵敏度分析或不同工况的模拟分析。

计算示例：

（1）输入条件

① 进料流股   见表 27-2-6。

表 27-2-6   进料流股情况

组分	新鲜苯的摩尔分数/%	补充 H_2 的摩尔分数/%
H_2	0.0	97.5
N_2	0.0	0.5
CH_4	0.0	2.0
C_6H_6	100.0	0.0
总计	100.0	100.0
流量/$kmol \cdot h^{-1}$	45.36	140.68
温度/℃	37.8	48.9
压力/kPa	103.4	2309.8

注：补充 H_2 的流量要使反应器进料中的 H_2 与 C_6H_6 的摩尔比为 3.0。

② 进料泵

　离心泵出口压力/kPa　　　　2309.8

③ 进料预热器

　出口温度/℃　　　　　　　148.9

　压降/kPa　　　　　　　　34.5

④ 反应器

　反应　　　　　　　　　　$C_6H_6 + 3H_2 \longrightarrow C_6H_{12}$

　转化率　　　　　　　　　进料苯的转化率为 99.8%

　出口温度/℃　　　　　　　204.4

　压降/kPa　　　　　　　　103.4

⑤ 产品冷却器

　出口温度/℃　　　　　　　48.9

　压降/kPa　　　　　　　　34.5

⑥ 分离器

　热损失　　　　　　　　　忽略

　压降　　　　　　　　　　忽略

⑦ 排放气的排气率　　　　　0.08（分率）

⑧ 循环压缩机出口压力/kPa　2309.8

⑨ 环己烷循环量占分离器流出液体量的百分数　0.30（分率）

⑩ 循环泵出口压力/kPa　　　2309.8

⑪ 稳定塔

　理论板数　　　　　　　　13，再加上再沸器和冷凝器

　进料位置　　　　　　　　8（从塔顶开始计，冷凝器的板数为1）

　压力/kPa　　　　　　　　1379（全部）

　回流比　　　　　　　　　1.2

　塔底产品流率/$kmol \cdot h^{-1}$　45

部分冷凝器馏出物为气相

(2) 模拟分析的计算结果

① 不同循环液分率对反应器热负荷的影响

液相循环分率	反应器热负荷/kJ·h^{-1}
0.0	$-0.92060E+07$[①]
0.1000	$-0.91695E+07$
0.2000	$-0.91231E+07$
0.3000	$-0.90625E+07$
0.4000	$-0.87446E+07$
0.5000	$-0.82395E+07$
0.6000	$-0.75079E+07$
0.7000	$-0.69941E+07$

① "E+07" 表示 $\times 10^7$，$-0.92060E+07$ 表示 -0.92060×10^7，后面此类表述类同。

② 排放气的不同排放率对反应器进料中惰性组分的影响

排放气的排放率(分率)	反应器进料中惰性组分 $CH_4 + N_2$ 的摩尔分数/%
0.0500	15.52194
0.1000	9.279162
0.1500	6.808286
0.2000	5.484103
0.0800	10.99078

(3) 输入物流的数据及各物流的计算结果

Stream ID	BZIN	H2IN	RXIN	RXOUT	VAP	LIQ
From			FEED-MIX	REACT	HP-SEP	HP-SEP
To	FEED-MIX	FEED-MIX	REACT	HP-SEP	V-FLOW	L-FLOW
Phase	Liq.	Vap.	Vap.	Vap.	Vap.	Liq.
Substream:MIXED						
Mole Flow/kmol·h^{-1}						
H_2	0	137.1633	150.1718	14.28032	14.07167	0.208643
N_2	0	0.7034	6.718531	6.718531	6.451036	0.267495
CH_4	0	2.8136	19.91132	19.91132	17.94258	1.968732
C_6H_6	45.36	0	45.38793	0.090776	0.001126	0.08965
C_6H_{12}	0	0	20.09619	65.39335	0.771374	64.62197
Total Flow:						
Total Flow/kmol·h^{-1}	45.36	140.6803	242.2858	106.3943	39.23779	67.15649
Total Flow/kmol·h^{-1}	3543.235	341.3473	6047.108	6047.108	561.9391	5485.169
Total Flow/m^3·h^{-1}	4.115736	165.2234	368.6544	171.5403	49.11329	7.378115
State Variables:						
Temperature/℃	37.8	48.9	148.9	204.4	48.9	48.9

Stream ID	BZIN	H2IN	RXIN	RXOUT	VAP	LIQ
Pressure/kPa	103.4	2309.8	2275.3	2171.9	2137.4	2137.4
Vapor Frac	0	1	1	1	1	0
Liquid Frac	1	0	0	0	0	1
Solid Frac	0	0	0	0	0	0
Enthalpy:						
Enthalpy/kJ·kmol^{-1}	50941.98	−770.198	5297.376	−73115.5	−35812.2	−148775
Enthalpy/kJ·kg^{-1}	652.1522	−317.423	212.2467	−1286.41	−2500.61	−1821.5
Enthalpy/MJ·h^{-1}	2310.728	−108.352	1283.479	−7779.07	−1405.19	−9991.23
Entropy:						
Entropy/kJ·kmol^{-1}·K^{-1}	−246.586	−24.3202	−78.3961	−307.397	−61.0611	−582.387
Entropy/kJ·kg^{-1}·K^{-1}	−3.15676	−10.0231	−3.14105	−5.40842	−4.26364	−7.13034
Density:						
Density/kmol·m^{-3}	11.02111	0.851455	0.657217	0.620229	0.798924	9.10212
Density/kg·m^{-3}	860.8994	2.065975	16.40319	35.25183	11.44169	743.4377
Average MW	78.11364	2.426405	24.95858	56.83677	14.32137	81.67742
Liq Vol 60F/m^3·h^{-1}	4.014773	7.534527	15.65045	9.241106	2.143283	7.097823

Stream ID	PURGE	H2RCY	COLFD	CHRCY	LTENDS	PRODUCT
From	V-FLOW	V-FLOW	L-FLOW	L-FLOW	COLUMN	COLUMN
To		FEED-MIX	COLUMN	FEED-MIX		
Phase	Vap.	Vap.	Liq.	Liq.	Vap.	Liq.
Substream: MIXED						
Mole Flow/kmol·h^{-1}						
H$_2$	1.125734	12.94594	0.14605	0.062593	0.14605	6.81E−13
N$_2$	0.516083	5.934953	0.187247	0.080249	0.187247	5.42E−11
CH$_4$	1.435407	16.50718	1.378112	0.590619	1.378112	2.30E−08
C$_6$H$_6$	9.01E−05	0.001036	0.062755	0.026895	0.000713	0.062041
C$_6$H$_{12}$	0.06171	0.709664	45.23538	19.38659	0.297423	44.93796
Total Flow:						
Total Flow/kmol·h^{-1}	3.139023	36.09877	47.00955	20.14695	2.009546	45
Total Flow/kg·h^{-1}	44.95513	516.984	3839.618	1645.551	52.73582	3786.882
Total Flow/m^3·h^{-1}	3.929063	45.18423	5.164681	2.213435	4.433981	6.58284
State Variables:						
Temperature/℃	48.9	48.9	48.9	48.9	101.4796	201.9617
Pressure/kPa	2137.4	2137.4	2137.4	2137.4	1379	1379

续表

Stream ID	PURGE	H2RCY	COLFD	CHRCY	LTENDS	PRODUCT
Vapor Frac	1	1	0	0	1	0
Liquid Frac	0	0	1	1	0	1
Solid Frac	0	0	0	0	0	0
Enthalpy:						
Enthalpy/kJ·kmol^{-1}	−35812.2	−35812.2	−148775	−148775	−65907.6	−121819
Enthalpy/kJ·kg^{-1}	−2500.61	−2500.61	−1821.5	−1821.5	−2511.47	−1447.59
Enthalpy/MJ·h^{-1}	−112.415	−1292.77	−6993.86	−2997.37	−132.444	−5481.84
Entropy:						
Entropy/kJ·kmol·K^{-1}	−61.0611	−61.0611	−582.387	−582.387	−135.675	−525.394
Entropy/kJ·kg·K^{-1}	−4.26364	−4.26364	−7.13034	−7.13034	−5.17	−6.24332
Density:						
Density/kmol·m^{-3}	0.798924	0.798924	9.10212	9.10212	0.453215	6.835955
Density/kg·m^{-3}	11.44169	11.44169	743.4377	743.4377	11.89356	575.2657
Average MW	14.32137	14.32137	81.67742	81.67742	26.24266	84.15294
Liq Vol 60F/m^3·h^{-1}	0.171463	1.97182	4.968476	2.129347	0.123751	4.844725

（4）模块计算报告

①BLOCK：		REACT	MODEL：	RSTOIC	
··············					
INLET STREAM		RXIN	STAGE	8	
OUTLET STREAM		RXOUT	STAGE	1	
		PRODUCT	STAGE	15	
PRODUCTY OPTION SET：		SYSOP 3			
FREE WATER OPTION SET：		SYSOP 12			
SOLUBLE WATER OPTION：		SOLUBIUTY DATA			

* * * MASS AND ENERGY BALANCE * * *

TOTAL BALANCE	IN	OUT	REL. DIFF
MOLE/kmol·h^{-1}	242.285399	106.393934	−1.173E−16
MASS/kg·h^{-1}	6047.10561	6047.10561	−1.504E−16
ENTHALPY/kJ·h^{-1}	1283546.08	−7779004.1	1.16500134

* * * INPUT DATA * * *

SIMULTANEODS REACTIONS

STOICHIOMETRY MATRIX

REACTION #1

SUBSTREAM：	MIXED				
H$_2$	−3.00	BZ	−1.00	CH	1.00
REACTION	CONYERSION		SPEC：	NUMBER＝1	
REACTION #1					
SUBSTREAM：	MIXED	KEY COMP：	BZ	CONV. FRAC：	0.9980

TWO PHASE TP FLASH		
SPECIFIED TEMPERATURE	℃	204.4
PRESSURE DROP	kPa	−103.422
MAXIMUN No. ITERATIONS	15	
CONVERGENCE TOLERANCE	0.00010000	

* * * RESULTS * * *		
OUTLET TEMPERATURE	℃	204.4
OUTLET PRESSURE	kPa	2171.9
HEAT DUTY	kJ·h^{-1}	−9062550.2
VAPOR FRACTION	1.0000	

②BLOCK:	COLUMN	MODEL:	RADFRC
·············			
INLETS	COLFD	STAGE	8
OUTLETS	LTENDS	STAGE	1
	PRODUCT	STAGE	15
PRODUCTY OPTION SET:		SYSOP 3	
FREE WATER OPTION SET:		SYSOP 12	
SOLUBLE WATER OPTION:		SOLUBIUTY DATA	

* * * MASS AND ENERGY BALANCE * * *			
TOTAL BALANCE	IN	OUT	REL. DIFF
MOLE/kmol·h^{-1}	47.009534	47.009534	−1.511E−16
MASS/kg·h^{-1}	3839.62046	3839.62046	−2.976E−12
ENTHALPY/kJ·h^{-1}	−6993858.9	−5614285.5	−0.197255

* * * INPUT DATA * * *

* * * * INPUT PARAMETERS * * * *

NUMBER OF THEORETICAL STAGES 15

* * * * COL-SPECS * * * *

VAPOR DISTILATE/TOTAL DISTILATE	1.00000
REFLUX RETIO	1.20000
BOTTOMS RATE/kmol·h^{-1}	45.0000

* * * * PROFILES * * * *

P-SPEC STAGE PRES. kPa

* * * * RESULTS * * * *

TOP STAGE TEMPERATURE	℃	101.48
BOTTOM STAGE TEMPERATURE	℃	201.96

续表

TOP STAGE LIQUID FLOW	kmol·h⁻¹	2.4114
BOTTOM STAGE LIQUID FLOW	kmol·h⁻¹	45
TOP STAGE VAPOR FLOW	kmol·h⁻¹	2.0095
BOTTOM STAGE VAPOR FLOW	kmol·h⁻¹	69.3555
CONDENSER DUTY	kJ·h⁻¹	−94939.7
REBOILER DUTY	kJ·h⁻¹	1474515.7

* * * * MANIPULATED VARIABLES * * * *

BOTTOM RATE	kmol·h⁻¹	45.0000

* * * * PROFILES * * * *

Stage	Temperature/℃	Pressure/kPa	Heat duty/kJ·kmol⁻¹ Liquid	Heat duty/kJ·kmol⁻¹ Vapor	HEAT DUTY /kJ·h⁻¹
1	101.484765	1379	−140828.58	−65907.545	−94939.732
2	166.637487	1379	−128841.73	−85299.192	
3	174.316744	1379	−127346.37	−88502.883	
4	175.500458	1379	−127132.49	−89018.2	
5	175.690708	1379	−127113.67	−89112.83	
6	175.721966	1379	−127123.9	−89138.274	
7	175.72746	1379	−127136.92	−89151.061	
8	180.050257	1379	−126277.59	−92146.304	
9	200.185577	1379	−122156.17	−99949.727	
10	201.808013	1379	−121818.9	−100460.24	
11	201.947367	1379	−121792.01	−100502.27	
12	201.959662	1379	−121792.93	−100509.3	
13	201.960916	1379	−121798.04	−100515.36	
14	201.961287	1379	−121806.19	−100524.24	
15	201.961718	1379	−121818.71	−100537.81	1474515.66

Stage	FLOW RATE /kmol·h⁻¹ Liq. Vap.		FEED RATE /kmol·h⁻¹ Liq. Vap.	PRODUCT RATE /kmol·h⁻¹ Liq. Vap.
1	4.4210			2.0095
2	7.9004			
3	9.1780			
4	9.4226			
5	9.4632			
6	9.4698			
7	9.4391		0.3994	

8	98.6965		46.6101	
9	160.6493			
10	181.4334			
11	183.5104			
12	183.6924			
13	183.7086			
14	183.7106			
15	114.3555			45.0000

* * * * X-PROFILE * * * *

Stage	H$_2$	N$_2$	Cl	BZ	CH
1	0.000575	0.001629	0.02617	0.002163	0.969463
2	0.000455	0.001034	0.013865	0.002046	0.982599
3	0.0004	0.000883	0.011471	0.001922	0.985323
4	0.00039	0.000858	0.011073	0.001812	0.985867
5	0.000389	0.000854	0.011009	0.001716	0.986033
6	0.000389	0.000853	0.010998	0.001634	0.986126
7	0.000389	0.000853	0.010996	0.001564	0.986198
8	0.000178	0.000628	0.010198	0.001507	0.987489
9	7.26E−06	4.02E−05	0.001047	0.001543	0.997363
10	2.62E−07	2.27E−06	9.43E−05	0.001539	0.998364
11	9.38E−09	1.27E−07	8.42E−06	0.001528	0.998464
12	3.35E−10	7.07E−09	7.50E−07	0.00151	0.998489
13	1.20E−11	3.95E−10	6.69E−08	0.001483	0.998517
14	4.29E−13	2.20E−11	5.94E−09	0.001442	0.998558
15	1.51E−14	1.20E−12	5.12E−10	0.001379	0.998621

* * * * Y-PROFILE * * * *

Stage	H$_2$	N$_2$	Cl	BZ	CH
1	0.07268	0.093185	0.685757	0.000355	0.148023
2	0.03335	0.043245	0.325982	0.001341	0.596081
3	0.026897	0.034771	0.259847	0.001427	0.677058
4	0.025889	0.033432	0.249251	0.00137	0.690058
5	0.025727	0.033217	0.247542	0.001301	0.692212
6	0.025701	0.033182	0.247265	0.00124	0.692612
7	0.025697	0.033177	0.24722	0.001186	0.69272
8	0.01116	0.023458	0.223225	0.001221	0.740937
9	0.000344	0.001212	0.019682	0.001626	0.977135

续表

* * * *   Y-PROFILE   * * * *

Stage	H_2	N_2	Cl	BZ	CH
10	1.21E−05	6.70E−05	0.001747	0.001652	0.996521
11	4.33E−07	3.74E−06	0.000156	0.001643	0.998197
12	1.55E−08	2.09E−07	1.39E−05	0.001624	0.998362
13	5.53E−10	1.17E−08	1.24E−06	0.001595	0.998403
14	1.98E−11	6.51E−10	1.10E−07	0.001551	0.998449
15	6.97E−13	3.56E−11	9.47E−09	0.001483	0.998517

* * * *   K-VALUES   * * * *

Stage	H_2	N_2	Cl	BZ	CH
1	126.4296	57.21636	26.2062	0.164121	0.152686
2	73.23323	41.81533	23.51119	0.655605	0.60664
3	67.21579	39.35603	22.65014	0.742218	0.687139
4	66.29089	38.96401	22.50562	0.755969	0.69994
5	66.14088	38.89961	22.48178	0.75819	0.702006
6	66.11505	38.8881	22.47759	0.758556	0.702346
7	66.10952	38.88531	22.47663	0.758622	0.702405
8	62.59759	37.35274	21.88377	0.809981	0.75032
9	47.39827	30.176	18.80199	1.054321	0.979719
10	46.21842	29.57814	18.52209	1.073799	0.998154
11	46.11764	29.52678	18.49791	1.075466	0.999733
12	46.10855	29.52209	18.49572	1.075614	0.999872
13	46.10729	29.52136	18.49541	1.075629	0.999886
14	46.10647	29.5208	18.49519	1.075635	0.999891
15	46.10532	29.52	18.49489	1.075642	0.999896

③BLOCK:	HP-SEP	MODEL:	FLASH2
…………			
INLETS	RXOUT		
OUTLET VAPOR STREAM:	VAP		
OUTLET LIQUID STREAM:	LIQUID		
PRODUCTY OPTION SET:	SYSOP 3		
FREE WATER OPTION SET:	SYSOP 12		
SOLUBLE WATER OPTION:	SOLUBIUTY DATA		

* * * MASS AND ENERGY BALANCE * * *			
TOTAL BALANCE	IN	OUT	REL. DIFF
MOLE/kmol·h^{-1}	106.393934	106.393934	$-1.336E-16$
MASS/kg·h^{-1}	6047.10561	6047.10561	0.00000E+00
ENTHALPY/kJ·h^{-1}	-11396349	-11396348	$-6.57E-08$

* * * INPUT DATA * * *		
TWO PHASE TP FLASH		
SPECIFIED TEMP.	℃	48.90
PRESSURE DROP	kPa	-34.474
MAX. NO. Iterations		15
Convergence tolerance		0.0001

* * * * RESULTS * * * *		
OUTLET TEMP.	℃	48.90
OUTLET PRESSURE	kPa	2137.400
HEAT DUTY	kJ·h^{-1}	0.00000E+00
VAPOR FRACTION		0.36879

V-L PHASE EQUIUBRIUM				
Comp.	$F(I)$	$X(I)$	$Y(I)$	$K(I)$
H$_2$	1.34223E$-$01	3.10688E$-$03	3.58635E$-$01	1.15432E+02
N$_2$	6.31510E$-$02	3.98339E$-$03	1.64419E$-$01	4.12759E+01
CL	1.87138E$-$01	2.93143E$-$02	4.57259E$-$01	1.55985E+01
BZ	8.53200E$-$04	1.33493E$-$03	2.87000E$-$05	2.14990E$-$02
CH	6.14635E$-$01	9.62260E$-$01	1.96588E$-$02	2.04300E$-$02

注：$F(I)$ 为进料组成，摩尔分数；$X(I)$、$Y(I)$ 分别为液相、气相组成，摩尔分数；$K(I)$ 为汽-液平衡常数。

2.4 过程系统模拟的联立方程法

2.4.1 联立方程法的基本思想和特点

（1）**建立过程系统的数学模型** 过程系统的数学模型由系统结构模型和系统单元过程的数学模型组成，形成一大型的非线性方程组。主要包括以下几类方程：

① 物料平衡方程；

② 能量平衡方程；

③ 化学反应速率方程及化学平衡方程；

④ 热量、质量和动量传递方程；

⑤ 物性推算方程；

⑥ 过程拓扑、生产工艺指标要求及其他设计或操作的约束条件等。

方程组的形式具有稀疏性的特点，即不是所有变量都在各方程中出现，或每一方程中非零变量很少。

（2）方程组联立求解的基本方法　过程系统通常由大型线性及非线性方程组来描述，由于方程的数量很大，求解中一般要采取适当的策略。例如对于物性推算的处理，平衡常数与焓的计算方程参与联立方程组的求解，其他物性采取调用子程序的方法。联立方程法的核心就是解决如何求解超大型的稀疏非线性方程组的问题。其求解方法大致可分两类。

① 方程组降维法　由于描述过程系统的方程组存在稀疏性，因而方程组可以分隔成若干较小的非线性方程组或子系统，存在进行降维求解的可能性。其系统的降维通过对系统的分解等方法来实现。与序贯模块法的区别是，序贯模块法是以单元模块为节点，流股为联系节点的边。而联立方程法则是以方程为节点，以方程中的变量为联系节点的边。从数学意义上联立方程法的系统分解与序贯模块法的系统分解本质上是一致的。联立方程法的降维步骤如下：

a. 应用矩阵法识别系统中不相关的子系统；

b. 将不相关子系统中的回路和不可分隔子系统识别出来；

c. 根据断裂系统中的回路和不可分隔子系统，确定适宜的断裂变量；

d. 确定计算顺序，对系统进行联立求解。

具体步骤与 2.3.2 节及 2.3.3 节所述相同。

② 方程线性化法　设过程系统的数学模型含线性和非线性两类方程。方程线性化法就是将系统中的非线性方程首先进行线性化，形成拟线性化方程，与系统中原线性方程一起组成一大型的稀疏线性方程组，然后按稀疏线性方程组进行求解。通过迭代计算，使之在规定的精度内收敛，即使下式成立：

$$|F(\boldsymbol{x})| \leqslant \varepsilon \tag{27-2-14}$$

设有 n 维非线性方程组：

$$F(\boldsymbol{x}) = 0 \tag{27-2-15}$$

按 Taylor 展开，可得：

$$\begin{aligned}
F(\boldsymbol{x}) &\approx F[\boldsymbol{x}^{(k)}] + \boldsymbol{J}^{(k)}[\boldsymbol{x} - \boldsymbol{x}^{(k)}] \\
&= \boldsymbol{J}^{(k)} \cdot \boldsymbol{x} + F[\boldsymbol{x}^{(k)}] - \boldsymbol{J}^{(k)} \cdot \boldsymbol{x}^{(k)} \\
&= 0
\end{aligned} \tag{27-2-16}$$

式中，$\boldsymbol{J}^{(k)}$ 为 $\boldsymbol{x}^{(k)}$ 处的 Jacobran 矩阵，所以：

$$\boldsymbol{x}^{(k+1)} = \boldsymbol{x}^{(k)} - [\boldsymbol{J}^{(k)}]^{-1} F[\boldsymbol{x}^{(k)}] \tag{27-2-17}$$

此即牛顿迭代公式。

今设式（27-2-15）可用拟线性方程组逼近：

$$F(\boldsymbol{x}) \approx \boldsymbol{A}\boldsymbol{x}^{(k)} + \boldsymbol{B} = 0 \tag{27-2-18}$$

对比式（27-2-18）与式（27-2-16）可知：

$$\boldsymbol{A}^{(k)} = \boldsymbol{J}^{(k)} \tag{27-2-19}$$

$$\boldsymbol{B}^{(k)} = F[\boldsymbol{x}^{(k)}] - \boldsymbol{J}^{(k)} \boldsymbol{x}^{(k)} \tag{27-2-20}$$

$$\boldsymbol{x}^{(k+1)} = -[\boldsymbol{A}^{(k)}]^{-1} \boldsymbol{B}^{(k)} \tag{27-2-21}$$

此式即拟线性方程组的迭代公式，与牛顿法的迭代公式（27-2-17）同样具有二阶收敛性。

实际流程模拟的方程组中，非线性方程只占一部分，设 N 维未知变量，N 个方程可分为两部分，其中，

线性方程组：

$$\sum_{n=1}^{N} a_{in} x_n = b_i \qquad i = 1, 2, \cdots, L \tag{27-2-22}$$

非线性方程组：

$$f_L(\boldsymbol{x}) = 0 \qquad L = 1, 2, \cdots, N - L \tag{27-2-23}$$

则求解的具体步骤如下：

① 设未知变量 x 的初值为 $x^{(0)}$，对每一个非线性方程进行线性化，构造拟线性方程：

$$f_L(\boldsymbol{x}) = f_L[\boldsymbol{x}^{(0)}] + \sum_{n=1}^{N} \left(\frac{\partial f_L}{\partial x_n} \right) [x_n - x_n^{(0)}] \qquad L = 1, 2, \cdots, N - L \tag{27-2-24}$$

对当前的 $(k+1)$ 次迭代：

$$\sum_{n=1}^{N} \left[\left(\frac{\partial f_L}{\partial x_n} \right)^{(k)} x_n^{(k+1)} \right] = \sum_{n=1}^{N} \left[\left(\frac{\partial f_L}{\partial x_n} \right)^{(k)} x_n^{(k)} \right] - f_L^{(k)} \qquad L = 1, 2, \cdots, N - L$$

$$\tag{27-2-25}$$

② 将式（27-2-25）拟线性方程组与式（27-2-22）线性方程组联立求解，得 $x^{(k+1)}$。

③ 检查收敛性

$$|f_L[\boldsymbol{x}^{(k+1)}]| \leqslant \varepsilon \qquad L = 1, 2, \cdots, N - L \tag{27-2-26}$$

如收敛，则得解，否则返回①，重新迭代。

（3）联立方程法的基本特点

① 与序贯模块法相比，联立方程法有以下特点：联立方程法本质上是以存储空间换取计算时间，由于方程组是联立求解，就省去了嵌套迭代的时间，收敛速度加快，特别适用于多回路和交互作用比较强的情况。

② 自变量与因变量可以自由选择，这就消除了标准型模拟与设计型模拟的区别，便于实现用户关于设计指标的规定要求。

③ 便于与优化问题联系，流程系统的模型相当于数学规划中的约束条件，使模拟问题与优化问题同时实现。

④ 便于用户扩大模拟任务，增加各种单元模块，相当于增加模型，而不必考虑求解方法问题。

联立方程法也存在一些缺点：

① 联立方程法求解是否顺利，与初值是否合理有很大的关系，因此，用联立方程法进行流程模拟时，要求用户对此流程有一定了解，并给出大致初值。

② 方程组是联立求解，因此，当出现结果不可行或根本无解的情况，就不如序贯模块法那样易于检查。

③ 当求解过程进入不可行区域时，会出现不稳定的情况或求解失败。

④ 实现通用优化比较困难。

2.4.2   稀疏线性方程组的解法

（1）稀疏性   设线性方程组为

$$Ax = b \qquad (27\text{-}2\text{-}27)$$

式中 A——$n \times n$ 阶矩阵；

$\qquad x$——n 维向量；

$\qquad b$——n 维向量。

系数矩阵 A 中，大部分元素为零，而非零元素占很小比例，则 A 为稀疏矩阵。矩阵的稀疏度可用稀疏比 φ 表示：

$$\varphi = \frac{\text{非零元素数 } N}{A \text{ 中元素总数}(n \times n)} \times 100\%$$

如矩阵 $A_{n \times n}$ 中，$n = 1000$，非零元素 $N = 2000$，则

$$\varphi = \frac{2000}{1000 \times 1000} \times 100\% = 0.2\%$$

（2）LU 分解法   当获得系统的稀疏线性矩阵式（27-2-27）后，如用求 A 的逆矩阵方法求解，则 $x = A^{-1}b$，由于矩阵求逆时，不能保证方程组的稀疏性，计算中会大量占用计算机的内存和增加计算时间，所以，稀疏矩阵通常避开求逆方法，而采用矩阵的 LU 因次分解方法进行求解。LU 因次分解法是高斯消去法的一种改进，其基本原理是将式（27-2-27）矩阵方程进行分解。

即式（27-2-27）中矩阵 A 分解为一下三角形矩阵 L 与一上三角形矩阵 U 的乘积：

$$A = LU \qquad (27\text{-}2\text{-}28)$$

当 A 为 4×4 矩阵时，则 LU 分解可表示为以下形式：

$$\underbrace{\begin{pmatrix} a_{11} & a_{12} & a_{13} & a_{14} \\ a_{21} & a_{22} & a_{23} & a_{24} \\ a_{31} & a_{32} & a_{33} & a_{34} \\ a_{41} & a_{42} & a_{43} & a_{44} \end{pmatrix}}_{A} = \underbrace{\begin{pmatrix} l_{11} & 0 & 0 & 0 \\ l_{21} & l_{22} & 0 & 0 \\ l_{31} & l_{32} & l_{33} & 0 \\ l_{41} & l_{42} & l_{43} & l_{44} \end{pmatrix}}_{L} \underbrace{\begin{pmatrix} 1 & u_{12} & u_{13} & u_{14} \\ 0 & 1 & u_{23} & u_{24} \\ 0 & 0 & 1 & u_{34} \\ 0 & 0 & 0 & 1 \end{pmatrix}}_{U} \qquad (27\text{-}2\text{-}29)$$

按矩阵相乘规则，可得：

$$l_{11} = a_{11}; \ l_{21} = a_{21}; \ l_{31} = a_{31}; \ l_{41} = a_{41}$$

即矩阵 L 的第 1 列与矩阵 A 的第 1 列相同，又

$$l_{11}u_{12} = a_{12}; \ l_{11}u_{13} = a_{13}; \ l_{11}u_{14} = a_{14}$$

由此可得 U 的第 1 行各元素：

$$u_{12}=\frac{a_{12}}{l_{11}}; \ u_{13}=\frac{a_{13}}{l_{11}}; \ u_{14}=\frac{a_{14}}{l_{11}}$$

采用以上方法可交替求得矩阵 L 的一个列和矩阵 U 的一个行，L 的第 2 行与 U 的第 2 列相乘，得：

$$l_{21}u_{12}+l_{22}=a_{22}, \ l_{22}=a_{22}-l_{21}u_{12}$$

$$l_{31}u_{13}+l_{32}=a_{32}, \ l_{32}=a_{32}-l_{31}u_{12}$$

$$l_{41}u_{12}+l_{42}=a_{42}, \ l_{42}=a_{42}-l_{41}u_{12}$$

采用同样的方法可得 U 的第 2 行：

$$u_{23}=\frac{a_{23}-l_{21}u_{13}}{l_{22}}; \ u_{24}=\frac{a_{24}-l_{21}u_{14}}{l_{22}}$$

类似地，可得：

$$l_{33}=a_{33}-l_{31}u_{13}-l_{32}u_{23}$$

$$l_{43}=a_{43}-l_{41}u_{13}-l_{42}u_{23}$$

$$u_{34}=\frac{a_{34}-l_{31}u_{14}-l_{32}u_{34}}{l_{33}}$$

$$l_{44}=a_{44}-l_{41}u_{14}-l_{42}u_{24}-l_{43}u_{34}$$

对 $n\times n$ 阶矩阵，可得 L 与 U 各元素的计算通式如下：

$$l_{ij}=a_{ij}-\sum_{k=1}^{j-1}l_{ik}u_{kj}, \ j\leqslant i, \ i=1,2,\cdots,n \tag{27-2-30}$$

$$u_{ij}=\frac{a_{ij}-\sum_{k=1}^{i-1}l_{ik}u_{kj}}{l_{ii}}, \ i>j, \ i=1,2,\cdots,n \tag{27-2-31}$$

采用 LU 分解后，存储空间可以节省，L 与 U 中的零元素以及 U 中的对角线各元素 1 都可省去，即

$$\begin{pmatrix} a_{11} & a_{12} & a_{13} & a_{14} \\ a_{21} & a_{22} & a_{23} & a_{24} \\ a_{31} & a_{32} & a_{33} & a_{34} \\ a_{41} & a_{42} & a_{43} & a_{44} \end{pmatrix} \rightarrow \begin{pmatrix} l_{11} & u_{12} & u_{13} & u_{14} \\ l_{21} & l_{22} & u_{23} & u_{24} \\ l_{31} & l_{32} & l_{33} & u_{34} \\ l_{41} & l_{42} & l_{43} & l_{44} \end{pmatrix}$$

方程组的求解如下：

$$\boldsymbol{Ax=LUx=Lb'=b} \tag{27-2-32}$$

$$\boldsymbol{Ux=b'} \tag{27-2-33}$$

先由式（27-2-32）求得 b'，再由式（27-2-33）求得 x。

【例 27-2-3】

$$A = \begin{bmatrix} 3 & -1 & 2 \\ -1 & 2 & 3 \\ 2 & -2 & -1 \end{bmatrix}, \quad b = \begin{bmatrix} 12 \\ 11 \\ 2 \end{bmatrix}$$

LU 分解后，得：

$$L = \begin{bmatrix} 3 & 0 & 0 \\ 1 & \dfrac{7}{3} & 0 \\ 2 & -\dfrac{4}{3} & -1 \end{bmatrix}, \quad U = \begin{bmatrix} 1 & -\dfrac{1}{3} & \dfrac{2}{3} \\ 0 & 1 & 1 \\ 0 & 0 & 1 \end{bmatrix}$$

所以

$$b' = \begin{bmatrix} 4 \\ 3 \\ 2 \end{bmatrix}, \quad x = \begin{bmatrix} 3 \\ 1 \\ 2 \end{bmatrix}$$

（3）稀疏线性方程组的求解   稀疏线性方程组求解的基本点是，只对非零元素进行运算，只存储非零元素。这里结合实例介绍以 Gauss 消元法为基础的 Bending-Hutchison[24] 求解方法。

【例 27-2-4】   设稀疏线性方程组如下：

$$-\frac{1}{3}x_1 + x_2 = 0 \quad ①$$

$$-\frac{2}{3}x_1 + x_3 = 0 \quad ②$$

$$x_1 - x_5 - x_9 = 0 \quad ③$$

$$-\frac{1}{3}x_4 + x_5 = 0 \quad ④$$

$$-\frac{2}{3}x_4 + x_6 = 0 \quad ⑤$$

$$-\frac{1}{3}x_6 + x_7 = 0 \quad ⑥$$

$$x_9 = 1 \quad ⑦$$

$$-\frac{2}{3}x_6 + x_8 = 0 \quad ⑧$$

$$x_3 + x_4 - x_7 = 0 \quad ⑨$$

本例中，系数矩阵 $A_{9 \times 9}$ 及右侧常数向量 RHS $b_{9 \times 1}$ 中，共有 20 个非零元素，稀疏比 $\varphi = \dfrac{20}{90} = 0.222$。

表 27-2-7 例 27-2-4 中各元素的编号

变量号＼方程号	1	2	3	4	5	6	7	8	9	RHS
1	$-\frac{1}{3}^{(2)}$	$1^{(12)}$								
2	$-\frac{2}{3}^{(4)}$		$1^{(3)}$							
3	$1^{(11)}$				$-1^{(15)}$				$-1^{(20)}$	
4				$-\frac{1}{3}^{(13)}$	$1^{(16)}$					
5				$-\frac{2}{3}^{(14)}$		$1^{(17)}$				
6						$-\frac{1}{3}^{(18)}$	$1^{(8)}$			
7									$1^{(6)}$	$1^{(5)}$
8						$-\frac{2}{3}^{(9)}$		$1^{(19)}$		
9			$-1^{(10)}$	$1^{(1)}$			$-1^{(7)}$			

第 27 篇

求解步骤如下：

① 将非零元素任意编号，如表 27-2-7 所示，表中行号对应方程号，列号对应变量号。

② 选择主元，设 K 为主元的序号，从 $K=1$ 开始，选择非零元素最少的列作为主列。今第 2 列和第 8 列都只含有一个非零元素，任选第 2 列为主列。

③ 在主列中，选非零元素最少的行作为主行，如非零元素最少的行不止一个，则选元素值最大的行作为主行。主行与主列交点上的元素为主元素。今第 2 列中只有（12）号一个非零元素，选此为第一个主元素。

K	PIVC	PIVR	元素号
1	2	1	12

其中，PIVC 为列号，PIVR 为行号。主元素的选择是为了避免消元过程中在零元素的位置上引入非零元素，增加稀疏比。选择元素绝对值最大值作为主元素是为了在计算过程中提高精度。凡已选为主元素的变量和所在的方程都视为"用过的"。建立整数码供识别主元素用：

INTCOD	0	12

其中，INTCOD 表示整数码，数码 0 表明其后面的数码为所述主元素号，此处即第 12 号元素。

④ 用消元法消去主列中非零的"未用过的"元素，由于第 2 列中无其他未用过的非零元素，此步省略。

⑤ 对其余各列与各行，即对"未用过的"元素与"未用过的"方程，重复以上②～④步骤，主元素号位 $(K+1)$，例如，选第 8 列的第 19 号元素为主元素。第 3、5、7、9 各列均含有两个非零元素，任选第 3 列为主列，再选第 3 列中未用过的非零元素最少的第 2 行为

主行，第 3 号元素为主元素，此时，整数码变为

$$\text{INTCOD} \quad 0 \quad 12 \quad 0 \quad 19 \quad 0 \quad 3$$

⑥ 消去第 3 列中未用过的非零元素，即第 10 号元素，而在 9 行 1 列（$R_9 C_1$）交点处按下式产生一个新元素，其值为 C_{91}，顺序编号为第 21 号元素。

$$C_{91} = C_{91}^0 - C_{93} \frac{C_{21}}{C_{23}}$$

即

$$C^{(21)} = C^{(21)} - C^{(4)} \frac{C^{(10)}}{C^{(3)}}$$

用通式可表示为：

$$C_{ij} = C_{ij}^0 - C_{i, \text{PIVC}(K)} \frac{C_{\text{PIVR}(K), j}}{C_{\text{PIVR}(K), \text{PIVC}(K)}} \tag{27-2-34}$$

式中　C——元素值，下标 ij 表示非主元素所在的行号与列号，上标 0 表示该元素的原值，上标（21）、（10）、（3）、（4）表示元素号；

　　　PIVR——主行；

　　　PIVC——主列。

整数码变为：INTCOD　0　12　0　19　0　3　−1　21　10　3　4　−2　10

数码−1 及其后面各数码的含义是由零新产生的非零元素号位 21，此元素是由第 10、3、4 三个元素参与计算产生的，而 −2 后面的数码为从非零变为零的元素号，此处即第 10 号元素。按通式计算的第 21 号元素值为 −2/3。

主元素的选择过程如表 27-2-8 所示。中间结果见表 27-2-9，非零元素的变化以及新产生的非零元素都是新元素，按出现的顺序接着编号。

表 27-2-8　主元素选择过程

序号 K	选择的主元素			消去的元素			变化或产生的元素				
	行号	列号	元素号	行号	列号	元素号	产生或变化	行号	列号	元素号	元素值
1	R_1	C_2	12								
2	R_8	C_8	19								
3	R_2	C_3	3	R_9	C_3	10	产生	R_9	C_1	21	−2/3
4	R_6	C_7	8	R_9	C_7	7	产生	R_9	C_6	22	−1/3
5	R_4	C_5	16	R_3	C_5	15	产生	R_3	C_4	23	−1/3
6	R_7	C_9	6	R_3	C_9	20	产生	RHS	S	24	1.0
7	R_3	C_1	11	R_9	C_1	21	变化	R_9	C_4	25	7/9
							产生	RHS		26	2/3
8	R_5	C_6	17	R_9	C_6	22	产生	R_9	C_4	27	5/9
9	R_9	C_4	27								

表 27-2-9　主元素选择的中间结果

变量号＼方程号	1	2	3	4	5	6	7	8	9	RHS
1	$-\dfrac{1}{3}$	1								
2	$-\dfrac{2}{3}$		1							
3	1			$-\dfrac{1}{3}$						1
4				$-\dfrac{1}{3}$	1					
5				$-\dfrac{2}{3}$		1				
6						$-\dfrac{1}{3}$	1			
7								1		1
8						$-\dfrac{2}{3}$		1		
9	$-\dfrac{2}{3}$			1		$-\dfrac{1}{3}$				

主元素选择后的结果如表 27-2-10 所示。

⑦ 从最后一个主元素开始，按相反的顺序回代，求出各变量如下：

K	9	8	7	6	5	4	3	2	1
x	x_4	x_6	x_1	x_9	x_5	x_7	x_3	x_8	x_2
变量值	1.20	0.80	1.40	1.00	0.40	0.267	0.933	0.533	0.467

计算终了时得到一串整数码 INTCOD，称为"运算列"，实际是反映了稀疏线性方程组求解过程的整个信息。

表 27-2-10　主元素选择后的结果

变量号＼方程号	1	2	3	4	5	6	7	8	9	RHS
1	$-\dfrac{1}{3}$	1								
2	$-\dfrac{2}{3}$		1							
3	1			$-\dfrac{1}{3}$						1
4				$-\dfrac{1}{3}$	1					
5				$-\dfrac{2}{3}$		1				
6						$-\dfrac{1}{3}$	1			
7								1		1
8						$-\dfrac{2}{3}$		1		
9				$\dfrac{5}{9}$						$\dfrac{2}{3}$

2.5 过程系统模拟的联立模块法

2.5.1 基本策略和特点

联立模块法[25~28]取序贯模块法及联立方程法两者之长,又称双层法。

联立模块法是将整个模拟计算分为两个层次:第一是单元模块的层次;第二是系统流程的层次。其基本思想如图 27-2-32 所示。首先在模块水平上采用严格单元模块模型,进行严格计算,获得在一定条件和范围内的输入与输出数据,可采用数据拟合的方法,确定输入与输出间的关系,并获得其模型参数,表示该模块的简化模型,模型通常为线性。然后,在系统流程层次上,采用各模块的简化模型,进行联立求解,联结各单元模块的流股信息。如果在系统水平上未达到规定的精度,则必须返回到模块水平上,重新对模块进行严格计算,重新建立简化模型。经过多次迭代,直至前后两次重新建模,获得模型参数间的相对误差,达到规定的精度,同时也必须满足系统规定的其他目标函数的收敛精度要求。

在简化模型建立中,对过程系统流股有两种切断方式:一是将连接两节点的所有流股全

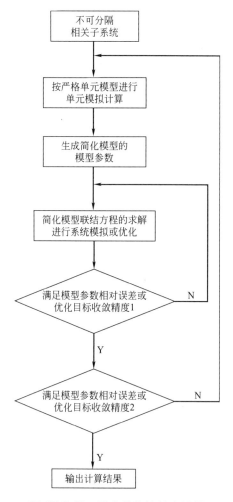

图 27-2-32 联立模块法基本思想

部切断；二是仅将系统中的所有回路切断。当按第一种方式断裂流股时，简化模型以单元过程为基本模块，故使系统降维。若采用第二种切断流股的方式，可将环路（回路）所含的全部节点合并为一个虚拟的节点或虚拟的单元过程，并作为简化模型的基本模块，从而使系统进一步降低维数。

联立模块法不需设收敛模块，因而避免了序贯模块法收敛效率低的缺点。联立模块法不需求解大规模的非线性方程组，因而也避免了联立方程法不易给定初值和计算时间较长等缺点。由于简化模型是在流程水平上联立求解的，因此，便于设计和优化问题的处理。由于流程水平上的模型计算基本上保持了流程序贯顺序，因此，计算一旦出现问题，也易于分析诊断。

2.5.2　简化模型建立中问题的描述方式

在简化模型的建立中，对所研究问题的描述主要有三种方式，以图 27-2-33 中 4 单元子系统为例，说明如下：

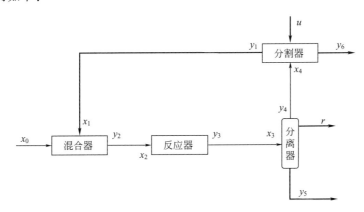

图 27-2-33　4 单元子系统

（1）方式一　在此方式中，所有联结流股全部切断，并处理成输入与输出两类流股，在联立模块法中流程层次方程包括单元模块方程或其近似模型、流股联结方程及设计规定方程：

单元模块方程

$$y_2 = g_2(x_1) \tag{27-2-35}$$

$$y_3 = g_3(x_2) \tag{27-2-36}$$

$$y_4 = g_4(x_3) \tag{27-2-37}$$

流股联结方程

$$x_2 = y_2 \tag{27-2-38}$$

$$x_3 = y_3 \tag{27-2-39}$$

$$x_4 = y_4 \tag{27-2-40}$$

$$x_1 = y_1 \tag{27-2-41}$$

设计规定方程

$$r(x_3) = r^s \tag{27-2-42}$$

式中　r——输出变量，其值指定为 r^s。

按这种描述方式，一般的标准型问题或设计型问题，可以用 n_e 个非线性方程描述：

$$n_e = 2\sum_{i=1}^{n_c}(C_i + 2) + n_d \tag{27-2-43}$$

式中　C_i——第 i 个流股的组分数；

　　　n_c——联结流股数；

　　　n_d——设计规定数。

（2）方式二　在第二种方式中，联结方程的处理加以简化，即将单元模块方程代入联结方程，联结流股用输入流股表示，系统的非线性方程组可表示如下：

流股联结方程

$$x_2 = g_2(x_1) \tag{27-2-44}$$

$$x_3 = g_3(x_2) \tag{27-2-45}$$

$$x_4 = g_4(x_3) \tag{27-2-46}$$

$$x_1 = g_1(x_4, u) \tag{27-2-47}$$

设计规定方程

$$r(x_3) = r^s \tag{27-2-48}$$

此处，r 为输出变量，其值为 r^s。

按这种描述方式，一般的标准型问题或设计型问题的非线性方程数为：

$$n_e = \sum_{i=1}^{n_c}(C_i + 2) + n_d \tag{27-2-49}$$

流程层次的方程数几乎可减少 50%。

（3）方式三　在一般的应用中，第二种处理方式的方程数目仍可达几千，进一步减少方程数目的处理方式是采用回路断裂的方法，即断裂 x_1，而 x_2、x_3、x_4 不断裂，将其他各单元看作是一虚拟单元，非线性方程组为：

流股联结方程

$$x_1 = g_1(g_4\{g_3[g_2(x_1)]\}, u)$$
$$= G_1(x_1, u) \tag{27-2-50}$$

设计规定方程

$$r\{g_3[g_2(x_1)]\} = r_1(x_1) = r^s \tag{27-2-51}$$

采用这种处理方式，非线性方程的数目为：

$$n_e = \sum_{i=1}^{n_t}(C_i + 2) + n_d \tag{27-2-52}$$

式中 n_t——不可分隔子系统中的断裂流股数。

2.5.3 单元简化模型的形式

(1) 线性简化模型 对于单元（或虚拟单元）严格模型的非线性方程组：

$$y = G(x) \tag{27-2-53}$$

式中 x——输入流股变量与设备参数。

在某点 $x^{(k)}$ 附近一阶 Taylor 展开，即为线性简化形式：

$$y^{(k+1)} \approx G[x^{(k)}] + J^{(k)}[x^{(k+1)} - x^{(k)}] \tag{27-2-54}$$

令：$\Delta y = y^{(k+1)} - y^{(k)}$，$\Delta x = x^{(k+1)} - x^{(k)}$，$A = J^{(k)}$

则式(27-2-54)变成以增量表示的线性方程形式：

$$\Delta y = A \cdot \Delta x \tag{27-2-55}$$

式中 A——简化模型参数矩阵，即为雅克比矩阵 $J^{(k)}$。

可通过"摄动法"（或称"数值扰动法"）求出 A。即对每一输入变量与设备参数，进行足够小的摄动（扰动）Δx_j 后，求解一次严格模型方程，得到 Δy_i，用差商作为系数矩阵的近似：

$$A = \begin{bmatrix} \dfrac{\partial y_1}{\partial x_1} & \cdots & \dfrac{\partial y_1}{\partial x_n} \\ \vdots & \ddots & \vdots \\ \dfrac{\partial y_m}{\partial x_1} & \cdots & \dfrac{\partial y_m}{\partial x_n} \end{bmatrix}_{x=x^{(k)}} = \begin{bmatrix} \dfrac{\Delta y_1}{\Delta x_1} & \cdots & \dfrac{\Delta y_1}{\Delta x_n} \\ \vdots & \ddots & \vdots \\ \dfrac{\Delta y_m}{\Delta x_1} & \cdots & \dfrac{\Delta y_m}{\Delta x_n} \end{bmatrix} \tag{27-2-56}$$

其中，$\Delta y_i = y_i^{(k+1)} - y_i^{(k)}$，$\Delta x_j = x_j^{(k+1)} - x_j^{(k)}$。

例如：

① 先扰动 x_1，$x_1^{(k)} \to x_1^{(k+1)}$，得

$$y_1^{(k)} \to y_1^{(k+1)}, \cdots, y_m^{(k)} \to y_m^{(k+1)}$$

即先得 A 阵的第一列。

② 扰动 x_j，$x_j^{(k)} \to x_j^{(k+1)}$，得

$$y_1^{(k)} \to y_1^{(k+1)}, \cdots, y_m^{(k)} \to y_m^{(k+1)}$$

于是得 A 阵的第 j 列。最终得 A 阵的最后一列，即 n 列。

由此可知，线性简化模型的实质是用线性方程近似一个本质上为非线性的关系，所以，虽然线性简化模型的建立与求解相对比较容易，但外推性差，适应性不强，需要反复多次调用严格模型来修正，故计算效率不高。

若采用方程次数较低的非线性模型（如二次扰动模型），外推性能好些，迭代次数少些，计算效率高些。虽然解非线性方程组多花了时间，但迭代减少，使总计算量可减少一半左右。如果采用方程次数较高的非线性模型，则以扰动法计算高阶导数，使计算效率不能得到提高。

（2）非线性简化模型　二次扰动模型：

$$\Delta y_j = \overline{a}_j^{\mathrm{T}} \cdot \Delta \overline{x} + \overline{b}_j^{\mathrm{T}} \cdot \Delta \overline{w} + \Delta \overline{x}^{\mathrm{T}} \cdot A_j \cdot \Delta \overline{w} + \Delta \overline{x}^{\mathrm{T}} \cdot B_j \cdot \Delta \overline{x} + \Delta \overline{w}^{\mathrm{T}} \cdot C_j \cdot \Delta \overline{w} \qquad (27\text{-}2\text{-}57)$$

式中　　　　　　　　　　　　Δy_j——输出流股的第 j 个变量；

$\Delta \overline{x}$——输入流股变量向量；

$\Delta \overline{w}$——单元设备参数向量；

$\overline{a}_j$、$\overline{b}_j$（向量），A_j、B_j、C_j（矩阵）——模型参数，通常不能解析计算，而是通过数值扰动法计算。

联立模块法在实际应用中与序贯模块法同样可靠；而对同一过程进行模拟分析，工况不同但操作条件变动不大，以及设计型问题等，联立模块法的计算效率比序贯模块法有较大的提高；不同的断裂流股集对联立模块法的收敛性能影响不大。

参考文献

［1］　Verma A K. Process modelling and simulation in chemical, Biochemical and Environmental Engineering, Boca Raton: CRC Press, 2014.

［2］　化学工程手册编辑委员会. 化学工程手册. 第 2 版. 北京: 化学工业出版社, 1996.

［3］　姚平经. 过程系统工程. 上海: 华东理工大学出版社, 2009.

［4］　都健. 化工过程分析与综合. 大连: 大连理工大学出版社, 2009.

［5］　姚平经. 过程系统分析与综合. 大连: 大连理工大学出版社, 2004.

［6］　杨友麒. 实用化工系统工程. 北京: 化学工业出版社, 1989.

［7］　杨冀宏, 麻德贤. 过程系统工程导论. 北京: 烃加工出版社, 1989.

［8］　张建侯, 许锡恩. 化工过程分析与计算机模拟. 北京: 化学工业出版社, 1989.

［9］　孙兰义. 化工流程模拟实训-Aspen Plus 教程. 北京: 化学工业出版社, 2012.

［10］　杨友麒, 向曙光. 化工过程模拟与优化. 北京: 化学工业出版社, 2006.

［11］　朱开宏, 等. 化工过程流程模拟. 北京: 中国石化出版社, 1993.

［12］　王基铭. 过程系统工程词典. 第 2 版. 北京: 中国石化出版社, 2011.

［13］　成思危. 过程系统工程词典. 北京: 中国石化出版社, 2001.

［14］　Henley E J, Seader J D. 化学工程中的平衡级分离操作. 许锡恩, 等译. 北京: 化学工业出版社, 1990.

［15］　Westerberg A W, Hutchison H P, Motard R L, et al. Process flowsheeting. Cambridge: Cambridge University Press, 2011.

［16］　Sargent R W H, Westerberg A W. Trans Inst Chem Eng, 1964, 42(5): 190.

［17］　Himmelblau D M, Bischoff K B. Process analysis and simulation: deterministic systems. New York: Wiley, 1968.

［18］　Motard R L, Shacham M, Rosen E M. AIChE J, 1975, 21(3): 417.

［19］　Thompson R W, King C J. AIChE J, 1972, 18(5): 941.

［20］　Rosen E M. Acs Symp Ser, 1980, 124: 3.

［21］　Lee W Y, Christensen J H, Rudd D F. AIChE J, 1966, 12(6): 1104.

［22］　Upadhye R S, Grens E A. AIChE J, 1975, 21(1): 136.

［23］　Aspen Technology. ASPEN PLUS (85)化工流程模拟系统入门手册. 北京: 化工部第一设计院, 第八设计院, 1986.

［24］　Bending M J, Hutchison H P. Chem Eng Sci, 1973, 28: 1857.

［25］　Rosen E. Chem Eng Prog, 1962, 58(10): 69.

[26] Pierucci S J，Ranzi E M，Biardi G E. AIChE J，1982，28：820.

[27] Evans L B，et al．"PSE"85：The use of computers in Chemical engineering．The Institution of chemical engineers，1985.

[28] Chen H S，Stadtherr M A. AIChE J，1985，31：1843.

3

过程系统综合

过程系统综合是过程系统工程学科的重要组成部分，是过程设计最富创造性的步骤。过程系统综合的示意表达见图 27-3-1，其系指：系统的输出是指定的（希望的），系统的输入是给定的或是可允许选择的一个范围，要求设计者确定该未知的过程系统，并达到规定的目标函数的最优。当组成该系统的各单元特性以及它们的规格和相互之间的联结结构确定之后，该系统就完全规定了。由上可见，过程系统综合包括两种决策：一种是由相互作用的拓扑和特性而规定的各种结构替换方案的选择；另一种是组成该系统的各单元的替换方案的设计。从数学上讲，第一种决策可表达为整数规划问题，第二种决策是非线性规划问题。过程系统综合往往是一个高维混合整数规划问题，而且是一个多目标优化问题，包括系统的经济指标、操作性、可控性、安全性和可靠性等，面临 21 世纪可持续发展的要求，还要把清洁生产和环境保护等考虑进来[1]。

给定的或可 → 待综合 → 所要求的
选择的输入 → 之过程? → （希望的）输出

图 27-3-1 过程系统综合的示意表达

过程系统综合作为一个复杂的多目标最优组合问题，长期以来主要靠工程师的经验，20世纪 60 年代后期，美国学者 Rudd 等首先提出了有关的理论和方法[1]，之后从 20 世纪 70年代以来这一领域的研究工作发展很快，并广泛用于工业实际。最新的综述论文可参见文献[2]。

3.1 过程系统综合研究的主要领域

过程系统大都包含多种过程单元，如反应器、换热器、蒸馏器、机泵等，称为非均质系统。为了便于过程系统的最优综合，将非均质系统分解为若干均质系统，即只包含同类过程单元的系统。均质过程系统的综合研究比较成熟。

过程系统综合研究的主要领域有：反应路径的综合，反应器网络的综合，分离序列的综合，换热网络的综合，公用工程系统的综合，控制系统的综合，全流程的综合，以及过程系统的能量集成，水网络集成，氢网络集成等。

（1）反应路径的综合[3,4]　化工产品的生产通常是由原料经过若干反应转变而实现，从给定的原料到规定的产品之间的反应步骤（及中间产物）称为反应路径。通常，满足同一产品要求的反应路径是多样的，从中进行优选就是反应路径综合的任务。理想的反应路径是利用最便宜的原料、产生最少量的副产品并对环境影响最小。为对反应路径进行优选，需要研究：如何表示化合物的结构；如何评价反应路径的优劣；用什么策略来搜索最优反应路径。化合物的结构，可以用键-电子矩阵来描述；评价反应路径，可以根据反应路径总自由能的变化是否最小。在搜索最优反应路径的策略方面，由于问题的复杂性，采用经验规则较多，理论研究尚不成熟。这一研究领域是至关重要的，这是因为反应路径将对最终工艺过程的技术经济性能带来深刻影响，一个低效率反应路径的缺陷是很难用流程优化来弥补的。

(2) 反应器网络的综合[3]　　反应器网络的综合问题可以表达为：为生产所要求的产品对于给定的化学反应路径以及主、副反应的速率数据，确定一个反应器系统的最优拓扑结构和操作条件，以及在给定产率下总生产成本最小。进行反应器网络综合最有效的方法[5]有数学规划法和可得区法[6]，以及采用随机算法的前两者结合的方法。对于许多工业过程，由于反应本身的复杂性以及结合许多工程问题的考虑，一个反应系统内往往需要多个相同或不同类型的反应器。如何根据对反应机理的认识以及反应动力学特征，结合工程问题的考虑来确定反应器的类型、顺序及其之间的连接关系，就成为反应器网络综合所要解决的重点问题。

(3) 分离序列的综合　　将在本章 3.4 节介绍。

(4) 换热网络的综合　　将在本章 3.3 节介绍。

(5) 公用工程系统的综合　　将在本章 3.5 节介绍。

(6) 控制系统的综合[7]　　主要解决哪些变量是应该测量的，哪些变量是应该被控制的，哪些变量是应该用来作为操作变量的，以及如何将这组变量联结起来并选择合适的控制策略来构成控制回路，从而所构成的动态控制系统能够在一定外界干扰存在下满足规定的控制目标。

(7) 全流程的综合[3]　　寻求将给定原料转变成所要求产品的最经济、合理的流程结构，称为全流程的综合。以往，全流程的方案设计要经过实验室逐级放大，并基本上靠设计人员的经验。对于较小规模的过程系统，可以采用数学规划法进行综合[8]。但全流程系统是非均质系统（指包含换热器、塔、反应器等不同操作单元），对其进行最优综合的难度很大，目前尚处于探索阶段。

(8) 过程系统能量集成　　将在本章 3.6 节介绍。

(9) 水网络集成　　将在本章 3.7 节介绍。

(10) 氢网络集成　　将在本章 3.8 节介绍。

3.2　过程系统综合的基本方法

过程系统综合需要解决的三个主要问题[9]：一是要能够充分地描述各种可能的替代方案；二是要能够有效地评价各个替代方案；三是开发出能够高效地搜索出最好或较好方案的策略。过程系统综合的关键是第三个问题。过程系统综合的几种基本方法如下：

(1) 分解法　　其实质是将整个系统分解成容易处理的若干个子系统来解决，对于每一个子系统，现有的技术水平可以进行最优化设计，然后组合（协调）起来，使整个系统最优。这一方法需要解决如何确定系统的断裂部位和整体协调问题。

(2) 直观推断法　　有经验的设计师可凭经验将一些明显不合理的方案排除掉，以克服综合问题维数过高的困难（即缩小搜索区域）。在人们的工程实践经验和对过程深刻理解的基础上，总结出的经验规则称为直观推断规则。采用这些规则可以比较简单地综合出一个或几个合理的流程方案，但不能保证方案的最优性。

（3）调优法 该法是首先采用其他方法，如直观推断法，构造一初始的过程系统，然后采用一些调优策略逐步改进初始方案。调优法的基本思想是寻找一些子任务，这些子任务在修正后可以改善系统的性能。图 27-3-2 示出调优法的工作过程，该法尤其适用于现有过程系统的改造。

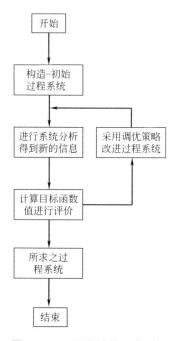

图 27-3-2 调优法的工作过程

（4）数学规划法[10] 其基本思想是将所有可能选用的系统嵌入并组成一个大的完整流程（称为超级结构），然后采用数学规划法对系统进行整体优化，包括每一个节点的物流及参数、每一个设备的选择及其设计参数和操作条件等。系统流程可以采用结构参数来表达，例如，结构参数可定义为[3]

$$\alpha_{ij} = \begin{cases} 1, \text{单元 } i \text{ 与单元 } j \text{ 相连接} \\ 0, \text{单元 } i \text{ 与单元 } j \text{ 不连接} \end{cases}$$

结构参数也是优化变量。数学规划法的应用日益广泛。

上述过程系统综合的基本方法都在不断地发展和改进，往往几种方法结合起来会更加有效。

以下介绍当前研究得比较成熟的几个系统综合领域。

3.3 换热网络的综合

通常，一大型化工过程包含反应器、分离系统、换热网络以及公用工程系统。换热网络可以分解为两部分，一是内部网络，指工艺物流间的热交换部分；二是外部网络，指公用工程加热和冷却部分。由于能源价格不断上涨，换热网络设计的优劣是化工厂在经济上是否成功的一个关键。

化工生产过程中，一些工艺物流需要加热，而另一些工艺物流则需要冷却，人们希望能够合理地将这些物流匹配在一起，充分利用热物流的余热去加热冷物流，提高过程的热回收效率，以便尽可能地减少公用工程的加热和冷却负荷。这其中就存在着如何确定物流间匹配换热的结构以及相应的换热负荷分配的问题。

换热网络的综合就是确定这样的换热网络[2]，它具有最小的设备（换热器、加热器和冷却器）投资费用和操作（公用工程等）费用，并满足将每一个过程物流由初始温度达到指定的目标温度。当然，还要求网络具有好的灵活性、操作性和可控性。

3.3.1 换热网络综合的目标

换热网络综合可以考虑换热网络一个或多个方面的性能，包括可以定量的如费用、热负荷等以及非定量的如安全性、操作性等。任何一种性能，都可以作为换热网络综合的优化目标。从经济角度看，影响一个换热网络经济性的因素主要包括这个换热网络的能量费用，以及各种设备投资费用，例如换热器的费用。对于这些因素，在具体的网络设计之前，可以确定若干个目标，用以建立换热网络中相应因素的评价标准。目标的合理设置，可以大大简化整个网络设计过程。下面具体讨论各个影响换热网络经济性的因素以及其目标的确定。

（1）能量目标　公用工程的能量负荷构成了换热网络操作费用的主要部分。对于一个换热网络，若所需的公用工程负荷最小，就意味着其回收的热量最多、能量费用最低。但公用工程负荷并非愈小愈好，因为这要以增大换热面积或者换热器个数，从而增加设备费用为代价的。通常，可以设定一个换热网络的最小允许传热温差 ΔT_{min}，再采用 $T\text{-}H$ 图[11]或问题表法[12]等方法，通过确定夹点就可以确定出换热网络的能量目标，即该 ΔT_{min} 下最小公用工程负荷。ΔT_{min} 可以通过经验取值，也可以通过以公用工程费用和设备投资费用总和最小为目标来确定。对于具有门槛问题的换热网络❶，只需要公用工程加热或只需要公用工程冷却，公用工程的品位也可以优选，以便降低费用。关于能量目标确定的具体方法，会在本章 3.3.2 节中详细叙述。

（2）换热面积目标　换热面积的大小一定程度上决定了换热网络的设备投资费用。当所有换热器的总传热系数相当，并且为逆流换热，则换热面积目标，即热力学上最小换热面积可由下式确定

$$A_{min} = \int_0^Q \frac{\mathrm{d}Q}{K(T_H - T_C)} \qquad (27\text{-}3\text{-}1)$$

式中　Q——热负荷，kW；

　　　K——传热系数，kW·m^{-2}·℃$^{-1}$；

---

❶ 具有门槛问题的换热网络：系相对于"夹点型"换热网络而言。当选定了一适宜的物流间匹配换热的最小允许传热温差 ΔT_{min} 后，即可确定该系统的最小公用工程加热负荷 $Q_{H,min}$ 及冷却负荷 $Q_{C,min}$。如果 $Q_{H,min} > 0$ 及 $Q_{C,min} > 0$，则该换热网络为"夹点型"的。如果 $Q_{H,min} = 0$ 或者 $Q_{C,min} = 0$，即只需要冷却公用工程或者只需要加热公用工程，则该换热网络为"非夹点型"的或"门槛型"的。某些情况，对于同一换热网络系统，当选择的 $Q_{C,min}$ 值由大变小时，换热网络会由"夹点型"转变为"非夹点型"，发生该转变时的值称为"门槛温差" ΔT_{Thre}，即当选择 $\Delta T_{min} > \Delta T_{Thre}$ 时，换热网络呈现"夹点型"，而当选择 $\Delta T_{min} \leqslant \Delta T_{Thre}$ 时，换热网络呈现"非夹点型"，即只需一种公用工程（加热或冷却），而且该公用工程负荷不变。门槛问题的确定对工程设计是很重要的。通常，对于"门槛型"换热网络，为减小设备投资费用，可选择 $\Delta T_{min} = \Delta T_{Thre}$，此时传热温差最大，减小了网络的传热面积，而且并不增加公用工程负荷。

T_H——热物流温度，℃；

T_C——冷物流温度，℃。

在实际换热网络中，各换热器的传热系数值会相差很大（1～2个数量级），采用式(27-3-1)计算热力学上的最小面积有较大的偏差，若考虑各换热器传热系数的差异，式(27-3-1)可修正为

$$A_{\min} = \sum_j \frac{1}{\Delta T_{\mathrm{LM}j}} \sum_k \left(\frac{Q_k}{K_k} \right)$$

(27-3-2)

式中　j——焓（或热量）间隔序号，见图27-3-3；

k——在焓间隔j内的换热器序号；

Q_k——换热器k的热负荷，kW；

K_k——换热器k的传热系数，kW·m^{-2}·℃$^{-1}$；

$\Delta T_{\mathrm{LM}j}$——间隔j内的传热温差，℃。

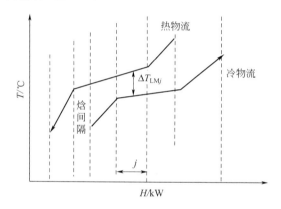

图 27-3-3　计算传热面积的焓间隔

Saboo 等[13]采用线性规划法求出换热网络具有不同传热系数情况下的热力学最小传热面积，但此类情况往往产生带有较多物流分支、混合以及小热负荷换热器的复杂网络，虽然传热面积最小，但由于换热器个数增多，反而会增大设备投资费用，所以提出了另一种综合目标：即应当使网络具有最少的换热设备数。

（3）换热设备数　换热器的个数，是影响换热网络投资费用的主要因素。根据图论中"欧拉通用网络定理"[14]，换热网络所包含的换热设备（换热器、加热器和冷却器）个数U可用下式描述

$$U = N + L - S$$

(27-3-3)

式中　N——物流数，包括公用工程物流，不包括物流分支；

L——独立的热负荷回路数；

S——该系统内独立的子系统数。

从式(27-3-3)可以看出，为了使换热器数目最小，L应该为0，而S应取最大。为了使$L=0$，需要把系统中存在的热负荷回路断开，识别与断开热负荷回路的方法，可参阅文献[15]。而对于S，由于物流之间的总负荷很难达到平衡，从而构成独立子系统，一般情况下，取$S=1$，则得到式(27-3-4)

$$U_{\min} = N - 1 \qquad\qquad (27\text{-}3\text{-}4)$$

式中 $U_{\min}$——网络中所达到的最小换热设备数。

假设网络中不存在夹点，则式(27-3-4)就可以计算出整个换热网络的最小换热设备数，即换热器数目。如果该网络存在夹点，夹点将整个换热网络分为两个系统，则需要针对夹点两侧分别应用式(27-3-4)计算，即

$$U_{\min} = (N_{夹点之上} - 1) + (N_{夹点之下} - 1)$$

通常，具有最小换热设备数的网络具有最小设备投资费用，虽然网络所需的传热面积可能大于热力学上的最小面积。

在设计工业换热网络时，出于选型、制造、安装等原因，采用的换热器数会比 $U_{\min}$ 多。在换热网络综合中，当换热器并非是纯逆流换热时，也会考虑壳程数的确定[16]，以保证在非逆流换热器中具有较大的传热温差校正系数的同时，壳程数最少，从而减少设备费用。

(4) 总的年费用 工业换热网络的设计，基本都以总的年费用最小为目标。总的年费用包括操作费用和设备投资费用（以年计）。这是一项综合指标，要兼顾上述多项目标：公用工程负荷最小；换热面积最小；换热设备数最少。需要考虑不同的换热器具有不同的适宜传热温差，换热器的材质及类型不同，各换热器的传热系数相差很大，以及设备的基础、泵、管路等具体工程因素。例如换热器的设备投资费用，一般可用下式表示：

$$C = aA^b + c \qquad\qquad (27\text{-}3\text{-}5)$$

式中 C——换热器的设备投资费用，元；
a，b，c——常数，与设备材料、市场状况有关，一般情况 $b = 0.6$；
A——传热面积，m^2。

影响总的年费用的一个主要参数是换热网络最小允许传热温差 $\Delta T_{\min}$。Linnhoff 和 Ahmad[17]提出以年总费用为目标来优选 $\Delta T_{\min}$ 的方法，这样便于后续的换热网络的严格优化设计。

3.3.2 换热网络综合的方法

换热网络综合需要考虑网络各个方面的性能，难以找到最优的设计，只能尽可能去寻找综合性能接近最优的网络设计，再根据具体应用场合及约束条件进行改进，确定最适宜的方案。理想的综合方法，应当花费尽可能少的人工和计算费用来得到优选的解答。

换热网络的设计工作，一般包括如下步骤：

第一步，选择过程物流以及所要采用的公用工程加热、冷却物流的等级（温位）；

第二步，确定适宜的物流间匹配换热的最小允许传热温差（或每一物流的最小允许传热温差贡献值），以及公用工程加热与冷却负荷；

第三步，综合出一组候选的换热网络；

第四步，对上述网络进行调优，得出适宜的方案；

第五步，对换热设备进行详细设计，得出工程网络；

第六步，对工程网络做模拟计算，进行技术经济评价和系统操作性分析，如对结果不满意，返回第二步，重复上述步骤，直至满意。

有很多方法都可以实现换热网络综合，可参阅综述文献［18～20］。下面介绍几种比较

基础的综合方法。

（1）夹点设计法　Linnhoff[21]和 Umeda 等首先叙述了换热网络中的温度夹点问题，该夹点限制了网络可能达到的最大热回收量。充分掌握夹点的特性，能够有效地进行网络设计，节省公用工程用量和设备投资费用，而且方法简单、灵活。

① 温-焓图（T-H 图，或 T-Q 图）　在 T-H 图上可以充分地描述工艺物流及公用工程物流的热特性，简单明了，使用方便。横轴为焓 H，纵轴为温度 T。一物流标绘在 T-H 图上为一线段，见图 27-3-4。该线段可以平行于横轴移动而不改变物流数据。为了确定物流在 T-H 图上的线段，需要物流的质量流量、组成、压力、初始温度以及目标温度。在图中，如果热物流线段标绘在冷物流线段的上方，则表示热物流温度高于冷物流，两者可以进行匹配换热，两线段之间的垂直距离为传热温差。

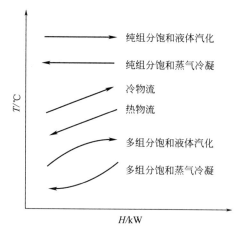

图 27-3-4　物流在 T-H 图上的表示

② 组合曲线　多个过程物流可分别用热的组合曲线或冷的组合曲线在 T-H 图上表达。绘制组合曲线的过程是：首先把所有热（或冷）过程物流标绘在 T-H 图上；然后按照所有物流的初始温度以及目标温度，将温度坐标分割成若干温度区间；在每一温度区间内把物流的热负荷累加起来，用一具有累加热负荷的虚拟物流代表该温度区间内的所有物流；各温度区间的虚拟物流首尾连接起来就构成了组合曲线。图 27-3-5 表示典型的热、冷物流的组合曲线。

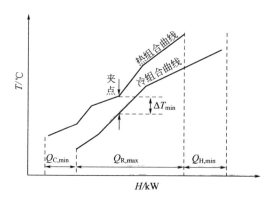

图 27-3-5　典型的组合曲线

③ 在 T-H 图上描述夹点　首先在 T-H 图中作出冷、热组合曲线，对于一个确定的最小允许温差 $\Delta T_{\min}$，将冷、热组合曲线在水平方向上相对平移，当两个组合曲线在某处的垂直距离正好等于 $\Delta T_{\min}$ 时，该处即为夹点。此时从 T-H 图中可以得知，该过程系统所需要的最小公用工程加热负荷 $Q_{H,\min}$，最小公用工程冷却负荷 $Q_{C,\min}$，以及最大热回收量 $Q_{R,\max}$，即该网络在确定 $\Delta T_{\min}$ 下的能量目标。

夹点把换热网络分隔成两个区域：夹点上方——热端，夹点下方——冷端。热端包含比夹点温度高的工艺物流及其间的热交换，只要求公用工程加热物流输入热量，可称为热阱；冷端包含比夹点温度低的工艺物流及其间的热交换，只要求公用工程冷却物流取出热量，可称为热源。夹点是传热温差最小的地方（即传热过程的瓶颈）。

④ 用问题表法确定夹点　相比在 T-H 图上描述夹点，采用问题表法[12]能够更方便准确地确定该系统所需的最小公用工程加热、冷却负荷，以及夹点的位置。该算法可分为两个步骤：第一步，将各个冷、热物流的初温、终温转变为虚拟温度，即假定热物流的所有温度比其实际温度低 $\Delta T_{\min}/2$，冷物流的所有温度比其实际温度高 $\Delta T_{\min}/2$，再根据虚拟温度，采用组合曲线同样的方法，划分出若干个温度区间；第二步，依次对每一温度区间，用下式作热量衡算

$$\Delta H_i = \left(\sum_{\text{所有冷物流}} C_{p,C} - \sum_{\text{所有热物流}} C_{p,H} \right) \Delta T_i \tag{27-3-6}$$

式中　　　ΔH_i——温度区间 i 上的亏缺热量；

$\displaystyle\sum_{\text{所有冷物流}} C_{p,C}$——温度区间 i 中所包含的各冷物流热容流率之和；

$\displaystyle\sum_{\text{所有热物流}} C_{p,H}$——温度区间 i 中所包含的各热物流热容流率之和；

ΔT_i——跨越温度区间 i 的温差。

按照温度从高到低，将多余的热量向温度较低的区间传递，并且根据所有区间内负热通量的最大值，引入加热公用工程，使得每个温度区间内热通量至少为 0。此时，热通量为 0 的这一点即为夹点，引入的加热公用工程用量，为最小加热公用工程用量，即能量目标。

⑤ 夹点设计法　夹点设计法的核心是三条基本原则：第一，应该避免跨越夹点的传热；第二，夹点上方应该避免引入冷却公用工程；第三，夹点下方应该避免引入加热公用工程。如违背上述三条基本原则，就会增加公用工程负荷。

Linnhoff 等[12]按照上述三条基本原则提出夹点设计法的可行性规则：

规则 1　对于夹点上方，热工艺物流（包括其分支物流）数目 NH 不大于冷工艺物流（包括其分支物流）数目 NC，即

$$NH \leqslant NC \tag{27-3-7}$$

对于夹点下方，规则 1 可描述为：热工艺物流（包括其分支物流）数目 NH 不小于冷工艺物流（包括其分支物流）数目 NC，即

$$NH \geqslant NC \tag{27-3-8}$$

规则 2　对于夹点上方，每一夹点匹配（指冷、热物流同时有一端直接与夹点相通，即同一端具有夹点处的温度）中热物流（或其分支物流）的热容流率 $C_{p,H}$ 不大于冷物流（或其分支物流）的热容流率 $C_{p,C}$，即

$$C_{p,\mathrm{H}} \leqslant C_{p,\mathrm{C}} \tag{27-3-9}$$

对于夹点下方，则上面不等式变向，即

$$C_{p,\mathrm{H}} \geqslant C_{p,\mathrm{C}} \tag{27-3-10}$$

规则 2 是为了保证夹点匹配中的传热温差不小于允许的最小温差 $\Delta T_{\min}$。对于非夹点匹配，由于物流间的传热温差都增大了，所以不必一定遵循该规则。

上述两个可行性规则，对于夹点匹配来说是必须遵循的，但在满足两个规则约束的前提下还存在多种匹配的选择。基于热力学和传热学原理，以及从减少设备投资费用出发，下面提出的经验规则是可以采用的。

经验规则 1   选择每个换热器的热负荷等于该匹配的冷、热物流中热负荷较小者，使之一次匹配换热可以使一个物流（即热负荷较小者）由初始温度达到终了温度。这样的匹配使系统所需的换热设备数目最小，减少了投资费用。

经验规则 2   如有可能，应尽量选择热容流率相近的冷、热物流进行匹配换热，这就使得所选择的换热器在结构上相对合理，并且在相同热负荷及相同有效能损失的前提下传热温差最大（相对于冷、热物流热容流率相差较大情况下的匹配），即减少了设备费用。

夹点将换热网络分隔成两个子问题——热端和冷端，可分别进行处理。对于与夹点相邻的子网络，要按照夹点匹配的可行性规则来选择物流间的匹配换热，以及决定物流是否需要分支。离开夹点后，确定物流间匹配换热的选择有较多的自由度，并且需要考虑系统的操作性、弹性及具体工程要求等。

⑥ 换热网络的调优   按夹点设计法，得到了一最大能量回收网络，但往往换热设备数较多、流程复杂，需作进一步调优处理。Su 等[15]提出断开网络中的热负荷回路，以及采用热负荷路径的能量松弛方法，能有效减少换热设备数，从而在基本上保持最大能量回收的基础上，使换热设备数量小，达到网络的优化。

a. 最小换热设备数与热负荷回路   在前面 3.3.1 节中已叙及，在一换热网络中所包含的换热设备数 U 可用式(27-3-11) 计算

$$U = N + L - S \tag{27-3-11}$$

为使 U 达到最小，需要断开网络中所有的"热负荷回路"，即使得 $L=0$。

热负荷回路的定义可参阅图 27-3-6，图中 h_1，h_2 为热工艺物流，C_1、C_2 为冷工艺物流，有 5 台换热器 1、2、3、4、5，1 台加热器 H 及 2 台冷却器 C_1、C_2。其中换热器 3 和 5 由热物流 h_2 和冷物流 C_1 连接，构成一级热负荷回路，换热器 1、2、3、4 由热物流 h_1、h_2 和冷物流 C_1、C_2 连接，构成二级热负荷回路。热负荷回路的级数是这样规定的：一个热负

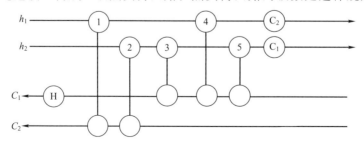

图 27-3-6   热负荷回路的定义

荷回路中包含 n 个源物流（即热工艺物流及公用工程加热物流）和 n 个阱物流（即冷工艺物流及公用工程冷却物流），则称为 n 级回路。回路的级数反映了回路的大小或复杂程度。

在一个热负荷回路中各单元设备的热负荷可以按一定规则改变而不影响全系统的热平衡。这里调优处理的目的就是通过重新分配回路中各单元设备的热负荷来减少该回路中的单元设备数，如果某一换热设备重新分配的热负荷为零，则相当于删去了该设备，同时，该热负荷回路也就被断开了。热负荷回路的断开过程见图 27-3-7，其中图（a）为初始网络，包含二级回路（1,2,4,3），每台换热器的热负荷标在图中圆圈下方。如果换热器 1 为合并对象，即要删去该设备，则把它排在热负荷回路字串（1,2,4,3）的第一个位置，然后从热负荷回路字串奇数位置的单元设备减去所要合并的单元设备的热负荷，对热负荷回路字串中偶数位置的单元设备则要加上所要合并的单元设备的热负荷。经过上述热负荷的转移，换热器 1 的热负荷变成零，即被删除，则得到新的网络，见图 27-3-7(b)，原热负荷回路（1,2,4,3）已不存在，即该回路已被断开。

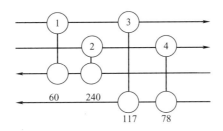

(a) 初始网络，具有二级回路(1,2,4,3)

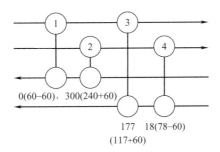

(b) 换热器1被合并，回路已断开

图 27-3-7 热负荷回路的断开过程

合并后的网络不一定是可以采纳的，还需进行两点校验：第一，合并后的网络各换热器的热负荷不能出现负值；第二，各换热器的传热温差不能小于预先规定的最小允许传热温差 $\Delta T_{\min}$。

通常，对一网络先识别低级热负荷回路并断开，然后再处理高级热负荷回路。在某些情况下，当低级回路断开后，某高级回路可能随之消失，所以，一旦某级回路被断开后，全部调优过程仍从识别和断开低级回路开始。采用计算机可有效地识别及断开复杂换热网络的热负荷回路，具体方法可参阅文献［22］。

b. 热负荷路径及能量松弛 在一换热网络中，"热负荷路径"是由公用工程加热器和公用工程冷却器以及其间的物流和换热器联结而成的，见图 27-3-8(a)，其中公用工程加热器 H_1、冷物流 C_1、换热器 1、热物流 h_1 和公用工程冷却器 C 构成了一个热负荷路径。热负荷可以在热负荷路径中以下述方式转移：见图 27-3-8(b)，在加热器 H_1 上增加热负荷 $X\,kW$，

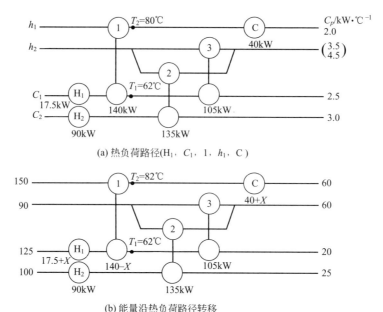

(a) 热负荷路径(H₁，C₁，1，h₁，C)

(b) 能量沿热负荷路径转移

图 27-3-8   热负荷路径及能量松弛

在换热器 1 上减少热负荷 $X\,\mathrm{kW}$，在冷却器 C 上增加热负荷 $X\,\mathrm{kW}$。热负荷沿该路径转移后，与该路径有关的工艺物流的总热负荷值不变，但换热设备的热负荷及其传热温差已改变，因此可以计算出所需转移的热负荷 X 值，以使换热器 1 的传热温差增大到规定值 $\Delta T_{\min}$。图 27-3-8(a) 为某一断开热负荷回路后的换热网络，对换热器作传热温差检验，发现换热器 1 右侧的传热温差为 $T_2 - T_1 = 80℃ - 62℃ = 18℃$，而规定的 $\Delta T_{\min} = 20℃$，为此，采用能量松弛措施，即增大公用工程负荷，以使换热器 1 右侧的传热温差提高到 20℃，具体计算如下。换热器 3 的热负荷为 105kW，该值没变，所以 $T_1 = 62℃$ 也不变，现要确定增大公用工程加热负荷 X 的数值，以使 T_2 值由 80℃升高至 $T_2 = 62℃ + \Delta T_{\min} = 62℃ + 20℃ = 82℃$。对换热器 1，可列出热衡算式

$$140 - X = 2(150 - T_2)$$

式中，2 为热物流 h_1 的热容流率，$\mathrm{kW \cdot ℃^{-1}}$。又知 $T_2 = 82℃$，则由上式解出

$$X = 140 - 2(150 - 82) = 4\,(\mathrm{kW})$$

即使加热器 H₁ 及冷却器 C 分别增加 4kW 的热负荷，使换热器及冷却器 C 分别增加 4kW 的热负荷，使换热器 1 的热、冷物流间的传热温差由 18℃增大到 $\Delta T_{\min} = 20℃$，这就叫做能量松弛。

下面以一例题说明采用夹点设计法综合换热网络的过程。

【**例 27-3-1**】   该实例的物流参数如表 27-3-1 所示[23]

采用问题表法对该网络进行计算。取 $\Delta T_{\min} = 20℃$。首先将所有热物流的温度降低 $\Delta T_{\min}/2$，即 10℃，再将所有冷物流的温度升高 $\Delta T_{\min}/2$。以垂直轴为流体温度的坐标，将各物流按其初温和终温标绘成有方向的垂直线。因为热物流的温度下降了 $\Delta T_{\min}/2$，冷物流的温度上升了 $\Delta T_{\min}/2$，所以在问题表中，同一水平位置的冷、热物流间刚好相差 $\Delta T_{\min}$。由题中给出的数据，列出问题表，见表 27-3-2。

表 27-3-1　物流参数

物流编号和类型	热容流率 C_p/kW·℃$^{-1}$	供应温度/℃	目标温度/℃
1 热流	2.0	150	60
2 热流	8.0	90	60
3 冷流	2.5	20	125
4 冷流	3.0	25	100

表 27-3-2　问题表

温度和温区	物流	亏缺热量/kW	累积热量/kW		热通量/kW	
			输入	输出	输入	输出
140 ℃ 温区1		−10	0	10	107.5	117.5
135 ℃ 温区2		12.5	10	−2.5	117.5	105
110 ℃ 温区3		105	−2.5	−107.5	105	0
80 ℃ 温区4		−135	−107.5	27.5	0	135
50 ℃ 温区5		82.5	27.5	−55	135	52.5
35 ℃ 温区6		12.5	−55	−67.5	52.5	40
30 ℃						

根据物流的温度，问题表被分为了 6 个温度区间，对每个区间作热量衡算，即可以得到表中相应的亏缺热量和累积热量，具体算法如下：

对于温区 1，因为是整个问题表的第一个温区，所以没有上一个温区输入的热量，输入热量为 0。在整个温度区间内亏缺的热量可由式(27-3-6) 计算得出，为 −10kW，意思即为该温度区间内，有 10kW 的热量富余。该温区输出给下一个温区的热量可以通过输入的热量减去该温区亏缺的热量计算得出，可得该温区输出的热量为 10kW。

$$\Delta H_1 = \left(\sum_{\text{所有冷物流}} C_{p,\text{C}} - \sum_{\text{所有热物流}} C_{p,\text{H}} \right) \Delta T_1 = (0-2) \times 5 = -10(\text{kW})$$

对于温区 2，输入的热量即为温区 1 输出的热量，10kW，计算得出该温区中亏缺的热量为 12.5kW。

$$\Delta H_2 = \left(\sum_{\text{所有冷物流}} C_{p,\text{C}} - \sum_{\text{所有热物流}} C_{p,\text{H}} \right) \Delta T_2 = (2.5-2) \times 25 = 12.5(\text{kW})$$

则该温区输出给下一个温区的热量为 10−12.5=−2.5(kW)。

对于温区 3，输入的热量即为温区 2 输出的热量，−2.5kW，计算得出该温区中亏损的热量为 105kW。

$$\Delta H_3 = \left(\sum_{\text{所有冷物流}} C_{p,\text{C}} - \sum_{\text{所有热物流}} C_{p,\text{H}} \right) \Delta T_3 = (5.5 - 2) \times 30 = 105 (\text{kW})$$

则该温区输出给下一个温区的热量为$-2.5 - 105 = -107.5$(kW)。

对于温区4，输入的热量即为温区3输出的热量，-107.5kW，计算得出该温区中亏损的热量为-135kW。

$$\Delta H_4 = \left(\sum_{\text{所有冷物流}} C_{p,\text{C}} - \sum_{\text{所有热物流}} C_{p,\text{H}} \right) \Delta T_4 = (5.5 - 10) \times 30 = -135 (\text{kW})$$

则该温区输出给下一个温区的热量为$-107.5 + 135 = 27.5$(kW)。

对于温区5，输入的热量即为温区4输出的热量，27.5kW，计算得出该温区中亏损的热量为82.5kW。

$$\Delta H_5 = \left(\sum_{\text{所有冷物流}} C_{p,\text{C}} - \sum_{\text{所有热物流}} C_{p,\text{H}} \right) \Delta T_5 = (5.5 - 0) \times 15 = 82.5 (\text{kW})$$

则该温区输出给下一个温区的热量为$27.5 - 82.5 = -55$(kW)。

对于温区6，输入的热量即为温区5输出的热量，-55kW，计算得出该温区中亏损的热量为12.5kW。

$$\Delta H_6 = \left(\sum_{\text{所有冷物流}} C_{p,\text{C}} - \sum_{\text{所有热物流}} C_{p,\text{H}} \right) \Delta T_6 = (2.5 - 0) \times 5 = 12.5 (\text{kW})$$

则该温区输出给下一个温区的热量为$-55 - 12.5 = -67.5$(kW)。

从问题表中的累积热量列可以看出，当外界无热量输入时，温区2向温区3，温区3向温区4以及温区5向温区6输出的热量为负值，这就意味着温度低的区间向温度高的区间提供热量，在热力学上是不合理的。为了消除这种不合理的现象，使各温区之间的热通量不小于0，就必须从外界输入热量，使原来的负值至少变为零，在此问题表中，温区3向温区4输出的热量负值最大，为-107.5kW，所以需要至少从外界输入107.5kW的热量。因此得到的最小加热公用工程量即为107.5kW。

只要能使各温区之间的热通量不小于0，从热力学上说该网络都是可行的，所以换热网络所需的加热公用工程量可以全部从温区1输入，也可以部分从温区2输入部分从温区3输入。为方便起见，本例假设热量都从温区1输入，计算方法与计算累积热量输入与输出一致。由最后的温区输出的热量40kW即为最小冷却公用工程负荷。

此时温区3和温区4之间的热通量为零，此处就是夹点，即夹点在平均温度80℃（热物流温度90℃，冷物流温度70℃）处。夹点将换热网络分为两个部分，现在对两个部分的换热网络分别进行设计。

夹点之上：热流一股，冷流两股，满足物流数目准则。用热物流1与任何一股冷流匹配，均满足热容流率准则，因而可构成两种匹配，如图27-3-9所示。不同的方案给了设计者更多的选择。这两种匹配均能实现最小加热公用工程目标和换热单元数目目标，但总换热面积不同，可操作性也不同。究竟哪个方案较优，可以有不同的考虑角度。例如，可以从投资费用上考虑，由于总换热面积不同，换热器投资费用不同；而管道的投资是方案（b）较高些。也可以从可操作性的角度考虑，方案（a）的可操作性要优于方案（b），因为其在两股冷流上均设有加热器。

夹点之下：热流两股，冷流两股，满足物流数目准则。但热流1的热容流率小于任一冷

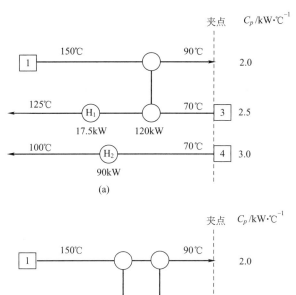

图 27-3-9 夹点之上的不同匹配

流，不满足热容流率准则，为此需要将流股分支。

流股分支的方案常常不是唯一的，而是有多种选择。考虑到热流 2 的热容流率大于冷流 3 和 4 的热容流率之和，因此比较简单的流程是将热流 2 分支，将其两支流分别与两股冷流匹配。

为了使换热单元数目较少，流股分支的分配原则是：其中一个匹配能恰好完成与之匹配的冷流的热负荷。这样热流 2 就有两种不同的分支分配：一次匹配换完冷流 3 的匹配和一次匹配换完冷流 4 的匹配。在热流 2 分支匹配之后，再使热流 1 与未换完的冷流匹配，因为此时已离开夹点，故不必遵守热容流率准则。热流 2 不同分配分支下所综合的网络如图 27-3-10 所示。

同样，这些不同匹配均能实现最小冷却公用工程目标和换热单元数目目标，但总换热面积不同。取图 27-3-9(a) 和图 27-3-10(a) 所组成的换热系统如图 27-3-11 所示。

从图 27-3-11 可以看出，该网络共有 7 个换热单元，而该系统的换热单元数目目标是 5，这就意味着该换热初始网络有两个热负荷回路，还要进行调优处理，以尽量减少换热单元数目，同时尽量维持能量目标，以使系统的总费用最小。

分析图 27-3-11 可知，该换热网络有两个热负荷回路，$1 \rightarrow 4$ 和 $H_1 \rightarrow 3 \rightarrow 2 \rightarrow H_2$。为打破 $1 \rightarrow 4$ 回路，较好的方案是合并换热器 4，因为它的热负荷最小。这样，就将换热器 4 的 20kW 热负荷全部加到换热器 1 上，使换热器 1 的热负荷增加到 140kW。合并换热器后的网络如图 27-3-12 所示。

通常，合并换热器后，会使局部传热温差减小，因此，在合并换热器后，应检验传热温

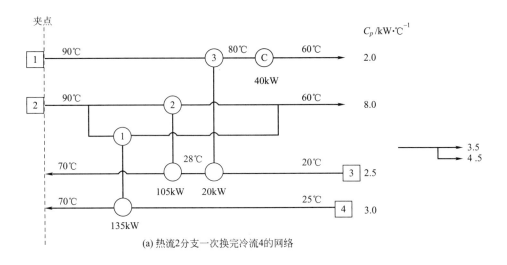

(a) 热流2分支一次换完冷流4的网络

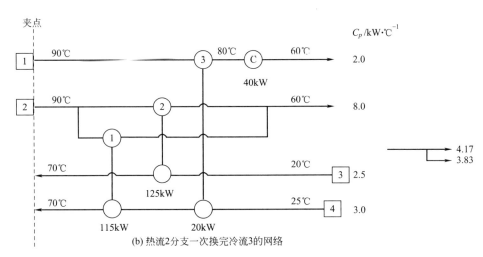

(b) 热流2分支一次换完冷流3的网络

图 27-3-10 夹点之下的不同匹配

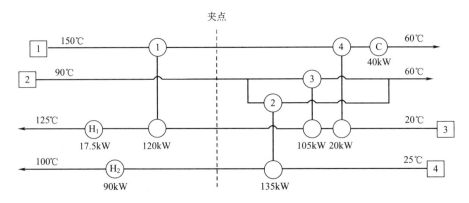

图 27-3-11 换热系统整体方案

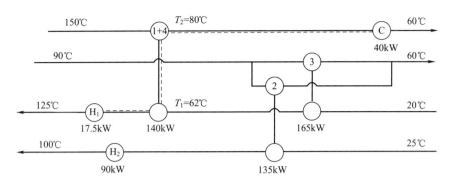

图 27-3-12 合并换热器后的网络

差，看是否满足最小传热温差的限制。

在上述实例中，合并后有一端的传热温差为 $T_2 - T_1 = 80 - 62 = 18(℃)$，而夹点温差为 20℃。温差 18℃，虽然小于夹点温差，但技术上是允许的，只是换热面积要增加。如果要维持最小温差 20℃ 不变，就要采取通过路径转移热负荷。

可找到该路径为 $H_1 \rightarrow (1+4) \rightarrow C$，如图 27-3-11 中虚线所示；然后以最小传热温差为约束条件，求出所要转移的热负荷量，然后沿路径转移该热负荷量，使传热温差恢复到允许的最小值。当热负荷沿路径 $H_1 \rightarrow (1+4) \rightarrow C$ 转移时，加热器 H_1 负荷增加 X，换热器（1+4）负荷减少 X，冷却器负荷增加 X，温度 T_1 不变，欲使 T_2 达到 82℃，有

$$T_2 = 150 - (140 - X)/2.0 = 82(℃)$$

$$X = 4kW$$

此时，温差得到恢复，但以给出 4kW 的加热公用工程和 4kW 的冷却公用工程为代价。因此，在本例的情况下，存在增加公用工程与增加换热面积之间的权衡。

夹点法可以准确地给出系统的能量目标，对于设计型问题，可以根据一系列启发式规则，构造出最大热回收网络。对于操作型问题，根据夹点法的三点原则，可以准确地找到系统的能量回收瓶颈，也可以通过断开回路的方法，减少网络的换热器数量。然而，以夹点法为基础的方法，因为图解法的维数限制，无法解决多维问题。

（2）数学规划法 相比于夹点法，数学规划法可以解决多维问题。Papoulias 和 Grossmann[24] 采用结构优化法综合热回收网络，提出的转运模型用较小规模的线性规划方法解出换热网络所需的最小公用工程费用，进而用混合整数规划法确定具有最少换热设备数的流程结构，达到网络的优化。这一模型能够处理物流有分支以及物流间匹配换热有约束的问题。

① 转运模型 运输模型是确定将产品由工厂直接送到目的地的最优网络，而转运模型是确定把产品由工厂经由中间仓库运送到目的地的最优网络。对于热回收问题，热量可看作产品，由热物流通过中间的温度间隔送到冷物流，在中间的温度间隔内，应当满足传热过程的热力学上的约束，即热、冷物流间的传热温差要不小于允许的最小传热温差 ΔT_{min}，温度间隔的划分可按组合曲线中换热系统中的温度区间的划分方法，在每个温度区间保证了热、冷物流间的传热温差。热回收网络的转运模型示意图可参见图 27-3-13，热量由热物流到相应的温度间隔，然后流到该间隔中的冷物流，剩余的热量则流向较低温位的温度间隔。

对每个温度间隔，热量流动的情况参见图 27-3-14，具体说明如下：

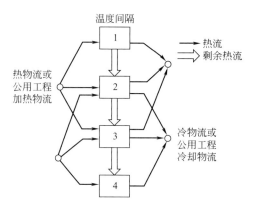

图 27-3-13   热回收网络的转运模型

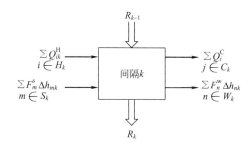

图 27-3-14   在每一温度间隔中热流示意图

a. 热量从包含在某一温度间隔中的所有热物流和公用工程加热物流进入该温度间隔。

b. 热量由该温度间隔流到包含在该温度间隔中的所有冷物流和公用工程冷却物流。

c. 该温度间隔中过剩的热量流到下一个较低温位的间隔中去。

d. 从温位较高的间隔进入该温度间隔的热量，不能再用于更高的温度间隔，这是因为热量不能自动地由低温流向高温。

该转运网络中包含的变量有：从一个温度间隔流到下一个较低温度间隔的剩余热量，以及公用工程加热、冷却物流的流量。

② 最小公用工程费用问题   换热网络综合问题的设计目标之一是确定所需的最小公用工程物流费用，这一问题可处理成一个转运问题来求解。

首先把包含所有物流的整个温度区间划分为 K 个温度间隔，由高温到低温给以标号 $K = 1, 2, \cdots, k$，每一温度间隔的温度变化以 ΔT_k 表示。为了识别出所有物流相对于这些温度间隔的位置，定义下面的集合：

$H_k = \{i \,|\, $ 在温度间隔 k 中出现的热物流 $i\}$

$C_k = \{j \,|\, $ 在温度间隔 k 中出现的冷物流 $j\}$

$S_k = \{m \,|\, $ 在温度间隔 k 中出现的公用工程加热物流 $m\}$

$W_k = \{n \,|\, $ 在温度间隔 k 中出现的公用工程冷却物流 $n\}$

令 Q_{ik}^{H} 为进入温度间隔 k 的热物流 i 的热负荷，可由下式计算

$$Q_{ik}^{\mathrm{H}} = F_i \, (C_p)_{ik} \Delta T_k^i \tag{27-3-12}$$

式中 F_i ——热物流 i 的质量流量；

$(C_p)_{ik}$——热物流 i 在温度间隔 k 的热容；

ΔT_k^i——热物流 i 在温度间隔 k 中的温度变化。

类似地，由温度间隔 k 流出到冷物流 j 的热负荷为

$$Q_{jk}^{C} = F_j (C_p)_{jk} \Delta T_k^j \tag{27-3-13}$$

对于公用工程物流，要根据它们的入口温度和出口温度，放在相应的温度间隔中。进入温度间隔 k 的公用工程加热物流 m 的热负荷由下式给出

$$Q_{mk}^{g} = F_m^g \Delta h_{mk} \tag{27-3-14}$$

式中　F_m^g——公用工程加热物流 m 的质量流量；

Δh_{mk}——在温度间隔 k 中，公用工程加热物流 m 的焓降。

类似地，在温度间隔 k 中，公用工程冷却物流 n 的热负荷为

$$Q_{nk}^{w} = F_n^w \Delta h_{nk} \tag{27-3-15}$$

式中　F_n^w——公用工程冷却物流 n 的质量流量；

Δh_{nk}——在温度间隔 k 中，公用工程冷却物流 n 的焓增。

现参见图 27-3-14，对温度间隔 k 可写出热量衡算式

$$R_k - R_{k-1} - \sum_{m \in S_k} F_m^g \Delta h_{mk} + \sum_{n \in W_k} F_n^w \Delta h_{nk} = \sum_{i \in H_k} Q_{ik}^H - \sum_{j \in C_k} Q_{jk}^C \tag{27-3-16}$$

$$k = 1, 2, \cdots, K$$

式中　R_k——流出间隔 k 的剩余热量；

R_{k-1}——流出间隔 $(k-1)$ 的剩余热量，并流入间隔 k；

$m \in S_k$——公用工程加热物流 m 属于间隔 k 中的公用工程加热物流集合 S_k；

$n \in W_k$——公用工程冷却物流 n 属于间隔 k 中的公用工程冷却物流集合 W_k；

$i \in H_k$——热物流 i 属于间隔 k 中的热流集合 H_k；

$j \in C_k$——冷物流 j 属于间隔 k 中的冷流集合 C_k。

公用工程物流的费用可表示为

$$Z = \sum_{m \in S} S_m F_m^g + \sum_{n \in W} W_n F_n^w \tag{27-3-17}$$

式中　S_m——公用工程加热物流单位价格；

W_n——公用工程冷却物流单位价格。

由上得出最小公用工程物流费用的转运模型，以线性规划问题写出如下

$$\text{Minimize } Z = \sum_{m \in S} S_m F_m^g + \sum_{n \in W} W_n F_n^w \tag{27-3-18}$$

s.t.（约束条件，Subject to 的简写）

$$R_k - R_{k-1} - \sum_{m \in S_k} F_m^g \Delta h_{mk} + \sum_{n \in W_k} F_n^w \Delta h_{nk} = \sum_{i \in H_k} Q_{ik}^H - \sum_{i \in C_k} Q_{ik}^C$$

$$k = 1, 2, \cdots, K$$

$$F_m^g \geqslant 0 \qquad m \in S$$

$$F_n^w \geqslant 0 \qquad n \in W$$

$$R_0 = 0$$

$$R_k = 0$$

$$R_k \geqslant 0 \qquad k = 1, 2, \cdots, K-1$$

当公用工程物流的单位价格 S_m、W_n 都取为 1 时，求解上述转运问题即得到最小的公用工程用量；如果只采用一种公用工程加热物流和一种公用工程冷却物流，则最小公用工程物流用量就相当于最小公用工程物流费用的解答。

求解上述线性规划问题，可得到公用工程加热、冷却物流的最优用量（F_m^g，$m=1$，NS 以及 F_n^w，$n=1,2,\cdots,NW$）以及每一温度间隔的剩余热量 R_k，$k=1,2,\cdots,K$。当 $R_k=0$ 时，说明温度间隔 k 与温度间隔（$k+1$）之间存在夹点。

③ 最少换热设备数目问题　具有最少换热设备数的网络系统相当于其设备投资费用最小。由②已确定出适宜的公用工程物流量，现把它加到工艺物流集合中，所以定义扩充的集合 $\hat{H} = \{H, S\}$ 为热物流，$\hat{C} = \{C, W\}$ 为冷物流，如果确定系统中存在 $NL-1$ 个夹点（剩余热流量为零），则可把原来的 K 个温度间隔分割成 NL 个子网络，对应每个子网络 l 中的温度间隔子集表示为 SN_l，$l=1,2,\cdots,NL$。显然，物流间的匹配换热要局限在各子网络内部，否则会产生热流通过夹点，增大了公用工程物流用量。用 $H_l \subseteq \hat{H}$ 和 $C_l \subseteq \hat{C}$ 表示在子网络 l 中出现的热物流集合和冷物流集合，$R_{i,k}$ 表示热物流 $i \in H_l$ 的剩余热量，$k \in SN_l$，$l=1,2,\cdots,NL$。在子网络 l 中的温度间隔 k 中，物流间的换热量表示为 Q_{ijk}，$i \in H_{lk}$，$j \in C_{lk}$，$k \in SN_l$，其中 $H_{lk} = \{i \mid i \in H_l$，热物流 i 出现在间隔 $\overline{k} \leqslant k$，$\overline{k}$，$k \in SN_l\}$，同样，$\overline{k} \leqslant k$ 表示 $\overline{k}$ 为包括间隔 k 及比间隔 k 温位高的间隔（在 SN_l 子网络中）。

$$C_{lk} = \{j \mid j \in C_l，冷物流 j 出现在间隔 k \in SN_l\}$$

现引入 0—1 二元变量 y_{ijl} 表示在子网络 l 中热物流 $i \in H_l$ 和冷物流 $j \in C_l$ 之间的匹配换热存在与否。每一个匹配对应一个换热设备（根据 y_{ijl} 的下标 ijl，说明在一个子网络 l 中物流 i 与 j 只匹配一次）。在子网络 l 中物流匹配的总热交换量 $\displaystyle\sum_{k \in SN_l} Q_{ijk}$ 与二元变量 y_{ijl} 可用下面的不等式相关联

$$\sum_{k \in SN_l} Q_{ijk} - U_{ijl} y_{ijl} \leqslant 0 \tag{27-3-19}$$

$i \in H_l$

$j \in C_l$

$l = 1, 2, \cdots, NL$

式中，$U_{ijl} = \min\left\{\displaystyle\sum_{k \in SN_l} Q_{ik}^{\hat{H}}, \sum_{k \in SN_l} Q_{ik}^{\hat{C}}\right\}$，相当于可能进行的热交换量上限。

参考图 27-3-15，可构造下面的混合——整数转运模型，确定具有最少换热设备数的网络结构。

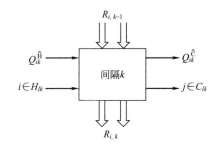

图 27-3-15 温度间隔中各个热物流的状况

$$\left\{ \text{minimize } Z = \sum_{l=1}^{NL} \sum_{i \in H_l} \sum_{j \in C_l} e_{ijl} y_{ijl} \right\}$$

(27-3-20)

$$\text{s. t.} \begin{cases} R_{1,k} - R_{i,k-1} + \sum_{j \in C_{lk}} Q_{ijk} = Q_{ik}^{\hat{H}} \quad i \in H_{lk} \\ \sum_{i \in H_{lk}} Q_{ijk} = Q_{jk}^{\hat{C}} \quad j \in C_{lk} \end{cases}$$

$k \in SN_l$

$l = 1, 2, \cdots, NL$

$$\sum_{k \in SN_l} Q_{ijk} - U_{ijl} y_{ijl} \leqslant 0$$

$i \in H_l$

$j \in C_l$

$l = 1, 2, \cdots, NL$

$$\left. \begin{matrix} R_{ik} \geqslant 0 \quad i \in H_{lk} \\ Q_{ijk} \geqslant 0 \quad j \in C_{lk} \\ i \in H_{lk} \end{matrix} \right\} l = 1, 2, \cdots, NL$$

$y_{ijl} = 0, 1 \quad i \in H_l \quad k \in SN_l$

$j \in C_l$

$l = 1, 2, \cdots, NL$

目标函数中 e_{ijl} 为权因子，反映物流间匹配换热的优先程度，若对物流间的匹配换热无特别要求，则取 e_{ijl} 皆为 1。对禁止匹配换热的，则取 $y_{ijl} = 0$。

④ 综合的步骤　采用转运模型进行换热网络综合的步骤如下：

第一步，确定出温度间隔。把所有物流的整个温度区间分割为一些温度间隔，可采用 (2)①介绍的方法。

第二步，计算最小公用工程费用。采用 (2)②介绍的转运模型，确定出最优的公用工程加热与冷却物流用量。

第三步，确定具有最少换热设备数的网络。采用（2）③介绍的混合整数规划法得出最少的换热设备数及网络中物流间匹配换热结构，并提供出每一匹配所包含的热、冷物流，热交换量，以及各温度间隔的热流量。

线性规划和混合整数规划算法都有标准程序可用。具体应用实例参看文献［22］。基于基本的数学规划法，近期也涌现了不同的模型与方法，用以解决更大规模的问题，具体可以参看文献［25，26］。

（3）网络夹点法　上述的数学规划法主要针对的是建立一个新的换热网络设计，即设计型问题。而对于一个现有的换热网络，也时常需要进一步减小其能量消耗或者增加产量。此时就需要对现有的换热网络进行改造。虽然仍然可以通过采用夹点法或数学规划法找到最优设计的方法解决改造问题，但这样的方式，会忽略网络本身的特性，且改动较多。

见图 27-3-16(a)，对于一个现有网络，它的最小传热温差为 10℃，相应的热回收量为 200kW，但是用组合曲线分析可知，当换热网络的最大热回收量为 200kW 时，最小传热温差为 22.5℃。若想增加现有网络的热回收量，可通过热负荷路径，增大热负荷路径上的换热器的热负荷。从网络结构可以看出，虚线标出的区域即为这个系统中唯一的热负荷路径，增大这个路径中换热器的热负荷，一直到该换热器的传热温差为 0℃，即理论极限值［图 27-3-16(b)］。此时该网络的热回收量为 220kW，而通过组合曲线可知，该换热网络在最小传热温差为 6℃ 时，换热网络的最大热回收量都能达到 250kW。这说明是网络结构制约了换热网络的热回收量，而这种像图 27-3-16 虚线中的换热器，随着热回收量的增加而传热温差

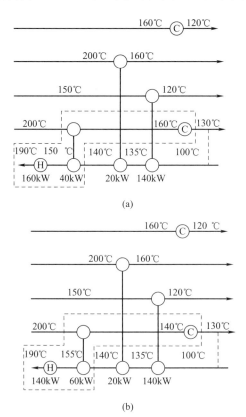

图 **27-3-16**　网络夹点的形成

变为 0℃的换热器，被定义为网络夹点。网络夹点与夹点不同，夹点只和换热网络的物流数据有关，而网络夹点与网络结构和物流数据都有关系。

网络夹点法即先找到换热网络中的网络夹点，采用一个 MILP 模型，实现换热器的重新排序、重新布管、新增换热器、分流等，消除该网络夹点，再通过一个 NLP 模型优化得到新的换热网络，具体方法可看文献 [27]。这个过程可以重复多次，即还可以在优化的换热网络的基础上，找到新的网络夹点，消除新的网络夹点，得到更优的换热网络。需要指出，重复到一定次数，换热网络可以达到最优，然而重复次数越多，后面的每一次优化过程所得到的效益就越小。通常一个实际改造项目中，对网络整体的改造量都不会太大。

3.4 多组分分离序列的综合

化工生产过程中通常包含多组分混合物的分离操作，用于原料的预处理、产品分离、产品最后提纯以及废料处理等。分离过程费用在全厂的设备投资费用和操作费用上占很大比重，从而构成过程系统中的重要组成部分。选择合理的分离方法与确定最优的分离序列，是分离序列综合的主要目的[28]。

多组分分离序列综合问题的研究，始于 20 世纪 70 年代，Hendry 和 Hughes[29] 采用最优化求解；Rudd 等[30] 提出基于经验规则的直观推断法；之后，在调优策略、专家系统以及具有热集成的分离序列综合方法等研究方面都有较大的进展[31~38]。最近的研究主流是采用基于超结构的优化方法[36,38,39]，这一领域最新的综述论文可参见文献 [2]。

3.4.1 分离序列综合问题

分离序列综合问题的定义如下[3,28]：给定一进料流股，已知它的状态（流量、温度、压力和组成），系统化地设计出能从进料分离出所要求产品的过程，并使总费用最小。以数学形式表示如下

$$\min_{I,X} \varphi = \sum_i C_i(x_i) \tag{27-3-21}$$

式中　i——$i \in I$，可行的分离单元；

C_i——分离器 i 总的年费用；

I——S 的一个子集；

S——能产生所要求产品的所有可行的分离器系统结构的集合；

x_i——分离器 i 的设计变量；

X——论域，$(x_i)^n$。

该问题是一个混合整数非线性数学规划问题，即作出从 S 中产生子集 I 的离散决策，以及对连续变量 x_i 的决策。所以，设计者面临两个问题：一是找出最优的分离序列和每一个分离器的性能；二是对每一个分离器找出其最优的设计变量值，如结构尺寸、操作条件等。即在塔系最优化的同时，每个塔的设计也要最优化。

为简化问题，下面所讨论的分离过程只局限在采用简单塔进行蒸馏操作的情况。所谓简单塔是指：①一个进料分离为两个产品；②每一组分只出现在一个产品中，即锐分离（或清晰分割）；③塔底采用再沸器，塔顶采用全凝器。图 27-3-17 中示出分离 3 组分混合物的 2 种

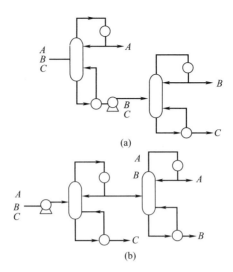

图 27-3-17　用简单塔分离 3 组分混合物的 2 种方案

方案，其中（a）为直接序列，轻组分逐个在塔顶引出；（b）为非直接序列。

　　分离序列的综合，实质上是要解决一个组合问题。将含有 R 个组分的混合物分离成 R 个纯组分的产品，其分离序列的总数目等于

$$S_R = \sum_{j=1}^{R-1} S_j \cdot S_{R-j} = \frac{[2(R-1)]!}{R!\,(R-1)!} \qquad (27\text{-}3\text{-}22)$$

　　例如，当进料的组分数 $R=4$，由式(27-3-22)可计算出分离序列数 $S_4=5$，这 5 个方案如图 27-3-18 所示。

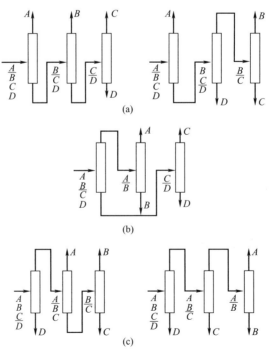

图 27-3-18　4 组分进料可得出 5 种分离序列

分离多组分进料时，产生一些子群，其为各分离器的进料或产品。例如，见图 27-3-18，进料组分数 $R=4$，可产生 10 个不同的子群，列于表 27-3-3 中。一般情况，总的子群数（包括进料）G 可由算术级数求和得到，即

$$G = \sum_{j=1}^{R} j = \frac{R(R+1)}{2} \tag{27-3-23}$$

式中 j——序号。

对一含 4 个组分的进料，前已指出存在 5 种分离序列，而每一种分离序列由 3 个分离器所构成，于是对于 5 个分离序列总共有 15 个分离器，见图 27-3-18 及表 27-3-4，其中只有 $U=10$ 种是不重样的分离，或称为分离子问题，在一分离序列中，分离子问题的数目可由下式计算

$$U = \sum_{j=1}^{R-1} j(R-j) = \frac{R(R-1)(R+1)}{6} \tag{27-3-24}$$

序列数 S、子群数 G、分离子问题数 U 随组分数 R 改变的数值列于表 27-3-5 中，当 R 增大时，G、U 值增大，S 值骤增。

表 27-3-3 对于 4 组分进料的子群

第一个分离器的进料	后面分离器的进料		产品
$\begin{pmatrix} A \\ B \\ C \\ D \end{pmatrix}$	$\begin{pmatrix} A \\ B \\ C \end{pmatrix}$ $\begin{pmatrix} B \\ C \\ D \end{pmatrix}$	$\begin{pmatrix} A \\ B \end{pmatrix}$ $\begin{pmatrix} B \\ C \end{pmatrix}$ $\begin{pmatrix} C \\ D \end{pmatrix}$	(A) (B) (C) (D)

表 27-3-4 对于 4 组分进料的分离子问题

对于第一个分离器的分离子问题	对于后面分离器的分离子问题	
$\begin{pmatrix} A \\ \overline{B} \\ C \\ D \end{pmatrix}$ $\begin{pmatrix} A \\ B \\ \overline{C} \\ D \end{pmatrix}$ $\begin{pmatrix} A \\ B \\ C \\ \overline{D} \end{pmatrix}$	$\begin{pmatrix} A \\ \overline{B} \\ C \end{pmatrix}$ $\begin{pmatrix} A \\ B \\ \overline{C} \end{pmatrix}$ $\begin{pmatrix} B \\ \overline{C} \\ D \end{pmatrix}$ $\begin{pmatrix} B \\ C \\ \overline{D} \end{pmatrix}$	$\begin{pmatrix} A \\ \overline{B} \end{pmatrix}$ $\begin{pmatrix} B \\ \overline{C} \end{pmatrix}$ $\begin{pmatrix} C \\ \overline{D} \end{pmatrix}$

表 27-3-5   对于采用一种简单分离方式，分离器、分离序列、子群和分离子问题的数目

组分数 R	在一序列中的分离器数	序列数 S	子群数 G	分离子问题数 U
2	1	1	3	1
3	2	2	6	4
4	3	5	10	10
5	4	14	15	20
6	5	42	21	35
7	6	132	28	56
8	7	429	36	84
9	8	1430	45	120
10	9	4862	55	165
11	10	16796	66	220

3.4.2 分离过程的能耗[28,40]

混合物的分离不可能自发进行，必须消耗一定的能量。在整个化工生产中，分离能耗一般均占很大比重，所以在分离序列优化综合中，也往往以能耗作为首要的目标函数[35]。

热力学原理指出，某一分离任务的最小可能的（即可逆）功耗与采用什么样的过程去完成它无关，仅决定于被分离混合物的组成、温度、压力，以及所要求产物的组成、温度和压力，均属状态性质。而用来进行分离的实际过程所需的功均大于此值。

在恒温、恒压下将均相混合物分离成纯产物所需的最小功为

$$W_{\min,T} = -RT \sum_{j=1}^{m} x_{jf} \ln(\gamma_{jf} x_{jf}) \tag{27-3-25}$$

式中 $W_{\min,T}$——每摩尔进料所消耗的最小功，$J \cdot mol^{-1}$ 进料；

R——气体常数，$8.314 J \cdot K^{-1} \cdot mol^{-1}$；

x_{jf}——进料中组分 j 的摩尔分数；

γ_{jf}——进料中组分 j 的活度系数；

m——进料中的组分数；

T——分离物系所处的温度，K。

对于理想气体混合物或理想溶液，有 $\gamma_j = 1$，则式（27-3-25）变成

$$W_{\min,T} = -RT \sum_{j=1}^{m} x_{jf} \ln x_{jf} \tag{27-3-26}$$

当将进料混合物分离成不纯产物时，则在恒温、恒压下分离的最小功为

$$W_{\min,T} = -RT \Big[\sum_{j=1}^{m} x_{jf} \ln(\gamma_{jf} x_{jf}) - \sum_i \varphi_i \sum_j x_{ji} \ln(\gamma_{ji} x_{ji}) \Big] \tag{27-3-27}$$

式中 φ_i——产物 i 在进料中所占的摩尔分数；

x_{ji}——产物 i 中组分 j 的摩尔分数；

γ_{ji}——产物 i 中组分 j 的活度系数。

式（27-3-27）相当于由式（27-3-25）的结果减去这些不纯物分离成为纯物质的最小功。所以，分离成不纯产物的分离功要小于分离成纯产物的分离功。

分离最小功是一个分离过程所必须消耗的能量下限，大多数场合，一个实际分离过程的能耗要比这个最小值大许多倍。但是不同分离过程的最小功的相对大小仍可作为比较它们分离难易的重要指标。

通常，实际分离过程大都为热过程（如蒸馏过程），消耗的能量为热能，为了比较，应将实际消耗的热能转变为功的形式，为此，将实际热耗乘以卡诺效率，即得分离过程的有效能耗为

$$W_{\mathrm{n}} = Q_{\mathrm{H}} \frac{T_{\mathrm{H}} - T_{\mathrm{O}}}{T_{\mathrm{H}}} - Q_{\mathrm{L}} \frac{T_{\mathrm{L}} - T_{\mathrm{O}}}{T_{\mathrm{L}}} \qquad (27\text{-}3\text{-}28)$$

式中 W_{n}——分离过程的有效能耗，J；

　　　 Q_{H}——从高温热源吸收的热量，J；

　　　 Q_{L}——向低温热源排出的热量，J；

　　　 T_{H}——高温热源温度，K；

　　　 T_{L}——低温热源温度，K；

　　　 T_{O}——环境温度，K。

式中符号见图 27-3-19。如果过程还消耗机械功，则应直接加到式（27-3-28）中。

如果分离过程中没有用到机械功，并且产物和进料之间的焓差与输入热量相比可以忽略，即 $Q_{\mathrm{H}} = Q_{\mathrm{L}} = Q$，则式（27-3-28）变成

$$W_{n} = Q T_{\mathrm{O}} \left(\frac{1}{T_{\mathrm{L}}} - \frac{1}{T_{\mathrm{H}}} \right) \qquad (27\text{-}3\text{-}29)$$

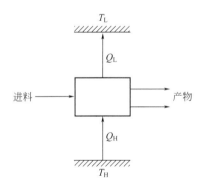

图 27-3-19　以热能驱动分离过程

3.4.3　直观推断规则

有些过程约束条件可以减少应考虑的分离序列数目，这些约束条件如下[4]：

① 基于安全问题的考虑，将毒性组分在序列中优先移出。

② 优先移出化学性质活泼和热敏性物质以避免影响产品的质量。

③ 优先移出腐蚀性组分，以免增加设备制造费用。

④ 如果再沸器中热分解物污染产品，则不应从塔底采出目的产品。

⑤ 如果某些组分易聚合，必须加入阻聚剂。阻聚剂常常是不挥发物质，必然进入塔釜，

故此时不能从塔底采出目的产品。

⑥ 如果进料为难凝组分，这些组分的冷凝需要低温冷冻或特别高的操作压力。冷冻或高压操作会明显增加操作费用。此时应首先从第一塔的塔顶移走这些轻组分，以便后续塔中避免采用冷冻或高压操作。

所提出的直观推断规则有很多，仅就蒸馏序列的综合，可以归纳为如下六条：

规则 1　当关键组分之间的相对挥发度接近 1 时（即难分离），应该在没有非关键组分存在的情况下进行分离（或另一说法，难分离的组分应放在最后处理）。

规则 2　最好将各组分逐个从塔顶馏出，即采用直接序列。

规则 3　在进料中占据份额大的产物应该首先分离出去，或者最好采用塔顶馏出物同塔底产物的流量近于等摩尔分配。

规则 4　应将回收率要求很高的馏分放在塔系的最后进行分离。

规则 5　希望必须产生的产品种类数目最少。

规则 6　使用质量分离剂时，除其对后续分离过程有利，最好应在下一个分离器中立即回收。

针对具体的物料或分离工艺，还可派生出来一些规则。这些是多年经验归纳的结果。

应该指出，使用这些规则时会出现相互矛盾的情况，所以设计者应当具体分析实际问题，判断影响决策的主要规则。

3.4.4　有序直观推断法

此法的特点是，首先将直观推断规则按照重要程度排成次序，然后按次序使用这些规则，逐步综合出分离序列，这在一定程度上解决了应用规则时出现矛盾的问题。

这里介绍的是 Nadgir 等[41]提出的有序推断规则[28]：

规则 1　所有其他条件相同，最好采用常规蒸馏，即用能量分离剂，避免用质量分离剂（如萃取精馏）。但当关键组分之间的相对挥发度小于 1.05～1.10 时，不应当采用常规蒸馏，应该采用质量分离剂，但该分离剂应该在下一步立即脱除（回收）。

规则 2　蒸馏过程尽量避免真空和冷冻操作。如需要用真空蒸馏，则可考虑用液-液萃取代替；如需要用冷冻操作，则可考虑用吸收操作代替。

规则 3　当产品集中包括多个多元产品时，倾向于选择得到最少产品种类的分离序列。相同的产品不要在几处分出，分出后不要再混合成所需的产品。

规则 4　首先除掉腐蚀性组分和有毒有害组分。

规则 5　最后处理难分离或分离要求高的组分。

规则 6　进料中含量最多的组分首先分离出去。

规则 7　如果组分间的性质差异以及组分的组成变化范围不大，则倾向于塔顶、塔底产品等物质的量分离。

如果不能按塔顶和塔底产品等物质的量分离（如分离点组分间的相对挥发度太小等情况），则可选择具有最大分离易度系数处为分离点。分离易度系数的定义为

$$CES = f\Delta \qquad (27\text{-}3\text{-}30)$$

式中　f——塔顶、塔釜产品摩尔流量比，即 D/W 或者 W/D（比值不大于 1）；

Δ——两分离组分的沸点差 ΔT，或 $\Delta = (a-1)\times 100$，其中 a 为相邻分离组分的相对挥发度或分离因子。

【例 27-3-2】 一含有 5 个组分的轻烃混合物的组成如下：

组分	组成(摩尔分数)	相邻组分间的相对挥发度(37.7℃,1.72MPa)	分离易度系数 CES[①]
A 丙烷	0.05		
		2.0	5.26
B 异丁烷	0.15		
		1.33	8.25
C 正丁烷	0.25		
		2.10	114.50
D 异戊烷	0.20		
		1.25	12.46
E 正戊烷	0.35		

① CES 值指该分离点下全系统的分离易度系数，例如 5.26 的值可由下列计算得出：$f = \dfrac{0.05}{1-0.05} = \dfrac{1}{19}$，$\Delta = (2-1) \times 100 = 100$，则 $CES = f\Delta = \dfrac{100}{19} = 5.26$。

拟采用常规蒸馏，试综合出合适的分离序列，分离这 5 个组分为纯组分。

求解步骤如下：

第一步，由规则 1、2，采用常规蒸馏；由于轻组分沸点低，为减小冷冻负荷，采用加压冷冻。

第二步，规则 3、4 未用。

第三步，按照规则 5，组分 D、E 间难分离，这是因为其间组分的相对挥发度最小，$a = 1.25$，故放在最后分离。

第四步，按规则 6，组分 E 含量大（占 0.35），应先分离出去，但因为规则 5 优于规则 6，所以组分 E 不宜先分离出去。

第五步，由规则 7，倾向于 50/50 分离，加上再考虑 CES 值，则 ABC/DE，即 C、D 间为分离点较宜，此时为 0.45/0.55 分离，$CES = 114.5$ 为最大。

第六步，现考虑 A、B、C 的分离方案选择，需要比较各分离点的 CES 值，见下表。

参数	A/(BC)	AB/C
f	0.05/0.40	0.20/0.25
$\Delta = (\alpha-1) \times 100$	$(2-1) \times 100 = 100$	$(1.33-1) \times 100 = 33$
$CES = f\Delta$	12.5	26.4

所以，A、B、C 3 组分的分离应优先采用 AB/C 的方案，其 CES 值大。则该题的解答为下列分离序列。

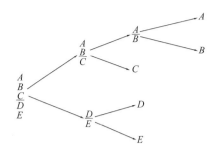

3.4.5   模糊直观推断法[28,33]

在直观推断法中,推断规则反映了专家的主观判断,常包含不确定的语言,使用者在理解这些不确定语言时会遇到困难。采用模糊集合理论可以定量地表达推断规则中的不确定语言,而且使用方便。本节介绍采用模糊集合表示推断规则中的模糊术语,并把它转化成"产生式规则",根据专家意见,每一推断规则再赋以一代表其重要程度的权值,则可同时考虑各推断规则,从而全面处理分离序列的决策问题。

综合分离序列的方法和步骤如下:

首先选择有效的直观推断规则。现列出有一定代表性的 3 条规则。

规则 1   当过程进料中(排好序列的组分)相邻组分间的相对挥发度变化范围大时,则按相邻组分间相对挥发度递减的顺序分离。

规则 2   当进料中组分的摩尔分数变化范围很大,而相邻组分间相对挥发度变化范围不大时,则按摩尔分数递减的顺序分离。

规则 3   当相邻组分间相对挥发度及进料中组分的摩尔分数变化范围均不大时,则逐个组分由塔顶分离出。

然后结合具体情况,根据专家意见,给上述规则以不同的权值,表示其重要程度,有以下步骤:

第一步,把上述规则转换为产生式规则,得出:

规则 1   如果相邻的相对挥发度变化范围很大 (A_1),则在相邻相对挥发度最大处分离该混合物。

规则 2   如果组分摩尔分数变化范围很大 (A_2),并且相邻相对挥发度变化范围不大 ($\overline{A_1}$),则分离出摩尔分数最大的组分。

规则 3   如果组分摩尔分数变化范围不大 ($\overline{A_2}$),并且相邻相对挥发度变化范围也不大 ($\overline{A_1}$),则分离出排好序中的第一个组分。

第二步,在产生式规则中,主观的、定性的术语 A_1、$\overline{A_1}$、A_2、$\overline{A_2}$ 应该有规则的定量化,尽可能接近专家的认识。模糊集合刚好适合这种情况。如各组分按其相对挥发度(相对于某一组分,通常取挥发度最小者)排成序:

组分 A B C D

相对挥发度 α_A α_B α_C α_D

则相邻相对挥发度为

$$\alpha_{AB} = \frac{\alpha_A}{\alpha_B}$$

$$\alpha_{BC} = \frac{\alpha_B}{\alpha_C}$$

$$\alpha_{CD} = \frac{\alpha_C}{\alpha_D}$$

根据规则 1，如果 α_{AB}、α_{BC}、α_{CD} 变化范围很大，则在 $\alpha^{max} = \max(\alpha_{AB}, \alpha_{BC}, \alpha_{CD})$ 处分离。令

$$\alpha^{min} = \min(\alpha_{AB}, \alpha_{BC}, \alpha_{CD})$$

$$\alpha^{max} = \max(\alpha_{AB}, \alpha_{BC}, \alpha_{CD})$$

则比率
$$R_\alpha = \frac{\alpha^{min}}{\alpha^{max}}$$

其变化范围是 $0 < R_\alpha \leqslant 1$。

如果 $\alpha^{min} = \alpha^{max}$，则 $R_\alpha = 1$ 即表示"相邻相对挥发度变化范围不大"（$\overline{A_1}$）完全属实，用隶属函数表示 $\mu_{\overline{A_1}}(R_\alpha) = \mu_{\overline{A_1}}(1) = 1$。

但当 R_α 值较小时，则"相邻相对挥发度变化范围不大"（$\overline{A_1}$）变得不太真实。对于
$$R_{\alpha 1} < R_{\alpha 2}, R_{\alpha 1} \in (0, 1], R_{\alpha 2} \in (0, 1]$$

则 $\mu_{\overline{A_1}}(R_{\alpha 1}) < \mu_{\overline{A_2}}(R_{\alpha 2})$

$\mu_{\overline{A_1}}(R_\alpha)$ 与 R_α 的关系是根据专家意见确定的，现指定为线性关系，如图 27-3-20 所示。显然，对于 A_1 的隶属度得出如下公式

$$\mu_{A_1}(R_\alpha) = 1 - \mu_{\overline{A_1}}(R_\alpha)$$

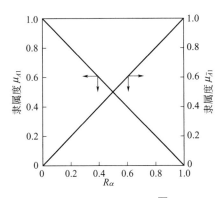

图 27-3-20 模糊语言术语 A_1 和 $\overline{A_1}$ 的定量表达

语言变量"摩尔分数变化范围很大"（A_2）和"摩尔分数变化范围不大"（$\overline{A_2}$）也可类似地规定。

以 W_A、W_B、W_C、W_D 表示组分 A、B、C、D 的摩尔分数，令

$$W^{min} = \min(W_A, W_B, W_C, W_D)$$

$$W^{max} = \max(W_A, W_B, W_C, W_D)$$

则比率

$$R_W = \frac{W^{\min}}{W^{\max}}$$

R_W 的变化范围为 $0 < R_W \leqslant 1$。相应于比率 R_W 在区间（0，1］的模糊集合可以描述术语 $\overline{A}_2$ 和 A_2。假定语言变量 $\overline{A}_2$ 和 A_2 的隶属函数是线性的，如图 27-3-21 所示。同样，下式也是成立的。

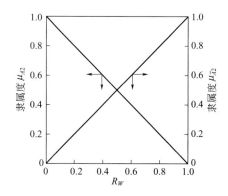

图 27-3-21 模糊语言术语 $\overline{A}_2$ 和 A_2 的定量表达

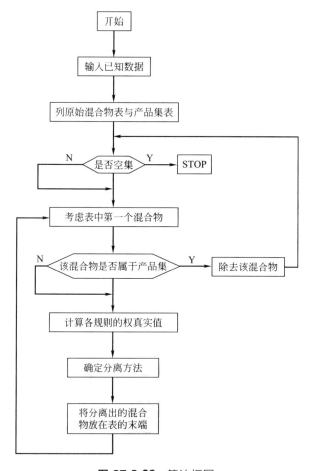

图 27-3-22 算法框图

$$\mu_{A_2}(R_W) = 1 - \mu_{\overline{A_2}}(R_W)$$

根基隶属函数 μ_{A_1}、$\mu_{\overline{A_1}}$、μ_{A_2} 和 $\mu_{\overline{A_2}}$，则用真实值（truth value）可估计符合产生式规则的程度，这 3 个规则的真实值分别以 τ_1、τ_2 和 τ_3 表示。

规则 1 $\tau_1 = \mu_{A_1}(R_a)$

规则 2 $\tau_2 = \mu_{A_2}(R_W) \wedge \mu_{\overline{A_1}}(R_a)$

规则 3 $\tau_3 = \mu_{\overline{A_2}}(R_W) \wedge \mu_{\overline{A_1}}(R_a)$

第三步，由专家规定产生式规则的重要程度，以权 ω_i 表示。权 ω_i 和真实值 τ_i 组合产生权真实值（weighted truth value）τ_i^{ω}，则

规则 1 $\tau_1^{\omega} = \tau_1 \wedge \omega_1$

规则 2 $\tau_2^{\omega} = \tau_2 \wedge \omega_2$

规则 3 $\tau_3^{\omega} = \tau_3 \wedge \omega_3$

所应采用的规则由下式决定

$$\tau_1^{\omega} = \tau_1^{\omega} \vee \tau_2^{\omega} \vee \tau_3^{\omega}$$

即从 $\tau_i^{\omega}(i=1,2,3)$ 中选值最大者。

具体算法框图参见图 27-3-22。

3.5 公用工程系统的综合

一大型化工过程系统基本上是由三个相互联系的部分所组成的，化学加工过程、热回收网络和公用工程系统。蒸汽动力系统往往是公用工程的核心部分。蒸汽动力系统的最优综合问题可表述如下：一大型化工厂需要一定数量驱动机、泵等设备的动力，高、中、低压蒸汽，脱氧水，以及冷却水等；设计的目标是在满足上述要求的前提下确定系统的流程结构和操作条件，使系统总费用最小。

3.5.1 各级蒸汽需求量的确定

（1）总组合曲线的采用　总组合曲线是用于过程和公用工程两个子系统之间界面的有效工具。总组合曲线可以通过组合曲线获得，也可通过问题表获得。

在 $T-H$ 图上把所有的热工艺流股组合起来可构成热流的组合曲线；把所有的冷工艺流股组合起来可构成冷物流的组合曲线。当指定一冷、热物流间传热的最小允许温差 ΔT_{min} 后，将冷组合曲线上移半个夹点温差，将热组合曲线下移半个夹点温差，然后再由同温度下两曲线上的横坐标相减即得该温度下总组合曲线的横坐标值，由此可构造总组合曲线[23]。图 27-3-23 示出一有代表性的总组合曲线，表示通过过程系统的热流量与温度的关系；其中热流量为零的点即为夹点；夹点之上为热阱，夹点之下为热源；图中有影线部分表示过程物流间的热交换。

也可以通过问题表构造总组合曲线。例如在表 27-3-2 的例题中，可知该过程系统包含了 6 个温度区间，每个子网络输入、输出的热负荷列在表 27-3-2 中。子网络之间的界面温度取热、冷物流在该界面温度的算术平均值，则各子网络界面处的热流量如下：

温度区间	界面温度 $T/℃$	界面热流量 H/kW
1	140	107.5
2	135	117.5
3	110	105
4	80	0
5	50	135
6	35	52.5
7	30	40

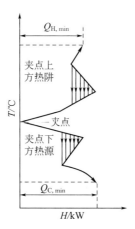

图 27-3-23　典型总组合曲线

将上面的数据标绘在 T-H 图上,并把各点联结起来,就构成了该系统的总组合曲线,如图 27-3-24 所示。

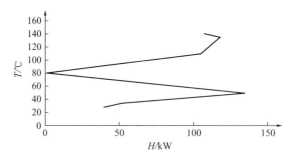

图 27-3-24　系统的总组合曲线

(2) 各级蒸汽需求量的确定　公用工程有多种,最常用的加热公用工程是蒸汽,它通常分为多个等级。如图 27-3-25 所示的总组合曲线,若采用三种级别的加热蒸汽,则可按图示的方式选择(即图中的 a、b、c 三级)。图 27-3-25 中的 a、b、c 三条线段,表示了三级不同温度的加热公用工程,其纵坐标表示了公用工程的温度(注意,图上是平均温度,真实温

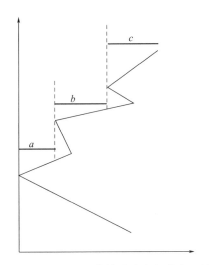

图 27-3-25 应用总组合曲线确定各级蒸汽理论需求量

度应加上半个夹点温差），其在横轴上的投影长度表示了所需要的公用工程的热量[23]。

3.5.2 公用工程系统的综合[42,43]

综合工作的第一步是构造一个超结构，其中包括通常采用的单元设备如锅炉、透平（涡轮），不同压力等级的蒸汽管网，冷凝器，加热器以及其他辅助设备。由该超结构可以产生许多可行的公用工程系统方案。图 27-3-26 示出一超结构。第二步是建立混合整数线性规划模型表征公用工程系统综合问题，其中连续变量表示所有单元设备的处理能力和流股（空气、热量、燃料、蒸汽和水）流量。二元（0-1）变量表示在给定操作状态下相应的单元设备是否存在。不同的操作压力、温度用与二元变量相关的一组离散值表示。

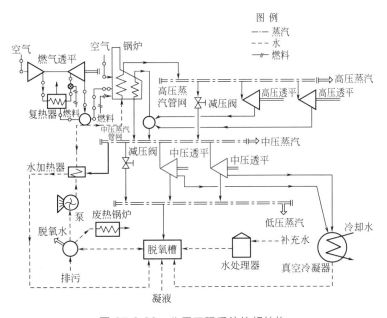

图 27-3-26 公用工程系统的超结构

现具体定义下述符号。

$N=\{n\}$，超结构中的单元设备集合，如锅炉、不同压力等级的蒸汽管网、各种透平、加热器、减压阀等；

$I_n=\{m\,|\,$单元 n 从单元 m 有输入流量$\}$；

$O_n=\{m\,|\,$单元 n 从单元 m 有输出流量$\}$；

$N_1\subset N$：单元设备子集，代表不同压力等级的蒸汽管网、冷凝器和燃气透平；

$K_n=\{k\,|\,$单元设备 n 在(P_{nk},T_{nk})条件下操作$\}$，$n\in N$；

$$y_{nk}=\begin{cases}1,\text{单元 }n\text{ 存在，并在条件 }k\text{ 下操作}\\0,\text{其他条件}\end{cases} \tag{27-3-31}$$

令 F_{nk}^m——在条件 k 下操作的单元 n 向单元 m 的输出流量；

h_{nk}^m——对应 F_{nk}^m 流股的焓，取为定值；

Q_n——单元 n 产生的热量；

W_n——单元 n 产生的功率。

系统中所有单元设备的物料衡算式

$$\sum_{m\in l_n}\sum_{k\in k_n}F_{mk}^n-\sum_{m\in o_n}\sum_{k\in k_n}F_{nk}^m=0 \tag{27-3-32}$$

能量衡算式

$$\sum_{m\in l_n}\sum_{k\in k_n}F_{mk}^n h_{mk}^n-\sum_{m\in o_n}\sum_{k\in k_n}F_{nk}^m h_{nk}^m-Q_n-W_n=0 \quad n\in N \tag{27-3-33}$$

因为每一个单元设备只能在一种操作条件 k 下操作，所以应满足下式

$$\sum_{k\in k_n}y_{nk}\leqslant 1 \qquad n\in N \tag{27-3-34}$$

即如等式成立，说明单元设备 n 存在；若不等式成立，则说明单元设备 n 不存在。

为保证某一单元设备输出的各流股是在相同的操作条件 k 下，需满足下式

$$\sum_{m\in o_n}F_{nk}^m-Uy_{nk}\leqslant 0 \quad k\in K_n,n\in N \tag{27-3-35}$$

式中 U——流股流量上限。

有一种情况，只有当单元 n 存在时，单元 m 才存在，且两者的操作条件相同，可用下式表示

$$y_{mk}=y_{nk} \qquad k\in K_n \tag{27-3-36}$$

上述情况的例子是高压锅炉和高压蒸汽管网两者同时存在，且操作条件相同。

还有一种情况，如果单元设备 m 在条件 k 下操作，则单元设备 n 也在条件 k 下操作，但因果关系反过来就不成立了，即如果单元设备 n 在条件 k 下操作，则单元设备 m 不一定在条件 k 下操作，例如，蒸汽透平和蒸汽管网的关系，透平的存在意味着蒸汽管网的存在，但反过来不一定成立，该种情况只以一个二元变量 y_{mo} 表示单元 m 存在，即

$$y_{mo}=y_{mk} \qquad k\in K_m \tag{27-3-37}$$

y_{mo} 与单元 n 的存在用下式关联

$$y_{mo} - \sum_{k \in K_n} y_{nk} \leqslant 0 \qquad (27\text{-}3\text{-}38)$$

上式说明，如果 $y_{mo} = 1$，由该式知 $y_{nk} = 1$，即单元 m 存在，单元 n 必存在；若单元 n 存在，即 $y_{nk} = 1$，但 y_{mo} 可以为零，即单元 m 不存在，式(27-3-38)仍然成立。由于单元 n 的操作条件与单元 m 的操作条件相同，所以还要满足下式

$$\left.\begin{array}{l}
\sum\limits_{l \in o_m} F_{mk}^l - U y_{nk} \leqslant 0 \qquad k \in K_n \\[2mm]
\sum\limits_{k \in K_n} \sum\limits_{l \in o_m} F_{mk}^l - U y_{mo} \leqslant 0
\end{array}\right\} \qquad (27\text{-}3\text{-}39)$$

式中　l——任一单元设备。

应用式(27-3-36)和式(27-3-37)可以减少二元变量的数目，简化计算。对于公用工程需求量的约束方程，动力的需求

$$\hat{W}_p = \sum_{n \in N_p} W_n \qquad p = 1, 2, \cdots, P \qquad (27\text{-}3\text{-}40)$$

式中　$N_p = \{n \mid$ 单元 n 提供动力给单元 $p\}$；

$\hat{W}_p$——单元 p 所需的动力。

以热负荷形式表示的蒸汽的需求

$$\hat{Q}_s = \sum_{n \in N_s} Q_n \qquad s = 1, 2, \cdots, S \qquad (27\text{-}3\text{-}41)$$

式中　$\hat{Q}_s$——单元 s 所需的蒸汽量；

$N_s = \{n \mid$ 单元 n 提供蒸汽给单元 $s\}$。

水的需求

$$F_r = \sum_{n \in N_r} \sum_{k \in K_n} F_{nk}^r \qquad r = 1, 2, \cdots, R \qquad (27\text{-}3\text{-}42)$$

式中　$N_r = \{n \mid$ 单元 n 提供水给单元 $r\}$；

F_r——单元 r 所需的水量。

通常，某一指定的需求应当只由一个单元设备提供，如一台泵只用一个透平驱动即可。

对于单元 n 的容量，由下式给出

$$G_n = \begin{cases} \sum\limits_{m \in o_n} \sum\limits_{k \in K_n} F_{nk}^m & \text{单元 } n \text{ 的总流数} \\[3mm] W_n & \text{单元 } n \text{ 发出的功率} \end{cases} \qquad (27\text{-}3\text{-}43)$$

这些容量可规定在上、下限（G_n^U，G_n^L）之间，即

$$G_n^L \Big(\sum_{k \in K_n} y_{nk} \Big) \leqslant G_n \leqslant G_n^U \Big(\sum_{k \in K_n} y_{nk} \Big) \qquad (27\text{-}3\text{-}44)$$

最后，该综合问题的目标函数以总费用形式表示如下

$$\text{Minimize } C = \sum_{n \in N} \sum_{k \in k_n} (\alpha_{nk} y_{nk} + \beta_n G_n) + \sum_{n \in N_n} \sum_{k \in K_n} \gamma_{nk} F_{nk} + \sum_{n \in N_E} \delta_n W_n$$

(27-3-45)

式中　α_{nk}，β_n，γ_{nk}，δ_n——费用系数。

即系统中所有的单元设备费用和操作费用（包括燃料、水或其他需外购的公用工程流股）总和。

公用工程系统最优综合问题的数学模型由目标函数，式（27-3-45）和约束条件，式（27-3-31）～式（27-3-44）所构成，为求解该混合整数线性规划问题，需要给出下列数据：

① 公用工程需求量；

② 蒸汽、气流股的焓、熵；

③ 透平的效率；

④ 所有单元设备、公用工程流股的费用关联式。

采用标准的混合整数规划程序块求解该问题，就可以从超结构中选出最优的系统结构及有关操作参数。

3.6　过程系统能量集成

为了合理、经济地利用能源、降低生产成本，设计人员已不仅仅着眼于单个操作单元的节能，而越来越注重整个生产过程系统的能量综合利用，这会带来更显著的效果。在过程设计中，有必要把反应、分离以及其他换热过程进行一同考虑，综合利用能量，这就提出了过程系统能量集成的问题。从本质上讲，过程系统能量集成是以合理利用能量为目标的过程系统综合问题。能量集成技术在工业生产中的应用，增加了系统中各单元之间的耦合关系，某些参数的扰动会在系统内部扩散并放大，给操作带来困难，所以要求系统具有一定的柔性以适应操作工况的变化。

3.6.1　整个过程系统的设计

反应器是化工过程的心脏，通常设计先从反应器开始；反应器的设计提出了分离问题，即分离系统的设计紧随反应设计之后，这两者规定了过程的加热和冷却负荷，所以第三个要考虑的是热回收网络的设计；过程中回收的热负荷如果满足不了要求，就需外部的公用工程，即第四个要考虑的是公用工程系统的选择和设计。上述设计顺序或层次可用"洋葱"模型来形象地表示，参见图 27-3-27[4]。

图 27-3-28 为一过程系统[28]，由反应器、蒸馏塔、加热器和冷却器等组成。其中方案（a）为一个没有热集成的流程，其所需的加热负荷、冷却负荷均由公用工程提供，显然，从能量利用角度看是最差的。方案（b）为具有一定程度热集成的流程，其中离开反应器的流股的热量用于第一个蒸馏塔塔釜的加热以及原料和再循环流股（第一个蒸馏塔塔顶产物）的预热，第二个蒸馏塔塔顶的冷凝器也作为预热原料的加热器，这样一来，可以节省加热蒸汽和冷却水负荷，明显降低了能耗。

根据大量的实践，为了设计出优化的过程系统流程，一般的工作步骤可归纳如下：

第 1 步，确定反应和分离系统的流程结构，可以采用 Douglas 提出的方法[44]。

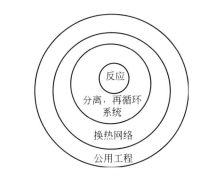

图 27-3-27 过程设计的"洋葱"模型

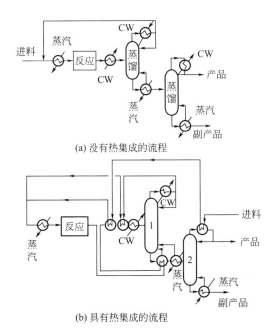

(a) 没有热集成的流程

(b) 具有热集成的流程

图 27-3-28 一过程系统

第 2 步，分离系统的综合，一般选出 2～3 个可行的简单塔序列，也可适当地采用复杂塔或热耦合塔，一旦总的系统热集成确定后再进一步优化分离。

第 3 步，改变起主导作用的优化变量，如反应转化率、再循环流股中惰性物质的含量等，具体要确定：a. 反应与分离系统中设备投资与原料费用；b. 作出过程系统的总组合曲线，选用公用工程；c. 对换热网络和公用工程系统进行综合。

第 4 步，标绘过程系统总费用（设备投资与操作费用）与关键决策变量的关系图。

第 5 步，采用夹点技术对系统调优，确定优化条件。

第 6 步，重复步骤 1～5，比较不同方案的总费用与操作性等，选出满意者。

3.6.2　反应器和分离设备设计中的相互关系

对于简单反应过程，可表示成

$$进料 \longrightarrow 产品$$

由于转化率未能达到 100%，未反应的物质还要重新返回进行反应，这就出现了再循环

流股。该系统优化的目标函数可写为（对单位产品）

$$C＝产品价格－原料费用－设备投资折旧费－能源费用$$

通常，反应器的转化率是起主导作用的决策变量，其与反应、分离与再循环、换热网络与公用工程以及总费用的关系如图 27-3-29 所示，从中可观察出有一适宜的转化率值。

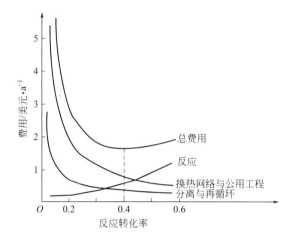

图 27-3-29   反应器转化率对各项费用的影响

对于复杂反应过程，即有副产物的反应，可表示为：

$$进料\longrightarrow 产品＋产物$$

在目标函数中应该加上由副产物带来的费用的变化项，该项为：

$$产生副产物而增加的费用＝消耗于副产物的原料费及增加的设备$$
$$投资和操作费－副产物的价值$$

一般情况，反应过程的转换率与选择性两者呈矛盾状态，需要兼顾。

对于进料中含有杂质的情况，若杂质对催化剂有毒害，则应先把杂质分离出去，再进入反应器，若杂质只为惰性物质存在于再循环物流股，则杂质在循环流股中的浓度对过程的费用影响比较大，也作为一个选优的决策变量来处理。

3.6.3   分离过程与系统的热集成

分离过程是化工过程不可缺少的重要组成部分，其投资常占整个过程投资的 $50\%\sim90\%$，而其能耗常占整个过程能耗的 75% 以上[23]。分离过程的热集成只考虑以能量作为分离剂的分离过程，主要为蒸馏、蒸发、干燥等过程。这几种过程中，蒸馏系统最为复杂，因此，本节主要考虑蒸馏过程与系统的热集成。若仅就蒸馏操作本身，采取节能措施是很有限的，如降低回流比可以节能，但会给操作带来困难。如把蒸馏过程与全系统一同进行考虑，可以增大回流比，但不一定增加系统的能耗。蒸馏过程的能量集成可以带来巨大的节能和经济效益。

（1）分离器在 T-H 图上的表示   一普通的蒸馏塔可用一“多边形”在 T-H 图上表示出来，见图 27-3-30。这一“多边形”可在图中水平移动而不改变原操作条件，也可对其水平或垂直切割成不同热负荷和温位的“子块”。蒸馏塔的进料、出料显热部分焓的变化相对于再沸器或冷凝器的相变潜热来讲，数值很小，所以 T-H 图上的多边形可以简化为矩形，这样就可以采用该矩形与过程系统总组合曲线的匹配来考虑蒸馏塔与过程系统的热集成问

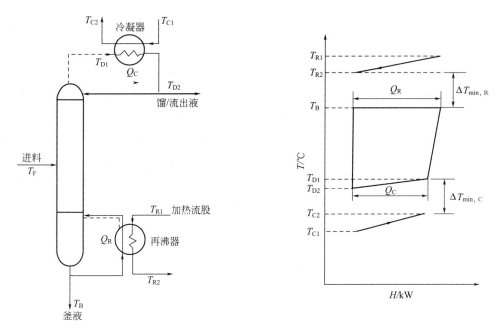

图 27-3-30 蒸馏塔在 *T-H* 图上的表示

题[28]。构造总组合曲线时，包括了过程系统的所有工艺物流及塔的进料、出料物流，但不包括塔的再沸器与冷凝器热负荷。

（2）分离器在系统中的合理放置[28]   通常，对采用能量分离剂的分离器而言，需要在较高的温度下输入热量，而后在较低的温度下输出热量，例如，对于精馏塔，提供给塔的再沸器热量，其温度要高于离开再沸器蒸汽的露点的温度。而从塔顶冷凝器移走热量，则其温度要低于馏出液的泡点温度。在 *T-H* 图上的表示见图 27-3-31（a）。对于蒸发器，如从不挥发的物质中分离出水，用加热蒸汽提供热量，冷却水移走热量，在 *T-H* 图上的表示见图

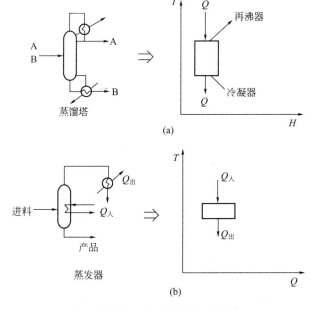

图 27-3-31 分离设备的 *T-H* 图

27-3-31(b)。

有关分离器进料与产品的预热或冷却负荷放在过程系统中考虑，所以热集成时对分离器只考虑再沸器和冷凝器的热负荷。

考虑分离器在系统中放置的两种情况：一种情况是分离器穿越夹点，见图 27-3-32，该分离器的塔底再沸器从过程系统的夹点上方取热，而该分离器的塔顶冷凝器把热量排放到夹点下方，此时，全系统所需的公用工程加热、冷却负荷都增加了，即该分离器与过程系统热集成与否在能量上并没有节省。另一种情况是分离器未穿越夹点，见图 27-3-33。其中图 27-3-33(a)表示分离器放在过程系统的夹点上方，再沸器所需热量取自过程物流或公用工程，而冷凝器的热量排放到夹点上方的某较低温度的冷过程物流，这样，公用工程用量与没有分离器时相同。分离器放在夹点下方的情况，见图 27-3-33(b)，再沸器所需热量取自过程物流，其公用工程用量与放在夹点上方相同。

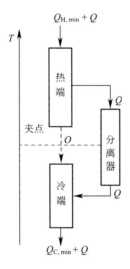

图 27-3-32 分离器穿越夹点，热集成无效

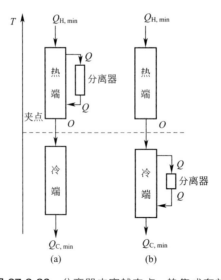

图 27-3-33 分离器未穿越夹点，热集成有效

综上所述，分离器与过程系统热集成时，不要使分离器穿越夹点，分离器完全放在夹点上方或夹点下方都是有效的。

实行分离器与过程系统热集成，在能量方面是节省的，但在开工、操作和控制方面会带来一定的困难，而且也会增加设备投资费用，所以应当权衡利弊。

（3）分离过程与系统的热集成方法[28]

① 复杂塔与热耦合塔　对于复杂塔，可以采用多侧线进料和多侧线出料作为产品，这在节能和减小设备投资方面是有效的。图 27-3-34 示出分离含 A、B、C 3 个组分混合物的几种方案。方案（a）采用 3 个塔，显然比较复杂且能量消耗较大。方案（b）是在方案（a）的基础上把塔 2 和塔 3 合并为一个塔，由侧线引出产品 B。该方案与方案（a）相比，减少了设备投资费用，同时还能节省能量及操作费用。方案（c）称为热耦合塔，省去了方案（b）中塔 1 的再沸器和冷凝器。据报道，热耦合塔的分离方案可节能 20%～30%，当然，热耦合方案也给操作控制等方面带来麻烦。

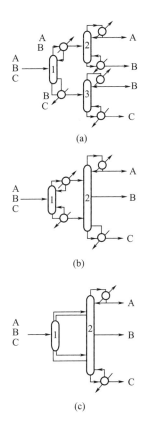

图 27-3-34　复杂塔与热耦合塔分离混合物的几种方案

分离序列设计的工作顺序，仍是首先考虑采用简单塔，然后考虑是否能实行热集成，最后考虑采用复杂塔及热耦合方案，这样处理是出自对系统的总费用以及操作、控制和安全等因素的综合考虑。

② 对分离过程调优以实现系统热集成[4,23,28]　如果按照蒸馏塔的操作条件，无法合适放置以便与过程系统热集成，则可调整蒸馏塔的操作条件，例如，改变操作压力，以改变再

沸器和冷凝器的热负荷及温度，有可能满足热集成的条件，如图 27-3-35 所示。

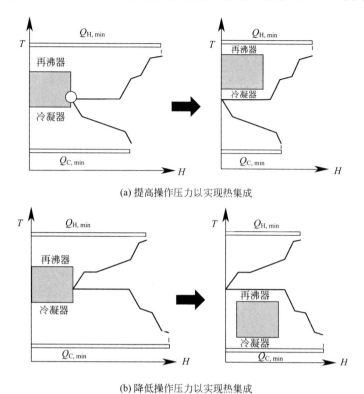

(a) 提高操作压力以实现热集成

(b) 降低操作压力以实现热集成

图 27-3-35 改变操作压力以实现热集成

如果分离过程的热负荷很大，无法合适放置与过程系统热集成时，可以考虑下述方法中的一个：①不完全的热集成，如图 27-3-36(a) 所示；②将热负荷适当分配在几个子系统中，各自与背景过程实现热集成，如图 27-3-36(b) 所示；③采用多效流程，如图 27-3-36(c) 所示。

多效蒸馏是将蒸馏塔顶蒸汽作为另一个蒸馏塔的再沸器的热源。多效蒸馏原理应用可表述为：在过程系统的温度上线和下线之间如何有效地把表征蒸馏塔的方框堆积起来（在 T-H 图上），使得系统的能量消耗最小。通常，过程系统的温度界限是由下述条件规定的：有效的、经济的公用工程等级，组分的临界温度，产品的分解温度，以及设备承受压力的限制等。

采用中间再沸器、中间冷凝器，也是实现分离过程与过程系统热集成的有效方法。采用中间再沸器，改变了通过塔的热负荷，就有可能利用较低温位的热源用于中间再沸器而取代部分高温位的用于塔底再沸器的公用工程负荷，见图 27-3-37。但这要以降低中间再沸器位置以下塔段的分离效果为代价（因为这一塔段内气、液负荷减小了），所以只有当蒸馏塔内温度分布在塔的偏下部分有突变的场合采用中间再沸器才是可取的。

采用中间冷凝器也是通过改变塔内的热负荷来实现与过程系统的热集成，见图 27-3-38[23]。类似地，它可以节省塔顶冷凝器的低温冷却公用工程负荷（如塔是在低温下操作），或提供比塔顶冷凝器温位更高的热源去加热另外的设备，见图 27-3-39。

实际上，在 T-H 图上利用总组合曲线可以像"裁缝"似地改变塔内热负荷的侧形，以便实现与过程系统的热集成。

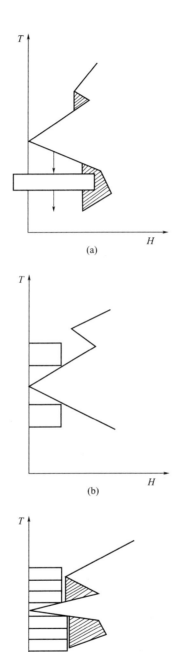

图 27-3-36 热负荷大的分离系统的热集成

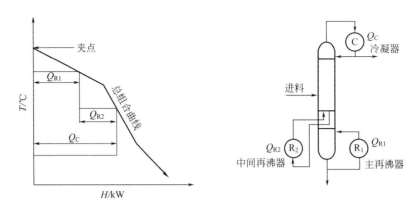

图 27-3-37 具有中间再沸器的蒸馏塔

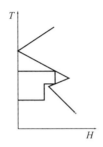

图 27-3-38 采用中间冷凝器换热流程实现与过程系统的热集成

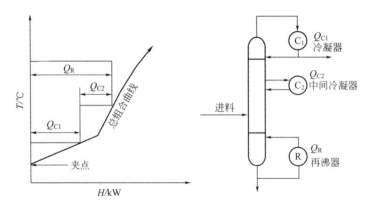

图 27-3-39 具有中间冷凝器的蒸馏塔

对于多个塔与过程系统热集成的合理放置，可参见图 27-3-40。

3.6.4 公用工程与过程系统的能量集成[28]

公用工程与过程系统的能量集成可以叙述为：在有热机和热泵存在的条件下，将动力的产生与消耗和系统中的热能需求结合起来，以使系统对外界的燃料和动力总消耗量为最少[23]。利用热能产生动力的装置称为热机。利用动力而提供一定温度（不同于环境）的热（冷）能的装置称为热泵（冰机），示意图见图 27-3-41。简单的热机是从温度为 T_1 的热源吸收热量 Q_1 向温度为 T_2 的热阱排放热量 Q_2，产生功 W。热泵同热机的操作方向相反，它从温度为 T_2 的热源吸收热量 Q_2，向温度为 T_1 的热阱排放热量 Q_1，同时消耗功 W。

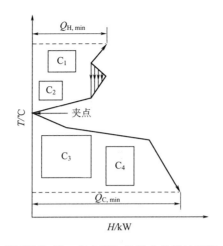

图 27-3-40 多个塔与总组合曲线的匹配

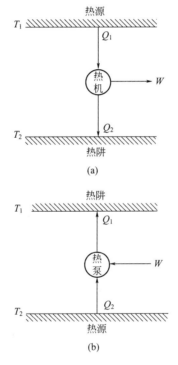

图 27-3-41 热机和热泵示意图

（1）热机、热泵在系统中的合理放置 参见图 27-3-42，图中（a）为过程系统的热回收级联，它可以由换热网络中的"问题表法"计算出来，确定系统所需的最小工程加热与冷却负荷分别为 $Q_{H,min}$ 和 $Q_{C,min}$，夹点处的热流量是零。

图 27-3-42（b）表示热机放置在夹点上方，热机从热源吸收热量 Q，向外做功排放热量 $Q-W=Q_{H,min}$。这相当于从热源吸收热量 Q 中的 $Q-Q_{H,min}$ 部分是 100％ 转变为功，比单独使用热机的效率高得多，所以该热机的放置是有效的热集成。

图 27-3-42（c）表示热机从高温热源吸收热量做功，但排出流股的温度低于夹点温度，排出的热量 $Q-W$ 加到夹点下方，增加了冷却公用工程负荷，这样放置热机与热机单独操

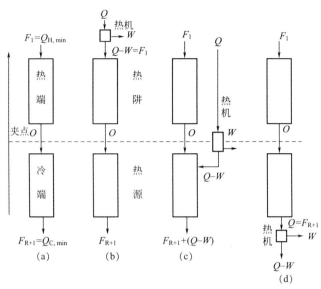

图 27-3-42 热机相对于热回收网络的位置

（a）热回收级联；（b）、（d）有效的热机放置；（c）无效的热机放置（与单独热机一样）

作一样，没有收到能量集成的效果。

图 27-3-42（d）表示热机回收夹点下方（热源）的热量，可以认为热转变为功的效率也是 100%，且减小了公用工程冷却负荷，也是有效的能量集成。

热泵与热回收级联的相对位置的说明见图 27-3-43。其中图 27-3-43（a）表示热泵完全放置在夹点上方操作，只相当于用功 W 替换 W 数量的公用工程加热负荷，这是无效的能量集成。图 27-3-43（b）为热泵完全放置在夹点下方操作，使得 W 数量的功变成废热排出，反而增加了公用工程冷却负荷，也是无效的能量集成。图 27-3-43（c）为热泵穿越夹点操作，把热量从夹点下方（热源）传递到夹点上方（热阱），加入 W 数量的功，使得公用工程加热、冷却负荷分别减小了 $Q+W$ 及 Q 数量，这种放置是有效的能量集成。

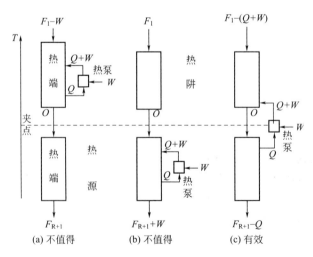

图 27-3-43 热泵相对于热回收网络的放置

（2）热负荷及温位的限制 见图 27-3-44（a）热机放置在夹点上方操作，这是有效的热集成方式，但是热机排出的热量比热回收级联所需的公用工程加热负荷 $Q_{A,min}$ 还多出

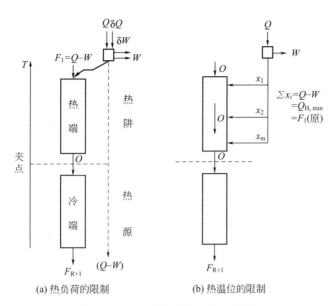

(a) 热负荷的限制　　　　　　(b) 热温位的限制

图 27-3-44　热负荷及温位的限制

$\delta(Q+W)$ 数量（δ 为某一系数），则可以说，产生 W 数量的功具有 100% 的效率，但另外多产生的功 ΔW 却与热机单独操作相同，就不必与热回收系统集成在一块。这说明热集成应该考虑热负荷的限制。

图 27-3-44（b）是温位的限制。热机排出热量的温位不必都高于热回收级联的最高温度，可以分级排入热级联的不同温位处，以便进一步提高热机的效率。但这存在一个限度，即不能使热回收级联中间的热流量出现负值，极限情况为零。

3.7　水网络集成[45]

过程工业中水的用途非常广泛，例如反应介质、汽提介质、萃取溶剂、洗涤用水、加热介质和冷却介质等。一个工业系统的典型水网络简图如图 27-3-45 所示。原料水（例如江河湖泊水）进入原水处理过程，脱除部分杂质作为水网络的新鲜水。若原水的水质较好，可直接进入水网络。新鲜水经过不同的用水过程之后，杂质浓度提高，水质变差而作为废水排放。此外，进入锅炉的原水需要经过严格的水处理，除去固体悬浮物，溶解盐以及溶解气体。锅炉产生的蒸汽进入蒸汽管网，部分未返回锅炉的蒸汽冷凝水则作为废水排放。锅炉还将定期排污，以避免固体杂质的累积。有些过程甚至要求使用除盐水。用于去除溶解盐和可溶离子的离子交换床需要定期再生，通常使用盐溶液或酸和碱对离子交换床进行再生，过程中产生的废水排放。循环冷却水系统需要对消耗的水进行补充，以补偿蒸发损失和定期排污的损耗。所有排放的废水以及厂区的雨水经过最终的废水处理之后排放。

水网络集成技术体现了"系统着眼，按质用水，一水多用"的节水原则，主要可以采用废水直接回用、废水再生回用和废水再生循环等三种基本方式及其组合方式对用水网络进行合理分配和高效利用，如图 27-3-46 所示。

图 27-3-46（a）为废水直接回用。从某个用水过程出来的废水直接用于其他用水过程而不影响其操作，又被称为水的优化分配。例如，炼油工艺系统中，原油的脱盐过程对水质要

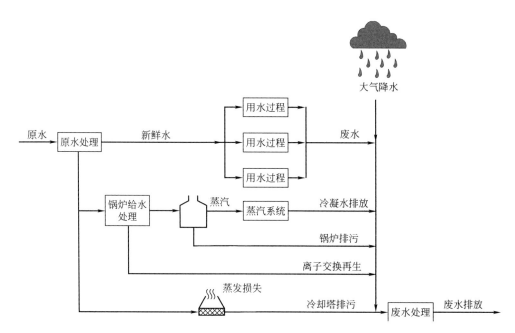

图 27-3 45 典型的工业水网络

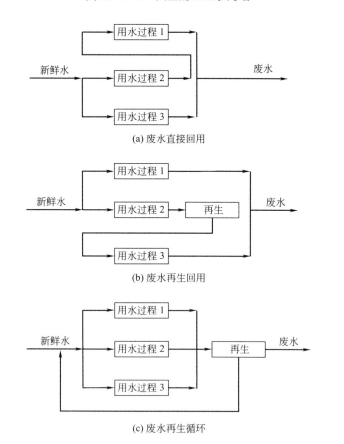

(a) 废水直接回用

(b) 废水再生回用

(c) 废水再生循环

图 27-3-46 废水利用的三种方式

求不高，可以回用其他过程的排水。再如，多段洗涤过程中，末尾的洗涤段使用水质较高的新鲜水，而初始的洗涤段可采用水质较差的回用水。

图 27-3-46(b) 为废水再生回用。从某个用水过程出来的废水经处理后用于其他用水过程。再生回用既可以减少新鲜水的消耗，也可以减少废水的排放。常用的再生过程有过滤、洗涤、中和、萃取、气提、膜分离和生物处理以及活性炭吸附等。

图 27-3-46(c) 为废水再生循环。从某个用水过程出来的废水经处理后回到原过程再用。再生循环也可以最大程度减少新鲜水的消耗和废水的排放。然而，再生循环易于导致不期望杂质在系统中的累积，如微生物或者腐蚀杂质等。一旦这些杂质累积到一定程度，则会对用水过程造成影响。

水网络集成技术，即是从系统工程的角度出发，将整个水网络作为一个有机整体进行综合考虑，对水网络中的各种污/废水的回用、再生和循环的所有可能的机会进行综合考察，采用过程系统集成的原理和技术对水网络进行优化分配，按品质需求逐级用水，提高用水系统的重复利用率，使用水系统的新鲜水消耗量和废水排放量同时减少。这种方法是研究用水系统节水效益最大化的重要方法之一。

3.7.1 水网络集成的目标

水网络集成是多目标优化的问题，这些目标包括定量的（如新鲜水用量、年度总费用等）和非定量的（如操作性等），下面具体讨论各个单独的目标以及这些目标之间的关系。

(1) 新鲜水用量 新鲜水用量目标表示水网络消耗的新鲜水用量最小和排放的废水量最小，该目标直接影响水网络的操作费用和环境性能，直观反映了水网络集成的节水减排效果。一般期望新鲜水用量和废水排放量达到最小化，然而实际应用过程中需要考虑经济性和可实施性。可采用夹点法和数学规划法，确定水网络最小的新鲜水用量和废水排放量。

(2) 再生水量和再生过程移除的杂质负荷 在再生装置一定的情况下，再生费用（包括投资和运行费用）主要受再生水量的影响。一般来说，较小的再生水量可导致较低的再生费用。此外，再生浓度和再生后浓度的不同会使再生过程移除的杂质负荷及难度发生改变，从而导致需要采用不同的再生设备或设备级数，也会显著影响再生费用。对于再生回用/循环水网络，在满足新鲜水量目标值的前提条件下，一般期望再生水量和再生过程移除的杂质负荷达到最小化，然而实际应用过程中需要考虑经济性和可实施性。可采用夹点法和数学规划法，在确定水网络最小的新鲜水用量和废水排放量的基础上，进一步确定最小的再生水量和再生过程移除的杂质负荷。

(3) 年度总费用 年度总费用包括年度操作费用和年度设备投资费用。这是一项综合指标，要兼顾上述的各项指标：新鲜水用量最小，再生水量和再生过程移除的杂质负荷最小。需要考虑再生装置的操作费用和投资费用，泵、管道等具体工程因素。

(4) 环境影响 水网络的环境影响表现在水资源的消耗，水输送的能耗，水再生过程的能耗和溶剂的消耗，排放至环境中的污染物等。新鲜水用量最小化可以减少水资源的消耗，以及新鲜水输送过程的能耗；再生水量和再生过程移除的杂质负荷减小，水再生过程的能耗和溶剂消耗也随之减小。但是，可能使得排放至环境中污染物的量增加，从而使得水网络的环境影响增加。有关环境影响方面的研究，可参阅文献 [46，47]。

(5) 操作性 操作性包括柔性、可控性、可靠性和安全性。其中柔性是指水网络在不同操作条件下的可行性。水网络的弹性是指在稳态或动态下的可操作性。有关操作性方面的研究，可参阅文献［45，48～50］。

3.7.2　水网络集成的方法

前已述及，水网络集成是一个多目标优化问题，难以找到最优解，只能找到接近最优的结果，再根据具体应用场合及约束条件进行改进，确定最适宜的方案。理想的集成方法，应当花费尽可能少的人工和计算费用来得到优选的方案。

水网络集成工作，一般包括如下步骤：

第一步，确定潜在的水源和水阱［定义见（1）③］，识别关键杂质和非关键杂质，提取水源和水阱的水量，极限进、出口浓度；

第二步，确定最小的新鲜水用量和废水排放量；

第三步，综合出一组候选的水网络；

第四步，对上述网络进行调优，得出适宜的方案；

第五步，对方案进行技术经济评价和系统操作性分析，如对结果不满意，返回第二步，重复上述步骤，直至满意。

不同的综合方法，主要体现在第二、三步。下面介绍三种比较基础的综合方法。

（1）利用负荷-浓度图确定水网络目标值

① 用水过程模型[45,51]　一般将工业用水过程描述为从富杂质过程物流到水流的传质过程。如图 27-3-47 所示，过程物流与水逆流接触，过程物流中的杂质在传质推动力的作用下进入水中，使过程物流所含杂质浓度降低，而水中的杂质浓度升高。这里的杂质可以是固体悬浮物、钙镁离子或过程中某些限制水回用的水质指标（例如 pH 值、电导率、浊度）。例如原油的脱盐过程就是通过原油（富杂质过程物流）和水流之间的接触来实现的。

图 27-3-47　用水过程模型

为了便于理解，以单杂质系统为例进行说明。杂质的传递过程所需要的水量可由式（27-3-46）计算：

$$F_i = \frac{M_i}{C_i^{out} - C_i^{in}} \tag{27-3-46}$$

式中　F_i——用水过程 i 的质量流量，$t \cdot h^{-1}$；

$\quad\quad M_i$——用水过程 i 的杂质质量负荷，$g \cdot h^{-1}$；

$\quad\quad C_i^{out}$——用水过程 i 的水出口质量浓度，$mg \cdot L^{-1}$；

$\quad\quad C_i^{in}$——用水过程 i 的水进口质量浓度，$mg \cdot L^{-1}$。

此处假定过程中无水量损失，且物质传递量与浓度的变化呈线性关系。对于显著的非线性传递过程，可以在局部小范围内视为是线性的。

实际用水过程可分为固定杂质负荷的用水过程和固定流量的用水过程两类[52]。固定杂质负荷的用水过程（例如洗涤、气体净化和萃取等）可基于质量传递过程建立用水模型，如图 27-3-47 所示；而固定流量的过程（例如锅炉、循环冷却水系统和反应器等）不能基于质量传递过程进行描述，其制约因素在于水的流量而不是移除的杂质负荷，这类用水单元通常伴随着水量的损失和产生。例如，循环水冷却系统的补水和排水，并没有真正意义上的富杂质过程物流和水流间的传质过程，而排水较之补水杂质浓度的增大是由冷却过程中水的蒸发引起的。当然，也可以将该杂质浓度的增大用一个虚拟的富杂质过程物流的传质来表示。

② 水量和杂质的质量衡算[45]　　对每个用水过程而言，水的质量平衡和杂质的质量平衡是最基本的计算原则。

水的流量平衡

$$F_i^{\text{in}} = F_i^{\text{out}} + F_i^{\text{L}} \tag{27-3-47}$$

式中　F_i^{in}——用水过程 i 的入口质量流量，t·h^{-1}；

　　　F_i^{out}——用水过程 i 的出口质量流量，t·h^{-1}；

　　　F_i^{L}——用水过程 i 的损失质量流量，t·h^{-1}。

除了水的质量平衡外，还要考虑杂质的平衡。对于多杂质系统，对于每一种杂质组分 c，其平衡关系

$$F_i^{\text{in}} C_{i,c}^{\text{in}} + M_{i,c} = F_i^{\text{out}} C_{i,c}^{\text{out}} + F_i^{\text{L}} C_{i,c}^{\text{L}} \tag{27-3-48}$$

式中　$C_{i,c}^{\text{in}}$——用水过程 i 中杂质组分 c 在进口处的质量浓度，mg·L^{-1}；

　　　$C_{i,c}^{\text{out}}$——用水过程 i 中杂质组分 c 在出口处的质量浓度，mg·L^{-1}；

　　　$C_{i,c}^{\text{L}}$——用水过程 i 中损失水中的杂质组分 c 的质量浓度，mg·L^{-1}；

　　　$M_{i,c}$——用水过程 i 中传递杂质组分 c 的质量负荷，g·h^{-1}。

一般情况下 $M_{i,c}$ 和 $C_{i,c}^{\text{L}}$ 为水网络设计之前给定的设计参数。

③ 水源与水阱[45]　　水源是指可提供给用水过程使用的水，包括新鲜水、再生水和用水单元的排水。水阱是指需要水的用水过程，其入口具有一定水流量和杂质最高浓度限制。

通常的用水过程由于既有水的流入，又有水的流出，所以既是水源，又是水阱。其入口水流为水阱，出口水流为水源。但也有一些特殊的用水过程只是水源或水阱。仅为水源的用水过程没有水的流入，只有水的流出，即该过程产生水。一个典型的例子就是蒸发过程。在蒸发过程中，虽然没有水的流入，但物料中含有水分，水分经蒸发之后又冷凝，成为冷凝水流出。仅为水阱的用水过程有水的流入，但没有水的流出，即该过程消耗水。例如烧碱生产中的化盐过程、催化剂生产中的打浆过程，就是这样的过程。在这种过程中，水进入物料中，随物料出单元。

④ 极限水数据[45,51]　　一般来说，从一个用水过程出来的废水如果在浓度、腐蚀性等方面满足另一个过程的进口要求，则可为其所用，从而达到节约新鲜水的目的。这种废水的重复利用是节水工作的主要着眼点。为了确定别的过程来的废水能被本过程再利用的可能性，需要指定本过程最大允许进口浓度，称为极限进口浓度。显然，进口浓度越高，其他过程排出的废水作为本过程水源的可能性越大。

由式(27-3-46)可以看出，当要去除的杂质负荷和进口浓度一定时，出口浓度越高，本过程所需的水的流量越小。因此，为了确定本过程所需水的最小流量，需要指定本过程最大出口浓度，称为极限出口浓度。

确定用水过程的极限进、出口浓度时需要考虑下列因素，且不同的用水过程可能有所不同：

    a. 传质推动力；

    b. 最大溶解度；

    c. 避免杂质析出；

    d. 装置的结垢和堵塞；

    e. 腐蚀；

    f. 避免固体物料沉降的最小流量等。

在给定的极限进口浓度和极限出口浓度下，为完成本过程杂质去除负荷所需的水流量称为极限水流量。

对于一般的用水过程衡算，联立式(27-3-47) 和式(27-3-48) 已经足够，但是在进行水网络集成时，还需考虑各用水过程对杂质进出口浓度的限制，即

$$C_{i,c}^{\text{in}} \leqslant C_{i,c}^{\text{in,max}} \tag{27-3-49}$$

$$C_{i,c}^{\text{out}} \leqslant C_{i,c}^{\text{out,max}} \tag{27-3-50}$$

式中 $C_{i,c}^{\text{in,max}}$——用水过程 i 杂质组分 c 的极限进口浓度，mg·L^{-1}；

        $C_{i,c}^{\text{out,max}}$——用水过程 i 杂质组分 c 的极限出口浓度，mg·L^{-1}。

上两式要求每个过程中杂质的进、出口浓度都要小于或等于规定的极限浓度，这样才能够保证进水的质量浓度和流量完全符合该过程的要求。

由式(27-3-47)、式(27-3-48)、式(27-3-49) 和式(27-3-50) 的限定，就可以对每个用水过程的用水进行描述了。

如果不考虑废水回用，求取过程 i 仅使用新鲜水时的最小新鲜水用量，则应是进口处为新鲜水，出口时达到极限出口浓度时的水流量。因为当进口浓度一定、出口浓度达到最大时，水流量达到最小。将 $C_{i,c}^{\text{in}} = 0$、$C_{i,c}^{\text{out}} = C_{i,c}^{\text{out,max}}$ 代入式(27-3-46)，对各杂质分别计算，取最大值即得

$$F_{i,\text{min}}^{\text{w}} = \max\left\{\frac{M_{i,c}}{C_{i,c}^{\text{out}} - C_{i,c}^{\text{in}}}\right\}_c \tag{27-3-51}$$

对于每个用水过程，对各杂质分别计算，取最大值即

$$F_i^{\text{lim}} = \max\left\{\frac{M_{i,c}}{C_{i,c}^{\text{out,max}} - C_{i,c}^{\text{in,max}}}\right\}_c \tag{27-3-52}$$

式中 F_i^{lim}——用水过程 i 的极限流量，t·h^{-1}。

极限进口浓度和极限出口浓度，或极限进口浓度和极限水流量统称为极限水数据。

⑤ 极限水曲线[45,51]   用水过程中的杂质传递过程可以用图 27-3-48 所示的负荷-浓度图来表示。横坐标 M 代表杂质负荷，纵坐标 C 代表杂质浓度。浓度是绝对的，即曲线不可上下移动；而杂质负荷是相对的，我们只关心其进、出口的差值，因此曲线可以左右平移。浓度最大的为物流线（用角标 PR 表示），较小的几条为供水线。供水线左端点的纵坐标表示用水过程进口处水的杂质浓度，右端点的纵坐标表示用水过程出口处水的杂质浓度。供水线斜率的倒数，为水的流量，如式(27-3-48) 所示。因此，在一定的进口浓度下，出口浓度越大，供水线斜率越大，水的流量越小。供水线与物料线之间的垂直距离为浓度差，代表了过程的传质推动力。

通常进口浓度在一定范围内的水以及一定范围内不同的水的流量均能够满足过程的需求，因此，能够满足过程需求的供水线有多种选择，如图 27-3-48 物料线下的多条供水线。

确定了用水过程的极限进、出口浓度后，就得到了该过程用水的极限曲线（图 27-3-48 中物流线下的实线）。用水过程的实际供水线并不要求是水的极限曲线，水的极限曲线只是给出了供水线的一个极限。由图 27-3-48 可以看出，位于极限曲线下方的供水线均可满足过程要求。

确定了用水过程的水的极限曲线后，就可以用用水过程的水的极限曲线（图 27-3-48 中物流线下的实线）来代表该用水单元对水的需求特性。不同的用水单元会有很不同的传质特性，将这种不同的传质特性放在确定水的极限数据时考虑。然后，所有的用水单元就可以用一个统一的基准——极限曲线来描述了。

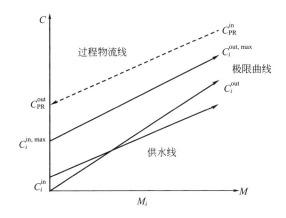

图 27-3-48 负荷-浓度（ M-C ）图

⑥ 极限水复合曲线[45,51]　为了达到用水网络的全局最优化，必须从整体上来考虑整个系统的用水情况。因此，需要将所有用水过程的用水情况综合用复合曲线来分析。

【**例 27-3-3**】　构造水网络的极限复合曲线和供水线。该问题的各用水过程水的极限数据如表 27-3-6 所示。

表 27-3-6　各用水过程水的极限数据

用水过程	杂质负荷/g·h^{-1}	极限进口浓度/mg·L^{-1}	极限出口浓度/mg·L^{-1}	极限流量/t·h^{-1}
P1	2000	0	100	20
P2	5000	50	100	100
P3	30000	50	800	40
P4	4000	400	800	10

a. 根据表 27-3-6 给出的极限数据，在同一个负荷-浓度（ M-C ）图上画出所有用水过程的极限曲线，如图 27-3-49(a) 所示；

b. 按各个用水过程的进出口浓度用水平线将 C 轴划分为各浓度区间；

c. 每个浓度区间内，将该区间内所有用水过程的杂质负荷进行加和，得到该浓度区间的复合曲线，该复合曲线斜率的倒数由下式计算

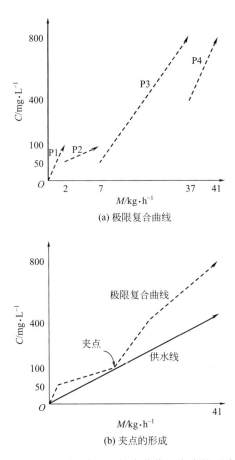

(a) 极限复合曲线

(b) 夹点的形成

图 27-3-49 构造极限复合曲线和夹点的形成

$$F^v = \frac{\sum\limits_{i \in NI} M_i^v}{C_i^{\text{out},v} - C_i^{\text{in},v}} \qquad \forall v \in NV \qquad (27\text{-}3\text{-}53)$$

式中　F^v——区间 v 中水的质量流量，$\text{t} \cdot \text{h}^{-1}$；

　　　M_i^v——区间 v 中用水过程 i 的杂质负荷，$\text{g} \cdot \text{h}^{-1}$；

　　　$C_i^{\text{in},v}$——区间 v 中用水过程 i 的进口质量浓度，$\text{mg} \cdot \text{L}^{-1}$；

　　　$C_i^{\text{out},v}$——区间 v 中用水过程 i 的出口质量浓度，$\text{mg} \cdot \text{L}^{-1}$；

　　　NI——用水过程的集合；

　　　NV——浓度区间的集合。

⑦ 供水线与水夹点[45,51]　确定了系统的极限复合曲线后，就可以确定仅考虑废水直接回用时用水系统的最小新鲜水流量。位于复合曲线下方的供水线均可满足供水要求。假定新鲜水的入口浓度为 0，为了使新鲜水用量达到最小，应该尽可能增大其出口浓度，即增大供水线的斜率。但是为了保证一定的传质推动力，供水线必须完全位于极限复合曲线之下。当供水线的斜率增大到在某点与极限复合曲线开始重合时，出口浓度达到最大，新鲜水用量达到最小。重合的位置就是"水夹点"，如图 27-3-49(b) 所示。

水夹点对于用水网络的设计具有重要的指导意义。水夹点上方用水过程的极限进口浓度高于夹点浓度，不应使用新鲜水，而应该使用其他过程排出的废水；水夹点下方用水过程的极限出口浓度低于夹点浓度,不应排放废水,而应将排出的废水用于其他用水过程。一般来说,系统的水夹点可能不止一个。

图 27-3-49(b) 中,水夹点所对应的新鲜水流量就代表了整个系统新鲜水的最小用量。可用下式计算:

$$F_{min}^{W} = \frac{M_{pinch}}{C_{pinch}} \tag{27-3-54}$$

式中 F_{min}^{W}——全系统最小新鲜水用量,t·h^{-1};

   M_{pinch}——夹点以下杂质总负荷,g·h^{-1};

   C_{pinch}——夹点浓度,mg·L^{-1}。

由图 27-3-49(b) 可见,在夹点处供水线与极限复合曲线重合,传质推动力似乎为 0。实际并非如此,因为在确定各用水过程的极限进、出口浓度时,最小传质推动力已经考虑在内。因此,夹点处的推动力为最小传质推动力。

此外,再生回用和再生循环水网络最优供水线的构造和最小新鲜水用量的计算可参阅文献 [45]。

(2) 利用问题表法确定水网络目标值[45]   极限复合曲线可以直观地给我们指出水夹点的位置。但是,当用水过程较多、浓度跨度较大时,采用复合曲线过于烦琐且不够准确。用问题表法可以精确确定水夹点的位置。

问题表法的计算步骤如下:

① 所有用水过程的进、出口浓度从小到大排列起来,形成浓度区间。

② 计算处于每一浓度区间的用水过程极限流量之和;用水过程 i 极限流量由式(27-3-52) 计算可得。

③ 计算每一浓度区间内的杂质总负荷。

对于浓度区间 v,

$$\Delta M^{v} = \left(\sum_{i=1}^{p} F_{i}^{lim}\right) \times (C^{v} - C^{v-1}) \tag{27-3-55}$$

其中 $v=0$ 时,

$$C^{0} = \min_{i} C_{i}^{in,max} \tag{27-3-56}$$

式中 ΔM^{v}——区间 v 内的杂质总负荷,g·h^{-1};

   C^{v}——浓度区间 v 的上界质量浓度,mg·L^{-1};

   C^{v-1}——浓度区间 v 的下界质量浓度,mg·L^{-1}。

④ 计算各浓度区间边界处的累积负荷 ΔM_{cum}^{v}:

$$\Delta M_{cum}^{v} = \Delta M^{1} + \cdots + \Delta M^{v-1} + \Delta M^{v} = \sum_{k=1}^{v} \Delta M^{k} \tag{27-3-57}$$

⑤ 计算各浓度区间边界处的理论最小流量 F_{min}^{v}:

$$F_{min}^{v} = \frac{\Delta M_{cum}^{v}}{C^{v} - C^{w}} \tag{27-3-58}$$

式中　C^w——新鲜水质量浓度，mg·L^{-1}。

其中，

$$C^w \leqslant C^{v=0} \qquad\qquad (27\text{-}3\text{-}59)$$

$F_{\min}^v$ 最大的浓度区间的上界即为夹点浓度。如果相同的 $F_{\min}^v$ 的最大值同时出现在几个浓度区间中，则较低浓度区间的上界为夹点浓度。

【例 27-3-4】　利用问题表法确定水网络的最小新鲜水用量。该水网络各用水过程的极限数据如表 27-3-6 所示。

第一步，形成浓度区间。

将所有用水过程的进、出口浓度从小到大排列起来：

0mg·L^{-1}，50mg·L^{-1}，100mg·L^{-1}，400mg·L^{-1}，800mg·L^{-1}。

所以，共有四个浓度区间，分别为：第一浓度区间 0mg·L^{-1}→50mg·L^{-1}，第二浓度区间 50mg·L^{-1}→100mg·L^{-1}，第三浓度区间 100mg·L^{-1}→400mg·L^{-1}，第四浓度区间 400mg·L^{-1}→800mg·L^{-1}。将浓度区间列于问题表的第一列，并将各用水过程的极限数据表示在问题表的第二列。

第二步，计算处于每一浓度区间的用水过程极限流量之和。

第一浓度区间：$\sum F_i^{\lim} = F_1^{\lim} = 20\text{t·h}^{-1}$；第二浓度区间：$\sum F_i^{\lim} = F_1^{\lim} + F_2^{\lim} + F_3^{\lim} = 160\text{t·h}^{-1}$；第三浓度区间：$\sum F_i^{\lim} = F_2^{\lim} + F_3^{\lim} = 40\text{t·h}^{-1}$；第四浓度区间：$\sum F_i^{\lim} = F_3^{\lim} + F_4^{\lim} = 50\text{t·h}^{-1}$。

第三步，计算每一浓度区间内的杂质总负荷。

第一浓度区间：$\Delta M^1 = 20 \times (50 - 0) = 1000 (\text{g·h}^{-1})$；第二浓度区间：$\Delta M^2 = 160 \times (100 - 50) = 8000 (\text{g·h}^{-1})$；第三浓度区间：$\Delta M^3 = 40 \times (400 - 100) = 12000 (\text{g·h}^{-1})$；第四浓度区间：$\Delta M^4 = 50 \times (800 - 400) = 20000 (\text{g·h}^{-1})$。

将各浓度区间内的杂质总负荷列于问题表的第三列。

第四步，计算累积负荷。

在 $C = 0\text{mg·L}^{-1}$ 处，$\Delta M_{\text{cum}}^v = 0\text{g·h}^{-1}$

在 $C = 50\text{mg·L}^{-1}$ 处，$\Delta M_{\text{cum}}^v = \Delta M^1 = 1000\text{g·h}^{-1}$

在 $C = 100\text{mg·L}^{-1}$ 处，$\Delta M_{\text{cum}}^v = \Delta M^1 + \Delta M^2 = 1000 + 8000 = 9000 (\text{g·h}^{-1})$

在 $C = 400\text{mg·L}^{-1}$ 处，$\Delta M_{\text{cum}}^v = \Delta M^1 + \Delta M^2 + \Delta M^3 = 1000 + 8000 + 12000 = 21000 (\text{g·h}^{-1})$

在 $C = 800\text{mg·L}^{-1}$ 处，

$\Delta M_{\text{cum}}^v = \Delta M^1 + \Delta M^2 + \Delta M^3 + \Delta M^4 = 1000 + 8000 + 12000 + 20000 = 41000 (\text{g·h}^{-1})$

将对应各浓度的累积负荷列于问题表（表 27-3-7）中。

第五步，计算各浓度区间边界处的理论最小流量。将对应各浓度的理论最小流量列于问题表的最后一列。

在 $C = 0\text{mg·L}^{-1}$ 处，$F_{\min}^v = 0\text{t·h}^{-1}$；在 $C = 50\text{mg·L}^{-1}$ 处，$F_{\min}^v = 1000/50 = 20\text{t·h}^{-1}$；在 $C = 100\text{mg·L}^{-1}$ 处，$F_{\min}^v = 9000/100 = 90\text{t·h}^{-1}$；在 $C = 400\text{mg·L}^{-1}$ 处，$F_{\min}^v = 21000/400 = 52.5\text{t·h}^{-1}$；在 $C = 800\text{mg·L}^{-1}$ 处，$F_{\min}^v = 41000/800 = 51.25\text{t·h}^{-1}$。

由此得到的问题表见表 27-3-7。最后一列中流量最大处就是水夹点之所在，此时的流量就是系统所需的最小新鲜水流量。在此例中，夹点在 100mg·L^{-1} 处，最小新鲜水流量为 90t·h^{-1}。此外，再生回用和再生循环水网络的最小新鲜水流量，最小再生水流量和最优再生浓度的计算可采用再生回用和再生循环问题表，详细内容可参阅文献［45］。

利用水夹点法进行水网络集成，一般包括两步：第一步是确定目标值（targeting）和网络设计（design）。采用图示法或者问题表法确定水网络的最小新鲜水用量目标，即确定目

表 27-3-7 问题表

浓度 /mg·L^{-1}	单元 1 20t·h^{-1}	单元 2 100t·h^{-1}	单元 3 40t·h^{-1}	单元 4 10t·h^{-1}	杂质负荷 /g·h^{-1}	累积负荷 /g·h^{-1}	流量 /t·h^{-1}
0						0	0
	↓	↓	↓		1000		
50						1000	20
					8000		
100	↓	↓				9000	90
					12000		
400			↓	↓		21000	52.5
					20000		
800			↓	↓		41000	51.25

标值（targeting）。代表性的方法有极限复合曲线法[51]和问题表法[53,54]及其改进[45,55,56]，水剩余图法[57]，物料回收夹点图[58,59]，水级联法[52]，源复合曲线[60]，改进的极限负荷曲线和复合表法[61]及改进的问题表法[62]。第二步需要设计满足目标值的水网络，代表性的方法有最大传质推动力法与最小匹配数法[51]和近邻算法[59]。研究进展可参阅综述文献[63~65]和专著[45]。

(3) 设计满足目标值的水网络 目前，最通用的水网络设计方法是由 Prakash 和 Shenoy[59]提出的近邻算法。

近邻算法的基本步骤如下：

第一步，按照水阱极限入口浓度由低到高的顺序进行排序，首先考虑杂质极限入口浓度最低的水阱，依次类推。

第二步，如果存在一股水源 SRi，其极限出口浓度 $C_{SRi}^{out,max}$ 正好等于某个水阱 SKj 的极限入口浓度 $C_{SKj}^{in,max}$，进行第三步；否则，进行第四步。

第三步，如果 $F_{SRi} \geq F_{SKj}$，表明水源 SRi 的流量足以满足水阱 SKj 的流量需求。更新水源 SRi 的流量为 $F_{SRi} = F_{SRi} - F_{SKj}$，然后考虑下一个水阱，进行第二步。

如果 $F_{SRi} < F_{SKj}$，表明水源 SRi 的流量不足以满足水阱 SKj 的流量需求，更新水源 SRi 和水阱 SKj 的流量分别为 $F_{SRi} = 0$ 和 $F_{SKj} = F_{SKj} - F_{SRi}$，进行第四步。

第四步，选择极限出口浓度正好低于和高于水阱极限入口浓度的两股水源 SRm 和 SRn，求解流量和杂质负荷衡算方程，计算 $F_{SRm,SKj}$ 和 $F_{SRn,SKj}$，进行第五步；

$$F_{SRm,SKj} + F_{SRn,SKj} = F_{SKj} \tag{27-3-60}$$

$$F_{SRm,SKj} C_{SRm}^{out,max} + F_{SRn,SKj} C_{SRn}^{out,max} = F_{SKj} C_{SKj}^{in,max} \tag{27-3-61}$$

式中　$F_{SRm,SKj}$ 或 $F_{SRn,SKj}$——水源 SRm 或水源 SRn 送往水阱 j 的质量流量，t·h^{-1}；

$C_{SRm}^{out,max}$ 或 $C_{SRn}^{out,max}$——水源 SRm 或水源 SRn 极限出口浓度，mg·L^{-1}。

第五步，如果 $F_{SRm,SKj}$ 和 $F_{SRn,SKj}$ 均小于水源 SRm 和 SRn 的质量流量 F_{SRm} 和 F_{SRn}，

则水阱的流量已经完全满足，更新水源 SRm 和 SRn 的质量流量分别为 $F_{\text{SR}m} = F_{\text{SR}m} - F_{\text{SR}m,\text{SK}j}$ 和 $F_{\text{SR}n} = F_{\text{SR}n} - F_{\text{SR}n,\text{SK}j}$，然后考虑下一个水阱，进行第二步。

如果 $F_{\text{SR}m,\text{SK}j}$ 大于水源 SRm 的质量流量 $F_{\text{SR}m}$，那么水源 SRm 全部用完，更新水源 SRm 的质量流量为 $F_{\text{SR}m} = 0$，则需要水源 $\text{SR}(m-1)\left[C_{\text{SR}(m-1)}^{\text{out,max}} < C_{\text{SR}m}^{\text{out,max}}\right]$ 作为补充。如果 $F_{\text{SR}t,\text{SK}j}$ 大于水源 SRt 的质量流量 $F_{\text{SR}t}$，那么水源 SRt 全部用完，更新水源 SRt 的质量流量为 $F_{\text{SR}t} = 0$，则需要水源 $\text{SR}(t+1)\left[C_{\text{SR}(t+1)}^{\text{out,max}} > C_{\text{SR}t}^{\text{out,max}}\right]$ 作为补充。再次求解方程(27-3-60)和方程(27-3-61)。重复该步骤，直到满足水阱的流量和浓度需求，然后考虑下一个水阱，进行第二步。

当满足所有水阱的流量和浓度需求时，停止计算。

当利用近邻算法设计具有固定杂质负荷用水过程的水系统时，需要用到三条设计规则。

规则 1：所有用水过程的出口浓度达到极限出口浓度。

规则 2：如果某个用水过程的极限入口浓度低于夹点浓度，其极限出口浓度高于夹点浓度，即该用水过程跨越夹点，则该用水过程的入口浓度需达到极限入口浓度。

规则 3：如果一个用水过程的极限进出口浓度均低于夹点浓度或高于夹点浓度，最大限度使用现有的最高品质水源。夹点浓度之下最高品质的水源一般是新鲜水。夹点之上的用水过程不能使用夹点之下的水源（包括新鲜水），而应该使用夹点之上现有的最高品质的水源。

下面以上述例题为例详细介绍采用近邻算法设计水网络。

用水过程 P1 的极限出口浓度等于夹点浓度（100mg·L^{-1}），是夹点之下的过程。根据规则 3，现有最高品质的水源是新鲜水，利用方程(27-3-47)计算可得，用水过程 P1 所需的新鲜水用量为 20t·h^{-1}，低于现有的新鲜水总流量 90t·h^{-1}。用水过程 P2 的极限出口浓度等于夹点浓度（100mg·L^{-1}），也是夹点之下的过程，类似地，利用方程(27-3-47)计算可得，用水单元 P2 所需的新鲜水用量为 50t·h^{-1}，低于现有的新鲜水总流量 70t·h^{-1}。

用水过程 P3 的极限进口浓度低于夹点浓度（50mg·L^{-1} < 100mg·L^{-1}），其极限出口浓度高于夹点浓度（800mg·L^{-1} > 100mg·L^{-1}），是跨越夹点的过程。根据规则 2，其进口浓度等于其极限进口浓度 50mg·L^{-1}。此时现有的水源有 20t·h^{-1} 的新鲜水，20t·h^{-1} 过程 P1 的排水，50t·h^{-1} 过程 P2 的排水。邻近的"干净"水源是新鲜水，邻近的"脏"水源是过程 P1 或 P2 的排水，通过求解方程(27-3-60)和方程(27-3-61)，可得 20t·h^{-1} 的新鲜水和 20t·h^{-1} 过程 P1 或 P2 的排水，可以用来满足过程 P3 的需求。

用水过程 P4 是夹点之上的过程。此时，可用的水源有 50t·h^{-1} 过程 P2 的排水（100mg·L^{-1}）和 40t·h^{-1} 过程 P3 的排水（800mg·L^{-1}）。根据规则 3，利用最高品质的可用水源，即过程 P2 的排水。求解方程(27-3-47)，可得需要过程 P2 的排水量为 5.7t·h^{-1}。

所设计的优化水网络如图 27-3-50 所示。

(4) 数学规划法综合水网络　数学规划法综合水网络的研究进展可参阅综述文献[63,64]和专著[45]。这里仅介绍最基本的直接回用水网络优化数学模型。首先建立用水网络优化的超结构，如图 27-3-51 所示，水网络包括一股外部水源（例如新鲜水源），杂质浓度为 C_c^w（$c \in NC$），可分配至各个用水过程。各个用水过程（$i \in NI$）具有一定的杂质负荷 $M_{i,c}$，极限入口和出口浓度（$C_{i,c}^{\text{in,max}}$ 和 $C_{i,c}^{\text{out,max}}$），可以使用新鲜水或其他用水过程的排水。剩余的用水过程的排水则送往废水处理过程进行处理。

根据所建立的超结构，可以列出如下非线性规划模型：

目标函数

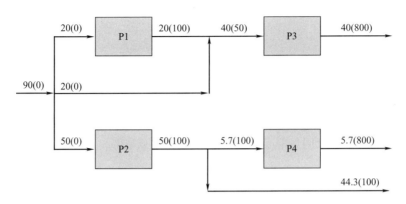

图 27-3-50 优化的水网络（质量流量的单位是 $t \cdot h^{-1}$，括号中的数据表示杂质的质量浓度，单位为 $mg \cdot L^{-1}$）

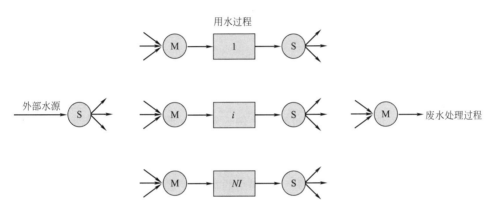

图 27-3-51 用水网络优化的超结构

$$\min \sum_{i \in NI} F_i^{\mathrm{w}} \tag{27-3-62}$$

等式约束（水量衡算及杂质质量衡算）

$$F_i^{\mathrm{in}} = F_i^{\mathrm{out}} + F_i^{\mathrm{L}} \quad \forall i \in NI \tag{27-3-63}$$

$$F_i^{\mathrm{in}} C_{i,c}^{\mathrm{in}} + M_{i,c} = F_i^{\mathrm{out}} C_{i,c}^{\mathrm{out}} + F_i^{\mathrm{L}} C_{i,c}^{\mathrm{L}} \quad \forall i \in NI, c \in NC \tag{27-3-64}$$

$$F_i^{\mathrm{in}} = F_i^{\mathrm{w}} + \sum_{j \in NI, j \neq i} F_{j,i} \quad \forall i \in NI \tag{27-3-65}$$

$$F_i^{\mathrm{in}} C_{i,c}^{\mathrm{in}} = F_i^{\mathrm{w}} C_c^{\mathrm{w}} + \sum_{j \in NI, j \neq i} F_{j,i} C_{i,c}^{\mathrm{out}} \quad \forall i \in NI, c \in NC \tag{27-3-66}$$

式中　$F_{j,i}$——用水过程 j 送往用水过程 i 的质量流量，$t \cdot h^{-1}$。

等式约束条件式（27-3-63）描述了用水过程 i 的水量衡算；等式约束条件式（27-3-64）描述了用水过程 i 的杂质 c 的质量衡算；等式约束条件式（27-3-65）描述了用水过程 i 的入口水量衡算；等式约束条件式（27-3-66）描述了用水过程 i 入口杂质 c 的质量衡算。

不等式约束

$$0 \leqslant C_{i,c}^{\mathrm{in}} \leqslant C_{i,c}^{\mathrm{in,max}} \quad \forall i \in NI, c \in NC \tag{27-3-67}$$

$$0 \leqslant C_{i,c}^{\mathrm{out}} \leqslant C_{i,c}^{\mathrm{out,max}} \quad \forall i \in NI, c \in NC \tag{27-3-68}$$

$$F_i^w \geqslant 0 \quad \forall i \in NI \qquad\qquad (27\text{-}3\text{-}69)$$

$$F_{j,i} \geqslant 0 \quad \forall i,j \in NI, j \neq i \qquad\qquad (27\text{-}3\text{-}70)$$

式中　F_i^w——用水过程 i 的新鲜水用量，$t \cdot h^{-1}$。

不等式约束条件式(27-3-67)描述了用水过程 i 中杂质 c 的进口浓度约束；不等式约束条件式(27-3-68)描述了用水过程 i 杂质 c 的出口浓度约束；不等式约束条件式(27-3-69)描述了用水过程 i 的新鲜水用量非负；不等式约束条件式(27-3-70)描述了从用水过程 j 到用水过程 i 的水流量非负。

目标函数式(27-3-62)和约束条件式(27-3-63)~约束条件式(27-3-70)构成以新鲜水消耗量最小为目标的水网络设计数学模型。求解该数学模型后，就可以解出最小新鲜水用量，以及新鲜水到各用水过程、各用水过程到其他用水过程的水量分配。如果要以其他参数为目标函数，如以费用最小，只需引入相应的费用计算约束条件即可。

3.8　氢网络集成

目前，重质高硫原油的加工量日益增加，而环保法规对清洁油品的硫含量的要求却越来越苛刻，这必然导致炼油厂增加加氢过程的比例，通常需要从外界购买或者新建制氢装置制取氢气。加氢过程及参与供氢的过程构成氢网络。通过合理匹配氢气的供给和需求、提高系统的氢气回收利用率，可减小系统的新氢消耗。这其中存在着如何确定氢气供给和氢气需求之间的匹配结构以及相应匹配量的问题。氢网络的集成就是要确定具有最小操作费用和设备投资费用、良好操作性，并满足每一加氢过程需求的氢网络。

3.8.1　氢网络集成的目标[3]

氢网络集成是一个多目标优化问题。有些目标是定量的，如新氢消耗量；有些目标是非定量的，如操作性。各目标之间相互影响，存在一定的矛盾，因此在氢网络集成中需综合考虑和权衡。下面讨论一下各个单独的目标以及这些目标之间的关系。

(1) 新氢消耗量　新氢费用为氢网络操作费用的主要部分。氢网络消耗的新氢量越少，则意味着其操作费用越少、氢气的回收利用率越高。但降低新氢量意味着增大氢网络的连接数和流股输送设备的数量，从而增大网络的复杂程度和投资费用、降低氢网络的操作弹性。通常，夹点法确定的最小新氢消耗量可作为氢网络集成新氢消耗量的极限。

(2) 投资费用　增大氢气的回用将意味着具有较多的分支和混合的复杂匹配网络，需增设管路和气体输送设备（主要是压缩机）。由于压缩机的费用远高于管道的费用，因此压缩机的费用决定了氢网络的投资费用。虽然有些压缩机输送的流量和压差均较小，但是压缩机数量的增多会增大设备投资费用，所以，也可以将压缩机个数最小作为设计目标。

(3) 总的年费用　为综合考虑氢网络的操作费用和投资费用，一般以总的年费用最小为目标，包括年操作费用和年度设备投资费用。

(4) 操作性　操作性包括柔性、可控性、可靠性和安全性。其中，柔性是指氢网络在不同操作条件稳态下的可行性。弹性是指在稳态或动态下的可操作性。上述因素为非定量目标，尚未有定量的描述方法。

3.8.2   氢网络集成的方法[3]

前已述及，氢网络集成是一个多目标优化问题，难以找到最优解，只能找到接近最优的结果，再根据具体应用场合及约束条件进行改进，确定最适宜的方案。理想的集成方法，应当花费尽可能少的人工和计算费用来得到优选的方案。

氢网络集成工作，一般包括如下步骤：

第一步，确定潜在的氢源和氢阱［定义见（1）①］，识别关键杂质和非关键杂质，提取氢源和氢阱的流量，允许的最低氢气浓度和关键杂质浓度的上下界限；

第二步，确定最小的新氢消耗量；

第三步，综合出一组候选的氢网络；

第四步，对上述网络进行调优，得出适宜的方案；

第五步，对方案进行技术经济评价和系统操作性分析，如对结果不满意，返回第二步，重复上述步骤，直至满意。

不同的综合方法，主要体现在第二、三步。下面介绍两种比较基础的综合方法。

(1) 利用剩余氢图法综合氢网络

① 氢源和氢阱[3]   在氢网络中，可以给网络提供氢气的流股为氢源。氢网络中的加氢过程为氢阱。图 27-3-52 所示为一典型炼油装置的加氢过程。在图 27-3-52 中，加氢反应器需要氢气，即为氢阱，须满足一定的流量和浓度约束。反应器流出物经高压闪蒸分离器及脱硫塔分离 H_2S 气体后剩余的含氢气体（即高分气）和经过低压分离器分离后的气相（即低分气）为氢源。此外，制氢装置提供的新氢也为氢源，可为加氢过程提供氢气。在实际生产过程中，也可将氢源理解为提供氢气的装置，氢阱理解为消耗氢气的装置。比如将制氢装置、重整装置叫做氢源，将加氢精制装置、加氢裂化装置等叫做氢阱。但某些装置并不能简单地归为氢源或氢阱。例如，加氢装置不但消耗氢气，它的驰放气（包括高分气和低分气等）有时也可供给其他加氢装置，或者进入提纯装置，经提纯后再使用，所以它不但是氢阱，而且是氢源。同样地，夹点也将系统分成两个独立的子系统，夹点上方包括比夹点氢浓度高的工艺物流及其间的质量交换，为净氢阱；夹点下方包括比夹点氢浓度低的工艺物流及其间的质量交换，为净氢源。

如图 27-3-52 所示，补充氢（一般为新氢）和经压缩机的循环氢，以及外排的高分气和低分气均是氢源，而补充氢和循环氢混合进入加氢反应器入口，该加氢反应器入口是一个氢阱。为了维持加氢装置中反应器的稳定运行，反应器入口处的氢气必须满足一定的流量和浓度要求，过程氢阱 k 的入口流量和浓度可以表示为式（27-3-71）和式（27-3-72）[66]。

$$F_k^{in} = F_k^M + F_k^R \tag{27-3-71}$$

$$y_{k,H_2}^{in} = \frac{F_k^M y_{H_2}^M + F_k^R y_{H_2}^R}{F_k^{in}} \tag{27-3-72}$$

式中 F_k^{in}——过程氢阱 k 入口的总流量，$mol \cdot s^{-1}$；

F_k^M——过程氢阱 k 入口补充氢（一般为新氢）的流量，$mol \cdot s^{-1}$；

F_k^R——过程氢阱 k 入口循环氢的流量，$mol \cdot s^{-1}$；

y_{k,H_2}^{in}——过程氢阱 k 入口氢气的摩尔分数，%；

$y_{H_2}^M$——补充氢的摩尔分数，%；

$y_{H_2}^R$——循环氢的摩尔分数，%。

此外，氢阱还有一定的压力要求，若氢源提供氢气的压力低于氢阱所需要氢气的压力，那么需要增设压缩机提高压力以满足氢阱的需求，图 27-3-52 所示的为补充氢压缩机和循环氢压缩机。

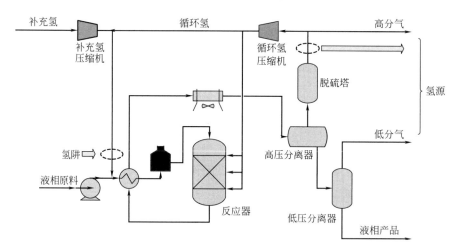

图 27-3-52   典型加氢过程简图

② 利用剩余氢量图确定氢网络最小新氢消耗量目标[23,67] 下面用一个案例详细说明利用剩余氢量图确定氢网络最小新氢消耗量目标的步骤。

【例 27-3-5】   利用剩余氢量图确定氢网络最小新氢消耗量目标。氢网络的极限数据如表 27-3-8 所示。

表 27-3-8   氢网络的极限数据

项目	名称	流量/mol·s⁻¹	氢气摩尔分数/%	排序
氢源	外购新氢 import	≤346.5	95	1
	蒸汽重整 SRU	623.8	93	2
	连续催化重整 CRU	415.8	80	3
	加氢裂化 HCU	1801.9	75	4
氢阱	石脑油加氢 NHT	138.6	75	5
	裂化石脑油加氢 CNHT	457.4	70	7
	柴油加氢 DHT	346.5	73	6
	加氢裂化 HCU	2495	80.61	1
	石脑油加氢 NHT	180.2	78.85	2
	裂化石脑油加氢 CNHT	720.7	75.14	4
	柴油加氢 DHT	554.4	77.57	3

主要步骤如下：

a. 获得氢网络中氢源和氢阱的浓度和流量数据，如表 27-3-8 所示；

　　b. 将氢源和氢阱的氢气浓度分别按降序排列，如表 27-3-8 的最后一列所示；

　　c. 以氢气浓度为纵坐标，流股的流量为横坐标，分别作出氢源和氢阱的流量-浓度复合曲线；在流量-浓度复合曲线图上，每一股氢源和氢阱分别可以用一条水平线段表示，线段两端点的横坐标之差表示该股氢源或氢阱的流量，纵坐标表示其浓度。将所有表示氢源的直线段首尾相接为一折线，即氢源的流量-浓度复合曲线，如图 27-3-53 中的实线所示。同理，可得到氢阱的复合曲线，如图 27-3-53 中的虚线所示。

　　图 27-3-53 中，氢源复合线以下的面积代表氢源可提供的氢量；氢阱复合线以下的面积代表氢阱需要的氢量；其中"＋"的区域，氢源复合线位于氢阱复合线上方，表示这个区域氢量过剩，可以补偿给亏缺区域；标有"－"的区域，氢源复合线位于氢阱复合线下方，代表这个区域氢量亏缺，必须有氢量补充。在氢网络中，氢源提供的氢气总量必须大于或等于氢阱所消耗的氢量，这时的氢网络才可能优化。

　　① 计算氢夹点。将流量-浓度复合曲线图转化为剩余氢量图。如果氢源与氢阱包围的某部分面积为正值，则横线向右延长；反之向左。剩余的氢气均按氢源和氢阱两者中低品质的浓度来取值。假设最高浓度氢源的流量，即新氢量，通过迭代计算作出剩余氢量图，如图 27-3-54 所示，直到新氢的剩余量为 0 时，即得到系统的氢夹点。对于该案例，新氢量为 286.182mol·s^{-1} 时，新氢的剩余量为 0，对应的氢气摩尔分数为 70%，即为氢夹点浓度。

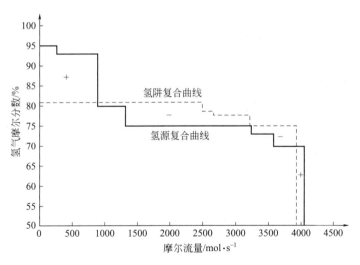

图 27-3-53 流量-浓度复合曲线

　　与水网络集成类似，利用夹点法进行氢网络集成，一般也包括两步：确定目标值（targeting）和网络设计（design）。第一步采用图示法或者问题表法确定氢网络的最小新氢消耗量目标，即确定目标值（targeting）。代表性的方法有剩余氢量图法[67]、物料回收夹点图[58]、气体级联法[68]、源复合曲线[60]、改进的极限负荷曲线和复合表法[61]及改进的问题表法[69]。第二步需要采用一定的网络设计方法设计满足目标值的氢网络，即网络设计（design）。代表性的方法有近邻算法[61]、矩阵法[70]、多边形图示法[71]和三角图示法[72]。研究进展可参阅综述文献 [73]。

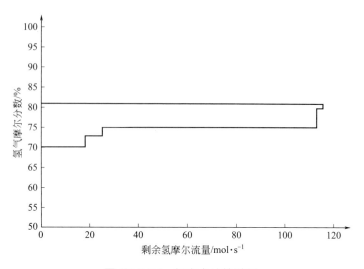

图 27-3-54 氢夹点计算过程

② 数学规划法综合氢网络。数学规划法综合氢网络的研究进展可参阅综述文献［73］。下面介绍基本的氢网络优化的模型[74]。首先建立氢网络优化的超结构，如图 27-3-55 所示。给定某一炼油厂，包括一系列供氢装置和加氢装置，连续重整装置的副产氢和加氢装置的驰放气（包括高分气和低分气等），可以看作过程氢源，每股过程氢源（$s \in NS$）具有一定的流量（F_s），其中组分 c 的浓度（$y_{s,c}$）（$c \in NC$），以及压力（p_s）。加氢装置的入口可以看作氢阱（NK），每个氢阱（$k \in NK$）有其需要的流量（F_k^{in}），最小的进口氢浓度（$y_{k,\text{H}_2}^{\text{in,min}}$），最大的进口杂质浓度（$y_{k,c}^{\text{in,max}}$，$\forall c \neq \text{H}_2$）和压力（$p_k$）等要求。通过在网络中放置一系列氢气压缩机（$m \in NM$），以提升压力不足氢源的压力，进而可以供给相应的氢阱。此外，炼油厂的制氢装置提供新氢，作为过程氢源的补充以满足氢阱的需求，制氢装置（$u \in NU$）具有可提供的最大流量（F_u^{max}），其中组分 c 的纯度（$y_{u,c}$）以及压力（p_u）。此外，氢气提纯装置（变压吸附和膜分离等）（$p \in NP$）可以提纯部分过程氢源，进而回收利用至氢阱，从而减少新氢消耗量。

基于图 27-3-55 所示的氢网络优化的超结构可建立如下数学模型。

在此，以新氢消耗量最小为目标函数。

$$\min \sum_{u \in NU} F_u \tag{27-3-73}$$

式中 F_u——第 u 个制氢装置的新氢消耗量，$\text{mol} \cdot \text{s}^{-1}$。

第 u 个制氢装置分支节点处的流量平衡可表示为

$$F_u = \sum_{k \in NK} F_{u,k} + \sum_{m \in NM} F_{u,m} \quad \forall u \in NU \tag{27-3-74}$$

式中 $F_{u,k}$——第 u 个制氢装置送往第 k 个氢阱的流量，$\text{mol} \cdot \text{s}^{-1}$；

$F_{u,m}$——第 u 个制氢装置送往第 m 个氢气压缩机的流量，$\text{mol} \cdot \text{s}^{-1}$。

第 s 个过程氢源分支节点处的流量平衡可表示为

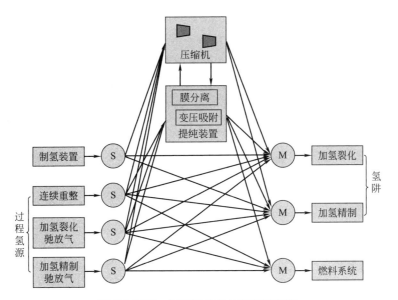

图 27-3-55 氢网络优化的超结构模型

$$F_s = \sum_{k \in NK} F_{s,k} + \sum_{m \in NM} F_{s,m} + \sum_{p \in NP} F_{s,p} + F_{s,f} \quad \forall s \in NS \tag{27-3-75}$$

式中 F_s——第 s 个过程氢源分配的流量，mol·s^{-1}；

      $F_{s,k}$——第 s 个过程氢源送往第 k 个氢阱的流量，mol·s^{-1}；

      $F_{s,m}$——第 s 个过程氢源送往第 m 个氢气压缩机的流量，mol·s^{-1}；

      $F_{s,p}$——第 s 个过程氢源送往第 p 个提纯装置的流量，mol·s^{-1}；

      $F_{s,f}$——第 s 个过程氢源送往燃料系统的流量，mol·s^{-1}。

第 m 个氢气压缩机入口混合节点的流量平衡可表示为

$$F_m^{in} = \sum_{u \in NU} F_{u,m} + \sum_{s \in NS} F_{s,m} + \sum_{p \in NP} F_{p,m}^{prod} + \sum_{\substack{m' \neq m \\ m' \in NM}} F_{m',m} \quad \forall m \in NM \tag{27-3-76}$$

式中 F_m^{in}——第 m 个氢气压缩机入口的流量，mol·s^{-1}；

      $F_{p,m}^{prod}$——第 p 个提纯装置的产品气送往第 m 个氢气压缩机的流量，mol·s^{-1}；

      $F_{m',m}$——其他氢气压缩机送往第 m 个氢气压缩机的流量，mol·s^{-1}。

第 m 个氢气压缩机入口气体流量的总和应不超过其最大流量限制

$$F_m^{in} \leqslant F_m^{in,max} \quad \forall m \in NM \tag{27-3-77}$$

式中 $F_m^{in,max}$——第 m 个氢气压缩机入口的最大流量限制，mol·s^{-1}。

第 m 个氢气压缩机入口混合节点的质量平衡可表示为

$$F_m^{in} y_{m,c}^{in} = \sum_{u \in NU} F_{u,m} y_{u,c} + \sum_{s \in NS} F_{s,m} y_{s,c} + \sum_{p \in NP} F_{p,m}^{prod} y_{p,c}^{prod} +$$
$$\sum_{\substack{m' \neq m \\ m' \in NM}} F_{m',m} y_{m',c}^{out} \quad \forall m \in NM, c \in NC \tag{27-3-78}$$

式中 $y_{m,c}^{in}$——第 m 个氢气压缩机入口流股中组分 c 的摩尔分数，%；

$y_{u,c}$——第 u 个制氢装置新氢中组分 c 的摩尔分数，%；

$y_{p,c}^{\text{prod}}$——第 p 个提纯装置产品气中组分 c 的摩尔分数，%；

$y_{s,c}$——第 s 个过程氢源中组分 c 的摩尔分数，%；

$y_{m',c}^{\text{out}}$——第 m' 个氢气压缩机出口流股中组分 c 的摩尔分数，%。

第 m 个氢气压缩机的进出口流量平衡可表示为

$$F_m^{\text{out}} = F_m^{\text{in}} \quad \forall m \in NM \tag{27-3-79}$$

式中　F_m^{out}——第 m 个氢气压缩机出口的流量，mol·s^{-1}。

通过压缩机的组分 c 的浓度一般认为是不变量，即组分 c 的出口浓度等于其入口浓度，可表示为

$$y_{m,c}^{\text{out}} = y_{m,c}^{\text{in}} \quad \forall m \in NM, c \in NC \tag{27-3-80}$$

第 m 个氢气压缩机出口分支节点的流量平衡可表示为

$$F_m^{\text{out}} = \sum_{k \in NK} F_{m,k} + \sum_{p \in NP} F_{m,p} \quad \forall m \in NM \tag{27-3-81}$$

式中　$F_{m,k}$——第 m 个氢气压缩机送往第 k 个氢阱的流量，mol·s^{-1}；

$F_{m,p}$——第 m 个氢气压缩机送往第 p 个提纯装置的流量，mol·s^{-1}。

第 p 个提纯装置入口混合节点的流量平衡可表示为

$$F_p^{\text{in}} = \sum_{s \in NS} F_{s,p} + \sum_{m \in NM} F_{m,p} \quad \forall p \in NP \tag{27-3-82}$$

式中　F_p^{in}——第 p 个提纯装置入口流量，mol·s^{-1}。

第 p 个提纯装置入口混合节点的质量平衡可表示为

$$F_p^{\text{in}} y_{p,c}^{\text{in}} = \sum_{s \in NS} F_{s,p} y_{s,c} + \sum_{m \in NM} F_{m,p} y_{m,c}^{\text{out}} \quad \forall p \in NP, c \in NC \tag{27-3-83}$$

式中　$y_{p,c}^{\text{in}}$——第 p 个提纯装置入口混合流股中组分 c 的摩尔分数，%。

第 p 个提纯装置进出口总的流量平衡及质量平衡可表示为

$$F_p^{\text{in}} = F_p^{\text{prod}} + F_p^{\text{resd}} \quad \forall p \in NP \tag{27-3-84}$$

$$F_p^{\text{in}} y_{p,c}^{\text{in}} = F_p^{\text{prod}} y_{p,c}^{\text{prod}} + F_p^{\text{resd}} y_{p,c}^{\text{resd}} \quad \forall p \in NP, c \in NC \tag{27-3-85}$$

式中　F_p^{prod}——第 p 个提纯装置产品气的流量，mol·s^{-1}；

F_p^{resd}——第 p 个提纯装置剩余气的流量，mol·s^{-1}；

$y_{p,c}^{\text{resd}}$——第 p 个提纯装置剩余气中组分 c 的摩尔分数，%。

产品气中第 c 个组分流量与进口气体流股中第 c 个组分流量之比被定义为该组分的回收率（$R_{p,c}$），可表示为

$$F_p^{\text{prod}} y_{p,c}^{\text{prod}} = R_{p,c} F_p^{\text{in}} y_{p,c}^{\text{in}} \quad \forall p \in NP, c \in NC \tag{27-3-86}$$

式中　$R_{p,c}$——第 p 个提纯装置组分 c 的回收率。

一般来说，提纯装置的氢气的回收率是给定的参数。

第 p 个提纯装置出口分支节点的流量平衡可表示为

$$F_p^{\text{prod}} = \sum_{k \in NK} F_{p,k}^{\text{prod}} + \sum_{i \in NM} F_{p,m}^{\text{prod}} \quad \forall p \in NP \tag{27-3-87}$$

$$F_p^{\text{resd}} = F_{p,f}^{\text{resd}} \quad \forall p \in NP \tag{27-3-88}$$

式中　$F_{p,k}^{\text{prod}}$——第 p 个提纯装置产品气送往第 k 个氢阱的流量，mol·s^{-1}；

　　　$F_{p,f}^{\text{resd}}$——第 p 个提纯装置剩余气送往燃料系统的流量，mol·s^{-1}。

第 k 个氢阱入口混合节点的流量平衡可表示为

$$F_k^{\text{in}} = \sum_{u \in NU} F_{u,k} + \sum_{s \in NS} F_{s,k} + \sum_{p \in NP} F_{p,k}^{\text{prod}} + \sum_{m \in NM} F_{m,k} \quad \forall k \in NK \tag{27-3-89}$$

式中　F_k^{in}——第 k 个氢阱入口流量，mol·s^{-1}。

第 k 个氢阱入口混合节点的质量平衡可表示为

$$F_k^{\text{in}} y_{k,c}^{\text{in}} = \sum_{u \in NU} F_{u,k} y_{u,c} + \sum_{s \in NS} F_{s,k} y_{s,c} + \sum_{p \in NP} F_{p,k}^{\text{prod}} y_{p,c}^{\text{prod}} + \sum_{i \in NM} F_{m,k} y_{m,c}^{\text{out}}$$
$$\forall k \in NK, c \in NC \tag{27-3-90}$$

式中　$y_{k,c}^{\text{in}}$——第 k 个氢阱入口组分 c 的摩尔分数，%。

对于第 k 个氢阱，进口混合气体流股的平均氢气浓度必须高于氢阱要求的氢气浓度下限

$$y_{k,\text{H}_2}^{\text{in}} \geqslant y_{k,\text{H}_2}^{\text{in,min}} \quad \forall k \in NK \tag{27-3-91}$$

式中　$y_{k,\text{H}_2}^{\text{in,min}}$——第 k 个氢阱入口氢气的浓度（摩尔分数）下限，%。

而进口混合气体流股的平均杂质浓度不超过氢阱的最高杂质浓度限制

$$y_{k,c}^{\text{in}} \leqslant y_{k,c}^{\text{in,max}} \quad \forall k \in NK, c \neq \{\text{H}_2\} \tag{27-3-92}$$

式中　$y_{k,c}^{\text{in,max}}$——第 k 个氢阱入口杂质组分 c 的浓度（摩尔分数）上限，%。

一旦某个氢阱或者提纯装置进口的压力高于某个氢源出口的压力，则该氢源必须通过压缩机升压，进而供给以上氢阱或提纯装置。若氢源的压力低于氢阱或者提纯装置的入口压力约束，则不能直接供应氢气流股，即两者之间的流量为 0。该约束条件可通过方程(27-3-93)来满足。

$$(p_b - p_a) F_{a,b} \leqslant 0$$
$$p_a \in \{p_u, p_s, p_p^{\text{prod}}, p_p^{\text{resd}}, p_m^{\text{out}}\}$$
$$p_b \in \{p_k, p_p^{\text{in}}, p_m^{\text{in}}\} \tag{27-3-93}$$
$$F_{a,b} \in \{F_{u,k}, F_{u,p}, F_{u,m}, F_{s,k}, F_{s,p}, F_{s,m}, F_{s,f},$$
$$F_{p,k}^{\text{prod}}, F_{p,m}^{\text{prod}}, F_{p,f}^{\text{resd}}, F_{m,k}, F_{m,p}, F_{m',m}\}$$

式中　p_a——氢源的压力，包括制氢装置的新氢压力（p_u），过程氢源的压力（p_s），提纯装置产品气和剩余气的压力（p_p^{prod} 和 p_p^{resd}），氢气压缩机的出口压力 p_m^{out}，MPa；

　　　p_b——过程氢阱，提纯装置入口和氢气压缩机的入口压力，分别为 p_k，p_p^{in} 和 p_m^{in}，MPa；

　　　$F_{a,b}$——流量，包括式(27-3-93)中所示的所有流量变量，mol·s^{-1}。

目标函数式(27-3-73)和约束条件式(27-3-74)～约束条件式(27-3-93)构成以新氢消耗量最小为目标的氢网络优化数学模型。求解该数学模型后，就可以解出最小新氢消耗量，以及新氢，过程氢源，压缩机，提纯装置，氢阱和燃料系统之间的流量分配。如果要以其他参数为目标函数，如以费用最小，只需引入相应的费用计算约束条件即可。

参考文献

[1] Rudd D F. AIChE J, 1968, 14: 343.

[2] Cremaschi S. Comput Chem Eng, 2015, 34: 35.

[3] 王基铭. 过程系统工程词典. 第 2 版. 北京: 中国石化出版社, 2011.

[4] Smith R M. Chemical Process: Design and Integration. NewYork: John Wiley & Sons, 2005.

[5] Soltani H, Shafiei S. Chem Eng Sci, 2015, 137: 601.

[6] Feinberg M. Ind Eng Chem Res, 2002, 41: 3751.

[7] 黄德先, 王京春, 金以慧. 过程控制系统. 北京: 清华大学出版社, 2011.

[8] Papoulias S A, Grossmann I E. Comput Chem Eng, 1983, 7: 723.

[9] Nishida N, Stephanopoulos G, Westerberg A W. AIChE J, 1981, 27: 321.

[10] Barnicki S D, Siirola J J. Comput Chem Eng, 2004, 28: 441.

[11] Umeda T, Itoh J, Shiroko K. Chem Eng Prog, 1978, 74: 70.

[12] Linnhoff B, Hindmarsh E. Chem Eng Sci, 1983, 38: 745.

[13] Saboo A, Morari M, Colberg R. Comput Chem Eng, 1986, 10: 591.

[14] Boland D, Linnhoff B. London: Chem Eng, 1979: 222.

[15] Su J L, Motard R. Comput Chem Eng, 1984, 8: 67.

[16] Ahmad S. Heat exchanger networks: Cost tradeoffs in energy and capital. University of Manchester Institute of Science and Technology (UMIST), 1985.

[17] Linnhoff B, Ahmad S, World Cong: Ⅲ. Tokyo: Chem Eng, 1986.

[18] Gundepsen T, Naess L. Comput Chem Eng, 1988, 12: 503.

[19] Furman K C, Sahinidis N V. Ind Eng Chem Res, 2002, 41: 2335.

[20] Morar M, Agachi P S. Comput Chem Eng, 2010, 34: 1171.

[21] Linnhoff B, Flower J R. AIChE J, 1978, 24: 633.

[22] 姚平经, 郑轩荣. 换热器系统的模拟、优化与综合. 北京: 化学工业出版社, 1992.

[23] 冯霄, 王彧斐. 化工节能原理与技术. 第 4 版. 北京: 化学工业出版社, 2015.

[24] Papoulias S A, Grossmann I E. Comput Chem Eng, 1983, 7: 707.

[25] Yee T F, Grossmann I E. Comput Chem Eng, 1990, 14: 1165.

[26] Huang K F, Almutairi E M, Karimi I. Chem Eng Sci, 2012, 73: 30.

[27] Asante N, Zhu X. Comput Chem Eng, 1996, 20: S7.

[28] 都健. 化工过程分析与综合. 大连: 大连理工大学出版社, 2009.

[29] Hendry J, Hughes R. Chem Eng Prog, 1972, 68: 71.

[30] Rudd D F, Powers G J, Siirola J J. Process synthesis. prentice-hall englewood cliffs, NJ: 1973.

[31] Stephanopoulos G, Westerberg A W. Chem Eng Sci, 1976, 31: 195.

[32] Nath R, Motard R. AIChE J, 1981, 27: 578.

[33] Fan Y H L. Comput Chem Eng, 1988, 12: 601.

[34] Sobočan G, Glavič P. Chem Eng J, 2002, 89: 155.

［35］ Lucia A, McCallum B R. Comput Chem Eng, 2010, 34: 931.

［36］ Proios P, Goula N F, Pistikopoulos E N. Chem Eng Sci, 2005, 60: 4678.

［37］ Thong D Y C, Liu G, Jobson M, et al. Chem Eng Process: Process Intensification, 2004, 43: 239.

［38］ Caballero J A, Grossmann I E. Comput Chem Eng, 2014, 61: 118.

［39］ Giridhar A, Agrawal R. Comput Chem Eng, 2010, 34: 84.

［40］ King C J. 分离过程. 大连工学院, 译. 北京: 化学工业出版社, 1987.

［41］ Nadgir V, Liu Y. AIChE J, 1983, 29: 926.

［42］ Papoulias S A, Grossmann I E. Comput Chem Eng, 1983, 7: 695.

［43］ Caballero J A, Navarro M A, Ruiz-Femenia R, et al. Appl Energ, 2014, 124: 256.

［44］ Douglas J. AIChE J, 1985, 31: 353.

［45］ 冯霄, 刘永忠, 沈人杰, 等. 水系统集成优化: 节水减排的系统综合方法. 第2版. 北京: 化学工业出版社, 2012.

［46］ Lim S R, Park J M. Ind Eng Chem Res, 2008, 47: 1988.

［47］ Ponce-Ortega J M, Mosqueda-Jiménez F W, Serna-González M, et al. AIChE J, 2011, 57: 2369.

［48］ Karuppiah R, Grossmann I E. Comput Chem Eng, 2008, 32: 145.

［49］ Chang C T, Li B H, Liou C W. Ind Eng Chem Res, 2009, 48: 3496.

［50］ Feng X, Shen R, Zheng X, et al. Ind Eng Chem Res, 2011, 50: 3675.

［51］ Wang Y P, Smith R. Chem Eng Sci, 1994, 49: 981.

［52］ Manan Z A, Tan Y L, Foo D C Y. AIChE J, 2004, 50: 3169.

［53］ Castro P, Matos H, Fernandes M C, et al. Chem Eng Sci, 1999, 54: 1649.

［54］ Mann J G, Liu Y A. 工业用水节约与废水减量. 北京: 中国石化出版社, 2001.

［55］ Feng X, Bai J, Zheng X S. Chem Eng Sci, 2007, 62: 2127.

［56］ Bai J, Feng X, Deng C. Chem Eng Res Des, 2007, 85: 1178.

［57］ Hallale N. Adv Environ Res, 2002, 6: 377.

［58］ El-Halwagi M M, Gabriel F, Harell D. Ind Eng Chem Res, 2003, 42: 4319.

［59］ Prakash R, Shenoy U V. Chem Eng Sci, 2005, 60: 255.

［60］ Bandyopadhyay S, Ghanekar M D, Pillai H K. Ind Eng Chem Res, 2006, 45: 5287.

［61］ Agrawal V, Shenoy U V. AIChE J, 2006, 52: 1071.

［62］ Deng C, Feng X. Ind Eng Chem Res, 2011, 50: 3722.

［63］ 杨友麒, 贾小平, 石磊. 化工学报, 2015, 66(1): 32.

［64］ Jezowski J. Ind Eng Chem Res, 2010, 49: 4475.

［65］ Foo D C Y. Ind Eng Chem Res, 2009, 48: 5125.

［66］ Hallale N, Liu F. Adv Environ Res, 2001, 6: 81.

［67］ Alves J J, Towler G P. Ind Eng Chem Res, 2002, 41: 5759.

［68］ Foo D C Y, Manan Z A. Ind Eng Chem Res, 2006, 45: 5986.

［69］ Deng C, Zhou Y, Chen C L, et al. Energy, 2015, 90: 68.

［70］ Liu G, Tang M, Feng X, et al. Ind Eng Chem Res, 2011, 50: 2959.

［71］ Zhang Q, Feng X, Chu K H. Ind Eng Chem Res, 2012, 52: 1309.

［72］ Deng C, Wen Z, Foo D C Y, et al. Ind Eng Chem Res, 2014, 53: 17654.

［73］ Elsherif M, Manan Z A, Kamsah M Z. J Nat Gas Sci Eng, 2015, 24: 346.

［74］ Deng C, Pan H, Li Y, et al. Appl Therm Eng, 2014, 70: 1162.

本篇一般参考文献

［1］ 王基铭．过程系统工程词典．第 2 版．北京：中国石化出版社，2011.

［2］ 都健．化工过程分析与综合．大连：大连理工大学出版社，2009.

［3］ Smith R M. Chemical process: design and integration. Chichester: John Wiley & Sons, 2005.

［4］ 冯霄，王彧斐．化工节能原理与技术．第 4 版．北京：化学工业出版社，2015.

［5］ 冯霄，刘永忠，沈人杰，等．水系统集成优化：节水减排的系统综合方法．第 2 版．北京：化学工业出版社，2012.

［6］ Wang Y P, Smith R. Chem Eng Sci, 1994, 49: 981.

［7］ Prakash R, Shenoy U V. Chem Eng Sci, 2005, 60: 255.

［8］ Alves J J, Towler G P. Ind Eng Chem Res, 2002, 41: 5759.

符号说明

A	传热面积，m^2
A_{min}	热力学上最小面积，m^2
a、b、c	参数
a'	单位传热面积价格，元$\cdot m^{-2}$
C	换热器设备投资费用，元
C_i	分离器 i 总年费用，元$\cdot a^{-1}$
CES	分离易度系数
C_p	热容流率，$kW\cdot℃^{-1}$
$C_{p,C}$	冷物流热容流率，$kW\cdot℃^{-1}$
$C_{p,H}$	热物流热容流率，$kW\cdot℃^{-1}$
C_i^{out}	用水过程 i 的水出口质量浓度，$mg\cdot L^{-1}$
C_i^{in}	用水过程 i 的水进口质量浓度，$mg\cdot L^{-1}$
$C_{i,c}^{in}$	用水过程 i 中杂质组分 c 在进口处的质量浓度，$mg\cdot L^{-1}$
$C_{i,c}^{out}$	用水过程 i 中杂质组分 c 在出口处的质量浓度，$mg\cdot L^{-1}$
$C_{i,c}^{L}$	用水过程 i 中损失水中的杂质组分 c 的质量浓度，$mg\cdot L^{-1}$
$C_{i,c}^{in,max}$	用水过程 i 杂质组分 c 的极限进口浓度，$mg\cdot L^{-1}$
$C_{i,c}^{out,max}$	用水过程 i 杂质组分 c 的极限出口浓度，$mg\cdot L^{-1}$
$C_i^{in,v}$	区间 v 中用水过程 i 的进口质量浓度，$mg\cdot L^{-1}$
$C_i^{out,v}$	区间 v 中用水过程 i 的出口质量浓度，$mg\cdot L^{-1}$
C_{pinch}	夹点浓度，$mg\cdot L^{-1}$
C^v	浓度区间 v 的上界质量浓度，$mg\cdot L^{-1}$
C^{v-1}	浓度区间 v 的下界质量浓度，$mg\cdot L^{-1}$
$C_{SRm}^{out,max}$ 或 $C_{SRn}^{out,max}$	水源 SRm 或水源 SRn 极限出口浓度，$mg\cdot L^{-1}$
C^w	新鲜水质量浓度，$mg\cdot L^{-1}$
d	自由度
F	质量流量，摩尔流量，$kg\cdot s^{-1}$，$kmol\cdot h^{-1}$
F_{nk}^m	在条件 k 下操作的单元 n 向单元 m 输出的流量，$kg\cdot s^{-1}$
F_i	用水过程 i 的质量流量，$t\cdot h^{-1}$

F_i^{in}	用水过程 i 的入口质量流量，$t \cdot h^{-1}$
F_i^{out}	用水过程 i 的出口质量流量，$t \cdot h^{-1}$
F_i^{L}	用水过程 i 的损失质量流量，$t \cdot h^{-1}$
F^v	区间 v 中水的质量流量，$t \cdot h^{-1}$
F_{min}^{w}	全系统最小新鲜水用量，$t \cdot h^{-1}$
$F_{SRm,SKj}$ 或 $F_{SRn,SKj}$	水源 SRm 或水源 SRn 送往水阱 j 的质量流量，$t \cdot h^{-1}$
$F_{j,i}$	用水过程 j 送往用水过程 i 的质量流量，$t \cdot h^{-1}$
F_k^{in}	过程氢阱 k 入口的总流量，$mol \cdot s^{-1}$
F_k^{M}	过程氢阱 k 入口补充氢（一般为新氢）的流量，$mol \cdot s^{-1}$
F_k^{R}	过程氢阱 k 入口循环氢的流量，$mol \cdot s^{-1}$
F_u	第 u 个制氢装置的新氢消耗量，$mol \cdot s^{-1}$
$F_{u,k}$	第 u 个制氢装置送往第 k 个氢阱的流量，$mol \cdot s^{-1}$
$F_{u,m}$	第 u 个制氢装置送往第 m 个氢气压缩机的流量，$mol \cdot s^{-1}$
F_s	第 s 个过程氢源分配的流量，$mol \cdot s^{-1}$
$F_{s,k}$	第 s 个过程氢源送往第 k 个氢阱的流量，$mol \cdot s^{-1}$
$F_{s,m}$	第 s 个过程氢源送往第 m 个氢气压缩机的流量，$mol \cdot s^{-1}$
$F_{s,p}$	第 s 个过程氢源送往第 p 个提纯装置的流量，$mol \cdot s^{-1}$
$F_{s,f}$	第 s 个过程氢源送往燃料系统的流量，$mol \cdot s^{-1}$
F_m^{in}	第 m 个氢气压缩机入口的流量，$mol \cdot s^{-1}$
$F_{p,m}^{prod}$	第 p 个提纯装置的产品气送往第 m 个氢气压缩机的流量，$mol \cdot s^{-1}$
$F_{m',m}$	其他氢气压缩机送往第 m 个氢气压缩机的流量，$mol \cdot s^{-1}$
$F_m^{in,max}$	第 m 个氢气压缩机入口的最大流量限制，$mol \cdot s^{-1}$
$F_{p,k}^{prod}$	第 p 个提纯装置产品气送往第 k 个氢阱的流量，$mol \cdot s^{-1}$
$F_{p,f}^{resd}$	第 p 个提纯装置剩余气送往燃料系统的流量，$mol \cdot s^{-1}$
F_k^{in}	第 k 个氢阱入口流量，$mol \cdot s^{-1}$
F_p^{prod}	第 p 个提纯装置产品气的流量，$mol \cdot s^{-1}$
F_p^{resd}	第 p 个提纯装置剩余气的流量，$mol \cdot s^{-1}$
F_m^{out}	第 m 个氢气压缩机出口的流量，$mol \cdot s^{-1}$
$F_{m,k}$	第 m 个氢气压缩机送往第 k 个氢阱的流量，$mol \cdot s^{-1}$
$F_{m,p}$	第 m 个氢气压缩机送往第 p 个提纯装置的流量，$mol \cdot s^{-1}$
F_p^{in}	第 p 个提纯装置入口流量，$mol \cdot s^{-1}$
$F_{a,b}$	流量，包括式(27-3-93)中所示的所有流量变量，$mol \cdot s^{-1}$
f	塔顶、塔釜产品摩尔流率比
G	总的子群数

h，H	焓（实指热负荷），比摩尔焓，kW，kJ·kg^{-1}，kJ·kmol^{-1}
h_{nk}^m	对应 F_{nk}^m 流股的焓，kJ·kg^{-1}
I	S' 的一个子集
I_n	｛m｜单元 n 从单元 m 有输入流量｝
K	总传热系数，kW·m^{-2}·℃$^{-1}$
K_n	｛k｜单元设备 n 在（P_{nk}，J_{nk}）条件下操作｝，$n \in N$
k	平衡常数
L	独立的热负荷回路数
M_i	用水过程 i 的杂质质量负荷，g·h^{-1}
$M_{i,c}$	用水过程 i 中传递杂质组分 c 的质量负荷，g·h^{-1}
M_i^v	区间 v 中用水过程 i 的杂质负荷，g·h^{-1}
M_{pinch}	夹点以下杂质总负荷，g·h^{-1}
ΔM^v	区间 v 内的杂质总负荷，g·h^{-1}
m	独立方程数，进料中的组分数
N	物流数，超级结构中单元设备集合
n	变量数
N_{C}	冷工艺物流数
N_{H}	热工艺物流数
NI	用水过程的集合
NV	浓度区间的集合
O_n	｛m｜单元 n 从单元 m 有输出流量｝
p_a	氢源的压力，包括制氢装置的新氢压力（p_u），过程氢源的压力（p_s），提纯装置产品气和剩余气的压力（p_p^{prod} 和 p_p^{resd}），氢气压缩机的出口压力 p_m^{out}，MPa
p_b	过程氢阱，提纯装置入口和氢气压缩机的入口的压力，分别为 p_k，p_p^{in} 和 p_m^{in}，MPa
p	压力，kPa
Q	热负荷，kW 或 kJ·h^{-1}
$Q_{\text{C,min}}$	最小公用工程冷却负荷，kW
$Q_{\text{H,min}}$	最小公用工程加热负荷，kW
Q_n	单元 n 产生的热量，kW
$Q_{\text{R,max}}$	最大热回收量，kW
R	进料组分数，气体常数，8.314 J·K^{-1}·mol^{-1}
r	独立反应数

R_k	流出间隔 k 的剩余热量，kW
$R_{p,c}$	第 p 个提纯装置组分 c 的回收率
S	系统内独立子系统数，所有可行的分离器结构集合
S_m	公用工程加热物流单位价格，元·kg^{-1}
T	温度，℃，K
T_C	冷物流温度，℃
T_H	热物流温度，℃
T_L	低温热源温度，K
T_0	环境温度，K
U	换热设备数，分离子问题数
W	轴功，W
$W_{min,T}$	每摩尔进料所消耗的最小功，J·mol^{-1}
W_n	单元 n 产生的功率，kW
X	论域，$(x_i)^n$
r	流股中组分的摩尔分数
x_i	分离器 i 的设计变量
x_{jf}	进料中组分 j 的摩尔分数
y_{nk}	$=\begin{cases}1，单元 n 存在，并在 k 下操作 \\ 0，其他情况\end{cases}$
y_{k,H_2}^{in}	过程氢阱 k 入口的氢气摩尔分数，%
$y_{H_2}^{M}$	补充氢的氢气摩尔分数，%
$y_{H_2}^{R}$	循环氢的氢气摩尔分数，%
$y_{m',c}^{out}$	第 m' 个氢气压缩机出口流股中组分 c 的摩尔分数，%
$y_{s,c}$	第 s 个过程氢源中组分 c 的摩尔分数，%
$y_{p,c}^{prod}$	第 p 个提纯装置产品气中组分 c 的摩尔分数，%
$y_{u,c}$	第 u 个制氢装置新氢中组分 c 的摩尔分数，%
$y_{p,c}^{in}$	第 p 个提纯装置入口混合流股中组分 c 的摩尔分数，%
$y_{m,c}^{in}$	第 m 个氢气压缩机入口流股中组分 c 的摩尔分数，%
$y_{p,c}^{resd}$	第 p 个提纯装置剩余气中组分 c 的摩尔分数，%
$y_{k,c}^{in}$	第 k 个氢阱入口组分 c 的摩尔分数，%
$y_{k,H_2}^{in,min}$	第 k 个氢阱入口氢气的浓度（摩尔分数）下限，%
$y_{k,c}^{in,max}$	第 k 个氢阱入口杂质组分 c 的浓度（摩尔分数）上限，%

希腊字母

| ε | 收敛误差 |
| γ_{jf} | 进料组分中 j 的活度系数 |

Δ	两分离组分之间的差异
Δp	压力降，kPa
$\Delta T_{\text{LM}j}$	间隔 j 内的传热温差，℃
φ	稀疏比
φ_i	产物 i 在进料中所占的摩尔分数
ω	松弛因子
ξ_i	反应 i 的反应度

第
27
篇

第 28 篇
过程控制

主 稿 人：钱　锋　　中国工程院院士，华东理工大学教授

　　　　　杜文莉　　华东理工大学教授

编写人员：钟伟民　　华东理工大学教授

　　　　　侍洪波　　华东理工大学教授

　　　　　孙自强　　华东理工大学教授

　　　　　顾幸生　　华东理工大学教授

　　　　　黄德先　　清华大学教授

　　　　　苏宏业　　西南科技大学教授

　　　　　郭锦标　　中国石化石油化工科学研究院教授级高级工程师

　　　　　孙京诰　　华东理工大学副教授

　　　　　颜学峰　　华东理工大学教授

　　　　　王振雷　　华东理工大学教授

　　　　　王慧锋　　华东理工大学教授

　　　　　赵　亮　　华东理工大学副教授

审 稿 人：俞金寿　　华东理工大学教授

第一版编写人员名单

编 写 人：蒋慰孙　徐功仁　陈彦葶　邵惠鹤　俞金寿

审 校 人：周春晖

第二版编写人员名单

主 稿 人：陆德民

编写人员：俞金寿

控制工程基础

引　言

控制理论、相对论及量子理论被认为是 20 世纪人们对客观世界产生飞跃性认识的三项重要的科学革命。而控制工程是以其中的控制理论及技术为基础，以计算机技术为核心，以网络通信技术为关键纽带，以满足和实现现代工业、农业以及其他社会经济等领域日益增长的自动化、智能化需求为目标的重要工程领域。控制工程领域研究的理论和方法非常宽泛，从线性控制到非线性控制，从单变量控制到多变量控制，从连续控制到采样控制，从定常控制到随机控制，从一般的反馈控制到自适应控制，以及最优估计与系统辨识相关理论、多变量线性理论、最优控制理论等。

控制工程从蒸汽机的飞球转速的控制开始，在人类历史上的历次工业革命中都发挥了重要的作用，使早年凭经验、凭直觉、凭定性的控制系统设计上升到科学性、条理性、有定量理论指导的阶段。研究者把控制理论、工艺分析与仪表、计算机与网络通信方面的知识结合起来，构成一门综合的工程科学。进入 21 世纪以来，随着以计算机、通信及控制为典型代表的信息技术（Information Technology，IT）产业技术的高速发展，尤其是在计算机技术的不断推动之下，使得控制理论与控制工程学科逐渐发展成为基础性的科学，控制系统与控制工程中的系统结构、系统稳定、反馈调节及智能系统的相关思想及理论，在自然科学的多种学科领域获得了广泛应用。

目前，在信息技术（IT）和运营技术（OT）融合的时代已经到来的背景下，特别是 2013 年 4 月的汉诺威工业博览会上正式推出的工业 4.0 概念，都要求控制工程与其他学科深入相互交叉，并向社会生产和管理及经济系统渗透。满足现代制造业提出的以优质、快捷、低消耗为目标的控制要求，以市场为核心并集设计、制造、管理于一体，发展基于集散控制系统（Distributed Control System，DCS）和现场总线控制系统（Fieldbus Control System，FCS）的具有大系统协调控制、最优控制以及决策管理的新模式和人工智能、模式识别相结合的综合智能控制系统。

过程控制工程是在工业领域应用最为广泛的自动化技术的一个重要分支，主要的研究任务是对过程控制系统进行分析和综合。过程控制能给过程工业带来十分明显的效益，能够保证产品质量、提高产量、降低消耗、安全运行、改善劳动条件、提高管理水平等。确保在过程受约束、受限制的条件下，制定出最佳系统控制方案，在性能参数极值范围内控制过程系统，最终实现过程系统性能最优化这一目标。

1.1　自动控制系统概述[1,2]

自动控制系统是指在没有人直接参与的情况下，利用外加的设备或装置，使机器、设备或生产过程的某个工作状态或参数自动地按照预定的规律运行。近年来，自动控制系统在现代文明和技术发展与进步上扮演了越来越重要的角色，我们日常生活的每一个方面几乎都受到了某种控制系统的影响。自动控制系统已经广泛应用于工业生产的各个方面，如化工生产过程、产品质量监控、自动装配线、空间技术与武器系统、计算机控制、交通运输、动力系统、机器人、纳米技术等。

1.1.1 自动控制系统的类型及组成

在化工生产中，对各工艺变量有一定的控制要求。有些工艺变量对产品的数量和质量起着决定性的作用。例如，精馏塔的塔顶或塔底的温度，必须保持一定，才能得到合格的产品。有些工艺变量虽不直接影响产品的数量和质量，然而保持其平稳却是使生产获得良好控制的前提。例如，用蒸汽加热的反应器或再沸器，在蒸汽压力波动剧烈的情况下，要把反应温度或塔釜温度控制好极为困难。中间储槽的液位和气柜的压力必须维持在允许范围内，才能使物料平衡，保持连续的均衡生产。还有些工艺变量是决定安全生产的因素，不允许超出规定的限度。对于以上各种类型的变量，在化工生产过程中都应予以必要的控制。

为了实现控制要求，可以有两种方式：一是人工控制；二是自动控制。自动控制是在人工控制的基础上发展起来的，使用了自动化仪表等控制装置来代替人的观察、判断、决策和操作。

图 28-1-1 所示为蒸汽加热器出口温度自动控制系统。加热器出口温度经检测元件和变送器 TT 测量出来，并与工艺规定的温度设定值进行比较，出现偏差时，调节器 TC 根据偏差大小和方向按某种规律发布命令，开大或关小蒸汽调节阀，使出口温度恢复到规定值。由于冷流体流量、温度或加热蒸汽阀前压力等因素的波动，将使出口温度偏离规定值。此时调节器重新工作，使出口温度恢复到规定值。下面结合蒸汽加热器出口温度控制的例子来说明控制系统中常用的几个术语。

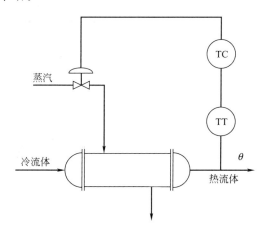

图 28-1-1 蒸汽加热器出口温度自动控制系统

① 被控对象或过程　需要实现控制的设备、机器或生产过程，称为被控对象或过程，本例中为蒸汽加热器。

② 被控变量　被控对象或过程内要求保持规定数值（接近恒定值或按预定规律变化）的物理量，称为被控变量，本例中为热流体的出口温度。

③ 设定值　被控变量的规定值称为设定值。

④ 操纵变量　受到控制装置操纵，用以使被控变量保持在设定值的物料量或能量，称为操纵变量，本例中为加热蒸汽。

⑤ 扰动变量　除操纵变量以外，作用于过程并引起被控变量变化的因素，称为扰动变量，如本例中冷流体的流量和温度、蒸汽阀的上游压力。

⑥ 偏差　偏差理论上应该是被控变量的设定值与实际值之差。但是能够获取的信息是被控变量的测量值而不是实际值，因此通常把设定值与测量值之差作为偏差。

(1) 控制系统的类型　控制系统的基本结构，可以分为开环控制和闭环控制系统两大类。

① 开环控制系统　开环控制系统分两种：一种是按设定值进行控制。如蒸汽加热器，其蒸汽流量与设定值保持一定的函数关系，当设定值变化时，操纵变量随之变化。图 28-1-2(a) 所示为其原理图。另一种是按扰动进行控制，即所谓的前馈控制。如蒸汽加热器中，如果进料流量（负荷）是主要扰动，则使蒸汽流量与进料流量间保持一定的函数关系，当扰动出现时，操纵变量按此函数关系随之变化，图 28-1-2(b) 为其原理图。

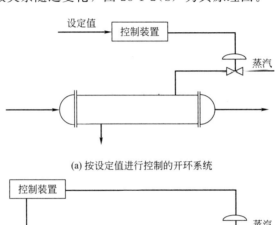

(a) 按设定值进行控制的开环系统

(b) 按扰动进行控制的开环系统

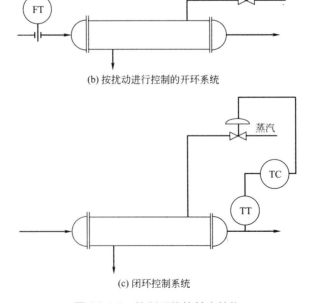

(c) 闭环控制系统

图 28-1-2　控制系统的基本结构

② 闭环控制系统　闭环控制系统又称为反馈控制系统，它是按偏差进行控制的。在蒸汽加热器出口温度控制系统中，温度调节器根据设定值与温度测量值的偏差大小及方向，按一定控制规律去调整蒸汽阀门的开度，改变蒸汽量。由此可以看出操纵变量（蒸汽量）会通过对象去影响被控变量（温度），而被控变量又会通过调节器去影响操纵变量。从信息传递关系来看，构成一个闭合回路，所以称为闭环控制系统。被控变量的信息要送回到自动控制装置（调节器），所以亦称为反馈控制系统。图 28-1-2(c) 为其原理图。

有时也采用自动调节系统一词，它就是指闭环控制系统。在闭环控制系统中，按设定值情况的不同，又可分为三种类型。

① 定值控制系统　设定值是一个恒值，它的基本任务是克服扰动对被控变量的影响，即在扰动作用下仍能使被控变量保持在设定值或其附近。在化工生产过程中的自动控制系统，凡要求工艺变量平稳不变的，都属于这个范畴。

② 随动控制系统（伺服系统）　设定值是事先未知的时间函数，它的主要任务是使被控变量能够尽快地、准确无误地跟踪设定值的变化。在化工自动化中，有些比值控制系统就属此类。例如，在燃烧系统中，燃料量应与空气量之间保持一定的比例，空气应按一定比例随着燃料流量的变化而变化。

③ 程序（顺序）控制系统　设定值是一个事先规定的时间函数，它要求被控变量能按照事先规定的时间函数变化。在化工自动化中，间歇反应器的升温控制系统属于此类系统。

（2）闭环控制系统的组成　任何一个自动控制系统，总是由过程和自动控制装置组成的。自动控制装置可以很简单，例如用浮球带动阀门的液位控制器；也可以相当复杂，例如采用工业控制机及其外围设备和接口。不论其结构如何，闭环控制系统的自动控制装置总要实现检测、判断、决策和操纵的功能，可以用图 28-1-3 所示的方框图来表示。

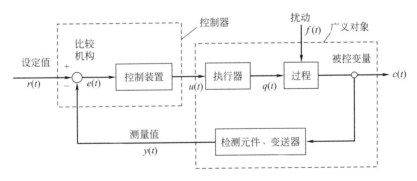

图 28-1-3　闭环控制系统的组成方框图

① 检测元件和变送器　它的作用是把被控变量 $c(t)$ 转化为测量值 $y(t)$。例如，用热电阻或热电偶测量温度，并用温度变送器转换为统一的气压信号（20～100kPa）或直流电流信号（0～100mA 或 4～20mA）。

② 调节器（控制器）　它由比较机构和控制装置组合而成。比较机构的作用是比较设定值 $r(t)$ 与测量值 $y(t)$ 并输出其差值额 $e(t)$。控制装置的作用是根据偏差的正负、大小及变化情况，按某种预定的控制规律给出控制作用 $u(t)$，目前应用最广的调节器是气动和电动调节器。

③ 执行器　它的作用是接受调节器送来的控制作用 $u(t)$，去改变操纵变量 $q(t)$。最常用的执行器是气动薄膜调节阀。在采用电动调节器的场合，调节器的输出 $u(t)$ 还需经电-

气转换器将统一的电流信号转换成统一的气压信号。

　　④ 广义对象　控制系统中除调节器外，过程（对象）、检测元件、变送器和执行器的组合称为广义对象。

1.1.2　闭环控制系统的过渡过程及控制指标

1.1.2.1　静态和动态

　　对于一个控制系统，我们除了关心控制的最终结果外，更需要注意控制的变化过程，即对系统不仅需要从静态的观点来考虑，更需要从动态的角度作分析。

　　所谓静态是指系统或环节在某一输入作用下，当 $t \rightarrow \infty$ 时达到平稳时的情况。对于化工对象来说，静态特性由物料平衡、能量平衡及化学反应平衡等规律所确定。从严格意义上说，应称为稳态特性，因为它反映的是动态平衡情况。

　　所谓动态是指在输入作用下，系统或环节从原来的静态出发，逐渐随时间变化的过渡过程。动态特性亦称暂态特性，可以认为静态是动态特性在时间 $t \rightarrow \infty$ 时的特例。图 28-1-4 所

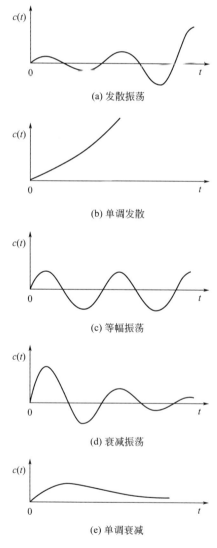

(a) 发散振荡

(b) 单调发散

(c) 等幅振荡

(d) 衰减振荡

(e) 单调衰减

图 28-1-4　定值调节系统过渡过程的几种形式

示是过渡过程的几种形式。

1.1.2.2 控制指标

一个控制系统在受到外扰作用时，要求被控变量要平稳、迅速和准确地趋近或恢复到给定值。因此，在稳定性、快速性和准确性三个方面提出各单项控制指标和综合指标。图 28-1-5(a) 为定值控制系统在阶跃扰动作用下的衰减振荡过程；图 28-1-5(b) 为随动控制系统在阶跃设定作用下的衰减振荡过程。

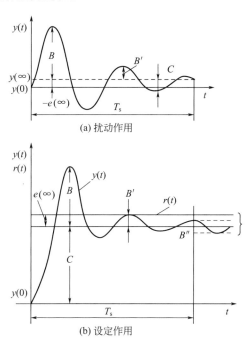

(a) 扰动作用

(b) 设定作用

图 28-1-5 过渡过程控制指标

（1）单项控制指标

① 衰减比 n　它是衡量过渡过程稳定性的指标。它的定义是上一个波的振幅与下一个波的振幅之比 $B/B'=n$，$n<1$ 表示振幅不衰减反而扩大，调节过程不稳定，系统不能正常工作；如果 $n=1$，则为等幅振荡，系统处于稳定边缘；如果 $n>1$，则称之为衰减震荡，是允许的。根据实际操作经验，为保持足够的稳定裕度，多数情况下 n 取 $4\sim10$。

② 最大偏差 e_{max} 或超调量 σ　最大偏差常用于扰动作用下的控制系统即定值控制系统，$|e_{max}|=B+C$。超调量为瞬态过程中输出响应的最大值超过稳态值的百分比，即 $\sigma=\dfrac{B}{C}\times100\%$。这两项都是动态指标，它们都反映超调情况。在定值控制系统中 e_{max} 应该有它的允许界限。

③ 余差 $e(\infty)$　在阶跃外作用下的最终偏差称为余差，定值控制系统的余差 $e(\infty)=0-y(\infty)=-y(\infty)=-C$；随动控制系统的余差 $e(\infty)=r-y(\infty)=r-C$。余差是反应控制准确性的稳态指标，一般希望其为零，或不超过预定的范围。

④ 调节时间（或回复时间）　要使 $y(t)$ 完全趋近于 $y(\infty)$，时间要无限地延长。然而，要使 $y(t)$ 进入 $y(\infty)$ 附近一定范围，并继续保持在此范围内，时间还是有限的。从扰动开始到被控变量 $y(t)$ 进入 $y(\infty)$ 附近 $\pm5\%$ 或 $\pm3\%$ 区域内所需的时间，称为调节时间

（或回复时间）。提高振动频率或增大衰减比都能缩短调节时间。

各项调节指标须结合具体系统的控制要求来选择，要分清主次，因为要求这四个指标都很高是困难的。

（2）综合控制指标　综合控制指标往往通过偏差的某些函数对时间的积分值来表述，它们兼顾衰减比、超调量和调节时间几方面的因素，较常用的有三种：

① 偏差绝对值对时间的积分 $IAE = \int_0^\infty |e| \mathrm{d}t$　　如果直接按偏差对时间的积分，则将产生上下积分面积相消的现象，采用偏差的绝对值可以避免这一点。

② 偏差平方值对时间的积分 $ISE = \int_0^\infty e^2 \mathrm{d}t$　　与 IAE 比较，它对最大偏差的数值更为敏感。

③ 偏差绝对值与时间的乘积对时间的积分 $ITAE = \int_0^\infty |e| t \mathrm{d}t$　　与 IAE 比较，它对消除偏差所需时间更为敏感。

在现代控制理论中，常采用某种目标函数 J 作为品质目标，常用的二次型指标可以说是 ISE 的一种发展。

1.2　控制系统的描述方法

控制系统的数学模型用来描述系统中各种信号（或变量）的传递和转换关系，它使我们得以暂时离开系统的物理模型，在一般意义下研究控制系统的普遍规律。

数学模型通常是描述系统各变量之间关系的一个或一组方程式，如果模型着重描述的是系统输入量和输出量之间的数学关系，则称这种模型为输入-输出模型，如微分方程（连续系统）、差分方程（离散系统）、传递函数、频率特性函数；如果模型着重描述的是系统输入量与内部状态之间以及内部状态和输出量之间的关系，则这种模型通常称为状态空间模型。

建立控制系统数学模型的方法主要有两种：

① 黑盒法　通过对一个系统加入不同的输入信号，观察其输出，根据所记录的输入、输出信号，用一个或几个数学表达式来表达这个系统的输入与输出关系。这种方法建模必须通过现场试验来完成，称之为系统辨识建模方法，如时域法、频域法和相关统计法。

② 白盒法　如果已知系统本身的组成状况、子系统间相互连接及影响关系，可以对系统建立机理模型。它的建模通常遵循以下几个步骤：首先，建立物理模型；然后，列写原始方程；最后，选定系统的输入量、输出量及状态变量（仅在建立状态空间模型时要求），消去中间变量，建立适当的输入-输出模型或状态空间模型。

下面，我们重点介绍以下 4 种建模方法。

1.2.1　微分方程

为了研究控制系统的动态特性，必须了解系统各个组成环节的动态特性。根据各环节本身的物理及化学规律，列写微分方程是获取动态特性的一条重要途径。

（1）环节微分方程的列写方法与步骤

① 原始微分方程的列写　对于化工过程来说，原始微分方程的列写主要依据是物料平衡和能量平衡关系式，一般可用下式表示：

单位时间内进入环节的物料量(或能量)－单位时间内由环节流出的物料量(或能量)

　　＝系统内物料(或能量)储存量的变化率

② 中间变量的消除　为了找到输出变量 y 与输入变量 x 之间的关系,必须设法消除原始微分方程中的中间变量,常常要用到相平衡关系,用到传热、传质及化学反应速率关系式等。

③ 增量方程式　在控制理论中,增量方程式得到广泛应用。它不仅便于把原来非线性的特性线性化,而且通过坐标的移动,把工作点作为原点,使输入输出关系更加清晰,便于运算,求取传递函数也十分方便。

　　对于线性系统,增量方程式的列写很方便,只要将原方程中变量用它的增量代替即可。对于非线性特性则需要进行线性化,在输入和输出的范围内,把非线性关系转化为线性关系。最常用的是切线法,在工作点附近展开成泰勒级数,只保留一次项后,即可得到变量(增量) 的线性函数关系式。

　　现以图 28-1-6 所示液位系统作为微分方程列写的例子。

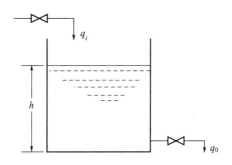

图 28-1-6　液位系统

① 原始微分方程的列写　设 q_i 和 q_0 分别为输入流量和输出流量,h 为当前液面高度,根据物料平衡关系有:

$$q_i - q_0 = C \frac{\mathrm{d}h}{\mathrm{d}t} \tag{28-1-1}$$

式中,C 为储槽的横截面积,m^2。

② 消去中间变量有

$$q_0 = C_v \sqrt{2gh} \tag{28-1-2}$$

式中,C_v 是阀门的流通能力;g 为常数。

③ 增量方程式

$$\Delta q_0 = \frac{\partial q_0}{\partial h}\bigg|_{h_0} \quad \Delta h = \frac{C_v \sqrt{2g}}{2\sqrt{h_0}} \Delta h \tag{28-1-3}$$

将式(28-1-3) 代入原始微分方程,并写成增量方程

$$\Delta q_i - \frac{C_v \sqrt{2g}}{2\sqrt{h_0}} \Delta h = C \frac{\mathrm{d}\Delta h}{\mathrm{d}t} \tag{28-1-4}$$

$$T \frac{\mathrm{d}\Delta h}{\mathrm{d}t} + \Delta h = K \Delta q_i \qquad (28\text{-}1\text{-}5)$$

式中，$T = RC$；$R = \dfrac{C_v \sqrt{2g}}{2\sqrt{h_0}}$；$K = R$。

式(28-1-5) 就是液位系统的增量公式。

(2) 一阶滞后环节　表 28-1-1 以浓度混合、间壁加热和液位储槽对象为例，说明微分方程的列写步骤。

表 28-1-1　微分方程列写的例子

对象			
输入变量	入口浓度 c_1	壁温 θ_w	进液量 Q_i
输出变量	出口浓度 c_0	出口温度 θ_0	液位 h
物料或能量衡算，并用输入输出变量代入	$G_1 c_1 + G_2 c_2 - G_0 c_0 = M \dfrac{\mathrm{d}c_0}{\mathrm{d}t}$ $G_0 = G_1 + G_2$	$G_c \theta_1 - G_c \theta_0 + \alpha A(\theta_w - \theta_0) = M_c \dfrac{\mathrm{d}\theta_0}{\mathrm{d}t}$	$Q_i - Q_0 = A \dfrac{\mathrm{d}h}{\mathrm{d}t}$ $Q_0 = C_v \sqrt{2gh}$
容量系数 C	储存量 M	热容量 M_c	截面积 A
增量化	$G_1 \Delta c_1 = (G_1 + G_2)\Delta c_0 + M \dfrac{\mathrm{d}\Delta c_0}{\mathrm{d}t}$	$\alpha A \Delta \theta_w = (\alpha A + G_c)\Delta \theta_0 + M_c \dfrac{\mathrm{d}\Delta \theta_0}{\mathrm{d}t}$	$\Delta \theta_i = \dfrac{C_v \sqrt{2g}}{2\sqrt{h_s}}\Delta h + A \dfrac{\mathrm{d}h}{\mathrm{d}t}$
整理	$\Delta c_0 + \dfrac{M}{G_1 + G_2} \times \dfrac{\mathrm{d}\Delta c_0}{\mathrm{d}t} = \dfrac{G_1}{G_1 + G_2}\Delta c_1$	$\Delta \theta_0 + \left(\dfrac{M_c}{\alpha A + G_c}\right)\dfrac{\mathrm{d}\Delta \theta_0}{\mathrm{d}t} = \dfrac{\alpha A}{\alpha A + G_c}\Delta \theta_w$	$\Delta h + RA \dfrac{\mathrm{d}\Delta h}{\mathrm{d}t} = R \Delta Q_i$ $R = \dfrac{2\sqrt{h_s}}{G_v \sqrt{2g}}$
通式	$\Delta c_0 + T \dfrac{\mathrm{d}\Delta c_0}{\mathrm{d}t} = K \Delta c_1$ $T = \dfrac{M}{G_1 + G_2}$ $K = \dfrac{G_1}{G_1 + G_2}$	$\Delta \theta_0 + T \dfrac{\mathrm{d}\Delta \theta_0}{\mathrm{d}t} = K \Delta \theta_w$ $T = \dfrac{M_c}{\alpha A + G_c}$ $K = \dfrac{\alpha A}{\alpha A + G_c}$	$\Delta h + T \dfrac{\mathrm{d}\Delta h}{\mathrm{d}t} = K \Delta Q_i$ $T = RA$ $K = R$

浓度混合、间壁加热和液位储槽的微分方程的形式相同，都是

$$T \frac{\mathrm{d}\Delta y}{\mathrm{d}t} + \Delta y = K \Delta x \qquad (28\text{-}1\text{-}6)$$

式中　Δy——输出的增量；

$\quad\quad\ \Delta x$——输入的增量；

T——时间常数，可以认为是容量系数 C 与阻力系数 R 的乘积；

K——放大系数。

这三种对象都属于有自衡的、单容量的环节，微分方程式相同，常称为一阶滞后环节或一阶非周期环节。当输入 Δx 作阶跃变化时，输出 Δy 的变化过程（图 28-1-7）：

$$\Delta y = K[1 - \exp(-t/T)]\Delta x \tag{28-1-7}$$

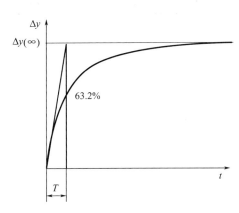

图 28-1-7 一阶滞后环节的阶跃响应

放大系数 K 是环节在输入作用下，输出的变化量与输入的变化量之比：

$$K = \frac{\Delta y(\infty)}{\Delta x(\infty)} \tag{28-1-8}$$

时间常数 T 的物理意义是：当环节受到阶跃输入作用后，输出变量 $\Delta y(t)$ 如果一直保持初始速度变化下去，$\Delta y(t)$ 达到新的稳态值 $\Delta y(\infty)$ 所需的时间。或输出变量达到新的稳态值 63.2%所需的时间。因而时间常数的大小，反映了过渡过程的快慢。T 越小，过渡过程时间越短，反之 T 越大，则过渡过程时间越长。所以时间常数 T 是环节的动态参数。

1.2.2 传递函数

(1) 传递函数的概念 在控制理论中，对于线性定常系统，特别是单变量系统，为了表示系统的输入-输出关系，广泛应用传递函数。

线性定常系统对象或环节的传递函数定义是：当初始条件为零时，系统、对象或环节输出变量的拉式变换式与输入变量的拉式变换式之比。设有一线性定常系统，它的微分方程式是：

$$a_n \frac{d^n y}{dt^n} + a_{n-1} \frac{d^{n-1} y}{dt^{n-1}} + \cdots + a_1 \frac{dy}{dt} + a_0 y = b_m \frac{d^m x}{dt^m} + b_{m-1} \frac{d^{m-1} x}{dt^{m-1}} + \cdots + b_1 \frac{dx}{dt} + b_0 x \quad (n \geqslant m)$$

$$\tag{28-1-9}$$

式中 y——系统的输出变量；

x——系统的输入变量。

初始条件为零时，对式(28-1-9)进行拉式变换，得系统的传递函数为：

$$G(s) = \frac{Y(s)}{X(s)} = \frac{b_m s^m + b_{m-1} s^{m-1} + \cdots + b_1 s + b_0}{a_n s^n + a_{n-1} s^{n-1} + \cdots + a_1 s + a_0} \tag{28-1-10}$$

或

$$Y(s) = G(s)X(s) \tag{28-1-11}$$

（2）常见环节的传递函数　现将几类常见环节的传递函数列于表 28-1-2，有些环节是以上某几种环节的组合。

表 28-1-2　典型环节的微分方程和传递函数

类型	微分方程	传递函数
比例环节	$x = Ku$	$G(s) = K$
积分环节	$\dfrac{\mathrm{d}x}{\mathrm{d}t} = Ku$	$G(s) = \dfrac{K}{s}$
一阶滞后环节	$T\dfrac{\mathrm{d}x}{\mathrm{d}t} + x = Ku$	$G(s) = \dfrac{K}{Ts+1}$
二阶振荡环节	$\dfrac{1}{\omega_0^2} \times \dfrac{\mathrm{d}^2 x}{\mathrm{d}t^2} + \dfrac{2\zeta}{\omega_0} \times \dfrac{\mathrm{d}x}{\mathrm{d}t} + x = Ku$	$G(s) = \dfrac{K}{\dfrac{s^2}{\omega_0^2} + \dfrac{2\zeta s}{\omega_0} + 1}$
纯滞后环节	$x(t) = u(t-\tau)$	$G(s) = \mathrm{e}^{-\tau s}$
一阶超前环节	$r(t) = K\left(u + T_\mathrm{d}\dfrac{\mathrm{d}u}{\mathrm{d}t}\right)$	$G(s) = K(1 + T_\mathrm{d}s)$

（3）由传递函数求时间特性　对于一阶滞后环节，其传递函数为：

$$G(s) = \frac{Y(s)}{X(s)} = \frac{K}{Ts+1} \tag{28-1-12}$$

当输入作单位阶跃变化时，$X(s) = \dfrac{1}{s}$

故

$$Y(s) = \frac{K}{s(Ts+1)} \tag{28-1-13}$$

展开成部分分式：

$$Y(s) = \frac{K}{s} - \frac{TK}{Ts+1} \tag{28-1-14}$$

将式（28-1-14）反变换后，可得时间特性的表达式：

$$y(t) = K\left[1 - \exp\left(-\frac{t}{T}\right)\right] \tag{28-1-15}$$

对于任何一个环节或系统的传递函数，使其分母为零的 s 值常用 p 表示，称为传递函数的极点；使其分子项为零的 s 值常用 z 表示，称为传递函数的零点。以一阶滞后环节为例，极点是 $p = -\dfrac{1}{T}$，但没有零点。

（4）方框图及其变换　方框图是环节和系统的一种图示方法，也是一种有效的运算工具。在方框图中，每个环节用一个方块来表示，在其内填写传递函数，以表明输入和输出信号间的定量关系。输入和输出信号用带有箭头的线段表示，如图 28-1-8 所示。

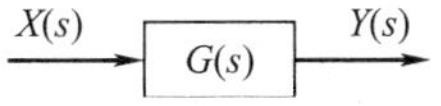

$$X(s) \quad \boxed{G(s)} \quad Y(s)$$

图 28-1-8 方框图单元

各环节间用信号线相联系。一个信号送往两个以上环节的分支点用图 28-1-9(a) 形式表示，$A=B=C$。两个或更多信号进行代数相加的点叫相加点，用图 28-1-9(b) 的形式表示，$C=A-B$。各个环节间的连接方式基本上有三种：

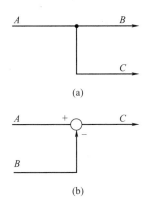

(a)

(b)

图 28-1-9 分支点和相加点

① 环节间相串联时的传递函数　图 28-1-10(a) 所示是两个环节相串联的方框图，前一环节的输出即为后一环节的输入。由图 28-1-10(a) 可知：

$$W(s)=G_1(s)U(s) \tag{28-1-16}$$

$$X(s)=G_2(s)W(s)=G_2(s)G_1(s)U(s) \tag{28-1-17}$$

故

$$\frac{X(s)}{U(s)}=G(s)=G_1(s)G_2(s) \tag{28-1-18}$$

由此可知，若干个环节相串联时的传递函数等于各个环节传递函数的乘积。

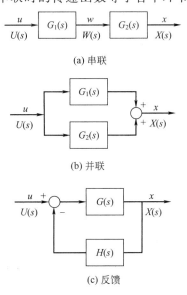

(a) 串联

(b) 并联

(c) 反馈

图 28-1-10 环节间的基本连接方式

② 环节间相并联时的传递函数　图 28-1-10(b) 是两个环节并联时的方框图，各环节的输入是相同的，而输出的代数和是环节组的总输出，由图 28-1-10(b) 可知：

$$X(s)=G_1(s)U(s)+G_2(s)U(s)=[G_1(s)+G_2(s)]U(s) \tag{28-1-19}$$

故

$$\frac{X(s)}{U(s)}=G(s)=G_1(s)+G_2(s) \tag{28-1-20}$$

由此可知，各环节并联时，其总的传递函数等于各个传递函数之和。

③ 反馈时的传递函数　图 28-1-10(c) 是具有负反馈时的方框图，由图 28-1-10(c) 可知：

$$X(s)=G(s)[U(s)-H(s)X(s)] \tag{28-1-21}$$

故

$$\frac{X(s)}{U(s)}=\frac{G(s)}{1+G(s)H(s)} \tag{28-1-22}$$

有时系统或环节的方框图并不一定是上述三种基本连接方式的简单组合，而可能具有较复杂的连接形式。这时可以通过等效变换，将方框图逐步简化为上述三种基本的连接形式。然后应用上述各公式求得整个系统或环节的传递函数。表 28-1-3 列举了一些重要方框图的等效变换。

表 28-1-3　方框图的代数法则

	原方框图	等效方框图
1	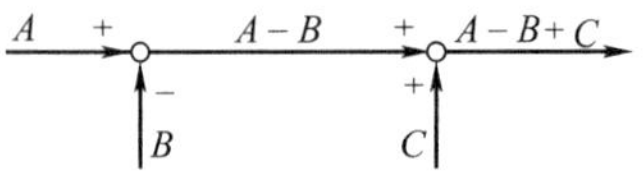	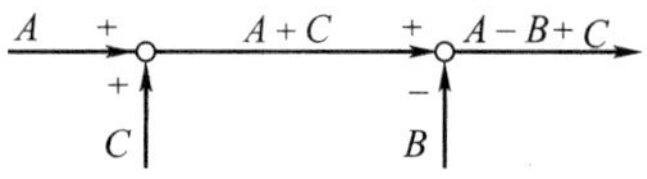
2	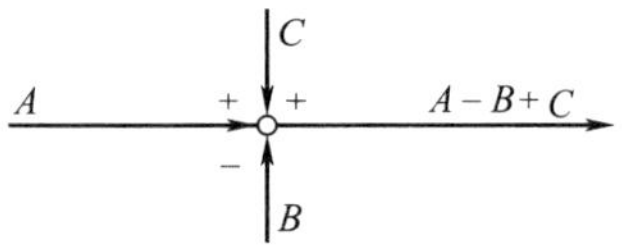	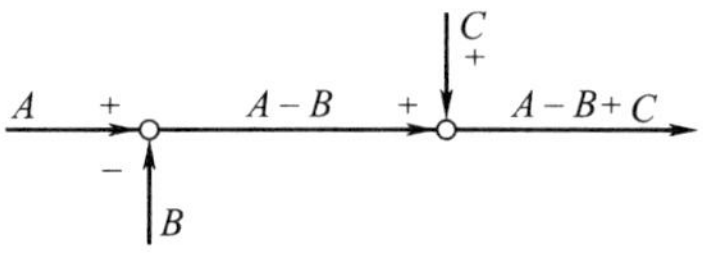
3		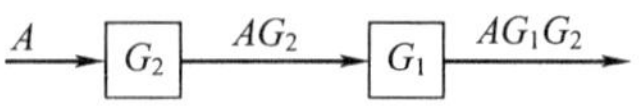
4	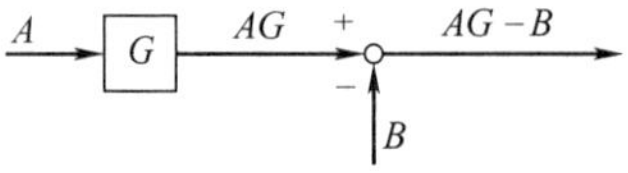	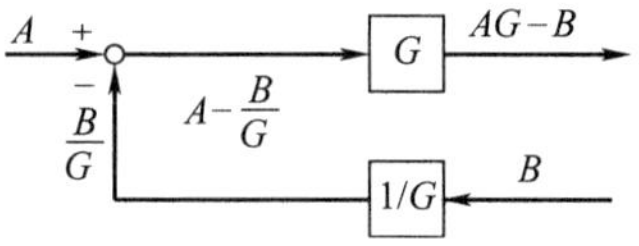

原方框图	等效方框图
5	
6	
7	
8	
9	
10	
11	

（5）信号流图　对于复杂系统，方框图简化的过程有时还较烦冗。采用信号流图法，可直接用梅逊（S. J. Mason）增益公式求取系统输入输出间的函数关系，相当简捷。信号流图法不仅可以用于控制系统的分析，而且可用于复杂化工系统的工艺衡算[3]。下面，相应列出信号流图中的常用名词术语：

① 节点　表示变量或信号的点；

② 支路　连接两个节点的定向线段；

③ 传输　支路的增益叫传输；

④ 输入节点或者源点　只有输出支路的节点，称输入节点或者源点，它对应于自变量，如图 28-1-11 中 x_1；

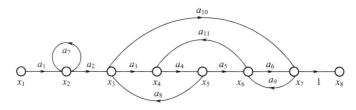

图 28-1-11　信号流图

⑤ 输出节点或阱点　只有输入支路的节点，称为输出节点或阱点；

⑥ 混合节点　既有输入支路，又有输出支路的节点，称为混合节点，如图 28-1-11 中 x_2、x_3、…；

⑦ 通路　从一节点出发，沿箭头方向的一串支路，这串支路与中间任何一节点相遇不能多于一次，最后到达另一节点，此串支路称为通路，相应的所有支路传输的乘积称为通路增益；

⑧ 前向通路及增益　从输入节点到输出节点的通路称为前向通路。前向通路中各支路传输的乘积称为前向通路增益。如图 28-1-11 中 $x_1 \rightarrow x_2 \rightarrow x_3 \rightarrow x_4 \rightarrow x_5 \rightarrow x_6 \rightarrow x_7 \rightarrow x_8$ 及 $x_1 \rightarrow x_2 \rightarrow x_3 \rightarrow x_7 \rightarrow x_8$ 为前向通路，前向通路相应的增益为 a_1、a_2、a_3、a_4、a_5、a_6 及 a_1、a_2、a_{10}；

⑨ 回路　从一节点出发，沿着箭头方向经若干支路返回到这个节点的闭合通路称为回路，如图 28-1-11 中 $x_3 \rightarrow x_4 \rightarrow x_5 \rightarrow x_3$ 是一回路。另外 $x_2 \rightarrow x_2$ 亦是回路，它只与本节点相交，故此回路又称自回路；

⑩ 回路增益　回路中所有的支路传输乘积称为回路增益；

⑪ 不接触回路　如果一些回路没有任何公共节点，就称它们为不接触回路，如图 28-1-11中 $x_3 \rightarrow x_4 \rightarrow x_5 \rightarrow x_3$ 回路与 $x_6 \rightarrow x_7 \rightarrow x_6$ 回路是不接触回路。

（6）梅逊增益公式　利用梅逊增益公式可以计算从源点到阱点的总传输，其公式是：

$$M = \frac{x_0}{x_1} = \frac{1}{\Delta} \sum_{k=1}^{n} M_k \Delta_k \tag{28-1-23}$$

式中　M——从源点到阱点的总传输或总增益；

　　　x_0——阱点变量（输出变量）；

　　　x_1——源点变量（输入变量）；

　　　M_k——第 k 条前向通路的通路增益；

Δ_k——除去与第 k 条前向通路（M_k）相接触的所有回路的 Δ 值，又称第 k 条前向通路特征式的余因子；

Δ——流图本身的特征式：

$$\Delta = 1 - \sum_m P_{m_1} + \sum_m P_{m_2} - \sum_m P_{m_3} + \cdots$$

式中，$\sum_m P_{m_1}$ 是所有不同回路增益之和；$\sum_m P_{m_2}$ 是第二个互补接触回路增益之和。

【例 28-1-1】 求图 28-1-12 所示系统 $C(s)/R(s)$。

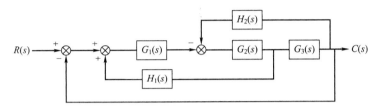

图 28-1-12 系统框图

解 ① 画出图 28-1-12 所示信号流图（图 28-1-13）。

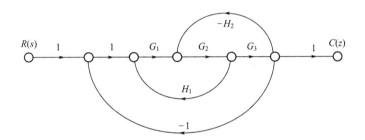

图 28-1-13 图 28-1-12 所示系统的信号流图

② 前向通路只有一条：

$$M_1 = G_1 G_2 G_3 \tag{28-1-24}$$

③ 有三个回路，其传输：

$$P_1 = G_1 G_2 H_1 \tag{28-1-25}$$

$$P_2 = -G_2 G_3 H_2 \tag{28-1-26}$$

$$P_3 = -G_1 G_2 G_3 \tag{28-1-27}$$

④ 因 P_1、P_2、P_3 都通过 G_2 支路，因此没有不接触回路。

⑤

$$\Delta = 1 - G_1 G_2 H_1 + G_2 G_3 H_2 + G_1 G_2 G_3 \tag{28-1-28}$$

⑥ 因为 P_1 与前向通路接触，所以

$$\Delta_1 = 1 \tag{28-1-29}$$

⑦

$$M = \frac{M_1 \Delta_1}{\Delta} = \frac{G_1 G_2 G_3}{1 - G_1 G_2 H_1 + G_2 G_3 H_2 + G_1 G_2 G_3} \tag{28-1-30}$$

1.2.3 状态空间模型

系统的数学描述通常有两种基本类型：一种是系统的外部描述，即输入-输出描述，这种描述将系统看成一个黑箱，只反映系统外部变量间即输入-输出间的因果关系，而不去表征系统的内部结果和内部变量；另一种是内部描述，即状态空间描述，这种描述是基于系统内部结构分析的一类数学模型，通常由状态方程和输出方程组成，是对系统的一种完全的描述，它能完全表征系统的所有动力学特征。

下面介绍系统状态空间描述常用的一些概念：

① 状态和状态变量 系统在时间域中的行为或运动信息的集合称为状态，确定系统状态的一组独立且维数最小的变量称为状态变量，状态变量的选取不是唯一的，常用符号 $x_1(t)$，$x_2(t)$，$\cdots$，$x_n(t)$ 表示；

② 状态向量 以状态变量为元素构成的向量；

③ 状态空间 以 n 个状态作为基底所组成的 n 维空间称为状态空间；

④ 状态方程 描述系统状态变量与输入变量之间关系的一阶微分方程（连续时间系统），或一阶差分方程组（离散时间系统）称为系统的状态方程；

⑤ 输出方程 描述系统输出变量与系统状态变量之间函数关系的代数方程称为输出方程；

⑥ 线性系统的状态空间表达式 其一般形式为：

$$\begin{cases} \dot{x}(t) = A(t)x(t) + B(t)u(t) \\ y(t) = C(t)x(t) + D(t)u(t) \end{cases} \tag{28-1-31}$$

其结构如图 28-1-14 所示。

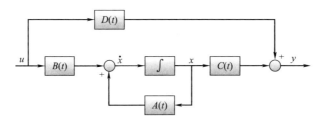

图 28-1-14 线性系统结构

图中，$\int$ 为积分器。通常，若状态 x，输入 u，输出 y 的维数分别为 n、p、q，则称 $n \times n$ 矩阵 $A(t)$ 为系统矩阵或状态矩阵，称 $n \times p$ 矩阵 $B(t)$ 为控制矩阵或输入矩阵，称 $q \times n$ 矩阵 $C(t)$ 为观测矩阵或输出矩阵，称 $q \times p$ 矩阵 $D(t)$ 为前馈矩阵。

动力学系统的状态是描述系统的最小一组变量（通称为状态变量），只要已知在 $t = t_0$ 时刻的该组变量值和 $t \geq t_0$ 时刻的输入，便能够完全确定在 $t \geq t_0$ 任意时刻的系统行为。

下面我们以 RLC 电路（见图 28-1-15）为例，介绍如何实现系统的状态空间模型。通过

选取 $v_1(t)$、$v_2(t)$、$i(t)$ 为状态变量，针对电阻 R_1、电感 C_1 及电容 L 应用基尔霍夫电压定律（Kirchhoff Voltage Law，KCL），可得

$$C_1 \frac{\mathrm{d}v_1(t)}{\mathrm{d}t} = \frac{v_i(t) - v_1(t)}{R_1} - i(t) \tag{28-1-32}$$

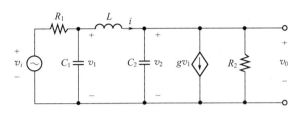

图 28-1-15 RLC 电路图

针对电阻 R_2、电容 C_2 及电感 L，再次应用 KCL 定理，可得

$$C_2 \frac{\mathrm{d}v_2(t)}{\mathrm{d}t} = i(t) - gv_1(t) - \frac{v_2(t)}{R_2} \tag{28-1-33}$$

应用 KVL 定律，可得

$$L \frac{\mathrm{d}i(t)}{\mathrm{d}t} = v_1(t) - v_2(t) \tag{28-1-34}$$

根据定义，输出信号是关于状态变量和输入变量的函数。针对图 28-1-15 中的 RLC 电路而言，输出信号仅仅与状态变量有关，即

$$v_0(t) = v_2(t) \tag{28-1-35}$$

通过结合式（28-1-32）、式（28-1-33）、式（28-1-34）及代数方程（28-1-35），可以得到 RLC 电路的状态空间模型：

$$\begin{bmatrix} \dot{v}_1(t) \\ \dot{v}_2(t) \\ \dot{i}(t) \end{bmatrix} = \begin{bmatrix} -\dfrac{1}{R_1 C_1} & 0 & -\dfrac{1}{C_1} \\ -\dfrac{g}{C_2} & -\dfrac{1}{R_2 C_2} & \dfrac{1}{C_2} \\ \dfrac{1}{L} & \dfrac{1}{L} & 0 \end{bmatrix} \begin{bmatrix} v_1(t) \\ v_2(t) \\ i(t) \end{bmatrix} + \begin{bmatrix} \dfrac{1}{R_1 C_1} \\ 0 \\ 0 \end{bmatrix} v_i(t) \tag{28-1-36}$$

$$v_0(t) = \begin{bmatrix} 1 & 0 & 0 \end{bmatrix} \begin{bmatrix} v_1(t) \\ v_2(t) \\ i(t) \end{bmatrix}$$

（1）由微分方程建立状态空间表达式

① 微分方程右边输入函数不含有导数项的情况　系统可由下列微分方程来描述：

$$y^{(n)} + a_{n-1} y^{(n-1)} + \cdots + a_1 \dot{y} + a_0 y = b_0 u \tag{28-1-37}$$

系统的状态方程和输出方程为

$$\dot{X} = \begin{bmatrix} 0 & 1 & 0 & \cdots & 0 \\ 0 & 0 & 1 & \cdots & 0 \\ \vdots & \vdots & \vdots & \vdots & \vdots \\ -a_0 & -a_1 & -a_2 & \cdots & -a_{n-1} \end{bmatrix} X + \begin{bmatrix} 0 \\ 0 \\ \vdots \\ b_0 \end{bmatrix} u \tag{28-1-38}$$

$$y = \begin{bmatrix} 1 & 0 & \cdots & 0 \end{bmatrix} X$$

② 微分方程右边输入函数含有导数项的情况   系统可由下列微分方程来描述:

$$y^{(n)} + a_{n-1} y^{(n-1)} + \cdots + a_1 \dot{y} + a_0 y = b_0 u^{(n)} + \cdots + b_0 u \tag{28-1-39}$$

系统状态方程和输出方程为

$$\dot{X} = \begin{bmatrix} 0 & 1 & 0 & \cdots & 0 \\ 0 & 0 & 1 & \cdots & 0 \\ \vdots & \vdots & \vdots & \vdots & \vdots \\ -a_0 & -a_1 & -a_2 & \cdots & -a_{n-1} \end{bmatrix} X + \begin{bmatrix} \beta_1 \\ \beta_2 \\ \vdots \\ \beta_n \end{bmatrix} u \tag{28-1-40}$$

$$y = \begin{bmatrix} 1 & 0 & \cdots & 0 \end{bmatrix} X + \beta_0 u$$

式中

$$\beta_0 = b_n$$
$$\beta_1 = b_{n-1} - a_{n-1} \beta_0$$
$$\beta_2 = b_{n-2} - a_{n-2} \beta_0 - a_{n-1} \beta_1$$
$$\vdots$$
$$\beta_n = b_0 - a_0 \beta_0 - a_1 \beta_1 - \cdots - a_{n-1} \beta_{n-1}$$

(2) 由状态空间模型推导输入-输出模型   考虑线性定常系统的状态空间模型为

$$\begin{cases} \dot{x}(t) = Ax(t) + Bu(t) \\ y(t) = Cx(t) + Du(t) \end{cases} \tag{28-1-41}$$

假设 $x(0) = 0$,则对等式(28-1-41)的两端进行拉普拉斯变换可得

$$\begin{cases} sX(s) = AX(s) + BU(s) \\ Y(s) = CX(s) + DU(s) \end{cases}$$

于是得到系统的传递函数矩阵为

$$G(s) = C(sI - A)^{-1} B + D \tag{28-1-42}$$

(3) 由传递函数建立状态空间模型

① 能控标准型实现   线性定常连续系统传递函数的一般形式为

$$G(s) = \frac{Y(s)}{U(s)} = \frac{b_{n-1} s^{n-1} + \cdots + b_1 s + b_0}{s^n + a_{n-1} s^{n-1} + \cdots + a_1 s + a_0} \tag{28-1-43}$$

系统状态空间表达式的能控标准型实现为

$$\dot{X} = \begin{bmatrix} 0 & 1 & 0 & \cdots & 0 \\ 0 & 0 & 1 & \cdots & 0 \\ \vdots & \vdots & \vdots & & \vdots \\ -a_0 & -a_1 & -a_2 & \cdots & -a_{n-1} \end{bmatrix} X + \begin{bmatrix} 0 \\ 0 \\ \vdots \\ 1 \end{bmatrix} u$$

$$y = \begin{bmatrix} b_0 & b_1 & \cdots & b_{n-1} \end{bmatrix} X$$

② 对角标准型实现 当传递函数的极点两两相异时，可将传递函数进行部分分式展开，即

$$G(s) = \frac{Y(s)}{U(s)} = \frac{k_1}{s-p_1} + \frac{k_2}{s-p_2} + \cdots + \frac{k_n}{s-p_n}$$

式中，$p_1, p_2, \cdots, p_n$ 为传递函数的极点；$k_i = \lim\limits_{s \to p_i} (s-p_i) G(s)$ $(i=1,2,\cdots,n)$。系统状态空间表达式的对角标准型实现为

$$\dot{X} = \begin{bmatrix} p_1 & 0 & \cdots & 0 \\ 0 & p_2 & \cdots & 0 \\ \vdots & \vdots & \vdots & \vdots \\ 0 & 0 & \cdots & p_n \end{bmatrix} X + \begin{bmatrix} 1 \\ 1 \\ \vdots \\ 1 \end{bmatrix} u \tag{28-1-44}$$

$$y = \begin{bmatrix} k_1 & k_2 & \cdots & k_n \end{bmatrix} X$$

③ 约当标准型实现 当系统仅含一个独立 n 重极点时，系统的传递函数可部分分式展开为

$$G(s) = \frac{Y(s)}{U(s)} = \frac{k_1}{(s-p_1)^n} + \frac{k_2}{(s-p_1)^{n-1}} + \cdots + \frac{k_n}{s-p_1}$$

式中，待定系数 k_i 可按下式计算

$$k_i = \frac{1}{(i-1)!} \lim_{s \to p_1} \frac{\mathrm{d}^{i-1}}{\mathrm{d}s^{i-1}} \left[(s-p_1)^n G(s) \right] \ (i=1,2,\cdots,n)$$

系统状态空间表达式的约当标准型实现为

$$\dot{X} = \begin{bmatrix} p_1 & 1 & 0 & \cdots & 0 \\ 0 & p_1 & 1 & \cdots & 0 \\ \vdots & \vdots & \vdots & \vdots & \vdots \\ 0 & 0 & 0 & \cdots & 1 \\ 0 & 0 & 0 & \cdots & p_1 \end{bmatrix} X + \begin{bmatrix} 0 \\ 0 \\ \vdots \\ 0 \\ 1 \end{bmatrix} u \tag{28-1-45}$$

$$y = \begin{bmatrix} k_1 & k_2 & \cdots & k_n \end{bmatrix} X$$

（4）差分方程 连续系统的运动可以用微分方程刻画，而采样系统的运动情况通常可以用差分方程来描述。

对于一般的线性定常离散系统，k 时刻的输出 $c(k)$ 可用下列后向或前向差分方程描述：

$$c(k) = -\sum_{i=1}^{n} a_i c(k-i) + \sum_{j=0}^{m} b_j r(k-j) \qquad (28\text{-}1\text{-}46)$$

或 $$c(k+n) = -\sum_{i=1}^{n} a_i c(k+n-i) + \sum_{j=0}^{m} b_j r(k+m-j)$$

常系数线性差分方程的求解方法有经典法、迭代法和 z 变换法。

① 经典法　可分别求出零输入响应时的特解，进行叠加。

② 迭代法　若已知差分方程，并且给定输出序列的初值，则可以利用递推关系逐步算出输出序列。

③ z 变换法　已知差分方程，对差分方程两端取 z 变换，并利用 z 变换的实数位移定理，得到以 z 为变量的代数方程，然后对代数方程的解 $c(z)$ 取 z 反变换，求得输出序列 $c(k)$。

1.2.4　脉冲传递函数

开环采样系统如图 28-1-16 所示，系统的输入信号为 $r(t)$，经采样后为 $r^*(t)$，对应的 z 变换为 $R(z)$，连续部分的传递函数为 $c(z)$，输出为 $c(t)$，经采样后 $c^*(t)$ 的 z 变换为 $c(z)$，则脉冲传递函数的定义为：在零初始条件下，系统输出信号的 z 变换与输入信号的 z 变换之比，即

$$G(z) = \frac{c(z)}{R(z)}$$

若已知系统的脉冲传递函数 $G(z)$ 和输入信号的 z 变换 $R(z)$，可求得系统输出的采样信号为

$$c^*(t) = Z^{-1}[c(z)] = Z^{-1}[G(z)R(z)]$$

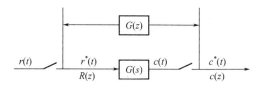

图 28-1-16　开环采样系统

1.3　线性连续控制系统

数学模型通常是表述系统各变量之间关系的一个或一组方程式，在前一节介绍了基本工具，例如微分方程、传递函数、差分方程、状态方程等。以时间为变量所定义的系统称为时域模型，对于线性系统，利用拉普拉斯变换和傅里叶变换可以将时域模型转化为频域模型。本节介绍线性连续控制系统的时域特性和频域特性，线性系统稳定性条件以及稳定裕量的计算；最后，推广到多输入-多输出系统，介绍用状态方程描述多变量线性系统，以及对系统可控性、可观性的分析。

1.3.1 时间特性和频率特性

(1) 时间特性 对于一个系统或环节，当输入作用 $x(t)$ 为某种形式的时间函数时，输出 $y(t)$ 反映了时间特性。输入作用 $x(t)$ 通常考虑有三种形式：

① 单位阶跃函数 $x(t)=1$ 这时输出 $y(t)$ 称为过渡函数 $h(t)$，如图 28-1-17 所示。

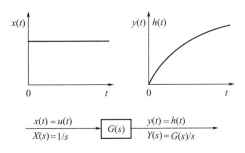

图 28-1-17 单位阶跃输入作用下的过渡过程

② 单位脉冲函数 $y(t)=\delta(t)$ 这时输出 $y(t)$ 称为脉冲过渡函数 $g(t)$，如图 28-1-18 所示。$h(t)$ 与 $g(t)$ 间存在积分和导数关系：

$$h(t)=-\int_0^t g(\tau)\mathrm{d}\tau \quad g(t)=\frac{\mathrm{d}h(t)}{\mathrm{d}t} \tag{28-1-47}$$

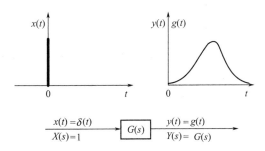

图 28-1-18 单位脉冲输入作用下的过渡过程

③ 单位斜坡函数 $x(t)=t(t\geqslant0)$ 此时输出如图 28-1-19 所示。

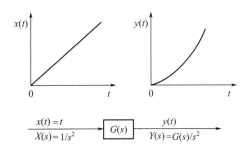

图 28-1-19 单位斜坡输入作用下的过渡过程

另外对于任意的时间函数 $x(t)$

$$Y(s)=G(s)X(s) \tag{28-1-48}$$

$$x(t) = \int_0^t g(\tau) x(t - \tau) \mathrm{d}\tau \tag{28-1-49}$$

（2）二阶振荡环节的阶跃响应 在化工自动控制系统的分析中，二阶振荡环节的阶跃响应具有特别重要的意义。因为绝大多数的闭环控制系统可以用二阶振荡环节来近似，同时调节品质往往用阶跃输入下的过渡过程情况来衡量，所以有关的结论不仅适用于单一的二阶环节，而且适用于大多数的闭环系统。

图 28-1-20 所示是一个二阶闭环系统，由该图可知，定值控制系统的传递函数是：

$$\frac{Y(s)}{F(s)} = \frac{K_f}{T_1 T_2 s^2 + (T_1 + T_2)s + 1 + K_c K_0} \tag{28-1-50}$$

而随动控制系统的传递函数是：

$$\frac{Y(s)}{R(s)} = \frac{K_c K_0}{T_1 T_2 s^2 + (T_1 + T_2)s + 1 + K_c K_0} \tag{28-1-51}$$

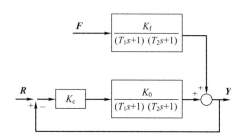

图 28-1-20　二阶闭环系统的方框图

定值与随动控制系统的传递函数可以转化为标准的二阶振荡环节的传递函数：

$$\frac{Y(s)}{X(s)} = \frac{K}{\dfrac{s^2}{\omega_0^2} + 2\dfrac{\zeta s}{\omega_0} + 1} \tag{28-1-52}$$

式中，$\omega_0 = \sqrt{\dfrac{K_c K_0 + 1}{T_1 T_2}}$ ；$\zeta = \dfrac{1}{2} \times \dfrac{T_1 + T_2}{\sqrt{T_1 T_2}\sqrt{1 + K_c K_0}}$ ；$K = \dfrac{K_f}{K_c K_0 + 1}$ （定值）；$K = \dfrac{K_c K_0}{K_c K_0 + 1}$（随动）。

对于复数极点情况，如传递函数为 $\dfrac{K(\alpha^2 + \beta^2)}{(s + \alpha)^2 + \beta^2}$，则 $\zeta = \dfrac{\alpha}{\sqrt{\alpha^2 + \beta^2}}$，$\omega_0 = \sqrt{\alpha^2 + \beta^2}$，$\alpha = \zeta\omega_0$，$\beta = \omega_0\sqrt{1 - \zeta^2}$。

对于 $\zeta < 1$ 时的阶跃响应为：

$$y(t) = K\left(1 - \frac{1}{\sqrt{1 - \zeta^2}} \mathrm{e}^{-\zeta\omega_0 t}\right) \sin(\omega_0 t + \varphi) \tag{28-1-53}$$

式中，$\varphi = \tan^{-1}\dfrac{\sqrt{1 - \zeta^2}}{\zeta}$。

对于 $\zeta < 1$ 的二阶振荡环节，若干品质指标与 K、ζ、ω_0 的关系如下：

① 稳定性 $\zeta > 0$ 时，系统（或环节）是渐近稳定的，逐渐趋于最终值；$\zeta < 0$ 时，系统不稳定，振荡会越来越大；$\zeta = 0$ 时，系统处于稳定边缘，等幅振荡。

② 衰减比 出现峰值时，$\dfrac{dy(t)}{dt} = 0$，据此可求出达到第一个峰值的时间 $t_r = \dfrac{\pi}{\omega_0 \sqrt{1-\zeta^2}} = \dfrac{\pi}{\beta}$，依据 t_r 及 $t_r + T_p$ 时的幅值比，求得衰减比 $n = \exp\left(\dfrac{2\pi\alpha}{\beta}\right) = \exp\left(\dfrac{2\pi\zeta}{\sqrt{1-\zeta^2}}\right)$。常用衰减比为 4 或 10，对应的 ζ 为 0.216 或 0.343。

③ 最大偏差或超调量 依据 t_r 可以求得定值控制系统的最大偏差：

$$A = \frac{K_f}{K_c K_0 + 1}\left(1 + e^{-\frac{\zeta\pi}{\sqrt{1-\zeta^2}}}\right) = \frac{K_f}{K_c K_0 + 1}\left(1 + \frac{1}{\sqrt{n}}\right)$$

随动控制系统的绝对超调量为 $B = \dfrac{K_c K_0}{K_c K_0 + 1} e^{-\frac{\zeta\pi}{\sqrt{1-\zeta^2}}}$，相对超调量为 $\sigma = e^{-\frac{\zeta\pi}{\sqrt{1-\zeta^2}}} = \dfrac{1}{\sqrt{n}}$。

④ 最终值和余差 系统的最终值为 K，定值控制系统的余差为 $-K = -\dfrac{K_f}{K_c K_0 + 1}$，随动控制系统的余差为 $1 - K = \dfrac{1}{K_c K_0 + 1}$。

⑤ 振荡频率 ω 和调节时间 T_s $\omega = \omega_0 \sqrt{1-\zeta^2}$，周期 $T_p = \dfrac{2\pi}{\omega}$，当 ζ 很小时，ω 接近自然频率 ω_0。按过渡过程曲线进入终值的 $\pm 5\%$ 之内所需的时间计算，调节时间 $T_s = \dfrac{3}{\zeta\omega_0} = \dfrac{3}{\alpha}$。

（3）传递函数极点分布与时间特性关系 传递函数极点（亦即特征根）在 s 平面上的分布可以与时间特性联系起来。设 $p = -\alpha \pm \beta\left[\text{与传递函数 } \dfrac{K(\alpha^2+\beta^2)}{(s+\alpha)^2+\beta^2} \text{ 形式相对应}\right]$，则

① 稳定性 所有极点都位于虚轴以左，即具有负的实部时，系统渐近稳定。在图 28-1-21 中，即为有阴影线区域。

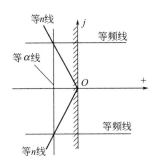

图 28-1-21 极点分布

② 等频线 β（或 ω）为恒值的线是等频线。β 越大，频率越高。

③ 等 n 线（等 ζ 线） 斜率 $\mp\beta/\alpha = \mp\sqrt{1-\zeta^2}/\zeta$ 为恒值的线为等衰减比线（等 n 线或等 ζ 线）。对于共轭极点所对应的波动分量，$n = 4$ 相应于 $\beta/\alpha = 4.52$；$n = 10$ 相应于 $\beta/\alpha = 2.73$。总之 β/α 越小，则衰减比越大。

④ 等调节时间线 α 为恒值的线是等调节时间线。极点离虚轴越远，则调节时间越短。如果有许多极点存在，则离虚轴越近的极点为主要极点，对调节过程起决定性作用。

（4）频率特性   对于一个线性环节或系统来说，当输入信号为正弦波时，则在达到稳态后，输出信号也将成为同样频率的正弦波，但是两者在幅值和相位上会有差别。振幅比 A 与相位差 φ 都与系统的静、动态特性有关系，所以这两个参数可以用来代表系统的特性，又因振幅比与相位都将随着频率 ω 而变化，故称作频率特性。假设该环节或系统的传递函数为 $G(s)$，可以证明[4]，将 $s=j\omega$ 代入 $G(s)$ 中即可得到频率特性 $G(j\omega)$，模值 $|G(j\omega)|$ 就是 $A(\omega)$，相角 $\angle G(j\omega)$ 就是 $\varphi(\omega)$。

频率特性的常用表示方法有三种：

① 极坐标图，即奈奎斯特（Nyquist）图   这是用极坐标形式表示 $A(\omega)$ 与 $\varphi(\omega)$ 的关系，它实质上是 ω 由 $0 \to \infty$ 的区间内 $G(j\omega)$ 在复平面上的轨线。

② 对数坐标图，即伯德（Bode）图   幅频特性和相频特性分别用 $\lg A$-$\lg \omega$ 和 φ-$\lg \omega$ 形式表示。在对数坐标图上振幅比用分贝数 dB 表示，即 $20\lg|G|$。这种图示法的优点是便于制作和运算。如对数幅频特性可用几段直线近似，而且几个环节串联时只要将幅频特性和相频特性线分别相加即可。

③ 对数幅相图，即尼柯尔斯（Nichols）图   这是用 $\lg A$-φ 标绘的，有特殊的优点，在采用 M 轨线法分析闭环频率特性时经常应用。

1.3.2   稳定性和稳定裕量

（1）稳定性的基本概念   如果系统在平衡状态（系统的原点）受到扰动，使被控制量偏离平衡状态，扰动消失后，被控制量不会立即回到平衡点。如果经过一段时间，系统又回到原先的平衡状态，则称系统是稳定的，或系统是渐近稳定的。

若系统围绕原点作等幅振荡，或趋于某一非零值，则称系统是临界稳定的。

若系统偏离原点越来越远（或振荡幅值越来越大），则称系统是不稳定的。

（2）线性系统稳定的必要条件   线性系统的稳定性完全取决于系统极点的分布。从 s 平面来看，极点全部位于虚轴以左（即特征根具有负的实部）是系统稳定的充分与必要条件。如果有极点位于虚轴上（即有纯虚根或有零根），则处于稳定的边缘。如果有极点位于虚轴之右（即特征根具有正的实部），系统不稳定。

由离虚轴最近极点的位置可定出稳定裕量，一种是依据它离虚轴的距离 α；另一种依据它至原点连线与虚轴的夹角（其正切为 α/β）。这在前面已有说明。

如果已经求出全部闭环极点，那么闭环系统的稳定性问题就完全清楚了。以下介绍的两种判据不需要求出闭环极点的解，而直接从闭环特征方程或从开环频率特性来判断闭环系统的稳定性。

（3）劳斯（Routh）稳定判据   设系统的传递函数为

$$G(s) = \frac{b_m s^m + b_{m-1} s^{m-1} + \cdots + b_1 s + b_0}{a_n s^n + a_{n-1} s^{n-1} + \cdots + a_1 s + a_0} \tag{28-1-54}$$

则特征方程式为

$$a_n s^n + a_{n-1} s^{n-1} + \cdots + a_1 s + a_0 = 0 \tag{28-1-55}$$

劳斯判据的主要内容是：若式（28-1-55）中多项式的所有系数是正值，则可将多项式的系数排列成下述的行和列：

$$
\begin{array}{llllll}
s^n & a_n & a_{n-2} & a_{n-4} & a_{n-6} & \cdots \\
s^{n-1} & a_{n-1} & a_{n-3} & a_{n-5} & a_{n-7} & \cdots \\
s^{n-2} & c_1 & c_2 & c_3 & c_4 & \cdots \\
s^{n-3} & d_1 & d_2 & d_3 & d_4 & \cdots \\
& \vdots & & & & \\
s^2 & h_1 & h_2 & & & \\
s^1 & i & & & & \\
s^0 & j & & & &
\end{array}
$$

系数 $c_1, c_2, \cdots$ 可按下列公式计算：

$$
c_1 = \frac{a_{n-1} a_{n-2} - a_n a_{n-3}}{a_{n-1}}, \quad c_2 = \frac{a_{n-1} a_{n-6} - a_n a_{n-7}}{a_{n-1}}, \cdots
$$

一直进行到以后都是 0 为止。

系数 $d_1, d_2, \cdots$ 可按下列公式计算：

$$
d_1 = \frac{c_1 a_{n-3} - c_2 a_{n-1}}{c_1}, \quad d_2 = \frac{c_1 a_{n-5} - c_3 a_{n-1}}{c_1}, \cdots
$$

一直进行到以后都是 0 为止。

其余系数也采用交叉相乘方式得到。

依据阵列中第一列元素的正负号，按下列规则判断系统的稳定性和右半 s 平面的极点数。

① 如果第一列元素都是正值，系统是稳定的。

② 如果第一列有负或零的元素，则系统不稳定，正负号变化的次数等于右半 s 平面的极点数。

（4）稳定判据 一个闭环控制系统的特征方程式是 $1 + G(s)H(s) = 0$，其中 $G(s)H(s)$ 是开环传递函数。闭环系统稳定的充要条件是 $1 + G(s)H(s) = 0$ 的所有零点（即闭环系统的极点）都有负的实部，或所有零点不在根平面的右半平面。奈奎斯特通过围线映射原理把根平面上的这一稳定条件转换到频率特性平面上，形成了在频率域内判定系统稳定性的准则[4]。对于化工过程控制中绝大多数开环是稳定的系统，奈奎斯特判据为：只有当开环频率特性 $G(j\omega)H(j\omega)$ 不包围 $(-1, j_0)$ 点时，闭环系统才是稳定的；通过 $(-1, j_0)$ 点系统处于稳定边缘；包围 $(-1, j_0)$ 点系统是不稳定的。如图 28-1-22 所示。

在正频域范围观察曲线是否包围 $(-1, j_0)$ 点，最简便的方法是按 $(-1, j_0)$ 点在 $G(j\omega)H(j\omega)$ 曲线沿 ω 增加方向变化的左侧还是右侧来决定，$(-1, j_0)$ 点在曲线左侧是稳定的，在右侧便是不稳定的。

（5）幅相稳定裕量 由于奈奎斯特稳定判据只能给出系统稳定性的边界条件，即只能确定系统闭环是否稳定。在设计和分析控制系统时，还需知道控制系统在稳定前提下控制质量状况如何。稳定裕量是衡量系统控制质量的一种方法。

幅稳定裕量是在 $\varphi(\omega) = -\pi$ 的角频率 ω_1 下，如果 $A(\omega_1) < 1$，则在幅值方面有稳定裕

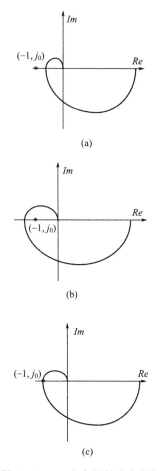

(a)

(b)

(c)

图 28-1-22 奈奎斯特稳定判据

量，通常取 $R=1-A(\omega_1)$（图 28-1-23）。按照经验，R 一般取 0.5 左右。

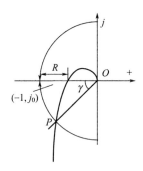

图 28-1-23 幅相稳定裕量

相稳定裕量是在 $A(\omega)=1$ 的频率下，如果 $\varphi(\omega)$ 还不到 $-\pi$，则在相位方面有稳定裕量，通常取 $\gamma=\varphi-(-\pi)=\varphi+\pi$ 作为相稳定裕量的尺度。按照经验，γ 取 $40°\sim60°$ 较为适宜。

1.4　线性离散控制系统

信号定义在离散时间上的系统称为离散系统。通常把系统离散信号是脉冲序列形式的离散系统称为采样控制系统或者脉冲控制系统；而把数字序列形式的离散系统称为数字控制系统或者计算机控制系统。本节介绍采样控制系统中采样器和保持器的特性；描述连续系统在采样时刻特性的 z 变换，以及求出时间函数在采样时刻特性的 z 反变换；最后，介绍线性离散控制系统的分析方法。

1.4.1 采样器及保持器

在采用数字计算机作为控制装置时，各点输入经过多路开关采样，交替地送入计算机，经过控制算法运算，输出也是轮替送到各个调节器作为设定值（这称为监督控制 SPC）或送到各个执行器作为驱动信号（这称为直接数字控制 DDC）。这些系统的特点是时间上的离散性，因为对于每个控制回路来说，控制装置的输入和输出在时间上都不连续。在采用采样调节器作为控制装置时，离散的情况非常相似。当用工业色谱仪等周期性工作的检测装置时，在检测装置的输入和输出端也须经采样，构成离散系统。

采样控制系统的一种典型结构如图 28-1-24 所示。它与连续控制系统的主要区别是采样器和保持器的存在。

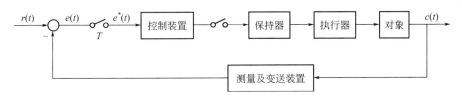

图 28-1-24 采样控制系统的一种典型结构

(1) 采样器 连续信号 $x(t)$ 通过采样器后的输出为 $x^*(t)$。采样器实质上是一个开关，每隔周期 T 接通一次，闭合的时间很短。

$\delta_T(t)$ 在 $t=0,T,2T,\cdots$时有值，在其余时刻为零。

$$\delta_T(t) = \sum_{k=0}^{\infty} \delta_T(t - kT) \tag{28-1-56}$$

为了在数学上表示两者的关系，可以把 $x^*(t)$ 看作 $x(t)$ 与 $\delta_T(t)$ 函数的乘积，即

$$x^*(t) = x(t)\delta_T(t) \tag{28-1-57}$$

式中，$\delta_T(t-kT)$ 是 δ 函数，所以亦可写成

$$x^*(t) = x^*(kT) = x(t)\sum_{k=0}^{\infty}\delta_T(t-kT) = \sum_{k=0}^{\infty}x(kT)\delta_T(t-kT) \tag{28-1-58}$$

对式(28-1-58)进行拉普拉斯变换，注意到 $x(kT)$ 已转换成采样次数 k 的函数，而不再是时间 t 的连续函数，因此在进行拉普拉斯变换时可把 $x(kT)$ 项看作常量：

$$x^*(s) = \sum_{k=0}^{\infty}x(kT)\mathrm{e}^{-kTs} \tag{28-1-59}$$

(2) 保持器 采样器的输出是脉冲序列，用于驱动一般的电动阀或气动阀显然并不适宜。但如果用来带动步进电机，则在脉冲过后，电机保持已经变化了的位置则可行。总之，须把每次发来的脉冲保持下来，直到下一次脉冲到来为止。实现这一功能的器件称为保

持器。

图 28-1-25 所示为零阶保持器 $\left[\text{传递函数 } G_h(s) = \dfrac{1 - e^{-Ts}}{s}\right]$ 的输入输出关系，它把脉冲序列 $x^*(t)$ 转换为分段的水平连续函数 $x_h(t)$。

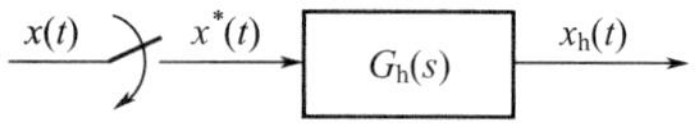

图 28-1-25   零阶保持器的输入输出关系

1.4.2   z 变换及脉冲传递函数

(1) z 变换   对任一时间函数 $x(t)$，其 z 变换式是

$$X(z) = Z[x(t)] = \sum_{k=0}^{\infty} x(kT) z^{-k} \tag{28-1-60}$$

式中，$z = e^{Ts}$。因 $X(z)$ 只与采样时刻的 x 值有关，所以 $x(t)$ 和 $x^*(t)$ 的 z 变换是一样的，都用 $X(z)$ 表示。

z 变换像拉普拉斯变换一样，是一种线性变换，叠加原理可以适用。z 变换有一条重要性质是

$$Z[x(t - nT)] = z^{-n} X(z) \tag{28-1-61}$$

这样，可以把差分方程化为代数方程。用拉普拉斯变换处理连续系统相当方便，而离散系统用 z 变换处理亦很方便。z 变换是求解差分方程的一种有效的方法，其应用领域不仅在离散控制系统，在解决化学工程的其他差分方程问题时也是很好的手段。

z 变换只反映采样时刻的特性，不能反映采样时刻之间的特性，为此可设想在采样系统中加入一个假想的滞后，将采样信号 $x(kT)$ 滞后 $mT(0 < m < 1)$，从而得到两个采样时刻之间的信号 $x(kT + mT)$，由 z 变换的滞后定理可求出 $x(kT + mT)$ 的 z 变换

$$X(z, m) = z^{-1} \sum_{k=0}^{\infty} x(kT + mT) z^{-k}$$

这就是改进 z 变换的计算公式。改进的 z 变换有助于更准确地分析系统的时间响应。当对象延时不是采样周期的整数倍时，改进的 z 变换也给出了对象的离散化方法。

z 变换的一些主要性质见表 28-1-4。若干常见时间函数的拉普拉斯变换及 z 变换对照见表 28-1-5。要求取 z 变换，用查表法显然比按照定义式进行变换简捷得多。遇到较复杂的时间函数或拉普拉斯变换式，可先分解为几个简单项之和，然后再查表求解。

表 28-1-4   z 变换的一些主要性质

性质	$x(t)$ 或 $x(k)$	$X(z)$
1. 加或减	$x_1(t) \pm x_2(t)$	$X_1(z) \pm X_2(z)$
2. 乘常数	$ax(t)$	$aX(z)$
3. 时域偏移	$x(t - nT)$	$z^{-n} X(z)$
	$x(t + nT)$	$z^n \left[X(z) - \sum_{k=0}^{n-1} x(kT) z^{-k} \right]$

性质	$x(t)$ 或 $x(k)$	$X(z)$
4. 乘时间	$tx(t)$	$-Tz\dfrac{\mathrm{d}}{\mathrm{d}z}[X(z)]$
5. 乘 e^{-at}	$\mathrm{e}^{-at}x(t)$	$X(z\mathrm{e}^{aT})$
6. 初值	$x(0)$	$\lim\limits_{z\to\infty}X(z)$（如有极限存在）
7. 终值	$x(\infty)$	$\lim\limits_{z\to1}[(z-1)X(z)]$
		$\left[\dfrac{z-1}{z}X(z)\text{在单位圆上及圆外都是解析的情况}\right]$
8. 差分	$\Delta x(k)=x(k+1)-x(k)$	$(z-1)X(z)-zx(0)$
9. 叠分	$\displaystyle\sum_{k=0}^{n}x(k)$	$\dfrac{z}{z-1}X(z)$
	$\displaystyle\sum_{k=0}^{\infty}x(k)$	$\lim\limits_{z\to1}X(z)$
10. 卷积	$\displaystyle\sum_{k=0}^{n}x(kT)y(nT-kT)$	$X(z)Y(z)$

表 28-1-5 z 变换（及改进 z 变换）对照

$X(s)$	$x(t)$ 或 $x(k)$	$X(z)$	$X(z,m)$
1	$\delta(t)$	1	0
$\dfrac{1}{s}$	$u(t)$	$\dfrac{z}{z-1}$	$\dfrac{1}{z-1}$
$\dfrac{1}{s^2}$	t	$\dfrac{Tz}{(z-1)^2}$	$\dfrac{mT}{z-1}+\dfrac{T}{(z-1)^2}$
$\dfrac{2}{s^3}$	t^2	$\dfrac{T^2z(z+1)}{(z-1)^2}$	$T^2\dfrac{m^2z^2+(2m-2m^2+1)z+(m-1)^2}{(z-1)^3}$
$\dfrac{1}{s+a}$	e^{-at}	$\dfrac{z}{z-\mathrm{e}^{-aT}}$	$\dfrac{\mathrm{e}^{-amT}}{z-\mathrm{e}^{-aT}}$
$\dfrac{1}{(s+a)^2}$	$t\mathrm{e}^{-at}$	$\dfrac{Tz\mathrm{e}^{-aT}}{(z-\mathrm{e}^{-aT})^2}$	$\dfrac{T\mathrm{e}^{-amT}[\mathrm{e}^{-aT}+m(z-\mathrm{e}^{-aT})]}{(z-\mathrm{e}^{-aT})^2}$
$\dfrac{a}{s(s+a)}$	$1-\mathrm{e}^{-at}$	$\dfrac{z(1-\mathrm{e}^{-aT})}{(z-1)(z-\mathrm{e}^{-aT})}$	$\dfrac{z(1-\mathrm{e}^{-amT})+(\mathrm{e}^{-amT}-\mathrm{e}^{-aT})}{(z-1)(z-\mathrm{e}^{-aT})}$
$\dfrac{a^2}{s^2(s+a)}$	$at-(1-\mathrm{e}^{-at})$	$\dfrac{z[Az-aT\mathrm{e}^{-aT}+1-\mathrm{e}^{-aT}]}{(z-1)^2(z-\mathrm{e}^{-aT})}$	$\dfrac{Az^2+Bz+C}{(z-1)^2(z-\mathrm{e}^{-aT})}$
		$A=aT-(1-\mathrm{e}^{-aT})$	$A=amT-(1-\mathrm{e}^{-amT})$
			$B=(amT-1)(1+\mathrm{e}^{-aT})-2\mathrm{e}^{-amT}$
			$C=(amT-1-aT)\mathrm{e}^{-aT}+\mathrm{e}^{-amT}$
$\dfrac{s+a}{(s+a)^2+\omega^2}$	$\mathrm{e}^{-at}\cos\omega t$	$\dfrac{z^2-z\mathrm{e}^{-aT}\cos\omega T}{z^2-2z\mathrm{e}^{-aT}\cos\omega T+\mathrm{e}^{-2aT}}$	$\dfrac{\mathrm{e}^{-amT}[z\cos m\omega T+\mathrm{e}^{-aT}\sin(1-m)\omega T]}{z^2-2z\mathrm{e}^{-aT}\cos\omega T+\mathrm{e}^{-2aT}}$

第 **28** 篇

续表

$X(s)$	$x(t)$ 或 $x(k)$	$X(z)$	$X(z,m)$
$\dfrac{\omega}{(s+a)^2+\omega^2}$	$\mathrm{e}^{-at}\sin\omega t$	$\dfrac{z\mathrm{e}^{-aT}\sin\omega T}{z^2-2z\mathrm{e}^{-aT}\cos\omega T+\mathrm{e}^{-2aT}}$	$\dfrac{\mathrm{e}^{-amT}[z\sin m\omega T+\mathrm{e}^{-aT}\sin(1-m)\omega T]}{z^2-2z\mathrm{e}^{-aT}\cos\omega T+\mathrm{e}^{-2aT}}$
	a^k	$\dfrac{z}{z-a}$	
	$a^k\cos k\pi$	$\dfrac{z}{z+a}$	

(2) z 反变换　z 反变换有多种方法，常用的有两种：其一是把 $X(z)$ 展开成 z^{-1} 的无穷 m 级数，求反变换；其二是把 $X(z)$ 展开成部分分式，查表进行反变换。

由 z 反变换只能求出时间函数在采样时刻的数值，在非采样时刻的数值并不能保证可靠。若要求出非采样时刻的数值，也有一些方法，其中改进 z 变换法应用最广。改进 z 变换一并列于表 28-1-5。

(3) 脉冲传递函数　对于连续环节 $G(s)$ 在输入端和输出端都有采样开关的情况，输入函数 $u(t)$ 和输出函数 $x(t)$ 之间的关系，在 z 域可通过脉冲传递函数来表示

$$X(z)=G(z)U(z) \tag{28-1-62}$$

式中　$X(z),U(z)$——$X(t)$ 和 $U(t)$ 的 z 变换式；

　　　$G(z)$——脉冲传递函数 $G(s)$ 的 z 变换式，亦即脉冲过渡函数 $g(t)$ 的 z 变换式（见图 28-1-26），证明可参见有关文献[4,5]。

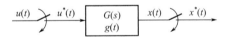

图 28-1-26　脉冲传递函数 $G(z)$

在应用脉冲传递函数时要注意下列几点：

① 如果在输出端实际上没有采样开关，因为所要求的是在采样时刻的输出值，所以与有虚拟的采样器存在时相同，仍可用脉冲传递函数来处理问题。

② 当几个环节相串联时，如果其间有采样器断开，则总的脉冲传递函数是各自的脉冲函数的乘积，如图 28-1-27(a) 的情况：$G(z)=G_1(z)G_2(z)$。若中间没有采样器，则须把总的传递函数 z 变换求脉冲传递函数，如图 28-1-27(b) 的情况：$G(z)=Z[G_1(s)G_2(s)]=G_1G_2(z)$。两种情况下的脉冲传递函数一般是不同的。

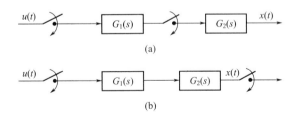

图 28-1-27　环节串联时的脉冲传递函数

由于采样器数目和位置的不同，闭环系统的脉冲传递函数亦不相同。

1.4.3 线性离散控制系统的分析方法

（1）稳定性 离散系统的稳定性也可通过特征方程来分析。对于图 28-1-28 所示的闭环离散系统，闭环脉冲传递函数是：

$$\frac{C(z)}{R(z)} = \frac{G(z)}{1 + GH(z)} \qquad (28\text{-}1\text{-}63)$$

特征方程是 $1 + GH(z) = 0$，满足这一方程的 z 是特征根，也是闭环极点。

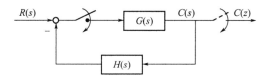

图 28-1-28　一种闭环离散系统

前面已经说明，$z = \mathrm{e}^{Ts}$，s 平面上虚轴（$s = j\omega$）映射到 z 平面上，$z = \mathrm{e}^{j\omega T}$ 是以原点为圆心，1 为半径的圆，称为单位圆。特征根在单位圆内（最多有一个在单位圆上）是闭环离散系统稳定的充分和必要条件。

（2）离散系统的分析 离散系统也有相应的离散时间状态方程和脉冲传递矩阵分析方法。定常线性离散系统的状态空间表达式为：

$$x(k+1) = Gx(k) + Hu(k) \qquad (28\text{-}1\text{-}64)$$

$$y(k) = Cx(k) + Du(k) \qquad (28\text{-}1\text{-}65)$$

式中　$x(k)$——n 维状态向量；

　　　　$y(k)$——p 维输出向量；

　　　　$u(k)$——m 维控制向量；

　　　　G——$n \times n$ 维矩阵；

　　　　H——$n \times m$ 维矩阵；

　　　　C——$p \times n$ 维矩阵；

　　　　D——$p \times m$ 维矩阵。

图 28-1-29 为相应的方框图。不论是差分方程或差分方程组都可以改写成上列形式。

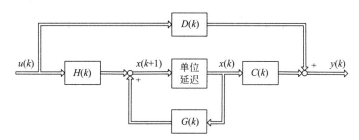

图 28-1-29　用状态方程描述的离散系统的方框图

1.5　化工过程动态数学模型

动态模型（dynamic model）又称为非稳态模型，可以描述过程在各种工况下的瞬态特性。化工过程的动态模型一般是由常微分方程（ODE）或偏微分方程（PDE）以及相关的代数方程组成的。一旦建立了过程的动态模型，就可以求得输入量的变化或者模型参数变化等不同条件下的解。在规定了初值条件和输入量的时间函数后，经过数值积分计算就可以得到输出量的动态响应。

化工过程动态数学模型[6,7]对控制系统的设计和分析有着极为重要的意义。动态模型和计算机仿真可以在不干扰生产过程的前提下研究瞬态过程，在增加人们对过程的理解基础上可以用来评价不同的控制策略。也可以用来优化过程操作条件和培训工厂操作员。

求取过程动态数学模型有两类途径：一是依据化工过程的内在机理来推导，这就是化工过程动态学的方法；二是依据过程外部输入输出的数据来求取，这就是过程辨识和参数估计的方法。把两者结合起来建模是值得推广的方法。

1.5.1　动态数学模型的作用

动态数学模型是表示输出向量（或变量）与输入向量（或变量）间动态的数学描述。它的用途相当广泛，一是用于各类自动控制系统的设计和分析；二是用于工艺设计以及操作条件的分析与确定。表28-1-6列出对动态数学模型的部分应用和要求。

表 28-1-6　对动态数学模型的部分应用和要求

应用目的	过程模型类型	精确度要求
调节器参数整定	线性，非参量（或参量），时间连续	在输入输出特性方面，低
前馈、解耦、预估控制系统设计	线性，参量（或非参量），时间连续	在输入输出特性方面，中
控制系统的计算机辅助设计	线性，参量（或非参量），时间离散	在输入输出特性方面，中
自适应控制	线性，参量，时间离散	在输入输出特性方面，中
模式控制、最优控制	线性，参量，时间离散或连续	在输入输出特性方面，高

对动态数学模型的具体要求随其用途而异，总的来说是要求简单、正确和可靠。

动态数学模型的表示方法很多。在连续系统中，对于一个线性对象，通常可用微分方程来描述其动态特性。设对象的输入变量为 $x(t)$，输出变量为 $y(t)$，可用下述微分方程来表示该对象的动态特性。

微分方程在运算中比较复杂，不太方便。为简化计算，方便应用，常用传递函数 $G(s)$ 表示如下：

$$G(s) = \frac{Y(s)}{X(s)} = \frac{b_m s^m + b_{m-1} s^{m-1} + \cdots + b_1 s + b_0}{a_n s^n + a_{n-1} s^{n-1} + \cdots + a_1 s + 1} \tag{28-1-66}$$

若将式（28-1-66）中的算子 s 用 $j\omega$ 代入，则就转化为频率特性，频率特性表示式如下：

$$G(j\omega) = \frac{Y(j\omega)}{X(j\omega)}$$
$$= \frac{b_m (j\omega)^m + b_{m-1}(j\omega)^{m-1} + \cdots + b_1 j\omega + b_0}{a_n (j\omega)^n + a_{n-1}(j\omega)^{n-1} + \cdots + a_1 j\omega + 1}$$

$$= A(\omega)e^{j\varphi(\omega)} \tag{28-1-67}$$

对象动态特性也可用随机的方法来描述，此时称之为统计特性。

时间特性、频率特性和统计特性是表征对象动态特性的三种基本方法，可以相互转化。

上面叙述的对象动态数学模型仅仅表示定常、集中参数的对象特性，而有些工业对象属于分布参数或时变对象，则分别要用偏微分方程式、变系数微分方程来描述它们的动态特性。

在离散控制系统中，研究的是离散时刻 $T, 2T, \cdots, kT$ 时输出变量与输入变量关系，动态数学模型用差分方程来表示。若采样周期为 T 时，常系数线性差分方程为：

$$a_n y[(k-n)T] + a_{n-1} y(k-n-1) + \cdots + a_1 y[(k-1)T] + y(kT) = \\ b_m x[(k-m)T] + b_{m-1} x[(k-m-1)T] + \cdots + b_1 x[(k-1)T] + b_0 x(kt) \tag{28-1-68}$$

与微分方程相类似，差分方程也可以通过 z 变换，用脉冲传递函数来表示：

$$G(z) = \frac{Y(z)}{X(z)} = \frac{b_m z^{-m} + b_{m-1} z^{m-1} + \cdots + b_1 z^{-1} + b_0}{a_n z^{-n} + a_{n-1} z^{n-1} + \cdots + a_1 z^{-1} + 1} \tag{28-1-69}$$

1.5.2　机理模型的建立

过程建模既是一种技艺，又是一门科学。建模本身是在模型精度和复杂性之间的折中选择。

（1）机理模型建立的一般方法　从机理出发，用理论方法得到过程动态数学模型的主要依据是物料平衡和能量平衡关系式。

为了找到输出变量 y 与输入变量 u 之间的关系，必须设法消除原始微分方程中的中间变量，常常会用到相平衡关系、传热、传质及化学反应速率关系式等。

在建立过程动态数学模型时，输出变量 y 与输入变量 u 可用不同形式表示，即用绝对值 Y 和 U 表示、用增量 Δy 和 Δu 表示、用无量纲式 y 和 u 表示。

在控制中增量形式得到广泛的应用。它不仅便于把原来非线性的系统线性化，而且通过坐标的移动，把工作点作为原点，使输出输入关系更加清晰，且便于运算。另外，控制中应用的传递函数就是在初始条件为零的情况下定义的，采用增量形式可以方便地求得传递函数。

对于线性系统，增量方程式的列写很方便，只要将原方程中的变量用它的增量代替即可。对于非线性系统，则需要线性化，把非线性关系近似为线性关系。

上述建立的微分方程往往相当复杂，需要简化后才能作为控制用的数学模型。数学模型简化有三类方法：一是开始引入简化假定，使导出的方程形式比较简单；二是在得到复杂的原始方程后，用低阶的微分方程来近似；三是把原始方程用计算机仿真，得到一系列响应曲线，依据这些特性，用低阶传递函数来近似。

（2）机理模型建立的例子　套管式换热器动态数学模型的求取。

图 28-1-30 所示是一套管式换热器。流体 1 和流体 2 都没有轴向混合，属于分布参数系统。假设：流体流动接近活塞流状态；传热系数 U、给热系数 h 和比热容 c_1，c_2 保持不变；同一截面上各点温度相同；管壁温度 θ_s 和 θ_w 各点相同，仅是时间 t 的函数。

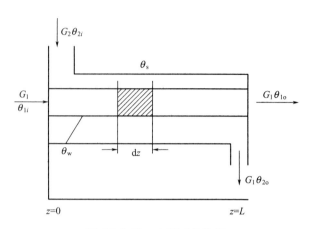

图 28-1-30 套管式换热器

在此先讨论管子的热容可以忽略不计的情况。

首先列写流体 1 的动态方程。对于流体 1 取一段微元 $\mathrm{d}l\left[\text{即}\ \mathrm{d}\left(\dfrac{z}{L}\right)\right]$ 来分析，热量动态平衡方程是：单位时间内流体 1 代入微元的热量－单位时间内流体 1 离开微元所带走的热量＋单位时间内流体 2 传给流体 1 微元的热量＝流体 1 微元内储热量的变化率

即

$$G_1 c_1 \theta_1(l,t) - G_1 c_1 \left[\theta_1(l,t) + \frac{\partial \theta_1(l,t)}{\partial l}\mathrm{d}l\right] +$$

$$UA\mathrm{d}l[\theta_2(l,t) - \theta_1(l,t)] = M_1 c_1 \mathrm{d}l\ \frac{\partial \theta_1(l,t)}{\partial t} \tag{28-1-70}$$

消去 $\mathrm{d}l$ 并除以 $G_1 c_1$ 得

$$T_1 \frac{\partial \theta_1(l,t)}{\partial t} + \frac{\partial \theta_1(l,t)}{\partial t} = a_1[\theta_2(l,t) - \theta_1(l,t)] \tag{28-1-71}$$

式中，$T_1 = \dfrac{M_1}{G_1}$；$a_1 = \dfrac{UA}{G_1 c_1}$。

同理可得流体 2 的动态方程：

$$T_2 \frac{\partial \theta_2(l,t)}{\partial t} + \frac{\partial \theta_2(l,t)}{\partial t} = a_2[\theta_1(l,t) - \theta_2(l,t)] \tag{28-1-72}$$

式中，$T_2 = \dfrac{M_2}{G_2}$；$a_2 = \dfrac{UA}{G_2 c_2}$。

用类似方法亦可导出考虑管子热容的动态方程。表 28-1-7 所示为套管式换热器的动态方程。

表 28-1-7 套管式换热器的动态方程

		忽略管子热容	考虑管子热容
流体 1	$T_1 \dfrac{\partial \theta_1(l,t)}{\partial t} + \dfrac{\partial \theta_1(l,t)}{\partial l} =$	$a_1[\theta_2(l,t) - \theta_1(l,t)]$	$\dfrac{a_1}{r_1}[\theta_{\mathrm{w}}(t) - \theta_1(l,t)]$
流体 2	$T_2 \dfrac{\partial \theta_2(l,t)}{\partial t} + \dfrac{\partial \theta_2(l,t)}{\partial l} =$	$-a_2[\theta_2(l,t) - \theta_1(l,t)]$	$\dfrac{a_2}{r_2}[\theta_{\mathrm{w}}(t) - \theta_2(l,t)] + \beta[\theta_{\mathrm{s}}(t) - \theta_2(l,t)]$

内壁	$T_w \dfrac{\partial \theta_w(t)}{\partial t} =$		$r_1[\theta_2(l,t) - \theta_w(t)] - r_1[\theta_w(t) - \theta_1(l,t)]$
外壁	$T_s \dfrac{\partial \theta_s(t)}{\partial t} =$		$\theta_2(l,t) - \theta_s(t)$

1.5.3 系统辨识和参数估计

人们把由测试数据直接求取模型的途径称为系统辨识，而把在已定模型结构的基础上，由测试数据确定参数的方法称为参数估计。亦有人统称为系统辨识，而把参数估计作为其中的一个步骤。

系统辨识的一般程序如图 28-1-31 所示。

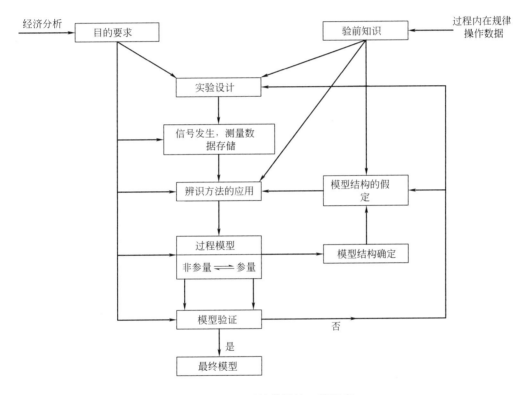

图 28-1-31 系统辨识的一般程序

首先，明确采用数学模型目的，参阅表 28-1-8。应用目的不同，要求和形式亦不一样。

其次，要掌握足够的验前知识。验前知识来自内在的物理化学规律，来自事前测试的数据，亦来自日常操作记录的分析。如过程是否接近线性、纯滞后和时间常数的大小等，对模型结构、实验设计、辨识方法都有影响。验前知识越丰富，辨识越容易迅速得到精确的结果。

再次，实验设计包括下列因素的选取和确定：输入信号的幅值和频谱，采样周期，总的测试时间，开环或闭环辨识方式，离线或在线辨识方式，信号发生、数据存储和计算的装置类型，信号滤波及漂移的处理方法。

表 28-1-8   辨识方法比较

信号类别		需要设备	测试精确度	对工艺影响	测试时间	计算工作量	其他
非周期函数	阶跃函数	不需专用设备	尚好	大	短	小,可手工计算	会受干扰,可能会进入非线性区域
	脉冲函数	不需专用设备	低	较小	短	小,可手工计算	会受干扰,如参数不回原值,误差较大
周期函数	正弦波	需要专用设备	低频部分好	尚小	长	中等	
非周期性随机函数	白噪声或其他规定的随机函数	需要专用设备	尚好	小	较长	大,用计算机	
	日常工作记录	不需专用设备	较低	无	长	大,用计算机	
周期性随机函数	准随机双值信号 p.r.b.s	数字计算机或专用设备	较好	较小	中	大,用计算机	

输入信号发生、输出信号测量及数据存储,是指通过手动,采用信号发生器、特性测试仪或计算机发生输入信号的方式选择。输入信号应能激发过程特性的全部模式,幅值的大小既要考虑工艺容许限度,又要估计所得结果的精度。

辨识的方法很多,目前大致可分为非周期函数、周期函数、非周期性随机函数及周期性随机函数等四类。它们各自的特点如表 28-1-8 所示。

在模型结构方面,包括模型形式、纯滞后情况及方程阶次的确定,通常先作假定,再回过来验证。模型验证的方式有两种:一是自身验证;二是交叉验证,最好采用交叉验证。

如果模型精度符合要求,辨识工作即告完成。如果不合要求,要重新进行实验设计,重新假定模型结构,构成一个迭代程序。

1.5.4   自由度分析

(1) 过程的自由度定义[8~11]   能完全确定某过程所必须予以说明的独立变量数就是该过程的自由度。为了对一个过程进行仿真,必须首先保证模型方程(微分的和代数的)是一些可解的关系式。可用如下公式计算自由度:

$$f = V - E$$

式中,f 为自由度;V 为描述过程的独立变量数;E 为与 V 变量有关的独立方程数。

自由度分析的主要目的是,在系统求解之前,确定需要给定多少个变量,可以使系统有唯一确定的解。

若自由度为 0,则过程能被完全确定下来。为了使 f 为 0,有两条途径可提供附加的方程式,即:

① 外界对本过程能施加作用的一些输入变量的外界条件。如:影响本过程操作条件的环境变量、前工序对本过程的进料以及被下一工序所操纵的本过程的输出流量(从信息角度来讲,此物料输出量也是对本过程的一个输入变量)。这些受外界制约的输入变量数应当从

自由度中扣除。

② 控制系统的设置，导致某受控输出变量与相应操纵变量之间发生关系（比如反馈）或者某扰动变量与相应操纵变量之间发生关系（比如前馈）。这些由控制系统导致发生的关系数也可等价视为外界制约的输入变量数，同样应该在自由度中扣除。

（2）动态自由度与稳态自由度 近年来，厂级控制（plantwide control）[12]受到了越来越多的研究人员的重视，而其出发点就是要从动态（以控制为目的）和稳态（以优化为目的）两方面来确定操作点的自由度数目。其基本原则就是被控的独立变量数目（Nc）等于外部操纵变量的数目（Nm），即 $Nc = Nm$。

在过程控制中，Nm 等于调节阀的数量加上其他的电子、机械等可调变量。而稳态的自由度数（Nss）通常要小一些，即 $Nss = Nc - N_0$。其中，$N_0 = Nm_0 + Ny_0$，即在成本函数中无稳态效应的变量数。Nm_0 是操纵变量的数目（$u's$），Ny_0 是操纵输入变量中用来做控制变量且无稳态效应的变量数目。通常等于无稳态效应的液位数，包括缓冲罐液位等。然而，需注意的是，非平衡液相反应器中的液位、换热器中与可变换热区域相关的液位却具有稳态效应。

对于大多数的化工过程，Ny_0 是非零的，但 $Nm_0 = 0$。对于一个两边都有旁通的换热器来说，它的 Nm_0 是非零的，其 $Nc = Nm = 2$。然而其稳态时 $Nss = 1$，因为其只有一个换热效率 Q 作为操作自由度。因此可得 $Nm_0 = 1$。

一个化工过程优化通常要受到以下约束：①所有的操纵变量都有上下限（如阀门的全开或全关限位）。②出于安全的原因（最大压力或温度等），相关变量都有约束。③设备的局限性（最大流通能力等）。④以及产品的限制。这些约束大多是不等式约束。某些过程中不能做到同时满足所有的约束条件。在操作过程中，需要把某个或某些约束条件放宽。

（3）决策变量的选取 很多研究者建议采用过程模型来获得自由度。由此，自由度的数目就可以由方程的数目减去变量的数目。但是这有可能因为方程过多或过少而导致错误的结果[7]。对于单元操作过程来说，为了求解单元数学模型而确定的独立变量称为决策变量。决策变量的选择原则如下：

① 选那些受限制较多的变量，如冷却水的温度、流量等，它们受当地气候和水资源条件的限制。又如高温状态下物料的温度将受设备材料耐温性能的限制。

② 选出的变量赋值后，可使系统模型方程的求解最为方便、容易。

1.6 最优控制系统

常规的反馈控制系统，不论从静态还是从动态来分析，往往都不是最优的。先从静态来看，①被控变量通常是有关工艺条件的变量，如温度、流量、压力等，它们并不直接代表控制的目标，例如，对化学反应器通常控制温度，然而在同样的反应温度下，如果成分和流量不一样，收率也不一样，固定不变的温度并不总与最大收率相对应。②即使取控制的目标作为被控变量，设定值应是在各种工况下都能达到的数值，不可能总是最优值。③常规控制系统取单一的变量作为被控变量，这很难作为最优化评价的唯一尺度，例如，化学反应器的最大收率一定要与物料和能量的节约统一起来考虑；精馏塔的最优操作必须把分离程度与能量消耗综合平衡，等等。再从动态来看，PID 控制比例积分微分控制有很大的适应性，调节过程是可取的，是否最优却难以保证。

电子计算机普遍使用后，最优控制发展很快，静态优化控制在化工生产中应用不断增加，而动态优化控制由于难以获得精确的数学模型，应用仍不普遍。

1.6.1　静态最优控制

静态最优化可以通过计算机监督控制（SPC）来实现，即由计算机算出应该设置的设定值，作为各个调节器或直接数字控制系统（DDC）的设定，并由它们来执行[13]。

（1）化工过程静态最优控制的类型

① 操作条件的优化是最常见的命题，例如在精馏过程中，回流比应取多大、操作压力该定多高、产品质量的要求等。在这些情况下，列出的自变量都与总的效率或经济效益有关，而且目标函数有最大值或最小值存在。目标函数与自变量的关系可以通过物料平衡、能量平衡、传质速率和化学反应速率等关系得出。

② 最优分配另一类最优化命题是有限资源在几个并行过程中的分配，典型的例子有多台锅炉的负荷分配、冷冻系统的冷冻量分配等。

③ 最优调度在许多过程进行到一定时期后，效率会降低，需要进行清洗或作某种更新，操作周期的确亦有最优化问题。周期过长，到后期的操作费用就过高；周期过短，平均产量将降低，所以也有最优值存在，例如乙烯装置中裂解炉的清焦周期等。

（2）静态优化方法[14]　静态优化的目标函数 J 是可控变量 r（即各调节器的设定值）和不可控变量 x（其他工艺变量及扰动）的函数，$J = \phi(r, x)$。静态优化的任务是按 J 为最小的要求，由测得的 x 值来推算应该取的 r 值。

求解静态优化问题的数学方法称静态优化方法。常用的方法可分为间接优化方法、直接优化方法和大型问题的分解三大类。

① 间接优化方法　如果过程能用明确的数学方程式描述，则可用数学解析方法寻找目标函数在满足约束条件下的解。然后，从这些解中根据过程的物理意义或者根据充分条件找出最优解。

间接优化方法要利用过程全部信息来确定最优值，它需要求解由必要条件组成的一个或一组方程式，而不是直接从目标函数出发来搜索最优点，常用的有微分法等。

② 直接优化方法　如果过程比较复杂，不能用明确的数学方程来描述，或者由于数学模型很复杂而难以用解析方法求解，在这种情况下，不能用间接优化方法，而要用直接优化方法。

直接优化方法是利用对求解最优化问题有利的信息，通过目标函数在某一局部区域的一些已知数值，确定下一步应在什么地方计算目标函数的数值。

直接优化方法可分为三类：目标函数无约束条件的最优化方法，例如梯度法、共轭梯度法、变尺度法、牛顿-拉夫逊法、鲍威尔或修正鲍威尔法和可行多面体法等；目标函数有等式约束条件的最优化方法，常用的有直接消去法、雅克比法、拉格朗日乘子法和罚函数法等；目标函数有不等式约束的最优化方法，常用的有松弛变量法、罚函数法、线性规划法、分段线性规划法和非线性规划法等。

③ 大型问题的分解 当过程最优化问题涉及的变量多、函数关系复杂时，无论用间接或直接法都难以求得最优解。这类问题的最优化可采用分解协调的方法。它是将一个大型最优化问题分解为一组小型的问题（子问题），先求子问题的最优解，再综合求出原有大型问题的最优解，然后，反复迭代解得。

1.6.2 动态最优控制

动态最优控制是现代控制工程中一个十分重要的领域。以过程的动态模型为依据，按照对控制系统的要求，选择一个表征过程动态性能的指标作为目标函数，在特定的约束条件下，求解使目标函数为极大值（或极小值）所必需的控制变量轨迹，这就是动态最优控制的概念。设一个过程的动态数学模型为

$$\dot{x}=f[x(t),u(t),t] \tag{28-1-73}$$

目标函数为

$$J=\Phi[x(t_f)]+\int_0^{t_f}L[x(t),u(t),t]dt \tag{28-1-74}$$

式中，第一项代表终端时间 t_f 时的情况；第二项反映过程品质。

动态最优控制总受到各种条件的制约，大部分为以下两类：

① 等式约束条件 即必须满足某些等式关系，例如，$x(t)$ 与 $u(t)$ 不能各自自由变化，状态方程

$$\dot{x}=f[x(t),u(t),t] \tag{28-1-75}$$

即为经常遇到的等式约束条件。

② 不等式约束条件 某些变量要受到数值上一定范围的限制，例如，u 总是有限度的，因为阀门全开或全关时的流量总是有限的，如

$$u_{min}\leqslant u\leqslant u_{max}$$

然后求解使目标函数 J 为最大（或最小）所需的控制向量 $u(t)$。目前处理这类动态最优控制的主要方法有变分法、极大值原理和动态规划等。

参考文献

[1]《化学工程手册》编委会. 化学工程手册：第 25 篇，化工自动控制. 北京：化学工业出版社，1982.
[2] Perry R H, Chilton C H. Chemical engineers' handbook. sixth ed. New York: McGraw-Hill, 1984.
[3] 蒋慰孙. 系统控制：上册. 上海：华东化工学院出版社，1988.
[4] 谢克明. 现代控制理论. 北京：清华大学出版社，2007.
[5] Kuo B C. Digital control systems. SRL Publishing Co, 1974.
[6] 蒋慰孙，俞金寿. 化工动态数学模型. 北京：化学工业出版社，1986.
[7] 戴连奎. 过程控制工程. 北京：化学工业出版社，2012.
[8] 都健. 化工过程分析与综合. 大连：大连理工大学出版社，2009.
[9] 姚平经. 过程系统分析与综合：第二版. 大连：大连理工大学出版社，2004.
[10] 姚平经. 过程系统工程. 上海：华东理工大学出版社，2009.

［11］ Seborg D E，Edgar T F，Mellichamp D A．Process dynamics and control （second edition）．New York：Wiley．2003．

［12］ Larsson T，Skogestad S．Plant wide control—A review and a new design procedure．Modeling identification and control，2000，21（4）：209-240．

［13］ 邵惠鹤．化工过程最优控制．北京：化学工业出版社，1990．

［14］ 胡寿松，王执铨，胡维礼．最优控制理论与系统．北京：科学出版社，2005．

2

过程检测仪表

引 言

在化工生产过程中，操作人员需要了解过程的运行状态，通过反映过程的工艺变量来指导操作。本章所叙述的检测仪表包括：测量化工过程中经常遇到的压力、物位、流量、温度和成分（包括物性）等变量的检测仪表、显示仪表、变送器。

由于化工过程中被测介质的化学和物理性质不同、操作条件存在差异，因此获取变量的信息要采用各种各样的传感器。另外，化工过程检测仪表由于其本身特定的条件要求，与其他工业仪表有所不同，如要考虑防腐蚀（耐介质腐蚀和耐大气腐蚀）、防爆和防火等。只有深入了解工艺的要求，熟悉各种检测仪表的性能，才能做到正确选用。

2.1 过程检测仪表主要性能指标和测量误差

化工过程对象中被测介质形态和参数性质具有多样性，检测环境比较恶劣，因此检测结果容易受到各种干扰影响，与被测量的真实信息存在偏差。过程检测需要保证准确性、可靠性和快速性。本节介绍各种检测技术的一些共性问题，包括仪表的主要性能指标、测量误差的分类以及处理方法。

2.1.1 仪表主要性能指标

衡量一台仪表性能的优劣通常采用的主要性能指标包括：精确度、灵敏度、分辨率、线性度、变差、滞环误差、死区、稳定性、动态误差等，如表 28-2-1 所示。

表 28-2-1 仪表主要性能指标

性能指标	描述	说明
精确度（简称精度）	测量结果与被测量（约定）真值的一致程度	仪表的精度等级是按国家统一规定的允许误差大小来划分成若干等级的。仪表精度等级数值越小，说明仪表测量精确度越高。仪表精度等级有 0.005、0.02、0.05、0.1、0.2、0.4、0.5、1.0、1.5、2.5、4.0 等，如仪表精度等级 1.0，表示该仪表允许测量误差为 1.0%
灵敏度	仪表输出变化量与引起此变化的输入变化量之比	对于模拟式仪表而言，仪表输出变化量是仪表指针的角位移或线位移。灵敏度反映了仪表对被测量变化的灵敏程度
分辨率	仪表输出能响应和分辨的最小输入变化量，又称仪表灵敏限	对于数字式仪表而言，分辨率就是数字显示器最末位数字间隔，代表被测量的变化与量程的比值

续表

性能指标	描述	说明
线性度	仪表实际特性偏离线性的最大程度	
变差	在外界条件不变的情况下使用同一仪表对某一变量进行正反行程(即在仪表全部测量值范围内逐渐从小到大和从大到小)测量时对应于同一测量值所得的仪表读数之间的差异	造成变差的原因很多,例如传动机构的间隙、运动部件的摩擦、弹性元件的弹性滞后等。在仪表使用过程中,要求仪表的变差不能超出仪表的允许误差
滞环误差	全范围上行程和下行程移动减去死区值后得到的被测量两条校准曲线间的最大偏差	
死区	输入变量的变化不致引起输出变量发生变化的有限数值区间	
稳定性	系统受外界扰动偏移稳态条件后,当扰动终止时回复到原稳定条件的特性	
动态误差	被测量随时间迅速变化时,仪表输出追随被测量变化的特性	当被测量突然变化后,仪表动作都有惯性延迟(时间常数)和测量传递滞后(纯滞后),必须经过一段时间才能准确显示出来,这样造成的误差就是动态误差

2.1.2　测量误差

在生产过程中对各种变量进行检测时,尽管检测技术有所不同,但从本质上看有共同之处,即可以将检测环节分成两个部分:一是能量形式的一次或多次转换过程;二是将被测变量与其相应的测量单位进行比较并输出检测结果。而检测仪表就是实施检测功能的工具。由于在检测过程中所使用的工具本身准确性有高低之分,或者检测环境发生变化,加之观测者的主观意识的差别,因此必然影响检测结果的准确性,使从检测仪表获得的被测值与实际被测变量真实值存在一定的差距,即测量误差。但是被测量的真值是无法真正得到的,可用约定真值(即在没有系统误差的情况下多次测量值的平均值)或相对真值(即用精度更高的标准表得到的测量值)替代被测量的真值。测量误差有不同的分类方法[1],见表 28-2-2。

表 28-2-2　测量误差的分类方法

分类依据	名称		意义	说明
与使用条件的关系	基本误差		在测量工具使用的标准条件下应用所产生的误差	
	附加误差		测量工具偏离标准使用条件下应用所产生的附加误差	
误差数值表示	绝对误差		测量结果 X 和真值 X_0 之间的代数差;$\Delta X = X - X_0$	说明了误差本身的大小
	相对误差	实际	绝对误差 ΔX 和真值 X_0 之比	多用于理论分析或精密测量中
		标称	绝对误差 ΔX 和真值 X 之比	多用于检定和工程测量中
		引用	绝对误差 ΔX 和仪表量程(测量上限与测量下限值之差)之比	用于划分仪表精确度等级

分类依据	名称	意义	说明
与被测量随时间变化的关系	静态误差	被测量处于稳态时的测量误差	
	动态误差	被测量随时间变化过程中测量所附加的误差	由检测装置的动态特性造成
误差的规律	系统误差	在相同条件下,多次测量同一被测量的过程中出现的误差,其绝对值和符号保持不变,或者在条件变化时按某一规律变化	系统误差可以通过实验或分析的方法,找到其变化规律及产生的原因,对测量结果进行修正。系统误差越小,测量越准确
	随机误差	在相同条件下,多次测量同一被测量的过程中出现的误差,其绝对值和符号以不可预计的方式变化	单次测量的随机误差难以预测,但是多次重复测量时,随机误差有服从一定的统计规律的分布特性(多为正态分布)。随机误差是测量值与数学期望值之差,表明了测量结果的弥散性。随机误差越小,精密度越高
	缓变误差	误差数值随时间缓慢变化	由零部件老化等所致
	粗大误差	明显与事实不符的误差,无规律可循	操作过失或重大干扰所致

粗大误差可以从定性分析和定量分析两个方面进行判断。在测量过程中,定量分析时按统计方法进行数据处理,如果发现异常测量值（坏值）就必须剔除,重新测量。常用的剔除准则有拉依达准则（3σ 准则）、格拉布斯准则、t 检验准则等。

此外,有些被测量通过间接测量法,即通过直接测量 n 个有关量后,根据一定的函数关系算出被测量,这样直接测量的误差将会传递给由计算而得的被测量,即产生误差传递。在设计间接测量时需进行误差分配,根据总的误差要求,将误差分配给各直接测量值。一个检测系统在检测过程中会有多个系统误差和随机误差,需将这些单项误差合成为总误差。

2.2 压力测量仪表

压力是化工生产过程中一个重要参数,特别是化学反应器,压力既影响物料平衡也影响反应速率。在有压的蒸馏系统中,压力波动会在很大程度上影响物料的分离度,只有保持一定的压力才能保证馏分分离的要求。有些特殊的化工过程还需要检测高温或低温下有强腐蚀及易燃易爆介质的压力。

工程上压力一般分为表压、绝压、负压或真空度。表压为检测仪表所指示的压力,即绝对压力与大气压力之差;绝压为表压与大气压力之和;负压（真空度）为绝压小于大气压力时的大气压力与绝压之差。它们的关系见图 28-2-1。

压力的国家法定计量单位为帕斯卡（Pascal）,简称帕,以 Pa 表示。帕的定义为 1 牛顿力垂直而均匀地作用在 $1m^2$ 的面积上所产生的压力,以 N/m^2 表示。有时需要使用其他的压力单位,现把各压力单位的相互换算关系列在表 28-2-3 中[2]。

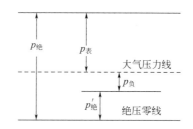

图 28-2-1 表压、绝压和负压的关系

表 28-2-3 压力单位换算表

N/m²(Pa)	kgf/cm²	bar	mmHg	mH₂O	标准大气压(atm)
1	1.01972×10^{-3}	1×10^{-5}	7.50064×10^{-3}	1.01972×10^{-4}	9.86923×10^{-6}
9.80665×10^{4}	1	0.980665	735.559	10	0.667838
1×10^{5}	1.01972	1	750.064	10.1972	0.686923
133.322	1.35951×10^{-3}	1.33322×10^{-3}	1	1.35951×10^{-2}	1.31576×10^{-3}
1.01325×10^{5}	1.03323	1.01325	760	10.3323	1
9806.65	0.1	9.80665×10^{2}	73.5559	1	6.67838×10^{-8}

2.2.1 压力表

压力检测方法主要有弹性力平衡方法、重力平衡方法、机械力平衡方法、物性测量方法等，与之对应的压力测量仪表有弹性式压力表、液柱式压力计、负荷式压力计、压力传感器、压力开关等。

2.2.2 弹性式压力表

弹性力平衡方法基于弹性元件的弹性变形特性进行测量。弹性元件受到被测压力作用而产生变形，而因弹性变形产生的弹性力与被测压力相平衡。测出弹性元件变形的位移就可测出弹性力。此类压力表有弹簧管压力表、膜式压力表、波纹管压力表等。常用弹性式压力表的分类和特点见表 28-2-4。

表 28-2-4 常用弹性式压力表的分类和特点

类别	工作原理	用途	特点
弹簧管压力表	胡克定律 （弹性元件受力变形）	适用范围广泛	结构简单，价格低廉；量程大；精度高；对冲击、振动敏感；正、反行程有滞回现象
膜片式压力表		适用于黏度高或浆料的绝压、差压测量	超载性能好，线性度好；尺寸小；价格适中；抗振、抗冲击性能差；测量压力较低，维修困难
膜盒式压力表		适用于无腐蚀性气体微压或负压的测量	由两块波纹膜片对接而成
波纹管压力表		用于低、中压力测量	输出推力大；价格适中；需要环境温度补偿

2.2.3   液柱式压力计

液柱式压力计根据流体静力学原理，将被测压力转换成液柱高度进行测量。此类压力计有 U 形管压力计、单管压力计、斜管压力计等[1]。液柱式压力计的分类和特点见表 28-2-5。

表 28-2-5   液柱式压力计的分类和特点

类别	工作原理	用途	特点
U 形管压力计	流体静力学原理	实验室低压、负压和小差压测量	适合静压测量；需两次读数，读数误差大；测量范围 −10～10kPa，精度 0.2 级、0.5 级
单管压力计		压力基准仪器或压力测量	适合静压测量；只需一次读数，读数误差比 U 形管小
斜管压力计		微压（小于 1.5kPa）测量	适合静压测量；倾斜度越小，灵敏度越高，但测量范围也越小

2.2.4   负荷式压力计

负荷式压力计直接按压力的定义制作。根据静力学原理，被测压力等于活塞系统和砝码的重力除以活塞的有效面积。此类压力计有活塞式压力计、浮球式压力计、钟罩式微压计等。负荷式压力计的分类和特点见表 28-2-6[1]。

表 28-2-6   负荷式压力计的分类和特点

类别	工作原理	用途	特点
活塞式压力计	静力平衡（压力转换成砝码重量）	中、高压标准校验仪器	结构简单，性能稳定，精度高；操作稍复杂，不能直接测量
浮球式压力计		低压标准压力发生器	结构简单，性能稳定，精度高；操作方便
钟罩式微压计		微压标准校验仪器和标准微压发生器	精度与灵敏度高，可测正压、负压、绝压

2.2.5   压力传感器

压力传感器基于在压力作用下测压元件的某些物理特性发生变化的原理工作。此类压力计有电阻应变片压力传感器、压电式压力传感器、电感式压力传感器、电容式压力传感器、电位器式压力传感器、霍尔压力传感器、光纤压力传感器、谐振式压力传感器等。压力传感器的分类和特点见表 28-2-7。

表 28-2-7   压力传感器的分类和特点

类别	工作原理	用途	特点
电阻应变片压力传感器	应变效应或压阻效应	用于将压力转换成电信号，实现远距离监测、控制	将应变片粘贴在弹性元件上，在弹性元件受压变形的同时应变片也发生应变，其电阻值发生变化，通过测量电桥输出测量信号
压电式压力传感器	压电效应		长期稳定性能好，线性好，重复性好，迟滞小，使用温度范围宽，频率响应范围宽，体积小，重量轻

续表

类别	工作原理	用途	特点
电感式压力传感器	压力引起磁路磁阻变化,造成铁芯线圈等效电感变化		结构简单、灵敏度高、输出功率大、输出阻抗小、抗干扰能力强;响应较慢,分辨率随测量范围增大而减小。测量范围 0~100kPa,精度在 0.2~1.5 级之间
电容式压力传感器	压力引起电容变化		体积小,重量轻;陶瓷薄膜材料性能稳定,耐腐蚀;可将模拟量远距离传送,也可用脉冲频率调制法传输,抗干扰性能好,不必用屏蔽导线,精度高,可达±0.2%;测量范围广,可从 0~4kPa 到 0~6MPa;可在粉尘和有爆炸危险场合下应用
电位器式压力传感器	压力推动电位器滑头移动	用于将压力转换成电信号,实现远距离监测、控制	
霍尔压力传感器	霍尔效应		受温度影响大,需采取恒温或温度补偿措施
光纤压力传感器	用光纤测量由压力引起的位移变化		
谐振式压力传感器	压力改变振体的固有频率		结构简单,性能稳定可靠。测量范围 0~42MPa,精度 0.02~0.5 级

2.2.6　压力开关

压力开关在被测压力达到设定值时输出开关信号,用于报警或控制。压力开关有位移式压力开关和力平衡式压力开关等[1]。压力开关的分类和特点见表 28-2-8。

表 28-2-8　压力开关的分类和特点

类别	工作原理	用途	特点
位移式压力开关	当被测压力达到设定值时,弹性元件位移使常开触点闭合,常闭触点断开	位式报警、控制	弹性元件为单圈弹簧管、膜片等;开关元件多为触头板、微动开关
力平衡式压力开关	弹性元件产生力矩和比较装置的力矩比较,当被测压力达到设定值时,触点开关元件动作,使常开触点闭合,常闭触点断开		弹性元件为单圈弹簧管、波纹管等;开关元件多为微动开关

2.2.7　压力测量仪表的选用

压力测量仪表的选用一般要考虑三个因素,即测量量程、介质性质及对显示仪表的要求。

(1) 量程选择

稳定状况:正常压力应在刻度上限 $\frac{1}{2}$ ~ $\frac{2}{3}$ 处;

脉动压力:正常压力应在刻度上限 $\frac{1}{2}$ ~ $\frac{1}{3}$ 处;

高压压力：正常压力应在刻度上限 $\frac{1}{2}$ 以下。

（2）使用环境及测量介质

腐蚀性介质：选用耐腐蚀的隔膜压力计或与介质接触部分用耐腐蚀材料；

黏性、结晶及易堵介质：用隔膜压力计；

防爆要求：按爆炸危险介质分类选用耐压防爆或本安型防爆栅；

特殊专用仪表：测量氧气、氨气、氢气、乙炔、硫化氢等介质应选择专用的压力仪表。

2.3　物位测量仪表

物位测量在化工生产过程中应用十分广泛。物位通常是指两相之间分界面的位置，例如气体和液体之间的分界面称为液位，气体和固体之间的分界面称为料面或料位，两种不相容的液体和液体间的分界面称为界面。物位测量就是正确获取容器中所储存物质的体积或质量。由于工艺操作条件不同，容器有常压常温的，也有高压高温的或高压低温等多种情况。容器内介质有的是易燃易爆物，有的是黏滞聚合物，也有的是固体颗粒或粉末状物料。在检测要求方面，有的只要上下限报警不必知道中间物位，有的则需要连续检测或者要求保持在某一定高度。因此，为了适应化工对象的特点，满足化工工艺的要求，有各种各样的物位检测方法。归纳起来可分为两大类：检测元件与介质相接触的接触式和非接触式。

接触式用于液位和分界面的有：直读式、浮力式、利用静压原理的差压法式、电阻式和电容式等；用于料位测量的有：音叉式、阻旋式、重锤探测法等。

非接触式有超声波、放射性 γ 射线和无线电雷达波等形式。

一般化工生产过程使用接触式比非接触式普遍，易于掌握，价格低廉。非接触物位计由于不与被测介质直接接触，所以能在高温、高压、高黏滞液和强腐蚀性等恶劣条件下使用，测量精度较高，可测范围较广，但结构较复杂，价格也较高，故应用不大普遍。

2.3.1　浮力式液位计

浮力式液位计有浮子式、浮球式、浮筒式和磁翻转式等。浮力式液位计的分类和特点见表 28-2-9。

2.3.2　差压式液位计

对于不可压缩的液体，液柱的高度与液体的静压成比例关系，因此利用差压法测出液体的静压便可知道液位。这种测量液位的方法简易可行，所以在工业上获得广泛的应用。

用差压计（或差压变送器）测量液位时，若容器是敞开的，气相压力为大气压力，则差压计的负压室与大气相通就可以了。这时，差压计的正压室所受压力 p 为

$$p = p_A + H\gamma \tag{28-2-1}$$

式中　p_A——大气压力；

H——液位高度；

γ——介质重度。

表 28-2-9   浮力式液位计的分类和特点

类别	工作原理	用途	特点
浮子式液位计	基于浮力原理,利用漂浮于液面上的浮子升降位移反映液位的变化	就地指示,可附加电远传信号	受滑轮摩擦力影响较大
浮球式液位计	浮球置于液面上,通过连杆与转动轴相连,与转动轴另一端加载平衡重物的杠杆进行力矩平衡,再通过杠杆外侧指针变化指示液位高低		适用于温度、黏度较高而压力不太高的密闭容器的液位测量,安装维护方便,当用于液位波动频率快时,输出信号应加阻尼器
浮筒式液位计	浸没在液体中的浮筒所受浮力随液位浸没高度而变化		适用于介质密度和操作压力变化范围较宽场合的液位和分界面测量
磁翻转式液位计	在与容器连通的非导磁管内,带有磁铁的浮子随管内液位的升降,使紧贴该管外侧标尺上磁性翻板或翻球产生翻转,有液体的位置红色向外,无液体的位置白色向外,红白分界之处就是液位高度		就地指示观察效果好

由式(28-2-1) 得

$$\Delta p = p - p_A = H\gamma \tag{28-2-2}$$

一般被测介质的重度是已知的,因此,差压计所测得的差压与液位 H 成正比,从测得差压值就可知道液面的高低。其测量原理如图 28-2-2(a) 所示。在化工生产中,有时会遇到含有杂质、结晶颗粒等的液体,若用普通差压变送器可能引起连接管线堵塞,这时,需要采用法兰式差压变送器。这种差压变送器与正压室相连的为法兰结构,通过该法兰可直接与容器上的法兰相连接,如图 28-2-2(b) 所示。有时,为了防止气相在负压端管道内冷凝成液体影响测量,往往采用平衡罐方法。在平衡罐内充以不会汽化的液体,这时正负压室的所受压力分别为:

正压端压力 $p_1 = H_1\gamma_1 + p_A$
负压端压力 $p_2 = H_2\gamma_2 + p_A$

$$p_1 - p_2 = \Delta p = H_1\gamma_1 - H_2\gamma_2 \tag{28-2-3}$$

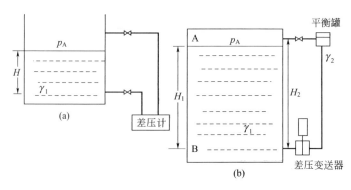

图 28-2-2   差压式液位计
A—最高液面;B—最低液面

对照式(28-2-2)与式(28-2-3)，可清楚地看到压差减少了 $H_2\gamma_2$。也就是说，当液面 $H_1=0$ 时，对照无迁移情况 $\Delta p=-H_2\gamma_2$，相当于负压室内多了一个固定差压的存在。因此，$H=0$ 时，电动变送器的输出势必小于4mA。

为了使仪表能正确反映液位的高低，必须设法抵消这个固定差压 $H_2\gamma_2$ 的作用，也就是要采用负迁移的办法。迁移的作用，实质是改变量程的上下限，相当于量程范围的平移，而不改变量程范围的大小。如图 28-2-3 中的 a 线所示，仪表量程为 $0\sim500\text{mmH}_2\text{O}$（$1\text{mmH}_2\text{O}=9.80665\text{Pa}$）时，变送器的输出为 $4\sim20\text{mA}$，这是无迁移的情况。当有迁移时，设迁移量为 $200\text{mmH}_2\text{O}$，那么 $H_1=0$ 时，$\Delta p=-H_2\gamma_2=-200\text{mmH}_2\text{O}$，这时变送器输出应为4mA；$H_1$ 为最大时，$\Delta p=H_1\gamma_1-H_2\gamma_2=500\text{mmH}_2\text{O}-200\text{mmH}_2\text{O}=300\text{mmH}_2\text{O}$，这时变送器输出应为20mA，如图 28-2-3 中的 b 线所示。也就是说，Δp 从 $-200\sim300\text{mmH}_2\text{O}$ 变化，变送器输出仍为 $4\sim20\text{mA}$，维持原来量程不变，只是负方向迁移了一个固定差压 $H_2\gamma_2$ 值。

由于测量条件不同，有时会出现正迁移情况，图 28-2-3 中的ⓒ线为正迁移 $200\text{mmH}_2\text{O}$ 时差压 Δp 与输出的关系。

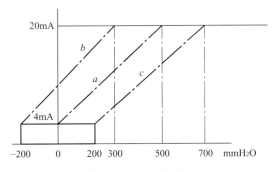

图 28-2-3　正负迁移

2.3.3　电容式液位计

电容式液位计采用测量电容量的变化来求取液位的高低。被测介质可以是导电的液体或不导电的液体及塑料颗粒固体。测量导电介质时，液位计的电极用导电金属制成，外涂塑料绝缘层；测量非导电介质时，电极可用不锈钢杆。电极作为电容器的一个极板，另一极则为导电材料制的容器。图 28-2-4 即为电容式液位计的测量电极，常用的电容液位传感器采用同轴圆柱体形式。液位变化量 ΔH 与电容变化量 ΔC 间的关系为

$$\Delta C=\frac{2\pi\varepsilon_0(\varepsilon_1-\varepsilon_2)}{\ln\dfrac{D}{d}}\Delta H \tag{28-2-4}$$

式中　ε_0——真空的绝对介电常数；

ε_1——液体的介电常数；

ε_2——气相的介电常数；

D——聚四氟乙烯塑料套管直径；

d——不锈钢电极直径。

电容变化值由电桥测得，再经电路转换放大处理，变成 $4\sim20\text{mA}$ 标准直流信号输出。

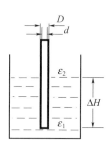

图 28-2-4 电容式液位计的测量电极

电容式液位计的特点是使用对象较宽，适用于液体也适用于固体颗粒，可用于导电介质也可用于非导电介质，可用于常压容器也可用于高压容器的液位测量。使用时必须防止电极被沾污和结垢，并要考虑温度和温度对介质介电常数的影响。

2.3.4 雷达物位计

雷达信号是一种特殊形式的电磁波，其物理性质与可见光相似，可以穿透空间，传播速度相当于光速。雷达物位计测量精度高，具有耐高温和耐高压特性，非常适合于石油化工等复杂工业过程物位测量，可专门用于过去难以检测的介质液位，如熔融状硫黄、低温液态丙烷、强腐蚀性化学品、灼热铁矿水和储存在岩洞中的油品和液体。雷达物位计的测量范围很广，可从 0.3m 至 70m，工作温度可从 $-196 \sim 450℃$，工作压力可从常压至 16MPa，测量精度为 ±1mm。由于精度很高，故可用于精确物料计量。雷达信号是否可以被反射，主要取决于两个因素：被测介质的导电性和介电常数。介质的导电性越好或介电常数越大，回波信号的反射效果越好。

雷达物位计可分成 3 类[1]：脉冲雷达物位计、调频连续波雷达物位计、导波雷达物位计，见表 28-2-10。

表 28-2-10 雷达物位计的分类和特点

类别	测量原理	特点
脉冲雷达式	雷达传感器装在高度为 L 的容器顶部，雷达天线发射固定频率脉冲波至介质表面，反射后由接收器接收，测出此过程经历的时间即可得到发射天线至介质表面的距离 D，则物位高度 $H = L - D$	属于非接触式测量。 常见天线按形状分为喇叭形天线、平面式天线、抛物形天线。测量距离长。 低介电常数工况下，接收的信号微弱且不稳定。对于容器内结构较复杂的情况，干扰回波多，信号处理困难
调频连续波雷达式	容器顶部雷达天线发射的微波是频率波线性调制的连续波，当回波被天线收到时，天线发射频率已经改变，频率差与物位高度 H 成正比关系	
导波雷达式	微波脉冲通过从罐顶伸入到罐底的导波管传播，当液体与导波管接触时产生的反射脉冲被雷达传感器接收到时，与基线反射脉冲相比较，得到液位高度	属于接触式测量。 能耗低。由于信号在导波管内传输不受液面波动和罐中障碍物影响，抗干扰性强。且介质密度、介电常数、雾气和泡沫对测量结果几乎无影响。 导波管需要考虑介质的腐蚀性和黏附性。测量距离不够长

雷达物位计可用于检测大型固定顶罐、浮顶罐或球形罐内的液体或者固体物位，全套仪器由雷达头、天线、温度传感器、数据采集单元和显示单元组成。雷达物位计安装在罐的顶

部，但不能装在顶部中央，避免多次强波反射；不能装在进料口上方；电磁波通道应避免被障碍物阻挡。

雷达物位计输出信号有数字和模拟两种，可以与 DCS 相通信，符合 MODBUS 通信协议。当用雷达波液位计测量大批储罐群时，可通过数据采集单元（DAU）连接到 DCS 操作站，可精确地计算各储槽内储存的物料量，进行调度管理。

2.3.5 超声波物位计

超声波测量液位（或物位）是利用传感器发出的超声波（频率为 $20\sim40\mathrm{kHz}$）在空气中传播时遇到被测物料表面产生反射的原理。图 28-2-5 为超声波物位计安装示意图。因为超声波的声束方向性较强，可作定向发射来探测液位。很显然，液位愈低，离开超声波发射源的距离也愈远，从发射超声波至接受反射回来的超声波所需的时间 t 也就愈长，即

$$t=2(L-H)/v \tag{28-2-5}$$

式中 v——超声波在气相中的传播速度；

t——经历时间。

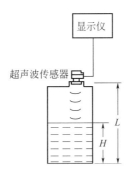

图 28-2-5 超声波物位计安装示意图

可知测出超声波的往返经历时间 t 就可来确定液位高度 H。

超声波物位计可以测量液位也可测量固体颗粒料位，测量液位高度一般可达 $12\mathrm{m}$，测量固体料位最高可达 $40\mathrm{m}$。

超声波物位计使用时，由于声波在介质中的传播速度与介质的密度有关，因而受到温度变化的影响较大，需要进行温度补偿。有些介质对声波吸收能力很强，导致不能使用。安装时，应注意声波传输途径，避免被遮挡造成假反射回波，有必要对回波信号进行剔除干扰的滤波处理。

2.3.6 放射性物位计

放射性物位计利用放射性同位素钴 60 或铯 137 放射出的具有很强穿透力的 γ 射线。当其透过被测介质时，γ 射线部分被吸收，强度减弱，其减弱程度与被测介质的密度和物料厚度成比例。在容器一侧装有放射源，另一侧安装有接收器，根据接收器上所接收到的 γ 射线减弱强度就可求出物位的高度。射线穿过物料层时，其中一部分被吸收，强度发生变化，其变化规律符合朗伯-比尔定律

$$I=I_0 \mathrm{e}^{-\mu H} \tag{28-2-6}$$

式中 I_0，I——射线射入和通过物料后的强度；

　　　　μ——物料对射线的吸收系数；

　　　　H——物料厚度。

由式（28-2-6）可知，当放射源的强度 I_0 和吸收系数 μ 已知时，测得通过物料后的射线强度 I，便可求出被测物料的厚度 H。

接收器一般为内装盖克-米勒计数管，它将接收到的 γ 光量子转换为电脉冲信号，再经放大和处理后送往显示仪表。

放射源一般制成点源，如图 28-2-6 所示。钴 60 放射源成本低，半衰期 5.3 年，其特点是穿透能力强，辐射距离远。铯 137 是连续测量的理想放射源，它的半衰期长为 32 年，可保证长期使用而无需调节。

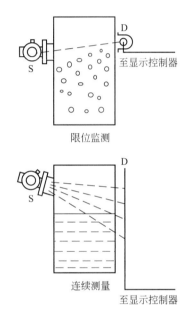

图 28-2-6　放射性物位计安装示意图

S—放射源；D—接收器

放射性物位计可测量液位也可测量固体料位，可以限位监测作报警用，也可连续检测作控制用。它不受物料的压力、温度等变化的影响，适用于腐蚀、结垢、高压高温等恶劣条件。但使用时必须要有严格的防护措施，以确保人身安全。

2.3.7   伺服液位计

伺服式液位计工作原理如图 28-2-7 所示[1]。浮子用测量钢丝悬挂在仪表外壳内，测量钢丝绕在外轮毂上，外磁铁固定在外轮毂内，并与固定在内轮毂的内磁铁耦合在一起。液位计工作时，浮子作用于细钢丝上的重力在外轮毂的磁铁上产生力矩，使轮毂组件间的磁通量变化，导致内磁铁上的霍尔元件输出电压信号发生变化，其电压值与储存于 CPU 的参考电压相比较，当浮子的位置平衡时，其差值为零。当液位变化时，浮子浮力变化造成磁耦力矩改变，霍尔元件输出电压信号与参考电压的差值驱动伺服电机转动，带动浮子上下移动重新达到新的平衡点。由于整个系统构成了闭环回路，可提高精度。

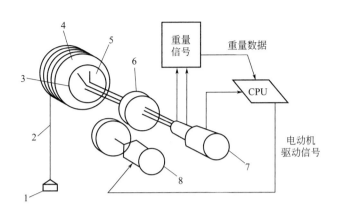

图 28-2-7　伺服式液位计工作原理

1—浮子；2—测量钢丝；3—霍尔元件；4—外轮毂；5—内轮毂；6—齿轮；7—编码器；8—伺服电机

2.3.8　磁致伸缩液位计

　　磁致伸缩液位计是利用磁致伸缩原理，通过两个不同磁场相交产生一个应变脉冲信号被探测所需时间来测量的。测量元件是一根波导管，波导管内的敏感元件由特殊的磁致伸缩材料制成。测量过程中由传感器的电子室内产生电流脉冲，该电流脉冲在波导管内传输，从而在波导管外产生一个圆周磁场，当该磁场和套在波导管上作为位置变化的活动磁环产生的磁场相交时，由于磁致伸缩的作用，波导管内会产生一个应变机械波脉冲信号以固定的速度传输，传输时间和活动磁环与电子室之间的距离成正比。

　　磁致伸缩液位计测量精度高，测量范围大，传感器元件与被测液体无接触，可广泛应用于石油、化工、制药、食品、饮料等行业。

2.3.9　物位开关

　　当某些物位检测器附加开关电路，在物位达到设定的高度时输出开关信号，用以实现报警、位式控制等功能时，就构成了物位开关。

　　常见的物位开关有：音叉物位开关、阻旋式料位开关、浮球型液位开关、光电式液位开关、静电容式物位开关、射频导纳式物位开关等[1]，见表 28-2-11。

表 28-2-11　常见物位开关

类别	工作原理	用途和特点
音叉物位开关	由音叉晶体和检测元件组成机械-电子振荡电路。当物料高度达到音叉位置时，叉体被物料挤满，振荡器停振，继电器输出开关信号	适用于检测各种非黏滞性的干燥粉状及小颗粒固体物料，用于高低料位的控制和信号报警
阻旋式料位开关	当料仓料位低时，信号器的旋转叶片一直在转动；料位高时，物料对旋转叶片产生阻旋作用，使阻旋式料位信号器的负载检测器动作，继电器发出开关信号，使外接电路发出信号或控制进料（或出料），从而使电机停止或启动	可广泛应用于料仓内固体颗粒或粉状物位的控制和报警。特点是体积小，重量轻，接点容量大，可直接带负载，装拆和维修方便

第 **28** 篇

续表

类别		工作原理	用途和特点
浮球型液位开关	电缆浮球液位开关	利用微动开关或水银开关做接点零件,当电缆浮球以重锤为原点上扬一定角度时,开关接通(或断开)	可以加工成多点控制,实现多个液位报警
	小型浮球液位开关	浮球内部装有环型磁铁,固定在杆径内磁簧开关相关位置上。浮球随液体的变化而上下浮动,利用浮球内部磁铁吸引磁簧开关的闭合,产生开关动作来控制液位	
	磁性浮子液位开关	在磁翻板液位计旁路管的外侧加装磁性开关,作为电器接点信号输出	适用于高温、高压等场合及强酸、强碱的液位检测
光电式液位开关		光源发射的光信号经过液位传感器的直角三棱镜与空气接触时产生全反射,大部分光被光敏二极管接收,液位传感器输出信号为高电平。当液位达到传感器检测位置时,光线发生折射,光敏二极管接收的光信号明显减弱,传感器输出低电平信号。传感器输出信号经过放大电路驱动带动相应开关动作	体积小,安装容易,适用于有杂质或带有黏性液体的液位检测
静电容式物位开关		在电容式物位计基础上增加检测开关。当物位高度对应的电容量达到开关内部设定线路值时,测量线路产生高频谐振,检出谐振信号,转换成开关动作	
射频导纳式物位开关		基于射频电容技术,通过电路产生稳定的高频信号来检测被测介质的阻抗变化。工作时将高频信号加在测量电极上,并将空气的介电常数产生的阻抗设为仪表零点。当探头与被测介质接触并产生阻抗变化达到设定的数值时,产生开关信号输出	射频导纳物位开关在测量电极与接地电极间增加了保护电极,可以解决黏附、挂料等问题,增加了温度修正电路解决工作点漂移问题,工作性能稳定可靠,能适用于复杂的测量环境。多用于固体、浆料等料位测量及高压场合

2.3.10　物位测量仪表的选用

　　各种物位检测仪表都有其特点和适用范围,有些可以检测液位,有些可以检测料位。选择物位计时必须考虑测量范围、测量精度、被测介质的物理化学性质、环境操作条件、容器结构形状等因素。在液位检测中最为常用的就是静压式和浮力式测量方法,但必须在容器上开孔安装引压管或在介质中插入浮筒,因此在介质为高黏度或者易燃易爆场合不能使用这些方法。在料位检测中可以采用电容式、超声波式、射线式等测量方法。各种物位测量方法的特点都是检测元件与被测介质的某一个特性参数有关,如静压式和浮力式液位计与介质的密度有关,电容式物位计与介质的介电常数有关,超声波物位计与超声波在介质中的传播速度有关,核辐射物位计与介质对射线的吸收系数有关。这些特性参数有时会随着温度、组分等变化而发生变化,直接关系到测量精度,因此必须注意对它们进行补偿或修正。目前大型容器的物位精确测量较多采用雷达式物位计。

2.4 流量测量仪表

化工生产过程有各种原料、中间品、成品及公用工程如水、汽、气的流量需要检测和控制，由于介质性质、工艺要求、管径大小及工况的不同，因此，检测方法多种多样。只有正确了解各类流量仪表的特点，才能合理选择满足工艺要求的仪表。

根据流量计的检测功能可分为体积流量计和质量流量计两大类，见表 28-2-12。

表 28-2-12　流量计分类

分类		对应流量计举例
体积式	容积式	椭圆齿轮流量计、腰轮流量计、刮板流量计、罗茨流量计
	速度式	差压式流量计、靶式流量计、弯管流量计、转子流量计、电磁流量计、旋涡流量计、涡轮流量计、超声流量计
质量式	直接测量	科里奥利力(简称科氏力)流量计、热式流量计
	间接测量	利用温度、压力补偿的间接推导

根据工艺要求，流量检测有瞬时流量、定量流量和累计流量之分。瞬时流量是指在单位时间内流过管道截面的流体量；定量流量一般是指间歇式批量生产过程中每次需要加入的固定量；累计流量一般是指规定时间内累积起来的总量。上述各类流量计中，有些流量计具备三种功能，有些流量计只具备一种功能。

2.4.1 体积流量计

（1）容积式流量计　容积式流量计利用机械测量元件把流体连续不断地分割成单个已知的体积部分，根据计量室逐次、重复地充满和排放该体积部分流体的次数来测量流量体积总量。

椭圆齿轮流量计是典型的容积式流量计，适用于清净的液体计量。这种流量计有不同口径，自 10mm 至 200mm，测量精度高，可以连续测瞬时流量、累计流量，有时也可带切断型调节阀作为定量控制使用。图 28-2-8 为椭圆齿轮流量计的测量原理。

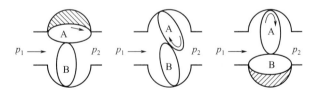

图 28-2-8 椭圆齿轮流量计测量原理

测量原理：壳体内装有两个相互成 90°平行啮合的椭圆形齿轮，它们与盖板构成初月形空腔作为液体流量的计量单位。在进出口压力差（$p_1 - p_2$）的作用下，主动齿轮 A 旋转并带动从动齿轮 B 也跟着转动。图 28-2-8 的斜线部分为进液部分的体积 V，则排出流量为 $4V$，设齿轮的转动频率为 f，则流量计排出的体积流量为 $Q = 4fV$，在流量计制造时是已知的，如用一无接点电压脉冲发信器和用电接点闭合次数的频率来计数，则从测得的频率数就可求得流量值。

定量控制用的椭圆齿轮流量计是间歇生产化工过程、食品工业或涂料、医药工业经常使用的一种多原料配比混料用的流量计。在流量计预先设定好流量后，流量计按自动积算量，当达到设定值时，阀门就能自动关闭。

此外，由于这种流量计的壳体与齿轮间的缝隙很小，不允许测量介质中含有机械杂质，故在流量计入口端要安装过滤器，这会增加一定的压降值（一般约为 0.02MPa，取决于过滤器内滤网的网目大小）。当测量介质黏度很小时，如汽油或液态烃（黏度低于 10^{-3}Pa·s），在缝隙间会增加泄漏量，往往使用时要进行缝隙间距的调整。当测量黏度为大于 10Pa·s 的高黏稠介质流量时，齿轮设计要特殊考虑，使用时要拆去过滤器。

根据不同液体的性质，流量计的材料可选用铸铁的、铸钢的或不锈钢的。

其他类型的容积式流量计如罗茨流量计、刮板流量计及腰轮流量计，其工作原理和椭圆齿轮流量计相似，这些流量计多用于油品的计量。

（2）速度式流量计　若流体通过管道某截面的一个微小面积 dA 上的流速为 v，则流过 dA 上的体积流量为 d$Q = v$dA，通过管道全截面的体积流量为 $Q = \int_0^A v\mathrm{d}A$，如流体流过管道截面的平均流速为 v，则体积流量 Q 与平均流速 v 的关系为 $Q = vA$。

① 差压式流量计　差压式流量计是由节流装置（如孔板）与差压计（或差压变送器）配套使用测量流体流量的一种方法。图 28-2-9 为流体通过节流件时的流动状态[3]。

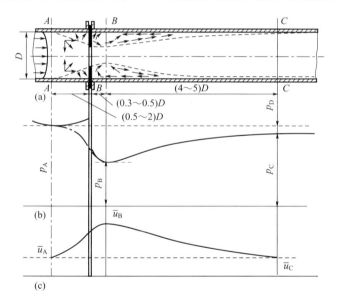

图 28-2-9　流体通过节流件时的流动状态
（a）流线和涡流区；（b）沿轴向静压力变化；（c）沿轴向动压力变化

测量流量的节流装置有许多种，但我国计量机构对角接取压和法兰取压的孔板以及角接取压的喷嘴制定了国家标准，称为标准节流装置。采用标准节流装置时，节流装置的尺寸计算、设计、制造加工和安装可利用标准中的实验数据、图表和方法进行，加工安装后不必再行标定，给制造、使用带来很大方便。有时为了避免安装上造成的附加误差，设计上往往要求在节流装置前后附有一定长度的直管段，随同节流装置由制造厂成套供应。

节流装置除了标准孔板和标准喷嘴外，还有一些适合于特殊用途的非标准节流装置，如压力损耗很小的文丘里管及道尔管；可适用于测污秽、含颗粒流体的圆缺孔板及偏心孔板；测雷诺数很小的 $\frac{1}{4}$ 圆喷嘴和测微小流量用的内藏孔板（内藏孔板一般装在差压变送器内部，变送器直接与工艺管道连接）等。

不论是标准的节流装置还是非标准的节流装置，流量与差压 Δp 的关系都基于下列流量基本方程式，即

$$Q = F_0 a \sqrt{\frac{2}{\rho} \times \Delta p} \qquad (28\text{-}2\text{-}7)$$

或

$$W = F_0 a \sqrt{2g\rho \times \Delta p} \qquad (28\text{-}2\text{-}8)$$

式中 Q——流体的体积流量，m^3/h；

　　　　W——流体的质量流量，kg/h；

　　　　F_0——节流装置流通截面积，mm^2；

　　　　g——重力加速度，m/s^2。

流量系数 a 根据不同节流装置结构形式，其值也不相同。1991 年 12 月公布的国际标准 ISO 5167—1 中规定，上述流量 Q 与 Δp 的关系中的流量系数 a 以流出系数 C（discharge coefficient）表示[4]，C 与 a 的关系为：

$$a = C \frac{1}{\sqrt{1 - \beta^4}} \qquad (28\text{-}2\text{-}9)$$

式中 β——直径比，即节流件孔径 d 与管道内径 D 之比。

从式(28-2-9)可知：

a. 流量 Q（或 W）与差压 Δp 是非线性的关系，如果在使用中未作线性化处理，显示仪表 Q 值的刻度标尺是非线性的，越接近下限的最小流量读数误差会越大。

b. 流体的密度是随着不同工况发生变化的，尤其是可压缩的流体如气体和蒸汽，在温度、压力、气体组成的成分变化时，密度也会随之变化。因此，设计时的计算数据与实际生产运行时数据不同，读数就会发生误差。如果需要精确计量，必须要考虑温度、压力等的自动补偿，以减少检测误差。

② 旋涡流量计　旋涡流量计有旋进型和卡门旋涡型。旋进型适用于较小的气体流量测量；卡门旋涡型称为卡门涡街流量计，适用于大口径场合，可用于气体、液体和蒸汽的流量测量。它是基于流体的强迫振动，利用其所产生的旋涡频率作为测量流量的信息。

卡门涡街流量计的测量原理是：在管道中流体流动的垂直方向上插入一物体（如三角柱或圆柱体），当流体量增大到一定程度时，在旋涡发生体下游会形成一系列的旋涡，如图 28-2-10 所示。三角形两侧产生的旋涡是周期性的，称为卡门涡街。

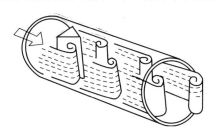

图 28-2-10　三角柱的卡门涡街

当雷诺数大于 3800 时，旋涡频率 f 与流体流速 v 之间存在下列关系

$$f = K \frac{v}{d} \qquad (28\text{-}2\text{-}10)$$

式中 K——斯特劳哈尔（Strouhal）数，无量纲，当雷诺数大于 1.5×10^4 时为一常数，对三角柱体，$K=0.16$；

　　　　d——三角柱涡流迎流面最大宽度。

旋涡频率不受流体的密度、温度、压力和黏度的影响，这是它的主要优点和精度高的原因。频率的测量有温度法和振动位移法等多种方法。把检测元件放在旋涡发生器内，把测得的微弱频率信号经电子线路放大和处理成与流速成正比的电脉冲信号，再送往显示仪表。

③ 涡轮流量计　涡轮流量计由涡轮流量变送器和流量显示仪配套组成。这种仪表精度高（±0.5%），线性度好，压力损失小和响应快，可用于瞬时流量测量和流量累计，广泛使用于计量、定量控制和配比调和系统。

图 28-2-11 所示的涡轮流量变送器，包括一组涡轮和电磁转换器。当液体流过变送器时，变送器内的叶轮受到液体的冲击而发生旋转，由导磁材料制成的涡轮叶片将周期性改变磁电系统的磁阻，使转换器内线圈中的磁通量发生周期性变化，线圈内感应出的脉动电势经电子线路放大和处理后得到脉冲频率信号。流量越大，则涡轮旋转越快，输出的脉冲频率信号也越大，将测得的脉冲信号累计就可得到流体的总量。

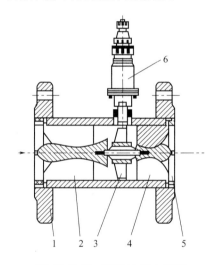

图 28-2-11　涡轮流量变送器
1—壳体；2—前导向架；3—叶轮；4—后导向架；5—压紧圈；
6—带放大器的电磁感应转换器

求容积流量 Q 时，用公式

$$Q = f/K \qquad (28\text{-}2\text{-}11)$$

式中 K——仪表常数。制造厂是用水在常温下标定的，示于仪表的铭牌上。测量非水介质时，其黏度和温度与标定用的水有较大差别，则 K 值应重新标定；

　　　　f——频率，Hz。

求累计流量 v 时，用式(28-2-12)表示

$$v = N/K \qquad (28\text{-}2\text{-}12)$$

式中 N——在一定时间内，在显示仪表内累计的总脉冲数。

这种流量计的不足之处是涡轮的旋转轴承易磨损，只适用于清净的液体。因此，使用这种流量计时，一般都要求在入口端安装一个过滤器。

涡轮流量计有一种变型品种叫作插入式涡轮流量计，它可用于测量公称直径 150～2000mm 圆形管道内的液体流量。其结构与一般涡轮流量计相似，所不同的是安装形式。插入式涡轮流量计是把涡轮的传感部分插在管道的中心处，根据测取管中心的流速来推算出流量。

④ 电磁流量计 电磁流量计是利用法拉第电磁感应定律进行流量测量的，因此，应用电磁流量计测量流量时，测量介质必须是导电的，其电导率要求大于 $5\mu S/cm$，管内流速要求在 $0.5～10m/s$。

由电磁感应定律可知，导体在磁场中运动而切割磁力线时，在导体中便会产生感应电势，如图 28-2-12 所示。当导电液体与磁场成垂直方向流过处于磁场中的管道时，便会切割磁力线，并在两个电极上产生感应电势 E_x，感应电势 E_x 的方向可以用右手定则判断。E_x 与流速 v 的关系为

$$E_x = BDv \qquad (28\text{-}2\text{-}13)$$

式中 E_x——感应电势；

B——磁感应强度；

D——管道直径；

v——垂直于磁力线方向的流体流速。

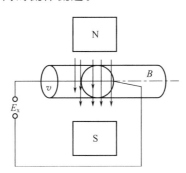

图 28-2-12 电磁流量计测量原理

流体流过管道的体积流量 Q 为

$$Q = \frac{\pi}{4} D^2 v \qquad (28\text{-}2\text{-}14)$$

与式（28-2-13）联立得

$$E_x = \frac{4}{\pi} \times \frac{B}{D} \times Q \qquad (28\text{-}2\text{-}15)$$

当管径已定，保持磁感应强度 B 不变时，则

$$E_x = KQ \qquad (28\text{-}2\text{-}16)$$

式中 K——常数，$K = 4\dfrac{B}{\pi D}$。

由此可知，流体流量 Q 与 E_x 成线性关系。电磁流量计一般由传感器和转换器组成。传感器测得的感应电势 E_x，是个微弱的交变信号，因此要求转换器是一个高输入阻抗且能抑制各种干扰信号的毫伏转换器，安装时必须按规定符合接地电阻的要求。

化工生产中经常遇到强腐蚀性酸碱溶液或浆液等黏稠物的流量测量，电磁流量计是一种适合选用的流量计。它的口径有 15～600mm（特殊要求时，口径可扩至 2m），测量值不受流体密度、压力、温度和黏度等的影响，精度较高，可达满刻度的 $\pm 0.5\%$。壳体内的衬里材料，根据不同介质可选用聚四氟乙烯、氯丁橡胶、聚氨酯和聚丙烯等。电极材料可选用含钛的不锈钢、哈氏合金 B 或 C，钛、钽和不锈钢涂层的碳化钨等。电磁流量计也可制成防爆型。

⑤ 转子流量计　转子流量计有玻璃管转子流量计和金属管流量计两种，都可连续测量密闭管道中的清净液体或气体的体积流量。前者结构简单，直接安装在流体自下向上流动的工艺管道中，可以就地指示流量值。后者由传感器和转换器两部分组成，可远距离传输到控制室内进行显示、调节。

转子流量计利用转子浮动于圆锥形玻璃管（或金属管）内，流体由下端进入，经转子与管壁间的环形缝隙由上端排出。流体流过环形缝隙产生节流形成差压，若转子上方的压力为 p_2 和转子下方的压力为 p_1，则差压为 $p_1 - p_2$。转子在此差压作用下被向上托起，不论转子处于什么位置，这个向上的托力和转子的重力与浮力始终相平衡。在平衡情况下，被测介质已知，转子的浮力和转子的重力是恒定的，其差压 $p_1 - p_2$ 也是恒定的，而转子在圆锥管内的不同位置，其环形缝隙的流通面积是变化的，所以，从转子的高度就可知道被测流体的流量值。

金属管转子流量计的转子是传感器的组成部件之一。转子位移时通过连接轴的磁耦合传递给电转换器，转换成电信号（或气信号）后送至显示仪表。

转子流量计制造厂在仪表组装好后是以标准状态下的空气或常温下的水进行标定的，标定曲线随同仪表一起提供给用户。用户在实际使用时，如果是非水或非空气的介质，或者与标定工况不同，则应进行校正。

⑥ 超声波流量计　超声波流量计是一种非接触式流量测量仪，主要用于测量大口径管道内能传播声波的液体流量，国外有 100～1800mm 口径的产品。

这种流量计由换能器、转换器及壳体组成。换能器的功能是发射和接收超声波信号并传输给转换器。根据不同安装场合，可选用标准型、高温型（可达 230℃）等各种不同型号。一般换能器安装在管壁上，它不对流场产生干扰，也不会引起流体的压力损失。转换器内安装有微处理器，以时差法的测量原理，对信号进行放大、补偿及计算，并以标准模拟信号 4～20mA DC 输出。壳体有标准型和防爆型两种结构，可供不同场合选用。

超声波流量计适用于腐蚀性、非导电和带放射性的介质流量测量，而且它不受液体压力、温度、黏度、密度等变化的影响，精度高，再现性可达 $\pm 0.1\%$。

根据不同使用要求，转换器除有自诊断故障功能外，还可选一些附加装置，如：

a. 双声道附加器：用于流场分布不对称；

b. 四声道附加器：用于流场分布不对称，且上游直管段长度较短的场合；

c. 手动多路器：使转换器可同时测 4 路相同管径的流体流量。

2.4.2　质量流量计

利用质量流量计进行流体的流量测量比用其他方法更为准确可靠，这是因为质量流量与流体的温度、压力、黏度等特性无关。质量流量计一般有三种类型：热力式、角动量式和科氏力式。

热力式质量流量计主要用于气体流量的测量。它是根据受热体的温度变化，从流体的热力特性导出质量流量。

角动量式质量流量计通过测量抑制流体自旋的力来直接测量质量。它仅适用清净流体的测量，价格昂贵，主要用于宇航动力测试。

科氏力式质量流量计比上述两种更适合过程工业的流量测量。由于它能测量浆液和液固两相流体或气液两相流体的质量流量，精度高，所以得到了较普遍的应用。

（1）科氏力质量流量计　由力学理论可知，质点在旋转参照系中做直线运动时，质点要同时受到旋转角速度和直线速度的作用，即受到科里奥利力（简称科氏力）的作用。科氏力式质量流量计基本结构参见图 28-2-13[3]。流量计的测量管道是两根平行的 U 形管，驱动 U 形管产生垂直于管道角运动的驱动器由激振线圈和永久磁铁组成。位于 U 形管的两个直管管端的两个检测器用于监控驱动器的振动情况和检测管端的位移情况。

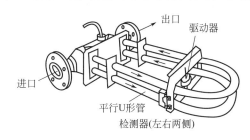

图 28-2-13　科氏力质量流量计基本结构

当液体流过平行 U 形管时，流体施加在管道上的科氏力与旋转管道的角速度和流体的质量流速成正比，这一科氏力与管道成正交方向。由于进口侧与出口侧流向相反，在进口侧与出口侧受到两个大小相等、方向相反的作用力，U 形管产生扭曲运动，流量越大，扭转角度就越大，入口端先于出口端越过中心位置的时间差就越大。该时间差通过 U 形管端的两个位移检测器输出的相位差测量出来，可通过换算得到质量流量。

质量流量变送器是以微处理器为基础，使流量管可获得流量、密度、温度等信号，并采用软件校正算法来确保各种流量范围内的使用精度。与其他流量计相比，有下列一些优点：

① 精度高，最高可达 ±0.05%；

② 测量不受流体温度压力黏度等影响，安装不需直管段，脉冲流量也能使用；

③ 可测两相物料，如液固混合物和气体在液体中含量小于 15% 时，对测量无影响；

④ 流量变送器材料可选不锈钢或钛，部件是封装的，能耐恶劣环境和耐腐蚀介质；

⑤ 口径可从 4mm 至 150mm，不同公司生产的口径尺寸有所不同；

⑥ 输出信号有模拟量 4～20mA 和脉冲频率（0～10kHz），并可用 RS422 或 RS232 串行接口与集散控制系统相通信；

⑦ 有本安型和非本安型可供任选。

（2）间接法测量流体质量　在利用差压法或涡轮流量计测量流量时，如实际测量时的压力和温度与设计时所假设的压力和温度值不同，则会造成一定的误差。为避免这种附加误差的形成，往往要对由于工况改变而引起的误差进行补偿。

图 28-2-14 所示为采用差压法测流量的补偿原理。在设计节流装置时有一个假定的温度

t_0 及压力 p_0 和在 p_0、t_0 下的密度 ρ_0，在实际使用中，若温度值 t_0 变为 t_1，压力 p_0 变为 p_1，则相当于 t_1、p_1 时的密度 ρ_1，可通过相应的温度、压力变送器输出的信号在运算单元 A 内，根据下列公式求得

$$\rho_1 = \rho_0 \frac{p_1 T_0}{p_0 T_1} \tag{28-2-17}$$

式中　　p_0，p_1——绝对压力值；

　　　　T_0，T_1——热力学温度值。

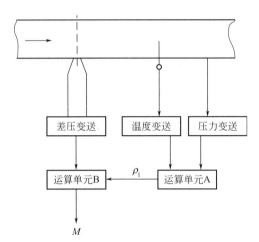

图 28-2-14　采用差压法测流量的补偿原理

将式（28-2-17）代入质量流量和 Δp 的关系式（28-2-8）：

$$W = F_0 a \sqrt{2g\rho_1 \Delta p} \tag{28-2-18}$$

可知，F_0、a、$2g$ 皆为常数，是已知的，因而求得的实际工况下的 ρ_1 和测得 Δp 值就可通过运算单元 B 求得质量流量值。

　　这种间接法求取流体流过管道时的质量流量要使用测压和测温的变送器，很显然要增加投资和影响总的精度，但毕竟是一种利用差压法节流装置测取流量、可提高精度的实用办法。

2.4.3　流量计的选用

　　正常情况下的流量测量，如管径在 50～400mm 的洁净流体已有许多方法可供选用，但对一些大口径、小口径、强腐蚀性或有毒物料以及高精度要求的流量测量，就不是一般常规流量计（如差压式流量计）所能胜任的了。现把这些特殊要求的流量检测简述于后，供选用时参考[2,5]。

　　（1）大口径管道上的流量测量　大口径管道没有确切定义，一般是指大于 400mm 的管道，表 28-2-13 所列的几种类型流量计可供选用。

　　（2）小口径管道上的流量测量　小口径流量计一般指 50mm 以下的管道上的流量计。这种流量计多用于助剂、催化剂或中试装置上的流量检测。现把适用于小口径管道的流量计列于表 28-2-14，供选用参考。

表 28-2-13 大口径管道流量计选用

特征＼类型	均速管①	插入式涡轮流量计	旋涡流量计	电磁流量计	超声波流量计
结构	简单	一般	一般	复杂	较复杂
压力损失	较小	较小	小	无	无
精度/%	<2.5	2.5	2	1	0.5
适用介质	洁净液体	洁净液体	气体、液体	导电液体	高黏度、污秽腐蚀液体
适用管径/mm	<1000	<2000	300	<2000	100～1800

① 均压管又称阿牛巴管（Annubar），它由制成一体的两根测压管组成。测压管插在被测流体管道内，其中一根的开口端正对流向中心线上作为测静压头用；另一根管在中心线上下对称位置上开有 4 个全压感受孔感受上述 4 个位置上的流体全压，经均压室平均后得到整个管截面上流体的平均全压头，该平均全压头与静压头之差为平均动压头，由差压变送器测出。它与管截面上平均流速平方成比例，平均流速乘上管截面积即为体积流量。

表 28-2-14 小口径管道流量计选用

特征＼类型	质量流量计	转子流量计	内藏孔板①差压变送器	微型椭圆齿轮流量计	涡轮流量计	小孔板流量计
结构	复杂	简单	较简单	较复杂	一般	简单
压力损失	小	一般	大	较大	较大	大
精度/%	0.25	2	5	0.5	1	2.5
适用介质	液体	液体、气体	液体、气体	液体	气体、液体	气体、液体
最小口径/mm	4	10	10	10	20	25

① 内藏孔板是孔板安装在差压变送器内，流体由变送器高压侧流入，通过孔板至低压侧流出。由孔板产生的差压直接由变送器检出，所以不需要导压管。孔板随同差压变送器一起由制造厂供应。

　　(3) 防腐流量计　在化工生产中经常会遇到强腐蚀和有毒性介质的流量检测问题。对于接触式流量计，除了根据不同介质要选用合适的防腐材质制的流量计外，还应考虑流量计与工艺管道间的连接管件如法兰、垫片、紧固件等的防腐，由于这些连接件的不合适造成泄漏，引起大气腐蚀和有损操作人员的健康。下面是防腐介质流量测量时的几种措施。

　　① 与介质接触部分全部采用钛、钽、哈氏合金、蒙耐尔合金等具有良好防腐材料，或用耐腐材料（如聚四氟乙烯塑料）作涂层的办法进行隔离。

　　② 楔形流量计[6]：由耐腐不锈钢材料制成，由 V 形楔口元件、两边特殊设计的压力引出管（称为化学 T 形管）和双法兰差压变送器组成。V 形楔口如图 28-2-15 所示，V 形角度不是固定的，是变化的。组装如图 28-2-16 所示。这种流量计的测量原理同孔板节流装置一样，都是根据伯努利方程推导出来的，不同的是其 V 形楔口前后取压位置与标准节流装置所推荐的角接法、法兰法以及径距法不同，可以通过实测标定来校验组装后的流量计的精度。

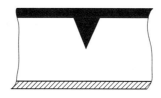

图 28-2-15 Ｖ形楔口

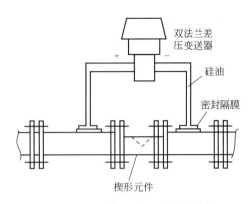

图 28-2-16 楔形流量计组装结构

这种流量计的口径为 25～75mm，适用于易产生结晶物、浆状物和具有较强腐蚀性物料的流量测量。

③ 采用非接触式流量计（如超声波流量计）可适用很宽的流量测量范围，内衬耐腐塑料（如聚四氟乙烯或特殊橡胶）的电磁流量计也是可考虑的品种，因为多数腐蚀性物料都是导电的，电磁流量计的电极可选用多种耐腐蚀合金或铂来制作。

2.5 温度测量仪表

温度是表征物体冷热程度的物理量。物体的许多物理现象和化学性质都与温度有关。温度检测方法按测温元件和被测介质接触与否可以分成接触式和非接触式两大类。

接触式测温时，测温元件与被测对象接触，依靠传热和对流进行热交换。接触式温度计结构简单、可靠，测温精度较高，但是由于测温元件与被测对象必须经过充分的热交换且达到平衡后才能测量，这样容易破坏被测对象的温度场，同时带来测温过程的延迟现象，不适于测量热容量小的对象、极高温的对象、处于运动中的对象，不适于直接对腐蚀性介质测量。

非接触式测温时，测温元件不与被测对象接触，而是通过热辐射进行热交换，或测温元件接收被测对象的部分热辐射能，由热辐射能大小推导出被测对象的温度。从原理上讲测量范围从超低温到极高温，不破坏被测对象温度场。非接触式测温响应快，对被测对象干扰小，可用于测量运动的被测对象和有强电磁干扰、强腐蚀的场合。但缺点是容易受到外界因素的干扰，测量误差较大，且结构复杂，价格比较昂贵。

表 28-2-15 列出了几种主要的测温方法[7]。

2.5.1 玻璃液体温度计

玻璃温度计品种规格众多，应用广泛，它的使用温度范围为 -100～600℃，常用温度范围为 -80～500℃。按其精度和用途不同可分为标准水银温度计、高精度玻璃水银温度计、工业用玻璃液体温度计和专用玻璃液体温度计。

2.5.2 双金属膨胀式温度计和压力式温度计

这类温度计都是基于受热后金属膨胀变形或测温元件内的充填物，因受热体积膨胀使压

表 28-2-15　主要温度检测方法及特点

测温方式	类别和仪表		测温范围/℃	作用原理	使用场合
接触式	膨胀式	玻璃液体	−100~600	液体受热时产生热膨胀	轴承、定子等处的温度作现场指示
		双金属	−80~600	两种金属的热膨胀差	
	压力式	气体	−20~350	封闭在固定体积中的气体、液体或某种液体的饱和蒸气受热后产生体积膨胀或压力变化	用于测量易爆、易燃、振动处的温度,传送距离不很远
		蒸气	0~250		
		液体	−30~600		
	热电类	热电偶	0~1600	热电效应	液体、气体、蒸气的中、高温,能远距离传送
	热电阻	铂电阻	−200~850	导体或半导体材料受热后电阻值变化	液体、气体、蒸气的中、低温,能远距离传送
		铜电阻	−50~150		
		热敏电阻	−50~300		
	其他电学	集成温度传感器	−50~150	半导体器件的温度效应	
		石英晶体温度计	−50~120	晶体的固有频率随温度变化	
	光纤类	光纤温度传感器	−50~400	光纤的温度特性或作为传光介质	强烈电磁干扰、强辐射的恶劣环境
非接触式		光纤辐射温度计	200~4000		
	辐射式	辐射式	400~2000	物体辐射能随温度变化	用于测量火焰、钢水等不能接触测量的高温场合
		光学式	800~3200		
		比色式	500~3200		

力发生变化的原理工作,结构简易,精度较低。

2.5.3　热电阻

　　导体和半导体的电阻随着温度的改变,电阻值也会发生改变,热电阻测温就是利用导体的这个特性。作为热电阻测温的材料要求是具有电阻温度系数大、电阻温度呈线性关系、电阻率大、热容量小和热稳定性好。工业用典型的热电阻为铂热电阻和铜热电阻,见表 28-2-16。

表 28-2-16　工业用典型热电阻

名称	分度号	测温范围/℃	特点和适用场合
铂热电阻($R_0=10\Omega$)	Pt10	−200~500	优点是精度高,稳定性好,测量可靠;缺点是在还原性介质中使用时,特别是高温场易被氧化物还原而使铂丝变脆,从而改变电阻和温度间的关系。所以工业用铂热电阻必须采用外保护套
铂热电阻($R_0=50\Omega$)	Pt50		
铂热电阻($R_0=100\Omega$)	Pt100		
铜热电阻($R_0=50\Omega$)	Cu50	−50~150	特点是电阻温度系数大,线性度好,价格低廉,其缺点是长期工作在100℃以上环境容易被氧化。使用时也要外加保护套管
铜热电阻($R_0=100\Omega$)	Cu100		

　　还有一类用半导体热敏元件制成的热敏电阻,热敏元件的材料有锗、碳及金属氧化物。它们都具有负电阻温度效应,即温度升高时,电阻降低,而且是非线性的指数变化规律,变化的关系式为

$$R_t = R_0 e^{B\left(\frac{1}{T}-\frac{1}{T_0}\right)}$$

（28-2-19）

式中　R_t——热敏电阻元件在温度 t（K）时的电阻值；

　　　R_0——热敏电阻元件在温度 t_0（K）时的电阻值；

　　　e——自然常数；

　　　B——常数，与半导体材料成分和制造方法有关。

热敏电阻元件的优点是灵敏度高、体积小、构造简单、寿命长。因而它的用途很广，如温度测量、辐射功率测量与真空测量等。

热敏电阻元件的缺点是互换性差，测温范围有一定限度，使用时要加以密封以避免氧化。

2.5.4 热电偶

热电偶是利用热电效应原理来测量温度的。如果把两种不同的金属连接成闭合回路，置于工作端待测物质中的接点温度为 t，置于参比端的接点温度为 t_0，则 $t \neq t_0$ 时，在该回路中会产生一热电动势 E。t 与 t_0 的温差增大时，E 也随着增大，这个现象称为热电效应。要正确反映出热电动势 E 与 t 成单一函数关系，必须使 t_0 温度恒定，但是在工业环境中要保持 t_0 温度恒定是困难的，因此往往采用补偿导线办法，把 t_0 通过补偿导线移到温度比较恒定的地方，如控制室内。补偿导线一般用相对价廉金属制成，要求其引入到测量回路后不会产生附加的热电动势，从而不影响其准确性。

目前列在国际标准和专业标准中的热电偶共有 12 种，见表 28-2-17。

表 28-2-17　工业用典型热电偶

名称	分度号	测温范围	适用场合
铂铑$_{10}$-铂热电偶	S	长期使用温度范围为 $0\sim$ $1300℃$，短期为 $0\sim1600℃$	适用于氧化气氛中测温，不推荐在还原性气氛中，短期可用于真空场合
铂铑$_{13}$-铂热电偶	R		
铂铑$_{30}$-铂铑$_6$	B	长期使用温度范围为 $0\sim$ $1600℃$，短期为 $0\sim1800℃$	适用于氧化气氛中测温，其主要特点为稳定性好，参考端温度在 $0\sim100℃$ 时可不用补偿导线
镍铬-镍硅热电偶	K	测温范围决定于电偶丝直径，一般为 $-200\sim1200℃$（$1000℃$ 电偶丝直径为 $1.5mm$，$1100℃$ 为 $2.5mm$，$1200℃$ 为 $3.2mm$）	适用于氧化气氛中测温，不推荐在还原性气氛中使用
镍铬硅-镍硅热电偶	N	$0\sim1300℃$	稳定性好
镍铬-康铜	E	$-200\sim900℃$	适用于氧化及弱还原性气氛中测温
铁-康铜	J	$-40\sim750℃$	适用于氧化及还原性气氛中和真空下测温
铜-康铜	T	$-200\sim400℃$	精度高，稳定性好，低温灵敏度高，价廉
钨铼$_3$-钨铼$_{25}$（WRe3/25）		$0\sim2200℃$	适用于惰性气体、氢气及真空下
钨铼$_5$-钨铼$_{26}$（WRe5/26）		$0\sim2200℃$	适用于惰性气体、氢气中测温，也可用于真空场合
镍铬-金铁（NiCr-AuFe0.07）		$-270\sim0℃$	稳定性好，灵敏度高，适用于测超低温，超导、宇航及受控热核科研
镍铬-铜铁（NiCr-CuFe0.07）		$-200\sim0℃$	测低温

表 28-2-17 中，S、R、B、K、N、E、J、T 型 8 种热电偶采用国际标准，它们的分度表、分度公式及热电动势对分度表的允差都与 IEC 标准相同。钨铼热电偶适用于测量大于 1600℃ 高温场合，采用国外权威标准，即 ASTM 标准。镍铬-金铁热电偶采用推荐分度表。镍铬-铜铁热电偶采用我国发表的分度表。

在化工测温过程中有些特殊应用场合需要专用热电偶，如：

① 铠装热电偶（外径在 $\phi2\sim5$mm，电偶丝与管壁间充填氧化镁绝缘），适用于测量弯曲处，热惰性小、反应快并有良好的机械强度。

② 表面热电偶，用于检测设备或高压容器的表面温度。

③ 薄膜热电偶，它是一种很薄、很小且反应时间很快的热电偶，专用于测量轴承、轧辊等表面温度。

④ 耐磨热电偶，适用于流化床中测量床层温度，能经受催化剂的冲刷、摩擦。

⑤ 超高温（大于 2000℃）测量可选用碳-碳化硅热电偶（最高测温可达 2700℃）和钨锌热电偶（最高测温可达 2800℃等）。超低温（低于 -200℃ 以下）测量可选用金铁-镍铬热电偶或铜-金铁热电偶，这种电偶低温稳定性好，灵敏度高，最低测温可达 -271℃，主要用于宇航及超导等超低温过程。

补偿导线是热电偶测温的附件，它的作用是将热电偶的冷端 t_0 延伸到温度较恒定的地方，使 t_0 稳定。因此在使用补偿导线时，必须注意热电偶与补偿导线的两个接点要保持同温，热电偶和补偿导线在规定温度范围内 $0\sim100$℃，热电性质必须相等，即补偿导线要和热电偶配套使用，不同分度号热电偶要选用配套用的补偿导线，不能混淆。

补偿导线的绝缘层和保护层分普通用、耐热用和屏蔽用三种。普通用的两层都为聚氯乙烯；耐热用的绝缘层为聚四氟乙烯，保护层为玻璃丝；屏蔽用的是外层覆盖有镀锌钢丝或镀锡铜丝的上述导线。常用的热电偶及配套的补偿导线示于表 28-2-18。

表 28-2-18 常用的热电偶及配套的补偿导线

热电偶名称及型号	补偿导线			
	正极		负极	
	材料	颜色	材料	颜色
S 型铂铑-铂	铜	红	铜镍	绿
K 型镍铬-镍硅	铜	红	康铜	蓝
E 型镍铬-康铜	镍铬	红	康铜	棕
J 型铁-康铜	铁	红	康铜	紫
T 型铜-康铜	铜	红	康铜	白

2.5.5 非接触式温度计

非接触式光电高温计和辐射高温计主要利用热物体的表面亮度和热辐射强度与温度的关系，通过比较，间接测出温度。

非接触式红外测温仪是一种利用光学原理的精密仪表。传感器具有高敏感度，是以微处理器为基础的新颖测温仪表，有下列一些特点：

① 是非接触式测温，不影响被测温度场，距离可近可远；

② 可测量带电、高电压，运转机械，有毒、腐蚀及微小物体的温度；

③ 可穿透玻璃窗测处于高真空、高压及核放射容器内的温度；

④ 响应速度快，一般只有 0.5～1s；

⑤ 测温范围宽，－100～3500℃；

⑥ 精度高，一般为读数的 0.25％～1％；

⑦ 便携式电源为干电池，固定式为 18～40V DC；

⑧ 固定安装式变送器为一体化结构，不锈钢外壳、耐震、防潮。输入为两线制 4～20mA DC 标准信号。用于防爆场所可配用本安型测温仪，并可通过通信卡与数据采集系统（DAS）和集散控制系统（DCS）相联系。

2.5.6 温度测量仪表的选用

化工生产过程测温范围极为宽广，需用各种不同的测温方法和测温仪表，现将测温原理、测温范围及使用场合列于表 28-2-19 中，供选用时参考[1,5]。

表 28-2-19　测温仪表选用

测温仪表名称	测量原理	测温范围/℃	使用场合
膨胀式温度计 ①玻璃水银温度计 ②双金属温度计	利用液体(水银)或固体在受热时产生热膨胀的原理	－200～600 0～300	安装在现场,可就地指示温度值
压力式温度计	利用封闭在温包内的气体、液体(或蒸气)在受热时体积膨胀,压力发生变化,引起与其连接的指示仪表指针发生位移	0～300	用于就地测量温度,适用于有振动场合指示或报警
热电阻 ①铜热电阻 ②铂热电阻	利用导体在受热时电阻发生变化的性质	－50～150 －200～650	测量液体、气体、蒸气各种物料的中、低温度,指示值能远距离传送。铂热电阻适用于精度要求高的场合
热电偶	利用两种金属连在一起,在一端受热产生热电势的性质	T 型－100～300 E 型－0～600 K 型－0～1100 J 型－40～750 S 型 0～1300 R 型 0～1600	测量气体、液体、蒸气各种物料的中、高温度,指示值能远距离传送
高温计 ①光电式 ②辐射式 ③红外式	利用物料辐射能的性质	200～1500 600～2000 －100～3500	用于非接触测量高温及旋转机械、炉腔内的温度测量

此外，化工生产中还有些特殊要求的专用测温仪表可供选用，如测高压容器及高压管道用的高压热电偶，测轴承等处表面温度的微型热电偶，测大型油罐内平均温度用的热电阻，测反应器及转化炉内各层催化剂反应温度用的多点热电偶，测流化床反应器磨损强烈时用的耐磨热电偶，以及测高温含氢量大于 5％的吹气热电偶，等等。

2.6 过程分析仪表

过程分析仪表指生产过程用的在线分析仪表，不包括实验室用的离线分析仪表。过程分析仪表可分为化学成分分析仪和物性测量分析仪两类。这两类仪表对化工生产过程的原料及产品质量的分析起着重要的作用。由于化工品种繁多复杂，性能差异大，生产过程中许多地方仍要依靠离线取样在实验分析室内进行分析。

过程分析仪表按工作原理可分为：热导式分析器、磁导式分析器、红外线分析器、工业用气相色谱仪、电化学式分析器、电导式分析器、热化学式分析器、光电比色分析器、工业黏度计及旋转机械轴位移轴振动仪等[5]。过程分析器的专用性很强，往往同一类仪器，由于背景气（被测组分以外的其他组分气体）组成不同，就不能相互通用，例如用热导式分析器测量空气中含氢气量的仪器就不能用于测氩气中的氢含量。因此，选用前必须了解全部被分析气体的组分和所选分析器的工作原理、适用范围、响应时间和结构等。此外，对安装环境是否属爆炸危险、是否有防腐要求、样气预处理等也要有相应的考虑。

过程分析仪表与实验室分析仪一个重要的差别是过程分析仪要求连续取样和进样，因此在取样以后必须先进行预处理，达到进样条件后才能允许进入仪器。化工生产过程工况相异，样气预处理也有多种措施。许多场合，样气预处理的好坏，往往是过程分析器能否正常工作的关键所在。

2.6.1 热导式气体分析器

热导式气体分析器的工作原理是基于气体的不同热导率的特征，如果混合气体中某一气体的热导率与其他气体相差很大（如氢气的热导率特别大，设空气的热导率为 1，则 H_2 为 7.730，SO_2 为 0.334，CO_2 为 0.664，N_2 为 0.998），则从测得混合气体中的热导率变化就反映了该组分含量的变化。因此，选用这种原理的分析器应注意背景气体的热导率必须与被测气体的热导率相差很显著。测量是用电桥原理，电桥中相对两臂各为参比室和测量室。参比室内充以背景气体或用固定电阻，测量室内为内有铂丝的热导池。被测气体分别通过两个热导池时，由于热导率不同，桥臂失去平衡，从测得流过桥路的不平衡电流就可探测到被测组分的含量。

这种分析器一般可用于测量常量的 H_2、SO_2 和 CO_2 在混合气体中的含量，精度较低，一般为 $\pm 2.5\% \sim 5.0\%$。这种分析器结构简单，价格低廉，可用于中小企业的过程分析，如小合成氨厂中的合成气和循环气中的 H_2 含量，硫酸生产中转化器出口 SO_2 浓度，以及炉窑烟道中的 CO_2 含量分析。

2.6.2 磁导式氧气分析器

磁导式氧气分析器可分为热磁式和磁力式两种，其工作原理都是利用氧气具有正的高磁化率的性质，即氧气在磁场中会受到磁场吸引的顺磁性质进行设计制造的。氧气的顺磁性特别强，以氧气的相对磁化率为 100 计，则 NO 为 $+36.2$，NO_2 为 $+6.16$，H_2 为 -0.11，N_2 为 -0.4，CO_2 为 -0.57，空气为 -0.59，CH_4 为 -0.68。可见在使用磁氧分析器分析氧气含量时，背景气体中不能含有 NO 和 NO_2，因为它们也是顺磁性质，会使氧分析的结果产生误差。

热磁式分析器的传感器为一非均匀磁场的电桥，被测气体中的氧受磁场吸引，流经加热的热敏元件（铂丝）桥臂时，产生热磁对流，使热敏元件冷却，电阻值发生变化，从而使电桥两端产生不平衡电压。此电压大小与被测气体中的氧含量成正比，测出此电压值就可知道氧含量。热磁式分析器的精度随测量范围不同而不同，测量范围为 1% 时，精度为 $\pm 10\%$；

测量范围为5%时为±5%；测量范围大于10%时为±2.5%。

磁力式氧分析器是在非均匀磁场中，被测气体中的氧受磁场吸引，使磁场周围气体分子密度发生改变形成一压力差，该压力差使悬挂在磁场中的一对哑铃发生偏转，贴在两个哑铃中间的反光小镜也随着偏转，使从光源射出的一束光被反光小镜反射到差动连接的一对硅光电池上的光带发生位移，从而使两块光电池上的光照不等，于是有差动信号输出，此信号与氧含量成比例。磁力式氧分析器测量范围有0～2.5%、0～5%、0～10%、0～25%和0～100%，精度较高的为±2%，价格也较贵。

2.6.3　红外线分析器

各种气体除单原子气体（如Ar、He等）和双原子气体（如O_2、N_2、Cl_2等）外，由于分子运动和能量跃迁都具有吸收红外波长的特征，并有相应的吸收系数。

红外线的波段处于可见光（0.40～0.76μm）和无线电波之间，约为0.76～420μm。根据不同波长又可分为远红外段（100～420μm）、中红外段（15～100μm）和近红外段（0.76～15μm）。一般作为红外线分析器用的红外波长约为2～15μm，即属近红外段的非色散红外线。

被测气体在被红外线照射后会吸收掉一部分红外线的能量ΔE，根据比尔定律可知

$$I = I_0 e^{-Kcl} \tag{28-2-20}$$

式中　I_0——光源入射时的光强度；

I——被介质吸收后的光强度；

K——气体吸收系数；

c——气体浓度；

l——通过介质的厚度。

若某一被测气体已知，选定的波长和l已知，则被介质吸收后的光强度I（即ΔE）将与气体的浓度c成比例关系。

2.6.4　工业用气相色谱仪

气相色谱仪适用于多组分混合物的分析。色谱仪是利用连续流动的载气（载送试样气的气体如H_2、N_2、Ar、He），将一定量的试样送入色谱柱。由于色谱柱中的填充剂对试样中各个组分有着不同的吸附、脱附、溶解、解析能力，在不断流动的载气推动下，试样中各组分在流动相和固定相间进行连续分配，从而把试样中的各组分按顺序分离开来，分配系数小的组分先被载气带出进入检测器，分配系数大的组分则后被载气带出进入检测器。检测器将组分的浓度信号转换为相应的电信号（即谱峰值）在显示仪上按不同馏出时间记录下来，如图28-2-17所示。

物质在色谱柱中的分配情况类似于在精馏塔塔板上的分离。色谱仪的原理如图28-2-18所示。

色谱仪通常是由分析器、程序控制器、信息处理器和记录仪组成，其分析过程如流路选择、进样、柱子切换、校零、量程选择、峰值提取及记录仪断续走纸等一系列动作都是自动进行的。色谱柱、检测器系统、载气系统、进样切换系统和温度控制系统是分析器的关键部分。

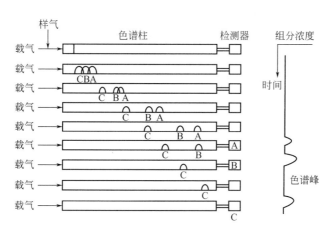

图 28-2-17 混合物在色谱柱中的分离

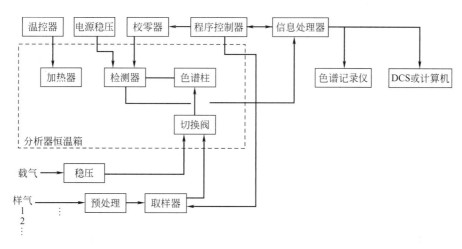

图 28-2-18 工业气相色谱仪原理方框图

色谱柱是一细的不锈钢管内装有固体吸附剂或涂有一层很薄的固定液作为固定相，载气作为移动相。有的是将固定液涂在毛细管内表面上称为毛细管色谱柱。色谱柱根据被分析组分情况，可以由一根柱子也可以由多根柱子组成。多柱切换技术多用于复杂的多组分的分析。有时为了缩短分析时间，在需要的组分分离后，即用载气从反向吹入，将不需要的重组分吹出；有时多组分物料不能用一根柱子分离开，需要用几根柱子来完成；也有的情况如有用的组分后馏出，不需要的组分先馏出，这时可采用预切割方法，用预切柱先将它们分离，将需用保留部分进入分离柱作进一步地分离。多柱切换需要馏出时间不变，基线稳定，用程序控制器来完成。

检测器有热导池（TCD）和氢焰离子（FID）两种。热导池是利用载气和被测气体组分的不同热导率进行测定，一般用于常量分析。氢焰离子（FID）是以氢气和空气燃烧的火焰为能源使被测组分燃烧并部分电离，产生正、负离子，由设在火焰上下的一对电极（在电极上施加电压）可收集到微电流，此电流大小与被测组分成比例，这种方法多用于微量（10^{-6}）级分析。

程序控制器是仪器的指令系统，它发出指令去控制分析器、信息处理器、记录仪、集散控制系统（DCS）或专用计算机。

信息处理器的主要作用是按照程序控制器的指令，对检测器送来的与被测组分浓度相对应的信号进行处理，以符合记录仪或专用计算机等的要求。

记录仪记录的方式有棒图和谱峰图两种。

为了使色谱仪与 DCS 连接，有些制造厂备有专用网间连接器（GATGWAY）的通信接口，通过它可把信息处理器中各组分的峰值信号以数字量方式送出。

2.6.5　电化学式分析器

利用电化学原理制成的分析器有：氧化锆氧气分析器、极谱法 SO_2 分析器、微量水分分析器、水中氧量分析器、工业用 pH 酸度计和氨气浓度分析器等，现把上述分析器的简要分析原理叙述如下。

（1）氧化锆氧气分析器　它是利用稳定的氧化锆管（$ZrO_2 \cdot CaO$ 或 $ZrO_2 \cdot Y_2O_3$）结晶里高温（600℃以上）下四价锆原子被二价的钙或三价的钇所置换，形成氧离子空穴，变成了良好氧离子导体。分析器是用铂作为电极，焙烧在氧化锆管的内外两侧。在高温时，两侧电极所处气体中氧分压不同就构成氧浓度差电池。氧离子从浓度高一侧迁移到低一侧，因而电极间就形成一电势，电势大小与两侧氧分压和工作温度成函数关系。如氧化锆温度值已知，参比气中氧分压（如空气中的氧含量一定）已知，则从测得的电势 E 就可求出氧分压即氧含量。

利用这个原理制成的氧分析器多用于测锅炉或炉窑的烟道气中的氧含量。

（2）极谱法 SO_2 分析器　它是利用在一定电解电压下，SO_2 的电解氧化电流的大小与 SO_2 含量成一定关系来进行测量的。

在以碳棒为阳极，铜棒为阴极和以硫酸铜为电解液的极谱池中进行电解时，测得的电解电流是随着 SO_2 的浓度增减而相应增减，同时，极谱池中的阻抗也随之变化。当把极谱池作为一臂接入平衡电桥时，极谱池阻抗发生变化，电桥失去平衡，输出的不平衡电位信号大小也即反映 SO_2 含量的高低。

这种仪器可适用于硫酸生产时转化器进口的 SO_2 浓度测量，抗干扰性能较强，CO、CO_2、酸雾、水分对仪器精度影响较少，但 H_2S 对其有干涉，必须除去。量程可从 $0\sim 0.1\%$ 至 $0\sim 8\%$。缺点是精度低，约 $\pm 10\%$。

（3）微量水分分析器　它是根据法拉第定律制成的吸收式水分分析器。当气体流过电解池时（充填有 P_2O_5 吸湿剂涂层），气体中的水分与 P_2O_5 反应生成偏磷酸，反应式为

$$P_2O_5 + H_2O \longrightarrow 2HPO_3$$

当在电解池的电极加上直流电压时，HPO_3 马上又被电解生成 H_2 和 O_2，P_2O_5 被复原，即

$$2HPO_3 \longrightarrow H_2 \uparrow + \frac{1}{2}O_2 \uparrow + P_2O_5$$

电解电流值与气体中水分含量成正比，1mg/kg 水分约为 13.2mA 电解电流。从测得的电流值就可换算出气体中的含水量。

这种仪器灵敏度较高，稳定性好，并有防爆型产品，可以连续测量空气、氢气、氮气、氧气等永久性气体及饱和烷烃、芳烃中的微量水分含量。选用这种仪器要注意的是：不能用于测量碱性物质、甲醇、氟化氢中的微量水分，因为它们对 P_2O_5 起作用；也不能用于不饱

和的烯烃化合物，因为它们会在电极表面发生自聚，影响 P_2O_5 吸水作用。另外，当用铂丝作为电极测量氢气或氧气中水分时，会由于铂的催化作用，使已经电解生成的 H_2 和 O_2 有一部分会与被测气体再次结合生成水，又要进行二次电解，使总的电解电流值偏高，这是由于"氢效应"和"氧效应"而造成的误差，这种情况宜用铑丝制电极，误差影响会相对减少。

(4) 水中溶解氧分析器　它是利用水中溶解的氧在原电极阴极上的去极化作用，因为去极化电流大小和水中溶解氧的浓度成一定比例关系，所以根据去极化电流就可测量水中的氧含量。

在原电池阳极（Cd）上反应是镉的离子化

$$2Cd \longrightarrow 2Cd^{2+} + 4e^-$$

在原电池阴极（Au）上产生氧的去极化反应

$$O_2 + 2H_2O + 4e^- \longrightarrow 4OH^-$$

$$2Cd^{2+} + 4OH^- \longrightarrow 2Cd(OH)_2$$

反应生成的氢氧化镉随水样排出。当水温、流量、导电度一定时，电流的大小就反映出水中溶解氧的浓度。

这种仪器的精度较低，约为 $\pm 10\%$。测量范围有 $0 \sim 15\mu g/L$ 和 $0 \sim 60\mu g/L$。

(5) 工业用 pH 酸度计　酸度计是利用电位法来测定水溶液中的氢离子浓度，但直接测定水中的 $[H^+]$ 是困难的，故一般是利用 $[H^+]$ 不同而引起电极电位变化的方法来测定。水中 $[H^+]$ 浓度的绝对值很小，常用其负对数 pH 值来表示，即 $pH = -lg[H^+]$。

工业用 pH 酸度计是利用对溶液 pH 变化十分敏感的测量电极（玻璃电极或锑电极）、有恒定电位的参比电极（甘汞电极）和补偿温度变化的测温铂热电阻组成工作电池进行测定。根据不同检测对象，工作电池制成可直接连接在工艺管道上的流通式和插入容器中的插入式两种。

玻璃电极测定 pH 值原理是基于玻璃电极薄膜两侧产生接界电位差。玻璃电极浸入被测液中时，玻璃两侧分别与装在玻璃电极内的 pH 值一定的内部缓冲溶液和被测溶液接触，在两接界面处产生界面电位 E_1 和 E_2，根据 Nernst 方程，此时电位差 $\Delta E = E_1 - E_2 = 0.059lg\dfrac{a_{H_{测}^+}}{a_{H_{内}^+}}$，由于内部缓冲液 pH 值一定，即 $a_{H_{内}^+}$ 为一常数。则

$$\Delta E = K + 0.059lg a_{H_{测}^+} = K - 0.059pH_{测}$$

故测出两电极的电位差就可知道被测溶液中的 pH 值。有时工艺管道中含有会沾污电极的脏物，要选用附加超声波清洗装置，以便定期清洗电极。

被测溶液的温度不能过高，溶液最高温度不能超过 90℃，一般宜在 60℃ 以下。过高温度使用时要选用特殊玻璃制的玻璃电极。由于玻璃电极内阻极高，测量电流十分微弱，外界的干扰对其影响很大，因此要配用高输入阻抗的转换器进行测定。玻璃电极与转换器的距离应尽量短，以减少外界的干扰，并且要用高绝缘的屏蔽电缆。

锑电极比较牢固，适用范围窄，精度低，但可适用于不宜用玻璃电极的高温场合。锑电极不能用于含有重金属和氧化还原物质的溶液中的 pH 测量。

国内已开发出一种本质安全防爆型 pH 计，适用于石油、化工易燃易爆场合。pH 变送

器为管道安装式，可耐压至 0.6MPa，高阻转换器与变送器（装有玻璃电极、甘汞电极、热电阻）制成一体，采用两线制传输，不需用屏蔽电缆，但外壳必须良好接地。

（6）氨气浓度分析器　它是利用法拉第电解定律采用恒电流库仑滴定原理进行测定的。库仑滴定池内有溴化钾作为电解液，当其呈弱碱性（pH＝8.2～8.5）时，电解生成溴和氢氧根后很快又结合成次溴酸根，次溴酸根在库仑滴定池内可被氨吸收产生下列反应

$$3Br_2 + 6OH^- \longrightarrow 3BrO^- + 3Br^- + 3H_2O$$

$$3BrO^- + 2NH_3 \longrightarrow N_2 + 3Br^- + 3H_2O$$

这个作用是在恒电流下的电解，它一直进行到滴定池内所吸收的氨全部作用完为止。根据法拉第电解定律，在进样体积一定时，电解电流是固定的，氨浓度就与电解时间成正比，测得电解时间就可求出被测气体中的氨含量。

这种分析器测量氨气的最大浓度为 0～30% NH_3，精度较高。

2.6.6　电导式分析器

电导式分析器的测量原理是基于溶液的电导率，它与离子的种类、浓度、温度、电极距离及其面积有关。当被测溶液已知、电极的距离及其面积已定，则在一定温度下，电导率与溶液的浓度在一定范围内成线性关系。基于这种测量原理的分析器有：测工业上凝结水质量的电导仪（0～0.1μS 至 0～1000μS）、蒸气中的含盐量计（0～0.4mg/L NaCl 至 0～4mg/L NaCl）、酸碱浓度计（0～8% HCl，0～8% NaOH）及电磁 H_2SO_4 浓度计（95%～99% H_2SO_4 和发烟硫酸）。

2.6.7　热化学式分析器

这种分析器是利用被测气体在催化剂的作用下发生化学反应并产生热量。利用这种原理的典型分析器为可燃气体检测报警器。它是广泛地用于石油、化工生产过程中的一种安全仪器。若易燃易爆物质如烷烃、烯烃、醇类、酮类等某一单独物质或其混合物，从工艺设备或管道连接处泄漏到大气中，则在空气中的浓度达到接近爆炸下限的某一定程度时会发出报警信号。

可燃气体报警器的工作原理为一平衡电桥，其中一个桥臂为报警器的热敏元件，在元件上涂有催化剂，当含有可燃物的空气流过时会产生无焰燃烧作用，使元件的温度升高、电阻增大、桥路不平衡，输出一电信号，从信号大小就可测知空气中可燃物的浓度，即其爆炸下限的百分率一般以 0～100% LEL 表示（LEL 为最低爆炸限度）。整个仪表分传感器和报警显示仪两部分，传感器安装在现场，显示仪在控制室。

这种报警器不能用于有硫及卤化物的环境，因为它们对催化剂有害。长期使用后催化剂的活性会下降，要定期更换新的催化剂，并要进行仪表的再调校。

2.6.8　光电比色分析器

一般用作测高压锅炉给水中磷酸根和蒸气透平机蒸气中硅酸根的专用仪器。利用光电比色原理的另一种仪器是测合成氨生产中铜氨溶液的铜离子，高价铜离子的浓度与溶液蓝色的深度成正比，通过光电比色分析可以了解铜氨溶液中高价铜离子的浓度。

2.6.9 工业黏度计

黏度是流体内部摩擦力的量度,它体现了流体流动的性能,所以黏度的大小对流体的流动、传热和传质过程会产生一定的影响。对许多聚合物,测得黏度后还可间接推算出产品的质量指标——熔融指数。

工业用黏度计有扭力振荡式、毛细管式、超声波式和旋转式多种。由于黏度与温度间关系密切,故测黏度时一般也测温度或维持温度为恒定值。

(1) 扭力振荡式 它是利用黏度与流体摩擦力成一定比例的特性。测量传感器是一不锈钢管,管内有一扭力棒与检测元件相连接,扭力棒在流体黏滞力的作用下产生扭力矩,由检测元件测得。从转换表中可知,测得检测系统的电功率即为黏度与密度的乘积,除以流体的密度即为实际的黏度值。传感器可安装在管道上或储槽内,结构坚固,能抗冲击和耐高温高压。黏度范围为 $0.1\sim2000\mathrm{Pa\cdot s}$,精度 $\pm2\%$,温度为 $-5\sim260℃$,标准耐压 $1.0\mathrm{MPa}$。可适用于防爆危险场合,输出有继电器接点或 $4\sim20\mathrm{mA}$ 模拟信号,可进行显示或 PID 控制,也可通过 RS232 接口与数字仪表或计算机相通信。

(2) 超声波黏度计 它是利用恒密度的被测牛顿型流体对敏感元件(磁致伸缩弹簧)产生振动所引起的阻尼效应原理。不同液体黏度有不同的阻尼作用。振动所产生的交变磁场在线圈中感应出超声波信号电压,其幅值随时间和阻尼作用而衰减。该信号经线性化和电路处理,取出直流成分与一基准电流比较,其差值经放大后用作控制激励脉冲频率激励脉冲振荡器所产生的变化,脉冲频率与黏度和密度乘积的平方根成比例。从测量电路测得脉冲频率就可求得黏度和密度乘积,除以固定密度值后即为黏度。超声波黏度计的测量范围为 $0\sim50\mathrm{Pa\cdot s}$。

(3) 毛细管黏度计 当一恒定密度的流体在压力下以恒定的容积流速流过一个文丘里状的毛细管收缩节流段,则黏度可由通过毛细管的压差求得。动力黏度 μ 的数学表达式为:

$$\mu = \pi R^4 \Delta P / (8QL) \tag{28-2-21}$$

式中 R——毛细管半径;

       Q——容积流速;

       L——毛细管长度;

       ΔP——毛细管两端压差。

恒定的容积流速由一齿轮定量泵来保持,R、L 是已知的,则从测得毛细管两端压差就可测得动力黏度。但每种黏度范围要选用专门的毛细管段,黏度范围 $0\sim1\mathrm{Pa\cdot s}$。

2.6.10 轴位移和轴振动测定仪

化工生产过程中对离心压缩机、鼓风机、自备发电机等大型旋转机械的轴位移和轴振动进行连续的诊断、探测具有十分重要的意义。因为这类大型机械往往没有在线备件,一旦出现故障势必全部停车甚至发生重大事故,所以对大型高速运转机械的连续故障诊断,愈来愈受到重视。

测量轴位移和轴振动的传感器是基于电涡流效应原理制成的非接触式位移传感器,它由探头、前置器和电缆组成。探头安装在变速箱与电动机和压缩机连接的输入、输出轴的轴向位置和径向位置上,对旋转机械的运行参数进行监测。

在测量轴位移和轴振动同时，还装有键相器测量转速的传感器、偏心度传感器、壳胀传感器和温度传感器。从传感器测得这些信号送至专用瞬态数据管理系统（TDM）计算机去进行监测、报警，并可实现事故记忆和打印报表[8]。采用这种先进的状态检测和动态数据管理功能设施，对大型旋转机械的安全运转起到十分重要的保证作用。

测轴振动传感器的量程为 $0 \sim 400\mu m$；测轴位移传感器的量程为 $\pm 1mm$；转速传感器的量程为 $300 \sim 99000r/min$；偏心度传感器的量程为 $0 \sim 250\mu m$。精度一般为 $\pm 1.5\%$。

2.7　变送器

变送器是单元组合仪表中不可缺少的基本单元，其作用是将检测元件的输出信号转换成标准统一信号（如 $4 \sim 20mA$ 直流电流）送往显示仪表或控制仪表进行显示、记录或控制。由于生产过程变量种类繁多，因此相应地有许多变送器。如温度变送器、差压变送器、压力变送器、液位变送器、流量变送器等。有的变送器将测量单元和变送单元做在一起（如压力变送器），有的则仅有变送功能（如温度变送器）。工业生产过程中最常见的是温度变送器和差压变送器。变送器按其驱动能源形式（电力或压缩空气）可以分为电动变送器和气动变送器。

变送器是基于负反馈原理工作的，包括测量（输入转换）、放大和反馈三个部分。变送器的输出与输入近似为线性关系。

2.7.1　变送器量程迁移和零点迁移

在实际使用中由于测量要求或测量条件发生变化，需要根据输入信号的下限值和上限值调整变送器的零点和量程，即量程迁移或零点迁移[7]。

(1) 量程迁移　量程迁移目的是使变送器输出信号的上限值 y_{max}（即标准统一信号上限值，输出满度值）与测量范围的上限值 x_{max} 相对应。图 28-2-19 为变送器量程迁移前后的输入输出特性。变送器量程调整可通过调整反馈系数或转换系数来实现。

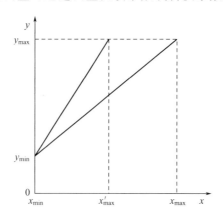

图 28-2-19　变送器量程迁移

(2) 零点迁移　零点迁移的目的是使变送器输出信号的下限值 y_{min}（即标准统一信号下限值）与测量范围的下限值 x_{min} 相对应。在 $x_{min} = 0$ 时又称为零点调整；在 $x_{min} \neq 0$ 时为零点迁移。也就是说，零点调整使变送器的测量起始点为零，而零点迁移则是将测量起始点由零迁移到某一数值（正值或负值）。当测量起始点由零变为某一正值，称为正迁移；反之，当测量起始点由零变为某一负值时称为负迁移。图 28-2-20 为变送器零点迁移前后的输入输出特性。

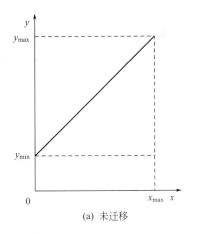

(a) 未迁移

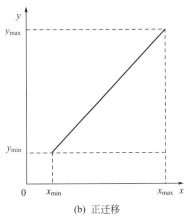

(b) 正迁移

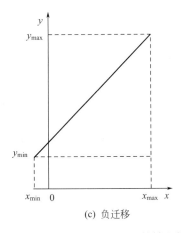

(c) 负迁移

图 28-2-20　变送器零点迁移前后的输入输出特性

由图 28-2-20 可见，零点迁移以后，变送器的输入输出特性沿 x 坐标向右或向左平移一段距离，变送器量程不变。如果进行零点迁移，再辅以量程迁移，可以提高仪表的测量精度和灵敏度。

第
28
篇

仪表的量程迁移和零点迁移扩大了使用范围，增加了通用性和灵活性。但是在何种条件下可以进行迁移，以及能够有多大的迁移量，还要结合具体仪表的结构和性能而定。

2.7.2　压力（差压）变送器

当压力传感器信号经过电路处理，输出标准统一信号（如 4～20mA）时就称为压力变送器。如果输入压力差信号，即构成差压变送器。此类变送器有力平衡式、电容式、扩散硅式等。

（1）力平衡式电动差压变送器　力平衡式电动差压变送器根据杠杆原理工作，见图28-2-21[9]。测量部分包括测量室、测量元件（膜盒或膜片）以及主杠杆。转换部分包括主杠杆、矢量机构、副杠杆、反馈机构、差动变压器、调零装置和放大器。

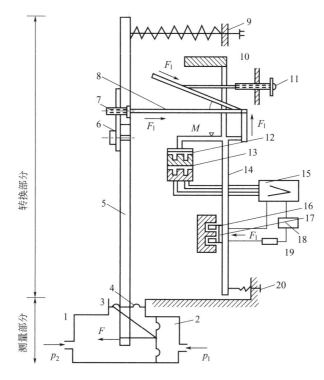

图 28-2-21　力平衡式电动差压变送器结构

1—低压室；2—高压室；3—测量元件（膜盒、膜片）；4—轴封膜片；5—主杠杆；
6—过载保护簧片；7—静压调整螺钉；8—矢量机构；9—零点迁移弹簧；10—平衡锤；
11—量程调整螺钉；12—检测片（衔铁）；13—差动变压器；14—副杠杆；15—放大器；
16—反馈动圈；17—永久磁钢；18—电源；19—负载；20—调零弹簧

被测的压差 Δp 分别作用在膜盒的两侧时，在膜盒中心弹簧片的连接处产生作用力。当负压室的参比压力 p_2 为大气压时，被测信号 Δp 为表压值。当负压室的参比压力 p_2 为其他压力信号时，则被测信号 Δp 为差压值。

（2）电容式差压变送器　电容式差压变送器采用差动电容作为检测元件，无杠杆机构。整个变送器无机械传动、调整装置，结构简单，具有高精度、高稳定性、高可靠性和高抗振性。

图 28-2-22[7] 是电容式差压变送器结构，测压部件主要由正、负压容室基座和差压电容膜盒座组成。正、负压由正、负压容室侧导压口导入，作用在差动电容膜盒的隔离膜片上。输入差压 Δp 作用于感压膜片，使其产生位移 ΔS，从而使感压膜片（即可动电极）与固定电极所组成的差动电容器的电容量发生变化，此电容变化量再经电容-电流转换电路转换成直流电流信号 I，电流信号与调零信号的代数和同反馈信号进行比较，其差值送入放大电路，经放大得到 $4\sim20\text{mA}$ 直流电流 I_0 输出。

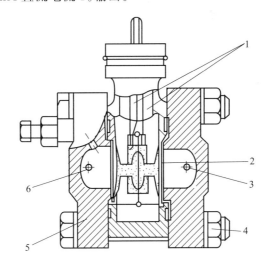

图 28-2-22 电容式差压变送器结构

1—电极引线；2—差动电容膜盒；3—正压侧导压口；
4—正压容室基座；5—负压容室基座；6—负压侧导压口

（3）扩散硅式差压变送器 扩散硅式差压变送器采用硅杯压阻传感器为敏感元件，同样具有体积小、重量轻、结构简单和稳定性好的优点，精度也较高。测量部件如图 28-2-23[7] 所示。

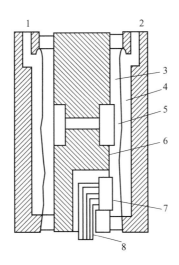

图 28-2-23 测量部件结构

1—负压导压口；2—正压导压口；3—硅油；4—隔离膜片；5—硅杯；
6—支座；7—玻璃密封；8—引线

敏感元件由两片研磨后胶合成杯状的硅片组成，即图中的硅杯。当硅杯受压时，压阻效应使其上的应变电阻阻值发生变化，从而使由这些电阻组成的电桥产生不平衡电压。硅杯两面浸在硅油中，硅油和被测介质之间用金属隔离膜片分开。当被测差压输入到测量室内作用于隔离膜片上时，膜片将驱使硅油移动，并把压力传递给硅杯压阻传感器。于是传感器上的不平衡电桥就有电压信号输出给放大器，经放大处理输出 4～20mA 直流电流信号。

压力变送器除了可以进行压力测量外，也可以用于对物位、流量等信号经传感器产生的压力信号进行二次转换，从而进行物位或流量的测量。

2.7.3　温度变送器

温度变送器是电动单元组合仪表的一个主要单元。其作用是将热电偶、热电阻的检测信号转换成标准统一信号，如 0～10mA 直流电流，4～20mA 直流电流，1～5V 直流电压，输出给显示仪表或控制器实现对温度的显示、记录或自动控制。温度变送器还可以作为直流毫伏转换器来使用，以将其他能够转换成直流毫伏信号的工艺参数也变成标准统一信号输出。因此温度变送器被广泛使用。

温度变送器有四线制和两线制之分，它们各有三个品种：直流毫伏变送器、热电偶温度变送器和热电阻温度变送器。所谓四线制是指供电电源和输出信号分别用两根导线传输，由于电源与信号分别传送，因此对电流信号的零点及元器件的功耗无严格要求。所谓两线制是指变送器与控制室之间仅用两根导线传输。这两根导线既是电源线又是信号线，既节省了大量电缆线等费用，又有利于安全防爆。

在热电偶和热电阻温度变送器中采用了线性化电路，从而使温度变送器的输出信号和被测温度呈线性关系，以便显示记录。

实际使用时，要选用与输入信号类型相符的温度变送器，并注意分度号匹配、接线等问题。

① 直流毫伏变送器输入直流毫伏信号。

② 热电偶温度变送器输入热电势毫伏信号，输入回路即是参比端温度自动补偿桥路，其产生的补偿电势与热电势相加后作为测量电势，因此补偿桥路上的补偿电阻阻值与各种分度号的热电偶电势有关，热电偶温度变送器都标明应配接热电偶的分度号，因此热电偶温度变送器使用时，热电偶分度号要与热电偶温度变送器上所标的分度号一致。此外，热电偶的参比端要与变送器上补偿电阻感受相同温度，通常的做法是将热电偶补偿导线直接接到处于温度较为恒定环境中的变送器的接线端子上。

③ 热电阻温度变送器输入热电阻信号给输入回路。输入回路是一个不平衡电桥，热电阻即为桥路的一个桥臂。

如果是金属热电阻，由于连接热电阻的导线存在电阻，且导线电阻值随环境温度的变化而变化，从而造成测量误差，因此实际测量时采用三线制接法。所谓三线制接法，就是从现场的金属热电阻两端引出三根材质、长短、粗细均相同的连接导线，其中两根导线被接入相邻两对抗桥臂中，另一根与测量桥路电源负极相连[7]。见图 28-2-24 所示。由于流过两桥臂的电流相等，因此当环境温度变化时，两根连接导线因阻值变化而引起的压降变化相互抵消，不影响测量桥路输出电压的大小。

但是对于半导体热敏电阻而言，由于在常温下阻值很大，通常在几千欧姆以上，这时连接导线电阻（一般不超过 10Ω）几乎对测温没有影响，也就不必采用三线制接法。

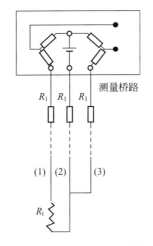

图 28-2-24　热电阻三线制接法

2.7.4　智能式变送器

智能式变送器和常规电动变送器一样，可以测量压力、差压和液位等，其传感技术和主要技术规格与常规变送器相同。所不同的是智能变送器以微处理器为基础，功能扩展了，它可通过通信接口符合一定现场总线的通信协议，实现与监控计算机或集散控制系统的通信[10]。

由于目前国际标准化组织（ISO）尚未制订有国际统一的、共同遵守的现场总线的通信协议，所以各家智能式变送器生产公司所采用的协议是不一样的，目前在市场上销售的智能式变送器所采用的现场总线的通信协议有 HART 和 MODBUS 等。智能变送器除了和常规变送器一样有检测功能外，还具有下列一些功能：

① 有远程通信能力和对现场安装的变送器进行远程调量程和调零的功能。智能变送器信号传送方框图如图 28-2-25 所示。

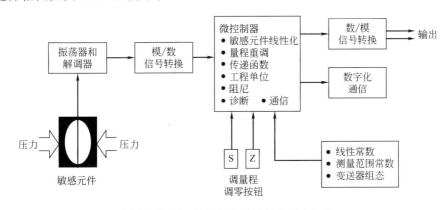

图 28-2-25　智能变送器信号传送方框图

② 智能变送器除可作变送器外，还可带有 PID 控制模块，可在现场对调节阀进行控制，并且在控制的同时把信号传递到控制室由 DCS 进行监控，连接系统如图 28-2-26 所示。

③ 智能变送器带有存储器，可以储存所有组态数据、敏感元件线性化数据和工程单位换算等数据。存储器为 EEPROM 只读存储器，它不会因突然供电中断而造成数据的丢失。

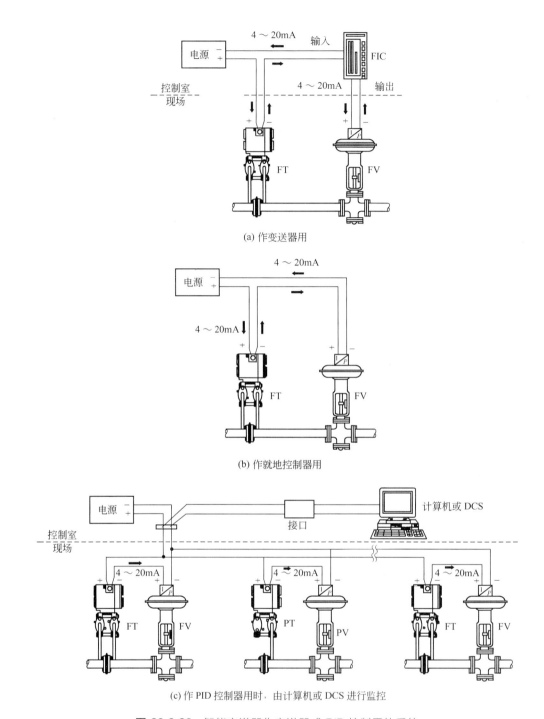

(a) 作变送器用

(b) 作就地控制器用

(c) 作 PID 控制器用时，由计算机或 DCS 进行监控

图 28-2-26　智能变送器作变送器或 PID 控制用的系统

④ 智能变送器有自诊断功能，可以连续不断地对变送器的检测回路、接口和电子线路的故障进行自诊断。

⑤ 智能变送器有远程通信功能，有些公司生产的智能变送器可以直接以数字量进行与计算机或 DCS 相通信。有些公司产品既可用模拟量也可用数字量通信，如国内各工业部门大量采用的 1151 型的 SMART 智能变送器，它是采用 HART 通信协议，可用模拟量也可

用数字量通信。它是采用频率相移键控方法（FSK），这是一种频率调制法，频率调制信号只能在几个不同的固定频率间变动。典型例子是用二进制信号进行调频，即一个频率表示二进制的数据"1"，另一个频率表示"0"。因此，把通信的高频信号叠加在 4～20mA DC 输出信号上，使一根双芯导线具有同时将信号传输、供给电源和通信三种功能，而且又不影响回路的完整性。

2.8 显示仪表

显示仪表具有显示被测变量数值的功能。一般显示仪表安装在仪表盘上，仪表盘有的安装在机组或设备附近的现场，多数安装在控制室内。显示仪表的输入信号有的来自敏感元件（如热电偶、热电阻），也有来自将被测变量转换和放大的变送单元。根据采用能源不同，有气动和电动两种显示仪表。随着大量微电子技术的应用，气动显示仪表已在许多场合被电子仪表所替代，所以这里介绍的也只着重电动的显示仪表。

2.8.1 模拟式显示仪表

模拟式显示仪表有动圈式指示仪表和电子平衡式两类。电子平衡式显示仪有电子电位计和电子自动平衡电桥两种。随着数字式显示仪表的普及应用，模拟式显示仪表正在趋于淘汰。

2.8.2 数字式显示仪表

（1）数字式显示仪表 由于数字式显示仪表采用集成电路技术和用微处理器实行线性化的信号处理，使仪表线路简单，性能稳定，使用方便。不仅读数清晰、直观、无视差，精度可达±0.5%，而且具有高可靠性、能耐震动和故障（如热电偶丝或热电阻丝断裂）显示的特点。

数显仪表的工作原理见图 28-2-27[7]。

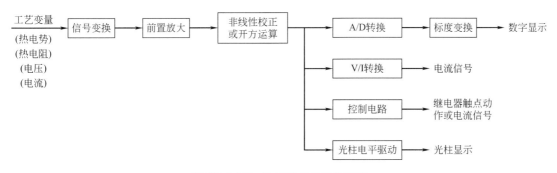

图 28-2-27 数显仪表的工作原理

（2）等离子光柱数字显示报警仪 等离子光柱数显仪是在数字显示仪的基础上进一步开发的品种，能显示有关工艺变量的趋势，并有数字显示仪的精度，指示清晰明亮，且没有数字显示仪频繁跳动的缺点。

现场信号经输入单元处理、转换成电压信号，一路送上、下限报警设定单元经比较后输出报警信号；另一路送模拟/数字（即 A/D）转换器，把模拟电压信号转换成数字信号用发光二极管（LED）显示出来；第三路送信号转换单元，经比较处理转换成对应的脉冲信号后，送至等离子显示驱动器电路，点亮等离子光柱进行显示。

（3）信号报警器　信号报警和联锁系统对化工生产十分重要，它是实现过程监视和保证安全生产的重要措施。当生产设备运行状态发生异常时，应有声或光的信号警告操作者，当运行工艺参数值继续超限会引起严重事故发生时，联锁系统应动作起来以保证生产过程处于安全状态。但是联锁系统应合理设置，过多设置没有必要，徒增不必要的麻烦，关键地方必须要有，尤其是局部联锁停车会波及扩大到全局的联锁点时更宜慎重，综合考虑。

信号报警器有触点式电磁继电器和无触点式固态逻辑电路两种，前者线路简单、可靠、价廉，后者组合灵活，可实现多种逻辑功能。对于信号报警和联锁系统两者皆有选用，使用时只强调其设计的可靠性。

近年来根据对化工（包括石化系统）生产过程中的事故调查，对一些重大装置和过程中关键地方的紧急事故切断（ESD）系统都强调宜选用有国际权威监督检查机构（如德国的TÜV）批准的有冗余装置的设备。

信号报警器已经制成的产品有闪光信号器、语音报警器和有记忆等多种功能信号报警器。

① 闪光信号器：这种信号器一般都安装在控制室内表盘上，输入信号是接点。当工艺过程参数越限时，输入接点闭合（或断开）使闪光信号器闪光，并发出音响信号以警告操作人员要采取措施。

闪光信号器是由无触点固态逻辑集成电路块组成的，一般一个信号器可连接 8 点信号。当有输入信号输入时，信号器开始闪光并使音响器鸣响，这时操作人员可按下确认按钮，音响消失，闪光信号会变成平光，事故排除后，接点复原，信号灯熄灭。

有时工艺过程有几个不同变量的信号前后发出报警，为了查找和分析事故原因，往往要区别原发性故障和继发性信号，但是用人工查找第一事故处的根源很费时，因此要求信号器有附加功能，即能区别第一事故原因，其动作方式应如表 28-2-20 所示。

表 28-2-20　显示第一事故信号的动作方式

状态	第一事故原因信号灯	其余信号灯	音响器
正常	灭	灭	不响
不正常	闪光	平光	响
确认（消声）	闪光	平光	不响
恢复正常	灭	灭	不响
试验按钮	亮	亮	响

从表 28-2-20 可知，当有数个事故参差不齐出现时，则可从信号灯光中加以区别。有闪光的为第一原因事故肇事处，平光的为从属引起的后续事故信号。

② 语音报警器：语音报警器是利用计算机技术和语音合成技术一体化的先进报警器。它是把以往常规的闪光信号报警器的公用铃声信号改为语音信号。

语音报警器内的微电脑在巡检各报警点时，若发现有越限点就会命令报警器发出闪光信号，同时还会用标准语音向操作人员报告越限信号点的地点、故障内容和应采取处置的办法，清晰而直接，增加了效果。

语音报警器和闪光信号器一样，具有试验按钮和确认按钮。试验按钮作为模拟事故状态发生, 对报警器测试以了解其能否正常工作。当按下该按钮时, 如果报警器正常无误, 应该信号灯全部亮并且语音循环报警。这时, 操作人员再按下确认按钮时, 报警器的信号灯应该全部变为平光, 并且语音消失。

(4) 无纸记录仪 无纸记录仪是一种以 CPU 为核心、采用液晶显示的新型显示记录仪表, 完全摒弃了传统记录仪的机械传动、纸张和笔。其记录信号是通过 CPU 来进行转化和保存的, 记录信号可以根据需要在屏幕上放大或缩小, 便于观察, 并且可以将记录曲线或数据送往打印机进行打印, 或送往个人计算机加以保存和进一步处理[7]。无纸记录仪精度高, 价格与一般记录仪相仿。图 28-2-28 是无纸记录仪原理方框图。

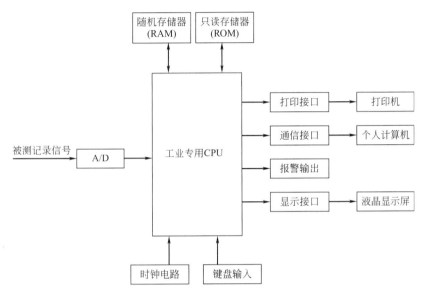

图 28-2-28 无纸记录仪原理方框图

图 28-2-28 中, CPU 用来控制数据的采集、显示、打印、存储报警等; A/D 转换器将被测记录信号的模拟量转换成数字量, 可以接 1～8 路模拟信号; ROM 中固化了 CPU 运行所必需的软件程序, 只要记录仪上电, ROM 中程序就让 CPU 工作; RAM 中存放 CPU 处理后的历史数据, 一般可以存放几个月的数据量, 此外记录仪掉电时有备用电池供电, 保证记录数据和组态信号不因掉电而丢失; 时钟电路产生记录时间间隔、日期。

无纸记录仪有组态界面, 可以组态各个功能, 包括日期、时钟、采样周期、记录点数; 页面设置、记录间隔; 各个输入通道量程上下限、报警上下限、开方运算设置, 流量、温度、压力补偿, 如果想带 PID 控制模块, 可以实现 4 个 PID 控制回路; 通信方式设置; 显示画面选择; 报警信息设置。

(5) 屏幕显示 随着计算机应用的普及, 多种测控装置都带有屏幕显示功能, 通过界面设计和软件组态, 能显示各种被测变量的实时数据、实时变化曲线、历史数据、历史曲线、报警及处理状况, 或直接在工艺流程上的对应位置显示变量等, 极大地丰富了显示内容。

参考文献

[1] 《工业自动化仪表与系统手册》编委会. 工业自动化仪表与系统手册: 上册. 北京: 中国电力出版社, 2008.

［2］　杜维，乐嘉华．化工检测技术及显示仪表．杭州：浙江大学出版社，1988.

［3］　陈忧先．化工测量及仪表：第 3 版．北京：化学工业出版社，2010.

［4］　国际标准 ISO 5167—1. 用差压装置测量流体流量　第一部分　安装在充满流体圆形截面管道中的孔板喷嘴和文丘里管，1991.

［5］　陆德民．石油化工自动控制设计手册．第二版．北京：化学工业出版社，1991.

［6］　石莲娣，张宝鑫．圆缺形楔式流量计．化工自动化及仪表，1981（9）：26-29, 51.

［7］　俞金寿，孙自强．过程自动化及仪表：第 3 版．北京：化学工业出版社， 2015.

［8］　美国 Bently Nevada 公司．旋转机械故障诊断仪表．1990～1991 年产品样本．

［9］　吴勤勤．控制仪表及装置：第 4 版．北京：化学工业出版社，2013.

［10］　北京 Smar 公司．"智能压力、压差变送器"技术资料．

3

过程控制装置

引　言

随着人们对提高生产效率和产品质量的需求，现代化工厂向规模集约化方向发展时，生产工艺对自动控制装置（或控制系统）的可靠性、运算能力、扩展能力、开放性、操作及监控水平等方面提出了越来越高的要求。早期的现场基地式仪表和后期的继电器构成了控制系统的前身。现在所说的控制装置，多指采用电脑或微处理器，以 PLC 和 DCS 为代表，采用智能控制的系统，也被称为第三代控制系统[1,2]。第三代控制系统从 20 世纪 70 年代开始应用以来，在冶金、电力、石油、化工、轻工等工业过程控制中获得迅猛的发展。控制装置的发展如图 28-3-1 所示。

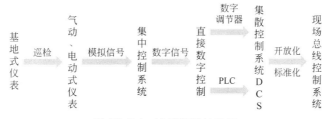

图 28-3-1 控制装置的发展

从 20 世纪 90 年代开始，陆续出现了现场总线控制系统、基于 PC 的控制系统等，随着计算机技术、通信技术和控制技术的发展，传统的控制领域正经历着一场前所未有的变革，开始向网络化方向发展。控制系统的结构也从最初的 CCS（计算机集中控制系统），到 DCS（集散控制系统或分散控制系统），发展到现在流行的 FCS（现场总线控制系统）。

在 CCS 中，数字计算机取代了传统的模拟仪表，从而能够使用更为先进的控制技术，例如复杂控制算法和协调控制，从而使自动控制发生了质的飞跃。DCS 进一步向高精度、高可靠性、小型轻量化、控制功能多样化、数据通信标准化和人机接口智能化方向发展。DCS 向计算机网络控制扩展，将过程控制、监督控制和管理调度进一步结合起来，并且加强断续系统功能、采用专家系统、制造自动化协议标准，以及硬件上诸多新技术。

当然，DCS 也存在缺点[2]。其结构是多级主从结构，底层相互间进行信息传递，必须经过主机，从而造成主机负荷过重，效率低下。并且主机一旦发生故障，整个系统就会瘫痪。为了克服 DCS 的技术瓶颈，进一步满足现场的需要，FCS（现场总线技术）应运而生。FCS 实际上是连接现场智能设备和自动化控制设备的双向串行、数字式、多节点通信网络，也被称为现场底层设备控制网络。

与互联网、局域网等类型的信息网络不同，FCS 直接面向生产过程，因此要求很高的实时性、可靠性、资料完整性和可用性。FCS 的问题是当总线电缆截断时，整个系统有可能瘫痪。另外，FCS 也受到本质安全防爆理论的制约，以及系统组态参数比较复杂[3]。

现场总线控制系统的技术和标准实现了全开放，无专利许可要求，可供任何人使用，从总线标准、产品检验到信息发布全是公开的，面向世界任何一个制造商和用户。由于现场设备本身已可完成自动控制的基本功能，使得现场总线已构成一种新的全分布式控制系统的体系结构。从根本上改变了现有 DCS 集中与分散相结合的集散控制系统体系，简化了系统结构，提高了可靠性。工作在现场设备前端，作为工厂网络底层的现场总线，是专为在现场环境工作而设计的，它可支持双绞线、同轴电缆、光缆、射频、红外线、电力线等，具有较强的抗干扰能力，能采用两线制实现送电与通信，并可满足本质安全防爆要求等。

随着 Internet/ Intranet 的发展，以太网已渗透到各个角落，网络上的用户已解除了资源地理位置上的束缚，在联入互联网的任何一台计算机上就能浏览工业控制现场的数据，实现"管控一体化"。

3.1　控制器

控制仪表[3,4]是组成自动控制系统的重要环节，检测系统送来的检测信号通过它的作用，使其输出信号改变调节阀开度来排除干扰因素对工艺参数的影响，从而使被控变量始终维持在预定的设定值上。

3.1.1　模拟式控制器

（1）连续控制的基本规律　控制仪表的输入信号是人们预先规定的给定信号和变送器送来的检测信号的差值，控制仪表的输出是按输入信号变化的规律进行动作。基本动作规律有位置控制、比例控制、积分控制和微分控制四种，其中微分控制规律不能单独使用，只能与比例或比例积分控制规律一起使用。控制动作的规律是根据不同生产要求而设计的，因而应根据生产的要求进行正确的选用。

① 位置控制　一般指双位置控制，这是控制过程较简单的一种，适用于被控参数允许在持续等幅振荡过程。其控制规律是当测量信号值大于给定值时，控制仪表的输出值为最小（或最大）；当测量信号值小于给定值时，控制仪表的输出值为最大（或最小）。因此，双位置控制只有两个输出值，相应的控制阀门也只有两个极限位置：开或关。

衡量双位置控制过程的质量是振幅和周期，设计双位控制系统应合理选择中间区，尽量使振幅在允许范围内时，周期尽可能延长，避免控制阀门过频地动作。

② 比例控制　比例控制的控制规律是控制仪表的输出变化量与输入偏差量（即测量值与给定值之差）成比例关系。以数学式表达时，比例控制器的输出：

$$P = Ke \qquad\qquad (28\text{-}3\text{-}1)$$

式中　K——放大系数；

e——偏差值。

通常控制仪表的比例作用强弱用比例度 δ 来表示。为叙述清楚起见，举一个温度控制仪的例子来说明。控制仪表的量程为 $0\sim200℃$，全量程时的输出信号为 $4\sim20\text{mA}$，当指示值从 100℃变化到 150℃时，相应的输出从 8mA 变化到 16mA，这时的比例度为：

$$\delta = \frac{(150-100)/(200-0)}{(16-8)/(20-4)} \times 100\% = 50\% \qquad (28\text{-}3\text{-}2)$$

式(28-3-2) 表示温度变化全量程 50% 时，控制仪表的输出从 4mA 变化到 20mA，这时，温度变化 e 和控制仪表输出 P 成比例。当温度变化超出全量程 50% 时，控制仪表的输出不能再变化，因为其输出最大只能变化 100%。因此，比例度就是使控制仪表的输出变化全量程时，输入偏差改变全量程的百分数。

比例控制作用通常还要引入一个放大倍数 K 的概念，放大倍数 K 与比例度 δ 成反比关系，即 δ 越小，K 越大，比例作用越强。反之，δ 越大，K 越小，比例作用越弱。

③ 积分控制　积分控制的作用是克服比例控制存在的缺点，即比例控制时，被控参数不能回复到原来的给定值上而存在余差。积分控制的输出变化与输入偏差的积分成比例，也可以说，积分控制的输出变化速度与输入偏差成正比，用数学式表示为：

$$P = K_I \int e \, \mathrm{d}t \qquad (28\text{-}3\text{-}3)$$

式中　P——积分控制输出变化量；

　　　K_I——积分速度；

　　　e——输入偏差。

由式(28-3-3) 可见，积分控制的输出信号不仅与偏差大小有关，而且与偏差存在的时间有关，偏差存在越长，输出信号也越强，只有在偏差 $e=0$，积分作用才停止。

另外，积分速度 K_I 与积分时间 T_I 成反比，即 $K_I = 1/T_I$，积分时间越短，积分速度 K_I 就越大，积分作用越强。反之 K_I 越大，积分作用越弱。

④ 微分控制　微分控制的作用是按被控参数的偏差变化速度来改变控制仪表的输出信号。它适用于惯性大的对象，使控制质量得到改善，起到超前动作的作用。控制仪表输出变化值 P 的数学表达式为

$$P = T_D \frac{\mathrm{d}e}{\mathrm{d}t} \qquad (28\text{-}3\text{-}4)$$

式中　T_D——微分时间；

　　　$\mathrm{d}e/\mathrm{d}t$——输入偏差对时间的导数。

当偏差固定时，微分作用就没有输出，因此，微分控制不能作为独立控制规律使用，只能与比例控制规律或比例积分控制规律同时使用。

⑤ 比例积分控制（PI 控制）　结合比例和积分控制两者的优点，使输出信号既能与输入偏差成比例，作用快，又能用积分控制克服余差，使两者优点得到发挥，而且比例度和积分时间皆可任意调整。因此，PI 控制仪表的应用面很广，可用于许多工业控制系统。具体应用时，积分时间不宜过大或过小，过大时积分作用不明显，余差消除很慢；过小时会使过渡过程激烈振荡，影响稳定，故应适当调整。

⑥ 比例积分微分控制（PID 控制）　综合三作用的控制规律，其数学表达式即控制算法为：

$$P = K \left(e + \frac{1}{T_I} \int e \, dt + T_D \frac{de}{dt} \right) \tag{28-3-5}$$

当有一个偏差的阶跃信号输入时，PID 三作用控制仪表的输出信号等于比例、积分和微分控制作用之和。开始时，微分作用先响应发生突变，而比例作用使输出信号发生与偏差成正比的变化，最后因偏差时间的积累，积分作用逐渐增强，只要偏差不消除，积分作用就会使输出达到最大（或最小）值。

（2）模拟控制仪表的选用　随着现代化生产技术的发展，控制仪表已经历了很长的变化过程，基地式仪表集测量、控制、显示功能于一个大尺寸外壳的结构形式基本已淘汰，以压缩空气为能源的气动单元组合仪表国内已停止生产。电动单元组合系列中，控制仪表作为一类品种存在，由于控制系统的发展和使用对象的要求，在基型控制仪的基础上还可选用逐渐发展起来的许多变型品种，如抗积分饱和控制仪、偏差指示控制仪、计算机外给定控制仪、非线性控制仪和批量控制仪等。

3.1.2　离散 PID 算法

在数字式控制器和计算机控制系统中，对每个控制回路的被控变量处理在时间上是离散断续进行的，其特点是采样控制。每个被控变量的测量值与设定值比较一次，按照预定的控制算法得到输出值，通常把它保留到下一采样时刻。所以连续 PID 运算相应改为离散 PID，比例规律采样进行，积分规律须通过数值积分，微分规律须通过数值微分。

离散 PID 算式基本形式是对模拟控制器连续 PID 算式离散化得来的，离散 PID 控制算法如下。

（1）位置算法

$$
\begin{aligned}
u(k) &= K_c e(k) + \frac{K_c}{T_I} \sum_{i=0}^{k} e(i) \Delta t + K_c T_D \frac{e(k) - e(k-1)}{\Delta t} \\
&= K_c e(k) + K_I \sum_{i=0}^{k} e(i) + K_D [e(k) - e(k-1)]
\end{aligned}
\tag{28-3-6}
$$

式中，K_c 为比例增益；K_I 为积分系数；K_D 为微分系数。

积分系数 $K_I = K_c T_s / T_I$，T_I 为积分时间。

微分系数 $K_D = K_c T_D / T_s$，T_D 为微分时间。

式中，T_s 为采样周期（即采样间隔时间 Δt），k 为采样序号。

（2）增量算法

$$
\begin{aligned}
\Delta u(k) &= u(k) - u(k-1) \\
&= K_c \Delta e(k) + K_I e(k) + K_D \{ [e(k) - e(k-1)] - [e(k-1) - e(k-2)] \} \\
&= K_c [e(k) - e(k-1)] + K_I e(k) + K_D [e(k) - 2e(k-1) + e(k-2)]
\end{aligned}
\tag{28-3-7}
$$

式中，$\Delta u(k)$ 对应于在两次采样时间间隔内控制阀开度的变化量。

（3）速度算法

$$v(k) = \frac{\Delta u(k)}{\Delta t}$$

$$= \frac{K_c}{T_s}[e(k)-e(k-1)] + \frac{K_c}{T_I}e(k) + \frac{K_c K_D}{T_s^2}[e(k)-2e(k-1)+e(k-2)] \quad (28\text{-}3\text{-}8)$$

式中，$v(k)$ 是输出变化速率。由于采样周期选定后，T_s 就是常数，因此速度算式与增量算式没有本质上的差别。

实际数字式控制器和计算机控制中，增量算式用得最多。

3.1.3 PID 算式改进形式

在实际使用时为了改善控制质量，对 PID 算式进行了改进。

(1) 不完全微分型 (非理想) 算式 完全微分型算式的控制效果较差，故在数字式控制器及计算机控制中通常采用不完全微分型算式。

以不完全微分的 PID 位置型为例，其算式为：

$$u(k) = K_c \left\{ e(k) + \frac{T_s}{T_I}\sum_{i=0}^{k}e(i) + \frac{T_D}{T^*}[e(k)-e(k-1)] + \alpha u(k-1) \right\} \quad (28\text{-}3\text{-}9)$$

式中：

$$\alpha = \frac{\dfrac{T_D}{K_D}}{\dfrac{T_D}{K_D}+T_s} \qquad T^* = \frac{T_D}{K_D}+T_s$$

(2) 微分先行 PID 控制 只对测量值进行微分，而不是对偏差进行微分。这样，在设定值变化时，输出不会突变，而被控变量的变化是较为缓和的。

(3) 积分分离 PID 算式 使用一般 PID 控制时，当开工、停工或大幅度改变设定值时，由于短时间内产生很大偏差，会造成严重超调或长时间的振荡。采用积分分离 PID 算式可以克服这一缺点。所谓积分分离，就是在偏差大于一定数值时，取消积分作用，而当偏差小于这一数值时，才引入积分作用。这样既可减小超调，又能使积分发挥消除余差的作用。

积分分离 PID 算式如下：

$$\Delta u(k) = K_c[e(k)-e(k-1)] + K_L K_I e(k) + K_D[e(k)-2e(k-1)+e(k-2)]$$

$$(28\text{-}3\text{-}10)$$

式中，当 $e(k) \leqslant A$ 时 $K_L = 1$，引入积分作用；当 $e(k) > A$ 时 $K_L = 0$，积分不起作用。A 为预定阈值。

3.1.4 采用离散 PID 算法与连续 PID 算法的性能比较

模拟式控制器采用连续 PID 算法，它对扰动的响应是及时的；而数字式控制器及计算机采用离散 PID 算法，它需要等待一个采样周期才响应，控制作用不够及时。另外，在信号通过采样离散化后，难免受到某种程度的曲解，因此若采用等效的 PID 参数，则离散 PID 控制质量不及连续 PID 控制质量，而且采样周期取得越长，控制质量下降得越厉害。但是数字式控制器及计算机采用离散 PID 时可以通过对 PID 算式的改进来改善控制质量，并且 P、I、D 参数调整范围大，它们相互之间无关联，没有干扰，因此也能获得较好的控制效果。

3.1.5 数字式控制器

数字式控制器以微处理机为运算和控制核心，可由用户编制程序，组成各种控制规律。常见的数字式控制器被称为单回路控制器[4,5]。

数字式控制器的外形结构、面板布置保留了模拟式控制器的特征，使用操作方式也与模拟式控制器相似。数字式控制器有许多运算模块和控制模块，用户根据需要选用部分模块进行组态。除了具有模拟式控制器 PID 运算等一切控制功能外，还可以实现串级控制等复杂控制。数字式控制器模拟量输入输出均采用国际统一标准信号（4～20mA 直流电流，1～5V 直流电压），可以方便地与 DDZ-Ⅲ 型仪表相连。同时数字式控制器还有数字量输入输出，可以进行开关量控制。用户程序采用"面向过程语言（POL）"编写，易学易用。通过数字式控制器标准的通信接口，可以挂在数据通道上与其他计算机、操作站等进行通信，也可以作为集散控制系统的过程控制单元。在硬件方面，一台数字式控制器可以替代数台模拟仪表，减少了硬件连接；同时控制器所用元件高度集成化，可靠性高。在软件方面，数字式控制器具有一定的自诊断功能，能及时发现故障，采取保护措施。

数字式控制器包括硬件与软件两大组成部分。

（1）硬件部分 图 28-3-2 是数字式控制器硬件构成原理框图，它由主机电路（CPU、ROM、RAM、CTC、输入-输出接口等），过程输入、输出通道，人机联系部件和通信部件等组成。

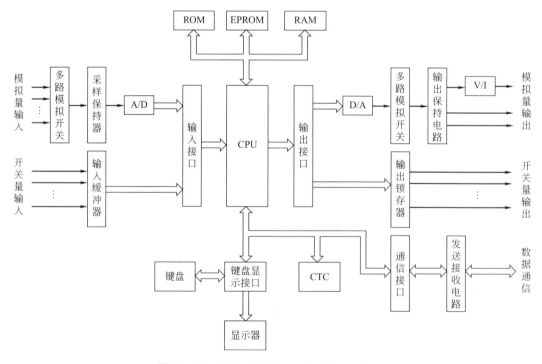

图 28-3-2 数字式控制器硬件构成原理框图

① 主机电路 CPU（中央处理单元）是数字式控制器的核心，通常采用 8 位微处理器，

完成接受指令、数据传送、运算处理和控制功能。它通过总线与其他部分连在一起构成一个系统。

系统 ROM（只读存储器）存放系统程序。系统程序由制造厂家编制，用来管理用户程序、功能子程序、人机接口及通信等，一般用户是无法改变系统程序的。用户 ROM 一般采用 EPROM 芯片，存放用户编制的程序。用户程序在编制并调试通过后固化在 EPROM 中。如果程序要修改，则可通过紫外线"擦除"EPROM 中的程序，重新将新的用户程序固化在 EPROM 中。

RAM（随机存储器）用来存放控制器输入数据、显示数据、运算的中间值和结果等。

在系统掉电时 ROM 中的程序是不会丢失的，而 RAM 中的内容会丢失。因此数字式控制器以镍镉电池作为 RAM 的后备电源，在系统掉电时自动接入，以保证 RAM 中内容不丢失。

有的数字式控制器采用电可改写的 EEPROM 芯片存放重要参数，它同 RAM 一样具有读写功能，且在掉电时不会丢失数据。

定时/计数器（CTC）有定时/计数功能。定时功能用来确定控制器的采样周期，产生串行通信接口所需的时钟脉冲；计数功能主要对外部事件进行计数。

输入、输出接口（I/O）是 CPU 同输入、输出通道及其他外设进行数据交换的部件，它有并行接口和串行接口两种。并行接口具有数据输入、输出、双向传送和位传送功能，用来连接输入、输出通道，或直接输入、输出开关量信号。串行接口具有异步或同步传送串行数据的功能，用来连接可接收或发送串行数据的外部设备。

一些新的数字式控制器采用单片微机作为主要部件。单片微机内包含了 CPU、ROM、RAM、CTC 和 I/O 接口电路，它起到多芯片组成电路的功能，因此体积更小，连线更少，可靠性更高，且价格便宜。

② 过程输入、输出通道　模拟量输入通道由多路模拟开关、采样保持器及模拟量/数字量转换电路（A/D）等构成。模拟量输入信号在 CPU 的控制下经多路模拟开关采入，经过采样保持器，输入 A/D 转换电路，转换成数字量信号并送往主机电路。

开关量和数字量输入通道是接受控制系统中的开关信号（"接通"或"断开"）以及逻辑部件输出的高、低电平（分别以数字量"1""0"表示），并将这些信号通过输入缓冲电路或者直接经过输入接口送往主机电路。为了抑制来自现场的电气干扰，开关量输入通道常采用光电耦合器件作为输入隔离，使通道的输入与输出在直流上互相隔离，彼此无公共连接点，增强抗干扰能力。

模拟量输出通道由数字量/模拟量转换器（D/A）、多路模拟开关和输出保持电路等组成。来自主机电路的数字信号经 D/A 转换成 1～5V 直流电压信号，再经过多路模拟开关和输出保持电路输出。输出电压也可经过电压/电流转换电路（V/I）转换成 4～20mA 直流电流信号输出。

开关量（数字量）输出通道通过输出锁存器输出开关量（包括数字、脉冲量）信号，以便控制继电器触点和无触点开关的接通与释放，也可控制步进电机的运转。输出通道也常采用光电耦合器件作为输出隔离，以免受到现场干扰的影响。

③ 人机联系部件　在数字式控制器的正面和侧面放置人机联系部件。正面板的布置与

常规模拟式控制器相似，有测量值和设定值显示表、输出电流显示表、运行状态（自动/串级/手动）切换按钮、设定值增/减按钮、手动操作按钮以及一些状态显示灯。侧面板有设置和指示各种参数的键盘、显示器。

④ 通信部件　数字式控制器的通信部件包括通信接口和发送、接收电路等。通信接口将欲发送的数据转换成标准通信格式的数字信号，由发送电路送往外部通信线路（数据通道），同时通过接收电路接收来自通信线路的数字信号，将其转换成能被计算机接收的数据。数字式控制器大多采用串行通信方式。

（2）软件部分　数字式控制器软件包括系统程序和用户程序。

① 系统程序　系统程序主要包括监控程序和中断处理程序两部分，是控制器软件的主体。

监控程序包括系统初始化、键盘和显示管理、中断管理、自诊断处理以及运行状态控制等模块。如图 28-3-3(a) 所示。

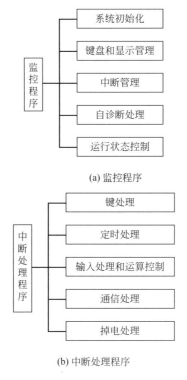

(a) 监控程序

(b) 中断处理程序

图 28-3-3　系统程序组成部分

系统初始化是设置初始参数，如定时/计数数值、各个变量初始状态及数值等；键盘、显示管理模块用以识别键码、确定键处理程序的走向和显示格式；中断管理模块用以识别中断源，比较它们的优先级别，以便作出相应的中断处理；自诊断处理程序采用巡回检测方式监督检查控制器各功能部件是否正常，如果发生异常情况，则能显示异常标志，发出报警或作出相应的故障处理；运行状态控制是判断控制器操作按钮的状态和故障情况，以便进行手动、自动或其他控制。除此以外，有些控制器的监控程序还有时钟管理和外设管理模块。

仪表上电复位开始工作时，首先进行系统初始化，然后依次调用其他各个模块并且重复进行调用。一旦发生了中断，在确定了中断源后，程序便进入相应的中断处理模块，待执行完毕，又返回监控程序，再循环重复上述工作。

中断处理程序包括键处理、定时处理、输入处理和运算控制、通信处理和掉电处理等模块。如图 28-3-3(b) 所示。

键处理模块识别键码，执行相应的键服务程序；定时处理模块实现控制器的定时（计数）功能，确定采样周期，并产生时序控制所需的时基信号；输入处理和运算模块的功能是进行数据采集、数字滤波、标度转换、非线性校正、算术运算和逻辑运算，各种控制算法（不仅是 PID 算法，还有多种复杂运算）的实施以及数据输出等；通信处理模块按一定的通信规程完成与外界的数据交换；掉电处理模块用以处理"掉电事故"，当供电电压低于规定值时，CPU 立即停止数据更新，并将各种状态参数和有关信息存储起来，以备复电后控制器能正常运行。

以上是数字式控制器的基本功能模块。不同的控制器，其具体用途和硬件结构会有所差异，因而所选用的功能模块内容和数量都有所不同。

② 用户程序 用户程序由用户自行编制，实际上是根据需要将系统程序中提供的有关功能模块组合连接起来（通常称为"组态"），以达到控制目的。

编程采用 POL 语言（面向过程语言），它是为了定义和解决某些问题而设计的专用程序语言，程序设计简单，操作方便，容易掌握和调试。通常有组态式和空栏式语言两种。组态式又有表格式和助记符式之分，如 KMM 数字式控制器采用表格式组态语言，而 SLPC 数字式控制器采用助记符式组态语言。

控制器的编程工作是通过专用的编程器进行的，有在线和离线两种编程方法。

所谓在线编程，是指编程器与控制器通过总线连接共用一个 CPU，编程器插一个 EPROM 供用户写入。用户程序调试完毕后写入 EPROM，然后将 EPROM 取下，插在控制器上相应的 EPROM 插座上。SLPC 数字式控制器采用在线编程方法。

所谓离线编程，是指编程器自带一个 CPU，编程器脱离控制器，自行组成一台"程序写入器"，独立完成编程工作，并将程序写入 EPROM，然后再把写好的 EPROM 插在控制器上相应的 EPROM 插座上。KMM 数字式控制器采用这种离线编程方法。

3.2 可编程序控制器（PLC）

可编程序控制器 PLC 是一种具有逻辑、定时、定序、计数功能的数字式工业用可编程控制器。1969 年具有这种功能的控制器首先在美国通用汽车公司自动线上使用并获得成功，接着，在各行各业中得到了普及推广。在 20 世纪 80 年代有了迅猛的发展，据报道，其每年增长速度达 20%～30%，超过其他各类仪表的发展速度。目前，由于 PLC 不断扩展模拟控制、通信和显示操作等功能，不仅保持了过去使用的领域，而且拓宽了过去一直属于 DCS 占领的连续控制领域[6]。

世界上生产 PLC 的大公司如美国的 AB 公司（Alleu-Bradley）、AEG-Modicon 公司、Square-D 公司、Texas 公司，德国 Siemens 公司，日本三菱、东芝、安川等公司都不断推出新一代的 PLC 产品，使 I/O 规模从几十点到数千点甚至万余点。在功能方面，既有数字量，又有模拟量，也有混合型，供用户自由使用。由于新产品具有功能强、编程方便、系统配置灵活，特别是价格较便宜的优点，使其应用领域不断得到扩展。目前，普遍认为 DCS 和

PLC 两者都在不断发展，对一个以连续控制为主的大中型装置以选用 DCS 为主较合适，以开关量控制为主兼有少量 PID 连续控制场合可考虑以 PLC 为主的选型。当然，结合具体对象，用户的抉择取舍也是重要的一方面。

总之，从 PLC 具有的功能来看，它可应用于批量逻辑控制、开关量联锁控制、数控机床、机器人、自动生产线、闭环过程控制等领域。

3.2.1　PLC 的基本结构组成

PLC 根据其结构组成有低、中、高档类型，可适应各种不同规模的工业生产需要。低中档产品一般没有冗余部件和通信接口，这些只有在新一代的高档产品中才有。PLC 的基本结构组成如图 28-3-4 所示[3,6]。

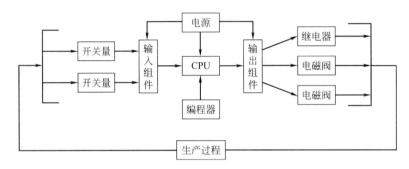

图 28-3-4　PLC 的基本结构组成

CPU 由运算器和存储器组成，它可以把生产过程中各生产设备的批量控制的操作内容进行程序化，预先通过编程器将其写入存储器内，然后根据存储器的内容逐条地执行指令，完成预期的控制动作。

电源装置的作用是提供各部件不同等级的电压，如开关量、输入量、输出卡等有 115V AC、24V AC、24V DC 和 48V DC 等多种电压。

为提高开关量输入模块的抗干扰能力，一般采用光/电隔离技术；开关输出模块有继电器触点（常开或常闭式）晶体管-晶体管逻辑电路（TTF）。模拟量输入模块的模拟输入信号有 $4\sim20mA$ DC、$1\sim5V$ DC、$0\sim10V$ DC 数种；模拟输出模块有 $4\sim20mA$ DC 和 $1\sim5V$ DC 两种。此外，高档 PLC 还有远距 I/O，最大距离一般可达 445m(1500ft)。

3.2.2　PLC 的应用注意事项

(1) 正确选用合适的硬件　PLC 生产厂家众多，性能各异，有的有冗余部件，有的没有，所以应该在选用时，按使用对象的要求和规模大小合理选择。例如 PLC 用于大规模重要机组的连锁自保系统应该选用可靠性高的、有冗余并且有自诊断、故障安全功能的系统。对于一般系统，故障时不会危及全装置甚至人身安全的地方，可以选用速度慢一些、没有冗余的控制器[6,7]。

简易低档的 PLC 也是以微处理器为基础，过去专门用于代替有数十个继电器（或以下）的控制系统，因为它比继电器可靠，采用非挥发性存储器，万一停电，用户程序仍能完整保存，低档 PLC 另一优点是比继电器安装、修改简便，利用梯形图编程方便易懂。

(2) I/O 数量及内存的选用　规模大、要求复杂的对象，应该考虑选用功能强的中高档 PLC。PLC 的规模大小一般以 I/O 数量来衡量，但也没有严格的数字来划分档次。I/O 数量包括数字量、模拟量的输入及输出点。数字量输入点是指进入 PLC 的过程各变量的信号报警或联锁切断点、泵和压缩机等驱动机械的开停信号点、电磁阀和气动阀等的开启或关闭与否的反馈信号以及其他信号等，每次动作应作为一个开关输入信号点。数字量输出点主要指对生产过程需控制的操纵变量数，如要求电磁阀或电动阀打开或关闭，在批量过程控制中要显示的阶段信号或程序中的时间显示等。

在决定选型规模时，I/O 数量应该比实际统计使用量增加 15%～20% 的备用余量。总的 I/O 数量也就是系统所能寻址的最大信息位，有些公司规定一路模拟量 A/D 或 D/A 相当于 16 位开关量，所以对于已固定的 I/O 来说，如选用模拟量多，则数字量应该少一些。

在设计选型前应对所选 PLC 的内存容量有一个估计，机内总内存用量一般要减去系统软件所占用的量，剩下的为用户应用程序可占用的用量，各家 PLC 的系统软件占用量不完全相同，如 Modicon 公司 984-380 系列机内存用量为 4096 字，而系统软件约占 956 字；日立公司的 H04E 系列机内存为 16K，系统软件约占 0.5K。Modicon 公司新系列 984 型可编程控制器的用户内存占用量的计算公式为：

开关量输入点数×10＋开关量输出点数×5＋模拟量输入与输出点数之和×100＝A

式中，A 为内存节数，A 除以 1024 为所需的 K 数。

(3) 应用软件程序的编制 一般 PLC 制造厂商对程序编制方法皆有专门资料说明，程序员根据所选用 PLC 的型号和 I/O 的配置，按照工艺提供的控制要求来编制应用程序。

程序编制时要遵循设计规范例，如对于信号联锁系统，接点（或线圈）有正常工况下带电的和不带电的两种，这两种类型国内设计中皆有采用，但涉及规范没有明确规定。在美国和日本一些系统设计的准则是：所有设定界限信号的系统（如高、低限信号等）采用正常工况下带电型，要求联锁的系统采用正常工况下断电型。这种准则应用实践效果较好。

各个 PLC 制造公司的编程方法是不尽相同的。1984 年 11 月 IEC（国际电工委员会）曾颁发 PLC 的编程语言有梯形图、功能块、语句表和数学 MATH 语句等几种，但是梯形图语句是最普遍的方法之一。用语句法编程也是一些公司如德国 Siemens 公司、日本 Kostac（光洋）公司等广为采用的，这是一种较简洁的语句，即用带助记符的指令表法来编程，其设计步骤是：

① 先按工艺要求画出逻辑关系图；

② 按此关系图编写出助记符指令程序表；

③ 根据程序表用编程器按顺序存入内存 RAM 中。

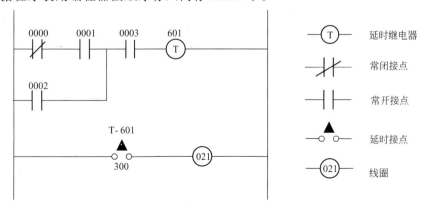

图 28-3-5 梯形图例图

无论采用哪种编程语言，设计人员首先要充分了解工艺过程对控制、联锁系统的要求，然后再从实现工艺要求的可能性、系统的逻辑性和选用仪表的可靠性进行分析，编写出程序。

梯形图画法是以接点、线圈等用并联或串联相组合的线路来实现控制、联锁要求。它同传统的继电器信号联锁原理图相似，但是梯形图是软件逻辑，不同于传统继电器用硬件存在。梯形图的例图如图 28-3-5 所示，接点及线圈应有号码表示，延时继电器的时间设定范围一般以 0.1s 为一个设计单位，延时 30s，变成输入 300。

对于复杂的梯形图程序，在安排 AND、OR、ANDSTR、ORSTR 等指令时，其先后编程次序应解串，用并联电路方法来编程。梯形图程序编完后，通过编程器可把程序按次序输入到内存 RAM 中。

图 28-3-6 以一个简例来说明程序框图法的编程。

工艺过程要求：先将原料 A 从储槽用泵 A 按定量打入反应器，打完后自动关泵，启动反应器内搅拌器，再将原料 B 从储槽用泵 B 按定量打入反应器，打完后自动关泵 B，在搅拌情况下反应 30min 完成一次批量混料过程。

设计考虑泵前后阀门为两位式气动薄膜调节阀，通过电磁阀通入（或不通入）压缩空气至薄膜执行机构方法来启闭阀门。A 和 B 原料流量的测量用定量设定容积式流量计。

按照工艺要求和设计选用的仪表，按图 28-3-6 程序框图用 C 语言编写好输入机内。

3.2.3　PLC 主要产品介绍

世界上 PLC 产品可按地域分成三大流派：①美国产品；②欧洲产品；③日本产品。美国和欧洲的 PLC 技术是在相互隔离的情况下独立研究开发的，因此美国和欧洲的 PLC 产品有明显的差异性。而日本的 PLC 技术是由美国引进的，对美国的 PLC 产品有一定的继承性，美国和欧洲以大中型 PLC 而闻名，但日本的主推产品定位在小型 PLC 上[7~9]。

美国有 100 多家 PLC 厂商，著名的有 A-B 公司、通用电气（GE）公司、莫迪康（MODICON）公司、德州仪器（TI）公司、西屋公司等。其中 A-B 公司是美国最大的 PLC 制造商，其产品约占美国 PLC 市场的一半。

德国的西门子（Siemens）公司、AEG 公司、法国的 TE 公司是欧洲著名的 PLC 制造商。德国的西门子的电子产品以性能精良而久负盛名。在中、大型 PLC 产品领域与美国的 A-B 公司齐名。

西门子 PLC 主要产品是 S5、S7 系列。在 S5 系列中，S5-90U、S-95U 属于微型整体式 PLC；S5-100U 是小型模块式 PLC，最多可配置到 256 个 I/O 点；S5-115U 是中型 PLC，最多可配置到 1024 个 I/O 点；S5-115UH 是中型机，它是由两台 SS-115U 组成的双机冗余系统；S5-155U 为大型机，最多可配置到 4096 个 I/O 点，模拟量可达 300 多路；SS-155H 是大型机，它是由两台 S5-155U 组成的双机冗余系统。而 S7 系列是西门子公司在 S5 系列 PLC 基础上近年推出的新产品，其性能价格比高，其中 S7-200 系列属于微型 PLC、S7-300 系列属于中小型 PLC、S7-400 系列属于中高性能的大型 PLC。

日本的小型 PLC 最具特色，在小型机领域中颇具盛名，某些用欧美的中型机或大型机才能实现的控制，日本的小型机就可以解决。在开发较复杂的控制系统方面明显优于欧美的小型机，所以格外受用户欢迎。日本有许多 PLC 制造商，如三菱、欧姆龙、松下、富士、日立、东芝等，在世界小型 PLC 市场上，日本产品约占有 70% 的份额。

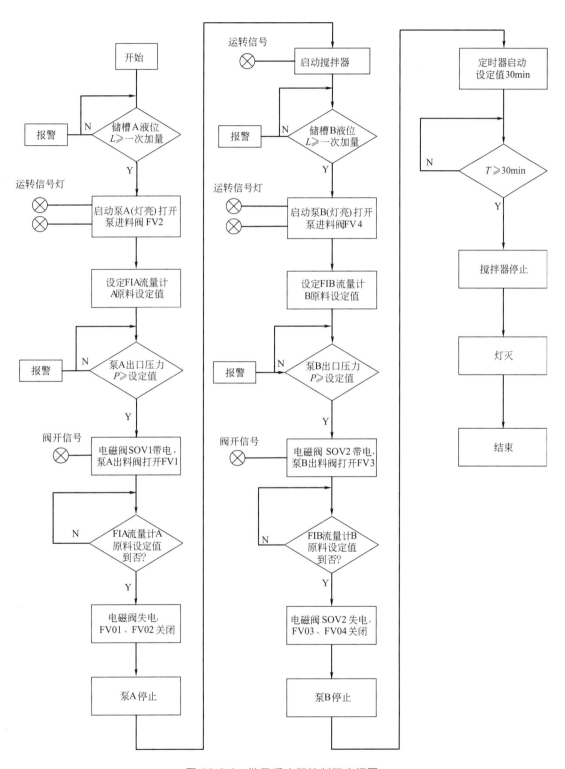

图 28-3-6 批量反应器控制程序框图

国产品牌的 PLC 在国内 PLC 市场份额所占比例很小，一直没有形成产业化规模，中国目前市场上 95％以上的 PLC 产品来自国外公司。在低端应用中台达、和利时等国内 PLC 品牌也有所应用，但在稳定性、扩展性，以及软件开发工具等方面与国外的产品还有较大的差距。

3.3　集散控制系统（DCS）

3.3.1　DCS 发展经历

20 世纪 60 年代随着石化、化工等行业的生产装置规模大型化、精细化，在过程控制方面曾相继提出了用计算机来控制整个生产过程的设想和探索。首先，在美国孟山都化学公司用计算机控制合成氨的生产过程，由于工业过程控制用的计算机必须是实时系统，对元器件的要求也比离线计算机要求高，如果这些没有保证就失去了工业使用的前提。因为把整个生产过程的监视和控制都集中在一台计算机去完成，危险性就集中了，一旦计算机部件出现故障，势必使整个装置陷于停顿。鉴于当时电子元器件质量、整机功能和价格等原因，工业计算机的应用未取得预期的效果，也没有推广普及。

20 世纪 70 年代中期，大规模集成电路取得突破性的发展，8 位微处理器得到了广泛的运用，使自动化仪表工业发生了巨大的变化，现代意义上的 DCS 也应运而生。首先推出这种设想的第一套系统是 1975 年美国 Honeywell 公司的 TDC-2000 系列，称为集散控制系统（Distributed Control System），又被称为分散控制系统、分布式控制系统。DCS 初期产品问世不久，这种设计思想很快被许多公司吸收，相继推出各具特色的 DCS 产品，在市场上颇具竞争力。DCS 在设计上采用控制分散化，数据处理、信号报警、管理集中化的策略，使一个控制回路有故障不会波及整体，而集中化了的管理系统万一有故障也不会影响到控制回路。同时，在客观上，随着计算机通信技术的发展和当时大规模集成电路技术的不断提高、完善，不仅使 DCS 的功能增加了，体积和重量减少了，而且可靠性有了数量级的提高[10,11]。

DCS 的出现解决了大型化生产对控制系统的要求，因此在连续性生产装置上获得了大量的运用，尤其是石化、化工、冶金、电力、建材、造纸和水处理等流程工业领域，这些行业的单套装置生产能力也得到迅速提高。在工业企业中，应用效益最直接、最明显的系统应当是工业控制系统，特别是 DCS。一直以来，有关 DCS 即将被 FCS（现场总线控制系统）所取代的声音就没有停止，然而直至今日，DCS 仍然具有相当强的生命力。

2015 年，标志着 DCS 系统进入工业应用 40 周年。如果说 DDC 是计算机进入控制领域后出现的新型控制系统，那么 DCS 则是网络进入控制领域后出现的新型控制系统。至今，DCS 已经历了大致五代的发展历史，在不同的工业系统中为用户所普遍采用。当然，由于产品生命周期是个复杂的问题，加之国内外各 DCS 生产厂家情况不同，产品换型年代不同，所以划分产品的年代（三代至五代的）观点也不尽相同[12~14]。

第一代早期的 DCS 产品因受当时元器件水平和条件限制，存储量小，功能也不丰富，如操作站的屏幕显示器不具有显示流程动态画面和历史趋势等功能。

第二代 DCS 产品的特征是 DCS 彻底实现了地域分散和功能分散，减少了噪声干扰，增加了数据接收数量，硬件结构的标准化程度提高了，通用性也增强了。

第三代 DCS 产品在第二代基础上功能更齐全，组态更方便、灵活，可在线维修，真正发挥了 DCS 的 "4C" 技术，将计算机（Computer）、控制（Control）、通信（Communication）和 CRT 或 LCD 图像显示技术融为一体。另外，采用开放式互连通信协议是第三代产品的重大特征。过去 DCS 都有自己的局域网，它可以与自己公司的各种仪表相连接，而不能接其他公司的产品或不同机型的产品，如果要接则必须要通过专用的接口装置和附加一些传送的约束条件，故一般称为封闭式通信系统。开放式系统中相互连接是标准的，只要遵循这个规则，各家产品都可相互连接，解决了网络之间通信协议的转换和网间寻址问题。

第四代 DCS 产品是随着生产企业对管理和控制要求的提高，不仅要对生产过程、装置进行控制和管理，还需要对整个车间、工厂到企业的生产计划、资源进行调度和管理。因此，出现了工厂信息网（Intranet），以信息的集成化和网络化为应用的重点。

DCS 通常采用分级递阶结构，如图 28-3-7 所示，每一级由若干子系统组成，每一个子系统实现若干特定的有限目标，形成金字塔结构[13]。

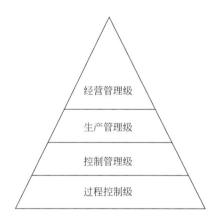

图 28-3-7 DCS 的分级递阶结构

伴随着现场总线控制系统的问世，相关成功应用的不断推广以及相关技术的研究的不断深入，第五代的 DCS 进入合成阶段，以及 DCS 与 FCS 的合成也提上日程。安装现场总线接口的 DCS 可以方便地合成现场总线控制系统，两者在过程控制、离散控制和批量控制中发挥着重要作用。

目前，DCS 无论在仪表的可扩展性，还是架构的可扩展性都得到了长足的发展。Wireless HART 及其自组织网格状网络等技术可方便地在工厂内按照设备类型、区域分布来增添仪表。也可以与 HART、FF 现场总线和 Profibus DP 等有线设备在不同的系统之间实现预测性诊断。以 Delta V 为代表的新一代 DCS 的架构规模灵活可变，I/O 数量可以从 25 个扩展到超过 100 万个。通过对过程控制系统进行分区域管理，确保了操作和扩展的灵活性，提高了系统的运行性能。每个区域均可独立执行维护或调试活动，而不会影响其他区域。

由于 DCS 应用了近代最新的科技成就，使其与常规模拟仪表相比[9,10]，具有下列明显的优点：

① DCS 有丰富的控制功能。除通常使用的 PID 控制、比值控制、串级控制外，还可以实现复杂的前馈控制、时序批量控制、多变量控制和其他先进控制等。控制算式采用模块设计形式，控制系统的组态用软件实现，修改增删方便，不像模拟仪表的改动必须涉及仪表盘

的布置和盘后接线等烦琐的工作。

② 使用 DCS 可以取消仪表盘和盘上仪表。它可以在线按计算结果进行控制，并有很大容量的记忆装置可储存大量生产数据，进行定期制表或在 CRT 屏幕上进行瞬时或历史数据的显示和报警，也可以把全装置的数据或一个控制回路的详细参数进行显示。

③ 施工安装方便。DCS 内部之间已配好线，可靠性高，主要部件（如数据高速通道、电源、控制用 I/O 卡件等）都采用热备冗余，并有自诊断故障功能，能及时自动报警，对有故障的卡件可在线维修而不会影响其他正常工作的卡件。

④ 可扩性好。可在线增删控制或检测回路而不会影响其他运行的回路。维修费用低，据 1989 年 10 月 26 日美国仪表学会（ISA）在美国费城召开的"用 DCS 改造经验交流会"上介绍，约可节省 30％。

⑤ 提高了经济效益。用 DCS 可易于实施先进控制和优化控制技术，减少开工过渡时间，提高产品收率，从而获得经济效益。这方面我国也有体会和认识，某炼油厂催化裂化装置使用 DCS 后，经测试验证轻油收率可提高 1.69％，液化气增产 719 吨/3 个月，根据 3 个月统计，比未用 DCS 约可增收 195 万元，开车过渡时间从 33h 缩短到 3h。需指出的是，要使 DCS 发挥经济效益，与操作、维护人员素质和 DCS 的质量密切相关。

⑥ 实时控制能力强。可以把分散在各处的分散数据通过通信网络集中起来，它又可方便地通过接口和上位管理计算机相联系，以实现更高一级的所谓计算机集成制造一体化系统（即 CIMS），这在日本、美国一些大企业已经成为现实。

国内用户已经普遍认识到采用 DCS 控制系统的重要性，新上和改扩建项目都会考虑采用 DCS 控制系统，但大多 DCS 系统目前还停留在简单生产操作和控制的应用层面，DCS 平台丰富的数据资源和控制功能都未得到充分利用，基于 DCS 平台数据的进一步深度应用还有很大空间可以挖掘，促进优化生产操作和控制，提高设备的利用率，提高生产的安全性将是建立在 DCS 控制系统平台上的主要应用课题。

3.3.2　DCS 的硬件结构组成

全世界 DCS 生产厂家众多，主要集中在美国和日本、西欧及中国等工业发展程度高的国家和地区。各厂家都采用了最先进的控制网络技术和开放性标准（系统具备开放的体系结构，可以提供多层开放数据接口），高性能的微处理器和最新的嵌入式设计技术、软件设计技术。近十年来，DCS 普遍采用可靠性设计技术，包括：容错设计技术（冗余和热插拔技术）和热设计、耐环境设计、电磁兼容设计、降额设计等。同时，所有的 DCS 系统设计采用合适的冗余配置和诊断至模块级的自诊断功能，充分保证了 DCS 系统在恶劣的工业现场具有高度的安全性、可靠性和可维护性。

伴随着 DCS 系统四十多年的发展，虽然不同品牌的 DCS 的硬件结构组成和软件内容都具有各自特色，但是组成硬件系统的基本部分都包括控制站、操作站和通信网络三大部分，如图 28-3-8 所示[11]。有的还将上位管理机、外围设备以及通过现场总线相连接的现场智能设备也包括进来。

按照图 28-3-7 DCS 的分级递阶结构，DCS 系统主要由过程控制级（现场控制站或 I/O 站）、数据通信系统（控制和管理）、控制管理级（人机接口单元，如操作员站 OPS、工程师站 ENS），以及机柜、电源等附属设备组成。DCS 系统硬件具有下列共同基本特点：

① 采用分级递阶的灵活结构，使用方便、易扩展。根据用户的不同规模和功能要求，

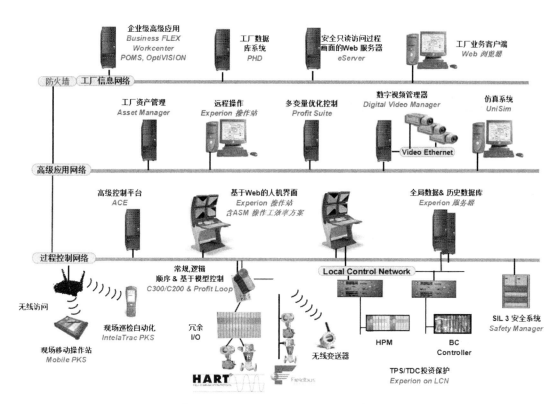

图 28-3-8 Honeywell PKS DCS 架构

配置可以很灵活。一般的系统配置分为过程控制级（主要是实现常规的控制规律以达到平稳操作为目标）和优化管理级（进行协调管理和优化），也可向上一级管理计算机实现通信联网，以达到更强的监控功能。

② 通过高速数据通信网络把分离的检测、控制信号连接起来构成集中监视、操作管理的系统。

③ 为提高可靠性，各个 DCS 的主要卡件、通信总线等都是采用冗余配置和具有自诊断功能及容错控制措施。

④ 在网络系统方面均采用开放系统互连的标准模式，通信规程或协议满足 MAP/TOP 的要求，以便实现网络内计算机间的数据库资源共享。

⑤ 有向上和向下的接口装置。通过向上接口装置可以与上位管理机相通信，通过向下接口装置可以与现场设备如工业色谱仪、称重仪、可编程控制器（PLC）等相通信。

从上述硬件配置中也可以看到，DCS 系统的主要部分都包括过程控制级、过程管理级和通信网络等，现把这三大部分概括介绍如下[15~17]。

（1）过程控制级 过程控制级主要实现过程信号的输入、变换、运算和输出等分散控制功能。在不同的 DCS 中，过程控制级的控制装置各不相同，如过程控制单元、现场控制站、过程接口单元等等，但它们的结构形式大致相同，统称为现场控制单元。

就本质而言，过程控制级的相关单元和站的结构形式和配置要求与模块化 PLC 的硬件配置基本是一致的。通常采用钢制的，符合接地、屏蔽等电气要求的机柜，内部分割成若干个机架或机笼，每个机架或机笼有多个卡件的插槽位（通常为 8、10、16、32 等槽位），可插入不同功能分散的卡件（模块）。机柜顶部一般为电源装置（机柜配电），中部为卡件模块槽，下部为现场 I/O 接线端子。各类卡件、模块是控制站的核心部分。包括：模拟和数字量 I/O 卡、RAM 存储器卡、多路转换卡、电源调整卡、通信接口卡、ROM 存储器卡、PROM 只读存储器卡和主控卡（CPU 卡，通常称为控制器）等。卡件按照一定的逻辑或物理顺序安装在机架或机笼中，各现场控制单元及其与控制管理级之间采用总线连接，以实现信息交互。不同的 DCS 系统，对于各种卡件在机笼中的安装，会在逻辑顺序或物理顺序上有相应规定。

过程控制单元挂接在控制网络上作为节点，各家公司产品结构虽不尽相同，但它的作用基本是相同的。它一般安装在靠近现场的地方，采用高度模块化的结构，可以根据过程监测和控制的需要管理几个监控点到数百个监控点。它是把现场送来的检测信号（如流量、温度、压力、液位等）经过滤波、线性化处理，将模拟量信号转换为二进制数字量信号，按软件预定组态的控制要求执行控制算法和程序后，再把数字量信号转换成模拟量信号（如执行顺序批量控制，则按逻辑量处理后以接点信号输出），输出至现场进行控制。

在化工过程控制中，为了提高系统运行的可靠性，重要的卡件如电源卡、通信接口卡、关键的 I/O 卡、主控卡以及网络等，各家 DCS 基本上都是采取 1∶1 冗余热备用配置，一个卡件有故障，冗余的卡件可以无缝的接替故障卡件的相关工作。此外，在可靠性方面都考虑有故障自诊断和容错控制措施。

对存放现场来的控制用数据、系统配置数据和趋势记录数据用的 RAM 存储器卡，为防止万一停电后数据丢失，多家公司的 DCS 皆配备有专用的后备电源系统。

各个卡件的主要功能为：

① 通信接口卡　传送数据至上位机或操作站进行通信联系用。

② RAM 卡　存放现场送来的数据和顺序控制程度。

③ CPU 卡　新一代 DCS 都采用 32 位芯片，主要用于启动和控制各种程序，对 I/O 监视，执行逻辑块和诊断功能。

④ 多路转换卡　用于工艺只要求数据采集不作控制用的输入信号，一般转换卡不设冗余。

⑤ PROM 卡　主要存放控制算法、用户程序及编译程序等。控制算法除一般 PID 算法外还有算术四则运算、函数运算、布氏代数运算，有的 DCS 的数学库还可进行傅里叶变换、矩阵运算和曲线选配等丰富功能，以满足用户实现先进控制和优化控制的复杂数学运算。

⑥ I/O 卡　除能接受模拟量信号外，还可处理数字量及脉冲量信号。

为了提高系统可用性，新一代 DCS 皆可以带电维修故障的卡件、拆换故障的卡件或新增加一个卡件都不会影响其他卡件的正常运行，即所谓的"热插拔"。"热插拔"意味着可在 DCS 带电运行期间添加任何系统组件，包括控制器、I/O 卡、现场设备和工作站，可在线扩展和升级系统，无需停车。

另外，多数 DCS 都具有掉电保护、自动再启动和 PID 参数自整定功能。

（2）过程管理级　过程管理级由工程师站、操作员站、管理计算机等组成，完成对过程控制级的集中监视和管理，通常称为操作站。

操作站和控制站一样都是通信网络上的一个节点。操作站用来显示并记录来自各控制单元的过程数据，是人与生产过程进行信息交互的接口装置。通常是由主机系统、显示设备（LED、LCD、VR 和屏幕投影等）、输入设备（键盘和鼠标以及手操器）和外围设备（信息存储设备和打印机）组成。所以，它具有实现数据、图像等强大的显示功能（如模拟参数显示、系统状态显示、多种画面显示等等）、报警功能、操作功能、记录、报表打印功能、组态和编程功能等等。操作人员通过操作站显示设备上的数字、文本及图像了解生产过程中的各种操作参数和有无报警的现状，操作人员的命令或变更操作的参数也要通过操作站上的按键键入。在控制室内根据装置规模的大小可设置不同数量的操作站（最少应有两台），其设置通常按工艺流程中的工段或区域来划分，各个站间的数据应相互可调用共享。

各家 DCS 的操作站结构组成不同，但一般都具有下列功能：

① 通信功能 可以与上位机和控制站间相互通信。

② 存储功能 有硬盘和软盘驱动器，可以存储各种数据，包括系统软件、报警/事件记录、历史数据记录等。

③ 显示控制功能 可利用彩色 CRT 显示各种过程中的文字数据和流程动态画面，也可显示某一控制点的详细参数数据，一般有总貌显示、成组参数显示、历史数据趋势显示、事故报警显示、流程画面显示、控制回路显示、诊断故障点显示等。

④ 有不同功能键盘 如专用键、多功能键、用户自定义键。

⑤ 可与外围设备连接 如与串行打印机、图像拷贝机相连接。

由于操作站是人机接口的界面，因此用户都喜欢选用人机友好的界面，包括屏幕显示的文字、图像色彩要十分醒目，键盘操作要十分方便，在画面上有屏幕提示和有上游下游或相关的过程重要信息一起显示，显示器的分辨率高，图像切换时间短，等等。

有些公司的 DCS 把控制站和操作站某些功能分离开来并加以强化，设立系统管理站，作为挂在局域网络上的一个节点，如历史单元模件和应用单元模拟。历史单元模件可以储存大量的过程数据、事件和系统文件等；应用单元模拟可进行高级的复杂计算和先进控制，其控制策略可用标准算法或用户处理程序，包括专用软件包如 PID 回路自整定、预测控制、实时统计产品质量控制等。有些公司的 DCS 没有这样的系统管理站硬件，而是设计强化管理软件来达到类似的功能。采用前者做法的有美国 Honeywell 公司、Foxboro 公司等，采用后者做法的有美国 Emerson 公司和日本横河电机株式会社等。此外，有些 DCS 的局部网络上挂接有高性能的管理计算机，可进行复杂的运算和强的管理能力，但有的 DCS 局部网络上不带有计算机，是一无主机的系统，它把操作站功能强化和对各节点工作站的功能加强了。

(3) 通信网络系统[18] DCS 的骨架——系统网络，它是 DCS 的基础和核心。由于网络对于 DCS 整个系统的实时性、可靠性和扩充性起着决定性的作用，因此各厂家都在这方面进行了精心的设计。对于 DCS 的系统网络来说，它必须满足实时性的要求，即在确定的时间限度内完成信息的传送。这里所说的"确定"的时间限度，是指无论在何种情况下，信息传送都能在这个时间限度内完成，而这个时间限度则是根据被控制过程的实时性要求确定的。因此，衡量系统网络性能的指标并不是网络的速率，即通常所说的每秒比特数（bps），而是系统网络的实时性，即能在多长的时间内确保所需信息的传输完成。系统网络还必须非常可靠，在任何情况下，网络通信都不能中断，因此多数厂家的 DCS 均采用双总线、环形或双重星形的网络拓扑结构。为了满足系统扩充性的要求，系统网络上可接入的最大节点数量应比实际使用的节点数量大若干倍。这样，一方面可以随时增加新的节点；另一方面也可以使系统网络运行于较轻的通信负荷状态，以确保系统的实时性和可靠性。在系统实际运行过程中，各个节点的上网和下网是随时可能发生的，特别是操作员站，这样，网络重构会经常进行，而这种操作绝对不能影响系统的正常运行，因此，系统网络应该具有很强的在线网络重构功能。

通信网络系统是 DCS 的重要关键部分，通过它才能把分散的现场数据和网上各站间信息传输过来进行集中处理，以实现生产过程的管理和控制。

DCS 通信网络是一实时的过程控制网络，它主要的通信量是系统的信息流，所以要特别强调网络的可靠性问题。在选择 DCS 的通信网络时主要是考虑拓扑结构、网络介质、数据传输形式和介质送取的控制方法。

① 拓扑结构。从目前国外主要 DCS 的通信网络结构来看，以总线型结构最为普遍，如美国 Honeywell 公司、Foxboro 公司、Emerson 公司、Westinghouse 公司和日本横河的 DCS 都是采用总线型的拓扑结构形式；也有少数公司如美国的 Bailey 公司、Leeds&Northrup 公司以及 Siemens 公司的 DCS 为环形拓扑结构；星型结构在 DCS 早期产品中有些公司曾经采用，现已淘汰。总线结构是：各工作站之间的通信通过总线进行，所有工作站共享总线，每次只有一台设备可传送信息，因此要按一定的访问控制方式来决定设备的传输，这种结构形式当某一站出现故障时不会影响整个网络，可靠性高。

② 网络介质。作为 DCS 用的通信网络介质一般有 4 种，即双绞线、基带同轴电缆、宽带同轴电缆和光纤电缆。带宽是指系统可有效利用的频率波段宽带，也决定可传输的速度。双绞线带宽很窄，传输速率低，抗干扰性差，因此不宜用于较长距离及高速数据的传输，价廉是它的优点。目前工业上大量使用的是中等带宽的同轴电缆，有很强抗干扰能力和较高的带宽。光纤电缆有很高的带宽，传输速度高，抗电磁干扰能力强，缺点是价格高。

③ 数据传输形式。在计算机局域网中，数据传输有基带传输和宽带传输两种方式。多数 DCS 是采用基带传输方式，因此基带传输比较可靠简单，发送和接收采用相同频率，所以价格相对较低。

④ 介质送取控制方法。目前局域网中介质送取控制方法有两种：一种是采用国际电气电子工程师协会标准 IEEE802.4 令牌传输控制方法；另一种是 IEEE802.3 标准即载波侦听多路送取/冲突检测 CSMA/CD 方法。多数 DCS 网络是采用 IEEE802.4 标准，因为它具有可支持优先级别和实时性强的优点，世界上多数 DCS 公司如 Honeywell、Foxboro、Rosemount、ABB 及横河都是采取这种方法。令牌传输控制方法只有一个令牌在循环传送，不会发生碰撞情况，各站对介质共享是平等的。也有一些 DCS 是采用 CSMA/CD 方法，这种方法是各个站都有权发送信息，为避免冲突起见，每站发送前先要侦听一下总线是否有数据发送，如发生碰撞要退回来，下次再发。这种方法如有大量数据传输时，实时性很差，不宜用于节点多的场合，否则通信效率会急剧下降。这种方法主要优点是价格低廉，适用于小规模系统或实时性不强的办公室自动化系统。

综上所述，作为工业实时控制用的 DCS 局域网应优先考虑采用的是总线型拓扑结构、同轴电缆介质、基带传输方式和令牌传输控制方法。

⑤ DCS 通信体系结构。过去各家 DCS 公司的通信网络系统都采用"封闭式"体系，专用的通信标准和协议，各家产品彼此间不能兼容互连，给各工业部门的用户带来很大困难。为此，各个国际标准化组织如 ISO（国际标准化组织）、IEC（国际电工委员会）、IEEE（国际电气电子工程师协会）、CCITT（国际电报与电信咨询委员会）都力图解决 DCS 网络的通信问题。如图 28-3-9 所示为 IEC 于 1986 年 7 月提出的三级标准通信网络体系的结构形式，已为各国 DCS 公司广泛采用，正在实现 ISO/OSI 的开放互连通用化的网络标准。

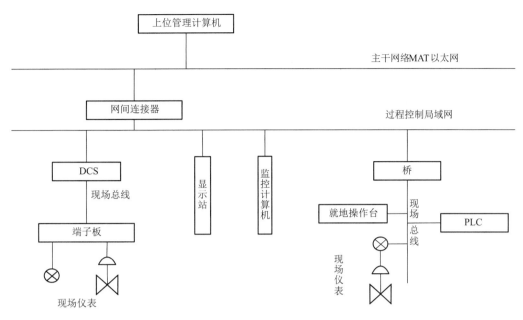

图 28-3-9 三级标准通信网络体系的结构形式

最低一级通信即现场总线标准，随着带微处理器的变送器、执行器等数字化现场设备的迅速发展和应用，化工过程 DCS 控制系统中，为大家所接受的标准为 FF 总线（基金会现场总线）。DCS 过程控制系统将现场总线、OPC 和 IEC6113-3 等开放性标准作为系统的核心技术，从而使系统提供了更强的开放性和系统集成性。

(4) 电子布线技术[19]　一般的 DCS 项目中经常会碰到诸如单点故障、交叉布线、FF 现场总线的网段供电和接地（信号地、工作地、数字地、保护地）等问题，以及后期 I/O 和工艺流程的设计变更导致的投资和维护成本的急剧增加。

Delta V 系统采用了电子布线技术，无需考虑信号类型或控制策略而将现场电缆灵活地布设在任何区域，可以显著消除控制系统中现场布线的复杂性。每个接线端子都有一个单通道特性化模块（或称为 CHARM），其中包括 A/D 转换器和用于区分不同信号类型的信号特征。通过冗余的 CICO（CHARM I/O）卡、通信网络、CHARM 和 CIOC 卡之间的供电电源来确保系统的可靠性。可在工厂的任意位置添加 I/O，而不会对机柜造成影响，即无需重新设计和重新布线。无需额外增加费用或调整开车进度，即可实现项目的后期变更。

CHARM 是安装在连接现场电缆的接线端子上的单通道组件，内嵌 A/D 转换器和信号表征器。每台设备都可连接至任意位置，无需考虑其信号类型。只需插入对应信号类型的 CHARM 模块，即可完成连接。完成 CHARM 安装后，通道将以电子布线方式被分配至系统的任一控制器。这意味着无需集线柜或交叉布线，减少了所需电缆数量，降低了工作量，并且减少了潜在的故障点。

事实证明，电子布线和 CHARM 的安装十分灵活，如图 28-3-10 所示，与传统布线方式相比，能够节省最多 50% 的布线，并且消除了传统的集线柜和交叉布线。此外，电子布线技术和 CHARM 降低了维护费用，实现了轻松快速处理后期变更而不影响开车的计划，同时提高了系统可靠性。

传统化工 DCS 控制系统应用中需要为危险区域的 I/O 配备价格昂贵的防爆箱或隔离安

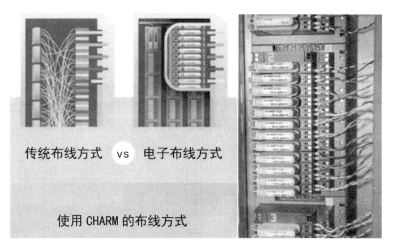

图 28-3-10 传统布线与电子布线技术

全栅，同时还要为安全栅和接线端子预留空间，以及确保符合安全要求规范的不间断维护操作。借助 IS（本安型）CHARM 电子布线技术可减少占用空间、节省大量成本，增加的本安型回路支持危险区域布线。此外，IS CHARM 消除了安全栅和机柜间交叉布线的需求，使得空间需求更少、布线工作更少，提高了可靠性。

3.3.3　DCS 的软件

DCS 的软件体系如图 28-3-11 所示，通常可以为用户提供相当丰富的功能软件模块和功能软件包。DCS 的硬件和软件，都是按模块化结构设计的，所以 DCS 的开发实际上就是将系统提供的各种基本模块按实际的需要组合成为一个系统，这个过程称为 DCS 系统的组态。控制工程师利用 DCS 提供的组态软件，将各种功能软件进行适当的"组装连接"（即组态），生成满足控制系统要求的各种应用软件。

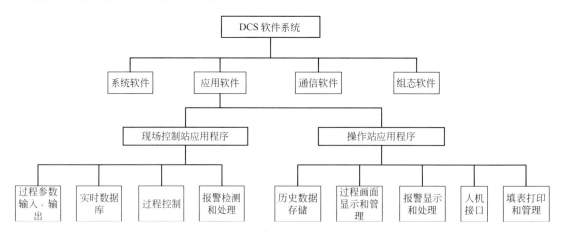

图 28-3-11　DCS 的软件体系

DCS 软件通常包括操作系统软件、组态软件、控制软件、操作站软件、应用软件和通信软件等几部分，扼要分述如下[11]。

（1）操作系统软件　它与具体机器环境密切相关，一般采用符合国际通用标准的实时多用户操作系统（目前多为 Windows 系统）。操作系统应支持 BASIC、FORTRAN、C 语言、结构化文本、梯形逻辑和一般专用语言。

（2）组态软件　一般由数十个到数百个基本软件模块和扩展功能模块组成，包括输入、输出、选择、四则算术运算、逻辑运算、函数运算、报警、限幅、顺序等，用户可以利用这些软件模块，结合需要把模块内部连接成各种不同的控制回路。组态方法是根据不同制造公司的规定，可以采用菜单式处理，也可采用填空方式，即允许用户构成系统无需编程就可运行。组态软件只需一次定义，并允许用户方便地修改整个系统。早期的 DCS 产品多数需要专用的组态软件和组态环境，而最新的 DCS 组态软件都可以在个人计算机上完成相关的控制组态。随着分布式组态技术和跨平台软件技术的发展，通用组态软件的广泛应用也是 DCS 组态软件的一大趋势。虽然 IFIX 和 Intouch 等通用组态软件的应用越来越普及，但是其通用功能却不能替代应用的差异性。各家不同 DCS 产品功能的强弱能够从所提供的附加扩展软件模块体现出来，并且含有很强的专业特性，比如专为某一行业或产品流程开发的功能模块，而这一点恰恰是未来 DCS 以服务为核心的重要体现。

（3）控制软件　应有许多标准算法，可以根据工艺系统的不同要求采用比例、积分、微分、超前/滞后、非线性控制、前馈控制、串级控制、顺序控制等控制，有些 DCS 制造公司还引入了 PID 参数自整定系统和自适应的控制软件。

（4）操作站软件　包括图像生产软件、数据库管理软件、表报生成软件和文件传送软件等，有的还与历史文件数据库相结合。图像生成软件应以面向图形为基础，有一套预先生成的基本图形库，并可进一步组合成复杂的流程显示图形，带有图形的属性（颜色、可视性），以及有使图形旋转缩小、放大等作图功能。

数据信息管理系统应以实时管理程序为基础，使历史文件数据、表报等都具有时间基础的管理信息，系统操作（如选择不同画面或改变控制参数等）应十分方便。

（5）应用软件　一般都是结合工艺过程开发出来的先进控制软件，在国外有的已经形成商品化的软件包。DCS 的控制系统中采用了这些软件（有些需要结合应用作二次开发）就可以实现许多先进的高级控制系统，如解耦控制、非线性控制、多变量预估控制和模糊控制等，使 DCS 的硬件潜在功能得到进一步的开发，可收到更大的效益。

（6）通信软件　通信软件作为网络上各节点（如操作站与控制站间、各工作站与管理计算机间），实现网络的实时通信和故障诊断。

（7）访问的安全性　工厂里各级人员要在 DCS 上访问必需的数据是经常遇到的，然而对不同级别人员的访问应在软件设计中有所限制。通常是采用提供密码（Password）保护方法或指定操作站对系统访问进行组态的控制，这样可为每个用户分配一个操作环境，这个环境使该用户只有键入密码后才能进入可访问的页面。

（8）实时数据库　起到了中心环节的作用，在这里进行数据共享，各执行代码都与它交换数据，用来存储现场采集的数据、控制输出以及某些计算的中间结果和控制算法结构等方面的信息。数据巡检模块用以实现现场数据、故障信号的采集，并实现必要的数字滤波、单位变换、补偿运算等辅助功能。DCS 的控制功能通过组态生成，不同的系统需要的控制算法模块各不相同，通常会涉及以下一些模块：算术运算模块、逻辑运算模块、PID 控制模块、变型 PID 模块、手自动切换模块、非线性处理模块、执行器控制模块等等。控制输出模块主要实现控制信号以及故障处理的输出。

3.3.4 DCS 主要产品介绍

目前世界上大约有十几个国家，共有 60 多个公司推出自己开发的 DCS 系统，型号众多，自成一体，用途也各有侧重。我国从 20 世纪 70 年代中后期起，首先在大型进口设备成套中引入国外的 DCS，首批有化纤、乙烯、化肥等进口项目。现在中国市场上的 DCS 供应商近 20 家，可分为欧美品牌、日系品牌、国内品牌几个集群。最早进入中国市场的是日系品牌的 Yokogawa，其 Centum 系列早在 20 世纪 80 年代我国即已大量引进，同期引进的还有美国 Honeywell 公司的 TDC 系列。

实践证明，采用通用软硬件比 DCS 厂商开发专用软硬件更能提高整个系统的稳定性、开放性。多数 DCS 厂商自己已经不再开发组态软件平台，而转入采用兄弟公司（如 Invensys 用 Wonderware 软件为基础）的通用组态软件平台，或其他公司提供的软件平台（Emerson 用 Intellution 的软件平台做基础）。此外，多个 DCS 厂家甚至 I/O 组件也采用 OEM 方式（Invensys 采用 Eurothem 的 I/O 模块，横河的 R3 采用富士电的 Processio 作为 I/O 单元基础，Honeywell 公司的 PKS 系统则采用 Rockwell 公司的 PLC 单元）作为现场控制站。

中石化、中石油和中海油下属的石化公司，无论是新建项目还是改造项目，项目金额和数量均持续增长。从主要供应厂商看，基本格局仍然是 Emerson、Honeywell、Yokogawa 和 Invensys 这 4 家厂商主导。Honeywell 在油气和石化领域继续保持第一的位置，Emerson 和 Yokogawa 继续保持石化行业前三位的位置[10]。

为了发展自己的 DCS，我国政府规定国外的 DCS 厂商必须在本地有合作伙伴，这给早期的国内 DCS 厂家的成长和逐步壮大创造了机会。经过近 30 年的努力，国内已有多家生产 DCS 的厂家，其产品应用于大中小各类过程工业企业，其中，和利时、浙大中控、国电智深 3 家已具有相当规模。不过目前国外 DCS 产品在国内市场中占有率还比较高，从数量来说，以采用 Honeywell、Yokogawa、ABB 等公司产品为多。目前，国内市场上 DCS 主要供应商及其代表产品见表 28-3-1 所示。

表 28-3-1　国内市场上 DCS 主要供应商及其代表产品

所属厂商	产品名称
ABB	AC800F
	AC800M
	Industrial IT System 800xA
Emerson	Delta V
	Ovation
Honeywell	PKS
Foxboro	I/A Series
	A^2
Eurothem	NETWORK-6000＋
Siemens	PCS7
	APACS
	T-XP

所属厂商	产品名称
Yokogawa	CS3000
Rockwell	Process Logix
和利时	HOLLiAS/MACS
浙大中控	WebField ECS
	WebField JX
	WebField GCS
上海新华	XDPS-400+
	DEH-IIIA
国电智深	EDPF-NT
威盛	FB-2000NS
浙大中自	SunyTDCS9200
	SunyPCC800
国电海润	EDPF-NT

此外，已投运的国产 DCS 系统与进口产品比较综合性能差距不大，各类全封闭设计模件具有免维护性能，总的 I/O 点数应用也达到 15000 多点以上；软件全在 Windows 平台运行，界面友好，组态修改方便，全中文环境，易于理解和掌握，应用功能基本包括了工厂的全部需求。这表明 DCS 设计制造、性能参数方面均能满足当前我国大规模流程工业的控制设计规范要求。

国产 DCS 在备品、备件供货周期，现场服务等待时间以及年均设备更换费用、质保服务费用方面和进口品牌相比都具有明显的地域优势和价格优势。总体运行维护费用大约为国外品牌的 1/3。

2013 年 DCS 市场厂商格局与 2012 年基本一致。市场高度集中，Top10 的厂商占据整个市场绝大部分份额。Supcon、Emerson、Hollysys 依旧位居三甲，并且其业绩均有所增长。2013 年下半年开始，国内风电新建项目逐步放开，核电项目审批稳步进行，相应电力市场将稳步增长；同时随着 DCS 整体价格的逐步下降，以及小型化和灵活度的提高，DCS正在逐步替代 SCADA 厂级监控方案。

3.4　现场总线控制系统（FCS）

现场总线（Fieldbus）是连接智能现场设备和自动化系统的全数字、双向、多站的通信系统[15~18]。主要解决工业现场的智能化仪器仪表、控制器、执行机构等现场设备间的数字通信以及这些现场控制设备和高级控制系统之间的信息传递问题。是当今自动化领域技术发展的热点之一，被誉为自动化领域的计算机局域网。它的出现标志着工业控制技术领域又一个新时代的开始。

现场总线技术起源于欧洲，目前以欧、美、日地区最为发达，世界上已出现过的总线种类近 200 种。经过 30 多年的竞争和完善，目前较有生命力的有 10 多种，并仍处于激烈的市场竞争之中。加之众多自动化仪表制造商在开发智能仪表通信技术中已形成各自不同的特点，使得统一标准的制订困难重重。现场总线在过程控制中的实际应用，一直延误到 20 世纪 90 年代后期才逐步实现。

在 DCS 中管理与控制相分离，上位机用于集中监视管理功能，多台下位机下放分散到现场实现分布式控制功能，上下位机之间以控制网络互联以实现相互之间的信息传递，克服了集中数字控制系统对控制器的处理能力和可靠性要求很高的缺点。

由于不同的 DCS 厂家出于垄断经营的目的，对其控制通信网络采用专用的封闭形式，不同厂家的 DCS 系统之间以及 DCS 与上层的 Intranet、Internet 之间难以实现网络互联和信息共享。因此 DCS 系统实质上是一种专用封闭的、不能互联的分布式控制系统，且 DCS 价格昂贵，用户对此提出了开放性和降低成本的迫切要求。

FCS 正是顺应了上述的用户要求，采用了现场总线这一开放的、可互连的网络技术将现场的各种控制器和仪表设备相互连接，把控制功能彻底下放到现场，降低了安装成本和维护费用。因此，FCS 系统实质上是一种开放的、互连的、低成本的、彻底分散的分布式控制系统。

1984 年，美国仪表协会（ISA）下属的标准与实施工作组中的 ISA/SP50 开始制定现场总线标准；1985 年，国际电工委员会决定由 Proway Working Group 负责现场总线体系结构与标准的研究制定工作；1986 年，德国开始制定过程现场总线（Process Fieldbus）标准，简称为 Profibus，由此拉开了现场总线标准制定及其产品开发的序幕。与此同时，其他一些组织或机构（如 WorldFip 等）也开始从事现场总线标准的制定和研究。

1996 年到 1998 年，国际性组织 FF（现场总线基金会）和 PNO（Profibus 国际组织）先后发布了适于过程自动化的现场总线标准 H1、H2（HSE）和 Profibus-PA，H1 和 PA 都在实际工程中开始应用。1999 年年底，包含 8 种现场总线标准在内的国际标准 IEC-61158 开始生效，除 H1、HSE 和 PA 外，还有 WorldFIP、Interbus、ControlNet、P-NET、SwiftNet 等五种。

诞生于不同领域的总线技术往往对这一特定的领域的适用性就好一些。如 Profibus 较适用于工厂自动化，CAN 适用于汽车工业，FF 总线（Foundation Fieldbus）主要适用于过程控制，LON 适用于楼宇自动化等。

3.4.1 FCS 的基本结构组成

FCS 兴起于 20 世纪 90 年代，它采用现场总线作为系统的底层控制网络，沟通生产过程现场仪表、控制设备及其与更高控制管理层次之间的联系，相互间可以直接进行数字通信，通常我们把 FCS 称为第五代控制系统。

作为新一代控制系统：①FCS 突破了 DCS 采用专用通信网络的局限，采用了基于开放式、标准化的通信技术，克服了封闭系统所造成的缺陷；②FCS 进一步变革了 DCS 中"集散"系统结构，形成了全分布式系统构架，把控制功能彻底下放到现场。需要指出的是，DCS 以其成熟的发展、完备的功能及广泛的应用，在目前的工业控制领域内仍然扮演着极其重要的角色。

不同于 DCS 的三层结构，FCS 采用的结构模式为"工作站——现场总线智能仪表"二层结构，如图 28-3-12 所示。因此，其成本低、可靠性高，并可实现真正的开放式互连系统结构。

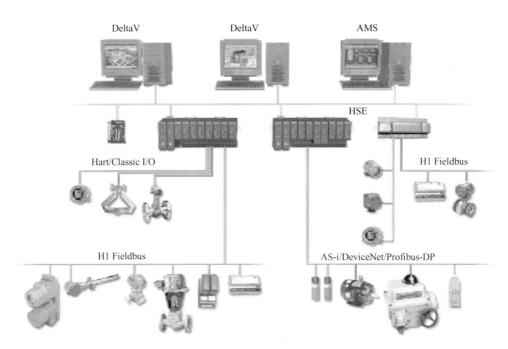

图 28-3-12 现场总线结构

3.4.2　典型的现场总线

现场总线的发展过程中，因为经济、政治等多种复杂因素而充满了竞争，各大跨国公司的利益与总线的发展息息相关，最后通过妥协，现场总线技术出现了协调共存、共同发展的局面。目前，主流现场总线及其技术特点和应用领域如表 28-3-2 所示。

表 28-3-2　主流现场总线及其技术特点和应用领域

总线类型	技术特点	主要应用场合	价格	支持公司
FF	功能强大，本安，实时性好，总线供电；但协议复杂，实际应用少	流程控制	较贵	Honeywell、 Rosemount、ABB、Foxboro、横河、山武等
WorldFIP	有较强的抗干扰能力，实时性好，稳定性好	工业过程控制	一般	Alstone
Profibus PA	本安，总线供电，实际应用较多；但支持的传输介质较少，传输方式单一	过程自动化	较贵	Siemens
Profibus DP/FMS	速度较快，组态配置灵活	车间级通信、工业、楼宇自动化	一般	Siemens
InterBus	开放性好，与 PLC 的兼容性好，协议芯片内核由国外厂商垄断	过程控制	较便宜	独立的网络供应商支持
P-NET	系统简单，便宜，再开发简易，扩展性好；但响应较慢，支持厂商较少	农业、养殖业、食品加工业	便宜	Proces-data A/S
SwiftNET	安全性好，速度快	航空	较贵	Boeing
CAN	采用短帧，抗干扰能力强，速度较慢，协议芯片内核由国外厂商垄断	汽车检测、控制	较便宜	Philips、Siemens、Honeywell 等
LonWorks	支持 OSI 七层协议，实际应用较多，开发平台完善，协议芯片内核由国外厂商垄断	楼宇自动化、工业、能源	较便宜	Echelon

（1）Profibus 总线　过程现场总线 Profibus 由 Siemens 公司提出并极力倡导，已先后成为德国国家标准 DIN19245 和欧洲标准 EN50170。Profibus 是一种比较成熟的总线，在工程上的应用十分广泛。有统计认为 Profibus 在世界市场上所占的份额高达 21.5%，居于所有现场总线之首。

Profibus 是一种开放式的现场总线标准，由主站和从站组成，主站能够控制总线，当主站获得总线控制权后，可以主动发送信息。从站通常为传感器、执行器、驱动器和变送器。其控制系统结构如图 28-3-13 所示[16]。它们可以接收信号并给予响应，但没有控制总线的权力。当主站发出请求时，从站回送给主站相应的信息。Profibus 除了支持这种主从模式外，还支持多主多从的模式。

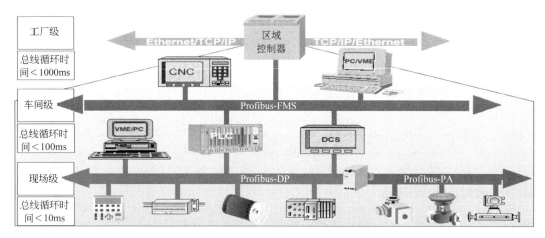

图 28-3-13　Profibus 控制系统结构

Profibus 由 Profibus-PA、Profibus-DP 和 Profibus-FMS 三个系列组成。①Profibus-PA（Process Automation）用于过程自动化的低速数据传输，其基本特性同 FF 的 H1 总线，可以提供总线供电和本质安全。②Profibus-DP 与 Profibus-PA 兼容，基本特性同 FF 的 H2 总线，可实现高速传输，适用于分散的外部设备和自控设备之间的高速数据传输，用于连接 Profibus-PA 和加工自动化。③Profibus-FMS 适用于一般自动化的中速数据传输，主要用于传感器、执行器、电气传动、PLC、纺织和楼宇自动化等。

后两个系列采用 RS485 通信标准，传输速率从 9.6kbps 到 12Mbps，传输距离从 1200m 到 100m（与传输速率有关），在 12Mbps 时为 100m，1.5Mbps 时为 400m。

Profibus 协议以 ISO/OSI 参考模型为基础，第 1 层为物理层，定义了物理的传输特性；第 2 层为数据链路层；第 3～6 层 Profibus 未使用；第 7 层为应用层，定义了应用的功能。这种简化的结构确保了 Profibus-DP 的快速、高效的数据传输。

PNO 组织于 2001 年 8 月发表了 PROFInet 规范。PROFInet 将工厂自动化和企业信息管理层 IT 技术有机地融为一体，同时又完全保留了 Profibus 现有的开放性。

PROFInet 现场总线体系结构支持开放的、面向对象的通信，这种通信建立在普遍使用的 Ethernet TCP/IP 基础上，优化的通信机制还可以满足实时通信的要求。基于对象应用的 DCOM 通信协议是通过该协议标准建立的。以对象的形式表示的 PROFInet 组件根据对象协议交换其自动化数据。自动化对象即 COM 对象作为 PDU 以 DCOM 协议定义的形式出现在通信总线上。连接对象活动控制（ACCO）确保已组态的互相连接的设备间通信关系的建立和数据交换。传输本身是由事件控制的，ACCO 也负责故障后的恢复，包括质量代码和时间标记的传输、连接的监视、连接丢失后的再建立以及相互连接性的测试和诊断。

Profibus 可以通过代理服务器（Proxy）很容易地实现与其他现场总线系统的集成，在该方案中，通过代理服务器将通用的 Profibus 网络连接到工业以太网；通过以太网 TCP/IP 访问 Profibus 设备是由 Proxy 使用远方程序调用（RPC）和 Microsoft DCOM 进行处理的。

（2）基金会现场总线（Fieldbus Foundation，FF） 基金会现场总线（FF）是国际上几家现场总线经过激烈竞争后形成的一种现场总线，由现场总线基金会推出。FF 是国际公认的唯一不附属于某企业的公正非商业化的国际标准化组织，其宗旨是制定统一的现场总线国际标准，无专利许可要求，可供任何人使用。

FF 总线提供了 H1 和 H2 两种物理层标准。其网络协议结构如图 28-3-14 所示。

OSI	H1	H2 与使用标准	
	用户层	用户层	（FF制定）
应用层	应用层	应用层	RFC1451,1883
描述层			
会话层			
传输层		传输层	RFC791，793(TCP/IP)
网络层		网络层	RFC1157，2030
数据链路层	数据链路层	数据链路层	IEEE202.2
物理层	物理层	物理层	IEEE802.3u

图 28-3-14 FF H1、H2 网络协议结构

① FF_H1：以 OSI 参考模型为基础的四层结构模型，采用令牌总线介质访问技术，用于工业生产现场设备连接。H1 是用于过程控制的低速总线，传输速率为 31.25kbps，传输距离为 200m、450m、1200m、1900m 四种（加中继器可以延长），可用总线供电，支持本质安全设备和非本质安全总线设备。

② FF_HSE（High Speed Ethernet）现场总线即为 IEC 定义的 H2 总线：采用基于 Ethernet（IEEE 802.3）＋TCP/IP 的六层结构，主要用于制造业（离散控制）自动化以及逻辑控制、批处理和高级控制等场合。H2 为高速总线，其传输速率为 1Mbps（此时传输距离为 750m）或 2.5Mbps（此时传输距离为 500m）。

H1 和 H2 每段节点数可达 32 个，使用中继器后可达 240 个，H1 和 H2 可通过网桥互连。

FF 的突出特点在于设备的互操作性、改善的过程数据、更早的预测维护及可靠的安全性。在 FF 总线网络中，设备之间传送信息是通过预先组态好了的通信通道进行的。这种在现场总线网络各应用之间的通信通道称之为虚拟通信关系（Virtual Communication Relationships，VCR）。现场设备应用进程之间的连接是一种逻辑上的连接，一种软连接。

FF 总线为现场设备提供两种供电方式：①总线供电；②非总线式单独供电。在总线供

电的场合，总线上既要传送数字信号，又要由总线为现场设备供电。1Mbps 的 H2 总线规范还支持一种特殊的电流模式，用于本安型总线供电的应用场合。1Mbps 的现场总线信号是加载在 16kHz 的交流电源信号上的。

(3) CAN 总线　CAN-bus（Controller Area Network）即控制器局域网，是国际上应用最广泛的现场总线之一。已被广泛应用到各个自动化控制系统中。例如，在汽车电子、自动控制、智能大厦、电力系统、安防监控等各领域。

20 世纪 80 年代，Bosch 的工程人员开始研究用于汽车的串行总线系统，因为当时还没有一个网络协议能完全满足汽车工程的要求。参加研究的还有 Mercedes-Benz 公司、Intel 公司，还有德国两所大学的教授。1986 年，Bosch 在 SAE（汽车工程人员协会）大会上提出了 CAN。1987 年，INTEL 就推出了第一片 CAN 控制芯片——82526；随后 Philips 半导体推出了 82C200。1993 年，CAN 的国际标准 ISO11898 公布，从此 CAN 协议被广泛用于各类自动化控制领域。1994 年美国汽车工程师协会以 CAN 为基础制定了 SAEJ1939 标准，用于卡车和巴士控制和通信网络。目前，几乎每一辆欧洲生产的轿车上都有 CAN；高级客车上有两套 CAN，通过网关互连；每年都有数以亿计的 CAN 控制器投入使用。

但令人遗憾的是，迄今为止轿车上基于 CAN 的控制网络至今仍是各大公司自成系统，没有一个统一标准。当今车联网的发展势头非常强劲，无论是谷歌、特斯拉，还是大众等公司，都在致力于自己的标准的发展，并没有有效的、标准的融合方案。

基于 CAN 的应用层协议应用较通用的有两种：DeviceNet（适合于工厂底层自动化）和 CANopen（适合于机械控制的嵌入式应用）。

CAN-bus 是一种多主方式的串行通信总线，基本设计规范要求有高的位速率，高抗电磁干扰性，而且能够检测出产生的任何错误。当信号传输距离达到 10km 时，CAN-bus 仍可提供高达 5kbps 的数据传输速率。

CAN 的任一节点可在任一时刻主动发送，其报文以标识符分为不同的优先级，可满足不同的实时性要求，优先级最高的报文保证 $134\mu s$ 内得到传输。CAN 采用非破坏性总线仲裁技术，大大节省了总线冲突的仲裁时间。通过对报文滤波可实现点对点、一点对多点和全局广播等多种传送方式。CAN 总线的速率最高可达 1Mbps，最远可达 10km，节点数可达 110 个，标识符几乎不受限制。另外，CAN 的短帧结构，传输时间短、受干扰概率低，适于工业环境；每帧信息都采用 CRC 校验及其他检错措施，数据出错率极低。通信介质选择灵活（双绞线、同轴电缆或光纤）。CAN 在通信出现严重错误的情况下自动关闭输出，保证不影响总线上其他节点通信。需要指出的是，CAN 的开发技术容易掌握，能充分利用现有的单片机开发工具也是其广泛应用的有力支撑。

CAN 总线的两个核心器件为 SJA1000 控制器和收发器 82C250。CAN 控制器的作用是完成 CAN 规范所规定的物理层和数据链路层大部分功能，有微处理器接口，易于连接单片机。主要有独立 IC 或与单片机集成在一起的两种结构类型，SJA1000 属于前者。而 Philips 的 87C591、LPC2119，西门子的 C167C，INTEL 的 80C196CA 等属于后者，但都遵循 CAN2.0 规范。

(4) DeviceNet 总线　DeviceNet 是设备层现场总线，是 20 世纪 90 年代中期发展起来的一种基于 CAN 技术的开放型、符合全球工业标准的低成本、高性能的通信网络。它通过一根电缆将 PLC、传感器、光电开关、操作员终端、电动机、轴承座、变频器和软启动器等现场智能设备连接起来，是分布式控制系统减少现场 I/O 接口和布线树立、将控制功能下载到现场设备的理想解决方案。

DeviceNet 最初由 Rockwell 公司设计，目前由开放式设备网供货商协会 ODVA（Open DeviceNet Vendors Association）组织和管理，负责 DeviceNet 协议的制定和增补工作。几乎所有世界著名的电器和自动化元件生产上都在大力开发 DeviceNet 产品，如 ABB、Rockwell、GE、Phoenix、Contacts、Omron、Hitachi、Cutler-Hammer 等。

DeviceNet 不仅可以作为设备级的网络，还可以作为控制级的网络，通过 DeviceNet 提供的服务还可以实现以太网上的实时控制。较之其他现场总线，DeviceNet 不仅可以接入更多、更复杂的设备，还可为上层提供更多的信息和服务。DeviceNet 的拓扑结构如图 28-3-15 所示，其最长支线是 6m（20ft），终端电阻是 121Ω。

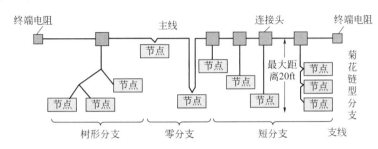

图 28-3-15 DeviceNet 的拓扑结构

注：1ft＝0.3048m。

工业控制网络底层节点相对简单，传输数据量小，但节点数量大，要求节点费用低。针对此通信要求，DeviceNet 可以提供低端网络设备的低成本解决方案；低端设备的智能化；主-从以及对等通信的能力。

DeviceNet 有两个主要用途：①传送与低端设备关联的面向控制的信息；②传送与被控系统间接关联的其他信息（例如配置参数）。

3.5 紧急停车系统（ESD）

紧急停车系统[20]（Emergency Shut Down，ESD），它是一种经专门机构认证、具有一定安全等级，用于降低生产过程（特别是高温、高压、易燃、易爆等连续性生产作业领域）风险的安全保护系统。它不仅能够响应生产过程因超出安全极限而带来的危险，当生产过程出现意外波动或紧急情况需要采取某些动作或停车时，对生产装置可能发生的危险或不采取措施将继续恶化的状态进行响应和保护，使生产装置进入一个预定义的安全停车工况；而且能检测和处理自身的故障，从而按预定的条件或程序，使危险降低到可以接受的最低程度，或使生产过程处于安全状态，以确保人员、设备、生产装置及工厂周边环境的安全。系统的紧急联锁回路原理如图 28-3-16 所示。

可用度与故障安全是安全联锁系统的两个重要概念。可用度高并不代表系统故障安全。它们的区别在于：可用度是基于导致系统停车的故障进行计算的，可是在引起系统进入安全状态的故障（FTS 故障）和引起系统进入危险状态的故障（FTD 故障）之间没有区别，因此可用度只是系统故障频度的度量；故障安全是系统在故障时按一个已知的预定方式进入安全状态。高可用度的重要性在于系统很少出现进入安全状态或危险状态的故障；故障安全的

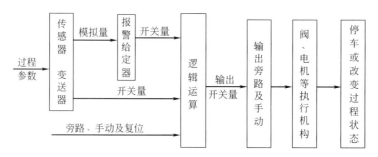

图 28-3-16 系统的紧急联锁回路原理

重要性在于即使系统出现故障时，也不会出现灾难性事故。部分系统可以通过牺牲它们的操作安全的能力来保持高可用度。PLC 比继电器具有更高的可用度，因此石油化工装置中安全联锁系统应优先选用 PLC。

3.5.1 ESD 的类型

在化工生产装置中处理突发性事故的紧急连锁系统是由 ESD 系统来承担的。然而，ESD 系统有多种形式。

从 ESD 系统与 DCS 的构成形式可分为：①DCS 与 ESD 系统一体化；②DCS 与 ESD 系统分设控制站；③DCS 与 ESD 系统独立设置。

从构成 ESD 系统的逻辑控制系统方面可分为：①继电器；②可编程序控制器（PLC）。

3.5.2 ESD 的常用指标

(1) 平均故障间隔时间   平均无故障时间（MTBF）是用于表示在故障出现之前系统或设备预想的可工作时间。平均停车时间（MDT）实际上是系统中存在故障的平均诊断时间（MTDF）与平均故障修复时间（MTTR）的和，即 MDT＝MTDF＋MTTR。

(2) 平均故障修复时间   其中，平均故障修复时间（MTTR）又是平均确定故障位置的时间（MTDL）、平均更换故障元件时间（MTFR）与平均使系统恢复可操作条件时间（MTRO）之和。

$$MTTR＝MTDL＋MTFR＋MTRO$$

(3) 平均失效时间   单个模件平均停车时间可以结合制造厂提供的 MTBF 数值和可用度的值得到。对故障安全故障（FTS），故障是自显的，MTDF＝0，因此：

$$A=\frac{MTBF}{MTBF+MTTR}$$

对于故障危险故障（FTD），MTDF 是最重要的，经常决定整个可用度，因为这个量通常比 MTTR 大得多，因此：

$$A=\frac{MTBF}{MTBF+MTDF}$$

(4) 可用性   可用度（U）是系统在整个任务时间中工作全过程的可能性。如果一直工作，那么可用度为 1。

可用度是可靠性的参数，考虑平均无故障时间（MTBF）和平均停车时间（MDT），可以得到可用度的另一个计算方法。

（5）可靠性

① 容错　紧急停车系统必须是容错系统。容错是指系统在一个或多个元件出现故障时，系统仍能继续运行的能力。一个容错系统应该具有以下的功能：a. 检测出发生故障的元件。b. 报告操作人员何处发生故障。c. 即使存在故障，系统依然能够持续正常运行。d. 检测出系统是否已被修理恢复常态。容错系统不同于一般的双机热备份系统。一般的双机热备份系统仅仅是模块或总线上的简单的双机热备份，一旦输入模块出现了故障，处理器模块也有一块出现了故障，这时系统可能因此而瘫痪；但是具有容错功能的系统，除了在模块、总线、通信上有冗余设计之外，还具有自诊断功能，能准确识别各部件的故障，并对任何故障能进行补偿（如对故障部件的信号强制为指定状态）。

在选择容错系统时有以下两个方面需要考虑。

a. 系统是软件容错还是硬件容错　为实现容错，一种是在使用标准硬件的基础上用软件实现容错，即 SIFT（软件实现容错）；另一种认为软件是系统中最不可靠的部分，因此把软件的应用减少到最少，即用硬件实现容错（HIFT）。在 ESD 系统中最明显的同原因故障（是指影响系统多处的故障）就是操作系统。HIFT 和 SIFT 最基本的区别就是为实现容错而需要的软件复杂程度不一样，只有软件的作用得到了限制，才能保证一定安全水平。所以应该采用硬件实现系统容错。

b. 容错系统结构的确定　在基于处理器的容错系统中大致可以分成两类系统：一类是双重冗余系统；另一类是三重冗余系统或三重模块冗余系统，它们的共同特点是都具有表决电路，但究竟选用哪类系统，又可由装置所要求安全性和可靠性（可用度）来决定。可用度是基于导致系统的故障进行计算的，这故障有引起系统进入安全状态的故障（故障安全故障或显性故障）和引起系统进入危险状态的故障（故障危险故障或隐性故障），它是系统故障频度的度量。高可用度的重要性在于系统很少出现进入安全状态或危险状态的故障。高安全性的目标在于避免故障的发生，即使系统出现故障时也不会出现灾难性的事故。一个理想的紧急停车系统应该兼顾安全性和可用性的要求。

② 表决

a. 双重冗余系统　双重冗余系统提供了第二条信号线路，并在两条信号线路之间提供某种表决格式。一般采用的表决原则有 1OO2（双通道 2 选 1 表决）和 2OO2（双通道 2 选 2 表决）。

双通道 2 选 1 表决，在此系统中，任何一个通道的故障将导致系统误动作，构成或逻辑。由于两通道均可导致系统停车，因此其安全性高（隐性故障率低），但误停车率高（显性故障率高）。

双通道 2 选 2 表决，在此系统中，必须两个通道同时故障才导致系统误动作，构成与逻辑。由于需要两个一致才可以停车，因此误停车率低（显性故障率低），如果 2 选 2 系统的某一通道中存在隐性故障，则有可能引起系统的失效，导致危险发生（隐性故障率高），因此 2 选 2 表决系统安全性低。

由此可见，虽然双重冗余系统提供了一定程度的容错功能，但由于系统具有公用的切换部分（这是导致系统同原因故障的最大隐患环节），会使得系统可靠性大打折扣。再者其系统无论采用 1OO2 或 2OO2 表决原则，都不能同时兼顾安全性和可用性的要求。

b. 三重冗余系统或三重模块冗余系统　在三重冗余系统或三重模块冗余系统中，系统采用的表决原则都是 2OO3（通道 3 选 2 表决），在此系统中，任何两个通道的故障将导致系统误动作，3选2表决原则意味着出现单个故障的元件不会导致误停车或危险的发生，兼顾了可用性与安全性的要求。

在三重模块冗余系统中是通过多重模块实现容错的，而三重冗余系统是采用一个模块中的多重电路实现容错的，由于把电路组合在一块卡或模块上增加了潜在的同原因故障，所以系统设计不应采用此种方案。较好的设计就是不论处理器还是输入输出都采用模块设计，使同原因故障减到最少。综上所述，采用了三重化模块冗余技术和硬件实现容错，并进行3选2表决逻辑控制运算的紧急停车系统，是最优的选择。同时若将现场重要的检测点改为用3台变送器同时测量，将3选2表决逻辑运算从微处理器一直前推到检测点，会从根本上保证系统的安全性和可用性。

3.5.3　ESD的可靠性设计原则

3.5.3.1　独立设置原则

所谓独立设置，即ESD中各部分应尽量是专用设备或仪表，以免受其他关联的故障或误操作的影响。独立设置原则包括：

（1）独立输入接点

① 4～20mA标准信号输入

a. 变送器（单独供电）——→报警设定器 $\xrightarrow{\text{触点}}$ 逻辑单元

b. 变送器（单独供电）——→信号隔离器 $\xrightarrow{\text{1～5V DC}}$ 逻辑单元

c. 变送器（ESS系统供电）——→逻辑单元

② 热电偶/热电阻信号输入

a. 热电偶/热电阻——→报警设定器 $\xrightarrow{\text{触点}}$ 逻辑单元

b. 热电偶/热电阻——→逻辑单元

③ 开关信号

a. 触点开关——→逻辑单元

b. 无触点开关（单独供电）——→转换器 $\xrightarrow{\text{触点}}$ 逻辑单元

c. 无触点开关（ESS系统供电）——→逻辑单元

d. 自电气来触点开关——→中间继电器——→逻辑单元

（2）逻辑单元独立设置　随着DCS的冗余容错技术、自诊断技术的发展，可靠性增强，尤其是其完善的逻辑功能及丰富的画面显示吸引着人们将逻辑单元放在DCS中实现，增加其灵活性和直观性。紧急停车系统（ESD）中的逻辑单元独立设置，是更为稳妥的做法，其理由如下：

① DCS侧重于过程连续控制，需要频繁的人工干预，尤其在紧急情况下有大量信息需人工判断处理时，逻辑单元误触发的概率较独立设置的要高。

② DCS处理信息多，通信系统复杂，出现故障的概率较高，一旦DCS严重故障，ESD也同时无法运行。

③ 对于要求快速动作的ESD，用DCS实现起来就不甚理想，若保证ESD的扫描速度，则势必减弱其他功能。

④ 一些有关的国际标准都推荐ESD与DCS分开设置，许多国外工程公司大多按该原则

设计 ESD 系统，并取得了较为成熟的经验。

(3) 执行器独立设置 重要的联锁需设置独立的开关阀，确保 ESD 系统执行动作的准确、可靠，不能用普通调节阀来代替。电磁阀应选用单电控型，因为双电控型电磁阀具有记忆功能，同时无法设计成故障安全型电路，因此不适用于 ESD。联锁阀应带有阀位开关，以确认阀位位置；联锁阀不设手轮（但具有安全复位功能）。

3.5.3.2 中间环节最少原则

一些工厂对 ESD 的可靠性十分重视，不惜投资购买高可靠性的逻辑单元设备，而对 ESD 系统中两端单元及连接各单元的中间环节的重视程度相对差些，可是现场许多误动作往往是由这些部位故障引起的。因此，应给予检测端和执行端仪表及中间连接环节的设计同样重视。

根据可靠性工程理论，故障均属于随机事件，其概率分布是有一定规律的，仪表故障的分布函数 $F(t)$ 为：

$$F(t) = 1 - e^{-\lambda t}$$

式中 λ——故障率。

在仪表串联的情况下，系统的故障率是构成系统的所有仪表的故障率的集合，即：

$$\lambda_{系统} = \lambda_1 + \lambda_2 + \lambda_3 + \cdots$$

3.5.3.3 冗余原则

各单元全部采用双重化冗余结构如图 28-3-17 所示。

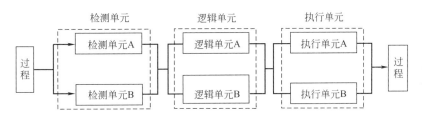

图 28-3-17 双重化冗余结构

3.5.3.4 故障安全原则

故障安全原则主要着重于 ESD 系统中两端（检测单元和执行单元）的设计主要包括：

(1) 采用常闭触点开关仪表 现场常常出现，触点式检测仪表由于长时间受空气中杂质腐蚀、材料老化、触头磨损等因素而不能在故障状态下准确闭合，或由于导线开路而不能将联锁信号传送给逻辑设备，从而影响整个紧急停车联锁系统的工作。采用故障安全电路，即正常情况下触点闭合通电，故障情况下断开，可有效防止故障不动作。

这种做法又可能由于导线开路而引起误动作停车，但对工艺过程来说是安全的，若同时辅以 2 取 2 或 3 取 2 表决逻辑措施，则可避免误动作。

(2) 电磁阀采用正常通电方式 为确保自保阀在任何故障状态下都处于过程安全位置，其电磁阀应设计成故障安全型电路，即正常通电，故障断电动作。

对送往电气控制盘用以开停电机的触点，应将隔离用的中间继电器的励磁电路，设计为故障安全型。

但是，电磁阀的故障安全型电路易由于接线松动和电磁阀故障引起非计划停车，因此必须选用高可靠性电磁阀并保证接线施工质量。

3.5.4   工艺联锁和顺序控制与紧急停车联锁

值得注意的是，应将一般工艺联锁和顺序控制与紧急停车联锁分别对待，采取不同的手段，从而提高整个控制系统的灵活性。在这方面，美国福斯特惠勒公司的方案值得借鉴。该公司将一般的顺序控制放在 DCS 中，而将紧急停车系统根据触发条件分为 A、B 两类。

A 类包括：可能危及生命安全的事故；可能引起严重伤害的事故；对环境有明显危害的事故；国家法律及工业标准要求加以防止的事故。

B 类包括：可能造成生产损失的事故；可能造成设备损坏的事故；可能影响产品质量的事故。

3.6   安全仪表系统（SIS）

安全仪表系统[21]（Safety Instrumentation System，SIS），又称为安全联锁系统（Safety Inter-locking System），主要为工厂控制系统中报警和联锁部分，对控制系统中检测的结果实施报警动作或调节或停机控制，是工厂企业自动控制中的重要组成部分。

3.6.1   SIS 的基本结构组成

SIS 的主流系统结构主要有 TMR（三重化）、2004D（四重化）两种。

（1）TMR 结构 它将三路隔离、并行的控制系统（每路称为一个分电路）和广泛的诊断集成在一个系统中，用三取二表决提供高度完善、无差错、不会中断的控制。TRICON、ICS、HollySys 等均是采用 TMR 结构的系统。

（2）2004D 结构 2004D 系统是由 2 套独立并行运行的系统组成，通信模块负责其同步运行，当系统自诊断发现一个模块发生故障时，CPU 将强制其失效，确保其输出的正确性。同时，安全输出模块中 SMOD 功能（辅助去磁方法），确保在两套系统同时故障或电源故障时，系统输出一个故障安全信号。一个输出电路实际上是通过四个输出电路及自诊断功能实现的。这样确保了系统的高可靠性、高安全性及高可用性。Honeywell、Hima 的 SIS 均采用了 2004D 结构。

3.6.2   SIS 的功能

3.6.2.1   安全仪表系统的基本功能和要求

① 保证生产正常运转、事故安全联锁（控制系统 CPU 扫描时间一定要达到毫秒等级）；
② 安全联锁报警（对于一般的工艺操作参数都会有设定的报警值和联锁值）；
③ 联锁动作和投运显示。

3.6.2.2   安全联锁系统的附加功能

安全联锁系统主要附加功能有：安全联锁的预报警功能、安全联锁延时、第一事故原因区别、安全联锁系统的投入和切换、分级安全联锁、手动紧急停车、安全联锁复位。

3.6.2.3 安全完整性级别

IEC-61508 将过程安全所需要的安全度等级划分为 4 级（SIL1～SIL4）。ISA-S84.01 根据系统不响应安全联锁要求的概率将安全度等级划分为 3 级（SIL1～SIL3）。鉴于我国目前的实际情况，一般通过对所有事件发生的可能性与后果的严重程度及其他安全措施的有效性进行定性的评估，从而确定适当的安全度等级：1 级用于事故很少发生。如发生事故，对装置和产品有轻微的影响，不会立即造成环境污染和人员伤亡，经济损失不大。2 级用于事故偶尔发生。如发生事故，对装置和产品有较大影响，并有可能造成环境污染和人员伤亡，经济损失较大。3 级用于事故经常发生。如发生事故，对装置和产品将造成严重的影响，并造成严重的环境污染和人员伤亡，经济损失严重。安全等级安全联锁系统性能要求及可用度如表 28-3-3 所示。

表 28-3-3　安全等级安全联锁系统性能要求及可用度

安全等级		SIL1	SIL2	SIL3
安全联锁系统性能要求	平均失效率	$10^{-1}\sim10^{-2}$	$10^{-2}\sim10^{-3}$	$10^{-3}\sim10^{-4}$
	可用度	0.9～0.99	0.99～0.999	0.999～0.9999

也就是说，许多最终用户指定使用达到 SIL3 等级的逻辑解算器，而对于传感器和终端设备如何配置缺乏考虑，这样就导致了仅使用一个 SIL3 的逻辑解算器是无法保证整体 SIS 系统成为一个 SIL3 系统。

因为 SIS 系统的安全完整性水平 SIL，是由构成 SIS 系统的三个单元的 SIL 来确定的：即 SIL 装置＝SIL 传感器＋SIL 逻辑解算器＋SIL 执行机构，例如传感器为 SIL2 级，而 SIL2 其 PFD（Probability of Failure on Demand，失效概率）值为 0.01～0.001，取中间值为 0.005；逻辑解算单元为 SIL3 级，PFD 取中间值为 0.0005；执行机构为 SIL1 级，PFD 取中间值为 0.05。则：PFDavg＝0.005＋0.0005＋0.05＝0.0555。

3.6.3　安全仪表系统设计的基本原则

① 信号报警、联锁点的设置，动作设定值及调整范围必须符合生产工艺的要求。

② 在满足安全生产的前提下，应当尽量选择线路简单、元器件数量少的方案。

③ 信号报警、安全联锁设备应当安装在震动小、灰尘少、无腐蚀气体、无电磁干扰的场所。

④ 信号报警、安全联锁系统可采用有触点的继电器线路，也可采用无触点式晶体管电路、DCS、PLC 来构造信号报警、安全联锁系统。

⑤ 信号报警、安全联锁系统中安装在现场的检出装置和执行器应当符合所在场所的防爆、防火要求。

⑥ 信号报警系统供电要求与一般仪表供电等级相同。

参考文献

[1]　何离庆．过程控制系统与装置．重庆：重庆大学出版社，2003．

[2]　赵众，冯晓东，孙康．集散控制系统原理及其应用．北京：电子工业出版社，2007．

第 **28** 篇

［3］ 《工业自动化仪表与系统手册》编辑委员会．工业自动化仪表与系统手册：上册．北京：中国电力出版社，2008．

［4］ 俞金寿，孙自强．过程自动化及仪表．第 3 版．北京：化学工业出版社，2015．

［5］ 吴勤勤．控制仪表及装置．第 4 版．北京：化学工业出版社，2013．

［6］ 李占英．分散控制系统（DCS）和现场总线控制系统（FCS）及其工程设计．北京：电子工业出版社，2015．

［7］ 廖常初．PLC 编程及应用．第 4 版．北京：机械工业出版社，2014．

［8］ 魏跃国，陈彬兵．PLC 技术的发展趋势．科技信息，2008（22）：48-56．

［9］ 王华忠，郭丙君，孙京诰．电气与可编程控制器原理及应用．北京：化学工业出版社，2012．

［10］ https：//chem. vogel. com. cn/html/2016/12/28/paper_477042. html.

［11］ 王常力，罗安．分布式控制系统（DCS）设计与应用实例．第 2 版．北京：电子工业出版社，2010．

［12］ 中国石油化工总公司．DCS 应用资料汇编．北京：石化工业出版社，1991．

［13］ 王晓刚．集散控制系统的发展．贵州化工，2001，26（3）：54-56．

［14］ http：//www. honeywellprocess. com/en-US.

［15］ 王慧锋，何衍庆．现场总线控制系统原理及应用．北京：化学工业出版社，2006．

［16］ https：//www. emerson. cn/zh-cn/catalog/deltav-m-series-fieldbus-h1-carrier-zh-cn.

［17］ 阳宪惠．现场总线技术及其应用．北京：清华大学出版社，2008．

［18］ 凌志浩．从神经元芯片到控制网络．北京：北京航空航天大学出版社，2000．

［19］ http：//www. industry. siemens. com. cn/automation/cn/zh/automation-systems/industrial-automation.

［20］ 王霆，范玉佩，江秋林．可编程控制器与紧急停车系统．北京：化学工业出版社，2006．

［21］ 《石油化工仪表自动化培训教材》编写组．石油化工仪表自动化培训教材：安全仪表控制系统（SIS）．北京：中国石化出版社，2009．

4

过程控制

引　言

随着全球化竞争的日益激烈，新产品开发的日新月异，对于环境及安全的要求日趋严格，过程控制系统在过程工业变得越来越重要[1]。另外，数字设备成本的大幅度降低及高速计算机的广泛使用，使得过程控制系统成为过程工业，如炼油厂、化工企业、造纸厂等不可或缺的部分。过程控制系统为过程工业带来了十分明显的经济效益和社会效益，它对保证产品质量、提高产量、降低能耗、安全运行、改善劳动条件、提高生产管理水平都起着重要作用。

过程控制系统的设计、分析与实现是以控制理论为基础，紧密结合生产工艺过程，并以自动化仪表和计算机为工具的综合性系统工程。本章介绍过程工业所广泛使用的各种控制系统，包括单回路简单控制系统，串级控制、前馈控制、选择性控制、分程控制、双重控制等复杂控制系统，针对大纯滞后过程的纯滞后补偿控制系统及针对严重关联过程的解耦控制系统。

4.1　简单控制系统

简单控制系统也称为单回路闭环控制系统，是控制系统的基本形式，也是最基本、使用最广泛的控制系统，其特点是结构简单，适应性强[2]。在普遍采用集散控制系统的今天，简单控制系统仍占控制回路的绝大多数。

简单控制系统由被控对象 $G_p(s)$、检测变送装置 $G_m(s)$、控制器 $G_c(s)$ 和执行器 $G_p(s)$ 所组成，其控制系统框图如图 28-4-1 所示。通常将执行器 $G_v(s)$、被控对象 $G_p(s)$ 和检测变送环节 $G_m(s)$ 合并为广义对象 $G_o(s)$，扰动通道为 $G_f(s)$。简单控制系统的作用是当系统受到扰动或被控变量的设定值发生变化时，被控变量将发生变化，检测变送装置（检测元件和变送器）将被控变量的变化检测出来，检测变送信号在控制器中与设定值比较，控制器

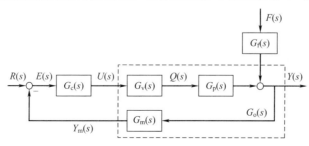

图 28-4-1　简单控制系统框图

将偏差值按一定的控制规律运算，并输出控制信号驱动执行机构（控制阀）改变操纵变量，使被控变量回复到设定值。

4.1.1   被控变量的选择

影响一个生产过程正常操作的因素很多，通常在深入分析工艺过程的基础上，找出对产品产量、质量以及安全生产和节能方面具有决定性作用，且可以直接测量的工艺变量作为被控变量。有一些决定性变量的测量有一定困难，或者存在较大的测量滞后，例如，精馏过程塔顶馏出物的浓度，这时可以采用温度、压力等间接指标作为被控变量。

4.1.2   操纵变量的选择

在影响被控变量的多个因素中，选取哪一个变量做操纵变量构成控制回路，从而克服扰动对被控变量的影响，就是操纵变量的选择问题。假定某生产过程，操纵变量与被控变量之间关系（控制通道）及扰动与被控变量之间关系（扰动通道）分别用带有纯滞后的一阶惯性环节 $G_o(s) = \dfrac{K_o}{T_o s + 1} \mathrm{e}^{-s\tau_o}$（其中 K_o 为控制通道增益；T_o 为时间常数；τ_o 为纯滞后时间）及 $G_f(s) = \dfrac{K_f}{T_f s + 1} \mathrm{e}^{-s\tau_f}$（其中 K_f 为控制通道增益；T_f 为时间常数；τ_f 为纯滞后时间）近似，则有分析如下[3]：

若控制通道增益 K_o 大，则表示控制作用灵敏，抑制扰动的能力强；而若扰动通道增益 K_f 大，则表示该通道对扰动的放大作用强，会使得被控变量较大地偏离设定值。

若控制通道时间常数 T_o 大，则表示操纵变量变化后，被控变量的变化平稳、缓慢，调节不够及时；相反，若 T_o 小，则表示该通道反应灵敏，调节及时，过渡过程时间短。扰动通道的时间常数 T_f 越大，表示扰动对被控变量的影响越慢，越有利于通过控制作用克服扰动的影响。

控制通道的纯滞后时间 τ_o 的存在会对控制带来不利的影响，使控制不及时，控制品质下降。常用 τ_o/T_o 反映时滞的大小。通常，$\tau_o/T_o < 0.3 \sim 0.5$ 时，系统尚可用简单控制系统进行控制，当 $\tau_o/T_o > 0.3 \sim 0.5$ 时，应采用其他控制方案对该类过程进行控制。扰动通道时滞 τ_f 的存在仅表示扰动进入系统的时间先后，对系统控制品质没有什么影响。

综上分析，操纵变量选择原则如下：

① 选择对被控变量影响较大的操纵变量，即 K_o 尽量大。
② 选择对被控变量有较快响应的操纵变量，即过程的 τ_o/T_o 应尽量小。
③ 使控制通道时间常数与扰动通道的时间常数之比 T_o/T_f 应尽量小。
④ 应尽量使扰动作用点靠近调节阀处。
⑤ 工艺上合理、方便。

4.1.3   控制规律的选择

针对不同的过程特性，需要选用不同的控制规律，即比例、积分和微分作用。指导性的选择原则如下：

① 对于温度、成分等对象，由于控制通道时间常数大，或多容量引起的容量滞后大，常采用微分作用加快过渡过程，提高控制品质。因此多采用 PID 控制规律，其中比例作用

为基本作用，积分作用消除余差。

② 对于流量、压力等时间常数比较小的对象，通常不采用微分作用。当系统负荷变化较慢时，为消除余差，可以采用 PI 控制规律。

③ 当广义对象控制通道时间常数较小，且系统负荷变化较快时，微分、积分作用都易引起振荡。当对象的控制通道时间常数很小时，可以引入反微分作用来提高控制品质。

④ 当广义对象的时滞 τ_0 与时间常数 T_0 的比值较大时（$\tau_0/T_0 > 0.3 \sim 0.5$），简单控制系统无法满足要求，可采用有关先进控制系统。

4.1.4 控制阀的选择

控制阀（也叫调节阀）是自动控制系统中的一个重要组成部分，其作用是根据控制器输出的信号，直接控制能量或物料等介质的输送量，达到控制工艺参数的目的。由于控制阀安装在生产现场，长年与生产介质直接接触，且不少控制阀往往工作在高温、高压、深冷、强腐蚀、易堵塞等恶劣条件下，因此如果对控制阀选择不当或维护不善，就会使整个控制系统不能可靠工作，或严重影响系统的控制质量。

根据使用的能源种类，控制阀可分为气动、电动和液动三种[4]。其中气动控制阀具有结构简单、工作可靠、价格便宜、防火防爆等优点，在自动控制中用得最多，故以下的讨论仅涉及气动控制阀。

控制阀选择的内容包括：结构形式及材质的选择、口径大小及开闭形式的选择、流量特性的选择以及阀门定位器的选择等。

(1) 结构形式及材质的选择　控制阀由执行机构和调节机构两部分组成。执行机构将控制器的输出信号转换成直线位移或角位移，两者之间为比例关系；调节机构则将执行机构输出的直线位移或角位移转换成流通截面积的变化，从而改变操纵变量的大小。

执行机构有三种类型：薄膜式、活塞式和长行程式。其中薄膜式和活塞式输出直线位移，长行程式输出转角位移（$0° \sim 90°$）。薄膜式结构简单，价格便宜，使用最为广泛；活塞式输出推力大，常用于高静压、高压差和需较大推力的场合；长行程式输出的行程长、转矩大，适用于转角的蝶阀、风门等。

调节机构的类型有：直通阀（双座式和单座式）、角阀、三通阀、球形阀、阀体分离阀、隔膜阀、蝶阀、高压阀、偏心旋转阀和套筒阀等。直通阀和角阀供一般情况下使用，其中直通单座阀适用于要求泄漏量小的场合；直通双座阀适用于压差大、口径大的场合，但其泄漏量要比单座阀大；而角阀适用于高压差、高黏度、含悬浮物或颗粒状物质的场合。三通阀适用于需要分流或合流控制的场合，其效果比两个直通阀要好；蝶阀适用于大流量、低压差的气体介质；而隔膜阀则适用于有腐蚀性的介质。总之，调节机构的选择应根据不同的使用要求而定。

① 调节阀的闪蒸和空化　当压力为 P_1 的液体流经节流孔时，流速突然急剧增加，而静压力骤然下降，当节流孔后压力 P_2 达到或者低于该流体所在工况的饱和蒸汽压 P_V 时，部分液体就汽化成气体，形成汽液两相共存的现象，这种现象就是闪蒸。产生闪蒸之后，P_2 不是保持在饱和蒸汽压以下，在离开节流孔之后又急骤上升，这时气泡产生破裂并转化为液态，这个过程就是空化作用。所以空化作用的第一阶段是闪蒸阶段，在液体内部形成空腔或气泡；第二阶段是空化阶段，使气泡破裂。在闪蒸阶段，对阀芯和阀座环的接触线附近造成破坏，阀芯外表面产生一道道磨痕。在空化阶段，由于气泡的突然破裂，所有的能量集中在

破裂点，产生极大的冲击力，严重冲撞和破坏阀芯、阀体和阀座，将固体表层撕裂成粗糙的、渣孔般的外表面。空化过程产生的破坏作用十分严重，在高压差恶劣条件的空化情况下，极硬的阀芯和阀座也只能使用很短的时间。

为避免或减小闪蒸与空化的发生，可以从压差上考虑，选择压力恢复系数小的控制阀，如球阀、蝶阀等；从结构上考虑，选择特殊结构的阀芯、阀座，如阀芯上带有锥孔等，使高速液体通过阀芯、阀座时每一点的压力都高于在该温度下的饱和蒸汽压，或者使液体本身相互冲撞，在通道间导致高度紊流，使控制阀中液体动能由于相互摩擦而变为热能，减少气泡的形成；从材料上考虑，一般来说，材料越硬，抵御空化作用的能力越强，但在有空化作用的情况下很难保证材料长期不受损伤，因此选择阀门结构时必须考虑阀芯、阀座便于更换。

② 磨损 阀芯、阀座和流体介质直接接触，由于不断节流和切换流量，当流体速度高并含有颗粒物时，磨损是非常严重的。为减小磨损，选择控制阀时尽量要求流路光滑，采用坚硬的阀内件，如套筒阀，材料应选抗磨性强的。也可以选有弹性衬里的隔膜阀、蝶阀、球阀等。

③ 腐蚀 在腐蚀流体中工作的控制阀要求其结构越简单越好，以便于添加衬里。可选用适合所用腐蚀介质的隔膜阀、加衬蝶阀等。如果介质是极强的有机酸和无机酸，则可以用价格昂贵的全钛控制阀。

④ 高温 选择耐高温材料的球阀、角阀、蝶阀，并且在阀体结构上考虑装上散热片，阀内件采用热硬性材料，或者考虑采用有陶瓷衬里的特殊阀门。

⑤ 低温 当温度低于 -30℃ 时要保护阀杆填料不被冻结。在 -30～-100℃ 的低温范围要求材料不脆化。可以在控制阀上安装不锈钢阀盖，其内部装有高度绝热的冷箱。角阀、蝶阀等可以利用特制的真空套以减少热传递。

⑥ 高压降 阀芯、阀座的表面材料必须能经受流体的高速和大作用力影响，可选择角阀等。在高压降下很容易使液体产生闪蒸和空化作用，因此可以选择防空化控制阀。

(2) 口径大小的选择 控制阀口径的大小直接决定着其流过介质的能力。从控制的角度来看，如果控制阀口径选得过大，控制阀将经常工作在小开度的情况下，使控制阀的可调比减小，控制性能变差。反之，如果把控制阀口径选得过小也是不合适的，不仅使阀的特性不好，而且也不适应生产发展的需要。因此，通常选择阀门口径应满足在最大流量时，阀门开度为 85% 左右；在最小流量时，阀门开度为 15% 左右。

阀门口径的估算一般采用下述节流公式

$$Q = C_V \sqrt{\frac{\Delta P_V}{\rho}} \tag{28-4-1}$$

式中，Q 为流量，m^3/h；ΔP_V 为阀两端压差，10^5 Pa 或 0.1MPa；ρ 为流体密度，g/cm^3；C_V 为比例系数，如在阀门全开条件下，此时的 C_V 称为阀门的流通能力 C。

显然在规定了各个变量的单位后，系数 C_V 取决于流通截面积，故与阀门类型、口径和开度都有关，而流通能力 C 却仅与阀门的类型和口径有关。

确定阀门口径有两种方法：一是按正常工况下的流量数据计算 C_V；二是按照预订的阀门全开时的流量数据计算 C 值。如按第一种方法，应把求得的 C_V 值乘上一定的倍数（2～5，线性阀取低值，对数阀取高值）作为流通能力 C，对照产品规格，确定口径。如按第二种方法，阀门全开时的流量应比最大实际流量再大一些，把得到的 C 值按产品规格去查取口径。

(3) 控制阀气开和气关作用方式的选择 气动控制阀有气开和气关两种作用方式。采用气开作用时，输入的气压信号越高，阀门的开度也越大，而在失气时则全关，故称 FC 型；采用气关作用时，输入的气压信号越高，阀门的开度则越小，而在失气时则全开，故称 FO 型。

气动薄膜控制阀的执行机构和调节机构组合起来可以实现气开和气关式两种调节。由于执行机构有正、反两种作用方式，控制阀也有正、反两种作用方式，因此就可以有四种组合方式组成气开或气关形式。

气开或气关作用的选择首先要从工艺生产上的安全要求出发，考虑的原则是：信号压力中断时，应保证设备和操作人员的安全。例如，装在液体或气体燃料烧嘴前的控制阀往往采用气开式，这样一旦信号中断便切断燃料。又如，锅炉供水的控制阀通常采用气关式，以保证在信号中断后不致把锅炉烧坏。

另外，要从保证产品质量出发，使在信号压力中断时，不降低产品的质量。例如，精馏塔回流量的控制阀常采用气关式，这样一旦发生事故，阀门完全打开，使生产处于全回流状态，从而防止了不合格产品输出。

最后，还可以从降低原料、动力损耗，以及介质的特点等方面来考虑。

(4) 控制阀的流量特性 控制阀的流量特性指的是介质流过阀门的流量与阀杆行程之间的关系，通常用相对值来表示，即：

$$q = \frac{Q}{Q_{max}} = f(l) = f\left(\frac{L}{L_{max}}\right) \tag{28-4-2}$$

式中，q 为流量的相对值，用百分比（%）表示；L 为阀杆的行程，mm；Q_{max}（m^3/s）和 L_{max}（mm）分别表示阀全开时的最大流量和阀杆的最大行程。

根据控制阀两端的压降，控制阀流量特性分为理想流量特性和工作流量特性[5]。理想流量特性是控制阀两端压差恒定时的流量特性，亦称为固有流量特性。工作流量特性是在工作状况下（压降变化）控制阀的流量特性。控制阀出厂所提供的流量特性指理想流量特性。

理想流量特性可分为线性、等百分比（对数）、抛物线、双曲线、快开、平方根等多种类型。国内常用的理想流量特性有线性、等百分比和快开等几种。

选择控制阀工作流量特性的目的通过控制阀调节机构的增益来补偿因对象增益变化而造成开环总增益变化的影响。即用 K_v 的变化补偿 K_p 的变化，使 $K_{开} = K_c K_v K_p K_m$ 基本恒定。讨论时，假设控制器增益（或比例度）、执行机构增益、检测变送环节增益不随负荷或设定而变化。这样，当对象增益 K_p 随负荷或设定变化时，通过选择合适的控制阀流量特性，使控制阀增益 K_v 与 K_p 之积保持基本不变。

(5) 阀门定位器 阀门定位器有气动阀门定位器和电-气阀门定位器两种，后者还兼有电-气转换功能。阀门定位器有以下三方面的功能。

① 改善控制阀的动、静态特性 由于定位器和控制阀组成了一个随动系统，引入了负反馈，从而大大削弱控制阀的动、静态参数的影响。另外，由于阀门定位器的气源压力可以提高，从而能够增大控制阀执行机构的输出力，加快控制阀执行机构的动作速度。因此，使用阀门定位器可以减少控制信号的传递滞后，克服阀杆的摩擦力，消除介质对阀芯的不平衡力，加快阀杆的移动速度，实现快速准确定位，提高控制精度。

在以下场合使用阀门定位器，可以改善控制阀的动、静态特性：高压差的场合；高压、

第 **28** 篇

高温或低温介质、含有固体悬浮物的介质以及黏性介质的场合；大口径控制阀的场合；控制器与控制阀之间距离较大的场合。

② 改善控制阀的流量特性   控制阀由执行机构和调节机构两部分组成，控制阀的流量特性由调节机构的特性所决定。配上定位器之后，由于阀杆位置是反馈到定位器的反馈凸轮上，因此，改变反馈凸轮的形状就可以改变执行机构的特性，从而使控制阀的流量特性得到修改。

③ 实现分程控制   在分程控制系统中，需要用一台控制器去操纵两台控制阀，每台控制阀工作在不同的信号范围内。此时就需要使用阀门定位器来实现各控制阀的零位和量程的调整。

4.1.5　控制器参数的工程整定

工程整定的一般原则是保证系统具有一定的稳定裕量，这样在生产操作条件变化时控制器参数仍能适应。对于定值控制系统常采用衰减比为 4：1，而对于随动控制系统一般取衰减比大于 10：1。在满足稳定性裕量的前提下，增益（放大系数）尽可能大，以使系统品质指标尽可能好一些。

常用的工程整定方法有经验法、临界比例度法、衰减曲线法和反应曲线法等。

（1）经验法   经验法是一种凑试方法，依据运行经验先确定一组控制器参数，然后按照"先比例，后积分，再微分"的顺序调整比例度 δ、积分时间 T_i 和微分时间 T_d，再根据与过渡过程的定性关系"看曲线，作分析，调参数，寻最佳"。各种控制系统的 δ、T_i、T_d 的经验范围值如表 28-4-1 所示。

表 28-4-1   各种控制系统控制器参数经验值范围

被控变量	$\delta/\%$	$T_i/\min$	$T_d/\min$
流量	40～100	0.3～1	
温度	20～60	3～10	0.5～3
压力	30～70	0.4～3	
液位	20～80		

（2）临界比例度法   该方法是用纯比例控制的方法，在阶跃扰动输入作用下，比例度由大到小变化，直到获得具有临界振荡周期 T_k 的临界振荡过渡过程曲线（图 28-4-2），此时的比例度 δ_k 称为临界比例度。然后按照表 28-4-2 计算控制器参数。此方法在整定过程中必须出现等幅振荡，对于工艺上不允许出现等幅振荡的系统，无法使用该方法；对于某些时间常数较大的单容量对象，如液位对象或压力对象，在纯比例作用下是不会出现等幅振荡的，因此不能获得临界振荡的数据，从而也无法使用该方法。另外，使用该方法时，控制系统必

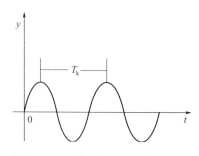

图 28-4-2   临界比例度法参数整定

需工作在线性区，否则得到的持续振荡曲线可能是极限环，不能依据此时的数据来计算整定参数。

表 28-4-2　临界比例度法控制器参数计算表[6]

控制规律	$\delta/\%$	$T_i/\min$	$T_d/\min$
P	$2\delta_k$		
PI	$2.2\delta_k$	$0.85T_k$	
PD	$1.8\delta_k$		$0.1T_k$
PID	$1.7\delta_k$	$0.5T_k$	$0.125T_k$

（3）衰减曲线法　该方法采用纯比例控制，调整比例度，获得 4∶1（或者 10∶1）衰减曲线（图 28-4-3），记下此时的比例度 δ_s 和衰减振荡周期 T_s，然后根据表28-4-3中相应的经验公式，求出控制器的整定参数。

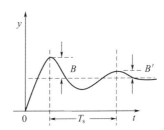

图 28-4-3　4∶1衰减曲线法

表 28-4-3　衰减曲线法控制器参数计算表（4∶1衰减比）

控制规律	$\delta/\%$	$T_i/\min$	$T_d/\min$
P	δ_s		
PI	$1.2\delta_s$	$0.5T_s$	
PID	$0.8\delta_s$	$0.3T_s$	$0.1T_s$

（4）反应曲线法　反应曲线法是根据广义对象的时间特性，通过经验公式求取。这是一种开环的整定方法。当操纵变量作阶跃变化时，被控变量随时间的变化曲线称为反应曲线。对自衡的非振荡过程，广义对象的传递函数常用 $G_o(s)=\dfrac{K_o}{T_o s+1}e^{-\tau s}$ 来近似，K_o、τ 和 T_o 则可由反应曲线用图解法得出。控制器参数整定的反应曲线法是根据广义对象的 K_o、τ 和 T_o 确定控制器参数的方法。

有了 K_o、τ 和 T_o 参数法，就可以根据表 28-4-4 中的经验公式，计算出满足 4∶1 衰减振荡的控制器整定参数。

表 28-4-4　反应曲线法控制器参数计算表（4∶1衰减比）

控制规律	比例度 $\delta/\%$	积分时间 $T_i/\min$	微分时间 $T_d/\min$
P	$K_o(\tau/T)$		
PI	$1.1K_o(\tau/T)$	3.3τ	
PID	$0.85K_o(\tau/T)$	2.2τ	0.5τ

4.2　串级控制系统

串级控制系统是最常见的复杂控制系统，是改善调节过程极为有效的方法，得到了广泛应用。串级控制系统采用不止一个控制器，控制器之间相串接，一个控制器的输出作为另一个控制器的设定值。由于增加了副回路，使得控制系统具有动态品质好、适应性强等诸多特点，其适用范围比较广，特别是当工艺要求高、扰动大、过程滞后大时，采用串级控制可以显著提高控制系统性能。

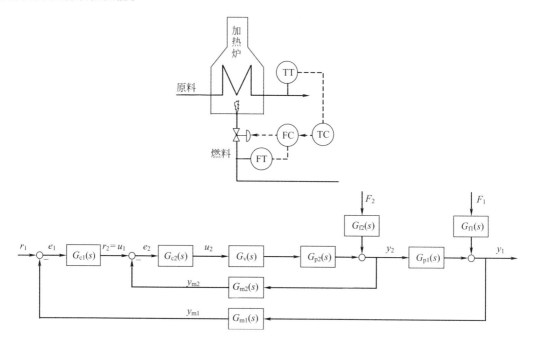

图 28-4-4　加热炉出口温度与燃料流量串级控制系统及其方框图

4.2.1　串级控制系统的结构及方框图

图 28-4-4 所示为加热炉出口温度与燃料流量串级控制系统及其方框图。图中，温度控制器 $\mathrm{TC}[G_{c1}(s)]$ 称为主控制器，炉出口温度 y_1 为主被控变量，使其保持平稳是控制的主要目标；流量控制器 $\mathrm{FC}[G_{c2}(s)]$ 称为副控制器，相应燃料流量 y_2 为副被控变量，它是为了稳定主被控变量而引入的辅助变量。温度对象 $G_{p1}(s)$ 被称为主对象，流量对象 $G_{p2}(s)$ 为副对象；整个系统包含两个回路，主回路和副回路。副回路由副被控变量检测变送器、副控制器、控制阀和副对象构成，主回路由主被控变量检测变送器、主控制器、副回路的等效部分和主对象构成。

加热炉出口温度与燃料流量串级控制系统的工作原理如下：

（1）扰动作用于副回路　当燃料上游压力发生变化时，它首先影响到燃料流量，这时副控制器及时控制，改变控制阀开度，使燃料气流量稳定。如果扰动量小，经副回路及时控制后，一般不影响出口温度。若扰动幅度大，其大部分影响被副回路克服，小部分影响到加热炉出口温度，使主控制器的输出，即副控制器的设定值变化，副控制器的设定和测量的同时变化，进一步加速了控制系统克服扰动的调节过程，使主被控变量回复到设定值。

（2）扰动作用于主对象 若进入加热炉的原料流量发生变化而影响到炉出口温度变化时，则由主控制器起控制作用，此时副回路虽不能直接克服扰动，但由于副回路的存在而改善了对象特性，缩短了控制通道，因此控制质量亦有所提高。

4.2.2 串级控制系统的特点

串级控制系统在结构上增加了一个随动的副回路，因此与单回路控制系统相比有以下特点[7]：

① 对进入副回路的扰动具有较迅速、较强的克服能力。

② 可以改善对象特性，使过程滞后减小，并能提高系统的工作频率，使调节品质改善。

③ 可以克服副对象非线性和调节阀流量特性不合适对控制质量的影响。

④ 可以更精确地控制操纵变量。

⑤ 可以实现更灵活的控制方式，必要时可切除主控制器。

4.2.3 串级控制系统的设计

（1）主、副被控变量的选择 主被控变量与单回路一样应该选择最能反映控制要求，而且便于测量的变量。

副被控变量的选择主要考虑三点：

① 副回路内必须包括主要扰动和尽量多的扰动，充分利用串级控制系统能够快速克服进入副回路干扰这一特点。

② 适当分割主、副对象，在时间常数和纯滞后上适当匹配。主对象的时间常数和滞后时间在整个对象中占主导地位，而副对象的时间常数和纯滞后应较主对象小一些，这样可以防止"共振"发生。

③ 设计副回路应注意工艺上的合理性。系统的操纵变量是先影响副被控变量，然后再去影响主被控变量的，主副被控变量必须有这样的串联对应关系。

（2）主、副控制器控制规律的选择 主控制器控制规律的选择与简单控制系统相同，可采用 PID 或 PI 控制规律。副控制器通常采用纯比例作用即可。若副被控变量是流量，流量控制器的比例度较宽，为提高控制作用可加入积分作用，采用 PI 控制规律。

（3）控制器正、反作用的确定 为保证所设计的串级控制系统的正常运行，必须正确选择主、副控制器的正、反作用。在具体选择时，先依据控制阀的气开、气关形式，副对象的增益极性，决定副控制器正反作用方式，即必须使 $K_{c2} K_v K_{p2} K_{m2}$ 的乘积为正值，通常 K_{m2} 总是正值，因此副控制器的正、反作用选择应使 $K_{c2} K_v K_{p2}$ 为正值。然后，决定主控制器的正、反作用方式。主控制器的正、反作用主要取决于主对象的增益极性，控制阀的气开、气关形式不影响主控制器正、反作用的选择，控制阀已包含在副回路内。因此，选择时应使 $K_{c1} K_{p1} K_{m1}$ 的乘积为正值，通常 K_{m1} 总是正值，所以主控制器的正、反作用选择应使 $K_{c1} K_{p1}$ 为正值。

现以图 28-4-4 所示加热炉出口温度和炉膛温度串级控制系统中控制器正反作用的选择步骤进行说明。

控制阀：从安全角度考虑，选择气开型控制阀，$K_v > 0$；

副被控对象：燃料油流量增加，炉膛温度升高，因此，$K_{p2} > 0$；

副控制器：为保证负反馈，应满足：$K_{c2} K_v K_{p2} K_{m2} > 0$。因 $K_{m2} > 0$；应选 $K_{c2} > 0$。即选用反作用控制器；

主被控对象：当炉膛温度升高时，出口温度升高，因此，$K_{p1} > 0$；

主控制器：为保证负反馈，应满足：$K_{c1} K_{p1} K_{m1} > 0$。因 $K_{m1} > 0$；应选 $K_{c1} > 0$。即选用反作用控制器。

该串级控制系统的调节过程如下：当扰动或负荷变化使炉膛温度升高时，因副控制器是反作用，因此，控制器输出减小，控制阀是气开型，因此，控制阀开度减小，燃料量减小，使炉膛温度下降；同时，炉膛温度升高，使出口温度升高，通过反作用的主控制器，使副控制器的设定降低，通过副控制回路的调节，减小燃料量，降低炉膛温度，进而降低出口温度，以保持出口温度恒定。

(4) 串级控制系统控制器参数整定　串级控制系统常用的控制器参数应验整定方法有三种：逐步逼近法、两步法和一步法。对新型智能控制仪表和 DCS 控制装置构成的串级控制系统，可以将主控制器选用自整定功能控制。下面介绍逐步逼近的整定方法。

所谓逐步逼近法就是在主回路断开的情况下，求取副控制器的整定参数，然后将副控制器的参数设置在所求的数值上，使串级控制系统主回路闭合求取主控制器的整定参数。然后，将主控制器参数设置在所求的数值上，再进行整定，求出第二次副控制器的整定参数值。比较上述两次的整定参数和控制质量，如果达到了控制品质指标，整定工作结束。否则，再按此法求取第二次主控制器的整定参数值，依次循环，直至求得合适的整定参数值为止。这样，每循环一次，其整定参数与最佳参数值就更接近一步，故名逐步逼近法。

具体整定步骤如下：

① 首先断开主回路，闭合副回路，按单回路控制系统的整定方法整定副控制器参数。

② 闭合主、副回路，保持上步取得的副控制器参数，按单回路控制系统的整定方法，整定主控制器参数。

③ 在主、副回路闭合，主控制器参数保持的情况下，再次调整副控制器参数。

④ 至此已完成一个循环，如控制品质未达到规定指标，返回②继续。

4.3　均匀控制系统

均匀控制系统是以其功能命名的，从结构上它可能是简单定值控制系统，也可能是串级控制系统或者其他形式。

在连续生产过程中，为了节约设备投资和紧凑生产装置，往往设法减少中间储罐，这样，前一设备的出料往往就是后一设备的进料。通常前一设备要求料位稳定，而后一设备要求进料平稳。此时，若对前一设备采用液位定值控制，液位稳定可以得到保证，但流量扰动较大；若采用流量定值控制，流量稳定可以得到保证，但前一设备液位会有大幅度的波动。设计均匀控制系统可以协调此类矛盾，兼顾两个变量。均匀控制系统允许两个变量都有一定范围的变化，同时又保证它们的变化不会过于剧烈。

4.3.1　简单均匀控制系统

图 28-4-5 所示为简单均匀控制系统，从结构上看它是一个简单控制系统，主要通过控制器参数整定实现均匀控制思想。一般比例度放得大一些，如 $150\% \sim 200\%$。如引入积分作用，则积分时间要长一些。这样精馏塔 A 液位会变化，但变化不会太剧烈。同时，控制器输出的变化很和缓，阀位变化不大，精馏塔 B 进料流量波动也相当小。这样就实现了均

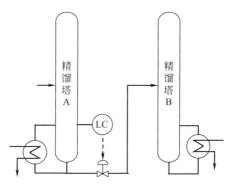

图 28-4-5 简单均匀控制系统

匀控制的要求。

4.3.2　串级均匀控制系统

图 28-4-6 所示为一精馏塔底液位与塔底流量的串级均匀控制系统。从外表上看，它与典型的串级控制系统没有区别，但是它的目的是实现均匀控制。

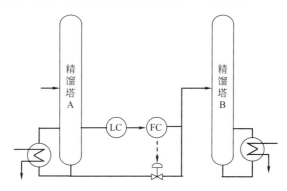

图 28-4-6　串级均匀控制系统

串级均匀控制系统同样通过参数整定实现均匀控制的要求。当液位控制器的比例度较大、积分时间较长时，两个变量都比较平稳。又由于流量回路的引入，可以克服进入副回路的扰动，所以是均匀控制系统中应用最广泛的一种。

若流体为气体，反映物料蓄存量的变化将是压力，此时采用压力对流量的串级实现均匀控制。

4.4　比值控制系统

工业生产过程中，经常需要两种物料之间严格保持一定的比值 $k = F_2/F_1$，实现这种要求的控制系统称为比值控制系统。例如在燃烧系统中，燃料与空气的流量间应保持一定比值，当燃料量增加或减少时，空气量应随之增加或减小。这里燃料流量被称为主动量，而空气流量被称为从动量。比值控制系统的实现有两种方案：相乘方案和相除方案。相乘方案把主动量的测量值乘以某一系数后作为从动量控制器的设定值，即 $F_2 = kF_1$；相除方案把流量的比值作为从动量控制器的被控变量，即 $k = F_2/F_1$。常见的比值控制系统分为单闭环比值、双闭环比值和变比值（串级比值）控制系统三种。

4.4.1 单闭环比值控制系统

单闭环比值控制系统的相乘、相除方案分别如图 28-4-7(a)、（b）所示。相乘方案从动量能以一定比值关系随主动量而变化，因此是一个随动控制系统；相除方案则根据比值系数设置控制器设定值，被控变量为主动量和从动量相除的商，这是定值控制系统。两种方案都只有一个闭合的控制回路，所以称为单闭环比值控制系统。

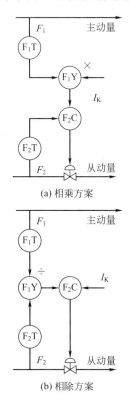

(a) 相乘方案

(b) 相除方案

图 28-4-7 单闭环比值控制系统

4.4.2 双闭环比值控制系统

如果主动量亦要保持设定值，这时需要对主动量设置一个控制回路，这样就构成了双闭环比值控制系统，如图 28-4-8 所示。

双闭环比值控制系统与两个单回路流量控制系统相比，在主动量达不到设定值（由于供应的限制）或偏离设定值甚远（受到特大扰动影响）时，仍可使主动量和从动量两者的流量比值保持一致。

4.4.3 变比值（串级比值）控制系统

在化工生产过程中，有时两种物料的比值由另一个控制器来设定，这样的比值系统称为变比值控制系统，亦可把比值控制看作副回路的串级比值控制。例如在图 28-4-9 所示燃烧控制中，真正被控变量是烟道气中的氧含量，而把燃料与空气的流量比值作为控制手段，因此比值的设定值由氧含量控制器给出。这类控制在化工生产中相当普遍。

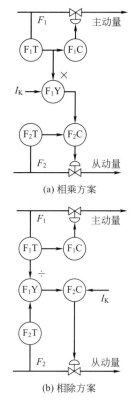

(a) 相乘方案

(b) 相除方案

图 28-4-8 双闭环比值控制系统

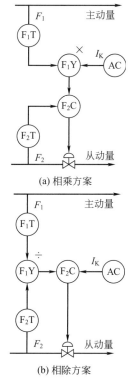

(a) 相乘方案

(b) 相除方案

图 28-4-9 变比值控制系统

4.5　前馈控制系统

4.5.1　前馈控制系统原理

一般反馈控制系统是按设定值与被控变量之间的偏差来进行控制，因此只有偏差出现后，控制器才产生控制动作，改变操纵变量，以补偿扰动对被控变量的影响。如果扰动已发生，而被控变量尚未变化，控制作用是不会产生的。所以反馈控制作用总是落后于扰动作用，是"不及时"的控制[8]。

前馈控制是按照扰动作用的大小进行控制的，扰动一旦出现，就能根据扰动的测量信号按一定算法来控制操纵变量，及时补偿扰动对被控变量的影响，所以前馈控制是及时的控制。如果补偿完善，可使被控变量不会产生偏差。图 28-4-10 所示为换热器出口温度的前馈控制及方框图。

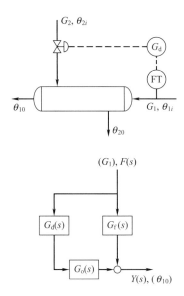

图 28-4-10　换热器出口温度的前馈控制及方框图

由图 28-4-10 可知：

$$Y(s)=G_f(s)F(s)+G_d(s)G_o(s)F(s)=\big[G_f(s)+G_d(s)G_o(s)\big]F(s) \qquad (28\text{-}4\text{-}3)$$

如满足下列条件：

$$G_f(s)+G_d(s)G_o(s)=0 \qquad (28\text{-}4\text{-}4)$$

即

$$G_d(s)=-\frac{G_f(s)}{G_o(s)} \qquad (28\text{-}4\text{-}5)$$

则输出值在扰动作用下保持恒定不变。

所以对于某一特定扰动，若补偿得当，前馈控制系统的控制品质可以大大优于反馈控制系统。但是，要实现完全补偿，并非易事，同时，扰动也往往不是特定的一种或几种。因此，为了保证有更大的适应性，在很多场合把前馈与反馈结合起来构成前馈反馈控制系统[9]。前馈补偿主要扰动，反馈克服其余次要扰动及前馈补偿不完全部分，这样可以获得优良的控制品质。

4.5.2　前馈控制系统的几种形式

依据是否引入反馈控制及两者结合的方式，常用的前馈控制系统可分为四类。

（1）静态前馈　静态前馈是在扰动作用下，前馈补偿作用只能最终使被控变量回到要求的设定值，而不考虑补偿过程中的偏差大小。图 28-4-10 所示换热器的前馈控制系统中 G_d 为常数 K_d 时即为静态前馈。在有条件的情况下，可以通过物料平衡和能量平衡关系求得前馈控制模型。

静态前馈控制不包含时间因子，实施简便。而事实证明，在不少场合，特别是控制通道和扰动通道的时间常数相差不大时，应用静态前馈控制可以获得很好的控制精度。

（2）单纯前馈控制系统　在精馏操作中，要求随着进料量的变动，进入再沸器的蒸汽流量应作相应调整，以使塔釜成分基本恒定。此时，可采用图 28-4-11 所示的前馈控制系统。显然这种控制方式对釜温或浓度来说是开环的。

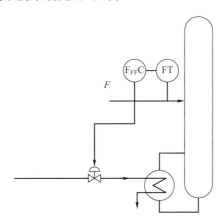

图 28-4-11　精馏塔单纯前馈控制系统

（3）前馈反馈控制系统（相乘型）　如果上例中精馏塔的塔釜或提馏段温度是一个重要的控制指标，此时宜引入反馈控制系统，构成前馈反馈控制系统。图 28-4-12 给出了前馈控制作用与反馈控制作用相乘的方案，乘法器的输出作为蒸汽流量控制器的设定值。若考虑以流量作为被控变量，该系统也可以看作一个变比值控制系统；以塔釜温度作为被控变量，则系统是前馈控制。

（4）前馈反馈控制系统（相加型）　前馈控制作用与反馈控制作用相加的前馈反馈控制系统更为常见。图 28-4-13 所示为加热炉出口温度前馈反馈控制系统。原料进料量是主要扰动，被用作前馈控制的信号。

采用前馈控制系统的条件。如前所述，前馈控制是根据扰动作用的大小进行控制的。前馈控制系统主要用于克服控制系统中对象滞后大、由扰动而造成的被控变量偏差消除时间长、系统不易稳定、控制品质差等弱点，因此前馈控制系统常用于以下场合：

① 扰动可测但是不可控。

② 扰动变化频繁且变化幅度大。

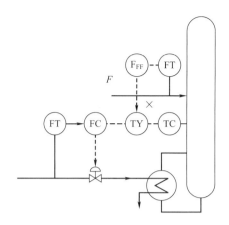

图 28-4-12　精馏塔前馈反馈控制系统（相乘型)

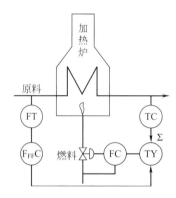

图 28-4-13　加热炉出口温度前馈反馈控制系统（相加型）

③ 扰动对被控变量影响显著，反馈控制难以及时克服，且过程对控制精度要求又十分严格。

4.6　分程控制系统

一个控制器的输出同时送往两个或更多个调节阀，而各个调节阀的工作范围不同，这样的系统称为分程控制系统。分程是通过阀门定位器或电气阀门定位器来实现的，它将控制器的输出信号分成几段，每段控制一个阀门的动作。例如 A 阀工作在 $20\sim60$kPa 范围内全行程动作，而 B 阀在 $60\sim100$kPa 范围内全行程动作。

4.6.1　不同工况需要不同的控制手段

（1）采用几种根本不同的控制手段　例如，要维持反应器内的温度恒定，反应开始时用蒸汽加热升温达到反应温度，反应后放出热量，需通入冷却水除去热量，为此设置图 28-4-14 所示的分程控制系统。它由一个反作用控制器、气关冷水阀 A 和气开蒸汽阀 B 组成。当控制器输出信号由 $20\sim60$kPa 变化时，A 阀由全开至全关；信号由 $60\sim100$kPa 变化时，B 阀由全关至全开，两个阀分程如图 28-4-15 所示。

（2）某种控制手段达到极限后需要用另一种控制手段来补充　在精馏塔液相采出且馏出

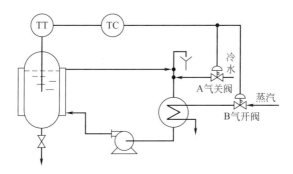

图 28-4-14 反应器温度分程控制系统

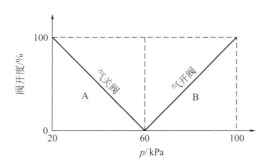

图 28-4-15 调节阀分程形式

物中含有少量不凝物时，塔压控制是一个分程控制，如图 28-4-16 所示。为保持塔顶压力恒定，采用改变传热量的手段，即调节阀 V_1 的开度。若阀 V_1 全开而塔压还偏高时，此时打开放空阀 V_2，以保持塔压恒定。

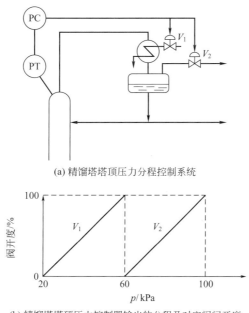

(a) 精馏塔塔顶压力分程控制系统

(b) 精馏塔塔顶压力控制器输出的分程及对应阀门开度

图 28-4-16 精馏塔塔顶压力控制系统

4.6.2　扩大调节阀的可调范围

在某些场合，调节手段虽只有一种，但是要求操纵变量的流量有极大的可调范围，例如在 100∶1 以上。而国产统一设计的阀其可调范围只有 30，满足了大流量不能满足小流量，反之亦然。为此可将两个大小阀并联使用，在需要小流量时只开小阀，需要大流量时把大阀逐步打开，这样将大大地扩大可调范围。图 28-4-17 是扩大可调范围的分程控制系统及调节

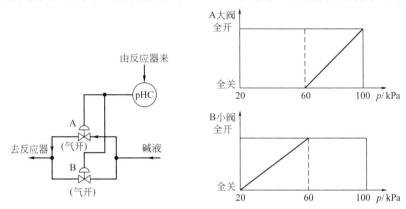

图 28-4-17　扩大可调范围的分程控制系统及调节阀的分程动作

阀的分程动作。

4.7　选择性控制系统

若控制系统中含有选择单元则通常称为选择性控制系统。常用的选择器是低选器（LS）和高选器（HS），它们各有两个或更多个输入，低选器把低信号作为输出，高选器把高信号作为输出，即分别是

$$u_0 = \min\{u_1, u_2, \cdots, u_j\}$$

和

$$u_0 = \max\{u_1, u_2, \cdots, u_j\}$$

式中，u_0 是输出；$u_1, u_2, \cdots, u_j$ 是输入。

选择性控制系统在结构上的特点是使用选择器，选择器实现的是逻辑运算功能。选择性控制系统将逻辑控制与常规控制结合起来，增强了系统的控制能力，丰富了自动控制的内容和范围，使更多生产中的实际控制问题，如非线性控制、安全控制和自动开停车等得以解决，成为控制系统中的一类基本结构。

4.7.1　超驰控制系统

（1）超驰控制系统的结构及工作原理　超驰控制系统是选择性控制系统中最常用的类型。图 28-4-18 为液氨蒸发器出口温度的超驰控制系统及其系统框图。在正常工况下，控制阀由温度控制器 TC 的输出来控制。当出口温度偏高时，应该增加液氨的流量，但如果传热能力已达到极限，液氨来不及蒸发，其液位将一直上升，结果导致蒸发空间减小，情况继续

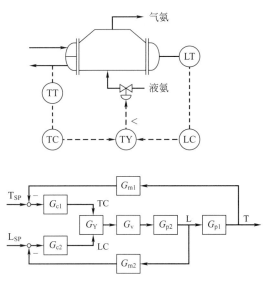

图 28-4-18 液氨蒸发器出口温度的超驰控制系统及其系统框图

恶化，液氨将进入气氨管道，引起压缩机事故。因此要设置液位报警或联锁切断液氨。

可以通过设置超驰控制系统，避免达到危险极限。图 28-4-18 中调节阀为气开阀，选择器是低选器，温度控制器是正作用，液位控制器是反作用，且比例度很小。在正常工况下，液位低于界限值，液位控制器的输出高于温度控制器的输出，所以温度控制器的输出经过低选器去控制阀门开度，温度控制回路正常工作。当液位超过界限值时，其控制器的输出立即下降，取代温度控制器的工作，减少液氨进入量。等到液位低于界限值时，液位控制器输出上升，低选器又选择温度控制器的输出，仍回复正常的控制。

（2）超驰控制系统的工程设计

① 控制设备的选择。在选择性控制系统中，选择装置一般是低选器或高选器。确定选择器形式的步骤是先从工艺安全出发确定调节阀的气开、气关形式，然后确定控制器的正反作用，最后根据安全软限要求确定选择器类型。

② 控制器控制规律的选择及防积分饱和。对于正常工作时的控制器，其控制规律与简单控制系统一样；对于取代控制器，则需要考虑达到安全软限即能迅速切换的能力，为此应选择比例度小的 P 或 PI 控制器，并采取防积分饱和措施。

超驰控制系统中，不论哪一个控制器有积分作用，都会存在积分饱和现象。如果超驰控制器有积分作用，问题更大。因为正常工况时，超驰控制回路被控变量一定会有偏差，超驰控制器一定会产生积分饱和[10]。这样，一旦出现不正常工况，就不能立即将超驰控制器切换上去，而需要延长一段时间，这是绝对不允许的，故应采取防积分饱和措施。

这里所说的积分饱和与一般意义下积分饱和不同，在此把偏差为零时两个控制器的输出不能同步称为积分饱和，所以不能用输出限幅的办法来克服。为保持两个控制器的输出同步，一般可采用积分外反馈的方法。用选择器的输出，即送往控制阀的信号作为积分外反馈，如图 28-4-19 所示，这样可以满足超驰控制系统的要求。

当控制器 TC 切换时，有：$u_1 = K_{c1}e_1 + u_0$

当控制器 LC 切换时，有：$u_2 = K_{c2}e_2 + u_0$

在控制器切换瞬间，偏差 e_1 或 e_2 为零，有：$u_1 = u_2$，实现了输出信号的跟踪和同步。

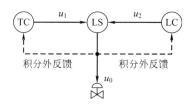

图 28-4-19   超驰控制系统的防积分饱和措施

4.7.2   其他类型的选择性控制系统

（1）**选择最高或最低测量值**   这类选择性控制系统主要是选择几个被控变量中最高值或最低值，以满足生产需要。图 28-4-20 所示是反应器温度最高值选择系统。

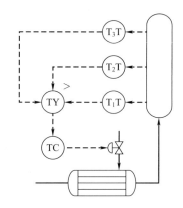

图 28-4-20   反应器温度最高值选择系统

（2）**选择可靠测量值**   在某些生产过程中，为了可靠，有时采用冗余技术，取三个变送器输出的中间值作为测量值，可用图 28-4-21 所示的选择性控制系统来实现。

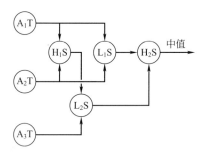

图 28-4-21   中值选择系统

（3）**实现逻辑规律的选择性控制**   在此以锅炉燃烧系统逻辑提量及逻辑减量系统为例加以说明。在锅炉燃烧系统中，要求燃料量与空气量成一定比例，而燃料取决于蒸汽量的需要，常用蒸汽压力来反映。当蒸汽用量增加即蒸汽压力下降，燃料量亦要增加。为保证完全燃烧，应先加大空气量后再加大燃料量；反之减量时，应先减燃料量后再减空气量，以保证燃烧完全。为实现此逻辑功能，设计如图 28-4-22 所示具有逻辑规律的选择性控制系统。

图 28-4-22 所示控制系统是这样工作的：正常情况下该系统是蒸汽压力对燃料流量的串级控制系统，且事先燃料流量与空气流量之间的比值控制。根据工艺要求，蒸汽压力控制器为反作用控制器。若蒸汽用量增加（提量）即蒸汽压力下降，此时压力控制器输出将增加，

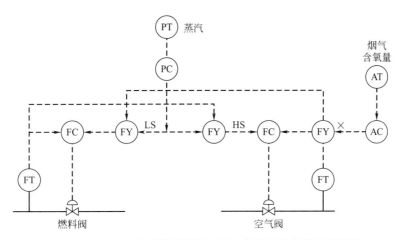

图 28-4-22 具有逻辑提量逻辑减量功能的锅炉燃烧控制系统

提高燃料流量控制器的设定值。但是由于压力控制器输出通不过 LS，而是通过 HS 来加大空气量，然后再增加燃料量，从而使燃料完全燃烧。当蒸气压力上升时，蒸汽压力控制器输出下降，该输出先通过低选器 LS，降低燃气流量控制器的设定值，而后通过比值控制系统来减少空气量。这个选择系统能满足先加空气量再加燃料量，先减燃料量再减空气量的逻辑关系，保证燃烧完全。

4.8 双重控制系统

对于一个被控变量采用两个或两个以上的操纵变量进行控制的系统称为双重或多重控制系统。这类控制系统采用不止一个控制器，其中一个控制器的输出作为另一个控制器（阀位控制器）的测量信号。

设计控制系统时，系统操纵变量的选择一方面要考虑工艺上的经济性和合理性，另一方面要考虑控制通道的有效性和快速性。有时这两方面的要求会统一于某一操纵变量，然而有时却会出现矛盾。双重控制系统就是综合这些操纵变量各自的优点，克服各自的弱点而设计的控制系统。

图 28-4-23 是双重控制系统的应用实例。在蒸汽减压系统中，高压蒸汽通过两种控制方法减为低压蒸汽。一种方法是直接通过减压阀 V_1，这种控制方法动态响应快，控制效果好，但能量消耗在减压阀上，经济上不够合理。另一种方法是通过蒸汽透平回收能量，同时达到降压作用。这种控制方法可以有效地利用能量，但动态响应迟缓。为此设计了双重控制系统。图 28-4-23 中的 PC 是低压侧的压力控制器，VPC 是阀位控制器，调节阀 V_1 的开度处于具有快速响应条件下的尽可能小的开度（一般为 10%）。一旦扰动出现，PC 偏差开始阶段通过动态响应快的操纵变量（即阀 V_1）来迅速消除偏差。与此同时，通过阀位控制器 VPC 逐渐改变控制阀 V_2 的开度，使控制阀 V_1 平缓地回复到原来的开度。因此双重控制系统既能迅速消除偏差，又能最终回复到较好的静态性能指标。

双重控制系统框图如图 28-4-24 所示，与串级控制系统相比，也有两个控制回路。但串级控制系统中两个控制回路是串联的，双重控制系统中两个控制回路是并联的。由于双回路的存在，使双重控制系统能用主控制器的作用使 y_1 尽快回复到设定值 r_1，保证系统有良好

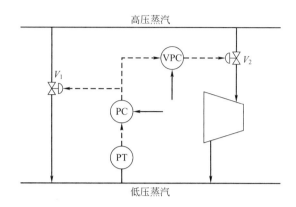

图 28-4-23 蒸汽减压系统双重控制系统

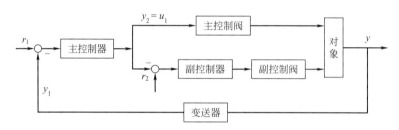

图 28-4-24 双重控制系统框图

的动态响应,同时又发挥了副控制器 VPC 的缓慢控制作用,从根本上消除偏差,使 y_2(阀位)回复到设定值,这样使系统具有较好的静态性能。

双重控制系统主控制器的参数与快速响应控制系统时类似整定,而副控制器 VPC 常选用宽比例度和大积分时间,甚至可以采用纯积分作用。

4.9 纯滞后补偿系统

化工过程对象一般来说都具有纯滞后。衡量过程具有纯滞后的大小通常采用纯滞后 τ 和过程时间常数 T 之比 τ/T 表示。当 $\tau/T < 0.3$ 时,采用常规 PID 控制系统可以得到较好的控制效果。而当 $\tau/T > 0.3$ 时,则用常规控制系统常常较难奏效,因而产生了各种克服大纯滞后的方法,主要有史密斯预估补偿控制、解析预估补偿控制、观测器补偿控制、预测控制、纯滞后对象的采样控制等等。

史密斯预估补偿控制是一种比较常用的大纯滞后对象控制策略。它在 PID 控制回路内增加了一个时间补偿回路(即史密斯预估器)。如果预估器能较好地反映纯滞后对象的特性,那么可以获得较好的效果。

图 28-4-25 所示是具有纯滞后对象的典型单回路控制系统。$G_0(s)$、$e^{-\tau s}$ 是纯滞后对象的传递函数,其中 $G_0(s)$ 为不含纯滞后的对象传递函数,$e^{-\tau s}$ 为纯滞后时间。从图 28-4-25 中可以看出,反馈信号是从纯滞后单元输出的,这对控制很不利。如果能够将 $G_0(s)$ 的输出作为反馈信号,那么纯滞后单元移到控制回路之外,这样控制系统去除了纯滞后的影响,可以改善调节品质。但实际上这样做有很大困难,因为实际对象 $G_0(s)$ 与 $e^{-\tau s}$ 是结合在一

起难以分开的，因此不能直接对 $G_0(s)$ 的输出进行测量。史密斯预估控制的思想就是通过预估模型找出测量这种信号的方法。史密斯预估控制的框图如图 28-4-26 所示。$G_m(s)(1-e^{-\tau_m s})$ 称为史密斯预估补偿器。当模型 $G_m(s)=G_0(s)$，$\tau_m=\tau$ 时，反馈信号相当于 $G_0(s)$ 的输出，这样消除了纯滞后的影响。

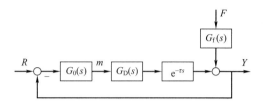

图 28-4-25 纯滞后对象的典型单回路控制系统

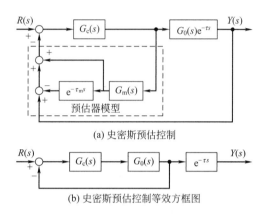

(a) 史密斯预估控制

(b) 史密斯预估控制等效方框图

图 28-4-26 史密斯预估控制原理

由图 28-4-26 可以求得随动控制系统的传递函数为：

$$\frac{Y(s)}{R(s)}=\frac{G_c(s)G_0(s)e^{-\tau s}}{1+G_c(s)G_0(s)e^{-\tau s}+G_c(s)G_m(s)-G_c(s)G_m(s)e^{-\tau_m s}} \quad (28\text{-}4\text{-}6)$$

当 $G_m(s)=G_0(s)$，$\tau_m=\tau$ 时

$$\frac{Y(s)}{R(s)}=\frac{G_c(s)G_0(s)e^{-\tau s}}{1+G_c(s)G_m(s)}=G_2(s)e^{-\tau s} \quad (28\text{-}4\text{-}7)$$

式中，$G_2(s)=\dfrac{G_c(s)G_0(s)}{1+G_c(s)G_m(s)}$ 是没有纯滞后单元时的随动控制系统的闭环传递函数。

由式(28-4-7) 可知，只要模型与实际对象相同，采用史密斯预估控制后消除了纯滞后的影响。

同样，可以得到定值控制系统的闭环传递函数

$$\frac{Y(s)}{F(s)}=\frac{G_f(s)\left[(1-e^{-\tau s})G_c(s)G_0(s)+1\right]}{1+G_c(s)G_m(s)}=G_f(s)\left[1-G_2(s)e^{-\tau s}\right] \quad (28\text{-}4\text{-}8)$$

由式(28-4-8) 可知，控制作用要比扰动的影响滞后一个 τ 的时间，因此控制效果不及随动控制系统那样明显。

史密斯预估控制是将常规调节器的输出连续地向过程模型馈送，并产生模型输出来抵消原来的反馈信号，同时产生一个理想的反馈信号。这样如果模型与对象特性有偏差时，其误差会累积起来，特别是纯滞后 τ_{m} 与 τ 有差距时，系统的品质要差得多，甚至会不稳定。因此史密斯预估控制的效果依赖于模型的准确性。

图 28-4-27 是精馏塔塔顶产品成分的史密斯预估补偿控制系统原理。系统的被控变量是塔顶成分 X_{D}，操纵变量是回流量 R，干扰主要为进料量 F。实验测试获得了塔顶成分 X_{D} 与回流量 R、干扰量 F 的传递函数。

$$\frac{X_{\mathrm{D}}(s)}{R(s)} = \frac{\mathrm{e}^{-60s}}{1002s+1}$$

$$\frac{X_{\mathrm{D}}(s)}{F(s)} = \frac{0.167\mathrm{e}^{-486s}}{895s+1}$$

按反应曲线法整定参数，并经调整实际采用参数是：$\delta\% = 10\%$，$T_{\mathrm{I}} = 250\mathrm{s}$。

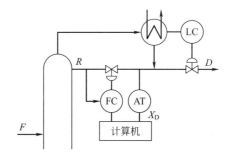

图 28-4-27 精馏塔史密斯预估控制

图 28-4-28 是产品成分 X_{D} 的设定值作 1% 阶跃变化时，PI 控制和史密斯预估补偿控制时的响应曲线[11]。图 28-4-29 是进料流量 F 作 22% 阶跃变化时的响应曲线。可以清楚地看到，史密斯预估补偿控制相比 PI 控制有更好的控制效果。另外，随动控制系统的效果比定值控制系统的要好些。

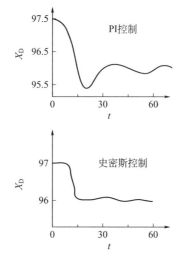

图 28-4-28 随动控制系统时的输出响应

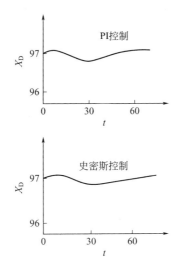

图 28-4-29 定值控制系统时的输出响应

4.10 解耦控制系统

在一个生产装置中，往往有多个被控变量需要控制，这就需要或是设计多变量控制系统（如模型预测控制），或是设置若干个控制回路，来稳定各个被控变量。在设置多回路的情况下，几个回路之间，就可能相互关联（耦合），相互影响，构成的多输入-多输出的关联控制系统往往会影响系统的稳定性，降低系统控制品质。如图28-4-30所示的流量、压力控制方案就是相互耦合的系统。

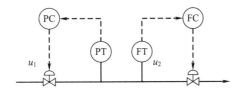

图 28-4-30 关联严重的控制系统

在多回路控制系统设计时，要通过分析系统关联程度，合理选择被控变量和操纵变量的匹配，尽量减少耦合。若即使合理匹配变量，回路间仍存在比较严重的关联，就需要串接解耦装置，设计相应的解耦控制系统。

4.10.1 系统的关联分析（相对增益）

如何表征多回路间的关联程度？通常采用布里斯托尔（Bristol）提出的相对增益来表示[12]，其定义如下：

$$\lambda_{ij} = \frac{\partial y_i \partial u_j \mid_u}{\partial y_i \partial u_j \mid_y} \tag{28-4-9}$$

式中，分子项外的下标 u 表示除了 u_j 以外，其他 u 都保持不变，即都为开环；分母项外的下标 y 表示除了 y_i 以外，其他 y 都保持不变，即其他系统都为闭环状态。该定义给出

了某一通道 $u_j \rightarrow y_i$ 在其他系统均为开环时的放大系数与该通道在其他系统均为闭环时的放大系数之比为 λ_{ij}，称为相对增益。

一个系统所有可能通道的相对增益构成相对增益阵列或称 Bristol 阵列，从相对增益阵列可以分析回路间的关联程度，选择合理的变量配对。例如分析如下双输入双输出系统的相对增益阵列

$$
\begin{array}{c|cc}
 & u_1 & u_2 \\
\hline
y_1 & \lambda_{11} & \lambda_{12} \\
y_2 & \lambda_{21} & \lambda_{22}
\end{array}
$$

可以得出以下结论：

① 相对增益阵列中，每行和每列的元素之和为 1，这个基本性质在 2×2 变量系统中特别有用。只要知道了阵列中任何一个元素，其他元素可立即求出。

② 在相对增益阵列中所有元素为正时，称为正耦合。只要有一元素为负，称为负耦合。

③ 当一对 λ_{ij} 为 1，则另一对 λ_{ij} 为 0，此时系统不存在稳态关联。

④ 当采用两个单一的控制器时，操纵变量 u_j 与被控变量 y_i 间的匹配应使两者间的 λ_{ij} 尽量接近 1。

⑤ 千万不要采用 λ_{ij} 为负值的 u_j 与 y_i 的匹配方式，这时当其他系统改变其开环或闭环状态时，本系统将丧失稳定性。

把 Bristol 阵列作为关联程度的衡量，已为人们所熟悉。但是它没有考虑动态项的影响，因此按它所作出的结论带有一定的局限性。

4.10.2　解耦控制

若系统之间关联严重，为消除回路之间关联，可设计解耦控制系统。在控制器输出端与执行器输入端之间串接解耦装置 $D(s)$，图 28-4-31 给出了双输入双输出系统串接解耦控制装置的框图。

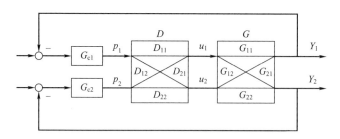

图 28-4-31　双输入双输出系统串接解耦控制装置框图

由图 28-4-31 得：

$$Y(s) = G(s)U(s)$$
$$U(s) = D(s)P(s)$$

故
$$Y(s) = G(s)D(s)P(s) \tag{28-4-10}$$

由式(28-4-10) 可知，只要能使 $G(s)D(s)$ 相乘后成为对角阵，就解除了系统之间耦合，两个控制回路不再关联。要求 $G(s)D(s)$ 之积为对角阵有三种方法。

（1）对角矩阵法　此法要求 $G(s)D(s) = \mathrm{diag}[G_{ij}(s)]$，如

$$G(s)D(s) = \begin{bmatrix} G_{11}(s) & 0 \\ 0 & G_{22}(s) \end{bmatrix} \tag{28-4-11}$$

即通过解耦，使各个系统的特性完全像原来的单回路控制系统一样。

因此，解耦装置 $D(s)$ 可以由式（28-4-11）求得：

$$
\begin{aligned}
D(s) &= \begin{bmatrix} D_{11}(s) & D_{12}(s) \\ D_{21}(s) & D_{22}(s) \end{bmatrix} = \begin{bmatrix} G_{11}(s) & G_{12}(s) \\ G_{21}(s) & G_{22}(s) \end{bmatrix}^{-1} \begin{bmatrix} G_{11}(s) & 0 \\ 0 & G_{22}(s) \end{bmatrix} \\
&= \begin{bmatrix} G_{11}(s)G_{22}(s) & -G_{22}(s)G_{12}(s) \\ -G_{11}(s)G_{21}(s) & G_{11}(s)G_{22}(s) \end{bmatrix} \Big/ [G_{11}(s)G_{22}(s) - G_{21}(s)G_{12}(s)]
\end{aligned}
$$

$$\tag{28-4-12}$$

这样求出的解耦装置各元素传递函数可能相当复杂。

（2）单位矩阵法　单位矩阵法要求 $G(s)D(s) = I = \mathrm{diag}[1,1,\cdots,1]$，如

$$G(s)D(s) = \begin{bmatrix} 1 & 0 \\ 0 & 1 \end{bmatrix}$$

即通过解耦，使各个系统的对象特性成 $1:1$ 的比例环节。此时解耦装置 $D(s)$ 为：

$$D(s) = \begin{bmatrix} D_{11}(s) & D_{12}(s) \\ D_{21}(s) & D_{22}(s) \end{bmatrix} = \begin{bmatrix} G_{11}(s) & G_{12}(s) \\ G_{21}(s) & G_{22}(s) \end{bmatrix}^{-1} \tag{28-4-13}$$

可见单位矩阵法得到解耦装置 $D(s)$ 为对象传递矩阵的逆。

（3）前馈补偿法　前馈补偿法只规定对角线以外的元素为零，这样亦完全解除了耦合。但是各通道的传递函数并不是原来的 $G_{ij}(s)$，此时可取某些 $D_{ij} = 1$。这样做显得比较简单，所以有人称为简易解耦。在通道数目不多时，用常规仪表也很容易实现。

此时取 $D_{11}(s) = D_{22}(s) = 1$，解耦补偿装置 $D_{21}(s)$ 和 $D_{12}(s)$ 可根据前馈补偿原理求得

$$G_{21}(s) + D_{21}(s)G_{22}(s) = 0 \tag{28-4-14}$$

所以

$$D_{21}(s) = -\frac{G_{21}(s)}{G_{22}(s)} \tag{28-4-15}$$

又有

$$G_{12}(s) + D_{12}(s)G_{11}(s) = 0 \tag{28-4-16}$$

所以

$$D_{12}(s) = -\frac{G_{12}(s)}{G_{11}(s)} \tag{28-4-17}$$

在需要时，亦可令 $D_{21}(s) = D_{12}(s) = 1$ 或 $D_{21}(s) = D_{22}(s) = 1$ 或 $D_{12}(s) = D_{11}(s) = 1$，按同样原理可以求得解耦装置的传递函数。

4.10.3　解耦设计中的有关问题

① 实践表明，在很多情况下采用静态解耦已能获得相当好的效果。例如某乙烯厂裂解

炉出口温度的解耦控制，采用静态解耦方法就能获得较好效果。

② 一般地说，需要采用动态解耦时，可采用前馈补偿法，此时 $D_{ij}(s)$ 宜采用超前滞后环节。

③ 当 $G(s)$ 为奇异矩阵时，无法采用串接解耦控制方案。

参考文献

[1] Seborg D E, Edgar T F, Mellichamp D A, Doyle III F J. Process dynamics and control. Third edition. John Wiley and Sons, 2011.

[2] 何衍庆，黎冰，黄海燕. 工业生产过程控制. 第二版. 北京：化学工业出版社，2010.

[3] 蒋慰孙，俞金寿. 过程控制工程. 第二版. 北京：中国石化出版社，1999.

[4] 金以慧. 过程控制. 北京：清华大学出版社，1993.

[5] Luyben M L, Luyben W L. Essentials of process control. NY: McGraw Hill, 1977.

[6] Smith C L. Practical process control: Tuning and troubleshooting. NY: John Wiley & Sons. Inc, 2009.

[7] 俞金寿，顾幸生. 过程控制工程. 第四版. 北京：高等教育出版社，2011.

[8] Stephen W F, Dale R P. Industrial process control systems. 2nd edition. GA: The Fairmont Press. Inc, 2009.

[9] 戴连奎，于玲，田学民，王树青. 过程控制工程. 第三版. 北京：化学工业出版社，2012.

[10] Shinskey F G. Process control system, application, design, and tuninng. 4th edition. NY: McGraw Hill, 1996.

[11] 邵惠鹤. 工业过程高级控制. 上海：上海交通大学出版社，1997.

[12] Smith C L. Advanced process control: Beyond single-loop control. NY: John Wiley & Sons. Inc, 2010.

5

先进控制技术

引　言

先进控制（Advanced Process Control，APC）技术是对那些不同于常规单回路 PID 控制，并具有比常规 PID 控制效果更好的控制策略的统称。先进控制技术通常用来处理复杂的多变量过程控制问题，例如大时滞、非线性、多变量耦合、被控变量和控制变量存在多种约束等。先进控制技术是以常规单回路 PID 控制为基础的动态协调约束控制，可使控制系统能够更好更快地适应实际工业过程动态特征和操作要求。

先进控制技术的实现，需要建立工业过程模型和有足够的计算能力及存储能力的设备作为支撑。由于先进控制技术受算法复杂性和计算机能力两方面因素的影响，早期的先进控制策略通常在上位机上实施，例如模型预测控制（MPC）策略。20 世纪 70 年代后期，计算机技术持续发展所带来的强大计算能力和存储能力促进了集散控制系统（DCS）功能不断增强，更多的先进控制策略可以与基础控制回路一起在 DCS 上实现。

控制理论的发展也为先进控制技术发展提供了很多各具特点的技术和方法，例如基于软测量技术的推断控制技术，基于模糊控制和人工神经网络控制的智能控制技术，基于模型的预测控制技术，专家系统和自适应控制技术等。近年来，先进控制软件和产业出现了综合集成的发展趋势，基于 DCS 的先进控制系统开发日益广泛，许多 DCS 制造商，如 Honeywell 公司、Emerson 公司和 Siemens 公司等通过收购从事先进控制、工艺模型和计算机网络通信等专业技术的软件公司，纷纷推出了集硬件和软件一体化的工厂综合自动化全面解决方案。本章将简要介绍几种常见的先进控制方法或关键技术[1,2]。

5.1　软测量

5.1.1　软测量技术简介

软测量技术是依据一定的优化法则，利用各种数学信息处理技术和计算方法，从与待测变量密切相关的过程参数中，选择在工业上容易检测的一定数量的参数（即辅助变量，比如能直接在线测量的流量、液位、温度、压力等），用数学函数关系建立辅助变量与主导变量之间联系，从而获取主导变量信息，即建立研究对象的软测量模型，实现对待测参数的在线预测。采用这种方法，可以连续获得主导变量信息、响应迅速、维护保养简单、且投资低等优点。

软测量技术包含很多学科内容，包括现在控制技术中的系统辨识、建立过程模型、数据处理等许多重要领域。从软测量技术的发展历程来看，软测量技术的研究经历了三个发展阶段：从线性系统到非线性系统、从静态模型到动态模型、从无参数与结构的优化到参数与结构的在线或者离线优化的发展过程。软测量技术是针对解决复杂工业对象问题发展起来的，因此，衡量软测量技术的一个重要指标就是实际应用效果。

由于存在上述诸多优点，使得软测量技术无论在理论方法上，还是在实际应用中都获得了快速地发展。尤其是随着现代控制理论、人工神经网络技术、现代数据信息处理软件等技术在软测量技术当中的综合应用，使得其在过程控制与监测方面应用前景更加广阔，具有巨大的发展空间，在流程工业领域有着广泛的应用。软测量建模过程基本流程如图 28-5-1 所示。

图 28-5-1 软测量建模过程基本流程

软测量模型的基本结构如图 28-5-2 所示[3]。其中 x 为被估计变量集，d_1 为不可测扰动，d_2 为可测扰动，u 为对象的控制输入，y 为对象可测输出变量。x^* 为离线分析计算值或大采样间隔的测量值（如分析仪输出），一般用于离线辨识模型的参数，也用于软测量模型的在线校正。

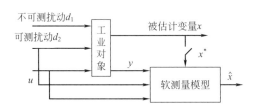

图 28-5-2 软测量模型的基本结构

软测量建模就是根据可测数据得到被估计变量 x 的最优估计：

$$\hat{x} = f(d_2, u, y, x^*, t) \tag{28-5-1}$$

式中，函数 $f(d_2, u, y, x^*, t)$ 即为软测量模型，它不仅反映被估计量 x 与输入 u 和可测扰动 d_2 的动态关系，还包括了被估计量 x 与可测输出 y（辅助变量）之间的动态联系，其中 x^* 表示软测量模型的自动校正。目前，为了实现更高的工艺需求、更好地针对实际运用情况，软测量模型不断地向多模型、非线性、在线校正等方向发展。下面将对软测量建模步骤进行详细地介绍。

5.1.2 辅助变量选择

辅助变量的初选：根据工艺机理分析（如物料、能量平衡关系），在可测变量集中，初步选择所有与被估计变量有关的原始辅助变量，这些变量中部分可能是相关变量。此阶段辅助变量的选择可循"宁滥勿缺"的原则。例如，为了估计精馏塔塔顶产品的成分，可将精馏塔的进料量、塔釜加热量、回流量、塔顶温度和压力等可测变量都选作初始辅助变量，然后根据工艺机理、测量仪表精度和数据相关性分析等对初始辅助变量降维。

辅助变量的精选：通过机理分析，可以在原始辅助变量中找出相关的变量，选择响应灵敏、测量精度高的变量为最终的辅助变量。例如，在相关的气相温度变量、压力变量之间选择压力变量。更为有效的方法是主元分析法，即利用现场的历史数据作统计分析计算，将原始辅助变量与被测量变量的关联度排序，实现变量精选。

5.1.3　数据选择与处理

软测量模型的性能很大程度上依赖于所获过程测量数据的准确性和有效性，所以在进行数据采集时，要使采集的样本空间尽量覆盖整个操作范围，同时要本着有代表性、均匀性和精简性的原则进行选取。数据驱动软测量模型一般为静态模型，所以在采集数据时应尽量采集装置平稳运行时的数据。

测量数据的误差可分为随机误差和过失误差两大类。随机误差的产生是受随机因素的影响，一般是不可避免的，但符合一定的统计规律，可通过数字滤波方式消除。数据协调方法是近年来提出的消除随机噪声的新方法，其基本思想是根据物料平衡和能量平衡等方程建立精确的数学模型，以估计值与测量值的方差最小为优化目标，构造一个估计模型，为测量数据提供一个最优估计，以便及时准确地检测误差的存在，进而剔除或补偿其影响。数据协调本质上是一个在等式或不等式约束下的线性或非线性优化问题。

过失误差包括常规测量仪表的偏差和故障，以及不完全或不正确的过程模型。实际中过失误差出现的概率很小，但它的存在严重恶化了数据的品质，因此必须及时侦测和剔除。常用的处理方法有：人工剔除法、技术辨别法、统计检验法等。人工剔除法是根据经验对一些偏离较大的数据以手工进行剔除；技术辨别法是根据对象物理或化学的性质，进行技术分析，以辨别偏差较大的数据是否异常；统计检验法则是根据测量数据的统计特性进行检验，如广义似然比法、贝叶斯法、主元分析法（Principal Component Analysis，PCA）等。

5.1.4　软测量建模方法

5.1.4.1　机理建模与数据驱动建模

基于对生产过程物理、化学过程的深刻认识，通过生产过程的质量、能量和动量守恒定理，根据输入与输出之差引起系统质量、能量和动量积累变化，列写出数学表达式——过程运动方程。通常，该运动方程也刻画了待估计变量与可测变量之间的定量关系，通过运动方程求解或变换，获取待估计变量的显式计算模型，该方法称为机理建模，也称为"白箱"建模法。

机理模型反映过程内在关系，因此有验前性、预估性，能处理动态、静态、非线性等各种对象。但是，工业生产过程的复杂性使得机理模型的代价较高，有时只能建立近似的简化模型，模型精度无法满足软测量的需要。相对机理建模，存在"黑箱"建模法，即数据驱动法。该方法不需要了解生产过程的内部机理，直接根据数据包含的信息进行建模，学习输入输出数据之间的联系。目前常用的方法有回归分析、神经网络等。

5.1.4.2　回归分析建模

最小二乘回归（Least-Squares，LS）通过最小化误差的平方根来估计最接近实际数据的预测数据。假设输入数据为 $X = \begin{bmatrix} x_{11} & x_{12} & \cdots & x_{1m} \\ x_{21} & x_{22} & \cdots & x_{2m} \\ \vdots & \vdots & \vdots & \vdots \\ x_{n1} & x_{n2} & \cdots & x_{nm} \end{bmatrix}$，其中辅助变量 m 个，样本数据

n 组；输出 $Y = \begin{bmatrix} y_1 \\ y_2 \\ \vdots \\ y_n \end{bmatrix}$。输入输出之间的线性回归关系为 $Y = XB + E$，回归系数 B 求解公式

如式(28-5-2)：

$$B = (X^T X)^{-1} X^T Y \tag{28-5-2}$$

在实际的工业应用中，往往数据间会存在联系，导致矩阵 X 不能达到满秩；或者存在噪声使得模型对数据敏感，预测效果变差。偏最小二乘回归（Partial Least-Squares Regression，PLS）集成了主成分分析、多元线性回归等典型相关分析的功能为一体，有效地解决了自变量之间的多重相关性和样本点容量不宜太少等问题。PLS 对 X 进行主成分的提取，将 X、Y 经过标准化处理后得到 $E_0 = (E_{01}, E_{02}, \cdots, E_{0p})_{n \times p}$，$F_0 = (F_{01}, F_{02}, \cdots, F_{0q})_{n \times q}$，记 t_1、u_1 是第一成分，即：

$$t_1 = E_0 w_1, \quad u_1 = F_0 c_1 \tag{28-5-3}$$

式中，w_1、c_1 通过优化方法求得，保证两者之间的协方差达到最大，各自的均方差也达到最大。然后得到 E_0、F_0 对 t_1 的回归方程：

$$\begin{aligned} E_0 &= t_1 p_1^T + E_1 \\ F_0 &= t_1 r_1^T + F_1 \end{aligned} \tag{28-5-4}$$

式中，E_1、F_1 是残差矩阵，用来计算第二成分 t_2、u_2，以此类推，最后可以得到：

$$\begin{aligned} E_0 &= t_1 p_1^T + t_2 p_2^T + \cdots + t_A p_A^T \\ F_0 &= t_1 r_1^T + t_2 r_2^T + \cdots + t_A r_A^T + F_A \end{aligned} \tag{28-5-5}$$

一般选取前 m 个成分就可以得到一个预测性较好的模型，后续的数据并不能提供更多有意义的信息。目前，回归分析常用于线性模型的建立，也存在非线性最小二乘法等方法的研究，但针对复杂的非线性问题，更多地采用智能算法建模。

5.1.4.3　智能建模方法

（1）模糊数学　基于模糊数学的软测量模型模仿人脑逻辑思维特点，建立起一种知识模型。这种方法特别适合用于复杂工业过程中被测对象呈现亦此亦彼的不确定性，难以用常数定量描述的场合。实际应用中常将模糊技术和其他人工智能技术相结合，例如模糊数学和人工神经网络相结合构成模糊神经网络，将模糊数学和模式识别相构成的模糊模式识别等，有效地提高了软测量模型的性能。

（2）BP 神经网络　BP 网络是一种单向传播的多层前向网络，网络具有一个输入层和一个输出层，有一个或多个隐层，同层节点没有任何耦合连接，输入信号从输入层节点依次传过各个隐层节点，然后传到输出层节点，每层节点的输出只影响下层节点的输出。BP 算法利用输出层计算与理想值之间的误差来得出输出层的直接前导层的误差，再利用这个误差得出更前一层的误差，形成一个误差反向传播的网络，网络权值就由各层的误差估计来决定。

（3）RBF 神经网络　RBF 网络同 BP 网络一样是一种多层前向网络，但没有误差反向传

播的特点。它由输入层、隐层和输出层三层节点构成。输入层节点传递输入信号到隐层，隐层节点采用的径向基函数。输出节点通常是简单的线性函数。RBF 网络结构简单，训练学习速度快，能以任意精度逼近任意非线性函数，具有最佳逼近特性。

（4）支持向量回归机（Support Vector Regression） 支持向量机是从线性可分情况下最优分类面提出的，它通过某种事先选择的非线性映射将输入向量映射到一个高维特征空间，然后在这个空间中构造分类超平面。支持向量回归机是其分类能力的一种推广，它在解决小样本、非线性及高维模式识别问题中表现出许多特有的优势。假设训练数据集是 (x_1, y_1)，$(x_2, y_2), \cdots, (x_n, y_n)$，回归函数可以有如下表示：

$$f(x) = w \cdot x + b \tag{28-5-6}$$

式中，$w \cdot x$ 是向量的内积；b 是标量。支持向量回归机的目的就是要找到最优的回归函数拟合训练数据，所以我们需要求解以下最优化的问题：

$$\min \Phi(w) = \frac{1}{2}(w \cdot w) \tag{28-5-7}$$

$$\text{s. t} \quad \begin{matrix} y_i - w \cdot x_i - b \leqslant \varepsilon \\ w \cdot x_i + b - y_i \leqslant \varepsilon \end{matrix} \quad i = 1, 2, \cdots, n$$

引入拉格朗日乘子 a_i、a_i^*，将式（28-5-7）变成无约束的拉格朗日泛函：

$$L(w, b, a, a^*) = \frac{1}{2}(ww) - \sum_{i=1}^{n} a_i(\varepsilon - y_i + wx_i + b) - \sum_{i=1}^{n} a_i(\varepsilon + y_i - wx_i - b) \tag{28-5-8}$$

对泛函的 w 和 x 分别求偏导得到：

$$\begin{cases} \sum_{i=1}^{n} (a_i^0 - a_i^{*0}) y_i = 0 \\ w_0 = \sum_{i=1}^{n} (a_i^0 - a_i^{*0}) x_i, i = 1, 2, \cdots, n \\ b_0 = f(x) - w_0 \cdot x \end{cases} \tag{28-5-9}$$

式中，a_i^0，$a_i^{*0} \geqslant 0$ 是拉格朗日乘子的解；w_0 是支持向量。将解回代到式（28-5-7）得：

$$W(a) = \frac{1}{2} \sum_{i=1}^{n} \sum_{j=1}^{n} (a_i - a_i^*)(a_j - a_j^*) x_i x_j - \sum_{i=1}^{n} (a_i + a_i^*) \varepsilon \tag{28-5-10}$$

$$a_i, a_i^* \geqslant 0, i = 1, 2, \cdots, n$$

$$\text{s. t} \quad \sum_{i=1}^{n} (a_i - a_i^*) y_i = 0$$

设 $a_0 = (a_1^0, a_2^0, \cdots, a_n^0, a_1^{*0}, \cdots, a_n^{*0})$ 是式（28-5-10）的最优解，所以式（28-5-7）的最优解就可以通过下式得到：

$$\| w_0^2 \| = 2W(a_0) = \sum_{i=1}^{n} \sum_{j=1}^{n} (a_i^0 - a_i^{*0})(a_j^0 - a_j^{*0}) x_i x_j - 2 \sum_{i=1}^{n} (a_i^0 + a_i^{*0}) \varepsilon \tag{28-5-11}$$

式（28-5-6）则可以表示为：

$$f(x) = \sum_{i=1}^{n} (a_i - a_i^*)(\boldsymbol{x}_i \cdot \boldsymbol{x}) + b \qquad (28\text{-}5\text{-}12)$$

对于非线性的情况，常常引入核函数将原来低维非线性数据映射到高维。一般取径向基函数：

$$\boldsymbol{K}(\boldsymbol{x}_i \cdot \boldsymbol{x}) = \exp(-\boldsymbol{x}_i - \boldsymbol{x}^2 / \boldsymbol{\sigma}^2)$$

使得式（28-5-12）变为：

$$f(x) = \sum_{i=1}^{n} (a_i - a_i^*)\boldsymbol{K}(\boldsymbol{x}_i \cdot \boldsymbol{x}) + b \qquad (28\text{-}5\text{-}13)$$

由于在实际问题中可能存在边界值无法达到的情况，所以考虑将边界条件适当放宽，引入松弛变量 ξ，$\xi^* \geqslant 0$，将式（28-5-7）改写成：

$$\min \varPhi(\boldsymbol{w}) = \frac{1}{2}(\boldsymbol{w} \cdot \boldsymbol{w}) + C\sum_{i=1}^{n}(\xi_i + \xi_i^*) \qquad (28\text{-}5\text{-}14)$$

$$\text{s. t} \qquad y_i - \boldsymbol{w} \cdot \boldsymbol{x}_i - b \leqslant \varepsilon + \xi_i$$

$$\boldsymbol{w} \cdot \boldsymbol{x}_i + b - y_i \leqslant \varepsilon + \xi_i, i = 1, 2, \cdots, n$$

当最优支持向量求解得到以后，可以通过图 28-5-3 中的方式对预测数据进行数值回归。

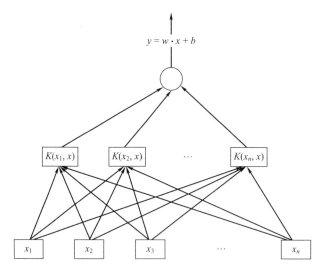

图 28-5-3 支持向量机结构

5.1.4.4 软测量模型校正

将软测量模型直接应用于工业装置的实时预测，不可避免地要产生一定的偏差，因此根据测量仪表或者化验分析的数值对软测量模型进行了在线自校正，使其适应过程操作特性的变化和生产工况的迁移。工业上通常采用自校正的计算公式如下：

$$\mathrm{JZ}(k) = \mathrm{YC}(k) + \mathrm{Alpha}(k)\big[\mathrm{AI}(k) - \mathrm{YC}(k - \mathrm{Delta})\big]$$

式中　AI——现场分析仪表输出或化验分析值；

　　　YC——软测量模型输出值；

　　　JZ——软测量模型计算值校正后的输出值；

　Delta——现场仪表或化验分析的滞后时间；

Alpha(k)——校正系数，取 0～1 之间的值，它决定了校正过程的快慢，Alpha 值越大，校正过程越快，但易造成校正过程振荡。

　　图 28-5-4 为校正之前软测量输出与实际测量值关系曲线，图 28-5-5 为相同时间相同参数情况下的校正预测曲线。可以看出，校正后预测值与实测值非常接近，可以据此预测值进行控制是完全可行的。

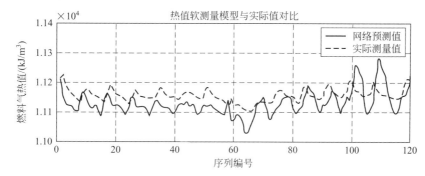

图 28-5-4　校正前的预测结果

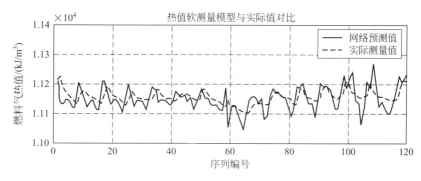

图 28-5-5　校正后的预测结果

5.1.4.5　应用举例

　　以某化工厂的乙烯精馏塔顶部出料的乙烷浓度测量为例，建立基于支持向量回归机的软测量模型。采用 Aspen 建立的乙烯精馏过程如图 28-5-6 所示。

　　软测量建模并预测的步骤如下：

　　① 通过灵敏度分析确定一些初步的辅助变量，再采用主元分析的方法进行精选，最后确定：灵敏版温度、回流比、采出量、塔顶压强，这 4 项作为最终的辅助变量，乙烯产品中的乙烷浓度作为待测变量。

　　② 将现场采集的 200 组数据随机分成 160 组训练数据和 40 组预测数据，采用 Matlab 编写的支持向量回归机程序进行模型的训练，并将 40 组预测结果与原始预测数据进行比对，结果如图 28-5-7 所示。

　　③ 离线模型往往训练的时候能达到比较高的精度，但在在线运用时可能会存在偏差，可以采用自回归滑动平均模型等方法进行动态校正。当模型预测效果变差，靠校正不能改变

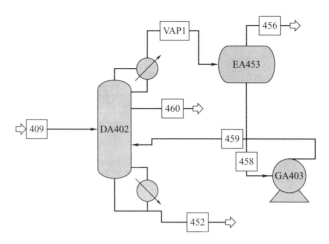

图 28-5-6 乙烯精馏塔流程模拟

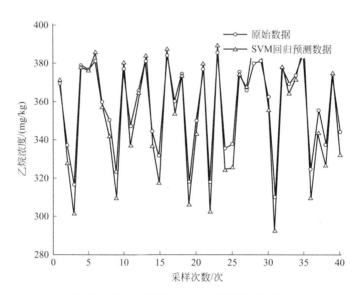

图 28-5-7 原始数据和回归预测数据对比

时，需要重新选择数据进行重新训练。

5.1.5 软测量优化方法

多模型软测量的提出是为了针对复杂多变的工况。由于在化工过程中，一些输入参数如进料量、进料组分和工艺参数等是变化的，并且复杂的工艺过程容易受到一些不确定因素的影响，所以单一模型的软测量在这样的情况下的预测效果较差。采用多模型软测量，将输入数据先通过聚类的方式进行划分。目前常用的聚类方式有 K 均值聚类、模糊 C 均值聚类、谱聚类等。聚类是一种无监督的学习方式，通过根据数据间的近似程度来实现划分。在划分的子集中再进行子模型的建立，有利于模型涵盖大量的数据信息。最后的输出采用多模型切换或者加权的方式，切换适用于子集之间相关度较弱的情况，可以直接根据新数据特征选择相应的子模型输出，有较高的精度，如图 28-5-8 所示；加权适用于子集之间相连的情况，最终模型有较高的精度和鲁棒性，如图 28-5-9 所示。

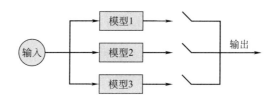

图 28-5-8　多模型切换示意

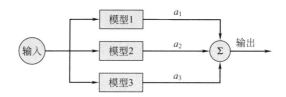

图 28-5-9　多模型加权模型在线校正

　　由于离线模型只能涵盖训练样本中的信息，在线运行时对于含有新工况的数据的预测效果较差。传统的方法是通过判断预测数据和原始数据的误差来决定是否需要重新选择离线数据进行建模，但该方法判断容易受到干扰的影响，阈值参数设定较为复杂，不能有效利用实时数据。因此，提高模型的实时性能，保证实时地控制，使得模型能够自动适应新工况，在线改善预测效果成为目前研究的方向。目前常用的在线模型有滑动窗模型、JIT 模型和时间差分模型。

　　（1）滑动窗模型（Moving Window）　滑动窗模型主要是从时间角度出发的一种自适应方式，通过设定窗口大小和窗口移动步长来选择数据。随着时间的变化，建模数据集中的数据由于滑动窗的移动而改变，从而改变模型。这种方法有利于模型实时跟踪当前的数据，保证了实时的预测效果。

　　（2）JIT 模型（Just in Time）　JIT 模型通过选取与样本数据相似的历史数据建立局部模型，能较好地处理过程的时变性和非线性，相较于传统的全局模型能够更好地跟踪过程当前的动态。相较于滑动窗模型，这是一种从空间角度出发的自适应方式。

　　（3）时间差分模型（Time Difference）　前两种方法可以有效地处理过程时变的问题，但是过程变量存在漂移时精度就会下降。相较于在输出和输入之间建立回归模型的方法，时间差分模型将回归模型建立在输出和输入的一阶差分量之间。通过建立时间差分软测量模型，过程变量漂移问题可以有效地解决。

5.2　差拍控制

5.2.1　差拍控制简介

　　采用计算机控制后，对于控制算法的设计可以比较自由，可采用按闭环品质指标来设计控制算法，差拍控制就是按照期望的控制性能来设计的控制系统。

　　考虑图 28-5-10 连续单回路控制系统，输入为 $R(s)$，输出为 $C(s)$。

　　其中：

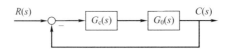

图 28-5-10　连续单回路控制系统

$$\frac{C(s)}{R(s)}=\frac{G_c(s)G_0(s)}{1+G_c(s)G_0(s)} \tag{28-5-15}$$

$$G_c(s)=\frac{1}{G_0(s)}\times\frac{C(s)/R(s)}{1-C(s)R(s)} \tag{28-5-16}$$

但在计算机控制系统中，由于很难用模拟电路来实现，故采用图 28-5-11 中的离散模型，输入为 $R(z)$，输出为 $C(z)$。结构如式（28-5-17）所示。

图 28-5-11　连续单回路控制系统离散模型

$$G(z)=\frac{C(z)}{R(z)}=\frac{G_c(z)HG_p(z)}{1+G_c(z)HG_p(z)} \tag{28-5-17}$$

根据闭环控制品质来设计数字控制器 $G_c(z)$：

$$G_c(z)=\frac{1}{HG_p(z)}\times\frac{G(z)}{1-G(z)} \tag{28-5-18}$$

设 $HG_p(z)$ 含时滞项 z^{-d}，那么不管 $HG_p(z)$ 的输入是什么，在 $d\cdot T_s$（T_s 是采样周期）时间内系统将不能响应，至少需在 $d+1$ 拍〔即时间 $(d+1)T_s$〕才能响应。因此，$C(z)/R(z)$ 必须含有时滞项，即 $C(z)$ 与 $R(z)$ 之间至少有 $d+1$ 拍的时滞，这种控制称为差拍控制。现在规定的差拍数 $d+1$ 是最小的，因此又称为最小拍控制。

最小拍控制系统达到稳态值的时间是最短的。从这个意义上说，它是一种最优控制系统。但是按照算法要求，控制作用可能超过界限值。同时由于存在"跳动"问题，应用范围有限，须加改进。

5.2.2　达林算法

在设定值作阶跃变化时，最小拍控制系统要求输出在 $d+1$ 拍就跟上，这对于多数工业生产过程来说，是相当严格的，而实际过程希望输出 $C(t)$ 的输出变化平缓些，以减少跳动，提高稳定性。基于这些考虑，达林（Dahlin）在 1968 年提出了一种控制算法，选取了一个具有纯滞后的一阶非周期特性作为闭环系统所需的闭环特性。即：

$$G(s)=\frac{e^{-\tau s}}{\lambda s+1} \tag{28-5-19}$$

这表示在输入的设定值信号作阶跃变化时，输出 $C(t)$ 先延迟时刻 τ，然后按指数曲线趋近于设定值。

5.2.3　V. E. 控制算法

在达林算法中，闭环系统输出 $C(t)$ 变化平稳，品质指标有所改善，但由于这类控制算法采用了控制器与广义对象的零极点相消的方法，来实现所需闭环特性要求。因此，当对象具有跳动特性的零点时，为了进行对消，控制器 $G_c(z)$ 就会含有这类极点，从而使控制器输出出现跳动，影响了使用效果。沃格尔和埃德加（Vogel & Edgar）提出的 V.E. 控制算法为了不发生这类零极点的相消，让闭环脉冲传递函数保留这些有跳动特性的对象的零点，从而从根本上消除了跳动现象。

5.3　推断控制

5.3.1　推断控制简介

推断控制是近年来发展较快的一种控制技术，它能够有效地解决在不可测扰动的作用下，过程不可测输出变量的控制问题，其基本思想是：根据比较容易测量的过程辅助变量，来估计并克服不可测扰动对过程主要输出变量的影响。推断控制策略包括估计器和控制器的设计，其中，估计器的设计体现了推断控制的特点[4]。

5.3.2　狭义推断控制

针对主要扰动与系统关键输出都无法直接测量的情况，Brosilow 等提出了"推断控制"的概念并开发了推断控制系统[5]。推断控制是利用数学模型由可测信息将不可测的输出变量推断出来实现反馈控制，或将不可测扰动推算出来以实现前馈控制。其基本思想是借助与关键输出相关的可测辅助变量来发现主要扰动，并设法补偿它们对关键输出的影响，使关键输出达到并保持在设定值。这类系统的结构如图 28-5-12 所示。

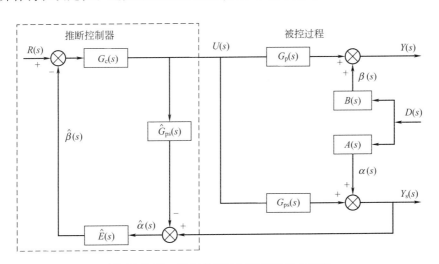

图 28-5-12　狭义推断控制系统的基本结构

其中右半部分为被控过程，其输入变量包括控制作用 $U(s)$ 和主要扰动 $D(s)$。$U(s)$ 为单变量，但主要扰动可能不止一个，故 $D(s)$ 为向量。输出变量包括关键输出 $Y(s)$ 和可测量的辅助输出 $Y_s(s)$，$Y(s)$ 为单变量，$Y_s(s)$ 为向量。假设被控过程的传递函数（或传递函数矩阵）$G_p(s)$、$G_{ps}(s)$、$B(s)$、$A(s)$ 可估计得到，因此，控制作用 $U(s)$ 与 $D(s)$ 对关键输出的影响可通过辅助输出的变化而有所反映。

推断控制部分如图 28-5-12 左半部分所示，它由 $G_c(s)$、$\hat{E}(s)$ 和 $\hat{G}_{ps}(s)$ 三模块组成。其中传递函数矩阵 $\hat{G}_{ps}(s)$ 为控制作用对辅助变量的传递函数 $G_{ps}(s)$ 的估计模型；$G_c(s)$ 的输出即为控制作用 $U(s)$，输入为设定值 $R(s)$ 与来自估计器 $\hat{E}(s)$ 的信号 $\hat{\beta}(s)$ 的差值。估计器的作用是产生 $Y(s)$ 在 $D(s)$ 作用下的变化量 $\beta(s)$ 的估计量 $\hat{\beta}(s)$。

要满足 $\hat{\beta}(s)=\beta(s)$ 的条件为 $B(s)D(s)=\hat{E}(s)A(s)D(s)$，即：

$$\hat{E}(s)A(s)=B(s) \tag{28-5-20}$$

当 $D(s)$ 和 $Y_s(s)$ 均为标量时，$A(s)$ 和 $B(s)$ 也为标量，可得到

$$\hat{E}(s)=\hat{B}(s)/\hat{A}(s) \tag{28-5-21}$$

当 $D(s)$ 和 $Y_s(s)$ 中有一个或两个均为向量时，$A(s)$ 和 $B(s)$ 中也将出现向量或矩阵，此时，式(28-5-20) 应改写为

$$\hat{E}(s)\hat{A}(s)\hat{A}^T(s)=\hat{B}(s)\hat{A}^T(s) \tag{28-5-22}$$

即：

$$\hat{E}(s)=\hat{B}(s)\hat{A}^T(s)[\hat{A}(s)\hat{A}^T(s)]^{-1} \tag{28-5-23}$$

下面来分析扰动对关键输出的影响。如果选择推断控制器为 $G_c(s)=1/\hat{G}_p(s)$，则有

$$Y(s)=-\left[\frac{G_p(s)}{\hat{G}_p(s)}\right]\hat{\beta}(s) \tag{28-5-24}$$

当 $\hat{G}_p(s)=G_p(s)$ 时，$Y(s)=-\hat{\beta}(s)$。另外，$D(s)$ 通过 $B(s)$ 通道，使 $Y(s)$ 发生的变化量为 $\beta(s)$。只要做到 $\hat{\beta}(s)=\beta(s)$，扰动对关键输出的影响将得到完全的补偿。

至于设定值对关键系统输出的影响，由于 $Y(s)=G_p(s)\hat{G}_p^{-1}(s)R(s)$，只要

$$G_p(s)|_{s=0}=\hat{G}_p(s)|_{s=0} \tag{28-5-25}$$

则 $Y(s)=R(s)$，即控制系统是无余差的。

上述分析表明，对关键输出变量而言，推断控制系统实际上是一种前馈控制方案，当模型正确无误时，这类系统对设置定值变化有很好的跟踪性能，并对不可测扰动具有完全补偿能力。然而，实际情况要复杂得多，要获取过程的动态模型并不容易，而要保证模型的正确性就更加困难，因而限制了其工业应用。但是，当关键输出可测、动态滞后较大或采样周期较长时，就完全可能将推断控制与输出反馈控制结合起来，成为前馈反馈控制系统，其实际应用效果将显著改善。

5.3.3　广义推断控制

前面所讨论的推断控制器，实际上包括关键输出估计模型与反馈控制器两部分。其中，关键输出估计模型（即软测量模型）以可测的控制作用与辅助输出为输入、以关键系统输出

的预测值为模型输出；而反馈控制器以软测量模型输出与其设定值之差为输入，产生控制输出。将上述两部分完全分离，就得到了如图 28-5-13 所示的广义推断控制系统。图中 $Z(k)$ 为过程测量信号，可同时包括控制输入、可测的扰动输入与过程辅助测量输出；$\hat{y}(s)$ 为软测量的输出。就反馈控制器而言，可将被控过程与软测量模型等效于一个广义对象。

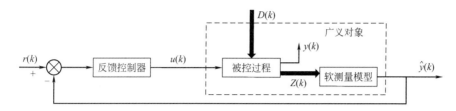

图 28-5-13　广义推断控制系统的基本结构

由于该广义对象输入可控、输出可直接测量（用软测量输出代替实际输出），又为相对简单的 SISO 系统，因而反馈控制器可采用几乎所有类型的 SISO 控制器，如单回路 PID、串级 PID、前馈反馈控制器、内模控制器、预测控制器等。实际应用时，需要根据被控过程与软测量模型的具体特点来选择合适的控制器机构与参数。

5.4　预测控制

5.4.1　模型预测控制简介

模型预测控制是一种基于模型的闭环优化控制策略，是一类面向实际工业过程的计算机控制算法，已在炼油、化工、冶金和电力等复杂工业过程中得到了广泛的应用。其算法核心是：可预测过程未来行为的动态模型，在线反复优化计算并滚动实施的控制作用和模型误差的反馈校正。作为一类利用对象模型预测被控对象未来输出的优化控制算法，预测控制的基本原理可以归结到预测模型、在线滚动优化和反馈校正这三项基本原理上。

（1）预测模型　根据对象的历史信息，假定系统的未来输入，从而预测得到系统的未来输出。通过对系统未来状态的预测，然后根据对象特点和期望目的给出不同的控制策略，以使得未来时刻的状态和输出达到系统设定的期望目标。

（2）在线滚动优化　在线滚动优化是预测控制一个非常重要的特征，它通过在每一采样周期内优化某一个性能指标，从而确定在当前时刻需要实施的控制量。传统控制中的全局优化通常是不变的，而预测控制是一种有限时域内的在线反复优化，即滚动优化，绝不是通过一次离线计算可以解决的，这也是预测控制和传统最优控制两者之间不同的地方。

（3）反馈校正　预测控制是一种闭环控制算法，这是由于所得到的预测模型通常不能精确地反映对象的动态特性，如果不及时利用实际的对象信息进行反馈校正，会出现模型失配，引起控制结果对理论状态的偏离。在求解优化性能指标后，每一次仅实施当前时刻的操作变量，舍弃所求得的未来时刻控制量。到下一时刻，先得到对象的输出实际值来修正未来预测状态以及未来输出，然后根据新的预测值提出新的性能指标并进行优化。预测控制中有多种反馈校正的形式，可以根据在线辨识在反馈时直接修改预测模型，也可以直接对未来的误差进行校正。

模型预测控制具有控制效果好、鲁棒性强等优点，可有效地克服过程的不确定性、非线性和关联性，并能方便地处理过程被控变量和操纵变量中的各种约束。

基于对生产过程测试得到的过程动态数学模型，模型预测控制算法采用在线滚动优化，且在优化过程中不断通过系统实际输出与模型预测输出之差来进行反馈校正，因此，它能在一定的程度上克服由于预测模型误差和某些不确定性干扰等的影响，从而增强控制系统的鲁棒性。

实际控制过程中的对象系统绝大部分为非线性系统，但非线性模型预测控制无论是理论还是应用都远未成熟，这主要是因为非线性系统及其约束优化问题都不能用参数化的形式统一表达。近年来，预测控制定性综合理论的发展虽然为非线性约束预测控制带来了不少新的思路，但与实际应用尚有距离。从目前应用领域对其的需求来看，应该加强以下方面的研究：进一步开展基于线性近似的模型预测控制算法；进一步研究具有终端代价函数的非线性模型预测控制问题；进一步开展针对时滞系统的模型预测控制问题的研究。

预测控制的软件产品，从第一次公开发表至今已走过了三代。第一代以 Adersa 的 IDCOM 和 Shell Oil 的 DMC 为代表，算法针对无约束多变量过程。第二代以 Shell Oil 的 QDMC 为代表，处理约束多变量过程的控制问题。第三代的产品包括 Adersa 的 HIECOM 和 PFC，DMC 的 DMC plus 和 Honeywell 的 RMPCT，算法增加了摆脱不可行解的办法，并具有容错和多个目标函数等功能。如 PFC 算法不再像传统的预测控制算法那样采用辨识得到的纯黑箱的参数化或非参数化预测模型，而是采用结合机理建模得到的灰箱预测模型，控制输出既可以是变量也可以是参数。在这种情形下，在已知变化环境中模型的自适应不再有更多问题。现代机理建模和仿真技术的进步减轻了烦琐的信号辨识工作，并且可以处理非线性或不稳定线性模型[6]。

近年来，随着计算机技术的发展，人们对预测控制方法的研究和应用也日趋广泛，逐渐与鲁棒控制、自适应控制、非线性控制和智能控制等方法相结合，也逐渐提高了预测控制方法处理复杂系统的能力，在一定程度上扩大了预测控制方法的应用领域。目前的研究方向主要有以下几个方面：

① 非线性系统采用线性化后的模型在控制时会与实际偏离较大，目前的非线性预测控制研究中还未给出一个通用表达式或适合所有非线性系统的方法，而常用的非线性预测控制方法主要有：模型线性化方法，针对在运行范围内可以忽略非线性因素影响的弱非线性系统，可以利用泰勒展开、反馈线性化或多模型线性化的方法对非线性环节进行处理；智能模型的预测控制方法，将预测控制和智能算法（如模糊控制、神经网络等）相结合，克服预测控制对于复杂模型控制精度不高、鲁棒性不强的缺点；特殊模型的预测控制方法，利用复杂系统中某一时段结构确定模型，如 Hammerstein 模型、Wiener 模型、Volterra 模型等。

② 鲁棒预测控制技术的发展对于过程控制对象都很难建立精确的数学模型的问题意义很大，鲁棒预测控制技术是在线性参考模型的预测控制应用于非线性控制过程产生较大误差和质疑的情况下产生的。近年来，有学者提出了保证系统鲁棒稳定性的内模控制滤波器的调整策略，讨论了基于采样时间可变的连续时间线性系统的滚动时域控制方法鲁棒性，当对象模型中含不确定性时，可以把约束最小化问题转化为最小最大问题来解决。针对不确定系统，还出现了利用松弛矩阵的鲁棒预测控制方法。

③ 自适应预测控制针对被控对象的模型不确定性问题，该方法主要利用自适应技术（如系统辨识、模糊系统和人工神经网络建模等）对外界环境进行在线辨识，根据辨识结果修改参考模型或控制器参数，以减少控制过程中存在的不确定性，从而使得控制效果达到最

优。根据不同实现方法，自适应预测控制主要可以分为参考自整定的预测控制和模型辨识的自适应方法。

5.4.2　预测函数控制

预测函数控制（PFC）仍然属于模型预测控制的范畴，这是因为它具有 MPC 的三个基本特征，即：

① 内部模型，PFC 采用状态变量模型来预测过程的未来输出值；

② 参考轨迹，PFC 用指数律表征闭环系统期望的未来行为；

③ 误差修正，PFC 采用时域或频域外推方法来修正模型误差。

预测函数控制的基本原理可以用图 28-5-14 来加以概括。基函数概念的引入，不但使控制量的输入规律性更加明显，而且提高了响应的快速性。由于基函数及其响应的采样值均可事先离线计算，在线只需对少量线性加权系数进行参数优化，因此，PFC 的在线计算量显著减少，这是它的一个优点。

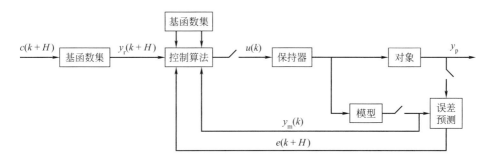

图 28-5-14　预测函数控制的基本原理

在 PFC 算法中，控制精度主要取决于基函数的选择，动态响应主要受参考轨迹的影响，而预测优化时域 P 则对控制系统的稳定性和鲁棒性起主要作用。这些设计参数对控制性能的影响是各有侧重的，在控制系统设计时，可根据性能要求很快地整定参数，这是 PFC 的又一个优点[1]。

5.4.3　脉冲响应控制

脉冲响应控制又称模型算法控制（Model Algorithmic Control，MAC），最早是由 Richalet 等在 20 世纪 60 年代末应用于锅炉和精馏塔等工业过程的控制。20 世纪 70 年代末，Mehra 等对 Richalet 等的工作进行了总结和进一步的理论研究[7]。MAC 基本上包括四个部分：预测模型、反馈校正、参考轨迹和滚动优化。

（1）预测模型　MAC 采用被控对象的单位脉冲响应序列作为预测模型：

$$y_m(k+j) = \sum_{i=1}^{N} h_i u(k+j-i) \quad j=1,2,\cdots,p \tag{28-5-26}$$

（2）反馈校正　为了克服扰动和模型失配等因素对模型预测值的影响，采用当前的过程输出测量值 $y(k)$ 和模型的计算值 $y_m(k)$ 进行比较，用其差值 $e(k)$ 来修正模型的预估值。设修正后的预估值记为 $y_p(k+j)$，则有：

$$y_p(k+j) = y_m(k+j) + \beta[y(k) - y_m(k)] \tag{28-5-27}$$

式中，$y_m(k+j)$ 为模型的预测输出；$y_p(k+j)$ 为反馈校正后的预测输出；β 为校正系数。

(3) 参考轨迹 在 MAC 中，控制系统的期望输出是由从当前实际输出 $y(k)$ 出发且向设定值 y_{sp} 平滑过渡的一条参考轨迹规定的。通常，参考轨迹采用从现在时刻实际输出值出发的一阶指数形式。它在未来 P 个时刻的值为

$$y_r(k+j)=\alpha^i y(k)+(1-\alpha^i)y_{sp} \quad j=1,2,\cdots,P \tag{28-5-28}$$

式中，$\alpha=\exp(-T/\tau)$，T 为采样周期，τ 为参考轨迹的时间常数。

从式(28-5-28) 可知，τ 越小，则 α 越小，参考轨迹就能越快地到达设定值，但是系统的鲁棒性也越差。因此，α 是 MAC 中的一个重要的设计参数，它对闭环系统的动态性能和鲁棒性都有关键作用。

(4) 滚动优化 在 MAC 中，k 时刻的优化目标就是：求解未来一组 P 个控制量，使在未来 P 个时刻的预测输出 y_p 尽可能接近由参考轨迹所确定的期望输出 y_r。目标函数可以采用各种不同的形式，例如可以选取：

$$J=\sum_{i=1}^{P}\left[y_p(k+i)-y_r(k+i)\right]^2 q_i \tag{28-5-29}$$

式中，P 称为优化时域；q_i 为非负加权系数，用来调整未来各采样时刻误差在性能指标 J 中所占比重的大小。

5.4.4 动态矩阵控制（DMC）

动态矩阵控制（Dynamic Matrix Control，DMC）[8] 是基于阶跃响应模型的一种预测控制算法，最早在 1973 年就已经应用于 Shell 石油公司的生产装置上。1979 年，Culter 等在美国化工学会年会上首次介绍了这种算法。它采用工程上易于测试的阶跃响应模型，算法比较简单，计算量少，鲁棒性较强，适用于纯滞后、开环渐进稳定的非最小相位系统。近年来已在化工、炼油、石油化工、冶金等行业中得到成功应用。

5.4.5 广义预测控制（GPC）

20 世纪 80 年代初期，人们在自适应控制的研究中发现，为了增加自适应控制系统的鲁棒性，有必要在广义最小方差控制的基础上，吸取预测控制中的多步预测优化策略，提高自适应控制的实用性。因此出现了基于辨识被控过程参数模型且带有自适应机制的预测控制算法，其中最具代表性的就是 Clarke 等在 1987 年提出的广义预测控制（Generalized Predictive Control，GPC）[9]。GPC 算法仍然保留了 MAC 和 DMC 等算法的基本特征，不过它所使用的被控对象模型采用的是受控自回归积分滑动平均模型（CARIMA）或受控自回归滑动平均模型（CARMA）。广义预测控制不仅能够用于开环稳定的最小相位系统、不稳定系统和变时滞、变结构系统，而且它在模型失配情况下仍能获得良好的控制性能。

为克服随机扰动、模型误差以及慢时变的影响，GPC 保持了自校正方法的原理，通过不断测量实际输入输出，在线地估计预测模型参数，以此来修正控制律。这是一种广义的反馈校正。与 DMC 和 MAC 算法不同的是：DMC 与 MAC 采用一个不变的预测模型，并附加一个误差模型共同保证对未来输出做出较为准确的预测，而 GPC 则只用一个模型，通过对

其在线修正来给出较准确的预测。

5.4.6　多变量预测控制

预测控制推广至多变量系统并非理论上的困难，只需将动态矩阵扩大，但是面临着变量之间的协调和处理约束条件等问题。

(1) 约束多变量预测控制问题　以二次动态矩阵控制（QDMC）为例，多变量有约束过程的预测控制问题可以表示为：

$$J_k = \min_{\Delta u} \{ [A\Delta u - e(k+1)]^T Q [A\Delta u - e(k+1)] + \Delta u^T R \Delta u \} \tag{28-5-30}$$

(2) 基于关联分析的多变量协调预测控制策略　设过程有 m 个 MV，p 个 CV。由于受设备极限和操作极限限制，MV 存在着约束区间：

$$MV_{\min} \leqslant MV_i \leqslant MV_{i\max}, i \in N[1, m] \tag{28-5-31}$$

根据产品质量的要求，CV 有区间控制和给定值控制两种形式：

$$CV_j = CV_{j\text{set}}, j \in N[1, p] \tag{28-5-32}$$

$$CV_{j\min} \leqslant CV_j \leqslant CV_{ji\max}, j \in N[1, p] \tag{28-5-33}$$

这类有约束多变量过程的控制问题，本质上是多目标多自由度系统的控制。系统控制的关键是在自由度许可的情况下达到更高的控制目标。为此提出了在基本预测控制算法的基础上再加一个预测控制变量协调决策层，形成协调预测控制策略，以实现上述目标。因为协调决策层的作用，减少了实时计算的 MV 和 CV 变量数，从而减少了在线计算工作量，且这种实时的协调作用又满足了当时的调节需要。

5.4.7　连续重整装置预测控制实例

随着 DCS 应用技术的不断发展，使过程控制采用多变量控制器成为可能。本节简要介绍 MDC plus 先进控制软件在连续重整装置中的应用[10]。

连续重整装置简要工艺流程如图 28-5-15 所示，原料经预加氢原料罐（V-208）与循环氢混合，由反应炉（F-201）加热至 315～340℃左右（视原料组成而定）。经反应，脱除对重整装置催化剂有害的杂质，反应后的物料在 V-202 内分离，分离的氢循环使用，油料进 T-201 汽提塔抽掉轻组分和水，作为重整装置的原料，经测试符合要求的原料方能进入重整装置。E-301 是混合换热器，进料和循环氢在此混合并与第四反应器出料换热，混合物料逐次进入四合一反应炉和四合一反应器。反应后的油气在 V-301 中分离，并经二次再接触后经稳定塔（T-302）脱除丁烷馏分，可作为重整汽油或芳烃抽取的原料。

CCR 先进控制项目选用了美国 Aspen Tech 公司的 DMC plus 先进控制软件。该软件的特点是运用大控制器概念，可以应付进料物理性质、进料速率、操作环境的变化。通过 DMC plus 的优化计算、模型预测、多变量约束估计控制器，实现对连续重整装置整体的先进控制，包括预加氢、重整反应、稳定、催化剂再生等，使预加氢及重整装置在满足约束条件下达到进料最大化，提高装置的处理能力；稳定预加氢系统，保证重整装置的平稳性；通过调节重整反应器进料加权平均温度（WAIT）实现重整汽油的辛烷值控制；氢气压缩机的卡边控制使反应器压力最小化；降低重整反应器的峰值温度，延长催化剂的使用寿命；使催化剂积焦再生量获得平衡控制；使蒸馏产品收率最大化；对预加氢、重整系统的加热炉实现

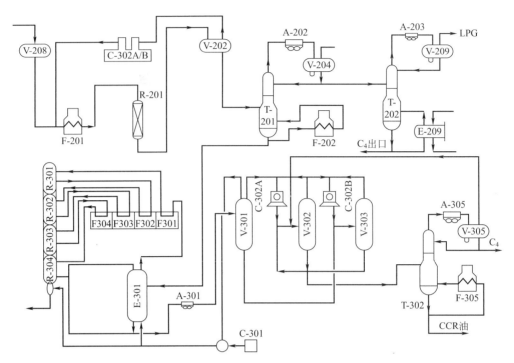

图 28-5-15 连续重整装置简要工艺流程

节能控制。

　　根据连续重整装置的工艺特点，确定 APC 由两个控制器组成，一个控制器（CCR）包括了预加氢、循环氢、重整反应及脱丁烷塔组成（即由 T-201、T-202、反应重整 RX 及 T-301 四个小单元组成），另一个控制器（RG Model）针对单独的再生装置，这是由于再生装置工艺相对独立，但仍与重整反应部分有联系，催化剂上的焦炭量就是根据重整反应条件按结炭模型计算出来的，再生能力会按焦炭量适当地改变烧焦能力。CCR 控制器包括了 T-201DMC、T-202DMC、RXDMC 及 T-301DMC 四个子控制器，这是考虑了采用一体化优化能带来较高的经济效益，因为各变量间的相互制约，变量多就更能发挥 APC 的相互协调功能，而设立子控制器为操作提供了方便，再生部分则单独为一个控制器。

　　DMC plus 多变量预估控制器是一种基于模型的控制算法，过程模型是构成控制的核心。过程模型的精度决定了 DMC plus 的控制精度，这里采用了阶跃扰动测试法。测量数据应用建模软件来处理，可获得 DMC plus 的模型参数。图 28-5-16 是汽提塔初馏点与塔顶回流的变化曲线，测得模型参数为 -0.1063，响应时间约 140min。由于多数模型响应时间在 60min 左右，所以本项目 DMC plus 控制器模型按 60min 预测。

　　DMC plus 对过程模型的处理是通过测试得到的数据进行识别，即已知被控变量的值和变化增益，求出过程模型。所谓预测模型是已知 MV 变量的变化，预测 CV 变量的值。预测一般用于先控系统的开环指导，模型控制根据被控变量的要求值或约束条件，计算出 MV 需要变化的量，去控制过程控制仪表，如 SP 值或 OP 值的改变，是先进控制的闭环形式。

　　DMC plus 除了上述模型预测和模型控制能力之外，还具有过程变量推理计算功能（称为 VSCALC）。这里催化剂的沉碳速率是根据 UOP 模型机理推理计算得到的，其中还包括沉碳速率 CLKELR（kg/h）和催化剂表面的积焦量 COKESSPR（质量分数，%）。

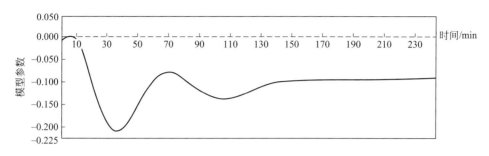

图 28-5-16 T-201 塔底初馏点与塔顶回流的变化曲线

DMC plus 控制器组成及软件结构如图 28-5-17 所示，在原 DCS 系统上增加了 HP 9000 上位控制计算机，作为 DMC plus 软件运行环境。为调试和维护方便，还配置了一台 PC 机，作为 DMC plus 的离线维护工具。通过 PC 机即可监控 DMC plus 的运行。DMC plus 与 DCS 数据交换通过两个实时驱动程序。DMC 控制器通过 CIMIO-PAPI 功能访问 DCS 的每块仪表，每个 DMC plus 变量有 7 个参数需要与 DCS 交流，为此，采用 DCS 控制站的数据块仪表，DMC plus 控制器每个控制周期将参数写入数据块，DCS 通过这些数据块用于画面显示，进行逻辑判断。

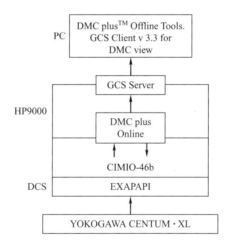

图 28-5-17 DMC plus 控制器组成及软件结构

从先进控制投用后运行情况及标定结果分析可知，装置操作平稳率、产品质量、消耗均有明显改善，重整原料预处理部分的先进控制改善了重整进料的质量，可控制重整原料中 C_5 含量，避免物料"白"重整，有利于降低整个装置的能耗，提高汽油辛烷值及氢产量。重整反应部分先进控制可降低重整产品分离器操作压力，提高处理量，消除了由于炉子超负荷，各反应器提温困难的问题，降低重整循环氢流量。重整生成油分馏塔 T-301 先进控制大大降低了该塔重沸炉燃料气的消耗，消除了该重沸炉负荷不足这一瓶颈。

DMC plus 具有好的操作性及经济效益。一方面，预测控制提高了重整反应转化率，在获得同等产品辛烷值的条件下，重整液收率及氢产量明显提高，降低了装置综合能耗，提高了装置产品质量，装置生产平稳率大幅度上升；另一方面，操作人员不需要随着原料、气候等的变化去不断调节操作条件，劳动强度得到改善。

5.5 自适应与自校正控制

5.5.1 自适应控制简介

能够修正自身特性以适应对象和扰动特性变化的控制器称为自适应控制器。自适应控制研究的对象是：具有一定程度不确定性系统。这里"不确定性"是指描述被控对象及其环境的数学模型不是完全确定的，其中包含一些未知因素和随机因素。面对客观上存在的各种不确定性，自适应控制系统应能在其运行过程中，通过不断地测量系统的输入、状态、输出或性能参数，逐渐地了解和掌握对象，然后根据所获得的过程信息，按一定的设计方法，做出控制决策去更新控制器的结构参数或控制作用。在某种意义下，使控制效果达到最优或近似最优。自适应控制所依赖的关于模型和扰动的先验知识较少，需要在系统的运行过程中不断提取有关模型的信息，使模型逐渐完善。

目前比较成熟的自适应控制系统可分为两大类：一种是模型参考自适应控制（Model Reference Adaptive Control，MRAC）系统；另一种是自校正（Self-tuning Control，STC）系统。

5.5.2 自整定调节器

在许多生产过程系统中，过程可以用 PI 或 PID 调节器控制，使用这种调节器需要调整调节器的参数。用人工调整调节器的参数称为人工校正。人工校正参数可能遇到下列问题：当调节器只有两个参数需要调节时，参数的整定是容易实现的，但当调节器有三个或者更多的参数需要调整时，参数的整定成为一项困难的任务；此外，一个过程的控制系统往往需要多个调节器参加工作，调整每个调节器的参数不仅花费时间，而且不容易调整得都合适。如果采用自整定调节器，情况就会完全不同，由于自整定调节器的参数自动整定，避免了人工整定的种种麻烦。目前不少 DCS 系统或者可编程调节器中有自整定调节器，采用各种自整定的算法实现 PID 参数的自整定。以下简单介绍几种自整定策略。

(1) 基于响应曲线的自整定调节器 基于响应曲线的自整定调节器的工作原理就是根据调节器响应的一些参数，如响应的衰减率、超调量和周期等，在自整定调节器中这些参数的定义分别如图 28-5-18 所示，且有：

$$OVR = \frac{C_1 - C}{C} \tag{28-5-34}$$

$$DMP = \frac{E_2 - E_3}{E_1 - E_2} \tag{28-5-35}$$

自整定的原理是比较这些参数指标与要求的是否一致，若不一致则需要根据自整定算法对调节器参数进行自整定，获得新的参数和响应以后，再与所要求的响应指标进行比较，直到与响应要求的相吻合为止。

在使用自整定调节器前，必须设置好初始参数。初始参数主要有必要的和任选的参数两大类。

① 必要的参数

a. (P, I, D) 参数的初始值 (PF, IF, DF)。初始值是使用者根据经验确定的，初

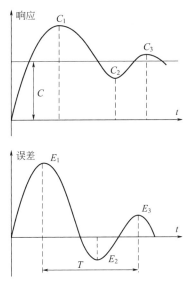

图 28-5-18 衰减率、超调量和周期的定义

始值的选择不会影响调节器的整定工作。

b. 噪声带（NB）。设置 NB 可以避免自整定频繁进行，只有到误差超过 NB 的两倍时，调节器才自整定，否则不进行自整定，调节器按原来的参数运行。

c. 最大等待时间（$W_{\max}$）。$W_{\max}$ 就是在第一个峰值出现以后等待第二个峰值的最大时间，一般取 $\frac{1}{2}T \leqslant W_{\max} \leqslant 8T$，$T$ 为振荡周期。

② 任选参数

a. 期望的衰减率（DMP）和超调量（OVR）。可根据所需的输出曲线来选择适当的 DMP 和 OVR，一般取 $DMP = 0.3$，$OVR = 0.5$。

b. 微分因子（$DFCT$）。通过改变 $DFCT$ 的大小来改变微分时间的长短，$DFCT = 0$ 表示无微分作用，$DFCT = 1$ 为 PID 调节规律。

c. 输出周期限制（LIM），设置 LIM 限制调节器输出信号的频率。

d. 参数变化范围限制（CLM），一般取 $CLM = 4$，即参数限制在 $\left(\dfrac{PF}{4}, 4PF\right)$ 和 $\left(\dfrac{IF}{4}, 4IF\right)$ 间变化。

同时，自整定调节器还具有预整定功能，通过预整定功能可以得到比较接近实际的 PF、IF、DF 等参数，再将这些参数作为初始值进行自整定，这样可以减少自整定的次数，使系统快速进入最佳控制状态。

（2）专家 STC 自整定 PID 控制器 基于专家 STC 的自整定 PID 控制器中专家 STC 系统结构如图 28-5-19 所示。其中，知识库即专家整定经验数据，相当于 PID 参数的整定选择手册，包含了多种控制规律和最佳参数。响应曲线是根据设定值 SV、观测值 PV 和控制器输出值 MV 的变化，推理得到的过程响应曲线。控制目标，即用户根据对象特性选择的控制目标。调整规则，根据过程响应曲线，从知识库中选择适当的调节规则，得到相应的 PID 变化量。推理就是根据定值 SV、观测值 PV 和控制器输出值 MV，推导出对象的响应，并给出响应的特征参数。

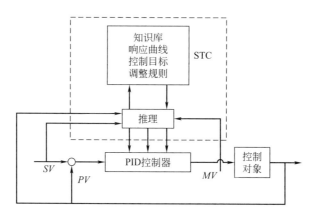

图 28-5-19 专家 STC 自整定 PID 控制器结构

专家系统 STC 随时观察测量值、设定值和控制器输出信号。当控制偏差超过 STC 启动的临界值时,控制器开始观察测量信号的波形,并将其与已存入专家 STC 知识库中的响应曲线对比,按照最佳条件进行整定。

5.5.3 模型参考型自适应控制系统

模型参考自适应系统(Model Reference Adaptive System,MRAS)是解决自适应控制问题的主要方法之一,图 28-5-20 说明了其基本工作原理。对 MRAS 的希望性能用一个参考模型来表示,这个模型给出了对指令或给定信号的希望响应性能。MRAS 还有一个由过程和控制器组成的普通反馈回路。控制器的参数根据系统输出 y 与参考模型输出 y_m 之差 e 进行调整。因此,图 28-5-20 包含两个回路:一个是内环,它是一个普通的反馈控制回路;另一个是外环,它调整内环中的控制器参数。假设内环速度高于外环速度。

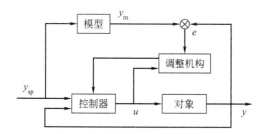

图 28-5-20 模型参考自适应控制系统框图

MRAS 的关键问题是确定调整机构(或称自适应机构),以便得到一个使误差 e 趋向零的稳定系统。MRAS 的设计方法包括:梯度法、基于李雅普诺夫稳定性的理论设计方法和基于波波夫超稳定性理论的设计方法等[11]。

5.5.4 自校正控制系统

自校正控制系统的结构如图 28-5-21 所示。在一个自适应控制系统中,控制器的参数时时刻刻都在进行调整,这表明控制器的参数在追随过程特性的变换。然而,对于这种系统的收敛性和稳定性进行分析却是相当困难的。为了简单起见,可假设过程参数是恒定且未知的。当过程特性已知时,设计过程规定了一组希望的控制器参数;当过程未知时,自适应控

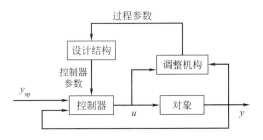

图 28-5-21　自校正控制系统结构

制器的参数应当收敛到这些希望的参数值。具有这种性质的控制器称为自校正控制器，这是因为它能把控制器参数自动校正到希望的性能。

自校正控制器（Self-Tuning Regulators，STR）的设计思想是，将未知参数的估计和控制器的设计分工进行。在如图 28-5-21 所示的自校正控制系统结构中，过程特性中的未知参数采用递推最小二乘等算法进行在线估计，估计出的参数就看作是对象的真实参数，即不考虑估计的不定性，再在线求解参数已知系统的控制器设计问题。控制设计方法可选用最小方程、线性二次型、极点配置和模型跟踪等方法。设计方法的选择取决于闭环系统的性能规范，不同的估计方法和设计方法的组合可导出性质不同的控制器。

5.5.5　鲁棒自适应控制

控制系统的鲁棒性，就是系统在外界环境或者系统本身结构及参数变化时，能够保证原有性能的能力，特别是保持稳定性的能力。鲁棒性具体体现在鲁棒稳定性、鲁棒镇定和鲁棒性能等 3 个方面。鲁棒稳定性是指控制系统是内稳定的，而鲁棒镇定与鲁棒性能均与系统中的控制器有关，被统称为鲁棒控制。因此，鲁棒自适应控制将主要研究自适应控制器的鲁棒性能和鲁棒镇定设计。

鲁棒自校正控制器实际上就是在确定性等效原理的假设下，将线性控制理论中基于内模原理的鲁棒控制器和参数估计算法相结合，从而达到抑制某些确定性扰动及跟踪给定参考信号而不受参数摄动及有界扰动的影响。

在实际系统中，外界信号（干扰或给定量）是变化无常的。但可以发现，这些外界信号中的一大部分往往又都是按照某种规律而变化的。因此可把它们看成是一组常微分方程组的解，只是它的初始条件是未知的。换句话说，这些外界信号的振型（动态模型）是已知的，根据多变量控制系统理论中的内模原理可知，只要控制器包含有被调运（输出量）的反馈，并引入与外界信号（干扰或给定量）变化的动态模型，就可保证系统的稳定性，使其调节/跟随性能不受参数摄动及有界扰动的影响。该控制器称为鲁棒控制器。目前已提出了多种鲁棒自适应算法[12]。

5.6　模糊控制

5.6.1　模糊控制简介

在工业过程控制实践中，有许多难以应对的控制问题，尤其在涉及传热、传质和化学反应的过程中更为常见，例如锅炉、水泥窑、锻炼炉、炼钢以及生化反应等过程，因非线性、时滞、机理复杂和检测困难等因素而难以建模，用常规方法难以有效控制，因此提出了模糊控制。采用模糊概念来描述模糊现象，并进而实现带有模糊性的思维，是人脑加工信息的一种特有的方式。然而，这种看似简单的信息处理方式并不妨碍其得到一个精确的推理结果。

模糊模型化不仅是实现非线性动态系统黑箱辨识的一条重要途径，而且对于复杂系统的辨识也有价值。基于模糊模型的控制不仅丰富了模糊控制体系，而且为非线性内模控制和非线性预测控制提供了新的实现形式。

5.6.2 模糊控制的数学基础

5.6.2.1 模糊集合及其运算[13]

模糊集合的定义如下：给定论域 X，$A = \{x\}$ 是 X 中的模糊集合是指 $\mu_A : X \rightarrow [0, 1]$，这样的隶属度函数表示其特征的集合。

若 $\mu_A(x)$ 接近于 1，表示 x 属于 A 的程度高，$\mu_A(x)$ 接近 0，表示 x 属于 A 的程度低。模糊集合有多种表示方法，其要点是将模糊集合所包含的元素及相应的隶属度函数表示出来。因此，它可以用如下的序偶形式表示：

$$A = \{(x, \mu_A(x)) \mid x \in X\}$$

也可以表示成如下的更紧凑的形式

$$A = \begin{cases} \int_X \dfrac{\mu_A(x)}{x} & X \text{ 连续} \\ \sum_{i=1}^{n} \dfrac{\mu_A(x_i)}{x_i} & X \text{ 离散} \end{cases} \tag{28-5-36}$$

式中，$\dfrac{\mu_A(x_i)}{x_i}$ 并不表示分数，而表示论域中的元素 x_i 与其隶属度 $\mu_A(x_i)$ 之间的对应关系。而 "$\int$" 既不表示"积分"，也不是"求和"记号，而是论域 X 上的元素 x 与隶属度 $\mu_A(x)$ 对应关系的一个总结。

5.6.2.2 模糊关系及合成

借助模糊集合理论，可以定量地表示诸如 "A 与 B 很相似"，X 比 Y 大很多等模糊关系。模糊关系的定义：n 元模糊关系 R 是定义在直积 $X_1 \times X_2 \times \cdots \times X_n$ 上的模糊集合，它可表示为：

$$R_{X_1 \times X_2 \times \cdots \times X_n} = \{((x_1, x_2, \cdots, x_n), \mu_R(x_1, x_2, \cdots, x_n)) \mid (x_1, x_2, \cdots, x_n) \in X_1 \times X_2 \times \cdots \times X_n\}$$
$$= \int_{X_1 \times X_2 \times \cdots \times X_n} \mu_R(x_1, x_2, \cdots, x_n)/(x_1, x_2, \cdots, x_n) \tag{28-5-37}$$

常用的是 $n=2$ 时的二元模糊关系。例如，设 X 为实数集合，$x, y \in X$，对于 "y 比 x 大很多"的模糊关系 R，其隶属度函数可以表示为

$$\mu_R(x,y)=\begin{cases}0 & x\geqslant y\\ \dfrac{1}{1+\left(\dfrac{10}{y-x}\right)^2} & x<y\end{cases}\tag{28-5-38}$$

设 X、Y、Z 是论域，R 是 X 到 Y 的一个模糊关系，S 是 Y 到 Z 的一个模糊关系，则 R 到 S 的合成 T 也是一个模糊关系，记为 $T=R\circ S$，它有隶属度

$$\mu_{R\circ S}(x,z)=\bigvee_{x\in Y}(\mu_R(x,y)*\mu_S(y,z))\tag{28-5-39}$$

式中，$\vee$ 是并的符号，它表示对所有 y 取极大值；"$*$"是二项积的符号，因此上面的合成为最大-星合成（max-star composition）。

5.6.3 模糊控制器的基本结构

模糊控制系统一般按输出误差及其变化率来实现对工业过程的控制。图 28-5-22 给出了模糊控制器的基本结构，基本模糊控制器包括模糊化、模糊规则基、模糊推理、解模糊和输入输出量化等部分。图 28-5-22 中 SP 为设定值，y 为过程输出，e 和 $\dot{e}$ 分别为控制偏差和偏差变化率，E 和 EC 分别是 e 和 $\dot{e}$ 经过输入量化以后的语言化变量，U 为基本模糊控制器输出语言化变量，u 为经过输出量化以后的实际输出值[14~16]。

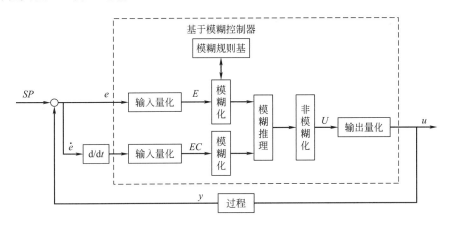

图 28-5-22 模糊控制器的基本结构

下面简要介绍模糊控制器各组成部分。

5.6.3.1 模糊化

模糊化模块的作用是将一个精确的输入变量通过定义在其论域上的隶属度函数计算出其属于各模糊集合的隶属度，从而将其转化成为一个模糊变量。

以偏差为例，假设其论域上定义了 {负大，负中，负小，零，正小，正中，正大} 7 个模糊集合，为了便于工程实施，实际应用中通常采用三角形或者梯形隶属度函数。图 28-5-23 为等分三角形隶属度函数。对于任意的输入变量，可以通过上面定义的隶属度函数计算出其属于这 7 个模糊集合的隶属度函数。

5.6.3.2 模糊规则基

模糊规则基是模糊控制器的一个重要组成部分，有操作经验和专家知识总结得到的模糊

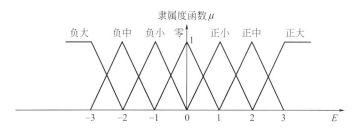

图 28-5-23　等分三角形隶属度函数

规则均存放于此。表 28-5-1 给出了控制规则基的一个实例。

表 28-5-1　模糊控制规则基

E ＼ EC	NB	NM	NS	Z	PS	PM	PB
NB	NB	NB	NB	NM	NM	NS	Z
NM	NB	NB	NM	NM	NS	Z	PS
NS	NB	NB	NS	NS	Z	PS	PM
Z	NB	NM	NS	Z	PS	PM	PB
PS	NM	NS	Z	PS	PS	PB	PB
PM	NS	Z	PS	PM	PM	PB	PB
PB	Z	PS	PM	PM	PB	PB	PB

注：NB—Negative Big，负大；NM—Negative Medium，负中；NS—Negative Small，负小；Z—Zero，零；PS—Positive Small，正小；PM—Positive Medium，正中；PB—Positive Big，正大。

表 28-5-1 中的模糊规则可以表述如下。

第 i 条规则：if E is E_i and EC is EC_i then U is U_i，$i=1,2,\cdots,M$

其中，E_i，EC_i，$U_i\in\{$负大，负中，负小，零，正小，正中，正大$\}$。模糊规则基对整个控制器的控制效果有着很大的影响。

5.6.3.3　模糊推理

这里仅考虑最简单的情况。假设采用乘积推理，输出为单点模糊集合，即每个模糊集合对应于一个精确量，其隶属度函数如图 28-5-24 所示，那么可以计算得到由第 i 条规则推理得到的输出模糊集合函数为：

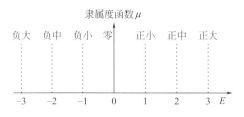

图 28-5-24　输出单点模糊集合

$$\mu_{U_i}(U)=\mu_{E_i}(E)\mu_{EC_i}(EC) \tag{28-5-40}$$

5.6.3.4　解模糊化

同样考虑最简单的情况，采用重心解模糊化，可以得到精确量输出为：

$$U = \frac{\sum\limits_{i=1}^{M} \mu_{U_i}(U)U_i}{\sum\limits_{i=1}^{M} \mu_{U_i}(U)} \tag{28-5-41}$$

5.6.4 模糊控制器设计分析

5.6.4.1 实例研究Ⅰ：水箱水位稳定性分析

设有一个水箱，通过调节阀可向内注水和向外抽水。设计一个模糊控制器，通过调节阀门将水位稳定在固定点附近。以水箱液位的模糊控制为例，介绍模糊控制器的设计过程。

按照日常的操作经验，可以得到基本的控制规则："若水位高于 O 点，则向外排水，差值越大，排水越快"；"若水位低于 O 点，则向内注水，差值越大，注水越快"。根据上述经验，按下列步骤设计模糊控制器：

（1）确定模糊控制器的输入量和输出量 定义理想液位 O 点的水位为 h_0，实际测得的水位高度为 h。选择液位差 $e = \Delta h = h_0 - h$，为控制器输入量。阀门阀位为输出量。

（2）确定输入量和输出量的空间分割 将偏差 e 分为五级：负大（NB）、负小（NS）、零（O）、正小（PS）、正大（PB）。控制量 u 为调节阀门开度的变化。将其分为五级：负大（NB）、负小（NS）、零（O）、正小（PS）、正大（PB）。

（3）确认语言变量的隶属度函数 对上面各语言变量给定其隶属度函数，简单起见，选择三角形函数，如图 28-5-23 所示。

（4）建立模糊控制规则表 根据日常的经验，设计以下模糊规则："若 e 负大，则 u 正大"；"若 e 负小，则 u 正小"；"若 e 为 0，则 u 为 0"；"若 e 正小，则 u 负小"；"若 e 正大，则 u 负大"。得到模糊控制规则见表 28-5-2。

表 28-5-2 模糊控制规则

若(IF)	NBe	NSe	Oe	PSe	PBe
则(THEN)	NBu	NSu	Ou	PSu	PBu

（5）模糊推理，建立控制表 模糊控制规则是一个多条语句，它可以表示为 $U \times V$ 上的模糊子集，即模糊关系 R：$R = (\text{NB}e \times \text{NB}u) \bigcup (\text{NS}e \times \text{NS}u) \bigcup (\text{O}e \times \text{O}u) \bigcup (\text{PS}e \times \text{PS}u) \bigcup (\text{PB}e \times \text{PB}u)$，其中规则内的模糊集运算取交集，规则间的模糊集运算取并集。由以上五个模糊矩阵求并集（即隶属函数最大值）。模糊控制器的输出为误差向量和模糊关系的合成：当误差 e 为 NB 时，控制器输出为（模糊变换）：$u = e \circ R = [1\ 0.5\ 0.5\ 0.5\ 0\ 0\ 0\ 0\ 0]$。

（6）控制量的反模糊化 由模糊决策可知，当误差为负大时，实际液位远高于理想液位，$e = \text{NB}$，控制器的输出为一模糊向量，可表示为：$u = \frac{1}{-4} + \frac{0.5}{-3} + \frac{0.5}{-2} + \frac{0.5}{-1} + \frac{0}{0} + \frac{0}{+1} + \frac{0}{+2} + \frac{0}{+3} + \frac{0}{+4}$。如果按照"隶属度最大原则"进行反模糊化，则选择控制量为 $u = -4$，即阀门的开度应关大一些，减少进水量。

5.6.4.2 实例研究Ⅱ：废水处理过程的模糊控制

污物激活流程是常用的污水处理过程。图 28-5-25 为该系统的处理过程。此过程（虚线框内的部分）包括一个充气的水池和一个沉淀池。首先，进入此物理流程的废水和回收的污水是混合在一起的。然后，控制器通过沿充气水池安置的扩散装置吹入混合液中。在充气池中会发生复杂的生物、化学反应，这样水和废物才能分开。最后，处理过的混合液进入沉淀池，废物在此处沉淀下来，净水则被排放。

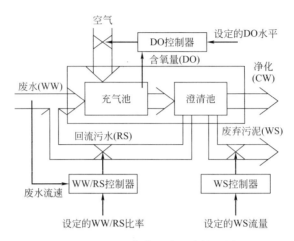

图 28-5-25　污物激活法污水处理过程

　　系统共有三个控制器。其中 WW/RS 控制器将废水流速与回收污水流速之比控制在要求的峰值范围内。这个控制器的目标是维持理想的基质/有机物浓度比率，控制污水在充气池和沉淀池的分布。DO 控制器空气流速，使充气池保持要求的氧气溶解度。因为要使废水里的含氮废物氧化，所以必须具有较高的氧气溶解度（这被称作氮的硝化作用）。最后，WS 控制器通过控制污水废水流速，控制充气池和沉淀池中污水的总量和平均滞留时间。为了完成氮的硝化过程，污水通常需要有较高的滞留时间。

　　因为对流程中基本的生物机理知之甚少，很难得到可用的数学模型。而实际中 WW/RS 比率值、DO 水平值和 WS 流速的目标值又是人工设定和调整的。所以我们的目标是，将人工操作的经验总结成模糊系统，从而使操作人员从在线操作中解放出来。亦即这里我们将设计一个模糊控制器，它将能给小 WW/RS 比率、DO 水平和 WS 流速的目标值。此模糊控制器即成为一个上级决策机，下级的直接控制则分别由 WW/RS 和 WS 控制器实现。

　　模糊控制器的设计具体如下。

　　① 首先，选出状态变量和控制变量，显然，可得如下三个控制变量：

- WW/RS：将 WW/RS 比率调节至要求值。
- DO：将 DO 调节至要求值。
- WS：将 WS 调节至要求值。

　　状态变量应能表征系统的基本特征。既然废水处理过程的最终目标是将输出净水中生化氧（Biochemical Oxygen）和固体悬浮物的含量控制在某一标准之下，那么这两个变量就应作为状态变量。另外，混合液离开充气池时，固体悬浮物含量和回流污水中固体悬浮物含量也很重要，也应作为状态变量。最后，输出净水中的氨氮含量（NH_3-N）和污水流速也应视为状态变量。归纳可得如下六个状态变量：

- TBO：输出净水中生化氧的总量。
- TSS：输出净水中固体悬浮物的总量。
- MSS：离开充气池的混合液中的固体悬浮物的量。

- RSS：回流污水中固体悬浮物的量。
- NH₃-N：输出净水中氨-氮的含量。
- WSR：污水流速。

② 下一步的任务是推演状态变量与控制变量的模糊 IF-THEN 规则。根据人工操作的经验，由 Tong、Beck 和 Latten[17] 提出的 15 条规则，如表 28-5-3 所示，其中 S、M、L、SN、LN、SP、LP、VS 和 NL 分别对应模糊集"少量""中等""大量""负值少量""负值大量""正值少量""正值大量""极少量"和"不大"等。规则 1 至规则 2 是调整规则，指示如果过程处理在理想状态，而 WSR 的值异常，则需要对 WSR 做相应调整。规则 3 至规则 6 处理的是输出净水中 NH₃-N 的含量高的情况。规则 7 至规则 8 负责处理输出净水中固体物质偏多的情况。规则 9 至规则 13 描述了 MSS 超标时所需的控制操作。最后，规则 14 至规则 15 处理的是输出净水中生化氧含量高的情况。

表 28-5-3　污水处理模糊控制器的模糊 IF-THEN 规则

规则号	TBO	TSS	MSS	RSS	NH₃-N	WSR	ΔWW/RS	ΔDO	ΔWS
1	S	S	M	M	S	S			SP
2	S	S	M	M	S	L			SN
3		S			M		SP		
4		S			M				SN
5		S			L		LP		
6		S			L				LN
7	NL	M						SP	
8	NL	L						LP	
9			L						LP
10			S						SN
11			VS						LN
12			VS			S		SP	
13			L			L		SN	
14	M	S			S				SN
15	L	S			S				LN

5.7　神经网络控制

5.7.1　神经网络控制简介

神经网络控制以其独特的优点受到控制界的关注，在控制系统中得到日益广泛的应用，这主要来自以下三方面的动力：①处理越来越复杂系统的需要；②实现越来越高的设计目标的需要；③在越来越不确定的情况下进行控制的需要[18]。

早在 1943 年，心理学家 W. S. McCulloch 和数学家 W. Pitts 首次提出了人工神经元的概念，从此开创了神经科学理论研究的时代[19]。D. O. Hebb 提出了改变神经元连接强度的著名的 Hebb 规则[20]。之后，人们把人工神经元网络用于模式识别和控制系统等方面的研究，并取得了初步成功。但是，Minsky 和 Papert 在 1969 年出版了《Perceptrons》一书，证明了当时所用的单层线性网不能求解如异或等简单的问题，加上缺少有效的学习算法等原因，使人工神经元网络的研究进入了萧条时期。然而，经过许多研究者们坚持不懈的努力，尤其是 20 世纪 80 年代以来，人工神经网络研究又有了重要的突破，人们提出了许多功能较强的神经元网络模型和各种有效的学习算法，促进了神经元网络在包括自动控制在内的众多领域的应用。用神经元网络设计的控制系统，具有高度的自适应性和鲁棒性，对于非线性和不确定性系统也取得了满意的控制效果，这些效果是传统的控制方法难以达到的。目前，人工神经网络已在对象建模[21]、系统辨识[22]、参数估计[23]、自适应控制[24]、预测控制[25]、容错控制[26]、故障诊断[27]、数据处理[28]等领域得到广泛应用。

5.7.2　典型神经网络

到目前为止，神经网络的模型已有几十种，其典型的网络模型有：BP 神经网络、径向基函数神经网络、Hopfield 网络、自组织特征映射神经网络等。这些网络模型具有函数逼近、数据聚类、分类模式、优化问题的计算能力。

5.7.2.1　BP 神经网络

BP 神经网络模型是在 1986 年由美国认知心理学家 D. E. Rumelhart 和 D. C. McCelland 等提出的，是神经网络中重要的模型之一。它由输入层、隐含层和输出层组成。BP 神经网络的学习过程分为两部分：正向传播和反向传播。正向传播即是信息从输入层经隐含层处理后传向输出层，每一层神经元的状态只能对下一层的神经元状态造成影响。如果在输出层得到的输出不是期望值，则传播转入反向传播，误差信号会通过传播过来的原神经元连接通路返回。在返回的同时也会同步修改各层神经元连接的权值。这种过程不断迭代，最后使得误差信号在允许的范围之内。

5.7.2.2　径向基函数神经网络

径向基函数（Radial Basis Function，RBF）神经网络是由英国 D. Broomhead 和 D. Lowe 教授于 20 世纪 80 年代末提出的一种以函数逼近理论为基础的前向网络，这类网络的学习等同于在多维空间内，找出能够训练数据的最优拟合面。该网络中的各隐含层神经元激活函数组成拟合面的基函数。径向基函数网络是一种局部的逼近网络，也就是说，存在于输入空间的某一个局部区域的少量神经元被用来决定网络的输出。径向基函数神经网络神经元基函数具有仅在微小局部范围内可以产生有效的非零响应的局部特性，因而可以在学习过程中获得高速化。缺点是由于高斯函数的特性，径向基函数神经网络难以学习映射的高频部分。

5.7.2.3　Hopfield 网络

Hopfield 神经网络模型是 J. J. Hopfield 在 1982 年提出的一种单层全互连的反馈型神经网络。他通过能量函数的思想开创了一种新的计算方法，对神经网络与动力学之间的关联进行了表述。该方法从非线性动力学的角度对该类神经网络的特性进行了探究，寻找到了神经网络稳定性判断的依据，并指出，将信息存储于网络内神经元之间的连接上，形成了当时的 Hopfield 网络，即离散 Hopfield 网络。Hopfield 网络是最典型的反馈网络模型，是由相同的神经元构成的单层网络，其最著名的用途就是联想记忆和最优化计算。

5.7.2.4　自组织特征映射神经网络

自组织特征映射（Self-Organizing Feature Map，SOM）神经网络由芬兰学者

T. Kohonen 在 1981 年提出。该网络由输入层和竞争层组成，它的一大特点是具有自组织的功能，能够自适应地改变网络参数和结构。自组织特征映射网络的学习过程是通过竞争学习规则，对输入模式进行自动分类，即在无教师指导的情况下，通过对输入模式的反复学习，捕捉住各个输入模式中所含的模式特征，并对其进行自组织，最后在竞争层将分类结果表现出来。在整个网络的学习过程中，不需要提供完美的目标输出，仅仅需要向网络提供学习样本即可。它采用无教师的学习方式，更类似于人类大脑神经网络的学习方式，大大拓宽了神经网络在模式识别和分类上的应用。

除以上几种网络模型之外，还有很多发展完善、实用性较强的网络模型，如支持向量机、Boltzmann 机、储备池网络等[29]。

5.7.3 神经网络控制

与传统的控制理论方法不同，基于模型的神经控制方法不是基于对象的数学模型，而是基于对象的神经元网络模型。自 1980 年以来，神经元网络广泛应用于各种控制系统中，基于模型的神经控制系统主要有以下几种控制结构。

5.7.3.1 神经网络直接逆控制

神经网络逆控制利用神经网络的逼近能力对系统的逆动态进行建模，以使得整个系统的输入输出为恒等映射，将神经网络直接作为前馈控制器串联于实际系统之前。该方法结构简单，可充分利用神经网络的建模能力，实现高性能的控制，但系统初始响应取决于网络初始权重。

当模型准确时，直接逆控制策略具有良好的动静态性能，系统控制特性取决于模型的精确程度；当模型存在误差或对象有扰动时，容易造成系统不稳定。为此，可以将直接逆控制加上一个误差补偿动态反馈控制，构成如图 28-5-26 所示的静态动态反馈控制器。理论证明，只要逆动态模型符号正确，就可以保证系统的稳定性。

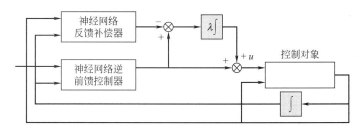

图 28-5-26 神经网络静态动态反馈控制系统

5.7.3.2 前馈加反馈复合控制

在实际系统中，逆控制系统是一类前馈控制系统，由于系统模型只是对真实系统在一定范围内的近似，而且由于系统中各种随机干扰的影响，前馈模型和系统的逆函数存在相当的偏差。对于许多非线性系统而言，其过程的逆函数是不可得的。为此，经常把常规的反馈控制系统与神经网络前馈控制系统融合，构成如图 28-5-27 所示的神经网络复合控制系统，实现跟踪控制。这种方法在实际系统中得到广泛应用，体现了良好的控制性能。

5.7.3.3 神经网络自适应控制

Narendra（1990）提出了神经网络模型参考自适应控制系统。图 28-5-28 中，神经网络模型用来对控制对象进行辨识，网络权值由两者的输出误差 e 进行调整，而神经网络控制器

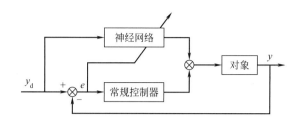

图 28-5-27 神经网络复合控制系统

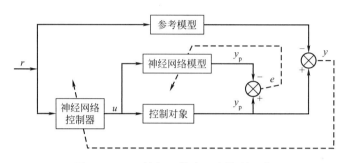

图 28-5-28 神经网络自适应控制系统

则根据对象实际输出与理想输出（参考模型输出）之间的误差 E 来在线修改其权值。由于辨识模型和控制器均采用神经网络，因此增加了系统的鲁棒性。

神经网络自适应控制是在实际中广泛运用的一种控制策略，文献［30］利用推广的 Hopfield 网络，用微分几何方法综合处理反馈状态，可消除过程中的非线性特性，从而可用常规的 PID 调节器对整个系统进行控制。但是，由于这种控制方法中，神经网络在线学习，因此当系统模型变化或出现扰动时，系统需修改大量的网络权值，从而降低系统的响应速度。实际上，对许多对象而言，模型可以通过机理分析的方法来获得，只是模型的参数未知。

除此之外，较具代表性的神经网络结构和方法还有：神经网络内模控制、神经网络预测控制等。

5.7.4 神经网络控制应用实例

本节介绍了一个工业乙烯装置脱乙烷塔的控制策略，采用的分离设备是精馏塔，化工过程中一种常见且重要的多级分离设备，基本原理是将液体混合物部分气化，利用其中各组分挥发度不同的特性实现分离的目的。精馏塔可分成如图 28-5-29 所示的三个部分，即：①塔顶系统（冷凝器和回流罐）；②塔段（精馏段和提馏段）；③塔底系统（再沸器和塔釜）。

塔段由若干层塔板组成，原料液经预热到指定温度后送入塔段中进料板，并与自塔上部下降的回流液体汇合后逐板溢流，最后流入塔底再沸器中。在每层塔板上回流液体与上升蒸气接触，进行热与质的传递过程。操作时，连续地从再沸器取出部分液体作为塔底产品（釜残液），部分液体气化产生上升蒸气，依次通过各层塔板，塔顶蒸气进入冷凝器中被全部冷凝，并将部分送回塔顶作为回流液体，其余部分经冷却器后被送出作为塔顶产品（馏出液）。

精馏塔作为复杂的工业对象，无论用何种方法建模都不可能完全描述过程的动态特性，必然有未建模特性的存在。同时，外界环境对过程的影响，以及运行中对象本身特性的变化等，都会在受控系统中引入某种不确定性。这就要求控制器具有较强的自适应鲁棒性。

工业乙烯装置脱乙烷塔的控制策略是以薄板样条函数为基函数的 RBF 神经网络作为系

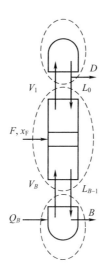

图 28-5-29 精馏塔的分块处理

统逆模型，并结合递推最小二乘算法（RLS）的一种直接自适应的控制策略，同时具有神经网络与自适应控制的优势，具有简捷、可靠、有效、鲁棒性强的特点。

系统的控制结构如图 28-5-30 所示。其中 NN_2 为系统的逆动态模型，y_D 为系统下一时刻期望输出，y_D 及系统实际输入输出通过滞后算子输入 NN_2。NN_2 的输出便是对应于期望输出控制输入，而控制对象的输出应该是期望值 y_D，但由于干扰、对象结构的改变及其他时变或不确定因素使得这样的直接逆控制极不可靠，而加入了自适应调节部分。NN_1 与 NN_2 的结构、参数相同，但其输入中 y_D 由实际系统输出替代，其他输入仍与 NN_2 相同。NN_1 的输出（即控制输入）与对象真实输入之差通过最小二乘算法修改 NN_1 的权值。在下一采样时刻将 NN_1 的参数拷贝到 NN_2 来计算 $\tilde{u}$。

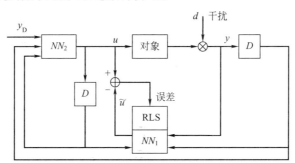

图 28-5-30 基于 RBF 的自适应控制系统结构

直接逆模型的控制过程分为离线系统逆动态辨识和在线自适应控制两步，离线获取 RBF 中心和隐层神经元权值，得到系统的逆动态模型；在线由每个时刻的实际输入输出对来修正网络的隐层神经元权值，以达到自适应的目的，而 RBF 中心不再改变。在线自适应控制部分用递推最小二乘算法修正网络权值。

在进行离线系统辨识时，首先采用随机信号做输入样本，以 ［−1.8，1.8］kmol/h 间的均布随机信号作为进料流量干扰 u，得到相应的灵敏板温度 T，由此构造训练样本集，建立逆动态模型。辨识过程只用了 95 次迭代，占机时 4 分 30 秒，而用 BP 算法辨识使达到同样精度则进行了 100054 次迭代，占机时 9 分 50 秒。除此之外，径基函数网络无须预先确定其拓扑，而 BP 网则通过多次试探才得到拓扑结构。

仿真结果如下。图 28-5-31 是正常情况下的控制效果，图 28-5-32 是人为加入测量干扰时的控制效果，图 28-5-33 是系统参数出现漂移情况下的控制效果，为了对比本方法的优势，$k=200$ 之前采用一种基于双线性模型的鲁棒控制策略，之后切换到基于 RBF 网络的自适应控制策略。

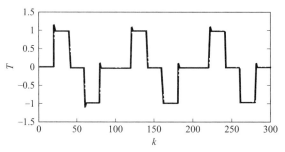

图 28-5-31   正常情况下的控制效果
———实际输出；——期望输出

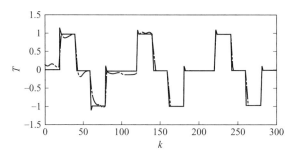

图 28-5-32   人为加入测量干扰时的控制效果
———实际输出；——期望输出

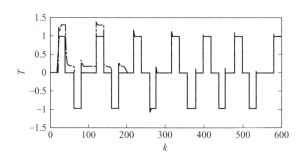

图 28-5-33   系统参数出现漂移情况下的控制效果
———实际输出；——期望输出

从控制结果可见，基于 RBF 网络的自适应控制方案具有很强的鲁棒性和抗干扰性，并且算法便捷可靠。

5.8   专家控制系统

5.8.1   专家控制简介

专家系统是一种计算机程序，它通过模拟人类专家的推理过程和知识，能以人类专家的水平解决问题。专家控制系统使我们能够把数学算法和控制工程师的操作经验融合到一起，可以最大限度地利用已有知识，达到传统控制方式难以取得的控制效果。瑞典学者 Åström 最早将专家系统技术引入了自动控制[31]，并在 1984 年最早提出了专家控制的概念，阐述了比较深入和完整的见解[32]。在过程控制中应用专家系统技术的一个主要目标是扩展常规控制系统的功能，例如自动整定和自适应，减少传统控制系统的计算负担，处理大量的传感器数据和不确定性信息，从而使常规系统变得简单且具有自适应能力。

5.8.2 专家控制系统的特点

不能将专家控制系统简单地看作是带有实时功能的常规专家系统应用于动态控制环境。专家系统通常运行在非实时环境下，而专家控制系统则运行在连续的实时环境之中，它使用实时信息处理方式监控系统的动态性能，并给出适当的控制作用，使系统保持良好的运行状态。

与传统的先进控制系统相比，专家控制系统的基本特性是基于知识的结构和处理不确定性问题的能力。传统先进控制系统和专家控制系统之间的主要区别如表 28-5-4 所示。

表 28-5-4 专家控制系统和传统先进控制系统的比较

比较内容	专家控制系统	传统先进控制系统	比较内容	专家控制系统	传统先进控制系统
系统结构	基于知识	基于模型	过程模型	可以是不完整或定性的	必须很精确
信息处理	符号推理和数值计算	数值计算	维护与升级	相当简单	通常很困难
知识来源	文档或经验知识	文档知识	解释说明	可以提供	一般没有
外界输入	可以是不完整的	必须是完整的	执行方式	启发式、逻辑式和算法式	纯算法式
搜索方式	启发式或算法式	算法式	用户感受	使用简单	使用困难

与传统控制相比，专家控制利用先验知识和在线信息，具备实时推理和决策的能力，能对时变系统、非线性系统和易受到各种干扰的受控过程给出有效的控制决策，并通过增加知识量来不断改善控制系统的性能，它能够取代熟练操作工人完成程序性任务，运行方便可靠。专家控制系统特别适合操作环境频繁或剧烈变化、在有限时间间隔内必须做出决策结果、需要专家经验或采用符号逻辑解决问题的场合，或者数学模型不存在或不充分的、结构不清楚的过程，以及用常规算法实现需很大计算量和高昂代价的复杂问题。

5.8.3 专家控制系统的组织结构

专家控制系统的一般结构如图 28-5-34 所示[33]。

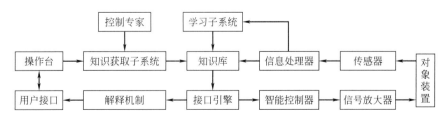

图 28-5-34 专家控制系统的一般结构

在图 28-5-34 这个结构中，知识库独立于知识处理机构。由于其为模块化结构，非常灵活，很容易被扩展和修改。知识库存放着关于过程的特殊领域的知识、控制工程原理、控制专家与操作员的经验和各种解析算法，它是整个系统的基础。推理机构的任务是根据一系列推理规则、使用知识和在线信息推理得到问题解答。信息处理器的主要功能是处理在线信息，提出或识别信息特征，从而获得动态过程的当时状态和未来趋势，并且为知识库和推理机构的决策过程提供有用信息。学习子系统根据在线信息特征提取知识，从而提高解决问题的能力。知识获取子系统自动或半自动获得专家知识。解释机构向操作者提供推理的过程和结果。装置操作员可以通过使用界面向知识库输入指令，监测系统的操作状态。

5.8.4　常见的专家控制系统

尽管专家控制系统的发展时间不长，但是各种各样的专家控制系统已经在控制工程中得到了广泛应用。根据系统的结构和功能实现方法，专家控制系统可以被粗略地分为以下几类。

5.8.4.1　基于规则的专家整定和自适应控制器

基于规则的自整定控制器在过程控制中越来越常见。常规控制器的参数，例如 PID，由控制工程师和装置操作员来确定，以 IF…THEN…ELSE 规则形式储存在知识库中。当系统运行时，通过一个模式分类和辨识器获取过程的特征行为。推理机构根据调整规则和分类模式自动地调整控制器的参数，使系统的性能得到提高。专家整定控制器提供了一个将实时控制算法（从简单的 PID 控制到自适应控制）和逻辑运算结合在一起的结构。Åström 等给出了一种智能 PID 控制器，其中各种不同的控制算法，例如 P、PI、PD 和 PID，控制参数都可以根据数据库和过程的分类，例如根据死区时间和过程增益，进行选择和调整[34]。

5.8.4.2　专家监督控制系统

把专家系统技术引入到控制系统的监督层是另外一种实现专家控制的常见方法。专家监督控制系统主要关心在线辨识、过程监测、故障检测和诊断。专家监督控制系统的结构通常包括一个含有信号处理和常规控制算法的直接控制层，和一个含有知识库和推理结构的监督层，用来在线进行性能检测、故障检测和诊断。监督控制更注重于对系统的监督、目标优化、故障分析和诊断、紧急情况处理和决策。专家监督控制系统是一种重要的基于知识的控制系统。它们通常被应用在流程工业和加工制造系统中，以获得高质量、低消耗，并进行故障诊断、紧急情况处理和危险预报等。

5.8.4.3　混合型专家控制系统

混合型专家控制系统是一种复合式的智能控制系统，它应用多层递阶结构，综合各种技术，包括专家系统技术、模式识别、模糊逻辑、神经元网络和计算机过程控制技术。由于知识来源多种多样，在混合型专家控制系统中多采用黑板式结构。黑板是通过适当地划分问题的范围来最大限度地保证知识来源独立性的工作空间。这种结构可以容纳各式各样的知识，用户可以在任何知识源中存储或读取信息。黑板用来对有关问题中间决策进行记录和表格化。

混合型专家控制系统能够有效地在完整性与简洁性之间取得折中，从而最大限度提高系统性能。例如，某个基于规则的方法只能够处理某些领域的问题，而一个神经元网络由于具备并行处理和在线学习的能力，可以在某些特定场合使用。这样，在一定条件下把专家系统技术和神经元网络结合起来可以获得更好的控制效果。

5.8.4.4 实时专家智能控制系统

另一种实现专家控制的方法是使用知识工程方法，应用专家系统的设计规则和实现形式来构建一个实时专家智能控制系统（REICS）。REICS是一个具备了所有专家系统特性的典型实时专家系统，例如它具备专家系统的模块化（灵活性）、启发式推理和透明性等。它还具备了一个控制系统所具备的特性，例如实时操作、可靠性和自适应等。REICS通常具有复杂的结构、强力的推理能力和相对完备的功能。开发一个实时专家智能控制系统是一项非常困难的任务，因为必须满足闭环控制的苛刻要求，例如在线信息的处理、动态推理、在线自学和知识提炼、过程监督以及用户的交互界面和解释说明。实时专家智能控制系统由知识获取、知识库、知识库管理系统、系统参数数据库、实时推理机、信息预处理器、解释机制、控制算法集、数据通信接口软件、人机接口、动态知识获取模块组成。REICS可用于一些难以获得精确数学模型的复杂工业过程的控制。

5.8.5 专家控制系统应用实例

下面介绍乙烯生产中精馏塔的专家控制系统[35]。

乙烯精馏过程是传质、传热的复杂过程，因此是一个工艺机理复杂、控制难度较大的过程。该例根据工艺装置的特点，利用专家系统原理和 DCS 开发环境，开发了一个具有专家经验知识、实时性、开放性等特点的专家控制系统。该专家系统采用专家操作经验间歇式地调节回流比和灵敏板温度设定值来达到增加产量（减小回流比）、降低能耗（减少塔釜加热量）的目标，将专家系统原理和 DCS 实时通信能力及开发平台结合起来，充分利用系统软硬件资源，经工程投运达到预期的节能目标。

现场数据表明，进料浓度值变化较大时，灵敏板温度经常随进料变化而变化，采用原方案导致塔内汽液交换无法合理匹配，造成分离效果较差、产品成分和流量波动不定；而且塔釜加热量无法克服进料的扰动。此外，手工分析造成的时间滞后和物料罐停留时间的影响也给操作工带来判断上的困难。为了保证产品质量，只能以过加热量、过回流量即较大的能耗投入来保证质量合格。因此造成乙烯成品不但流量波动较大，成分波动也较大。

该专家系统的输入为进料的浓度值，输出结果是灵敏板温度设定值和出料量的设定值，产品质量在不同的浓度段，调节的方法和幅度有很大不同。对此，进行了产品质量不同浓度段对出料和灵敏板温度不同调节方法的细分，每一区域又根据软测量预估值偏离期望值的情况以及塔顶温度、回流温度、回流流量等有关参数再次进行细分，对不同的情况都有相应的专家规则与之对应。本系统共有 16 条总基本规则，外加 10 条安全约束规则。知识库中的知识表达采用"IF（前提事实成立）""THEN（结论成立）"的产生式知识表达方式，便于计算机实现和专家系统的开发。

与原方案相比，在进料流量相近的情况下，该专家系统投运后使出料流量马上趋于平稳，且平均产量增加，产品即乙烯浓度接近指标 99.95%，塔底组分合格，达到很好地降低能耗、提高产量的目的。

参考文献

［1］ 王树青，等．先进控制技术及应用．北京：化学工业出版社，2001.

［2］ 俞金寿，顾幸生．过程控制工程：第四版．北京：高等教育出版社，2012.

［3］ Tham M T, Morris A J, Montague G A. Artificial neural networks in process estimation and control. Chem Eng Res Des, 1989, 67（6）：547-554.

［4］ 韩大伟，邹志云．软测量与推断控制技术初探．南京理工大学学报：自然科学版，2005, 29（z1）：206-210.

［5］ Brosilow C, Tong M. Inferential control of processes：Part Ⅱ．The structure and dynamics of inferential control systems. AIChE J, 1978, 24（3）：492-500.

［6］ 赵国荣，盖俊峰，胡正高，等．非线性模型预测控制的研究进展．海军航空工程学院学报，2014, 29（3）：201-208.

［7］ Rouhani R, Mehra R K. Model algorithmic control（MAC）：basic theoretical properties. Automatica, 1982, 18（4）：401-414.

［8］ Abbas Abderrahim. Dynamic matrix control（DMC）of rolling mills. Materials and manufacturing processes, 2007, 22（7-8）：909-915.

［9］ Clarke D W, Mohtadi C, Tuffs P S. Generalized predictive control— Part Ⅰ．The basic algorithm. Automatica, 1987, 23（2）：137-148.

［10］ 王树青，金晓明．先进控制技术应用实例．北京：化学工业出版社，2005.

［11］ Clarke D W, Gawthrop P J. A self-tuning controller. Proc Inst Electrical Engineers, 1975, 122（9）：929-934.

［12］ 王树青．工业过程控制工程．北京：化学工业出版社，2005.

［13］ Zadeh L A. Fuzzy sets. International Journal of Intelligent Systems, 1965, 8（3）：338-353.

［14］ Zadeh L A. A rationale for fuzzy control, journal of dynamic systems, measurement and control transaction. ASME, 1996, 94（1）：3-4.

［15］ Zadeh L A. Fuzzy logic and the calculus of fuzzy if-then rules, Proc. 22nd Intl. Symp. on Multiple-Valued Logic, Los Alamitos, CA: IEEE Computer Society Press, 1992, 480.

［16］ Mamdani E H. Application of fuzzy algorithms for control of simple dynamic plant. Proceedings of the Institution of Electrical Engineers-London, 1974, 121（12）：1585-1588.

［17］ Tong R M, Beck M B, Latten A. Fuzzy control of the activated sludge wastewater treatment process. Automatica, 1980, 16（6）：695-701.

［18］ Peek M D, Antsaklis P J. Parameter learning for performance adaptation. IEEE Control System Magzine, 1990, 10（7）：3-11.

［19］ McCulloch W S, Pitts W. A logical calculus of the ideas imminent in nervous activity. Bulletin of Mathematical Biophysics, 1943, 5：115-133.

［20］ Hebb D O. The organization of behavior. New York：Wiley, 1949.

［21］ 杨熔，李永华，苏义鑫．用神经网络建立非线性系统模型研究．控制理论与应用，1995, 12（1）：81-86.

［22］ Yingwei L, Sundararajan N, Saratchandran P. Identification of time-varying nonlinear systems using minimal radial basis function neural networks. IEE Proc Control Theory Appl, 1997, 144（2）：202-208.

［23］ Annaswamy A M, Yu S H. Theta-adaptive neural networks：A new approach to parameter estimation. IEEE Trans Neural Networks, 1996, 7（4）：907-918.

［24］ Narendra K S, Mukhopadhyay S. Adaptive control using neural networks and approximate models. Proceedings of the American Control Conference, 1995, 8（3）：475-485.

［25］ Khotanzad A, Afkhami R R, Lu T L, et al. ANNSTLF-a neural-network-based electric load forecasting system. IEEE Trans Neural Networks, 2015, 8（4）：835-846.

［26］ Arad B S, El-Amawy A. On fault tolerant training of feedforward neural networks. Neural Networks, 1997, 10（3）：539-553.

［27］ 臧朝平，韩芳，张思，等．基于多神经网络多参数综合的旋转机械故障诊断系统研究．振动与冲击，1997, 16（4）：65-68.

［28］ Nair S K, Moon J. Data storage channel equalization using neural networks. IEEE Trans Neural Networks, 1997, 8（5）：1037-1048.

［29］　韩敏 . 人工神经网络基础 . 大连：大连理工大学出版社，2014.

［30］　Yu S H，Annaswamy A M. Adaptive control of nonlinear dynamic systems using θ-adaptive neural networks. Automatica，1997，33（11）：1975-1995.

［31］　Åström K J. Report CODEN：LUTFD2 TFRT‐7256，Sweden，1983.

［32］　Åström K J，Anton J J. Proceedings of 9th IFAC World Congress. Budapest，Hungary，1984.

［33］　张再兴，孙增圻 . 关于专家控制 . 信息与控制，1994，24（3）：167-172.

［34］　Åström K J，Hang C C，Persson P，et al. Towards intelligent PID control. Annual Review in Automatic Programming，1992，28（1）：1-9.

［35］　黄海燕，俞安然 . 乙烯生产中精馏塔的专家控制系统 . 华东理工大学学报，2007，33（2）：242-247.

6

化学工程单元操作控制策略

引　言

　　化工单元是具有共同操作目的和物理原理的一类操作过程，随着对于单元操作过程物理、化学反应机理及相应控制策略的深入研究和工程实践，形成了许多行之有效的化工单元操作控制策略。其被控量主要是所谓六大参数，即温度、压力、流量、液位（或物位）、成分和物性等参数。但进入 20 世纪 90 年代后，随着工业的发展和相关科学技术的前进，过程控制已经发展到多变量控制，尤其是复杂化工过程控制系统。化工生产对过程控制的要求是多方面的，但最终可以归纳为三项要求，即安全性、经济性和稳定性。安全性是指在整个生产过程中，确保人身和设备的安全，这是最重要的也是最基本的要求。经济性，旨在生产同样质量和数量产品所消耗的能量和原材料最少。最后一项稳定性的要求，是指系统具有抑止各种干扰、保持生产过程长期稳定运行的能力。众所周知，工业生产环境不是固定不变的，例如原材料成分改变或供应量变化，反应器中催化剂活性的衰减，换热器传热面沾污，还有市场需求量的起落等等都是客观存在的，它们会或多或少地影响生产的稳定性。

　　化工过程控制的任务就是在了解、掌握化工工艺流程和生产过程的静态和动态特性的基础上，根据上述三项要求，应用相关控制方法对控制系统进行分析和综合，最后采用适宜的技术手段加以实现。

6.1　流体输送设备的控制

　　流体输送设备的基本任务是输送流体和提高流体的压头，它是化工过程控制的基本手段。因为化工过程控制主要是通过流量的控制去改变温度、压力、液位（或物位）、成分和物性等参数的控制，是过程控制区别于运动控制的主要特征，因而具有重要的作用。应用最为广泛的输送设备是泵和压缩机。

　　对流体输送设备的控制，多数属于流量或压力的控制。在流量控制系统中，被控变量是流量，操纵变量亦是流量，即被控变量和操纵变量是同一物料的流量，只是处于管路的不同位置。这样的过程接近 1:1 的比例环节，时间常数很小，因此广义对象的特性必须考虑测量系统和调节阀。过程、测量系统和调节阀的时间常数在数量级上相同且数值不大，这种闭环系统的可控性较差，且工作频率较高，所以调节器的比例度必须取得较大。为消除余差，引入积分作用十分必要，积分时间在 0.1min 到数分钟。由于这个特点，流量控制系统一般不装阀门定位器。在流量控制系统中，若采用节流装置测量流量时，被控变量的信号有时有脉动情况，并且常杂有高频的扰动（噪声），通常不应引入微分作用。有时甚至采用反微分器。

6.1.1　离心泵的控制

离心泵的控制方案一般有如下三种[1~3]。

(1) 改变泵出口管线上的调节阀的开启度（直接节流法）　改变调节阀的开启度，即改变了管路阻力特性，图 28-6-1(a) 表明了工作点变动情况。图 28-6-1(b) 所示即是广泛使用的直接节流的控制方案和流量特性。

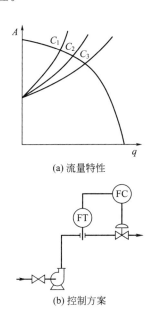

(a) 流量特性

(b) 控制方案

图 28-6-1　离心泵改变出口调节阀开启度的流量特性和控制方案

采用这种控制方案时，调节阀一般是装在出口端而不是进口端，因为离心泵的吸入高度有限，如进口压力过低可能使液体部分气化，使泵丧失排送能力，这叫作气缚。或者压到出口端又急剧地冷凝，冲蚀很厉害，这叫作气蚀。这两种现象都是不希望发生的。调节阀应装在检测元件（如孔板）的下游，这样对保证测量精度有好处。

这种控制方案简便易行，应用很广泛。缺点是负荷小时效率较低，能耗损失大。所以这种控制方案不宜使用在低于正常排出量的 30% 场合。

(2) 改变泵的转速　改变泵的转速从而改变了泵的工作点，图 28-6-2 所示是改变转速的控制方案。

这种控制方案的优点是机械效率高、节能，但结构较复杂，因此多用于较大功率的场合。对于电动机作为动力的场合，随着电动机变频高速技术的成熟和设备成本的降低，在实际工业中也得到了越来越多的应用。但当被调节流量需要大而频繁的变化时，对企业内部电网的干扰影响是需要考虑的一个问题。

(3) 旁路阀控制　旁路阀控制方案如图 28-6-3 所示，即用改变旁路阀开启度的方法，来调节实际排出量。

这种控制方案颇简单，而且调节阀口径较小。但亦不难看出，对旁路的那部分液体来说，由于原所供给的能量完全消耗于调节阀，因此总的机械效率较低。

此种方案用于压力控制和有分支管道控制时，其控制流程如图 28-6-4 和图 28-6-5 所示。

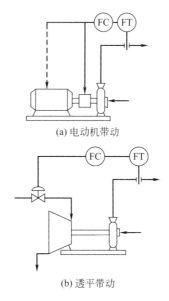

(a) 电动机带动

(b) 透平带动

图 28-6-2   改变转速的控制方案

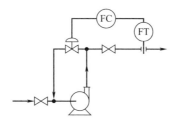

图 28-6-3   旁路阀控制方案

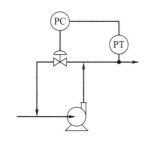

图 28-6-4   离心泵的压力控制

对于一定的离心泵，稳定了压力，也就等于稳定在一定流量上。当流体的流量测量有困难时，这是一种间接的流量控制手段。

6.1.2   往复泵与位移式旋转泵的控制方案

位移式泵的流量几乎与压头无关，所以在泵的出口管线上节流是不能控制流量的，反而有损坏泵和原动机的危险。位移式泵的控制方案主要有：改变泵的转速；改变往复泵的冲程，旁路阀控制；旁路阀控制压力，用节流阀来调流量，如图 28-6-6 所示[1~3]。

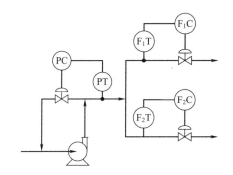

图 28-6-5　有分支管道离心泵的控制方案

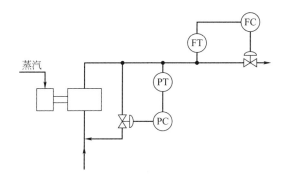

图 28-6-6　往复泵出口压力和流量的控制

6.1.3　离心式压缩机的控制

为保证离心式压缩机能够在工艺所要求的工况下安全运行，必须配置一系列的自控系统。一台大型离心式压缩机通常有下列控制系统[1~3]：

① 气量或压力控制系统，即负荷控制系统；

② 防喘振控制系统；

③ 压缩机组的油路控制系统；

④ 压缩机主轴的轴向推力、轴向位移及振动的指示与联锁保护系统。

6.1.4　离心式压缩机的防喘振控制

离心式压缩机产生喘振的原因应从对象特性上找。离心式压缩机的压缩比 p_{a_2}/p_{a_1}-流量 q 曲线大体如图 28-6-7 所示。多种转速下的曲线都有一个 p_{a_2}/p_{a_1} 值最高点。在此点右侧，压缩机具有自衡能力，属于稳定区。而此点的左侧，压缩机无自衡能力，会产生喘振[4]。

在不同转速下，最高点的轨迹近似一条抛物线，经过实验测试及理论分析，如果以 p_{a_2}/p_{a_1} 与 q_1^2/T_1 为坐标标绘喘振点的轨迹（q_1 为压缩机入口流量，T_1 为压缩机入口温度），接近一条直线。压缩机的实际工作点还应留有一些余地。因此可写出防喘振保护曲线公式如下：

$$\frac{p_{a_2}}{p_{a_1}} = a + b\,\frac{q_1^2}{T_1} \tag{28-6-1}$$

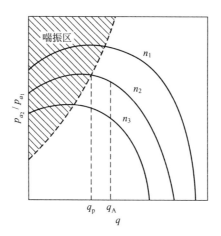

图 28-6-7　离心式压缩机的特性曲线

如果 p_{a_2}/p_{a_1} 小于 $\left(a+b\dfrac{q_1^2}{T_1}\right)$，工况是安全的；而 p_{a_2}/p_{a_1} 大于 $\left(a+b\dfrac{q_1^2}{T_1}\right)$，工况则危险了。$a$ 和 b 的数值由压缩机制造部门提供，又可分 $a=0$，$a<0$，$a>0$ 三种情况[1~3]。

（1）固定极限流量的防喘振控制系统　固定极限流量的防喘振控制系统就是使压缩机的流量始终保持大于某一定值流量，从而避免进入喘振区运行。图 28-6-8 所示的 q_p 这一流量值就是极限流量，只要压缩机转速 n_1、n_2、n_3 状态运行的任何时刻流量均大于 q_p，压缩机就不会产生喘振，其控制系统如图 28-6-9 所示。

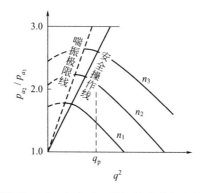

图 28-6-8　离心式压缩机的安全操作线

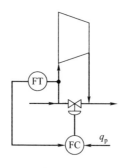

图 28-6-9　固定极限流量防喘振控制方案

如果流量测量值大于 q_p，则旁路阀完全关闭；若流量测量值小于 q_p，则旁路阀打开，使一部分气体循环，直到压缩机的流量达到 q_p 为止。

本控制方案的优点是简便，适用于固定转速场合。在变转速场合，如在低转速时，能量浪费较大。

（2）可变极限流量防喘振控制系统 假定在压缩机的进口端测量流量 q_1，测得压差 Δp_{a_1}，Δp_{a_1} 与 q_1 的关系是

$$q_1 = K\sqrt{\frac{\Delta p_{a_1}}{\gamma_1}} \qquad (28\text{-}6\text{-}2)$$

$$\gamma_1 = \frac{p_{a_1}M}{ZRT_1} \qquad (28\text{-}6\text{-}3)$$

代入防喘振保护曲线公式并整理可得：

$$\frac{p_{a_2}}{p_{a_1}} \leqslant a + \frac{bK^2}{\gamma} \times \frac{\Delta p_{a_1}}{p_{a_1}} \qquad (28\text{-}6\text{-}4)$$

或 $$\Delta p_{a_1} \geqslant \frac{\gamma}{bK^2}(p_{a_2} - ap_{a_1}) \qquad (28\text{-}6\text{-}5)$$

式中，$\gamma = \dfrac{M}{ZR}$。

按式（28-6-5）可构成如图 28-6-10 所示的防喘振控制回路，取 Δp_{a_1} 作为测量值。而由 $\dfrac{\gamma}{bK^2}(p_{a_2} - ap_{a_1})$ 作为设定值，当 Δp_{a_1} 大于设定值时，旁路阀关闭，当 Δp_{a_1} 小于设定值时，将旁路阀打开一部分。

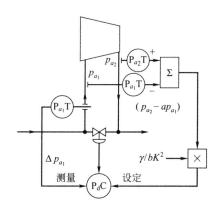

图 28-6-10 变极限流量防喘振控制方案

假定在压缩机的出口端测量流量，测得压差 Δp_{a_2}，利用 q_1、q_2 与 Δp_{a_2} 的关系代入保护曲线公式，经整理后，可得防喘振的条件是

$$\Delta p_{a_2} \geqslant \frac{\gamma}{bK^2} \times \frac{p_{a_1}}{p_{a_2}} \times \frac{T_2}{T_1}(p_{a_2} - ap_{a_1}) \qquad (28\text{-}6\text{-}6)$$

在不少情况下，它可以简化，例如 $a = 0$ 时

$$\Delta p_{a_2} \geqslant \frac{\gamma}{bK^2} \times \frac{T_2}{T_1} p_{a_1}$$　　　　　　（28-6-7）

式（28-6-7）是简化了的防喘振控制系统数学模型。

6.2　传热设备的控制方案

许多化工过程，如蒸馏、蒸发、干燥结晶和化学反应等均需要根据具体的工艺要求，对物料进行加热或冷却，即冷热流体进行热量交换。冷热流体进行热量交换的形式有两大类：一类是无相变情况下的加热或冷却；另一类是在相变情况下的加热或冷却（即蒸汽冷凝给热或液体汽化吸热）。热量传递的方式有热传导、对流和热辐射三种，而实际的传热过程很少是以一种方式单纯进行的，往往由两种或三种方式综合而成。

传热（热交换）过程是利用各种形式的换热器即传热设备来进行的。不论其目的在于加热、冷却、汽化或是冷凝，从进行热交换的两种流体的接触关系来看，则不外乎直接接触式、间壁式及蓄热式三大类，尤以间壁式传热设备应用最广。

以下重点介绍换热器、加热炉、锅炉设备的控制。

6.2.1　一般传热设备的控制

在各种传热设备中，以间壁式换热器应用最为普遍，对于它的控制通常取载热体流量作为操纵变量，然而在控制手段上也有多种形式。从传热速率方程式（$q = KF_m \Delta\theta_m$）知道，为保证出口温度恒定，满足工艺生产的要求，必须对传热量进行控制。控制传热量主要途径有[1,2,5,6]以下几种。

（1）控制载热体流量　控制载热体流量的单回路串级控制方案如图 28-6-11 所示。控制

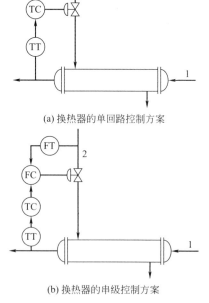

(a) 换热器的单回路控制方案

(b) 换热器的串级控制方案

图 28-6-11　换热器控制方案

1—被加热流体流量；2—载热体流量

载热体流量大小其实质是改变传热速率方程中的传热系数 K 和平均温差 $\Delta\theta_m$。这种控制方案是最常用的一种。

（2）控制载热体的汽化温度　图 28-6-12 所示氨冷器出口温度控制是一个例子。这种控制方案滞后小，反应迅速，应用亦较广泛。

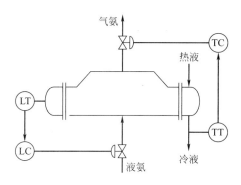

图 28-6-12　改变汽化温度的控制方案

（3）控制传热面积 F　图 28-6-13 所示是这种控制方案的一个例子，调节阀装在凝液管线上。图 28-6-14 是两种串级控制方案，该控制方案滞后较大，只有在某些必要的场合才采用。

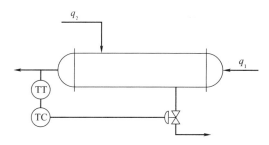

图 28-6-13　改变冷凝液排出量的控制方案

（4）将工艺介质分路　将工艺介质分路的控制方案如图 28-6-15 所示。该控制方案一部分介质传热，另一部分走旁路。该方案实际上是一个混合过程，所以反应及时，但载热体一直处于高负荷下，在出口温度控制质量要求高时经常采用这种调节方案。这种调节方案的优点是调节迅速，但其缺点是需要提供过量的热载体来满足一定的调节范围，在采用专门的热剂或冷剂时是不经济的。而对于某些热量回收系统，载热体是某种工艺介质，总流量不好调节时，采用此方案是合理的。

对于这种工艺介质分路的控制系统，采用如图 28-6-16 所示的综合工艺与控制双方要求的双重控制方案是一种改进方案。双重控制系统是对一个被控变量采用两个或更多的操纵变量的一种控制系统。该双重控制系统的操纵变量有两个，即旁路流量和热载体流量，前者动态响应快，但工艺上不合理，后者动态响应缓慢，但工艺上却更加合理[2]。

该双重控制系统能够实现"急时治标，缓时治本"的控制效果，兼顾了工艺操作和动态控制两方面的要求。

以上介绍传热设备常见的四种控制方案，采用哪一种控制方案应视具体传热设备特点和工艺条件而定。

第 **28** 篇

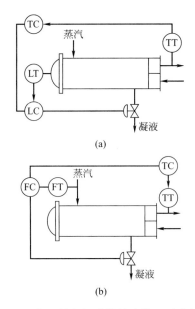

(a)

(b)

图 28-6-14 调节阀装在凝液管线上的两种串级控制方案

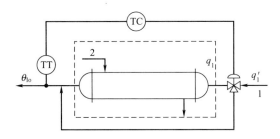

图 28-6-15 将工艺介质分路的控制方案

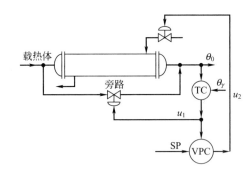

图 28-6-16 综合工艺与控制双方要求的双重控制方案

6.2.2 管式加热炉的控制

在生产过程中有各种各样的加热炉，在炼油和化工生产中常见的加热炉是管式加热炉。对不少加热炉来说，温度控制指标的要求相当严格，最大偏差常常要小于±1.5℃。管式加热炉控制可以从两方面采取措施：一是排除干扰；二是改进控制回路的结构。

加热炉的主要扰动因素有：进料量（处理量）、进料温度、燃料总管压力、燃料成分、空气过量情况、燃料雾化情况等。在这些扰动因素中，处理量一般经过流量控制，比较平稳；燃料总管压力往往经过压力控制；雾化蒸汽也经过控制；其他各项因素亦力求平稳少变，常见的控制方案如下[1,5,7]。

(1) 单回路温度控制   对炉出口温度要求不十分严格，可以采用炉出口温度来控制燃料流量的单回路控制方案，如图 28-6-17 所示。图中的压力和流量控制系统，分别稳定燃料油、雾化蒸汽压力和工艺介质流量（处理量），以便将温度控制系统的主要扰动克服在进入系统之前。根据具体的工艺条件和要求，可适当设置相应的辅助控制系统。

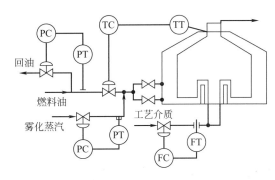

图 28-6-17   管式加热炉的单回路控制系统

当工艺要求炉出口温度较高或者加热炉容量滞后、纯滞后大时，单回路控制系统就很难满足要求，这时必须采用其他控制方案。

(2) 串级控制   加热炉常采用串级控制。由于扰动因素及炉子类型不同，可以选择不同的副被控变量，加热炉串级控制的形式主要有以下几种：

① 炉出口温度对燃料流量的串级控制   该方案主要克服燃料流量的扰动，优点是可以了解燃料消耗量，但在燃料流量较小时，其流量测量比较困难，特别是应用黏度较大的重质燃料油时更难测量。

② 炉出口温度对燃料阀阀后压力串级控制   该控制方案的优点在于压力测量较流量测量简单。但必须注意烧嘴结焦，部分堵塞会造成阀后压力升高的虚假现象。

③ 炉出口温度对炉膛温度的串级控制   该控制方案如图 28-6-18 所示。这种控制方案的副回路能感受较多的扰动，是较好的控制方案，适用于双斜顶方箱式加热炉。对于其他类型的加热炉，要找到反应快、又能代表炉膛情况的测温点较困难。

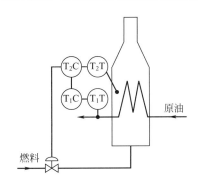

图 28-6-18   炉出口温度对炉膛温度的串级控制

④ 采用压力平衡式调节阀（浮动阀）的控制   该控制方案如图 28-6-19 所示。当燃料为

气体时，采用压力平衡式调节阀的控制方案颇有特色，由于压力平衡式调节阀相当于一个自力式调节器，所以此方案与炉出口温度对燃料压力的串级控制相当，但此方案比较简单。

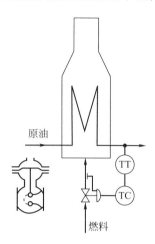

图 28-6-19 浮动阀的控制系统

（3）前馈控制 在进料流量或进料温度无法加以控制时，可以引入其进料前馈信号，组成前馈反馈控制。若燃料成分变化较大时，上述串级控制无能为力，此时可引入燃料热值前馈控制。这种前馈反馈控制可以获得较好的效果。

（4）基于稳态能量平衡和与动态前馈-稳态反馈思想的加热炉支路平衡控制[8,9] 大型加热炉由于被加热介质处理量大，通常将其分为多个支路。每一支路上有独立的流量控制器，用炉出口汇合后的温度来调节炉用燃料量。由于燃料燃烧情况、风量的变化、火嘴的调整，加热炉炉膛温度分布并不均匀；炉管内结焦和管外灰垢等原因，各个支路炉管传热存在差异，这些情况导致各个加热炉支路出口温度不同，易造成炉管结焦和能量损失。特别是油气混烧时，由于燃油和燃气火嘴分布的不均匀，加热炉出口温度控制调整某一种燃料量时，会造成各支路出口温度经常性的不平衡。

如图 28-6-20 所示，支路平衡控制的目的是在总流量不变的条件下通过调整各支路流量，使各路炉管受热均匀、各路出口温度一致，防止局部过热。近几十年来有着不同的解决方案，但因其是受多种约束的耦合系统控制，传统动态控制方法实现困难，文献［8］提出的基于热量平衡与动态前馈-稳态反馈思想的支路温度平衡控制能够像 PID 控制一样易于应用，其基于热量平衡计算的动态前馈调整，避免了动态反馈控制的稳定性问题，等动态前馈调整达到稳态后，再根据调节余差进行再次动态前馈控制的稳态反馈控制方法实现保证支路温度趋于一致。这种控制思想可以推广应用到不少类似的难控过程中。

基于通过支路平衡控制，还使加热炉进料总流量自动提降负荷控制易于实现，并实现上游液位与支路平衡的协调控制，解决诸如常压塔底液位与减压炉支路平衡控制这样的难以实现自动控制的难题[9]。

6.2.3 锅炉设备的控制

锅炉是炼油、化工生产过程中必不可少的动力设备，是工厂的重要能源和热源装置，必须确保安全稳定生产。为此需设置一系列的控制系统[1,2,10]：汽包水位的控制，燃烧系统的控制，过热蒸汽的温度控制。

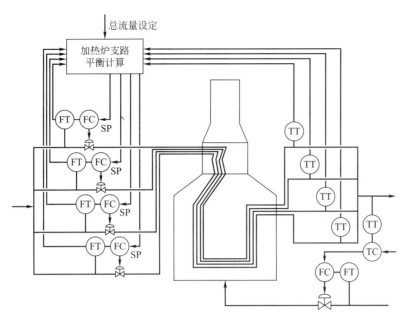

图 28-6-20 基于稳态能量平衡和与动态前馈-稳态反馈思想的加热炉支路平衡控制

(1) 汽包水位的控制 汽包水位是锅炉运行的主要指标，是一个非常重要的被控变量。如果水位过低，则由于汽包内的水量较少，而负荷很大时，水的汽化速度加快，如不及时控制，就会使汽包内的水全部汽化，导致水冷壁烧坏，甚至引起爆炸。若水位过高会影响汽包的汽水分离，产生蒸汽带液现象，会使过热器管壁结垢而导致损坏，同时过热蒸汽温度急剧下降。在蒸汽作为汽轮机动力时，还会损坏汽轮机叶片，影响运行的安全。因此汽包水位必须严加控制。

在燃料量不变的情况下，若蒸汽用量突然增加，瞬时间必然导致汽包压力下降，汽包内水的沸腾突然加剧，水中汽泡迅速增加，将整个水位抬高，形成虚假的水位上升现象，即所谓假水位现象。这种假水位现象在设计控制方案时必须加以注意。

① 单冲量水位控制系统 图 28-6-21 所示是一单冲量水位控制系统。这里的冲量一词指的是变量，单冲量即汽包水位。这种控制系统结构简单，适用于汽包内水的停留时间较长、负荷又比较稳定的场合。这样的控制系统再配上一些联锁报警装置，亦可以保证安全操作。

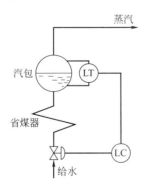

图 28-6-21 单冲量水位控制系统

② 双冲量水位控制系统 在汽包水位控制中，最主要的扰动是蒸汽负荷的变化，那

么引入蒸汽流量来校正，不仅可以补偿虚假水位所引起的误动作，而且可使给水阀的动作及时，这就构成了双冲量控制系统，如图 28-6-22 所示。这是一个静态前馈反馈控制系统。

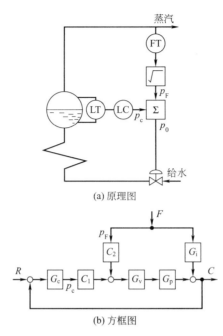

(a) 原理图

(b) 方框图

图 28-6-22　双冲量水位控制系统

③ 三冲量水位控制系统　在双冲量控制系统的基础上再引入辅助冲量给水流量，构成了三冲量控制系统。

图 28-6-23 所示是三冲量水位控制系统之一，它是一个静态前馈加反馈的控制系统。这

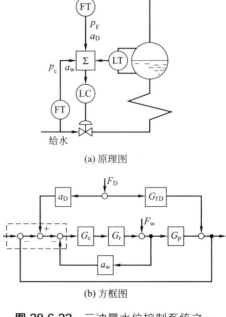

(a) 原理图

(b) 方框图

图 28-6-23　三冲量水位控制系统之一

类控制方案结构简单，只需要一台多通道调节器，不需另设加法器。但系数设置要保持物料平衡，否则当负荷变化时，水位将会产生余差。

图 28-6-24 所示是三冲量水位控制系统之二，它相当于前馈串级控制系统。该方案不管系数如何设置，在负荷变化时，水位可以保持无差。

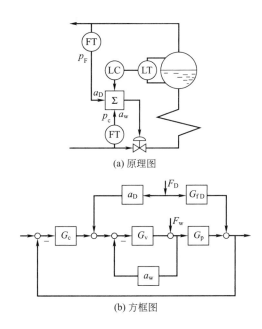

(a) 原理图

(b) 方框图

图 28-6-24　三冲量水位控制系统之二

④ 汽包水位前馈串级控制系统　图 28-6-25 所示是水位前馈串级控制系统。这种方案参数整定可按一般前馈串级控制系统来整定。

(2) 燃烧过程的控制[1,2,10]　对于锅炉的燃烧过程，最基本的要求是锅炉出口蒸汽压力的稳定，一般根据蒸汽压力来控制燃料量；其次是保证燃料完全燃烧，使燃料与空气保持一定比值或烟道气中的氧含量保持一定；另外，应该使排烟量与空气量相配合，以保证炉膛负压不变。为保证安全燃烧，应采取相应的安全措施（如防止脱火、回火等）。

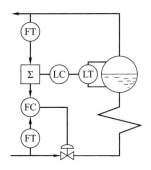

图 28-6-25　汽包水位的前馈串级控制系统

图 28-6-26 所示是燃烧过程的基本控制方案。其中（a）方案是蒸汽压力调节器的输出同时作为燃料和空气流量调节器的设定值。（b）方案是一个串级比值控制系统，它可以保证蒸汽压

力恒定，亦可保证燃料量与空气量的比例，以使燃烧良好。但是这个控制方案在负荷变化时，送风量的变化落后于燃料量的变化，为此可采用图 28-6-27 所示的控制方案。在此方案中增加了选择性控制系统，以实现在蒸汽负荷增加时，先增加空气量后加大燃料量；而蒸汽负荷减少时，先减燃料量后减空气量，以使燃烧完全。为保证燃烧完全，设置了氧量调节器，用烟道气中氧含量来修正空燃比。

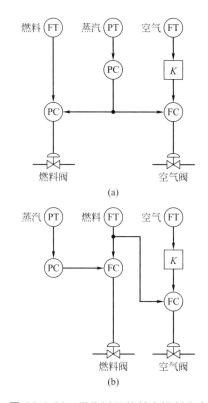

图 28-6-26 燃烧过程的基本控制方案

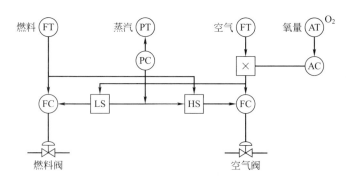

图 28-6-27 燃烧过程的改进控制方案

图 28-6-28 所示是燃烧过程控制系统一个实例。设置有蒸汽压力控制系统；炉膛负压采用前馈与反馈控制系统；为防止脱火，设置了防止脱火的选择性控制系统；为防止回火而设置联锁系统。

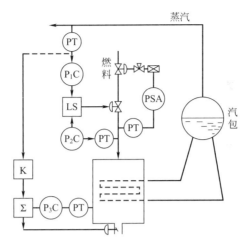

图 28-6-28　锅炉燃烧过程控制系统实例

6.2.4　蒸汽过热系统的控制

　　锅炉蒸汽温度控制系统直接影响到全厂的热效率和设备的安全运行，因此通过对锅炉的过热器的过热蒸汽的温度进行控制以保证所产出蒸汽的温度达到后续生产过程的要求。蒸汽过热系统目前广泛选用减温水流量作为控制汽温的手段。但该通道的时滞和时间常数较大，如果以汽温作为被控变量，直接控制减温水的单回路控制系统往往满足不了要求。一般采用以减温器出口温度作为副被控变量的串级控制系统，如图 28-6-29 所示。这对于提前克服扰动是有利的，可以减少过热蒸汽温度的动态偏差，以满足工艺的要求。亦可采用图 28-6-30 所示的过热蒸汽温度双冲量控制系统[1,2,10]。

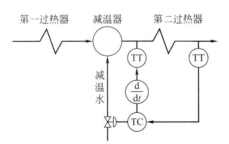

图 28-6-29　过热蒸汽温度串级控制系统

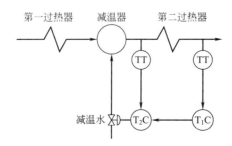

图 28-6-30　过热蒸汽温度双冲量控制系统

第 28 篇

6.3　精馏塔的控制

精馏的目的是将混合物中各组分进行分离，以达到规定的产品纯度要求。因为在精馏操作中，被控变量多，可以选用的操纵变量多，又可以有各种不同的组合，所以控制方案繁多。精馏塔对象的通道很多，反应缓慢，内在机理复杂，变量又互相关联，而且控制要求又大多较高。因此，必须深入分析工艺特性，总结实践经验，结合具体工艺特点，设计出合理的控制方案。

精馏塔的自动控制应满足三方面的要求：质量指标、物料平衡、约束条件[2]。

精馏操作中扰动有进料流量 F、组分 X_F、热熔、热剂的变化、冷剂的变化及周围环境温度变化等。但在多数情况下进料流量和组分是主要扰动，然而还要结合具体工艺加以分析。

为了克服扰动的影响，就需进行控制，常用的方法是改变馏出液量 D、釜液采出量 B、回流量 L_R、热剂量 V_s 及冷剂量 Q_c 中某些项的流量。

精馏塔最直接的质量指标是产品成分。近年来成分检测仪表的发展，特别是工业色谱的发展，出现了直接按产品成分来控制的方案。然而由于成分分析仪表采样分析周期较长，即反应缓慢，滞后较大，加上价格昂贵，应用受到了限制。

最常用的间接指标是温度。选择塔内哪一点温度或几点温度作为被控变量，应根据实际情况加以选择[1,2,6]。

(1) 塔顶或塔底温度　似乎最能反映产品的情况是塔顶或塔底的温度。其实不然，因为当要分离出较纯的产品时，塔顶或塔底邻近各板之间的温度相差很小，这就要求有非常灵敏的温度检测装置，这实际上是有困难的。因此，只有在按沸点来分馏石油中各产品的精馏塔中才将温度检测点置于塔顶或塔底。

(2) 灵敏板温度　精馏塔的灵敏板是指塔操作过程中受到同样大小、方向相反的作用而达到稳态时温度变化最大的位置。以灵敏板温度作为被控变量时，可以得到较高的调节灵敏度，而塔的产品纯度可以得到更好保证。

灵敏板的位置可以通过逐级计算或计算机静态仿真求得，但塔板效率不易准确估计，所以还须结合实践来确定。

(3) 中温控制　取加料板稍上或稍下的塔板，甚至加料板本身的温度作为被控变量。中温处于塔的中段，它是权衡塔顶、塔底产品质量的一个指标。将中温加以控制，就可以将塔操作在一个合适的工况，使塔顶、塔底产品都合乎一定要求，但不能使产品达到较高的要求。因而，它适用于物料容易分离或分离要求不高、进料浓度变动不大或塔板数有较大富余的场合。

(4) 温差控制　在精密精馏中，两个组分的相对挥发度差值很小，因组分变化引起的温度变化较因压力变化引起的温度变化要小得多。所以微小压力波动也会造成明显的温度变化，这样用温度来反映组分就得不到好的效果。例如，苯-甲苯-二甲苯分离时，大气压变化 $67kPa$，苯的沸点将改变 $2℃$，超过质量指标的规定，而这样的气压变化是完全可能发生的。因此必须考虑压力修正。常用方案是温差控制、蒸汽压差控制、直接进行压力修正等。这里简单介绍一下温差控制。如以塔顶产品为控制指标，则将一个温度检测点放在顶板（或稍下一些），即成分和温度变化较小的位置，另一个检测点放在灵敏板附近，即成分和温度变化较大且灵敏的位置。取这两点温差作为被控变量。实际上塔顶温度起参比作用，压力变化时，对这两个温度都有影响，然而两者相减后，压力变化的影响几乎完全相互抵消。

这个方法已成功地用于苯-甲苯-二甲苯、乙烯-乙烷、丙烯-丙烷等精密精馏系统中。应用得好坏，关键在于选点正确和温差设定值要合理，同时还要操作工况平稳。

（5）温差差值（双温差）控制　采用温差控制还存在一个缺点，当负荷变化时，塔板压降发生变化，随着负荷递增，由压降引起的温差亦将增大。这样温差与组分不呈单值对应关系。在这种情况下可以采用温差差值控制。

温差差值控制需分别在精馏段和提馏段上选取温差，将这两个温差的差值作为被控变量，如图 28-6-31 所示。由于压降变化引起的温差变化不仅出现在塔的上段，亦出现在塔的下段，因而上段温差减去下段温差就能消除压降对温差的影响。这种控制方案即使在进料量波动情况下仍能得到较好的控制效果。

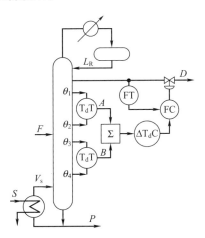

图 28-6-31　温差差值的控制方案

6.3.1　精馏塔的基本控制方案

（1）产品质量开环的控制方案[1,2,11]　精馏塔控制的主要目的是使塔顶和塔底的产品满足质量要求。当这方面要求不高以及扰动不多的时候，由静态特性可知，只要固定 D/F（或 B/F）和 V/F（或回流比），完全按物料及能量平衡关系进行控制，已能达到目的。这样的控制方案可分为三类：①固定回流量 L_R 和蒸汽量 V_s。当进料流量及其状态恒定时，固定了 L_R 和 V_s，D 和 B 亦确定了，控制方案如图 28-6-32 所示。②固定馏出液 D 和蒸汽量 V_s。此时回流罐液位由回流量来控制，其余同①，此方案适用于回流比很大的场合。③固定塔底采出量 B 和回流量 L_R，而塔底液位由加热蒸汽控制，其余同①。这类控制方案简单方便，对产品质量来讲是开环的。在扰动存在的条件下，特别是对于进料成分出现变化，就很难保证产品的纯度要求。因此在多数情况下，应按产品质量指标来控制。

（2）按精馏段指标的控制方案[1,2,11]　当对馏出液纯度的要求较之对塔底产品为高，或是全部为汽相进料（因为此时进料 F 变化先影响 X_D），或塔底、提馏段塔板上的温度不能很好反映产品成分变化时，往往按精馏段指标进行控制。

按精馏段指标控制，取精馏段某点成分或温度作为被控变量，在 L_R、D、V_s 和 B 四者中选择一种作为控制产品质量的手段，可以组成单回路或串级控制方案，而另一种流量保持恒定。余下两者按物料平衡，由回流罐及塔釜液位调节器加以控制。常用控制方案有以下两类。

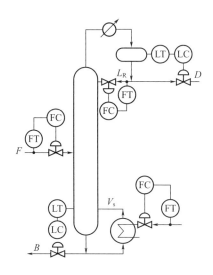

图 28-6-32　产品质量开环的控制方案

① 间接物料平衡控制方案　这种控制方案如图 28-6-33 所示，它是按精馏段指标来控制回流量，保持加热蒸汽流量为定值。该方案由于回流量 L_R 变化后再影响到馏出液量 D，所以是间接物料平衡控制。该方案的优点是调节回路滞后小，反应迅速，所以对控制进入精馏段的扰动，保证塔顶产品有利。这是精馏塔控制中最常用的方案。该方案的缺点是在回流处于变动（环境温度）时内回流未保持恒定，且物料与能量平衡之间关联较大，这对精馏塔平稳操作不利，所以在调节器参数整定上应加以注意。

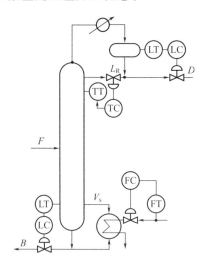

图 28-6-33　按精馏段指标的间接物料平衡控制方案

② 直接物料平衡控制方案　该控制方案如图 28-6-34 所示，它按精馏段指标来控制馏出液量 D，回流罐液位来控制回流量 L_R。此方案的优点是在环境温度变化时内回流基本保持不变，且物料与能量平衡之间关联较小，有利于塔的平衡操作。缺点是控制回路滞后较大，特别是回流罐容积较大时，反应更慢，给控制带来了困难。该方案适用于 L_R/D 较大场合。

炼油厂中常压塔和减压塔都是只有精馏段的塔，是按精馏段指标控制的例子。

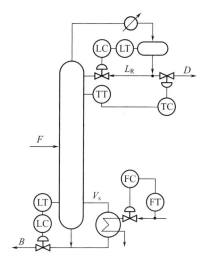

图 28-6-34 按精馏段指标的直接物料平衡控制方案

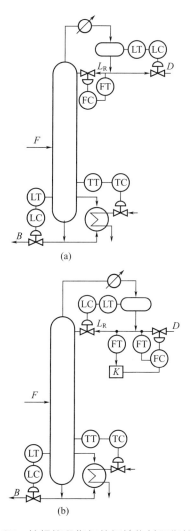

图 28-6-35 按提馏段指标的间接物料平衡控制方案

（3）按提馏段指标的控制方案[1,2,11]　当釜液的成分要求较之塔顶高；全部液相进料；塔顶或精馏段塔板上的温度不能很好地反映成分的变化；或实际操作回流比较最小回流比大好几倍时，采用提馏段指标的控制方案。

① 间接物料平衡控制方案　该方案如图 28-6-35 所示，按提馏段指标来控制加热蒸汽量，图 28-6-35（a）是定回流的方案，而图 28-6-35（b）是定回流比的方案。定回流比的方案适应负荷变化能力较强。该方案的优点是滞后小，反应迅速，对克服进入提馏段扰动和保证塔底产品有利。缺点是物料与能量平衡关联较大。该方案应用相当广泛。

② 直接物料平衡控制方案　该控制方案如图 28-6-36 所示，按提馏段指标直接控制塔底出料 B，而由液位来控制加热蒸汽量。这种控制方案又称交叉控制。该方案较多地用于塔底流出液 B 很小的场合。这种方案的优点是物料与能量平衡之间关联较小，缺点是滞后较大。

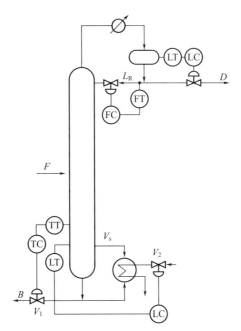

图 28-6-36　按提馏段指标的直接物料平衡控制方案

（4）压力控制[1,2]　为了保证精馏塔正常操作，一般设有压力控制系统。精馏塔可以在加压、常压及减压条件下操作。由于压力不同，控制方案亦有所不同，但其原理都是应用能量平衡来控制塔压。

① 加压塔的压力控制　加压塔的压力控制方案视塔顶馏出物状态及馏出物中不凝物的多少而异。

图 28-6-37 所示压力控制方案用于液相采出，且馏出物中含有较多的不凝物的情况。取压点分别取于塔顶和回流罐上，前者适用面广，后者适用于塔顶蒸汽流经冷凝器的阻力变化不大的场合。

当塔顶气相中不凝物小于塔顶气相总流量的 2%，或者塔的操作中预计只有部分时间产生不凝物时，可采用图 28-6-38 所示的分程控制系统。当冷却水阀全开塔压还偏高时，打开放空阀，以保持塔压恒定。

当塔顶气体全部冷凝或只含有微量不凝性气体时，可用调节传热量的手段来控制塔顶压

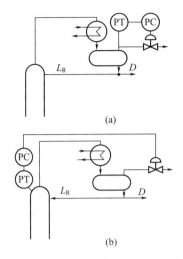

图 28-6-37　塔顶压力控制方案（馏出物中含有大量不凝物）

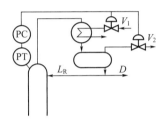

图 28-6-38　塔顶压力控制方案（馏出物中含有少量不凝物）

力，具体控制方案如图 28-6-39 所示的三种方式。图 28-6-39（a）按压力改变冷剂（冷却水）的流量，最节约冷剂量。图 28-6-39（b）按压力改变传热面积，即让凝液部分地浸没冷凝器，这种方案较迟钝。图 28-6-39（c）采用热旁通的办法，其实质是改变气体进入冷凝器的推动力，这种方案反应灵敏，炼厂中应用较多。图 28-6-40 所示是浸没式冷凝器的压力控制方案。

图 28-6-41（a）所示为气相出料压力控制系统，按压力控制气相采出，回流罐液位控制冷凝量，以保证足够的冷凝液作回流。若气相出料为下一工序进料，则可以采用图 28-6-41（b）所示的压力-流量串级均匀控制方案。

② 减压塔的压力控制　图 28-6-42 所示是用蒸汽喷射泵抽真空的塔压控制系统。在蒸汽管线上设有压力控制系统，以维持喷射泵的最佳蒸汽压力。塔顶压力用补充的空气量来控制，这种控制能有效地控制任何扰动对塔顶压力的影响。图 28-6-43 所示是采用电动真空泵的减压塔压力控制方案。

③ 常压塔的压力控制　常压塔安排较简单，可以在回流罐或冷凝器上设置一个通大气的管道来平衡压力，以保持塔内接近大气压。如果对压力稳定性要求较高时，可采用类似加压塔的压力控制方案。

6.3.2　采用计算指标的控制

在精馏塔的控制中，有些被控变量是不能直接测量的，通过工艺计算间接推算作为被控制变量的测量值，使一些不能直接测量得到的重要指标由计算求出而实现其控制。最为著名

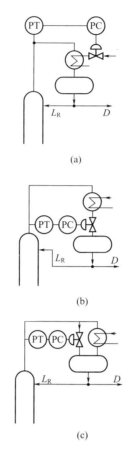

(a)

(b)

(c)

图 28-6-39　塔顶压力控制方案（馏出物中含有微量不凝物）

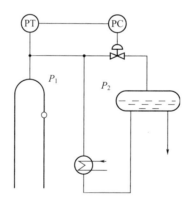

图 28-6-40　浸没式冷凝器的压力控制方案

的有内回流控制和焓控制等，推断（理）控制也可以视为这种控制，只是它形成了一种通用的方法了，也为基于软测量的先进控制提供了理论依据[1,2,12]。

（1）**内回流控制**　从精馏塔的操作原理看，当塔的进料量、温度和成分比较稳定时，内回流平稳是保持精馏塔良好操作的一个重要因素。目前采用外回流控制，在外回流液温度受周围环境温度变化而波动较大时，内回流并不恒定。此时为保证塔的平稳操作应采用内回流控制。

由精馏操作可知，内回流 L_i 等于外回流 L_R 和部分蒸汽的冷凝液 l 之和，即

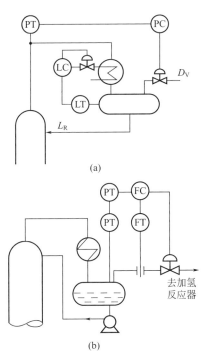

(a)

(b)

图 28-6-41 （a）气相出料压力控制系统；（b）压力-流量串级均匀控制系统

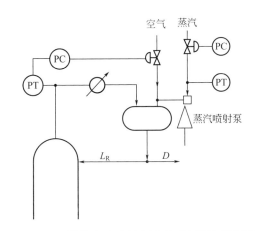

图 28-6-42 塔的真空度控制系统（用蒸汽喷射泵）

$$L_i = L_R + l \tag{28-6-8}$$

部分蒸汽冷凝液 l 所产生的冷凝潜热 $l\Delta H$，等于外回流液由原来的温度 θ_R 升高到第一层塔板的温度 θ_i 所需的热量，即

$$l\Delta H = L_R c_p (\theta_i - \theta_R) \tag{28-6-9}$$

由上述两式可得

$$L_i = L_R + L_R \frac{c_p}{\Delta H}(\theta_i - \theta_R) \tag{28-6-10}$$

按式（28-6-10）构成的内回流控制系统如图 28-6-44 所示。目前已有专用的内回流控

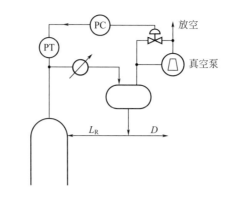

图 28-6-43　塔的真空度控制系统（用电动真空泵）

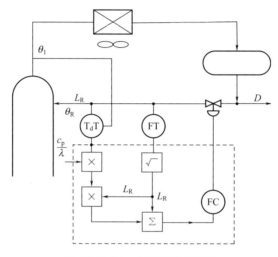

图 28-6-44　内回流控制系统

制器。

（2）热焓控制　热焓是指单位重量的物料所含的热量。热焓控制是保持物料热焓为定值或按一定规律变化的操作。

图 28-6-45 所示是精馏塔进料热焓控制方案之一。加热器的热量衡算是进料取得热量等于载热体放出的热量

$$FH_f - Fc_F\theta = F_s\lambda + F_sc_s(\theta_i - \theta_0) \tag{28-6-11}$$

或

$$H_f = c_F\theta + \frac{F_s}{F}\lambda + \frac{F_s}{F}c_s\Delta\theta \tag{28-6-12}$$

图 28-6-45 是按式（28-6-12）设置的热焓控制方案。

（3）推断（理）控制　在精馏塔反馈控制中，若遇到进料流量或温度变化频繁且幅值较大时，由于控制通道滞后较大，为保证控制质量满足工艺要求，可设置进料流量或温度的前馈控制，提高控制系统的品质。

前馈控制要求扰动是可测的。然而对于不可测的扰动，例如塔的进料成分等，前馈控制就无能为力了。而推断控制是利用一些容易测量的变量如温度、压力、流量等来推断扰动对

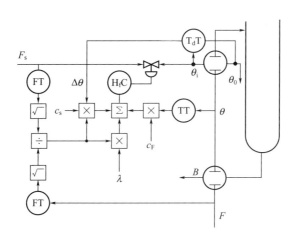

图 28-6-45 汽液混相进料的热焓控制方案

产品成分的影响，通过控制，克服扰动对产品质量的影响，以满足工艺要求。例如某炼厂中丙烯精馏塔应用推断控制后，品质明显提高。

（4）基于软测量的产品质量直接闭环控制 化工生产过程中，分馏产品的质量控制一般是人工采样，实验室分析化验，数小时后反馈到生产单位，指导工艺操作。再者就是使用在线质量分析仪检测获得。但这类仪表因测量滞后、价格昂贵和维护量大等因素，而很少直接用于闭环控制。20 世纪 80 年代从质量变量和过程变量关系中获得质量模型，作为一种在线质量测量手段的软测量仪表，在产品质量控制中得到成功的应用，成为提高产品收率、质量，降低能耗的有效方法。因而，采用软测量技术和以预测控制技术为核心的先进控制技术来实现产品质量直接闭环控制，以提高装置的操作水平、改进控制效果及实现卡边优化。

（5）集动态控制与稳态经济目标优化于一体的控制策略 对于部分产品纯度高的精馏过程，由于产品纯度都相对较高，在进料成分变化大时，产品质量的软测量精度难以达到产品质量控制和产品质量卡边优化控制的要求。同时，对于那种蒸发能力差异较小的混合物进行分离，需要更多的塔板数，导致塔内积蓄大，产品质量的过程动态特性呈现大滞后，增加了控制难度。有的精馏过程，其扰动和控制作用对产品质量影响的过渡过程时间长达数小时以上，即使现在广为成功应用的基于软测量的产品质量预测控制方法也难以满足控制的要求。在文献 ［12］ 中，提出了一种集动态控制与稳态优化于一体的实时优化控制方法。基于对精馏塔的物料平衡、组分平衡与其动态特性的深入分析，以精馏过程中塔顶轻产品和塔底重产品抽出比率（称为轻重产品比率 η）和分离度（在工艺设备确定后，取决于塔顶和塔底温差和生产过程的平稳程度）这两个影响分馏产品质量和运行稳定的决定性因素作为控制指标，保证产品质量平稳。然后建立一种既满足优化精度而又易于计算的代理模型，最终解决了在线实时优化问题，从而实现提高高价值产品产率与降低能耗的目标。

6.3.3 精馏塔的节能控制方案

据统计，在典型的石油化工厂中，全厂能量约有 40% 消耗在精馏过程上，因此精馏塔的节能控制更显得迫切和重要。在这一部分，主要介绍几种节能控制方案[1,2]。

（1）浮动塔压控制 对于采用风冷或水冷式冷凝器的精馏塔，从节能角度考虑，塔压不用定值控制，而应该使塔压浮动到最小值，即浮动塔压控制。因为当系统压力最小时，可以用最小的能量消耗对给定的混合物进行分离，并且可使冷凝器一直保持在最大热负荷下操作。

图 28-6-46 所示为浮动塔压控制方案，该方案的主要特点是增加了一个纯积分作用的阀位调节器 V_pC。在原来压力控制系统上增加 V_pC 后将起以下两个作用：

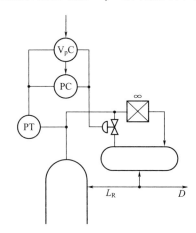

图 28-6-46　浮动塔压控制方案

① 使塔压不突变且浮动到最小值　不管冷剂情况如何变化（如暴风雨降温），塔压不受其突变影响，通过压力调节器 PC 迅速使塔压恢复到原值。尔后阀位调节器使压力调节器的设定值缓慢下降，最后使塔压浮动到冷剂可能提供的最低压力。

② 保证冷凝器总处在最大热负荷下操作冷剂　在最大热负荷下操作，阀门的开度应处在最小位置，考虑到有一定控制余量，阀门开度取 10% 左右。阀门开度也是通过阀位调节器缓慢降低压力调节器的设定值来达到的。

采用浮动塔压控制方案后，应按产品质量直接控制。若仍用温度作为间接指标，则需引入压力校正装置，应按修正后的温度进行塔温控制。

（2）能量综合利用控制方案　在精馏操作中，塔底再沸器要用蒸汽加热，塔顶冷凝器要除热，通常两者都需要消耗能量。从回收热量考虑，至少有两种节能方法：

① 精馏塔的热泵系统　该方案是把塔顶的蒸汽作为本塔塔底的热源。但是塔顶蒸汽的冷凝温度低于塔底液体的沸腾温度，热量不能由低温处直接向高温处传递。解决的办法是增加一台透平压缩机，把塔顶蒸汽压缩以提高冷凝温度，这称为热泵系统。某些精密精馏系统例如丙烯丙烷塔等，采用这种方案颇有经济价值。此时热量平衡系统很关键，应设置相应的

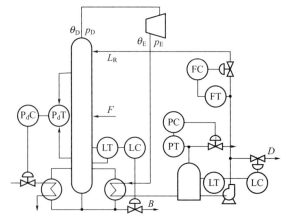

图 28-6-47　热泵控制方案

控制系统。图 28-6-47 所示是热泵控制方案实例。

② 精馏塔的热耦合系统 在几个塔串联生产时，上一塔的蒸汽可以作为下一塔的热源。首先要求上一塔的塔顶温度大于下一塔的塔底温度（温差要求大于 27℃），这样上一塔的塔顶蒸汽可为下一塔提供大部分能量或更多一些。同时亦可自行压入下一塔的再沸器。图 28-6-48所示是这种流程的控制方案实例。甲塔塔顶的冷凝器和乙塔的辅助再沸器是用来作为平衡能量用的，如甲塔塔顶提供能量大于乙塔所需的能量，则温度调节器 TC 与流量调节器 FC 组成串级控制系统，流量调节器 FC 输出控制合流阀 V_1，此时辅助再沸器上阀 V_2 关闭。若甲塔塔顶提供能量小于乙塔所需的能量，乙塔再沸器载热体阀 V_2 由温度调节器 TC 控制。这里的温度调节器输出分程于阀 V_2 和流量调节器 FC 的设定值。

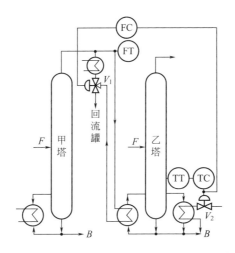

图 28-6-48 甲塔塔顶气相作为乙塔再沸器热量的控制方案

6.4 化学反应器的控制

化学反应器在化工生产过程中占有很重要的地位，是化工生产的"心脏"。其操作状况直接影响生产的效率和质量指标，因此对它进行自动控制就非常重要。

化学反应器的种类繁多，有间歇、半间歇和连续的，后者又可分为单程和循环的两种，它们有釜式、塔式、管道式、固定床、流化床等各种形式。因此在控制上的难易程度相差很大。一些容易控制的反应器，例如热稳定性上具有自衡的吸热反应过程，控制方案十分简单，也很有实效。但是当反应速率快，且放热量大或反应器的稳定操作区狭小时，控制难度就较大。

在设计反应器控制方案时，首先应满足下列要求[1,2]：

① 质量指标 要使反应达到规定的转化率，或使产品达到规定的浓度。

② 物料和能量平衡 为了使化学反应器的操作能够正常运行，必须使整个化学反应器系统在运行过程中保持物料与能量平衡。为了保持物料平衡，一般设置有流量控制或比值控制。有些反应是放热的，需及时除去反应热。对于吸热反应则需要及时补充热量。

③ 约束条件 要防止工艺变量进入危险区或不正常工况。为此，应设置一些报警、联锁或自动选择性系统，当工艺变量超出正常范围时，发出信号；当接近危险区域时，就把某些阀门打开、切断或者保持在限定位置。

在以上三者中，质量指标是关键。为了满足质量指标，在被控变量上有两类方案可供选择：

取反应产品成分或反应转化率作为被控变量；取反应过程的工艺状态变量作为被控变量。

6.4.1　取反应产品成分或反应转化率作为被控变量

如有条件直接测量反应产物的成分作为被控变量，这样比较直接。但目前有的成分测量困难，或成分仪表价格昂贵，或测量滞后较大，所以应用尚不广泛。图 28-6-49 所示是合成氨生产中变换炉出口一氧化碳的控制系统。这是用出口气中一氧化碳含量来调整半水煤气与水蒸气的比值的变比值控制系统。这个系统对于变换工况变化（如半水煤气的成分变化、催化剂活性变化等）而引起的出口一氧化碳含量的变化均能克服，且调节通道的滞后时间和时间常数都比以一段温度为主被控变量的控制系统小，因而控制系统质量较好[1,2,13]。

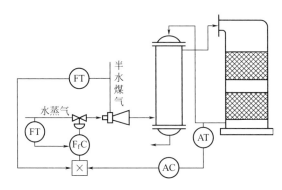

图 28-6-49　变换炉出口一氧化碳含量控制系统

以转化率为被控变量，更不好直接测量，而要通过某种间接的或计算的途径。图 28-6-50所示丙烯腈聚合反应转化率控制就是一例。该控制方案的依据是：当聚合釜在绝热状态（即夹套温度随釜温而变化的随动控制系统来保证）下进行反应时，由反应放出的热

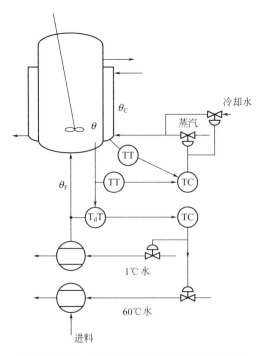

图 28-6-50　丙烯腈聚合釜转化率控制方案

量等于带走的热量，得到转化率 y

$$y = \frac{\rho c_p}{(-\Delta H)c_0}(\theta - \theta_F) \qquad (28\text{-}6\text{-}13)$$

式中 c_0、ρ 和 c_p——进料的浓度、密度和比热容；

ΔH——反应热。

由式（28-6-13）可知，当进料浓度恒定时，温差与转化率成正比，即控制了温差就保证了转化率。

6.4.2 取反应过程的工艺状态变量作为被控变量

因为对于一个既定的反应器系统来说，当反应温度和压力、进料的浓度和温度、停留时间这些条件确定时，出口的状态亦基本上被确定了。而在这些条件中，温度占主导地位，所以在反应器控制方案中，以温度作为被控变量用得很广泛，常用的方案如下[1,2,13]。

（1）单回路反应温度控制系统 图 28-6-51 和图 28-6-52 所示两个单回路的温度控制系统，反应热量由冷却介质带走。图 28-6-51 的方案特点是通过控制冷却介质的温度来稳定反应温度。冷却介质是强制循环式，流量大，传热效果好，但釜温与冷却介质温度之差较小。图 28-6-52 的方案特点是通过控制冷却介质的流量来稳定反应温度。冷却介质流量较循环式为小，但釜温与冷却介质温度相差较大，当釜内温度不均匀时，易造成局部过热或过冷。

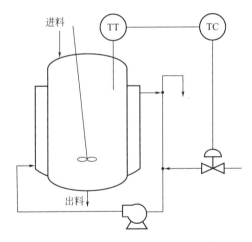

图 28-6-51 强制循环的单回路温度控制系统

（2）控制进料温度的方案 图 28-6-53 所示是反应器的进料温度控制方案实例。在这个流程中，进口物料与出口物料进行热交换，这是为了尽可能地回收热量，类似的安排在化工生产中相当普遍。这时需要对进口温度进行控制。否则在对象中将有正反馈存在。如果反应温度偏低，在热交换后，进料温度也会降低，这样就进一步促使反应温度降低，而造成恶性循环，最后可能使反应停止，这是反应器热稳定性问题的案例。现采用进口温度的控制，就切断了这一正反馈通道。

（3）串级和前馈控制系统 采用单回路温度控制系统时，若控制通道的滞后时间较大时，为改善控制品质，可以采用图 28-6-54 所示的串级控制系统，若进料流量波动较大时，则可采用图 28-6-55 所示的前馈-反馈控制系统。

（4）分程控制系统 在间歇操作反应釜中进行放热反应时，开始时需要对物料进行升温

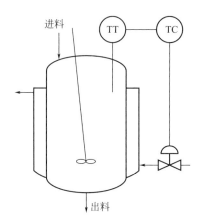

图 28-6-52　控制冷却介质流量的单回路温度控制系统

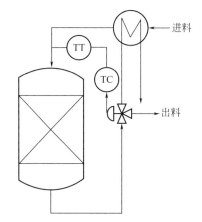

图 28-6-53　反应器的进料温度控制方案

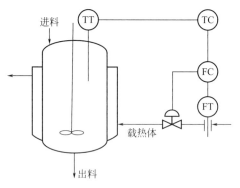

图 28-6-54　反应器的串级控制系统

加热。待反应进行后放热，又需除去反应热。为此有必要同时连接冷、热两种载热体，这时可采用图 28-6-56 所示的分程控制系统。

（5）分段控制方案　分段控制常用于两种场合：一种是某些化学反应要求其反应沿最佳温度分布曲线进行；另一种是在有些反应中，预防局部过热，甚至造成聚爆等现象。图 28-6-57 所示是丙烯腈生产中，丙烯进行氨氧化的沸腾床反应器温度分段控制系统。

以上介绍的是反应器的温度控制方案。至于确保质量指标所需的其他工艺状态变量（如压力、进料流量、液位等），则应配置相应的控制系统。

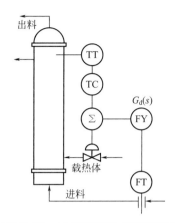

图 28-6-55 反应器前馈-反馈控制系统

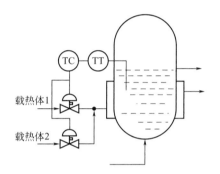

图 28-6-56 反应器温度分程控制系统

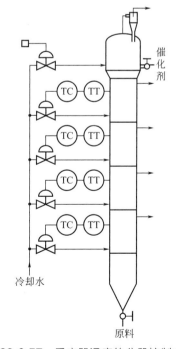

图 28-6-57 反应器温度的分段控制方案

这种以工艺状态变量为被控变量的控制系统，自工艺状态变量至质量指标的通道是处于开环状态，其间无反馈联系，因此，在扰动存在时，质量指标仍会受到影响，对于这一点应加以注意。

6.4.3　稳定外围的控制方案

除了以质量指标和工艺状态变量为被控变量两类方案外，还有一类称为稳定外围的控制方案。这类方案尽可能使进入反应器的每个变量维持在规定值上，从而使产品质量满足工艺要求。一般来说有进反应器的反应物料流量控制或几种反应物料之间的比值控制；而对反应器出料大体上是从物料平衡角度出发，采用反应器液位对出料进行控制，或用反应器压力控制出反应器的气体量。此外，还需要稳定热量。这时可采用反应器入口温度控制，或稳定载热体加入（或除去）的热量。合成氨生产中一段转化炉的控制就是一例[1,2,13]。

以石脑油为原料的一段转化炉进行如下反应：

$$C_n H_{2n+2} + \frac{n-1}{2} H_2O \uparrow \longrightarrow \frac{3n+1}{4} CH_4 + \frac{n-1}{4} CO_2 \tag{28-6-14}$$

生成的 CH_4 继续与水蒸气反应：

$$CH_4 + H_2O \uparrow \Longleftrightarrow CO + 3H_2 + Q \tag{28-6-15}$$

这是一个强吸热反应，炉管外侧用烧嘴燃烧供给热量。在转化过程中，所需要控制的主要指标是：

① 出口气中的 CH_4 含量合乎工艺要求；

② 出口气中的氢氮比要合乎工艺要求。

为了实现上述要求，组成如图 28-6-58 所示的控制系统。图中主要控制系统有：

① 保证处理量平稳，对进料流量进行控制。

② 保证蒸汽与空气的比值恒定，保证石脑油与空气的比值恒定（使出口气中的氢氮比合乎工艺要求）。为此采用蒸汽石脑油和石脑油/空气的比值控制系统。

③ 为保证出口气中残余甲烷含量合乎要求，加入的热量要适应负荷变化的需要。为此采用石脑油/燃料比值控制与燃料热值的串级比值控制。因为这里采用两种燃料：一是液化气，热值高；二是炼厂气，热值较低，且变动幅度较大，两者必须配合好，以保证热值的稳定。这样使石脑油/燃料的比值控制满足加入的热量适应负荷变化的需要。

④ 炉管内物料的压力控制，一般放在出口端（图中未画出）。

6.4.4　开环不稳定反应器的控制

绝大部分的被控工业过程都具有稳定特性，它们的开环传递函数的极点均位于根平面左侧，属于开环稳定的过程。但对于放热反应的过程就不同了，随着温度的升高，反应速率将会加快，放热量亦将增加，其后果是使温度继续上升，像有的高分子聚合过程就是这样。所以对于温度变化，放热反应的过程具有正反馈的性质，存在热不稳定性问题。假设一个放热反应器广义对象的传递函数形式为[1,2,13]

$$G_0(s) = \frac{K_0}{(T_o s - 1)(T_v s + 1)(T_m s + 1)} \tag{28-6-16}$$

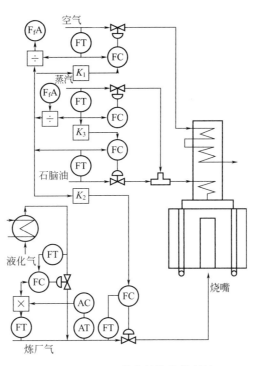

图 28-6-58 一段转化炉简化控制流程

如果采用单比例调节器,此时开环极点为:若 $s_1 = \frac{1}{T_o}$,$s_2 = -\frac{1}{T_v}$,$s_3 = -\frac{1}{T_m}$,若 $\frac{1}{T_o}$ 靠近虚轴,则闭环系统的根轨迹如图 28-6-59 所示。由图示的根轨迹可见,相应闭环系统的稳定条件为

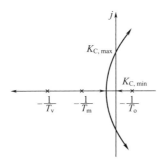

图 28-6-59 开环不稳定的根轨迹

$$K_{C,min} < K_C < K_{C,max} \qquad (28\text{-}6\text{-}17)$$

由式(28-6-17)可知,当开环不稳定时,其闭环稳定的条件是调节器的放大倍数不仅有稳定的上限 $K_{C,max}$,而且还有稳定的下限 $K_{C,min}$。从物理意义上来分析亦不难理解,因为开环系统本身不稳定,是由于控制作用(除热作用)不力而造成的,故只有适当强化控制作用,亦即适当增加 K_C,才能使系统在扰动作用下重新建立稳定工况。这种放大倍数只能处于一定范围内才能稳定的系统,有时亦称为条件稳定性系统。

总之,对于热不稳定系统的控制,在调节器参数整定时应适当加强一些调节作用,同时适当引入微分作用亦是有益的。

第 **28** 篇

6.5　应用案例——原油蒸馏装置（CDU）的控制

原油蒸馏是原油加工的第一道工序，是石化企业的"龙头"，原油经过蒸馏分离成各种油品和下游装置的原料。一般原油蒸馏装置由初馏系统、常压系统、减压系统、加热炉及换热系统组成。原油蒸馏装置控制得好坏，对炼油和石化企业的产品质量、收率以及对原油的有效利用都有很大影响。有关原油蒸馏装置的常规控制方案可以参见文献［14］、文献［15］等，这里仅介绍一些新的设计方案。

6.5.1　常压炉和减压炉的综合控制

常压炉和减压炉是炼油工业中重要的工艺设备，它通过燃料燃烧提供能量，使进料达到工艺规定的温度，出口温度是其最重要的工艺指标。原料油经过加热炉，包括常压炉和减压炉，加热提供给常压塔和减压塔进行分馏，加热炉出口温度的控制品质是常压塔和减压塔分馏质量以及适当的过汽化率以减少能量损失的重要保障。然而，作为一种复杂的大型加热设备，常压炉和减压炉的控制不仅要保证出口温度，在多支路和多燃料的情况下，还要考虑支路平衡和燃料费用的优化以及和前后分馏塔的能量、热量的平衡与协调。

文献［12］对多支路、多燃料（以该装置加热炉使用瓦斯气和燃料油两种燃料为例）加热炉给出了采用所提出的自适应状态空间预测控制、支路温度平衡控制和燃料费用优化的出口温度控制的综合控制方案，能够更好地实现加热炉出口温度平稳控制和加热炉的安全经济运行。图 28-6-60 是其综合控制方案简单示意图。

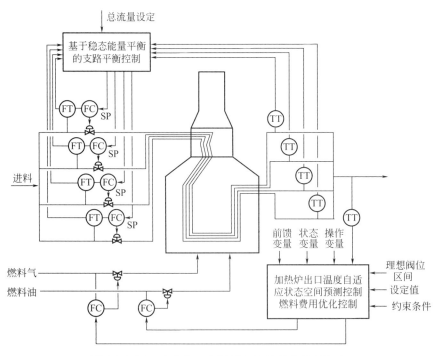

图 28-6-60　多支路、多燃料加热炉综合控制方案

6.5.2　产品质量指标的软测量[16]

在没有在线质量分析仪表的情况下，对作为被控变量的产品质量指标采用软测量估算值

进行在线实时计算，再用实验室化验数据进行在线校正是一个实现产品质量指标直接闭环控制的替代方案。在已有在线质量分析仪表时（如倾点仪、黏度仪等），为减小在线质量分析仪表的测量滞后和避免在线质量分析仪表出现故障而导致先进控制的停运，采用软测量进行产品质量的在线实时计算，用在线质量分析仪表进行校正的方案也是一种提高控制质量和提高先进控制投运率的一种好的选择。

软测量仪表可以分为基于机理分析模型的软测量和基于数据驱动模型的软测量。基于数据驱动模型的软测量产品比较丰富，有较大的选择余地，基本上各个先进控制软件产品都有相应的软件产品。但是，原油蒸馏装置的负荷和原料性质的大幅度变化显著影响着软测量在线实时计算精度，是制约原油蒸馏装置和其他生产装置先进控制应用成功的关键因素之一。

采用通用切割点计算软件（GCC）来完成常压塔的工艺计算是 Honeywell 公司的一种新的尝试，GCC 软件用于实时计算常压塔操作过程中的原油 TBP 模型，尤其是在原油切换过程中，用来及时推算产品质量，期望对各产品实现精确的切割点控制。

针对严格机理分析模型的软测量方法受机理模型建立和使用困难的制约，基于数据驱动模型适用范围小、难以反映进料量和原料性质变化这一影响软测量精度的主要问题，将这两种方法结合起来，采用如图 28-6-61 所示基于机理和基于数据驱动相结合的建模方法，选择能够反映进料原料性质变化的过程变量，并将机理分析模型计算的中间变量作为统计模型的输入，这样就可以反映原料性质的变化，同时将有些直接测量的输入变量按照机理关系进行计算得到新的变量作为统计建模的输入，使其和产品质量之间具有更宽范围的近似线性关系，提高软测量模型的泛化能力。采用深度学习网络也能够进一步提高软测量模型的精度和降低过拟合影响[17]。

图 28-6-61　机理建模和数据建模相结合的软测量模型结构

6.5.3　初馏塔和常压塔的先进控制器[16]

初馏塔和常压塔在基层控制回路采用单回路控制、串级控制、均匀控制的基础上再利用一个以模型预测控制为核心的先进控制器实现塔顶和侧线抽出产品的质量指标进行直接闭环控制，实现产品质量卡边优化控制以实现高价值产品收率最大和节能。其产品的质量指标采用机理建模和统计建模相结合的软测量方法来实现在线估计，估计值采用化验室采样化验结果进行校正。

该部分的主要控制目标包括：

① 平稳装置操作，安全连续生产，减少产品质量波动；

② 保证产品质量，实现在线产品质量监测；

③ 实现卡边优化控制，提高常压轻油收率，特别是一线高价值航空煤油的收率；

④ 实现过程设备约束操作，减少装置瓶颈效应；

⑤ 提高装置处理量。

图 28-6-62 是常压塔工艺流程与控制方案示意图。表 28-6-1 是初馏塔和常压塔的先进控制器的变量设计。

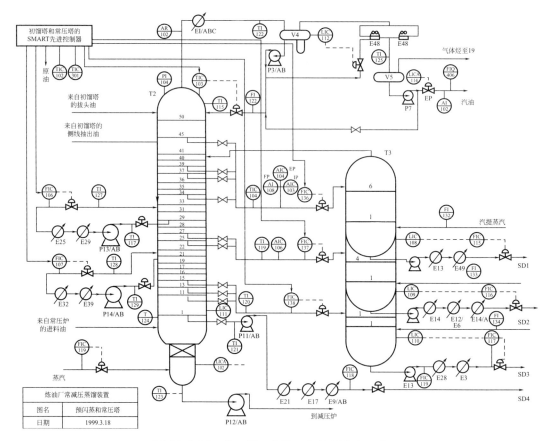

图 28-6-62   常压塔工艺流程与控制方案示意图

表 28-6-1   初馏塔和常压塔的先进控制器的变量设计

序号	被控变量	操纵变量	干扰变量
1	初馏塔汽油干点(卡上限,提高汽油收率)	初馏塔顶温度给定值	初馏塔到常压塔第 33 层塔盘量
2	航空煤油初馏点(卡下限,提高航空煤油收率)	常压塔顶温度给定值	常压塔进料量
3	航空煤油干点(卡上限,提高航空煤油收率)	常压炉温度给定值	初馏塔顶压力
4	航空煤油闪点(卡下限)	常压一线抽出量给定值(卡上限,提高航空煤油收率)	
5	航煤冰点(卡上限,提高航空煤油收率)	常压二线抽出量给定值(卡上限,提高轻柴油收率)	
6	轻柴油 95% 点(卡上限,提高轻柴油收率)	常压三线抽出量给定值	
7	轻柴油 90% 点(卡上限,提高轻柴油收率)	常压一中流量给定值	
8	常三线黏度	常压二中流量给定值	
9	常三线闪点	常压三中流量给定值	
10	常压塔过汽化率(由常压塔能量优化设定,减少能量消耗)		
11	常压塔塔顶压力		

6.5.4 减压塔的先进控制器[16]

减压系统在基层控制回路采用单回路控制、串级控制、均匀控制的基础上再利用一个以模型预测控制为核心的先进控制器实现塔顶和侧线抽出产品的质量指标进行直接闭环控制，实现产品质量卡边优化控制以实现高价值产品收率最大和节能。该装置减压系统除塔顶产品为重柴油外，其主要产品是 4 个侧线抽出的润滑油基料。其润滑油的质量指标采用机理建模和统计建模相结合的软测量方法来实现其在线估计，润滑油的黏度估计值由在线分析仪测量值进行及时的校正，克服了在线分析仪测量滞后又保持了较高的估计精度。其他质量指标估计值采用化验室采样化验结果进行校正。

该部分的主要控制目标包括：

① 平稳装置操作，安全连续生产，减少产品质量波动；

② 保证产品质量，实现在线产品质量监测；

③ 实现卡边控制，提高减压润滑油的收率，特别是四线高价值润滑油的收率；

④ 实现过程设备约束操作，减少装置瓶颈效应。

图 28-6-63 是减压塔工艺流程与控制方案示意图，表 28-6-2 是减压塔的先进控制器的变量设计。

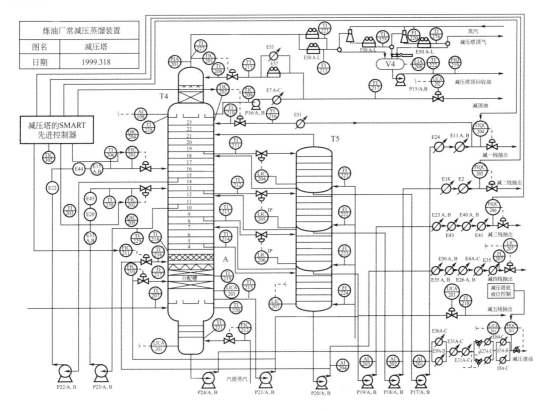

图 28-6-63 减压塔工艺流程与控制方案示意图

表 28-6-2 减压塔的先进控制器的变量设计

序号	被控变量	操纵变量	干扰变量
1	减一线闪点	减压塔顶温度	减压塔进料量

续表

序号	被控变量	操纵变量	干扰变量
2	减一线黏度	减一线出装置流量	
3	减一线馏程	减二线出装置流量	
4	减二线闪点	减三线出装置流量	
5	减二线黏度	减四线出装置流量	
6	减二线馏程	减一中流量	
7	减三线闪点	减二中流量	
8	减三线黏度	减压炉出口温度	
9	减三线馏程		
10	减四线闪点		
11	减四线黏度		
12	减四线馏程		

参考文献

［1］《化学工程手册》编委会. 化学工程手册：第 28 篇　化工自动控制. 第二版. 北京：化学工业出版社，1989.

［2］蒋慰孙，俞金寿. 过程控制工程. 第二版. 北京：中国石化出版社，1999.

［3］徐炳华，杨学熊. 流体输送设备的自动调节. 北京：化学工业出版社，1982.

［4］徐忠. 离心式压缩机原理. 北京：机械工业出版社，1990.

［5］俞金寿. 传热设备的自动调节. 北京：化学工业出版社，1981.

［6］Janathan Love. Process automation handbook. New York: Springer, 2007.

［7］钱家麟. 管式加热炉. 北京：中国石化出版社，2003.

［8］张伟勇，吕文祥，黄德先. 基于能量平稳的炉支路平衡控制. 计算机与应用化学，2008，25（7）：777-781.

［9］亓鲁刚，吕文祥，高小永，等. 多液位与加热炉复合系统的协调控制. 化工学报，2016，67（3）：690-694.

［10］孙优贤，孙红. 锅炉设备的自动调节. 北京：化学工业出版社，1982.

［11］James O Maloney. Peery's chemical engineers handbook. 8th ed. New York: McGraw-Hill, 2008.

［12］黄德先，王京春，金以慧. 过程控制系统. 北京：清华大学出版社，2011.

［13］俞安然. 反应器的自动调节. 北京：化学工业出版社，1985.

［14］俞金寿，孙自强. 化工自动化及仪表. 上海：华东理工大学出版社，2011.

［15］侯祥麟. 中国炼油技术. 北京：中国石化出版社，1991.

［16］黄德先，叶心宇，竺建敏，等. 化工过程先进控制. 北京：化学工业出版社，2006.

［17］Shang Chao, Yang Fan, Huang Dexian, et al. Data-driven soft sensor development based on deep learning technique. Journal of Process Control, 2014, 24（3）: 223-233.

7

化工生产过程操作优化

引　言

　　优化技术是一门新兴的应用性很强的技术。第二次世界大战后，经济、军事、科技等领域的迫切需要，以及运筹学、控制论、系统工程、计算机技术等技术的发展，为优化技术提供了理论上和手段上的基础条件，使其得到飞速发展。优化技术以数学为基础，针对所研究的系统，得到一个合理运用各种资源，提高系统效能，最终达到系统的最优目标的科学决策，逐步成为工业、农业、交通、能源、军事和管理等部门不可缺少的重要技术，发挥着越来越重要的作用。化工生产遍布现代生活的方方面面，涉及生活用品、工业材料、油气能源等，其中存在着大量的优化问题需要运用优化技术加以解决。在化工过程设计和工厂操作中的典型问题有很多（也许是无限多）求解方法，如何在各种高效定量分析方法中找到一个最优的方法既能满足生产要求又能高效率地利用资源一直以来是研究的热点。

7.1　操作优化的数学模型

　　操作优化的数学模型一般包括三个部分：度量过程性能的目标函数；表征目标函数中各个变量之间关系的过程最优化模型；过程必须在某些范围内运行的限制条件，即约束。操作优化的实质表现为在约束条件允许的范围内，寻求目标函数的可行解或最优解。目标函数是模型所代表的性能指标或有效性的宏观价值度量，在模型中表现为决策变量的函数，反映了实际问题所要达到的理想目标；过程最优化模型是经过合理的假设，确定变量、参数和目标与约束之间的关系，使用有效的模型来表示，它是反应被控过程的输出量与输入量之间关系的数学描述；约束条件即决策变量客观上必须满足的限制条件，它反映出实际问题中不受控制的系统变量或环境变量对受控制的决策变量的限制关系。

7.1.1　目标函数

　　目标函数是衡量生产过程性能的一个单值函数，例如利润最大、成本最低、能耗最少、产量最高、质量最好等。优化操作过程的目的就是使规定的目标函数为最大值（或最小值）。对大多数工业过程来说，常用利润（收益）函数作为目标函数 J（即要求收益为最大），可表示为：

$$J = \sum a_i W_i - \sum U_i - \sum V_i \tag{28-7-1}$$

　　式中，W_i 为产品数量；a_i 为产品 i 的销售单价；U_i 为成本；V_i 为设备折旧费。

　　合格产品的多少和成本的高低等与工艺过程的各种可控或不可控因素，即可控或不可控

自变量 x_i（例如，原料和燃料的性质、原料的温度和流量、出口温度、压力等）有关。产品的产量和质量等就是工艺过程的因变量 y，它们随自变量 x_i 变化而变化。目标函数一般是生产过程各个自变量 x_i 的隐函数，记为 $J = L(x_i)$。

目标函数的表达式有时看起来很简单，但具体列写却会遇到很大的困难，必须进行具体分析。化工过程通常会遇到下列几种情况：

① 产量由设备能力决定，而不受市场情况限制，且单位产品的成本与生产率无关，或者产品价值大大地超过它的生产成本，这时产量最高就是利润最大。例如造纸厂就是属于这种情况。因此，利润函数中大多数项就可以略去了。

② 工厂要求用最低的成本来生产规定数量的产品。这种情况就比较复杂，由于利润函数中最大的项，即出售产品所得的收益是固定不变的，而其他数值较小的项就不能忽略了，因此，要仔细研究，哪些应包括在利润函数的解析式中。这时，目标函数和过程最优化模型将比较复杂。

③ 产品的产量受市场价格的限制。当工厂生产多种产品，而产品的价格随市场价格而变动时，为了获得最大的利润，有关产品的产量就要作人为的变动，需根据产品的品种建立相应的收率模型。

不论上述哪一种情况，都应该注意模型的修改。由于被控过程不断变化，原料价格又受市场等影响，这就需要用当时的最新数据来修改有关模型的系数，使模型经常保持相对准确。

7.1.2　过程最优化模型

在过程的目标函数确定以后，为了求解最优化，即求利润函数为最大的操作条件，就必须建立与产量、质量有关的各自变量 x_i 之间的数学关系，即过程最优化模型。过程最优化模型的建立方法有机理模型和实验测试两大类，也可将两者结合起来。

（1）机理模型　从机理出发，也就是从过程内在的物理和化学规律出发，建立稳态数学模型。最常用的是解析法和仿真方法。

解析法适用于原始微分方程比较简单的场合。这里又分两类：一是求输入变量作小范围变化时的影响；二是求输入变量作大范围变化时的影响，这通常需要逐点求解，如果采用数值方法或试差方法，则与仿真求解无甚区别了。

仿真方法近年来发展很快。解析法只适用于比较简单的过程，对于较复杂的情况，特别是需要考虑输入变量范围的场合，由于需要计算的数据量多，工作量大，且有重复性，也由于每次计算常常需要使用试差法，人们现在已熟悉和习惯了数字计算机仿真手段。典型化工过程的仿真程序可编制成各种现成的软件包。

（2）实验测试法　对已投产的过程，如果条件容许，我们可通过测试或依据积累的操作数据，用数学方法回归得到数学模型。实验测试法建立数学模型通常要经过下列步骤。

① 确定输入变量与输出变量　输入变量是数学模型中的自变量，输出变量是因变量，自变量的数目不宜太多，自变量数目越多，要得到正确的模型越不容易。

② 进行测试　现在理论上有很多实验设计方法，如正交设计等。然而真要应用，在实施上可能会遇到困难。因为工艺上很可能不容许操作条件作大幅度的变化，这时候，如果选取的变化区域过窄，不仅所得模型的应用范围不宽，而且测量误差的相对影响上升，模型的精确度将成问题。有一种方法是吸收调优操作的经验，即逐步向更好的操作点移动，这样有

可能一举两得，既扩大了测试区间，又改进了工艺操作。

测试中另一个重要问题是稳态是否真正建立，还是仍处于动态过程中，有时难以判断。特别是纯滞后大的过程，从表面上看似乎输入变量和输出变量都相对不动，实际上却处在动荡的孕育过程中。尽管人们已经开辟了一些方法，像均值滤波的方法等，然而收效不一定显著。

③ 把数据进行回归分析　对线性系统来说，设

$$y = a_0 + a_1 u_1 + a_2 u_2 + \cdots + a_m u_m \tag{28-7-2}$$

我们已有很多组 $y(u_1, u_2, \cdots, u_m)$ 的数据，要设法求取各系统 a_0，a_1，a_2，$\cdots$，a_m，不难看出，要求解这些 a_i 值，至少需要 $m+1$ 组数据。每组测量值都含有若干误差，所以为了提高模型的精度，数据的组数应该多得多。线性回归通常采用最小二乘法，其目标是使目标函数 $J = \sum(y - a_0 - a_1 u_1 \cdots)^2$ 为最小。

回归的结果是否令人满意，可以衡量数据的拟合误差，也可以采用一些数理统计方法，如 F 检验和复相关系数分析等。

对于非线性情况，模型结构形式须先确定。除非对过程的物理、化学规律十分清晰，否则就没有固定的办法，只能凭借一些经验。采用二次型即包括 $u_i u_j$（i 可以等于或不等于 j）项的最常见，考虑引入 $\ln u_i$ 或 e^{u_i} 的也有，这多少是参考了内在的机理规律。

作为工程处理，可以令这些非线性项作为新的变量，从而使方程成为线性形式。例如：

$$y = a_1 u_1 + a_{12} u_1 u_2 + a_2 u_2^2 \tag{28-7-3}$$

可以写成

$$y = a_1 u_1 + a_{12} u_3 + a_2 u_4$$

式中，$u_3 = u_1 u_2$，$u_4 = u_2^2$。

这样做，从精确度的观点考虑是有问题的，因为一方面增加了自变量数，另一方面又扭曲了坐标尺或坐标轴。然而这时就可像线性系统一样处理，工程上相当方便，仍属可取，其他方法可参阅数理统计方面的专门书籍。

我们可以比较几种模型结构，从中选出最适合的方程形式。

④ 检验　模型检验分自身与交叉检验。所谓自身检验，就是用原来进行回归计算的数据来检验，这能够检验回归计算是否出错，也能够检验出曲线拟合得好不好，但不能完全说明是否真的合乎实际。所谓交叉检验，就是用新的未用于建模计算的数据来作检验，如果交叉检验结果良好，那么就可以表明模型可靠，我们建议和提倡采用交叉检验。

(3) 机理与经验方法的结合　模型的建立不外乎基于机理与基于输入输出数据两条途径，然而亦可有中间道路，把两者结合起来，可兼采两者之长，补各自之短。结合的方法主要有：主体上是按照机理方程建模，但对其中的部分参数通过实测得到；通过机理分析，把自变量适当组合，得出数学模型的函数形式，这样可使模型结构有了着落，估计参数就比较容易了；由机理出发，通过计算或仿真，得到大量输入输出数据，再用回归方法得到简化模型。控制用的数学模型须适应实时性的要求，必须相当简单。但依据机理的建模在数学上较为复杂，这些原始方程不能直接作控制模型用，因此只能预先经计算或仿真得到数据，然后由这些数据回归出经验模型。尽管这种做法在实质上仍基于机理，但形式上接近经验公式。

7.1.3　约束

约束是过程必须在某些范围内运行的限制条件。这些约束通常是由物理上的限制条件或由市场的限制引起的。

从物理上来说，约束可由如安全、质量、设备的容量、过程特性（如为使副产品最少，反应温度有限制）以及其他类似的来源得出。

约束一般可取两种形式，一种是等式约束，如

$$g_i(x) = 常数 \tag{28-7-4}$$

另一种是不等式约束，如

$$g_l \leqslant g_i(x) \leqslant g_h \tag{28-7-5}$$

它表示第 i 个产品的生产被限制在一个规定的范围内，g_h 和 g_l 分别为上限和下限值。所以，一般可写为

$$g(x) \geqslant 0 \tag{28-7-6}$$

约束是极为重要的，它不仅需要准确的界限，而且还有适当的数目。约束太少有时会产生不合理的结果。约束太多时，只要约束条件正确，虽然不会影响结果，但要把它们列为公式，编入控制方案等是比较复杂的。

7.2　最优化方法

最优化方法分两大类。一类是基于数学模型的最优化方法，采用这类方法时，最优点的寻找是在数学模型上进行的，现场数据作为数学模型的输入变量。把数学模型的关系式代入目标函数后，目标函数 J 和各个自变量（待求的设定值 r_1，r_2，…，r_n）及扰动量（工作和环境条件 d_1，d_2，…，d_m）间的函数关系可以写成

$$J = f(r_1, r_2, \cdots, r_n, d_1, d_2, \cdots, d_m) \tag{28-7-7}$$

也许函数关系相当复杂，难以用解析形式表述和求解。然而，在测量得到各个 d_i 信息后，利用模型来寻找最优点的具体途径已有许多现成的算法。如果模型的建立并不困难，而且又有足够的精确度的话，在模型上寻找最优点要较实际试验方便和安全得多。另外，如果不用数学模型的方法，最优点的寻找必须通过现场实验测试直接进行，其优点是可以不用建立数学模型，但风险较大，而且，我们要寻求的是稳态最优点，但从现场获得的却是动态信息，瞬时的目标函数 J 不一定与当时的各 r_i 和 d_i 值相对应，其间有一个时间滞后问题。

7.2.1　线性规划法

相关描述见第 2 篇化工数学第 9 章最优化方法 9.2.2 节线性规划问题算法。

7.2.2　非线性规划法

相关描述见第 2 篇化工数学第 9 章最优化方法 9.2.1 节非线性规划问题算法。

7.2.3　智能优化算法[1]

相关内容见第 2 篇化工数学第 9 章最优化方法 9.2.4 节智能优化算法。

7.2.4　混合整数规划

整数规划是带整数变量的最优化问题，即最大化或最小化一个全部或部分变量为整数的多元函数受约束于一组等式和不等式条件的最优化问题（整数规划相关内容见第 2 篇化工数学第 9 章最优化方法 9.2.3 节整数规划问题算法）。许多经济、管理、交通、通信和工程中的最优化问题都可以用整数规划来建模。整数规划主要包括线性混合整数规划和非线性混合整数规划[2]。

（1）线性混合整数规划　线性混合整数规划的一般形式为

$$（MIP）\qquad \min c^T x + h^T y$$
$$\text{s.t.}\quad Ax + Gy \leqslant b, x \in Z_+^n, y \in R_+^p \tag{28-7-8}$$

式中，Z_+^n 是 n 维非负整数向量集合；R_+^p 是 p 维非负实数向量集合。

如果问题（MIP）中没有连续决策变量，则（MIP）就是一个（纯）线性整数规划：

$$（IP）\qquad \min c^T x$$
$$\text{s.t.}\quad Ax \leqslant b, x \in Z_+^n \tag{28-7-9}$$

（2）非线性混合整数规划　一般非线性混合整数规划问题可表示为：

$$（MINLP）\qquad \min f(x, y)$$
$$\text{s.t.}\quad g_i(x, y) \leqslant b_i, \quad i = 1, \cdots, m \tag{28-7-10}$$
$$x \in X, y \in Y$$

式中，f，$g_i (i = 1, \cdots, m)$ 是 R^{n+q} 上的实值函数；X 是 Z^n 的子集；Y 是 R^q 的一个子集。

当（MINLP）中没有连续变量 y 时，（MINLP）即是一个（纯）非线性整数规划：

$$（NLIP）\qquad \min f(x)$$
$$\text{s.t.}\quad g_i(x) \leqslant b_i, \quad i = 1, \cdots, m \tag{28-7-11}$$
$$x \in X$$

7.2.5　动态优化方法

动态优化问题提出这样一个问题：在整个计划期间内的每个时期中（离散时间情形）或者在给定时间区间（如 $[0, T]$ 中）的每一时刻（连续时间情形），选择变量的最优值是什么。甚至可以考虑无限计划水平，使得相关的时间区间是 $[0, \infty)$——用语言表述就是"从这里到永远"。这样，动态优化问题的解就具有如下形式：对于每个选择变量的一条最优时间路径，详细说即是今天、明天等等直到计划期间结束的最优值。处理动态优化问题，主要有三种方法：变分法、最优控制理论和动态规划[3]。

（1）变分法　变分法的基本问题具有关于单个状态变量的积分泛函，具有完全设定的初始点和终结点，并且没有约束，这些问题可以由下列一般性构造来代表：

$$\min \text{ 或 } \max \quad V(y) = \int_0^T F[t, y(t), y'(t)] dt$$
$$\text{s.t.}\quad y(0) \leqslant A \tag{28-7-12}$$
$$y(T) = Z$$

最大化和最小化问题之间的差别在于二阶条件，但是，它们享有同样的一阶条件。

变分法的任务是从一组允许路径（或轨道）y 中选取产生极限 $V(y)$ 的路径。由于变分法是基于古典微积分，要求使用一阶和二阶导数，所以，将把允许路径集合限制为具有连续导数的连续曲线。产生 $V(y)$ 的一个极值（最大值或最小值）的一条光滑路径 y 被称为极值曲线。

（2）最优控制理论 变分问题的进一步研究导致了更加现代的方法——最优控制理论的发展。在最优控制理论中，动态最优化问题被视为由三种类型的变量所组成。除了时间变量 t 和状态变量 $y(t)$，还要考虑一个控制变量 $u(t)$。事实上，正是这最后一种变量给出了最优控制理论的名字，并在动态最优化的这种新处理方法中占据着中心地位。

最优控制问题由下列一般性构造来代表：

$$\min \text{或} \max \quad V(u) = \int_0^T F[t, y(t), u(t)] \mathrm{d}t$$
$$\text{s.t.} \quad y'(t) = f[t, y(t), u(t)]$$
$$y(0) = A \tag{28-7-13}$$
$$y(T) = Z$$

在最优控制理论中最重要的发展是最大值原理。这个原理能够直接处理关于控制变量的某些约束。具体地说，它允许研究这样的问题，其中控制变量 u 被限制于某个闭的有界凸集 U 中。最优控制理论讨论的问题除了附加了额外的约束

$$u(t) \in U \quad 0 \leqslant t \leqslant T \tag{28-7-14}$$

除此之外，其与公式(28-7-12)中的问题是一样的。最优控制问题构成了一个特殊（无约束）情形，其中控制集合 U 是整个实数轴。

（3）动态规划 动态规划是解决多阶段决策过程最优化问题的一种方法，它将多阶段决策问题转化成一系列简单的最优化问题[4]。动态规划首先将复杂的问题分解成相互联系的若干阶段，每一个阶段都是一个最优化子问题，然后逐阶段进行决策（确定与下段的关联），当所有阶段决策都确定了，整个问题的决策也就确定了。动态规划中阶段可以用时间表示，这就是"动态"的含义。当然，对于与时间无关的一些静态问题也可以人为地引入"时间"转化成动态问题。

7.3　化工过程操作优化典型应用案例[5]

7.3.1　乙烯装置裂解深度优化控制

（1）问题的提出 乙烯行业的生产水平是衡量一个国家石油化工发展水平的重要标志。随着先进控制技术在乙烯装置上的应用，乙烯装置操作的平稳性得到了极大的提高。乙烯生产企业的目标开始从平稳操作向效益最大化转变。如何根据市场变化、裂解炉的实际运行情况等实现裂解炉生产过程的效益最大化是各个企业面临的重要课题。

（2）数学模型 以单程高附收率最大化为例，介绍裂解深度实时优化问题。实际裂解炉的氢气、乙烯、丙烯、丁二烯和苯的收率与出口温度、油品组成、进料流量、汽烃比、横跨

温度、停留时间、沿炉管管长的温度和压力分布等都有直接关系，但是由于实际裂解炉的炉管管壁热通量分布未知且在裂解炉运行过程中不断变化，任何模型都只能近似表征乙烯、丙烯与裂解工况及原料的这种非线性关系。假设建立的智能收率模型能够近似表征这种关系，则其对应的数学模型为：

$$\hat{H}(k+1)=f_e\{sg(k),cop(k),cot(k),ff(k),dor(k)\}$$
$$\hat{E}(k+1)=f_e\{sg(k),cop(k),cot(k),ff(k),dor(k)\}$$
$$\hat{P}(k+1)=f_p\{sg(k),cop(k),cot(k),ff(k),dor(k)\} \tag{28-7-15}$$
$$\hat{BUT}(k+1)=f_e\{sg(k),cop(k),cot(k),ff(k),dor(k)\}$$
$$\hat{BEN}(k+1)=f_e\{sg(k),cop(k),cot(k),ff(k),dor(k)\}$$

式中，k 为当前采样时刻；$k+1$ 为下一采样时刻，时间间隔为采样周期；$\hat{H}(k+1)$ 为下一采样时刻的氢气质量收率预测值；$\hat{E}(k+1)$ 为下一采样时刻的乙烯质量收率预测值；$\hat{P}(k+1)$ 为下一采样时刻的丙烯质量收率预测值；$\hat{BUT}(k+1)$ 为下一采样时刻的丁二烯质量收率预测值；$\hat{BEN}(k+1)$ 为下一采样时刻的苯质量收率预测值；$sg(k)$ 为原料密度；$cop(k)$ 为炉管出口压强，kPa；$cot(k)$ 为炉管出口温度，℃；$ff(k)$ 为原料流量，t/h；$dor(k)$ 为汽烃比。

裂解深度优化的任务是寻找最优的裂解深度指标丙乙比值（和汽烃比），使得在高附产品的收率最大。

目标函数：

$$J(k)=\max\{\hat{H}(k)+\hat{E}(k)+\hat{P}(k)+\hat{BUT}(k)+\hat{BEN}(k)\} \tag{28-7-16}$$

约束条件包括：①炉管管壁最高温度 TMT 上限；②裂解炉炉管压降上限；③废热锅炉出口温度上限；④炉管管壁温升速率上限。

以上四个约束条件可以归总为裂解炉运行周期的约束，即优化项目的实施必须确保裂解炉运行周期只能延长不能缩短。由于现场可操作变量只有丙乙比，因此所有约束具体均由裂解深度指标——丙乙比的上下限限幅来体现。具体实施过程如下：首先由现场工艺人员根据裂解炉运行时间和炉管管壁测温温度 TMT、废热锅炉的出口温度共同确定 COT 的上下限，再由 COT 的上下限推算丙乙比的上下限限幅。

(3) 裂解深度实时优化系统　裂解深度优化控制系统如图 28-7-1 所示，本系统由裂解收率在线模型与裂解深度实时优化系统（安装在中控室深度优化服务器上）、DCS 控制系统、现场设备及仪表组成；其中裂解收率在线模型与实时优化系统包括裂解炉收率预测的智能推理集成模型和裂解深度在线优化系统，DCS 控制系统内包含炉管出口温度控制系统和裂解深度控制系统，现场设备及仪表主要包括裂解气分析仪、控制阀及测量仪表等。

(4) 现场应用效果　裂解深度优化控制技术在某乙烯装置的裂解炉上应用后，某裂解炉的 COT、裂解深度和高附收率变化如图 28-7-2 所示。

由图 28-7-2 可以看出，某裂解炉（裂解加氢尾油）裂解深度优化系统投用后，裂解深度值增加，COT 下降，高附收率增加。

企业对裂解深度优化控制系统的效果进行了标定，具体效果如表 28-7-1 所示。

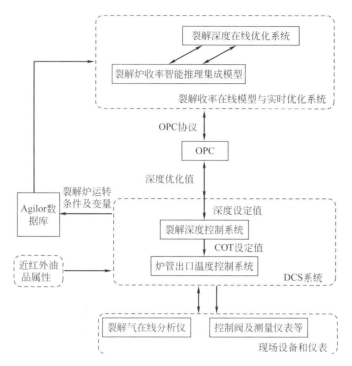

图 28-7-1   裂解炉裂解深度优化控制系统结构

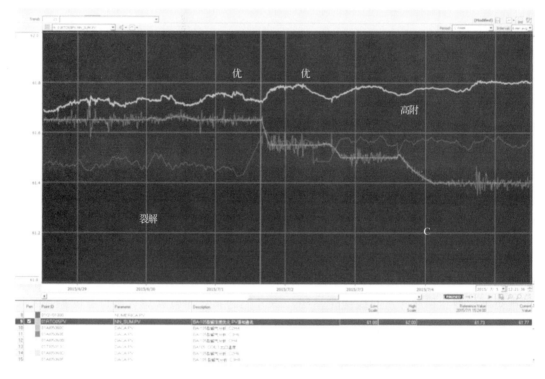

图 28-7-2   裂解深度优化控制实施前后对比

表 28-7-1　各裂解炉考核和空白标定期间的单程高附收率平均值　　　　　单位：％

项目	1# 裂解炉	2# 裂解炉	3# 裂解炉 A	3# 裂解炉 B
空白标定期	61.643	53.745	58.901	59.217
考核标定期	61.766	54.019	59.245	59.356
增量	0.123	0.274	0.344	0.139

三台裂解炉空白标定期加权平均高附收率为 58.374％，考核标定期间为 58.587％，增加了 0.213％。

7.3.2　聚乙烯分子量分布优化

聚乙烯是一类由多种工艺方法生产的、具有多种结构和特性的系列品种热塑性通用合成树脂。作为通用的聚合物产品，聚乙烯（PE）主要包括低密度聚乙烯（LDPE）、线性低密度聚乙烯（LLDPE）、中密度聚乙烯（MDPE）、高密度聚乙烯（HDPE）。一些由乙烯与α-烯烃共聚反应生成的具有特殊性能的共聚物的产品，以其优良的性能成为合成树脂中规模最大、发展最为迅速的品种之一。

分子量和分子量分布是聚烯烃树脂的重要指标，对产品的使用性能和加工性能有决定性的影响。如果两种聚合物的分子量相同，但分子量分布不同，其物理力学性能和使用范围将有很大差异。对于聚乙烯来说，分子量对产品的冲击强度有较大的影响，分子量上升时，树脂冲击强度提高，反之则下降；而分子量分布宽的产品较分子量分布窄的产品有更好的加工性能。即使树脂的平均分子量相同，由于受到分子量分布的影响，其冲击强度也有较大差异。当树脂的平均分子量相同时，分子量分布越宽，树脂的冲击强度越低，反之则越高。分子量分布对树脂的耐环境应力开裂的性能也有影响，因为分子量分布直接反映出聚合物中大分子和小分子的含量，大分子含量越多，聚乙烯晶片间的连接分子数越多，耐环境应力开裂的性能越好；而小分子含量越多，则耐环境应力开裂的能力越差。此外，分子量分布还会影响树脂的透明度，聚合物中低分子量树脂越多，产品的透明度越差。因而，以分子量分布为目标，对工业过程生产条件进行优化，可以达到调控产品结构的目的。

（1）分子量分布优化问题模型　分子量分布的优化问题为：对于一个给定的分子量分布 $\overline{MWD}$，寻找一个合适的操作条件，使得在此操作条件下获得的分子量分布 MWD 与期望的分布 $\overline{MWD}$ 最为接近。

由于分子量分布是一条曲线，一般情况下，可将聚合物的分子量分布曲线等分为 100 份，即在分子量分布曲线上均匀地采集 100 个样本点。因而分子量分布优化问题的目标函数为：

$$\min \sum_{i=1}^{100} (MWD_i - \overline{MWD_i})^2 \qquad (28\text{-}7\text{-}17)$$

式中，MWD_i 表示聚合物分子量分布曲线在 i 点的值；$\overline{MWD_i}$ 表示期望的聚合物分子量分布曲线在 i 点的值。

对于两个反应釜串联的聚乙烯生产过程，聚合物分子量分布的形状比较复杂，具有双峰、不对称的特征，因而分子量分布曲线上的各点对曲线的形态的影响是不一致的。以上述优化函数为优化目标，简单地对各个点进行加权求和，对于分子量分布的复杂情况难以有效地实现优化。

在现有的工业生产条件一定的情况下，假设分子量分布符合 flory 分布，因而对于具有多活性中的 Z-N 催化剂，其分子量分布是多个 flory 分布的叠加。因此，上述优化问题可以转化为：

$$
\begin{cases}
\min f_1(x) = \sum_{i=1}^{k} (MW_i^1 - \overline{MW_i^1})^2 \\
\min f_2(x) = \sum_{i=1}^{k} (MW_i^2 - \overline{MW_i^2})^2
\end{cases}
\tag{28-7-18}
$$

$$
\text{s. t.} \quad MW_i < MW_{i+1}
$$
$$
HE_1^{LB} < x(1) < HE_1^{UB}
$$
$$
HE_2^{LB} < x(2) < HE_2^{UB}
$$
$$
FR_1^{LB} < x(3) < FR_1^{UB}
$$

式中，MW_i^1 表示反应器 1 中活性中心 i 生成的聚合物的重均分子量；$\overline{MW_i^1}$ 表示反应器 1 中期望活性中心 i 生成的聚合物的重均分子量；MW_i^2 表示反应器 2 中活性中心 i 生成的聚合物的重均分子量；$\overline{MW_i^2}$ 表示反应器 2 中期望活性中心 i 生成的聚合物的重均分子量。优化问题的约束条件为活性位的数据从小到大排列。优化问题的决策变量为：反应器 1、反应器 2 的氢气乙烯比、两个反应器的产量比，HE_1^{LB}，HE_1^{UB}，HE_2^{LB}，HE_2^{UB}，FR_1^{LB}，FR_1^{UB} 分别表示操作条件 x 的下界和上界。

（2）分子量分布优化问题求解

① 以现有工况的分子量分布为优化目标，确认优化方法的可行性。

优化目标：特定工况下的分子量分布；

优化变量：分配比，两个反应器内的氢气乙烯摩尔比。

优化过程如图 28-7-3～图 28-7-5 所示。

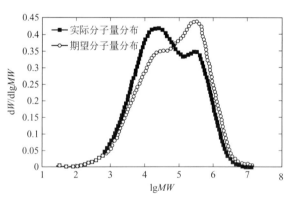

图 28-7-3　第 1 代中间结果

从图 27-7-3～图 28-7-5 中可以看出，算法能迅速找到最优解，保证分子量分布符合预定分布。

② 以进口催化剂条件下的分子量分布为优化目标，制定相关生产方案以某装置采用进口催化剂条件下生产产品的分子量分布为目标，对采用国产催化剂条件下的过程工艺条件进行优化求解，得到的分子量分布如图 28-7-6 所示。

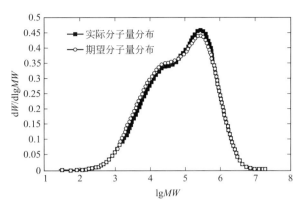

图 28-7-4 第 10 代中间结果

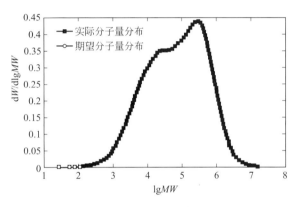

图 28-7-5 优化结果

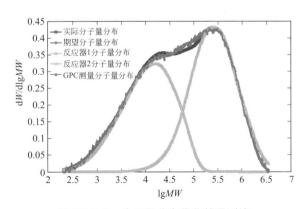

图 28-7-6 分子量分布优化结果对比

由图 28-7-6 可知，所得聚合物的分子量分布结果与 GPC 分析值基本吻合，因而，在使用国产催化剂的条件下，可生产出与进口催化剂条件下大致相同分子量分布的产品，从而可降低进口催化剂的使用量，在保证产品质量的前提下降低生产成本，提高企业效益。

7.3.3 复杂反应过程控制优化

铜闪速熔炉炉体结构复杂，炉内的物理化学反应迅速，属于高温、多相、多组分反应，相关因素多变不确定。为了实现铜闪速熔炼生产稳定、炉体寿命长、产品优质的目标，关键要控制铜锍温度、铜锍品位及渣含量 Fe/SiO_2 在一定的范围，基本通过控制富化率（总氧量/氧和风的总体积）、吨矿氧量（总氧量/精矿量）及溶剂率（熔剂量/精矿量）来实现。基于已建立的铜闪速熔炼神经网络模型[6]，使闪速炉生产出高质量产品，同时处理每吨铜精矿的能耗费用最低，构造目标函数如下：

$$\begin{cases} \min E \\ \varphi_j^{\min} \leqslant \varphi_j(c_i) \leqslant \varphi_j^{\max} & j=1,2,3 \\ c_i^{\min} \leqslant c_i \leqslant c_i^{\max} & i=1,2,3,4 \end{cases} \qquad (28\text{-}7\text{-}19)$$

式中，E 为能耗函数，即优化目标，定义为：

$$E = \alpha_1 c_1 + \alpha_2 c_2 + \alpha_3 c_3 + \alpha_4 c_4 \qquad (28\text{-}7\text{-}20)$$

式中，$\alpha_i (i=1,2,3,4)$ 分别表示为空气、分配风、工艺氧和中央氧的实际价格的折合比值；$c_i (i=1,2,3,4)$ 分别代表空气、分配风、工艺氧和中央氧的实际投入体积数；$c_i^{\min}$ 和 $c_i^{\max}$ 分别表示它们的最大取值和最小取值；$\varphi_j (j=1,2,3)$ 分别代表工艺指标铜锍品位、铜锍温度和渣含 Fe/SiO_2 的实际值；$\varphi_j^{\min}$ 和 $\varphi_j^{\max}$ 分别表示它们取值的最大值和最小值。

在工艺指标的控制范围内，采用遗传算法[7]对铜闪速熔炼过程的工艺参数进行仿真优化计算。得到的精矿量及其成分相同时优化值与工厂实际值的比较如表 28-7-2 所示。

表 28-7-2　精矿量及其成分相同时优化值与工厂实际值的比较

项目	铜锍品位/%	温度/℃	炉渣中 Fe/SiO_2	能耗/元	能耗/（元/吨）
实际数据	56.95	1230	1.28	8779.5	68.59
优化数据	57.75	1215	1.22	8374.3	65.42

通过表 28-7-2 可知，以能耗最低为目标的遗传算法对工艺参数进行优化，铜闪速熔炼平均可降低能耗费用 4.6%。降低了生产能耗，提高了经济效益，相应的工艺指标值比实际生产值更能达到控制的要求。

7.3.4　精馏塔的优化[8]

某农药厂有一个从前道工序的洗涤水中回收甲醇的精馏塔，共有 30 块塔板。该塔进料的主要成分是甲醇和水，杂有少量盐类，可作为二元物系来看待。工艺要求馏出液 D 中甲醇含量 $x_D \geqslant 98\%$（体积含量），釜液 B 作为废液排放，其要求甲醇含量 x_B 必须小于 0.5%，主要扰动是进料流量 F 和料液中甲醇含量 x_F 的变化，在用常规仪表控制时，工况不够稳定。后对控制方案作了综合考虑，采用二级优化控制，基础级采用精馏段直接物料平衡控制方案，优化级采用稳态优化控制，给出 D 和 Q（加热量）的设定值，投运后效果良好，产品合格，工况稳定，而且能耗降低，经济效益显著。

（1）目标函数 J　目标函数采用损耗最小的形式。设 D 的单价为 P_D，B 的单价为 P_B，热量的单价为 P_Q，则对每千摩尔的进料来说，由于有一部分轻组分进入釜液，产生的损耗是：

$$\frac{B x_B}{F}(P_D - P_B)$$

有一部分重组分进入馏出液，产生的损耗是：

$$\frac{D(1-x_D)}{F}(P_B-P_D)$$

耗用能量的损耗是：

$$\frac{Q}{F}P_Q$$

所以，总的目标函数是：

$$J=\frac{Bx_B}{F}(P_D-P_B)+\frac{D(1-x_D)}{F}(P_B-P_D)+\frac{Q}{F}P_Q \tag{28-7-21}$$

约束条件为：

$$x_D^0 \leqslant x_D \leqslant 1$$
$$x_B^0 > x_B > 0$$

x_D^0 和 x_B^0 都是工艺规定的浓度。在本例中，釜液作为废液排放，$P_B=0$。优化控制是要找出使 J 成为极小值的操作条件。

(2) 数学模型 根据物料平衡和能量平衡来建立数学模型，主要有：

① 物料分配与 x_D、x_B 的关系 依据组分和总的物料平衡关系有：

$$Fx_F=Dx_D+Bx_B$$
$$F=D+B$$

由上可得出：

$$\frac{D}{F}=\frac{x_F-x_B}{x_D-x_B} \tag{28-7-22}$$

$$\frac{B}{F}=\frac{x_D-x_F}{x_D-x_B} \tag{28-7-23}$$

② 分离度 S 与消耗能量的关系 分离度 S 是能耗的函数，引入经验公式：

$$\frac{Q}{F}=\beta\ln S=\beta\ln\frac{x_D(1-x_B)}{x_B(1-x_D)} \tag{28-7-24}$$

式中，β 称塔的特性因子，通过实测数据和数字仿真求得。在控制过程中，考虑到环境（外部）条件的变化，β 尚需在线进行修正。

③ x_D 和 x_B 的估计 x_D 由灵敏板（第 11 板）温度来估计。x_B 由釜温 T_c 来估计。依据测试数据回归，得出下列经验公式：

$$x_B=\exp(515.16-9.1823T_c+0.040472T_c^2) \tag{28-7-25}$$

④ x_F 的估计 x_F 由推断估计得到：

$$x_F=66.75-1.444T_4+0.5802T_{23}+5.529\times10^{-3}T_4^2-2.140\times10^{-3}T_{12}^2-$$
$$1.157\times10^{-3}T_{23}^2+3.691\times10^{-3}T_4T_{12}+1.200\times10^{-3}T_4T_{23} \tag{28-7-26}$$

式中，T_4、T_{12}、T_{23} 分别为第 4、12、23 板温度。

(3) 优化策略及控制方案　为计算的方便，在此取 x_D 和 x_B 为自变量，将 D/F、B/F、与 Q/F 的关系式代入目标函数式，使 J 成为 x_D 与 x_B 的函数：

$$J = P_D \frac{x_D - x_F}{x_D - x_B} x_B - P_D \frac{(x_F - x_B)(1 - x_D)}{x_D - x_B} + P_Q \beta \ln \frac{x_D(1 - x_B)}{x_B(1 - x_D)} \tag{28-7-27}$$

为了求取极小值，先求出 $\partial J / \partial x_D$ 值：

$$\frac{\partial J}{\partial x_D} = P_D \frac{x_B(x_F - x_B)}{(x_D - x_B)^2} + P_D \frac{(x_F - x_B)(1 - x_D)}{(x_D - x_B)^2} + P_Q \beta \frac{1}{x_D(1 - x_D)}$$

由于 $x_D > x_F > x_B$，$x_D < 1$，$x_B > 0$，$\partial J / \partial x_D$ 总是正值，因此，在约束范围内，x_D 应越小，才能使 J 越小，这样，应该卡边操作，x_D 的最优值应为：

$$x_D^* = x_D^0 \tag{28-7-28}$$

将 x_D^* 代入目标函数式，在已定的 x_F 下，J 将仅是 x_B 的函数。令 $\partial J / \partial x_B = 0$，得：

$$\frac{P_D(x_D^0 - x_F)}{(x_D^0 - x_B^0)^2} - \frac{P_Q B}{x_B^*(1 - x_B^*)} = 0 \tag{28-7-29}$$

式中，x_B^* 即为所求的最优值。当 x_D^0 接近于 1、x_B^0 接近于 0 时，可得 x_B^* 的近似表达式为：

$$x_B^* = \frac{P_Q \beta}{P_D(x_D^0 - x_F)} \tag{28-7-30}$$

当然，x_B^* 也受到工艺约束条件的限制。如果出现 x_B^* 的计算值高于 x_B^0，则应取 $x_B^* = x_B^0$。但在本例中，这样的情况很少发生。

取 x_D 和 x_B 为自变量，并不妨碍操纵变量的选取。在本例中，考虑到馏出液是主要产品，精馏段灵敏板作为检测点，从温度分布曲线看也较合适，故取 D 和 Q 为操纵变量。在已求得 x_D^* 和 x_B^* 后，D 和 Q 的最优值很容易从式(28-7-22) 和式(28-7-24) 解出：

$$D_D^* = F \frac{x_F - x_B^*}{x_D^0 - x_B^*} \tag{28-7-31}$$

$$Q = F\beta \ln \frac{x_D^0(1 - x_B^*)}{x_B^*(1 - x_D^0)} \tag{28-7-32}$$

精馏塔的优化及控制方案如图 28-7-7 所示。这里采用二级优化控制，基层级仍采用常规仪表。D^* 的控制设置流量副回路，流量的设定值采用前馈与反馈的复合形式。前馈量按式(28-7-31) 由计算机给出 D^* 值，反馈控制系统采用精馏段灵敏板温度控制，以保证产品质量。为了使设定值能保持在正常范围，需要引入偏置常量。

Q^* 的控制也设置流量回路，其设定值由计算机给出。

F 在正常工况下由操作人员设定，但最大流量要受到最大供热量的限制，流量的容许上限是：

$$F = \frac{Q_{\max}}{\beta \ln \dfrac{x_D^0(1 - x_B^*)}{x_B^*(1 - x_D^0)}} \tag{28-7-33}$$

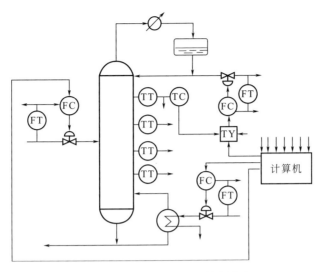

图 28-7-7 精馏塔优化及控制方案

由计算机给出。

其他控制点自成回路,计算机不加控制,但能显示检测信号。

参考文献

[1] 雷德明,严新平.多目标智能优化算法及其应用.北京:科学出版社,2009.

[2] 孙小玲,李瑞.整数规划.北京:科学出版社,2010.

[3] 蒋中一.动态最优化基础.北京:商务印书馆,2003.

[4] 黄平,孟永钢.最优化理论与方法.北京:清华大学出版社,2009.

[5] 朱德通.最优化模型与实验.上海:同济大学出版社,2003.

[6] 曾青云,汪金良,铜闪速熔炼神经网络模型的建立.南方冶金学院学报,2003,24:15-18.

[7] 汪金良,卢宏,曾青云,等.基于遗传算法的铜闪速熔炼过程控制优化.中国有色金属学报,2007,17:156-160.

[8] 俞金寿,孙自强.过程控制系统:第2版.北京:机械工业出版社,2015.

8

炼化过程的计划优化与调度

引　言

在现代的石油化工企业经营中，原料成本在整个经营成本中所占比重很大，炼油企业的原料成本占比甚至高达 $80\%\sim85\%$ 以上[1]。因此原料的选择、分配和加工方案对企业经营管理起着决定性作用。化工炼油型供应链的原料供应和产品输出两端为离散型，中间生产加工环节为连续型或连续间歇混合型，因而总体上呈现离散、连续、间歇复合型的特点，加上运输方面的约束，造成了原料和产品的库存较大，难以实现 Just-in-time 的零库存控制。化工炼油行业的重要中间原料（产品）需要通过专门的运输途径，通过区域集成建立起完善的互供应体系，才能发挥化工与炼油行业的优势互补作用。因此，采用现代的生产计划和调度管理技术，可以实现对于各类生产经营资源的最佳利用，为企业获得更大的经济效益。

8.1　化工过程的生产计划优化

企业生产经营计划主要负责一定时间范围内企业生产经营过程中涉及的不可再生资源的配置与优化。广义的不可再生资源包括原料种类与供应量、产品品种与需求量和装置加工负荷以及其他技术经济指标。某些情况下，能源消耗也可以看成是一种不可再生资源，投资计划中的资金约束也属于不可再生资源。根据计划周期的长短可以将生产计划分为年度计划、季度计划和月度计划等。计划的周期越长，涉及的不确定性因素也越多，需要考虑的计划方案个数和不同方案的组合可能性也越多，同时所要求的计划精度也越粗略。根据计划所涉及的生产经营范围可以将计划分为生产加工计划、购油计划、销售计划、运输计划和综合经营计划等，其他的计划类型还包括检修计划、投资计划等。计划覆盖的范围越大则往往涉及的各个环节或部分的计划精度要求也越低，但更加侧重各个环节的连接方式和可能性，而各子环节的计划则是在上游环节恒定和下游环节简化约束的前提下进行的。

生产计划的优化是企业生产经营的重要内容，决定着企业生产什么、生产多少、如何生产等，在市场经济的环境下，生产计划从根本上决定企业的经济效益水平。

（1）生产计划编制的要素　生产计划编制需要考虑的主要因素包括原料供应、产品需求、装置加工能力、加工消耗和各类经济财务指标等。

原料供应包括主要原材料和其他原料。对于炼化企业而言，原油是其主要原材料，其他原料是在企业自身加工流程中不生产或者产量不能满足需求的物料而需要通过外购获得，如乙烯裂解或者催化重整原料石脑油、调和高标号汽油用的组分油如 MTBE 等。原料供应信息包含原料价格、可供量、运输方式和运输成本等内容。产品需求包括产品需求量和产品种类、质量规格和价格等方面的内容。

　　石油化工企业的生产装置一般可分为一次原料分离装置（如常减压蒸馏）、二次转化加工装置、中间料和半成品精制以及产品调和装置。几乎每一类装置均可按照多种不同操作方案进行生产，此时该装置可加工不同的原料，产出的产品数量和质量也可不同，且装置加工能源和辅助材料消耗和加工成本也可能有一定差异[1]。

　　石油化工企业的多数产品是由多种组分调和后最终出厂的，在编制计划时须给定各种产品的规格要求和调和规则。明确指定不同组分配比的，称为比例调和，此时需要给定调和组分的种类、配比公式。另一些产品的调和属于质量调和，要求调和产品的性质符合相应的国家和行业标准规范，而配比则需要根据调和规则反算获得。

　　对于月度生产计划以及检修计划等短期的计划来讲，原材料、产品、中间料的库存变化，具体生产装置停工信息以及上下游生产装置的影响等因素都是编制计划时应考虑的内容。

　　此外，若考虑生产计划与财务计划的衔接，则还需要考虑一系列相关的财务数据。

　　(2) 生产计划的数学模型　　生产计划优化大多采用线性方程加以描述，从而形成线性规划（LP）模型。线性规划的基本形式是由一个线性目标函数和多个线性约束方程组成[2]。在建立计划模型时，根据需要实现的目标，如利润最大、加工成本最小等等，建立计划优化目标函数；再将企业的各种原料供应状况、产品需求、生产装置的投入产出关系等采用线性方程来描述，并作为计划优化模型的约束方程。

　　建立生产装置投入产出关系约束方程的主要依据是物料平衡、能量平衡，此时需要对有关装置的加工特性、物料走向等进行描述，在此基础上建立相关物料、资源消耗和性质平衡的方程。

　　首先是原油性质和常减压装置的描述，原油及其馏分油的性质直接来源于原油评价数据及其馏分切割数据，不同的原油及其生产加工方案直接以实际常减压装置或者虚拟逻辑常减压装置来表示，主要的侧线产品性质则通过混流（Pooling）方式求解，这样可以实现原料混合比的优化。为了减少装置加工方案的数量，对于差别较小的方案，可以采用悬摆切割（Swing-cut）技术，从而实现不同切割点的方案优化。

　　为了考虑常减压分离效率对侧线产品收率和性质的影响，采用常减压离线模拟技术直接对原油评价数据进行模拟处理，从而得到各种原油在此常减压装置下的馏分收率与性质数据，并直接作为该原油的评价数据使用。在实际的常减压分离生产过程，侧线的分离效率与所加工原油的混炼比密切相关，上述方法处理后的原油性质和蒸馏描述与生产实际仍将有出入，为此，有时仍需针对不同的混炼比反复进行上述常减压侧线性质的校正计算。

　　二次加工装置的收率通常随着加工操作条件以及所加工的原料性质不同而变化。首先采用 Pooling 技术建立原料的混合性质计算模型[3]，再用基准偏差校正（Delta-base）技术来描述原料性质对加工收率的影响，操作条件也可以作为一种虚拟的原料性质进行处理，这样就可以描述在某具体操作方案之下原料性质和操作条件变化对产物收率的影响。当原料性质和操作条件发生较大改变时，上述 Delta-base 数据需要进行更新，此时可以采用严格机理模型技术来模拟二次加工装置的运行情况，产生一系列 Delta-base 数据，并建立各种不同的加工方案模型。

　　对于配有分馏塔的二次加工装置而言，实际生产中可以通过调整分馏塔的操作条件改变侧线抽出切割点，而在 LP 的模型中可以像常减压建模一样采用 Swing-cut 的技术来模拟这一生产工况。二次装置的产品性质一般来说均随原料和操作条件而变化，可以建立 Delta-base 结构进行处理原料性质和操作条件对产品性质的影响[4]；如果原料性质与产物性质之间存在较好的线性关系，则可以使用质量跟踪技术；对于操作条件的影响，还有一种办法是采用多种虚拟操作方案和 Pooling 技术，从而得到最终产物的性质。

产品调和环节的建模，一是对产品结构的细化，可将产品性质进行细分为关键性质和非关键性质，在计划阶段主要考虑关键性质能满足规格指标，而允许非关键性质出现小的偏差。二是在出现非线性调和性质时，可采用非线性指数方法将性质进行线性化，也可以采用交互作用因子模型、添加剂模型以及调和列表的形式表示这种非线性方式处理。

随着汽油的规格要求越来越高，调和的非线性越来越强，可以采用分层处理的技术，分别在整体生产计划和调和计划两个层次来解决非线性调和问题[5]。在生产计划层面采用线性化处理方式，而在调和计划层次，采用更为复杂的调和模型和更为严格的优化方法，在多周期技术的背景下就可以更为理想地处理调和的非线性。

对于全厂总资源消耗，需要建立相关的资源和物料平衡，如氢气平衡，从生产计划优化的角度出发，首先使用 Delta-base 结构来计算主要 H_2 源的 H_2 收率，涵盖对 H_2 收率有显著影响的主要原料性质和操作条件。而对于加氢裂化等氢耗量较大的耗氢工艺则建立严格 Delta-base 结构，对于加氢精制工艺则需建立虚拟的操作方案。

对于影响全局的重要物料性质，可以建立全局的物性跟踪模型。首先需要跟踪的是与产品调和质量指标密切相关的性质，此时直馏馏分的性质来源于常减压装置的 Pooling，二次加工产物的性质则采用上述二次加工装置模型的表达，而二次加工装置的原料性质，则直接从其上游装置传递而来。

物料性质跟踪模型中有一类比较特殊模型，就是组分跟踪模型，如为更准确模拟 C3 烯烃和 C4 烯烃烷基化油的辛烷值（RON/MON/DON），生产计划模型可以建立 C3 烯烃和 C4 烯烃的传递模型；类似地对于芳烃装置而言，则需要建立详细的苯、甲苯、二甲苯（细分邻、间、对）和乙苯的传递模型，而对于乙烯裂解装置，则为了评估深冷分离部分的效率，需要建立各纯烃组分的传递模型。

（3）生产计划的优化实现   生产计划优化模型的核心是由一系列线性规划方程所构成。按照现代计算机技术，计划优化模型主体均以矩阵的形式表达出来。生产计划的优化实现首先需要按照一定的格式将计划优化所涉及的要素以表格子模型形式表达出来，再将这些表格子模型按照特定的规则转化为标准的矩阵形式，再对其进行集成，形成计划优化的 LP 模型，然后再采用标准的 LP 算法进行模型求解。

首先，将生产计划所涉及生产经营活动按照一定的原则划分为若干紧密相连的生产和经营环节，再分别建立各环节的子模型，计划优化建模问题因此转化为一系列子模块的建模问题。一种常用的分解方法就是沿着物料在全厂的移动和加工流向，将生产计划模型分解为原料的采购与供应、原料的性质和一次加工（常减压装置）、二次加工装置、产品调和、产品销售等子模块。原料采购子模块列举所有需要采购和加工的原材料和消耗品，允许用户给定各类物品的名称、分类代码、采购价格、供应量高低限、体积或者重量单位和密度等信息，对于多周期计划优化模型则还需要输入原料的各类库存信息，如期初库存、期末库存、库存价格等；产品销售子模块与原料采购模块类似，用于说明出厂的成品或产品模型信息；一次加工子模型主要是综合考虑原油到货和库存情况，进行常减压原油加工模型的建立。建模工作以原油评价的切割为主要工具，建立常减压侧线的收率和性质模型（不全面，原油种类、库存，混炼方案的选择）；二次加工装置子模块则由一系列加工装置子模型组成，它们分别与实际物理加工装置相对应，提供该二次加工装置主要的物料平衡、公用工程及其他消耗、原料性质要求、反应生成物料规格和其他操作约束条件等。此外，装置子模型还允许用户建立多个操作方案，并为这些操作方案指定不同的原料来源、产品走向以及其他不同的约束条件。子模块建模技术还可以建立产品收率和性质与原料性质和操作条件的 Delta-base 结构以及质量传递结构。产品调和子模块通常指定各类产品的详细质量要求指标，同时还明确调和组分与各类产品的对应调和关系，此外，还可以输入或计算调和组分的性质。调和子模块根据调和种类的不同进行相应的设定，最终形成调和配方。调和子模块可以指定相应的非线性调和规则细节，如 RON/MON 的 DU-PONT 交互作用系数等，调和子模型的优化结果主要体现在产品调和配方的改进。

在建立各环节子模型后即可进行子模型的集成，从而构成完整的计划优化的线性规划模型。模型集成的第一步是目标函数的生成，就是从各子模型中查询与优化目标相关的物料、变量和参数，并按照指定的计划目标，形成优化目标函数。以毛利为例，则目标函数只涉及全厂的原料采购和产品销售，因而在原料采购和产品销售两类子模块中搜索所有的物料、相应的变量和价格，从而形成目标函数，即：产品销售价格×销售量−原料消耗量×采购价格。模型集成的第二步是将各子模型中物料平衡和各类方程直接累加到线性规划模型的约束方程中。此时搜索所有子模型中各类约束方程，如加工子模块中的物料平衡方程和物料性质约束、销售模块中的需求约束方程、产品调和子模块中的产品规格等。若子模型中存在着诸如 Pooling、Delta-base 和性质跟踪等模型结构，则子模型需要产生相应的中间变量和约束方程。模型集成的第三步是建立各子模块之间的连接方程，即在各子模块之间通过物料的连接或者其他信息的连接关系建立相应的联系方程，从而在不同子模块之间建立与同一物料有关各变量之间的联系，比如装置之间的物料连接与分配、全厂总物料平衡等。值得注意的是这里的连接关系往往没有以显式的方式在子模型表达出来。如：在采购模块 1 和加工模块 2 和 3 中均涉及物料 AAA，而物料 AAA 不再出现在其他模块中，原料采购模型 1 采购了 AAA1 数量的物料 AAA，在加工模块 2 和 3 中分别消耗了 AAA2 数量和 AAA3 数量的物料 AAA，根据物料平衡原理有 AAA 的采购量（产生量）与 AAA 的消耗量相同，即物料 AAA 的平衡方程：$-AAA1+AAA2+AAA3=0$。

在方程的具体形式上，为减少不可行解出现的可能性，许多物料平衡方程往往采用不等式的形式，即某物料的生成量大于等于其消耗量。如上述 AAA 物料平衡方程即可转变为：$-AAA1+AAA2+AAA3 \leqslant 0$。另外，实际的计划优化模型矩阵规模庞大，典型的炼化企业的计划优化模型的规模为 1000～3000 个变量，2000～4000 个约束，模型的稀疏度在 5%～10% 左右。为了有效地采用稀疏矩阵技术进行模型的存储和求解，一般将集成后模型转化为 MPS 标准数据形式。为了子模型和最终 LP 模型建立、维护、使用和优化结果管理的方便，一般采用数据库技术对于模型涉及的各类数据进行管理。

最后就是直接采用标准线性规划求解程序进行 MPS（主生产计划）模型的求解，所得的结果就是所需要的计划优化结果。目前有多类线性规划的求解算法，如 Primal（原始单纯形）、Dual（对偶单纯形）、Barrier（罚函数法）等，而混合整数线性规划（MILP）算法则种类更加繁多，如 B&B（分支定界算法）等，各类方法可能对于某些特殊类型问题非常有效，LP 模型中可以选择求解方法。此外，对于 MILP 还应该能够对于搜索的过程进行控制。MPS 数据标准还没有对于这些方面的数据信息进行完全的规范，各 LP 软件往往有专门表达方式，所以在模型格式转化时应根据所选择的 LP 求解软件要求，在 MPS 文件的有关数据段（或附加段）作出必要的控制选择说明。

最后，若计划优化模型中含有某些其他的非线性内容，则模型的求解还将涉及非线性模型的迭代收敛问题。就目前的优化技术水平而言，对于计划优化中出现的各类非线性问题还没有通用的行之有效的非线性求解算法，对于不同类型的非线性问题往往是某种特定的方法更为有效，如分布递归法等。

（4）生产计划优化系统　典型的计划优化系统通常由建模工具、模型的迭代与线性规划求解、计划优化的报表生成和优化结果分析系统等组成部分构成，参见图 28-8-1。

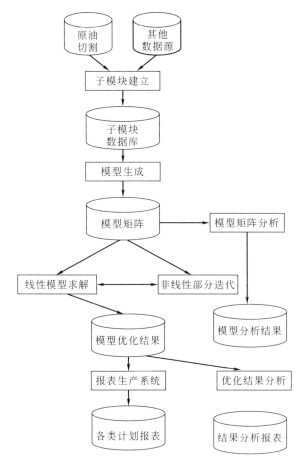

图 28-8-1　计划优化系统的流程

对于大多数大型企业而言，通常有多套常减压装置，全年计划加工数十种原油，常减压有 8～10 个侧线，若再加上悬摆切割技术，则侧线数量达 12 个之多，每个侧线的性质数量多达 5～10 种，各常减压往往也有十余套操作方案，因此原油性质数据往往是线性规划模型单一种类数据量最大的数据源。为此计划优化系统通常都具备与原油评价数据连接及集成的功能，能够按照指定要求进行原油切割。其他数据如产品规格、市场价格和需求信息、原料供应和成本等数据，也往往依赖一系列专用应用系统来支持。

计划优化模型的优化结果分为三大类：第一类是优化变量的直接数值结果和各类的灵敏度分析数据；第二类是有关线性规划求解软件求解过程的信息，其中包括不可行模型的信息；第三类是关于非线性迭代过程的信息。第一类结果数据是计划优化的最重要的结果，其数据量大，并具有很好的结构特性，对此优化系统的报表生成系统一般能提供自由格式和固定格式两大类报表。

除了图 28-8-1 中不可或缺的组成部分外，计划优化系统还有其他的支持系统，以满足计划优化系统对于数据的获得、模型数据的准确性校正、模型的维护和管理的需要。从支持功能上可分为两大类：一类是模型数据的更新和维护支持系统，它们确保计划优化模型的结果和所使用数据的合理性和准确性；另一类是计划优化的模型管理应用，侧重各种不同的计划模型的使用维护管理，后者主要是通过建立以数据库为基准的线性规划模型来实现的。第一类支持系统的名目繁多，首先是全厂的物料平衡系统，主要是解决不同来源的物料平衡数据之间的不一致性，尤其是计划统计部门与技术部门的数据差异。全厂范围的物料平衡系统综合地考虑全厂范围内各类物料容积和流量测量仪表的数据，消除仪表测量净偏差（Gross error）和测量系统的随机偏差对于物料平衡的影响，甚至可以进行局部能量平衡的校正。经过校正的收率数据更准确地反映不同装置的实际加工水平。月度物料平衡还考虑加工和储运损耗的影响，这样的平衡数据对于多周期库存大有帮助。

其次是常减压和二次加工装置严格机理模型支持系统，对于常减压而言，影响侧线收率和性质的主要因素除了原油性质本身外，分离效率也是极为重要的因素，采用常减压装置模拟软件来模拟实际装置的分离精度偏差；二次加工装置的收率也通常随着加工操作条件以及所加工的原料性质不同而变化，为此采用严格机理模型技术来模拟二次加工装置的运行情况，以及时更新计划模型中二次加工装置的加工方案以及相应的 Delta-base 关系数据。

最后是称为回溯调整（Back-casting）的支持系统，主要用于月度计划优化模型与实际月度执行统计结果对比评价，从而及时发现子模型与实际生产的偏差，并定量地分析偏差产生的原因，因而实现对于模型的校正和维护。

8.2 炼化过程的生产调度

企业生产调度主要负责较短时间范围内企业生产经营过程中各环节对于设备、工具以及可再生资源的竞争性使用安排与优化，设备包括加工装置、储存设施等，工具包括运输工具、泊位等，而可再生资源包括原料数量、公用工程和能耗、操作人员以及操作费用等。调度的主要任务是分解并落实月度生产计划，满足市场对于产品的需求，并保证全厂生产的连续运行。与生产计划相比，调度的时间周期一般较短，最长可以达到 1 个月，也可短至几天或者几小时，一般可以根据周期的长短将调度分为旬调度、周调度（或者 5 日调度、3 日调度）和日调度计划等。与计划一样，调度周期越长，涉及的不确定性因素也越多，需要考虑的调度方案个数和组合可能性也越多，调度方案制定的难度通常随之急剧增加，如原油混炼输送调度往往需要考虑 1 个月的原油到货和库存情况，因而生成可行调度方案的难度极大；而调度周期越短，则涉及的生产细节就越多，这时的调度问题呈现出明显的非线性特征。根据调度作业所涉及的生产经营范围则可将其分为码头调度、原油混炼输送调度、二次加工装置生产调度、产品调和调度、产品运输调度、公用工程调度等。调度作业覆盖的范围越大则调度方案产生的难度也越大，此时对各个单独环节的精度要求也越低，但更加侧重各个环节的连接方式，而单独环节的调度则侧重本环节的细节。由于调度本身的复杂性，对于大型企业而言，一般采用多级调度模式，即设总厂调度和各分厂或生产车间调度多个层次，以减少调度方案编制的困难。

（1）生产调度编制的要素 调度方案编制应考虑如下的要素：当月生产计划、调度期间所加工原油/原料的性质和收率评价数据、生产装置和全厂的加工流程和加工方案、油品储运和其他环节的约束和信息，此外调度方案的编制还应考虑一系列调度事件，如原油到船卸油或管道切换等对于企业生产的影响。

当月生产计划是调度作业必须完成的目标，也是调度作业编制的主要依据。月度计划的内容包括月度原油加工量、常减压装置的加工方案和原油加工组成、二次加工装置的生产量和中间物料和产品走向、各类产品的加工量及调和配方等。

调度优化所要求的原油评价数据与生产计划中的原油评价数据类型基本相同，但是，调度优化对于数据精度要求更高，对于调度优化问题，除了特例之外，其考虑的原油已经进入油品移动系统，此时应使用实际原油评价数据。对于严格模拟型调度问题，则对原油评价以及二次装置进料性质数据的准确性提出了更高的要求。随着现代分析和评价技术的进步，以近红外（NIR）和核磁（NMR）为基础的原油快速评价技术开始得到应用，可以采用原油快速评价技术及时更新调度优化所需的原油性质。

生产调度的主要责任之一是维持全厂的物料平衡并保证产品的质量，为此需要通盘地考虑各加工装置及其所有可能的操作方案，合理地设定全厂所有工艺装置的操作条件或操作方案，适时地调整各物流在生产装置之间的分配，满足全厂生产的需要。与生产计划相比，调度方案编制使用的流程和操作方案数据略有不同。首先，调度系统中需要使用真实的物料走向，各单元装置的排列顺序对方案结果也会有重要影响；其次，调度方案编制中一般均要求实现物料性质的自动传递。

生产调度方案编制还需考虑与生产装置密切相连的各辅助环节，包括原油、产品和中间料等油品储运环节。储运系统还包括大量的泵设备、重要输送管线、码头和各种类型的储罐，一般而言，储罐和关键输送管线对于调度方案有着重要的制约作用，为此需要详细的管道和储运设施的信息。对于沿海企业而言，油轮卸油往往与原油储罐一起对于调度安排产生重大影响，因此往往需要较长时间周期内的油轮到港信息。

(2) 模拟型和智能优化型生产调度的数学模型   调度模型属于 NP-Complete 问题，随着问题规模的加大，问题求解难度呈指数速度增加，且不能预先判断问题是否有解，也无法保证在有限的时间内获得可行解和最优解。为此人们就从不同角度对问题进行简化，以获得某种近似的答案。经过多年的努力，人们针对不同的调度需求开发了多种近似解法，总体上可分为严格优化法、智能搜索法和模拟型法三类方法，各类方法各有优势。传统意义上的智能搜索方法已很少单独使用，不再单独讨论，严格优化法稍后专门讨论。

模拟型调度系统使用离散事件模拟方法建立与调度相关的所有环节的动态模型，从而形成生产调度的模拟系统，该系统能对于各种调度事件进行模拟，预测调度事件对于调度系统的影响。模拟型调度系统的基本目的是检验用户制定的调度方案的可行性及效果，若经模型系统检验原待检调度方案不可行，则用户需修改调度方案，再重复进行模型检验。

加工过程环节模型是模拟调度系统的核心，根据模型的不同可以分为严格动态模型、严格静态模型和简化模型三大类，当然也可以根据需要将静态模型与动态模型结合使用。

严格动态模型首先根据加工过程的物理化学基本原理，直接建立加工过程环节的动态微分方程，一般包括物料平衡方程、传质传热方程、动量平衡方程和反应动力学方程。在建立了详细的微分方程和初始或边界条件后，采用微分方程数值求解方法计算动态模型的结果，从而评价调度方案的影响。由于严格动态模型的建立和维护通常需要花费大量的时间和精力，模型的求解和结果的分析评价也需要耗费精力，除了一些特殊的动态响应慢的过程，一般无需采用此类严格动态模型的方法。

严格静态模型是在过程模拟的基础上，将过程稳态模型与罐区动态模型结合起来，使得过程模拟具有了研究评价多个操作方案的功能。模拟调度系统中使用罐的模型，并允许罐与装置操作方案的多种组合方式。由于采用了过程稳态模型来精确描述工艺过程的输入输出关系，模拟调度系统的计算结果与实际生产结果的吻合程度大幅度提高，从而使得调度系统对于研究如下两方面的问题特别有效：一类是原料或中间物料的加工路线优化；另一类问题是工艺装置操作方案的安排，在给定的原料量和原料性质的前提下合理安排装置的加工方案。与计划优化系统相比，由于过程稳态模拟的精度特点，此类调度系统给出的装置加工方案排序更加合理。

为克服严格模拟型调度系统的模型的建立和维护的困难，简化模拟调度系统把工艺装置看成一个纯粹的静态过程，采用简化模型来表示工艺装置的输入输出关系，而罐则采用全混釜模型按照近似一阶惯性动态系统来考虑；对于长距离运输管道，采用平推流模型进行模拟计算。简化模拟调度的主要不足是其精度相对较差，但是若采用简化线性模型，则调度系统的模型可以采用与生产计划优化系统相同的模型，因而更易于与生产计划优化的集成。

在各类模型建立后，就可以对模型进行模拟求解，从而确定调度方案的可行性，模拟调度系统中的模拟仿真系统（Simulator）就是完成此项任务的，模拟仿真系统的核心是模型求解器（Solver），它根据模型的类型不同采用不同求解方法。若原调度方案可行性不佳，则可以采用若干智能搜索方法对此调度方案进行改进，产生可行的或更佳的调度方案。模拟调度仿真系统具有图形化结果表示、分步模拟和逆向模拟功能。

（3）调度优化的分解技术 实际企业调度优化任务规模庞大，全面完整求解难度高，因此可以将实际的问题按照某种原则分解为若干子问题，在逐个求解子问题后，再进行子问题结果的协调，进而根据需要进行迭代求解，最终得到调度问题的全局解[6]。常见的分解方法包括按照工艺加工流程连接顺序的系统分解、按照调度功能的技术分解以及各类局部优化问题的分解技术。

按照加工流程顺序的分解属于直接分解方法，它是按照物料的走向将完整的调度问题划分为若干紧密相连子系统优化问题。比如，对于炼油企业而言，一种直接分解方法就是在物料走向的基础上，首先分离出原油（料）储运子系统，再按照生产产品种类将二次装置和产品调和子系统进行细分，并将生产同类产品的二次加工装置与调和生产环节合并，而最终形成汽油生产子系统、柴油生产子系统等一系列产品生产子系统的调度。

根据调度优化模型的结构特点可以按调度功能进行分解，可以将调度优化分解为上下两个不同功能的层次，比较典型的功能分层是资源任务分配优化（上层子系统）与任务排序优化（下层子系统）两层。大量的研究和实践表明，资源分配属于设备与资源约束驱动的，比较适合于采用 MILP 类的方法进行求解，而排序则属于时间约束驱动的，一般而言适合于采用智能型的搜索方法进行求解；也可以将调度问题中涉及的物流性质作为一个子系统单独进行求解，这样就将调度优化问题纵向分解为性质优化子系统（下层子系统）和物流分配调度优化子系统（上层子系统）两个子系统。如图 28-8-2 所示，物流分配子系统主要考虑物料如何加工，重点关心物料平衡，但不考虑物料性质对于加工的影响。物料分配子系统为线性系统，可以采用 MILP 进行建模求解。物料性质子系统则侧重物流性质的计算与收敛，由于性质子系统通常具有非线性的约束，而且一般情况下非线性具有双线性的特点，因而可以采用 SLP 类算法来求解性质子系统优化模型。

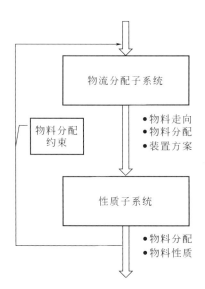

图 28-8-2   性质和物料子系统的划分

理论研究表明，若上层子系统的解为全局最优解，而同时下层性质子系统具有一个可行解，则两解的合并就构成调度问题的优化解。

（4）原油混炼调度优化、生产装置调度优化和产品调和调度优化   优化型调度系统首先将调度问题用某种明确的数学模型形式表示，再配以适当的目标函数和约束条件，从而构成标准的数学规划问题，最后用标准的或者特定的数学规划方法对调度优化模型进行求解。严格优化法主要适用于分解后的子调度系统，如原油混炼调度、二次加工装置生产调度和产品调和与交货调度，下面分别讨论。

原油调度是炼化企业生产调度的源头，一般涉及原油到港（库）、卸油、管道输送、厂区罐收付油、常减压装置进油等业务[7]。原油混炼调度的目的是在保证物料平衡的基础上，降低各类操作费用（如对于沿江、沿海炼化企业，油轮在海上的等待费用、卸油费用、码头罐和装置罐的库存费用等），减少常减压装置方案切换，并为全厂稳定操作提供条件。在制定调度方案时除需要考虑油轮、储罐的总物料和组分平衡外，需要遵循一系列原油操作规则，如油轮到达和离港操作规则、原油进料的操作规则以及原油分类使用规则等。为了满足常减压装置的进料要求及后续二次加工装置生产的实际需要，装置罐内的原油，除单储油种外，一般均为多种原油的混合油，而原油的混合在原油储运的各环节均可能发生。

据此可以建立原油混输调度的优化模型，主要建模内容是模型参数、变量、约束和优化目标的确定。模型参数用于表示具体原油混输过程中的已知条件和限制条件值，也包括影响使用的调节参数，主要包括下列类型：时间信息（调度周期长度）、原油信息（原油库存种类、数量和性质）、罐区信息（罐容信息、初始状态）、输送管线信息（管线长度、容积和输送速率限制）和蒸馏装置的进料要求。模型变量就是调度方案优化过程中的可变量，主要包括调度时间变量、各环节原油转运或输送量、原油配比以及表示各类调度事件发生的标识（整形变量）。为建模方便，调度优化模型中通常使用大量的中间状态变量。约束条件就是原油混输过程中必须遵循的各类平衡和操作规则，主要包括各类时间约束、物料和性质平衡约束、各环节连接关系约束和物料以及其他资源的总量约束等。

最后是模型的目标函数，最直接的目标函数就是调度周期内的各类费用最少，同时要求在满足下游装置进料要求的同时减少常减压装置进料的切换次数等。

由于进料比未知，使得调度优化模型中存在大量的非线性混合约束，从而形成了混合整数非线性模型（MINLP）[6,7]。现有的优化算法难以适用于此类大规模的 MINLP 模型，因此需要采用简化处理的办法把非线性问题线性化变成混合整数线性规划问题（MILP）来求解。当然最新的约束规划方法的出现，很大程度上缓解了由于调度任务排序引起的 MINLP 求解难度，但是因资源配置分配而出现的连续变量，其优化效率低[4]。

二次装置的生产调度就是在有限的原料和资源供应能力范围内，优化安排各二次加工装置的生产，以满足各类产品的需求。生产装置的调度优化可以分为两种类型的问题：一类是将装置本身简化，而将重点放在装置间中间产品罐的调度上，这样保证生产装置的连续运行，这类方法一般将生产装置看成输入输出呈线性特征的静态环节，建模和求解方法与前述的原油混输调度类似；另一类是忽略装置间中间产品罐的影响，而将重点放在装置本身的多方案运行上，重点解决原料和产品在不同装置的加工分配方案。为此装置加工调度转化为加工车间调度问题，即：确定各类产品的订单在各段工段（生产装置）的时间安排，使得在保证各产品订单按时交货的前提下尽可能推迟各订单的完成时间，从而减少库存。

此类加工车间调度优化问题，通常采用连续时间的建模方案和混合整数规划的建模和求解方法。此类模型也包含各类的模型参数和模型变量，通常以交货时间尽可能延迟为目标函数，而模型约束则包括产品订单分配约束、时间顺序和匹配约束、订单交货时间和加工工序加工时间约束以及各加工工序和环节的各类资源约束。

产品调和是现代化炼化企业的最后环节，调和和运输优化涉及多类产品，一般来说，各类产品之间的调和生产各自独立，因而可以分别考虑不同产品的调度优化。这里仅以汽油为例讨论产品调和和运输优化，其他产品调和优化可类似解决。

汽油调和调度系统的目标首先是获得一个可行调和调度方案，其次是尽可能减少产品质量过剩，降低调和头的切换次数，以及同种产品的配方切换[8]。汽油调和调度的优化包括两方面的内容，一个是汽油调和配方的优化计算，另一个是优化配方执行的调度，尽管可以同时求解此配方计算和调和调度安排的优化问题，将两者分层分解然后集成的求解方法可以大幅度降低汽油调和和运输调度问题的难度。汽油调和配方的优化层，常采用多周期的优化策略，首先在生产计划和调和计划层面计算出合理的组分分配方案，然后在考虑调和组分罐资源（性质和组分供应量）或组分直供量的情况下，结合上周期产品罐底油的数量和性质，进行不同牌号的汽油的多个配方计算。在进行配方优化时需要综合考虑各调和组分的成本和各不同牌号汽油的销售价格，从而在保证市场供应的同时实现销售利润的最大化。在现代企业，目前普遍采用在线分析技术（如在线近红外或在线核磁技术），这样在进行调度配方优化计算时可以使用调和组分的实际性质，从而大大提高了配方的精度。

在调和调度方案安排层面，早期通常用离散时间表达，近年为了降低模型维度，主要采用 Resource-Task Network（RTN）或者 State-Task Network（STN）连续时间表达方案、或者离散与连续时间混合表达方案来建立调度方案优化模型，实现对于调和资源（调和组分、调和设施、储运设施）等的优化利用，满足市场对于不同产品的需求。

在上述原油混炼、二次装置生产调度和产品调和三个环节的调度方案建模时，一般根据模型中调度时间的表达形式将调度建模分为离散化时间调度、连续时间调度、离散与连续时间混合调度三类。离散化时间模型则首先把整个调度周期按某种方式分为若干个离散的时间间隔，并假定调度事件只能发生在时间间隔的开始时，并只能在相同或随后的时间间隔结束时终止，任务强度在此事件内是均匀相等的。连续时间调度在调度模型中使用连续的时间并由调度事件驱动，时间描述逼近实际调度问题，模型的规模也更小。离散与连续时间混合调度结合离散化时间表述清晰和连续化时间表述符合调度事件发生的时间点进行建模，并采用滚动优化形式进行求解。大量的研究和实践证明三类模型各有利弊，目前还缺乏行之有效的准则来指导我们在三类建模方案间作出明确的选择。

8.3   化工过程的计划优化与调度应用案例

企业生产计划和调度业务覆盖的时间和范围越广、涉及的决策元素越多，系统优化难度越大，但其经济效益潜力也就越大。企业计划与调度业务对于整个企业的生产经营的作用举足轻重，计划和调度方案上的失误是难以用生产操作和技术层次的调整来弥补的。计划优化和调度优化系统已经成为国内外炼油和石化行业的日常工具，其应用为石化企业带来了显著的经济效益。

(1) 购油计划和生产计划优化   欧洲一石油公司[9]下设多个炼油厂，总加工能力为 4000 万吨/年，其中 2700 万吨/年原料需要从原油市场上购买。为了更好地满足市场对于产品的需求，该公司将经营计划分为 1~3 年的年度计划和月度计划，年度计划主要用于原油长期期货合同的决策，而月度计划主要用于原油的分配、加工计划和运输计划等。该公司于 20 世纪 90 年代就建立了一系列完整的计划优化模型和计划优化应用管理系统。计划优化系列模型包括下属炼油企业的炼油加工模型（R）、原油的供应运输模型（S）和产品分销运输模型（D），以及由此三类模型集成构成的供应链 SRD 优化模型。

采用这样一整套的计划优化模型，该公司进行了如下的优化工作：
① 综合考虑原料运输和加工，选择合适的原油，并实现原油在各厂间的分配；
② 进行"购买原油"还是"购买中间物料和半成品"的决策；
③ 来料加工或者委托加工决策；
④ 处理产品库存与市场需求的关系；
⑤ 制订生产计划和运输计划。

采用这样的优化系统后，计划部门在签订原油期货合约时考虑的原油种类由以前的 10 多种增加到 50 余种，仅此一项即可为公司降低 0.2 美元/桶原油的采购成本。

国内某企业[4]，年加工原油能力 500 万吨，加工装置齐全，具有加工多种原油的灵活性。该厂地处沿江，原油资源可先通过油驳运达码头，再管道输送至常减压装置加工，原油过驳与否以及原油的质量对于原油成本有很大影响。为此建立了企业的计划优化和原油采购优化模型，该模型包括过往两年加工过和当年需要加工的原油，还构建了对于原油采购有重大影响的催化裂化、焦化和重整等二次加工装置的 Delta-base 子模型，并利用生产统计数据对于 Delta-base 数据进行及时修正。

建立了原油选择模型之后，结合某月原油库存情况分别对于 40 多种原油进行逐个筛选与评估，优选采购原油 D 作为候选原油，并付诸实施，与优化前单独加工管输原油相比，吨油利润提高了 120 元以上，实际效益对比见表 28-8-1。

表 28-8-1 不同原油加工方案效益对比

对比项目	管输原油	管输＋原油 D(50%：50%)	原油 D 单炼(计算值)
商品率/%	91.05	91.00	90.95
完全费用/(元/吨)	214	214	214
吨油利润/(元/吨)	1.08	122.12	121.04

日本一家石油公司[4]，下属有两个炼油厂，其中一厂可同时加工高硫油和低硫油，除燃料产品外还可以生产针状焦、聚烯烃和芳烃产品；另一个炼油厂则为普通炼厂，但是可以根据市场情况使用减压渣油发电。该公司建立了两个企业的生产计划优化模型，模型均包括主要二次加工装置详细的 Delta-base 子模型。此外，围绕着计划优化的应用还开发了一些辅助的工具，包括各工艺过程模型及其在线监控系统、计划绩效考核系统和计划优化回溯调整（Back-casting）系统等，还建立计划优化与物料平衡系统的接口。

采用这样完整的计划优化模型和更新修正辅助系统之后，计划优化模型中收率数据的精度由以前的 2%～3% 的平均预测精度，提高到了 0.2%～0.5%，最大误差为 1.5%，原油评价数据的可靠性也得到及时验证。计划优化模型能够很好地反映各种不同原油对于全厂收率和经济效益的影响，因而能为企业获得巨大的效益，仅原油采购一项就为该公司节省了 0.2 美元/桶原油的原油成本。

美国海湾地区一烯烃生产商，由炼油和乙烯两大部分组成，炼油部分除生产乙烯裂解原料外，同时生产成品油，在乙烯和炼油两部分有大量的中间物料交换。为了充分发挥炼油和乙烯两部分的综合优势，公司分别建立炼油和乙烯两部分的计划优化模型，模型规模分别为 4500×4000（行×列）和 2000×2500。乙烯部分共建立了 40 余个子模型，分别为每一个裂解炉建立了独立的子模型，并利用 Spyro 裂解反应模拟软件产生不同裂解炉详细的收率 Delta-base 数据[10]。乙烯子模型能够反映原料组成、炉出口压力、出口温度和油汽比等操作条件对于收率的影响。

炼油部分则建立了 50 余个子模型，建立了详细的重整模型来优化各种不同石脑油用途。为了多产丙烯，计划优化模型建立了详细的丙烯生成反应子模型，同样为了充分利用异丁烯资源，生产高辛烷值组分，还建立了详细的烯烃二聚反应子模型。

上述的集成模型首先是用于长期的战略决策，尤其是原油的长期合同，该厂每年评估近 40 种原油和 25 种凝析油，原油选择的效益显著；其次是短期原料的选择和生产计划，包括原油、凝析油、石脑油和 NGL，采用详细的乙烯子模型和三个周期的滚动优化技术之后，获得巨大的效益；最后是用于当期利润的分配，由于该公司是两家公司的合资企业，母公司除出资外，还分别为合资公司提供中间原料，该公司也分别向两个母公司返回中间产品，采用计划优化模型之后可以更好地评估两个母公司所起的作用，更合理地进行利润的分配。

（2）石化企业生产调度应用 一家奥地利炼油厂[4]，在计划优化模型的基础上开发了全厂调度优化系统，它将计划模型细分为一个 3 周期模型。第一、二周期为"调度模型"，其周期长度分别为 3 天和 4 天，而第三周期则为"计划模型"，其周期长度是从第二周期末到月度末的时间长度。在调度模型中，首先计算出各周期内各装置所有可能的操作方案，并采用 MIP 技术增加各操作方案的排序信息。在调度模型中还增加上下游装置的操作逻辑约束关联，比如，若中间储罐容积有限，下游某个具体操作方案的选定可能要求上游装置须按照某个对应的方案进行操作。此外，为了避免调度模型中出现储罐的抽空或者漫罐，开发了一种称为"动态递归"的技术来处理储罐的约束，实践表明，经过3～4次递归一般即可获得满意的结果。

采用这样的调度优化系统，调度人员可以更好地实现月度计划要求的产品销售计划和原料和产品库存目标，减少装置操作方案切换带来的经济损失，并能及时发现实际生产与计划目标的偏离。调度人员也可以采用"案例研究"的方式在第一时间分析和比较各种可能调度事件对于生产的影响，以前需要1天时间才能完成的方案调整，现在只需要约30分钟即可完成，从而大大提高了调度人员的工作效率。

国内某沿海大型原油混输一体化企业[11]，具有完备的炼油、乙烯和芳烃生产线，3套常减压装置处理能力超过2000万吨/年，原油储运方面具有3个泊位、3条长输线，港储和厂区2个区域6个罐区，共28个原油罐。为充分发挥其原油储运和常减压以及后续加工能力，该企业建立了完整的原油混输调度优化和调和控制平台，包括NIR原油快速评价系统、原油混输调度优化系统和原油在线调和控制系统。该混输调度优化采用数学规划与约束规划相结合的方法，建立了包括油轮卸油、储运罐区转油、长输管线混输、蒸馏装置进料全过程的原油调度模型，实现了原油日调度和旬调度方案的优化。为了进一步实现上述调度方案的优化，建立了长输管线和储罐原油储运模型，结合原油快速评价技术，实现了原油品种、性质和数量的实时跟踪。该成套优化系统的应用结果表明，通过原油混输调度优化，降低了原油调度作业的编制难度、减少了储罐收付切换次数、减小了各环节输送量波动。由于降低了常减压装置进料原油性质的波动，加工劣质原油的潜力得以增加，原油采购成本大幅度降低；由于提高了进入常减压装置混合原油性质的平稳性，后续装置的操作平稳程度大幅度改善，全厂实际加工能力得以提高；由于操作平稳程度提高，减少了原油二次调和，实现了常减压装置原油的直供，减少了原油挥发损耗和转油能耗，以上累计给企业带来超过8000万元/年的经济效益。

美国一个大型石油公司，下属9个炼油厂，其中7个在美国境内，2个在境外，该公司开发了汽油优化调度系统。调度系统采用GAMS/MINOS建模工具建立严格的多周期多调和批次的分层优化模型，优化系统允许进行调和组分的Pooling，并对于产品罐底进行严格罐底模拟；该汽油调和优化系统在公司各下属企业日常生产管理的各个方面得到应用。在调和调度执行层次，采用多批次模型来协调和调和组分在不同牌号汽油的分配使用，及时产生调和配方，保证各产品的质量过剩最小，并降低总产品的调和成本；在周调度层次，建立多周期多批次调和模型来预测未来一周的调和组分使用方案，从而使得高价值调和组分的使用更为合理，并能够综合评估调和组分的购进或者卖出的可行性，为工厂的经营提供更大的灵活性。该公司长期使用的效果统计表明，使用该优化系统使得汽油的质量过剩情况大为缓解，汽油的辛烷值过剩一般小于0.15个单位，仅此一项能为企业带来约0.5～1.5美分/加仑汽油的经济效益。

参考文献

[1] 侯祥麟. 中国炼油技术. 北京: 中国石化出版社, 1991.

[2] Dantzig G B. Linear programming and extensions. New Jersey: Princeton University Press, 1963.

［3］ Bonner J. Advanced pooling techniques in refinery modeling. PACT 87, Germany, 1987.

［4］ 郭锦标，杨明诗. 化工生产计划与调度的优化. 北京：化学工业出版社，2006.

［5］ Symonds G H. Linear programming solves gasoline refining and blending problems. Ind Eng Chem, 1956, 48（3）: 394-401.

［6］ Shah N K, Li Z, Ierapetritou M G. Ind Engineering Chem Res, 2011, 50（3）: 1161-1170.

［7］ Yadav S, Shaik M A. Ind Eng Chem Res, 2012, 51（27）: 9287-9299.

［8］ 葛彩霞. 汽油调合生产的离线配方优化研究. 北京：石油化工科学研究院，2013.

［9］ Urban R, Marcucci G F. Large scale crude selection and multiperiod SRD modeling. PACT 89, Germany, 1989.

［10］ English K, Dunbar M. Using steady state models to generate LP model inputs NPRA-CC-131. Lousisiana, 1997.

［11］ 梅广伟. 炼油企业原油混输优化与调合控制技术的应用. 中国石油学会石油炼制年会报告，2015.

第
28
篇

9

企业综合自动化系统

引　言

20 世纪 90 年代以来，面对国际市场的激烈竞争、环境保护等巨大社会压力，国内外企业的生产模式转变为节能降耗、少投入多产出的高效生产和减少污染的洁净生产。由此，集常规控制、先进控制、过程优化、生产调度、企业管理、经营决策等功能于一体的综合自动化系统成了当前自动化技术发展的趋势。同时，计算机集成制造系统（CIMS，也就是综合自动化系统）受到了发达国家的高度重视，并列入相关国家的重点高技术发展计划。我国于 1986 年在高技术研究发展计划（863 计划）中设立 863/CIMS 主题，研发流程工业计算机集成制造系统相关技术及产品，并取得了显著的经济效益和社会效益[1]。

9.1　综合自动化与 MES 系统简介

近年来，现代企业的综合自动化系统不断发展壮大，从生产管理方面，管理信息系统逐步完善；从生产过程自动化控制方面，自动化技术得到深入应用与发展。企业综合自动化系统实现了生产底层的过程控制与企业管理层之间的信息交换，提高了生产过程的管理和控制水平，有效地提升产品的质量，最终实现管控一体化。其中，制造执行系统（MES）是面向企业执行层的生产信息化管理系统，起承上启下、下情上传、运筹调度的中枢作用，旨在实现生产过程的优化运行、优化控制及优化管理。从管理角度，MES 是企业综合自动化系统信息集成的纽带；从应用角度，它是实施企业敏捷制造战略的基本技术手段。无论现在还是将来，MES 作为企业综合自动化系统的核心，都是企业发展壮大的必经之路。

MES 的定义最先体现在 1990 年美国咨询调查公司 AMR（Advanced Manufacturing Research）提出了制造行业的三层 ERP/MES/PCS 结构的综合自动化体系结构（图 28-9-1）中，它位于企业资源计划（ERP）层和过程控制系统（PCS）层的中间位置的执行层。MES 在综合自动化系统中承上启下衔接起 ERP 和 PCS，对数据进行采集、分析、处理，完成数据和信息的交换，实现信息系统无缝集成，提高系统整体效率。同时，AMR 还简要说明了各层的功能和重要性[2]。

（1）位于底层的过程控制系统层　包括 DCS（分布式控制系统）、DNC（分布式数控系统）、PLC（可编程逻辑控制器）、SCADA（数据采集与监控系统）等系统，其作用是生产过程和设备的控制。

（2）位于顶层的企业资源计划层　包括：MRPII（制造资源计划）、ERP（企业资源计划）、CRM（客户关系管理）、SCM（供应链管理）等系统，其作用是管理企业中的各种资源、管理销售和服务、制订生产计划等。

图 28-9-1 综合自动化的三层结构模型

（3）位于中间层的制造执行系统层 介于企业资源计划层和过程控制系统层之间，面向制造工厂管理的生产调度、设备管理、质量管理、物料跟踪等系统。MES 在企业系统的三层结构中起着承上启下、填补计划层和控制层之间空白的作用。计划层的业务系统生成的生产计划（计划要做什么）被 MES 传递给生产现场，来自控制层的生产实际状态（实际做了什么）通过 MES 报告给计划层的业务系统。

基于 ERP/MES/PCS 三层结构的 CIMS 的实施，不仅实现了工业企业综合自动化，而且促使企业管理从以职能为中心向以过程为中心转变，实现扁平化的管理模式，使系统柔性提高，适应多变的市场，实现敏捷制造和一体化过程控制的要求，即对原材料生产工艺全过程进行监控，全面了解和掌握产品的生产情况，确保产品质量[1]。MES 是一个特定集合的总称，包括一些特定功能的集合以及实现这些特定功能的产品；MES 不是一个特定行业的概念，而是应用于各种制造业的重要信息系统。MES 不仅能处理生产过程中难以处理的具有生产与管理双重性质的信息，而且能起到将生产过程产生的信息和经营管理的信息进行转换、加工和传递的作用，是面向过程的生产活动与经营活动的桥梁和纽带，是实现基于 ERP/MES/PCS 三层结构流程工业 CIMS 的关键[1]。

9.2 MES 的技术标准与规范

美国仪器、系统和自动化协会（ISA）于 2000 年开始发布 ISA-SP95 标准，即"企业控制系统集成"标准，为制造运行层与其他层次间的集成提供了依据，现在也用作规范 MES 的标准框架。该标准共分为 6 个部分，其中第一、二、三部分已正式发布，并被 IEC/ISO（国际电工委员会/国际标准化组织）采用为国际标准，也被我国等同采用为国家标准。其第四、五部分正在制定过程中，第六部分尚处于构思阶段。该标准第一部分是以美国普渡大学（Purdue University）企业参考体系结构（PERA）为基础，将企业功能划分为 5 个层次；同时，又参考普渡大学 CIM 参考模型，定义了企业功能数据流模型；并将业务系统与控制系统之间交互的 31 种信息流归为 4 类；最后用 UML（Unified Modeling Language）建立了 9 种对象模型作为描述企业的基本工具。该标准第二部分则为上述对象模型详细定义了模型属性。该标准第三部分将企业的制造运行管理划分为 4 个典型区域：生产运行、维护运行、质量运行和库存运行；并定义了包含 8 项子功能的通用活动模型，用以描述这 4 类典型的制造运行区域[2]。

9.3　MES 项目研发和实施策略[3]

对于 MES 这类大型专业系统建设项目来说，方法论的作用至关重要。MES 项目建设方法论基础框架中可分为 11 个步骤：现状调研、业务需求分析、组织与流程梳理、系统概要设计、系统详细设计、系统实施、系统测试、数据准备与系统试运行、系统上线、系统阶段性验收、运维与支持。

在这个建设过程中，11 个步骤将一个大型的 MES 项目按序实施，保证质量、控制风险，实施完成后，业主方不仅可以获得一套高质量的 MES 管理系统，同时项目建设的方法论将固化在企业的生产运营工作中以及后续的系统推广和维护中，在交付系统的同时，为企业建立并交付了一套完整的生产运营管理高效、安全运作的支持体系，帮助业主方打造领先的行业生产管理体系，并建立一套完整的行业管理标准。

MES 项目实施方法论是 MES 产品供货厂商多年来 MES 系统项目经验的一个集中整合，是完整生命周期管理和项目准备、资源整合、计划、执行和控制到项目结束的一体化项目管理框架。它以标准化方式定义了项目的执行和管理流程、工作任务和内容、工作顺序以及项目交付成果。借助 MES 厂商多年积累的项目经验携手业务专家共同打造，形成了每个步骤对应的实施模板。这些模板确保了应用方法论可以保证项目以规范化的方式被执行和管理，达到"高效协同"与"风险可控"，是项目成功的必要举措之一。

9.3.1　需求分析

9.3.1.1　现状调研与分析

现状调研与分析包含现状调研、最佳实践分析与差距分析三项内容。同时现状调研也是整个项目启动的第一步，意义重大。表 28-9-1 列出了现状调研与分析阶段的工作任务。

表 28-9-1　现状调研与分析阶段的工作任务

ID	项目	说　明
1	开始条件	项目启动会
2	工作任务	项目启动会议 　确认项目范围和主要目标 　确认项目实施计划 　确定各项目小组的成员及各自的工作职责 　拟定并下发调研提纲 　相关业务部门座谈 调研阶段 　了解现行和计划变革的组织结构、部门职责、人员分工 　了解业务形态和现状 　了解工艺流程

ID	项目	说　明
2	工作任务	了解生产设备 了解及收集操作标准 了解 IT 基础设施 了解生产系统现状 了解管理系统现状 了解系统集成现状 最佳实践研讨 生产管理功能现状分析 生产管理功能差距分析 基础实施现状分析 基础实施需求分析 信息管理现状分析 信息管理需求分析 应用系统现状分析 应用系统需求分析 管理规范程度现状分析 管理规范程度需求分析 整理项目调研访谈记录 经业主方确认后访谈记录汇总 形成现状调研报告 最佳实践研讨会后形成最佳实践分析报告 提交现状调研与差距分析报告
3	关键时间点(里程碑)	项目启动会 经业主方确认后访谈记录汇总 最佳实践研讨会 提交现状分析报告
4	结束标志	对项目章程、项目范围、项目整体实施计划进行书面确认 经业主确认后访谈记录汇总 现状分析报告提交
5	评价标准	调研充分、清晰、准确、记录完整
6	资源	本阶段中需要咨询顾问、业务专家、技术专家、业主相关部门通力配合,全程参与
7	过程文件	《项目实施计划》 《项目访谈计划与调研问卷》 《项目调研访谈记录》 工艺流程图 IT 基础设施报告 生产设备性能及操作标准 生产管理情况现状报告
8	交付物	现状调研与差距分析报告

第 **28** 篇

9.3.1.2　业务需求分析

经过现状调研和分析,MES 供货厂商和业主方均进一步了解到企业现状及与行业领先水平的差距和优势,有针对性地进行业务需求的分析,为整体提升生产管理水平找到目标。表 28-9-2 列出了业务需求分析阶段的工作任务。

表 28-9-2   业务需求分析阶段的工作任务

ID	项目	说明
1	开始条件	现状分析与调研结束后
2	工作任务	业务功能需求分析 　功能需求分解 　功能需求分类 　业务需求建模 　收集和制定业务处理标准 　对功能进行定义 　功能需求设计 　绘制功能结构图 　提出功能建议
3	关键时间点(里程碑)	功能需求定义完成
4	结束标志	业主方确认
5	评价标准	功能完整准确、符合业主方的实际情况,符合行业发展趋势,业主方确认
6	资源	由项目组中需求分析师为主进行分析设计 业务专家、技术专家与业主方进行协助
7	过程文件	业务功能需求报告 收集和制定业务处理标准 用例图 功能定义 功能需求设计报告 功能结构图
8	交付物	项目需求报告

9.3.1.3   业务流程梳理

MES 项目建设离不开对企业业务流程的梳理与应用融合,MES 项目建设的组织与业务流程梳理环节中,MES 厂商将重点关注业务流程的梳理和设计,减少业务组织变动的可能性,保证现阶段生产的有序进行。

业务流程梳理方法定义了业务流程梳理的各个步骤以及各个步骤的具体工作,业务流程的梳理是识别和了解客户业务的必要手段,可以为信息化项目的实施提供指导和方向,使信息化更好地服务于业务,作为支撑业务发展的重要保障。

流程梳理与设计的目标是生产管理业务流程的优化,是生产管理系统优化的重要内容之一,主要达到以下目标:

① 保证 MES 系统面向客户为导向;

② 加快企业的响应速度和运作效率;

③ 企业内部运作活动的价值增值;

④ 有助于企业资源整合。

该阶段的主要工作内容列于表 28-9-3。

表 28-9-3   业务流程梳理与设计阶段主要任务

ID	项目	说明
1	开始条件	业务需求分析完成后
2	工作任务	业务分类 功能分类 业务流程梳理 业务组织梳理 业务流程设计 业务组织设计

ID	项目	说明
3	关键时间点(里程碑)	报告提交
4	结束标志	业主方确认
5	评价标准	符合企业战略思想、面向客户、提高企业的响应速度和运作效率、有助于企业内部运作活动的价值增值、有助于资源整合
6	资源	由项目组需求分析师和业务专家为主进行分析 业主方人员全程参与
7	过程文件	各环节工作内容 部门职能职责表 业务流程设计报告 业务组织设计报告
8	交付物	生产管理业务流程优化报告

业务流程梳理将重点找出企业当前生产经营管理中存在的空缺环节、薄弱环节和急需完善优化的业务流程。业务流程梳理中发现的问题要深入分析，为未来流程设计提供基础，也为将来的流程改进寻找机会。

9.3.2　功能确定

9.3.2.1　概要设计

经过现状调研与分析、业务需求分析以及业务流程的设计，MES系统的设计将得以顺利进行。作为大型的系统实施项目，系统设计将分为概要设计和详细设计。在设计阶段将引入现状调研与分析阶段的差异分析结果。概要设计也可称为蓝图设计，是后续详细设计的主要纲领，起到统一项目建设各方认识，确定实施目标的作用。详细设计是指导后续系统实施和建设的操作手册、行动计划，MES厂商提交的详细设计方案将由业主组织专家进行详细的论证，通过后付诸实施。表28-9-4列出了MES详细设计阶段任务说明。

表 28-9-4　MES 详细设计阶段任务说明

ID	项目	说明
1	开始条件	业务流程梳理和设计之后
2	工作任务	概要设计研讨会 概要设计通过,启动详细设计 设计应用架构 设计数据架构 基础设施的设计 总体集成接口设计 应用子系统的接口设计 系统的实施与部署设计
3	关键时间点(里程碑)	各个阶段架构设计、接口设计
4	结束标志	架构、接口设计结束
5	评价标准	形成完整的 MES 系统建设体系
6	资源	由设计人员和行内业务专家组成,负责对业主方有关人员进行访谈并提炼设计
7	交付物	《蓝图设计与详细设计报告》

9.3.2.2 详细设计

针对概要设计进行深入设计工作，详细设计阶段为 MES 系统每个功能模块完成的功能进行具体的描述，要把功能描述转变为精确的、结构化的过程描述，并进行详细的编码等系统设计工作。

9.3.3 实施原则与方法

根据详细设计报告，MES 供货方协调各方资源进行系统的实施、测试，经试运行成功后，系统正式上线，根据上线后的结果进行验收。该阶段的工作内容如表 28-9-5 所示。

表 28-9-5　MES 实施原则与方法

ID	项目	说明
1	开始条件	详细设计通过之后
2	工作任务	数据准备 数据收集和清理 测试环境搭建 系统配置 客户化开发 应用培训 测试环境下的系统测试 生产环境搭建 测试环境到生产环境的移植 生产环境下的系统测试 系统部署 试运行 岗位在职应用培训 系统上线 系统验收 运维方案设计和计划制订 运维体系和团队建设 系统运维
3	关键时间点(里程碑)	环境测试,环境移植,系统上线
4	结束标志	通过系统验收
5	评价标准	系统使用正常,满足设计方案要求
6	资源	业主方协调行业专家进行项目验收
7	交付物	MES 系统

以上几部分的内容简要描述了 MES 系统建设方法论，针对大型集团企业则需针对不同阶段的侧重点实施，并总结和完善项目建设模板，为集团企业后续单位同类项目建设奠定基础。

9.4　MES 产品介绍

MES 属于生产管理应用软件的范围，起源于离散工业，然后扩展到流程工业[4]。到目前为止，提供化工行业 MES 解决方案或产品的供应商较多，下面介绍四个典型的 MES 解决方案。

9.4.1 Honeywell 解决方案

Business. FLEX 生产执行系统是霍尼韦尔关于 MES 应用领域的专利产品，它涵盖了霍尼韦尔在过程控制、资产管理和行业知识等方面积累的经验，并结合六西格玛的方法论，构成了一个统一的过程知识系统的体系结构。它使人员与过程、经营和资产管理融合在一起，并致力于将企业的经营管理目标贯穿于生产过程之中，把企业经营计划转化为生产车间的具体的操作指标，并将生产过程信息及时反馈到管理计划层，管理计划层根据反馈信息对计划进行实时调整，最终促成企业经营和生产自动化的协调统一，从信息角度实现企业的闭环生产管理。

霍尼韦尔 Business. FLEX 主要由先进计划及调度优化（Advanced Planning and Scheduling）、操作管理（Operations Management）、油品调和及储运自动化（Blending & Movement Automation）、生产管理（Production Management）和绩效管理（Performance Management）五个应用套件约 30 个应用模块组成，广泛应用于炼油、油气、化工、矿业、冶金等领域。另外，在制浆造纸和生命科学行业，霍尼韦尔提供更加专业的 MES 解决方案，即 OptiVision 及 POMS[5]。

9.4.2 Proficy 解决方案

Proficy 是 GE Fanuc 推出的拥有统一结构的综合软件解决方案的品牌。Proficy 通过持续提高实时企业的生产力、赢利能力和竞争优势，为企业提供了一个真正综合的、开放的商务解决方案。Proficy 解决方案能使用户拥有集中的生产管理能力，帮助用户在整个工厂范围内达到实时生产。同时 Proficy 还拥有很多功能，如：实时信息入口、资产管理、工厂生产与执行、HMI/SCADA、综合质量管理、全厂数据库、编程与控制以及全球支持。Proficy 的独特性在于它的高度模块化并且能方便升级，它在生产与商务流通间提供闭环的实时通信。Proficy 构筑了通用的系统基础，它拥有一个开放的分层结构，能保护现有的信息技术投资，并能方便地被使用和配置。

Proficy 的整体解决方案在各行各业已经有了广泛的应用，采用 Proficy 作为全球 MES 应用平台的世界 500 强集团包括可口可乐（Coca-Cola）、金百利纸业（Kimberly Clark）、国际纸业（International Paper）、斯道拉恩索纸业（StoraEnso）、宝洁（P&G）、福特汽车（Ford）、康宁集团（Corning Inc）、Interbrew 啤酒集团等[6]。

9.4.3 HOLLIAS-MES 解决方案

MES 制造执行系统包括 HOLLIAS Bridge 生产执行系统和 HOLLIAS RMIS 实时信息系统两个品牌产品。

HOLLIAS Bridge 生产执行系统：称之为"小康型"需求的应用。面向中、大型企业，具有复杂工艺和多条生产线，厂区非常分散，对信息化处于非常紧迫的阶段。HOLLIAS Bridge 系统利用实时数据库实现数据集成和实时展示，并通过专业化的高级功能模块，实现生产管控一体化，以期达到产品质量、产品数量、生产成本三个矛盾体的最优值。

HOLLIAS RMIS 实时信息系统：称为"温饱型"需求的应用。面向中、小型企业，信息化程度高，控制装置多，各装置相对分散，需要消除信息孤岛，实现控制系统数据集中和展示。通过 RMIS 实时信息系统实现数据采集和纠正，客户端通过网页浏览器即可访问生产现场的实时信息，监控生产工艺流程图、了解实时报警、监控实时趋势、查询实时报表。同时，和利时 RMIS 具有强大的扩展性，与企业不断发展同步，以最小成本提供升级和 MES 功能扩建服务[7]。

9.4.4 浙江中控 MES-Suite 化工行业 MES 解决方案

浙江中控 MES-Suite 化工行业 MES 解决方案凭借多年对化工行业 MES 开发、建设经验的总结，为化工企业提供了完整的 MES 解决方案，为企业带来了前所未有的系统整合功能和用户体验。通过 MES-Suite 用户可以轻松地访问任何工厂信息源，消除了信息孤岛；对于不同企业，MES-Suite 提供通用功能＋定制模块模式，满足用户核心业务管理需求，优化管理业务，实现对生产过程的透明化、定量化和精细化管理，提升企业市场竞争力。MES-Suite 基于实时数据库系统和实验室管理系统（可选），由综合信息平台、业务应用系统两部分组成，具体功能架构如图 28-9-2 所示[8]。

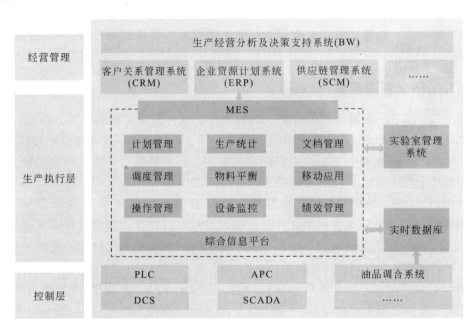

图 28-9-2 MES-Suite 化工行业 MES 方案具体功能架构

（1）实时数据库 ESP-*i*SYS 实时数据库 ESP-*i*SYS 为化工企业提供了统一而完整的实时数据采集、存储、监视和 Web 浏览功能，提供了 API、OPC、ODBC、DDE 等多种数据服务方式，在生产控制层（DCS/PLC 等）与生产、经营管理层之间建立了实时的数据连接。其强大的功能、稳定的性能以及良好的开放性为企业实现生产管理、先进控制、流程模拟和生产调度等提供了底层的数据基础。它具有极强的时间特性，能在有效的时间内响应数据的变化和完成事务处理，对公司生产信息集成起着重要的作用。

（2）实验室管理系统 实验室管理系统为实验室人员提供了一个标准化工作的软环境，实现了化验分析业务的流程化、规范化处理；通过 WEB 方式，实现了分析结果在各生产车间、部门间的实时共享，最大限度地保障了分析数据的准确性和及时性。从而使生产管理人员能在第一时间对生产操作做出调整，保障生产系统的平稳性，为企业创造价值。

（3）**综合信息平台** MES-Suite综合信息平台框架作为统一信息集成和建模平台框架，为各个应用套件提供统一共享的工厂模型、业务模型以及数据接口服务。

（4）**计划管理** 生产计划管理提供全厂生产计划统筹，涵盖所有生产相关计划的编制、审核、发布和执行。

（5）**调度管理** 生产调度管理系统提供生产运行相关的动态数据，依据生产计划和约束条件，为生产调度方案的生成提供依据，指导现场生产运行。

（6）**操作管理** 操作管理以规范的业务操作流程和标准化的操作指令，实现现场操作人员之间的电话沟通与网络沟通相结合的多维协同体系，规范现场操作，实现操作下达、确认、反馈、记录的良性循环，达到提高现场操作水平的目的。

（7）**生产统计** 生产统计管理提供从全厂的角度，对生产过程中的相关信息，如关键工序主要控制点、装置的单耗能耗完成情况、设备运行、产品质量情况、原料库存情况等，定期进行统计分析并报相关生产管理部门。

（8）**物料平衡** 物流数据校正是基于工厂模型和统计分析方法实现企业物流数据的调理，旨在解决企业中物流数据的不一致和不完整等问题，将生产过程数据提炼成一致和可靠的高质量业务信息，为企业进行精细化管理提供强有力的支撑。

（9）**设备监控** 设备监控管理对重大关键运行设备的生产运行参数和状态进行实时监控，提供在线实时报警功能；并记录设备的运行情况和时间，进行预防性维护，为设备故障分析及设备维护管理提供信息。

（10）**文档管理** 文档管理为企业生产过程中涉及的工艺技术文档、设备文档、安全文档、综合文档提供文档分类、归档及检索等功能，包括管理文件、技术规范、操作程序、档案、会议文档等归类管理。

（11）**移动应用** 移动办公应用系统是一套以手机、平板等便携终端为载体实现的移动信息化系统。通过与MES系统的数据交互，实现移动端的生产管理应用。它的设计目标是帮助用户摆脱时间和空间的限制，随时随地处理工作，提高效率、增强协作。

（12）**绩效管理** 运行绩效管理通过建立企业生产KPI模型，基于企业信息集成平台，系统可实时、快捷地实现KPI指标的计算、打分、图形化显示及各种分析报告，为企业实现精细化、数字化管理提供强有力的支撑。

9.5 MES 在石化过程中的应用案例

某化工企业的MES系统采用了浙江中控流程工业MES解决方案MES-Suite，根据智能工厂整体解决方案体系，在MES层构建由实时数据库、综合信息平台、报表组态平台组成的基础平台。在此基础上，实施了生产过程实时监控、生产计划管理、生产调度管理、生产统计、批次管理、生产工艺管理、能源管理、质量管理、生产库存管理、设备管理、安全环保管理、系统管理综合展示平台、物料计量管理、绩效分析、生产维修项目管理、生产档案管理、单元成本核算等功能系统，系统整体功能构架如图28-9-3所示。

生产执行系统MES-Suite的成功实施给企业带来了生产管理等各层面的良好应用效果：

① 生产待料情况减少15%～30%；

② 实现基于产品批次的工艺过程、产品质量、能耗及原材料信息的实时追溯；

③ 以产品与班组为主体的单元成本核算，有效推进企业的降本增效工作；

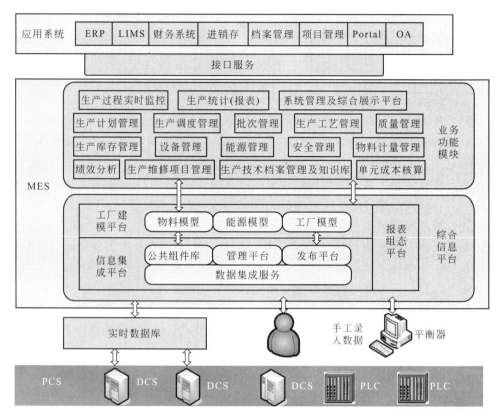

图 28-9-3 MES 系统整体功能架构

④ 实现了用户单点登录，便于生产业务数据的集团化管控；

⑤ 加速业务流程重组，促进企业扁平化管理；

⑥ 使各级生产数据得到共享，在办公室实时掌控现场生产情况；

⑦ 保证生产信息的真实、一致性，避免层层传递导致的信息失真；

⑧ 通过信息集成，集中反映生产过程各类信息；

⑨ 提高问题反馈速度，避免不必要的损失；

⑩ 统一企业编码规范；

⑪ 通过信息化手段固化、规范生产过程的操作、管理流程；

⑫ 严格管控物料、工艺规程的执行，提高产品质量管理；

⑬ 通过系统化的管理，降低员工的协调工作；

⑭ 为提高企业管理的精细化水平提供支撑；

⑮ 进行历史信息的分析，通过钻取等概念，快速发现问题的真正源头；

⑯ 实时统计生产信息，减轻统计人员的汇总工作，解放技术人员的日常统计工作；

⑰ 提高分析能力、分析力度，提高生产计划的实时跟踪能力，为生产经营提供决策依据；

⑱ 各个层级岗位或领导可实时了解生产等信息，使企业一级调度或垂直管理更趋可行；

⑲ 实时反馈生产过程信息和异常信息；

⑳ 分析中间产品、产品的质量，提高产品质量；

㉑ 全面掌控物料信息，提升企业物料的周转率、企业资金的利用率。

参考文献

［1］ 柴天佑，金以慧，任德祥，等．基于三层结构的流程工业现代集成制造系统．控制工程，2002，9（3）：1-6.

［2］ GB/T 29819—2013. 流程企业建模．

［3］ 肖力墉，苏宏业，苗宇，等．制造执行系统功能体系结构．化工学报，2010，61（2）：359-364.

［4］ 张志檩．国内外制造执行系统（MES）的应用与发展．自动化博览，2004，21（5）：5-11.

［5］ 霍尼韦尔高技术解决方案．http: //wenku. baidu. com/view/8de9748381c758f5f61f67a0. html? from= search, 2014.

［6］ GE Fanuc Proficy 打造实时企业．http: //www. newmaker. com/art_7207. html, 2005.

［7］ 和利时．http: //www. hollysys. com/, 2015.

［8］ 流程工业 MES 解决方案——MES-Suite. http: //www. soft. supcon. com/code/products. php, 2015.

符号说明

$A(t)$	系统矩阵或状态矩阵
$B(t)$	控制矩阵或输入矩阵
$C(t)$	观测矩阵或输出矩阵
$D(t)$	前馈矩阵
$y(t)$	系统输出值
$x(t)$	系统输入值
$Y(s)$	系统输出（复频域）
$X(s)$	系统输入（复频域）
$G(s)$	系统传递函数
f	自由度
V	描述过程的独立变量数
E	与 V 变量有关的独立方程数
T_D	微分时间
δ	比例度
K_I	积分速度
e	输入偏差
P	控制器的输出
$v(k)$	输出变化速率
$\Delta u(k)$	两个采样时刻间控制器输出增量
T	温度
R	理想气体常数
Q	流量
B	磁感强度
J，Z	目标函数
W_i	产品数量
a_i	产品 i 的销售单价
U_i	成本
V_i	设备折旧费
x_i	自变量
g_h	上限
g_i	下限
r_1，r_2，$\cdots$，r_n	自变量
d_1，d_2，$\cdots$，d_m	扰动量
c_j，a_{ij}，b_j	已知常数
A	系数矩阵
n	变量的维数

L	输入长度
Z_+^n	n 维非负整数向量集合
R_+^p	p 维非负实数向量集合
$k\_$	当前采样时刻
$\hat{H}(k+1)$	下一采样时刻的氢气质量收率预测值
$\hat{E}(k+1)$	下一采样时刻的乙烯质量收率预测值
$\hat{P}(k+1)$	下一采样时刻的丙烯质量收率预测值
$\hat{BUT}(k+1)$	下一采样时刻的丁二烯质量收率预测值
$\hat{BEN}(k+1)$	下一采样时刻的苯质量收率预测值
$sg(k)$	原料密度
$cop(k)$	炉管出口压强，kPa
$cot(k)$	炉管出口温度，℃
$ff(k)$	原料流量，T/h
$dor(k)$	汽烃比
MWD_i	聚合物分子量分布曲线在 i 点的值
$\overline{MWD_i}$	期望的聚合物分子量分布曲线在 i 点的值
MW_i^1	反应器 1 中活性中心生成的聚合物的重均分子量
$\overline{MW_i^1}$	反应器 1 中期望活性中心 i 生成的聚合物的重均分子量
MW_i^2	反应器 2 中活性中心 i 生成的聚合物的重均分子量
$\overline{MW_i^2}$	反应器 2 中期望活性中心 i 生成的聚合物的重均分子量
$\alpha_i\ (i=1,2,3,4)$	表示为空气、分配风、工艺氧和中央氧的实际价格的折合比值
$c_i\ (i=1,2,3,4)$	分别代表空气、分配风、工艺氧和中央氧的实际投入体积数
$c_i^{\min}$ 和 $c_i^{\max}$	分别表示最大取值和最小取值
$\varphi_j\ (j=1,2,3)$	分别代表工艺指标铜锍品位、铜锍温度和渣含 Fe/SiO_2 的实际值
$\varphi_i^{\min}$ 和 $\varphi_i^{\max}$	分别表示取值的最大值和最小值
$E，S$	能耗函数
β	精馏塔的特性因子
x_b	甲醇含量
F	进料流量
x_F	料液中甲醇含量
$P_D，P_B，P_o$	分别代表馏出液的单价、釜液的单价以及热量的单价
ACCO	连接对象活动控制（Active Connection Control Object）
APC	先进过程控制（Advanced Process Control）
CAN	控制器局域网（Controller Area Network）
CCS	计算机控制系统（Computer Control System）
CCITT	国际电报与电信咨询委员会（International Telegraph and Telephone Consultative Committee）
CRM	客户关系管理（Customer Relationship Management）
DAS	数据采集系统（Data Acquisition Station）
DCS	分散控制系统（Distributed Control System）
DMC	动态矩阵控制（Dynamic Matrix Control）

ESD	紧急停车系统（Emergency Shut Down）
ERP	企业资源计划（Enterprise Resource Planning）
FCS	现场总线技术（Fieldbus Control System）
GPC	广义预测控制（General Prediction Control）
FF	现场总线基金会（Fieldbus Foundation）
HDPE	高密度聚乙烯（High Density Polyethylene）
IEC	国际电工委员会（International Electrotechnical Commission）
IEEE	国际电气电子工程师协会（Institute of Electrical and Electronic Engineers）
ISA	美国仪表协会（Instrument Society of America）
ISO	国际标准化组织（International Standard Organization）
IS	本质安全（Inherent Safer）
LDPE	低密度聚乙烯（Low Density Polyethylene）
LLDPE	线性低密度聚乙烯（Linear Low Density Polyethylene）
MAC	模型算法控制（Model Algorithm Control）
MDPE	中密度聚乙烯（Mid-Density Polyethylene）
MES	制造执行系统（Manufacturing Executive System）
MIP	混合整数规划（Mixed Integer Programming）
MILP	混合整数线性规划（Mixed Integer Linear Programming）
MINLP	混合整数非线性规划（Mixed Integer Non-Linear Programming）
MPC	模型预测控制（Model Prediction Control）
MRAS	模型参考自适应系统（Model Reference Adaptive System）
MRPII	制造资源计划（Manufacturing Resource Planning）
ODE	常微分方程（Ordinary Differential Equation）
PCA	主元分析法（Principle Component Analysis）
PDE	偏微分方程（Partial Differential Equation）
PE	聚乙烯（Polyethylene）
PI	比例积分控制（Proportion Integration）
PD	比例微分控制（Proportion Differentiation）
PID	比例加积分加微分控制（Proportion Integration Differentiation）
PLC	可编程序控制器（Programmable Logic Controller）
ROM	只读储存器（Read-Only Memory）
RAM	随机储存器（Random Access Memory）
RBF	径向基函数（Radial Basis Function）
SCADA	数据采集与监控系统（Supervisory Control And Data Acquisition）
SCM	供应链管理（Supply Chain Management）
SIS	安全仪表系统（Safety Instrumentation System）
SOM	自组织特征映射（Self-Organizing Feature Map）

第29篇

污染治理

主 稿 人：徐炎华　南京工业大学教授
编写人员：徐炎华　南京工业大学教授
　　　　　张永军　南京工业大学教授
　　　　　周迟骏　南京工业大学教授
　　　　　魏无际　南京工业大学教授
　　　　　赵贤广　南京工业大学教授
审 稿 人：张跃军　南京理工大学教授

第二版编写人员名单
主 稿 人：王绍堂
编写人员：徐国光　申立贤　贺世群

废气污染控制

1.1 概述

　　大气污染日趋严重，已给全球生态平衡带来了巨大的破坏，开始危及人类的生存。如何对大气污染进行综合防治，已成为当今社会最突出的问题之一。中国城市化和工业化的快速发展与能源消耗的迅速增加，给中国城市带来了很多空气污染问题。化工过程产生的废气排放物是大气污染物的重要来源。废气污染控制过程中运用了很多化工单元操作的方法，如分离、吸收、蒸馏、吸附等，大多数环境工程从业者对此并不熟悉，而化学工程领域的工程技术人员较少涉及大气污染控制方面的相关标准与规范。因此，本章针对废气污染控制介绍了化工单元操作及其他技术的具体设计步骤和设计方法。

　　此外，本章还介绍了一些废气污染控制的新技术，如光催化技术、等离子体技术等，阐述了其技术先进性、发展前景及存在的问题等。

1.1.1 废气污染控制的目的和任务

　　废气污染控制是为了解决大气污染问题而采取的污染物排放控制技术。

　　以往，对废气污染源多采用高烟囱排放稀释的方式处理，污染物并未减少或消失。废气污染控制中必须强调污染物的减少，同时要考虑二次污染的问题，更高的要求是要实现"3R"［减量化（reducing）、再利用（reusing）和再循环（recycling）］原则。

　　化学工程技术在以上两方面均有广泛的应用，本章将对这些应用予以介绍，这些技术的详细原理可参考本手册的其他篇章。

1.1.2 废气污染控制技术进展

1.1.2.1 废气污染控制技术要求的变化

　　过去，人们对大气污染的关注点主要集中在颗粒物、硫氧化物、氮氧化物等的去除上。随着大气污染问题日益严重，人们对大气污染控制越发重视，各类质量标准、排放标准、设计规范、检测规范等更新频率加快，标准中污染物项目增加，排放标准要求更为严格。2000年以前，大气相关标准、规范每3～5年更新一次，2000年以后每年都会有部分替代标准、规范或修改单发布。

　　2012年2月29日发布的《环境空气质量标准》（GB 3095—2012）与GB 3095—1996（现行GB 3095—2012）相比，增设了$PM_{2.5}$浓度限值和臭氧8h平均浓度限值，调整了PM_{10}、二氧化氮、铅和苯并芘等的浓度限制，其中PM_{10}二级标准年平均限值由$100\mu g/m^3$变为$70\mu g/m^3$，铅平均、季平均限值由$1\mu g/m^3$、$1.5\mu g/m^3$分别降为$0.5\mu g/m^3$、$1\mu g/m^3$。控制$PM_{2.5}$，不仅要消减二氧化硫和氮氧化物的排放，同时也要消减挥发性有机物和氨的排放。消减后两种污染物与控制二氧化硫和氮氧化物相比，难度更大。

2013 年 6 月 14 日，国务院召开常务会议，确定了大气污染防治十条措施，其中包括减少污染物排放；严控高耗能、高污染行业新增产能；大力推行清洁生产；加快调整能源结构；强化节能环保指标约束；推行激励与约束并举的节能减排新机制，加大排污费征收力度，加大对大气污染防治的信贷支持等。这些都对大气污染控制技术提出了更高的要求。

2018 年 10 月 26 日起《中华人民共和国大气污染防治法（2018 修订）》施行，该法从能源的生产和使用、财政政策、行政及法律措施以及公众监督等诸多方面做出详细的规定，将"环境保护主管部门及其委托的环境监察机构"修改为"生态环境主管部门及其环境执法机构"等。强调了生态保护，即要求源头控制和综合治理达到更高的水平，强化了行政及法律措施，工程技术人员应将其作为设计过程中的原则指南，同时关注其变化，做到与时俱进。

1.1.2.2 废气污染控制技术的进展

当今废气污染控制技术的发展方向倾向于集成化与光电化技术的应用。

集成化处理理念借鉴于化工思想，大型生产效率比分散效率高得多。因此，集成化运用在废气污染控制上有相同意义。例如，电动汽车的发展，尽管燃煤发电污染大，但其将移动污染源转变为固定污染源，将分散污染源转变为集中污染源更便于处理。

近年来，光电等先进净化空气技术越来越受到重视，如光催化净化、低温等离子体协同催化技术等。这些技术净化空气具有效率高、适用范围广、占地面积小等优势，然而因为成本高、操作困难等问题，这些技术的实际应用还很少，一旦关键技术有所突破，将具有广阔的前景。

1.2 大气污染控制标准和规范

大气污染控制标准是国家环境保护法律的重要组成部分，其作用主要体现在两个方面：一方面是环境管理部门环保审批、验收和环境监管的依据；另一方面是排污企业工程设计和日常管理的依据。

根据大气环境标准的性质、功能和内在联系，本节介绍大气污染控制标准体系中大气环境质量标准、大气污染物排放标准、相关检测规范、技术规范。其中质量标准与污染物排放标准分为国家标准、行业标准、地方标准三级。国家标准是由国家按照环境要素和污染因素规定的，适用于全国范围。行业标准、地方标准是相关行业协会或地方人民政府根据实际情况对于国家标准未做规定的污染物项目的增加，或对某些污染物项目的更严格要求，是对国家标准的补充、完善和具体化。因此，一般情况下，按以下顺序执行标准：地方标准＞行业标准＞国家标准。

标准并非一成不变，它的制定与各个时期社会经济的发展相适应，不断变化、充实和发展。一项标准的实施状态（未实施/现行/废止）可于国家标准网搜索相关标准号或关键字得知。本节所列举的标准仅为当前最新标准，可供参考。要正确执行标准还需关注相关标准网站，关注标准的更新与发布。

地方标准查询、执行说明：对于符合备案要求、现行有效的地方环境质量标准和污染物排放标准，请于中华人民共和国生态环境部—科技标准—地方环境保护标准备案处查询，当地企业严格按地方标准执行；对于目前还未备案的地方标准，可于当地环保部门网站查询，从长远角度来看，当地企业严格按国标执行的同时，可以此标准作为设计指导，便于日后提标改造。

（1）相关标准查询与下载、发布与更新可关注以下网站：

中华人民共和国生态环境部：http://www.mee.gov.cn/；

标准网：http://www.standardcn.com/；

国家标准网：http://cx.spsp.gov.cn/；

中国标准服务网：http://www.cssn.net.cn/；

国家标准化管理委员会：http://www.sac.gov.cn/；

行业标准：相关行业协会网站；

地方标准：国家生态环境部地方环境保护标准备案库，网站为 http://bz.mee.gov.cn/dfhjbhzba/，以及当地环保部门网站。

（2）相关标准体系查询：

大气环境质量标准、大气污染物排放标准：国家生态环境部大气环境保护标准目录，网站为 http://bz.mee.gov.cn/bzwb/dqhjbh/；

大气检测标准：国家生态环境部大气监测规范、方法标准，网站同上；

相关废气治理设计规范：国家生态环境部环境保护工程技术规范，网站同上。

1.2.1　大气环境质量标准

大气环境质量相关标准如表 29-1-1 所示，其中标准若有更新，参照标准最新版本。

表 29-1-1　大气污染环境质量标准

序号	标准号	标准名称	发布时间	实施时间	替代标准
1	GB 3095—2012 （GB 3095—2012/XG1—2018）	环境空气质量标准 （《环境空气质量标准》第1号修改单）	2012-02-29 （2012-06-29）	2016-01-01 （2018-09-01）	GB 3095—1996， GB 9137—88
2	GB/T 18883—2002	室内空气质量标准	2002-11-19	2003-03-01	—

我国制定的《环境空气质量标准》（GB 3095—2012）将空气污染物浓度限值分为两级。环境空气功能区分为两类：一类区为自然保护区、风景名胜区和其他需要特殊保护的区域；二类区为居住区、商业交通居民混合区、文化区、工业区和农村地区。一类区适用一级浓度限值，二类区适用二级浓度限值。一、二类环境空气功能区质量要求见表 29-1-2 和表 29-1-3。

表 29-1-2　环境空气污染物基本项目浓度限值

序号	污染物项目	平均时间	浓度限值		单位
			一级	二级	
1	二氧化硫（SO_2）	年平均	20	60	$\mu g/m^3$
		24 小时平均	50	150	
		1 小时平均	150	500	
2	二氧化氮（NO_2）	年平均	40	40	
		24 小时平均	80	80	
		1 小时平均	200	200	

续表

序号	污染物项目	平均时间	浓度限值 一级	浓度限值 二级	单位
3	一氧化碳(CO)	24 小时平均	4	4	mg/m³
		1 小时平均	10	10	
4	臭氧(O₃)	日最大 8 小时平均	100	160	
		1 小时平均	160	200	
5	颗粒物(粒径小于等于10μm)	年平均	40	70	μg/m³
		24 小时平均	50	150	
6	颗粒物(粒径小于等于2.5μm)	年平均	15	35	
		24 小时平均	35	75	

表 29-1-3 环境空气污染物其他项目浓度限值

序号	污染物项目	平均时间	浓度限值 一级	浓度限值 二级	单位
1	总悬浮颗粒物(TSP)	年平均	80	200	
		24 小时平均	120	300	
2	氮氧化物(NO$_x$)	年平均	50	50	
		24 小时平均	100	100	
		1 小时平均	250	250	μg/m³
3	铅(Pb)	年平均	0.5	0.5	
		季平均	1	1	
4	苯并[a]芘(BaP)	年平均	0.001	0.001	
		24 小时平均	0.0025	0.0025	

1.2.2 大气污染物排放标准

大气污染物排放标准适用于相关化工生产企业或生产设施大气污染物排放管理，以及建设项目的环境影响评价、环境保护设施设计、竣工环境保护验收及其投产后的大气污染物排放管理。各地也可根据当地环境保护的需要和经济与技术条件，由省级人民政府批准提前实施以下标准。

为正确执行标准，有关化工设计人员不仅要查询与该项目相关的旧标准的更新，还要关注了解所属行业相关新标准的发布及其内容。

例如，GB 9078—1996《工业炉窑大气污染物排放标准》是现行标准，但有许多专项的新标准取代了它的部分内容，如 GB 28662—2012《钢铁烧结、球团工业大气污染物排放标准》、GB 31571—2015《石油化学工业污染物排放标准》、GB 31573—2015《无机化学工业污染物排放标准》。相关人员查询标准时如不关注该行业新标准的发布，盲目使用《工业炉窑大气污染物排放标准》来处理无机化学工业的炉窑大气污染物排放问题，将出现严重错误。部分与化工行业相关的大气污染物排放标准更新见表 29-1-4。

此外，某些地区对环境保护的需要及经济与技术条件较高，制定了适用于该地区、较国

第
29
篇

家标准更为严格的地方标准,本节并未列这些符合备案要求、现行有效的地方标准,因此,查询标准时还要关注地方标准。

表 29-1-4　大气污染相关排放标准内容更新

序号	标准名称、标准号	标准更新	实施时间及说明
1	再生铜、铝、铅、锌工业污染物排放标准(GB 31574—2015)	《大气污染物综合排放标准》(GB 16297—1996)《工业炉窑大气污染物排放标准》(GB 9078—1996)	新建企业:2015-07-01现有企业:2017-07-01
2	无机化学工业污染物排放标准(GB 31573—2015)	《大气污染物综合排放标准》(GB 16297—1996)《工业炉窑大气污染物排放标准》(GB 9078—1996)	新建企业:2015-07-01现有企业:2017-07-01
3	合成树脂工业污染物排放标准(GB 31572—2015)	《大气污染物综合排放标准》(GB 16297—1996)	新建企业:2015-07-01现有企业:2017-07-01
4	石油化学工业污染物排放标准(GB 31571—2015)	《大气污染物综合排放标准》(GB 16297—1996)《工业炉窑大气污染物排放标准》(GB 9078—1996)	新建企业:2015-07-01现有企业:2017-07-01
5	石油炼制工业污染物排放标准(GB 31570—2015)	《大气污染物综合排放标准》(GB 16297—1996)《工业炉窑大气污染物排放标准》(GB 9078—1996)	新建企业:2015-07-01现有企业:2017-07-01
6	锡、锑、汞工业污染物排放标准(GB 30770—2014)	《大气污染物综合排放标准》(GB 16297—1996)《工业炉窑大气污染物排放标准》(GB 9078—1996)	新建企业:2014-07-01现有企业:2015-07-01
7	锅炉大气污染物排放标准(GB 13271—2014)	《锅炉大气污染物排放标准》(GB 13271—2001),2016-07-01废止	新建锅炉:2014-07-0110t/h 或 7MW 以上在用热水锅炉:2015-10-0110t/h 及以下或 7MW 及以下在用热水锅炉:2016-07-01
8	水泥工业大气污染物排放标准(GB 4915—2013)	《水泥工业大气污染物排放标准》(GB 4915—2004),2014-03-01废止	新建企业:2014-03-01现有企业:2015-07-01
9	砖瓦工业大气污染物排放标准(GB 29620—2013)	《大气污染物综合排放标准》(GB 16297—1996)《工业炉窑大气污染物排放标准》(GB 9078—1996)	2014-01-01
10	轧钢工业大气污染物排放标准(GB 28665—2012)	《大气污染物综合排放标准》(GB 16297—1996)《工业炉窑大气污染物排放标准》(GB 9078—1996)	2012-10-01
11	炼焦化学工业污染物排放标准(GB 16171—2012)	《炼焦炉大气污染物排放标准》(GB 16171—1996),2012-10-01废止	2012-10-01
12	铁合金工业污染物排放标准(GB 28666—2012)	《大气污染物综合排放标准》(GB 16297—1996)《工业炉窑大气污染物排放标准》(GB 9078—1996)	2012-10-01

序号	标准名称、标准号	标准更新	实施时间及说明
13	炼钢工业大气污染物排放标准(GB 28664—2012)	《大气污染物综合排放标准》(GB 16297—1996)　《工业炉窑大气污染物排放标准》(GB 9078—1996)	2012-10-01
14	炼铁工业大气污染物排放标准(GB 28663—2012)	《大气污染物综合排放标准》(GB 16297—1996)　《工业炉窑大气污染物排放标准》(GB 9078—1996)	2012-10-01
15	钢铁烧结、球团工业大气污染物排放标准(GB 28662—2012)	《大气污染物综合排放标准》(GB 16297—1996)　《工业炉窑大气污染物排放标准》(GB 9078—1996)	2012-10-01
16	铁矿采选工业污染物排放标准(GB 28661—2012)	《大气污染物综合排放标准》(GB 16297—1996)	2012-10-01
17	火电厂大气污染物排放标准(GB 13223—2011)	《火电厂大气污染物排放标准》(GB 13223—2003),2012-01-01 废止	2012-01-01
18	橡胶制品工业污染物排放标准(GB 27632—2011)	《大气污染物综合排放标准》(GB 16297—1996)	2012-01-01
19	硝酸工业污染物排放标准(GB 26131—2010)	《大气污染物综合排放标准》(GB 16297—1996)	2011-03-01
20	硫酸工业污染物排放标准(GB 26132—2010)	《大气污染物综合排放标准》(GB 16297—1996)	2011-03-01

1.2.3　相关检测规范

　　化工企业从事生产活动侧重最终产品的产量、质量，环保部门则从大气环境质量及健康角度出发，颁布了相关化工行业检测规范。检测规范统一了各大气污染物的检测方法，使检测数据具有可比性；相关检测人员需通过培训考核，因此检测数据可靠、真实、准确，具有法律效应，对污染治理的工程设计具有十分重要的意义。部分相关大气检测规范见表 29-1-5。

表 29-1-5　部分相关大气检测规范

序号	标准号	标准名称	发布时间	实施时间	替代标准
1	HJ 799—2016	环境空气颗粒物中水溶性阴离子(F^-、Cl^-、Br^-、NO_2^-、NO_3^-、PO_4^{3-}、SO_3^{2-}、SO_4^{2-})的测定　离子色谱法	2016-05-13	2016-08-01	—
2	HJ 549—2016	环境空气和废气　氯化氢的测定　离子色谱法	2016-05-13	2016-08-01	HJ 549—2009
3	HJ 544—2016	固定污染源废气　硫酸雾的测定　离子色谱法	2016-03-29	2016-05-01	HJ 544—2009
4	HJ 779—2015	环境空气　六价铬的测定　柱后衍生离子色谱法	2015-12-04	2016-01-01	

续表

序号	标准号	标准名称	发布时间	实施时间	替代标准
5	HJ 633—2012	环境空气质量指数（AQI）技术规定（试行）	2012-02-29	2016-01-01	—
6	HJ 539—2015	环境空气 铅的测定 石墨炉原子吸收分光光度法	2015-11-20	2015-12-15	HJ 539—2009
7	HJ 759—2015	环境空气 挥发性有机物的测定 罐采样/气相色谱-质谱法	2015-10-22	2015-12-01	—
8	HJ 739—2015	环境空气 硝基苯类化合物的测定 气相色谱-质谱法	2015-02-07	2015-04-01	—
9	HJ 734—2014	固定污染源废气 挥发性有机物的测定 固相吸附-热脱附/气相色谱-质谱法	2014-12-31	2015-02-01	—
10	HJ 693—2014	固定污染源废气 氮氧化物的测定 定电位电解法	2014-02-07	2014-04-15	—
11	HJ 692—2014	固定污染源废气 氮氧化物的测定 非分散红外吸收法	2014-02-07	2014-04-15	—
12	HJ 675—2013	固定污染源排气 氮氧化物的测定 酸碱滴定法	2013-11-21	2014-02-01	GB/T 13906—1992
13	HJ 655—2013	环境空气颗粒物（PM_{10} 和 $PM_{2.5}$）连续自动监测系统安装和验收技术规范	2013-07-30	2013-08-01	部分代替 HJ/T 193—2005
14	HJ 93—2013	环境空气颗粒物（PM_{10} 和 $PM_{2.5}$）采样器技术要求及检测方法	2013-07-30	2013-08-01	HJ/T 93—2003
15	HJ 647—2013	环境空气和废气 气相和颗粒物中多环芳烃的测定 高效液相色谱法	2013-06-03	2013-09-01	—
16	HJ 629—2011	固定污染源废气 二氧化硫的测定 非分散红外吸收法	2011-09-08	2011-11-01	—

1.2.4 废气治理技术规范

废气治理设计规范是重要的设计文件，设计规范大多是指导性文件，并且有时对于同一项目有多个规范，这就需要查全规范，然后合理选择适合于具体情况的规范。按设计规范设计是设计首选，规范性在同一规范中也有不同，用词有宜、应、要、必须等级别的不同。如废气治理技术规范《钢铁工业烧结机烟气脱硫工程技术规范湿式石灰石/石灰-石膏法》（HJ 2052—2016）中"5.1.6 脱硫石膏处置宜优先考虑综合利用"，其中"宜"表述的含义即在工厂各方面条件允许的情况下，推荐采用综合利用处置脱硫石膏的方法，当不涉及安全问题，而工厂又受限于厂地、经费等暂无综合利用条件时，可不按此规范处置，其处理处置应符合 GB 18599 的要求。

很多行业均涉及化工工艺及过程，需要指出的是，一些化学工程设计，在化工及相关工艺设计时并没有规范，但由于环境问题的特殊性，用于环境保护时则应遵从规范，例如，吸附法用于工业有机废气治理时应按照《吸附法工业有机废气治理工程技术规范》（HJ 2026—2013）的要求进行设计。部分化工及相关行业废气治理设计规范见表29-1-6。

表 29-1-6 部分化工及相关行业废气治理设计规范

序号	规范名称	编号	发布日期	实施日期
1	石油化工环境保护设计规范	SH/T 3024—2017	2017-07-07	2018-01-01
2	钢铁工业烧结机烟气脱硫工程技术规范湿式石灰石/石灰-石膏法	HJ 2052—2016	2016-04-29	2016-08-01
3	铅冶炼废气治理工程技术规范	HJ 2049—2015	2015-11-20	2016-01-01
4	火电厂烟气脱硫工程技术规范海水法	HJ 2046—2014	2014-12-19	2015-03-01
5	火电厂除尘工程技术规范	HJ 2039—2014	2014-06-10	2014-09-01
6	电除尘通用技术规范	HJ 2028—2013	2013-03-29	2013-07-01
7	吸附法工业有机废气治理工程技术规范	HJ 2026—2013	2013-03-29	2013-07-01
8	催化燃烧法工业有机废气治理工程技术规范	HJ 2027—2013	2013-03-29	2013-07-01
9	烟囱设计规范	GB 50051—2013	2012-12-25	2013-05-01
10	火电厂烟气脱硫工程技术规范氨法	HJ 2001—2010	2010-12-17	2011-03-01
11	火电厂烟气脱硝工程技术规范选择性非催化还原法	HJ 563—2010	2010-02-03	2010-04-01
12	火电厂烟气脱硝工程技术规范选择性催化还原法	HJ 562—2010	2010-02-03	2010-04-01
13	工业锅炉及炉窑湿法烟气脱硫工程技术规范	HJ 462—2009	2009-03-06	2009-06-01
14	化工建设项目环境保护设计规范	GB 50483—2009	2009-03-19	2009-10-01
15	钢铁工业除尘工程技术规范	HJ 435—2008	2008-06-06	2008-09-01
16	水泥工业除尘工程技术规范	HJ 434—2008	2008-06-06	2008-09-01
17	化工建设项目环境保护设计规定	HG 20667—2005	2005-07-10	2006-01-01
18	石油化工企业设计防火规范	GB 50160—2008	2008-12-30	2009-07-01

第 29 篇

1.3 颗粒物的控制

1.3.1 概述

对于废气污染控制中涉及的颗粒物，一般指的是所有大于分子的颗粒物，实际粒径大多为 $0.01\sim100\mu m$。颗粒的大小影响颗粒本身的物理化学性质，不同大小的颗粒对人体和周边环境可能产生的危害有所差异，同时对于除尘装置的性能可能产生很大影响。颗粒物可以是固体或液体，固体悬浮颗粒物也称为粉尘。本节主要介绍粉尘的去除方法，有些设备如旋风分离器、文丘里除尘器等也可用于液体颗粒。粉尘物理性质对除尘装置性能的影响如表29-1-7所示。化工生产过程中产生的颗粒物可分为一次颗粒物和二次颗粒物，对于生产过程中产生的一次颗粒物主要通过除尘器进行捕集，对于二次颗粒物（如 $PM_{2.5}$）的控制则侧重控制其前驱体。

表 29-1-7   粉尘物理性质对除尘装置性能的影响[1]

物理性质	定义	影响
密度	单位体积粉尘的质量(真密度、堆积密度)	真密度:研究尘粒在气体中的运动;堆积密度:确定储仓或灰斗的容积
安息角与滑动角	安息角:粉尘从漏斗连续落下自然堆积形成的圆锥体母线与地面的夹角;滑动角:自然堆积在光滑平板上的粉尘随平板做倾斜运动时粉尘开始发生滑动的平板倾角	评价粉尘流动特性的重要指标;设计除尘器灰斗的锥度和除尘管路倾斜度的主要依据
比表面积	单位体积或质量的粉尘所具有的表面积	影响尘粒的物理、化学活性以及通过颗粒层的流体阻力
含水率	水分质量与粉尘总质量的比值	影响粉尘的导电性、黏附性、流动性等
润湿性	粉尘颗粒与液体接触后能否互相附着或附着的难易程度的性质	选择湿式除尘器的主要依据
荷电性与导电性	吸附电荷和传导电荷的能力	影响电除尘器的运行
黏附性	颗粒在固体表面或颗粒彼此间黏附的能力	影响颗粒的捕集和含尘气体的输送
自燃性和爆炸性	发生自燃或爆炸的难易程度	影响除尘方式的选择和操作条件的选取

1.3.2   机械除尘器

机械除尘器利用重力、空气动力、离心力的作用将颗粒物与气流分离,捕集颗粒物。常见的机械除尘器有重力沉降室、惯性除尘器和旋风除尘器。

1.3.2.1   重力沉降室

重力沉降室通过重力作用分离颗粒物与气流。

假定沉降室内气流为柱塞流,即流动状态保持在层流范围内,颗粒物均匀分布在气流中,气流流速为 v_0(m·s^{-1})。在烟气流动方向上,颗粒与气流保持相同的速度;在垂直方向上,颗粒在重力和气体阻力的作用下,每个粒子以各自的沉降速度 u_t 独立沉降。简单的重力沉降室示意图如图 29-1-1 所示。

图 29-1-1 中沉降室的长、宽、高分别为 L、B、H。假定处理气量为 q_v(m^3·s^{-1}),则气流在沉降室内的停留时间为:

$$t = \frac{L}{v_0} = \frac{LBH}{q_v} \tag{29-1-1}$$

在时间 t 内,粒径为 d_p 的粒子的沉降距离为:

$$h = u_s t = \frac{u_s L}{v_0} = \frac{u_s LBH}{q_v} \tag{29-1-2}$$

因此,对于粒径为 d_p 的颗粒,只有在高度 h 以下进入沉降室才能沉降到灰斗中。当 $h < H$ 时,颗粒的分级除尘效率为:

$$\eta_i = \frac{h}{H} = \frac{u_s L}{v_0 H} = \frac{u_s LB}{q_v} \tag{29-1-3}$$

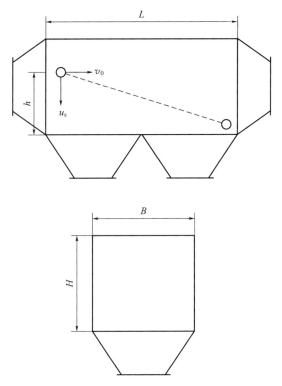

图 29-1-1 重力沉降室示意图[2]

若给定沉降室结构，则可以通过上式求出沉降室对不同粒径颗粒物的分级效率或做出分级效率曲线。根据 $\eta = \sum_i \eta_i g_{1i}$ 可计算出沉降室的总除尘效率。

假定粒子沉降运动处于斯托克斯区域，则重力沉降室能 100% 捕集的最小粒子直径为：

$$d_{\min} = \sqrt{\frac{18\mu v_0 H}{\rho_p g L}} = \sqrt{\frac{18\mu q_v}{\rho_p g B L}} \qquad (29\text{-}1\text{-}4)$$

为简化计算和分析，除特殊说明之外，均采用斯托克斯沉降公式。实际应用上，按斯托克斯公式的计算与经验值比较，在 293K 和 101325Pa 下，对颗粒密度 $\rho_p = 1\text{g·cm}^{-3}$、粒径 $d_p < 100\mu\text{m}$ 的粒子，两者是相当一致的。

在实际应用中，考虑到沉降室内气流扰动会引起粒子运动速度和方向发生偏差，同时还需要考虑到返混现象。因此，在工程上常用分级效率计算值的一半作为实际分级效率。

根据颗粒大小和密度确定气流速度，一般气流速度为 $0.3 \sim 2.0\text{m·s}^{-1}$。

为使沉降室捕集直径更小的颗粒，降低沉降室高度是一种较为实用的方法。在总高度不变的情况下，在沉降室内部增设水平隔板，形成多层沉降室，此时沉降室的分级效率为：

$$\eta_i = \frac{u_s L B (n+1)}{q_v} \qquad (29\text{-}1\text{-}5)$$

考虑到多层沉降室清灰的困难，一般限制隔板层数 (n) 在 3 层以下。

重力沉降室的设计步骤：

① 根据要求来确定该沉降室应能 100% 捕集的最小尘粒的粒径 $d_{\min}$；

② 根据粉尘的密度计算最小尘粒的沉降速度 u_s；

③ 选取沉降室内气流流速 v_0；

④ 根据现场的情况确定沉降室高度（或宽度）；

⑤ 按照公式计算沉降室的长度和宽度（或高度）。

在设计沉降室时应注意的问题：

① 沉降室内的气体流速一般取 $0.3\sim2.0\,\mathrm{m\cdot s^{-1}}$，应尽可能选低一些，以保持接近层流状态；

② 沉降室的高度 H 应根据实际情况确定，H 应尽量小一些；

③ 为保证沉降室横截面上的气流分布均匀，一般将进气管设计成渐宽管形，若受场地限制，可装设导流板、扩散板等气流分布装置。

1.3.2.2　惯性除尘器

惯性除尘器的形式有很多，主要有挡板式、气流折转式、百叶式和浓缩器 4 种形式。概括地说，实际上都是"气流折转"式。

图 29-1-2 为采用槽型挡板所组成的惯性除尘器，可以有效地防止被捕集的粒子因气流冲刷而再次飞扬。清灰可采用振打或水洗的方法。沿气流方向一般设置 3~6 排，有时可设更多排。这种惯性除尘器的阻力一般不超过 200Pa，对于收集 $50\mu m$ 以上的尘粒，效率可达80%以上。挡板的惯性分离作用在净化除尘领域得到广泛应用，如颗粒物的分级、高效除尘器入口端初级除尘、横向极板电除尘器等。

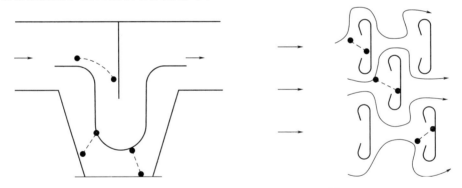

图 29-1-2　槽型挡板式惯性除尘器原理[3]

图 29-1-3 为百叶式惯性除尘器。增大冲向百叶板的流速可以提高除尘效率。开始时效率增加很快，当流速超过 $10\,\mathrm{m\cdot s^{-1}}$ 时，效率增加缓慢；当流速超过 $15\,\mathrm{m\cdot s^{-1}}$ 时，二次扬尘作用将使效率下降。因此，百叶式惯性除尘器中的流速不宜太高，通常取 $10\sim15\,\mathrm{m\cdot s^{-1}}$。

图 29-1-4 为离心浓缩器。外壁的挡板用于防止已经甩到外侧的颗粒再进入主流区。浓缩后的气流进入其他除尘器再次净化。

提高惯性除尘器除尘效率的途径是缩小气流转弯半径和增大流速。理论上讲，惯性分离效率可以达到极高的效率。然而，对于 $20\mu m$ 的粒子，实际惯性除尘器的效率很少超过90%，制约其效率提高的主要原因是二次扬尘现象。因此，现有惯性除尘器的设计流速通常不超过 $15\,\mathrm{m\cdot s^{-1}}$。

1.3.2.3　旋风除尘器

旋风除尘器是利用旋转气流产生的离心力使尘粒从气流中分离的装置。它具有结构简

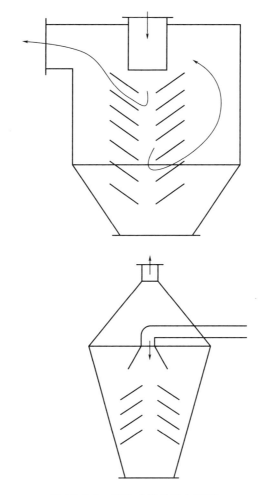

图 29-1-3 百叶式惯性除尘器[3]

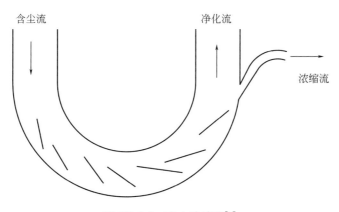

图 29-1-4 离心浓缩器[3]

单、应用广泛、种类繁多等特点，虽然在除尘原理及结构性能方面的研究论文很多，但由于旋风除尘器内气流和粒子流动状态复杂，准确测定较为困难，至今在理论研究方面仍不够完善，许多关键问题尚需实验确定。

旋风除尘器的特点：

优点：

① 设备结构简单、体积小、占地面积少、造价低；

② 没有转动机构和运动部件，维护、管理方便；

③ 可用于高温含尘烟气的净化，一般碳钢制造的旋风除尘器可用于 350℃ 烟气净化，内壁内衬耐火材料的旋风除尘器可用于 500℃ 烟气除尘[4]；

④ 干法清灰，有利于回收有价值的粉尘；

⑤ 除尘器内易覆设耐磨、耐腐蚀的内衬，可用来净化含高腐蚀性粉尘的烟气。

缺点：

① 旋风除尘器适合于分离密度较大、粒度较粗的粉尘，对粒径小于 $5\mu m$ 的尘粒和纤维性粉尘，捕集效率很低；

② 单台旋风除尘器的处理风量是有限的，当处理风量较大时，需多台并联；

③ 不适合于净化黏结性粉尘；

④ 设计和运行时，应特别注意防止除尘器底部漏风，避免造成除尘效率下降；

⑤ 在并联使用时，应尽量使每台旋风除尘器的处理风量相同；

⑥ 在多级除尘系统中，旋风除尘器一般作为预除尘装置，有时也起粉料分级的作用。

常用旋风除尘器的主要尺寸比例如表 29-1-8 所示。

表 29-1-8　常用旋风除尘器的主要尺寸比例[5]

尺寸名称		XLP/A	XLP/B	XLT/A	XLT
入口宽度 b		$\sqrt{A/3}$	$\sqrt{A/2}$	$\sqrt{A/2.5}$	$\sqrt{A/1.75}$
入口高度 h		$\sqrt{3A}$	$\sqrt{2A}$	$\sqrt{2.5A}$	$\sqrt{1.75A}$
筒体直径 D		上 $3.85b$ 下 $0.7D$	$3.33b$ $b=0.3D$	$3.85b$	$4.9b$
排出管直径 d_e		上 $0.6D$ 下 $0.6D$	$0.6D$	$0.6D$	$0.58D$
筒体长度 L		上 $1.35D$ 下 $1.0D$	$1.7D$	$2.26D$	$1.6D$
锥体长度 H		上 $0.5D$ 下 $1.0D$	$2.3D$	$2.0D$	$1.3D$
排灰口直径 d_1		$0.296D$	$0.43D$	$0.3D$	$0.145D$
不同进口速度下的压力损失 /Pa	$12m\cdot s^{-1}$	700(600)	5000(420)	860(770)	440(490)
	$15m\cdot s^{-1}$	1100(940)	890(700)	1350(1210)	440(990)
	$18m\cdot s^{-1}$	1400(1260)	1450(1150)	1950(1740)	990(1110)

注：A 为旋风除尘器进口面积；括号内的数字为出口无涡旋式的压力损失。

除了表 29-1-8 所示的可选型号外，设计者可按要求选择其他结构，但应遵循以下原则：

① 为防止粒子短路漏到出口管，$h\leqslant s$，其中 s 为排气管插入深度；

② 为避免过高的压力损失，$b\leqslant(D-d_e)/2$；

③ 为保持涡流的终端在锥体内部，$(H+L)\geqslant3D$；

④ 为利于粉尘易于滑动，锥角 $=7°\sim8°$；

⑤ 为获得最大的除尘效率，$d_e/D\approx0.4\sim0.5$，$(H+L)/d_e\approx8\sim10$，$s/d_e\approx1$。

1.3.3 湿式除尘器

目前，湿式除尘器通常按除尘设备阻力的高低分为低能耗、中能耗和高能耗三类。低能耗湿式除尘器的压力损失为 $200\sim1500$Pa，如喷淋塔、水膜除尘器等，其对 $10\mu m$ 以上粉尘的净化效率可达 $90\%\sim95\%$。压力损失为 $1500\sim3000$Pa 的除尘器属于中能耗湿式除尘器，这类除尘器有筛板塔、填料塔、冲击水浴除尘器等。高能耗湿式除尘器的压力损失为 $3000\sim9000$Pa，净化效率可达 99.5% 以上，如文丘里除尘器等。关于湿式除尘器的压力损失计算应视湿式除尘器的具体工况而定，如流速、气液接触形式、本体结构等。

湿式除尘器的运行与其他除尘器相比，其优点在于：

① 由于气体和液体接触过程中同时发生传质和传热的过程，因此这类除尘器既具有除尘作用，又具有烟气降温和吸收有害气体的作用；

② 使用运行正常时，净化效率高，可以有效地捕集 $0.1\sim10\mu m$ 的粉尘颗粒；

③ 湿式除尘器结构简单、占地面积小、耗用钢材少、投资低；

④ 运行安全、操作及维修方便。

缺点在于：

① 存在水污染和水处理问题；

② 湿式除尘器不利于副产品的回收；

③ 净化有腐蚀性含尘气体时，存在设备和管道的腐蚀或堵塞问题；

④ 不适用于憎水性粉尘和水硬性粉尘的分离；

⑤ 排气温度低，不利于烟气的抬升和扩散；

⑥ 在寒冷地区要注意设备的防冻问题；

⑦ 用于处理高温、高湿、易燃、易爆和有害气体。

根据不同的除尘要求，可以选择不同类型的除尘器。主要湿式除尘器装置的性能和操作条件如表 29-1-9 所示。

表 29-1-9 主要湿式除尘装置的性能和操作条件[6]

装置名称	气流速度/m·s⁻¹	液气比/L·m⁻³	压力损失/Pa	分割直径/μm
喷淋塔	$0.1\sim2$	$2\sim3$	$100\sim500$	3.0
填料塔	$0.5\sim1$	$2\sim3$	$1000\sim2500$	1.0
旋风水膜除尘器	$15\sim45$	$0.5\sim1.5$	$1200\sim1500$	1.0
转筒除尘器	$300\sim750$	$0.7\sim2$	$500\sim1500$	0.2
冲击式除尘器	$10\sim20$	$10\sim50$	$0\sim150$	0.2
文丘里除尘器	$60\sim90$	$0.3\sim1.5$	$3000\sim8000$	0.1

1.3.3.1 喷淋塔

喷淋塔也称喷雾塔洗涤器，是湿式除尘器中最简单的一种，如图 29-1-5 所示。

喷淋塔一般为逆流操作，含尘气流向上运动，液滴由喷嘴喷出向下运动，粉尘颗粒与液滴之间通过惯性碰撞、接触阻留、粉尘因加湿而凝聚等作用机制，使较大的尘粒被液体捕集。当气体流速较小时，夹带了颗粒的液体因重力作用而沉于塔底。净化后的气体通过脱水器去除夹带的细小液滴，由顶部排出。

喷淋塔洗涤器的主要特点是结构简单、压力损失小（一般为 $250\sim500$Pa）、操作方便、运行稳定。其主要缺点是耗水量及占地面积大、净化效率低、对粒径小于 $10\mu m$ 的尘粒捕集

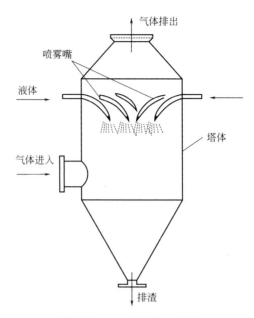

图 29-1-5 喷淋塔示意图

效率较低。

1.3.3.2　水浴除尘器

水浴除尘器是一种使含尘气体在水中进行充分水浴作用的除尘器，它是冲击式除尘器的一种，结构简单、造价较低、可现场砌筑、耗水少（0.1～0.3L·m⁻³），但对细小粉尘的净化效率不高，其泥浆难以清理，由于水面剧烈波动，净化效率很不稳定。其结构示意图见图 29-1-6，主要由水箱（水池）、进气管、排气管和喷头组成。

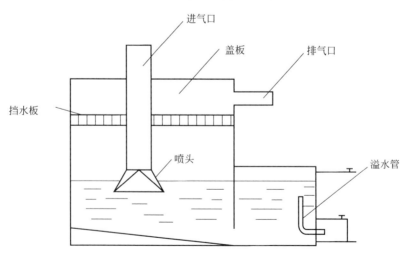

图 29-1-6 水浴除尘器结构示意图[7]

当具有一定进口速度的含尘气体经过气管后，在喷头处以较高速度喷出，对水层产生冲击作用后，改变了气体的运动方向，而尘粒由于惯性则继续按照原来的方向运动，其中大部分尘粒与水黏附后便留在水中，称为冲击水浴阶段。在冲击水浴作用后，有一部分尘粒仍随气体运动，与大量的冲击水滴和泡沫混合在一起，在池内形成一个抛物线形的水滴和泡沫区域，含尘气体在此区域内进一步净化，称为淋水浴阶段。此时，含尘气体中的尘粒便被水所捕集，净化气体经挡水板从排气管排走。

除尘效率及压力损失与喷头距水面的相对位置有关，也与其对水面的冲击速度有关。水浴除尘器可根据粉尘性质选择喷头的插入深度和喷头的出口速度，在一般情况下，其取值如表 29-1-10 所示。

表 29-1-10　水浴除尘器速度选择

粉尘性质	插入深度/mm		出口速度/m·s⁻¹	
密度大、颗粒粗	$0\sim50$	$-30\sim0$	$10\sim14$	$14\sim40$
密度小、颗粒细	$-50\sim-30$	$-100\sim-50$	$8\sim10$	$5\sim8$

1.3.3.3　筛板塔

筛板塔又称泡沫塔，该除尘器具有结构简单、维护工作量小、净化效率高、耗水量大、防腐蚀性能好等特点，常用于气体污染物的吸收，对颗粒污染物也具有很好的捕集效果。不能用于石灰、白云石、熟料等水硬性粉尘的净化，以免堵塞筛孔。除尘器风速应控制在 $2\sim3\text{m}\cdot\text{s}^{-1}$ 内，风速过大易产生带水现象，影响除尘效率。泡沫除尘器的除尘效率为 $90\%\sim93\%$，在泡沫板上加塑料球或卵石等物后，可进一步提高净化效率，但设备阻力增加。

筛板塔结构示意图如图 29-1-7 所示。它主要由布满筛孔的筛板、淋水管、挡水板（又称为除沫器）、水封排污阀及进出口所组成。含尘烟气由下部进入筒体，气流急剧向上拐弯并降低流速。较粗的粉尘在惯性力的作用下被甩出，并与多孔筛板上落下的水滴相碰撞，被水黏附带入水中排走；较细的粉尘随气流上升，通过多孔筛板时，将筛板上的水层吹起成紊流剧烈、沸腾状的泡沫层，增加了气体与水滴的接触面积，因此，绝大部分粉尘被水洗下

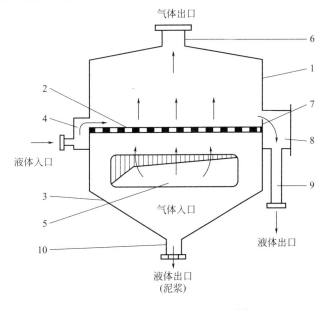

图 29-1-7　筛板塔结构示意图[8]

1—壳体；2—筛板；3—锥形斗；4—接受室；5—气体入口分布器；6—气体排出管；
7—挡板；8—溢流室；9—液体溢流管；10—液体或泥浆排出管

来。粉尘随污水从底部锥体经水封排至沉淀池。净化后的气体经上部挡水板排出。

常用泡沫除尘器的性能与外形尺寸如表 29-1-11 所示。

表 29-1-11　常用泡沫除尘器的性能与外形尺寸

直径 D/mm	风量范围/ $m^3 \cdot h^{-1}$	设备阻力 /Pa	耗水量 /$m^3 \cdot h^{-1}$	质量 /kg	外形尺寸/mm			
					H	f	d	a
500	1000～2500	600～800	0.25～0.6		3011	612	700	350
600	2000～4500	600～800	0.5～1.1		3091	712	800	400
800	4000～6500	600～800	1.0～1.6	317	3261	912	1000	450
900	6000～8500	600～800	1.5～2.1	368	3361	1012	1100	500
1000	8000～11000	600～800	2.0～2.7	416	3461	1122	1200	550
1100	10000～14000	600～800	2.5～3.5	465	3551	1212	1300	600

1.3.3.4　水膜除尘器

水膜除尘器适用于捕集非黏结性及非纤维性粉尘,一般可净化粒径在 $10\mu m$ 以上的粉尘,除尘效率一般不大于 95%。常用于小型燃煤锅炉,因此水膜一般加有碱性试剂以脱除烟气中的硫。

水膜除尘器有管式、斜棒式、立式旋风和卧式旋风等类型。卧式旋风水膜除尘器的结构如图 29-1-8 所示。它由截面为倒梨形的横置圆筒外壳、类似外壳形状的内筒、在外壳与内筒之间的螺旋导流片、角锥形泥浆斗、挡水板及水位调整机构组成。含尘烟气以较高的流速从除尘器切线方向进入,并沿外壳与内筒间的螺旋导流片做旋转运行前进,其中部分大颗粒粉尘在烟气多次冲击水面后,由于惯性力的作用而被沉留在水中。而细颗粒烟尘被烟气多次冲击水面时溅起的水泡、水珠所润湿、凝聚,并随烟气做螺旋运动时,由于离心力的作用加速向外壳做内壁运动,最后被水膜黏附。被捕获的尘粒靠自重沉淀,并通过灰浆阀排出。除尘器风量变化在 20% 范围以内,除尘效率几乎不变。除尘器进口风速取 $11～16m \cdot s^{-1}$,不能大于 $16m \cdot s^{-1}$,否则会造成阻力骤增、带水严重;檐板脱水要求檐板间流速为 $4m \cdot s^{-1}$,为避免净化后烟气带水,一般控制出口烟气流速以 $3m \cdot s^{-1}$ 为宜,除尘器的压力损失为 $300～1000Pa$。

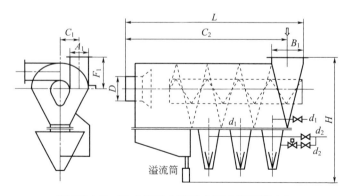

图 29-1-8　卧式旋风水膜除尘器(旋风脱水)

1.3.3.5 文丘里洗涤除尘器

文丘里洗涤除尘器（图 29-1-9）是湿式除尘器中除尘效率最高的一种除尘器，除尘效率可达 99%，结构简单、造价低廉、维护管理简单。它不仅可用于除尘（包括净化含有微米和亚微米粉尘粒子），还能用于除雾、降温和吸收有毒有害气体、蒸发等。它的缺点是动力消耗和水量消耗都比较大。

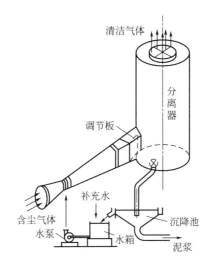

图 29-1-9 文丘里洗涤除尘器

根据设计要求的效率，文丘里洗涤除尘器的阻力通常为 4000～10000Pa，液气比为 0.2～1.0L·m⁻³，它可以用于高炉和转炉煤气的净化与回收，在一般烟气和粉尘的治理中多采用低阻或中阻形式。

文丘里管的截面可以是圆形的，也可以是矩形的。下面以圆截面为例，文丘里管的结构尺寸如图 29-1-10 所示。

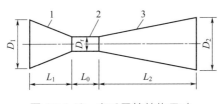

图 29-1-10 文丘里管结构尺寸

1.3.4 过滤式除尘器

过滤式除尘器主要分为两类，一类为颗粒层除尘器，另一类为袋式除尘器。颗粒层除尘器是利用颗粒状物料（如硅石、砾石、焦炭等）作为填料层的一种内滤式除尘装置。在除尘过程中，气体中的粉尘粒子主要是在惯性碰撞、截留、扩散、重力沉降和静电力等多种力的作用下分离出来的。袋式除尘器利用室内悬吊着的滤袋，当含尘气流穿过滤袋时，粉尘便被捕集在滤袋上，净化后的气体从出口排出。经过一段时间后，开启空气反吹系统，袋内的粉尘被反吹气流吹入灰斗。袋式除尘器作为一种高效除尘器，广泛用于各种工业部门的尾气除尘；比电除尘器结构简单、投资省、运行稳定，可以回收高比电阻粉尘；与文丘里洗涤除尘器相比，动力消耗小，回收的干粉尘便于综合利用；对于微细的干燥粉尘，适宜采用袋式除尘器捕集[1]。缺点是滤袋使用周期短、检修与更换工作量大，不适合用于湿度大的粉尘的净化。

袋式除尘器工艺设计是设备设计最重要的环节。工艺设计准确、合理是除尘器运行良好的前提条件。在设计袋式除尘器的过程中，要计算的主要技术参数包括过滤面积、过滤速度、气流上升速度、压力损失、清灰周期等。下面分别予以介绍。

（1）处理风量　计算过滤面积时，处理风量指进入袋式除尘器的含尘气体工况流量，而不是标准状态下的气体流量，有时候还要加上除尘器的漏风量。

（2）总过滤面积　计算出的过滤面积是除尘器的有效过滤面积。但是滤袋的实际面积要比有效面积大，因为滤袋进行清灰作业时这部分滤袋不起过滤作用。如果把清灰滤袋的面积加上去，则除尘器的总过滤面积按式（29-1-6）计算：

$$S = S_1 + S_2 = \frac{Q}{60v_f} + S_2 \tag{29-1-6}$$

式中　S——总过滤面积，m^2；

　　S_1——滤袋工作部分的过滤面积，m^2；

　　S_2——滤袋清灰部分的过滤面积，m^2；

　　Q——通过除尘器的总气体量，$m^3 \cdot h^{-1}$；

　　v_f——过滤速度，$m \cdot min^{-1}$。

求出总过滤面积后，就可以确定袋式除尘器的总体规模和尺寸。

（3）单条滤袋面积　单条圆形滤袋的面积通常用式（29-1-7）计算：

$$S_d = D\pi L \tag{29-1-7}$$

式中　S_d——单条圆形滤袋的公称过滤面积，m^2；

　　D——滤袋直径，m；

　　L——滤袋长度，m。

在滤袋加工过程中，因滤袋要固定在花板或短管上，有的还要吊起来固定在袋帽上或花板上，所以滤袋两端要双层缝制甚至多层缝制，双层缝制的这部分因阻力加大已无过滤作用，同时有的滤袋中间还要加固定环，这部分也没有过滤作用，故式（29-1-7）可改为

$$S_j = D\pi L - S_x \tag{29-1-8}$$

式中　S_j——滤袋净过滤面积，m^2；

　　S_x——滤袋未能起过滤作用的面积，m^2。

例如某除尘器中，滤袋长 10m、直径 0.292m，其公称过滤面积为 $0.292 \times \pi \times 10 = 9.17m^2$，如果扣除没有过滤作用的面积 $0.75m^2$，其净过滤面积为 $9.17 - 0.75 = 8.4（m^2）$，由此可见，滤袋没用的过滤面积占滤袋面积的 5%～10%。所以在大中型除尘器的规格中，应注明净过滤面积大小。但在现有除尘器样本中，其过滤面积多数指的是公称过滤面积，在设计和选用中应该注意。

（4）滤袋数量　根据过滤面积和单条滤袋面积求滤袋数量：

$$n = \frac{S}{S_d} \tag{29-1-9}$$

式中 n——滤袋数量，条；

其他符号同前。

（5）气布比 工程上还使用气布比 $g_f(m^3 \cdot m^{-2} \cdot min^{-1})$ 的概念，它是指每平方米滤袋表面积每分钟所过滤的气体量，气布比可以表示为：

$$g_f = \frac{Q}{A} \tag{29-1-10}$$

$$g_f = v_f \tag{29-1-11}$$

气布比是反映袋式除尘器处理气体能力的重要技术经济指标，它对袋式除尘器的工作和性能都有很大影响。一般而言，处理较细且难于捕集的粉尘、含尘气体温度高、含尘浓度大和烟气含湿量大时宜取较低的气布比。

（6）过滤速度 袋式除尘器的过滤速度 v_f 是被过滤的气体流量和滤袋过滤面积的比值，单位为 $m \cdot min^{-1}$，简称为过滤速度。它只代表气体通过织物的平均速度，不考虑有许多面积为织物的纤维所占有，因此，亦称为"表观气流速度"，数值上等于气布比。过滤速度太高会造成压力损失过大，降低除尘效率，使滤袋堵塞和损坏[8]。但是，提高过滤速度可以减少需要的过滤面积，以较小的设备来处理同样体积的气体。

袋式除尘器常用的过滤速度如表 29-1-12 所示。

表 29-1-12 袋式除尘器常用的过滤速度

等级	粉尘种类	清灰方式/m·min⁻¹		
		机械振动	脉冲喷吹	反吹风
1	炭黑①、氧化硅(白炭黑)，铅①、锌①的升华物以及其他在气体中由于冷凝和化学反应而形成的气溶胶、化妆粉、去污粉、奶粉、活性炭、由水泥窑排出的水泥①	0.45～0.6	0.6～1.2	0.33～0.45
2	铁①及铁合金①的升华物，铸造尘，氧化铝①，由水泥磨排出的水泥①，炭化炉的升华物①，石灰①，刚玉，安福粉及其他肥料，塑料，淀粉	0.6～0.75	0.8～1.4	0.45～0.55
3	滑石粉，煤，喷砂清理尘，飞尘①，陶瓷生产的粉尘，炭黑(二次加工)，颜料，高岭土，石灰石①，矿尘，铅土矿，水泥(来自冷却器)①，搪瓷①	0.7～0.8	1.0～1.6	0.6～0.9
4	石棉，纤维尘，石膏，珠光石，橡胶生产中的粉尘，盐，面粉，研磨工艺中的粉尘	0.8～1.2	1.1～1.8	0.6～1.0
5	烟草，皮革粉，混合饲料，木材加工中的粉尘，粗植物纤维(大麻、黄麻等)	0.9～1.3	1.2～2.0	0.8～1.0

① 基本上为高温粉尘，多采用反吹清灰除尘器捕集。

（7）滤袋规格 滤袋尺寸是除尘器设计中的重要数据，决定滤袋尺寸的有以下因素：

a. 清灰方式。自然落灰的袋式除尘器一般长径比为 （5：1）～（20：1），其直径为 200～500mm，袋长为 2～5m。大直径的滤袋多用单袋工艺。人工振打的袋式除尘器、机械振动袋式除尘器的滤袋长径比为 （10：1）～（20：1），其直径为 100～200mm，袋长为 1.5～3m。反吹风袋式除尘器的滤袋长径比为 （15：1）～（40：1），其直径为 150～300mm，袋长为 4～12m。脉冲喷吹袋式除尘器的滤袋长径比为 （12：1）～（60：1），其直径为 120～200mm，袋长为 2～9m。

b. 过滤速度。过滤速度较低的滤袋一般直径较大，长度较短。

c. 粉尘性质。黏性大、易水解和密度小的粉尘不宜设计较长的滤袋。

d. 反吹风除尘器入口气流速度 v_i 与袋式除尘器的过滤速度 v_f 有一定的关系。一般工况，气体进入袋口的速度不能大于 $1.0\mathrm{m\cdot s^{-1}}$。通过计算，其长度与直径的关系式如下：对反吹风除尘器滤袋的直径可为 150～300mm，袋子也可在 3～12m 内选择。

1.3.5 电除尘器

与其他除尘设备不同，静电除尘器的静电力直接作用于颗粒，故耗能小于其他除尘设备，除尘效率高，适用于去除粒径 0.1～50μm 的粉尘，而且可用于烟气温度高、压力大的场合。实践表明，处理的气量越大，使用静电除尘器的投资和运行费用相对越经济。

静电除尘器通常包括本体和电源两大部分。本体部分大致可分为内件、支撑部件和辅助部件三大部分。内件部分包括接地收尘极板（工程上称阳极板）及其振打系统、电晕线及其振打系统。支撑部件包括壳体、顶盖、灰斗、灰斗挡板、气流均匀分布装置等。辅助部件包括走梯平台、支架、壳体保温装置、灰斗料位计、卸灰装置等。图 29-1-11 为两电场线板式静电除尘器结构示意图。

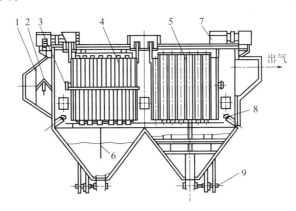

图 29-1-11 静电除尘器结构示意图[9]

1—气流分布板；2—分布板振打装置；3—电晕线振打结构；4—电晕线；
5—收尘极板；6—灰斗挡风板；7—高压电源保温箱；8—收尘极板振打结构；9—卸灰装置

目前，国内静电除尘器生产厂家很多，作为常规静电除尘器，不需要自行设计制造，只需会选型就可以。选型计算步骤如下：

(1) 计算收尘极板总面积 当已知气体处理量 Q、有效驱进速度 w_e 和实际设计所需要的总除尘效率 η 时，便可确定所需的收尘极板总面积 A。

$$A = -\frac{Q\ln(1-\eta)}{w_e} \tag{29-1-12}$$

式中的设计效率 η 由式(29-1-13)计算：

$$\eta = 1 - \frac{c}{c_0} \tag{29-1-13}$$

式中　c_0——入口含尘质量浓度，kg·m^{-3}；

　　　c——出口含尘质量浓度，kg·m^{-3}。

通常，出口含尘质量浓度是在标准状态下，由排放标准 c 确定的：

$$c = \frac{T_0 p}{T p_0} c_0 \approx \frac{T_0}{T} c_0 \qquad (29\text{-}1\text{-}14)$$

式中　T_0——热力学温度，K，$T_0 = 273\text{K}$；

　　　T——烟气实际温度，K；

　　　p_0——标准大气压，$p_0 = 101.325\text{kPa}$；

　　　p——烟气实际压力，Pa。

（2）确定通道数和电场长度　由下式初定电场断面积：

$$F' = \frac{Q}{3600 v} \qquad (29\text{-}1\text{-}15)$$

其中电场风速的取值范围通常在 $0.7 \sim 1.5\text{m} \cdot \text{s}^{-1}$ 之间，计算时建议取 $1\text{m} \cdot \text{s}^{-1}$。需要说明的是，工程上习惯以静电除尘器的断面积来描述其大小，如 80m^2 静电除尘器，是指断面积为 80m^2 的静电除尘器，而不是总收尘面积。

当 $F' < 80\text{m}^2$ 时，极板高度为：

$$h = \sqrt{F'} \qquad (29\text{-}1\text{-}16)$$

当 $F' \geqslant 80\text{m}^2$ 时，应采取双进口，进口断面应接近正方形，其电场高度为：

$$h = \sqrt{F'/2} \qquad (29\text{-}1\text{-}17)$$

电场高度（极板高度）需圆整，当 $h < 8\text{m}$ 时，以 0.5m 为一级；当 $h > 8\text{m}$ 时，以 1m 为一级。

静电除尘器的通道数 N 由式(29-1-18)计算：

$$N = \frac{F'}{(2b - K')h} \qquad (29\text{-}1\text{-}18)$$

式中　K'——收尘极板阻流宽度，由选定的收尘极板的形式确定，如对大 C 形板，$K' = 45\text{mm}$；

　　　$2b$——通道宽度（集尘板间距），m；

　　　b——电极板与电极线间距，m。

通道数要圆整。

静电除尘器的有效宽度为：

$$B_e = N(2b - K') \qquad (29\text{-}1\text{-}19)$$

实际有效断面积为：

$$F = h B_e \qquad (29\text{-}1\text{-}20)$$

静电除尘器的总长度 L 为：

$$L = A/(2Nh) \qquad (29\text{-}1\text{-}21)$$

单一电场的长度 l 通常取 $3 \sim 4\text{m}$，于是电场数 n 为：

$$n=L/l \tag{29-1-22}$$

有了气体总流量、静电除尘器断面积、通道数、电场长度和电场数等参数,就能容易地进行静电除尘器的选型。当然,在选型时还要综合考虑温度、湿度、粉尘的特性等,这样才能更合理地选择合适的静电除尘器。

1.3.6 除尘器的选用及发展趋势

除尘器的合理选择需要考虑诸多相关因素,包括除尘效率、压力损失、投资成本以及设备运行过程中的维修管理等,并不是除尘效率越高越好。表 29-1-13 列出常见除尘器的性能,供选用时参考。

表 29-1-13 常见除尘器的性能[10]

除尘器	适用粒径范围/μm	效率/%	阻力/Pa	设备费	运行费
重力沉降室	>50	<50	50~130	少	少
惯性除尘器	20~50	50~70	300~1800	少	少
旋风除尘器	5~30	60~70	800~1500	少	中
冲击水浴除尘器	1~10	80~95	600~1200	少	中下
卧式旋风水膜除尘器	>5	95~98	800~1200	中	中
冲击式除尘器	>5	95	1000~1600	中	中上
文丘里洗涤除尘器	0.5~1	90~98	4000~10000	少	大
电除尘器	0.5~1	90~98	50~130	大	中上
袋式除尘器	0.5~1	95~99	1000~1500	中上	大

随着政策法规对烟尘排放浓度的要求越加严格,人们在选择时对于除尘器设备的效率要求越来越高。在工业大气污染控制中,电除尘器和袋式除尘器占据主要优势。

对电除尘器而言,主要通过对电除尘器供电方式、各部件的结构、振打清灰、解决高比电阻粉尘的捕集等方面进行改进;对于袋式除尘器,着重研究滤料及清灰方式;对于湿式除尘器,主要研究如何降低其能耗和压降。通过耦合集成现有除尘技术形成完整工艺,从而提高对粉尘的去除效果,也是活跃的领域。如电袋一体化除尘器、湿式电除尘等方法应用于生产实际,将取得良好的社会效益和经济效益。

通过对除尘设备的基本规律、计算方法的研究,作为设计和改进设备的依据,可以进行新型除尘设备的研发,如宽间距或脉冲高压电除尘器、环形喷吹袋式除尘器、脉冲喷吹袋式除尘器等。此外,用于袋式除尘器滤袋的耐高温合成纤维和金属纤维无纺毡的研发也很活跃。

1.4 气态污染物的控制

1.4.1 概述

气态污染物的种类很多,总体上可以分为无机气态污染物和有机气态污染物。无机气态污染物包括以二氧化硫为主的含硫化合物、以氧化氮和二氧化氮为主的含氮化合物、碳氧化物、有机化合物及卤素化合物等。有机污染物种类很多，从甲烷到长链聚合物的烃类。其中，挥发性有机化合物（volatile organic compounds，VOCs）是指常温下饱和蒸气压超过133.32Pa，常压下沸点小于260℃，以蒸气形式存在于空气中的一类有机物。VOCs污染控制技术基本上可分为两大类：第一类是以替代产品、改进工艺、更换设备和防止泄漏为主的预防性措施；第二类是以末端治理为主的控制措施。对气态污染物的治理方法主要有吸收法、吸附法、燃烧法、生物法、光催化法、低温等离子体法等。

1.4.2 吸收法

吸收法是使用吸收液吸收排气中的气态污染物的一种技术，其本质为气-液两相间的质量传递过程。因此，吸收法要遵循以下两点原则：一是在单位体积内获得尽可能大的相际传质面积；二是在单位相际传质面积上获得尽可能快的传质速率。据此开发的吸收设备与工艺有很多，常见的主要有吸收塔、板式塔及填料塔，应用中可根据经济条件、操作水平等来选择。

1.4.2.1 吸收塔

目前工业上常用的吸收设备可分为表面吸收器、鼓泡式吸收器和喷洒式吸收器三大类。

表面吸收器是指能使气液两相在固定的接触面上进行吸收操作的设备。常见的表面吸收器有填料塔、液膜吸收器、水平表面吸收器等。净化气态污染物普遍使用的是填料塔，特别是逆流填料塔。图29-1-12是典型的逆流填料塔示意图。

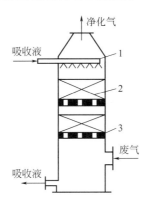

图 29-1-12 逆流填料塔[11]

1—喷淋装置；2—填料；3—填料支撑板

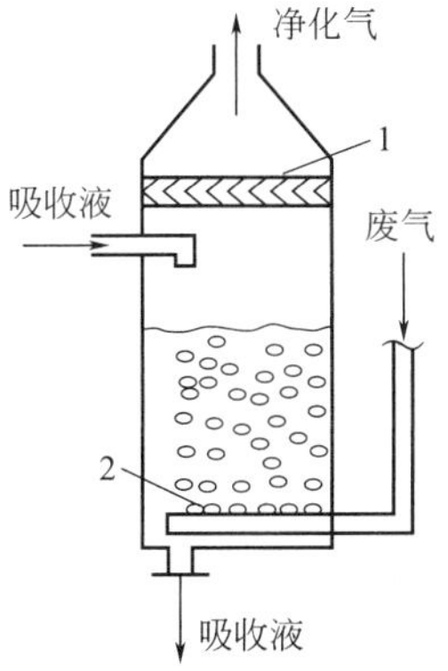

图 29-1-13 鼓泡塔[11]

1—雾沫分离器；2—气体分布管

鼓泡式吸收器内均有液相连续的鼓泡层，分散的气泡在穿过鼓泡层时有害组分被吸收。净化气态污染物应用较多的鼓泡式吸收器是鼓泡塔和筛板塔。图 29-1-13 是简单的连续鼓泡塔。筛板塔中沿塔高装有筛板，气液两相在筛板上接触。筛板塔分为错流式、穿流式、气液并流式等几种。在错流式板式吸收塔内，气体和液体以错流的方式运动（图 29-1-14）。

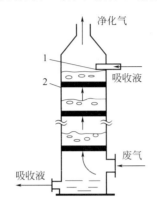

图 29-1-14　错流式筛板塔[11]

1—进液管；2—筛板

喷洒式吸收器用喷嘴将液体喷射成许多细小的液滴，以增大气液相的接触面，促进传质。比较典型的设备是空心喷洒吸收器和文丘里吸收器。图 29-1-15 是几种空心喷洒吸收器。在吸收器中，气体通常是自下而上流动，而液体则是由装在塔顶的喷射器呈喇叭状喷

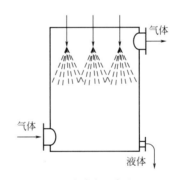

(a) 竖直向下喷雾

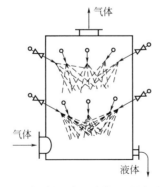

(b) 倾斜向下喷雾(喷嘴分两层放置)

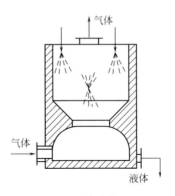

(c) 下部收缩

图 29-1-15　空心喷洒吸收器[11]

洒。空心喷洒吸收器结构简单，造价低廉，阻力小，但吸收效率不是很高；由于没有填料和塔板，所以不易堵塞，是电厂烟气石灰-石膏法处理中的规范设备。

1.4.2.2　板式塔

板式塔通常是一个圆柱形的壳体，其中按一定间距水平设置若干塔板，塔板在板式塔中是最重要的构件，研究也很活跃。板式塔的塔板主要包括有降液管式塔板、穿流塔板和其他形式塔板，这几种塔板的应用特点见表 29-1-14。

表 29-1-14　部分塔板的应用特点

类型		应用特点
有降液管式塔板	泡罩板	最早在工业上大规模应用，气液接触有充分保证，操作弹性范围大，泡罩加工复杂，钢材耗量大
	筛板	是有降液管式塔板中最简单的一种，效率高，处理能力大，合理设计时可具有一定的操作弹性，但气速下限受漏液点限制
	浮阀板	效率高，处理能力大，下限可比筛板低得多，目前已大量地取代泡罩塔板
	S 形单向流塔板	板面由 S 形长条互相搭建而成，气相通过齿缝单向鼓泡，可以降低液面梯度，效率同泡罩塔板；与泡罩塔板相比，阻力小，处理能力大
	舌形塔板	是筛板的一种变形，处理能力大，但效率低
	浮动喷射板	板上气流呈喷射状态，阻力小，处理能力大，弹性宽，板间距小，在适宜场合下具有一定效率
	斜孔塔板	气体以水平方向喷出，相邻两排孔口相反，气流不致对喷又能互相牵制，消除不断加速现象，塔板液层低而均匀，阻力小，处理能力较大
穿流塔板	筛孔及栅缝式穿流板	是最常用的穿流式塔板，结构简单，生产能力大，阻力小，设计数据较为完整，但操作弹性较小
	波纹穿流板	将筛孔穿流板压成瓦楞波形，以改善液体的再分布，有利于在大塔内保持均匀流动
其他形式塔板	旋流板	气流通过形如固定风车叶轮的塔板，产生离心旋转，与塔板上液体产生强烈接触，处理能力较大，阻力较小，操作弹性较大，效率较低
	并流喷射塔板	气流并流，结构简单，生产强度高，阻力小，适于化学吸收
	浮动筛板	气量可通过浮板自动调节开孔率，有利于改善塔板操作性能，增加操作弹性

1.4.2.3　填料塔

填料塔的工作位置在填料表面，填料的设计要求单位体积填料所具有的表面积大，气体通过填料时的阻力低。填料种类很多，可分为分散填料与组合型填料两大类。如图 29-1-16 所示，属于分散填料的有拉西环、θ 环、鲍尔环、阶梯环、矩鞍、弧鞍、金属鞍环等。波纹填料 [图 29-1-16(i)] 多层叠合使用，属于规整填料。液体流过填料层时，有向塔壁汇集的倾向，中心的填料不能充分加湿。因此当填料层的高度较大时，常将填料层分成若干段，以便所有的填料都能充分加湿。为避免操作时出现干填料的状况，一般要求液体喷淋密度在 $10 m^3 \cdot m^{-2} \cdot h^{-1}$ 以上，并力求喷淋均匀。为了克服"塔壁效应"，塔径与填料尺寸比值应至少在 8 以上。若算出的填料层高度太大，则要分成若干段，每段高度一般应在 3～5m 以下。

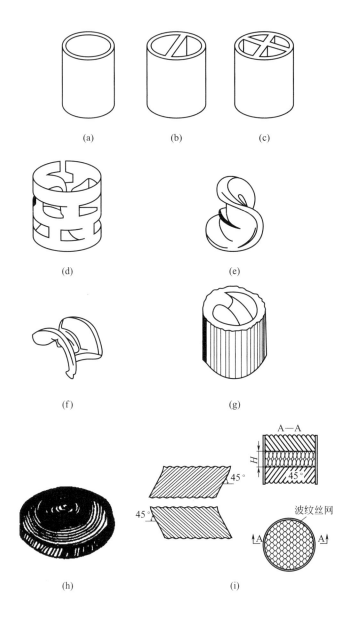

图 29-1-16 几种填料的形状[8]

（a）拉西环；（b）θ 环；（c）十字格环；（d）鲍尔环；（e）弧鞍；

（f）矩鞍；（g）阶梯环；（h）螺旋环；（i）波纹填料

或按下列推荐的倍数来定：对拉西环，每段填料层高度为塔径 3 倍；对鲍尔环及鞍形填料为 5～10 倍。填料塔的空塔气速一般为 0.5～1.5m•s^{-1}，压降通常为 0.15～0.6kPa•m^{-1} 填料，液气比为 0.5～2.0kg•kg^{-1}（溶解度很小的气体除外）。填料塔传质能力受操作变量的影响，参见表 29-1-15。

表 29-1-15 填料塔操作变量对传质能力影响的定性分析

项目	液相体积传质系数 k_La	气相体积传质系数 k_Ga
气体流量	在载点以下,无影响;在载点以上,增大	极显著地增大
液体流量	极显著地增大	很小或无影响
填料规格	一般随填料尺寸减小略微增大	随填料尺寸减小而增大
填料排列	一般无影响	一般无影响
填料床高度	无影响	略微增大
液体分布	采用某些填料时易产生影响	比对 k_La 的影响小
温度升高	很显著地增大	很小或无影响

1.4.2.4 吸收装置操作流程

对气膜控制的吸收过程,一般应采用填料塔类的液相分散型设备,使气相湍动、液相分散,有利于传质。对液膜控制的吸收过程,则宜采用各类板式塔,使液相湍动、气相分散。对于一般化学吸收过程,则宜按气膜控制来考虑。

如按物性特点来考虑,对吸收过程中产生大量热而需要移去的过程或需有其他辅助物料加入、取出过程,宜用板式塔;对于易起泡、黏度大、有腐蚀性、热敏性的物料宜用填料塔;对有悬浮固体颗粒或淤渣的宜用空心喷洒吸收器、筛板等塔型。

吸收装置操作流程主要有以下几种,图 29-1-17(a)～(d) 列出了部分流程。

① 逆流操作。气相自塔底进入,由塔顶排出,液相自塔顶进入,由塔底排出。特点:传质平均推动力大,传质速率快,分离效率高,吸收剂利用率高。工业生产中多采用逆流操作。

② 并流操作。气液两相均从塔顶流向塔底。特点是:系统不会发生液泛,可提高操作气速,以提高生产能力。常用于以下情况:当吸收过程的平衡曲线较平坦时,流向对推动力影响不大;易溶气体的吸收或处理的气体不需吸收很完全;吸收剂用量特别大,逆流操作易引起液泛。

③ 吸收剂部分再循环操作。在逆流操作系统中,用泵将吸收塔排出液体的一部分冷却后与补充的新鲜吸收剂一同送回塔内。通常用于以下情况:吸收剂用量较小,为提高塔的液体喷淋密度;对于非等温吸收过程,为控制塔内的温升,需取出一部分热量。该流程特别适宜于相平衡常数 m 值很小的情况,通过吸收液的部分再循环,提高吸收剂的使用效率。应予指出,吸收剂部分再循环操作较逆流操作的平均推动力要低,且需设置循环泵,操作费用增加。

④ 多塔串联操作。若设计的填料层高度过大,或由于所处理物料等原因需经常清理填料,为便于维修,可把填料层分装在几个串联的塔内,每个吸收塔通过的吸收剂和气体量都相等,即为多塔串联操作。此种操作因塔的总空间增大,输液、喷淋、支承板等辅助装置增加,使设备投资加大。

⑤ 串联-并联混合操作。若吸收过程处理的液量很大,如果用通常的流程,则液体在塔内的喷淋密度过大,操作气速势必很小(否则易引起塔的液泛),塔的生产能力很低。实际

29-30 **第 29 篇 污染治理**

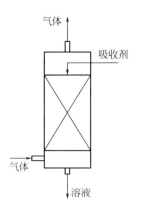

(a) 逆流吸收塔

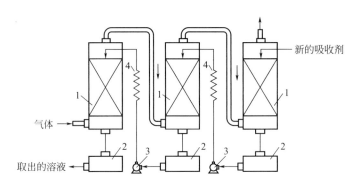

(b) 串联逆流吸收塔流程

1—吸收塔；2—储槽；3—泵；4—冷却器

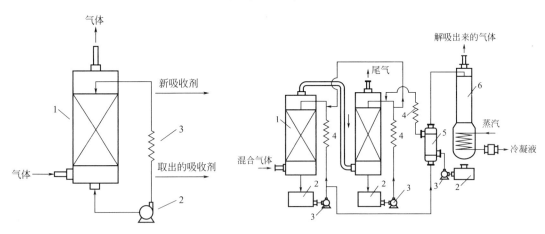

(c) 吸收剂部分循环吸收塔

1—吸收塔；2—泵；3—冷却器

(d) 吸收剂部分循环的吸收解吸联合流程

1—吸收塔；2—储槽；3—泵；4—冷却器；5—换热器；6—解吸塔

图 29-1-17 吸收装置操作流程

生产中可采用气相作串联、液相作并联的混合流程；若吸收过程处理的液量不大而气相流量很大时，可采用液相作串联、气相作并联的混合流程。

1.4.2.5 吸收剂

(1) 对吸收剂的要求 吸收剂的选择原则是：a. 基本要求是减少吸收剂用量，所以吸收剂应对混合气体中的被吸收组分具有良好的选择性和较大的吸收能力；b. 吸收剂的蒸气压要低，以减少吸收剂损失，避免造成新的污染；c. 沸点高、熔点低、黏度低、不易起泡；d. 化学性能稳定，腐蚀性小，无毒性，难燃烧；e. 廉价易得；f. 易于解吸再生或综合利用。

(2) 吸收剂的选择

① 对于物理吸收，要求吸收剂对吸收质的溶解度大，可以按照化学性质相似相溶的规律选择吸收剂，即从与吸收质结构相近的液体中筛选吸收剂。

② 化学吸收过程的推动力大，净化效果好，所以，要选择能与待吸收的气体反应（特别是快速反应）的物质作吸收剂；中和反应是最常用的化学反应，因为许多重要的大气污染物是酸性气体（如 CO_2、NO_x、HF 等），可以用碱或碱性盐溶液吸收；选择化学吸收剂，应注意反应产物的性质，要使产物无害，或者易于回收利用。

③ 水是一种常用的吸收剂，符合前面提到的大部分要求，是许多吸收过程（特别是物理吸收）的首选对象。但水对有些物质的溶解度较低，为了提高吸收效果，可加入增溶剂。例如氮氧化物在稀硝酸中的溶解度比在水中的溶解度大，所以可用稀硝酸吸收氮氧化物。许多有机物在水中不溶或微溶，不能直接用水作吸收剂。但可以利用能同时亲水和亲某种不溶于水的吸收质基团，使吸收质在水中乳化，破乳后又可与水分离，以便回收。所以，在水中添加表面活性剂作为吸收剂是一条值得探索的途径。

1.4.3 吸附法

气体吸附法是用多孔固体吸附剂将气体混合物中一种或数种组分浓集于固体表面，从而与其他组分分离的过程。被吸附到固体表面的物质称为吸附质，附着吸附质的物质为吸附剂。

吸附法净化有机废气的特点：可深度净化废气，特别是对于低浓度废气的净化，比其他方法显现出更大优势；在不适用深冷、高压等手段下，可以有效地回收有价值的有机物组分。由于吸附剂对被吸附组分吸附容量的限制，吸附法最适于处理低浓度废气，对污染物浓度高的废气一般不采用吸附法治理。

所采用的工业吸附剂应满足的需求：具有大的比表面积和孔隙率；具有良好的选择性；吸附能力强，吸附容量大；易于再生；机械强度、化学稳定性、热稳定性等性能好；廉价易得。

1.4.3.1 常用的工业吸附剂

工业上广泛应用的吸附剂主要有 5 种：活性炭、硅胶、活性氧化铝、沸石分子筛和白土。

(1) 活性炭 应用最早、用途较为广泛的一种优良吸附剂。在实际工作中，对活性炭的技术指标有一定的要求，见表 29-1-16。

活性炭纤维有较大的吸附量和较快的吸附速率，主要用于吸附各种无机和有机气体，特别是对一些恶臭气体的吸附量比颗粒活性炭要高出 40 倍。

表 29-1-16　活性炭的技术指标范围

项目	指标	项目	指标	项目	指标
堆密度/kg·m^{-3}	200～600	孔容/cm^3·g^{-1}	0.01～0.1	比热容/kJ·kg^{-1}·℃$^{-1}$	0.84
灰分/%	0.5～8.0	比表面积/m^2·g^{-1}	600～700	着火点/℃	300
水分/%	0.5～2.05	平均孔径/nm	0.7～1.7		

（2）硅胶　在工业上主要用于气体的干燥和从废气中回收烃类气体，也可用作催化剂的载体。工业用硅胶的主要技术指标参见表 29-1-17。

表 29-1-17　工业用硅胶的主要技术指标

项目	指标	项目	指标
堆密度/kg·m^{-3}	800	比表面积/m^2·g^{-1}	600
比热容/kJ·kg^{-1}·℃$^{-1}$	0.92	SiO$_2$ 含量/%	99.5

（3）活性氧化铝　是指氧化铝的水合物加热脱水而形成的多孔物质。在污染物控制技术中常用于石油气的脱硫及含氟废气的净化。其技术指标参见表 29-1-18。

表 29-1-18　活性氧化铝的技术指标

项目	指标	项目	指标
堆密度/kg·m^{-3}	608～928	平均孔径/nm	1.8～4.8
比热容/kJ·kg^{-1}·℃$^{-1}$	0.88～1.04	再生温度/℃	200～250
孔容/cm^3·g^{-1}	0.5～2.0	最高稳定温度/℃	500
比表面积/m^2·g^{-1}	210～360		

（4）白土　为灰白色颗粒粉末，具有较大的比表面积和孔容，具有特殊的吸附能力和离子交换性能，有较强的脱色能力和活性，且脱色后稳定性能好。主要用于石油行业，可吸附石蜡、润滑油等石油类矿物的不饱和烃、硫化物、胶质及沥青质等不稳定物质和有色物质。一般来说，白土通常指活性白土和酸性白土。

（5）沸石分子筛　主要指人工合成的泡沸石。与其他吸附剂相比较，沸石分子筛具有如下特点：具有很高的吸附选择性；具有很强的吸附能力；是强极性吸附剂，对极性分子（特别是对水分子）具有很强的亲和力；热稳定性和化学稳定性高。

1.4.3.2　吸附工艺及设备

吸附工艺按吸附剂在吸附器中的工作状态可分为固定床、移动床及沸腾（流化）床吸附装置。

（1）固定床吸附器　结构类似于填料塔，适用于小型、分散、间歇性的污染源治理；吸附和解吸交替进行、间歇操作；应用广泛。

固定床吸附器的设计计算通常采用简化的近似方法，常用的有希洛夫近似计算方法。

$$\tau = KL - \tau_0 \qquad (29\text{-}1\text{-}23)$$

式中 L——吸附层厚度，m。

此即著名的希洛夫（Wurof）方程式。式中 K 称为吸附层保护作用系数，其物理意义是：当浓度分布曲线进入平移阶段后，浓度分布曲线在吸附层中移动单位长度所需要的时间。那么，$1/K$ 就表示此浓度分布曲线在吸附层中前进的线速度（$m \cdot s^{-1}$）。有时将式（29-1-23）改写为：

$$\tau = K(L - h) \qquad (29\text{-}1\text{-}24)$$

式中 h——吸附层中未被利用部分的长度，亦称为"死层"。h 与 τ_0 的关系为 $\tau_0 = Kh$。

希洛夫方程仅能近似地确定吸附层的长度和透过时间，但因其简单方便，在计算中仍广泛地被采用。

用希洛夫公式进行设计计算的程序为：

① 选定吸附剂和操作条件，如温度、压力、气体流速等。对于气体净化，空床流速一般取 $0.1 \sim 0.6 m \cdot s^{-1}$，可根据已知处理气量选定。

② 根据净化要求，定出穿透点浓度。在载气速率一定的情况下，选取不同的吸附剂层厚度做实验，可测得相应的穿透时间。

③ 以吸附剂床层高度为横坐标，穿透时间为纵坐标，标出各测定值，可得一条直线。直线的斜率为 K，截距为 τ_0。

④ 根据生产中计划采取的脱附方法和脱附再生时间、能耗等因素确定操作周期，从而确定所需要的穿透时间 τ_b。

⑤ 用希洛夫公式（29-1-23）、式（29-1-24）计算所需吸附剂床层高度。若求出的高度太高，可分为 n 层布置或分为 n 个串联吸附床布置。为便于制造和操作，通常取各吸附剂层厚度相等，串联层数 $n \le 3$。

⑥ 根据气体体积流量与空床气速求吸附剂层截面积 $A（m^2）$。若求出的截面积太大，可分为 n 个并联的吸附器。根据吸附剂层截面积可求出吸附器的直径或边长（矩形）。

⑦ 求出所需吸附剂质量。每次吸附剂装填总质量 M 用式（29-1-25）计算：

$$M = SL\rho_b \qquad (29\text{-}1\text{-}25)$$

考虑到装填损失，每次新装吸附剂时需用吸附剂量为 $(1.05 \sim 1.2)M$。

⑧ 计算吸附器的压力损失。通过固定填充床的压力损失取决于吸附剂的形状、大小、床层厚度以及气体流速。通过吸附器的总压力损失还应包括通过阀门、支撑材料、进出口等的气体压力损失。但在一般情况下，与吸附床压力损失相比，这些损失都是相当小的。

⑨ 设计吸附剂的支撑与固定装置、气流分布装置、吸附器壳体、各连接管口及进行脱附所需的附件等。

（2）移动床吸附器 主要由气流分配板、吸附剂床层、冷却器、再生器等组成。移动床吸附器的优点是处理气量大，吸附和脱附连续完成，吸附剂可循环使用，适用于连续、稳定、量大的气体净化。缺点是动力和热量消耗大，吸附剂磨损大。其结构示意图见图 29-1-18。

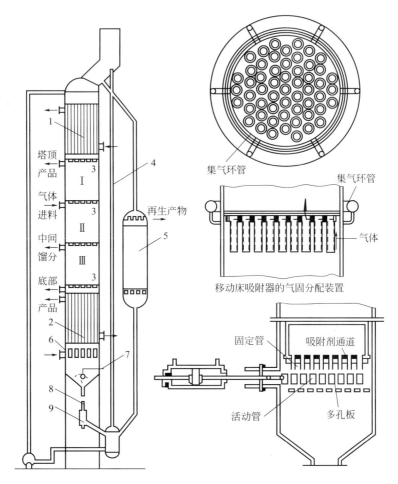

图 29-1-18 移动床吸附器示意图

1—冷却器；2—脱附塔；3—分配板；4—提升管；5—再生器；

6—吸附剂控制机械；7—固粒料面控制器；

8—封闭装置；9—出料阀门

（3）流化床吸附器 气速一般是固定床的 3～4 倍以上；分置在筛孔板上的吸附剂颗粒，在高速含污染物气流的作用下，处于流化状态，因而气固接触充分，吸附剂内传质、传热速率快，床层温度分布均匀，操作稳定。流化床适合处理连续、大流量的污染源。其主要缺点是吸附剂和容器的磨损严重，对吸附剂的机械强度要求也较高，能耗高。另外，气流与颗粒在床层返混，相当于全混式反应器，因此，除非所有的吸附剂颗粒都保持在相对低的饱和浓度下，否则出口气体中污染物浓度不易达到排放标准，因而较少用于废气净化。

1.4.4 燃烧法

经典的燃烧净化方法有直接燃烧、催化燃烧和热力燃烧等。表 29-1-19 比较了几种经典燃烧工艺的运行性能。此外，在经典燃烧工艺的基础上，近年来又不断发展出了众多新型的废气燃烧工艺，其中蓄热式燃烧法、蓄热式催化氧化法、转轮吸附燃烧等运用得较为成熟。

表 29-1-19 几种经典燃烧工艺的运行性能比较

项目	直接燃烧	热力燃烧	催化燃烧
浓度范围/mg·m^{-3}	>5000	>5000	>5000
处理效率/%	>95	>95	>95
最终产物	CO_2、H_2O、N_2	CO_2、H_2O、N_2	CO_2、H_2O
投资	较低	低	高
运行费用	低	高	较低
燃烧温度/℃	1100	700~870	300~450
其他	易爆炸、热能浪费且易产生二次污染	回收热能	废气中如含有重金属、尘粒等物质,则会引起催化剂中毒,预处理要求较严格

1.4.4.1 直接燃烧

直接燃烧适用于净化可燃有害组分浓度较高的废气,或者用于净化有害组分燃烧时热值较高的废气。直接燃烧的温度一般需在 1100℃ 左右,此法不适用于处理低浓度废气。

1.4.4.2 催化燃烧

催化燃烧实际上是完全的催化氧化,即在催化剂作用下,使废气中的有害可燃组分完全氧化。催化燃烧具有如下特点:催化燃烧为无火焰燃烧,安全性好;要求的燃烧温度低(大部分烃类在 300~450℃ 之间即可完全反应),辅助燃料消耗少;对可燃组分浓度和热值限制较小;为延长催化剂的使用寿命,不允许废气中含有尘粒和雾滴。

用于催化燃烧的催化剂多为贵金属 Pt、Pd 催化剂,这些催化剂活性好、寿命长、使用稳定。国内已研制使用的催化剂有:以 Al_2O_3 为载体的催化剂,现已使用的有蜂窝陶瓷钯催化剂、蜂窝陶瓷铂催化剂、蜂窝陶瓷非贵金属催化剂、γ-Al_2O_3 粒状铂催化剂、γ-Al_2O_3 稀土催化剂等;以金属作为载体的催化剂,可用镍铬合金、镍铝合金、不锈钢等金属载体,已经应用的有镍铬丝蓬体球钯催化剂、铂钯/镍 60 铬 15 带状催化剂、不锈钢丝网钯催化剂以及金属蜂窝体的催化剂等。用于催化燃烧的各种催化剂及其性能见表 29-1-20。

表 29-1-20 用于催化燃烧的各种催化剂及其性能

催化剂品种	活性组分质量分数 /%	2000m^3·h^{-1}下 90%转化温度/℃	最高使用温度 /℃
Pt-Al_2O_3	0.1~0.5	250~300	650
Pd-Al_2O_3	0.1~0.5	250~300	650
Pd-Ni/Cr 丝或网	0.1~0.5	250~300	650
Pd-蜂窝陶瓷	0.1~0.5	250~300	650
Mn/Cu-Al_2O_3	5~10	350~400	650
Mn/Cu/Cr-Al_2O_3	5~10	350~400	650
Mn/Cu/Co-Al_2O_3	5~10	350~400	650
Mn/Fe-Al_2O_3	5~10	350~400	650
稀土催化剂	5~10	350~400	700
锰矿石颗粒	25~35	300~350	500

催化燃烧的工艺流程见图 29-1-19。针对不同的废气，可以采用的催化燃烧工艺有分建式和组合式两种。在分建式流程中，预热器、换热器、反应器均作为独立设备分别设立，其间用相应的管路连接，一般应用于处理气量较大的场合；组合式流程将预热、换热及反应等部分组合安装在同一设备中，即所谓的催化燃烧炉，流程紧凑、占地小，一般用于处理气量较小的场合。

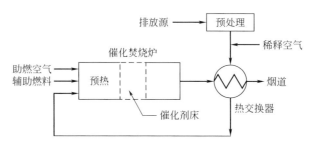

图 29-1-19 催化燃烧的工艺流程

1.4.4.3 热力燃烧

热力燃烧用于可燃有机物质含量较低的废气的净化处理，工艺流程图如图 29-1-20 所示。

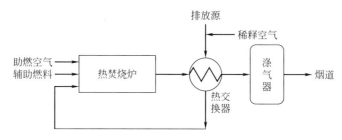

图 29-1-20 热力燃烧的工艺流程

对大部分物质来说，在温度为 740～820℃、停留时间为 0.1～0.3s 的条件下即可反应完全；大多数烃在 590～820℃ 即可完全氧化。因此，在供氧充分的条件下，反应温度、停留时间、湍流混合构成了热力燃烧的必要条件。表 29-1-21 给出了部分废气燃烧净化所需的反应温度和停留时间。

表 29-1-21 废气燃烧净化所需的反应温度、停留时间

废气净化范围	燃烧炉停留时间/s	反应温度/℃
烃 （HC 销毁 90% 以上）	0.3～0.5	680～720
烃＋CO （CH＋CO 销毁 90% 以上）	0.3～0.5	680～820
臭味气体 （销毁 50%～90%） （销毁 90%～99%） （销毁 99% 以上）	0.3～0.5 0.3～0.5 0.3～0.5	540～650 590～700 650～820

废气净化范围	燃烧炉停留时间/s	反应温度/℃
烟和缕烟		
白烟(雾滴缕烟消除)	0.3~0.5	430~540
CH+CO 销毁 90%	0.3~0.5	680~820
黑烟(可燃粒)	0.7~1.0	760~1100

1.4.4.4 蓄热式燃烧法和蓄热式催化氧化法

蓄热式燃烧法和蓄热式催化氧化法在经典的燃烧法基础上增加了热量回收系统,回收燃烧后高温气体的热量用于预热进入系统的废气。

蓄热式燃烧的装置为蓄热式热氧化器(regenerative thermal oxider,RTO)。如图29-1-21所示,RTO 有两个陶瓷填充床热回收室,每个热回收室底部有两个自动控制阀门,分别与进气总管和排气总管相连。VOCs 废气交替进入 RTO 的左右两部分,当废气从右侧进入时,左侧热回收室用燃烧尾气加热填料,蓄存热量;切换进气方向后再用蓄存的热量来预热废气。两个热回收室按预先设定的时间间隔切换蓄热和供热。

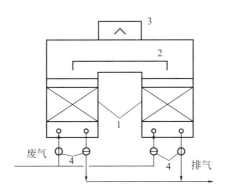

图 29-1-21 蓄热式燃烧法工艺流程[12]

1—填充式热回收室;2—燃烧室;3—燃料燃烧系统;4—自动控制阀

蓄热式催化氧化法的主要设备是蓄热式催化氧化器(regenerative catalytic oxider,RCO)。其结构与 RTO 相似,只是用催化剂床层代替燃烧室。

蓄热式燃烧法和蓄热式催化氧化法有较高的热回收效率,一般可达 85% 以上。

1.4.4.5 转轮吸附燃烧

转轮吸附浓缩+RTO/RCO 废气处理系统是利用吸附-脱附-浓缩三项连续变温的吸、脱附程序,使低浓度、大风量有机废气浓缩为高浓度、小流量的浓缩气体。其装置特性适合处理大流量、低浓度、含多种有机成分的废气。

转轮吸附的密封系统分为处理区域和再生区域,吸附转轮缓慢旋转,以保证整个吸附为一个连续的过程。含挥发性有机化合物(VOCs)的废气通过转轮的处理区域时,其中的废气成分被转轮中的吸附剂所吸附,转轮逐渐趋向饱和,处理废气被净化而排空。同时,在再生区域,高温空气穿过吸附饱和的转轮,使转轮中已吸附的废气被脱附并由高温空气带走,从而恢复了转轮的吸附能力,达到连续去除 VOCs 效果的同时,还提高了废气浓度,便于进行催化氧化处理。

高温脱附热风（约220℃）来自催化燃烧室内产生的高温烟气。脱附产生的浓缩废气在进入催化床之前，与高温烟气首先在换热器单元进行换热，预热脱附废气并进入二燃室，燃烧后形成的烟气（<650℃）在排出时与进气进行换热后，直接排入烟囱或者分流用作脱附热风。吸附转轮缓慢旋转地连续工作，能很好地适应连续操作和间断操作工况。

1.4.5 生物法

生物法的本质是将气相污染物转化为液相污染物，具有设备简单、运行费用低、较少形成二次污染等优点，尤其在处理低浓度、生物降解性好的气态污染物时用得比较多。表29-1-22给出了部分有机化合物被生物降解的难易程度。

表 29-1-22 部分有机化合物的生物降解难易程度

被生物降解的难易程度	化合物
极易	芳香族化合物：甲苯、二甲苯 含氧化合物：醇类、乙酸类、酮类 含氮化合物：胺类、铵盐类
容易	脂肪族化合物：正己烷 芳香族化合物：苯、苯乙烯 含氧化合物：酚类 含硫化合物：硫醇、二硫化碳、硫氰酸盐
中	脂肪族化合物：甲烷、正戊烷、环己烷 含氧化合物：醚类 含氯化合物：氯酚、二氯甲烷、三氯乙烷、四氯乙烯、三氯苯
较难	含氯化合物：二氯乙烯、三氯乙烯 醛类

生物法处理废气主要包括如下五个过程：废气从气相传递到液相；再从液相扩展到生物膜表面；在生物膜内部的扩散；生物膜内的降解反应；代谢产物排出生物膜。其采用的运行装置主要有生物洗涤塔、生物滴滤塔和生物过滤塔。

1.4.5.1 生物洗涤塔

工艺流程如图 29-1-22 所示，洗涤塔由吸收和生物降解两部分组成。经有机物驯化的循环液及微生物由洗涤塔顶部布液装置喷淋而下，与沿塔而上的气相主体逆流接触，使气相中的有机物和氧气转入液相，进入再生器，被微生物氧化分解，从而得以降解。该法适用于气相传质速率大于生化反应速率的有机物降解。

1.4.5.2 生物滴滤塔

工艺流程如图 29-1-23 所示。气体由塔底进入，在流动过程中与已接种挂膜的生物滤料接触从而被净化，净化后的气体由塔顶排出。影响生物滴滤塔处理效率的技术因素如下：①进气流量、反应器体积及容积负荷；②循环液喷淋量及湿度；③营养液配比。

1.4.5.3 生物过滤塔

工艺流程如图 29-1-24 所示。气体由塔顶进入过滤塔，在流动过程中与已接种挂膜的生物滤料接触从而被净化，净化后的气体由塔底排出。定期在塔顶喷淋营养液，为滤料微生物提供养分、水分，并调整 pH，营养液呈非连续相，其流向与气体流向相同。

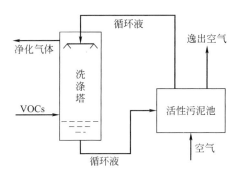

图 29-1-22　生物洗涤塔工艺流程

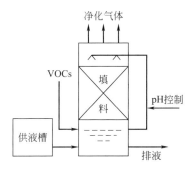

图 29-1-23　生物滴滤塔工艺流程

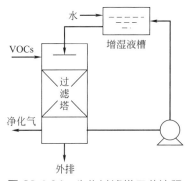

图 29-1-24　生物过滤塔工艺流程

最初的生物过滤塔用土壤作过滤介质，随后采用含微生物较高的堆肥等作为滤料。近年来，开发了诸如活性炭等新型介质作为滤料。

三种生物塔的工艺性能比较见表 29-1-23。从表中可知，不同成分、浓度及气量的 VOCs 各有其适宜的有效生物净化系统。净化气量较小、浓度较大且生物代谢速率较低的气体污染物时，可采用以多孔板式塔、鼓泡塔为吸收设备的生物洗涤系统，以增加气液接触时间和接触面积，但系统压力降较大；对易溶气体则可采用生物喷淋塔；对于大气量、低浓度的 VOCs 可采用过滤系统，该系统工艺简单、操作方便；而对于负荷较高、降解过程易产酸的 VOCs 则采用生物滴滤系统。目前，VOCs 往往具有气量大、浓度低、大多数较难溶于水的特点，因此较多采用生物过滤法加以治理。而对成分复杂的 VOCs，由于其理化性能、生物降解性能、毒性等有较大差异，适宜菌种亦不尽相同，因此建议采用多级生物系统进行处理。

表 29-1-23 生物法工艺性能比较

工艺	系统类别	适用条件	运行特性	备注
生物洗涤塔	悬浮生长系统	气量小、浓度高、易溶、生物代谢速率较低的废气	系统压力降较大、菌种易随连续相流失	对较难溶气体可采用鼓泡塔、多孔板式塔等气液接触时间长的吸收设备
生物滴滤塔	附着生长系统	气量大、浓度低、有机负荷较高以及降解过程中产酸的废气	处理能力大，工况易调节，不易堵塞，但操作要求高，不适合处理入口浓度高和气量波动大的废气	菌种易随流动相流失
生物过滤塔	附着生长系统	气量大、浓度低的废气	处理能力大，操作方便，工艺简单，能耗低，运行费用低，具有较强的缓冲能力，无二次污染	菌种繁殖代谢快，不会随流动相流失，从而大大提高去除率

1.4.6 光催化法

光催化法是利用紫外光照射催化剂表面，产生羟基自由基，从而氧化除去气态污染物的方法。光催化剂是一种无害、稳定的固体化合物。TiO_2 具有化学稳定性好、无毒、具有较正的价带电位和较负的导带电位等特点，是目前使用最多的一类光催化剂。用光催化氧化法治理废气，无二次污染。常见的设备有固定床和流化床两种，由于催化剂对进气中颗粒物的浓度要求较高，因此一般和布袋除尘器组合使用。另外，对于工业化应用，紫外光源成为瓶颈，目前只有少量应用于处理量较小的污染治理。

1.4.7 低温等离子体法

低温等离子体技术是在外加电场的作用下，介质放电产生的大量携能电子轰击污染物分子，使其电离、解离和激发，引发一系列物理、化学反应，使复杂大分子污染物转变为简单小分子安全物质，或使有毒有害物质转变成无毒无害或低毒低害的物质，从而使污染物得以降解去除。因其电离后产生的电子平均能量为 10eV，适当控制反应条件可以使一般情况下难以实现或速度很慢的化学反应实现或加快。作为环境污染处理领域中的一项具有极强潜在优势的高新技术，等离子体技术受到了国内外相关学科界的高度关注。

低温等离子体技术主要有电子束照射法、介质阻挡放电法、沿面放电法和电晕放电法。表 29-1-24 列出了介质阻挡放电分解部分烃类污染物的性能。

表 29-1-24 介质阻挡放电分解部分烃类污染物的性能

污染物	气体中体积浓度 %	总压/kPa	1s 放电后的分解率/%	分解后的主要产物
正己烷	0.26	101	88	CO_2，H_2O
正己烷	1.3	101	64.9	CO_2，CO，H_2O
正己烷	0.26	101	87.4	CO_2，H_2O
苯	0.26	101	81	CO_2，H_2O
甲苯	0.26	101	70.3	CO_2，H_2O

1.4.8 泄漏检测与修复

泄漏检测与修复（LDAR）技术采用固定或移动监测设备监测化工企业各类反应釜、原料输送管道、泵、压缩机、阀门、法兰等易产生挥发性有机物泄漏处，并修复超过一定浓度的泄漏，从而控制原料泄漏对环境造成的污染，是国际上较先进的化工废气检测技术。典型的 LDAR 步骤：确定程序、组件检测、修复泄漏、报告闭环等。其子程序包括：检测前准备子程序、检测子程序、修复子程序、报告子程序等。LDAR 的一般流程见图 29-1-25。

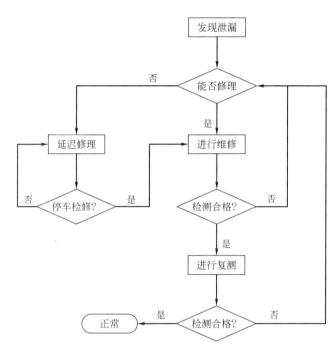

图 29-1-25 LDAR 的一般流程

该技术具有如下优点：

① 提前发现安全隐患，提高工艺安全性和可靠性，避免设备泄漏引起的安全事故（爆炸、有毒气体泄漏等）；

② 减少空气污染，降低因设备泄漏引起的异味污染、人体伤害、雾霾天气的产生等；

③ 减少原料及产品损耗，减少无组织排放，增加经济收益；

④ 提前发现设备泄漏，降低维修成本；

⑤ 降低高昂的排污费用。

1.4.9 其他新技术

由于处理对象的复杂性，单一应用某一种技术很难应付所有的问题，并且每一种处理技术都具有自身的局限性，为了能够更有效地解决大气污染问题，新的技术不断被研究和开发。主要体现在以下三个方面。

（1）革新技术，改掉缺点，扩展各种主流技术的应用范围 活性炭吸附回收工艺的核心是吸附材料的吸附性能，吸附材质从活性炭颗粒到活性炭纤维，大大地提升了吸附性能。活性炭纤维具有成型好、耐酸碱、导电性好和化学稳定性高等特点。此外，碳纳米管（CNTs）具有比活性炭更高的吸附效率，它可以作为许多气体的吸附剂。

生物过滤法的过滤塔堵塞现象是此法长期运行的一个重要问题，有研究采用化学洗脱的方式可以有效解决这一问题。此外，改变载体材质也是一个较为可行的方法。生物过滤塔的载体一般采用硬质材料，如果出现堵塞，去除堵塞物较难。采用纤维软性载体，更易解决堵塞问题。

（2）技术的组合、集成和优化　不同控制技术联合应用，以达到提高去除率、降低成本和减少二次污染的目的，是目前气态污染物去除技术的主要发展方向之一。例如将介质阻挡放电和蜂窝状沸石薄片联合，在沸石薄片相隔的空间中制造无声放电来降解气态污染物。由于沸石薄片的插入，在气态污染物被放电降解时，吸附与解吸过程也同时发生；而介质阻挡放电无法降解或降解不完全的气态污染物将与放电过程中产生的臭氧混合，被沸石吸附，随后，臭氧通过氧化作用降解剩余污染物。在对甲苯的降解研究中，插入沸石薄片后，反应器对甲苯的处理效率有明显的提高。

（3）新材料和新工艺的开发　虽然大多数新材料和新工艺依然处于实验室研究阶段，但是它们的出现为气态污染物控制提供了新的思路和途径，例如电子束技术、水性高分子材料的研发等。

目前，电子束辐照技术在污染物处理方面的应用多处于试验阶段，技术不够成熟，机理研究不够深入，因此，电子束辐照技术大规模地应用于有害污染物的处理还需时日。如何能将电子束辐照技术与其他技术更好地结合，从而开发出更有效的新方法和新技术，将是这一领域今后的发展方向。

水溶性高分子是一类能够在水中溶解或溶胀而形成溶液或分散体系的亲水性高分子，由于其具有来源广泛、功能多样以及生物相容性和环境友好性等诸多优点而成为最受关注的材料之一。水溶性高分子的亲水性来自其分子结构含有的大量的亲水基团，包括带电荷的离子基团和极性的非离子基团，如羧酸基、季铵基、羟基、酰氨基等。同时，这些基团还赋予其各种化学反应功能，以及增黏、减阻、分散、絮凝、黏合、成胶、成膜等诸多物理功能。水性胶黏剂是以树脂为黏料，以水为溶剂或分散剂，取代对环境有污染的有毒胶黏剂（如三醛胶），从而制备成的一种环境友好型胶黏剂。一些高性能的水性胶黏剂如丙烯酸酯类、聚氨酯类、环氧类等，在很多场合已经能够完全代替溶剂型胶黏剂。水性涂料方面也有很多成果得到应用，初步形成水性高分子材料科学，可以从源头上消除或减少VOCs污染，对施工者、使用者的健康危害较低，在空气净化方面将会有广阔的应用前景。

1.4.10　不同VOCs控制技术适用性汇总

VOCs来源广泛，主要污染源包括工业源、生活源。工业源主要包括石油炼制与石油化工、煤炭加工与转化等含VOCs原料的生产行业，油类（燃油、溶剂等）储存、运输和销售过程，涂料、油墨、胶黏剂、农药等以VOCs为原料的生产行业，涂装、印刷、黏合、工业清洗等含VOCs产品的使用过程；生活源包括建筑装饰装修、餐饮服务和服装干洗。

VOCs污染防治应遵循源头和过程控制与末端治理相结合的综合防治原则。

对于末端治理，首先要考虑的是VOCs气体收集。对于储罐区需要对储罐进行改造，将储罐大小"呼吸"产生的气体进行治理，在每个储罐的顶部设置一个气体收集管线，并对储罐进行氮封保护。"呼吸"产生的气体，经风机引入气体治理装置。对于车间气体收集，宜采用密闭一体化生产技术，并对生产过程中产生的无组织和有组织废气分质收集后分别集中处理，对于不能密闭的单元，废气做到"能收则收"。反应加料、物料转移等过程产生的无组织废气，冷凝过程产生的不凝性废气，抽真空、压滤、离心、烘干过程和危废暂存场所、液体收集槽等产生的无组织废气，排放收集至末端进行处理；含有机废气或恶臭物质的废水处理池加盖密闭，并收集至末端处理。要求收集系统设计合理、捕集效率高。具体可查阅相关地区的废气收集技术规范。表 29-1-25 列出了工业源不同 VOCs 控制技术适用性汇总[13]。

表 29-1-25   不同 VOCs 控制技术的适用性汇总

控制技术	适用 VOCs 浓度 /mg·m^{-3}	单套装置适用气体流量 /m^3·h^{-1}	适宜处理废气	适宜温度范围/℃	二次污染	建设费用 /万元·10^{3}m^{-3}	运行费用/元·10^{3}m^{-3}	优点	缺点
吸收	1000～120000	1000～150000	易溶于吸收液的气体		废液	13～42	1～4	处理效果好	废液需要进一步处理
冷凝	>20000	<3000	适用于浓度高的废气和含有大量水蒸气的高温废气		无			可回收 VOCs	流量不能过高，处理不彻底
吸附	<1000	1000～100000	一般适用于浓度较高、成分较为单一的气体	<45	废气吸附剂	10～42	4～8（不算回收 VOCs）	处理效果好	吸附剂费用高
膜分离	>5000	<3000	高浓度废气，水分含量不宜太高	<60	无	100～600	0.4～1.5（不算膜更换）	可用于 VOCs 回收	不适用于高温或大流量气体
催化氧化	2000～8000（上限浓度低于有机物爆炸极限下限的 1/4）	1000～100000	中高浓度有机废气，气体中不含硫、卤素、重金属等	<500	未完全氧化产物	8～60	0.4～5	适用 VOCs 种类多，处理效果好	不适用于低浓度 VOCs 气体，可能会出现催化剂中毒现象
热力燃烧	2000～8000（上限浓度低于有机物爆炸极限下限的 1/4）	1000～100000	高浓度有机废气	≥0	未完全氧化产物	5～30	0.4～3	适用 VOCs 种类多，处理效果好	不适用于低浓度气体，可能产生有毒副产物
等离子体	<500	1000～20000	大风量、低浓度的有机废气	<80	臭氧	2～25	1～3	适用 VOCs 种类多	离子管或电极板易受污染
生物处理	<2000	1000～100000	中低浓度、含可生物降解的 VOCs 废气	10～45	渗出液	2～20	0.6～2	处理费用低	占地面积较大

1.5 废气收集系统

对于废气治理，废气的收集是关键，密闭化是发展方向。无法密闭的工况，工业上最常用的收集方法是集气罩及其管路系统。

1.5.1　集气罩设计

1.5.1.1　集气罩的基本形式

按集气罩与污染源的相对位置及适用范围，集气罩分为：密闭罩、排气柜、外部集气罩、接受式集气罩等。

（1）密闭罩　密闭罩是将污染源的局部或整体密闭起来的一种集气罩，其作用原理是使污染物的扩散限制在一个很小的密闭空间内，仅在必须留出的罩上开口缝隙处吸入若干室内空气，使罩内保持一定负压，达到防止污染物外逸的目的。密闭罩的特点是：与其他类型的集气罩相比，所需排风量最小，控制效果最好，且不受室内横向气流的干扰。所以，在设计中应优先考虑选用。一般来说，密闭罩多用于粉尘发生源，常称为防尘密闭罩。按密闭罩的围挡范围和结构特点可将其分为局部密闭罩（图 29-1-26）、整体密闭罩（图 29-1-27）和大容积密闭罩（图 29-1-28）三种。

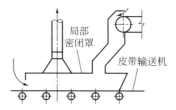

图 29-1-26　局部密闭罩

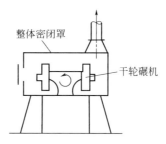

图 29-1-27　整体密闭罩

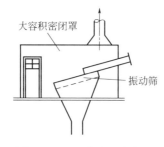

图 29-1-28　大容积密闭罩

（2）排气柜　排气柜也称形式集气罩。出于生产工艺操作的需要，在罩上开有较大的操作孔。操作时，通过孔口吸入的气流来控制污染物外逸。其捕集机理和密闭罩一样，可视为开有较大孔口的密闭罩。化学实验室的通风柜和小零件喷漆箱就是排气柜的典型代表。其特点是控制效果好，排风量比密闭罩大，而小于其他类型的集气罩。

（**3**）**外部集气罩** 由于工艺条件的限制，有时无法对污染源进行密闭，则只能在其附近设置外部集气罩。外部集气罩依靠罩口外吸入气流的运动而实现捕集污染物。外部集气罩形式多样，按集气罩与污染源的相对位置可将其分为四类：上部集气罩、下部集气罩、侧吸罩和槽边集气罩。见图 29-1-29。

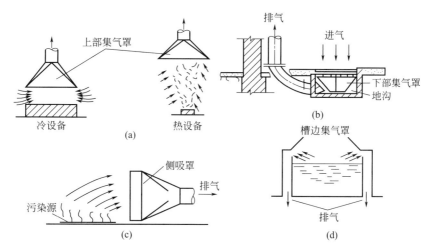

图 29-1-29 外部集气罩

（**4**）**接受式集气罩** 有些生产过程或设备本身会产生或诱导气流运动，并带动污染物一起运动，如由于加热或惯性作用形成的污染气流。接受式集气罩（图 29-1-30）即沿污染气流流线方向设置吸气罩口，污染气流便可借助自身的流动进入罩口。

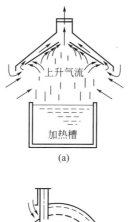

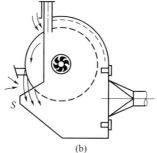

图 29-1-30 接受式集气罩

（**5**）**吹吸式集气罩** 当外部集气罩与污染源距离较大时，单纯依靠罩口的抽吸作用往往

第
29
篇

控制不了污染物的扩散。可以在外部集气罩的对面设置吹气口，将污染气流吹向外部集气罩的吸气口，以提高控制效率。一般把这类依靠吹吸气流的综合作用来控制污染气流扩散的集气方式称为吹吸式集气罩（图 29-1-31）。由于吹出气流的速度衰减得慢以及气幕的作用，使室内空气混入量大为减少，所以达到同样的控制效果时，要比单纯采用外部集气罩节约风量，且不易受室内横向气流的干扰。

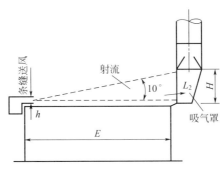

图 29-1-31　吹吸式集气罩

1.5.1.2　集气罩的设计计算

（1）集气罩结构尺寸　集气罩的吸风口大多为喇叭形，如图 29-1-32 所示，罩口面积 F 与连接风管横断面积 f 的关系为 $F \leqslant 16f$ 或 $D \leqslant 4d$；或喇叭口的长度 L 与风管直径 d 的关系为 $L \leqslant 3d$。如使用矩形风管，矩形风管的边长 B（长边）为 $B = 1.13\sqrt{F}$。

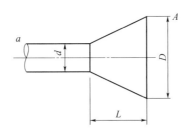

图 29-1-32　集气罩结构尺寸[14]

各种集气罩的结构尺寸在设计时可参照下列条件确定。首先，集气罩的罩口尺寸不应小于罩子所在位置的污染物扩散的断面积。如果设集气罩连接风管的特征尺寸为 d（圆形为直径，矩形为短边），污染源的特征尺寸为 E（圆形为直径，矩形为短边），集气罩距污染源的垂直距离为 H，集气罩口的特征尺寸为 D（圆形为直径，矩形为短边），则应满足 $d/E > 0.2$，$1.0 < D/E < 2.0$，$H/E < 0.7$（如影响操作可适当增大）。

（2）集气罩排风量的计算　冷过程排气量的确定涉及控制速度，从污染源散发出来的污染物具有一定的扩散速度，当扩散速度小到零时的位置称为控制点。只有控制点的污染物才容易被吸走。排气罩在控制点所造成的能吸走污染物的最小气速称为控制速度，其值的大小与工艺过程和室内气流运动情况有关，一般通过实测求得。如缺乏现场实测数据，可参阅相关经验数值，现将某些污染源的控制吸入速度列于表 29-1-26～表 29-1-28。查阅时，按表 29-1-26、表 29-1-27、表 29-1-28 的顺序依次选择气体吸入速度，如有重叠，以安全速度为准。

表 29-1-26 按有害物散发条件选择吸入速度

有害物散发条件	举例	最小吸入速度/m·s⁻¹
以轻微的速度散发到几乎是静止的空气中	蒸气的蒸发,气体或烟从敞口容器中外逸,槽子的液面蒸发(如脱油槽、浸槽等)	$0.25\sim0.5$
以较低的速度散发到较平静的空气中	喷漆室内喷漆,间断粉料装袋,焊接台,低速皮带机运输,电镀槽,酸洗槽	$0.5\sim1.0$
以相当大的速度散发到空气运动迅速的区域	高压喷漆,快速装袋或装桶,往皮带机上装料,破碎机破碎,冷落砂机	$1.0\sim2.5$
以高速散发到空气运动很迅速的区域	磨床,重破碎机,在岩石表面工作,砂轮机,喷砂,热落砂机	$2.5\sim10$

表 29-1-27 对于某些特定作业的吸入速度

作业内容	吸入速度/m·s⁻¹	说明	作业内容	吸入速度/m·s⁻¹	说明
研磨喷砂作业			铸造拆模	3.5	高温铸造
在箱内	2.5	具有完整排风罩	有色金属冶炼		
在室内	$0.3\sim0.5$	从该室下面排风	铝	$0.5\sim1.0$	排风罩的开口面
袋装作业			黄铜	$1.0\sim1.4$	排风罩的开口面
纸袋	0.5	装袋室及排风罩	研磨机		
布袋	1.0	装袋室及排风罩	手提式	$1.0\sim2.0$	从工作台下排风
粉砂业	2.0	污染源处外设排风罩	吊式	$0.5\sim0.8$	研磨箱开口面
圈斗与圈仓	$0.8\sim1.0$	排风罩的开口面	金属精炼		
皮带输送机	$0.8\sim1.0$	转运点处排风罩的开口面	有毒金属(铝、镉)	1.0	精炼室开口面
铸造型芯抛光	0.5	污染源处	无毒金属(铁、铝)	0.7	精炼室开口面
手工锻造厂	1.0	排风罩的开口面	无毒金属(铁、铝)	1.0	外装精炼室开口面
铸造用筛			混合机(砂等)	$0.5\sim1.0$	混合机开口面
圆筒筛	2.0	排风罩的开口面	电弧焊	$0.5\sim1.0$	污染源(吊式排风罩)
平筛	1.0	排风罩的开口面		0.5	电焊室开口面
铸造拆模	1.4	低温铸造,下方排风			

表 29-1-28 按周围气流情况及有害气体的危害性选择吸入速度

周围气流情况	吸入速度/m·s⁻¹	
	危害性小时	危害性大时
无气流或者容易安装挡板的地方	$0.20\sim0.25$	$0.25\sim0.30$
中等程度气流的地方	$0.25\sim0.30$	$0.30\sim0.35$
较强气流的地方或者不安挡板的地方	$0.35\sim0.40$	$0.38\sim0.50$
强气流的地方	0.5	
非常强气流的地方	1.0	

通常使用的排气柜为半密闭性,其排气量 Q 可通过下式进行计算。

$$Q = 3600Fv\beta \tag{29-1-26}$$

式中，Q 为排气量，$m^3 \cdot h^{-1}$；F 为操作口实际开启面积，m^2；v 为操作口处空气吸入速度，$m \cdot s^{-1}$，可按表 29-1-26 选用；β 为安全系数，一般取 1.05～1.1。

敞开式排气罩的喇叭口一般多装有 7.5～15cm 宽的边框，边框可节省排风量 20%～25%，压力损失可减少 50%左右。对不同形状的排气罩，其排气量的计算方法不同，现将部分排气量的计算公式列于表 29-1-29。

表 29-1-29　各种排气罩的排气量计算公式

名称	形式	罩形	罩子尺寸比例	排气量计算公式 Q /$m^3 \cdot s^{-1}$	备注
矩形及圆形平口排气罩	无边		$h/B \geqslant 0.2$ 或圆口	$Q = (10x^2 + F)v_x$	罩口面积 $F = Bh$ 或 $F = \pi d^2/4$，d 为罩口直径，m
	有边		$h/B \geqslant 0.2$ 或圆口	$Q = 0.75(10x^2 + F)v_x$	罩口面积 $F = Bh$ 或 $F = \pi d^2/4$，d 为罩口直径，m
	台上或落地式		$h/B \geqslant 0.2$ 或圆口	$Q = 0.75(10x^2 + F)v_x$	罩口面积 $F = Bh$ 或 $F = \pi d^2/4$，d 为罩口直径，m
	台上		$h/B \geqslant 0.2$ 或圆口	有边，$Q = 0.75(10x^2 + F)v_x$；无边，$Q = (5x^2 + F)v_x$	罩口面积 $F = Bh$ 或 $F = \pi d^2/4$，d 为罩口直径，m

名称	形式	罩形	罩子尺寸比例	排气量计算公式 Q /m³·s⁻¹	备注
条缝侧集罩	无边		$h/B \leqslant 0.2$	$Q = 3.7Bxv_x$	$v_x = 10$m·s⁻¹;$\zeta = 1.78$;B 为罩宽,m;h 为条缝高度,m;x 为罩口至控制点距离,m
	有边		$h/B \leqslant 0.2$	$Q = 2.8Bxv_x$	$v_x = 10$m·s⁻¹;$\zeta = 1.78$;B 为罩宽,m;h 为条缝高度,m;x 为罩口至控制点距离,m
	台上		$h/B \leqslant 0.2$	无边,$Q=2.8Bxv_x$; 有边,$Q=2Bxv_x$	$v_x = 10$m·s⁻¹;$\zeta = 1.78$;B 为罩宽,m;h 为条缝高度,m;x 为罩口至控制点距离,m
上部伞形罩	冷态		按操作要求	(1)侧面无围挡时, $Q = 1.4PHv_x$ (2)两侧有围挡时, $Q=(W+B)Hv_x$ (3)三侧有围挡时, $Q = WHv_x$ 或 $Q = BHv_x$	P 为罩口周长,m;W 为罩口长度,m;B 为罩口宽度,m;H 为污染源至罩口距离, m; $v_x = 0.25 \sim 2.5$m·s⁻¹;$\zeta = 0.25$
	热态		低悬罩 $(H<1.5)$ 圆形, $D = d + 0.5H$; 矩形, $A = a + 0.5H$ $B = b + 0.5H$	圆形罩,$Q = 167D^{2.33}(\Delta t)^{5/12}$ 矩形罩, $Q = 221B^{3/4}(\Delta t)^{5/12}$[m³·(h⁻¹·m⁻¹罩长)]	D 为罩子实际罩口直径,m;Δt 为热源与周围温度差,℃;h 为操作高度,m;B 为罩口宽度,m;A 为实际罩口长度,m;a,b 分别为热源长度
			高悬罩 $(H>1.5)$ 圆形, $D = D_0 + 0.8H$	$Q = v_0 F_0 + v'(F - F_0)$ $v_0 = \dfrac{0.087f^{1/3}(\Delta t)^{5/12}}{(H')^{1/4}}$ $F_0 = \pi D_0^2/4$ $D_0 = 0.433(H')^{0.88}$ $H' = H + 2d$ $F = \pi D^2/4$	F 为实际罩口面积,m²;F_0 为罩口处热气流断面积,m²;v' 为通过罩口过剩面积的气流速度,0.5~0.75m·s⁻¹;d 为热源直径,m;f 为热源水平面积,m²;Δt 为热源与周围温差,℃;D_0 为罩口处热气流直径,m

续表

名称	形式	罩形	罩子尺寸比例	排气量计算公式 Q /m³·s⁻¹	备注
槽边侧集罩			$h/B \leqslant 0.2$	$Q = BWC$ 或 $Q = v_0 n$	h 按罩口速度 $v_x = 10\text{m·s}^{-1}$ 确定;C 为风量系数,在 $0.25\sim2.5\text{m}^3\cdot\text{m}^{-2}\cdot\text{s}^{-1}$ 范围内变化,一般取 $0.75\sim1.25$
半密闭罩	排气柜			用于热态时,$Q = 4.86$; 用于冷态时,$Q = Fv$	Q 为柜内发热量,kW·s⁻¹;F 为操作口面积, m²;v 为操作口平均速度, $0.5\sim1.5\text{m·s}^{-1}$
密闭柜	整体密闭罩			$Q = Fv$ 或 $Q = v_0 n$	F 为缝隙面积,m²;v 为缝隙风速,近似 5m·s^{-1};v_0 为罩内容积,m³;n 为换气次数,次·h⁻¹
吹吸罩				H(集气罩高度) $= D\tan 10$ $= 0.18D$ $Q_1 = \dfrac{1}{DE}Q_2$ D 为射流长度,m; E 为进入系数; $Q_2 = 1830\sim2750\text{m}^3\cdot\text{h}^{-1}\cdot\text{m}^{-2}$ 槽面; W 按喷口速度 $5\sim10\text{m·s}^{-1}$ 确定	射流长度／进入系数见下表

吹吸罩备注表:

射流长度 D/m	进入系数 E
<2.5	2.0
2.5~5.0	1.4
5.0~7.5	1.0
>7.5	0.7

（3）**集气罩压力损失的计算** 集气罩压力损失 Δp 一般用压力损失系数 ξ 与直管中的气流动能 p_V 的乘积来表示。ξ 值见表 29-1-30，也可查阅参考文献。

表 29-1-30 集气罩局部阻力系数[15]

名称	图形和断面	局部阻力系数 ξ（ξ 值以图内所示的速度 v 计算）					
伞形罩	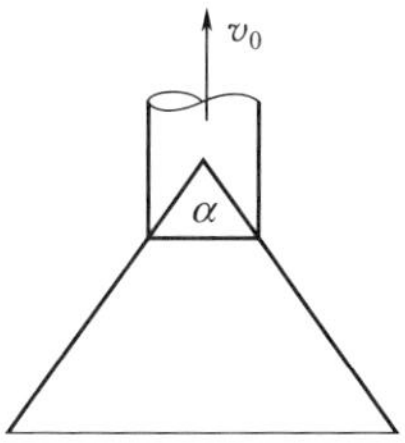	$\alpha/(°)$	20	40	60	90	120
		圆形	0.11	0.06	0.09	0.16	0.27
		矩形	0.19	0.13	0.16	0.25	0.33

如果查不到压损系数 ξ，也可通过流量系数 φ 计算出来，φ 与 ξ 的关系为：

$$\varphi = \frac{1}{\sqrt{1+\xi}} \tag{29-1-27}$$

对于结构形状一定的排气罩，φ 与 ξ 皆为常数，部分集气罩的流量系数 φ 见表 29-1-31。

表 29-1-31 集气罩的流量系数和压力损失系数表

罩子名称	喇叭口	圆台或天圆地方	圆台或天圆地方	管道端头	有边管道端头
罩子形状	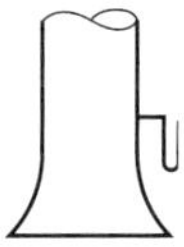	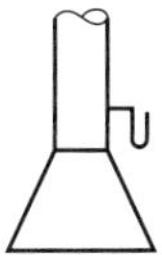			
流量系数 φ	0.98	0.90	0.82	0.72	0.82
压损系数 ξ	0.04	0.235	0.49	0.93	0.49
罩子名称	有弯头的管道端头	有弯头有边的管道端头	圆台或天圆地方	有格栅的下吸罩	砂轮罩
罩子形状				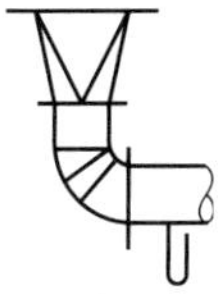	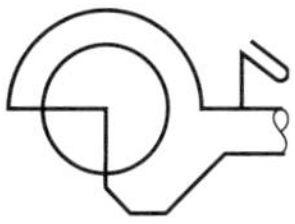
流量系数 φ	0.62	0.74	0.9	0.82	0.80
压损系数 ξ	1.61	0.825	0.235	0.49	0.56

第
29
篇

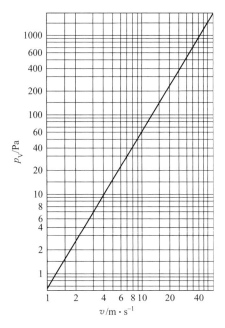

图 29-1-33 流速与动压的关系

动压 p_V 与流速 v 有关，p_V 也可从图 29-1-33 中查到。

$$p_V = \frac{\rho v^2}{2g} \approx \left(\frac{v}{4.04}\right)^2 \tag{29-1-28}$$

式中，p_V 为动压，Pa；v 为流速，m·s^{-1}；ρ 为气体密度，kg·m^{-3}。

所以

$$\Delta p = \xi p_V \tag{29-1-29}$$

式中，Δp 为集气罩压力损失，Pa。

1.5.2 管线系统设计

1.5.2.1 管道布置的一般原则

管道的布置关系到整个净化系统的总体布局。合理设计、施工和使用管道系统，不仅能充分发挥净化系统的作用，而且直接关系到系统运行的经济性。管道布置的一般原则为：

（1）布置管道时应对所有管线通盘考虑，统一布置，尽量少占有用空间，力求简单、紧凑，而且安装、操作和检修要方便。

（2）划分系统时，要考虑排送气体的性质，可以把几个集气罩集中成一个系统，但是如果污染物混合后可能引起燃烧或爆炸，则不能合并成一个系统，或者不同温度和湿度的含尘气体，混合后可能引起管内结露时也不能合成一个系统。

（3）管道布置力求顺直、减少阻力。一般圆形风道强度大、耗用材料少，但占空间大。矩形风道管件占用空间小、易布置。管道敷设应尽量明装。

（4）管道应集中成列，平行敷设，并尽量沿墙或柱子敷设，管径大的和保温管应设在靠墙侧，管道与梁、柱、墙、设备及管道之间应有一定的距离，以满足施工、运行、检修和热胀冷缩的要求。

(5) 管道应尽量避免遮挡室内光线和妨碍门窗的启闭，不应影响正常的生产操作。

(6) 输送剧毒物的风管不允许是正压，此风管也不允许穿过其他房间。

(7) 水平管道应有一定坡度，以便放气、放水和防止积尘，一般坡度为 2‰～5‰。

(8) 管道与阀门的重量不宜支承在设备上，应设支架、吊架。保温管道的支架应设管托，焊缝不得位于支架处，焊缝与支架的距离不应小于管径，至少不得小于 200mm。管道焊缝的位置应在施工方便和受力小的地方。

(9) 确定排气口位置时，要考虑排出气体对周围环境的影响。对含尘和含毒的排气即使经净化处理，仍应尽量在高处排放，通常排出口应高于周围建筑 2～4m，为保证排出气体能在大气中充分扩散和稀释，排气口可装设锥形风帽，或辅以阻止雨水进入的措施。

(10) 风管上应设置必要的调节和测量装置（如阀门、压力表、温度计、风量测量孔和采样孔等），或者预留安装测量装置的接口，调节和测量装置应设在便于操作和观察的位置。

(11) 管道设计中既要考虑便于施工，又要求保证严密不漏风。整个系统要求漏损小，以保证吸风口有足够的风量。

1.5.2.2 管道系统的设计计算

管道设计应在保证使用效果的前提下使管道系统投资和运行费用最低。管道系统设计计算的任务主要是确定管道的位置、选择断面尺寸并计算风道的压力损失，以便根据系统的总风量和总阻力选择适当的风机和电机。

管道系统设计应用较多的是流速控制法，该方法一般按以下步骤进行：

① 绘制管道系统的轴侧投影图，对各管段进行编号，标注长度和流量，管段长度一般按两管件中心线之间的长度计算，不扣除管件（如三通、弯头）本身的长度。

② 选择适宜的气体流速，在保障技术性能的前提下，使其技术经济合理，即使得系统的造价和运行费用的总和最经济。

③ 根据各管段的风量和选定的流速确定各管段的断面尺寸，并按国家规定的统一规格进行圆整，选取标准管径。

④ 确定系统最不利环路，即最远或局部阻力最多的环路，也是压力损失最大的管路，计算该管段的总压力损失，并作为管道系统的总压力损失。

⑤ 对并联管路进行压力损失平衡计算，两支管的压力损失差相对值，除尘系统应小于 10%，其他系统可小于 15%。

⑥ 根据系统的总流量和总压力损失选择合适的风机和电机。

(1) 流速选择 风管内气体流速对通风系统的经济性有较大影响。流速高，风管断面小，材料消耗少，建造费用小；但是系统阻力大，动力消耗大，运行费用增加。流速低，阻力小，动力消耗少；但是风管断面大，材料和建造费用大，风管占用的空间也会增大。对除尘系统来说，流速过低还会使粉尘沉积堵塞管道。因此必须通过全面的技术经济比较，选定适当的流速。具体数值见表 29-1-32 和表 29-1-33 中建议的风速，既考虑到系统的运行费用，也考虑了对周围环境的影响。

表 29-1-32　工业通风管道内风速　　　　单位：m·s⁻¹

风道部位	钢板和塑料风道	砖和混凝土风道
干管	6～14	4～12
支管	2～8	2～6

表 29-1-33   除尘风管的最小风速   单位：m·s⁻¹

灰尘性质	垂直管	水平管	灰尘性质	垂直管	水平管
粉尘的黏土和砂	11	13	铁和钢（屑）	19	23
耐火泥	14	17	灰土、砂土	16	18
重矿物灰尘	14	16	锯屑、刨屑	12	14
轻矿物灰尘	12	14	大块干木屑	14	15
干型砂	11	13	干微尘	8	10
煤灰	10	12	燃料灰尘	14～16	16～18
湿土(2%以下)	15	18	大块湿木屑	18	20
铁和钢	13	15	谷物灰尘	10	12
棉絮	8	10	麻（短纤维灰尘杂质）	8	12
水泥灰尘	8～10	18～22			

（2）管径选择   在已知流量和确定流速以后，管道断面尺寸可按下式计算：

$$d = \sqrt{\frac{4Q}{\pi v}} \tag{29-1-30}$$

式中，d 为管道直径，m；Q 为体积流量，m³·s⁻¹；v 为管内流体的平均流速，m·s⁻¹。

计算出的管径应按统一规格进行圆整。圆形和矩形风道及其配件规格见表 29-1-34 和表 29-1-35。

表 29-1-34   圆形通风管道规格[16]   单位：mm

外径 D	钢板制风管		塑料制风管		外径 D	钢板制风管		塑料制风管	
	外径允许偏差	壁厚	外径允许偏差	壁厚		外径允许偏差	壁厚	外径允许偏差	壁厚
100					500		0.75	±1	
120					560				4.0
140		0.5			630				
160				3.0	700				
180					800		1.0		5.0
200					900				
220	±1		±1		1000	±1		±1.5	
250					1120				
280					1250				
320		0.75			1400				6.0
360				4.0	1600		1.2～1.5		
400					1800				
450					2000				

表 29-1-35 矩形通风管道规格[16] 单位：mm

外边长 (ab)	钢板制风管		塑料制风管		外边长 (ab)	钢板制风管		塑料制风管	
	外边长允许偏差	壁厚	外径允许偏差	壁厚		外边长允许偏差	壁厚	外径允许偏差	壁厚
120×120		0.5			630×500				
160×120					630×630				
160×160					800×320				
200×120					800×400				5.0
200×160					800×500				
200×200					800×630				
250×120				3.0	800×800		1.0		
250×160					1000×320				
250×200					1000×400				
250×250					1000×500				
320×160					1000×630				
320×200			−2		1000×800				
320×250	−2				1000×1000			−3	6.0
320×320					1250×400	−2			
400×200		0.75			1250×500				
400×250					1250×630				
400×320					1250×800				
400×400					1250×1000				
500×200				4.0	1600×500				
500×250					1600×630		1.2		
500×320					1600×800				
500×400					1600×1000				
500×500					1600×1250				8.0
630×250					2000×800				
630×320		1.0	−3	5.0	2000×1000				
630×400					2000×1250				

（3）管道内气体流动的压力损失 流体在流动过程中，由于阻力的作用产生压力损失。根据阻力产生的原因不同，可分为沿程阻力和局部阻力。

① 沿程阻力的计算。空气在任何横断面形状不变的管道内流动时，摩擦阻力 Δp_m 可按下式计算：

$$\Delta p_m = \lambda \frac{l}{4R_s} \times \frac{v^2 \rho}{2} \qquad (29\text{-}1\text{-}31)$$

$$R_s = \frac{A}{P} \qquad (29\text{-}1\text{-}32)$$

式中，Δp_m 为摩擦阻力，Pa；λ 为摩擦阻力系数；v 为风管内空气的平均流速，$m \cdot s^{-1}$；ρ 为空气的密度，$kg \cdot m^{-3}$；l 为风管长度，m；R_s 为风管的水力半径，m；A 为管道中充满流体部分的横截断面面积，m^2；P 为湿周，在通风系统中，即为风管的周长，m。

圆形风管单位长度摩擦阻力 R_m 为：

$$R_m = \frac{\lambda}{d} \times \frac{v^2 \rho}{2} \qquad (29\text{-}1\text{-}33)$$

式中，R_m 为单位长度摩擦阻力，又称比摩阻，$Pa \cdot m^{-1}$；d 为风管直径，mm。

摩擦阻力系数 λ 与空气在风管内的流动状况 Re 和风管管壁的绝对粗糙度 K 有关。在通风系统中，薄钢板风管的空气流动状态大多数属于水力光滑管到水力粗糙管之间的过渡区。此时，可采用下式计算 λ 值。

$$\frac{1}{\sqrt{\lambda}} = -2\lg\left(\frac{K}{3.71d} + \frac{2.51}{Re\sqrt{\lambda}}\right) \qquad (29\text{-}1\text{-}34)$$

式中，K 为风管内壁粗糙度，mm；d 为风管直径，mm。

进行通风系统设计时，为了避免烦琐的计算，常使用按上述公式绘制成的各种形式的计算表或线解图。已知 Q、v、d、R_m 中的任意两个量，就可以确定其余的量。可参阅《全国通用通风管道计算表》中通风管道计算表，它适用于标准状态下的空气，大气压力 $p = 101.3kPa$、温度 $t = 20℃$、密度 $\rho = 1.24kg \cdot m^{-3}$、运动黏度 $\gamma = 15.06 \times 10^{-6} m^2 \cdot s^{-1}$。对于钢板制风管，绝对粗糙度 $K = 0.15mm$。

当条件改变时，需对沿程阻力进行修正。

a. 粗糙度对摩擦力的影响：摩擦阻力系数 λ 不仅与 Re 有关，还与管壁粗糙度 K 有关，当粗糙度增大时摩擦阻力系数和摩擦阻力也增大。

在通风系统中，常用各种材料制作风管。这些材料的粗糙度各不相同，其数值可于表 29-1-36 中查询。

表 29-1-36   风道内表面的平均绝对粗糙度[17]

风管材料	平均绝对粗糙度 K/mm	风管材料	平均绝对粗糙度 K/mm
薄钢板或镀锌薄钢板	0.15	胶合板、木板	1.0
塑料板	0.01~0.03	竹风道	0.8~1.2
铝板	0.03	混凝土板	1.0~3.0
矿渣石膏板	1.0	砖砌风道	3.0~10.0
矿渣混凝土板	1.5	铁丝网抹灰风道	10.0~15.0

风管材料变化、管壁的粗糙度改变以后，需对摩擦阻力进行修正，也可从线解图中直接查出，有关比摩擦阻力线解图可参看非金属通风管道线解图。

b. 空气温度对摩擦阻力的影响：如果风管内的空气温度不是 $20℃$，随着温度的变化，空气的密度 ρ、运动黏度 γ 以及单位长度摩擦阻力 R_m 都会发生变化。因此，对比摩擦阻力必须用下式进行校正：

$$R_m' = R_m K_t \qquad (29\text{-}1\text{-}35)$$

式中，R'_m 为不同温度下实际的单位长度摩擦阻力，$Pa \cdot m^{-1}$；R_m 为按 20℃ 查得的单位长度摩擦阻力，$Pa \cdot m^{-1}$；K_t 为摩擦阻力温度修正系数，见图 29-1-34。

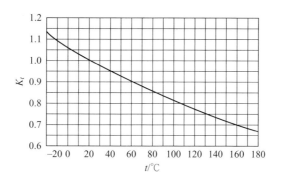

图 29-1-34 摩擦阻力温度修正系数

② 矩形风管的摩擦阻力。前面研究的沿程阻力都是针对圆管的，对于矩形管道，可以利用当量直径 d_e 仍按圆形管道的沿程阻力公式计算。当量直径有两种：流速当量直径和流量当量直径。流速当量直径的含义是管道（面积 ab）中的沿程阻力，与同一长度、同一平均流速、直径为 d_e 的圆形管道中的沿程阻力相等。根据这一定义，从式（29-1-31）可以看出，圆形风管和矩形风管的水力半径必须相等。

已知圆形风管的水力半径 $R'_s = \dfrac{d}{4}$，矩形风管的水力半径 $R''_s = \dfrac{ab}{2(a+b)}$，令 $R'_s = R''_s$，则：

$$d = \frac{2ab}{a+b} = d_e \tag{29-1-36}$$

式中，d 为圆形风管的直径，mm；d_e 为当量直径，mm；a、b 分别为矩形风管的长、宽，mm。

③ 局部阻力的计算。流体流过异形管件或设备时，由于流动情况发生变化将会造成流动阻力增加，增加的这种阻力称局部阻力。局部阻力 Δp_j（Pa）可按下式计算：

$$\Delta p_j = \xi \frac{v^2 \rho}{2} \tag{29-1-37}$$

式中，ξ 为局部阻力系数，是一个无量纲量；ρ 为气体密度，$kg \cdot m^{-3}$；v 为断面平均流速，$m \cdot s^{-1}$。

局部阻力系数通常是用试验方法确定的。参考文献［1］中可查询局部阻力系数。计算时必须注意，取值是对应于哪一个断面的气流速度的。

（4）并联管道压力平衡 对于并联管道，当初次选择的管径不能满足设计流量条件下阻力平衡的要求时，则必须采取阻力平衡措施，如改变管径或加装调节阀门等。重新选择管径可按下式计算：

$$d'_p = d \left(\frac{\Delta p}{\Delta p'} \right)^{0.225} \tag{29-1-38}$$

式中，Δp 为初选管径计算的阻力损失，Pa；$\Delta p'$ 为需满足的阻力损失，Pa；d 为初选管径，m；d'_p 为重选管径，m。

(5) 净化系统管网的总阻力 净化系统管网的总阻力是不同直径各直管段摩擦阻力之和加上各局部阻力之和，再乘以附加阻力系数（储备量），即：

$$\Delta p = K\left(\sum \Delta p_{m} + \sum \Delta p_{j}\right) \tag{29-1-39}$$

式中，Δp 为系统管网的总阻力，Pa；K 为流体阻力附加系数，取 $K = 1.15 \sim 1.20$。

参考文献

[1] 张殿义，张学义. 除尘技术手册. 北京：冶金工业出版社，2002.

[2] 王纯，张殿印. 废气处理工程技术手册. 北京：化学工业出版社，2013.

[3] 向晓东. 现代除尘理论技术. 北京：冶金工业出版社，2002.

[4] 李小川，胡亚非，张巍，等. 湿式除尘器综合运行参数的影响. 中南大学学报 (自然科学版)，2013, 44(2): 862-866.

[5] 马广大，黄学敏，朱天乐. 大气污染控制技术手册. 北京：化学工业出版社，2010.

[6] 张殿印，王海涛. 除尘设备与运行管理. 北京：冶金工业出版社，2008.

[7] 陈鸿飞. 除尘与分离技术. 北京：冶金工业出版社，2007.

[8] 周迟骏. 环境工程设备设计手册. 北京：化学工业出版社，2009.

[9] 全国环保产品标准化技术委员会环境保护机械分技术委员会，浙江菲达环保科技股份有限公司. 环保装备技术丛书：电除尘器. 北京：中国电力出版社，2010.

[10] 张殿印，王纯. 除尘工程设计手册. 北京：化学工业出版社，2003.

[11] 李广超. 大气污染控制技术. 北京：化学工业出版社，2008.

[12] 马建峰，李英柳. 大气污染控制工程. 北京：中国石化出版社，2013.

[13] 席劲瑛. 工业源挥发性有机物排放特征与控制技术. 北京：中国环境科学出版社，2014.

[14] 周兴求. 环保设备设计手册. 北京：化学工业出版社，2004.

[15] 蒋忠安，杜翠凤，牛伟. 工业通风与除尘. 北京：冶金工业出版社，2010.

[16] 北京市设备安装工程公司等. 全国通用通风管道计算表. 北京：中国建筑工业出版社，1977.

[17] 上海市工业设备安装公司，北京市设备安装工程公司，贵州省建筑设计院，等. 全国通用通风管道配件图表. 北京：中国建筑工业出版社，1979.

2

废水处理

2.1 废水处理概述

本节介绍废水处理的基本概念，并以常见化工过程为例，介绍废水的来源、特征、分类、主要污染物、处理方法和选择及原则，并简述常用排放标准。

2.1.1 化工废水的来源、特征及分类

化工废水是在化工产品生产过程中排出的废水（包括工艺废水、冷却水、废气洗涤水、设备及场地冲洗水等），废水的性质根据生产原料、产品以及所用生产工艺的不同而呈现出很大差别，同时，生产管理的好与坏、操作水平的高与低，都对废水的产生数量和污染物的种类及浓度有很大的影响。在我国，化工行业是水污染物排放量较大的行业。

（1）化工废水的主要来源

① 生产过程中排放的工艺废水。

② 冲洗废水：生产过程中清洗管道、设备或地面的废水。

③ 冷却水：化工生产常在高温下进行，因此，需要对成品或半成品进行冷却，采用水冷时，就排放冷却水；若采用冷却水与反应物料直接接触的直接冷却方式，则不可避免地排出含有物料的废水。

④ 设备和管道的"跑、冒、滴、漏"。化工生产和输送的各个环节，由于设备和管道不严密、密封不良、操作不当、设备腐蚀等原因，往往有泄漏现象，这些"跑、冒、滴、漏"也直接或经冲洗地面等进入废水中。

⑤ 初期雨水。

⑥ 废气或固体废物处理过程产生的废水。

⑦ 工厂内的生活污水。

（2）化工废水的主要特点

① 废水排放量大。在生产过程中，工艺用水及冷却水用量很大，故废水排放量大。

② 水质复杂且污染物种类多。废水中的烷烃、烯烃、卤代烃、醇、酚、醚、酮及硝基化合物等有机物和无机物，大多是化学工业生产过程中或一些行业应用化工产品的过程中所排放的。如合成氨生产排放出的废水有含氰废水、含硫废水、含炭黑废水及含氨废水等；农药、染料产品的化学结构复杂，生产流程长、工序多，排出的废水种类更多。

③ 污染物毒性大，不易生物降解。化学工业废水所排放的许多有机物和无机物中有不少是直接危害人类健康的毒性物质，如氰、砷、汞、铅等无机物以及醛、醚、酯、多环芳烃及环氧有机物等。许多有机化合物十分稳定，不易被氧化，不易为生物所降解。许多易沉淀的无机化合物和金属有机物可通过食物链进入人体，对人体健康极为有害，甚至在某些生物

体内不断富集。

④ 化学需氧量（COD）和生化需氧量（BOD）都较高。化工废水特别是石油化工生产废水，含有各种有机酸、醇、醛、酮和环氧化物等。这种废水一经排入水体，就会在水中进一步氧化分解，从而消耗水体中的大量溶解氧，直接危害水生生物的生存。

⑤ 废水中盐分含量较高。农药、染料等产品生产中的盐析废水和酸析、碱析废水经中和后形成的含盐废水等均含有较高浓度的盐分，对微生物有明显的抑制作用。

(3) 化工废水的分类[1] 目前，工业类型繁多，而每种工业又由多段工艺组成，产生的废水性质完全不同，难以明确共性和进行简单分类。化学工业排放的废水按成分可分为三大类：第一类为含有机物的废水，主要来自基本有机原料、合成材料、农药等行业排出的废水；第二类为含无机物的废水，如无机盐、氮肥、磷肥、硫酸、硝酸及纯碱等行业排出的废水；第三类为既含有有机物又含有无机物的废水，如氯碱、感光材料、涂料等行业。如果按废水中所含的主要污染物分则有含氰废水、含酚废水、含硫废水、含有机磷化合物废水等。

2.1.2 化工废水中的主要污染物种类及其危害

化工废水中的污染物种类大致可分为：固体污染物、耗氧污染物、营养性污染物、油类污染物、有毒污染物、感官污染物、热污染等。表 29-2-1 所列为主要化工行业排放废水种类及主要污染物。

表 29-2-1 主要化工行业排放废水种类及主要污染物[1]

行业	主要来源	废水中主要污染物
氮肥	合成氨、硫酸铵、尿素、氯化铵、硝酸铵、氨水、石灰氨	氰化物、挥发酚、硫化物、氨氮、SS、COD、油
磷肥	普通过磷酸钙、钙镁磷肥、重过磷酸钙、磷酸铵类氮磷复合肥、磷酸、硫酸	氟、砷、P_2O_5、SS、铅、镉、汞、硫化物
无机盐	重铬酸钠、铬酸酐、黄磷、氰化钠、三盐基硫酸铅、二盐基亚磷酸铅、氯化锌、七水硫酸锌	六价铬、元素磷、氰化物、铅、锌、氟化物、硫化物、镉、砷、铜、锰、锡和汞
氯碱	聚氯乙烯、盐酸、液氯	氯、乙炔、硫化物、Hg、SS
有机原料及合成材料	脂肪烃、芳香烃、醇、醛、酮、酸、烃类衍生物及合成树脂(塑料)、合成橡胶、合成纤维	油、硫化物、酚、氰化物、有机氯化物、芳香族胺、硝基苯、含氮杂环化合物、铅、镉、铬、砷
农药	敌百虫、敌敌畏、乐果、氧化乐果、甲基对硫磷、对硫磷、甲胺磷、马拉硫磷、磷铵	有机磷、甲醇、乙醇、硫化物、对硝基苯酚钠、氯化钠、氨氮、氯化铵、粗酯
染料	染料中间体、原染料、商品染料、纺织染整制剂	卤化物、硝基物、氨基物、苯胺、酚类、硫化物、硫酸钠、氯化钠、挥发酚、SS、六价铬
涂料	涂料：树脂漆、油脂漆；无机颜料：钛白粉、立德粉、铬黄、氧化锌、氧化铁、红丹、黄丹、金属粉、华兰	油、酚、醛、醇、SS、六价铬、铅、锌、镉
硫酸(硫铁矿制酸)	净化设备中产生的酸性废水	pH 值、砷、硫化物、氟化物、悬浮物
合成洗涤剂	洗衣粉、液体洗涤剂	LAS、油类、脂肪酸、磷酸盐、硫酸钠等

为了表征废水水质，规定了许多水质指标。主要有有毒物质、悬浮物、细菌总数、pH值、色度等。一种水质指标可以包括几种污染物质；而一种污染物又可以属于几种水质指标。

(1) 固体污染物 固体污染物在水中的存在形态有悬浮物、胶状物和溶解状化合物三种。常用悬浮物（SS）和浊度两个指标来表示。

水被固体悬浮物污染，再大量排入自然界水体中，将造成水体外观恶化、浑浊度升高、水的颜色改变。能自行沉降的悬浮物沉于水体底部，危害水体底栖生物的繁殖，影响渔业生产；悬浮物沉积于灌溉的农田中，堵塞土壤孔隙，影响通风，不利于作物生长；如果淤积严重，还会堵塞水道。

当水中溶解固形物的浓度大时，造成 pH 值变化或盐分增加，也危害水生生物的生长。

(2) 耗氧污染物 废水中凡能通过生物化学或化学作用而消耗水中溶解氧的物质，统称为耗氧污染物。绝大部分耗氧污染物是有机物，无机物主要有还原态的 Fe^{2+}、S^{2-}、CN^- 等。因而一般情况下，耗氧污染物即指需氧有机物或耗氧有机物。耗氧有机物种类繁多，组成复杂，因而难以对其进行定量、定性分析。在工程实际中，采用化学需氧量（COD）、生化需氧量（BOD）、总需氧量（TOD）、总有机碳（TOC）等综合水质污染指标来描述。

如果排入水体的有机污染物太多，大量消耗了水中的溶解氧，从大气补充的氧也不能满足需要，这说明排入的有机污染物超过了水体的自净能力，水体将出现缺氧而恶化。当溶解氧长期处于 $4\sim5mg/L$ 以下时，一般的鱼类就无法生存。如果完全缺氧的话，有机污染物将转为厌氧分解，产生硫化氢、甲烷等还原性气体，使水中动植物大量死亡，水体因动植物腐烂而变黑变浑浊，散发恶臭，严重恶化环境。

(3) 营养性污染物 废水中的氮和磷是植物和微生物的主要营养物质。如果这类营养性污染物大量进入湖泊、河口、海湾等缓流水体，当水中氮、磷的浓度分别超过 $0.2mg\cdot L^{-1}$ 和 $0.02mg\cdot L^{-1}$ 时，就会引起水体富营养化。富营养化的水体往往造成藻类疯长，对农业和渔业危害较大。

(4) 油类污染物 包括"石油类"和"动植物油"两项。石油的开采、炼油工业废水的排放等都会排放油类污染物。

油类污染物在水面上形成油膜，隔绝大气与水面，破坏了水体的复氧条件，导致水体缺氧；油膜附于鱼鳃上，使鱼类呼吸困难，甚至窒息死亡；当鱼类处于产卵期时，在含油废水的水域中孵化鱼苗，多数幼鱼畸形，生命力低弱，易于死亡。油类污染物还会附着于土壤颗粒表面和动植物体表，影响养分吸收与废物排泄，妨碍通风和光合作用，使水稻、蔬菜减产，甚至绝收。

(5) 有毒污染物 废水中能对生物引起毒性反应的化学物质都是有毒污染物。毒物是重要的水质指标，各类水质标准对主要的毒物都规定了限值。化工废水中的毒物可分为无机有毒物质、有机有毒物质和放射性物质三大类。

有毒污染物的共同特点是大多数为难降解有机物或持久性有机物。它们因在水体中残留时间长，有蓄积性，可造成人体慢性中毒、致癌、致畸、致突变等生理危害。

(6) 感官性污染物 废水中能引起浑浊、泡沫、恶臭、色变等现象的物质，虽无严重危害，但能引起人们感官上的不快，统称为感官污染物。

(7) 热污染 因废水温度过高而引起的危害称为热污染。

由于水体水温升高，导致溶解氧降低，大气向水体传递氧的速率减慢，危害水生生物生长，甚至导致其大量死亡，水质将迅速恶化；水温升高，加快藻类繁殖，加速水体富营养化；水温升高，也会使化学反应加速，可能加速管道与容器的腐蚀；水温升高，还会加速细菌繁殖，增加后续水处理的难度和费用。

2.1.3　化工废水排放标准、规范

水污染物排放标准是为满足水环境标准的要求而对排污浓度、数量所规定的最高允许值。根据我国的环保标准体系，水污染物排放标准可分为跨行业综合型排放标准和行业型排放标准，又可分为国家排放标准和地方排放标准。现行综合型排放标准有《污水综合排放标准》（GB 8978—1996）等，与化工废水排放相关的最新的行业标准及规范包括《炼焦化学工业污染物排放标准》（GB 16171—2012）、《合成氨工业水污染物排放标准》（GB 13458—2013）、《石油炼制工业污染物排放标准》（GB 31570—2015）、《石油化学工业污染物排放标准》（GB 31571—2015）、《石油炼制工业废水治理工程技术规范》（HJ 2045—2014）以及《石油化工污水处理设计规范》（GB 50747—2012）等。地方排放标准如江苏省《化学工业主要水污染物排放标准》（DB 32/939—2006）等。

化工废水处理工程所执行的排放标准及规范，原则上应当由项目所在地的地方环境保护主管部门规定，采用地方或国家颁布的排放标准、规范。有时，根据环境质量的特殊要求，地方环保部门也可以要求执行比地方和国家排放标准更严格的水污染物排放限值。执行上，地方排放标准优先于国家排放标准，行业型排放标准优先于综合型排放标准，并且综合排放标准与行业排放标准不交叉执行。

标准非一成不变，它的制定与各个时期社会经济的发展相适宜，不断变化、充实和发展。正确执行何种标准还需关注相关标准网站，关注标准的更新与发布。

2.1.4　化工废水处理方法的分类

废水处理，实质上就是采用各种技术和手段，将污染物从废水中分离出来，或将其转化为无害的物质，从而使废水得到净化。

化工废水的处理方法按作用原理可分为物理法、化学法、物理化学法和生化法四大类。按处理程度又可分为一级、二级和三级处理。一级处理的任务是从废水中去除呈悬浮状态的固体与呈分层或乳化状态的油类污染物。为达到分离去除的目的，多采用物理处理法中的各种处理单元。一级处理又属于预处理。二级处理的任务是大幅度地去除废水中呈胶体和溶解状态的有机污染物。一般化工废水经二级处理后，已可达到排放标准。三级处理的任务是进一步去除前两级未能去除的污染物。三级处理所使用的处理方法是多种多样的，化学处理和生物处理的许多单元处理方法都可应用。

物理法常见的有：筛滤、离心、澄清、过滤、隔油等。

化学法常见的有：中和、沉淀、氧化还原、微电解、电解絮凝、焚烧等。

物理化学法常见的有：混凝、浮选、吸附、离子交换、膜分离、萃取、汽提、吹脱、蒸发、结晶等。

生物处理法按是否供氧而分为：好氧处理和厌氧处理两大类。

2.1.5　化工废水处理工艺的选择及原则

（1）化工废水处理工艺的选择　废水处理技术已经经过了100多年的发展，随着科学技术的发展废水处理技术发生了日新月异的变化。而化工废水中的污染物种类是多种多样的，往往采用一种工艺不能将废水中所有的污染物去除殆尽。处理工艺的选择必须根据个案进行具体的分析比较，必要时进行试验确定。

由于化工废水往往成分复杂、可生化性差，而且含无机盐、有毒有害物质，因此处理有一定难度。用物化工艺将化工废水处理到排放标准难度很大，运行成本较高；而且对难生化降解、水质水量变化大的化工废水直接用生化方法处理效果不理想。由于生物处理技术具有运行费用较低的明显优势，对于有机化工废水，目前仍以生物法处理为主，辅助物理法、化学法对废水进行预处理或深度处理，以提高处理效率。

（2）化工废水有效治理的原则

① 最根本的是改革生产工艺，尽可能地减少排污量；

② 最大限度回收废水中的有用物质；

③ 清污分流，污污分流；

④ 分质处理和集中处理相结合。

2.2 预处理

2.2.1 概述

化工废水往往成分复杂、可生化性差、水量水质变化大，而且废水中含有的有毒有害成分、无机盐、酸碱物质等对微生物有毒害和抑制作用，因此直接用生化方法处理化工废水往往效果不是很理想[1]。在实际的废水处理过程中，一般需要根据废水的水质，采取适当的预处理方法对化工废水进行处理，即通过预处理技术改善废水的污染状态，进而利用二级处理对废水做进一步处理。目前化工废水常用的预处理技术主要有物理法、物化法和化学法。物理工艺，例如隔油、过滤、气浮、离心分离等，多用来去除废水中的固态污染物；萃取、吸附、膜分离、电解、光催化氧化等物化、化学处理技术，则用来去除或破坏废水中难降解的有机物，改善废水的生化性能。

2.2.2 物理分离

2.2.2.1 隔油

石油开采与炼制、煤化工、石油化工及轻工等行业在生产过程中排出大量含油废水。油类在废水中主要以三种状态存在：悬浮油、乳化油和溶解性油。悬浮油油珠粒径较大，通常以连续相形式上浮于水面（若密度大于水则会沉至水底），这类油一般通过隔油技术去除。隔油设施称为隔油池，通常有平流式隔油池、平行板式隔油池和斜板式隔油池等，三种隔油池的特性比较见表 29-2-2。目前国内外普遍采用的是平流隔油池和斜板隔油池。

表 29-2-2 平流式、平行板式、斜板式隔油池特性比较[1]

项目	平流式	平行板式	斜板式
除油效率/%	60～70	70～80	70～80
相对占地面积（处理量相同时）	1	1/2	1/4～1/3
可能去除的最小油滴粒径/μm	100～150	60	60
最小油滴的上浮速度/mm·s^{-1}	0.9	0.2	0.2
分离油的去除方式	刮板及集油管集油	利用压差自动流入管内	集油管集油

续表

项目	平流式	平行板式	斜板式
泥渣除去方式	刮泥设备除泥渣	移动式的吸泥管或刮泥设备除泥渣	重力排泥
平行板的清洗	无	定期清洗	定期清洗
防火、防臭措施	浮油与大气相遇有着火危险,有臭气散发	表面多为清水,不易着火,臭气也不多	有着火危险,臭气较少
附属设备	刮油、刮泥机	卷扬机、清洗设备及装平行板用的单轨吊车	无
基建费	低	高	较低

（1）平流隔油池

① 平流隔油池分离原理。普通平流隔油池与沉淀池类似，废水从池的一端进入，从另一端流出，由于池内水平流速很小，进水中的轻油滴在浮力作用下上浮并聚积在池的表面，通过设在池面的集油管和刮油机收集浮油回用，相对密度大于 1 的油粒随悬浮物下沉。

② 平流隔油池设计原则。平流隔油池一般不少于 2 个，池深 1.5～2.0m，超高 0.4m，每单格的长宽比不小于 4，工作水深与每格宽度之比不小于 0.4，池内水流速度一般为 2～5mm·s^{-1}，停留时间一般为 1.5～2.0h，可将废水含油量从 400～1000mg·L^{-1} 降至 150 mg·L^{-1} 以下，去除效率达 70% 以上，所除油粒的最小直径为 100～150μm。

刮油机一般为链条牵引或钢索牵引。在用链条牵引的刮油机时，刮油机在池面上刮油，将浮油推向池末端，而在池底部可起着刮泥作用，将下沉的油泥刮向池进口端的泥斗。池底部应保持 0.01～0.02 的底坡，储泥斗深度一般为 0.5m，宽度不小于 0.4m，侧面倾角不应小于 45°～60°。在水面处应设置集油管，一般为直径 200～300mm 的钢管，沿管轴方向在管壁上开有 60°角的切口，集油管可以绕转轴转动。

③ 平流隔油池的设计计算。平流隔油池的设计可按油粒上升速度或废水停留时间计算，油粒上升速度 u（cm·s^{-1}）可通过实验求出（同沉淀静置实验）或直接应用修正的 Stokes 公式计算：

$$u = \frac{\beta g d^2 (\rho_0 - \rho_1)}{18\mu} \tag{29-2-1}$$

式中的密度 ρ_0 和绝对黏度 μ 分别可以通过图 29-2-1 查得。β 表示因水中悬浮物影响而使油粒上升速度降低的系数：

$$\beta = \frac{4 \times 10^4 + 0.8 s^2}{4 \times 10^4 + s^2} \tag{29-2-2}$$

式中，s 为悬浮物的浓度，mg·g^{-1}。

根据油粒上浮速度计算隔油池的表面积 A（m^2）：

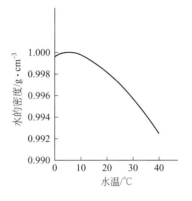

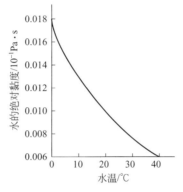

图 29-2-1 水密度、水黏度与水温之间的关系曲线

$$A = \alpha \frac{Q}{u} \tag{29-2-3}$$

式中 Q——废水的设计流量，$m^3 \cdot h^{-1}$；

α——考虑池容积利用系数及水流紊流状态对池表面积的修正值，它与 v/u 的值有关（v 为水平流速），其值按表 29-2-3 选取。

表 29-2-3 α 与速度比 v/u 的关系[1]

速度比 v/u	20	15	10	6	3
α 值	1.74	1.64	1.44	1.37	1.28

（2）斜板隔油池 斜板隔油池的构造如图 29-2-2 所示，池内斜板大多采用聚酯玻璃钢波纹板，板间距为 20～50mm，倾角不小于 45°，斜板采用异向流形式，废水自上而下流入斜板组，油粒沿斜板上浮。实践表明，斜板隔油池所需停留时间仅为平流隔油池的 1/4～1/2，约 30min。斜板隔油池去除油滴的最小直径为 60μm[2]。

2.2.2.2 气浮

（1）基本原理及应用领域 气浮法是利用高度分散的微小气泡作为载体去黏附废水中的污染物，使其密度小于水而上浮到水面实现固液分离或液液分离的过程[3]。在水处理中，气浮法广泛应用于：①分离水中的细小悬浮物、藻类及微絮体；②回收工业废水中的有用物

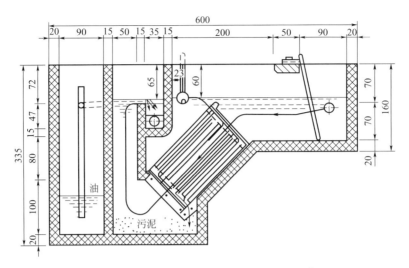

图 29-2-2   斜板隔油池的构造（单位: cm）

质；③代替二次沉淀池，分离和浓缩剩余活性污泥，特别适用于易产生污泥膨胀的生化处理工艺；④分离回收含油废水中的悬浮油和乳化油；⑤分离回收以分子或离子状态存在的目的物，如表面活性物质和金属离子。

（2）气浮法特点   与传统的沉淀法相比，气浮法具有以下特点[1,4]：①占地少，节省基建投资，投建快；②处理效率高，出水水质好；③气浮池具有预曝气作用，出水和浮渣都有一定的含氧量，有利于后续处理后再用，泥渣不易腐化；④污泥含水率低，一般在 96% 以下，只有沉淀污泥体积的 1/10～1/2；⑤可以回收利用有用物质；⑥所需药剂较沉淀法节省，但电耗大；⑦设备维修费用增加，溶气水减压释放器容易堵塞。

（3）气浮方法及设备   在一定条件下，气浮法净化化工废水通常是以气泡质量如气泡大小、分散程度等作为影响气浮效率的重要因素，故气浮方法一般是按照产生气泡的方式进行分类。化工废水处理中应用较为广泛的气浮方法主要有散气气浮、溶气气浮和电解气浮。气浮设备在本手册第 23 篇浮选部分已有较为详细的论述，本篇仅做简要介绍。

① 散气气浮。散气气浮是依靠机械剪力将通入水中的空气破碎，形成微小气泡扩散在水中，气泡由池底向水面上升并黏附水中的悬浮物一起升至水面。散气气浮的设备主要有[3]：一是通过粉末冶金、素烧陶瓷或塑料制成的微孔扩散板或微孔管将压缩空气分散为小气泡，这种方法简单易行，但产生的气泡较大（直径 1～10mm），微孔板（管）易堵塞；二是利用高速叶轮，直接将压缩空气引入一个高速旋转的叶轮附近，通过叶轮的高速剪切运动，将空气吸入并分散为小气泡（直径 1mm 左右）。叶轮气浮适用于悬浮物浓度高的废水，如用于洗煤废水和油脂、羊毛等废水的处理，也用于含表面活性剂的废水泡沫上浮分离，设备不易堵塞。

② 溶气气浮。溶气气浮法使空气在一定压力下溶于水中并达到饱和状态，然后再使废水压力突然降低，这时溶解于水中的空气便以微气泡的形式从水中放出，以进行气浮废水处理。用这种方法产生的气泡直径为 20～100μm，并可人为控制气泡与废水的接触时间，因而净化效果比散气气浮好，应用广泛。

溶气气浮可以分为加压溶气气浮和真空溶气气浮。真空溶气气浮因要求密闭容器且容器内还需装刮渣机械，结构复杂，故在生产中应用不多。加压溶气气浮按溶气水不同有全部进水溶气、部分进水溶气和部分处理水溶气三种基本流程，全部进水加压溶气气浮流程的系统配置如图 29-2-3 所示。

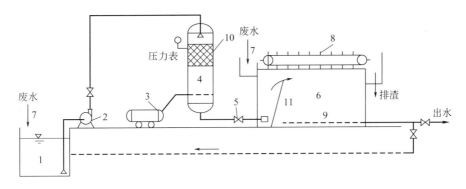

图 29-2-3　全部进水加压溶气气浮流程

1—吸水井；2—加压泵；3—空压机；4—压力溶气罐；5—减压释放阀；

6—浮上分液池；7—原水进水管；8—刮渣机；

9—集水系统；10—填料层；11—隔板

③ 电解气浮。电解气浮是利用不溶性阳极和阴极直接电解废水，电解产生的微小的氢气泡和氧气泡黏附已絮凝的悬浮物升至水面，最终分离。电解气浮法产生的气泡尺寸远远小于散气和溶气气浮，不产生紊流。该工艺不仅能降低废水 BOD，还有氧化、脱色和灭菌作用，具有污泥量少、耐负荷冲击、不产生噪声等优点。但电解气浮法存在电解能耗及极板损耗较大、运行费用较高等问题，因此限制了该方法的推广使用。

(4) 气浮池设计　目前常用的气浮池均为敞式水池，与普通沉淀池的构造基本相同，分平流式和竖流式两种。平流式气浮池的池深一般为 1.5～2.0m，不超过 2.5m，池深与池宽之比大于 0.3。气浮池的表面负荷通常取 5～10m³·m⁻²·h⁻¹，总停留时间为 30～40min。竖流式气浮池池高度可取 4～5m，长宽和直径一般为 9～10m，中央进水室、刮渣板和刮泥耙都安装在中心轴上，依靠电动机驱动，以同样的转速旋转。

(5) 气浮法应用实例——气浮法处理炼油厂含油废水　某炼油厂含油废水水量为 250 m³·h⁻¹，经平流式隔油池处理后，采用回流加压溶气气浮工艺进一步处理。工艺流程如图 29-2-4 所示。废水经隔油后，在进水管线上投加 20mg·L⁻¹ 的聚氯化铝后进入气浮池，处理后的废水进入后续生物处理单元，部分气浮后的出水回流至溶气罐，进溶气罐前投加体积比为 5% 的压缩空气，溶气罐内压力为 0.3MPa。该工艺流程的主要运行参数如表 29-2-4 所示。

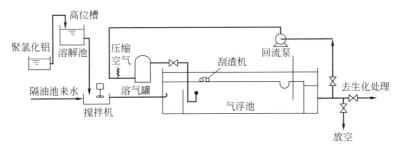

图 29-2-4　某炼油厂含油废水回流加压溶气气浮工艺流程

第 29 篇

表 29-2-4 某炼油厂含油废水回流加压溶气气浮工艺运行参数

设备	流速/mm·s⁻¹	水力停留时间/h	回流量/%	水质参数					
				石油类/mg·L⁻¹		COD/mg·L⁻¹		pH 值	
				进水	出水	进水	出水	进水	出水
溶气罐		0.16	80						
气浮池	3.5	2.5		80	17	400	250	7.9	7.5

2.2.2.3 过滤

化工废水处理工程中多采用深层过滤作为废水的预处理工艺，常用的过滤构筑物与设备主要是各种类型的滤池与滤器。

(1) 各种滤池的特点比较 废水处理滤池可按照不同的分类方法进行分类[5]。按照过滤的驱动力可分为重力滤池和压力滤池；按水流方向可分为下向流、上向流、双向流等；按滤池采用的滤料分为普通砂滤池、煤砂双层滤池、煤砂铁磁矿（或石榴石）三层滤池、陶粒滤池、纤维球滤池等；按滤池使用的阀门数分为四阀滤池、双阀滤池、单阀滤池、无阀滤池、虹吸滤池等；按滤速可分为慢滤池、快滤池和高速滤池；按运行方式分为间歇滤池和连续滤池。对各种滤池的特点进行对比，见表 29-2-5。

表 29-2-5 各种滤池的特点[6]

	名称	主要特点
快滤池	1. 普通快滤池	(1)滤层 单层细粒石英砂，给水和较清洁的工业废水，滤速 4.8～20m·h⁻¹；粗粒石英砂或均匀陶粒，滤速 3.7～37m·h⁻¹ (2)适用条件 单层细粒石英砂，给水和较清洁的工业废水；单层粗粒石英砂，二级处理出水，特别适合于生物碘消化和脱氯处理系统出水 (3)优缺点 单池面积较大，有成熟的运行经验，可采用降速过滤，出水水质较好，阀门多，易损坏，必须有全套反冲洗设备
	2. 双层滤料滤池	(1)滤层 ①无烟煤、石英砂；陶粒、石英砂；纤维球、石英砂；活性炭、石英砂；树脂、石英砂；树脂、无烟煤等。②均匀-非均匀滤料，上层均匀滤料-均匀煤粒、塑料 372、ABS 颗粒 (2)适用条件 滤速 4.8～24m·h⁻¹，大、中型给水和二级处理出水 (3)优缺点 采用降速过滤，出水水质较好；方便旧池改造
	3. 三层滤料滤池	(1)滤层 无烟煤、石英砂、石榴石(磁铁矿石) (2)适用条件 滤速 4.8～24m·h⁻¹，中型给水和二级处理出水 (3)优缺点 截污能力大，降速过滤，出水水质较好，料煤选择要求高，冲洗困难，易积泥，易流失
	4. 无阀滤池	(1)滤层 单层砂滤料 (2)适用条件 小型给水 (3)优缺点 无大型阀门，强制自动冲洗，工厂定型制造，安装快速，小阻力配水系统，变水头恒速过滤，清砂不便，浪费部分冲洗水，滤速 4.8～24m·h⁻¹
	5. 虹吸滤池	(1)滤层 单层滤料 (2)适用条件 中型给水厂，不宜用于废水过滤 (3)优缺点 无大型阀门，无专用反冲洗设备，易于自动化；小阻力配水系统，恒流过滤，滤层不发生负水头现象，滤料粒径、层厚及反冲洗强度受限制

续表

名称		主要特点
快滤池	6.冲洗罩滤池	(1)滤层 单层滤料 (2)适用条件 大、中型给水厂,单池不宜过大 (3)优缺点 池深浅,结构简单,移动冲洗罩对各个滤池循环连续冲洗,不需冲洗水泵或水塔,阶梯式变速过滤
其他滤池	1.压力滤池	(1)滤层 单层、双层或三层滤料 (2)适用条件 小型给水厂,工业废水处理 (3)优缺点 立式滤层较深,卧式过滤面积较大,允许水头损失达6～7mm,每个单元的出水可连接起来互为反冲洗用水,省去反冲洗设备,清砂不便
	2.上向流滤池	(1)滤层 单层石英砂滤料,滤层可厚1.8m;滤层顶部设遏制格梯,以使滤层不致膨胀 (2)适用条件 小、中型给水厂和工业废水处理 (3)优缺点 反粒度过滤,效率高,配水系统同时是反冲洗水系统,要求布水均匀,可用待滤水作反冲洗用水,悬浮物多被截留在下部,不易反冲洗干净
	3.硅藻土滤池	(1)滤层 硅藻土 (2)适用条件 工业废水二级处理出水 (3)优缺点 可获取高质量出水,BOD,SS可达痕量,费用高,不适于处理悬浮物浓度变化较大的废水
	4.纤维球滤池	(1)滤层 5～10mm纤维球作滤料 (2)适用条件 工业废水二级处理出水 (3)优缺点 滤速可达20～30m·h^{-1},截污量达4～5kg·cm^{-3},采用气水同时反冲洗,充分发挥过滤效果

(2) 滤层与垫层

① 滤料及其性能指标。滤料是滤池的重要组成部分,是完成过滤的主要介质。滤料应满足以下要求:有较好的化学稳定性、有足够的机械强度、具有合理的级配和足够的孔隙率;滤料的外形最好接近于球体,表面粗糙而有棱角,以获得较大的孔隙率和足够的比表面积。目前常用的滤料有石英砂、白煤、陶粒、高炉渣、聚氯乙烯和聚苯乙烯塑料球等。

滤料的性能指标主要有三项:滤料的孔隙率和比表面积;有效直径和不均匀系数,滤料的规格常用有效直径和不均匀系数来表示;滤料的纳污能力,表征滤料在过滤周期内过滤污染物的量。

② 滤层和垫层。滤层和垫层的规格,一般指两者的材料、粒度级配和厚度。表29-2-6列出了用于重力沉降和生化处理之后的单层砂滤池的滤层规格以及与此相关的运行和设计参数。多层滤池的滤料规格和滤池垫层规格分别如表29-2-7与表29-2-8所示。

表 29-2-6 单层砂滤池的滤料规格及运行设计参数[7]

滤池类型	滤料规格		运行参数		
	滤料粒径 /mm	滤层厚度 /mm	滤速 /m·h^{-1}	反冲洗强度 /L·m^{-2}·s^{-1}	反冲洗时间 /min
重力沉降后粗滤料滤池	2～3	200	10		
大滤料滤池	1～2	150～200	7～10		
中滤料滤池	0.8～0.6	100～120	5～7	12～15	7～5
细滤料滤池	0.4～1.2	100	5		
生化处理后大滤料滤池	1～2	100～150	5～7	12～15	7～5

表 29-2-7   三层滤池的滤料规格[7]

层次	滤料规格			
	滤料名称	相对密度	粒径/mm	厚度/mm
第1层	白煤	1.5	0.8~1.2	420
第2层	石英砂	2.65	0.5~0.8	230
第3层	磁铁矿砂	4.75	0.25~0.5	70
第1层	白煤	1.7	1.0~2.0	450
第2层	石英砂	2.65	0.5~1.0	200
第3层	石榴石	4.13	0.2~0.4	100

表 29-2-8   滤池垫层规格[3]

层次	粒径/mm	厚度/mm	层次	粒径/mm	厚度/mm
1	2~4	100	3	8~16	100
2	4~8	100	4	16~32	150

(3) 过滤工艺   过滤工艺包括过滤和反冲洗两个阶段。过滤即截留污染物；反冲洗即把污染物从滤料层中洗去，使之恢复过滤能力。

① 过滤过程。废水从进水总管、进水支管经过水渠流入污水渠，然后进入滤池，水经过滤料后变为清洁的过滤水，经底部配水支网汇集，再经配水干管、清水支管、清水总管流往清水池。

② 反冲洗过程。先关闭水管与清水支管上的阀门，然后打开排水管及冲洗水的排水阀门，冲洗水从冲洗水管经过配水管，自下而上流过承托层和滤料层，滤料在上升水流的作用下，悬浮起来并逐步膨胀到一定高度，水流将滤料中的杂质、淤泥冲洗下来，污水进入洗水槽经污水渠、排水管排入沟渠，反冲洗直至排水清澈为止。

2.2.2.4   均衡调节

化工废水的水质、水量都是随着时间而不断变化的，流量和浓度的不均匀往往给处理设备的正常运转带来不少困难，或者使其无法保持在最优的工艺条件下运行；或者短期内无法工作甚至遭到破坏。为了改善废水处理设备的工作条件，在许多情况下需要对废水水量进行调节，对水质进行均和。

(1) 水量均衡调节（均量池）   水量调节的目的是控制废水处理装置水量的波动，使废水处理时所用的药剂加药率保持相对稳定，适合加料设备的能力；同时减少由于废水流量变化所引起的处理装置负荷变化，使废水处理工艺运行稳定，并保持出水水质的稳定[8]。

① 均量池形式。常见的均量池有线内调节和线外调节两种，两种调节方式的示意图见图 29-2-5。线内调节池实际是一座变水位的储水池，进水为重力流，出水用水泵抽。池中最高水位不高于水管的设计水位，最高水位与最低水位之差一般为 2~3m。线外调节池设在旁路上，当废水流量过高时，多余废水用泵打入调节池；当流量低于设计流量时，再从调节池回流至集水井，并送去进行后续处理。

② 均量池体积设计。对于间歇排放的小量废水，均量池容积相当于一个周期累计排水的总体积；按照水量变化曲线，由逐时水量累计曲线求出均量池体积。用累计流量对时间在整个调节期（即 24h）做图，连接曲线的起点和终点，所得直线即为均量池的平均出水累计线，如图 29-2-6 所示。从进水累计曲线上距出水水量累计线最远点做切线并平行于出水线，

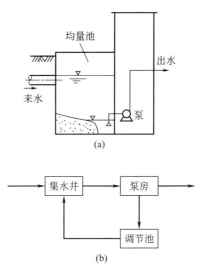

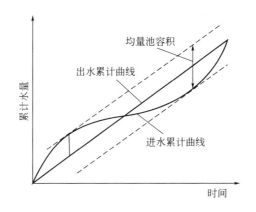

图 29-2-5　均量池线内调节方式（a）和线外调节方式（b）

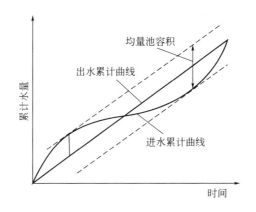

图 29-2-6　水量累计曲线

然后过切点做平行于纵坐标的直线与出水线相交，则此交点与切点间的线段在纵坐标上的投影就是所要求的调节池体积，但在实际工程中需要乘以 1.1～1.2 的系数。

（2）水质均衡调节（均质池）

① 水质调节的目的。水质调节是对不同时间、不同来源的废水进行混合，使废水在污染物浓度和组分上都能达到均衡。通过混合与曝气能防止可沉降的固体物质在池中沉降下来，同时使废水中的还原性物质氧化。

② 水质调节的方法。一是利用外加动力（如叶轮搅拌、空气搅拌、水泵循环）进行的强制调节，设备较简单，效果较好，且具有预氧化功能，如曝气调节池、机械搅拌调节池等，其水质调节效果良好，同时具备水量调节功能，但外加动力能耗大，运行费用高。二是利用差流方式使不同时间和不同浓度的废水进行自身水力混合，基本没有运行费，但设备结构较复杂，需要设置排泥措施，且该类调节池多无水量调节功能。图 29-2-7 绘出了常见类型调节池的构造[9]。

③ 均质池容积。均质池的容积应根据废水浓度和流量变化规律以及要求调节的均和程度来确定。废水经过调节后平均浓度为：

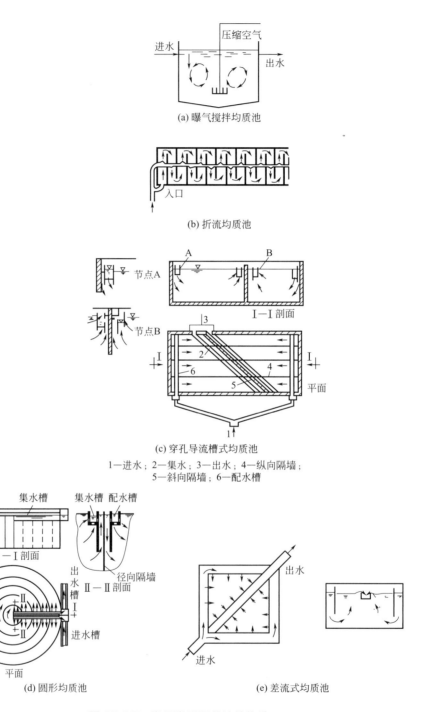

(a) 曝气搅拌均质池

(b) 折流均质池

(c) 穿孔导流槽式均质池

1—进水；2—集水；3—出水；4—纵向隔墙；
5—斜向隔墙；6—配水槽

(d) 圆形均质池　　　　(e) 差流式均质池

图 29-2-7　常见类型调节池的构造

$$c = \frac{\sum q_i c_i t_i}{\sum q_i t_i} \tag{29-2-4}$$

式中 q_i——t_i 时段内废水的流量；

c_i——t_i 时段内废水的平均浓度。

所需调节池有效容积（V）为：

$$V = \sum q_i t_i \tag{29-2-5}$$

2.2.2.5 离心分离

（1）离心分离原理 离心分离是利用废水中水与悬浮物密度的不同，借助高速旋转的物体所产生的离心力使废水中的悬浮物得以分离的过程。含悬浮物（或油）的废水在高速旋转时，密度大于水的悬浮固体被抛向外围，而密度小于水的悬浮物则被推向内层。将水和悬浮物从不同的出口分别引出，即可将二者分离出来。

分离因素是衡量离心设备分离性能的基本参数，它是指在离心分离过程中，废水中悬浮颗粒所受到的净离心力 F_c 与该颗粒所受到的净重力 F_g 的比值，通常用 α 表示[1]。在旋转半径 r 一定时，α 值随转速 n 的平方急剧增大。因此，可以通过增大旋转速度使离心力对悬浮颗粒的作用远远超过重力，从而强化分离过程。

（2）离心分离设备及设计计算 按离心力产生的方式，离心设备可分为由水流本身旋转产生离心力的水力旋流器和依靠转鼓高速旋转产生离心力的离心机两大类。其中，水力旋流器有压力式和重力式两种。

① 压力式水力旋流器。压力式水力旋流器借助水压能和速度水头产生离心力。水力旋流器由钢板或其他耐磨材料制成，其构造如图 29-2-8 所示[10]，上部是直径为 D 的圆筒形，下部是锥角为 θ 的截头圆锥体，进水管以渐收方式沿切线方向与圆筒相连。废水经泵加压后，以切线方向进入设备，沿器壁形成向下做螺旋运动的一次涡流，其中直径和密度较大的悬浮物颗粒被甩向器壁，并在下旋水流推动和重力作用下沿器壁下滑，在锥底形成浓缩液连续排出。其余液流则向下旋流至一定程度，在下部变窄锥体处受到反向阻力形成上升的二次涡流，由溢流管进入溢流筒后从出水管排出。旋流器的中心部分还上下贯通有空气旋涡柱，空气由下部进入、上部排出。

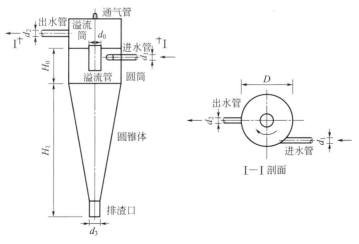

图 29-2-8 压力式水力旋流器的构造

压力旋流分离器的设计通常先确定分离器的几何尺寸[3]，然后计算该设备的处理水量及分离颗粒粒径极限值，最后确定设备台数。旋流器的直径一般在 500mm 左右，这是由于离心速度与旋转半径成反比，若流量大时可以几个并联工作。

a. 压力旋流分离器的几何尺寸。若圆筒直径为 D，则圆筒高度 $H_0 = 1.70D$；锥体锥角 θ 取 $10° \sim 15°$；进水管直径 $d_1 = (0.25 \sim 0.4)D$，一般中心管流速为 $1 \sim 2\text{m} \cdot \text{s}^{-1}$；进水收缩部分的出口宜做成矩形，其顶水平，其底倾斜 $3° \sim 5°$，出口流速一般为 $6 \sim 10\text{m} \cdot \text{s}^{-1}$；中心管径 $d_0 = (0.25 \sim 0.35)D$；出水管径 $d_2 = (0.25 \sim 0.5)D$。

b. 处理水量计算。处理水量按下式计算[9]：

$$Q = K_f D d_0 \sqrt{\frac{\Delta p}{10}} \qquad (29\text{-}2\text{-}6)$$

式中 Q——处理水量，$\text{L} \cdot \text{min}^{-1}$；

$\quad K_f$——流量系数，按 $K_f = 55d_1/D$ 计算；

D, d_0——圆筒和中心溢流筒的直径，cm；

$\quad \Delta p$——进出口水压差，kPa，一般取 $98 \sim 196\text{kPa}$。

② 重力式水力旋流器。重力式水力旋流器通常又称水力旋流沉淀池，结构如图 29-2-9 所示[1]。废水也沿切线方向进入器内，利用进出水的水头差，在器内呈旋转流动，在离心力与重力作用下，悬浮颗粒被甩向器壁并向底部水池集中，使废水净化。与压力式水力旋流器相比，重力式旋流沉淀池设备磨损小，动力消耗省，但沉淀池地下部分深度较大、施工难度大。

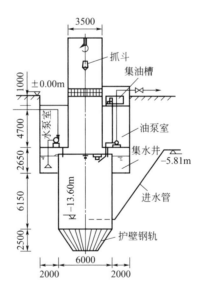

图 29-2-9 重力式水力旋流器结构

重力式旋流器的设计计算步骤如下：

a. 重力式旋流器的表面负荷一般为 $25 \sim 30\text{m}^3 \cdot \text{m}^{-2} \cdot \text{h}^{-1}$，池内的停留时间为 $15 \sim 20\text{min}$，进水管流速为 $1.0 \sim 1.5\text{m} \cdot \text{s}^{-1}$；

b. 池内有效深度 $H_0 = 1.2D$，进水口到渣斗上缘应有 $0.8 \sim 1.0\text{m}$ 的保护高度，以免冲起沉渣；

c. 池内水头损失 ΔH 可按下式计算：

$$\Delta H = 1.1 \left(\sum \xi \frac{v^2}{2g} + li \right) + a \frac{v^2}{2g} \tag{29-2-7}$$

式中，ΔH 为进水管的全部水头损失，m；$\sum \xi$ 为总局部阻力系数和；v 为进水管喷口处流速，$m \cdot s^{-1}$；l 为进水管长度，m；i 为进水管单位长度沿程损失；a 为阻力系数，一般采用 4.5。

③ 离心机。离心机的种类和形式很多，通常可按照分离因素的大小分为高速离心机（$\alpha > 3000$）、中速离心机（$1000 < \alpha < 3000$）和低速离心机（$\alpha < 1000$），中、低速离心机又统称为常速离心机[11]。当悬浮物与水有较大的密度差时可以采用常速离心机进行固液分离，其多用于分离纤维类悬浮物和污泥脱水，分离效果主要取决于离心机的转速和颗粒的大小。高速离心机有管式和盘式等类型，主要用于分离乳浊液中的有机分散相物质和细微悬浮固体，如从洗毛废水中回收羊毛脂、从淀粉废水中回收玉米蛋白质等。进行废水工艺设计时，应根据废水中污染物的种类和所需达到的具体要求进行选定。

2.2.3 物理化学处理

2.2.3.1 萃取

(1) 适用对象 萃取工艺主要用于处理以下几种情况的废水[7]：①含有能形成共沸点的恒沸混合物，即不能用蒸馏、蒸发方法分离回收的废水组分。②含有热敏性物质，即在蒸发和蒸馏的高温条件下易发生化学变化或易燃易爆的物质。③含有沸点非常接近故难以用蒸馏方法分离的废水组分。④含有难挥发性物质，用蒸发法需要消耗大量热能或需要高真空蒸馏，如含乙酸、苯甲酸和多元酚的废水。⑤对某些含重金属离子的废水，如含铀和钒的洗矿废水和含铜冶炼废水，可采用有机溶剂萃取分离和回收。

(2) 萃取剂的选择与再生 萃取的效果和所需要的费用主要取决于所用的萃取剂，在选择萃取剂时需要考虑以下几个因素。①具有较高的分配系数。由于废水成分复杂，分配系数一般由实验求得。部分溶剂萃取废水中苯酚的分配系数见表 29-2-9，可供选择时参考[12]。②分离性能好。萃取过程中不乳化、不随水流失，萃取剂黏度小，与废水的密度差异大，表面张力适中。③化学稳定性好。萃取剂应毒性小，难爆难燃，腐蚀性低，闪点高，凝固点低，蒸气压适中。④来源较广，价格便宜。⑤易于再生和回收溶质。

表 29-2-9 部分萃取剂萃取废水中苯酚的分配系数[12]

萃取剂	苯	重苯	中油	杂醇油	异丙醇	三甲酚磷酸酯	乙酸丁酯
分配系数	2.2	2.5	2.5	8	20	28	50

萃取后的萃取相需要经过再生，将萃取物分离以后，萃取剂继续使用。再生的方法主要有两种。①物理法（蒸馏或蒸发）。当萃取相中各组分沸点相差较大时，最宜采用蒸馏法分离。根据分离目的，可采用简单蒸馏或精馏，设备以浮阀塔效果较好。②化学法。投加某种化学药剂使其与溶质形成不溶于溶剂的盐类，从而达到分离二者的目的。

(3) 萃取工艺和设备 废水萃取工艺流程如图 29-2-10 所示。萃取工艺包括混合、分离和回收三步：①混合，使萃取剂与废水混合接触，废水中的污染物质转移到萃取剂中；②分离，将萃取液与废水分开；③回收，也称反萃取，把萃取物从萃取剂中分离出来加以回收或进一步处理。根据萃取剂与废水接触方式不同，萃取可以分为间歇式和连续式两种。根据两相接触次数的不同，萃取流程可以分为单级萃取和多级萃取。多级萃取又可分为"错流"和"逆流"两种方式。其中最常见的是多级逆流萃取流程，如图 29-2-11 所示，废水由第一级进入，自前向后流动，新鲜萃取剂由最后一级进入，自后向前流动。

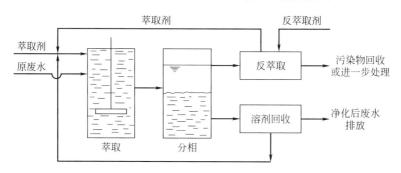

图 29-2-10　废水萃取工艺流程

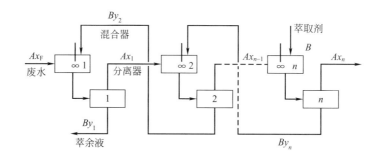

图 29-2-11　多级逆流萃取工艺流程

(图中数字 1~n 代表萃取工艺级数；A 为废水流量；x_F 为废水初始浓度；

x_n 为第 n 级萃取达到平衡后萃余相中溶质浓度；B 为萃取剂用量；

y_n 为第 n 级萃取达到平衡后萃取相中溶质浓度)

萃取的设备可以分为填料塔、筛板塔、喷淋塔、脉冲塔、转盘塔和离心萃取机等。

填料萃取塔结构简单，塔中装有填料，如图 29-2-12(a) 所示。填料的作用是使萃取剂的液滴能不断地分散和合并，不断产生新的液面，从而加大传质速率，同时也可以避免萃取剂形成大的液滴和液流影响传质速率。填料塔的优点是设备简单、造价低、易操作，可以处理腐蚀性废水，但该设备的处理能力较低、效率不高，填料液容易发生堵塞。

脉冲筛板塔塔身分为三段，如图 29-2-12(b) 所示。中间萃取段是进行传质的主要部位，段内上下排列多层筛板。塔的上下两段为扩大段，是两相分层分离区。脉冲筛板塔具有较高的萃取效率，结构较简单，能量消耗也不大，通常在废水脱酚时采用这种设备，处理其他废水也能获得较好的效果。

转盘萃取塔的结构如图 29-2-12(c) 所示，和脉冲筛板塔类似，其塔身也分为三个部分。上下两个扩大段为轻、重液分离室，中间为萃取段。萃取段的塔壁上水平装设一组等距离的固定环板，构成多个萃取单元。在每一对环板的中间位置，均有一块固定在中心旋转轴上的圆盘。废水和萃取剂分别从塔上、下部切线引入，逆流接触。当转盘随中心轴转动时，产生的剪应力作用于液体，致使分散相破裂为小的液滴，从而增大了分散相的持有量，并加大了两相间的接触面积。转盘萃取塔的生产能力大。一般认为，如果溶质易于萃取、萃取要求不

(a) 填料萃取塔

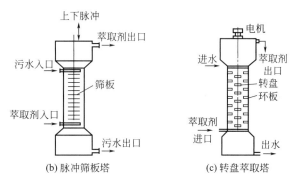

(b) 脉冲筛板塔　　　(c) 转盘萃取塔

图 29-2-12　萃取设备

太高且处理量较大的情况下，采用该设备是有利的。

离心萃取机的外形是圆筒形卧式转鼓，见图 29-2-13。转鼓内有许多层同心转筒，每层均开有许多孔口。轻液和重液分别由外层和内层的同心圆筒进入，转鼓高速旋转产生离心力，使重液由里向外、轻液由外向里流动，进行连续的对流混合与分离。离心萃取机具有效率高、体积小的优点，特别适合密度差较小的萃取物体系。其缺点是构造复杂、电能消耗大，因此使用范围受到限制。

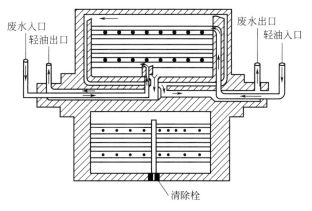

图 29-2-13　离心萃取机

（4）应用举例

① 高浓度、高盐量含酚废水处理。某化工厂用磺化法生产苯酚，生产过程排放高浓度、高盐量含酚废水，其中含酚 $10000 \sim 30000 \text{mg} \cdot \text{L}^{-1}$、$Na_2SO_4$ $250 \text{g} \cdot \text{L}^{-1}$。此废水经一次萃取，酚的去除率可达 98.5%，然后再深化处理，出水酚含量可以降低到 $0.5 \text{mg} \cdot \text{L}^{-1}$ 以下，

总脱酚率达 99.97%。工艺流程如图 29-2-14 所示[8]。

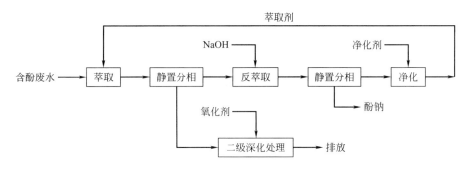

图 29-2-14　萃取法处理高浓度、高盐量含酚废水工艺流程

② 萃取法处理重金属废水。某废水含铜 230～1600mg·L^{-1}，含铁 4700～5400mg·L^{-1}，含砷 10～300mg·L^{-1}，pH 值为 0.1～3.0。采用萃取法从该废水中回收铜和铁。该工艺以 N-510 作复合萃取剂，以磺化煤油作稀释剂，进行六级逆流萃取。含铜萃取相用硫酸进行反萃取，再生后的萃取剂可重复使用，反萃取所得的硫酸铜溶液用电沉积回收铜，硫酸回收用于反萃取工序。萃余相用氨水除铁，生成固体黄铵铁矾（水合硫酸铁铵），经煅烧后得到产品铁红，可做涂料使用。工艺流程如图 29-2-15 所示。

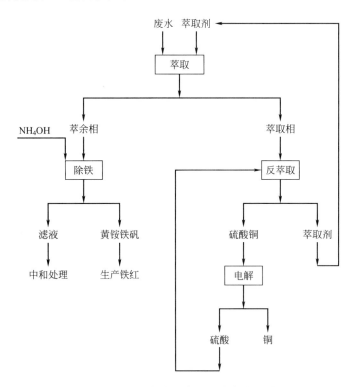

图 29-2-15　萃取法处理含铜、铁废水工艺流程

2.2.3.2　吸附

吸附法主要用以脱除水中的微量污染物，应用范围包括脱色、除臭及脱除重金属、各种溶解性有机物、放射性元素等。在废水处理流程中，吸附法可以作为离子交换、膜分离等方法的预处理工艺，以去除有机物、胶体物及余氯等；也可以作为二级处理后的深度处理手

段，以保证回用水的质量。

（1）吸附剂及其再生 目前，废水处理中应用的吸附剂有：活性炭、磺化煤、白土、硅藻土、活性氧化铝、焦炭、树脂吸附剂、炉渣、木屑、煤灰、腐植酸等，其中以活性炭应用最为广泛。下面对常用的活性炭和树脂吸附剂做简单介绍。

活性炭是一种非极性吸附剂，有粒状和粉状两种，工业上应用的多为粒状活性炭。活性炭具有良好的吸附性能和稳定的化学性质，可以耐强酸、强碱，能经受水浸、高温高压作用，不易破碎。活性炭的吸附多为物理吸附，但由于表面氧化物的存在，也会进行一些化学选择性吸附。活性炭是目前废水处理中普遍采用的吸附剂，其中粒状活性炭制备工艺简单、操作方便，用量最大。国外使用的粒状活性炭多为煤质或果壳质无定形活性炭，国内多用柱状煤质活性炭。水处理中适用的粒状活性炭的参考性能如表 29-2-10 所示。

表 29-2-10 水处理中适用的粒状活性炭的参考性能[7]

序号	项目		数值	序号	项目	数值
1	比表面积/$m^2 \cdot g^{-1}$		950～1500	5	空隙容积/$cm^3 \cdot g^{-1}$	0.85
2	密度			6	碘值(最小)/$mg \cdot g^{-1}$①	900
		堆积密度/$g \cdot cm^{-3}$	0.44	7	磨损值(最小)/%	70
		颗粒密度/$g \cdot cm^{-3}$	1.3～1.4	8	灰分(最大)/%	8
		真密度/$g \cdot cm^{-3}$	2.1	9	包装后含水率(最大)/%	2
3	粒径			10	筛径(美国标准)	
		有效粒径/mm	0.8～0.9		大于 8 号(最大)/%	8
		平均粒径/mm	1.5～1.7		小于 30 号(最大)/%	5
4	均匀系数		≤1.9			

① 碘值反映活性炭对小分子有机物的吸附能力。

树脂吸附剂是具有立体结构的多孔高分子聚合物，根据其结构特性可以分为非极性、弱极性、极性和强极性四类。它的吸附能力接近活性炭，但比活性炭易再生。树脂吸附剂的结构可人为控制，因而具有适用性大、应用范围广、吸附选择性特殊和稳定性高等优点，适宜处理废水中微溶于水、极易溶于甲醇和丙酮等有机溶剂的分子量略大和带有极性的有机物，如脱酚、除油、脱色等。

吸附剂在达到吸附饱和后，必须进行脱附再生才能重复使用。目前吸附剂的再生方法有加热再生、药剂再生、化学氧化再生、生物再生等。选择再生方法时主要考虑三个因素：吸附剂的理化性质、吸附机理和吸附质的回收价值。常用的吸附剂再生方法如表 29-2-11 所示。

表 29-2-11 吸附剂再生方法分类

种类		处理温度	主要条件
加热再生	加热脱附	100～200℃	水蒸气、惰性气体
	高温加热再生 （炭化再生）	750～950℃ （400～500℃）	水蒸气、燃烧气体、CO_2
药剂再生	无机药剂	常温～80℃	HCl、H_2SO_4、NaOH、氧化剂
	有机药剂(萃取)	常温～80℃	有机溶剂(苯、丙酮、甲醇等)
生物再生		常温	好氧菌、厌氧菌
湿式氧化分解		180～220℃，加压	O_2、空气、氧化剂
电解氧化		常温	O_2

（2）吸附工艺及设备 在设计吸附工艺和设备时，应首先确定采用何种吸附剂、选择何种吸附和脱附方式以及废水的预处理和后续处理措施。一般需通过静态和动态实验来确定处理效果、设计参数和技术指标。在废水处理中，吸附操作分为间歇吸附和连续吸附。

① 间歇吸附。间歇吸附操作是将吸附剂投入废水中搅拌，经一定时间平衡后，用沉淀或过滤的方式进行固液分离。间歇工艺适于小规模、间歇排放的废水处理。

间歇吸附一般在间歇反应池中进行，反应池有两种类型：一种是搅拌池型，即在整个池内进行快速搅拌，使吸附剂与原水充分混合；另一种是泥渣接触型，池型和操作与循环澄清池相同，运行时池内的吸附剂可以保持较高浓度，对废水浓度和流量的变化缓冲作用大，不需要频繁调整吸附剂的投量，处理效果较稳定。

② 连续吸附。连续吸附操作时废水不断流入吸附床与吸附剂接触，当污染物浓度降到处理要求时排出。按照吸附剂的填充方式，连续吸附设备可以分为固定床、移动床和流化床三种。

a. 固定床。固定床是废水处理中最常用的吸附装置之一，结构如图 29-2-16 所示。吸附剂填充在装置内，吸附剂固定不动，水流穿过吸附层，根据水流方向可以分为降流式和升流式。降流式固定床出水水质好但水头损失大，在处理悬浮物较多的废水时需定期进行反冲洗，以防止吸附层堵塞。升流式固定床中，水流自下而上流动，水头损失增加缓慢，运行时间较降流式长。但当进水流量波动较大或操作不当时，易造成吸附剂损失，处理效果也不佳。

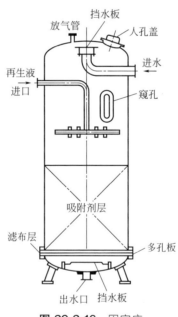

图 29-2-16 固定床

固定床吸附装置可以分为单塔式、多塔串联式和多塔并联式，具体采用何种形式应根据处理水量、原水水质及处理要求灵活设计，同时应依据实验数据确定吸附装置的大小、吸附剂类型及操作方式等。

b. 移动床。移动床的构造如图 29-2-17 所示。原水自下而上流过吸附层，与吸附剂逆流接触；吸附剂自上而下间歇或连续移动，由底部排出，固液分离后送至再生设备。处理后出水由塔顶排出，再生后的吸附剂由塔顶投料口加入。移动床较固定床能充分利用床层吸附容量，出水水质良好，且水头损失较小。由于原水从塔底进入，水中挟带的悬浮物随饱和吸附剂排出，因而不需要反冲洗设备，操作管理方便，适用于较大规模的废水处理。

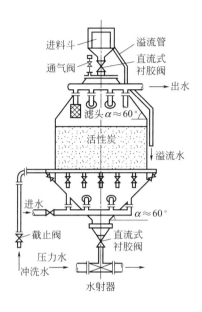

图 29-2-17 移动床

c. 流化床。原水由底部上升流过床层，吸附剂由下部向上移动。由于吸附剂保持流化状态，增大了与水的接触面积，因此设备小而生产能力大，基建费用低。与固定床相比，可使用粒度均匀的小颗粒吸附剂，对原水的预处理要求低，但对操作控制要求高。为了防止吸附剂全塔混层，塔内吸附剂应采用分层流化的方式。流化床吸附装置在我国应用较少。

(3) 吸附法在废水处理中的应用举例

① 活性炭吸附处理炼油厂废水[5]。某炼油厂废水经隔油、气浮、生化、砂滤后，由下而上流经吸附塔活性炭层，吸附塔为移动床型，塔内炭自上而下呈脉冲式定时排出，经脱水干燥后进入回转式再生炉，再生后的活性炭冲洗去除粉炭后送回吸附塔循环使用。工艺流程如图 29-2-18 所示，进水 COD 为 $80\sim120\text{mg}\cdot\text{L}^{-1}$、挥发酚 $0.4\text{mg}\cdot\text{L}^{-1}$、油含量 $40\text{mg}\cdot\text{L}^{-1}$ 以下，经吸附处理以后 COD 降至 $30\sim70\text{mg}\cdot\text{L}^{-1}$、挥发酚 $0.05\text{mg}\cdot\text{L}^{-1}$、油含量 $4\sim6\text{mg}\cdot\text{L}^{-1}$，主要指标达到或接近地面水水质标准。

② 大孔吸附树脂处理 2,6-二羟基苯甲酸合成废水[13]。某废水含 2,6-二羟基苯甲酸约 $2100\text{mg}\cdot\text{L}^{-1}$、间苯二酚约 $680\text{mg}\cdot\text{L}^{-1}$，采用大孔吸附树脂 NDA-211 吸附处理后，2,6-二羟基苯甲酸浓度 $<0.2\text{mg}\cdot\text{L}^{-1}$、间苯二酚浓度 $<1\text{mg}\cdot\text{L}^{-1}$，吸附去除率分别 $>99.9\%$ 和 99.8%，树脂工作吸附量达 $69.5\text{g}\cdot\text{L}^{-1}$。

2.2.3.3 离子交换

离子交换法是借助离子交换剂上的离子和水中的离子进行交换反应而去除水中有害离子的方法。在废水处理中，主要用于回收废水中的有用物质、去除废水中的金属离子，也用于放射性废水和有机废水的处理。该方法的优点是离子去除率高，设备简单，容易操作。

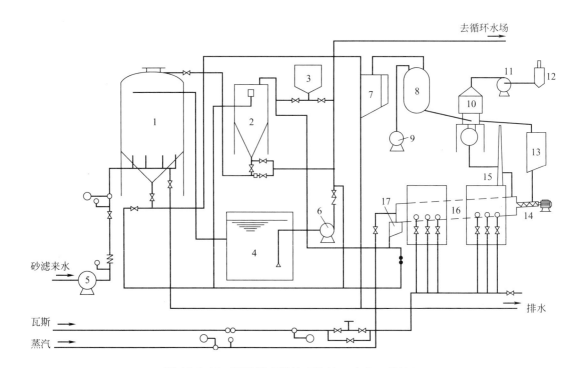

图 29-2-18 活性炭吸附处理炼油厂废水工艺流程

1—吸附塔；2—冲洗罐；3—新炭投加斗；4—集水井；5,6—泵；7—脱水罐；8—储料罐；
9—真空泵；10—沸腾干燥炉；11—引风机；12—旋风分离器；13—干燥罐；
14—进料机；15—烟筒；16—再生炉；17—急冷罐

(1) 离子交换剂 根据母体材质和化学性质，离子交换剂可以进行如下的分类[5]：

选择离子交换剂要考虑的因素主要有：①离子交换剂的选择性，离子交换剂对各种离子的交换能力不同，交换能力的大小主要取决于各种离子对离子交换剂的亲和性的大小；②废水水质，包括悬浮物、有机物、高价金属离子、pH 值、温度等情况对离子交换剂的影响；③离子交换剂的物理化学特性，包括离子交换剂的孔隙率、比表面积、交联度、交换容量、有效 pH 范围等物理性能和化学性能。

(2) 离子交换过程 离子交换过程包括交换和再生两个操作步骤。若这两个步骤在同一设备中交替进行则为间歇过程；若交换和再生分别在两个设备中连续进行则为连续过程。

① 固定床间歇操作过程。将离子交换剂装于塔或罐内，以类似过滤的方式运行，交换时离子交换剂层保持不动，则构成固定床吸附。交换液流过离子交换剂进行交换，离子交换剂失去交换能力或处理出水达不到要求时，进行反洗和再生，工艺流程如图 29-2-19 所示。固定床间歇操作包括反洗、正洗、反洗或减压、交换、再生、洗脱 6 个子过程，这 6 个过程

是周期性重复进行的，效果受离子交换剂的选择性、再生程度、离子交换剂层高、废水流速和其所含离子浓度等诸多因素影响。

图 29-2-19　固定床离子交换法工艺流程

② 连续式离子交换过程。连续式离子交换过程分为连续式固定床、连续式移动床和连续式流动床三种操作方式。连续式固定床是将交换剂置于交换柱内不动，被处理的废水不断流过床层。此法设备简单、操作方便、适应范围广，是最常用的一种方法，但交换剂利用率低、再生费用高、阻力大。连续式移动床是将交换剂输送在不同装置中分别进行交换、再生、清洗等过程。这种运行方式的优点是提高了交换剂的利用率，减少了再生剂消耗，但设备多、投资大、操作复杂。连续式流动床是交换剂和废水及更生剂、清洗水都处于流动状态，相当于"流化床"，这种运行方式效率高、设备生产强度高、运行消耗小、易于管理，但交换剂磨损严重。

（3）离子交换设备及布置形式　离子交换设备主要有固定床、移动床和流化床，详细介绍可参见本手册第 18 篇吸附的相关内容。

化工废水处理中使用最广泛的是固定床，固定床设备具有单床、多床、复合床和混合床等多种布置方式。单床：最简单的一种运行方式，由一个阳床或阴床构成。多床：由几个阳床或几个阴床串联使用，可以提高废水处理能力和效率。复合床：阳床和阴床串联使用，可以同时去除废水中的阳离子和阴离子。混合床：将阳离子交换剂和阴离子交换剂按一定比例混合后装入同一交换柱内，在同一柱内同时去除阴离子和阳离子。在工程应用中常见的固定床组合布置形式见图 29-2-20。

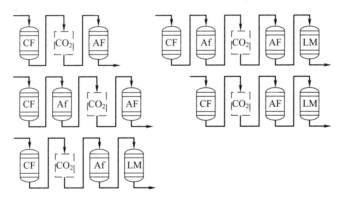

图 29-2-20　工程应用中常见固定床组合布置形式
CF—强酸阳离子；AF—强碱阴离子；Af—弱碱阴离子；LM—混合床；CO_2—脱气塔

（4）离子交换法的应用

① 处理硬脂酸盐含铅、镉废水。某化工厂在生产硬脂酸铅、硬脂酸镉的过程中产生了含铅、镉废水。其中铅浓度 $100 \sim 350 \mathrm{mg \cdot L^{-1}}$，镉 $20 \sim 160 \mathrm{mg \cdot L^{-1}}$，钠盐 $10 \sim 14 \mathrm{g \cdot L^{-1}}$。采用离子交换树脂分离回收废水中的铅和镉，工艺流程如图 29-2-21 所示[8]。废水中的铅、镉被树脂交换富集，然后用稀酸洗脱下来，洗脱的盐溶液可直接回用于生产。洗脱后的树脂

经过转型可以被重复使用。处理后的出水可达国家规定的排放标准，达标率在 95％ 以上。

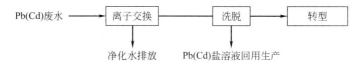

图 29-2-21 离子交换法处理硬脂酸盐含铅、镉废水工艺流程

② 处理含锌废水。某化纤厂纺丝车间的酸性废水主要含 $ZnSO_4$、H_2SO_4、Na_2SO_4 等，用 Na 型阳离子交换树脂交换 Zn^{2+}，用芒硝作再生剂，可以得到浓缩的 $ZnSO_4$ 溶液，交换器出水含有较高浓度的 H_2SO_4 和 Na_2SO_4，可以作为软化设备中的再生剂。其工艺流程如图 29-2-22 所示[5]。

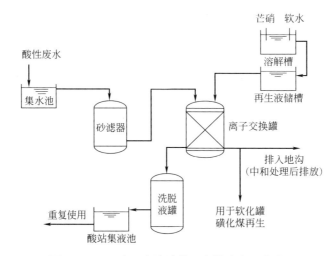

图 29-2-22 离子交换法处理含锌废水工艺流程

一般而言，离子交换法最重要的用途是处理含金属离子的废水，处理其他废水的例子见表 29-2-12。

表 29-2-12 离子交换法的应用[7]

废水种类	污染物	树脂类型	废水出路	再生剂	再生液出路
电镀废水	Cr^{3+}、Cu^{2+}	氢型强酸性树脂	循环使用	18％～20％ H_2SO_4	蒸发浓缩后回用
含汞废水	Hg^{2+}	氯型强碱性大孔树脂	中和后排放	HCl	回收汞
HCl 酸洗废水	Fe^{2+}、Fe^{3+}	氯型强碱性树脂	循环使用	水	中和后回收 $Fe(OH)_3$
铜氨纤维废水	Cu^{2+}	强酸性树脂	排放	H_2SO_4	回用
黏胶纤维废水	Zn^{2+}	强酸性树脂	中和后排放	H_2SO_4	回用
放射性废水	放射性离子	强酸或强碱树脂	排放	$H_2SO_4 \cdot HCl$ 和 NaOH	进一步处理
纸浆废水	木质素磺酸钠	强酸性树脂	进一步处理	H_2SO_3	回用
氯苯酚废水	氯苯酚	弱碱大孔树脂	排放	2％ NaOH、甲醇	回收

2.2.3.4 脱盐

化工浓盐废水可以分为两类：第一类来自化工生产过程，由于化学反应不完全或者是化学反应的副产物产生的废水，比如某些农药、印染工艺中产生的废水，此类高盐废水具有黏度、COD 特别高的特点；第二类是废水处理过程中，水处理剂和酸碱的加入形成的高盐度废水以及淡水回收利用过程产生的浓缩液等浓盐废水等[14]。

（1）蒸发结晶 蒸发是利用加热使废水汽化和溶质浓缩，从而得到浓缩的废液，以便进一步处理或进行回收利用；结晶是分离废水中具有结晶性能的固体污染物的过程，其实质是通过蒸发浓缩或者是降温冷却使溶液达到饱和从而将溶质以结晶形式析出。在处理化工废水时，常把蒸发和结晶两种工艺结合起来应用于高盐废水的脱盐回收处理。

① 脱盐蒸发器。蒸发设备称为蒸发器，在废水处理中主要有三种形式：自然循环蒸发器、强制循环蒸发器和薄膜式蒸发器。在废水处理中，常用强制循环蒸发器进行废水的脱盐处理。强制循环蒸发器由加热器和蒸发器构成。在加热器内有一组加热管，管内为废水，管外为加热蒸汽。经过加热，沸腾的水汽混合液上升到蒸发室后进行水汽分离。蒸汽经分液器后从蒸发室顶部排出。废水在循环流动过程中不断沸腾蒸发，当溶质浓度达到要求的浓度后从蒸发器底部排出。强制循环蒸发器的循环管上装有循环泵，提高了设备传热系数并能防止结晶和生垢，适用于蒸发易结晶液体和黏性液体，不足之处是设备成本较高、能耗大。其工艺流程如图 29-2-23 所示[15]。

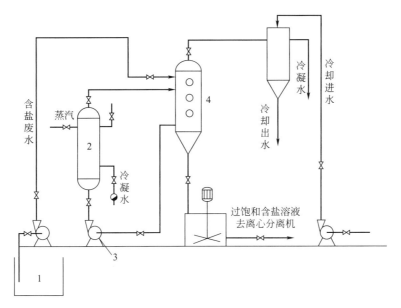

图 29-2-23　强制循环蒸发系统的废水脱盐工艺流程
1—废水槽；2—加热器；3—循环泵；4—蒸发器

② 蒸发工艺

a. 单效蒸发工艺。废水只通过一个蒸发器，并且作为热源的加热蒸汽，在蒸发过程中产生的二次蒸汽经冷凝后排出不再利用。这种工艺流程简单，但单位蒸汽耗量大。蒸汽系统通常在负压下运行，其优点是操作温度低、热损失小，可以采用低压蒸汽，设备腐蚀的问题容易解决。缺点在于需要设置真空泵和冷凝器，此外，因负压操作，浓缩液排出比较困难，通常把蒸汽室安装在高处。

b. 多效蒸发工艺。这种工艺将二次蒸汽进行多次利用。通常将若干个蒸发器串联起来，把每一个蒸发器称为一效，上一效的二次蒸汽作为下一效的热源，故前一效的二次蒸汽温度

（或蒸汽压强）必须等于后一效废水沸腾的温度（或蒸汽压强），因此工程上多采用真空操作系统。在多效系统中，热量的重复利用虽然降低了蒸汽消耗量，但增加了设备费用，因此工程上多采用双效或三效系统，系统的连接形式可以是并联、顺流串联或逆流串联等。图 29-2-24 为并联三效蒸发流程。

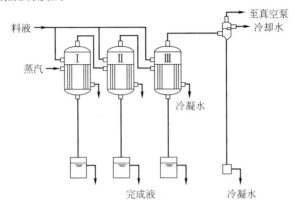

图 29-2-24 并联三效蒸发流程

（2）离子交换法 采用离子交换法除盐时，流程中需要同时具备阳离子交换器和阴离子交换器，以去除所有的阳离子和阴离子。因此，根据阴、阳离子交换器的布置方式，离子交换法除盐可分为复床和混床两种形式。

复床是用阳、阴两种不同的离子交换器组成的串联方式，如将强酸性阳离子交换树脂和强碱性阴离子交换树脂串联，废水先经过阳床除去金属离子，形成酸性水，然后通过阴床除去酸根离子。原水依次经过一次阳离子交换器和一次阴离子交换器，称为一级复床除盐，出水电导率可达到 $10\mu S \cdot cm^{-1}$ 以下，SiO_2 含量 $< 0.1mg \cdot L^{-1}$。当处理水质要求更高时采用二级复床。

混合离子交换器简称混床，是将阴、阳离子交换树脂按照一定的比例装填在同一个离子交换器中（阴、阳离子交换树脂的体积比一般为 2：1），混合均匀后运行，原水通过混床同时完成阴、阳离子交换。

表 29-2-13 列出了常用的离子交换固定床除盐系统的工艺流程。

表 29-2-13 常用的离子交换固定床除盐系统工艺流程[6]

序号	流程	适用范围	出水水质		备注
			电导率 /$\mu S \cdot cm^{-1}$	SiO_2 含量 /$mg \cdot L^{-1}$	
1		进水总阳离子量 150mg·L^{-1}；强酸性阴离子总量 $< 37.5mg \cdot L^{-1}$；硅酸根含量 $< 15mg \cdot L^{-1}$	< 10	$0.03 \sim 0.1$	当进水碱度 $< 15mg \cdot L^{-1}$ 或有石灰预处理时，可不设除二氧化碳器
2		（1）进水总阳离子量 $< 600mg \cdot L^{-1}$；强酸性阴离子总量 $< 37.5 \sim 75mg \cdot L^{-1}$；（2）要求出水水质较好时	$0.2 \sim 0.5$	< 0.02	系统较简单，出水水质稳定

序号	流程	适用范围	出水水质 电导率 /μS·cm^{-1}	出水水质 SiO$_2$ 含量 /mg·L^{-1}	备注
3	$\frac{W}{H}$ → H → D → OH	进水碱度>100mg·L^{-1}，含钠量、含硅量不高	<10	0.03~0.1	(1)该系统酸耗低 (2)当进水水质条件适合时，可采用阳双层床
4	$\frac{W}{H}$ → H → D → OH → $\frac{H}{OH}$	(1)进水碱度>100mg·L^{-1}，含钠量较低； (2)要求出水水质较好	0.2~0.5	<0.02	(1)水质稳定 (2)运行经济性好
5	H → D → $\frac{W}{OH}$ → OH	(1)当进水强酸阴离子总量>37.5mg·L^{-1}时； (2)有机污染物浓度较高	<10	0.03~0.1	(1)碱耗较低 (2)弱碱交换柱也可置于除二氧化碳器之前 (3)进水水质条件适合时，亦可采用阴双层床
6	H → D → $\frac{W}{OH}$ → OH → $\frac{H}{OH}$	进水水质条件同5系统，当出水水质要求高时	0.2~0.5	<0.02	水质稳定、设备多
7	$\frac{W}{H}$ → H → D → $\frac{W}{OH}$ → OH	当进水碱度高，强酸根离子含量大时	<10	0.03~0.1	(1)酸、碱耗低 (2)弱碱交换柱也可置于除二氧化碳器之前 (3)进水水质条件合适时，可采用阳、阴双层床
8	$\frac{W}{H}$ → H → D → $\frac{W}{OH}$ → OH → $\frac{H}{OH}$	当进水碱度大、强酸根离子含量高、出水水质要求较高时	0.2~0.5	0.01~0.02	

续表

序号	流程	适用范围	出水水质		备注
			电导率 /$\mu S \cdot cm^{-1}$	SiO_2 含量 /mg·L^{-1}	
9		（1）进水碱度较高 （2）要求出水电导率 及氧化硅含量均较低时	0.2~1	0.01~0.05	（1）可采用串联,再 生酸、碱耗较低 （2）第二级除盐设 备树脂的装填量占总 量的 1/4~1/3,可采 用较高流速（60m· h^{-1}）
10		进水碱度较高,出水 水质好	0.1~0.2	0.005~0.01	
11		（1）进水中中性盐含 量大 （2）出水水质好	0.2~0.5	0.02~0.1	

注：1. H—强酸阳离子交换柱；OH—强碱阴离子交换柱；$\dfrac{W}{H}$—弱酸阳离子交换柱，$\dfrac{W}{OH}$—弱碱阴离子交换柱；D—除二氧化碳器；$\dfrac{H}{OH}$—强酸强碱混合床。

2. 表中除盐系统的出水质量为顺流再生时的出水终点控制水质。实际运行时，系统出水水质比上述指标稍好，如一级复床除盐系统选用顺流再生固定床时，出水电导率小于 $5\mu S \cdot cm^{-1}$，二氧化硅含量小于 $50\mu g \cdot L^{-1}$；采用逆流再生固定床时，系统的实际电导率小于 $1 \sim 2\mu S \cdot cm^{-1}$，二氧化硅含量小于 $20\mu g \cdot L^{-1}$；采用浮动床出水的电导率为 $2 \sim 5\mu S \cdot cm^{-1}$，二氧化硅含量 $<50\mu g \cdot L^{-1}$。

3. 弱酸、强酸（弱碱、强碱）的系统可采用串联再生方式，以降低酸（碱）耗量。

4. 进水的总含盐量 >500mg·L^{-1} 时，是否采用离子交换除盐，需进行技术经济比较后确定。

5. 进水总阳离子量 >500mg·L^{-1} 时，宜采用逆流再生方法，以提高出水品质，节省酸、碱耗量，提高经济性。

（3）反渗透法 反渗透是利用反渗透膜在膜两侧静压推动力作用下只能透过溶剂而截留离子物质或小分子物质的特性，实现对水中溶解性无机盐的去除。反渗透技术的相关内容可参考本手册第 19 篇膜分离。表 29-2-14 列出了几种脱盐过程的技术和经济指标，可以看到，反渗透是用途最多的过程，适用的进水盐浓度范围较广，而其他的处理技术通常只能适用高浓度或低浓度的含盐废水。例如，我国的大港电厂、宝钢自备电厂应用反渗透技术进行预脱盐处理。

2.2.3.5 吹脱与汽提

吹脱与气提都属于由液相向气相传质的过程，实际上是吸收的逆过程——解吸。这两种方法都是用于脱除水中的溶解气体和某些易挥发溶质。通常是将气体（气提剂）吹入废水中，使之相互充分接触，使废水中溶解的气体和易挥发性物质穿过气液界面向气相扩散，从而达到脱除污染物的目的。习惯上将空气、CO_2、N_2 等作为气提剂来推动污染物向气相传递的过程称为吹脱。若是用水蒸气作为气提剂，则该过程称为汽提[16]。

表 29-2-14 几种脱盐过程比较[8]

脱盐过程	装置规模/Mgal·d⁻¹			最经济应用的进水的特征		产品水
	1972	1990	2000～2020	TDS/mg·L⁻¹	温度	TDS/mg·L⁻¹
多级闪蒸(MSF)	约 3	6.0	10.0	30000～50000	冷	5～50
多效蒸发(MED)	约 0.6	2.0	80.0	30000～50000	冷	5～50
蒸汽压缩蒸馏(MVC)	约 0.5	0.5	0.5	10000～50000	温	5～50
反渗透(RO)	约 0.2	2.5	6.0	1000～50000	温	100～500
倒极电渗析(EDR)	约 0.3	2.6	2.6	1000～50000	温	350～500
离子交换(IX)	约 1.0	1.0	1.0	<2000	温	0～550

（1）吹脱法

① 吹脱法的设备装置。吹脱法采用的设备主要是吹脱池和吹脱塔两种。吹脱池又称曝气池，废水在池内流动并不断通入空气，使之与废水充分接触从而将溶解的气体转移到空气中。由于吹脱池占地面积较大，而且容易污染大气，故在化工生产中都采用吹脱塔作为吹脱设备。吹脱塔的形式有填料塔和板式塔等。

a. 吹脱池。吹脱池一般为圆形或矩形水池，可分为自然吹脱池和强化吹脱池。自然吹脱池依靠水面与空气自然接触而脱除溶解性气体，适用于溶解性气体极易解吸、水温较高、风速较大、有开阔地段和不产生二次污染的场合。该吹脱池可兼作储水池用，其吹脱效率可按下式进行计算：

$$0.43 \lg \frac{c_0}{c} = D\left(\frac{\pi}{2H}\right)^2 t - 0.207 \qquad (29\text{-}2\text{-}8)$$

式中，c_0、c 分别为水中挥发性污染物的初始浓度和吹脱时间 t（min）后的剩余浓度，mg·L⁻¹；D 为扩散系数；H 为水层深度，mm。

强化吹脱池通过向池内鼓入空气或在池面上安装喷水管强化吹脱效果，其吹脱效率由下式计算：

$$\lg \frac{c_0}{c} = 0.43\alpha t \frac{A}{V} \qquad (29\text{-}2\text{-}9)$$

式中，c_0、c、t 的含义同式（29-2-8）；α 为吹脱系数，可查阅相关设计手册；A 为气液接触面积，m²；V 为废水体积，m³。

b. 吹脱塔。填料吹脱塔在塔内设置有一定高度的填料层，废水从塔顶向下喷淋，沿填料表面呈薄膜状向塔底流动。空气由塔底鼓入，自下而上与废水连续逆流接触。废水吹脱处理后从塔底经水封管排出，自塔顶排出的气体可进行回收或进一步处理。其基本流程如图 29-2-25[7]所示。

由于填料塔塔体大，传质效率较低，处理高浓度悬浮物废水易发生堵塞，一般只适用于中小规模的脱气过程。在大规模应用时，多采用穿流式栅板塔和筛板塔。这种脱气塔通常由一个成圆柱形的壳体和按一定间距设置的若干块塔板组成，塔板上有许多平行栅条的称为穿

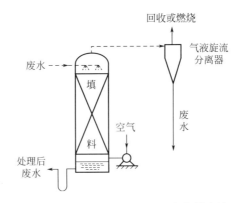

图 29-2-25　填料吹脱塔处理废水的基本流程

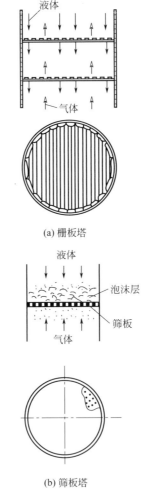

(a) 栅板塔

(b) 筛板塔

图 29-2-26　穿流式栅板塔和筛板塔构造

流式栅板塔，塔板上具有许多圆孔的称为穿流式筛板塔。如图 29-2-26 所示，废水水平流过塔板，经降液管流入下一层塔板；空气以鼓泡或喷射方式穿过塔板上的水层，二者相互接触从而达到传质分离的目的。

　　② 吹脱工艺的影响因素。吹脱工艺的效果主要受以下因素的影响：a. 温度。在压力一

定的条件下，升温提高了气体在水中的溶解度，有利于吹脱的进行。b. 气液比。空气量过小时，气液两相接触不够充分；气量过大时，既会造成液泛，又增加了动力消耗。实际工程中通常按液泛时极限气液比的 80% 取值。c. pH 值。废水中的挥发性物质的状态受废水 pH 的影响，不同 pH 值下被吹脱的难易程度不同。d. 油类及表面活性物质。废水中的油类和表面活性物质会阻碍挥发性物质向气相扩散，且油类可能阻塞填料，影响吹脱效果。

（2）汽提

① 汽提法的设备装置。汽提法所用设备为汽提塔，常用的塔型有填料塔、板式塔、泡罩塔和浮阀塔等。填料塔和板式塔已在吹脱工艺中做了介绍，而泡罩塔和浮阀塔的工作原理和筛板塔基本相同，其构造如图 29-2-27 和图 29-2-28[9] 所示。

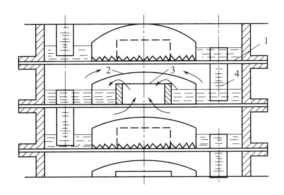

图 29-2-27 泡罩塔构造

1—塔板；2—泡罩；3—蒸汽通道；4—降液管

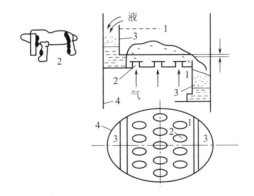

图 29-2-28 浮阀塔构造

1—塔板；2—浮阀；3—降液管；4—塔体

泡罩塔的优点是操作稳定、分离效率高、不易堵塞，缺点是气流阻力大、板面液流落差大、布气不均匀、泡罩结构复杂、造价高。浮阀塔塔板上开有许多升气孔，每个孔上装有盘式浮阀，塔板上可以用不同重量的浮阀交替排列。操作时，塔内液体通过每层塔板的溢流管向下流动，气体通过升气孔时浮阀上升，穿过环形缝隙以水平方向吹向液层，浮阀中环形缝隙随着上升气体的大小可自动调节。浮阀塔处理量大，塔板效率高，特别是在变负荷操作条件下，仍能保持浮阀空隙速度不变，具有较大的操作弹性，是目前工业上应用最多的汽提塔。

② 汽提法的应用。汽提法典型的应用是从含酚废水中回收挥发酚，流程如图 29-2-29[16,17]

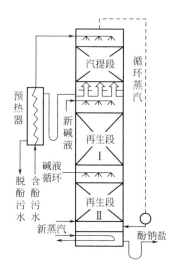

图 29-2-29 汽提法脱酚

所示。所用设备为填料塔，塔上部为汽提段，下部为再生段。含酚废水经过预热器加热后进入塔顶向下喷淋，在汽提段与上升的蒸汽进行逆流交换，脱除废水中的酚。从塔顶排出的含酚蒸汽冷凝后由泵送至再生段，再用蒸汽加热汽化，先后与循环碱液、新鲜碱液逆流接触生成酚钠盐，回收其中的酚。该工艺处理高浓度的含酚废水经济合算，且不产生二次污染。但经汽提后的废水中依然含有较高浓度的酚，需要做进一步的后续处理。

2.2.4 化学处理技术

2.2.4.1 中和

中和法是利用化学中的酸碱反应生产盐和水，消除废水中过量的酸或碱，使其 pH 值达到中性或接近中性的过程[1,15,18~22]。

化工废水常因含有酸、碱等物质而呈现酸性或碱性，常见的酸性物质有硫酸、盐酸、硝酸、磷酸、氢氟酸、氢氰酸等无机酸及甲酸、乙酸等有机酸；常见的碱性物质有氢氧化钠、氢氧化钙、碳酸钠、硫化钠等无机碱及有机胺等。废水在进入后续处理单元或排放前，需将废水的 pH 值调节至酸性（酸化）、碱性（碱化）或 pH 值 6~9 的中性范围［《污水综合排放标准》（GB 8978—1996）］。

常用的 pH 值调节或中和化学药剂见表 29-2-15。

（1）废酸、碱水相互中和 对同时有废酸水和废碱水产生的企业，应从清洁生产的角度进行"以废治废"，将废酸水和废碱水相互进行中和，从而节约运行成本；多余的废酸水或废碱水再进行中和处理。为保证出水 pH 值的稳定，一般需设置中和池或中和槽，并设置搅拌设施，搅拌方式适宜采用机械搅拌或推流器，不宜采用存在二次污染的空气搅拌。

（2）药剂中和 药剂中和是应用最广泛的一种中和方法，可处理任何浓度的酸、碱废水，对废水水质和水量波动适应性强，工艺和操作简单。中和药剂的选用应考虑市场供应情况、溶解性、反应速度、成本、二次污染等问题。最常用的酸中和药剂有氢氧化钠、石灰、氢氧化钙等，最常用的碱中和药剂有硫酸、盐酸等。常见的药剂中和工艺流程见图 29-2-30。根据所用中和药剂的不同，中和后的污泥产生情况也不同。

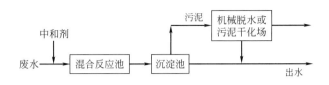

图 29-2-30 药剂中和工艺流程

常见的中和反应器的形式有管道混合器、中和反应槽、中和池等。管道混合器适合于不产生沉淀盐的中和，设备简单，但对药剂投加量的控制要求高。同时，因中和反应放热易发生腐蚀，对混合器和管道的材质有较高的要求。

酸、碱废水在中和过程中会产生盐，中和药剂不同，产生的盐量不同，见表 29-2-16。

表 29-2-15 常用的 pH 值调节或中和化学药剂[1]

化学药剂		分子式	分子量	可利用的	
				形式	百分率/%
用于提高 pH 值的化学药剂	碳酸钙	$CaCO_3$	100	粉末	96～99
				粒状	
	氢氧化钙(石灰)	$Ca(OH)_2$	74.1	粉末	82～95
				粒状	
				块状	
	氧化钙	CaO	56.1	块状	90～98
				卵石状	
				粉状	
	白云石、熟石灰	$[Ca(OH)_2]_{0.6}$	67.8	粉末	58～65
		$[Mg(OH)_2]_{0.4}$			
	白云石、生石灰	$(CaO)_{0.6}$	49.8	块状	55～58(CaO)
		$(MgO)_{0.4}$		卵石状	
				粉状	
	氢氧化镁	$Mg(OH)_2$	58.3	粉状	
	氧化镁	MgO	40.3	粉状	99
				粒状	
	碳酸氢钠	$NaHCO_3$	84.0	粉状	99
				粒状	
	碳酸钠(苏打粉)	Na_2CO_3	106.0	粉末	99.2
	氢氧化钠(苛性苏打)	Na_2OH	40.0	固体片	98
				片状粉末	
				液态	
用于降低 pH 值的化学药剂	碳酸	H_2CO_3	62.0	气态(CO_2)	
	盐酸	HCl	36.5	液体	27.9,31.45,35.2
	硫酸	H_2SO_4	98.1	液体	77.7,93.2

表 29-2-16　药剂中和产生的盐量[1]

酸	药剂	中和单位酸量所产生的盐量(B)
H_2SO_4	$Ca(OH)_2$	$CaSO_4$　1.39
	$CaCO_3$	$CaSO_4$　1.39，CO_2　0.45
	NaOH	Na_2SO_4　1.35
HNO_3	$Ca(OH)_2$	$Ca(NO_3)_2$　1.30
	$CaCO_3$	$Ca(NO_3)_2$　1.30，CO_2　0.35
	NaOH	$NaNO_3$　1.35
HCl	$Ca(OH)_3$	$CaCl_2$　1.53
	$CaCO_3$	$CaCl_2$　1.53，CO_2　0.61
	NaOH	NaCl　1.61

注：采用石灰乳中和时，硫酸的反应不完全系数一般取 1.0～1.2，盐酸或硝酸的反应不完全系数一般取 1.05。

2.2.4.2　化学沉淀

化学沉淀法是向废水中投加某种化学药剂（沉淀剂），使其与废水中溶解态的污染物直接反应生成难溶解的固体沉淀物，经固液分离，从而除去废水中污染物的一种方法。利用此法可除去废水中的重金属离子（如汞、镉、铅、锌、镍、铬、铁、铜等），碱土金属离子（如钙、镁）和某些非金属离子（如砷、氟、硫、硼），某些有机物也可通过化学沉淀法去除[1,18,20,22]。

通常，化学物质在水中的溶解能力用溶解度表示，溶解度大于 $1g \cdot 100g^{-1}$ H_2O 的物质称为可溶物；溶解度小于 $0.1g \cdot 100g^{-1}$ H_2O 物质称为难溶解物；介于两者之间的称为微溶解物。因而，化学沉淀法处理废水产生的化合物均为难溶解物。

化学沉淀法处理后的废水中残留的离子浓度取决于生成的难溶解物的溶度积。在一定温度下，难溶解物的饱和溶液中，各离子浓度的乘积即为溶度积，以 K_{sp} 表示，其通式为：

$$A_m B_n(固) \xrightleftharpoons[结晶]{溶解} m A^{n+} + n B^{m-}$$

$$K_{sp} = [A^{n+}]^m [B^{m-}]^n$$

当废水中 $[A^{n+}]^m [B^{m-}]^n < K_{sp}$ 时，未达饱和，不会产生难溶解物沉淀；当废水中 $[A^{n+}]^m [B^{m-}]^n = K_{sp}$ 时，达饱和，但不会产生难溶解物沉淀；当废水中 $[A^{n+}]^m [B^{m-}]^n > K_{sp}$ 时，将产生难溶解物沉淀，沉淀完成后，废水处饱和状态，即 $[A^{n+}]^m [B^{m-}]^n = K_{sp}$。因此，根据难溶解物的溶度积可初步判断化学沉淀法处理的可行性及选用何种沉淀剂、投加量、处理后废水中残留离子的浓度等。

难溶解物的溶度积可从相关化学手册中查到，部分物质的溶度积见表 29-2-17。经化学沉淀法处理后，出水中残留离子的浓度见表 29-2-18。

按照沉淀剂的不同，化学沉淀法可分为氢氧化物沉淀法、硫化物沉淀法、碳酸盐沉淀法、卤化物沉淀法等。

表 29-2-17 部分物质的溶度积[1]

化合物	溶度积	化合物	溶度积
AgBr	4.1×10^{-13}(18℃)	Cu_2S	2.0×10^{-47}(16～18℃)
AgCl	1.56×10^{-10}(25℃)	FeS	3.7×10^{-19}(18℃)
Ag_2CrO_4	1.2×10^{-12}(14.8℃)	Hg_2Br_2	1.3×10^{-21}(25℃)
AgI	1.5×10^{-16}(25℃)	Hg_2Cl_2	2.0×10^{-18}(25℃)
Ag_2S	1.6×10^{-49}(18℃)	Hg_2I_2	1.2×10^{-28}(25℃)
$BaCrO_4$	1.6×10^{-10}(18℃)	HgS	4.0×10^{-53}(18℃)
BaF_2	1.7×10^{-6}(18℃)	MgF_2	7.1×10^{-9}(18℃)
$BaSO_4$	0.87×10^{-10}(18℃)	NiS	1.4×10^{-24}(18℃)
CaF_2	3.4×10^{-11}(18℃)	$PbCrO_4$	1.77×10^{-14}(18℃)
$CaSO_4$	2.45×10^{-5}(25℃)	PbF_2	3.2×10^{-8}(18℃)
CdS	3.6×10^{-29}(18℃)	PbI_2	7.47×10^{-9}(15℃)
CoS	3.0×10^{-26}(18℃)	PbS	3.4×10^{-28}(18℃)
CuBr	4.15×10^{-8}(18～20℃)	$PbSO_4$	1.06×10^{-8}(18℃)
CuCl	1.02×10^{-6}(18～20℃)	ZnS	1.2×10^{-23}(18℃)
CuI	5.06×10^{-12}(18～20℃)		

表 29-2-18 沉淀法出水达到的效果[20]

金属	沉淀法	处理后浓度/mg·L⁻¹
钡	硫酸盐沉淀	0.5
镉	氢氧化物沉淀,pH＝10～11	0.05
	氢氧化铁共沉淀	0.05
	硫化物沉淀	0.008
汞	硫化物沉淀	0.01～0.02
	硫酸铝共沉淀	0.001～0.01
	氢氧化铁共沉淀	0.0005～0.005
镍	氢氧化物沉淀,pH＝10	0.12
砷	硫化物沉淀	0.05
	氢氧化物沉淀	0.005
铜	氢氧化物沉淀	0.02～0.07
	硫化物沉淀	0.01～0.02
硒	硫化物沉淀	0.05
锌	氢氧化物沉淀,pH＝11	0.1

(1) 氢氧化物沉淀法 利用部分金属离子的氢氧化物难溶于水的特点 (表 29-2-19)，向含金属离子的废水中投加氢氧化物沉淀剂除去废水中金属离子。常用的碱性沉淀剂有氨水、石灰、氢氧化钠、碳酸钠、石灰石、白云石等[1,22]。

表 29-2-19 部分金属氢氧化物的溶度积[1]

化学式	K_{sp}	化学式	K_{sp}	化学式	K_{sp}
AgOH	1.6×10^{-8}	$Cr(OH)_3$	6.3×10^{-81}	$Ni(OH)_2$	2.0×10^{-15}
$Al(OH)_3$	1.3×10^{-33}	$Cu(OH)_2$	5.0×10^{-20}	$Pb(OH)_2$	1.2×10^{-15}
$Ba(OH)_2$	5.0×10^{-3}	$Fe(OH)_2$	1.0×10^{-15}	$Sn(OH)_2$	6.3×10^{-27}
$Ca(OH)_2$	5.5×10^{-6}	$Fe(OH)_3$	3.2×10^{-88}	$Th(OH)_2$	4.0×10^{-45}
$Cd(OH)_2$	2.2×10^{-14}	$Hg(OH)_2$	4.8×10^{-26}	$Ti(OH)_2$	1.0×10^{-40}
$Co(OH)_2$	1.6×10^{-15}	$Mg(OH)_2$	1.8×10^{-11}	$Zn(OH)_2$	7.1×10^{-18}
$Cr(OH)_2$	2.0×10^{-16}	$Mn(OH)_2$	1.1×10^{-13}		

注：所列溶度积均为活度积，但应用时一般作为溶度积，不加区别。

金属氢氧化物沉淀物的析出效果受废水 pH 值的影响较大，某些金属氢氧化物沉淀析出的最佳 pH 值范围见表 29-2-20。由于实际废水组分的复杂性，应通过实验确定最佳的 pH 值。

表 29-2-20 某些金属氢氧化物沉淀析出的最佳 pH 值范围[20]

金属离子	Al^{3+}	Cd^{2+}	Cr^{3+}	Cu^{2+}	Fe^{2+}	Fe^{3+}	Mn^{2+}	Ni^{2+}	Pb^{2+}	Sn^{2+}	Zn^{2+}
沉淀的最近 pH 值	5.5～8	＞10.5	8～9	＞8	5～12	6～12	10～14	＞9.5	9～9.5	5～8	8～10
加碱溶解的 pH 值	＞8.5		＞9			＞12.5				＞9.5	＞10.5

（2）硫化物沉淀法 大多数金属硫化物的溶度积比氢氧化物沉淀物小，且 pH 值范围宽，因而向废水中加入硫化物沉淀剂析出硫化物沉淀，可更好地去除废水中的金属离子。常用的硫化剂有硫化钠、硫化氢、硫化钾、硫化铵[22]等。部分硫化物沉淀物的溶度积与理论溶解度见表 29-2-21。

表 29-2-21 部分硫化物沉淀物的溶度积与理论溶解度[1]

化合物	溶解积（室温）	理论溶解度/mg·L⁻¹		化合物	溶解积（室温）	理论溶解度/mg·L⁻¹	
		pH＝5	pH＝7			pH＝5	pH＝7
HgS	4.0×10^{-53}	1.0×10^{-35}	1.0×10^{-39}	β-NiS	2.0×10^{-25}	1.5×10^{-8}	1.5×10^{-12}
CuS	8.0×10^{-37}	6.5×10^{-20}	6.5×10^{-24}	α-CoS	4.0×10^{-24}	3.0×10^{-4}	3.0×10^{-8}
PbS	3.4×10^{-28}	6.6×10^{-11}	6.6×10^{-15}	ZnS(闪锌矿)	1.6×10^{-24}	1.4×10^{-7}	1.4×10^{-11}
CdS	1.6×10^{-28}	2.4×10^{-11}	2.4×10^{-15}	ZnS(纤维锌矿)	2.5×10^{-25}	2.1×10^{-5}	2.1×10^{-9}
γ-NiS	2.0×10^{-24}	1.5×10^{-9}	1.5×10^{-18}	MnS(红)	2.5×10^{-10}	1.8×10^{-7}	1.8×10^{-8}
α-NiS	3.2×10^{-19}	2.4×10^{-2}	2.4×10^{-6}				

（3）碳酸盐沉淀法 部分碱土金属和重金属碳酸盐的溶度积也比较小，因而可向废水中投加碱金属碳酸盐，形成难溶于水的碳酸盐沉淀（表 29-2-22），从而回收或去除废水中的碱土金属或重金属离子。常用的沉淀剂有碳酸钙、可溶性碳酸盐（碳酸钠等）、石灰等。

表 29-2-22　碳酸盐沉淀物的溶度积[1]

化学式	K_{sp}	化学式	K_{sp}	化学式	K_{sp}
Ag_2CO_3	8.1×10^{-12}	$CuCO_3$	1.4×10^{-14}	$MnCO_3$	1.8×10^{-11}
$BaCO_3$	5.1×10^{-9}	$FeCO_3$	3.2×10^{-11}	$NiCO_3$	6.6×10^{-9}
$CaCO_3$	2.8×10^{-9}	Hg_2CO_3	8.9×10^{-17}	$PbCO_3$	7.4×10^{-14}
$CdCO_3$	5.2×10^{-12}	Li_2CO_3	2.5×10^{-2}	$SrCO_3$	1.1×10^{-10}
$CoCO_3$	1.4×10^{-12}	$MgCO_3$	3.5×10^{-3}	$ZnCO_3$	1.4×10^{-11}

（4）氟化物沉淀法　含氟废水可通过投加石灰，控制 pH 值为 10～12，使之生成难溶于水的 CaF_2 沉淀，可使废水中的氟离子浓度降至 10～20mg·L^{-1}。如需进一步降低废水中氟离子的浓度，可在加石灰的同时加入磷酸盐（如过磷酸钙、磷酸二氢钠等），形成难溶的磷灰石沉淀[20]：

$$3H_2PO_4^- + 5Ca^{2+} + 6OH^- + F^- \longrightarrow Ca_5(PO_4)_3F\downarrow + 6H_2O$$

当石灰投加量为理论量的 1.3 倍、过磷酸钙投加量为理论量的 2.0～2.5 倍时，可使废水中氟离子浓度降至 2mg·L^{-1} 左右。由于磷酸盐过量，采用此法会增加废水中的总磷，故需增加后续的除磷措施。

（5）磷酸盐沉淀法　可向含可溶性磷酸盐的废水中加入钙盐、铁盐或铝盐，生成难溶性的磷酸盐沉淀，以除去废水中的磷酸根；或向含金属离子的废水中加入可溶性磷酸盐，生成难溶性的磷酸盐沉淀，以除去废水中的金属离子。部分磷酸盐沉淀物的溶度积见表 29-2-23。如废水中存在亚磷酸盐，可用氧化剂如双氧水等，将亚磷酸盐氧化成磷酸盐，再投加磷酸盐沉淀剂除去废水中的磷酸根。

表 29-2-23　磷酸盐沉淀物的溶度积

分子式	K_{sp}	$pK_{sp}(-\lg K_{sp})$
Ag_3PO_4	1.4×10^{-16}	15.84
$AlPO_4$	6.3×10^{-19}	18.24
$Ba_3(PO_4)_2$	3.4×10^{-23}	22.44
$Ca_3(PO_4)_2$	2.0×10^{-29}	28.7
$Cd_3(PO_4)_2$	2.5×10^{-33}	32.6
$CrPO_4\cdot4H_2O$（绿）	2.4×10^{-23}	22.62
$CrPO_4\cdot4H_2O$（紫）	1.0×10^{-17}	17
$Cu_3(PO_4)_2$	1.3×10^{-37}	36.9
$FePO_4$	1.3×10^{-22}	21.89
$Ni_3(PO_4)_2$	5.0×10^{-31}	30.3
$Pb_3(PO_4)_3$	8.0×10^{-43}	42.1
$Zn_3(PO_4)_2$	9.0×10^{-33}	32.04

注：数据摘自 "General Chemistry：Principles and Modern Applications. 8ed，2002"。

2.2.4.3   混凝

化工废水常含有较多的细微固体悬浮颗粒物（SS）、微小悬浮油滴、有机胶体物质等，这类物质靠自然沉降或上浮的措施是难以去除的，但可通过投加一些化学药剂来破坏胶体和细微悬浮颗粒物在水中形成的稳定分散系，使其聚集成具有明显沉降性能的絮凝体，从而实现与水的分离，降低废水的 COD、色度等，使水质得到净化。这一过程即为混凝沉淀，是废水处理中最常用的方法之一，可用于废水的预处理、中间处理和深度处理。

混凝沉淀过程包含凝聚和絮凝两个阶段。凝聚是指使胶体脱稳并聚集为微絮粒的过程，是通过投加的电解质（即絮凝剂——通常为含多价离子的电解质）对固体悬浮物颗粒表面双电层的消除或压缩，减弱微细粒间的排斥作用，使胶体脱稳、颗粒迁移并聚集。凝聚对废水中的胶体粒子或悬浮液中的微细粒子作用明显，产生的凝聚体粒度小、密实、易碎，但碎后可重新凝聚，因而凝聚过程是可逆过程[1,15,18~23]。

絮凝是指微絮粒通过吸附、卷带和桥联作用成长为更大的絮凝体的过程，是通过高分子聚合物（即絮凝剂——通常为含有极性官能团的聚合物）在分子上吸附多个微粒的架桥作用而使多个微粒形成絮团的过程。絮凝剂在水溶液中应具有伸展性、可挠性。伸展性是指具有一定的伸展长度，可以在颗粒间架桥，将微粒桥联起来。可挠性使絮凝体具有一定的强度，能经受住一定程度的剪切力而不破碎。相对凝聚而言，絮凝产生的聚集物要大得多。絮凝体的特点是粒度粗、疏松、强度较大，但破碎后一般不能再成团，即絮凝过程不可逆[1,15,18~23]。

（1）混凝剂与助凝剂   常用于水处理混凝沉淀的化学药剂有混凝剂和助凝剂。混凝剂按化学组成可分为无机盐类混凝剂和有机高分子类混凝剂（絮凝剂），见表 29-2-24。常用的混凝剂见表 29-2-25 和表 29-2-26，常用的助凝剂见表 29-2-27。

表 29-2-24   混凝剂分类

分类			混凝剂
无机类	低分子	无机盐类	硫酸铝、硫酸铁、硫酸亚铁、铝酸钠、氯化铁、氯化铝
		碱类	碳酸钠、氢氧化钠、氧化钙
		金属电解产物	氢氧化铝、氢氧化铁
	高分子	阳离子型	聚合氯化铝、聚合硫酸铝
		阴离子型	活性硅酸
有机类	表面活性剂	阴离子型	月桂酸钠、硬脂酸钠、油酸钠、松香酸钠、十二烷基苯磺酸钠
		阳离子型	十二烷胺乙酸，十八烷胺乙酸、松香胺乙酸、烷基三甲基氯化铵
	低聚合度高分子	阴离子型	藻朊酸钠、羧甲基纤维素钠盐
		阳离子型	水溶性苯胺树脂盐酸盐、聚乙烯亚胺
		非离子型	淀粉、水溶性脲醛树脂
		两性型	动物胶、蛋白质
	高聚合度高分子	阴离子型	聚丙酸钠、水解聚丙烯酰胺、磺化聚丙烯酰胺
		阳离子型	聚乙烯吡啶盐、乙烯吡啶共聚物
		非离子型	聚丙烯酰胺、氯化聚乙烯

表 29-2-25　常用的无机盐类混凝剂

名称	分子式	一般介绍
精制硫酸铝	$Al_2(SO_4)_2 \cdot 18H_2O$	(1)含无水硫酸铝 $50\% \sim 52\%$ (2)适用水温为 $20 \sim 40℃$ (3)当 pH=4～7 时,主要去除水中有机物 　　pH=5.7～7.8 时,主要去除水中悬浮物 　　pH=6.4～7.8 时,处理浊度高、色度低(小于 30 度)的水 (4)湿式投加时一般先溶解成 $10\% \sim 20\%$ 的溶液
工业硫酸铝	$Al_2(SO_4)_3 \cdot 18H_2O$	(1)制造工艺较简单 (2)无水硫酸铝含量各地产品不同,设计时一般可采用 $20\% \sim 25\%$ (3)价格比精制硫酸铝便宜 (4)用于废水处理时,投加量一般为 $50 \sim 200 mg \cdot L^{-1}$ (5)其他同精制硫酸铝
明矾	$Al_2(SO_4)_3 \cdot$ $K_2SO_4 \cdot 24H_2O$	(1)同精制硫酸铝(2)、(3) (2)现已大部分被硫酸铝所代替
硫酸亚铁 (绿矾)	$FeSO_4 \cdot 7H_2O$	(1)腐蚀性较高 (2)矾花形成较快,较稳定,沉淀时间短 (3)适用于碱度高、浊度高、pH=8.1～9.6 的水,不论在冬季或夏季使用都很稳定,混凝作用良好,当 pH 值较低时(<8.0),常使用氯来氧化,使二价铁氧化成三价铁,也可以同时投加石灰的方法解决
三氯化铁	$FeCl_3 \cdot 6H_2O$	(1)对金属(尤其对铁器)腐蚀性大,对混凝土亦腐蚀,对塑料管也会因发热而引起变形; (2)不受温度影响,矾花得大,沉淀速度快,效果较好 (3)易溶解,易混合,渣滓少 (4)适用最佳 pH 值为 6.0～8.4
聚合氯化铝	$[Al_n(OH)_mCl_{3n-m}]$ (通式) 简写 PAC	(1)净化效率高,耗药量少,过滤性能好,对各种工业废水适应性较广 (2)温度适应性高,pH 值适用范围宽(可在 pH=5～9 的范围内),因而可不投加碱剂 (3)使用时操作方便,腐蚀性小,劳动条件好 (4)设备简单,操作方便,成本较三氯化铁低 (5)是无机高分子化合物

表 29-2-26　常用有机高分子类混凝剂及天然絮凝剂

名称	分子式或代号	一般介绍
聚丙烯酰胺	$\left[\begin{array}{c} -CH_2-CH- \\ | \\ CONH_2 \end{array} \right]_x$ 代号 PAM	(1)目前被认为是最有效的高分子絮凝剂之一,在废水处理中常被用作助凝剂,与铝盐或铁盐配合使用 (2)与常用湿凝剂配合使用时,应按一定的先后顺序投加,以发挥两种药剂的最大效果 (3)聚丙烯酰胺固体产品不易溶解,宜在有机械搅拌的溶解槽内配制成 $0.1\% \sim 0.2\%$ 的溶液再进行投加,稀释后的溶液保存期不宜超过 1～2 周 (4)聚丙烯酰胺有极微弱的毒性,用于生活饮用水净化时,应注意控制投加量 (5)是合成有机高分子絮凝剂,为非离子型;通过水解构成阴离子型,也可通过引入基团制成阳离子型;目前市场上已有阳离子型聚丙烯酰胺产品出售
脱絮凝色剂	代号 脱色 I 号	(1)属于聚胺类高度阳离子化的有机高分子混凝剂,液体产品固含量 70%,无色或浅黄色透明黏稠液体 (2)储存温度 5～45℃,使用 pH 值 7～9,按(1:100)～(1:50)稀释后投加,投加量一般为 $20 \sim 100 mg \cdot L^{-1}$,也可与其他混凝剂配合使用 (3)对于印染厂、染料厂、油墨厂等工业废水处理具有其他混凝剂不能达到的脱色效果

续表

名称	分子式或代号	一般介绍
天然植物改性高分子絮凝剂	FN-A 絮凝剂	(1)由 691 化学改性制得,取材于野生植物,制备方便,成本较低 (2)宜溶于水,适用水质范围广,沉降速度快,处理水澄清度好 (3)性能稳定,不易降解变质 (4)安全无毒
天然絮凝剂	F691	刨花木、白胶粉
	F703	绒稿(灌木类、皮、根、叶亦可)

表 29-2-27   常用的助凝剂

名称	分子式	一般介绍
氯	Cl_2	(1)当处理高色度水及用作破坏水中有机物或去除臭味时,可在投混凝剂前先投氯,以减少混凝剂用量 (2)用硫酸亚铁作混凝剂时,为使二价铁氧化成三价铁可在水中投氯
生石灰	CaO	(1)用于原水碱度不足 (2)用于去除水中的 CO_2,调整 pH 值 (3)对于印染废水等有一定的脱色作用
活化硅酸、活化水玻璃、泡花碱	$Na_2O \cdot xSiO_2 \cdot yH_2O$	(1)适用于硫酸亚铁与铝盐混凝剂,可缩短混凝沉淀时间,节省混凝剂用量 (2)原水浑浊度低、悬浮物含量少及水温较低(约在 14℃ 以下)时使用,效果更为显著 (3)可提高滤池滤速,必须注意投加位置 (4)要有适宜的酸化度和活化时间

在采用单一混凝剂不能取得良好效果时,往往需投加辅助药剂以提高混凝效果,辅助药剂被称为助凝剂。助凝剂的作用是提高絮凝体的强度,增加其重量,促进沉降,且使污泥具有较好的脱水性能,或用于调整 pH 值,破坏对混凝作用干扰的物质。按照助凝剂的功能可分为以下三类[1,18,20~22]:

① pH 值调整剂。用于调节废水的 pH 值,使其达到混凝剂的最佳 pH 值范围。常用的 pH 值调整剂有石灰、硫酸、氢氧化钠、纯碱等。

② 絮体结构改良剂。当生成的絮体小、松散且易碎时,可投加絮体结构改良剂以改善絮体的结构,增加其粒径、密度和强度。如活性硅酸、黏土等。

③ 氧化剂。当废水有机物浓度高时,易起泡沫,使絮体不易沉降,此时可投加氧化剂以除去有机物对混凝剂的干扰,提高混凝效果。常用的氧化剂有氯气、次氯酸钠和臭氧。

(2) 影响混凝沉淀效果的因素   影响混凝效果的因素主要有水质、pH 值、水温、混凝剂的选择与投加量、水力条件及混凝反应时间等。

① 水质。通常,化工废水成分复杂,污染物种类多,不同污染物在化学组成、带电性能、亲水性能、吸附性能等方面可能不同,因而某一种混凝剂对不同废水的混凝效果可能相差较大。

② pH 值。每种混凝剂都有其最佳的 pH 值使用范围,因而需将废水的 pH 值调节至最适宜范围,使混凝反应速度快、絮体溶解度小、混凝作用最大。

③ 水温。混凝的水温一般以 20~30℃ 为宜。水温过低,混凝剂水解缓慢,生成的絮体细碎松散,不易沉降。水温高时,黏度降低,水中胶体或细微颗粒间的碰撞机会增多,从而

提高混凝效果，缩短混凝沉淀时间。因此，当废水水温过低时，宜采取加热措施。

④ 混凝剂的选择和投加量。

a. 混凝剂的选择主要取决于废水中胶体和细微悬浮物的性质、浓度，同时应考虑混凝剂的来源、成本及是否引入有害物质等。在选择混凝剂时，通常将无机混凝剂与高分子混凝剂并用，可明显减少混凝剂的用量，提高混凝效果，扩大应用范围。

高分子絮凝剂选用的基本原则：阴离子型和非离子型主要用于去除浓度较高的细微悬浮物，但前者更适于中性和碱性水质，后者更适于中性和酸性水质；阳离子型用于去除胶体状有机物，pH 为酸性或碱性均可。

b. 混凝剂的投加量除与水中微粒种类、性质和浓度有关外，还与混凝剂的品种、投加方式及介质条件有关。混凝剂的投加量应通过实验确定。

⑤ 水力条件及混凝反应时间。混凝过程中的水力条件对混凝效果具有重要影响，整个混凝过程分凝聚和絮凝两个阶段，即混合和反应两个阶段。两个阶段的反应机理不同，要求的水力条件也不同。混合阶段和反应阶段均需搅拌，此时水中微粒通过速度实现碰撞，搅拌强度和搅拌时间是两个主要控制指标。搅拌强度常用速度梯度 G 表示。

在混合阶段，要求混凝剂与废水迅速均匀混合，因而要求搅拌强度要大，但时间要短，通常认为 G 为 $500\sim1000s^{-1}$，搅拌时间 t 为 $10\sim30s$；在反应阶段，不仅要求为混合阶段形成的微絮体的接触碰撞提供必要的紊流条件和絮体成长所需的足够时间，还要防止已生成的小絮体被打碎，因此搅拌强度要小，而时间要长，相应的 G 和 t 分别为 $20\sim70s^{-1}$ 和 $15\sim30min$。

2.2.4.4　电解

电解质溶液在电流的作用下，发生电化学反应的过程称为电解。与电源正极相连的电极为阳极，与电源负极相连的电极为阴极。在电解过程中，阴极放出电子发生还原反应，阳极得到电子发生氧化反应，从而使废水中的污染物被转化成无害物质以实现废水的净化。按照电解原理，可分为电极表面处理过程、电凝聚处理过程、电解浮选过程、电解氧化还原过程；也可分为直接电解法和间接电解法；按照阳极材料的溶解特性可分为不溶性阳极电解法和可溶性阳极电解法[1,18,20,22,24]。

利用电解可以处理：①各种离子状态的污染物，如 CN^-、AsO_2^-、Cr^{6+}、Cd^{2+}、Pb^{2+}、Hg^{2+}；②各种无机和有机的耗氧物质，如硫化物、氨、酚、油和有色物质等；③致病微生物。

电解过程是利用电能转化为化学能进行化学处理，一般在常温、常压下进行。电解法的优点：一次可去除多种污染物，电解设备紧凑，占地面积小，投资省，易实现自动化，药剂用量少，废液量少，对废水水质、水量波动适应性强。缺点：电耗和可溶性阳极材料消耗较大，副反应多，电极易钝化，污泥渣多[1,20]。

（1）影响电极效果的因素

① 电极材料。电极材料的选用尤为重要，选择不当会使电解效率降低，电能消耗增加。

② 施加的电压。为了使电流能通过并分解电解液，电解时必须提供一定的电压。电能消耗与电压有关，消耗的电能等于电量与电压的乘积。

③ 电流密度。单位极板面积上通过的电流数量即电流密度，以 $A\cdot m^{-2}$ 表示。根据废水中污染物浓度的大小可适当提高电流密度。在废水浓度一定时，电流密度越大，则电压越

高，反应速度加快，但电耗增加，并影响电极的使用寿命；电流密度小，虽电耗减少，但处理速度缓慢，电解槽容积大。适宜的电流密度应由试验确定。

④ pH 值。废水的 pH 值对电解过程操作影响较大。pH 值过低，处理速度快，电耗低，但不利于生成物的沉淀；pH 值过高，易使阳极钝化，放电不均匀，并使金属溶解过程停止，因此需控制废水 pH 值在适宜的范围。

⑤ 搅拌作用。搅拌的作用是促进离子对流与扩散，减少电极附近浓差极化现象，并能起清洁电极表面的作用，防止沉淀物在电解槽中沉降。搅拌对于电解历时和电耗影响较大，但从二次污染方面考虑，不宜采用压缩空气搅拌。

（2）电解工艺过程[1]

① 电极表面处理过程。废水中的溶解性污染物通过阳极氧化或阴极还原后，生成不可溶的沉淀物或从有毒的化合物变成无毒的物质。

② 电凝聚过程。以铁或铝制金属为阳极，在电解反应过程中，形成氢氧化亚铁或氢氧化铝等不溶于水的金属氢氧化物活性凝聚体，对废水中的污染物进行凝聚，使废水得到净化。用铝电极比铁电极好，因为形成 $Fe(OH)_3$ 絮凝体要经过 $Fe(OH)_2$，故比较慢，而形成 $Al(OH)_3$ 则快得多。

③ 浮选过程。采用由不溶性材料组成的阴、阳电极对废水进行电解。当电压达到水的分解电压时，产生的新生态氧和氢对污染物起到氧化或还原作用，同时在阳极处产生的氧气泡和阴极处产生的氢气泡吸附废水中的絮凝物，发生上浮过程，使污染物得以去除。电解时，不仅有气泡上浮作用，而且还兼有凝聚、共沉、电化学氧化及还原等作用，能去除多种污染物。电解产生的气泡粒径很小，氢气泡为 $10\sim30\mu m$，氧气泡为 $20\sim60\mu m$，远小于加压溶气气浮时产生的气泡粒径（$100\sim150\mu m$）和机械搅拌产生的气泡粒径（$800\sim1000\mu m$）。可见，电解产生的气泡具有更高的捕获杂质微粒的能力。

④ 电解氧化还原过程。利用电极在电解过程中生成的氧化或还原产物与废水中的污染物发生化学反应，产生沉淀物而去除；或将有毒污染物转化成无毒物质，从而使废水得到净化。

在电解过程中，阳极既可通过直接的电极反应使污染物氧化破坏，也可通过某些阳极反应产物（如 Cl^-、ClO^-、O_2、Cl_2、H_2O_2 等）间接地破坏污染物（如阳极产物 Cl_2 除氰、脱色）；为强化阳极的氧化作用，常需投加一定量的食盐。为防止阳极的腐蚀，阳极可用石墨或涂二氧化钌的钛材，阴极可用普通钢板。

电解氧化法主要用于去除废水中的氰、酚及 COD、S^{2-}、有机农药等。

在阴极通过电子的迁移对废水中的阳离子污染物进行还原，使阳离子污染物沉淀加以回收利用；或通过阳极溶解产生的亚铁离子进行还原，从而降低废水中污染物的毒性。

（3）微电解法[1]   微电解法是利用铁屑与碳来处理工业废水。在处理过程中，铁本身具有很强的还原能力，能使废水中某些有机物还原成还原态，甚至断链，从而降低废水中有毒污染物的毒性，提高废水的生物降解性，为后续生化处理创造了条件；同时，铁与碳能形成大量微小的原电池，在其周围产生空间电场，使废水中带电的稳定的胶体粒子在零点几秒至几十秒内脱稳附聚并沉积下来，经反冲洗即可洗脱沉积粒料，废渣可集中处理；电解产生的 Fe^{2+} 及部分被氧化产生的 Fe^{3+}，具有较高的吸附絮凝活性，可进一步去除污染物。

微电解不需外加电能就能达到与电解法相同的去除污染物的目的，具有高效低耗、适用广的优点。缺点是长期使用后铁会钝化，易板结，污泥渣多。

2.2.4.5 化学氧化与还原

对含有可溶性有毒有害污染物的废水，经物理预处理后的出水往往不能满足后续生化处理的要求，此时可利用污染物在化学反应过程中能被氧化或还原的性质，改变污染物的形态，将它们转化成无毒或低毒的新物质或转化成容易与水分离的形态（气体或固体），从而达到去除的目的，这种方法即为氧化还原法。化工废水往往成分复杂，COD 浓度高，污染物种类多，含有大量的有毒有害污染物，采用化学氧化还原法对其进行预处理以降低废水的生物毒性、提高废水的可生化性是十分必要的[1,15,18~25]。

废水中的有机污染物（如色、嗅、味、COD）以及还原性无机离子（如 CN^-、S^{2-}、Fe^{2+}、Mn^{2+} 等）都可通过氧化还原法进行去除，废水中的许多重金属离子（汞、铜、铬、镉、金、银、镍等）可通过还原法进行去除。

废水处理中常用的氧化剂有空气（氧气）、过氧化氢、臭氧、氯气、次氯酸钠等，常用的还原剂有硫酸亚铁、亚硫酸氢钠、铁屑、硼氢化钠等[19,20,22]。

各种氧化剂的氧化能力强弱可用标准电极电位值 E 表示，相关数据可在化学手册中查到。E 值越大，物质的氧化性越强；E 值越小，物质的还原性越强。常见的氧化剂及活性物种的标准电极电位值 E 见表 29-2-28。

表 29-2-28 常见的氧化剂及活性物种的标准电极电位值（25℃）[18,24]

强氧化剂种类	标准电位(对甘汞电极 SHE)/V	强氧化剂种类	标准电位(对甘汞电极 SHE)/V
F_2	2.87	HClO	1.49
OH·	2.80	O_2	1.23
O^{2-}·	2.42	Cl_2	1.36
O_3	2.07	ClO^-	0.90
H_2O_2	1.78	Fe^{3+}	0.77
HO_2·	1.70		

废水中有机污染物的氧化还原过程，由于涉及共价键、电子的移动，故情形复杂，因此，凡是与氧化剂作用而使原来有机物分解成简单的无机物如 CO_2、H_2O 等的反应，可判断为氧化反应。有机物氧化成简单的无机物的过程是一个逐步完成的过程，即有机物的降解，如甲烷的降解历程如下[20]：

$$CH_4 \longrightarrow CH_3OH \longrightarrow CH_2O \longrightarrow HCOOH \longrightarrow CO_2 + H_2O$$
$$\text{烷} \qquad\qquad \text{醇} \qquad\qquad \text{醛} \qquad\qquad \text{酸} \qquad\qquad \text{无机物}$$

复杂有机物的降解历程和中间产物更复杂。理论上碳水化合物的最终氧化产物为 CO_2 和 H_2O；含氮有机物的氧化产物除 CO_2 和 H_2O 外，还有硝酸类物质，含硫的还会有硫酸类物质，含磷的还会有磷酸类物质。有机物的最终氧化产物与本身的可氧化性及氧化剂的种类有关。根据有机物可氧化性的强弱，可将其分为以下三类[19]：

a. 易氧化化合物：如酚类、醛类、芳香胺类、某些有机硫化物（硫醇、硫醚）等。

b. 可氧化化合物：指在一定条件下可以被氧化的化合物。例如：醇类，如乙醇、异丙醇等；取代芳香化合物，如甲苯、乙苯等；含硝基芳香化合物，如硝基苯等；糖类，如淀粉等；脂肪酮类，如丙酮等；脂肪酸类，如乙酸等；酯类，如乙酸乙酯等；脂肪胺类，如甲胺等。

c. 难氧化化合物：饱和烃类化合物，如甲烷、乙烷等；卤代烃类，如四氯化碳、溴苯等；合成高分子聚合物。

根据废水氧化处理所用的氧化剂及工艺，废水氧化处理可分为空气（纯氧）氧化法、臭氧氧化法、氯氧化法、过氧化氢氧化法、湿式（催化）氧化法、组合氧化法、超临界水氧化法、光催化氧化法等[18~25]。

（1）空气（纯氧）氧化法 空气氧化法是利用空气中的氧或纯氧氧化废水中污染物的一种方法。氧的氧化电位较高，具有较强的氧化性，但氧进行反应时的活化能很高，因而反应速度很慢，在常温、常压、无催化剂下，空气氧化法所需反应时间较长，一般不适合用于废水中有机污染物的去除。在高温、高压、催化剂等条件下，氧分子中的氧-氧键易断开，从而可大大加快氧化反应速度，如湿式氧化法。

空气氧化法主要用于含硫废水的处理，如石油炼厂、石油化工厂等高浓度含硫废水回收利用后的低浓度含硫废水（硫化物浓度 $<1000\mathrm{mg \cdot L^{-1}}$），可用空气氧化法进行处理。废水中的硫化物一般以钠盐或铵盐的形式存在，如 Na_2S、$NaHS$、$(NH_4)_2S$、NH_4HS 等，酸性废水中还存在 H_2S。各种硫的标准电极电位 $E(V)$ 如下：

酸性溶液 $\quad H_2S \xrightarrow{0.14} S \xrightarrow{0.5} S_2O_3^{2-} \xrightarrow{0.4} H_2SO_3 \xrightarrow{0.17} H_2SO_4$

碱性溶液 $\quad S^{2-} \xrightarrow{-0.508} S \xrightarrow{-0.74} S_2O_3^{2-} \xrightarrow{-0.58} SO_3^{2-} \xrightarrow{-0.93} SO_4^{2-}$

可见，在碱性条件下，更有利于分子氧氧化废水中的硫化物。向废水中通入空气和蒸汽，硫化物可被氧化成无毒的硫代硫酸盐或硫酸盐。

$$2HS^- + 2O_2 \longrightarrow S_2O_3^{2-} + H_2O$$

$$2S^{2-} + 2O_2 + H_2O \longrightarrow S_2O_3^{2-} + 2OH^-$$

$$S_2O_3^{2-} + 2O_2 + 2OH^- \longrightarrow 2SO_4^{2-} + H_2O$$

理论上，氧化 1kg 硫需 1kg 的氧，约 $3.7m^3$ 的空气，考虑到部分硫代硫酸盐（约 10%）进一步氧化为硫酸盐，空气量约需增加至 $4m^3$；在实际废水处理中，空气的供气量为理论值的 2~3 倍。通入蒸汽的目的是加快反应速率，一般将水温升高到 90℃ 左右。

（2）臭氧氧化法 臭氧作为一种强氧化剂，具有以下一些重要性质：

① 不稳定性。臭氧不稳定，在常温下容易自行分解成氧气，MnO_2、PbO_2、Pt、C 等催化剂的存在或经紫外线辐射都可促进臭氧分解。臭氧在水溶液中的分解速度比在气相中快得多，且 pH 值愈高，分解愈快，因而臭氧在酸性溶液中较稳定，在碱性溶液中分解迅速。臭氧在蒸馏水中，常温下的半衰期为 15~30min；在空气中的半衰期约为 16h。

② 溶解性。臭氧在水中的溶解度要比纯氧高 10 倍，比空气高 25 倍。臭氧在水中的溶解度与温度的关系见表 29-2-29；不同温度时的分配系数 α_B（在水中和气相中的浓度比）见表 29-2-30。

③ 毒性。高浓度臭氧是有毒气体，对眼及呼吸器官有强烈的刺激作用。正常大气中含臭氧的浓度为 $(1\sim4)\times10^{-8}\mathrm{mg \cdot m^{-3}}$，当浓度达到 $(1\sim10)\times10^{-6}\mathrm{mg \cdot m^{-3}}$ 时可引起头痛、恶心。

表 29-2-29 臭氧在水中的溶解度与温度的关系[24]

温度/℃	溶解度/g·L^{-1}	温度/℃	溶解度/g·L^{-1}
0	1.13	40	0.28
10	0.78	50	0.19
20	0.57	60	0.16
30	0.41		

表 29-2-30 不同温度时臭氧的分配系数[23]

温度/℃	0	5	10	20	30	40	50
α_B	0.49	0.44	0.375	0.285	0.20	0.145	0.105

④ 氧化性。臭氧是一种强氧化剂，酸性溶液中的氧化还原电位为 2.07V，仅次于氟；碱性溶液中的氧化还原电位为 1.24V，略低于氯（氧化还原电位为 1.36V）。在理想的反应条件下，臭氧可把水溶液中的大多数单质和化合物氧化到它们的最高氧化态，对水中有机物有强烈的氧化降解作用，还有强烈的消毒杀菌作用，因而臭氧在水处理中可用于除臭、脱色、杀菌、除铁、除氰化物、除有机物等。

⑤ 腐蚀性。臭氧具有强腐蚀性，与之接触的容器、管道等均需采用耐腐蚀材料或做防腐处理。耐腐蚀材料可用不锈钢或塑料。

臭氧氧化法作为废水处理的一种有效方法，其优点：强氧化剂，能与有机物、无机物迅速反应，氧化能力强；不产生污泥；氧化产物往往无毒或呈生物可降解性；臭氧现场制取、现场使用，没有原料的运输与储存问题；臭氧氧化处理设备占地面积小，操作上易于控制和实现自动化；在废水中残留的臭氧很快分解成氧气，无毒且增加了水中的溶解氧。其缺点：设备、管道等需采用耐腐蚀材料或防腐，设备费用高；耗电量大，处理成本高；臭氧对人体有毒，工作环境中需有良好的通风措施。

臭氧氧化降解废水中有机物的反应有以下两种方式：

a. 臭氧分子直接进攻废水中的有机污染物分子，通过加成反应、亲电反应、亲核反应等将有机物氧化分解。分子臭氧的反应具有极强的选择性，仅限于同不饱和芳香族或脂肪族化合物或在某些特殊基团上发生反应。

b. 臭氧分解形成的自由基的反应。臭氧在 OH$^-$、紫外线辐射或催化剂等的作用下，可分解生成羟基自由基·OH，还可进一步生成超氧阴离子自由基或氢过氧自由基（·O^{2-} 或 ·HO$_2$），生成的各自由基活性组分具有比臭氧更高的氧化还原电位，可将有机物氧化分解成小分子有机物或 CO$_2$ 和 H$_2$O。

臭氧氧化的反应方式主要取决于废水的 pH 值。在高 pH 值时，以自由基氧化控制机制为主；在低 pH 值时，以臭氧分子直接氧化控制机制为主。

影响臭氧氧化的因素主要是废水中杂质的性质、浓度、pH 值、温度、臭氧的浓度和投加量、臭氧的投加方式和反应时间等。臭氧的实际投加量应通过试验确定。

(3) 氯氧化法 在废水处理中，氯氧化法主要用于氰化物、硫化物、酚、醇、醛、油类、氨态氮、有机胺等的氧化去除，还可用于消毒、脱色、除臭。常用的氯系氧化剂主要有液氯、氯气、次氯酸钠、二氧化氯和漂白粉等。

各种含氯化合物的活性成分的相对含量大小用有效氯来衡量，有效氯是指含氯化合物中氧化数大于氯化物离子（氧化数为 -1）的那部分氯。表 29-2-31 列出了部分氯化物的有效氯百分比。

表 29-2-31 纯氯化物含氯量和有效氯[1,23]

化合物	相对分子质量	真实含氯量/%	有效氯/%	化合物	相对分子质量	真实含氯量/%	有效氯/%
Cl_2	71	100	100	$NaClO_2$	90.5	39.2	157
ClO_2	67.5	81.7	260	$HClO$	52.5	67.7	135.4
$NaClO$	74.5	52.5	95.4	$NHCl_2$	86	82.5	165
$Ca(OCl)_2$	143	49.9	99.2	NH_4Cl	50.5	69	138

氯系氧化剂的氧化性与废水的 pH 值有关。氯易溶于水并迅速水解，生成 HCl 和 HClO，次氯酸具有较强的氧化性，且在酸性溶液中有更强的氧化性。次氯酸钠、漂白粉等在水中能完全电离，生成次氯酸根离子。在紫外线等的辐射下，氯系氧化剂的氧化性可得到强化。

二氧化氯为气态，化学性质不稳定，易爆炸，但它的水溶液相当稳定。加热、光照、OH^- 及某些催化剂可促使二氧化氯溶液分解生成多种强氧化剂，如 $HClO_3$、$HClO_2$、$HClO$、Cl_2、O_2 等，这些氧化物组合在一起产生多种氧化能力极强的自由基团，激发有机环上的不活泼氢，通过脱氢反应生成 R·自由基，成为进一步氧化的诱发剂；还可通过羟基取代反应，将芳烃环上的 $-SO_3H$、$-NO_2$ 等取代而生成不稳定的中间体，易于发生开环裂解，直至完全分解成无机物，或将大分子有机污染物氧化成小分子物质，提高废水的可生化性；能打断有机物分子中的双键发色团，如偶氮基、硝基、硫化羟基、碳亚氨基等，达到脱色的目的；还能将还原性物质如 S_2、SO_3^{2-}、CN^- 等氧化。pH 值对二氧化氯的氧化能力影响非常明显，酸性越强，二氧化氯的氧化能力越强；而在弱酸性条件下，二氧化氯不易分解，而是直接和废水中的污染物发生作用并破坏有机物的结构。

（4）过氧化氢氧化法 纯过氧化氢是一种蓝色黏稠液体，具有刺激性臭味和涩味，能与水以任意比例混溶，其水溶液称为双氧水。过氧化氢分子中氧的价态是 -1，它可转化成 -2 价，表现出氧化性，也可转化成 0 价而具有还原性，因此过氧化氢具有氧化还原性。过氧化氢在酸性溶液和碱性溶液中都是强氧化剂，在酸性溶液中的氧化性更强，但氧化反应速率往往极慢，而在碱性溶液中的氧化反应速率却快得多。过氧化氢氧化的产物是氧气和水，不会给反应体系带来杂质。

过氧化氢不稳定，不论是气态、液态、固体还是水溶液，都具有热不稳定性，分解成水和氧气。过氧化氢在碱性溶液中分解速度更快，溶液中微量存在的杂质如金属离子（Fe^{3+}、Cr^{3+}、Cu^{2+}、Ag^+）、非金属、金属氧化物等，都能催化过氧化氢的均相和非均相分解。此外，光照、储存容器表面粗糙（具有催化活性）都会使过氧化氢分解。

过氧化氢的标准氧化还原电位（1.77V、0.88V）仅次于臭氧（2.07V、1.24V），高于高锰酸钾、次氯酸钠和二氧化氯，能直接氧化废水中的有机污染物和构成微生物的有机物。因而可用于含硫废水、含氰废水的处理及废水 COD 的去除，还可用于废水排水的杀菌消毒。

（5）湿式（催化）氧化法 湿式氧化法（wet air oxidation，WAO）是在高温、高压下，利用氧化剂（氧、空气或其他氧化剂）将废水中的有机物氧化成二氧化碳和水或小分子有机物，从而达到去除污染物的目的。与常规方法相比，具有适用范围广、处理效率高、极少产生二次污染、氧化速率快、可回收能量及有用物料等特点。20 世纪 70 年代，湿式氧化法工艺得到迅速发展并实现工业化，主要用于含氰废水、含酚废水、活性炭再生、造纸黑液及难降解有机物和城市污泥及垃圾渗出液的处理。

湿式空气氧化法采用的温度为 150～374℃（374℃为水的临界温度），通常采用的温度为 200～320℃、压力为 1.5～20.0MPa。高温可提高氧在液相中的溶解性能，高压的目的是抑制水的蒸发以维持液相，而液相的水可以作为催化剂，使氧化反应在较低的温度下进行。

在高温、高压下，水及作为氧化剂的氧的物理性质都发生了变化，见表 29-2-32。由表 29-2-32 可知，当温度大于 150℃时，氧的溶解度随温度的升高反而增大，在水中的传质系数也随温度的升高而增大，因此，氧的这种性质有助于在高温下进行氧化反应。

表 29-2-32　不同温度下水和氧的物理性质[25]

性质＼温度/℃	25	100	150	200	250	300	320	350
蒸气压/MPa	0.033	1.05	4.92	16.07	41.10	88.17	116.64	141.90
黏度/(Pa·s)	922	281	181	137	116	106	104	103
密度/g·mL^{-1}	0.944	0.991	0.955	0.934	0.908	0.870	0.848	0.828
扩散系数 K_a/m^2·s^{-1}	22.4	91.8	162	239	311	373	393	407
溶解度/mg·L^{-1}	190	145	195	320	565	1040	1325	1585

相关研究表明，高温下的湿式氧化系统中的反应是一种自由基反应，系统中存在多种氧化剂成分，包括 O_2、·O、·OH、·O_2H 等，其中以强氧化剂羟基自由基·OH 为主。

影响湿式氧化法处理效果的影响因素主要有以下几个：

① 反应温度。常规的湿式氧化处理系统，其操作温度为 150～374℃，虽高温有利于氧化反应，但不经济，因此温度的最佳范围为 200～340℃。

② 反应压力。湿式氧化系统应保证在液相中进行，因而压力应不低于该温度下的饱和蒸气压。表 29-2-33 给出了湿式氧化装置的反应温度与压力的经验关系。

表 29-2-33　湿式氧化装置的反应温度与压力的经验关系[25]

反应温度/℃	230	250	280	300	320
反应压力/MPa	4.5～6.0	7.0～8.5	10.5～12.5	14.0～16.0	20.0～21.0

③ 反应时间。应根据污染物被氧化的难易程度及处理效果的要求，确定最佳反应温度和反应时间。通常，湿式氧化装置的停留时间为 0.1～2.0h。

④ pH 值。废水的 pH 值对氧化效果的影响显著，通常在较低的 pH 值条件下，氧化还原反应才能有效进行。

⑤ 燃烧热值与所需的空气量。在湿式氧化系统中，一般依靠有机物被氧化所释放的氧化热维持反应温度。根据废液所需去除的 COD 值，可计算出所需空气量，考虑到氧的利用率等因素，所供的空气量应比理论值高出 5%～20%。

⑥ 废水的性质。有机物氧化与其电荷等特性有关。相关研究表明：脂肪族和卤代脂肪族化合物、氰化物、芳烃（如甲苯）、芳香族和含非卤代基团（如酚、苯胺等）的卤代芳香

族化合物等易被氧化；不含非卤代基团的卤代芳香族化合物（如氯苯、多氯联苯等）难以进行湿式氧化处理。氧在有机物中所占比例越小，其氧化性越大；碳在有机物中所占比例越大，其氧化越容易。

⑦ 反应产物。一般条件下，大分子有机物经湿式氧化处理后，大分子断裂，然后进一步氧化为小分子的含氧的有机物。乙酸是一种常见的中间产物，其进一步氧化较困难，往往会积累下来。若要将乙酸等中间产物完全氧化为二氧化碳和水等，则需进一步提高反应温度。

湿式氧化技术的优点：

① 应用范围广。几乎可以无选择地有效地氧化各类高浓度有机废水，特别是毒性大、常规方法难以降解的废水。

② 处理效率高。在适宜的温度和压力条件下，WAO 的 COD 处理效率可达 90% 以上。

③ 氧化速率快。大部分的 WAO 处理废水时，所需的反应时间为 30～60min，因而装置小，占地少，结构紧凑。

④ 二次污染较小。氨化物、硫化物、氯化物都变为氨、硫酸盐、盐酸或盐的形式，系统基本无 NO_x、HCl、NH_3、H_2S 等废气排放。

⑤ 能量少。可回收能量和有用物料，WAO 处理有机物所需的能量可通过进、出水换热回收热量，排出系统的热量还可产生蒸汽或加热水，反应排出的气体可发电等。

湿式氧化技术也存在明显的缺点：

① 湿式氧化一般要求在高温、高压下进行，中间产物往往为有机酸，因而对设备材料的要求较高，需耐高温、高压，并耐腐蚀，设备费用大，一次性投资高。

② 由于湿式氧化反应需维持在高温、高压下进行，故适于小流量高浓度的废水处理。

③ 即使在很高的温度下，对某些有机物如多氯联苯、小分子有机酸的去除效果也不理想，难以完全氧化。

④ 湿式氧化过程中可能会产生毒性更强的中间产物。

湿式氧化系统的一般处理工艺见图 29-2-31。

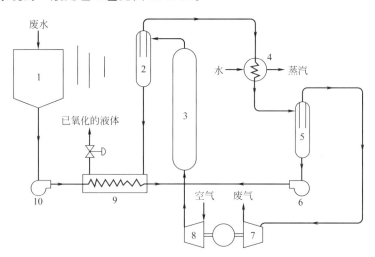

图 29-2-31　WAO 系统工艺流程[25]

1—储存罐；2,5—分离器；3—反应器；4—再沸器；6—循环泵；

7—透平机；8—空压机；9—热交换器；10—高压泵

针对湿式氧化技术的局限性，进一步发展出了催化湿式氧化技术（CWAO），即在传统的湿式氧化处理工艺中加入适宜的催化剂以降低反应所需的温度和压力，提高氧化分解能力，缩短反应时间，防止设备腐蚀和降低成本。催化湿式氧化法在各种有毒有害和难降解的高浓度废水处理中非常有效，具有较高的实用价值。

通过催化剂加快反应速率的主要原理为：一是降低了反应的活化能；二是改变了反应历程。由于氧化催化剂有选择性，有机化合物的种类和结构不同，不同的催化剂的效果不同。目前常用的催化剂主要包括过渡金属及其氧化物、复合氧化物和盐类，见表 29-2-34。根据所有催化剂的状态，可将催化剂分为均相催化剂和非均相催化剂。均相催化剂与反应物处于同一物相中；非均相催化剂多为固体，与反应物处于不同的物相中。因此，催化湿式氧化也分为均相催化湿式氧化和非均相催化湿式氧化。

表 29-2-34 催化湿式氧化常用的催化剂[25]

类别	催化剂
均相催化剂 金属盐	$PdCl_2$、$RuCl_3$、$RhCl_3$、$IrCl_4$、K_2PtO_4、$NaAuCl_4$、NH_4ReO_4、$AgNO_3$、$Na_2Cr_2O_7$、$Cu(NO_3)_2$、$CuSO_4$、$CoCl_2$、$NiSO_4$、$FeSO_4$、$MnSO_4$、$ZnSO_4$、$SnCl_2$、Na_2CO_3、$Cu(OH)_2$、$CuCl$、$FeCl_2$、$CuSO_4$-$(NH_4)_2SO_4$、$MnCl_2$、$Cu(BF_4)_2$、$Mn(Ac)_2$
非均相催化剂 氧化物	WO_3、V_2O_5、MoO_3、ZrO_4、TaO_2、Nb_2O_5、HfO_2、OsO_4、CuO、Cu_2O、Co_2O_3、NiO、Mn_2O_3、CeO_2、Co_3O_4、SnO_2、Fe_2O_3
非均相催化剂 复合氧化物	CuO-Al_2O_3、MnO_2-Al_2O_3、CuO-SiO_2、CuO-ZnO-Al_2O_3、RuO_2-CeO_2、RuO_2-Al_2O_3、RuO_2-ZrO_2、RuO_2-TiO_2、Mn_2O_3-CeO_2、Rh_2O_3-CeO_2、PtO-CeO_2、IrO_2-CeO_2、PdO-TiO_2、Co_3O_4-$BiO(OH)$、Co_3O_4-CeO_2、Co_3O_4-$BiO(OH)$-CeO_2、Co_3O_4-$BiO(OH)$-Lu_2O_3、CuO-ZnO、SnO_2-Sb_2O_4、SnO_2-MoO_3、Fe_2O_3-Sb_2O_4、SnO_2-Fe_2O_3、Fe_2O_3-Cr_2O_3、Fe_2O_3-P_2O_5、Cu-Mn-Fe 氧化物、Cu-Mn-Zn 氧化物、Co-Mn 氧化物、Co-Cu 氧化物、Cu-Mn-Co 氧化物

（6）组合氧化法[23,24] 虽然氧化技术在处理废水中的有机污染物方面具有反应时间较短、反应过程易于控制、对有机物的降解无选择性并且比较彻底等优点，但采用单一的氧化处理工艺，有时不能取得理想的效果，为此往往需将单一的氧化工艺联合起来，以产生高浓度的·OH，从而提高氧化能力，将有机污染物直接氧化成无机物，或转化为低毒的易生物降解的中间产物。不同的氧化工艺的组合，其降解有机污染物的效率也不尽相同，见表 29-2-35。

① Fenton 氧化技术。过氧化氢与催化剂 Fe^{2+} 构成的氧化系统称为 Fenton 试剂，其氧化机理为：在酸性条件下，过氧化氢被催化分解产生反应活性很高的·OH；在 Fe^{2+} 的催化作用下，过氧化氢能产生两种活泼的氢氧自由基（·OH、·O_2H），从而引发和传播自由基链反应，加快有机物和还原性物质的氧化。Fenton 试剂氧化一般在 pH 值为 3.5 的条件下进行，在该 pH 值时自由基生成速率最大。由于·OH 具有很强的氧化能力，因而 Fenton 试剂特别适用于难生物降解或一般化学氧化难以奏效的有机废水的氧化处理。

Fenton 试剂氧化虽然氧化速率较快，但也存在一些问题：由于系统中 Fe^{2+} 浓度大，处理后的水可能带有颜色；Fe^{2+} 与过氧化氢反应降低了过氧化氢的利用率；系统要求在较低的 pH 值范围内进行，需对废水的 pH 值进行调节。

表 29-2-35 各种氧化工艺比较[24]

工艺	氧化剂成本	紫外线成本	操作与维修的难易程度	污染物浓度适用范围	对废水中干扰物的承受能力
O_3	高	无	难	中高	中
O_3/生物活性炭	高	无	难	中低	小
UV/O_3	高	中	难	中高	中
H_2O_2	中	无	易	中低	小
H_2O_2/Fe^{2+}	中	无	易	中高	中
UV/H_2O_2	中	高	易	低	小
$UV/H_2O_2/O_3$	中	中	中	中高	中
UV/TiO_2	低	中	中	低	中
$UV/TiO_2/O_3$	低	中	中	低	中

② 类 Fenton 试剂。在 Fenton 试剂氧化技术的基础上，引入紫外光（UV）、氧气等，增强 Fenton 试剂的氧化能力，降低过氧化氢的消耗。由于其过氧化氢的分解机理与 Fenton 试剂相似，均产生·OH，因而将各种改进的 Fenton 试剂称为类 Fenton 试剂。主要有以下几个系统：

a. $H_2O_2 + UV$ 系统。在 $H_2O_2 + UV$ 系统中过氧化氢的分解机理为：

$$H_2O_2 \xrightarrow{h\nu} 2HO\cdot$$
$$HO\cdot + H_2O_2 \longrightarrow HOO\cdot + H_2O$$
$$HOO\cdot + H_2O_2 \longrightarrow HO\cdot + H_2O + O_2$$

该系统的特点：由于无 Fe^{2+} 对过氧化氢进行消耗，因而氧化剂的利用率高；系统的氧化效果基本不受 pH 值的影响，适用范围广；但缺点是系统反应速率较慢。

b. $H_2O_2 + Fe^{2+} + UV$ 系统。该系统实际上是 $H_2O_2 + Fe^{2+}$ 系统和 $H_2O_2 + UV$ 系统的结合，与上述两种系统相比具有明显的优点：由于 Fe^{2+} 的用量较低，可保持过氧化氢较高的利用率；紫外光和 Fe^{2+} 对过氧化氢的催化分解具有协同效应，使过氧化氢的分解速率远大于 Fe^{2+} 或紫外光催化过氧化氢分解速率的简单加和。这主要是由于铁的某些羟基配合物可发生光敏化反应生成·OH 等自由基所致，如：

$$Fe(OH)^{2+} \xrightarrow{h\nu} Fe^{2+} + HO\cdot$$

c. 引入氧气的 Fenton 系统。主要有 $H_2O_2 + Fe^{2+} + O_2$、$H_2O_2 + UV + O_2$、$H_2O_2 + Fe^{2+} + UV + O_2$ 等系统。氧的引入可以节约过氧化氢的用量，降低处理成本。氧气参与反应的机理主要有两种：氧气吸收紫外光后可生成臭氧等次生氧化剂氧化有机物；氧气通过诱导自氧化加入反应链中，如：

$$R\cdot + O_2 \longrightarrow ROO\cdot \xrightarrow[H^+]{Fe^{2+}} R = O + HO\cdot + Fe^{3+}$$

③ O_3/H_2O_2 氧化技术。O_3 和 H_2O_2 这两种常用的氧化剂结合起来产生强氧化剂·OH，相比两种单独的氧化剂，其氧化能力大大加强。反应机理如下：

$$H_2O_2 + H_2O \longrightarrow HO_2 \cdot + H_3O^+$$

$$HO_2 \cdot + O_3 \longrightarrow \cdot OH + \cdot O_2 + O_2 \cdot$$

影响 O_3/H_2O_2 氧化效果的主要因素有 O_3/H_2O_2 投加比例、pH 值等，由于处理废水中污染物的复杂性，应通过试验确定最佳条件。

④ UV/O_3 氧化技术。UV/O_3 氧化技术可显著加快有机物的降解速率，比单独使用 UV 和 O_3 工艺分解有机物更有效，特别是能够氧化难以生物降解的有机物，而且还可以杀灭细菌和病毒。O_3 在紫外线照射时，首先产生游离氧 O，O 与水反应生成强氧化剂·OH；UV 辐射还能产生其他激态物质和自由基。其反应机理为：

$$O_3 + H_2O \xrightarrow{h\nu} O_2 + H_2O_2$$

$$O_3 + H_2O \xrightarrow{h\nu} O_2 + 2\cdot OH$$

$$H_2O_2 \xrightarrow{h\nu} 2\cdot OH$$

由于有·OH 产生，从而大大强化了臭氧的氧化能力。

2.2.4.6 脱色

化工废水经预处理和生化处理后，出水有时因含有色污染物导致色度超标，不能达标排放，需进一步进行脱色处理。常用的脱色处理法有吸附法、混凝法、化学氧化法及化学还原法等[1]。

(1) 吸附法 活性炭吸附法是有色废水脱色的重要方法之一。活性炭吸附具有选择性，对水溶性发色污染物具有良好的吸附性能，但对不溶性发色污染物的吸附性能较差。活性硅藻土、一些天然矿物质吸附剂（如酸性白土、蒙脱土、高岭土）及一些人工合成的吸附剂（如用氧化镁和氢氧化钙混合后灼烧得到的吸附剂）也能用于废水的脱色处理。采用吸附法对废水进行脱色会产生大量的废弃吸附剂固废，增加了废水处理的运行成本。

(2) 混凝法 混凝法是有色废水脱色常用的技术之一。对废水中不同的有色污染物，需根据污染物的特征选择合适的药剂。用于脱色的药剂有无机药剂和有机药剂两类。

① 无机药剂混凝法。常用的无机药剂有铝盐、亚铁盐、铁盐、镁盐及其他盐类，其脱色机理不尽相同。

a. 铝盐。常用的为聚合氯化铝或硫酸铝等。它们主要是在水体中发生水解反应从而产生氢氧化铝絮体，而新形成的絮体具有一定的吸附作用从而使废水中的有色物质得到吸附去除，但这种絮体的吸附作用有限，因而在一般的剂量下，铝盐的脱色效果并不是非常理想。与有机絮凝剂（如聚丙烯酰胺）结合可提高其脱色作用。

b. 亚铁盐。硫酸亚铁是一种良好的脱色药剂，其脱色机理与铝盐不同。硫酸亚铁在微碱性溶液中可形成氢氧化亚铁沉淀，这种沉淀在常温下对硝基、偶氮基等氧化性的含氮基团具有强烈的选择性还原作用，将其还原成苯胺类化合物。脱色后，原有的有色有机物分裂成无色的小分子物质并保留在溶液中，因而用硫酸亚铁脱色具有较好的脱色效果，但对 COD 的去除效果不高。

c. 铁盐。三价铁盐也具有较好的脱色效果，用得较多的是三氯化铁和聚合硫酸铁。其脱色机理与硫酸亚铁不同，pH 应在微酸性条件下，常以 pH=5 左右为好。在该 pH 值下，三价铁盐水解生成氢氧化铁，选择吸附具有酸性基团如磺酸基团、羧酸基团的有色污染物，从而达到脱色的目的。三价铁盐的脱色是对这个有色污染物分子的吸附去除，因而在脱色的同时也具有较大的 COD 去除率，COD 及色度的去除率可达 90% 以上。

② 有机药剂混凝法。除无机药剂外，有机药剂也可进行脱色，但因有机药剂加工较贵，较少单独使用，通常与无机药剂配合使用进行脱色。常用的有机药剂为聚丙烯酰胺。

(3) 化学氧化法 利用氧化剂对废水中的显色有机物进行氧化，破坏有机物的结构，将有机物分解或转化为无色有机物，从而达到脱色的目的。常用的氧化剂有次氯酸钠、臭氧、过氧化氢等。

① 氯氧化脱色法。氯氧化法脱色是应用氯及其化合物作为氧化剂，氧化破坏显色有机物的结构，从而达到脱色的目的。常用的含氯氧化剂有液氯、漂白粉和次氯酸钠等。

氯氧化剂并不是对所有的显色有机物都有脱色效果，且在氧化过程中，大部分显色有机物氧化后以氧化态存在于水中，经过放置，有的还可能恢复原色。因此，氯氧化法脱色常与其他方法如混凝法合用，可获得较好的脱色效果。

② 臭氧氧化脱色法。臭氧是一种优良的强氧化剂，除用于去除废水中的有机污染物外，还可用于废水的脱色处理。臭氧能使有机污染物中乙烯基、偶氮基等发色基团的不饱和键断裂，生成小分子的有机物，使其失去发色能力。

(4) 化学还原法 废水中的显色有机污染物除还原性的有机物外，也可能为氧化态的有机物，如苯酚氧化后生成的醌等有色污染物，这类污染物常较难被氧化，但可采用适当的还原剂进行还原，破坏其发色基团，使其转变为无色有机物，从而达到脱色的目的。采用此法仅是破坏了发色有机物的结构，还原后的有机物仍存在于废水中，因而对废水 COD 的去除效果不明显，和其他处理方法合用可获得一定的 COD 去除效果。常用的还原剂有：亚硫酸钠、硫代硫酸钠、硫氢化钠等。

2.3 废水生物处理技术

2.3.1 生物处理技术基础

生物处理技术是指利用微生物的新陈代谢活动，降解或吸附废水中的污染物，污染物最终被转化成生物质（剩余污泥）或气化。常用生物处理技术的分类和命名见表 29-2-36。生物处理过程中涉及的微生物种类繁多，主要包括细菌、真菌、藻类、原生动物、后生动物等，构成了一个相对稳定的生态系统和食物链。

生物处理的效果依赖于微生物的数量和它们的代谢能力，因此生物反应器内必须满足两个基本条件：①有一定量的微生物，通常使用沉淀池、膜分离、投加载体等办法实现；②有适当的环境条件，比如均衡的营养物质、没有抑制因素等。表 29-2-37 列出了部分有毒物质或元素在好氧生物反应器内的最高允许浓度；表 29-2-38 列出了常见有机物在厌氧反应器内的最高允许浓度。当废水含有过多的此类物质时，需采用适当的技术（如化学氧化）降低它们的浓度。废水中一般含有多种有毒物质或难生物降解的物质（表 29-2-39 总结了常见难生物降解的化合物），实践中常使用 BOD_5 与 COD 的比值来初步判断该废水的可生物降解性（也称为可生化性）：

a. $BOD_5/COD>0.4$，生物降解性较好；

b. $0.2<BOD_5/COD<0.4$，生物降解性一般；

c. $BOD_5/COD < 0.2$，生物降解性较差，需进行预处理。

微生物需从废水中按比例摄取碳、氮、磷等基本元素，以满足其生长和代谢需求。一般按照 BOD：N：P＝(100~300)：5：1 的比例来确定废水的营养平衡。当废水中的 N、P 不足时，可适当投加氨水、硫酸铵、硝酸铵、尿素等补充氮元素，投加磷酸二氢钙、磷酸二氢钾等补充磷；常投加的碳源有甲醇、乙醇、乙酸钠等。此外，K、Ca、Mg、Fe、Cu、Mn、Zn 等微量元素也是生物所需要的，缺乏时需适量添加。

表 29-2-36　常用生物处理技术的分类和命名

分类	技术类别
按代谢过程分类	好氧：需分子氧的参与，溶解氧浓度一般维持在 $2\sim4mg\cdot L^{-1}$，例如曝气池 厌氧：隔绝分子氧，例如厌氧流动床 缺氧：没有氧分子，但有大量硝酸根作为电子受体，常见于反硝化工艺
按生长方式分类	悬浮式：微生物悬浮在污水中，例如氧化沟 附着式：微生物生长在某种载体上形成生物膜，例如生物滤池
按功能分类	脱碳：把碳质 COD 主要转化成生物质，有氨氮形成（氨化） 硝化：在好氧条件下，氨态氮转化成硝酸盐和亚硝酸盐 反硝化：在缺氧条件下，硝酸盐或亚硝酸盐被还原成氮气或一氧化二氮 脱磷：利用聚磷菌超量吸收磷元素，通过排放生物质的办法去除磷
按工艺阶段分类	预处理（一级处理）：去除颗粒物、油脂、有毒有害物质，为以生物处理为核心的二级处理做好准备 二级处理：主要采用生物处理技术，去除水中的 COD、TN、TP 及部分特征污染物 深度处理：进一步处理（生化尾水），降低难生物降解物质的含量
按运行方式分类	流态：推流式、完全混合式 负荷：低负荷式、高负荷式 曝气方式：普通曝气式、渐减曝气式、纯氧曝气式、喷射曝气式、表面曝气式等

表 29-2-37　部分有毒物质或元素在好氧生物反应器内的最高允许浓度[26]　　单位：$mg\cdot L^{-1}$

物质	最高允许浓度	物质	最高允许浓度
pH 值（盐酸、磷酸、硝酸、硫酸）	5.0	银化合物（以 Ag 计）	0.25
pH 值（苛性钠、苛性钾、消石灰）	8.0	锌化合物（以 Zn 计）	5~13
氯化钠	8000~9000	铅化合物（以 Pb 计）	1.0
硫酸钠	3000	甲醛	1000
亚硫酸钠	300	乙醛	1000
硫酸镁	10000	巴豆醛	250
硫化物（以 S^{2-} 计）	5~25	甲醇	200
硫化物（以 H_2S 计）	20	乙醇	15000
硫氰化物	36	戊醇	3
硫氰酸铵	500	乙二醇	1000
氢氰酸、氰化钾	1~8	丙二醇	1000
氯	0	一氯乙酸	100
氯化镁	16000	二氯乙酸	100
铁化合物（以 Fe 计）	5~100	丁酸	500
铜化合物（以 Cu 计）	0.5~1.0	柠檬酸	2500

续表

物质	最高允许浓度	物质	最高允许浓度
草酸	1000	二(2-乙基己基)苯基磷酸酯	100
月桂酸	340	丙烯酸甲酯	100
硝酸镧($LaNO_3 \cdot 6H_2O$)	1.0	甲基丙烯酸甲酯	100
砷化合物(以 As^{3+} 计)	0.7～2.0	磷酸二(2-乙基六环)苯酯	100
苯胺	100～250	烷基苯磺酸钠	7～9.5
乙腈	600	烷基硫化物	50～100
三聚氰酰胺	50	敌百虫	100
己内酰胺	200	水溶性石油磺酸	50
甲基丙烯酰胺	25	铬化合物(铬酸、铬酸盐、硫酸铬等)	
甲基丙酰胺	300	以 Cr 计	2～5
TNT	12	以 Cr^{3+} 计	2.7
二甲胺	200	以 Cr^{6+} 计	0.5
二乙胺	100	锑化合物(以 Sb 计)	0.2
三乙胺	85	镉化合物(以 Cd 计)	1～5
汽油、石油产品	100	钒化合物(以 V 计)	5
煤油	500	汞化合物(以 Hg 计)	0.5
油	100	邻苯三酚	100
苯	100	氢醌(对二羟基苯)	600
氯苯	10	丙酮	800
对苯二酚	15	甘油	500
间苯二酚	450	二甘醇	300
邻苯二酚	100	磺烷油(N-脂烃碘酰胺)	10
对甲苯酚	243	一乙醇胺(一羟乙基胺)	260
苯酚	250～1000	二丁基磺酸钠	100
邻、间、对甲苯酚	100	三乙酸腈	320
间苯三酚	100	氯化甲基糠醛	165
间甲苯甲酸	120	吡啶	400
丙烯酸	100	水杨酸(邻羟基苯甲酸)	500
苯甲酸钠	250	硬脂酸	300
乙酸铵	500	苯乙烯	65
乳清酸	160	间苯二乙酸	120
二甲基肼	1.0	磷酸三苯酯	10
次氮基三乙酸	320	三乙醇胺	890
二羟乙基胺(二乙醇胺)	300	乙酸铵	500
二甲基乙酰胺	200	1-氯-1-亚基环己烷	12
亚硝基环己基氯	12.5	四氯化碳	50
氯乙烯	5	乙酸乙酯	500
二氯甲烷	1000	2-氯乙醇	350
氯仿(三氯甲烷)	120	非离子型洗涤剂	9～100
偏二氯乙烯	1000	拉开粉(二丁基萘磺酸钠)	
乙酸乙烯	250		
乙基己醛	75		

表 29-2-38　常见有机物在厌氧反应器内的最高允许浓度[26]

种类	浓度 /mg·L⁻¹	种类	浓度 /mg·L⁻¹	种类	浓度 /mg·L⁻¹
酚	686(1600)	二氯甲烷	100	邻二甲苯	870
氰(CN⁻)	0.5~1(30~50)	丁烯醛	120	甲醇(驯化 27d)	800(1500)
烷基苯磺酸盐	500~700	乙醛	400	异丙醇(驯化 27d)	(1000)
三氯甲烷	2~3	苯甲酚	不分解	苯基苯酚(驯化 27d)	(500)
铵或氨(NH_4^+ 或 NH_3)	2000(6000)	丙烯腈	约 20	乙醚(驯化 27d)	3.6(1500)
甲醛	100~400	氯霉素	5	挥发酸(以乙酸计)	2000~4000 (6000)毒性强
氯仿	1	表面活性剂	20~50(<250)	丹宁酸(50%抑制浓度持续毒性)	(700)
四氯化碳	0.5~2.2	苯	440		

注：表内括号中的数值除丹宁酸以外，皆为微生物经过一定驯化后的允许浓度。

表 29-2-39　常见难生物降解的化合物[26]

分类	化合物
各种氮化合物	二乙醇胺、三乙醇胺、乙酰乙醇胺、甲酰胺、丙烯腈、二甲基苯胺、二乙基苯胺、密胺、六亚甲基胺、乙胺嘧啶、吗啉、乙酸吗啉、乙酰苯胺
醛类	三羟基丁醛、苯醛
酮类	二乙酮、异己酮、甲基正戊基甲酮、苯乙酮
醚类	二甲醚、乙基乙醚、乙醚、异戊基醚、乙二醇二甲醚、四甘醇、三噁烷
醇类	丁醇、二甘醇、环己醇、烯丙醇、甲基甲醇
酚类	1,3,5-苯三酚、二甲苯酚
烃类	二甲苯、萘、α-甲基萘、苯、苯乙烷、正丙苯、正丁苯、3-丁苯、正十二烷、二氯乙烷、四卤化碳、氯仿、一氯苯
糖类	α-纤维素、CMC

2.3.2　生物脱氮除磷原理

废水中的碳质污染物最终被微生物转化为气态（好氧生物法形成 CO_2，厌氧生物法形成 CO_2 和 CH_4）或固态生物质（剩余活性污泥），然后从水中去除。生物脱氮除磷较复杂，此处单独介绍。

生物脱氮一般采用氨化、硝化、反硝化三个步骤：

(1) 氨化作用　在氨化细菌的作用下（好氧、厌氧均可），将有机氮转化为氨态氮（NH_4^+-N）的过程。

(2) 硝化作用　在好氧条件下，将 NH_4^+-N 转化为 NO_x^- 的过程，由亚硝化菌和硝化菌共同完成，分别负责 NH_4^+-N→NO_2^- 的过程和 NO_2^-→NO_3^- 的过程。硝化作用需要消耗大量的氧气，约 $4.2g·g^{-1}$（NH_4^+-N），并产生大量氢离子，需要加碱中和，理论上的碱度（以 $CaCO_3$ 计）需求为 $7.14g·g^{-1}$（NH_4^+-N）。

(3) 反硝化作用　在缺氧条件下（溶解氧 DO<$0.5mg·L^{-1}$），反硝化菌把 NO_x^- 转化为 N_2 或 N_2O 的过程，亦需大量有机物、硫化物等电子供体的参与。

　　此外，一部分氮也被同化为异养生物细胞的组成部分。按干重计算，微生物细胞中氮含量约为 12.5%。

　　磷与碳、氮元素所不同的是，它不能被气化，而被吸收到生物体内，随剩余污泥排出。活性污泥含磷量一般为干重的 1.5%～2.3%，通过剩余污泥仅能去除 10%～30% 的磷，效果不佳。在生物除磷工艺中，通过厌氧段和好氧段的交替操作，利用聚磷菌的超量磷吸收现象除磷，最终剩余污泥的含磷量可低至 3%～7%。废水中的 BOD 与 TP 的比值对生物除磷影响很大。研究表明，当 BOD/TP<20 时，主流生物除磷工艺的出水很难达到 $1～2mg \cdot L^{-1}$。另外，挥发性脂肪酸是聚磷菌可以直接利用的基质，将其投加到厌氧区可以提高磷的去除率。

2.3.3　活性污泥法

　　活性污泥法是一种典型的利用悬浮生长的微生物处理废水的生物技术。活性污泥是一种由多种微生物组成的生态系统（也称作菌胶团、生物絮凝体），通常为黄褐色，直径为 0.02～2mm，含水率为 99.2%～99.8%，密度为 $1.002～1.006kg \cdot m^{-3}$，能够在水中自由沉降。活性污泥具有较大的比表面积，一般为 $20～100cm^2 \cdot mL^{-1}$，能够对污染物进行广泛的接触、吸附和分解。随着对污染物的降解，微生物也在生长繁殖，系统内活性污泥的量也在增加，因此需要排放一定量的剩余污泥，保持系统稳定。传统活性污泥法常用沉淀池实现泥水分离，一部分污泥回流至系统内，另一部分作为剩余污泥排放。

　　常见传统活性污泥法的运行工艺有：推流式活性污泥法、完全混合式活性污泥法、多段进水活性污泥法、吸附-再生活性污泥法等。常用的曝气方法包括浅层曝气法、深水曝气法、深井曝气法、内循环喷射曝气法、纯氧曝气法等。常见活性污泥工艺的原理和特点如表 29-2-40 所示。

表 29-2-40　常见活性污泥工艺的原理和特点

原理示意图	特点
推流式活性污泥法	①废水从池首进、池尾出，水流均匀流动，前、后段水流不混合 ②废水浓度沿水流方向逐渐下降，废水降解的效率较高 ③对废水的处理方式和曝气方式都较灵活 ④如果全池均匀曝气，会出现池首曝气不足而池尾曝气过量的问题，因此最好采用渐减曝气的办法
完全混合式活性污泥法	①由一个完全混合式曝气池和一个沉淀池构成 ②抗冲击负荷能力强，池内混合液能对废水起到稀释作用，可以消减高峰负荷 ③曝气池和沉淀池可以合建，不需要单独的污泥回流系统，便于管理 ④进出水可能形成短路，易引发污泥膨胀

原理示意图	特点
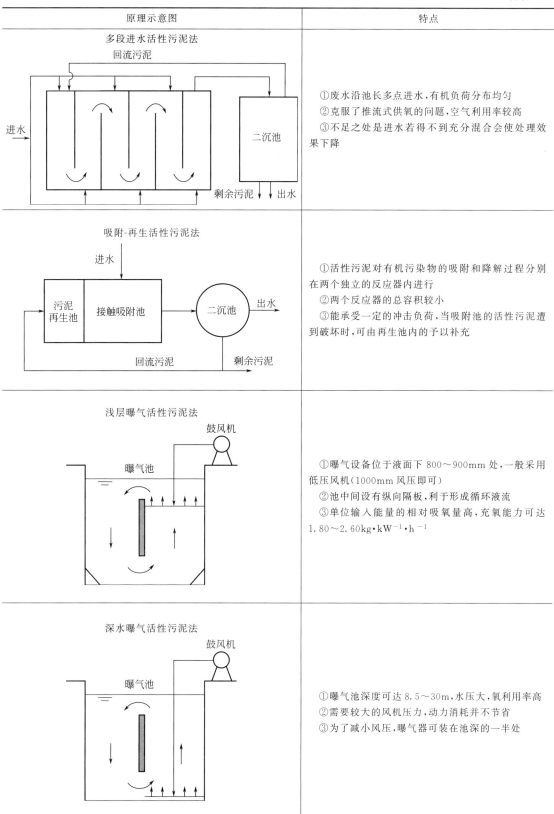 多段进水活性污泥法	①废水沿池长多点进水,有机负荷分布均匀 ②克服了推流式供氧的问题,空气利用率较高 ③不足之处是进水若得不到充分混合会使处理效果下降
吸附-再生活性污泥法	①活性污泥对有机污染物的吸附和降解过程分别在两个独立的反应器内进行 ②两个反应器的总容积较小 ③能承受一定的冲击负荷,当吸附池的活性污泥遭到破坏时,可由再生池内的予以补充
浅层曝气活性污泥法	①曝气设备位于液面下 $800\sim900$mm 处,一般采用低压风机(1000mm 风压即可) ②池中间设有纵向隔板,利于形成循环液流 ③单位输入能量的相对吸氧量高,充氧能力可达 $1.80\sim2.60$kg·kW^{-1}·h^{-1}
深水曝气活性污泥法	①曝气池深度可达 $8.5\sim30$m,水压大,氧利用率高 ②需要较大的风机压力,动力消耗并不节省 ③为了减小风压,曝气器可装在池深的一半处

续表

原理示意图	特点
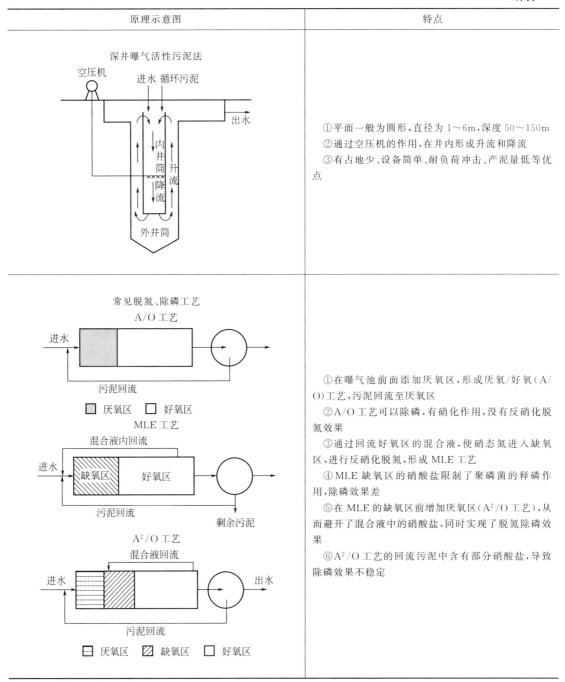	①平面一般为圆形,直径为 1~6m,深度 50~150m ②通过空压机的作用,在井内形成升流和降流 ③有占地少、设备简单、耐负荷冲击、产泥量低等优点 ①在曝气池前面添加厌氧区,形成厌氧/好氧(A/O)工艺,污泥回流至厌氧区 ②A/O 工艺可以除磷,有硝化作用,没有反硝化脱氮效果 ③通过回流好氧区的混合液,使硝态氮进入缺氧区,进行反硝化脱氮,形成 MLE 工艺 ④MLE 缺氧区的硝酸盐限制了聚磷菌的释磷作用,除磷效果差 ⑤在 MLE 的缺氧区前增加厌氧区(A²/O 工艺),从而避开了混合液中的硝酸盐,同时实现了脱氮除磷效果 ⑥A²/O 工艺的回流污泥中含有部分硝酸盐,导致除磷效果不稳定

2.3.3.1　活性污泥法的评价指标

(1) 活性污泥浓度　一般采用如下两个参数:混合液悬浮固体浓度 (MLSS) 和混合液挥发性悬浮固体浓度 (MLVSS),常用单位都是 $g \cdot L^{-1}$ 或 $kg \cdot m^{-3}$。前者包括有机物和无机物,不能准确反映有生物活性的污泥成分的浓度;后者特指有机固体的浓度。曝气池内活性污泥的浓度通常为 2~6g (MLSS)$\cdot L^{-1}$。MLVSS/MLSS 的值一般为 0.75~0.85。

(2) 污泥沉降比 (SV)　即 100mL 混合液 30min 内可沉降的污泥与总体积的百分比,

粗略反映出污泥的浓度、凝聚和沉降性能，正常值一般为 20%～30%。

（3）污泥体积指数（SVI） 即 1L 混合液经过 30min 形成的沉降污泥的体积与 1L 混合液中悬浮固体浓度的比值，单位为 mL·g^{-1}。计算方法为：

$$SVI(mL \cdot g^{-1}) = \frac{10SV}{MLSS (g \cdot L^{-1})} \tag{29-2-10}$$

SVI 值能够准确评价污泥的沉降性能：较低的 SVI 值说明污泥颗粒小、密实、沉降性能佳；反之，高 SVI 值表明污泥可沉降性差，有发生污泥膨胀的危险。SVI 值一般为 50～150mL·g^{-1}，但根据废水性质的不同，该指标也有差异。当溶解性有机物含量高时，SVI 的正常值可能偏高；当无机性悬浮物较多时，SVI 的正常值可能会较低。

（4）容积负荷 即单位体积反应器在单位时间内可去除的 BOD 或 COD 的量，常用单位为 kg BOD·m^{-2}·d^{-1}，直接反映了生物反应器对污染物的去除效率，常用来对反应器做表观评价。

2.3.3.2 传统活性污泥法工艺

在传统活性污泥法的运行工艺中，沉淀池是常用的泥水分离设施，用来维持生物反应器内的污泥浓度。

曝气池需氧量一般采用如下方法计算：

$$O_2 = a'Q\Delta S + b'VX \tag{29-2-11}$$

式中 O_2——系统的每日需氧量，kg·d^{-1}；

a'——有机物代谢的需氧系数，kg O_2·kg^{-1}BOD；

Q——废水流量，m^3·d^{-1}；

ΔS——进出水 BOD 的浓度差，kg·m^{-3}；

b'——污泥自身氧化系数，kg·kg^{-1}MLSS·d^{-1}；

V——曝气池的容积，m^3；

X——污泥浓度，kg·m^{-3}。

部分工业废水的 a'、b' 值，参见表 29-2-41。

表 29-2-41 部分工业废水的 a'、b' 值[20]

污水名称	a'	b'	污水名称	a'	b'
石油化工废水	0.75	0.16	亚硫酸浆粕废水	0.40	0.185
含酚废水	0.56	—	制药废水	0.35	0.354
合成纤维废水	0.55	0.142	制浆造纸废水	0.38	0.092
漂染废水	0.5～0.6	0.065	炼油废水	0.55	0.12

注：在进行需氧量计算时，应该合理地选用 a'、b' 值，最好通过试验确定。

根据曝气器械的不同，曝气方式一般分为：①鼓风曝气，采用扩散板、扩散管等曝气器在水中形成气泡，通常由鼓风机、曝气器、空气输送管等组成；②机械曝气，采用叶轮等器械引入气泡。根据曝气器的安装位置，曝气方式又可分为表面曝气和淹没式曝气。常见曝气设备的特点见表 29-2-42。表 29-2-43 列出了常见曝气设备的动力效率和氧转移效率，以供参考。

表 29-2-42 常见曝气设备及特点[20]

曝气设备	特点
表面曝气	
低速叶轮曝气器	通过大直径叶轮在空气中搅起水滴并卷入空气
高速浮式曝气器	通过大直径桨叶在空气中搅起水滴并卷入空气
转刷曝气器	通过水中旋转的桨板形成水流、增加气液接触,常用于氧化沟工艺
淹没式曝气	
鼓风曝气系统	
细气泡曝气	采用微孔曝气板、微孔曝气盘、膜片式微孔曝气器等形成微小气泡
中气泡曝气	一般使用穿孔管作为曝气器,动力效率低,在接触氧化工艺中使用较多
粗气泡曝气	用孔口、喷射器或喷嘴产生气泡
叶轮分布器	
静态管式混合器	竖管中设挡板,使气、水湍流混合
射流器	压缩空气与混合液在射流设备中混合

表 29-2-43 常见曝气设备的动力效率和氧转移效率[20]

扩散装置类型	动力效率 $E_p/\text{kg O}_2 \cdot \text{kW}^{-1} \cdot \text{h}^{-1}$	氧转移效率 $E_A/\%$
陶土扩散板、管(水深 3.5m)	1.6~2.6	10~12
穿孔管		
ϕ5mm(水深 3.5m)	2.3~3.0	6.2~7.9
ϕ10mm(水深 3.5m)	2.3~2.7	6.2~7.9
倒盆式扩散器		
水深 3.5m	2.3~2.5	6.9~7.5
水深 4.0m	2.6	8.5
水深 5.0m	—	10
竖管扩散器(ϕ19mm,水深 3.5m)	2.3~2.6	6.2~7.1
射流式扩散装置	2.6~3.0	24~30

2.3.4 改良活性污泥法

2.3.4.1 间歇式活性污泥法(SBR)

如前所述,传统活性污泥法通常连续运行,使用沉淀池实现泥水分离、维持生物浓度,一般需要多个反应器。间歇式活性污泥法或序批式活性污泥法(sequencing batch reactor, SBR)只有一个反应器,在时间上交替实现生物降解和泥水分离等过程。如图 29-2-32 所示,SBR 的运行周期通常包括如下 5 个阶段,并能根据水质控制反应时间:①进水阶段,指从反应器开始进水到最大容水量的时间段,同时起到调节池的作用;②反应阶段,按需采用曝气或搅拌的方法来进行好氧反应或缺氧反应,实现硝化、反硝化等目的;③沉淀阶段,停止曝气和搅拌,污泥絮体和上清液分离,起到沉淀池的作用;④排水阶段,从反应器排出上清液,一直排放到污泥层上方一定高度,不扰动已沉淀的污泥;⑤待机阶段,排水之后,根据需要进行搅拌或曝气,调整活性污泥的代谢和吸附能力,不是必需步骤。

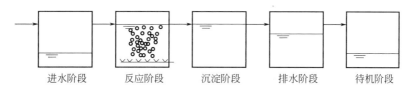

图 29-2-32 SBR 工艺的基本运行阶段

与传统活性污泥法相比，SBR 法具有如下特点：①SBR 法只有一个反应池，投资低、运行费用低，且操作简单、运行灵活；②沉淀阶段水体完全静止，无进水扰动，固液分离效果好，出水含固量低；③污泥沉淀性能好；④剩余污泥得到好氧稳定，有利于浓缩脱水。

SBR 通常使用滗水装置进行排水，主要有旋转式、虹吸式、套筒式、软管式、浮力阀式等。一般需要满足如下要求：①能适应水位变化；②只排上清液，不扰动沉淀污泥；③防止浮渣随水排出，影响出水水质；④排水堰应处于淹没状态；⑤排水应均匀。

基于经典的 SBR 法，演变出了许多 SBR 变型工艺，以适应不同的条件，常见的有 ICEAS（intermittent cyclic extended aeration system，间歇式循环延时曝气活性污泥法）、CASS（cyclic activated sludge system，循环式活性污泥法）、UNITANK 等。它们的原理示意图及特点见表 29-2-44。

表 29-2-44 常见 SBR 变型工艺的示意图和特点

工艺类型	示意图和主要特点
ICEAS 工艺	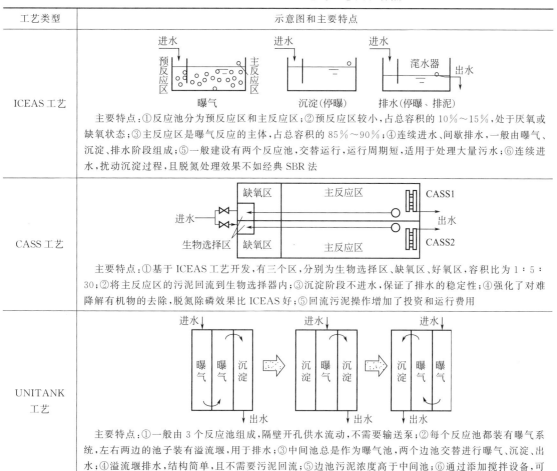 主要特点：①反应池分为预反应区和主反应区；②预反应区较小，占总容积的 10%～15%，处于厌氧或缺氧状态；③主反应区是曝气反应的主体，占总容积的 85%～90%；④连续进水、间歇排水，一般由曝气、沉淀、排水阶段组成；⑤一般建设有两个反应池，交替运行，运行周期短，适用于处理大量污水；⑥连续进水，扰动沉淀过程，且脱氮处理效果不如经典 SBR 法
CASS 工艺	主要特点：①基于 ICEAS 工艺开发，有三个区，分别为生物选择区、缺氧区、好氧区，容积比为 1：5：30；②将主反应区的污泥回流到生物选择器内；③沉淀阶段不进水，保证了排水的稳定性；④强化了对难降解有机物的去除，脱氮除磷效果比 ICEAS 好；⑤回流污泥操作增加了投资和运行费用
UNITANK 工艺	主要特点：①一般由 3 个反应池组成，隔壁开孔供水流动，不需要输送泵；②每个反应池都装有曝气系统，左右两边的池子装有溢流堰，用于排水；③中间池总是作为曝气池，两个边池交替进行曝气、沉淀、出水；④溢流堰排水，结构简单，且不需要污泥回流；⑤边池污泥浓度高于中间池；⑥通过添加搅拌设备，可进行缺氧脱氮；⑦除磷效果差

2.3.4.2　氧化沟法

氧化沟工艺的曝气池为封闭式的长条沟渠，污水在池内循环流动，具有推流式和完全混合式两种流态，工艺流程如图 29-2-33 所示。废水在氧化沟内一般要循环 30～200 次，短期内呈推流式，多次循环后呈完全混合态，具有很好的缓冲能力。氧化沟一般不是全段曝气，仅在若干点安装曝气设备，沟内具有明显的溶解氧浓度梯度，具有脱氮功能。氧化沟的需氧量比常规污泥法节省 10%～25%，加上独特的水力特征，氧化沟的总能耗可比常规污泥法节省 20%～30%。此外，大量案例证明，水量较少时（<10 万吨·d^{-1}），氧化沟的建设费用明显低于常规活性污泥法。

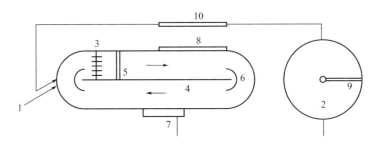

图 29-2-33　氧化沟的基本构造和工艺流程
1—进水；2—沉淀池；3—转刷；4—中心墙；
5—导流板；6—导流墙；7—出水堰；
8—边壁；9—刮泥机；10—回流污泥

除了图 29-2-33 所示的经典氧化沟工艺外，还衍生了其他变型工艺，主要有：卡鲁塞尔氧化沟、三沟式（T 形）交替式氧化沟、Orbal 氧化沟等（图 29-2-34）。

2.3.4.3　吸附生物氧化法

吸附氧化法又称为 AB 法，主要特点是没有初沉池，分成 A、B 两个阶段，每个阶段各有一个沉淀池，各自进行污泥回流（图 29-2-35）。A 段高负荷运行，污泥负荷高达 2～6kg BOD·kg^{-1}MLSS·d^{-1}，约为常规污泥法的 20 倍；污泥龄短（0.3～0.5d），水力停留时间短（约 30min）。相反，B 段负荷较低，停留时间长，污泥龄长。A、B 段的详细区别见表 29-2-45。

表 29-2-45　AB 活性污泥法的主要设计参数[20]

项目	曝气池	
	A 段	B 段
混合液浓度 MLSS/g·L^{-1}	2～3	3～4
容积负荷 2～6kg BOD/m^3·d^{-1}	6～10	≤0.9
污泥负荷 2～6kg BOD/kg MLSS·d^{-1}	2～5	≤0.3
水力停留时间 HRT/d	0.5～0.75	2.0～4.0
污泥龄 SRT/d	0.4～0.7	10～25
污泥回流率/%	20～50	50～100
溶解氧 DO/mg·L^{-1}	0.3～0.7	3～4
气水比	(3～4)：1	(7～10)：1

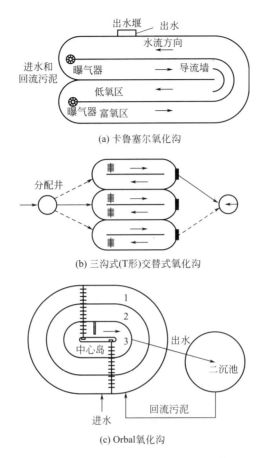

(a) 卡鲁塞尔氧化沟

(b) 三沟式(T形)交替式氧化沟

(c) Orbal氧化沟

图 29-2-34 氧化沟的其他变型工艺

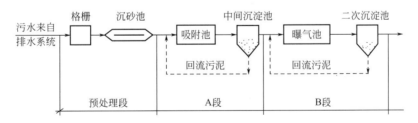

图 29-2-35 吸附生物氧化法（AB 活性污泥法）工艺流程

AB 法能够处理某些难降解有机废水。此时，一般 A 段采用兼氧环境，把长链有机物分解成短链的，提高废水的可生化性，增强 B 段的去除效果。另外，AB 法的建设费用比传统活性污泥法省 20%～25%，能耗节省 10%～20%。但是，该工艺的产泥量大，致使硝化池的容积增加了 10%，增加了污泥处理的成本。

2.3.5 生物膜法

2.3.5.1 生物膜法的基本原理

生物膜法与活性污泥法所不同的是，微生物群落附着在某种载体材料上，形成薄膜状。废水中的污染物被微生物代谢利用，污水得到净化，生物膜得以生长繁殖。如图 29-2-36 所

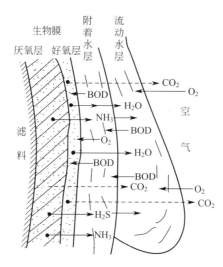

图 29-2-36　生物膜构造的剖面图

示，生物膜与废水之间有多种物质的传递过程，包括营养物质（O_2、BOD、N、P 等）向膜内传递，代谢产物（CO_2、CH_4、H_2S 等）向外传递。好氧层处于外部，是有机物降解的主要区域。因氧传递的限制，好氧膜不会太厚，一般为 2mm 左右。内部的厌氧膜还不是很厚的时候，可以与好氧膜保持良好的平衡关系。随着厌氧膜的逐渐加厚，其代谢产物会严重干扰好氧膜；加之气态产物的逸出，减弱了生物膜的附着力，导致膜脱落（生物膜老化）。因此，需要严格控制厌氧膜的厚度，加快好氧膜的更新，使生物膜不集中脱落。

与活性污泥法相比，生物膜法有如下突出特征：①微生物附着生长，不随水流出反应器，污泥龄长，生长缓慢的微生物得以存留，生物群落更丰富；②脱落的生物膜比重较大，污泥沉降性能好，便于固液分离，且产泥量低；③能够处理低浓度污水，比如 BOD_5 20～30mg·L^{-1} 的污水；④设备简单，容易操作。

2.3.5.2　生物滤池

生物滤池为最早应用的生物膜技术，填料（滤料）不浸没在水中，用布水器将废水均匀地喷射在填料的表面（图 29-2-37）。废水沿着填料的表面，自上而下自由流动，与上升的空气形成逆流。传统使用的填料有碎石、卵石、炉渣、焦炭等，粒径大小为 30～50mm。对于高浓度的废水，为了防止厚实的生物膜堵塞，应采用较大颗粒的填料。填料层下部使用的填料粒径较大，一般为 60～100mm，形成承托层。近年来，塑料填料开始被应用，有波形板、多孔筛板、蜂窝滤料等。这些填料的比表面积（100～300m^2·m^{-3}）和孔隙率（高达 80%～

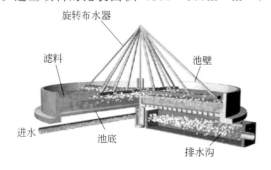

图 29-2-37　生物滤池的基本结构

90％）都比较大，改善了通风条件，提高了滤池的处理能力。此外，塑料填料比较轻，便于增加滤池的高度。常用的生物滤池有普通生物滤池、高负荷生物滤池和塔式生物滤池，它们的设计参数见表 29-2-46。

表 29-2-46　常见的生物滤池及其设计参数[27]

项目	普通生物滤池	高负荷生物滤池	塔式生物滤池
表面负荷/$m^3 \cdot m^{-2} \cdot d^{-1}$	0.9～3.7	9～36（包括回流）	16～97（不包括回流）
BOD_5负荷/$kg \cdot m^{-3} \cdot d^{-1}$	0.11～0.37	0.37～1.084	高达 4.8
深度/m	1.8～3.0	0.9～2.4	8～12 或更高
回流比	无	1～4	回流比较大
滤料	多用碎石等	多用塑料滤料	塑料滤料
比表面积/$m^2 \cdot m^{-3}$	43～65	43～65	82～115
孔隙率/%	45～60	45～60	93～95
蝇	多	很少	很少
生物膜脱落情况	间歇	连续	连续

2.3.5.3　曝气生物滤池

曝气生物滤池结合了过滤池和生物膜法的特点，一般装填粒径小、比表面积大的颗粒填料，既可以供微生物生长，亦可截留悬浮物质。填料完全浸没在水中，底部曝气。每隔一段时间，需要进行反冲洗，移除截留的悬浮物和过多的生物膜，恢复滤池的处理能力。其基本结构见图 29-2-38。对污染物的去除机理主要包括：①吸附作用，填料的微孔结构可以吸附某些污染物；②截留作用，填料颗粒间较小的空隙和生物膜共同起到物理过滤作用，截留废水中的悬浮物；③生物降解作用，生物膜对有机物起到了氧化分解、硝化、反硝化等作用；④生物分级捕食过程，曝气生物滤池各个层面生活着不同的微生物和原生动物，有互相吞噬现象。表 29-2-47 总结了曝气生物滤池的有关负荷。

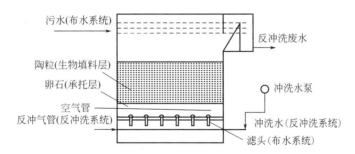

图 29-2-38　曝气生物滤池的基本结构

表 29-2-47　曝气生物滤池的水力负荷及部分污染物的容积负荷

负荷类别	碳降解	硝化	反硝化
水力负荷/$m^3 \cdot m^{-2} \cdot h^{-1}$	2～10	2～10	
最大容积负荷/kg X·$m^{-3} \cdot d^{-1}$	3～6	<1.5（10℃）	<2（10℃）
	3～6	<2.0（20℃）	<5（20℃）

注：碳降解、硝化、反硝化时，X 分别代表 BOD_5、氨氮、硝态氮。

曝气生物滤池与普通生物滤池的不同之处在于：①淹没式运行；②滤料颗粒较小，一般为 5mm 左右；③布气系统，包括曝气充氧和气水联合反冲洗两个供气系统，曝气的量比一般活性污泥法低 30%～40%，但是联合反冲洗对气量的要求比较大，可达 10～14L·m⁻²·s⁻¹的表达：$10\sim14\text{L·m}^{-2}\text{·s}^{-1}$；④反冲洗系统，包括反冲配水与布气系统，反冲洗的周期根据水质参数和滤层阻力确定，一般采用 24h，反冲水量为进水量的 8%。同时，频繁的反冲洗产生了大量的污泥，成为该工艺的弱点。

2.3.5.4 生物接触氧化法

生物接触氧化法为在活性污泥反应池内添加载体材料，形成生物膜和活性污泥的混合系统。常用的载体可分为：①悬挂式填料，有半软性填料、组合填料、软性填料、弹性立体填料；②悬浮式填料，有空心柱状、空心球状、笼状、内有丝状或条状编织物或海绵块的软性悬浮式填料等；③块状规整填料，主要有蜂窝直管形填料和立体波纹状填料两种（图 29-2-39）。硬填料主要为聚氯乙烯塑料、聚丙烯塑料、环氧玻璃钢等；软填料主要用尼龙、维纶、腈纶、涤纶等化纤编织。通常将这些填料组装到一起，放入池中，便于维护。常用填料的性能参数见表 29-2-48。

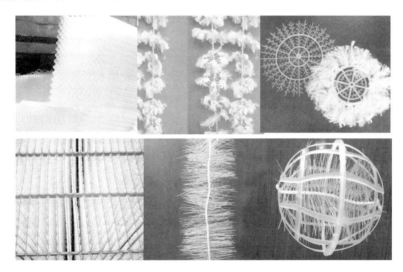

图 29-2-39 生物接触氧化法常用的填料

表 29-2-48 生物接触氧化法常用填料的性能参数[27]

项目		块状规整填料		悬浮式填料		悬挂式填料	
		立体网状	蜂窝直管	φ50mm×50mm	内置式	半软性填料	弹性立体填料
比表面积/m²·m⁻³		50～110	74～110	278	650～700	80～120	116～133
空隙率/%		95～99	98～99	90～97	12束·个⁻¹，大于40个·束⁻¹；纤维束重量1.6～2g·个⁻¹	大于96	
成品重量/kg·m⁻³		20	38～45	7.6		3.6～6.7	2.7～4.99
填充率/%		30～40	50～70	60～80		4.8～5.2	—
填料容积负荷/kg COD·m⁻³·d⁻¹	正常负荷	4.4		3～4.5	1.5～2	2～3	2～2.5
	超负荷	5.7		4～6	3	5	
安装条件		整体	整体	悬浮	悬浮	吊装	吊装
支架形式		平格栅	平格栅	绳网	绳网	上下框架固定	上下框架固定

生物接触氧化法与活性污泥法相比，具有如下优点：负荷高、适用范围广、可靠性和稳定性高、动力消耗低等，但是高负荷时生物膜过厚，易堵塞填料；另外，填料及支架等会增加建设费用，且更换填料时工作量较大。表 29-2-49 列出了其典型运行负荷。

表 29-2-49 生物接触氧化法的典型运行负荷[27]

处理要求	工艺要求	容积负荷	
		kg BOD$_5$·m^{-3}·d^{-1}	kg NH$_3$-N·m^{-3}·d^{-1}
碳降解	高负荷	2～5	
碳降解/硝化		0.2～2	0.1～0.4
三级硝化		<20mg BOD$_5$·L^{-1}	0.2～1

2.3.5.5 移动床生物膜法

移动床生物膜法（MBBR）的特点是向活性污泥反应池中投加悬浮填料。该填料的密度与水相近，轻微搅动或曝气就会使其随水自由运动。其特殊的结构可以让微生物生长在内部，并对微生物起到保护作用，免受填料碰撞带来的损失。常用的填料有硬质塑料填料和海绵填料两种，各个厂家设计的填料外观差异较大，见图 29-2-40。

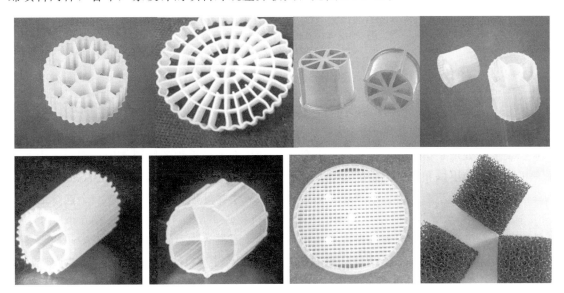

图 29-2-40 MBBR 法常用的部分填料

MBBR 法既可用于好氧反应池，也能用于厌氧反应池（图 29-2-41），可以灵活地与多种活性污泥法结合，提高其处理效率。MBBR 法能高效地去除有机物，还有良好的脱氮除磷效果。其容积负荷可高达 2～10kg COD·m^{-3}·d^{-1}，COD 和 BOD 去除率可高于 90%；对总氮的脱除率一般可高于 50%，基于反硝化-硝化原理设计的 MBBR 脱氮效果更可高达 80%～90%。

另外，需要关注填料的添加比例。添加少量的填料，可以促进气液混合，增加氧传递效率；但是，过多的填料造成流动不畅，反而会降低传质效率，影响生物膜的更新，增加系统能耗。具体添加比例需视填料、水质、反应器结构等因素而定，一般不超过反应器体积

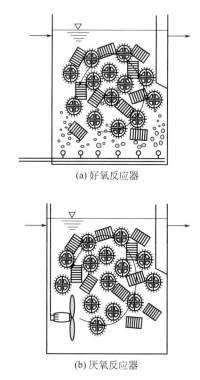

(a) 好氧反应器

(b) 厌氧反应器

图 29-2-41　MBBR 法的原理示意图

的 50%。

2.3.6　厌氧生物处理

2.3.6.1　厌氧生物处理基础

厌氧生物处理是指在隔绝分子氧的条件下，利用多种微生物的协同作用，把污水中的复杂有机物转化为甲烷和二氧化碳的过程，也称为厌氧消化。厌氧过程主要依靠三大类细菌：水解产酸菌、产氢产乙酸菌、产甲烷菌。因此，厌氧生物处理也可以划分成三个连续的阶段（图 29-2-42）：①水解酸化阶段，复杂的大分子有机物、不溶性有机物被水解成小分子、溶解性有机物，进而被分解成为挥发性有机酸、醇类、醛类等物质；②产氢产乙酸阶段，各种有机酸被转化为乙酸和氢，降解奇数碳有机酸时还会产生 CO_2；③产甲烷阶段，产甲烷菌利用乙酸、乙酸盐、CO_2 和 H_2 或其他一碳化合物转化为甲烷。

厌氧生物处理过程的主要影响因素有：①温度，低温发酵为 15～20℃，中温发酵为 30～35℃，高温发酵为 50～55℃；②pH 值，产甲烷菌的最适宜 pH 值为 6.8～7.2，产酸菌的最适宜 pH 值为 4.0～7.0，反应器内的 pH 值控制在前者范围内为宜；③氧化还原电位，发酵阶段为 −100～100mV，产甲烷阶段为 −400～−150mV；④硫酸盐和硫化物，通过竞争抑制降低甲烷产量；产生的 H_2S 会直接抑制厌氧菌，降低处理效率，也会腐蚀设备；高负荷厌氧反应器可以耐受 150～200mg S·L^{-1}（以 H_2S 计）；⑤需要多种微量元素，如 Zn、Ni、Co、Mo、Mn 等。

2.3.6.2　常用厌氧反应器

目前常用的厌氧反应器主要有：普通厌氧消化池、厌氧接触工艺、升流式厌氧污泥床

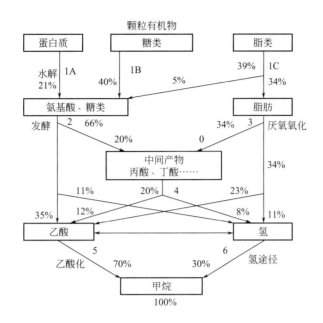

图 29-2-42 厌氧降解的主要过程及 COD 去除率

1A,1B,1C—水解过程；2—发酵过程，产生乙酸、挥发性有机酸、醇类等；

3—厌氧氧化长链脂肪酸和乙醇；4—厌氧氧化挥发性有机酸；

5—乙酸转化成甲烷；6—氢和二氧化碳合成甲烷[20]

（UASB）、厌氧滤池、厌氧流化床、厌氧折流反应器、厌氧内循环反应器（IC）、厌氧膨胀颗粒污泥床（EGSB）。它们的基本原理示意图和特点见表 29-2-50。

表 29-2-50 常用厌氧反应器的基本原理示意图及其特点

反应器示意图	主要特点
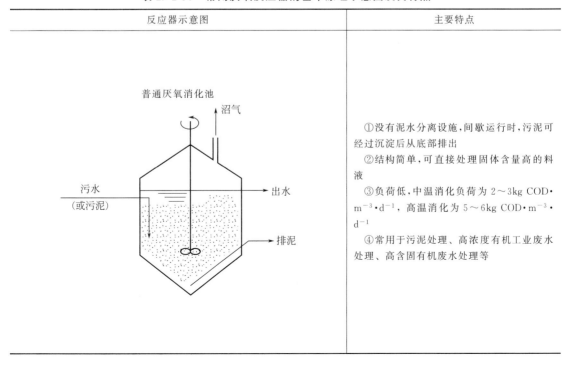	①没有泥水分离设施,间歇运行时,污泥可经过沉淀后从底部排出 ②结构简单,可直接处理固体含量高的料液 ③负荷低,中温消化负荷为 $2\sim3kg\ COD\cdot m^{-3}\cdot d^{-1}$,高温消化为 $5\sim6kg\ COD\cdot m^{-3}\cdot d^{-1}$ ④常用于污泥处理、高浓度有机工业废水处理、高含固有机废水处理等

第29篇

反应器示意图	主要特点
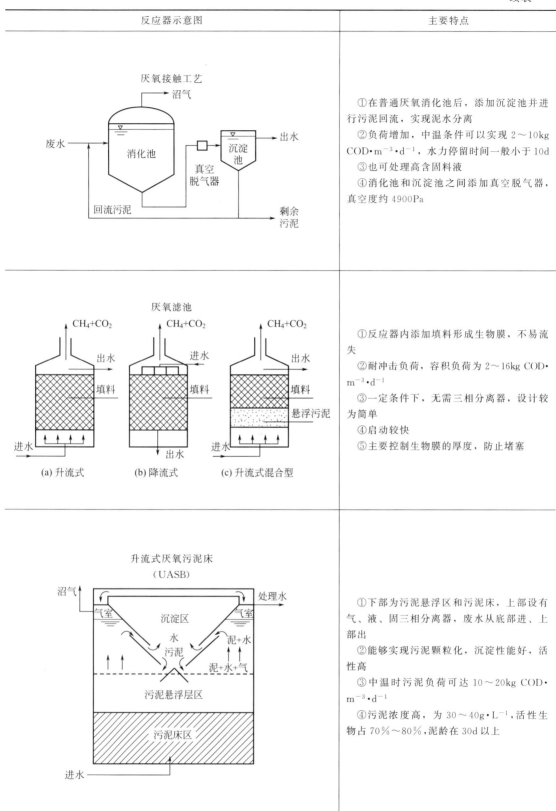	

厌氧接触工艺

①在普通厌氧消化池后，添加沉淀池并进行污泥回流，实现泥水分离

②负荷增加，中温条件可以实现 $2\sim10\text{kg}$ $COD\cdot m^{-3}\cdot d^{-1}$，水力停留时间一般小于 10d

③也可处理高含固料液

④消化池和沉淀池之间添加真空脱气器，真空度约 4900Pa

厌氧滤池

①反应器内添加填料形成生物膜，不易流失

②耐冲击负荷，容积负荷为 $2\sim16\text{kg}$ $COD\cdot m^{-3}\cdot d^{-1}$

③一定条件下，无需三相分离器，设计较为简单

④启动较快

⑤主要控制生物膜的厚度，防止堵塞

升流式厌氧污泥床（UASB）

①下部为污泥悬浮区和污泥床，上部设有气、液、固三相分离器，废水从底部进、上部出

②能够实现污泥颗粒化，沉淀性能好，活性高

③中温时污泥负荷可达 $10\sim20\text{kg}$ $COD\cdot m^{-3}\cdot d^{-1}$

④污泥浓度高，为 $30\sim40\text{g}\cdot L^{-1}$，活性生物占 $70\%\sim80\%$，泥龄在 30d 以上

反应器示意图	主要特点
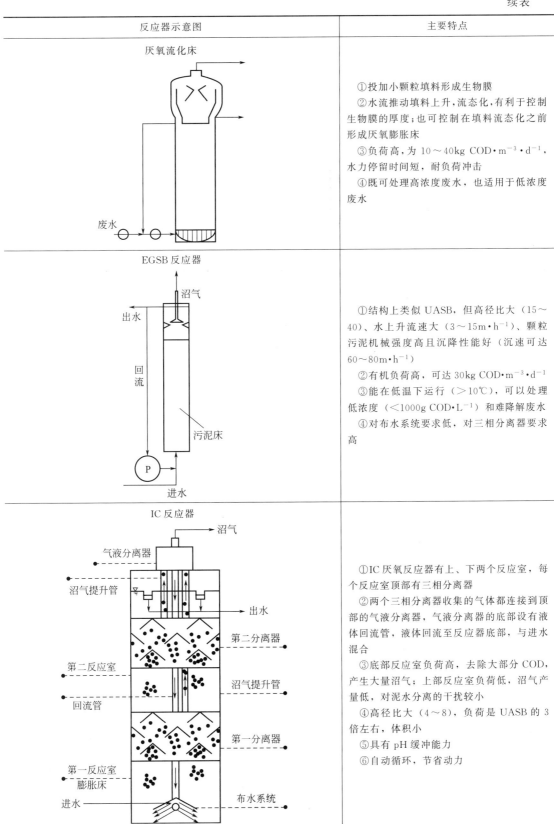 厌氧流化床	①投加小颗粒填料形成生物膜 ②水流推动填料上升，流态化，有利于控制生物膜的厚度；也可控制在填料流态化之前形成厌氧膨胀床 ③负荷高，为 $10\sim40kg\ COD\cdot m^{-3}\cdot d^{-1}$，水力停留时间短，耐负荷冲击 ④既可处理高浓度废水，也适用于低浓度废水
EGSB 反应器	①结构上类似 UASB，但高径比大（15～40）、水上升流速大（3～15m·h⁻¹）、颗粒污泥机械强度高且沉降性能好（沉速可达60～80m·h⁻¹） ②有机负荷高，可达 $30kg\ COD\cdot m^{-3}\cdot d^{-1}$ ③能在低温下运行（＞10℃），可以处理低浓度（＜$1000g\ COD\cdot L^{-1}$）和难降解废水 ④对布水系统要求低，对三相分离器要求高
IC 反应器	①IC厌氧反应器有上、下两个反应室，每个反应室顶部都有三相分离器 ②两个三相分离器收集的气体都连接到顶部的气液分离器，气液分离器的底部设有液体回流管，液体回流至反应器底部，与进水混合 ③底部反应室负荷高，去除大部分COD，产生大量沼气；上部反应室负荷低，沼气产量低，对泥水分离的干扰较小 ④高径比大（4～8），负荷是 UASB 的 3倍左右，体积小 ⑤具有 pH 缓冲能力 ⑥自动循环，节省动力

续表

反应器示意图	主要特点
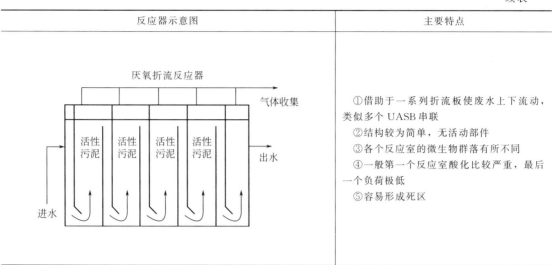	①借助于一系列折流板使废水上下流动，类似多个 UASB 串联 ②结构较为简单，无活动部件 ③各个反应室的微生物群落有所不同 ④一般第一个反应室酸化比较严重，最后一个负荷极低 ⑤容易形成死区

　　国外部分 UASB 和厌氧流化床的应用实例，分别见表 29-2-51 和表 29-2-52。IC 反应器是基于 UASB 改进的，表 29-2-53 给出了两者处理同一种废水的对比数据。

表 29-2-51　国外部分 UASB 反应器的应用实例[28]

废水类型	使用国家	装置数	设计负荷/ kg COD·m^{-3}·d^{-1}	反应器体积 /m³	温度 /℃
甜菜制糖	荷兰	7	12.5～17	200～1700	30～35
	德国	2	9.12	2300,1500	30～35
	奥地利	1	8	3040	30～35
土豆加工	荷兰	8	5～10	240～1500	30～35
	美国	1	6	2200	30～35
	瑞士	1	8.5	600	30～35
土豆淀粉	荷兰	2	10.3～10.9	1700,5500	30～35
	美国	1	11.1	1800	30～35
玉米淀粉	荷兰	1	10～12	900	30～35
小麦淀粉	荷兰	1	6.5	500	30～35
	爱尔兰	1	9	2200	30～35
	澳大利亚	1	9.3	4200	30～35
大麦淀粉	芬兰	1	8	420	30～35
酒精	荷兰	1	16	700	30～35
	德国	1	9	2300	30～35
	英国	1	7～10	2100	30～35
	美国	2	10.3～10.8	5000,1800	30～35
酵母	沙特阿拉伯	1	10.5	950	30～35
	荷兰	1	5～10	1400	23
	美国	1	14	4600	30～35

续表

废水类型	使用国家	装置数	设计负荷/ kg COD·m^{-3}·d^{-1}	反应器体积 /m^3	温度 /℃
啤酒	美国	1	5.7	1500	20
	荷兰	1	3~5	600	24
屠宰	加拿大	1	6~8	450	24
	荷兰	2	8~10	1000,740	24
牛奶	荷兰	1	4	740	20
造纸	荷兰	1	5~6	2200	25
	荷兰	1	10	375	30~35
蔬菜罐头	美国	1	11	500	30~35
白酒	泰国	1	15	3000	30~35
城市废水	印度	1	2.3	1200	常温
	哥伦比亚	1	2	1600	常温

表 29-2-52　国外部分厌氧流化床的应用实例[28]

公司名称	Ecolotrol	Dorr-Oliver	Gist-Brocades	Gist-Brocades	Enso-Gutyeit
流化床所在地	Birmingham（美国）	Muscatine（美国）	Delft（荷兰）	Drouvy（法国）	Kunkapaa-Will（芬兰）
投产时间	—	1984 年 4 月	1984 年 8 月	1985 年 10 月	1984 年
废水名称	清凉饲料废水	大豆加工废水	酵母发酵废水	酵母发酵废水	KP 纸浆蛋白废水
废水量/m^3·d^{-1}	380	770	4320	1200	—
废水 COD 浓度/mg·L^{-1}	6900	12000	3200	3600	700
pH 值		6.7~7.1	6.8	7.4	3~6
厌氧消化相数	单相	两相	两相	两相	单相
厌氧流化床容积（流化床有效容积）/m^3	120	360（300）	380（225）	125（80）	
厌氧流化床高度（流化部分）/m		12.5	21（13）	17（12）	
厌氧流化床直径/m		6.1	4.7	3.0	
系列数		2	2	2	1
水力停留时间/h	6	16	2.4	3.2	3~12
消化温度/℃		35	37	37	35±2
COD 去除负荷/kg COD·m^{-3}·d^{-1}	9.6	12	22	20	
微生物浓度/kg·m^{-3}		12	20	20	
COD 去除率/%	77	76	70	75	50~60

表 29-2-53　IC 反应器与 UASB 反应器处理相同废水的效果对比[27]

对比指标	反应器类型			
	IC 反应器		UASB 反应器	
	啤酒废水	土豆加工废水	啤酒废水	土豆加工废水
反应器体积/m³	6×162	100	1400	2×1700
反应器高度/m	20	15	6.4	5.5
水力停留时间/h	2.1	4.0	6	5.5
容积负荷/kg COD·m⁻³·d⁻¹	24	48	6.8	10
进水 COD/mg·L⁻¹	2000	6000~8000	1700	12000
COD 去除率/%	80	85	80	95

2.3.6.3　膜生物反应器（MBR）

膜生物反应器（MBR）采用膜组件完成混合液的泥水分离。相对于沉淀池，膜组件不仅体积小，而且固液分离效果更佳，提高了出水的水质，也更有效地截留了微生物，增加了反应器内的污泥浓度，可大幅延长污泥龄。根据膜组件的位置，MBR 一般分为外置式和内置式（浸没式），如图 29-2-43 所示。外置式 MBR 多采用管式膜组件，内置式多采用中空纤维膜组件和板式膜组件（图 29-2-44）。

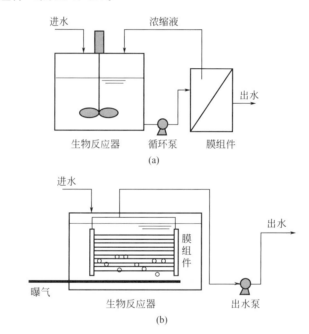

图 29-2-43　外置式（a）和内置式（浸没式）（b）MBR

图 29-2-44　管式膜、平板膜和中空纤维膜（从左到右）

MBR 既可以用于好氧工艺，也可以用于厌氧工艺，见表 29-2-54 和表 29-2-55。

表 29-2-54 好氧 MBR 处理工业废水的运行参数[20]

污水类型	膜类型	HRT/h	SRT/d	V/m³	BOD,COD,P,NH$_4^+$,N 进水	出水	MLSS /kg·m^{-3}	污泥负荷 /kg·m^{-3}·d^{-1}	容积负荷 /kg COD·m^{-3}·d^{-1}	污泥产率 /d^{-1}	空气量⑤ /m³·h^{-1},DO /mg·L^{-1}
含油	MT/SS	144~240	50~75	1.9	5150① 29430②	<20① <2943②	1.36~ 2.72②	2.45~ 4.91②	1.8②	1.3%~ 2%	—
含油	MT/SS	69.6	65	1.325	1147① 11133②	15① 1043②	0.13②⑧	0.39① 2.72②	28.9⑧	0.126②⑧	1.3~6.7⑥
含油	MT/SS	72	36	1.325	1711① 16609②	17① 1190②	0.21②⑧	0.57① 5.54	26.2⑧	0.141②·⑧	1.3~6.7⑥
含油	MT/SS	89.7	50	3.78	919① 4325②	3① 183②	0.29②⑧	0.25① 1.16②	4.03⑧	0.074②·⑧	0.3~7.5⑥
含油	MT/SS	47.2	74	3.78	134① 1406②	6① 249②	—	0.07① 0.71②	19.6⑧	—	0.3~7.5⑥
造纸	HF/S	36	15	0.09	4000① 12000⑧	520① 3840⑧			14.2		
化工	MT/SS	14		1	52000⑧ 8④	6000③ <1④	0.45②	9②	20		
制药	MT/SS	163	—	1	1700② 600③	300② 0③	0.125②	2.5②⑦	20	<0.1	1.5~2.0⑥

①BOD；②COD；③氨氮；④总磷；⑤曝气速率；⑥DO；⑦总氮；⑧挥发性物质。
注：HF—中空纤维膜；MT—管式膜；S—内置式；SS—外置式。

表 29-2-55 厌氧 MBR 处理工业废水的运行参数[20]

污水类型	膜类型	V /m³	HRT /h	SRT /d	MLSS /kg·m^{-3}	容积负荷 /kg COD·m^{-3}·d^{-1}	TOD$_L$/mg·L^{-1} 进水	出水	产气量 /m³ CH$_4$·kg^{-1}COD
棕榈油制造	SS	0.05	67	161	50.7①	14.2	39910②	2710②	0.28
酿酒	SS	2.4	79.2	—	50	11	37000②	2600②	—
酿造	MT/SS	0.12	60~100		50①	<28	85000②	2550②	0.28
羊毛清洗	HF/SS	4.5	—		<50		102400	11264	0.2
合成	MT/SS	0.075	135	52	8.1	2	9700②	300②	0.37

①挥发性物质；②COD。

膜污染是 MBR 工程应用中的关键问题，直接影响到运行的稳定性和经济性。工程上采取如下措施控制膜污染：①添加絮凝剂，可以降低溶解质和胶体浓度，延缓膜污染；②投加填料，通过添加沸石或粉末活性炭，吸收污泥悬浮液中的胞外聚合物；③调整操作条件，比如改用错流过滤、合理控制曝气强度和抽吸时间等；④优化反应器设计，比如减少死区、改善水力条件、调整膜装填密度等。

膜污染发生后，可采用如下措施进行清洗：①机械清洗，包括曝气擦洗、水力清洗、反冲洗，周期很短；②超声波清洗，利用超声波的空化作用，强烈搅拌液体，冲击膜表面的污染物,但容易损坏膜,实际工程中少有应用;③化学清洗,利用药剂与膜污染物质发生化学反应,达到去除膜表面和膜孔内部污染的目的。表 29-2-56 总结了常用的化学清洗剂和使用条件。

表 29-2-56   常用的化学清洗剂和使用条件[20]

污染物		化学清洗剂	使用条件
无机物污染	金属氧化物	草酸(0.2%)	0.1%~2%,pH≈4 用氨水调节
		柠檬酸(0.5%)	
		无机酸(盐酸、硝酸)	
		EDTA(0.5%)	1%~2%,pH≈8 用氨水或碱调节
	含钙结垢	EDTA(0.5%)	
		柠檬酸(0.5%)	0.1%~2%,pH≈4 用氨水调节
	无机胶体(二氧化硅)	碱(NaOH)	pH>11
有机物污染	脂肪酸和油、蛋白质、多糖	乙醇(20%~50%)	30~60min,25~50℃
		碱(0.5mol·L^{-1} NaOH)和氧化剂(如 200mg·L^{-1} Cl$_2$)	
		表面活性剂(0.5% SDS)和碱(0.5%~0.8% NaOH)	浸泡 2h 或循环冲洗 30min
		阴离子表面活性剂(月桂基磺酸钠,SDS)	1%~2%,pH≈7,用氨水或碱调节,30min~8h,25~50℃
微生物污染	细菌、生物大分子	阴离子表面活性剂(月桂基磺酸钠,SDS)	
		碱(0.5mol·L^{-1} NaOH)和氧化剂(如 200mg·L^{-1} Cl$_2$、1% H$_2$O$_2$)	30~60min,25~50℃
		甲醛	0.1%~1%
		酶制剂(0.1%~2%)	30min~8h,30~50℃
	细胞碎片或遗传核酸	酶制剂(0.1%~2%)	
		草酸、乙酸或硝酸(0.1~0.5mol·L^{-1})	30~60min,25~35℃

表 29-2-57 给出了不同 MBR 系统的工程建设费用和运行费用,以供参考。

表 29-2-57   不同 MBR 系统的工程建设费用和运行费用[27]

项目		无机膜 MBR		一体式 MBR		分离式 MBR
		进口	国产	进口	国产	国产
建设费用	基建费用/万元	35	35	32	32	35
	膜通量/L·m^{-2}·h^{-1}	150	150	10.4	8.3	33.3
	膜面积/m^2	67	67	960	1200	300
	膜价格/元·m^{-2}	10000	4000	450	150	300
	膜投资/万元	67	27	43	18	9
	总投资/万元	102	62	75	50	44
	膜费用所占比例/%	65.7	43.5	57.3	36	20.5

项目		无机膜 MBR		一体式 MBR		分离式 MBR
		进口	国产	进口	国产	国产
运行费用	设备折旧成本/元·m⁻³	0.4	0.4	0.36	0.36	0.4
	膜的使用寿命/a	10	10	4	2	2
	膜的更换费用/元·m⁻³	0.76	0.3	1.25	1.0	0.5
	电耗/kW·h·m⁻³	5	5	0.8	0.8	3
	动力费用/元·m⁻³	2.5	2.5	0.4	0.4	1.5
	其他费用/元·m⁻³	0.15	0.15	0.15	0.15	0.15
	总费用/元·m⁻³	3.8	3.35	2.16	1.91	2.55
	膜的更换费用比/%	20	9	58	52	20
	动力费用比/%	39.5	44.8	21	19	59

2.4 污泥处理处置

化工废水处理污泥是指在化工废水处理过程中通过物理、化学以及生物絮凝沉淀等方式所产生的固态、半固态及液态的以重金属和有机物等为主的剩余物。化工废水来源于各种化工产品的生产，导致从废水中迁移至处理污泥中的毒性污染物种类和含量更是高于一般市政污泥，若处置不当，其中富集的大量毒性污染物将对人类健康产生极大危害。2016 年出台的《国家危险废物名录》甚至把处理一些化工行业生产过程中的废水处理污泥列入危险固废，例如有机氰化物生产过程中的废水处理污泥、卤化有机溶剂生产和配制过程中产生的废水处理污泥等。化工企业污水处理厂产生的污泥包括浮渣、剩余活性污泥、混凝沉淀污泥等多种类型，性质有较大的不同，其成分可能属于危险废物，也可能属于一般废物。因此，污泥的处理处置方法应根据污泥性质及类别确定，同时不仅要充分考虑相关的国家污染控制标准，还要考虑当地的污染控制标准。

基于减量化、稳定化、无害化以及资源化目的，当前废水处理污泥的处理处置主要有填埋、焚烧、水体消纳及土地利用等几种方式。但是，化工废水污泥由于含有高浓度的重金属和有毒的有机污染物，其稳定无害化技术难度及成本较大，因而限制了其资源化利用。所以，当前化工废水污泥仍主要通过焚烧、固化和填埋等方式加以处置。

2.4.1 污泥的性质

2.4.1.1 污泥的分类、组成

根据污泥产生的途径，化工废水污泥可分为生化污泥和物化污泥两大类。前者主要是通过有微生物参与的活性污泥法处理废水过程中产生的剩余污泥，故也称为活性污泥，其有机质含量高，含水率高且难脱水，易腐化发臭，具有一般的生化特性，是污泥处理的主要对象；而物化污泥通常是由物理沉淀或添加化学絮凝剂发生混凝沉淀后产生的污泥，且含有原废水中的悬浮物，也称无机污泥，其有机质含量相对较低，常以颗粒态为主，易于脱水与压实。上述两类污水处理工艺通常会配套使用，使最终出厂的污泥以脱水污泥的混合状态存在。

另一种污泥分类方法则是根据废水来源的具体化工行业不同分类，可分为石油化工废水污泥、煤化工废水污泥、化纤废水污泥以及农药废水污泥等等。

　　污泥中的污染物具有继承性，其中毒性有机污染物往往来源于化工废水中毒性、难降解有机污染物在物化或生化处理过程中从水相到泥相的转移、转变以及微生物的生物合成过程。污水中的毒性有机物在其处理过程中可高度富集于污泥中，其富集系数（污泥与废水进水中污染物浓度的比值）往往很高。除了有机污染物以外，化工废水污泥还富集了大量的重金属。目前对于化工废水污泥中重金属的报道还少有调查和报道。有研究人员调查了江苏省49 家化工园区集中式污水处理厂外排污泥（以下简称"江苏化工园区污泥"）及其浸出液中的 5 种重金属：砷（As）、镉（Cd）、铬（Cr）、汞（Hg）和铅（Pb），这 5 种重金属也是国家《重金属污染综合防治"十二五"规划》中重点监控与污染物排放总量控制的重金属，其结果见表 29-2-58[29]。与我国城市污泥中重金属含量相比，江苏化工园区污泥中，Pb、Hg 和 Cd 的含量较低，Cr 略高，而 As 显著高于城市污泥。从土地利用的角度来看，污泥中 As、Cr、Hg 有超标现象，是主要污染物，超标水平呈现 As＞Cr＞Hg。

表 29-2-58　江苏省化工园区污水处理厂污泥重金属含量统计分析

单位：$mg \cdot kg^{-1}$

重金属	Hg	As	Cr	Pb	Cd
最高含量	21.09	9906	3115	85.7	0.328
最低含量	0.049	1.11	3.7	1.6	0.047
中值	1.36	31.3	101	21.3	0.107
平均含量	2.54	264	313	25.4	0.123
标准偏差	3.87	1408	549	18.5	0.06
控制标准①	15	75	1000	1000	20
超标率/%	4.1	24.5	6.1	0	0
最小超标倍数/倍	0.14	0.13	0.63	—	—
最大超标倍数/倍	0.41	131	2.12	—	—

　　① 农用污泥控制标准［《农用污泥污染物控制标准》（GB 4284—2018）］、城镇污泥处理厂污染物排放标准［pH≥6.5，《城镇污水处理厂污染物排放标准》（GB 18918—2002）］。

2.4.1.2　污泥的性质

　　污泥的性质指标主要包括：污泥的含水率、污泥的脱水性能、污泥的挥发性固体含量、污泥的可消化程度、湿污泥的相对密度与干污泥的相对密度、污泥的组分、污泥的有毒有害物质含量和污泥的热值等。

　　(1) 含水率　污泥的含水率是单位质量的污泥所含水分的质量分数。污泥的含水率一般都很大，相对密度接近于 1。

　　(2) 污泥的脱水性能和压缩系数　为了使污泥输送、处理和处置方便，在很多情况下要求对污泥做脱水处理，因此在工程上脱水性能是污泥的一个非常重要的参数。不同性质的污泥，脱水的难易程度是不同的，甚至差异很大。

　　定量描述污泥脱水性能的参数为比阻。对于污泥来说，比阻越大，过滤阻力越大，即脱水越困难；反之，比阻越小，脱水越容易。比阻值的大小，不但可以反映出过滤压力很大时的过滤性能，而且可以表示在压力很小时的渗透性能（如干化场）。可以用化学调节的方法使污泥比阻值降低，从而达到改善脱水条件的目的。根据污泥压缩系数的大小，可以判断随过滤压力增加污泥比阻的变化情况。当压缩系数很大时，通过增加压力的方法，将无助于过滤产率的提高。另外，污泥的比阻和污泥的浓度有关，浓度大时，比阻值也大，因而在判断污泥的脱水性能时应考虑到污泥浓度的影响因素。

(3) 挥发性固体和固定固体含量 挥发性固体含量代表污泥中有机物的含量，又称灼烧减量。固定固体含量代表无机物含量，又称灰分。

(4) 污泥的可消化程度 污泥的可消化程度表示污泥中挥发性固体可被消化分解的百分数，称为污泥消化的技术界限。

(5) 污泥的燃烧价值 有机污泥有一定的燃烧值。在大多数情况下，由于污泥含水率较高，污泥作为燃料是不可行的。污泥脱水后进行焚烧处置时，燃烧值对较少使用外加热源有一定的意义。

2.4.2 污泥浓缩

污泥中所含水分大致分为四类：颗粒间的空隙水，约占总水分的 70%；毛细水，即颗粒间毛细管内的水，约占 20%；污泥颗粒间的吸附水和颗粒内部水，约占 10%。浓缩法用于降低污泥中的空隙水，因空隙水所占比例最大，故浓缩法是减容的主要方法。

2.4.2.1 污泥重力浓缩

重力浓缩是污泥在重力场的作用下自然沉降的分离方式，是物理过程，不需要外加能量，是一种最节能的污泥浓缩方法。重力浓缩沉降可以分为四种形态：自由沉降、干涉沉降、区域沉降和压缩沉降。

重力浓缩的构筑物称为重力浓缩池。根据运行方式的不同，重力浓缩池可分为连续式重力浓缩池和间歇式重力浓缩池两种。前者主要用于大、中型污水处理厂；后者用于小型处理厂或工业企业的污水处理厂。

(1) 连续式重力浓缩池 连续式重力浓缩池形同辐射式沉淀池，可分为刮泥机与污泥搅动装置、不带刮泥机以及多层浓缩池（带刮泥机）三种。

有刮泥机与搅动装置的连续式重力浓缩池，池底坡度一般为 1/100～1/12。污泥在水下的自然坡度角为 1/20，依靠刮泥机将污泥刮集到池子中心，然后用排泥管排出。在刮泥机上设有竖向栅条，随同刮泥机一起缓慢转动，搅拌浓缩污泥。

(2) 间歇式重力浓缩池 间歇式重力浓缩池的设计原理同连续式重力浓缩池。运行时，应先排除浓缩池中的上清液，腾出池容，再投入待浓缩的污泥。因此，应在浓缩池深度方向的不同高度设上清液排除管，浓缩时间一般不宜小于 12h。

2.4.2.2 污泥气浮浓缩

初沉池污泥的相对密度平均为 1.02～1.03，污泥颗粒本身的相对密度为 1.3～1.5，初沉污泥易于实现重力浓缩。活性污泥的相对密度为 1.0～1.005，活性污泥絮体本身的相对密度为 1.0～1.01，当处于膨胀状态时，其相对密度甚至小于 1，因而活性污泥一般不易于实现重力浓缩。一般来说，在其他条件相同的情况下，固体与水的密度差愈大，重力浓缩的效果愈好。针对活性污泥难以沉降的特点，近年来气浮浓缩逐渐取代重力浓缩，成为污泥浓缩的主要手段。

气浮法是固-液分离或液-液分离的一种技术。它是通过某种方法产生大量的微气泡，使其与废水中密度接近于水的固体或者污染物微粒黏附，形成密度小于水的气浮体，在浮力的作用下上浮至水面形成浮渣，进行固-液或液-液分离。气浮浓缩由于停留时间较重力浓缩短，因此容积小。当用于剩余活性污泥的浓缩时，可避免污泥的腐化发臭和脱氮上浮。但是，气浮浓缩的运行费用较重力浓缩高2～3倍，管理较复杂。

2.4.2.3 污泥离心浓缩

利用离心力分离悬浮液中杂质的方法称为离心分离法。污水做高速旋转时，由于悬浮固体和水的质量不同，所受的离心力也不同，质量大的悬浮固体被抛向外侧，质量小的水被推向内侧，这样悬浮固体和水从各自的出口排出，从而使污水得到处理。离心浓缩法就是利用污泥中的固体和液体密度及惯性不同，故在离心力场所受到的离心力不同而被分离的。由于离心力远远大于重力或浮力，分离速度快，浓缩效果好。按产生离心力的方式不同，离心设备可分为离心机和水力旋流器两类。

目前，常用的离心浓缩机有螺旋滗水型卧式离心机和笼形立式离心机两种。前者的浓缩污泥从转筒中由螺旋作用将其排出；而后者通过集泥管排出。

2.4.3 污泥的消化技术

污水污泥中通常含有50%以上的有机物，极易腐败，并产生恶臭，因此，需要进行消化处理，目的是为了污泥的稳定化，以利于后续处理。

2.4.3.1 污泥厌氧消化

消化池的设备的选择，对消化工艺构筑物而言，很大程度上受物理空间或可使用的土地面积影响。针对不同的空间要求，可使用的消化池结构和几何外形有所不同。

(1) 消化池顶罩 消化池顶罩用以收集气体，减少臭气，保持内部恒温，维持厌氧条件。此外，顶罩还可支承搅拌设备，使其深入水池内部。有两种传统的顶罩：固定罩和浮动罩。

消化池固定式顶罩及其附属物如图29-2-45[30]所示，消化池浮动式顶罩如图29-2-46[30]所示。

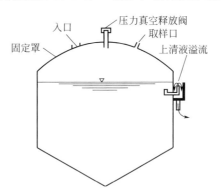

图29-2-45 消化池固定式顶罩

(2) 池形和构造 厌氧消化池的外形有矩形、方形、圆柱形以及蛋形等。现在应用最多的构造形式是蛋形消化池，见图29-2-47[30]。上部的陡坡和底板的锥体有利于减少浮渣和砂粒造成的问题，从而减少了消化池清掏的工作量。蛋形消化池同传统矮圆柱形池相比，搅拌要求要少，后者大部分的搅拌能量用于维持砂粒悬浮和控制浮渣的形成。

(3) 水泵和管路系统形式 选择污泥输送泵时的一个重要因素是泵内外的结构材质。泵内部的结构材质必须耐磨、耐腐蚀、耐穿孔。镍铬叶轮和泵壳由于它的良好性能常被采用。聚合物及其他塑料可用作往复泵的静态材料，转轴可用工具钢。泵外部须涂油漆防止腐蚀。

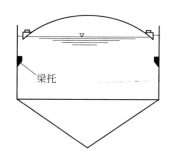

图 29-2-46　消化池浮动式顶罩

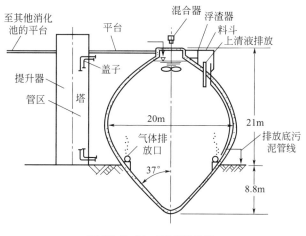

图 29-2-47　蛋形消化池

另一个选泵的要素是使用是否简易以及泵内积累碎屑是否易于清除。

（4）搅拌设备　消化池的搅拌系统可分为如下四类：定向气体注射系统、不定向气体注射系统、机械搅拌系统、水泵搅拌系统。

使用排气管作为定向气体注射系统是普遍采用的搅拌系统。它能实现足够的搅拌，确保污泥完全混合。排气管气循环是由一系列注入消化池的大口径管道组成，它使生物污泥得以上升混合。

机械搅拌系统使用旋转的螺旋桨搅拌消化池内容物。搅拌机可能是装在排气筒内的低速涡轮或高速桨叶。排气筒可以安装在消化池内部或者外部。机械搅拌和水泵搅拌系统的流动方向是从池顶到池底。这同气体搅拌系统相反，后者的流动方向是从池底到池顶。

水泵搅拌系统中，安装在池外的水泵从顶部中央位置吸取生物污泥，然后通过喷嘴以切线方向在池底注入消化池。液相表面安装破碎浮渣用的喷嘴，间断地破碎积累的浮渣。高流量、低水头输送"污泥"的水泵有轴流泵、混流泵和离心螺旋泵。

多点喷射气体循环系统是一种通常使用的不定向系统。它由分布于整个池内的多根喷射管组成。气体可通过所有的管子连续排放，或经旋转阀门调节有顺序地从一根管换至另一根管。旋转阀门的操作一般按预先设定的定时器自动控制。喷气管大约位于离开消化池中心 2/3 处。为保证中心部位的混合，在离中心几米远处会增设一根喷枪。此外，系统要求有压缩机和控制设备。图 29-2-48 描述了多点顺序喷气系统搅拌机的剖面图[30]。

（5）加热设备　不论是内部还是外部的加热设备，都是为了维持恒定的操作温度。老式的消化池采用固定在边壁上的内部加热盘管，盘管内部有热水循环。这些盘管易受损，导致

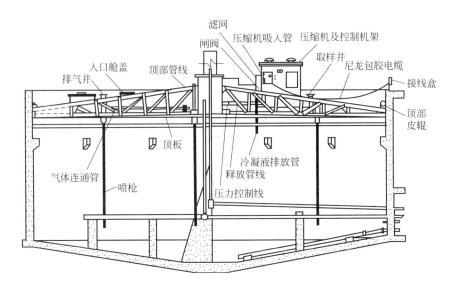

图 29-2-48   多点顺序喷气系统搅拌机

换热效率下降。维修这些盘管时，操作人员需要关闭消化池，清空内容物。带加热夹套的排气筒式搅拌器也可以在内部对污泥加热，然而内部加热系统由于维护困难而很少使用。水浴式、套管式和螺旋板式外部换热器可用于厌氧消化。

(6) 药剂投配系统   对消化池加药系统理想的做法是与整个污水厂加药系统的设备一起布置。这便于设备安装的优化组合，因为消化池加药系统不需要每天使用。配备加药有两种原因：pH/碱度控制和控制抑制物/毒性物质。碳酸氢钠、碳酸钠、石灰是常用的碱。氯化铁、硫酸铁和铝盐可用于抑制物质的沉淀或共聚以及控制消化气中的硫化氢含量。

(7) 气体收集和储存   污泥厌氧消化产生的污泥气既可以用来使用，也可以用来燃烧以避免产生气味。由于污泥气由污泥产生，因此气体是在消化反应器液面上方可得到收集并且释放的。污泥气可以由管道输送至污泥气利用设备进行发电或加热，也可以由储气装置储存以备后用，或直接进入废气燃烧炉作为废气燃烧掉。

2.4.3.2   污泥好氧消化

同厌氧消化相比，好氧消化的目的是通过对可生物降解有机物的氧化产生稳定的产物，减少质量和体积，减少病原菌，改善污泥特性，以利于进一步处理。好氧消化通常用于中、小型污水生化处理厂的污泥处理。好氧消化装置投资较少，最终产物无臭，上清液 BOD 低、运行简单。采用纯氧和高温好氧消化操作费用较高，但可以解决脱水性差的问题。由于需要输入动力，其运行费用高于厌氧消化，冬季气温低时处理效果稍差。

好氧消化的微生物是好氧菌和兼性菌。它们利用曝气设备鼓入的氧，分解生物可降解的有机物及细胞原生质，并从中获取能量。污泥经过氧化后产生挥发性物质（CO_2、NH_3 等），使污泥量大大减少。污泥好氧消化需供应足够的空气，池内的混合液中溶解氧至少应保持在 $1\sim2mg\cdot L^{-1}$，并有相当强度的搅拌，使污泥颗粒处于悬浮状态。好氧消化可以有效地处理剩余活性污泥、腐殖污泥和初沉池污泥。但不适合处理在高泥龄下运行的活性污泥法所产生的剩余污泥，因为这种污泥中活性物质已极少，继续消化效果不明显。好氧消化池的构造与一般曝气池相似。消化过程可以间歇进行，也可连续进行，所采用的消化池如图 29-2-49 所示[8]。

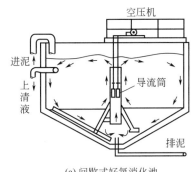

(a) 间歇式好氧消化池

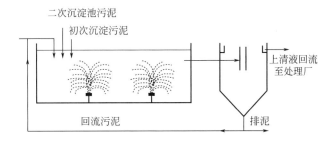

(b) 连续式好氧消化池

图 29-2-49 好氧消化池

2.4.4 污泥的干化技术

污泥经过浓缩以后，尚有 95%～97% 的含水率，体积很大，可用管道输送。为了综合利用和进一步处置，必须对污泥进行脱水处理。经过脱水后的污泥，其含水率为 65%～85%，从而失去流动特性，形成泥饼，体积减小。

2.4.4.1 污泥的自然干化

自然干化可分为晒砂场和干化场两种方式。晒砂场用于沉砂池沉渣的脱水，干化场用于初次沉淀污泥、腐殖污泥、消化污泥、化学污泥以及混合污泥的脱水。

（1）晒砂场 晒砂场一般做成矩形，混凝土底板，四周有围堤或者围墙。底板上设有排水管及一层厚 800mm、粒径 50～60mm 的砾石滤水层。渗出水由排水管集中回流到沉砂池前与污水合并处理。

（2）干化场 污泥干化场是污泥进行自然干化的主要构筑物。干化场可分为自然滤层干化场和人工滤层干化场两种。前者适用于自然土质渗透性良好、地下水位低的地区。人工滤层干化场的滤层是人工铺设的，又可分为敞开式干化场和有盖式干化场两种。人工滤层干化场的构造如图 29-2-50 所示[31]。它由不透水底层、排水系统、滤水层、输泥管、隔墙以及围堤等部分构成。

2.4.4.2 污泥的机械脱水

（1）机械脱水前的预处理 机械脱水前预处理的目的是改善污泥的脱水性能，提高脱水设备的生产能力。预处理的方式包括化学调节法、淘洗调节法、热处理法及冷冻法等。

化学调节法是向污泥中投加混凝剂、助凝剂等，使污泥凝聚，提高脱水性能。常用的混

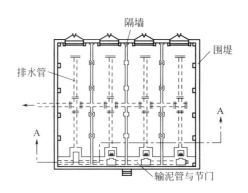

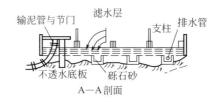

图 29-2-50 人工滤层干化场的构造

凝剂分为无机和有机两大类。无机混凝剂包括铝盐和铁盐两类，如三氯化铁（$FeCl_3$）、氯化铝（$AlCl_3$）、硫酸铁 $[Fe_2(SO_4)_3]$、硫酸铝 $[Al_2(SO_4)_3 \cdot 18H_2O]$、聚合氯化铝（PAC）等。投加无机盐混凝剂，虽可改善污泥脱水效果，但其用量较大，具有一定的腐蚀性。有机高分子混凝剂有聚丙烯酰胺（PAM）、聚酰胺等，用量较少，无腐蚀性。

淘洗调节法是用水（通常是处理后的出水）将消化污泥淘洗过后，使得在使用化学调节法时混凝剂的用量大大降低。通常，淘洗调节法仅仅限于消化污泥。

（2）污泥的机械脱水 污泥机械脱水的主要方法有：

① 采用加压或抽真空将滤层内液体排除的脱水法；

② 靠机械压缩的压榨脱水法；

③ 以离心力作为推动力除去料层内液体的离心脱水法。

各种机械脱水方法的原理、设备、适用范围等资料汇总于表 29-2-59。

2.4.4.3 污泥的深度脱水技术

（1）热力干化脱水 热力脱水一般要采用蒸汽、烟气或其他热源，它不是一般意义的烘干。常用的设备为桨叶机、套筒机或流化床等，也可以造粒或喷雾的形式提高热效率。热力脱水必须依赖热源制热或余热利用，但由于存在使用蒸汽不经济、利用锅炉烟道气影响系统稳定、建立独立热源代价大、利用余热需改动原有工艺设施等因素，导致处理成本高、尾气量大、冷却水量大、易造成二次污染，目前市面上虽有应用，但应用范围十分有限。

（2）热力和机械压力一体化污泥脱水的技术 它是指采用一种低温热源把污泥加热至 $150\sim180℃$，然后通过螺旋压榨来脱水，如日本推出的"FKC"机。这种设备仍然需要依赖一个热源，而且这种特殊的螺旋压榨机构造复杂、价格昂贵，更换部件的代价很大，同时它的生产效率较低，因此业界采用不多。

（3）高压压滤脱水 美国早在 1920 年就有了第一台用于市政污泥脱水的板框机。板框机的运行压力有两种，低压为 0.69MPa，高压为 $1.55\sim1.73$MPa。进料时间一般为 $20\sim30$min，压滤保持时间为 $1\sim4$h。目前，国内污泥深度脱水常用的机械设备是高压隔膜压滤

表 29-2-59 污泥机械脱水的方法及其原理、设备、适用范围

脱水技术	方法	原理	设备	适用范围
真空过滤	间歇式过滤	用真空泵等机械产生过滤压,间歇地交替进行生成滤饼、脱水和滤饼剥离等工序	叶状过滤器	适用于少量污泥处理
	连续式过滤	用真空泵等机械使装在旋转体内的滤材两侧产生压差,连续重复进行生成滤饼、脱水和滤饼剥离等工序	连续圆盘形真空过滤器、连续水平型过滤器、连续带式真空过滤器	广泛用于较大量污泥处理
加压过滤	间歇式过滤	用泵或压缩机间歇式依次进行加压过滤、脱水、滤饼剥离等工序	板框压滤机、加压叶状过滤器	广泛用于污泥脱水处理
	连续式过滤	(1)用泵或者压缩机使装在旋转体内的滤材两侧产生压差,连续重复进行加压过滤、脱水、滤饼剥离等工序; (2)供滤材在滤带间进行压榨脱水; (3)利用螺旋挤压作用过滤脱水	(1)连续加压转筒过滤器; (2)连续加压带式过滤脱水机; (3)螺旋挤压式过滤脱水机	(1)构造复杂,实用例子很少; (2)和(3)适用于上水污泥和下水污泥等
离心脱水	离心沉降	利用高速旋转体内的离心效果进行脱水	离心沉降机	适用于各种污泥的脱水,需加混凝剂
	离心过滤	依靠设置在高速旋转体内壁的滤层及离心作用进行过滤脱水	离心脱水机(笼式离心机)	适用于各种污泥的脱水
			离心过滤机	需加混凝剂,维修困难

第29篇

机,它将可变滤室作为过滤单元,在油缸压紧滤板的条件下,用进料泵压力进行固液分离,从两端将污泥料浆送入由滤板和隔膜板组成的各个密封滤室内,利用泵提供的过滤动力使滤液通过过滤介质排出,直至物料充满滤室,完成初步的液固两相分离。在入料过滤阶段结束后,采用隔膜压榨技术对滤饼进行压榨,用压缩空气(或高压水)推动隔膜板的隔膜鼓起,对滤饼产生单方向的压缩,破坏颗粒间形成的"拱桥"结构,使滤饼进一步压密,将残留在颗粒间隙的滤液挤出。在隔膜压榨的过程中,采用单边嵌入式隔膜滤板的结构技术、特殊的膜片结构和材质配方。在压缩气体(或高压水)的作用下,将膜片充分鼓起在弹性受力的范围之内,根据污泥的特性,持续鼓膜 25~30min,将残留在污泥颗粒间隙的滤液有效地挤出,达到深度脱水干化的效果。该种技术的优势在于能直接一步将97%水分的污泥直接脱水至50%水分以内,满足后续处置的要求,且在低浓度阶段脱水效率很高,能耗较低。但在高浓度阶段脱水效率低下,导致脱水时间长、产量低。图 29-2-51 是典型的污泥高压压滤脱水的工艺流程[1]。

2.4.5 污泥的焚烧技术以及最终处置技术

污泥焚烧是一种常见的污泥处置方法,它可破坏全部有机质,杀死一切病原体,并最大

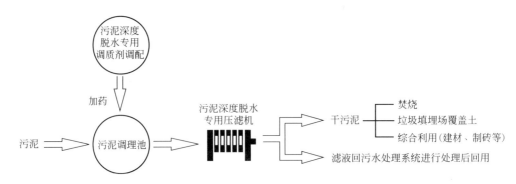

图 29-2-51　污泥高压压滤脱水的工艺流程

限度地减小污泥体积，焚烧残渣相对含水率约为 75％ 的污泥仅为原有体积的 10％ 左右。当污泥自身的燃烧热值较高、城市卫生要求较高或污泥有毒物质含量高而不能被综合利用时，可进行焚烧处置。但是如前所述，化工企业污水处理厂产生的污泥性质有较大的不同，其成分可能属于危险废物，也可能属于一般废物。因此，设计人员在设计污泥焚烧技术方案的时候，要根据污泥的成分查询相关的国家标准。例如，当处理处置的污泥属于危险废物的时候，设计人员必须根据国家以及地方上的有关危险废物焚烧污染控制标准来选择工艺参数。污泥焚烧技术以及污染控制标准详见本篇第 3 章固废处理与处置。

　　污泥经过一系列处理后成为泥饼或灰渣，除了焚烧处理后污泥含水率几乎为零外，其他方法处理后的污泥都不同程度地含有水分。因此，堆放不当仍可能造成二次污染，污泥的最终合理处理处置是消除污泥造成环境污染的重要措施，一般包括固化和填埋技术。

　　污泥固化是通过物理和化学方法如采用固化剂固定废物，使之不再扩散到环境中去的一种处置方法。所使用的固化剂有水泥、石灰、热塑性物质、有机聚合物等。这种方法主要适用于含有有毒无机物（如重金属）的污泥。

　　污泥填埋是将脱水的泥饼及污泥焚烧处理后的灰渣送去填埋处置。这种废物填埋场底部铺有衬层，可防止浸出液渗漏入土壤从而污染地下水。

　　污泥的固化和填埋技术详见本篇第 3 章固废处理与处置。

2.5　废水处理技术集成及资源化

2.5.1　概述

　　化工废水具有污染物种类多、成分复杂、有机物浓度高、毒性强等特点，尤其是农药、精细化工、染料等复杂化工废水中通常含有大量的难降解有机毒物，有些还含有高浓度的盐分、氮、磷及有害重金属等，水质差异大、可生化性差。因此，很难形成一种像城市生活污水那样的典型处理系统或流程。一种废水往往要采用多种方法组合成的集成技术处理，才能达到预期的治理目标。

　　对于某一种化工废水来说，究竟采用哪些方法或哪几种方法联合使用，需根据废水的水质和水量、回收的经济价值、排放标准、处理方法的特点等，通过调查、分析和比较后决定，必要时要进行试验研究。

2.5.2 废水处理技术集成

废水处理的技术集成路线应根据废水的水质、水量及污染组分性质等，选择合适的工艺进行组合。如炼油厂[32]及焦化厂[33]的集成工艺流程如图 29-2-52 及图 29-2-53 所示。

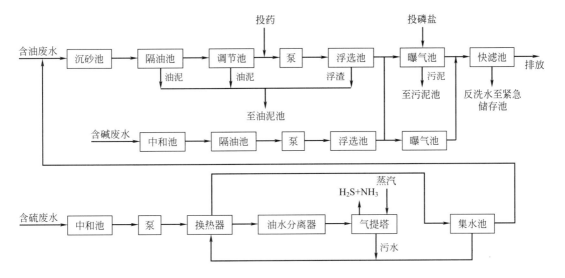

图 29-2-52 国内炼油厂废水处理典型集成工艺流程

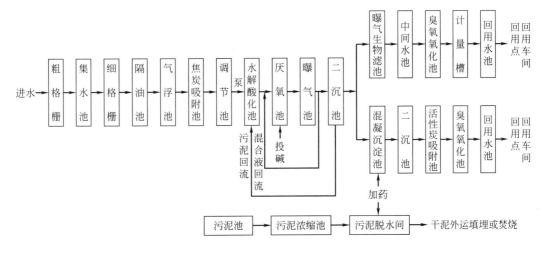

图 29-2-53 国内焦化厂废水深度处理集成工艺流程

煤化工废水也是一种典型的难降解废水，并含有毒有害物质，会抑制生物反应。因此，处理此类废水时，可考虑采用化学氧化技术进行预处理，提高可生化性。例如，臭氧氧化法可去除褐煤气化废水中 90% 以上的酚类、石油类、芳环类物质，处理后 B/C（BOD/COD）的值可达 0.5 以上，能有效保障后续生化处理的稳定、高效运行[35]。如果生化出水仍然无法满足排放或回用的水质指标，可考虑采用二次氧化＋生化的办法，该技术方案已成功应用于大唐克什克腾旗煤制合成天然气污水处理项目。其工艺流程包括：除油除浊—强化催化氧化预处理技术—两级 A/O 一次生化—臭氧催化氧化—二次生化耦合深度处理，工艺流程图

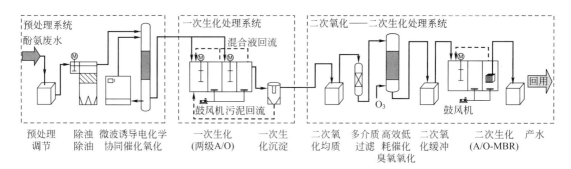

图 29-2-54 煤气化废水中试工艺流程图

见图 29-2-54。该工艺出水水质良好，且运行稳定：COD≤50mg·L^{-1}，总酚≤1.5mg·L^{-1}，挥发酚≤0.5mg·L^{-1}，氨氮≤5mg·L^{-1}，总氮≤30mg·L^{-1}，色度≤8mg·L^{-1}，总油≤10mg·L^{-1}。

2.5.3 废水资源化技术

2.5.3.1 源头控制

化工行业生产工艺过程复杂，溶解、萃取、洗涤、精馏等工段产生的工艺废水中很大部分都是生产原、辅料。因此，对化工废水治理的原则首先是回收资源和能源，开展清洁生产，减少污染物排放量，提高物料利用率[34]。

(1) 减少废水排放量，提高物料利用率，从改革工艺着手，采用少用或不用水技术。如石油化工厂焦化或氧化沥青装置内用水的闭路循环是实现清洁生产的有效技术。

(2) 加强预处理，从源头减少污染物的流失。如含甲醇等溶剂废水中对甲醇的汽提回收等都是较好的预处理技术。

焦化厂、石油化工厂排出的废水中常含有较高浓度的酚（1000～3000mg·L^{-1}），常用萃取法回收其中的酚（图 29-2-55）。

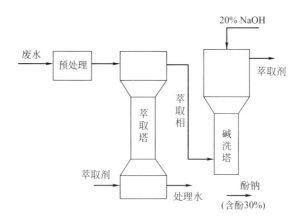

图 29-2-55 某焦化厂萃取脱酚的工艺流程

当萃取剂与废水的流量比为 1 时，可将酚浓度由 1400mg·L^{-1} 降至 100～150mg·L^{-1}，脱酚率为 90%～96%，再生塔底可回收含酚 30% 左右的酚钠。

2.5.3.2　化工废水的深度处理与回用

化工企业如果将外排废水深度处理后回用于生产系统，不仅节约了新鲜水用量，提高了工业水的利用效率，并且减少了污染物和废水的排放，对企业的可持续发展也有着重要作用。

化工废水的回用，一般是在实现达标排放的基础上将达标废水经过进一步的深度处理，出水水质满足使用要求，从而回用于生产（工艺用水、锅炉补水、循环冷却水补水、生产杂用水）或其他场合（绿化浇灌、景观用水）。

废水再生回用技术主要是指深度处理技术，即针对不同的使用要求，从经过处理的废水中进一步去除少量或微量的污染物，以改善水质。因此，选择科学、合理、高效、经济的回用工艺是工业废水回用工程成功实施的关键和前提。回用工艺一般设计在低负荷条件下运行。

图 29-2-56 为新疆某石化公司污水深度处理流程示意图，表 29-2-60 为其进出水水质情况。

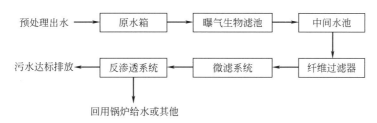

图 29-2-56　新疆某石化公司污水深度处理流程

表 29-2-60　新疆某石化公司污水深度处理进出水水质一览表

项目	进水	出水	回用水指标	脱除率/%
水温/℃	22.3~31.5	25.5~33.5	20~40	
油/mg·L^{-1}	0.810	0.056		93.09
COD_{Cr}/COD_{Mn}/mg·L^{-1}	44.1	<2	≤2	95.46
pH	6~9	6.5~7.5	6.5~7.2	
电导率/μS·cm^{-1}	1342	29	≤100	97.84
游离 CO_2/mg·L^{-1}	231.0	14.64		93.66
总硬度/mg·L^{-1}	133.66	0.79	≤3	99.41
Ca^{2+}/mg·L^{-1}	76.87	1.10		98.57
Mg^{2+}/mg·L^{-1}	26.37	0		100
K^+/mg·L^{-1}	14.45	0.48		96.68
Na^+/mg·L^{-1}	178.48	6.89		96.14
Cl^-/mg·L^{-1}	51.47	1.58	≤10	96.93
CO_3^{2-}/mg·L^{-1}	41.84	0		100

第 **29** 篇

续表

项目	进水	出水	回用水指标	脱除率/%
HCO_3^-/mg·L^{-1}	228.67	11.84		94.82
SO_4^{2-}/mg·L^{-1}	222.86	0	≤2	100
总铁/mg·L^{-1}	1.59	0.09	0.02	94.34
SiO_2/mg·L^{-1}	17.17	0.9	<0.4	94.76
NO_2^-/mg·L^{-1}	0.84	0.02		97.62
浊度/mg·L^{-1}	16.42	0		100
溶解性固体总量/mg·L^{-1}	840	20	≤50	97.62
异养菌/个·mL^{-1}	447	20	10	95.53

参考文献

[1] 潘涛, 田刚. 废水处理工程技术手册. 北京: 化学工业出版社, 2010.

[2] 唐受印, 戴友芝. 废水处理工程. 北京: 化学工业出版社, 1998.

[3] 李旭东, 黄钧, 谢翼飞, 李国欣. 废水处理技术及工程应用. 北京: 机械工业出版社, 2003.

[4] 柳荣展, 史宝龙. 轻化工水污染控制. 北京: 中国纺织出版社, 2008.

[5] 张自杰, 张忠祥, 龙腾锐. 废水处理理论与设计. 北京: 中国建筑工业出版社, 2003.

[6] 胡勇有, 刘绮. 水处理工程. 广州: 华南理工大学出版社, 2004.

[7] 唐受印, 戴友芝. 水处理工程师手册. 北京: 化学工业出版社, 2000.

[8] 钱汉卿, 左宝昌. 化工水污染防治技术. 北京: 中国石化出版社, 2004.

[9] 邹家庆. 工业废水处理技术. 北京: 化学工业出版社, 2003.

[10] 赵庆良, 刘雨. 废水处理与资源化新工艺. 北京: 中国建筑工业出版社, 2006.

[11] 罗琳, 颜智勇. 环境工程学. 北京: 冶金工业出版社, 2014.

[12] 魏先勋. 环境工程设计手册 (修订版). 郑州: 河南科学技术出版社, 2002.

[13] 张炜铭, 吕路. 用大孔树脂吸附处理 2, 6-二羟基苯甲酸合成废水. 水处理技术, 2002, 28: 155-158.

[14] 李柄缘, 刘光全, 王莹, 等. 高盐废水的形成及其处理技术进展. 化工进展, 2014, 33: 493-497.

[15] 冯晓西, 乌锡康. 精细化工废水治理技术. 北京: 化学工业出版社, 2000.

[16] 唐玉斌, 陈芳艳, 张永锋. 水污染控制工程. 哈尔滨: 哈尔滨工业大学出版社, 2006.

[17] 李培红, 张克峰, 王永胜, 严家适. 工业废水处理与回收利用. 北京: 化学工业出版社, 2001.

[18] 北京水环境技术与设备研究中心主编. 三废处理过程技术手册——废水卷. 北京: 化学工业出版社, 2000.

[19] 沈阳化工研究院环保室编. 实用水处理技术丛书——农药废水处理. 北京: 化学工业出版社, 2000.

[20] 潘涛等主编. 废水污染控制技术手册. 北京: 化学工业出版社, 2012.

[21] 王良均, 吴孟周主编. 石油化工废水处理设计手册. 北京: 中国石化出版社, 1996.

[22] 钟琼主编. 废水处理技术及设施运行. 北京: 中国环境科学出版社, 2008.

[23] 丁忠浩编著. 有机废水处理技术及应用. 北京: 化学工业出版社, 2002.

[24] 孙德智主编. 环境工程中的高级氧化技术. 北京: 化学工业出版社, 2002.

[25] 王绍文等编著. 高浓度废水处理技术与工程应用. 北京: 冶金工业出版社, 2003.

[26] 时钧, 汪家鼎, 余国琮, 陈敏恒. 化学工程手册（第二版）. 北京: 化学工业出版社, 1996.

[27] 蒋克彬, 彭松, 陈秀珍, 等. 水处理工程常用设备与工艺. 北京: 中国石化出版社, 2011.

[28] 赵杉林, 张金辉. 石油石化废水处理技术及工程实例. 北京: 中国石化出版社, 2013.

[29] 胡冠九, 陈素兰, 蔡嵘, 等. 江苏省化工园区污水处理厂污泥重金属污染及生态风险评价. 长江流域资源与环境, 2015,

24（1）：122-127.

［30］ 张辰．污泥处理处置技术与工程实例．北京：化学工业出版社，2006.

［31］ 中国化工防治污染技术协会．化工废水处理技术．北京：化学工业出版社，2000.

［32］ 杨岳平，徐新华，刘传富．废水处理工程及实例分析．北京：化学工业出版社，2006.

［33］ 周国成，凌建军．水处理实用新技术与案例．北京：化学工业出版社，2009.

［34］ 唐受印，汪大翚．废水处理工程．北京：化学工业出版社，2004.

［35］ 权攀，陆曦，党孟辉，徐炎华．褐煤气化废水的物化预处理．南京工业大学学报（自然科学版），2015，37（4）：129-133.

3

固废处理与处置

3.1 概述

固体废物（简称固废）是指人类在生产建设、日常生活和其他活动中产生的，在一定时间和地点无法利用而被丢弃的污染环境的固态、半固态废弃物质。

根据物质的形态划分，废物包括固态、液态和气态废弃物。液态和气态废弃物大部分为废弃的污染物质混掺在水和空气中，直接或经过一定程度处理后排入水体或大气。它们在习惯上被称为废水和废气，纳入水环境或大气环境管理体系的管理及处理中。其中不能排入水体的液态废物和不能排入大气的置于容器中的废物，由于多具有较大的危害性，在我国被归入固体废物管理体系进行管理、处理和处置。

固体废物分类的方法有多种，按其组成可分为有机废物和无机废物；按其形态可分为固态废物、半固态废物和置于容器中的液态（气态）废物等。根据《中华人民共和国固体废物污染环境防治法》可分为工业固体废物、危险废物和城市生活垃圾。本手册主要涉及工业固体废物和危险废物。

在管理、处理和处置工业固体废物时，第一步就是对固体废物进行鉴别，根据国家标准（或鉴定标准）鉴别其是否属于危险废物，如果是危险废物，按危险废物的管理体系进行管理、处理和处置；如果不是，按一般废物进行管理、处理和处置。对危险废物而言，由于其种类繁多、性质复杂、危害特性和方式各有不同，则应根据不同的危险特性与危害程度，采取区别对待、分类管理的原则，即对具有特别严重危害性质的危险废物要实行严格控制和重点管理[1]。

《中华人民共和国固体废物污染环境防治法》（2005 年 4 月 1 日施行，2015 年第三次修订，以下简称《固废法》）中，首先确立了固体废物污染防治的"三化"原则，即固体废物污染防治的"减量化、资源化、无害化"。减量化是指减少固体废物的产生量和排放量；资源化是指采取管理和工艺措施从固体废物中回收物质和能量，创造经济价值，一般包括物质回收、物质转换和能量转换三个方面；无害化是指对已产生又无法或暂时尚不能综合利用的固体废物，经过物理、化学或生物方法进行无害或低危害的安全处理、处置，如焚烧、热解、固化、稳定化、发酵等，以防止或减少固体废物的污染。

《固废法》同时确立了对固体废物进行全过程管理的原则。所谓全过程管理是指对固体废物的产生、收集、运输、利用、储存、处理和处置的全过程及各个环节都实行控制管理，包括对其鉴别、分析、监测等，还包括对其有效地管理、处理和处置，如废物的接收、验查、残渣监督、操作和设施的关闭等，如图 29-3-1 所示。由于这一原则包括了从固体废物的产生到最终处置的全过程，故亦称为"从摇篮到坟墓"的管理原则。

此外，《固废法》还确立了其他固体废物的管理制度，如：分类管理制度、工业固体废

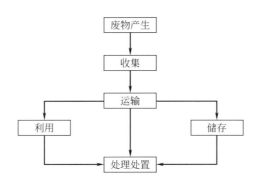

图 29-3-1 固体废物管理体系的基本环节

物申报登记制度、固体废物污染环境影响评价制度及其防治设施的"三同时"制度、排污收费制度、限期治理制度、进口废物审批制度、危险废物行政代执行制度、危险废物经营单位许可证制度以及危险废物转移联单制度等。

3.2 工业固废的来源和特性

3.2.1 工业固废的分类和来源

工业固废是指在各种工业生产过程中产生的固体废弃物。根据工业类型，工业固废可包括冶金工业固体废物、能源工业固体废物、石油化学工业固体废物和矿业固体废物等。

表 29-3-1 列出了常见的各种工业固体废物的来源和种类。

另外，根据国家环保总局编制的《固体废物申报登记工作指南》，我国将工业固体废物按来源和主要污染物划分为 73 类，见表 29-3-2。

表 29-3-1　工业固体废物的来源和种类[1]

工业类型	产废工艺	废物种类
化学试剂及其产品	无机化学制品的生产和制备（从药品和脂肪酸盐变成涂料、清漆和炸药）	有机和无机化学制品、金属、塑料、橡胶、玻璃油、涂料、溶剂、颜料等
石油精炼及其工业	生产铺路和盖屋顶的材料	沥青和焦油、毡、石棉、纸、织物、纤维
军工及副产品	生产、装配	金属、塑料、橡胶、纸、木材、织物、化学残渣等
食品类产品	加工、包装、运送	肉、油脂、油、骨头、动物脏器、蔬菜、水果、果壳、谷类等
织物产品	编织、加工、染色、运送	织物及过滤残渣
服装	裁剪、缝制、熨烫	织物、纤维、金属、塑料、橡胶
木材及木制品	锯床、木制容器及各类木制产品的生产	碎木头、刨花、锯屑，有时还有金属、塑料、纤维、胶、封蜡、涂料、溶剂等
木制家具	家庭及办公家具、隔板、办公室和商店附属装置、床垫的生产	除与"木材及木制品"栏相同的种类外，还有织物及衬垫残余物等
金属家具	家庭及办公家具、锁、弹簧、框架的生产	金属、塑料、树脂、玻璃、木头、橡胶、胶黏剂、织物、纸等

续表

工业类型	产废工艺	废物种类
纸类产品	造纸、纸和纸板制品、纸板箱及纸容器的生产	纸和纤维残余物、化学试剂、包装纸及填料、墨、胶、扣钉等
印刷及出版	报纸出版、印刷、平版印刷、雕版印刷、装订	纸、白报纸、卡片、金属、化学试剂、织物、墨、胶、扣钉等
橡胶及各种塑料制品	橡胶和塑料制品加工业	橡胶和塑料碎料、被加工的化合物染料
皮革及皮革制品	鞣革和抛光、皮革和衬垫材料加工业	皮革碎料、线、染料、油、处理及加工的化合物
石头、黏土及玻璃制品	平板玻璃生产、玻璃加工制作、混凝土、石膏及塑料的生产、石头和石头产品、研磨料、石棉及各种矿物质的生产及加工	玻璃、水泥、陶瓷、石膏、石棉、石头、纸、研磨料
金属工业	冶炼、铸造、锻造、冲压、滚轧、成型、挤压	黑色及有色金属碎料、炉渣、尾矿、铁芯、模子、黏合剂
金属加工产品	金属容器、手工工具、非电加热器、管件附加加工产品、农用机械设备、金属丝和金属的涂层与电镀	金属、陶瓷制品、尾矿、炉渣、铁屑、涂料、溶剂、润滑剂、酸洗剂
机械(不包括电动)	建筑、采矿设备、电梯、移动楼梯、输送机、工业卡车、拖车、升降机、机床等的生产	炉渣、尾矿、铁芯、金属碎料、木材、塑料、橡胶、涂料、溶剂、石油产品、织物
电动机械	电动设备、装置及交换器的生产,机床加工、冲压成型、焊接用印模冲压、弯曲、涂料、电镀、烘焙工艺	金属碎料、炭、玻璃、橡胶、塑料、纤维、织物残余物
运输设备	摩托车、卡车及汽车车体的生产,摩托车零件及附件、飞机及零件、船及造船、摩托车、自行车修理和零件等	金属碎料、玻璃、橡胶、塑料、纤维、织物、木料、涂料、溶剂、石油产品
专用控制设备	生产工程、实验室和研究仪器及有关的设备	金属、玻璃、橡胶、塑料、木料、纤维、研磨料
电力生产	燃煤发电工艺	粉煤灰(包括飞灰和炉渣)
采选工业	煤炭、铁矿、石英石等的开采	煤矸石、各种尾矿
其他生产	珠宝、银器、电镀制品、玩具、娱乐、运动物品、服饰、广告	金属、玻璃、橡胶、塑料、皮革、混合物、织物、胶黏剂、涂料、溶剂等

表 29-3-2　工业固体废物名称和类别编号（类码）对应表[1]

类码	固体废物类别	说明	废物名称(举例)
01	医院废物	从医院、医疗中心和诊所的 QD 医疗服务中产生的临床废物、医疗废物、化验废物、医院垃圾等	如废医用塑料制品、玻璃器皿、针管、有毒棉球、废敷料等
02	医药废物	从药物的生产和制作中产生的废物(不含中药类废物),包括化学药品原药制造中产生的各种残渣、废催化剂、各种废母液	如甲苯残渣、丁酯残渣、苯乙胺残渣、废铜催化剂、菌丝体、硼泥、废甲苯母液、氯化残渣
03	废药品(药物)	过期报废的药物和药品	如道诺霉素、磺胺
04	农药和除草剂废物	从生物杀伤剂和植物药物生产及使用中产生的废物,包括杀虫剂、杀菌剂、除草剂、植物生物刺激素、农药、杀鼠剂产生的废物	如磷泥、砒霜、五氯酚、氟乐灵、酚醛渣、呋喃丹、黑药渣、甲苯残渣、异丁基萘废渣

续表

类码	固体废物类别	说明	废物名称(举例)
05	含木材防腐剂废物	从木材防腐化学品的制造、配制和使用中产生的废物,木材防腐处理过程中产生的底部沉积污泥	如木馏油(杂酚油)、氯苯酚萘、蒽、苯并[a]芘等
06	含有机溶剂废物	从有机溶剂的生产、配制和使用中(如作清洗剂、原材料、载体)产生的废物	如废矾催化剂、甲乙酮残留物、甲基溶纤剂残留物、铝催化剂等
07	含氰热处理中产生的废物	从含有氰化物的热处理和退火作业中产生的废物	如热处理氰渣、含氰污泥、热处理渗碳氰渣等
08	废矿物油	不适合原来用途的废矿物油(包括石油开采及其他工业部门产生的油泥和油脚)	如储罐废矿物油泥、废润滑油、废机油、废柴油、船舱底泥、废液压油、废切削油等
09	废乳化液	在工业生产、金属切削、金属洗涤、皮革、纺织印染、农药乳化等中产生的油/水或烃/水混合乳化物	如油水废清洗剂、废切削乳化液、含乳化剂废液、烃水混合废液等
10	含多氯联苯废物	含有沾染多氯联苯(PCB)、多氯三联苯(PCT)、多溴联苯(PPB)的废物质和废物品	如废PCB变压器油、废PCB电容器油、PCB污染土壤、PCB污染残渣、含PCB废溶剂和废染料等
11	精(蒸)馏残渣	从精炼、蒸馏和任何热解处理中产生的废焦油状残留物	如沥青渣、焦油渣、酸焦油、酚渣、蒸馏釜残液、双乙烯酮残液、甲苯渣、液化石油气残液等
12	废油漆(颜料、涂料)	从油墨、染料、颜料、真漆、罩光漆的生产、配制和使用中产生的废渣、废溶剂、废涂料等废物	如浸漆槽渣、脂肪酸皂液、二甲苯溶剂、硝基物、皂脚等
13	有机树脂类废物	从树脂、乳胶、增塑剂、胶水、胶合剂的生产、配制和使用过程中产生的废物	如不饱和树脂渣、二乙醇残渣、聚合树脂、古泥酸废液、含酚废液、聚酯低沸物、废胶渣、环氧树脂废物等
14	新化学品废物	从研究和发展教学活动中产生的尚未鉴定的或新的且对人类和环境的影响尚未明确的化学废物	研制新化学品废物
15	易爆废物	在常温、常压下或加热和有引发源时,或在机械冲击时容易发生爆炸的废物	如废火药、雷汞废渣、硝化甘油废液、易爆易燃化学品、废雷管引火索等
16	感光材料废物	从摄影化学品和加工材料的生产、配制和使用光刻胶及其配套化学品(如添加剂、显影剂、增感剂溶剂)中产生的废物	如感光乳液、废显影液、落地药粉、废胶片头、负型光刻胶药剂、正型感光废液等
17	表面处理废物	从金属和塑料表面处理工业或工艺过程(如电镀、酸洗、氧化、磷化、抛光、镀层、喷涂、着色、发黑等)中产生的废物	如电镀镍渣、电镀渣、磷化渣、酸表面处理渣、抛光粉尘、亚硝酸钠废液、氧化槽渣、发黑槽渣等
18	焚烧处理残渣	从工业废物焚烧处理作业中产生的残余物	焚烧残渣
19	含金属羰基化合物废物	在金属羰基化合物制造以及使用过程中产生的含有羰基化合物成分的废物	如四羰基镍废物、五羰基铁废物、八羰基钴废物、羰基磷废物、羰基物容器废物等
20	含铍废物	在冶炼、生产和使用中产生的含铍和铍化合物的废物	如卤化铍废物、碲化铍废物、含铍粉尘、硫酸铍废物、硒化铍废物等
21	含铬废物	在冶炼、电镀、鞣料、染色剂生产和使用过程中产生的含有六价铬化合物的废渣和废液	如电镀含铬污泥、铬渣、含铬铝泥、含铬酸泥、含铬芒硝渣、含铬硫酸氢钠等

第29篇

续表

类码	固体废物类别	说明	废物名称(举例)
22	含铜废物	在冶炼、生产、使用过程中产生的含铜化合物的废物(不包括金属铜)	如冰铜渣、镀铜渣、铜泥、铜灰、含铜锌泥、含铜镍泥、铜锌铝催化剂等
23	含锌废物	在冶炼、生产、使用过程中产生的含锌化合物的废物(不包括金属锌)	如氧化锌渣、锌污泥、锌灰、镀灰、镀锌液、锌槽液、氧化锌粉、含锌废料、蒸馏残渣等
24	含砷废物	在冶炼、生产、使用过程中产生的含砷及砷化合物的废物	如砷钙渣、砷碎污泥、含脱砷剂废物、含砷酸泥、砷铁渣、高砷烟尘、阳极砷泥等
25	含硒废物	在冶炼、生产、使用过程中产生的含硒及硒化合物的废物	如含硒酸废物、含氧化硒废液、硒化铍废物、含亚硒酸废液、含硒脲废物等
26	含镉废物	在冶炼、生产、使用过程中产生的含镉及镉化合物的废物	如镉锌渣、镉渣、镉液、镉泥等
27	含锑废物	在冶炼、生产、使用过程中产生的含锑及锑化合物的废物	如含锑浮选尾矿、砷锑钙渣、湿法冶炼污泥、含锑化镓废物、含锑化铟废物、含硫化锑废物等
28	含碲废物	在冶炼、生产、使用过程中产生的含碲及碲化合物的废物	如含碲尾矿、碲渣、废碲酸等
29	含汞废物	在冶炼、生产、使用过程中产生的含汞及汞化合物的废物	如汞催化剂、硫化汞渣、含汞废活性炭、含汞垃圾、含汞污泥、有机汞废物等
30	含铊废物	在冶炼、生产、使用过程中产生的含铊及铊化合物的废物	如炼锌含铊渣、含铊烟灰等
31	含铅废物	在冶炼、生产、使用过程中产生的含铅及碲铅化合物的废物	如铅铜电镀废液、熔炼铅渣、电解铅泥、含铅铁渣、烟道铅尘、含铅污泥、含铅陶瓷废料、废铅蓄电池等
32	无机氟化物废物	在冶炼及加工中产生的氟化合物废物(不含氟化钙)	如废氢氟酸、氟磷酸钙、磷石膏、氟化物盐废物等
33	无机氰化物废物	除含氰化合物处理废渣以外的无机氰化物废物	如电镀氰泥、提金废渣、含氰锰泥、含氰废液、废氢氰酸、电镀氰液等
34	废酸和固态酸	包括废酸、固态酸和酸渣	如废硫酸、废磷酸、废硝酸、废氢氟酸、废盐酸、氟硅酸、废有机酸、废铬酸、废硅酸、酸污泥、酸性废物、酸厂排污等
35	废碱和固态碱	包括碱溶液和固态碱(碱渣、碱泥、碱液)	如废碱渣、盐泥、废碱液、碱性废物、碱清洗剂等
36	石棉废物(尘和纤维)	包括石棉尘和石棉纤维废物	如石棉粉末、废隔热材料、废石棉隔板、石棉纤维废物、石棉绒、废石棉水泥等
37	有机磷化合物废物	除农药以外的有机磷化合物废物	如三氯氧磷渣、含磷洗衣粉渣、甲拌磷、含磷有机物废渣、二硫代磷酸酯废液、硫代磷酸盐废渣等
38	有机氰化合物废物	有机氰化合物废物的废液、废渣	如偶氮二异丁腈废液、乙腈废液、二甲氨基乙腈废液、丙烯腈废液、丙酮氰醇渣、废氰乙酸等
39	含酚废物	含酚化合物(不包括氰酚类)废物	如酚类渣、含酚活性炭渣、废氯酚渣、含酚油泥、苯酚蒸馏残渣、含酚粉尘、焦化酚类残渣等

类码	固体废物类别	说明	废物名称（举例）
40	含醚废物	在生产、配制和使用中产生的含醚废物	如有机合成残液、废含醚溶液、废醚乳剂、废醚溶剂等
41	卤化有机溶剂废物	在工业、商业、家庭应用中产生的卤化有机溶剂废物	如废四氯化碳、全氯乙烯、三氯乙烯、废三氯甲烷、废五氯苯、废氯苯、废溴仿等
42	有机溶剂废物	在工业、商业、家庭应用中产生的除卤化有机溶剂以外的有机溶剂废物	如废汽油、煤油、酯、废环烷酸、废脱硫剂、废苯液、废甲醇液、废丙酮、废硝基苯液等
43	含多氯苯并呋喃类废物	含任何多氯苯并呋喃同系物的废物	如含呋喃类药残渣、糠醛废渣、含焦化渣、含多氯二苯并呋喃类废物等
44	含多氯苯并二噁英类废物	含多氯苯并二噁英同系物的废物	如含甲氯苯并二噁英废物、含氯苯并二噁英废物、含六氯苯并二噁英废物等
45	含有机卤化物废物	不包括 39、41、43、44 所列的有机卤化合物	如含有机卤化物废物、含对氯氰苄废物、含氯乙酸废物、含三氯乙酸废物、固体有机卤化物残渣等
46	含镍废物	仅指含有镍化合物的废物（包括废液和污泥），不包括金属镍	
47	含钡废物	仅指含有钡化合物的废物（包括废液和污泥）	
51	含钙废物	包括电石渣、废石、造纸白泥、氧化钙等废物	
52	硼泥		
53	赤泥		
54	盐泥	从炼铝中产生的废物	
55	金属氧化物废物	铁、镁、铝等金属氧化物废物（包括铁泥）	
56	无机废水污泥	指含无机污染物质的废水经处理后产生的污泥，但不包括本表中已提到过的污泥	
57	有机废水污泥	指含有机污染物的废水经处理后产生的污泥，包括城市污水处理厂的生化活性污泥	
58	动物残渣	指动物（如鱼肉等）加工后的残余物	
59	粮食及食品加工废物	指粮食及食品加工中产生的废物（如造酒业中的酒糟、豆渣，食品罐头制造业中的皮、叶、茎等残物）	
60	皮革废物	包括皮革鞣制、皮革加工及其制品的废物	
61	废塑料	在塑料生产、加工和使用过程中产生的废物	
62	废橡胶		
63	中药残渣	从中药生产中产生的残渣类废物	
71	粉煤灰		
72	锅炉渣（煤渣）		
73	高炉渣	包括炼铁和化铁冲天炉产生的废渣	
74	钢渣		

续表

类码	固体废物类别	说明	废物名称(举例)
75	煤矸石		
76	尾矿		
81	冶炼废物	指金属冶炼(干法和湿法)过程中产生的废物,不包括本表中已提到的钢渣、高炉渣和含有色金属化合物的废物	
82	有色金属废物	仅指各种有色金属(如铜、铝、锌、锡等金属)在机械加工时产生的屑、灰和边角废料	
83	矿物型废物	包括铸造型砂、金刚砂等矿物型废物	
84	工业粉尘	指以各种除尘设施收集的工业粉尘	
85	黑色金属废物		
86	工业垃圾		
99	其他废物	指不能与本表中上述各类对应的其他废物	

注:表中为 73 类物质,其余不属于工业固废,如 48～50 类、64～70 类、77～80 类以及 87～98 类(未给出)。

3.2.2 工业固废的特性

工业固废的成分和特性根据不同的工业类型、工业产品的组成及其物理化学特性等,差异较大,总体可表现为成分复杂、有害性物质较多等特点。表 29-3-3 列出了不同工业产品生产制备过程中所产生的典型工业固废组成。

表 29-3-3 不同工业产品所产生固体废物的组成 (质量分数)[1]   单位:%

序号	工业产品类型	纸张	木材	皮革	橡胶	塑料	金属	玻璃	织物	食品	其他
1	金属冶炼产品	30～50	5～15	5～15	0～2	2～10	2～10	0～5	0～2	15～20	20～40
2	金属加工产品	30～50	5～15	5～15	0～2	0～2	15～30	0～2	0～2	0～2	5～15
3	机械类制品	30～50	5～15	5～15	0～2	1～5	15～30	0～2	0～2	0～2	0～5
4	电机设施	60～80	5～15	5～15	0～2	2～5	2～5	0～2	0～2	0～2	0～5
5	运输设备	60～80	5～15	5～15	0～2	2～5	0～4	0～2	0～2	0～2	15～30
6	化学试剂及其产品	40～60	2～10	0～2	0～2	5～15	5～10	0～5	0～2	0～2	15～25
7	石油炼制及制品	60～80	5～15	0～2	0～2	10～20	2～10	0～12	0～2	0～2	2～10
8	橡胶及塑料制品	40～60	2～10	0～2	5～20	10～20	0～2	0～2	0～2	0～2	0～5
9	皮革及其制品	5～10	5～10	40～60	0～2	0～2	10～20	0～2	0～2	0～2	0～5
10	建筑业及玻璃制品	20～40	2～10	0～2	0～2	0～2	5～10	10～20	0～2	0～2	30～50
11	纺织业产品	40～50	0～2	0～2	0～2	3～10	0～2	0～2	20～40	0～2	0～5
12	服装业产品	40～60	0～2	0～2	0～2	0～2	0～2	0～2	30～50	0～2	0～5
13	木材及木制品	10～20	10～20	60～80	0～2	0～2	0～2	0～2	0～2	0～2	5～10
14	木制家具	20～30	30～50	0～2	0～2	0～2	0～2	0～2	0～2	0～2	0～5
15	金属家具	20～40	10～20	0～2	0～2	0～2	20～40	0～2	0～2	0～2	0～10
16	纸类产品	40～60	10～15	0～2	0～2	0～2	5～10	0～2	0～2	0～2	10～20
17	印刷及出版业产品	60～90	5～10	0～2	0～2	0～2	5～10	0～2	0～2	0～2	0～5
18	食品类产品	50～60	5～10	0～2	0～2	0～2	5～10	4～10	0～2	5～15	0～5
19	专用控制设备	30～50	2～10	0～2	0～2	5～10	5～15	0～2	0～2	0～2	0～5

注:本表内所列数字乃各该工业产出固体废物中各组分的大致范围,仅供对比参考。

表 29-3-4～表 29-3-7 列出了炼钢、铁合金、无机盐、氯碱等行业产生的工业固废中的主要化学成分[1,2]。

表 29-3-4　我国部分钢厂排出平炉钢渣的化学成分（质量分数）汇总表　　单位：%

钢厂名称	钢渣类别	CaO	MgO	SiO_2	FeO	Fe_2O_3	MnO	Al_2O_3	P_2O_5
马钢	初期钢渣	18~30	5~8	9~34	27~31	4~5	2~3	1~2	6~11
	精炼期钢渣	42~55	6~12	10~20	10~20	5~11	1~2	2~5	3~8
	出钢期钢渣	50~60	4~7	10~18	6~10	4~6	1~2	2~3	3~7
武钢	初期钢渣	20~30	7~10	20~40	30~35	—	2~6.5	10~12	1~3
	精炼期钢渣	40~50	9~12	16~18	8~14	—	0.5~1	7~8	0.5~1.5
湘钢	初期钢渣	10~50	5~8	20~25	40~50		5~7	2~6	0.2~1
	出钢期钢渣	35~50	5~15	10~25	8~18	2~8	1~5	3~10	

表 29-3-5　铁合金工业中排出的废渣所含主要化学成分（质量分数）汇总表　单位：%

铁合金产渣名称	化学成分						
	MgO	SiO_2	CaO	MgO	Al_2O_3	FeO	Fe_2O_3
高炉锰铁渣	5~10	25~30	33~37	2~7	14~19	1~2	—
碳素锰铁渣	8~15	25~30	30~42	4~6	7~10	0.4~1.2	—
锰硅合金渣	6~10	35~40	20~25	1.5~6	10~20	0.2~2	—
中低碳锰铁渣（电硅热法）	15~20	25~30	30~36	1.4~7	1.5	0.4~2.5	—
中低碳锰铁渣（转炉法）	49~65	17~23	11~20	4~5	—	1	—
碳素合金渣	—	27~30	2.5~3.5	26~46	16~18	0.5~1.2	—
硅铬合金（一步法）①	14~34	0.1~5	7~27	2~10	7~26	—	—
低微碳铬铁渣（电硅热法）	—	24~27	49~53	8~13	—	—	—
中低碳铬铁渣（转炉法）	—	3.0	19	7.13	—	—	—
硅铁渣②	—	30~35	11~16	1	13~20	3~7	—
钨铁渣	20~25	35~50	5~15	—	5~15	3~9	—
钼铁渣	—	48~60	6~7	2~4	10~13	13~15	—
磷铁渣	—	37~40	37~44	—	2	1.2	—
钒浸出渣③	2.4	20~28	0.9~1.7	1.5~2.8	0.8~3	—	46~90
钒铁冶炼渣④	—	25~28	约55	约10	8~10	—	—
金属铬浸出渣⑤	—	5~10	23~30	24~30	3.7~8	—	8~13
金属铬冶炼渣⑥	—	1.5~2.5	1	1.5~2.5	72~78	—	—
钛铁渣	—	1	9.5~10.5	0.2~0.5	73~75	约1	—
硼铁渣⑦	—	—	—	—	—	—	—
电解锰渣⑧	—	32~75	—	2.7	13	—	—
硅钙渣	—	30~33	63~68	0.2~0.6	0.3~0.7	—	—

① 硅铬合金渣还有 Si 7%～18%，SiC 4%～22%，Cr 2%～10.5%。

② 硅铁渣还有 Si 7%～10%，SiC 20%～29%。

③ 钒浸出渣还有 Fe_2O_3 45%～90%，V_2O_5 1.1%～1.4%，CrO_3 0.49%。

④ 钒铁冶炼渣还有 V_2O_5 0.35%～0.5%。

⑤ 金属铬浸出渣还有 Na_2CO_3 3.5%～7%，Fe_2O_3 8%～13%。

⑥ 金属铬浸出渣还有 Na_2O 3%～4%。

⑦ 硼铁渣含有 TiO_2 13%～15%。

⑧ 电解锰渣还含有 $MnSO_4$ 15.13%，$(NH_4)_2SO_4$ 6.5%。

表 29-3-6 无机盐行业中数种具较大毒性废渣的来源及产生量

序号	产品名称与生产技术	固体废物名称	主要污染物	产生量/$t \cdot t^{-1}$
1	氧化焙烧法生产重铬酸钠	铬渣	Cr^{6+}	1.6～3
2	氨钠法生产氰化钠	氰渣	CN^-	0.056
3	电炉法生产黄磷	电炉炉渣	P(元素)	8～12
4	电炉法生产黄磷	富磷泥		0.1～0.15

表 29-3-7 氯碱行业中数种固体废物的来源及产生量

产品名称	生产技术	固体废物名称	主要污染物	产生量/$t \cdot t^{-1}$
烧碱	隔膜法	盐泥、废石棉隔膜	—	0.04～0.05
烧碱	水银法	含汞盐泥	Hg^{2+}	0.04～0.05
聚氯乙烯	电石乙炔法	电石渣、废汞催化剂	Hg^{2+}①	1～2②

① 仅在废汞催化剂中含有。

② 指电石渣的产生量。

3.2.3 危险废物

危险废物是指列入《国家危险废物名录》或者根据国家规定的危险废物鉴别标准和鉴别方法认定的具有腐蚀性、毒性、易燃性、反应性和感染性等一种或一种以上危险特性以及不排除具有以上危险特性的固体废物。危险废物的危害具有长期性和潜伏性。

(1) 来源和分类 工业固体废物中有很多属于危险废物。我国工业危险废物的产生量占工业固体废物产生量的 3%～5%，主要分布在化学原料及化学品制造业、采掘业、黑色金属冶炼及压延加工业、有色金属冶炼及压延加工业、石油加工及炼焦业、造纸及纸制品业等工业部门。

表 29-3-8 显示了国际上通用的危险废物分类系统。

我国对于危险废物的认定依据《国家危险废物名录》执行，该名录最初发布于 1998 年，后分别于 2008 年和 2016 年进行了修订，而且随着对于环保要求的不断提高，该名录将来仍可能进一步修订。根据 2016 年新发布的《国家危险废物名录》(在我国生态环境部网站可查询)，我国的危险废物共分为 46 大类别 479 种。

(2) 鉴别 对于危险废物的认定方法如下：凡列入《国家危险废物名录》的均属于危险废物，不需要进行危险特性鉴别；未列入《国家危险废物名录》的，对不明确是否具有危险特性的固体废物，应当按照国家规定的危险废物鉴别标准和鉴别方法予以认定[依据《危险废物鉴别标准》(GB 5085—2007)]，凡具有腐蚀性、毒性、易燃性、反应性等一种或一种以上危险特性的就属于危险废物；低于鉴别标准的，不列入危险废物管理。应当指出，工业固废特别是化工行业产生的固废有害物质浓度高，成分复杂，在缺少鉴别条件时，一般纳入危险废物管理。

目前我国已制定的《危险废物鉴别标准》中包括七项：腐蚀性鉴别、急性毒性初筛、浸出毒性鉴别、易燃性鉴别、反应性鉴别、毒性物质含量鉴别以及通则。

① 腐蚀性鉴别标准[4]。国家标准《危险废物鉴别标准 腐蚀性鉴别》(GB 5085.1—2007) 规定：当 pH≥12.5 或者 pH≤2.0 时，则该种废物为具有腐蚀性的危险废物。

表 29-3-8　推荐的危险废物分类系统[3]

工业/废物分类	农业、森林和食品工业 A	采矿业 B	能源 C	金属加工 D	有色金属矿产品加工 E	化学工业 F	金属产品工程和车辆 G	纺织、皮革和木材工业 H	造纸、印刷和出版业 J	医药及其他健康服务 K	商业/居民服务业 L
Ⅰ 无机废物											
酸和碱	√		√	√		√	√	√	√		
氰化物废物				√							
重金属污泥和废液				√	√	√	√	√			
石棉废物					√	√					
其他固体残渣				√		√	√				
Ⅱ 含油废物								√			
Ⅲ 有机废物											
卤素废溶剂						√	√	√			√
非卤素废溶剂	√					√	√	√	√		
PCB 废物						√					
涂料和树脂废物						√	√				
杀虫剂废物	√				√	√	√				
有机化学残渣		√		√		√					
Ⅳ 易腐烂废物	√					√		√			
Ⅴ 量大低毒废物		√	√			√					
Ⅵ 其他废物											
传染性废物	√									√	
实验室废物						√				√	
爆炸性废物						√	√				√

　　具有腐蚀性的危险废物对接触部位发生作用时，能使细胞组织、皮肤呈可见性破坏或不可治愈的变化，并可使接触物质发生质变，接触容器时则可能导致其泄漏等。

　　② 急性毒性初筛标准[5]。国家标准《危险废物鉴别标准　急性毒性初筛》（GB 5085.2—2007）规定：按照急性毒性初筛试验方法进行试验，对小白鼠（或大白鼠）经口灌胃，经过 48h，若死亡超过半数，则该废物是具有急性毒性的危险废物。

　　③ 浸出毒性鉴别标准[6]。国家标准《危险废物鉴别标准　浸出毒性鉴别》（GB 5085.3—2007）规定：固体废物在规定的浸出试验条件下，浸出液中任何一种危害成分的浓度超过表 29-3-9 所列的浓度值，则该废物是具有浸出毒性的危险废物。

表 29-3-9　浸出毒性鉴别标准值

序号	项目	浸出液最高允许浓度/mg·L^{-1}
1	有机汞	不得检出①
2	汞及其化合物(以总汞计)	0.05
3	铅(以总铅计)	3

续表

序号	项目	浸出液最高允许浓度/mg·L^{-1}
4	镉(以总镉计)	0.3
5	总铬	10
6	六价铬	1.5
7	铜及其化合物(以总铜计)	50
8	锌及其化合物(以总锌计)	50
9	铍及其化合物(以总铍计)	0.1
10	钡及其化合物(以总钡计)	100
11	镍及其化合物(以总镍计)	10
12	砷及其化合物(以总砷计)	15
13	无机氟化物(不包括氟化钙)	50
14	氰化物(以 CN^{-} 计)	1.0

① "不得检出"指甲基汞<10ng·L^{-1}，乙基汞<20ng·L^{-1}。

3.3　工业固废的收集、贮存与运输

3.3.1　收集与贮存

放置在场内的桶装或袋装的危险废物可由产出者直接运往场外的收集中心或回收站，也可以通过地方主管部门配备的专用运输车辆按规定路线运往指定的地点贮存或做进一步处理。前者的运行方案如图 29-3-2 所示，后一方案如图 29-3-3 所示[2,7]。

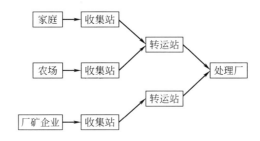

图 29-3-2　危险废物收集方案[1]

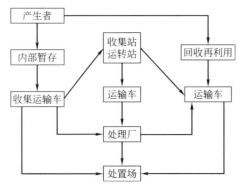

图 29-3-3　危险废物收集与转运方案[1]

使用的收集工具因废物特性不同而异（表 29-3-10），短途运输常以密封圆桶与平板拖车配套使用；远距离运输则常使用大型公路槽车和铁路槽车，槽车应该有各种防腐衬里，以防运输过程中腐蚀泄漏。

表 29-3-10 危险废物收集工具一览表[2]

废物种类	废物收集工具及辅助工具
放射性废物	(1)根据废物特性及各种危险性的标记,选择不同类型的卡车和铁路货车 (2)搬运铅皮混凝土容器的重负荷装载设备
有毒化学废物	(1)与圆桶配套的平板拖车 (2)适于大量垃圾的牵引槽车 (3)铁路槽车 (4)专用衬里槽车 (5)不锈钢槽车
生物性废物	(1)防止收集者与废物接触的专用防护装置收集车 (2)与圆桶配套的货车
易燃废物	与有毒化学废物收集工具相同,工具上用规定的颜色或安全警告标记
易爆废物	与有毒化学废物收集工具相同,在运输路线上特别是通过居民区时受到某些限制

美国按照危险废物的成分、工艺加工过程和来源进行分类，对各种危险废物规定了相应的编码符号和专用的危险废物标签，见图 29-3-4[2]。

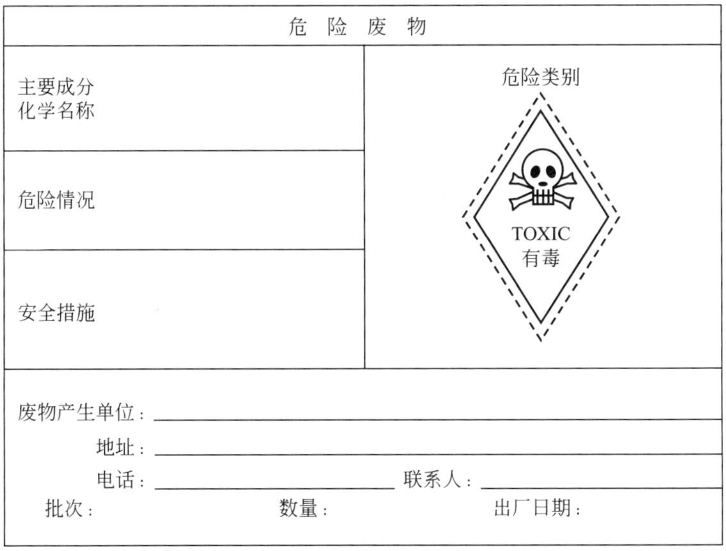

图 29-3-4 美国规定的危险废物专用标签

根据国家环保总局 2002 年发布的《一般工业固体废物贮存、处置场污染控制标准》（GB 18599—2001，2013 年修订），规定一般工业固废的贮存、处置场地应满足的环境保护要求[8]如下。

4   贮存、处置场的类型

贮存、处置场划分为 Ⅰ 和 Ⅱ 两个类型。

堆放第 Ⅰ 类一般工业固体废物的贮存、处置场为第一类，简称 Ⅰ 类场。

堆放第 Ⅱ 类一般工业固体废物的贮存、处置场为第二类，简称 Ⅱ 类场。

5   场址选择的环境保护要求

5.1   Ⅰ 类场和 Ⅱ 类场的共同要求。

5.1.1   所选场址应符合当地城乡建设总体规划要求。

5.1.2   应选在工业区和居民集中区主导风向下风侧，场界距居民集中区 500m 以外。

5.1.3   应选在满足承载力要求的地基上，以避免地基下沉的影响，特别是不均匀或局部下沉的影响。

5.1.4   应避开断层、断层破碎带、溶洞区，以及天然滑坡或泥石流影响区。

5.1.5   禁止选在江河、湖泊、水库最高水位线以下的滩地和洪泛区。

5.1.6   禁止选在自然保护区、风景名胜区和其它需要特别保护的区域。

5.2   Ⅰ 类场的其他要求

应优先选用废弃的采矿坑、塌陷区。

5.3   Ⅱ 类场的其他要求

5.3.1   应避开地下水主要补给区和饮用水源含水层。

5.3.2   应选在防渗性能好的地基上，天然基础层地表距地下水位的距离不得小于 1.5m。

6   贮存、处置场设计的环境保护要求

6.1   Ⅰ 类场和 Ⅱ 类场的共同要求

6.1.1   贮存、处置场的建设类型，必须与将要堆放的一般工业固体废物的类别相一致。

6.1.2   建设项目环境影响评价中应设置贮存、处置场专题评价；扩建、改建和超期服役的贮存、处置场，应重新履行环境影响评价手续。

6.1.3   贮存、处置场应采取防止粉尘污染的措施。

6.1.4   为防止雨水径流进入贮存、处置场内，避免渗滤液量增加和滑坡，贮存、处置场周边应设置导流渠。

6.1.5   应设计渗滤液集排水设施。

6.1.6   为防止一般工业固体废物和渗滤液的流失，应构筑堤、坝、挡土墙等设施。

6.1.7   为保障设施、设备正常运营，必要时应采取措施防止地基下沉，尤其是防止不均匀或局部下沉。

6.1.8   含硫量大于 1.5% 的煤矸石，必须采取措施防止其自燃。

6.1.9   为加强监督管理，贮存、处置场应按 GB 15562.2 设置环境保护图形标志。

6.2   Ⅱ 类场的其他要求

6.2.1   当天然基础层的渗透系数大于 1.0×10^{-7} cm/s 时，应采用天然或人工材料构筑防渗层，防渗层的厚度应相当于渗透系数 1.0×10^{-7} cm/s 和厚度 1.5m 的黏土层的防渗性能等要求。

6.2.2   必要时应设计渗滤液处理设施，对渗滤液进行处理。

6.2.3   为监控渗滤液对地下水的污染，贮存、处置场周边至少应设置三口地下水质监控井。一口沿地下水流向设在贮存、处置场上游，作为对照井；第二口沿地下水流向设在贮存、处置场下游，作为污染监视监测井；第三口设在最可能出现扩散影响的贮存、处置场周边，作为污染扩散监测井。

对于危险废物的贮存场地，2001 年国家环保总局发布的《危险废物贮存污染控制标准》（GB 18597—2001，2013 年修订）中同样做了明确的规定，其中第 4 节和第 5 节分别对一般要求和危险废物贮存容器做了规定[9]。

在《危险废物贮存污染控制标准》第 6 节中对危险废物贮存设施的选址与设计进行了规定[9]。

在《危险废物贮存污染控制标准》第 7 节和第 8 节中分别对危险废物贮存设施的管理与监测进行了规定[9]。

3.3.2　运输

为了保证通过运输转移危险废物的安全无误，危险废物的转移应由具备专门资质的单位完成，转移过程中应严格执行《危险废物转移联单管理办法》的相关规定。危险废物转移联单制度是一种文件跟踪系统。在其开始即由固体废物产生者填写一份记录废物产地、类型、数量等情况的运货清单，经主管部门批准；然后交由废物运输承担者负责清点并填写装货日期、签名且随身携带，再按货单要求分送有关处所；最后将剩余一单交由原主管检查，并存档保管[1]。

图 29-3-5 为我国所实施的危险废物转移联单第五联，图 29-3-6 为危险废物运输过程中

危险废物转移联单　编号_____[1]

```
第一部分:废物产生单位填写
    产生单位_____　　　单位盖章　电话_____
    通信地址_____　　　　　　　　邮编_____
    运输单位_____　　　　　　　　电话_____
    通信地址_____　　　　　　　　邮编_____
    接受单位_____　　　　　　　　电话_____
    通信地址_____　　　　　　　　邮编_____
    废物名称_____　　类别编号_____　　数量_____
    废物特性:_____　　　形态_____　　包装方式_____
    外运目的: 中转贮存　利用　处理　处置
    主要危险成分_____　　禁忌与应急措施_____
    发运人_____　运达地_____　转移时间____年____月____日
第二部分:废物运输单位填写
    运输者须知:你必须核对以上栏目事项,当与实际情况不符时,有权拒绝接受。
    第一承运人_____　　　　运输日期____年____月____日
    车(船)型:_____　牌号_____　道路运输证号_____
    运输起点_____　经由地_____　运输终点_____　运输人签字_____
    第二承运人_____　　　　运输日期____年____月____日
    车(船)型:_____　牌号_____　道路运输证号_____
    运输起点_____　经由地_____　运输终点_____　运输人签字_____
第三部分:废物接受单位填写
    接受者须知:你必须核实以上栏目内容,当与实际情况不符时,有权拒绝接收。
    经营许可证号_____　　接收人_____　接收日期_____
    废物处置方式:利用　贮存　焚烧　安全填埋　其他
    单位负责人签字_____　　　单位盖章日期_____
```
（右侧竖排：第 五 联　接 受 地 环 保 局）

图 29-3-5　危险废物转移联单格式示例

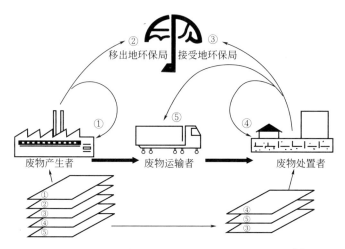

图 29-3-6 运输危险废物转移联单及其处理情况[1]

转移五联单分送情况。其中，第一联由废物产生者保存，第二联由废物产生者送交产生地环保局，第三～五联随运输的危险废物交付危险废物接受单位。第三联由处置场工作人员送接受地交环保局，第四联由处置场工作人员保存，第五联由废物运输者保存。实践证明，这是一种有效地防止危险废物在运输时向环境扩散的措施，有关的工作受到许多国家的高度重视，我国的环保主管部门在上海等地也推行此项运输制度，以强化危险废物的管理。

3.4 工业固废的处理

3.4.1 处理技术简介

固体废弃物的处理技术主要包括压实、破碎、分选、脱水、固化与稳定化、发酵、焚烧、热解等，表 29-3-11 概括了工业固废的处理技术，并做分类。需要指出的是，处理技术的选用仍需首先明确固体废物的性质。对于一般固废，表 29-3-11 所列的技术可根据需要选用；化工固废多属于危险固废，处理技术的选取需要严格论证其技术可行性，如生物处理技术等一般仅用于生活垃圾或一般工业固废的处理，因而不宜选用。

表 29-3-11 固体废物处理的主要技术

处理技术分类	主要技术
预处理	压实、破碎、分选、脱水等
物化处理	氧化、还原、中和、固化等
生物处理	好氧堆肥、厌氧消化、微生物浸出等
热处理	干燥、热分解、焚烧、热解、焙烧等

3.4.2 预处理

预处理主要包括压实、破碎、分选和脱水的单元操作技术[1,10]。表 29-3-12 介绍了压实、破碎和分选技术[10]。表 29-3-13 介绍了压实、破碎、分选处理单元操作的效果度量及设备装置。含水率超过 90% 的固体废物，必须脱水减容，以便于装运及后继处理或资源化利用。表 29-3-14 列出了脱水技术及相应设备。

表 29-3-12　压实、破碎和分选技术[10]

方法	目的与应用
压实	减少固体废物的输运量和处置体积
破碎	是运输、焚烧、热分解、熔化、压缩等作业的预处理作业,使上述操作能够或容易进行或者更加经济有效
分选	回收可利用废物,将不利于后续处理的废物组分离
人工分选	在分类收集的基础上回收纸张、玻璃、塑料、橡胶等
机械分选	根据废物中组成物的粒度、密度、磁性、电性、光电性、摩擦性及弹性差异分离特定组分

表 29-3-13　压实、破碎和分选技术的效果度量及设备装置[1,10]

方法			效果度量	设备装置
压实			孔隙比/孔隙率、湿密度/干密度、体积减小百分比、压缩比/压缩倍数	工业压实器多为固定型的。固定式压实器:卧式压实器、三向联合压实器、回转式压实器、袋式压实器。移动式压实器:碾(滚)压压实机、夯实压实机、振动压实机,轮胎式或履带式压土机、钢轮式布料压实器等(主要为垃圾填埋场或垃圾车使用)
破碎	常温破碎		颗粒的粒度、颗粒级分布、破碎比、破碎段	辊式破碎机:光辊、齿辊、单齿辊、双齿辊 颚式破碎机:简单摆动式、复杂摆动式、综合摆动式 锤式破碎机:Hammer Mills 式、BJD 型、Movorotor 型双转子 冲击式破碎机:Universa 型、Hazemag 型 剪切破碎机:Von Roll 型往复式、Lincle-mann 型、旋转剪切式 粉磨机:球磨机、自磨机
	低温破碎			除破碎设备外需要配置制冷系统
	湿式破碎			湿式破碎机
分选	筛分		回收率、分选效率	固定筛(格筛在粗碎前,棒条筛在粗碎和中碎前) 滚筒筛 振动筛
	重力分选	风力分选		水平气流分选机、上升气流分选机
		惯性分选		弹道分选器、旋风分离器、振动板以及倾斜的传输带、反弹分选器
		摇床分选		平面摇床
		跳汰分选		隔膜跳汰分选机和无活塞跳汰分选机
		重介质分选		鼓形重介质分选机、深槽式、浅槽式、振动式、离心式分选机
	磁力分选	传统磁选		磁力滚筒、湿式 CTN 型永磁圆桶式磁选机、悬吊磁铁器
		磁流体分选		J.Shimoiizaka 分选槽
	电力分选			静电分选机、复合电场分选机
	摩擦与弹跳分选			带式筛、斜板运输分选机、反弹滚筒分选机
	光电分选			光电分选机

表 29-3-14 脱水技术及相应设备[1,10]

方法		设备装置
浓缩脱水	重力浓缩法	间歇式浓缩池、连续式浓缩池
	气浮浓缩法	圆形气浮浓缩池、矩形气浮浓缩池
	离心浓缩法	倒锥形分离板型离心机、螺旋卸料离心机
机械脱水	真空过滤脱水	叶状过滤机、连续圆筒式真空过滤机、连续圆盘式真空过滤机、连续水平型过滤机、连续带式过滤机及移动盘式过滤机
	压滤脱水	自动板框压滤机、厢式全自动压滤机
	滚压脱水	对置滚压式脱水机和水平滚压式脱水机
	离心脱水	离心过滤机、离心沉降脱水机、沉降过滤式离心机
	其他	造粒脱水机

3.4.3 好氧堆肥

堆肥技术是在人工控制的环境下，依靠自然界中广泛分布的微生物人为地促进可生物降解的有机物向稳定的腐殖质转化的微生物学过程，既包括好氧堆肥，也包括厌氧堆肥，但通常指好氧堆肥[10]。好氧堆肥程序见图 29-3-7，主要工艺条件见表 29-3-15。好氧堆肥的工艺类型包括：无发酵装置工艺和反应器发酵式工艺[1]。其中，无发酵装置工艺包括静态垛式（又称强制通风式固定垛发酵工艺）和搅拌式。图 29-3-8、图 29-3-9 分别为无发酵装置工艺示意图和工艺流程图。反应器发酵式工艺中典型的反应器包括犀斗式翻推机发酵池、桨式翻推机发酵池、卧式刮板发酵池、多段竖炉式发酵塔、筒仓式发酵仓、螺旋搅拌式发酵仓、水平（卧式）发酵滚筒[1]。

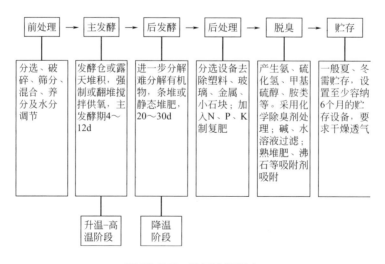

图 29-3-7 好氧堆肥程序

表 **29-3-15** 好氧堆肥的主要工艺条件[1,10]

项目	评价
通风	通风供氧是好氧生物处理过程的基本条件之一,在机械处理系统中,要求至少有50%的氧渗入到堆料各部分,以满足微生物氧化分解有机物的需要
含水率	有机物含量<50%时,最适宜含水率为45%~50%;有机物含量达到60%时,最适宜含水率也可达到60%
C/N	微生物生长合适的C/N的值是25~30
C/P	一般要求堆肥原料的C/P的值以75~150为宜
孔隙率	一般而言,物料颗粒的适宜粒度为12~60mm
温度	在堆肥初始,肥堆温度与环境温度相一致,经过1~2d以后,温度上升且很快达到并维持高温阶段,即55℃以上温度至少有3d。在这样的条件下,污泥中的病原物能被有效杀灭。温度过低,会延长堆肥腐熟的时间,降低病原物的杀灭效果;温度过高(>70℃),会杀死一些有益微生物。同时,污泥堆肥成功的环境温度不能低于10℃
调理剂	在好氧生物处理过程中,有时需要向物料中加入锯末、秸秆、木屑等调理剂,调节物料的碳氮比、含水率等,增大孔隙率,从而达到更好的处理效果。将生物堆体的自由空域保持在30%左右,对其好氧反应最为有利
病菌控制	正常堆肥过程中可以杀灭病菌和杂草(55℃以上温度至少有3d)

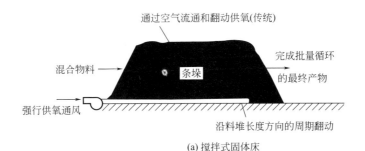

(a) 搅拌式固体床

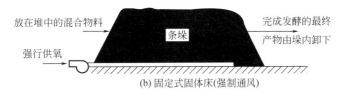

(b) 固定式固体床(强制通风)

图 **29-3-8** 无发酵装置工艺示意图[1]

3.4.4 厌氧发酵

厌氧发酵或称沼气发酵,为有机物在厌氧细菌的作用下转化为甲烷的过程。根据投料运转方式不同,工艺类型可以划分为连续消化工艺、半连续消化工艺、批量发酵以及两步发酵工艺,其中批量发酵主要应用于研究有机物沼气发酵的规律和发酵产气的关系等方面[10]。图 29-3-10 给出了连续消化工艺、半连续消化工艺以及两步发酵工艺流程。厌氧发酵装置是废物中有机质分解转化的场所,是厌氧发酵工艺中的主体装置,图 29-3-11 给出了部分常用的典型装置。表 29-3-16 给出了厌氧消化工艺的主要设计条件。

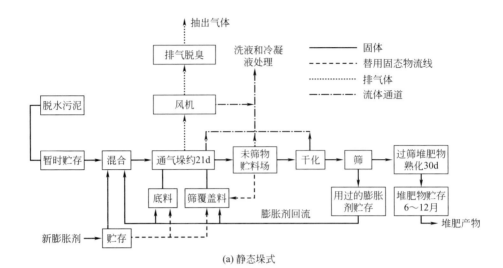

(a) 静态垛式

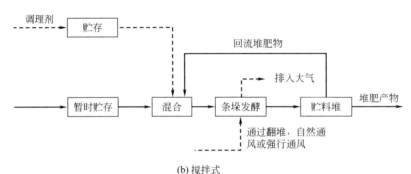

(b) 搅拌式

图 29-3-9　无发酵装置工艺流程[1]

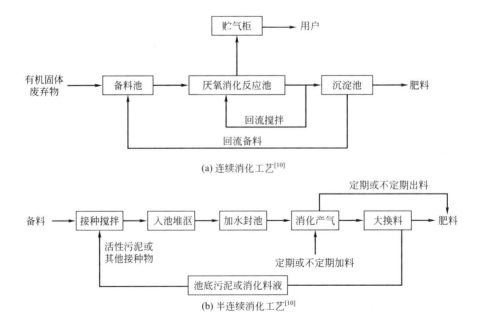

(a) 连续消化工艺[10]

(b) 半连续消化工艺[10]

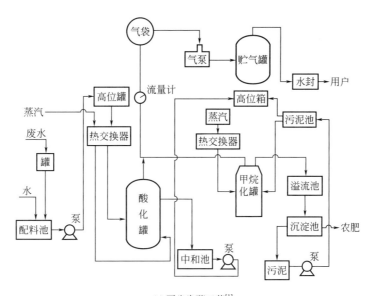

(c) 两步发酵工艺[1]

图 29-3-10 部分厌氧发酵工艺流程

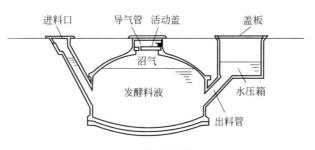

(a) 水压式消化池

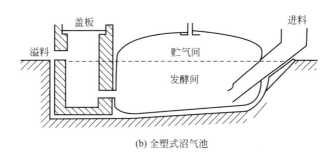

(b) 全塑式沼气池

图 29-3-11

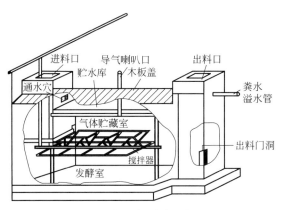

(c) 长方形甲烷消化池

图 29-3-11   常用厌氧发酵装置[1]

表 29-3-16   厌氧消化工艺的主要设计条件[1,10]

项目	评价
原料配比	C/N 的值以(20～30)/1 为宜。过小,细菌增殖下降,N 不能被充分利用,过剩的 N 变成游离氨,抑制产甲烷菌的活动;过大,反应速率下降,产气量明显下降。P 含量一般以有机物含量的 1/1000 为宜。C/P 以 100∶1 为佳
温度	沼气发酵通常采用三种发酵温度:低温、中温和高温。 低温发酵:温度随气候变化,大多在 20℃以下,产气量不高,不易达到杀灭微生物的目的。 中温发酵:发酵液控制在 37℃左右(35～38℃),这是甲烷菌的第一个最佳活性温度区。 高温发酵:发酵液控制在 53℃左右(50～65℃),这是甲烷菌的第二个最佳活性温度区
pH 值	甲烷菌要求的 pH 值范围很窄,在 7.0 左右,故一般维持发酵过程的 pH 值为 6.5～7.5
搅拌	搅拌可使原料分布均匀,增加微生物与消化基质的接触,使消化产物及时分离;防止出现局部酸积累和排除抑制厌氧菌活动的气体
停留时间	发酵产沼气的总产气量与发酵装置的分解停留时间有关。停留时间可用来判断物料的气化和无机化程度,还可用来粗略估算产沼量的多少
水分含量	液体发酵固体含量在 10% 以下。固体发酵原料总固体含量为 25%～50%。高浓度发酵介于液体发酵和固体发酵之间,发酵物料的总固体含量一般为 15%～20%
添加物和抑制物	发酵液中添加少量硫酸锌、磷矿粉、炼钢渣、碳酸钙、炉灰等有助于提高产气量和原料利用率。添加少量钾、钠、镁、锌、磷等元素也可提高产气率。原料中含氮化合物过多,如蛋白质等,分解为铵盐可抑制甲烷发酵。重金属(铜、锌、铬等)及氰化物含量较高时会抑制厌氧消化
接种物	添加接种物可有效提高消化液中微生物的种类和数量。如采用添加接种物的方法,一般要求开始发酵时菌种量达料液量的 5% 以上

3.4.5   焚烧

焚烧是通过燃烧处理废物的一种热力技术,废物经焚烧后可有效地减小体积和减轻重量,并使废物灭菌消毒。

(1) 焚烧工艺系统   废物的焚烧工艺系统包括预处理系统、进料系统、焚烧炉系统、空气系统、烟气系统及其他[1,7,11]。焚烧炉系统是整个工艺的核心,其燃烧室的容积必须保证足够的气体停留时间、必须达到足够高的温度、必须满足燃烧时所需的空气量,并要大于理论计算值。

焚烧炉的结构形式与废物的种类、性质和燃烧形态等因素有关，不同的焚烧方式有相应的焚烧炉与之相配合[1]。根据所处理的工业固废对环境和人类健康的危害大小以及所要求的处理程度，焚烧炉分为一般工业固废焚烧炉和危险废物焚烧炉。

固体废物焚烧炉的具体结构通常有三类：炉排型焚烧炉、炉床型焚烧炉和沸腾流化床型焚烧炉。其中，炉排型焚烧炉包括固定炉排焚烧炉（水平固定炉排焚烧炉、倾斜固定炉排焚烧炉）和活动炉排型焚烧炉（链条式、阶梯往复式、多段滚动式）；炉床型焚烧炉包括固定炉床焚烧炉（水平固定炉床焚烧炉、倾斜固定炉床焚烧炉）和活动炉床焚烧炉［转盘式炉床、隧道回转式炉床、回转式炉床（即旋转窑焚烧炉）］[1]。沸腾流化床型焚烧炉一般用循环流化床焚烧炉，其效率高，技术要求高，投资大。表 29-3-17 列出了常见危险废物焚烧炉的类型、技术参数及优缺点。其中旋转窑焚烧炉是区域性危险废物处理厂最常采用的炉型[1]。表 29-3-18 列出了适于旋转窑焚烧炉处理的固体废物种类。

表 29-3-17 常见危险废物焚烧炉型、技术参数及优缺点

炉型	示意图	温度范围/℃	停留时间	优点	缺点
旋转窑	烟气至废热锅炉；空气；辅助燃料；液体废物；燃烧空气；液体废物；辅助燃料；固体废物；耐火砖；650～1250℃；120%～200%过剩空气量气体平均停留时间：1～3s；1100～1370℃；耐火砖；倾角：1～3°；50%～250%过剩空气量旋转窑；辅助燃料；灰分/残渣；灰分/残渣；二次燃烧室	820～1600	液体及气体：1～3s 固体：30min～2h	适应性强，可焚烧多种危险废物	成本较高，过剩空气率较高，故热效率较低
液体注射炉	排气；鼓风机及二燃室鼓风机；空气入口；测温装置；分解区；分解气流；鼓风机；点火区；二燃室鼓风机；高速空气；湍流区；辅助燃料管；水管	650～1600	0.1～2s	可处置各种不同成分的液体危险废物；维护和投资费用低	无法处理难以雾化的液体废物

续表

炉型	示意图	温度范围/℃	停留时间	优点	缺点
流化床		450～980	液体及气体：1～2s 固体：10min～1h	固废可彻底燃烧；占地面积小	需要固废破碎等预处理；能耗高
多层床焚烧炉		干燥区：320～540 焚烧区：760～980	固体：0.25～1.5h	燃烧效率高，适于处理热值低的危险废物，广泛用于污泥焚烧	结构复杂，维修费用高，产生恶臭
固定床焚烧炉		480～820	液体及气体：1～2s 固体：30min～2h	建造成本低，热效率较高，固废无须预处理	不易操控；不适于处理低热值固废

炉型	示意图	温度范围/℃	停留时间	优点	缺点
高温气化焚烧炉	 1—给料机；2—垃圾直接熔融气化燃烧炉；3—二次燃烧室； 4—余热锅炉；5—蒸汽过热器；6—锅炉汽包；7—发电机； 8—风机；9—空气预热器；10—省煤器；11—净化药剂； 12—带急冷塔的烟气净化处理装置；13—引风机；14—带再 加热器的脱硝反应塔；15—烟囱；16—锅炉给水； 17—二次热风；18—喷嘴；19—有效综合利用的熔融渣； 20—合金；21—辅助燃料；22—燃料与一次空气（或富氧）； 23—部分返回熔融炉，部分无害化处理的飞灰； 24—无害化处理的飞灰	1500～2000	—	能源利用率高，灰渣含碳量低，烟气量低	需要消耗焦炭或粉煤

表 29-3-18　适用于旋转窑焚烧炉处理的固体废物种类

※ 氯化有机溶剂（氯仿、过氯乙烯）	※ 药厂废物
※ 氧化溶剂（丙酮、丁醇、乙基乙酸等）	※ 下水道污泥
※ 烃类化合物溶剂（苯、乙烷、甲苯等）	※ 生物废物
※ 混合溶剂、废油	※ 过期的有机化合物
※ 油/水分离槽的污泥	※ 一般固、液体有机化合物
※ 杀虫剂的洗涤废水	※ 杀虫剂、除草剂
※ 杀虫剂及含杀虫剂的废料	※ 含 10% 以上有机物的废水
※ 化学贮槽的底部沉积物	※ 含硫污泥
※ 气化有机物蒸馏后的底部沉积物	※ 去除润滑剂的溶剂污泥
※ 一般蒸馏残渣	※ 纸浆及一般污泥
※ 含多氯联苯的固体废物	※ 光化合物及照相处理的液、固体废物
※ 高分子聚合废物及高分子聚合反应后的残渣	※ 受危险物质污染的土壤
※ 黏着剂、乳胶及涂料	

注：引自文献 [1]。

　　对于化工固废中的高盐度污泥，由于其盐度高，生物处理效果难以保证，亦可采用焚烧处理，即液中焚烧技术，其装置见图 29-3-12。其反应原理是废水在高温下从液态变为气态，废水中的钠盐也以微米级颗粒物的形式分散在烟气中。焚烧炉温度为 1100℃，废水中的有机物被完全破坏分解，废液中的无机盐在高温下熔融[12]。

　　在焚烧过程中产生的大量废热，使焚烧炉燃烧室产生的烟气温度达到 850～1000℃。现

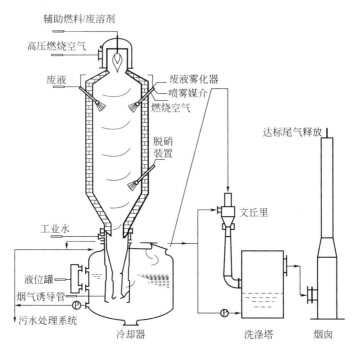

图 29-3-12 液中焚烧装置

代化的焚烧系统通常设置焚烧尾气冷却系统和废热回收系统，其目的是：①调节焚烧尾气温度，使之冷却至 220~300℃，以便进入尾气净化系统，避免二次污染；②回收废热，并通过各种方式利用[1]。

（2）废物焚烧的控制参数 在焚烧系统中，焚烧温度、搅拌混合程度、气体停留时间和过剩空气率是四个重要的设计及操作参数。其中，焚烧温度、搅拌混合程度和气体停留时间一般称为"3T"原理[1,7]。这四个焚烧控制参数相互影响，其互动关系如表 29-3-19 所示。

表 29-3-19 四个控制参数的互动关系[7]

参数变化	搅拌混合程度	气体停留时间	燃烧室温度	燃烧室负荷
焚烧温度上升	可减少	可减少	—	会增加
过剩空气率增加	会增加	会减少	会降低	会增加
气体停留时间增加	可减少	—	会降低	会降低

（3）焚烧尾气二次污染的控制 固体废物在焚烧过程中会产生各种污染物，如不完全燃烧产物、粉尘、重金属污染物、酸性气体、二噁英等，必须加以适当处理，将污染物含量降到安全标准以下才可排放。危险废物焚烧系统的尾气排放应满足《危险废物焚烧污染控制标准》（GB 18484—2001）的要求[13]，见表 29-3-20。

① 焚烧尾气中的污染物。焚烧尾气中所含有的主要的污染物质有下列几种[1,7,11]：

a. 不完全燃烧产物。烃类化合物燃烧后主要的产物为无害的水蒸气及二氧化碳，可以直接排入大气之中。不完全燃烧物（PIC）是燃烧不良而产生的副产品，包括一氧化碳、烃、烯、酮、醇、有机酸、聚合物及炭黑等。

b. 粉尘。包括废物中的惰性金属盐类、金属氧化物或不完全燃烧物质等。

表 29-3-20 危险废物焚烧炉尾气污染物排放限值[①]

序号	污染物	不同焚烧容量时的最高允许排放浓度限值/mg·m^{-3}		
		≤300kg·h^{-1}	300~2500kg·h^{-1}	≥2500kg·h^{-1}
1	烟气黑度	格林曼Ⅰ级		
2	烟尘	100	80	65
3	一氧化碳(CO)	100	80	80
4	二氧化硫(SO$_2$)	400	300	200
5	氟化氢(HF)	9.0	7.0	5.0
6	氯化氢(HCl)	100	70	60
7	氮氧化物(以 NO$_2$ 计)	500		
8	汞及其化合物(以 Hg 计)	0.1		
9	镉及其化合物(以 Cd 计)	0.1		
10	砷、镍及其化合物(以 As+Ni 计)[②]	1.0		
11	铅及其化合物(以 Pb 计)	1.0		
12	铬、锡、锑、铜、锰及其化合物(以 Cr+Sn+Sb+Cu+Mn 计)[③]	4.0		
13	二噁英类	0.5 TEQ ng·m^{-3}		

① 在测试计算过程中,以 11% O$_2$(干气)作为换算基准。换算公式为:$c=10/(21-Os)\times c_s$。式中,c 为标准状态下被测污染物经换算后的浓度,mg·m^{-3};Os 为排气中氧气的浓度,%;c_s 为标准状态下被测污染物的浓度,mg·m^{-3}。

② 指砷和镍的总量。

③ 指铬、锡、锑、铜和锰的总量。

c. 酸性气体。包括氯化氢、卤化氢(氯以外的卤素,如氟、溴、碘等)、硫氧化物(二氧化硫 SO$_2$)及三氧化硫(SO$_3$)、氮氧化物(NO$_x$)以及五氧化二磷(P$_2$O$_5$)和磷酸(H$_3$PO$_4$)。

d. 重金属污染物。包括铅、铬、镉、砷等的单质、氧化物及氯化物等。

e. 二噁英。包括 PCDDs 和 PCDFs。

② 焚烧尾气控制设备和处理流程[1]。焚烧厂典型的空气污染控制设备和处理流程可分为湿式、干式和半干式三类。

a. 湿法处理流程。典型处理流程包括文氏洗涤器或静电除尘器与湿式洗气塔的组合,以文氏洗涤器或湿式电离洗涤器去除粉尘,填料吸收塔去除酸气。

b. 干法处理流程。典型处理流程由干式洗气塔与静电除尘器或布袋除尘器相互组合而成,以干式洗气塔去除酸气,布袋除尘器或静电除尘器去除粉尘。

c. 半干法处理流程。典型处理流程由半干式洗气塔与静电除尘器或布袋除尘器相互组合而成,以半干式洗气塔去除酸气,布袋除尘器或静电除尘器去除粉尘。

③ 不完全燃烧物质控制技术[1]。一个设计良好而且操作正常的焚烧炉内,不完全燃烧物质的产生量极低,通常并不至于造成空气污染,因此,设计尾气处理系统时不将其考虑在内。

④ 颗粒状污染物控制技术[1,11]。焚烧尾气中粉尘因运行条件、废物种类及焚烧炉形式而异。对于除尘设备的选择,首先考虑粉尘负荷,同时进一步了解粉尘的特性(包括

粒径尺寸分布、平均与最大浓度、真密度、黏度、湿度、电阻系数、磨蚀度、磨损度、易碎性、易燃性、毒性、可溶性及爆炸限值等）及废气的特性（如压力损失、湿度、温度及其他成分等），从而选择合适的除尘设备。重力沉降室、旋风除尘器和喷淋塔等只作为除尘的前处理设备。静电除尘器、文氏洗涤器及布袋除尘器是固体废物焚烧系统中最主要的除尘设备。

⑤ 酸性气体控制技术[1]。用于控制焚烧厂尾气中酸性气体的技术有湿式、半干式及干式洗气等三种方法，见图 29-3-13。表 29-3-21 给出了这三种洗气塔的功能特性。

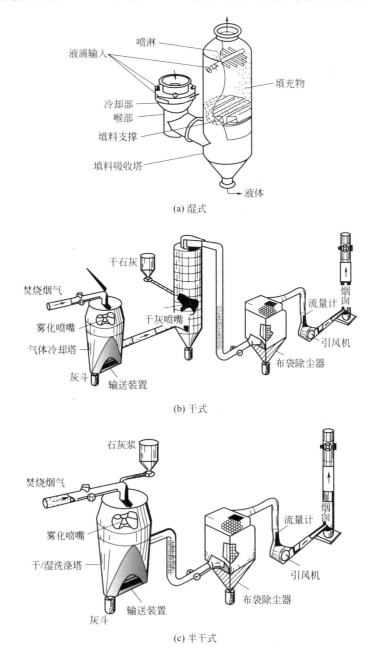

(a) 湿式

(b) 干式

(c) 半干式

图 29-3-13　酸性气体洗气系统[1]

表 29-3-21　酸性气体洗气塔功能特性相对比较[1,2]　　　　　　单位：%

种类	去除效率		药剂消耗量	耗电量	耗水量	反应物量	废水量	建造费用	操作维护费用
	单独	配合袋滤式除尘器							
干式	50	95	120	80	100	120	—	90	80
半干式	90	98	100	100	100	100	—	100	100
湿式	99	—	100	150	150	—	100	150	150

注：1. 去除效率以 HCl 的去除率为基准。

2. 药剂种类：干式为 $Ca(OH)_2$ 粉（95%纯度），半干式为 $Ca(OH)_2$ 乳液（15%），湿式为 NaOH 溶液（45%）。

⑥ 重金属污染物控制技术[1,11]。单独使用静电除尘器对重金属物质的去除效果较差。湿式处理流程中所采用的湿式洗气塔去除重金属物质的主要机制为吸附作用，且由于对粒状物质的去除效率甚低，凝结成颗粒状物的重金属仍无法被湿式洗气塔去除，除非装设除尘效率高的文氏洗涤器或静电除尘器。尤其汞（废气中的汞大部分为汞的氯化物 $HgCl_2$），由于其饱和蒸气压较高，通过除尘设备后在洗气塔内仍为气态，洗气过程中可因吸收作用而部分被洗涤，但会再挥发并随废气排出。

布袋除尘器与干式洗气塔或半干式洗气塔并用时，对重金属（除汞之外）的去除效果十分优良，且去除效果随进入除尘器的尾气温度越低而越好。但若废气温度降至露点以下，可能引起滤袋腐蚀或滤袋阻塞，因此，必须控制进入除尘器的尾气的温度在一定水平。汞的饱和蒸气压较高，只能靠布袋上的飞灰层对气态汞金属的吸附作用而被去除，其效果与尾气中飞灰含量及布袋中飞灰层厚度有直接关系。

为降低重金属汞的排放浓度，在干法处理流程中，可在布袋除尘器前喷入活性炭或于尾气处理流程尾端使用活性炭滤床，加强对汞金属的吸附作用，或在布袋除尘器前喷入能与汞金属反应生成不溶物的化学药剂（如喷入 Na_2S 药剂等）；在湿式处理流程中，在洗气塔的洗涤液内添加催化剂（如 $CuCl_2$），促使更多水溶性的 $HgCl_2$ 生成，再以螯合剂固定已吸收汞的循环液。

⑦ 二噁英的控制技术[1,11]。主要包括焚烧前控制、焚烧中控制和焚烧后控制。

a. 焚烧前控制。如利用分选技术分选出铁、铜、镍等重金属含量高的物质；减少含氯有机物的含量等。

b. 焚烧过程控制。焚烧过程控制主要包括以下两个方面。

ⅰ. 控制燃烧条件。采用低 CO 燃烧技术，削弱炉内的还原性氛围，减少飞灰含碳量，抑制二噁英的合成。控制炉膛和二次燃烧室的温度不低于 850℃。炉膛出口温度达到 950～1050℃可保证已经形成的二噁英类彻底分解。

ⅱ. 在焚烧炉中加入煤或脱氯剂。利用煤中的硫来抵制二噁英生成；添加脱氯剂实现炉内低温脱氯，减少二噁英的炉内再生成和炉后再合成。

c. 焚烧后控制。焚烧后控制包括烟气和飞灰处理。焚烧过程中生成的二噁英在随烟气温度下降的过程中大部分是以固态形式附着在飞灰颗粒表面，小部分仍保留在气相中。

ⅰ. 急冷。以水为介质，使烟气快速通过二噁英的合成温度区间。降温速率越大，对二噁英的合成抑制效果越明显。综合考虑，降温速率控制在 $500～750℃·s^{-1}$ 的范围内比较合理。

ⅱ. 添加抑制剂。二噁英的合成需要三个最基本的条件——氯源、催化剂和适宜的温度。添加抑制剂从降低氯源含量和毒化催化剂的角度出发，切断二噁英的合成途径。

碱性吸附剂石灰价廉易得，而且还可以同时去除其他酸性气体污染物，可作为抑制剂的首选。

ⅲ．物理吸附。一般指活性炭吸附，包括固定床、移动床、活性炭喷射三种工艺。综合来看，活性炭喷射是物理吸附工艺的最佳选择。

ⅳ．组合工艺。"3T＋E"工艺＋活性炭喷射＋布袋除尘器是去除烟气中二噁英类物质的有效途径，而"'3T＋E'焚烧工艺＋SNCR脱硝＋半干法脱酸＋活性炭喷射吸附二噁英＋布袋除尘器除尘"的组合技术为目前最优化的烟气污染控制技术，可以同时满足脱氮、脱酸、除尘、去除重金属和二噁英的要求，实现烟气净化的目的。

其他焚烧后控制技术如湿式洗涤、催化分解等还有一系列问题需要进一步解决。

⑧ NO_x 污染控制技术[1]。目前应用非常广泛的控制技术主要包括三类：焚烧控制、选择性催化还原技术（SCR）、选择性非催化还原技术（SNCR），内容详见本篇大气部分。

3.4.6　热解

热解是将有机物在无氧或缺氧状态下加热，通过化学键断裂使之成为气态、液态或固态可燃物质的过程。表 29-3-22 列出了主要的热解工艺类型。对于化工污泥，热解是一种常用的处置技术。污泥热解炉型常采用竖式多段炉，其处理系统见图 29-3-14。

表 29-3-22　主要的热解工艺类型[10]

分类	主要工艺
供热方式	直接加热、间接加热
热解温度	高温热解、中温热解、低温热解
热解炉结构	固定床、移动床、流化床和旋转炉
产物物理形态	气化方式、液化方式、炭化方式
热解、燃烧位置	单塔式和双塔式
是否生成炉渣	造渣型和非造渣型

3.4.7　危险废物的固化与稳定化

危险废物的固化与稳定化即对危险废物进行处理，使危险废物中所有污染组分呈现化学惰性或被包容起来，减少后续处理与处置的潜在危险。废物固化与稳定化后必须具备一定的性能：①抗浸出性；②抗干湿性；③抗冻融性；④耐腐蚀性；⑤不燃性；⑥抗渗透性；⑦足够的机械强度。主要评价指标包括：浸出速率、抗压强度以及增容比[3]。

通常，危险废物固化与稳定化的途径是：①将污染物通过化学转变，引入到某种稳定固体物质的晶格中去；②通过物理过程把污染物直接渗入到惰性基材中去[1]。

目前常用的固化与稳定化方法主要包括下列几种[1,7,10]：

① 水泥固化；

② 石灰固化；

③ 塑性材料固化；

④ 有机聚合物固化；

⑤ 自胶结固化；

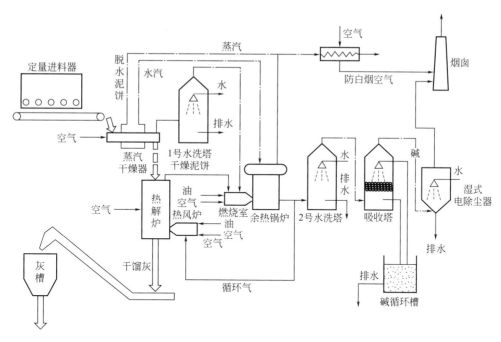

图 29-3-14　污泥干燥热解系统

⑥ 熔融固化（玻璃固化和陶瓷固化）。

表 29-3-23 列出了不同类的废物对不同固化与稳定化技术的适应性。表 29-3-24 列出了各种固化与稳定化技术的适用对象及优缺点。图 29-3-15 为水泥固化流程及沥青固化流程。

表 29-3-23　不同类的废物对不同固化与稳定化技术的适应性[1]

废物成分		处理技术			
		水泥固化	石灰等材料固化	热塑性微包容法	大型包容法
有机物	有机溶剂和油	影响凝固,有机气体挥发	影响凝固,有机气体挥发	加热时有机气体会逸出	先用固体基料吸附
	固态有机物(如塑料、树脂、沥青)	可适应,能提高固化体的耐久性	可适应,能提高固化体的耐久性	可适应,能作为凝结剂来使用	可适应,可作为包容材料使用
无机物	酸性废物	水泥可中和酸	可适应,能中和酸	应先进行中和处理	应先进行中和处理
	氧化物	可适应	可适应	会引起基料的破坏甚至燃烧	会破坏包容材料
	硫酸盐	影响凝固;除非使用特殊材料,否则引起表面剥落	可适应	会发生脱水反应和再水合反应而引起泄漏	可适应
	卤化物	很容易从水泥中浸出,妨碍凝固	妨碍凝固,会从水泥中浸出	会发生脱水反应和再水合反应	可适应
	重金属盐	可适应	可适应	可适应	可适应
	放射性废物	可适应	可适应	可适应	可适应

表 29-3-24   各种固化与稳定化技术的适用对象及优缺点[1]

技术	适用对象	优点	缺点
水泥固化法	重金属,废酸,氧化物	①水泥搅拌,处理技术已相当成熟 ②对废物中化学性质的变动具有相当的承受力 ③可由泥与废物的比例来控制固化体的结构强度与不透水性 ④无需特殊的设备,处理成本低 ⑤废物可直接处理,无需前处理	①废物中若含有特殊的盐类,会造成固化体破裂 ②有机物的分解造成裂隙,增加渗透性,降低结构强度 ③大量水泥的使用增加固化体的体积和质量
石灰固化法	重金属,废酸,氧化物	①所用物料价格便宜,容易购得 ②操作不需特殊的设备及技术 ③在适当的处置环境下,可维持波索来反应(Pozzolanic reaction)的持续进行	①固化体的强度较低,且需较长的养护时间 ②有较大的体积膨胀,增加清运和处置的困难
塑性固化法	部分非极性有机物,废酸,重金属	①固化体的渗透性较其他固化法低 ②对水溶液有良好的阻隔性	①需要特殊的设备及专业的操作人员 ②废污水中若含氧化剂或挥发性物质,加热时可能会着火或逸散 ③废物须先干燥、破碎后才能进行操作
熔融固化法	不挥发的高危害性废物,核能废料	①玻璃体的高稳定性可确保固化体的长期稳定 ②可利用废玻璃屑作为固化材料 ③对核能废料的处理已有相当成功的技术	①对可燃或具挥发性的废物并不适用 ②高温热熔需消耗大量能源 ③需要特殊的设备及专业人员
自胶结法	含有大量硫酸钙和亚硫酸钙的废物	①烧结体的性质稳定,结构强度高 ②烧结体不具生物反应性及着火性	①应用面较为狭窄 ②需要特殊的设备及专业人员

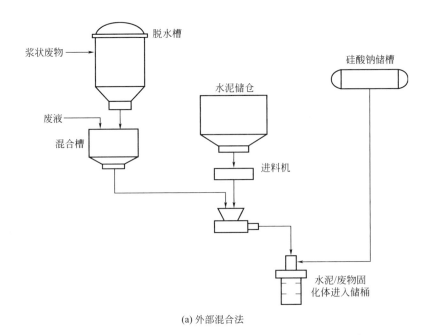

(a) 外部混合法

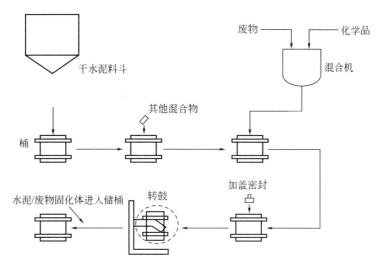

(b) 容器内混合法

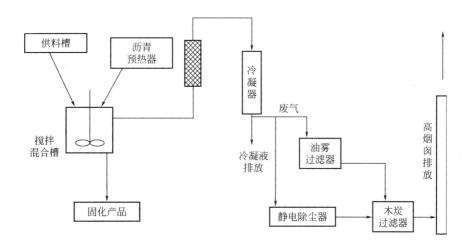

(c) 高温混合蒸发沥青固化法

图 29-3-15 危险废物的水泥固化流程 [（a）、（b）] 及沥青固化流程（c）[1]

3.5 工业固废的资源化

工业固废综合利用根据不同的废物类型可包括对高炉矿渣、钢渣、粉煤灰、有色金属渣、铬渣、废石膏、硫铁矿烧渣等的利用。表 29-3-25～表 29-3-27 分别列出了典型冶金及电力工业废渣、典型化学工业废渣的加工及利用和其他工业废渣的综合利用[1,14]。

表 29-3-25 冶金及电力工业废渣的加工及利用[1,14]

废物类型	加工工艺	利用
高炉矿渣	高炉渣水淬处理工艺 高炉重矿渣碎石工艺 膨珠生产工艺	高炉水淬渣做建筑材料 矿渣碎石作基建材料 膨珠作轻骨料 其他利用:矿渣棉、微晶玻璃、热铸矿渣、矿渣铸石

续表

废物类型	加工工艺	利用
钢渣	热泼法 ISC法 水淬法 风淬法 粉化处理	作冶金原料:作烧结熔剂、作高炉炼铁熔剂、回收废钢铁 做建筑材料:钢渣水泥、筑路及回填材料、生产建材制品 用于农业:钢渣磷肥、硅肥、改良土壤
粉煤灰		做建筑材料:水泥、混凝土、砖、陶粒 筑路回填:筑路、回填 农业生产:作土壤改良剂 回收工业原料:回收煤炭、回收金属、分选空心微珠 环保材料:吸附剂、絮凝剂

表 29-3-26　化学工业废渣的加工及利用[1,14]

废物类型	利用
铬渣	作玻璃着色剂:六价铬转化为三价铬;氧化镁、氧化钙代替玻璃配料中白云石和石灰石原料 制钙镁磷肥:与磷矿石、白云石、焦炭、蛇纹石等加入电炉或高炉,高温熔融还原,六价铬还原成三价铬,以 Cr_2O_3 形式进入磷肥半成品玻璃体中固定下来;其余六价铬被还原成金属铬元素进入副产品磷铁中 炼铁:代替白云石、石灰石作炼钢添加剂,六价铬脱除率为97%,铁的机械、耐磨蚀等性能可改善
磷石膏	纸面石膏板:提纯的磷石膏＋护面纸及适量纤维、胶黏剂、促凝剂、缓凝剂等;经过料浆培植、成型、切割、烘干等工艺流程即可制得纸面石膏板 水泥:提纯后的磷石膏＋水泥熟料＋混合材,经水泥磨粉磨 改良土壤:pH 值为 1~4.5,可改良碱性土壤
硫铁矿烧渣	制矿渣砖:石灰粉(或水泥)与硫铁矿烧渣(约占84%)混合,经过成型和养护可制成矿渣砖。分为蒸养制砖和自然养护制砖两种 磁选铁精矿:磁选后的成品铁精矿中含铁量为 55%~ 60%,硫铁矿烧渣铁回收率大于60% 制作铁系原料:硫铁矿烧渣＋硫酸,经过反应、沉淀、过滤得到硫酸亚铁溶液,然后制得 FeOOH 晶种,氧化后制成铁黄颜料,在 600~700℃ 下煅烧得到铁红颜料

表 29-3-27　其他工业固体废物综合利用[1,14]

废物类型	利用
煤矸石	生产水泥、煤矸石制砖、生产轻骨料;制结晶氯化铝、制水玻璃、生产硫酸铵肥料
废塑料	生产建材产品:软质拼装型地板(如废旧聚氯乙烯);地板块(废旧聚氯乙烯＋碳酸钙);人造板材(麻黄草渣＋葵花籽皮＋废聚氯乙烯);涂料、胶黏剂 焚烧回收热能:33492~37565kJ·kg^{-1};用于高炉喷吹、固态燃料发电和烧水泥 直接再生:分选、预处理、熔炼、(造粒)、成型等 改性:共混和复合的物理改性以及交联、接枝及氯化等化学改性制备改性产品
废橡胶	整体利用、再生利用(再生胶直接加工利用、再生胶与生胶并用、用再生胶改性热塑性树脂并用再生胶改性热塑性树脂制发泡材料)、热利用

3.6　工业固废的处置

根据废弃物的种类及其处置底层位置（地上、地表、地下和深底层），陆地处置可分为土地耕作、工程库或驻留池储存、土地填埋、浅地层埋藏和深井灌注技术等[10]。本节重点介绍土地填埋处置。

3.6.1 土地填埋

实施卫生土地填埋应考虑的主要因素有：①场址的选择；②填埋方法和运行；③渗出液及填埋气的产生；④填埋气和渗出液的移动及控制；⑤填埋场设计；⑥封场及监测。由于化工行业产生的固废多属于危险废物，需要建设安全填埋场处置，故一般固废填埋场本节不做重点阐述。

3.6.2 危险废物的安全填埋

化工行业产生的固废很多属于危险废物，需要进行安全填埋。安全填埋场的规划、选址、设计、建设和运营管理与城市垃圾填埋场及一般工业固废填埋场有众多相似之处，但又存在独特性。图 29-3-16 给出了危险废物填埋场建设框架。《危险废物填埋污染控制标准》（GB 18598—2001，2013 修改）详细规定了危险废物的安全填埋场址选择要求、填埋物入场要求、填埋场设计与施工的环境保护要求、填埋场运行管理要求、填埋场污染控制要求、封

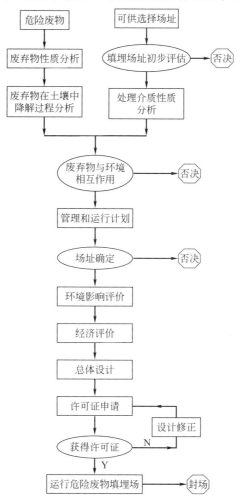

图 29-3-16　危险废物填埋场建设框架

场要求、检测要求等[15]。

(1) 选址　危险废物填埋场场址的位置及与周围人群的距离应依据环境影响评价结论确定，并经具有审批权的环境保护行政主管部门批准，并可作为规划控制的依据。在对危险废物填埋场场址进行环境影响评价时，应重点考虑危险废物填埋场渗滤液可能产生的风险、填埋场结构及防渗层的长期安全性及其由此造成的渗漏风险等因素，根据其所在地区的环境功能区类别，结合该地区的长期发展规划和填埋场的设计寿命，重点评价其对周围地下水环境、居住人群的身体健康、日常生活和生产活动的长期影响，确定其与常住居民居住场所、农用地、地表水体以及其他敏感对象之间合理的位置关系。其余选址要求参见《危险废物填埋污染控制标准》。

(2) 填埋方法[1]　危险废物填埋场主要是封闭型填埋场，又可分为全封闭型填埋场和半封闭型填埋场。

全封闭型填埋场：全封闭型填埋场的基础、边坡和顶部均需设置由黏土或合成膜衬层或两者兼备的密封系统，且底部密封一般为双衬层防渗系统，并在填埋场顶部的盖层安装入渗水收排系统，底部安装渗滤液收集主系统和渗漏渗滤液检测及收排系统。

半封闭型填埋场：对填埋场场址选择没有全封闭型填埋场严格，对填埋场的基础、边坡和顶部设置的防渗系统的要求也比全封闭型填埋场低。填埋场底部和边坡一般设置单衬层防渗系统，在底部防渗衬层上设置有渗滤液收集系统。

根据填埋场的构筑方式又可分为山谷型填埋和平底型填埋（地上式、地下式及半地下式）。

a. 山谷型填埋场　通常的做法是在山谷出口处设垃圾坝，在填埋场上方设挡水坝，四周开挖排洪沟，严格控制地表水进入填埋场，见图 29-3-17。

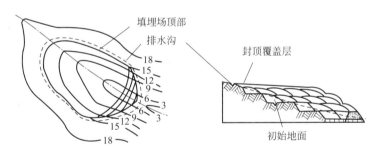

图 29-3-17　山谷型填埋场（单位：m）[1]

b. 地上式填埋　通常适用于地下水位较高或者地形不适合于挖掘的地方，见图 29-3-18。

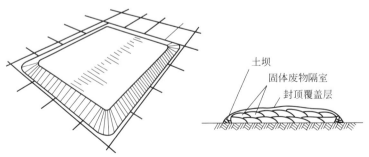

图 29-3-18　地上式填埋场[1]

c. 地下式填埋 适合于场地有丰富的覆土可供开挖且地下水位较深的地方，也称为坑式、地下式或半地下半地上式填埋场。其中，半地下半地上式填埋场的结构见图 29-3-19。

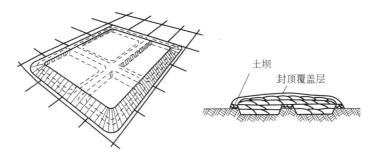

图 29-3-19 半地下半地上式填埋场[1]

图 29-3-20 为全封闭型危险废物安全填埋场的剖面图。图 29-3-21 为深圳市某危险废物填埋场的平面布置图。

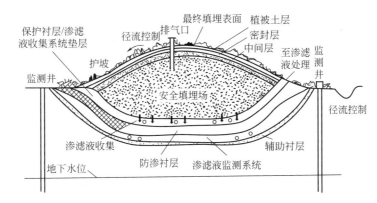

图 29-3-20 全封闭型危险废物安全填埋场的剖面图[1]

(3) 渗滤液 填埋场渗滤液的主要成分有四类：常见元素和离子；微量金属；有机物以及微生物。各组分所占的比例随时间而变化。危险废物填埋场由于所填埋的废物类别各不相同，其渗滤液成分也会有所差异。一般来说，渗滤液在不同填埋时期水质波动大，但普遍具有高 COD、高 NH_3-N、高无机盐分的"三高"特点，可生化性较差，采用常规生物处理方式可能存在困难。表 29-3-28 列出了一般的新、老填埋场渗滤液成分的代表性特征数据。

表 29-3-28 新、老填埋场渗滤液成分[1]　　　　　　　单位：mg·L^{-1}

成分	新填埋场（小于 2 年）		老填埋场（大于 10 年）	成分	新填埋场（小于 2 年）		老填埋场（大于 10 年）
	值范围	典型值			值范围	典型值	
BOD$_5$	2000~30000	10000	100~200	pH 值	4.5~7.5	6	6.6~7.5
TOC	1500~20000	6000	80~160	CaCO$_3$	300~10000	3500	200~500
总悬浮固体	200~2000	500	100~400	钙	200~3000	1000	100~400
有机氮	10~800	200	80~120	镁	50~1500	250	50~200
氨氮	10~800	200	20~40	钾	200~1000	300	50~400
硝酸盐	5~40	25	5~10	钠	200~2500	500	100~200
总磷	5~100	30	5~10	氯	200~3000	500	100~400
亚磷酸盐	4~80	20	4~8	硫	50~1000	300	20~50
CaCO$_3$ 碱度	1000~10000	3000	200~1000	总离子	50~1200	60	20~200

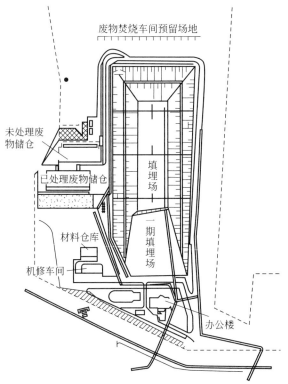

图 29-3-21 深圳市某危险废物填埋场的平面布置图

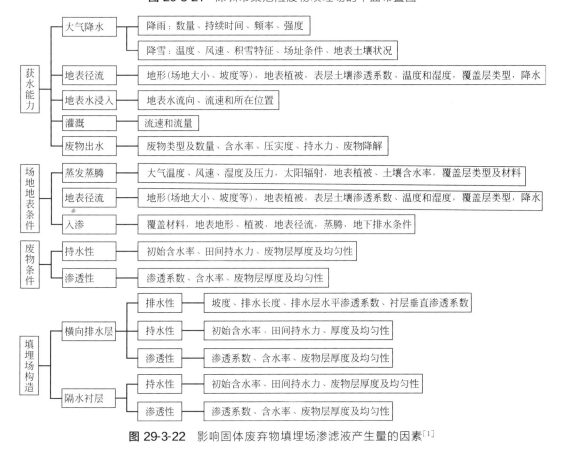

图 29-3-22 影响固体废弃物填埋场渗滤液产生量的因素[1]

影响渗滤液产生量的因素有获水能力、场地地表条件、废物条件、填埋场构造、操作条件等五个相互有关的因素，并受其他一些因素制约[1]，见图 29-3-22。

渗滤液收排系统常见类型见图 29-3-23。

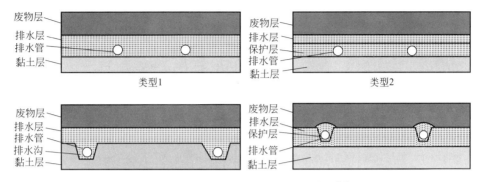

图 29-3-23 渗滤液收排系统常见类型[1]

常见的渗滤液处理技术汇总见表 29-3-29。需要说明的是，渗滤液成分变化较大，污染物浓度高，采用何种处理方法主要取决于渗滤液的特性，一般需要采用多种工艺组合的方式处理。

表 29-3-29 渗滤液处理技术汇总[1]

处理过程	应用	说明
生物过程		
活性污泥法	除去有机物	可能需要去泡沫填充剂，需要分离净化剂
顺序分批反应器法	除去有机物	类似于活性污泥法，但不需要分离净化剂
曝气稳定塘	除去有机物	需要占用较大的土地面积
生物膜法	除去有机物	常用于类似于渗滤液的工业废水，在填埋场中的使用还在实践中
好氧生物塘/厌氧生物塘	除去有机物	厌氧法比好氧法低能耗，低污泥，需加热，稳定性不如好氧法，时间比好氧法长
消化作用/去消化作用	除去有机物	消化作用和去消化作用可以同时完成
化学过程		
化学中和法	控制 pH 值	在渗滤液的处理应用上有限
化学沉淀法	除去金属和一些离子	产生污泥，可能需要按危险废物进行处置
化学氧化法	除去有机物，还原一些无机成分	用于稀释废物流效果最好，用氯可以形成氯消毒碳化氢
湿式氧化法	除去有机物	费用高，对顽固有机物效果好
物理过程		
物理沉淀法/漂浮法	除去悬浮物	很少单独使用，可以和其他处理方法合用
过滤法	除去悬浮物	仅在三级净化阶段使用
空气提	除去氨和挥发有机物	可能需要空气污染控制设备
蒸汽提	除去挥发有机物	高能耗，需要冷凝水，需要进一步处理

（4）填埋气体 填埋气主要组分：填埋初期，其主要成分是二氧化碳，随后，二氧化碳

含量逐渐减低而甲烷含量则逐渐升高；在产气的稳定期间，厌氧条件下产生的气体成分一般为甲烷（50%～70%）和一些其他低含量的氨、硫化物、有机气体等[2]。

填埋气体收集系统见图 29-3-24。

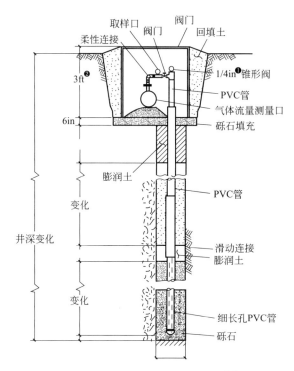

图 29-3-24　填埋场气体抽排井[1]

填埋场气体焚烧处理系统见图 29-3-25。

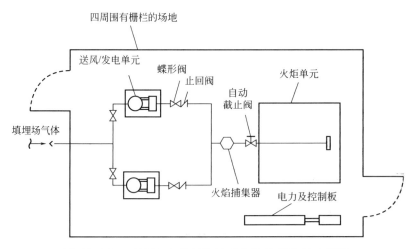

图 29-3-25　填埋场气体焚烧处理的风机/燃烧站布置[1]

（5）防渗层　《危险废物填埋污染控制标准》（GB 18598—2001，2013 年修改）中关于

---

❶ 1in＝2.54cm。

❷ 1ft＝0.3048m。

填埋场防渗层及防渗材料的要求和填埋场最终覆盖层的要求如下。

　① 填埋场防渗层及防渗材料要求如下。

6.3　填埋场所选用的材料应与所接触的废物相容,并考虑其抗腐蚀特性。

6.4　填埋场天然基础层的饱和渗透系数不应大于 1.0×10^{-5} cm/s,且其厚度不应小于 2m。

6.5　填埋场应根据天然基础层的地质情况分别采用天然材料衬层、复合衬层或双人工衬层作为其防渗层。

6.5.1　如果天然基础层的饱和渗透系数小于 1.0×10^{-7} cm/s,且厚度大于 5m,可以选用天然材料衬层。天然材料衬层经机械压实后的饱和渗透系数不应大于 1.0×10^{-7} cm/s,厚度不应小于 1m。

6.5.2　如果天然基础层的饱和渗透系数小于 1.0×10^{-6} cm/s,可以选用复合衬层。复合衬层必须满足下列条件:

a. 天然材料衬层经机械压实后的饱和渗透系数不应大于 1.0×10^{-7} cm/s,厚度应满足表 6-1 所列指标,坡面天然材料衬层的厚度应比表 6-1 所列指标大 10%;

表 6-1　复合衬层下衬层厚度要求

基础层条件	下衬层厚度
渗透系数≤1.0×10^{-7} cm/s,厚度≥3m	厚度≥0.5m
渗透系数≤1.0×10^{-6} cm/s,厚度≥6m	厚度≥0.5m
渗透系数≤1.0×10^{-6} cm/s,厚度≥3m	厚度≥1.0m

b. 人工合成材料衬层可以采用高密度聚乙烯(HDPE),其渗透系数不大于 10^{-12} cm/s,厚度不小于 1.5mm。HDPE 材料必须是优质品,禁止使用再生品。

6.5.3　如果天然基础层的饱和渗透系数大于 1.0×10^{-6} cm/s,则必须选用双人工衬层。双人工衬层必须满足下列条件:

a. 天然材料衬层经机械压实后的饱和渗透系数不应大于 1.0×10^{-7} cm/s,厚度不小于 0.5m;

b. 上人工合成衬层可以采用 HDPE 材料,厚度不小于 2.0mm;

c. 下人工衬层可以采用 HDPE 材料,厚度不小于 1.0mm。

衬层要求的其他指标同 6.5.2 条。

---

　② 防渗层结构包括水平防渗系统和终场防渗系统(封场系统)。

　a. 水平防渗系统包括如下几种[10]。

　单层衬里系统:黏土或高密度聚乙烯(HDPE)膜构成,其上是保护层和渗滤液收集系统,其下是保护层和地下水保护层。

　单复合衬里系统:典型的单复合衬里系统上为柔性膜,下为低渗透性的黏土矿物。

　双层衬里系统:施工和衬里的坚固性及防渗效果不如单复合衬里。

　双复合衬里系统:其上衬里采用的是单复合衬里。

　各种类型的水平防渗系统的防渗层结构见图 29-3-26。

　b. 终场防渗系统包括表土层、保护层、排水层、防渗层、调整层。封场系统构成见表 29-3-30。

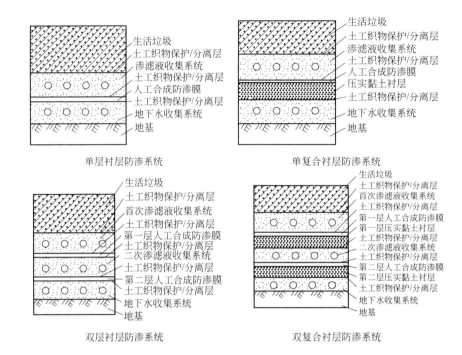

图 29-3-26   填埋场各种类型水平防渗系统的防渗层结构[10]

表 29-3-30   填埋场封场系统构成[1]

性质	层	主要功能	常用材料	备注
土地恢复层	表层	取决于填埋场封场后的土地利用规划,能生长植物并保证植物根系不破坏下面的保护层和排水层,具有抗侵蚀等能力,可能需要地表排水管道等建筑	可生长植物的土壤以及其他天然土壤	需要有地表水控制层
密封工程系统	保护层	防止上部植物根系以及挖洞动物对下层的破坏,保护防渗层不受干燥收缩、冻结解冻等的破坏,防止排水层的堵塞,维持稳定	天然土等	需要有保护层,保护层和表层有时可以合并使用一种材料,取决于封场后的土地利用规划
	排水层	排泄入渗进来的地表水等,降低入渗对下部防渗层的水压力,还可以有气体导排管道和渗滤液回管回收设施等	砂、砾石、土工网格、土工合成材料和土工布	此层并不是必需的,当通过保护层入渗的水量较多或者对防渗层的渗透压力较大时必须要有排水层
	防渗层	防止入渗水进入填埋废物中,防止填埋气体逃离填埋场	压实黏土、柔性膜、人工改性防渗材料和复合材料等	需要有防渗层,通常要有保护层、柔性膜和土工布来保护防渗层,常用复合防渗层
	排气层	控制填埋场气体,将其导入填埋气体收集设施进行处理或者利用	砂、土工网格和土工布	只有当废物产生较大量的填埋场气体时才是必需的

封场系统的结构见图 29-3-27。

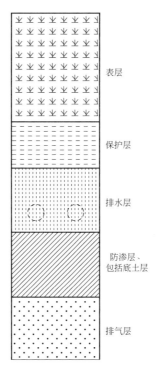

图 29-3-27　封场系统的结构[1]

参考文献

[1] 聂永丰. 环境工程技术手册——固体废物处理工程技术手册. 北京: 化学工业出版社, 2012.

[2] 李国鼎. 环境工程手册——固体废物污染防治卷. 北京: 高等教育出版社, 2003.

[3] 时钧, 汪家鼎, 余国琮, 陈敏恒. 化学工程手册. 第 2 版. 北京: 化学工业出版社, 1996.

[4] GB 5085.1—2007 危险废物鉴别标准 腐蚀性鉴别.

[5] GB 5085.2—2007 危险废物鉴别标准 急性毒性初筛.

[6] GB 5085.3—2007 危险废物鉴别标准 浸出毒性鉴别.

[7] 陈杰瑢. 环境工程技术手册. 北京: 科学出版社, 2008.

[8] GB 18599—2001 一般工业固废储存、处置场污染控制标准（2013 修改版）.

[9] GB 18597—2001 危险废物储存污染控制标准（2013 修改版）.

[10] 宁平. 固体废物处理与处置. 北京: 高等教育出版社, 2007.

[11] HJ/T 176—2005 危险废物集中焚烧处置工程建设技术规范.

[12] 孔连琴. 高浓度含盐废水液中焚烧处理技术. 上海化工, 2014, 39（10）: 1-3.

[13] GB 18484—2001 危险废物焚烧污染控制标准.

[14] 化学工业部环境保护设计技术中心站. 化工环境保护设计手册. 北京: 化学工业出版社, 1998.

[15] GB 18598—2001 危险废物填埋污染控制标准（2013 修订版）.

第30篇
过程安全

主 稿 人：蒋军成　常州大学教授
　　　　　江佳佳　南京工业大学副教授
编写人员：蒋军成　常州大学教授
　　　　　江佳佳　南京工业大学副教授
　　　　　潘旭海　南京工业大学教授
　　　　　邢志祥　常州大学教授
　　　　　王如君　中国安全生产科学研究院
　　　　　王志荣　南京工业大学教授
　　　　　潘　勇　南京工业大学教授
　　　　　王彦富　中国石油大学副教授
　　　　　赵雪娥　郑州大学副教授
　　　　　王　睿　浙江工业大学副教授
　　　　　孙东亮　华东理工大学副教授
　　　　　陈国华　华南理工大学教授
　　　　　喻健良　大连理工大学教授
审 稿 人：赵劲松　清华大学教授

绪论

随着化学过程技术的发展，化学工程师需要对安全方面的基础理论有更加详细的理解。熟知安全基础原理是开发先进安全技术和进行安全工程实践的基础。自 20 世纪 50 年代以来，化工过程安全领域已取得了重大的技术进步。如今，安全的重要性已经等同于生产，并且过程安全已经发展成为一门包括许多高新技术、复杂理论和工程实践的学科。

化工行业安全生产水平的提高，重点体现在使用适当的技术手段，为工厂的安全设计和运行操作提供信息与技术支持。

对"安全"一词，过去人们的理解是通过安全帽、劳保鞋以及制定各种规章制度来预防事故，主要强调的是员工的职业安全。近些年来，"安全"已被"损失预防（loss prevention）"所代替。"损失预防"包括危险辨识、技术评估以及为预防损失而进行的新的工程项目设计。术语"损失预防"可应用于任何工业生产领域，尤其在过程工业中得到了广泛运用，在过程工业中的"损失预防"通常就是指"过程安全"[1]。

过程安全与传统的事故预防方法相比，区别主要在以下几个方面[2]：

① 更多地关注产生于技术之外的事故；

② 更多地强调预知可能发生的危险和在事故发生前采取必要的措施；

③ 更着重于使用系统性方法，尤其是用于危险辨识、评估其发生可能性及后果的系统性方法；

④ 将那些给企业造成破坏、带来经济损失但并没有造成人员伤害的事故，与造成人员伤害的事故一起纳入考虑范畴；

⑤ 更加批判性地看待传统的操作规程和标准。

化工企业和其他的一些工业设施，可能含有大量的危险物料。这些物料由于其本身具有的毒害性、反应性、可燃性或者爆炸性，可能对人员和财产产生危险。化工企业还可能含有大量的能量，这些能量或是存在于处理物料的过程中，或是存在于物料本身。当对这些物料或能量的控制措施失效时，事故就会发生。事故，是指导致不希望的后果发生的无计划事件。这里所说的后果包括人员伤亡、环境破坏、库存和生产的损失以及设备的损坏。

危险是指潜在的、能够对人员、财产或环境造成损害的化学或物理条件。化工企业存在的危险或是来源于被加工物料的固有危险性，或是因为物料处理过程中存在的诸如高温、高压这样的物理条件。这些危险在工业生产的大部分时间都是存在的。事故的发生必有一起始事件。一旦该事件发生，就会跟随一系列可能导致最终事故发生的连锁事件，称为事故链。例如，由腐蚀（起始事件）引发的管道破裂，导致过程中的可燃液体泄漏、可燃液体蒸发，并与空气混合形成可燃性云雾，遇到一个点火源（事故链），最终导致火灾发生（事件结果），产生巨大的火灾危害和生产损失。

风险是根据事件发生的可能性（概率）以及损失或伤亡（后果）程度，对人员伤亡、环境破坏或者经济损失的一种度量。风险包括可能性和后果两个方面。例如，安全带的使用是基于减轻事故造成的后果。

化工行业在所有的制造行业中并不是最危险的。然而就灾难的概率来说，事故发生的可能性总是存在的。尽管化工过程采取了众多的安全计划，但化工事故的相关报道仍然不断出现在媒体上。

1.1 安全计划

一个完整的安全计划，一般需要考虑如图 30-1-1 所示的六个因素[1,2]。

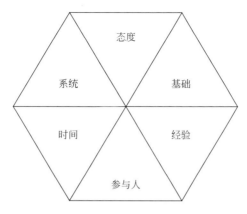

图 30-1-1 一个完整的安全计划的要素

这六个因素是：①系统；②态度；③基础（基本原理）；④经验；⑤时间；⑥参与人。

实施成功的安全计划必须考虑这六个因素，具体展开来说，就是要做到以下几点：

第一，安全计划的制订和实行需要形成一个完整的系统：①对于人机环境系统，分析记录需要做些什么；②做好计划应该做的事情；③完成记录中必须要做的工作。

第二，参与者必须有积极认真的态度。包括认真做好对于计划的实施非常专业的事情。

第三，参与者必须在工厂设计、施工建设以及投入运行后的操作过程中，掌握和使用化工过程安全的基本原理。

第四，每个人必须从历史经验中学习经验教训，避免重蹈覆辙。尤其是岗位操作人员，必须：①阅读并理解历史上的事故案例；②向自己所在机构及其他机构的人征求经验和建议。

第五，每个人应该认识到安全是需要花时间的。这包括花时间去学习，花时间去工作，花时间去记录历史事故的结果，花时间去交流经验和花时间去培训或接受培训。

第六，每个人应该有责任为安全计划的制订与实施做贡献。安全必须被赋予等同于生产的重要程度。实现安全计划的最有效方式，是使每个管理者和员工在工厂中负起责任。只确定安全员为安全负责人的老观念，按照今天的标准是不够的。所有的管理者和员工都要有责任感，具备丰富的安全知识，并且实施安全计划。

一项优秀的安全计划，能够把防止安全隐患的存在放在首位，是企业理念承诺、可见性和管理支持缺一不可的，通常包括下列内容[2]：

① 企业十分重视安全；

② 安全不能仅被优先排序，应是每个人工作职能的一部分；

③ 每个人都要对安全负责，包括管理。

为了使安全计划得以成功实行，通常使用安全策略（包括安全会议、绩效评价、安全审核）和危险源识别与风险评估并行的综合管理方法[3]。

为了保证安全计划的顺利实施，大部分公司都会制定一个相应的安全策略，这包括每月的安全会议、绩效评价和安全审核。每月安全会议的内容包括：有关事故的讨论（以及预防措施）、具体问题的培训、设施的检查和相关安全工作的布置。公司内部对于所有员工的绩效考核应当将安全绩效这一内容纳入其中。

安全审核是确保安全计划按照预期执行的重要手段。通常每年进行一次的审核工作由审核组完成。审核组成员应由企业管理层和现场安全人员组成，此外如有需要，还可以包括工业卫生、毒理学和（或）过程安全等方面的专家。审核组应调查的内容包括：①记录审查（包括事故报告、培训和每月例行会议）；②对企业内的设施进行随机抽查，以查看其是否符合规定；③对企业员工进行面试，以了解他们的安全计划参与情况；④提出对于安全计划改进的建议；⑤评定单位绩效。审核结果要报给高层管理机构，以求指定单位能够结合审核报告对存在的短板实施改进。许多公司在进行审核时往往采用联合审核的方式，即将环境和质量问题的审核也包括在内[4]。

危险源识别与风险评估程序首先从对于工艺过程的完整描述开始，描述包括详细的PFD 和 P&ID 图、所有设备的说明书、维护记录、操作规程等。

接着进行危险识别以确定存在的危险及其类型，包括识别所有具有潜在危险性的事件和场景以及可能导致失控发生的能量或物质。

然后是对事故后果和发生概率的评估。事故的后果由描述物质和能量释放的源模型以及描述事故结果的后果模型共同计算得出。后果模型包括扩散模型、火灾模型和爆炸模型，后果模型得出的结果用于计算、评估事故对人员、环境和财产造成的影响。事故发生的可能性可利用事故树或初始事件及其后续事件序列的通用数据库估算得出。

最后，事故的风险可通过综合考虑每一事件的可能后果、发生频率以及总结所有的事件估计得出。

一旦风险被确定下来，就必须对风险的可接受程度作出判定。这可以通过与一个相对或绝对的标准比较得出。如果风险可以接受，那么此过程可以执行；如果风险是不可接受的，就必须做出一些改变，这可能包括更改工艺设计和操作、进行维护或添加额外的保护层等方法[5,6]。

1.2　事故和损失统计

事故和损失统计是安全计划效果的重要度量。这些统计对于确定过程是否安全，或者安全规程是否能有效地实施是非常有价值的。

常用的事故和损失的统计指标包括[1]：

① OSHA 事件发生率（OSHA，美国职业安全健康管理署）；

② 重大事故率（fatal accident rate，FAR）；

③ 死亡率。

这三项指标都统计了固定的工人人数，在某一确定时期内发生事故和（或）死亡的数量。

OSHA 对职业安全的几个术语进行了定义，工业界使用的职业损失的术语见表 30-1-1。

表 30-1-1 工业界使用的职业损失的术语

概念	定义
急救	对无生命危险的擦伤、割伤、烧伤、扎伤等，进行以检查为目的,任何先前的处理和随后的观察。由单个医生或经注册的职业人员提供的服务,以检查为目的的先前处理和后续的观察,也被认为是急救
发生率	每 100 个专职的员工所发生的职业伤害和(或)职业病,或损失工作日的数量
损失工作日	伤害或疾病发生后(不包括发生当天),员工应该工作却没有工作的天数。也就是说,由于职业伤害或职业病,在这些天中员工没有完成他(或她)在全部或部分工作日,或轮班中规定的任务的全部或部分
医疗处理	在医生的规范下,由医生或经注册的职业人员实施的处置。医疗处置并不包括急救处理,即使急救处理是由医生或经注册的职业人员实施的
职业伤害	由工作事故或单一的瞬时暴露于工作环境中引起的诸如割伤、扭伤或烧伤等伤害
职业病	因暴露于与工作相关的环境因素中引起的,不同于来自职业伤害的任何不正常状态或失调
可记录事件	涉及职业伤害或职业病的事件,包括死亡
可记录重大事件	导致死亡的伤害,不管受伤和死亡之间的时间或者生病的时间长短
可记录的无工作日损失的非死亡事件	不涉及死亡或者工作日损失,但却导致如下情况的职业伤害或职业病发生的事件:①换工作,或结束工作;②不是急救,而是医疗处置;③职业病的诊断;④丧失知觉;⑤工作或运动受到限制
由受限职责引起的可记录损失工作日事件	导致受伤者不能够完成他们通常的职责,但是却能够完成与他们的正常工作相一致的职责的受伤事件
可记录的远离工作的事件	导致受伤者不能够在接下来的正式工作日内返回工作岗位的伤害事件
可记录的医疗事件	需经医生或在医生的规范下实施治疗的伤害。受伤者能够重返工作岗位,并完成其职责。医疗事件包括需要缝合的割伤、二度烧伤(带有水泡的烧伤)、骨折、需要处方药和失去知觉的伤害

OSHA 事件发生率是每 100 个工作年所发生的事故数量。1 个工作年假设包括 2000h (50 工作周/年 × 40h/工作周)。因此，OSHA 事件发生率是建立在工人暴露在危险中 200000h 之上的。OSHA 事件发生率由职业伤害及职业病数量以及在相应时期内的整个员工工作时间来计算的，所用公式为式(30-1-1)、式(30-1-2):

$$\frac{\text{OSHA 事件发生率}}{\text{(基于伤害和疾病)}} = \frac{\text{伤害和疾病数量} \times 200000h}{\text{全体员工在这一时间内的全部工作时间(h)}} \quad (30\text{-}1\text{-}1)$$

发生率也可基于损失工作日来计算，对于这种情况:

$$\frac{\text{OSHA 事件发生率}}{\text{(基于损失工作日)}} = \frac{\text{损失工作日数量} \times 200000h}{\text{全体员工在这一时间内的全部工作时间(h)}} \quad (30\text{-}1\text{-}2)$$

损失工作日的定义见表 30-1-1。

OSHA 事件发生率提供了与工作相联系的、所有类型的伤害和疾病信息，包括死亡。这比仅仅建立在死亡统计上的方法，能提供更好的工人事故的表现形式。例如，工厂可能会发生很多导致员工受伤的小事故，但却没有致人死亡。另外，死亡数据不能从没有额外信息的 OSHA 事件发生率中提取出来。

英国的化工领域主要使用的是 FAR。使用该统计量是因为在公开发表的文献中有一些有用的和引人关注的 FAR 数据。FAR 记录了 1000 名工人在他们整个工作时间内发生死亡的数量。假设工人的整个工作时间为 50 年。这样，FAR 是基于 10^8 个工作小时的，计算公式为式（30-1-3）：

$$FAR = \frac{\text{死亡人数} \times 10^8}{\text{所有员工在这一段时间内的全部工作小时数}} \tag{30-1-3}$$

OSHA 事件发生率和 FAR 都依赖于暴露时间。10h 工作制的工人要比 8h 工作制的工人具有更大的风险。如果暴露时间已知，FAR 可以转换成死亡率（反之亦然）。OSHA 发生率不能够轻易地转换成 FAR 或死亡率，因为它包含了受伤和死亡信息。

有关行业的典型事故统计见表 30-1-2。对于化工厂，表 30-1-2 中记录的 FAR 为 1.2。死亡事故中大约有一半是由一般的工业事故（如高空坠落、物体打击、触电、机械伤害等）所引起；另一半则是由于化学暴露引起的。

表 30-1-2　有关行业的典型事故统计

行业	OSHA 事件发生率		FAR	
	1985 年 1 月	1998 年 2 月	1986 年 3 月	1990 年 4 月
化学及其相关产品	0.49	0.35	4.0	1.2
摩托车	1.08	6.07	1.3	0.6
炼钢	1.54	1.28	8.0	
造纸	2.06	0.81		
煤矿	2.22	0.26	40	7.3
食品	3.28	1.35		
建筑	3.88	0.6	67	5.0
农业	4.53	0.89	10	3.7
肉制品厂	5.27	0.96		
货车运输	7.28	2.10		
所有制造业		1.68		1.2

表 30-1-3，列出了日常非工业行为的死亡统计。表中行为风险分为主动行为风险和被动行为风险。

表 30-1-3　日常非工业行为的死亡统计

行为	FAR/死亡数・$10^8 h^{-1}$	死亡率/死亡数・人$^{-1}$・年$^{-1}$
主动行为		
在家中	3	
开车旅行	57	17×10^{-5}
骑自行车旅行	96	
乘飞机旅行	240	
骑摩托车旅行	660	
划船	1000	

续表

行为	FAR/死亡数·$10^8 h^{-1}$	死亡率/死亡数·人$^{-1}$·年$^{-1}$
攀岩	4000	$4×10^{-5}$
吸烟(20 支·d^{-1})		$500×10^{-5}$
被动行为		
陨石撞击		$6×10^{-11}$
雷击		$1×10^{-7}$
火灾		$150×10^{-7}$
交通事故		$600×10^{-7}$

FAR 的数据表明，如果化工厂有 1000 名员工，那么在他们全部的工作生涯中将有 2 人是由于他们的职业而死去，有 20 人是死于非工业事故（大部分是在家里或道路上），还有 370 人是因为疾病而死去的。在由于职业而死亡的 2 人中，1 人是由于直接化学暴露而死亡的。

人们必须对企业潜在的群死群伤事故予以关注，例如印度的 Bhopal 事故悲剧。事故统计并没有包括单个事故造成的死亡总数的信息，事故统计在此方面还存在不足。例如，设想有两个独立的化工厂。两个工厂都有每 1000 年发生一次爆炸和全部毁坏的可能性。第一家工厂雇用了 1 名操作人员。当这家工厂发生爆炸时，这名工人是唯一的死亡人员。第二家工厂雇用了 10 名操作人员，当这家工厂发生爆炸时，这 10 名工人将全部死亡。在这个例子中，FAR 和 OSHA 事件发生率是相同的，第二家工厂发生的事故造成的死亡人数多，但是它却相应具有较多的暴露时间。在这个例子中，单个员工所承受的风险是相同的。但人类本能地把生命损失大的事故认为是惨剧。潜在的群死群伤事故使人们感觉化工厂是不安全的。

最后一种方法是死亡率或每人每年死亡概率。这种方法不依赖于实际工作时间，它仅仅记录了每人每年预期的死亡数。在暴露时间很难确定的情况下，这种方法对于完成普通人群的计算是很有用的。计算公式如下：

$$死亡率 = \frac{每年死亡人数}{整个可计算人群的总人数} \qquad (30\text{-}1\text{-}4)$$

我国常用的伤亡事故统计指标主要有：

(1) 千人死亡率 表示某时期内，平均每千名职工中因工伤事故造成的死亡人数。其计算公式：千人死亡率＝死亡人数/平均职工人数×1000。

(2) 千人重伤率 表示某时期内，平均每千名职工因工伤事故造成的重伤人数。其计算公式：千人重伤率＝重伤人数/平均职工人数×1000。

(3) 工伤事故严重率 表示某时期内，每人次受伤害的平均损失工作日数。其计算公式：工伤事故严重率＝总损失工作日/伤害人次。

(4) 工伤事故频率 表示某时期内，平均每千名职工中发生事故的次数。其计算公式：工伤事故频率＝事故次数/平均职工人数×1000。

(5) 百万吨死亡率 表示每生产 100 万吨物质（如煤、钢）的平均死亡人数。其计算公式：百万吨死亡率＝死亡人数/实际产量（100 万吨）。

在损失预防中，财产损失和生产损失必须要予以考虑，这些损失可能是巨大的。

伤亡事故经济损失统计，指企业职工在生产工作过程中发生的伤亡事故所引起的一切经济损失，包括直接经济损失和间接经济损失：

（1）直接经济损失　是指因事故造成人身伤亡及善后处理所支出的费用和毁坏财产的价值。其计算范围包括：①医疗费用（含护理费用）；②丧葬费及抚恤费；③补助及救济费用；④歇工工资；⑤处理事故的事务性费用；⑥现场抢救费用；⑦清理现场费用；⑧事故罚款和赔偿费用；⑨固定资产损失价值；⑩流动资产损失价值。

（2）间接经济损失　是指因事故导致产值减少、资源破坏和受事故影响而造成其他损失的价值。其计算范围包括：①停产、减产损失价值；②工作损失价值；③资源损失价值；④处理环境污染的费用；⑤补充新职工的培训费用及其他损失费用。

造成财产和生产损失的事故要比死亡事故更常见。图 30-1-2 所示的事故金字塔说明了这一点。图中所给出的数据仅仅是近似值，具体的数据根据行业、地点和时间的变化而变化。"无破坏事故"通常称为"未遂事故"，它为企业提供了一个非常好的机会来发现自身所存在的问题，并且在较严重的事故发生之前进行改正。这就是通常所说的"事故的发生在事故发生以前是可预见的"。

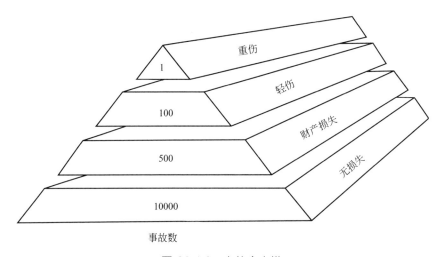

图 30-1-2　事故金字塔

安全是一项投资，像大多数经济活动情况一样，企业具有一个安全效益的最优点，超过这一点就会造成效益减少。正如 Kletz 所指出的，如果钱一开始就花费在安全上，工厂就会避免发生爆炸，有经验的员工就会避免受伤，因为减少了损失，所以回报增加。如果安全开支增加，那么回报也会随之增加，但是增加量可能并不和以前的一样多，同时可能也不如把钱花在其他任何方面带来的回报那样多。如果安全开支继续增加，产品的价格就会增加、销量就会下降。人们的确会免于受伤，但是成本使销售额降低。最终，非常高的安全投入会导致毫无竞争力的产品价格，直至企业将停产。每一家企业都需要确定一个恰当的安全投入，而这正是风险管理的一部分。

从技术的观点出发，在安全设施上花费过多的资金去解决简单的问题，可能会给整个系统带来过度的复杂化，并因此引发出新的安全问题。如果这些过度的安全投入被分配给不同的安全问题，那么就能够带来高的安全回报。工程师们在设计安全改进措施时也需要考虑其他的可选方案。

1.3 可接受风险

每一个化工过程都存在一定程度的风险，人们不可能完全消除风险。在设计阶段的某些时候，设计人员需要确定所存在的风险是否可接受。工程师们必须在安全投入限度内，尽一切努力来减少风险。

1.4 公众感知

一般大众对于可接受风险的概念很困惑。主要的障碍要归因于可接受风险的强制性特点。确定可接受风险的化工厂设计人员，假定这些风险对于居住在工厂附近的居民是可接受的。

对于化学品危害的公众观点调查结果[1]，见图30-1-3。调查询问的问题是化学品的好处大于坏处，还是坏处大于好处，或者两者相当。结果表明，三者所占比例相差不大，认为好处和坏处相当的人稍多一些。

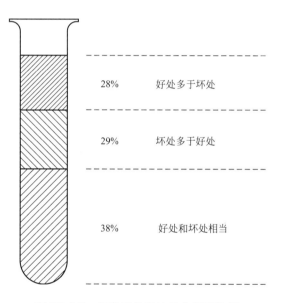

28%　　好处多于坏处

29%　　坏处多于好处

38%　　好处和坏处相当

图 30-1-3 化学品危害的公众调查结果

一些自然主义倡导者建议通过"回归大自然"来消除化工厂的危害。例如，通过使用自然纤维（如棉花）来代替化工生产的化学纤维。

1.5 事故过程特征

化工厂事故遵循着典型的模式。为了预测将来可能发生的事故类型，研究这些模式是非常重要的。如表30-1-4所示，火灾是很常见的，接下来是爆炸和毒物释放。在死亡概率方面，以上顺序将相反，即毒物释放对于死亡具有最大的潜在危险性。

第**30**篇

表 30-1-4 三种化工事故类型

事故类型	发生的可能性	潜在死亡概率	潜在的经济损失
火灾	高	低	中
爆炸	中	中	高
毒物释放	低	高	低

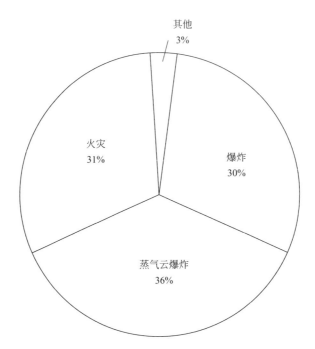

图 30-1-4 化工厂事故损失类型[1]

对于涉及爆炸的事故，其造成的经济损失很大。爆炸的大多数破坏形式是非受限蒸气云爆炸，大量易挥发和易燃蒸气云团被释放出来，并扩散穿越至整个厂区，然后被引燃，发生蒸气云爆炸。大量的化工事故分析见图 30-1-4。正如所阐明的那样，蒸气云爆炸导致的损失在各类事故中占有的百分比最大。图中的"其他"类包括洪水和暴风导致的损失。毒物释放对于重要的装置几乎不会导致破坏。

化工厂中造成损失最多的事故原因是机械失效，这种类型的失效通常是由于维护的问题。如果没能得到正确的维护，泵、阀门和控制设备就会失效。第二大原因是操作者的误操作。例如，阀门没能按照正确的顺序开启或关闭，或者反应物没能按照正确的顺序投放到反应器中。而由诸如能量或冷却水失效造成的过程紊乱占损失的 11%。

人为失误经常被认定为事故发生的主要原因。除了由自然灾害引起的事故外，几乎所有的事故都能归结于人为失误。例如，机械失效可以归因于没能正确维护或检查的人为失误。

图 30-1-5 是对与大量事故相关装备类型的调查。除混杂的或未知的以外，管道系统失效占了事故的大多数，其次是储罐和反应器。

事故过程一般分为三步。下面以一起化工厂事故为例，进行说明：

一名工人在徒步穿越工厂内的高架人行道时，被绊倒并跌向一边。为了防止掉下去，他抓住了附近的阀杆。不幸的是，阀杆被折断了，易燃液体喷了出来。可燃蒸气云团迅速形成，并被附近的卡车引燃。爆炸和火灾迅速蔓延到了附近的设备。火灾持续了 6 天，直到该工厂所有的可燃物质被燃烧完，该工厂被彻底摧毁。

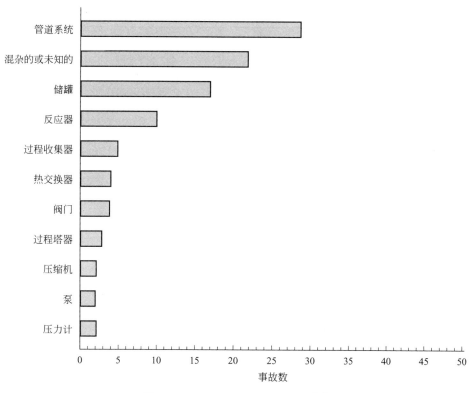

图 30-1-5 不同设备导致事故数[1]

该事故导致 4161000 美元的经济损失。它说明了非常重要的一点：即使是最简单的事故，也有可能导致重大的灾难发生。

大多数事故都遵循如下的三个步骤：

① 开始（引发事故的事件）；

② 发展（使事故持续或扩展的事件）；

③ 结束（使事故终止或在尺寸上减小的事件）。

在这个例子中，工人的摔倒引发了该事故。事故因为阀杆的折断和所导致的爆炸及火灾而得到进一步发展。所有可燃物质的燃烧完毕，终止了这次事故。

事故过程的控制措施见表 30-1-5，表中阐述了完成上述内容的一些方法。从理论上讲，事故能够通过消除开始事件而被终止，但实际上这并没有效果。指望消除所有的开始事件是不切实际的，更为有效的方法是致力于对事故过程三个步骤的研究，以使事故难以发生、难以发展，并尽可能快地被终止。

表 30-1-5 事故过程的控制措施

步骤	期望的效果	措　施
开始	减少	连接和接地 惰化 防爆电器 栏杆和防护装置 维修程序 高温作业许可证 人性因素设计 过程设计 对化学品危险特性的意识

续表

步骤	期望的效果	措　施
发展	减缓	物质紧急转移 减少可燃物质的储存总量 设备间距和位置 采用阻燃建筑材料 安装止回阀和紧急隔断阀
结束	加快	救火设施和程序 泄放系统 自动喷水系统 安装止回阀和紧急隔断阀

　　事故案例的学习对事故的预防是很重要的一个环节。要理解历史上发生的事故，需要掌握事故描述中经常使用的概念（表 30-1-6）。

表 30-1-6　事故描述中常见的概念

词语	定义
事故	产生非预期的伤害、死亡或财产损失的一系列事件的发生。"事故"是指这些事件，而不是事件的结果
危害	潜在的能够对人、财产或环境造成破坏的化学或物理因素
事件	物质或能量的损失，但不是所有的事件都能导致故障，也不是所有的故障都能演化为事故
后果	对事件结果的预期效应的度量
可能性	对事件发生的预期或频率的度量。可以表达为在一定的时间间隔内的发生次数或可能性，或者条件概率
风险	根据事件发生的可能性和损失或伤亡的数量对人员伤亡、环境破坏或者经济损失的一种度量
风险分析	理解风险本性和确定风险等级的过程，是在风险辨识的基础上，考虑到分析对象及其周边环境的实际情况，综合分析确定发生风险情景的可能性及危害程度，根据已经制定的风险准则，确定风险等级
风险评价	风险分析结果与风险准则相比，以决定风险的大小是否可接受或容忍的过程

1.6　事故案例

　　学习事故案例能为涉及过程安全的化学工程师提供有价值的信息。参考这些信息来改进工艺过程，以防止将来类似事故的发生。

　　在本节介绍四起典型的事故案例。这四起事故对于公众都有重大的影响，也促使化学工程师在实践中更多地考虑过程安全。

　　【例 30-1-1】　盐城氟源化工有限公司"7·28"爆炸事故

　　2006 年 7 月 28 日，位于江苏省盐城市射阳县的盐城氟源化工有限公司的 1 号厂房（2400m²，钢框架结构）发生一起爆炸事故，死亡 22 人，受伤 29 人，其中 3 人重伤。

　　该公司主要产品是 2,4-二氯氟苯（生产能力 4000t·a⁻¹）。1 号生产厂房由硝化工段、氟化工段和氯化工段三部分组成。硝化工段是在原料氟苯中加入混酸二次硝化，生成 2,4-二硝基氟苯；氟化工段是在外购的 2,4-二硝基氯苯原料中加入氟化钾，置换反应生成 2,4-二硝基氟苯；氯化工段是在氯化反应塔中加入上述两个工段生产的 2,4-二硝基氟苯，在一定温度下通入氯气反应，生成最终产品 2,4-二氯氟苯。

2006 年 7 月 27 日 15 时 10 分，该公司试生产首次向氯化反应塔塔釜投料。17 时 20 分通入导热油加热升温；19 时 10 分，塔釜温度上升到 130℃，此时开始向氯化反应塔塔釜通氯气；20 时 15 分，操作工发现氯化反应塔塔顶冷凝器没有冷却水，于是停止向釜内通氯气，关闭导热油阀门。28 日 4 时 20 分，在冷凝器仍然没有冷却水的情况下，又开始通氯气，并开启导热油阀门继续加热升温；28 日 7 时，停止加热；28 日 8 时，塔釜温度为 220℃，塔顶温度为 43℃；28 日 8 时 40 分，氯化反应塔发生爆炸。据估算，氯化反应塔物料的爆炸当量相当于 406kg 梯恩梯（TNT），爆炸半径约为 30m，造成 1 号厂房全部倒塌。

经调查分析，事故的直接原因是：在氯化反应塔冷凝器无冷却水、塔顶没有产品流出的情况下没有立即停车，而是错误地继续加热升温，使物料（2,4-二硝基氟苯）长时间处于高温状态并最终导致其分解爆炸。

根据事故调查的情况，该事故暴露出该公司存在以下突出问题：

① 该项目没有执行安全生产的相关法律法规，在新建企业未经设立批准（正在后补设立批准手续）、生产工艺未经科学论证、建设项目未经设计审查和安全验收的情况下，擅自低标准进行项目建设并组织试生产，而且其违法试生产五个月后仍未取得项目设立批准。

② 该企业违章指挥、违规操作，现场管理混乱，边施工、边试生产，埋下了事故隐患。现场人员过多，也是人员伤亡扩大的重要原因。

【例 30-1-2】 "11·22" 中国石化东黄输油管道泄漏爆炸事故

2013 年 11 月 22 日凌晨 3 点，位于青岛市黄岛区秦皇岛路与斋堂岛路的交会处，中国石化输油储运公司潍坊分公司输油管线破裂，事故发现后，约 3 点 15 分关闭输油，斋堂岛街约 1000m² 路面被原油污染，部分原油沿着雨水管线进入胶州湾，海面过油面积约 3000m²。黄岛区立即组织在海面布设两道围油栏。处置过程中，当日上午 10 点 30 分许，黄岛区沿海河路和斋堂岛路交会处发生爆燃，同时在入海口被油污染的海面上发生爆燃。事故共造成 62 人遇难，136 人受伤，直接经济损失 7.5 亿元。

经调查分析，事故直接原因是：输油管道与排水暗渠交会处管道腐蚀减薄、破裂，导致原油泄漏，流入排水暗渠及反冲到路面。原油泄漏后，现场处置人员采用液压破碎锤在暗渠盖板上打孔破碎，撞击产生火花，引发暗渠内油气爆炸。

由于与排水暗渠交叉段的输油管道所处的区域土壤盐碱和地下水氯化物含量高，同时排水暗渠内随着潮汐变化而海水倒灌，输油管道长期处于干湿交替的海水及盐雾腐蚀环境，加之管道受到道路承重和振动等因素影响，导致管道加速腐蚀减薄、破裂，造成原油泄漏。泄漏点位于秦皇岛路桥涵东侧墙体外 15cm，处于管道正下部位置。经计算认定，原油泄漏量约 2000t。泄漏原油部分反冲出路面，大部分从泄漏处直接进入排水暗渠。泄漏原油挥发的油气与排水暗渠空间内的空气形成易燃易爆的混合气体，并在相对密闭的排水暗渠内积聚。由于原油泄漏到发生爆炸达 8 个多小时，受海水倒灌的影响，泄漏原油及其混合气体在排水暗渠内蔓延、扩散、积聚，最终造成大范围连续爆炸。

根据事故调查的情况，该事故暴露出以下的问题：

① 中国石化集团公司及下属企业安全生产主体责任没有落实，隐患排查治理不彻底，现场应急处置措施不当。

② 青岛市人民政府及开发区管委会贯彻落实国家安全生产法律法规不力。

③ 管道保护工作主管部门履行职责不力，安全隐患排查治理不深入。

④ 开发区规划、市政部门履行职责不到位，事故发生地段规划建设混乱。

⑤ 青岛市及开发区管委会相关部门对事故风险研判失误，导致应急响应不力。

【例 30-1-3】 印度博帕尔事故

1984 年 12 月 3 日发生在印度博帕尔（Bhopal）的异氰酸甲酯（methyl isocyanate，MIC）泄漏事故，是迄今为止最严重的工业安全事故。

Bhopal 工厂位于印度中部的 Madhya Pradesh 州。该工厂一部分属于联合碳化物公司，一部分属于当地政府。在工厂建造的时候，最近的居民离工厂有 1.5mile（1mile = 1609.344m）。因为工厂是该地区的主要雇佣单位，附近区域最终就形成了平民居住地。

该工厂生产杀虫剂，生产过程中的中间产物是异氰酸甲酯（MIC）。MIC 是一种非常危险的化合物。它容易发生反应、有毒、易挥发和易燃烧。对于 8h 工作制的工人，其最大暴露浓度是 $0.02mg \cdot L^{-1}$。如果人暴露于浓度超过 $21mg \cdot L^{-1}$ 的 MIC 蒸气中，鼻子和喉咙将遭受严重刺激。当蒸气浓度很大时，人们将会由于呼吸困难而死亡。

MIC 具有很多危险物性。在常压下的沸点是 39.1℃，20℃ 时的蒸气压是 348mmHg（1mmHg = 133.322Pa）。蒸气密度大约是空气的 2 倍，这表明一旦释放，蒸气将停留在地面附近。

MIC 与水发生放热反应。虽然反应速率很慢，但是冷却不充分将导致温度升高，促使 MIC 沸腾。为防止此问题的发生，要对 MIC 储罐进行冷却。

由于当地工人的阻止，使用 MIC 的单元并没有运行。不知何故，存储有大量 MIC 的储罐被水或其他物质污染。化学反应将 MIC 加热到温度超过其沸点。MIC 的蒸气通过泄压系统，进入到气体洗涤塔和火炬系统中，而这些系统安装的目的就是在释放情况下将 MIC 消耗掉。不幸的是，由于各种原因，气体洗涤塔和火炬系统没有工作。大概有 25t 的 MIC 有毒蒸气被释放出来造成了 2.5 万人直接致死，55 万人间接致死，另外有 20 多万人永久残疾的人间惨剧。工厂内的工人没有死伤，设备也没有遭到破坏。

污染 MIC 的确切原因并不知道。如果事故是由工艺过程的问题引起的，那么执行完好的安全检查是能够确定该问题的。气体洗涤塔和火炬系统应该正常运行以阻止 MIC 释放的发生。危险化学品的存储量，特别是中间产物应该最少化。

Bhopal 使用的反应图解如图 30-1-6 所示，该反应得到了危险性中间产物 MIC。该反应图解涉及了低危险性的中间产物氯甲酸酯。另外的解决办法是重新设计该工艺过程，减少危险的 MIC 的产生量。其中一种设计方案是在工艺过程中，高度局限化的空间内产生和消耗 MIC，且 MIC 的量少于 20lb（1lb = 0.45359237kg）。

【例 30-1-4】 意大利塞维索（Seveso）化学污染事故

Seveso 是一个距离米兰（Milan）15mile 的意大利小镇，约有居民 17000 人。一家 Icmesa 化学公司所属的工厂就位于该镇，其产品是六氯酚，是一种杀菌剂，反应的中间产物是三氯苯酚。通常情况下，反应器中会有少量的、不需要的副产物二噁英（TCDD）产生。

TCDD 也许是已知的、对人类最具烈性的毒素。动物研究表明，TCDD 的致死剂量小到身体体重的 1×10^{-9}。由于 TCDD 不溶于水，消除其是很困难的。未达到致死剂量的 TCDD 会导致氯痤疮，这是一种类似于痤疮的疾病，能够持续很多年。

1976 年 7 月 10 日，三氯苯酚反应器失去控制，导致操作温度大大高于正常操作温度，并增加了 TCDD 的生成。估计有 2kg 的 TCDD 通过泄压系统释放了出来，在 Seveso 上空形

异氰酸甲酯路线：

$$CH_3NH_2 + COCl_2 \longrightarrow CH_3N = C = O + 2HCl$$

甲胺　　光气　　　　　　　　异氰酸甲酯

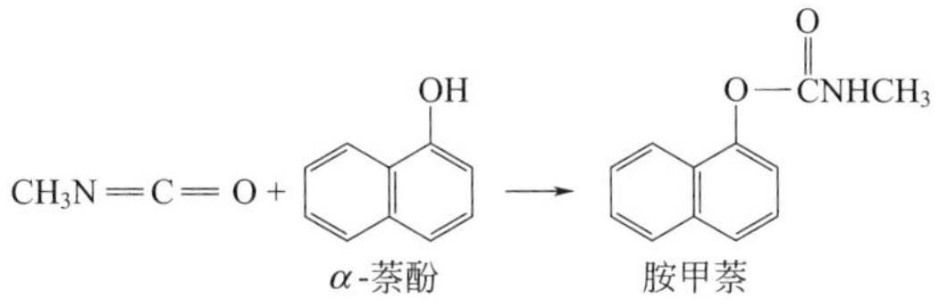

(a)

非异氰酸甲酯路线：

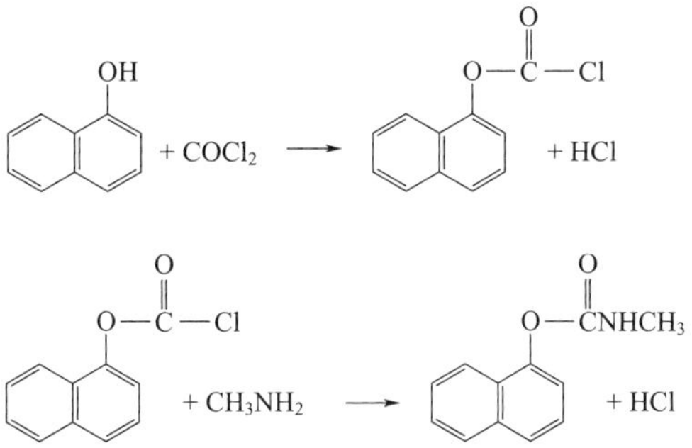

(b)

图 30-1-6　Bhopal 使用的异氰酸甲酯反应路线（a）和
建议采用的使用较少危险中间体的另外一条路线（b）

成白色的云团。随后的暴雨将 TCDD 冲刷进了土壤。大约 10mile^2（$1\text{mile}^2 = 2.58999 \times 10^6\,\text{m}^2$）的区域受到了污染。

由于与当地政府没有很好沟通，几天以后居民才开始转移。而那时已经有 250 多起氯痤疮病例被报道。600 多人被迫转移，2000 多人进行了验血检查。邻近工厂遭受严重污染的区域被封闭，这种情况一直持续至今。

TCDD 有毒，且持续时间长。1963 年印度 Duphar 发生了类似的、少量的 TCDD 释放，印度将 TCDD 装入混凝土箱中并扔进大海。当时 TCDD 释放了不到 200g，污染物被局限在工厂里。50 人被派去消除释放，最终有 4 人因暴露而死亡。

如果使用了正确的抑制系统来抑制反应器的释放，Seveso 和 Duphar 事故是能够避免的。正确地运用基本工程安全理论，也能阻止这两起事故的发生。首先，通过采用正确的措施，开始步骤是不会发生的；其次，通过使用正确的危险评价程序，在事故发生之前，危险是能够被辨识出来并得到改正的。

参考文献

[1]　[美]丹尼尔 A 克劳尔，约瑟夫 F 卢瓦尔. 化工过程安全理论及应用（原著第二版）. 蒋军成，潘旭海，译. 北京：化学工业出版社，2006.

第 **30** 篇

[2] Steinmeyer D E. Perry's Chemical Engineers' Handbook, Eighth Edition. New York: McGraw-Hill, 2008.

[3] AICHE/CCPS. Guidelines for Chemical Process Quantitative Risk Analysis; 2d ed. New York: American Institute of Chemical Engineers, 2000.

[4] AICHE/CCPS. Guidelines for Hazards Evaluation Procedures: 2d ed. New York: American Institute of Chemical Engineers, 1992.

[5] Crowl D A, Louvar J F. Chemical Process Safety: Fundamentals with Applications, 2d ed. Englewood Cliffs, New Jersey: Prentice-Hall, 2002.

[6] Mannan S. Lees' Loss Prevention in the Process Industries: 3d ed. Amsterdam, Boston: Elsevier Butterworth-Heinemann, 2005.

2

化工过程安全理论基础

2.1　火灾和爆炸

化工厂和炼油厂的火灾、爆炸事故一旦发生，将会造成灾难性的后果。事故统计数据显示，火灾、爆炸事故占化工行业重大事故总数的比例约 97%。

因此，为了预防火灾、爆炸事故，需要做到以下几点[1]：

① 了解火灾和爆炸的基本原理；

② 对可燃性和爆炸性物质的物理、化学性质进行准确的实验测定；

③ 将这些危险物料的已知特性在工厂环境下进行准确运用。

目前，已经开发出了一些安全处置易燃、易爆材料并减轻爆炸影响的技术。但要借此预防火灾、爆炸事故的发生，仍存在挑战[1]：

① 燃烧行为可以划分为多个不同的种类，并且依赖于许多参数；

② 对于火灾、爆炸机理和动力过程的理解尚不完善，预测方法也仍在开发；

③ 已获得的火灾、爆炸特性数据仅在某一特定实验装置和过程下获得，并非普遍适用；

④ 缺乏从标准装置获得的、具有一致性的高质量数据；

⑤ 在实际工厂环境下应用这些已经获得的特性数据显得十分困难。

2.1.1　火三角

燃烧的本质因素是燃料、氧化剂和点火源。这些因素的相互关系可以通过如图 30-2-1 所示的火三角进行阐明[2,3]。

火灾或燃烧，是被引燃的燃料快速释放热量的氧化过程。燃料可以是固体、液体或蒸气，蒸气或液体燃料一般很容易被点燃。燃烧总是发生在气相中；燃烧发生之前，液体挥发为蒸气以及固体熔化、挥发或分解放出蒸气[2]。

当燃料、氧化剂和点火源处于所需要的水平时，燃烧就会发生。这意味着如果没有燃料或燃料的量不够、没有氧化剂或氧化剂的量不够、点火源的能量不足以引发燃烧时，火灾是不会发生的[3]。

普通火三角三组分的两个例子是木材、空气和火柴，汽油、空气和火花。然而，其他一些化学物质的不明显化合也能导致火灾、爆炸。化学工业中通常存在的各种可燃物、助燃剂和点火源包括[2]：

可燃物：

　　液体：汽油、丙酮、戊烷。

　　固体：塑料、木柴粉末、纤维、金属颗粒。

　　气体：乙炔、丙烷、一氧化碳、氢气。

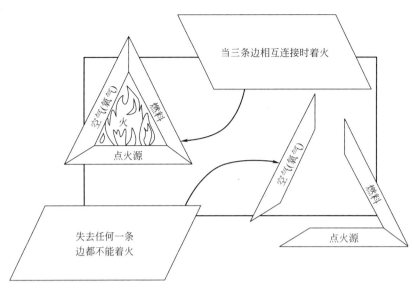

图 30-2-1 火三角

助燃剂：

气体：氧气、氟气、氯气。

液体：过氧化氢、硝酸、高氯酸。

固体：金属过氧化物、亚硝酸铵。

点火源：

火花、火焰、静电、热。

控制火灾、爆炸的常用方法是消除或减少点火源。实践经验证明，这并不是很有效，因为大多数易燃物质的点火能非常低，点火源的种类也很多。因此，目前防止火灾、爆炸的做法是在继续消除点火源的同时，尽最大努力阻止可燃性混合物的形成。

2.1.2 基本概念

下面给出了经常使用的与火灾、爆炸有关的概念[2,7]。

燃烧或火灾：燃烧或火灾是物质与氧化剂结合，并释放出能量的化学反应。释放出来能量中的一部分用来维持燃烧。火灾是不可控的燃烧。

引燃：可燃性混合物的引燃可能是由可燃性混合物同具有足够能量的点火源接触而引起的，或者是气体达到足够高的温度导致自燃引起的。

自燃点（auto-ignition temperature，AIT）：是指在规定的条件下，可燃物质发生自燃的最低温度。

闪点（flash point，FP）：液体的闪点是能释放出足够蒸气，并与空气混合成可点燃的混合物的最低温度。在闪点处，蒸气仅仅是暂时性燃烧；没有足够的蒸气来维持燃烧。闪点通常随压力的增加而增加。

可以使用几种不同的实验方法来确定闪点。每种方法得到的数值稍微不同。通常最常用的两种方法是开杯和闭杯，这主要取决于实验设备的物理结构。开杯闪点比闭杯闪点略高几度。

燃点：液体上部的蒸气一经点燃便能持续燃烧的最低温度；燃点比闪点高。

燃烧极限：蒸气和空气混合物只有在一定的组成浓度范围内才能被引燃并燃烧。当组成浓度低于燃烧下限（lower flammability limit，LFL）时，混合物将不能燃烧；混合物对于燃烧来说浓度太低了。当组成浓度太高时，即当超过燃烧上限（upper flammability limit，UFL）时，混合物也不能燃烧。混合物当且仅当组成浓度处于 LFL 和 UFL 之间时，才能燃烧。通常使用燃料的体积分数（燃料气体占混合气体的百分比）表示。

爆炸下限（LEL）和爆炸上限（UEL）与燃烧下限（LFL）和燃烧上限（UFL）可互换使用。

爆炸：爆炸是气体的快速膨胀，并导致压力迅速改变或产生冲击波。膨胀可以是机械的（依靠带压容器的突然破裂），或者是快速化学反应的结果。爆炸伤害是由压力或冲击波造成的。

机械爆炸：这种爆炸是由装有高压、非反应性气体的容器的突然失效造成的。

爆燃：在这种爆炸中，反应前沿的移动速度低于声音在未反应介质中的传播速度。

爆轰：在这种爆炸中，反应前沿的移动速度高于声音在未反应介质中的传播速度。

受限爆炸：这种爆炸发生在容器或建筑物中。这种情况很普遍，并且通常导致建筑物中居民受到伤害和巨大的财产损失。

无约束爆炸：无约束爆炸发生在空旷地区。这种类型的爆炸通常是由可燃性气体泄漏引起的。气体扩散并同空气混合，直到遇到点火源。无约束爆炸发生情况比受限爆炸少，因为爆炸性物质常常被风稀释到低于 LFL。无约束爆炸都是破坏性的，因为通常会涉及大量的气体和较大的区域。

沸腾液体扩展蒸气爆炸（boiling liquid expanded vapor explosion，BLEVE）：如果装有温度高于其在大气压下的沸点温度的液体的储罐破裂，就会发生 BLEVE。当 BLEVE 发生之后，容器内大部分物质爆炸性汽化；如果汽化后形成的蒸气云是可燃的，还会发生燃烧或爆炸。当外部火焰烘烤装有易挥发性物质的储罐时，这种类型的爆炸就会发生。随着储罐内物质温度的升高，储罐内液体的蒸气压增加，由于受到烘烤，储罐的结构完整性降低。如果储罐破裂，过热液体就会爆炸性地蒸发。

粉尘爆炸：悬浮在空气中的可燃性固体颗粒接触到火焰（明火）或电火花等任何着火源时发生的爆炸现象。

冲击波：是沿气体移动的、不连贯的压力波。敞开空间中的冲击波后面是强烈的大风；冲击波与风结合后称为爆炸波。冲击波中的压力增加很快，因此，其过程几乎是绝热的。

超压：由冲击波引起的、作用在物体上的压力。

最小点火能：引起可燃物燃烧的最小输入能量。

各种燃烧特性之间的关系见图 30-2-2，其横坐标是温度，纵坐标是可燃蒸气浓度，该图显示了上述部分概念之间的联系。图 30-2-2 中的指数曲线代表液体物质的饱和蒸气压曲线。通常情况下，随着温度升高，UFL 增加，而 LFL 减少。理论上，LFL 与饱和蒸气压曲线在闪点处相交，但实际上，实验得出的数据与此并不一致。自燃温度实际上是自燃区域的最低温度。可燃物在自燃区域内的行为和高温下的燃烧极限，目前还属未知状态。

2.1.3　燃烧特性

2.1.3.1　蒸气混合物

混合物的燃烧极限（包括 LFL 和 UFL）经常被使用。混合物的燃烧极限可以由 Le

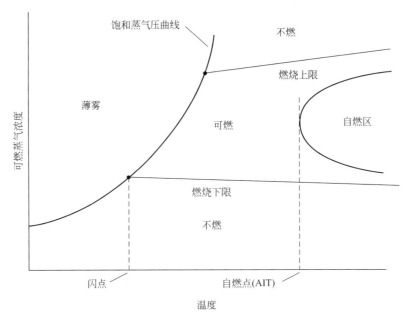

图 30-2-2   各种燃烧特性之间的关系

Chatelier 方程计算得出：

$$\mathrm{LFL_{mix}} = \frac{1}{\displaystyle\sum_{i=1}^{n} \frac{y_i}{\mathrm{LFL}_i}} \tag{30-2-1}$$

式中，LFL_i 为燃料-空气混合物中组分 i 的燃烧下限（体积分数）；y_i 为组分 i 占可燃物质部分的摩尔分数；n 为可燃物质的数量。

同样：

$$\mathrm{UFL_{mix}} = \frac{1}{\displaystyle\sum_{i=1}^{n} \frac{y_i}{\mathrm{UFL}_i}} \tag{30-2-2}$$

式中，UFL_i 为燃料-空气混合物中组分 i 的燃烧上限（体积分数）。

Le Chatelier 方程是由经验得到的，并不具有普遍的适用性。Mashuga 和 Crowl 通过热力学计算，建立了 Le Chatelier 方程。该方程中存在以下假设[4]：

① 物质的热容是常数；

② 气体的物质的量是常数；

③ 纯物质的燃烧动力学是独立的，并不受其他可燃物质的存在而变化；

④ 燃烧极限内绝热温度的上升对于所有的物质都是相同的。

这些假设对于 LFL 的计算非常有效，但对于 UFL 的计算，有效性稍有降低。

Le Chatelier 方程的正确使用，需要相同温度和压力下的燃烧极限数据。此外，文献中所报道的燃烧极限数据的来源可能是不同的，数据上也可能存在较大的差别。

2.1.3.2   液体混合物

闪点是用来表征液体的火灾爆炸危险性的主要参数之一。

闪点可使用如图 30-2-3 所示的开杯闪点测定仪来确定。

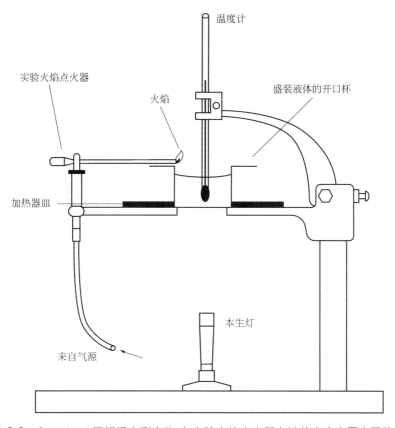

图 30-2-3 Cleveland 开杯闪点测定仪（ 实验火焰点火器在液体上方水平来回移动 ）

将需要测定的液体置于开杯中，使用温度计测量液体温度，使用本生灯（煤气灯）加热液体。在可移动的短棒的末端点燃形成微弱的火焰。加热期间，短棒在敞开的液池上方来回缓慢地移动。最终达到某一温度，在该温度液体挥发出足够多的可燃性蒸气，并产生瞬间的闪燃火焰。发生这一现象的温度称为闪点。需要注意的是，在闪点处，仅仅产生瞬间火焰；较高一点的温度称为燃点，在该点产生连续的火焰。

开杯闪点测定过程存在的问题是，开杯上方的空气流动可能会改变蒸气浓度而使实验测定的闪点值偏高。为了防止出现这些情况，更多新式的闪点测定方法都采用闭杯法。对于这种仪器，在杯的顶部有一个需要手动打开的小门。液体放在预先加热的杯中，并停留一段时间。随后打开这个小门，液体暴露于火焰中。闭杯闪点测试法通常使实验测定的闪点值偏低。

Satyanarayana 和 Rao 指出，纯物质的闪点同液体的沸点的关联很好。使用式（30-2-3）计算，能够使超过 1200 种化合物的闪点值的误差低于 1%[5]。

$$T_f = a + \frac{b(c/T_b)^2 e^{-c/T_b}}{(1-e^{-c/T_b})^2}$$

(30-2-3)

式中，T_f 为闪点，K；a、b、c 为常数，见表 30-2-1；T_b 为物质的沸点，K。

如果多组分混合物中仅有一种组分是可燃的，并且如果该可燃组分的闪点已知，那么就可以估算该混合物的闪点。对于可燃组分超过一种的多组分混合物，推荐使用实验测定的闪点。

表 30-2-1   式(30-2-3)中用来预测闪点所使用的常数

化学组成	a	b	c
烃	225.1	537.6	2217
醇	230.8	390.5	1780
胺	222.4	416.6	1900
酸	323.2	600.1	2970
醚	275.9	700.0	2879
硫黄	238.0	577.9	2297
酯	260.8	449.2	2217
酮	260.5	296.0	1908
卤素	262.1	414.0	2154
醛	264.5	293.0	1970
含磷化合物	201.7	416.1	1666
含氮化合物	185.7	432.0	1645
石油馏分	237.9	334.4	1807

2.1.3.3   燃烧极限随温度的变化

通常情况下，燃烧范围随着温度的升高而增加。式(30-2-4)、式(30-2-5)的经验公式适用于蒸气：

$$\mathrm{LFL_T}=\mathrm{LFL_{25}}-\frac{0.75}{\Delta H_c}(T-25) \tag{30-2-4}$$

$$\mathrm{UFL_T}=\mathrm{UFL_{25}}+\frac{0.75}{\Delta H_c}(T-25) \tag{30-2-5}$$

式中，ΔH_c 为净燃烧热，$\mathrm{kcal \cdot mol^{-1}}$（1cal＝4.1868J）；$T$ 为温度，℃。

2.1.3.4   燃烧极限随压力的变化

除非在非常低的压力下（<50mmHg），否则，压力对 LFL 的影响很小，因为在很低的压力下，火焰不传播。

随着压力的增长，UFL 增加很快，从而扩大了燃烧范围。蒸气的 UFL 随压力变化的经验公式为式(30-2-6)：

$$\mathrm{UFL}_p=\mathrm{UFL}+20.6(\lg p+1) \tag{30-2-6}$$

式中，p 为压力（绝对压力），MPa；UFL 为燃烧上限，1atm 下燃料在空气中的体积分数。

2.1.3.5   燃烧极限估算

在某些情况下，如果无法得到实验数据，那么就需要对燃烧极限进行估算。燃烧极限很容易测定，通常推荐采用实验的方法。

Jones 发现，对于许多烃类蒸气，LFL 和 UFL 是燃料化学计量浓度（c_{st}）的函数[6]：

$$\mathrm{LFL}=0.55c_{st} \tag{30-2-7}$$

$$UFL = 3.50c_{st} \tag{30-2-8}$$

式中，c_{st} 为燃料在空气中的体积分数。

大多数有机化合物的化学计量浓度，可使用通常的燃烧反应来确定。

$$C_m H_x O_y + zO_2 \longrightarrow mCO_2 + \frac{x}{2}H_2O \tag{30-2-9}$$

由化学计量学，有：

$$z = m + \frac{x}{4} - \frac{y}{2}$$

式中，z 的单位是 mol。

需要进行额外的化学计算和单位变换来确定作为 z 的函数的 c_{st}：

$$
\begin{aligned}
c_{st} &= \frac{\text{燃料的物质的量}}{\text{燃料的物质的量}+\text{空气的物质的量}} \times 100 \\
&= \frac{100}{1 + \dfrac{\text{空气的物质的量}}{\text{燃料的物质的量}}} \\
&= \frac{100}{1 + \dfrac{1 \times \text{氧气的物质的量}}{0.21 \times \text{燃料的物质的量}}} \\
&= \frac{100}{1 + \dfrac{z}{0.21}}
\end{aligned}
$$

代入 z，由式(30-2-7)、式(30-2-8)，得到：

$$LFL = \frac{0.55 \times 100}{4.76m + 1.19x - 2.38y + 1} \tag{30-2-10}$$

$$UFL = \frac{3.50 \times 100}{4.76m + 1.19x - 2.38y + 1} \tag{30-2-11}$$

另外一种方法将燃烧极限表达为燃料燃烧热的函数。对于含有碳、氢、氧、氮和硫的 30 种有机物，由该方法得到了符合程度很好的结果，该关系式为：

$$LFL = \frac{-3.42}{\Delta H_c} + 0.569\Delta H_c + 0.0538\Delta H_c^2 + 1.80 \tag{30-2-12}$$

$$UFL = 6.30\Delta H_c + 0.567\Delta H_c^2 + 23.5 \tag{30-2-13}$$

式中，LFL、UFL 为燃烧下限和燃烧上限（燃料在空气中的体积分数）；ΔH_c 为燃料的燃烧热，10^3 kJ·mol^{-1}。

式(30-2-13) 仅适用于燃烧上限介于 4.9%～23% 的可燃物。如果燃烧热的单位是 kcal·mol^{-1}，必须乘以 4.184，转换为 kJ·mol^{-1}。

式(30-2-6) ～式(30-2-13) 的预测精度有限。对于氢的预测结果很差，对于甲烷和其他的碳氢化合物，预测结果有所提高。因此，这些方法仅可用作于快速的最初估算，不应该替代实际的实验数据。

2.1.4 极限氧浓度

LFL 是基于空气中的燃料的。然而，氧气是关键因素，并且存在着传播火焰的最小氧浓度，这个最小氧浓度就称为极限氧浓度（limit of oxygen concentration，LOC）亦称最小氧浓度（minimum of oxygen concentration，MOC），或者最大安全氧浓度（maximum safe oxygen concentration，MSOC）。

LOC 以氧气的体积分数表示。低于极限氧浓度（LOC），反应就不能够产生足够的能量，使整个气体混合物（包括惰性气体）被加热到火焰自传播的程度。因此，不管燃料的浓度大小，通过减少氧浓度，就能阻止火灾和爆炸的发生。

LOC 与体系的压力、温度和惰性气体有关。表 30-2-2 列出了许多物质的 LOC 值。

表 30-2-2　极限氧浓度（LOC）（氧气的体积分数，高于此浓度燃烧能够发生）　单位：%

气体或蒸气	N_2/空气	CO_2/空气	气体或蒸气	N_2/空气	CO_2/空气
甲烷	12	14.5	n-己烷	12	14.5
乙烷	11	13.5	n-庚烷	11.5	14.5
丙烷	11.5	14.5	乙烯	10	11.5
n-丁烷	12	14.5	丙烯	11.5	14
异丁烷	12	15	1-丁烯	11.5	14
n-戊烷	12	14.5	异丁烯	12	15
异戊烷	12	14.5	丁二烯	10.5	13
3-甲基-1-丁烯	11.5	14	二氯甲烷	19(30℃)	—
苯	11.4	14		17(100℃)	
甲苯	9.5	—	1,2-二氯乙烷	13	
苯乙烯	9.0	—		11.5(100℃)	
乙苯	9.0	—	三氯乙烷	14	
甲基苯乙烯	9.0	—	三氯乙烯	9(100℃)	
二乙基苯	8.5	—	丙酮	11.5	14
环丙烷	11.5	14	叔丁醇	NA	16.5(150℃)
汽油			二硫化碳	5	7.5
(73/100)	12	15	一氧化碳	5.5	5.5
(100/130)	12	15	乙醇	10.5	13
(115/145)	12	14.5	2-乙基丁醇	9.5(150℃)	
煤油	10(150℃)	13(150℃)	乙基醚	10.5	13
JP-1 燃料	10.5(150℃)	14(150℃)	氢	5	5.2
JP-3 燃料	12	14.5	硫化氢	7.5	11.5
JP-4 燃料	11.5	14.5	甲酸异丁酯	12.5	15
天然气	12	14.5	甲醇	10	12
正丁基氯	14	—	乙酸甲酯	11	13.5
	12(100℃)	—			

对于许多碳氢化合物来说，可以用式（30-2-14）估计 LOC：

$$LOC = z LFL \qquad (30\text{-}2\text{-}14)$$

式中，z 为氧的化学计量系数；LFL 为燃烧下限。

2.1.5 可燃性图表

描述气体或蒸气可燃性的一般方法就是如图 30-2-4 所显示的三角图。燃料、氧气和惰性气体的浓度（以体积分数或摩尔分数表示）标绘在三条轴上。三角形的顶点分别表示 100% 的燃料、氧气和氮气。刻度上的勾号表明了图中刻度的变化方向。因此，点 A 代表甲烷含量为 60%、氧气含量为 20%、氮气含量为 20% 的混合气体。虚线所包围的区域代表位于此范围内的混合气体都具有可燃性。由于点 A 位于燃烧区域范围之外，因此该混合气体是不可燃的[8]。

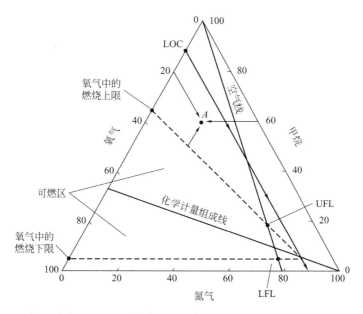

图 30-2-4 初始温度为 25℃、压力为 1atm（1atm= 101325Pa）时甲烷的可燃性图表

图 30-2-4 中的空气线代表燃料和空气的所有可能组合。空气线与氮气轴相交于纯净空气中 79% 的氮气含量（21% 的氧气含量）处。空气线与燃烧区域边界的交点就是 UFL 和 LFL。

化学计量组成线代表燃料与氧气的所有化学计量组成。燃烧反应可表示为：

$$燃料 + zO_2 \longrightarrow 燃烧产物 \qquad (30\text{-}2\text{-}15)$$

式中，z 为氧气的化学计量系数。

化学计量组成线与氧气轴（氧气的体积分数）的交点由式(30-2-16)计算：

$$100 \frac{z}{1+z} \qquad (30\text{-}2\text{-}16)$$

化学计量组成线由该点与纯氮气的顶点连接绘制而成。

式(30-2-16)是由假设在氧气轴上不存在任何氮气而得到的。因此，现有的物质的量是燃料的物质的量（1mol）加上氧气的物质的量（z mol）。总物质的量为 $1+z$，氧气的现有物质的量或体积分数由式（30-2-16）给出。

可燃性图表上的可燃区域的形状和尺寸随许多参数而变化，包括燃料的种类、温度、压力和惰性气体的种类。因此，燃烧极限和 LOC 也随这些参数而发生变化。

在使用可燃性图表时，有以下一些规则：

① 如果两种气体混合物 R 和 S 混合在一起，那么得到的混合物 M 的组成位于可燃性图表（图 30-2-5）中连接点 R 和点 S 的直线上。最终混合物在直线上的位置依赖于相结合混合物的相对物质的量：如果混合物 S 的物质的量较多，那么混合后的混合物的位置就接近于点 S。这与相图中使用的杠杆规则是相同的。

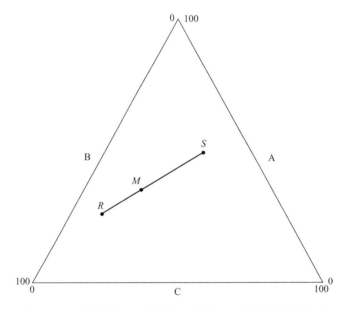

图 30-2-5　混合物 R 和混合物 S 组合在一起形成混合物 M

② 如果混合物 R 被混合物 S 连续稀释，那么混合后的混合物的组成将在可燃性图表中连接点 R 和点 S 的直线上移动。随着稀释的不断进行，混合物的组成越来越接近于点 S。最后，无限稀释后，混合物的组成将位于点 S。

③ 对于组成点落在穿越相对应的一种纯组分的顶点的直线上的系统来说，其他两组分将沿该直线的全部长度以固定比存在。

④ 通过读取位于化学组成计量线与经过 LFL 的水平线的交点处氧气的浓度，可以估算 LOC。

一张完整的可燃性图表需要在燃烧球内进行成百上千次的试验才能得出，不过可以利用 LFL、UFL、LOC 和物质在纯氧中的燃烧范围绘制近似图像。绘制方法如下（如：已知在空气中的燃烧极限、LOC 和在氧气中的燃烧极限）：

① 以点的形式将空气中的燃烧极限画在空气线上。

② 以点的形式将氧气中的燃烧极限画在氧气轴上。

③ 使用式（30-2-15）在氧气轴上确定化学组成计量点，由该点开始到 100% 的氮气顶点绘制化学组成计量线。

④ 在氧气轴上定位 LOC，绘制平行于燃料轴的直线，直到该直线与化学组成计量线相

交。在交点处绘制一点。

⑤ 连接所显示的所有点。

由该方法得到的燃烧区域只是真实区域的近似。图 30-2-4 中确定的区域极限的线并不刚好是直线。该方法需要可燃物在氧气中的燃烧极限，该数据并不容易得到。

2.1.6 点火源

火灾和爆炸能通过消除点火源而得到预防。表 30-2-3 总结了主要的火灾点火源。

表 30-2-3 主要的火灾点火源

点火源	比例/%
与电有关的(如短路)	23
吸烟	18
摩擦(轴承或断裂部件)	10
过热物质(不正常的高温)	8
热表面(来自锅炉、灯的热量)	7
火炉火焰(火具的不正确使用等)	7
燃烧火花(火花和余火)	5
自发引燃(垃圾等)	4
切割和焊接(火花、电弧、热等)	4
暴露(火灾传播到新的区域)	3
纵火(恶意火灾)	3
机械火花(研磨、粉碎等)	2
熔化物质(灼热的溢出物)	2
化学作用(失去控制的过程)	1
静电火花(聚集能量的释放)	1
闪电(不使用闪电棒)	1
各种点火源混杂在一起	1

第 **30** 篇

虽然确认并消除全部的点火源可能不太现实，但是有必要尽可能多地确定并消除它们。

在过程工业中可能会有一些特殊情况发生，导致无法避免可燃性混合物的形成。在这些情况下，需要进行详尽的安全分析，从而在可燃气体存在的每一个单元中，消除所有可能的点火源。

应该特别注意消除发生可能性大的点火源（表 30-2-3）。

点火源数量增加，发生火灾、爆炸的可能性也会随之显著增加，因此应当尽量消除或减少点火源。工厂的规模越大，潜在的点火源就会越多。

2.1.7 点火能

最小点火能（MIE）是初始燃烧所需要的最小能量。

　　所有可燃性物质（包括粉尘）都有最小点火能。MIE 依赖于特定的化学物质或物质混合、浓度、压力和温度。一些物质的 MIE 见表 30-2-4。

表 30-2-4　一些物质的最小点火能

化学物质	最小点火能/mJ	化学物质	最小点火能/mJ
乙炔	0.020	正庚烷	0.240
苯	0.225	（正）己烷	0.248
1,3-丁二烯	0.125	氢气	0.018
正丁烷	0.260	甲烷	0.280
环己胺	0.223	甲醇	0.140
环丙烷	0.180	甲基乙炔	0.120
乙烷	0.240	丁酮	0.280
乙烯	0.124	正戊烷	0.220
乙酸乙酯	0.480	2-戊烷	0.180
环氧乙烷	0.062	丙烷	0.250

　　MIE 具有以下特点：

① MIE 随着压力的增加而降低；

② 一般情况下，粉尘的 MIE 在能量等级上比可燃气体高；

③ 氮气浓度的增加会导致 MIE 增大。

　　许多烃的 MIE 大约为 0.25mJ。这与点火源所携带的能量相比是很低的。例如，在地毯上行走所引发的静电放电能量为 22mJ，通常的火花塞所释放的能量为 25mJ。流体流动所引起的静电放电也具有超出可燃物质 MIE 的能量等级，也能够提供点火源，导致工厂爆炸。

2.1.8　气溶胶和薄雾

　　蒸气的燃烧行为受到以气溶胶或薄雾形式存在的液滴的影响。气溶胶是指体积足够小、可以在空气中停留较长时间的液滴或固体颗粒。薄雾是指通过蒸气液化或者由飞溅、喷雾或雾化方式使液体破碎成为分散状态而形成的悬浮液滴。

　　气溶胶和薄雾会对燃烧极限产生影响。对于直径小于 0.01mm 的小液滴，LFL 实际上与以蒸气形式存在的该物质相同。即使是在液体不具有挥发性和不存在蒸气的低温下，以上结论也是正确的。

　　对于机械形成的、液滴直径在 0.01～0.2mm 之间的薄雾，随着液滴直径的增加，LFL 减小。实验表明，具有较大直径的液滴，其 LFL 比蒸气状态下该物质 LFL 的 1/10 还要小。因此，悬浮液滴对物质的可燃性有着很大的影响。

2.1.9　爆炸

　　爆炸行为依赖于大量参数。比较重要的参数总结于表 30-2-5 中。

表 30-2-5　影响爆炸行为的重要参数

序号	参数	序号	参数
1	环境温度	6	周围环境的几何尺寸:受限或非受限
2	环境压力	7	可燃物质的数量
3	爆炸物质的组成	8	可燃物质的扰动
4	爆炸物质的物理性质	9	引燃延滞时间
5	点火源特性:类型、能量和持续时间	10	可燃物质泄漏的速率

爆炸行为很难描绘。研究人员已经采取了很多方法来解决这一问题，包括理论的、半经验的和实验的研究。尽管如此，人们仍然没有完全理解爆炸行为。因此，工程师应该慎重使用外推结论，并在所有的设计中给出适当的安全裕度[9]。

爆炸源于能量的迅速释放。在爆炸中心引起能量的局部聚集，然后该能量通过多种途径消散掉，包括：压力波的形成、抛射物、热辐射和声能。爆炸所产生的破坏是由能量的消散引起的。

如果气体发生爆炸，能量使气体迅速膨胀，压迫周围气体后退，并促使压力波由爆炸源迅速向外围移动。压力波含有能量，对周围环境产生破坏。对于化工厂来说，来自爆炸的很多破坏都归因于压力波。因此，为了了解爆炸所产生的影响，必须了解压力波动力学。

当能量在极短的时间内（通常是毫秒或是更短的时间）释放到气相中时，爆炸就会发生。能量被释放到气相中时，会导致气体的快速膨胀，压迫周围的气体并产生从起爆点迅速向外传播的压力波。压力波中蕴含着可对周围环境产生破坏的能量。爆炸破坏效应的预测需要对压力波的行为有着深入的了解。

2.1.9.1　爆轰和爆燃

爆炸的破坏效应很大程度上依赖于是爆轰还是爆燃引起的爆炸。可用反应前沿的传播速度是高于还是低于声音在未反应气体中的速度来对爆轰和爆燃进行区分。对于理想气体，声音的传播速度仅仅是温度的函数，其值在20℃时为 $344m\cdot s^{-1}$。

在一些燃烧反应中，反应前沿是通过强烈的压力波传播的，该压力波压缩位于反应前沿前部的、还没有反应的混合物，使其温度超过其自燃温度。该压缩进行得很快，导致反应前沿前部出现压力的突然变化或震动，这称为爆轰；它导致反应前沿的引领冲击波，以声速或超过声速的速度传播入未反应的混合物中。

对于爆燃，来自反应的能量通过热传导和分子扩散转移至未反应的混合物中。这些过程相对较慢，促使反应前沿以低于声速的速度传播。

图 30-2-6 显示了发生在敞开空间的气相燃烧反应的爆轰与爆燃之间的物理差别。

对于爆轰，反应前沿的移动速度超过声速。在距反应前沿前部很短距离处，发现有激震前沿。反应前沿为激震前沿，并继续以声速或超声速传播提供能量。

对于爆燃，反应前沿以低于声速的速度传播。压力波前锋以声音在未反应气体中的传播速度移动，并离开反应前沿。对所产生的压力波前锋的定义，是认为反应前沿产生了一系列单个的压力波前锋，这些压力波前锋以声速离开反应前沿并在主压力波前沿处聚集在一起。

爆轰和爆燃产生的压力波前沿明显不同。爆轰产生激震前沿，伴随有突然的压力上升、最大压力大于 10atm 和总持续时间少于 1ms。爆燃产生的压力波前沿宽（持续时间为几毫

第30篇

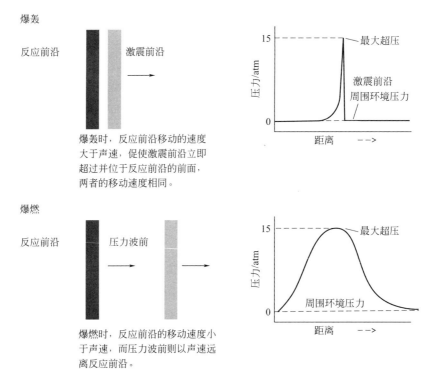

爆轰

反应前沿　　　激震前沿

爆轰时，反应前沿移动的速度
大于声速，促使激震前沿立即
超过并位于反应前沿的前面，
两者的移动速度相同。

爆燃

反应前沿　　　压力波前

爆燃时，反应前沿的移动速度小
于声速，而压力波前则以声速远
离反应前沿。

图 30-2-6　气体爆轰和爆燃动力学比较（爆炸发生在左边很远处）

秒）、前锋扁（没有突然的激震前沿），最大压力比爆轰的最大压力低得多（通常为 1atm 或 2atm）。

爆轰和爆燃之间的反应行为和压力波前沿的区别见图 30-2-6，这依赖于约束前沿的局部几何尺寸。如果前沿是在封闭的容器内、管道内或带有填充物的过程单元中传播，就会发生不同的行为。

爆轰和爆燃在造成的破坏上存在显著差异。爆轰事故造成的破坏通常是局部的，而爆燃事故可以将破坏传递到很远的地方。例如烈性炸药 TNT，正常情况下它的爆炸形式是爆轰；而对于可燃性蒸气，则爆燃更为常见。

当然，爆燃也可能发展成爆轰，这被称为爆燃转爆轰（DDT）。这种转变在管道中尤其常见，但在容器或敞开空间中却不太可能发生。在管道系统中，来自爆燃的能量向前流入压力波，导致绝热压升的增加。该压力逐步加强，并导致全面的爆轰。

2.1.9.2　受限爆炸

受限爆炸发生在如容器内或建筑物中这样的受限空间内。关于爆燃的实证研究显示，爆炸行为高度依赖于受限程度。受限可能来自工艺设备、建筑物、储存容器以及其他任何阻碍反应前沿传播的东西。

这些研究发现，增加限制会导致火焰加速，加剧破坏程度。火焰加速是由于拉扯和撕裂火焰前沿的扰动增强，使得火焰前沿的表面积增加，进而提高了燃烧速率。扰动是由以下两种现象引起的：一是未燃气体受到反应前沿后燃烧产物的推动和加速作用；二是由于气体与障碍物的相互作用。燃烧速率的增加促使扰动和加速进一步加剧，最终形成一种反馈机制，产生更多的扰动。

两种最普通的受限爆炸情形是蒸气爆炸和粉尘爆炸。

2.1.9.3 蒸气和粉尘爆炸行为的表征

用于表征蒸气爆炸行为的爆炸特性参数包括：燃烧或爆炸极限、可燃混合物引燃后的压力上升速率和引燃后的最大压力。这些参数的确定通常采用实验方式进行，实验设备如图30-2-7所示。

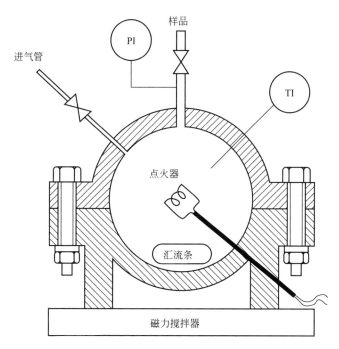

图 30-2-7 蒸气爆炸数据的测试仪器

测试步骤包括：①排空容器；②调节温度；③计量气体以便得到正确的混合物；④用火

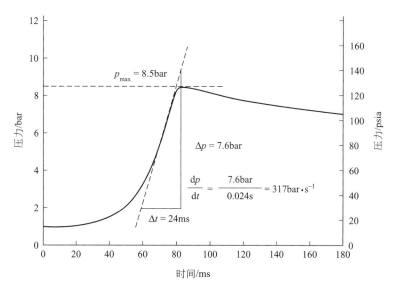

图 30-2-8 如图30-2-7所示的蒸气爆炸仪器得到的典型的压力随时间的变化

注：1bar＝0.1MPa，1psia＝6.8948kPa；下同

花点燃气体；⑤测量压力随时间的变化。

　　引燃后，压力波在容器内向四周移动，直到碰到容器壁；反应在容器壁上终止。容器内的压力由位于内壁上的传感器测量。典型的压力随时间的变化曲线，见图 30-2-8。该类型的实验通常导致几个大气压力增长的爆燃。

　　压力增长速率是火焰前沿传播速率的象征，因而也是爆炸量级的象征。压力上升速率或斜率在压力曲线的变形点处计算如图 30-2-8 所示。实验在不同的浓度下重复进行，每次实验的压力速率和最大压力与浓度的关系曲线绘制在图中，如图 30-2-9 所示。这样便可确定最大爆炸压力和最大压力上升速率。

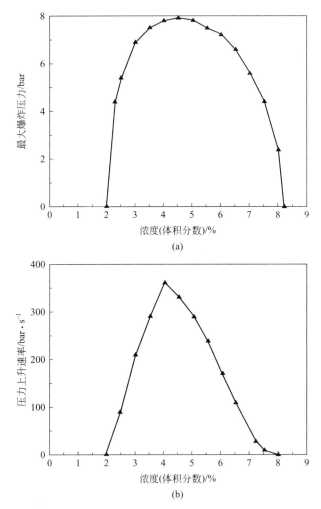

图 30-2-9　压力上升速率和最大爆炸压力与蒸气浓度之间的关系

　　由图 30-2-9 可知，最大压力上升速率和最大爆炸压力不一定在同一时刻出现。

　　测取粉尘爆炸数据的实验装置见图 30-2-10。除了具有较大的体积和增加了一个样品容器以及粉尘分配环外，设备同蒸气爆炸仪器相似。分布环确保粉尘在被引燃之前充分混合。

　　实验步骤如下：粉尘样品被置于样品容器内；计算机系统打开电磁阀，粉尘在空气压力的驱动下，从样品容器内通过分配环进入粉尘爆炸球；在经过充分混合和粉尘分配所需的几毫秒延迟过后，点火器放电；通过使用高速和低速压力传感器，计算机测量压力随时间的变化。对将粉尘驱使进球形容器的空气进行仔细计量，以便确保引燃时，球形容器内的压力为

1atm。来自粉尘爆炸仪器的压力数据随时间变化的曲线，见图30-2-11。

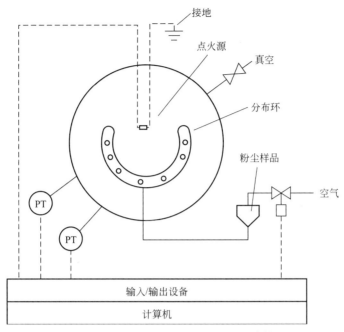

图 30-2-10　测取粉尘爆炸数据的实验装置

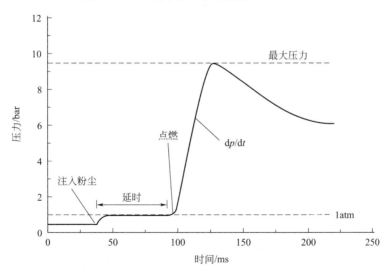

图 30-2-11　来自粉尘爆炸仪器的压力数据随时间变化曲线

注：1atm＝101325Pa，下同

粉尘爆炸也是用与蒸气爆炸仪器同样的方式进行压力数据的采集和分析，确定最大爆炸压力、最大压力增长速率以及燃烧极限。

使用蒸气和粉尘爆炸仪器测试得到的爆炸特性数据，有以下用途：

（1）用燃烧或爆炸极限来确定操作的安全浓度，或确定将浓度控制在安全区域内所需要的惰性物质的数量。

（2）最大压力上升速率表明了爆炸的强弱。因此，不同物质的爆炸行为可进行相对比较。也可根据最大速率设计孔口，以便在爆炸期间，爆炸压力还没有撑破容器之前，缓解容器所承受的压力；或者设定添加爆炸抑制物（水、二氧化碳或哈龙）的时间间隔，来阻止燃烧过程。

对最大压力上升速率斜率的对数与容器体积的对数作图通常得到一条直线，斜率为$-1/3$，如图 30-2-12 所示。这种关系被称为立方定律：

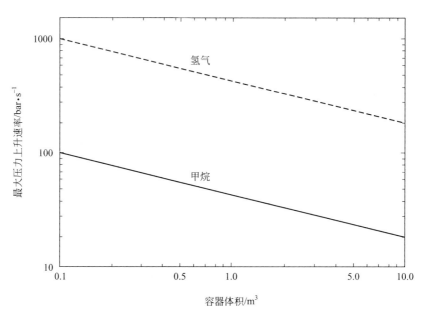

图 30-2-12　典型的爆炸数据显示出立方定律

$$(\mathrm{d}p/\mathrm{d}t)_{max}V^{1/3} = \mathrm{constant} = K_G \qquad (30\text{-}2\text{-}17)$$

$$(\mathrm{d}p/\mathrm{d}t)_{max}V^{1/3} = K_{St} \qquad (30\text{-}2\text{-}18)$$

式中，K_G、K_{St}为气体和粉尘的爆燃指数。随着爆炸强度的增加，爆燃指数 K_G 和 K_{St} 也增加。立方定律说明了压力波前沿要通过较大的容器，必须花费更长的传播时间。立方定律可用来估算发生在诸如建筑物或容器内等受限空间的爆炸后果[10]。蒸气和粉尘的 p_{max}、K_G 和 K_{St} 的数据分别见表 30-2-6、表 30-2-7。表 30-2-6 表明：对于最大压力，不同的研究方法得到的结果是一致的，但是对于 K_G，一致性是有限的。这说明 K_G 值对实验布置和条件很敏感。根据爆燃指数的值，将粉尘进一步分为四类，见表 30-2-7。

表 30-2-6　气体和蒸气的最大压力与爆燃指数

化学物质	最大压力 p_{max}(g)/bar			爆燃指数 K_G/bar·m·s^{-1}		
	NFPA 68 (1997)	Bartknecht (1993)	Senecal 和 Beaulieu (1998)	NFPA 68 (1997)	Bartknecht (1993)	Senecal 和 Beaulieu (1998)
乙炔	10.6			109		
氢气	5.4			10		
丁烷	8.0	8.0		92	92	
二硫化碳	6.4			105		
二乙醚	8.1			115		
乙烷	7.8	7.8	7.4	106	106	78

续表

化学物质	最大压力 p_{max}(g)/bar			爆燃指数 K_G/bar·m·s⁻¹		
	NFPA 68 (1997)	Bartknecht (1993)	Senecal 和 Beaulieu (1998)	NFPA 68 (1997)	Bartknecht (1993)	Senecal 和 Beaulieu (1998)
乙醇	7.0			78		
乙苯	6.6	7.4		94	96	
乙烯			8.0			171
氢气	6.9	6.8	6.5	659	550	638
硫化氢	7.4			45		
异丁烷			7.4			67
甲烷	7.05	7.1	6.7	64	55	46
甲醇		7.5	7.2		75	94
二氯甲烷	5.0			5		
戊烷	7.65	7.8		104	104	
丙烷	7.9	7.9	7.2	96	100	76
甲苯		7.8			94	

表 30-2-7 粉尘的分类和粉尘云的爆燃数据[11]

粉尘类型	中等颗粒尺寸 /μm	最小爆炸粉尘浓度 /g·m⁻³	p_{max} /bar	K_{St} /bar·m·s⁻¹	最小点火能 /mJ
棉花、木材、泥炭					
棉花	44	100	7.2	24	—
纤维素	51	60	9.3	66	250
木材粉尘	33	—	—	—	100
木材粉尘	80	—	—	—	7
纸粉尘	<10	—	5.7	18	—
饲料、食品					
葡萄糖	80	60	4.3	18	—
果糖	200	125	6.4	27	180
果糖	400	—	—	—	>4000
小麦谷物粉尘	80	60	9.3	112	—
奶粉	165	60	8.1	90	75
米粉	—	60	7.4	57	100
面粉	50	—	—	—	540
乳糖	10	60	8.3	75	14
煤、煤产品					
活性炭	18	60	8.8	44	—
生煤	<10	—	9.0	55	—

第 30 篇

续表

粉尘类型	中等颗粒尺寸 /μm	最小爆炸粉尘浓度 /$g \cdot m^{-3}$	p_{max} /bar	K_{St} /$bar \cdot m \cdot s^{-1}$	最小点火能 /mJ
塑料、树脂、橡胶					
聚丙烯酰胺	10	250	5.9	12	—
聚酯	<10	—	10.1	194	—
聚乙烯	72	—	7.5	67	—
聚乙烯	280	—	6.2	20	—
聚丙烯	25	30	8.4	101	—
聚丙烯	162	200	7.7	38	—
聚苯乙烯（共聚物）	155	30	8.4	110	—
聚苯乙烯（硬泡沫）	760	—	8.4	23	—
聚亚安酯	3	<30	7.8	156	—
中间产物、辅助原料					
己二酸	<10	60	8.0	97	—
萘	95	15	8.5	178	<1
水杨酸	—	30	—	—	—
其他化学产物					
有机染料（蓝色）	<10	—	9.0	73	—
有机染料（红色）	<10	50	11.2	249	—
有机染料（红色）	52	60	9.8	237	—
金属、合金					
铝粉	<10	60	11.2	515	—
铝粉	22	30	11.5	110	—
铜粉	18	750	4.1	31	—
铁（来自干燥剂）	12	500	5.2	50	—
镁	28	30	17.5	508	—
镁	240	500	7.0	12	—
硅	<10	125	10.2	126	54
锌（来自收集器的粉尘）	<10	250	6.7	125	—
其他无机产品					
石墨（99.5% C）	7	<30	5.9	71	—
硫黄	20	30	6.8	151	—
调色剂	<10	60	8.9	196	4

　　注：1. 各类爆燃对应的爆燃指数 K_{St}（$bar \cdot m \cdot s^{-1}$）为：St-0 类，0；St-1 类，1～200；St-2 类，200～300；St-3 类，>300。

　　2. 重复的名称表示同一种物质的不同粒径。

2.1.10　蒸气云爆炸

　　当足够数量的可燃或易燃物质泄漏出来，与空气充分混合形成爆炸性混合物，并被点燃时，将会发生蒸气云爆炸（VCE）。蒸气云爆炸产生的破坏主要来自超压，但爆炸产生的火球所导致的热辐射可能会给设备和人员带来巨大的伤害。

发生蒸气云爆炸，需要满足以下的条件：

① 泄漏的物质必须是可燃的；

② 在点火前必须形成足够大小的蒸气云；

③ 泄漏的物质必须与足量的空气混合，以形成在燃烧极限范围内的足够量的可燃性混合物；

④ 蒸气云燃烧时，火焰传播的速度必须加快（可以通过扰动的方式加快火焰的传播速度，参见受限爆炸部分内容），否则只能形成闪燃。

大多数涉及易燃液体或气体的蒸气云爆炸，结果只是爆燃，而爆轰不可能发生。当蒸气云的受限程度增加时，火焰得到加速并获得更高的超压。更高的超压可能会使事故接近爆轰的严重程度。

有四种方法可用于估计蒸气云爆炸造成的破坏，即 TNT 当量法、TNO 多能法、BST（baker-strehlow-tang）法和计算流体力学方法。其中，TNT 当量法是最常用的、用于估计爆炸造成破坏的方法。

影响 VCE 行为的一些参数包括：泄漏物质的量、物质蒸发百分比、蒸气云引燃的可能性、引燃前蒸气云运移的距离、蒸气云引燃前的延迟时间、爆炸（而不是火灾）的发生可能性、物质临界量、爆炸效率和点火源相对于泄漏点的位置。

定量研究表明：①随着蒸气云尺寸的增加，被引燃的可能性也增加；②蒸气云发生火灾比发生爆炸的频率高；③爆炸效率通常很小（燃烧能的大约 2% 转变成冲击波）；④ 蒸气与空气的湍流混合以及蒸气云在远离泄漏处被引燃，都增强了爆炸的作用。

从安全的角度来说，最好的方法就是阻止物质的泄漏。不论安装了什么安全系统来防止引燃的发生，巨大的可燃物质蒸气云的存在都是很危险的，并且是几乎不可能控制的[12]。

预防 VCE 的方法包括：保持较少的易挥发且可燃液体的储存量、使用分析仪器来检测低浓度的泄漏、安装自动隔断阀，以便在泄漏发生并处于发展的初始阶段时关闭系统[13]。

2.1.11 沸腾液体扩展蒸气爆炸

沸腾液体扩展蒸气爆炸（BLEVE）是能导致大量物质泄漏的特殊类型的事故。如果物质是可燃的，就可能发生 VCE；如果物质有毒，大面积区域将遭受毒性物质的危害。对于任何一种情况，BLEVE 过程所释放的能量都能导致巨大的破坏。

当储存有温度高于大气压下沸点的液体储罐突然失效破裂时，就会发生 BLEVE。泄漏发生后，一小部分的液体立刻闪蒸变成蒸气。蒸气的迅速扩展和破裂容器碎片的飞溅，可能会对人员和设备造成损伤，这里所说的液体可以是水。

当容器内在正常沸点以上温度储存的物料是易燃液体时，将会发生最具破坏性的 BLEVE。由于壁面向液体的传热速率非常快，低于液位的容器壁面仍保持着低温。然而，高于液位并暴露于火焰的容器壁面会因壁面向蒸气的传热速率低得多而快速升温。当容器壁面的温度上升至某一数值时，器壁的强度将会显著下降。容器壁面的破裂加剧，大量的易燃液体发生闪蒸形成蒸气云。如果存在点火源，形成的蒸气云就会立即被点燃。尽管容器破裂、液体蒸发导致的超压也可能导致损伤，但大多数的损伤都是由随后形成的大火球的热辐射引起的。

BLEVE 是由于任何一种原因导致的容器突然失效才发生的。通常的 BLEVE 是由火灾引起的。其步骤如下：

① 火灾发展到临近的、装有液体的储罐。

② 火灾加热储罐壁。

③ 液面以下的储罐壁被液体冷却，液体温度和储罐内压力增加。

④ 如果火焰抵达仅有蒸气而没有液体的壁面或储罐顶部，热量将不能被转移走，储罐金属的温度上升，直到储罐失去其结构强度为止。

⑤ 储罐破裂，内部液体爆炸性蒸发。

如果液体是可燃的，并且火灾是导致 BLEVE 的原因，那么当储罐破裂时，液体可能被引燃。沸腾的和燃烧的液体如同火箭的燃料一样，将容器的碎片推到很远的地方。如果 BLEVE 不是由火灾引起的，就可能形成蒸气云，导致 VCE。蒸气也能够通过皮肤灼伤或毒性效应对人员造成危害。

如果 BLEVE 发生在容器内，那么仅有一部分液体蒸发；蒸发量依赖于容器内液体的物理和热力学条件。

2.1.12 粉尘爆炸

2.1.12.1 粉尘爆炸的定义

粉尘爆炸：悬浮在空气中的可燃性固体微粒接触到火焰（明火）或电火花等任何着火源时发生的爆炸现象。在密闭的或几乎密闭的空间中，粉尘爆炸呈现出的特点是随火焰传播压力较快增长以及产生大量的热和反应产物。粉尘燃烧所需的氧气多由空气供给。粉尘爆炸的必要条件是空气中同时存在支持燃烧的、适当浓度的粉尘云和合适的点火源。此处的粉尘是指最大粒径小于 $500\mu m$ 的固体混合物。

初始粉尘爆炸能够引起二次爆炸。爆炸以这种方式交替进行，从而遍及整个工厂。很多情况下，二次爆炸比初始爆炸的破坏性大得多[14]。

粉尘爆炸比气体爆炸更难描述。对于气体，分子小且尺寸固定。而对于粉尘颗粒，颗粒尺寸是变化的，且比分子大好几个量级。重力也影响到粉尘颗粒的行为。

对于粉尘，爆燃比爆轰更容易发生，而且来自粉尘爆燃的压力波很强烈，足以破坏建筑物和致人死亡及受伤。

具有爆炸性的粉尘混合物必须具有如下特点：

① 颗粒必须小于某一最小尺寸；

② 颗粒浓度必须处于某一极限范围之内；

③ 粉尘云的混合必须相当均匀。

对于大多数粉尘，爆炸下限在 $20\sim60g\cdot m^{-3}$ 之间，爆炸上限在 $2\sim6kg\cdot m^{-3}$ 之间。

2.1.12.2 粉尘爆炸的相关术语

(1) 开启压力 高于点燃反应物的压力时，向泄压装置施加着火信号。

(2) 立方定律 容器的体积与最大压力上升速率相关。$V^{1/3}(\mathrm{d}p/\mathrm{d}t)_{\max} = K_{\max}$。

(3) 抗爆压力（EPR） 根据计算结果和压力容器制造要求进行抗爆设计。

(4) 粉尘云的最低点燃温度（MIT$_C$） 在特定的测试条件下，最容易被点燃的粉尘和空气混合物，被热表面点燃的最低温度。

(5) 粉尘层的最低点燃温度（MIT$_L$） 在特定的测试条件下，粉尘层被热表面点燃的最低温度。

（6）静态开启压力 p_{stat} 通过压力缓慢上升使泄压装置开启的压力，其压力上升速率 $\leqslant 0.1bar/min$。

（7）泄压面积 A 爆炸泄压装置的开口面积。

（8）泄压效率 E_F 有效泄压面积 A_w 与泄压面积 A_K 的比值。

（9）泄压元件 覆盖在泄放区域上方的一种泄压装置，爆炸条件下会开启泄压。

（10）容器长径比（L/D） 圆筒形容器的最长线性尺寸 L（长，高）与几何或当量直径 D 的比值。

2.1.12.3 粉尘爆炸的防护

爆炸防护措施包括：对可燃物质进行处理以减少其爆炸危险性；对防止和降低这类危险的保护性措施的有效性进行评估。爆炸防护的概念对所有的可燃物质混合物都是有效的，具体的防护措施可分为以下3类：

① 防止或限制爆炸性物质形成的措施；

② 防止点燃爆炸性物质的措施；

③ 将爆炸的影响限制在无害水平的结构措施。

从安全角度来看，必须优先考虑第①类措施。第②类措施作为工业生产中易燃气体或溶剂蒸气爆炸防护的唯一措施，存在可靠性不足的问题；除非是在可燃性粉尘的最小点火能很高（$\geqslant 10mJ$），并且涉及的工作区域能够被轻易地监控起来的状况下，才可用作唯一的防护措施。

如果第①类和第②类预防性措施的运用不具有足够的可靠性，就必须使用第③类结构措施。

2.1.12.4 预防粉尘爆炸防护措施

预防性爆炸防护的原理是可靠排除爆炸发生发展的其中一个必要条件。因此，可以通过以下途径来避免爆炸的发生。

（1）避免爆炸性混合物的形成和发展 可以通过使用不燃性粉尘替代可燃性粉尘，或者将可燃性粉尘的浓度控制在低于其粉尘-空气混合物爆炸下限范围内来避免或限制爆炸事故发生。对于正常操作条件下粉尘浓度在其爆炸下限以下的，防护措施可以是防止粉尘在工作区域积聚和加装过滤器净化气流。但是，粉尘会随着时间的推移积聚得越来越多。当这些沉积的粉尘被卷至空气中，就可能产生爆炸危险。要消除这种危险，可以定期进行清扫，也可以通过在粉尘产生源头安装适当的通风设施来直接除尘。

此外，也可用惰性气体代替大气中的氧气，在真空条件下工作或使用惰性粉尘。

（2）防止点火源的产生 爆炸性粉尘环境作业场所内严禁明火；与粉尘直接接触的设备或装置（如光源、加热源等），其表面允许温度应低于相应粉尘的最低着火温度；所有金属设备、装置外壳、金属管道、支架、构件、部件等，一般应采用防静电直接接地；不便或工艺不允许直接接地的，可通过导静电材料或制品间接接地；直接用于盛装起电粉末的器具、输送粉末的管道（带）等，应采用金属或防静电材料制成；所有金属管道连接处（如法兰），应进行跨接。

（3）惰化抑爆 通过在区域内引入惰性气体，使氧气的体积分数降低至极限氧浓度（LOC）以下，以防止混合物被点燃，从而防止爆炸事故发生的工序叫作惰化。

惰化不是为了避免放热分解的保护性措施。为避免（阴燃）火灾，必须保证氧气浓度低于极限氧浓度（LOC），并根据实际情况进行调整。除了经常使用的氮气以外，所有不支持燃烧或与可燃性粉尘发生反应的不燃性气体都可以被考虑用作惰化气体。惰化效果通常按照如下的顺序递减：二氧化碳→水蒸气→烟道气→氮气→稀有气体。特殊情况下，也可以使用液氮或干冰。

最大允许氧浓度（MAOC）一般比极限氧浓度（LOC）低 2%（体积分数），MAOC 的确定必须考虑以下因素：

a. 氧气浓度会随着每时每刻、每个地点的过程和故障状况不同而发生波动；同样，为了充分发挥作用，保护和应急措施的要求也会随着时间、地点以及工艺状况发生改变。报警仪的报警浓度一般设置在 MAOC 以下。

b. 爆炸性粉尘也可以通过添加惰性粉尘（如：岩盐、硫酸钠）被改造成非爆炸性的物质。一般来说，需要添加超过总质量 50% 的惰性粉尘。用不燃性卤代烃或水替代易燃性溶剂或清洗剂，或者用卤烃油替代易燃的压力传动液也都是可行的。

一般常使用以下几种惰化方法来将初始氧气浓度降低至低设置点：真空惰化、压力惰化、压力-真空联合惰化、使用不纯的氮气进行真空和压力惰化、吹扫惰化和虹吸惰化。

① 真空惰化　真空惰化对容器来说是最普通的惰化过程。这一过程对于大型储罐不适用，因为，它们通常没有针对真空来进行设计，通常仅能承受几十毫米水柱的压力。

然而，反应器通常是针对完全真空设计的，也就是说，表压为 $-760\mathrm{mmHg}$ 或绝对压力为零。因此，对反应器来说，真空惰化是很普通的过程。真空惰化过程包括以下步骤：a. 对容器抽真空直到达到需要的真空为止；b. 用诸如氮气或二氧化碳等惰性气体来消除真空，直到大气压力；c. 重复步骤 a 和 b，直到达到所需要的氧化剂浓度。

真空下初始氧化剂浓度（y_0）与初始浓度相同，初始高压（p_H）和低压或真空（p_L）下的物质的量可利用状态方程进行计算。

真空惰化循环过程可用如图 30-2-13 所示的楼梯式进程进行说明。某已知尺寸的容器从初始氧气浓度 y_0 被真空惰化为最终的目标氧气浓度 y_j。容器初始压力为 p_H，使用压力为 p_L 的真空装置进行真空惰化。以下计算的目的是确定为达到所期望的氧气浓度所需要的循环次数。

假设遵守理想气体状态方程，每一压力下的总物质的量为：

$$n_H = \frac{p_H V}{R_g T} \tag{30-2-19}$$

$$n_L = \frac{p_L V}{R_g T} \tag{30-2-20}$$

式中，n_H、n_L 分别为在大气环境状态下和真空状态下的总物质的量，mol。

低压 p_L 和高压 p_H 下，氧的物质的量通常使用 Dalton 定律计算：

$$(n_{oxy})_{1L} = y_0 n_L \tag{30-2-21}$$

$$(n_{oxy})_{1H} = y_0 n_H \tag{30-2-22}$$

式中，1H、1L 分别为初始环境和初始真空状态。

当真空被纯氮气消除后，氧的物质的量与在真空状态下的一样，氮气的物质的量增加。

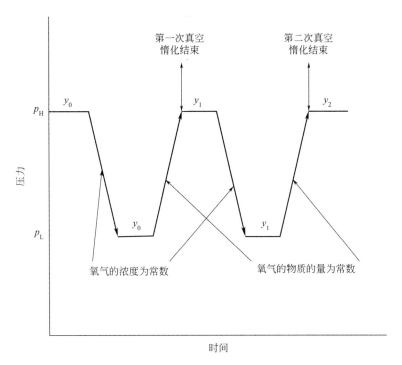

图 30-2-13 真空惰化循环

新的（低的）氧浓度为：

$$y_1 = \frac{(n_{oxy})_{1L}}{n_H} \tag{30-2-23}$$

式中，y_1 为用氮气初次惰化后氧气的浓度。将式(30-2-21)代入式(30-2-23)，得到：

$$y_1 = \frac{(n_{oxy})_{2L}}{n_H} = y_0 \frac{n_L}{n_H}$$

如果真空和惰化消除过程重复进行，第二次惰化后的浓度为：

$$y_2 = \frac{(n_{oxy})_{2L}}{n_H} = y_1 \frac{n_L}{n_H} = y_0 \left(\frac{n_L}{n_H}\right)^2$$

每当需要将氧浓度减少到所期望的水平时，就要重复该过程。j 次惰化循环后（即真空和消除）的浓度，由下面的普遍性方程给出：

$$y_j = y_0 \left(\frac{n_L}{n_H}\right)^j = y_0 \left(\frac{p_L}{p_H}\right)^j \tag{30-2-24}$$

式(30-2-24)假设每一次循环的压力极限 p_H 和 p_L 都是相同的。

每一次循环所添加的氮气的总物质的量为一常数。j 次循环后，氮气的总物质的量为：

$$\Delta n_{N_2} = j(p_H - p_L)\frac{V}{R_g T} \tag{30-2-25}$$

② 压力惰化 容器通过添加带压的惰性气体而得到压力惰化。添加的气体扩散并遍及

整个容器后，与大气相通，压力降至周围环境压力。将氧化剂浓度降至所期望的浓度可能需要一次以上的压力循环。

将氧气浓度降低至目标浓度的循环如图 30-2-14 所示，为氧气的压力惰化循环。这种情况下，容器初始压力为 p_L，使用压力为 p_H 的纯氮气源加压。目标是确定将浓度降低至所期望的浓度，所需要的压力惰化循环次数。

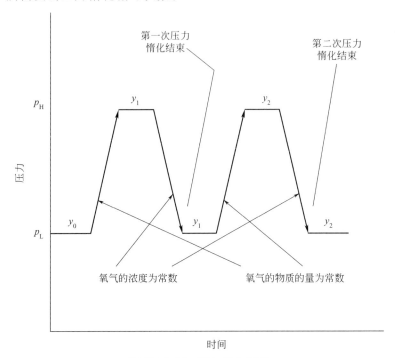

图 30-2-14 压力惰化循环

因为容器是使用纯氮气加压，因此在加压过程中，氧气的物质的量不变，但摩尔分数减少。在降压过程中，容器内的气体组成不变，但总物质的量减少。因而，氧气的摩尔分数不变。

该惰化过程所使用的关系与式（30-2-24）相同。式中，n_L 为在大气压下的总物质的量（低压）；n_H 为加压下的总物质的量（高压）。然而，该情形下，容器内氧的初始浓度（y_0）在容器加压（首次加压状态）后计算。该加压状态下的物质的量为 n_H，大气压下的物质的量为 n_L。

压力惰化较真空惰化的优点是潜在的循环时间减少了。加压过程比相对较慢的制造真空过程要快得多。另外，随着绝对真空的减少，真空系统的容量急剧减少。然而，压力惰化需要较多的惰性气体。因此，应根据成本和性能来选择最优的惰化过程。

③ 压力-真空联合惰化 某些情况下，压力和真空两者可同时使用来惰化容器。计算过程依赖于容器是否首先被抽空或加压。

初始加压的真空-压力惰化的惰化循环见图 30-2-15。这种情况下，循环的开始定义为初始加压的结束。如果初始氧气摩尔分数为 0.21，初始加压后的氧气摩尔分数由式（30-2-26）给出：

$$y_0 = 0.21 \frac{p_0}{p_H} \qquad (30\text{-}2\text{-}26)$$

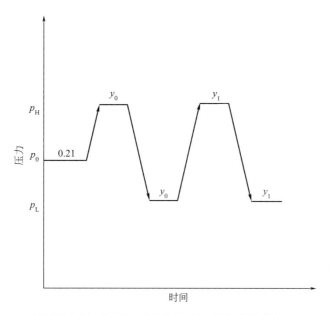

图 30-2-15 初始加压的真空-压力惰化的惰化循环

在该点处，剩余的循环与压力惰化相同，可使用式(30-2-24)。然而，循环的次数 j 为初始加压后的循环次数。

初始抽真空的真空-压力惰化的惰化循环见图 30-2-16。这种情况下，循环的开始定义为初始抽真空的结束。该点处的氧气摩尔分数与初始摩尔分数相同。另外，剩余的循环同真空惰化操作相同，并可直接使用式(30-2-24)。然而，循环次数 j 是初始抽真空后的循环次数。

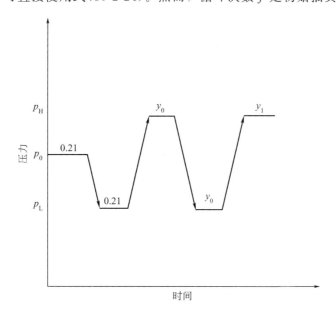

图 30-2-16 初始抽真空的真空-压力惰化的惰化循环

为真空和压力惰化而建立的方程，仅能应用于纯氮气的情况。如今的许多氮气分离过程并不能提供纯净的氮气，它们提供的氮气典型值为≥98％（摩尔分数）。

假设氮气中含有恒定摩尔分数为 y_{oxy} 的氧气。对于压力惰化过程，初次加压后，氧气的总物质的量为初始物质的量加上包含在氮气中氧气的物质的量，其值为：

$$n_{oxy} = y_0 \frac{p_L V}{R_g T} + y_{oxy}(p_H - p_L)\frac{V}{R_g T} \qquad (30\text{-}2\text{-}27)$$

初次加压后，容器内的总物质的量由式（30-2-19）给出。因此，该循环结束后氧气的摩尔分数为：

$$y_1 = \frac{n_{oxy}}{n_{tot}} = y_0 \frac{p_L}{p_H} + y_{oxy}\left(1 - \frac{p_L}{p_H}\right) \qquad (30\text{-}2\text{-}28)$$

对于第 j 次压力循环后的氧气浓度，该结果可普遍化为以下递归方程［式（30-2-29）］和普遍化方程［式（30-2-30）］：

$$y_j = y_{j-1} \frac{p_L}{p_H} + y_{oxy}\left(1 - \frac{p_L}{p_H}\right) \qquad (30\text{-}2\text{-}29)$$

$$y_j - y_{oxy} = \left(\frac{p_L}{p_H}\right)^j (y_0 - y_{oxy}) \qquad (30\text{-}2\text{-}30)$$

对于压力和真空惰化，式（30-2-30）可用于代替式（30-2-24）。

各种压力和真空惰化过程的优缺点：

压力惰化较快，因为压力差较大；然而，压力惰化比真空惰化需要使用更多的惰性气体。真空惰化使用较少的惰性气体，因为氧气浓度主要由抽真空来减小。当真空和压力联合惰化时，同压力惰化相比，使用的氮气较少，尤其是如果初始循环为真空循环时。

④ 吹扫惰化　吹扫惰化过程是在一个开口处将惰化气体加入容器内，并从另外一个开口处将混合气体从容器内抽出到环境中。当容器或设备没有针对压力或真空划分等级时，通常使用该惰化过程；惰化气体在大气环境压力下被加入和抽出。

假设气体在容器内完全混合，温度和压力为常数。在这些条件下，排出气流的质量或体积流量等于进口气流。容器周围的物质平衡为：

$$V\frac{dc}{dt} = c_0 Q_V - c Q_V \qquad (30\text{-}2\text{-}31)$$

式中，V 为容器体积；c 为容器内氧化剂的浓度（质量或体积单位）；c_0 为进口氧化剂浓度（质量或体积单位）；Q_V 为体积流量；t 为时间。

进入容器的氧化剂的质量或体积流量是 $c_0 Q_V$，流出的氧化剂流量是 $c Q_V$。式（30-2-31）重新整理和积分得：

$$Q_V \int_0^t dt = V \int_{c_1}^{c_2} \frac{dc}{c_0 - c} \qquad (30\text{-}2\text{-}32)$$

将氧化剂浓度从 c_1 减小至 c_2，所需要的惰性气体的体积为 cQ_V，使用式（30-2-32）计算：

$$Q_V t = V \ln \frac{c_1 - c_0}{c_2 - c_0} \qquad (30\text{-}2\text{-}33)$$

对于许多系统，$c_0 = 0$。

⑤ 虹吸惰化　吹扫惰化过程需要大量的氮气，当惰化大型容器时，代价会很高。使用虹吸惰化可使这种类型的惰化费用降至最低。

虹吸惰化过程一开始将容器用液体充满，所使用的液体是水或其他任何能与容器内的产品互溶的液体。惰化气体随后在液体排出容器时加入容器的气相空间中。惰化气体的体积等于容器的体积，惰化速率等于液体体积排放速率。

在使用虹吸惰化过程中，首先是将容器中充满液体，然后，使用吹扫惰化过程将氧气从剩余的顶部空间移走。使用该方法时，对于额外的吹扫惰化，仅需要少许额外的费用就能将氧气浓度降低至低浓度。

2.1.12.5　避开有效点火源

如果成功避开能够引燃可燃性混合物的点火源，就可以防止爆炸的发生。通过比较零星点火源（如：焊接、吸烟、切割）和机械运动产生的火花、机械产生的热表面、阴燃材料团块、静电之间的区别，发现零星点火源可以通过组织措施（如系统化的许可证制度）可靠地加以排除。

2.1.12.6　抗爆设计措施

当防止爆炸发生的目标不能达成，或者使用预防性爆炸防护措施的可靠性不足时，限制爆炸影响在一个安全的范围内的设计措施是非常必要的。这能保证人员不受到伤害，甚至能够使被保护的设备在爆炸发生以后的短时间内恢复生产能力。使用设计措施并不能避免爆炸的发生，因此所有外露的设备都应该具有抗爆能力，来抵抗预期的爆炸压力。预期的爆炸压力可能是最大爆炸压力或者是最大泄爆压力。另外，爆炸向其他部分或过程区域的任何传播途径都应被切断。依据预期爆炸压力的不同，抗爆设计可分为以下两大类：

① 能够承受最大爆炸压力的抗爆设计；

② 能够承受经抑爆或爆炸泄放后的爆炸压力的抗爆设计。

2.1.13　静电

化工厂中，常见的点火源来自静电积累，并突然释放的火花。静电也许是最让人难以捉摸的点火源。尽管做了大量的努力，但由静电导致的严重的爆炸和火灾事故仍然困扰着化学工业。

防止这类点火源，最好的设计方法可通过如下途径提出，即理解与静电有关的基本原理，使用这些基本原理确定明确的措施，来阻止静电的聚集，或辨识静电的积聚是必然的和不可避免的情形。对于不可避免的静电积聚，在设计方案中，应该增加在静电火花有可能出现的区域周围进行连续可靠的惰化处理。

2.1.13.1　静电基本原理

静电聚集是将导电性能差的导体与导电性能好的导体，或另外一个导电性能更差的导体进行物理分离的结果。当不同的物质相互接触时，电子通过界面从一个表面转移至另外一个表面。分离后，一个表面上剩余的电子比另外一个表面多；一种物质带正电，另外一种物质带负电。

如果两种物质都是导电性能好的导体，分离导致的电荷积累很少，因为电子能够在两表面间快速移动。然而，如果两种物质或其中一种物质是绝缘体或导电性能差的导体，电子就不容易移动，而被限制在其中一个物质的表面上，导致电荷数量积累较多。

工业中，常见的静电积聚有：通过管道抽吸不导电的液体、混合不能互溶的液体、用空气输送固体。

工厂中，对于可能存在可燃性蒸气的操作，电荷积累超过 0.1mJ 就被认为是危险的。该电量的静电很容易产生；人在地毯上行走所产生的静电积累平均为 20mJ，电压超过了几千伏。

2.1.13.2　电荷积聚

化工厂中，与危险的静电放电有关的电荷积聚过程有四种：

(1) 接触和摩擦带电　当两种物质接触时，若其中一种为绝缘体，在界面处发生电荷分离。如果把这两种物质分开，那么部分电荷仍然维持分离状态，导致这两种物质带有极性相反、电量相等的电荷。

(2) 双层带电　电荷分离发生在任何界面处液相的微小尺度上（固-液、气-液或液-液）。随着液体的流动，液体将电荷带走，并使相反极性的电荷留在另外一个界面上，如管壁。

(3) 感应带电　这种现象仅适用于导电的物质。例如，穿有绝缘鞋的人可能接触到头顶上方带有正电荷的容器（先前充满了正电荷的固体）。人身体上的电子（头部、肩膀和手臂）向容器的正电荷移动，这就使人体的下部由于感应而带有正电荷。当碰到金属物体时，就会产生电子的转移，产生火花。

(4) 输送带电　当带电的液体、液滴，或固体颗粒被置于绝缘物体上时，该物体带电。转移的电荷是物体电容与液滴、颗粒和界面电导率的函数。

2.1.13.3　静电放电

当场强超过 $3MV \cdot m^{-1}$（空气的击穿电压），或当表面以如下 6 种方法达到最大电荷密

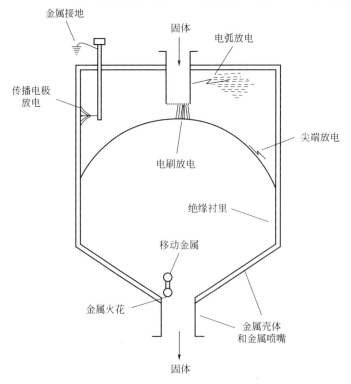

图 30-2-17　常见的静电放电

度 $2.7\times10^{-5}\mathrm{C\cdot m^{-2}}$ 时，带电物体就会向地面或带有相反电荷的物体放电：①火花放电；②传播电极；③尖端积聚；④电刷；⑤电弧；⑥电晕放电。

火花放电（图 30-2-17）是两种金属物体间的放电。两物体都是导电体，电子转移至带电物体的某一尖点的引出端，并在第二个物体的某一尖点处进入该物体。因此，该高能量的火花能够引燃可燃性气体或粉尘。

传播电极放电（图 30-2-17、图 30-2-18）是接地导电体接近由导电体做衬里的带电绝缘体时的放电。这些放电都具有较高能量，能够引燃可燃性气体和粉尘。数据表明，如果绝缘体的击穿电压小于等于 4kV，传播电极放电是不可能发生的。

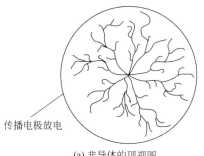

传播电极放电

(a) 非导体的顶视图

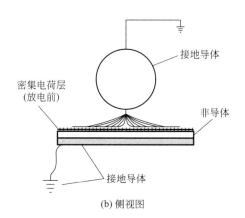

接地导体

密集电荷层
(放电前)

非导体

接地导体

(b) 侧视图

图 30-2-18 传播电极放电

尖端积聚放电（图 30-2-17）是发生在粉尘堆圆锥表面上的一种电极型放电。这种放电所需要的条件是：①高电阻率的粉尘；②粗糙颗粒的粉尘（直径＞1mm）；③具有高电荷质量比的粉尘（例如，由于风力输送而带电）；④充装速度大于 $0.5\mathrm{kg\cdot s^{-1}}$ 的粉尘。这些是相对强烈的放电，能量达到几百毫焦，因此，可以引燃可燃气体和粉尘。为引燃粉尘，粗糙的粉尘需要一小部分纤细的颗粒，以达到爆炸氛围。

电刷放电（图 30-2-17）是有着相对尖点的导电体（半径为 0.1～100mm）与另外一个导电体或带电的绝缘体表面之间的放电。导体放电时发出刷子形状的光。放电强度没有点对点的火花放电强度强，不大可能引燃粉尘。然而，电刷放电能引燃可燃性气体。

电弧放电（图 30-2-17）是来自粉尘上方空气中的云团放电。由实验得知，电弧放电在体积小于 $60\mathrm{m}^3$ 的容器或直径小于 3m 的塔中是不会发生的。

电晕放电（图 30-2-19）同电刷放电类似。电极导体有尖点。来自这种电极的放电具有足够的能量能引燃最敏感的气体（例如，氢气）。

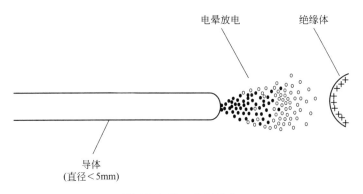

图 30-2-19 电晕放电

2. 1. 13. 4 静电放电能

如图 30-2-20 所示,对静电放电所产生的能量同气体、蒸气和粉尘的最小点火能进行了比较。结果表明,通常可燃气体和蒸气能够被火花、电刷、圆锥尖端和传播电极放电引燃,可燃粉尘仅能被火花、传播电极和圆锥尖端放电所引燃。图 30-2-20 中,虚线所包围的区域表示不确定区域。

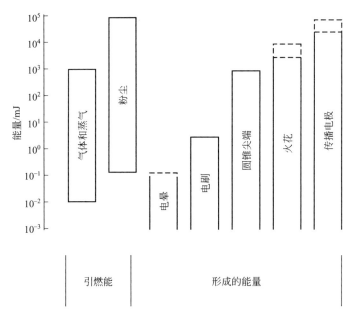

图 30-2-20 最小点火能与静电放电能量的比较

2. 1. 13. 5 静电点火源能量

当两导电体之间的距离比导电体的直径小以及导电体之间的电场强度近似为 $3MV \cdot m^{-1}$ 时,两导电体之间就会产生火花。如果导电体之间的距离大于导电体的弯曲半径,就会产生电刷放电。

火花放电的能量是物体上的积聚的电量(Q,库仑)、物体的电容(C,法拉)和物体电压(V,伏特)的函数。这三个变量可通过表达式 $C = Q/V$ 进行关联。与放电过程有关的实际能量(用焦耳表示)由式(30-2-34)给出:

$$J = \frac{Q^2}{2C} \tag{30-2-34}$$

式(30-2-34)是以电容放电（即火花）假设为前提的；然而，绝缘系统中没有定义电容和电压。因此，式(30-2-34)仅对电容放电有效，但对于其他放电可定性使用。

通常，将燃料空气混合物的 MIE 同当量放电能进行比较，以作为估算放电潜在危害的准则。在特殊的系统条件下，通常需要对 MIE 进行准确实验测定。

静电放电能是积累电荷的函数。在工业环境中，静电荷的积累是由流动固体的接触带电，或摩擦带电以及流动液体的双层带电导致的。

2.1.13.6　流动电流

流动电流 I_S 是流动的液体或固体，将电子由一个表面转移至另一表面所产生的电子流动。当液体或固体流经管道（金属或玻璃）时，静电在流动的物质上产生。该电流同电路中的电流类似。液体流动电流与管径、管长、流体速度和流体性质之间的关系见式(30-2-35)：

$$I_S = 10 \times 10^{-6} \times (ud)^2 \left[1 - \exp\left(1 - \frac{L}{u\tau}\right) \right] \tag{30-2-35}$$

式中，I_S 为流动电流，A；u 为速度，$m \cdot s^{-1}$；d 为管径，m；L 为管长，m；τ 为液体松弛时间，s。

松弛时间是电荷消散所需要的时间，用式(30-2-36)计算：

$$\tau = \frac{\varepsilon_r \varepsilon_0}{\gamma_c} \tag{30-2-36}$$

式中，τ 为松弛时间，s；ε_r 为相对介电常数，无量纲；ε_0 为介电常数，$C^2 \cdot N^{-1} \cdot m^{-2}$；$\gamma_c$ 为电导率，$S \cdot cm^{-1}$。

$$\varepsilon_0 = 8.85 \times 10^{-12} \frac{C^2}{N \cdot m^2} = 8.85 \times 10^{-14} \frac{s}{\Omega \cdot cm} \tag{30-2-37}$$

一些常见物质的电导率和相对介电常数见表 30-2-8。

表 30-2-8　静电计算特性

物质	电导率/$S \cdot cm^{-1}$	相对介电常数
液体		
苯	$1 \times 10^{-18} \sim 7.6 \times 10^{-8}$	2.3
甲苯	$< 1 \times 10^{-14}$	2.4
二甲苯	$< 1 \times 10^{-15}$	2.4
庚烷	$< 1 \times 10^{-18}$	2.0
（正）己烷	$< 1 \times 10^{-18}$	1.9
甲醇	4.4×10^{-7}	33.7
乙醇	1.5×10^{-7}	25.7
异丙醇	3.5×10^{-6}	25.0
水	5.5×10^{-6}	80.4
其他物质和空气		
空气		1.0

续表

物质	电导率/S·cm^{-1}	相对介电常数
纤维素	1.0×10^{-9}	$3.9 \sim 7.5$
耐热玻璃	1.0×10^{-14}	4.8
石蜡	$0.2 \times 10^{-18} \sim 10^{-16}$	$1.9 \sim 2.3$
橡胶	0.33×10^{-13}	3.0
板岩	1.0×10^{-8}	$6.0 \sim 7.5$
聚四氟乙烯	0.5×10^{-13}	2.0
木材	$10^{-13} \sim 10^{-10}$	3.0

　　当运输固体时，也有电荷的积累。固体颗粒表面的分离会导致静电积聚。由于固体的几何尺寸通常很难定义，因此，固体静电的计算采取经验方法进行处理。

　　电阻 = 1/电导率，单位为 $\Omega \cdot cm^{-1}$。

　　输送固体时，所产生的流动电流是固体处理方法（表 30-2-9）和流动速率的函数，

$$I_S = 电荷 \times 固体流速 \tag{30-2-38}$$

式中，I_S 单位为 $C \cdot s^{-1}$ 或 A；电荷在表 30-2-9 中给出。

表 30-2-10 中列出了静电计算过程中可接受的指导性取值。

表 30-2-9　各种操作的电荷积累

过程	电荷/C·kg^{-1}
筛分	$10^{-11} \sim 10^{-9}$
倒出	$10^{-9} \sim 10^{-7}$
研磨	$10^{-7} \sim 10^{-6}$
微粉化	$10^{-7} \sim 10^{-4}$
在斜面上滑行	$10^{-7} \sim 10^{-5}$
固体的风力输送	$10^{-7} \sim 10^{-5}$

表 30-2-10　可接受的静电计算值

项目		数值
相距 0.5in 的针尖间产生火花的电压		14000V
相距 0.01mm 的平板间产生火花的电压		350V
电晕放电前的最大电荷密度		$2.65 \times 10^{-9} C \cdot cm^{-1}$
最小点火能/mJ	空气中的蒸气	0.1
	空气中的薄雾	1.0
	空气中的粉尘	10.0
近似电容 C/pF	人	$100 \sim 400$
	汽车	500
	油罐车（2000gal）	1000
	储罐（直径为 12ft，绝缘）	100000
	2in 的法兰之间的电容（间隙 1/8in）	20
接触 Z 电势		$0.01 \sim 0.1V$

　　注：1ft=0.3048m，1in=0.0254m，1gal=3.78541L。

2.1.13.7　控制静电

如果没有使用适当的控制方法，那么电荷的积累、所产生的火花以及可燃性物质的引燃是不可避免的。然而在实际情况下，工程设计者已经认识到此问题，并设计安装了专门的装置，通过消除静电的积累和聚集来防止火花，并通过对周围环境进行惰化处理来防止静电引燃。

惰化是防止引燃的最有效和最可靠的方法。当可燃液体温度比其闭杯闪点低5℃或更少时，通常使用惰化的方法。

2.1.13.8　防止静电引燃的一般设计方法

设计的目的是防止电荷在产品（液体或粉末）和周围物体（设备或人）上积累。对于每一个带电的物体，都对应存在着一个带有相反电荷的物体。有三种方法可用来完成这一目标：

① 通过降低电荷产生的速度和增加电荷释放的速度，防止电荷积累到危险水平。当进行液体操作时，通常使用该方法。

② 设计一套系统来防止电荷积累到危险水平，这套系统主要是通过低能放电的方法来减少电荷。当进行粉末状物体操作时，通常使用该方法。

③ 当危险的放电不能被消除时，那么通过维持氧化剂的浓度低于可燃浓度（惰化），或通过维持燃料的浓度低于LFL或高于UFL来防止引燃。控制爆炸后果的措施也是可以考虑采用的措施（例如，爆燃消除和爆炸抑制）。

2.1.13.9　松弛时间

当将液体通过位于容器上部的管道抽吸到容器中时，分离过程产生流动电流I_S，该电流是电荷积累的基础。在管道刚要进入储罐处，通过增加一个放大截面的管道，可能会相当大地减少静电危害。该措施提供了松弛时间。在该管道的扩张截面段的滞留时间，是松弛时间的2倍。

在实际情况中，发现控制时间等于或大于所计算得到的松弛时间的1.5倍，该时间对于消除电荷积累来说足够了。因此，"两倍松弛时间"准则提供的安全系数为4。

2.1.13.10　连接和接地

两个导电物体之间的电压差，通过将两导体连接起来可减为零。所谓连接，即将一根导电线的一端与其中一个物体连接，而另一端与另外一个物体连接。

比较几组连接在一起的物体，每组都具有不同的电压。组间的电压差，通过将每组与地面连接而减到零，这就是接地。

连接和接地将整个系统的电压减小到地面水平，或者零电压。这也消除了系统各部分之间积累的电荷，消除了潜在的静电火花。接地和连接的例子见图30-2-21、图30-2-22。

玻璃和塑料衬里的容器，通过衬垫或金属探针接地，如图30-2-23所示。然而，当操作具有低导电性的液体时，该技术无效。这种情况下，充装管线应延伸到容器的底部［图30-2-24(a)］，以帮助消除来自充装操作中的电荷积聚。另外，充装速度应该足够低，以便使由流动电流I_S产生的电荷最少。

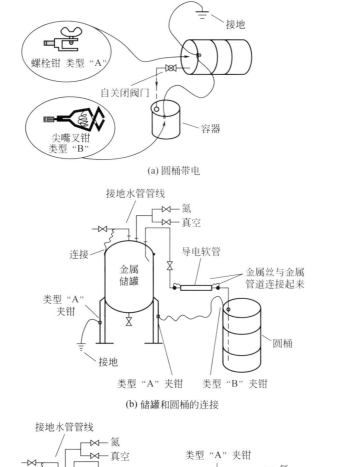

(a) 圆桶带电

(b) 储罐和圆桶的连接

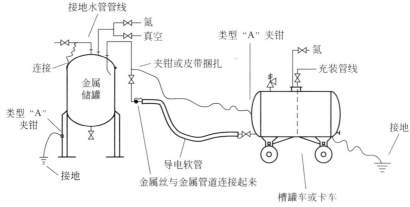

(c) 槽罐车或卡车的卸载

图 30-2-21　储罐和容器的连接和接地方法

（1）**浸渍管**　延伸的管线，减少了当液体被允许自由下落时的静电积聚。然而当使用浸渍管时，必须十分小心，要防止充装停止时，液体因虹吸而倒流出来。通常所使用的一种方法是将浸渍管上的孔靠近容器的顶部。另外一种方法是使用角铁代替管子，使液体沿角铁流下 ［图 30-2-24（b）］。在对圆桶充装时，也可以使用这些方法。

（2）**用添加剂增加导电性**　不导电的有机材料的导电性，有时通过使用抗静电添加剂可

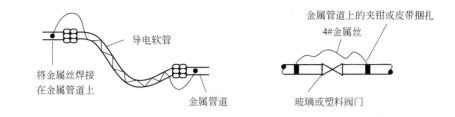

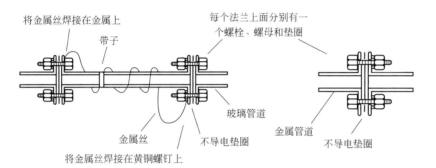

图 30-2-22　阀门、管道和法兰的连接方法

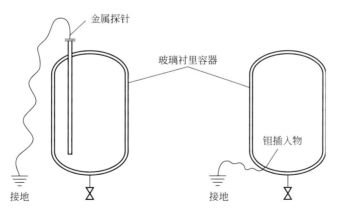

图 30-2-23　玻璃衬里容器接地

第**30**篇

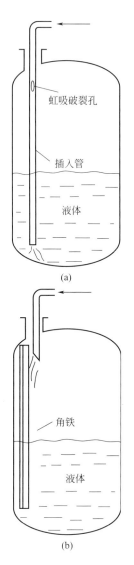

图 30-2-24　为了避免自由下落和静电电荷的积聚
充装管线延伸到容器底部（a）或使用角铁（b）

以被增强。抗静电的添加剂包括：水和极性溶液，例如酒精。水只有在其溶解于憎水性液体中时才有效，因为不溶相产生了新分离源以及静电积累。

（3）在没有可燃蒸气的条件下充装固体材料　使用没有接地的导电漏斗充装固体，能够导致在漏斗上积累电荷。电荷积聚并最终产生火花，可能会引燃散布的可燃性粉尘。

通过将所有导电性部件进行连接和接地，或者使用不导电的部件（圆桶和漏斗）来实现固体的安全运输，如图 30-2-25 所示。

（4）在有可燃蒸气存在的条件下操作固体　这种操作的安全设计包括了在惰化氛围中进行固体和液体的封闭操作，见图 30-2-26。

对于自由溶解固体，允许使用不导电的容器。对于包含有可燃性溶剂的固体，仅建议使用导电性的接地容器。

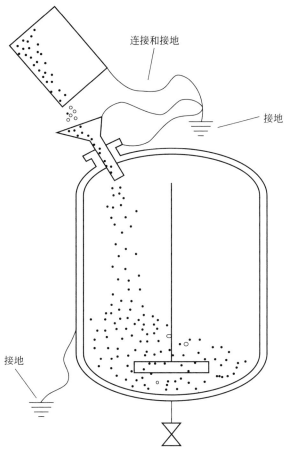

图 30-2-25 在没有可燃蒸气存在的条件下操作固体

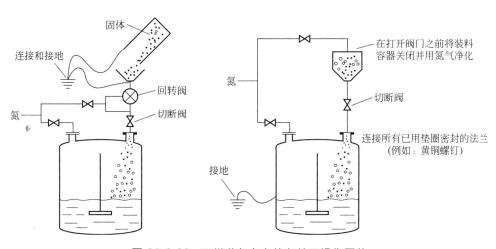

图 30-2-26 可燃蒸气存在的条件下操作固体

2.2   毒性

许多天然和人工合成物质对人和动物而言都是有毒的。液体和固体可以通过接触皮肤、眼睛以及其他部位进入体内；气态或挥发性物质则可以通过呼吸道进入体内，使人中毒。

2.2.1   毒性的评价指标

毒性物质的剂量与毒害作用之间的关系通常用毒性来表示。

在化学物质毒理学研究中，经常用到剂量与作用关系和剂量与响应关系等概念。剂量与作用关系是指毒性物质在生物体内所起作用与毒性物质剂量之间的关系；剂量与响应关系是指毒性物质在一组生物体中，产生一定标准作用的个体数与毒性物质剂量之间的关系。在研究化学物质的毒性时，最常用的是剂量与响应关系，通常以试验动物的死亡作为终点，测定毒性物质引起动物死亡的剂量或浓度。剂量的常用单位是每千克体重毒性物质的毫克数，即用 $mg \cdot kg^{-1}$（国外标准中使用 ppm）来表示。吸入浓度的单位则用单位体积空气中的毒性物质量，即用 $mg \cdot m^{-3}$ 表示。

我国用于评价物质急、慢性毒性的指标通常有以下几种：

绝对致死剂量或致死浓度，用 LD_{100} 或 LC_{100} 表示。LD_{100} 或 LC_{100} 是指引起全组染毒动物全部（100%）死亡的毒性物质的最小剂量或浓度。

致死中量或致死中浓度，用 LD_{50} 或 LC_{50} 表示。LD_{50} 或 LC_{50} 是指引起全组染毒动物半数（50%）死亡的毒性物质的最小剂量或浓度。

最小致死剂量或最小致死浓度，用 MLD 或 MLC 表示，MLD 或 MLC 是指全组染毒动物中只引起个别动物死亡的毒性物质的最小剂量或浓度。

最大耐受剂量或最大耐受浓度，用 LD_0 或 LC_0 表示，LD_0 或 LC_0 是指引起全组染毒动物全部存活的毒性物质的最大剂量或浓度。

还有一些有用的定量化指标可以说明毒物通过健康皮肤吸收，刺激皮肤、眼睛、呼吸系统，并伴有引发机体癌变、畸变、基因突变、对生殖系统有毒性等作用。这些性质可以通过毒性分级指标进行汇总。

2.2.2   毒物危险控制

这里主要简述化工生产中的毒物控制措施。化工生产使用化学物质的毒性有高有低，毒性物质带来的风险各不相同，其主要风险包括下述两个方面：

① 化工毒性物质带来的风险对操作人员以及公众社会的影响；

② 化工毒性物质带来的风险对生态环境的影响。

无论化学物质能够带来何种风险，风险控制的要求和准则大致上是相同的。在通常情况下，对于化工毒性物质风险控制的健康准则如下：

① 对工艺使用的化工毒物进行风险确认，明确毒物风险起因以及可能带来的后果，并考虑最坏的情况；

② 对毒物可能带来的风险采取有效控制措施，尽可能最大限度地控制毒物风险；

③ 采用仪器或设备对毒物风险进行实时监控，关注毒物风险的发生以及发展情况；

④ 对操作员工进行严格培训，使操作人员掌握控制毒物风险的有效方法。

化工安全生产，需要对毒物风险进行评估。毒物风险评估的重要内容是关注员工的身体健康和人身安全。

进行系统的毒物风险评估，主要包括下述内容：

① 熟悉岗位使用的各种化工原料，清楚地知道生产操作过程中使用了何种毒性物质；

② 掌握操作过程中使用的化工原料的物理和化学性质，明确化学物质间的相关禁忌；

③ 熟悉操作过程中使用的化工原料的存放位置，明确其使用和防护的要求；

④ 了解操作过程中使用的化工原料的安全特性，特别是对于有机溶剂类的物质，要清楚地知道物质的爆炸极限情况；

⑤ 明确工艺过程中牵涉到的所有化学物质在发生意外情况下需要采取的应急行动以及防护措施。

为了有效控制化工生产的毒物风险，要求化工生产必须经过反应风险评估，包括毒性物质的风险评估。没有经过风险评估的物质不能在工艺中使用，工艺过程中牵涉到的工程方法也非常重要，如良好的通风和严格的惰化操作。化工生产人员必须按要求穿戴防护用品。防护服、防护手套、防护眼镜和防护口罩能够隔绝化学物质与操作人员的皮肤接触，阻止有毒物质通过皮肤和呼吸吸收，保护操作人员免受伤害。

建立健全的控制方法并不是防止风险发生和控制风险的唯一手段，还需要对控制方法采取合适的监控措施。此外，生产设备需要定期检查，保证运行优良。

对操作员工的培训也非常重要，系统的培训将保证操作人员理解有毒物质的处理方法以及需采取的保护措施。

2.3   其他危险性

2.3.1   真空危害

储罐和许多其他的设备往往会由于内部真空而造成低阻力危害。低真空度设备的等级评定是由工程师和经营者的宝贵经验、教训总结而得，由真空造成的损失往往是巨大的。

2.3.1.1   设备局限性

一个具有强大的内部压力等级的设备也不能保证它能承受一个明显的真空环境。夹套容器特别容易遭受内部真空的危害，因为夹套中传热介质的操作压力增加了压差，否则压差就会存在于大气与内部容器之间。

虽然许多压力容器可能可以承受巨大的真空，但是在设计计算中需要证实这一点。除非专门为真空评级使用的设备，其他都应该被认为是会受到真空损害。设备采购时，应关注压力容器的真空评级和代码标签。在许多情况下，这样做的额外成本将是采购容器总成本中微不足道的一部分（见设备防护措施）。

2.3.1.2   真空危害的后果

容器、油罐车或轨道车会由于真空导致局部坍塌而变形，虽然被低压损坏的设备不会像超压设备那样发生爆炸，然而因为损坏了容器或连接到容器的管道、设备中的物料会发生泄漏，这才是真正的危险因素。大量的有毒、易燃或有害物质的释放会造成严重的后果。

另外，设备内真空可能会导致空气进入系统，在设备内部造成火灾或爆炸危险。由于设备损坏而可能导致的潜在连锁效应也需要考虑到。

2.3.1.3   导致设备低压的常见原因

由于一个意外的原因，或者保护系统设计不充分，设备会暴露在极度真空的环境下。一个常见的场景是，从一个通风能力不足的罐槽中抽吸物料，使得空气进入速度不足以补充下降的液面高度。

类似的，当鼓风机、风扇、压缩机或排风机将设备中的气体排出时，真空环境就能形成，可获得的真空程度将取决于设备的运行特性。其他真空产生机制通过行业经验总结，还包括以下几种：

① 蒸气压缩或热气体的冷却；

② 吸收液体中的气体；

③ 清除液面以上空间中气体的化学反应；

④ 设备低压保护装置的合理设计。如果这样的保护装置被遗漏、不恰当的尺寸设计、错误安装、维护不当，那么会导致设备的损坏。通风机械设备的常见故障如下：

a. 容器密封系统失效；

b. 误操作；

c. 维修不当；

d. 不合理的变动；

e. 真空操纵系统失效；

f. 通风线路或设备的堵塞；

g. 不充分或不正确的维护。

2.3.1.4　设备防护措施

如果设备可能出现真空情况，在本质安全上，应设计能承受完全真空的替换设备。虽然对于大型储罐而言，可能并不是经济可行的，但对于小型储罐而言，其成本增量可能不会很高而可以接受。

谨慎的过程危害分析可能发现并不需要一个能承受完全真空的特定容器（比如，可实现的最大真空限于抽风机的运行性能）。无论容器的真空度等级多少，都必须定期检查容器的气密性，防止内外腐蚀而减弱容器的强度。

2.3.2　惰性物质的危险性

设备中用于置换氧气的惰性气体是为了防止燃烧以及可能出现的爆炸。其他的惰化系统用于：① 防止腐蚀；②惰化易氧化产品；③防止与空气或水发生的放热反应。在缺氧的惰性环境中，人员窒息是最常见的风险，还有其他风险，如毒性、极端温度和压力、化学互克性。

2.3.2.1　惰性物质

最常用的惰性气体是氮气和二氧化碳，但也有其他气体和蒸气，如氩（Ar）、氦（He）、蒸汽。对于一个给定的生产工艺，最合适的惰性气体系统的选择必须基于多重因素的考虑，如成本、实用性、供应的可靠性、有效性、与工艺物料的兼容性。

2.3.2.2　窒息和中毒危险性

窒息剂是一种可能会导致死亡或意识缺失的化学物质（气体或蒸气）。常见的窒息剂，如氮气、氦气、氩气等，可以取代空气中的氧气，降低氧气的浓度，使其低于约 21% 的正常值。不同含量 O_2 的生理效应见表 30-2-11。

化学窒息剂干扰身体组织吸收或运输 O_2 的能力。相关的化学窒息剂，比如 CO，在 CO 浓度大约为 $1000 \mu L \cdot L^{-1}$ 的环境下暴露 1h，会失去意识。在 CO 浓度大约为 $13000 \mu L \cdot L^{-1}$ 的环境下暴露 $1 \sim 3min$，会导致意识缺失，并有死亡危险。

表 30-2-11 不同含量 O_2 的生理效应

O_2（体积分数）/%	影响
19.5	安全水平的最低值
15～19	有缺氧迹象；工作能力极度降低；可能会诱发冠心病、肺、消化系统等出现问题
12～14	呼吸频率增加；心跳加速；肌肉、知觉、判断力受损
10～12	呼吸频率更快、更重；更差的判断力；嘴唇发紫
8～10	晕倒；无意识；脸变苍白；嘴唇发紫；恶心、呕吐，无法自由行动
6～8	在这种环境下暴露 6min，有 50% 的可能性死亡；暴露 8min，100% 死亡
4～6	在这种环境下暴露 40s，会昏迷、抽搐、呼吸停止、死亡

注意：二氧化碳既不是简单的窒息物（如氮气），也不是化学窒息剂（如 CO）。正常空气中二氧化碳的浓度大约是 $300\mu L \cdot L^{-1}$（0.03%）。表 30-2-12 表明，相对于氮气而言，不同含量的 CO_2 产生了不同的生理效应。在实际运用中，不同惰性气体的使用会导致不同的物理危害。

表 30-2-12 不同含量 CO_2 的生理效应

CO_2（体积分数）/%	影响
1	呼吸频率轻微加快
2	呼吸频率比平时加快 50%；长期暴露会导致头疼和疲劳
3	呼吸频率增加为原来的 2 倍，并且呼吸吃力；听力衰减；头疼；血压升高；心跳加快
4～5	呼吸频率增加为原来的 4 倍；中毒症状明显；有轻微的窒息感
5～10	呼吸非常困难、头痛、视力障碍、耳鸣；判断力受到影响，在几分钟内失去意识
10～100	在含量高于 10% 以上时，会更快地失去知觉。与高浓度 CO_2 的长期接触可能使人最终死于窒息

（1）高温 来源于燃烧的高温惰性废气在使用前必须进行水洗。除了降低温度，水洗可以去除废气中的烟尘和硫化物（可能与水反应形成腐蚀性酸）。最终得到的气流湿度会使它不适合用于惰化一些不能耐水的装置。

使用蒸汽作为惰性材料时，必须要求设备保持在高温环境下，防止由于冷却而降低惰化浓度。蒸汽惰化不能使用在：①含有脆性材料（如铸铁）的系统，可能会因为热膨胀而加压断裂；②密封性良好的系统，高温可能造成永久性变形或失调；③含有管道涂料或塑料材料的系统，高温可能会破坏这些涂料。

（2）低温 N_2、CO_2、He 和 Ar 的常压沸点分别为 -196℃、-79℃、-269℃ 和 -186℃。在操作和维护过程中，必须要解决任何存在低温伤害的可能性，并具体说明个人防护设备的要求。低温会导致一些结构材料的脆化（如碳钢），必须考虑惰性气体输送系统的安全设计。

（3）高压 低温液体蒸发时会产生大量的气体。容器，例如用来运输和储存的容器，必须配备泄压装置来解决这个风险。另外就是如果低温液体过量充装，则可能产生静水压。没有气体空间来允许液体膨胀时，会产生极高的压力。鉴于较大的气液膨胀系数，应该要限制储存在密封容器内的低温液体量，防止造成超压。

（4）静电 使用高压二氧化碳作为惰化物会造成潜在的静电危害。如果液体被减压过低，二氧化碳会直接转化为固体。因此，液体二氧化碳的释放会产生二氧化碳的干冰（固体 CO_2），当高速移动时，则可以生成静电荷。

（5）化学物质禁忌性 虽然 N_2 和 CO_2 对许多燃烧反应都可以作为惰性气体，但它们并非不会发生化学反应。只有惰性气体（如 Ar、He）可以被视为真正的惰性气体。与 N_2

不兼容的物质有金属锂和金属钛（这些金属可以在 N_2 中燃烧）。二氧化碳与许多金属（如铝和碱金属）、酸、碱、胺可以反应，还可以在水中形成碳酸。CO 是一个强还原剂，与氧化剂、钾、钙、钠、铝以及一些金属氧化物不相容。

参考文献

［1］ Steinmeyer D E. Perry's Chemical Engineers' Handbook, Eighth Edition. New York: McGraw-Hill, 2008.

［2］ ［美］丹尼尔 A. 克劳尔，约瑟夫 F. 卢瓦尔. 化工过程安全理论及应用（原著第二版）. 蒋军成，潘旭海，译. 北京：化学工业出版社，2006.

［3］ 蒋军成. 化工安全. 北京：机械工业出版社，2008.

［4］ Mashuga C V, Crowl D A. Process Safety Progress, 2000, 2(19): 112.

［5］ Satyanarayana K, Rao P G. Journal of Hazardous Materials, 1992, 1(32): 81.

［6］ Jones G W. Chemical Reviews, 1938, 1(22): 1.

［7］ Crowl D A, Louvar J F. Chemical Process Safety: Fundamentals with Applications, 2d ed. Englewood Cliffs, New Jersey: Prentice-Hall, 2002.

［8］ Mashuga C V, Crowl D A. Process Safety Progress, 1998, 3(17): 176.

［9］ Crowl D A. Understanding Explosions. New York: American Institute of Chemical Engineers, 2003.

［10］ CCPS. Reactive Material Hazards: What You Need To Know. New York: CCPS-AIChE, 2001.

［11］ Eckhoff R K. Fire Safety Journal, 1998, 30(4): 397.

［12］ Hendershot D. Chemical News, 2005, 8(1): 47.

［13］ Johnson R W, Lodal P N. Chem Eng Prog, 2003, 99(8): 50.

［14］ Mannan S. Lees' Loss Prevention in the Process Industries, 3d ed. Amsterdam; Boston: Elsevier Butterworth-Heinemann, 2005.

3

危险化学品和化学反应危险性

　　化学品是指通过化学方法和化工过程制得的物质。制得的方法可以是化学合成、化学分离或复合，也可以包括一些物理过程。1990 年国际劳工组织的 170 公约给出的定义更为广泛，即化学元素（单质）、化合物和其混合物，无论是天然的或是人造的。

　　危险化学品，是指具有毒害、腐蚀、爆炸、燃烧、助燃等性质，对人体、设施、环境具有危害的剧毒化学品和其他化学品。

　　反应性物质，指它自身或与其他物质易进行化学反应的物质，也可称为活性物质。但联合国有关危险性物质与物品的文件中常译为反应性化学物质，相应的危险性称为反应危险性。

　　自反应性化学物质，指无需借助空气中的氧气或水蒸气即可自身发生反应，并常常伴有放热与生成气体产物。

　　它们的关系如下[1]：

　　化学物质，特别是其中的反应性化学物质，其主要危险性可用表 30-3-1 予以概括。

表 30-3-1　反应性化学物质主要危险性表象与种类

危险性表象	发生这种危险性的评价			
爆轰（伴随有冲击波的爆炸反应）	可能性	难易性	大小	激烈性
燃烧以致爆燃（无冲击波伴随的放热反应面快速移动，且无需借助空气中的氧）				
热爆炸（体系内热生成速度＞热散失速度的自加速放热反应）				
混触发火或放热				

3.1　物质化学结构与活性危险性

3.1.1　爆炸性化合物特有官能团

　　人们很早就发现，具有潜在的燃烧、爆炸危险性的化合物往往含有某种特定的被称作"爆炸性基团"的化学基团，Bretherick 将它们归纳如表 30-3-2[2]所示。

　　这些基团在反应中可释放出较多的热能，且大多具有较弱的键，所以对含有这类基团的化合物应特别小心。当然，"爆炸性基团"只是分子的一部分，整个化合物是否具有爆炸性，还要看它所占的分量与其所处的化学环境，最终还是要靠实验来判定。

另一些基团的反应活性表现为在与空气的长时间共存中，和其中的氧发生反应而生成不安定或具有爆炸性的有机过氧化物，这也是一种潜在的危险性。

表 30-3-2　爆炸性化合物所特有的官能团

官能团	物质	官能团	物质
$-C\equiv C-$ $-C\equiv C-Me$	乙炔衍生物 乙炔金属盐	$>C-N=N-S-C<$	偶氮硫化物,烷基硫代重氮酸酯
$-C\equiv C-X$	卤代乙炔衍生物	$-N=N-N=N-$	高氮化合物,四唑(四氮杂茂)
N=N 环丙二氮烯	环丙二氮烯	$>C-N=N-N-C<$ R(R=H、$-CN$、$-OH$、$-NO$)	三氮烯
$>CN_2$	重氮化合物	$>C-O-O-C<$	过氧酸,烷基过氧化氢
$>C-O-N=O$	亚硝基化合物	$-O-O-Me$	金属过氧化物
$>C-NO_2$	硝基链(烷)烃,C-硝基及多硝基烯丙基化合物	$-O-O-Non\text{-}Me$	非金属过氧化物
$>C<{NO_2 \atop NO_2}$	偕二硝基化合物,多硝基烷	$N-Cr-O_2$	胺铬过氧化物
$>C-O-N=O$	亚硝酸酯或亚硝酰	$-N_3$	叠氮化合物(酰基、卤代、非金属、有机的)
$>C-O-NO_2$	硝酸酯或硝酰	$C-C-N_2^+S^-$	硫代重氮盐及其衍生物
$>C-C< \atop O$	1,2-环氧乙烷	$>C-C-N_2^+S^-$	羟胺盐,胲盐
$>C=N-O-Me$	金属雷酸盐,亚硝酰盐	$>C-N_2Z^-$	重氮根羟酸酯或盐

续表

官能团	物质	官能团	物质
$\begin{array}{c}NO_2\\ \mid\\ -C-F-\\ \mid\\ NO_2\end{array}$	氟二硝基甲烷化合物	N—X	卤代叠氮化物，N-卤化物，N-卤化（酰）亚胺
$>$N—Me	N-金属衍生物,氨基金属盐	—NF$_2$	二氟氨基化合物
$>$N—N=O	N-亚硝基化合物（亚硝胺）	$\geqslant$C—O—O—C$\leqslant$	过氧化物,过氧酸酯
$\geqslant$C—N=N—C$\leqslant$	偶氮化合物	—O—X	烷基高氯酸盐、氯酸盐、卤氧化物、次卤酸盐、高氯酸、高氯化物
$\geqslant$C—N=N—O—C$\leqslant$	偶氮氧化合物,烷基重氮酸酯	X—Ar—Me　Ar—Me—X	卤代烷基金属
$\geqslant$C—N=N—O—N=N—C$\leqslant$	双偶氮氧化物	$\geqslant$N$^+$—OHZ$^-$	羟氨盐、胲盐
$\geqslant$C—O—O—C$\leqslant$	过氧化物,过氧酸酯	$[$N$\rightarrow$Me$]^+$Z	铵金属烊盐
$\geqslant$N$^+$—HZ$^-$	肼盐,氨的烊盐	$>$C—N$_3^+$O$^-$	重氮烊盐

　　由化学物质引起的爆炸和火灾，是因物质发生了化学反应，释放出超过一定量的热量，而且是快速放出所造成的。表 30-3-2 中的原子团是可以放出较多能量的原子团，并且大多具有较弱的键。因此，具有这些原子团的化学物在较低温度下就开始反应，一旦反应发生，就会放出大量的热而使温度上升，这就有可能导致火灾和爆炸。

　　这些特征原子团只占整个化合物分子的一部分，因此，具有这样特征原子团的化合物具有爆炸性的倾向比较大。判断含特征原子团的化合物是否具有爆炸性，还需要通过事故实例、数据表、计算以及相应的试验加以确认。

3.1.2　易形成过氧化物的化学结构

　　有些物质放置在空气中能与空气中的氧发生反应，形成不稳定或具有爆炸性的有机过氧化物。根据经验，人们已经掌握了一些容易形成有机过氧化物的结构，Jackson 等将其加以收集整理，见表 30-3-3。其结构特点主要是具有弱的 C—H 键及易引起附加聚合的双键。前者例如异丙基醚，后者例如丁二烯。丁二烯可以形成爆炸性的过氧化聚合物 [CH$_2$—CH ＝

$$\text{CH—CH}_2\text{—O—O}]_n。$$

表 30-3-3   空气中易形成过氧化物的结构

原子团	分类	原子团	分类
C—O（H）	缩醛类、酯类、环氧	CH₂、CH₂、C—H	异丙基化合物、萘烷类
C—C—C（H）	烯丙基化合物	C—C（X、H）	卤代链烯类
C—C（H）	乙烯化合物（单体、酯、醚类）	C—C、C—C（H）	二烯类
C—C—C（H）	乙烯乙炔类	C—C—Ar（H）	异丙基苯类、四氢萘类、苯乙烷类
—C—O—（H）	醛类	—C—N—C（O）	N-烷基酰胺，N-烷基脲类，内酰胺类、碱金属、特别是钾碱金属的烷氧及酰胺物，有机金属化合物

3.1.3   混合危险物质

不仅是化合物有危险性，混合物也可能有较大的危险性。此外，还有与某种物质接触时发火或产生危险性的物质。人们把这些物质统称为混合危险物质，表 30-3-4 给出了常见的混合危险物质。

表 30-3-4   常见的混合危险物质

物质 A	物质 B	可能发生的某些现象
氧化剂	可燃物	生成爆炸性化合物
氯酸盐	酸	混触着火
亚氯酸盐	酸	混触着火
次氯酸盐	酸	混触着火
三氧化铬（铬酸盐）	可燃物	混触着火
高锰酸钾	可燃物	混触着火
高锰酸钾	浓硫酸	爆炸
四氯化碳	碱金属	爆炸
硝基化合物	碱	生成高感度物质
亚硝基化合物	碱	生成高感度物质
碱金属	水	混触发火
亚硝胺	酸	混触发火
过氧化氢溶液	胺类	爆炸
醚	空气	生成爆炸性的有机过氧化物
烯烃	空气	生成爆炸性的有机过氧化物
氯酸盐	铵盐	生成爆炸性的铵盐
亚硝酸盐	铵盐	生成不稳定的铵盐
氯酸钾	红磷	生成对冲击、摩擦敏感的爆炸物
乙炔	铜	生成对冲击、摩擦敏感的铜盐
苦味酸	铅	生成对冲击、摩擦敏感的铅盐
浓硝酸	胺类	混触发火
过氧化钠	可燃物	混触发火

混合危险不仅仅指与混合危险性的物质配伍时有危险，也包括改变混合条件时所发生的危险，因此是一个复杂的问题。但另外，也可将具有爆炸及火灾危险性的某些物质通过与适当的物质混合或包覆予以安全化。如雷汞（溶于温水）含水量大于 10% 时，可在空气中点燃而不爆炸；含水量为 30% 时，点而不燃，储存中要注意有无漏水的情况。因此应掌握通过混合途径予以安全化处理化学物质的知识。

因为混合危险物质的组合数量庞大，所以必须通览一下危险物质的化学反应手册，或有关数据表，掌握其类型，此外还应牢记混合危险成分中的活性特别强的那些物质。

3.1.4 容易发生事故的化学反应

一般来说，只要慎重对待有危险性的化学品和化学反应，是不容易出现事故的。很多事故是由于初期考虑不周而引起的。

陶氏化学公司编写了公司内部使用的《活性物质安全指南》，用来进行防止化学品事故发生的教育。该书介绍了能引起事故而又难以预测的化学反应，具体如下：

(1) 生成过氧化物　由经验得知，当烃类及其他有机化合物在空气中被氧化时，可以生成过氧化物中间体或副产品，这就有可能产生过氧化物。由于条件的不同，特别是有不安定混合物产生时，有可能喷料或爆炸，因此需要用某些方法来了解反应混合物的安定性。

(2) 氧化反应　氧化的副反应引起的事故很多。例如，冷却到室温以下的硫酸-硝酸的混酸中，一边充分地搅拌，一边滴加醇液，则生成相应的硝酸酯。此时产生的热，主要是硝化反应热以及由反应中生成水所引起的混酸稀释热，这种情况下产生的热量并不太大；但是，通过隔离操作，若将醇液一下子加到同样的硫酸-硝酸的混酸中，则根据所用醇类的种类和数量不同，往往会产生爆炸性喷料或暴沸，其程度也与有无搅拌有关。除了生成硝酸酯以外，还有焦油状的物质产生，这可能是醛类氧化产物及其聚合物。一旦发生氧化副反应，那么就会放出比预定硝化反应还要多的反应热，因而能量危险性增大。

上述的氧化副反应是在反应混合物中生成了自身催化物质，加之温度的上升而引起的。醇类的硝化，即使在规定的温度进行滴加时，也会生成亚硝酸，倘若搅拌不充分，未反应的醇逐渐积累，副反应突然加快，温度急剧上升，从而发生喷料。

(3) 与热介质的反应　热交换用的热介质可以用水、植物油、硅油、高沸点有机溶液、熔融盐、熔融金属等。如果所用热介质的管道上有腐蚀穿孔，工艺介质与热介质即可混合。一般来说，这种事故发生的概率不大，因而往往不被注意。然而经验告诉我们，一旦由此引起事故时，会造成很大的损失。另外，工艺介质若混入了有毒的热介质，或者由于酸中混入了水，使设备的腐蚀增大，等等，这些都会引起能量危险以外的物质危险。

硝酸盐和亚硝酸盐的混合物是常用的热介质。但是，这类混合物也是一种强氧化剂。由于使用时的温度较高，所以一旦混入还原性物质或可燃物时，就会发生激烈反应。由这类混合物所引起的事故有：与水蒸气作用的爆炸，与镁作用的爆炸，以及与有机物或氰化物作用的爆炸等。

在预测热介质与工艺介质混合会出现某种危险时，应考虑以下几点：

① 尽可能使用不产生混合危险的热介质。

② 在使用中注意，防止管道产生孔隙。例如，可将管道的材料片浸泡在反应混合物和热介质中，预测管道腐蚀及材料劣化的程度。对管道定期地进行气压试验，判断是否有孔。

③ 管道有了孔时，也可以通过增加管道内外压差的办法来防止发生危险性混合。另外，

建立能迅速查找管道是否有孔的检测方法也是很重要的。

（4）与测量仪表所用液体的反应　也有与测量仪表所用的液体系统内存在的活性物质发生反应而导致事故的问题。例如，氧气或氯气等强氧化剂与测量仪器内所用的液体反应，会导致液体的性能劣化，或引起薄膜爆轰。因此，要认真了解高活性的物质所采用的管道材料和仪表中所用液体的性质，以便选用与活性物质相容性好的材料。

（5）与设备材料的反应　所用装置的材料与化学物质反应可能生成危险物。例如：苦味酸本身是一种爆炸性物质，但感度不太高，不像普通高感度物质那样难以处理。然而苦味酸的重金属盐对冲击或摩擦是非常敏感的，因此不能用铅容器来处理苦味酸。同样，乙炔铜对热和机械撞击来说，也是一种敏感的爆炸物，为此也不能用铜容器来处理乙炔。

（6）用错原料产生的反应　在使用化学物质的事故中，有许多是用错了物质而引起的。例如，某种熔融盐是硝酸钠、硝酸钾及亚硝酸钠混合配成的，将这些原料从试剂瓶中取用时很少会用错。但是，在工厂等地方进行试验时，现场使用的物质往往是从仓库中领取的，这时容易引起差错。譬如，混入有机物的物质在加热过程中就会引起放热反应，甚至会发生爆炸。一般来说，使用的物质中包含氧化剂等危险物质时，就应格外仔细地检查一下所取用各个物质是否正确。

即使在实验室里，因品名标签等不清楚，也可能错用危险物。不安定物质、氧化剂、毒物、腐蚀性物质等，一定要贴好明显的标签，放到指定的地方，以免搞错。对于那些内容物不详、不常使用的危险物一定要及时进行销毁，不要放在实验室内。

使用代用的氧化剂也是非常危险的。例如用高锰酸钾代替重铬酸钾就是很危险的，因为前者能量放出速度快，更容易发生能量危险。如果错以氯酸钾代替硝酸钾使用时，也会生成非常危险的物质。

（7）泄漏的物料与绝热材料产生的反应　泄漏的活性物质与绝热材料接触时也可能发生反应而导致事故发生。由于绝热材料的绝热性能良好，所以一旦内部发生放热反应时，热量积蓄在内部，使温度上升，容易引起热爆炸或自燃。有机绝热材料浸渍了液氧或其他氧化剂时就非常危险。即使是无机的不燃性绝热材料，浸渍了不安定的物质后，也会增加它的自燃性。

对于液氮或液氢等所用的绝热材料，不能使它同时吸收或凝缩氧及臭氧等氧化性物质和烃类等可燃物。

3.1.5　与危险化学反应有关的操作

在下面的一些操作中，随着活性物质被浓缩，所含能量相对集中，其危险性有可能增加，因此也应加以注意。

（1）蒸馏　在工厂以及实验室里进行蒸馏操作时，曾发生过爆炸、火灾事故。在蒸馏残渣时，能使爆炸性物质或不稳定物质浓缩，故在进行反应生成物的蒸馏时一定要慎重，切不可过度浓缩蒸馏残渣。在不稳定物质的减压蒸馏时，若温度超过某一极限，它就会发生分解，为此必须有保护措施。

（2）过滤　过滤可使不稳定物质得到分离集中，从而处于危险状态。尤其是对于摩擦或冲击敏感的物质，在过滤时绝对不要用玻璃过滤器之类的、容易产生摩擦热的器具。

（3）蒸发　很多危险物，用惰性溶剂稀释后是比较安全的，在这种状态下长期保存是没有什么问题的。用作漂白剂或杀菌剂使用的次氯酸钠是以水溶液状态出售的，这时是相对安全的。但是，这种溶液若撒在白布上，水分蒸发而变干时，这块布就成了非常易燃的危险物。

（4）过筛 粉末过筛时容易产生静电，所以干燥的不稳定物质过筛时要特别注意。过筛操作中，微细粉末到处飞扬，长时间积存或滞留在烘房装置上面，就曾发生过自燃事故。

（5）萃取 用萃取操作来提取危险物时，萃取液浓缩，危险物就处于高浓度状态下，这时危险性就大大增加了。

（6）结晶 在结晶操作中，往往可以得到纯的不稳定物质，此外，由于结晶的条件不同，可能得到对于摩擦和冲击非常敏感的结晶。例如，按照一定的结晶条件，可以得出用手一碰就发火的叠氮化铅。

（7）再循环 反应液循环使用会使原料成本降低，还会使系统成为不污染环境的封闭系统，是常用的有效的节能方法。但在采用反应废液再循环方法之前应进行一下探讨，这是因为再循环中，有可能造成不稳定物质的富集。尽管在每次倒掉废液时是安全的，但当废液再循环时，爆炸性物质的积累可使危险性增大。

（8）放置 反应液静置中，由于局部能量集聚，也可能引起事故。由于静置，以不稳定物质为主的相，可能分离在上层或下层。如制造硝化甘油时，分离的废液一经放置，硝化甘油就分离在上层，有水滴进入该层时，就会发热并导致爆炸发生。为了避免硝化甘油废液发生这种危险性的分离，可往废液中加水，以增加硝化甘油在废液中的溶解度。

在搅拌含有有机过氧化物等不稳定物质的反应混合物时，如果搅拌停止而处于静置状态，那么，所含不稳定物质的溶液就附着在器壁上。若溶剂蒸发，不稳定物质就被浓缩，往往成为自燃的着火源。

（9）回流 实验室的回流操作中，可能产生危险性，即回流中由于突沸或过热将可燃性液体喷出而着火。一般来说，如果没有点火源是不可能着火的，因此，使用可燃性溶剂回流操作或蒸馏低闪点溶剂时，切记附近不要有明火或点火源。

在大型设备里进行的反应，如果含有回流操作，必须研究避免发生类似下述现象的措施。危险物在回流操作中有可能被浓缩，例如，在硝酸氧化等反应中生成二氧化氮，它通过回流冷却器可以回到反应系统中，但是，在回流冷却器中浓缩了的二氧化氮，一旦与附着在反应器盖上的大量有机物混合时，就会发生爆炸性的反应。所以，对回流液的性质要做最坏情况下的考虑。

（10）凝结 也有因凝结而引起的事故，例如，危险物凝结后滞留在管道的 U 形部分，曾因此而发生过爆炸。

（11）搅拌 在不稳定物质的合成反应中，从安全角度来看，搅拌也是个重要因素。在采用间歇式的反应操作中，化学反应速率很快，大多数情况下，加料速度与装置的冷却能力是相适应的，这时反应是扩散控制，应使加入的物料马上就反应掉。如果搅拌能力较差，反应变慢，加进的原料过剩，未反应的部分积蓄在体系中，若再强力搅拌，所积存的物料一齐反应，使体系的温度上升，往往造成无法控制的反应。一般的原则是，搅拌停止的时候也应停止加料。

使用电磁搅拌的情况下，在加料的同时，体系的黏度往往会增大，致使搅拌器旋转速度下降。如果不了解这一点，而是仍以原来的速度加料，就会引起后一段时间内温度过高。

（12）深冷 进行深冷操作时应注意以下事项：

① 在低温下反应性的气体能发生冷凝。臭氧、氮氧化物（NO_x）、烃类等，在低温下冷凝后，形成的不稳定物质都能发生爆炸。当装有液氮的杜瓦瓶受到放射线照射时，液氮中溶解的氧气会生成臭氧，臭氧被浓缩后也有发生过爆炸的事故。

② 高压下的气体进行深冷分离时，若气体中的 NO_x 和不饱和烃共存，则能生成不稳定的爆炸性物质。

（13）升温 若使含能的化合物或混合物升温，就会引起热爆炸或突发性的反应。如果在低温下将两种能发生放热反应的液体混合，然后再升温引起反应，这种做法是很危险的。与其这样，不如将一种液体保持在能起反应的温度下，边搅拌、边加料、边反应。

（14）销毁 在销毁不要的危险物的操作中发生的事故也不少，关于这类问题有以下几点原因：

① 一般来说，废弃物是人所不要的东西，思想上就不太重视对废弃物的了解；

② 废弃物中常有一些不清楚的物质；

③ 有些非指定人员也使用过放置废弃物的地方和销毁废弃物的场所，此前他们是否倒过什么东西也不知道。

在实验室里向废液罐中倒入废溶剂时也有过喷火的事故，往废液坑里倒入废弃物时也有过燃烧事故。在销毁火炸药时发生爆炸的事故也是人所共知的。使用金属钠时，废液中的钠未经破坏就倒入水中，因此而引起着火的例子也是不少人都有亲身体会的。处理无用的金属氰化物时也往往会发生喷火现象。

在销毁废弃物品时，除能量释放的危险性外，尚有其他危险发生。如果考虑到这些问题，那么采购危险物品时，应当按照需要量购入。

（15）泄漏、撒落 当危险的物品泄漏、撒落时，人们首先应想好如何处理的问题。急于收拾复原而忘记它是危险物，往往又会导致二次灾害的发生。对于冲击敏感的物质发生堵塞时，用铁棒去捣；对于泄漏的反应液，忘记了它所产生的气体是有毒的，轻易处理而造成中毒等一些事故的发生也都屡见不鲜。

3.2 物质危险性评价程序

通过化学结构对化合物的燃爆危险性进行初步判断，所获取的信息是有限的，对于一种可能具有某种危险性的新物质，最快捷、有效的办法就是首先查阅有关文献。相应的物质危险性评价程序如下[3]。

通过文献调查希望得到的安全技术资料应涉及以下 12 点：

① 曾显示出危险性征候的事例和发生过的事故案例；

② 自然发火性与燃烧激烈性；

③ 与水反应的危险性；

④ 储存中生成爆炸性物质（有机过氧化物等）的可能性；

⑤ 物质自身的爆炸性；

⑥ 热安定性（DTA 差热分析或 DSC 密封池差示扫描量热试验），开始分解温度是否在 200℃ 以下和热分解的激烈程度；

⑦ 对机械撞击、摩擦作用的感度；

⑧ 固体的易着火性、液体的易燃性（闪点高低）；

⑨ 与空气混合物的爆炸范围（上下限）、容易性与激烈性；

⑩ 产生静电积累的性质；

⑪ 与其他物质接触、混合发生放热、发火的危险性；

⑫ 其他危险性。

在文献调查阶段，应考虑到以下五方面安全措施内容的制定。

① 关于物质的安全措施　不用高危险性的物质，或通过稀释法使其安全化。

② 处理时的安全措施　严禁烟火、防静电，进行安全包装。

③ 教育安全措施　通过该物质的安全技术说明书使相关人员都明确其危险性所在，以避免误操作。

④ 设备与过程的安全措施　采用危险性小的设备与工艺（即本质安全化）。

⑤ 异常时的应急安全措施　设想异常发生时的现象及对策，编制应急措施指南或手册。

3.3　基于化学结构的燃爆特性定量预测

分子的许多性质可以通过实验方法来确定，而分子的这些性质取决于分子结构本身。只要分子结构已经确定，其性质也就固定了，在一定条件下，可以根据实验测定的性质来推测分子结构方面的信息，因为性质是结构的反映。人们也可以通过改变分子的内部结构来达到改变分子性质的目的[4]。

许多例子可以说明分子结构对性质的影响，表 30-3-5 列出了烷烃同系物的一些理化性质。很明显，每种性质都是与分子结构密切联系的，虽然这种联系的方式是多种多样的。例如，分子量是分子内各原子的原子量总和，即具有加和性，这种加和性是有机化学同系物的基础。烃的原子化热在实验误差范围内也具有加和性，每增加一个甲基，烃的原子化热增加约 1171.65kJ/mol。烃同系物的摩尔体积和摩尔折射率也近似有加和性，烃的沸点、密度等性质却不具有加和性，这两种性质都是随着同系物碳原子数的增加而逐步增加的。从表 30-3-5 也可以看出，烷烃同系物的原子化热和摩尔折射率与碳原子的数目具有很好的线性相关，而沸点、密度与碳原子数呈非线性相关；当分子中具有分枝时，分子结构与性质的关系变得更复杂。

第 30 篇

表 30-3-5　结构对烷烃同系物理化性质的影响

化合物	原子化热 /kJ·mol^{-1}	摩尔折射率 /cm^3·mol^{-1}	摩尔体积 /mL·mol^{-1}	折射率	沸点 /℃	密度 /g·mL^{-1}	分子量
丁烷	5167.07	—	—	—	−5.0	—	58.13
戊烷	6337.92	25.27	115.22	1.3525	36.07	0.6262	72.15
己烷	7509.11	29.91	130.68	1.3749	68.74	0.6594	86.17
庚烷	8680.75	34.54	145.52	1.3876	98.43	0.6838	100.19
辛烷	9852.73	39.19	162.58	1.3974	125.67	0.7025	114.21
壬烷	11023.84	43.83	178.69	1.4054	150.81	0.7176	128.23
癸烷	12195.69	48.47	194.84	1.4119	174.12	0.7301	142.25

由此可见，分子结构决定性质是化学中的一条基本规律，分子结构不同，其各种物理、化学性质之间便存在着一定的差异。定量结构-性质相关性研究（quantitative structure-property relationship，QSPR）就是根据这一规律发展起来的一种新的研究方法，近年来逐渐成为基础研究领域的热点，已经被广泛应用于化合物的各类物化性质的预测研究，在化学、生命科学以及环境科学中都有着重要的理论和应用价值。QSPR 研究的基本假设是化合物的性能与分子结构密切相关，分子结构不同，性能就不同。而分子结构可以用反映分子结构特征的各种参数来描述，如有机物的各类性质可以用化学结构的函数来表示。通过对分子结构参数和所研究性质的实验数据之间的内在定量关系进行关联，建立分子结构参数和性质之间的关系模型。一旦建立了可靠的定量结构-性质相关模型，仅需要分子的结构信息，就可以用它来预测化合物的各种性质。对于危险化学品而言，我们所关心的主要是其闪点（表征易燃液体）、自燃点（表征所有可燃危险化学品）、爆炸极限（表征可燃气体或易燃液体）、燃烧热（表征所有可燃危险化学品）、撞击感度（表征爆炸品）等与其发生火灾爆炸事故密切相关的一些燃爆特性。下面介绍根据分子结构预测化合物燃爆特性的一些常用方法及模型。

3.3.1　闪点预测

闪点是可燃液体在空气中或在液面附近产生蒸气，其浓度足够被点燃时的最低温度。闪点作为衡量化合物在储存、运输和处理过程中危险程度的重要物理量，以及作为可燃液体火灾危险性的划分依据，在化工安全生产和理论研究中有着重要的应用。

大多数化合物的闪点可以通过实验测定，但是由于化合物数目众多，完全依靠实验测定的工作量十分巨大。而且，对于那些有毒、易挥发、爆炸性或有辐射的物质，测量上也存在着一定的困难。因此，对化合物闪点的理论预测已经引起了越来越多研究者的广泛兴趣。

最早根据分子结构预测有机物闪点的是 Suzuki 等人，他们提取 25 个原子及基团作为分子结构描述符，对 59 种烃类物质的闪点进行了预测，平均误差为 9.5℃。该方法第一次从分子结构角度对化合物闪点与分子结构之间的定量关系进行了关联，实现了通过分子结构预测闪点，而无需使用其他任何实验数据。该模型的主要缺陷是实验样本较少，仅占文献上所能得到样本数的一小部分。

Tetteh 等则首次将人工神经网络技术应用于闪点预测之中。他们采用径向基函数神经网络技术，对 400 种有机物的闪点和沸点同时进行了预测研究。采用分子连接性指数$^1\chi$和 25 个官能团作为分子结构描述符，对测试中的 133 种物质进行了预测，得到的平均绝对误差为 11.9℃。

Albahri 根据基团贡献法原理，按照基团在分子结构中的不同位置，对各种基团进行了分类，随后将烃类物质划分为链烷烃、环烷烃、烯烃、芳香烃 4 类，分别建立了各类物质的闪点预测模型。与以往模型相比，其预测精度有较大程度提高，对于 299 个烃类实验样本，平均预测误差为 5.3 K，相关系数为 0.99。

王克强等在前人研究的基础上，根据基团贡献法原理，发展了一种预测有机物闪点的新方法——三参数基团贡献法，通过对 750 种有机化合物进行闪点计算，平均误差为 4.71%。

潘勇、蒋军成等则首次将支持向量机技术引入闪点的 QSPR 研究之中，结合基团贡献法原理，在 1282 种化合物中提取了 57 种分子基团作为分子结构的描述符，建立了成功的预测模型，其预测平均绝对误差仅为 6.9K。

上述预测模型的共同点是均基于基团贡献法建立，虽具有计算简单、使用简便等优点，但也存在着以下的一些明显缺点：①包含的基团必须事先定义，因此不能预测一个包含新基团化合物的闪点，使用范围受到限制；②没有考虑一个基团在不同化学环境下的不同效果，预测效果有待加强。

最近，几个预测闪点的模型均以分子结构计算的结构理论参数作为分子描述符，建立了相应的 QSPR 模型。同时，这些模型均使用了分子数量相当大且分子多样性相当高的数据集。其中，Katritzky 等使用自编软件 CODESSA 对 758 种有机物的闪点进行了 QSPR 研究，应用人工神经网络方法建立了根据分子结构预测闪点的通用模型，模型相关系数为 0.937，平均绝对误差为 13.9K。随后，Gharagheizi 等将遗传算法和多元线性回归技术相结合，针对 1030 种化合物，从 1664 种根据分子结构计算的结构参数中选取了 4 个参数作为分子描述符，建立了一个四参数的闪点预测模型，该模型相关系数为 0.967，预测平均绝对误差为 10.2K。

值得注意的是，Vazhev 等最近提出以红外光谱作为表征分子结构特征的分子描述符，对 85 个烷烃的闪点进行了预测研究，其平均绝对误差仅为 4.5℃。该方法最大的特点是单独应用红外光谱就能预测烷烃闪点，而无需事先确定该物质的分子结构式。这对紧急情况下的物质危险性分析具有重要的参考价值。

3.3.2 自燃点预测

自燃点是指能使可燃物质发生自燃的最低温度，即可燃物质由于外界加热或自身化学反应、物理或生物作用等产生的热量而升温到无需外来火源就能自行燃烧的温度。在化工生产中，可燃物质的自燃是引起火灾事故的重要原因之一，因此，自燃点成为衡量物质火灾性能的重要物理量之一，被广泛应用于衡量可燃物质在生产、加工、储存和运输过程中的危险程度。

实验测定是目前获取自燃点数据的有效方法，但实验方法的影响因素众多，实验结果差别较大；同时对于测量上有困难或尚未合成的物质，也无法基于实验进行测定。因此，有必要开发简便可靠的自燃点理论预测模型，以弥补实验方法的不足。

Suzuki 通过对 250 种物质的自燃点及分子结构进行关联，建立了如下的预测模型：

$$T_a = 1.73 p_c - 3.48 P_A + 191.4\,^0\chi - 246.8 Q_T - 121.3 I_{ald} + 70.4 I_{ket} + 302.5 \qquad (30\text{-}3\text{-}1)$$

式中，T_a 为自燃点；p_c 为临界压力；P_A 为 20℃时等张比体积；$^0\chi$ 为零阶分子连接性指数；Q_T 为原子负电荷之和；I_{ald}，I_{ket} 分别为醛类和酮类物质指示值。该模型预测平均误差为 5.4%，相关系数为 0.89，预测精度良好。

Tetteh 等应用 6 个分子描述符（p_c、P_A、$^0\chi$、Q_T、I_{ald}、I_{ket}）对 233 种有机物的结构特征进行表征，并采用神经网络方法对这些物质的自燃点与上述描述符之间的内在定量关系进行关联，建立了相应的预测模型，所得平均预测误差为 32.9℃。

Mitchell 和 Jurs 则将 327 种化合物划分为低温烃类、高温烃类、含氮化合物、含氧和含硫化合物及醇类和醚类化合物五类，对其自燃点分别进行了预测研究。首先应用遗传算法及模拟退火算法对大量拓扑、电性及几何描述符进行筛选，对上述 5 类物质分别得到最佳的 5~7 个分子描述符，随后分别应用多元线性回归及人工神经网络方法进行模拟，各模型所得预测误差均在 5~33℃，处于实验误差范围之内。

　　Albahri 根据基团贡献法原理，提出了 20 种分子基团作为 138 种烃类物质的结构描述符，并结合多元回归方法建立了新的非线性预测模型。该模型平均预测误差为 4.2%，预测精度良好。与已有方法相比，该模型预测精度较高，但仅适用于预测烃类物质的自燃点，无法对其他类型物质进行预测。

　　随后，Albahri 和 George 应用人工神经网络方法，对 490 种各类型物质的自燃点进行了预测研究。他们基于基团贡献法原理，筛选出 58 种一元或二元分子基团作为表征所有 490 种物质分子结构特征的分子描述符，并应用 BP 神经网络方法对物质自燃点与描述符之间的内在定量关系进行关联，建立了相应的预测模型，所得预测平均误差为 2.8%。

　　潘勇、蒋军成等则在 Mitchell 和 Jurs 研究的基础上，针对 446 种不同种类的有机化合物，首次建立了一个统一的、根据理论结构参数预测有机物自燃点的九参数 QSPR 预测模型，该模型预测平均绝对误差为 28.88℃。同时，该研究还首次将支持向量机方法引入自燃点的 QSPR 研究之中，建立的预测模型比传统多元线性回归方法更为有效。

3.3.3　爆炸极限预测

　　爆炸极限又称燃烧极限，一般是指可燃气体（含可燃粉尘，下同）与空气混合后，其混合物在一定浓度范围内，遇到着火源能够发生爆炸的浓度范围，用相对空气体积或质量的百分比表示。其中，能使可燃气体发生爆炸所必需的最低可燃气体浓度，称为爆炸下限（LFL）；能使可燃气体发生爆炸所必需的最高可燃气体浓度，称为爆炸上限（UFL）。爆炸极限是评价可燃气体或蒸气爆炸危险性的重要参数之一，也是计算液体闪点的重要依据，在防爆技术中应用广泛。在监测监控技术中，它是一个具有重要实用价值的爆炸指示参量。因此，掌握化合物的爆炸极限数据，对于化工安全生产具有重要的现实意义。

　　实验测定是目前获取爆炸极限数据的有效方法，但实验测定方法对设备要求高、工作量大；实验结果的影响因素众多，差别较大。同时，对于测量上有困难或尚未合成的物质，也无法基于实验进行测定。因此，有必要开发简便可靠的爆炸极限理论预测模型，以弥补实验方法的不足。

　　Shebeko 等最早提出根据分子结构来预测爆炸极限。他们以基团贡献法表征物质的分子结构特征，利用回归方法建立了相应的爆炸极限预测模型。然而，该模型的预测精度较差，以爆炸上限为例，预测平均误差和最大误差（体积分数）分别达到了 8.2% 和 88.9%。

　　High 和 Danner 则根据基团贡献法原理，以 24 种分子基团作为结构描述符，模拟了爆炸上限与结构描述符之间的内在定量关系，所得预测平均误差（体积分数）为 4.8%。

　　Seaton 基于勒夏特里定律开发了一个用于物质爆炸极限预测的数学模型，该模型选用 19 个二阶分子基团对物质结构特征进行表征，对爆炸上限和爆炸下限的预测误差分别在 10% 和 20% 左右，误差仍相当高。

　　Suzuki 和 Ishida 分别应用人工神经网络方法和多元线性回归方法对有机物的爆炸极限进行了预测研究。两种方法对 150 种有机物爆炸上限的预测平均绝对误差分别为 3.2% 和 1.3%，对爆炸下限的预测平均绝对误差分别为 0.4% 和 0.3%。

　　Albahri 基于基团贡献法原理，提出 19 种分子基团表征烃类物质分子结构特征，对爆炸极限和分子基团之间的内在定量关系进行了关联，所得模型对 475 种烃类物质爆炸上限的平均预测误差（体积分数）为 1.25%，对 472 种烃类物质爆炸下限的平均预测误差（体积分数）为 0.04%。

Kondo 等应用偏最小二乘方法，对 99 种卤代烃类物质的爆炸极限进行了预测研究。他们以 F 指数表征物质的分子结构特征，将爆炸极限与 F 指数进行关联，对爆炸下限的预测平均相对误差为 9.3%，对爆炸上限的预测平均相对误差为 14.6%，预测结果良好。

近来，Gharagheizi 等将遗传算法和多元线性回归技术相结合，针对 1056 种化合物，从 1664 种根据分子结构计算的结构参数中选取了 4 个参数作为分子描述符，建立了一个四参数的爆炸下限预测模型，该模型复相关系数为 0.970，预测平均相对误差为 7.68%。

潘勇、蒋军成等则针对 1036 种有机化合物的爆炸下限，应用遗传算法，优化筛选出了 4 个结构参数作为分子描述符，结合支持向量机方法建立了相应的爆炸下限预测模型，该模型相关系数为 0.979，预测平均相对误差为 5.60%。随后，潘勇等又针对 579 种有机化合物的爆炸上限应用遗传算法，优化筛选出了 4 个结构参数作为分子描述符，建立了相应的爆炸上限线性预测模型，该模型复相关系数为 0.758，预测平均绝对误差为 1.75%（体积分数）。

3.3.4 燃烧热预测

燃烧热是衡量可燃物质燃烧危险程度的一个重要指标，它往往与闪点、自燃点、爆炸极限等衡量可燃物质燃烧难易程度的指标相结合，对可燃物质的燃烧危险性进行全面评价。

燃烧热定义为可燃物质在标准状态下经过氧化，生成指定的燃烧产物时所增加的焓的数量。一方面，燃烧热是有机物的一个重要的化学热力学参数，烃类物质的加氢、脱氢及燃烧反应等均要利用燃烧热来计算化学反应热，从而实现有效分析反应过程中能量间的传递和转换规律，为质能联算以及反应器和燃烧炉的设计提供依据。另一方面，有机物的燃烧热是衡量有机物火灾危险程度的一个重要特征量，其数值可直接反映物质火灾危险性的大小，在工业企业的事故后果模拟及危险性评估等工作中，常被用于事故后果严重度的计算研究。

Gharagheizi 等选取 1700 多种有机物作为实验样本，将遗传算法与多元线性回归方法相结合作为变量选择工具，对实验样本进行了 QSPR 建模和预测研究，得到了四参数的多元线性预测模型，该模型预测性能良好。

潘勇、蒋军成等选取 1650 种有机物作为研究样本，将粒子群算法与偏最小二乘方法相结合作为变量选择工具，优化筛选出与有机物燃烧热最为密切的 4 个分子描述符，建立了相应的最优线性预测模型。该模型预测性能良好，模型复相关系数为 0.995。

3.3.5 撞击感度预测

感度是专门衡量含能材料爆炸性能的重要参数。含能材料是指一系列可用作炸药、推进剂、发射药等火炸药及火工品的含能化合物，其中硝基化合物占有很大的比例。含能材料在国防军事、经济建设及科学研究中有着非常广泛的用途。硝基类含能材料属于高度危险的物质，其能量密度高，受到如热、冲击撞击、摩擦、静电等外界刺激都可能导致燃烧、爆炸，对周围的人员及设施的安全造成严重威胁。所以对硝基含能材料可靠性与安全性进行的研究具有十分重要的意义。

感度是含能材料安全性的一个重要指标，反映了含能材料对外界刺激的敏感程度。按照作用方式的不同，感度可以分为撞击感度、摩擦感度、静电感度、热感度等几大类。其中，撞击感度是含能材料最为常见的感度参数。撞击感度通常以在一定条件下的落锤实验中，炸药样品的爆炸概率或 50% 爆炸概率下的特性落高 H_{50} 表征，它能够反映含能材料在机械撞击下发生爆炸的难易程度。

目前感度的数据主要依靠实验获得，但随着新材料的不断涌现，实验测定的工作量十分巨大。而且对于含能材料这类特殊物质，进行实验研究还具有以下一些缺点：①实验具有一定的危险性；②缺乏统一的实验标准，实验结果精度不高，再现性差；③样本较为分散，不利于进行系统研究；④一级近似的模拟实验无法较好地体现规模效应；⑤对尚未合成或处于分子设计阶段的物质，无法基于实验进行研究。

Nefati 等对 204 种含能材料的撞击感度进行了 QSPR 研究。通过对 3 类共 39 个描述符来进行不同组合，并结合多元线性回归、偏最小二乘和神经网络方法来建立撞击感度的预测模型。研究结果表明，使用非线性的神经网络方法可以获得较传统线性方法更好的模型，而且仅使用拓扑描述符获得的预测模型较含有 3 类描述符的模型要好。

Cho 等在 Nefati 等的研究基础上进行了改进和优化，对 234 种含能化合物的撞击感度做了预测研究。Cho 等选取了与 Nefati 等不同的 39 个描述符，并根据其种类将其划分为 7 个子集，对所有子集进行了神经网络建模。结果表明，含有分子组成及拓扑类型描述符等 17 种分子描述符子集，构建的神经网络具有最好的预测结果。

Keshavarz 和 Jaafari 则对 289 种含能材料的撞击感度做了 QSPR 研究。研究选取了 10 个参数作为分子描述符，并利用神经网络方法来预测撞击感度，取得了较好的结果。

Morrill 等采用 CODESSA 软件对 227 种含能材料的撞击感度进行了 QSPR 研究。他们利用该软件在 AM1 半经验水平计算了 227 种化合物的结构描述符，然后结合软件集成的最优多元线性回归（BMLR）算法，从大量描述符中优化筛选出 8 个最优描述符，并建立了相应的线性模型，取得了较好的预测效果。

蒋军成等则针对 186 种非杂环硝基含能化合物，应用遗传算法优化筛选出了与其撞击感度最为密切的 9 个分子描述符，并应用神经网络方法建立了相应的最优非线性预测模型。该模型预测性能良好，模型复相关系数为 0.900。

3.4 化工工艺过程危险性

化学反应是物质发生化学变化的过程[5]。化学反应危险性是一种可能导致反应失控的化学特性，它可以直接或间接地危害到人身、财产和环境安全。当反应环境不能安全地吸收由反应释放的能量时，化学反应将会失去控制。这种情况可能不仅发生在化学反应过程中，还会发生在存储、混合、物理处理、净化、废物处理及环境控制等系统中。

大多数化工公司的主要业务是通过控制化学反应来制造产品，这些化学反应工艺过程具有危险性。化学反应通常不会发生事故，但是有时也会因为一些问题而失控，比如使用错误的或受污染的原料，改变操作条件，未预料到的时间延误，故障设备，不相容材料的使用或热失控等。

因此，对于化学工艺过程的设计者和操作者而言，理解工艺过程中所涉及的反应物质和反应过程，以及在整个过程周期中应采取何种措施，控制预期反应和避免发生意外反应是至关重要的。

3.4.1 全生命周期

3.4.1.1 考虑工艺开发中的化学反应

在早期的工艺设备开发阶段，考虑到的一些保护措施，将在很大程度上决定整个化工过程周期的反应危险程度。因此，在工艺过程开发早期，就需要考虑反应的危险性，并且应考虑关于反应物质和高能量反应系统的可替换方案。

许多企业指定一个特定的人或职位作为化工过程安全的"责任人"，其职责可能会随着生命周期的进展而不断变化，伴随着企业从开发设计到施工运营。

工艺中所采用的化学反应以及被处理材料的危险特性参数，应该被整合到一个正式的文件包中。然后，这个文件包将组成信息库的一部分，在此基础上，提出控制化学反应危险性的安全措施。

3.4.1.2　针对反应危险性的本质安全方法

对于高活性原料，一般不直接储存，而是通过配方和合成链的方法将高活性的原材料处理成危险性较低的材料。或者，采取措施生成需要的产物，从而避免大部分的原材料的储存和处理。许多活性材料也可以用稀释的方法处理，比如将其溶解在较小危险性的溶剂中（对于某些活性材料，如过氧化苯甲酰，安全处理原材料的方式是将其变为稀糊状或溶液）。

基于化学反应性危害，本质安全设备的选取必须着眼于化学储存能的大小、能量释放快慢的动力学，以及可能使其具有毒性或可燃危险性的反应产物。

基于反应动力学，较慢反应的能量总是可以被安全释放，而不造成伤害或损失，相比于快速反应，较慢的反应更容易被认定是安全的。但是，较慢反应也并非始终是安全的。首先，不管反应的速率如何，潜热都是存在的；其次，较慢的反应会造成未反应物质的积聚。因此，较快反应通常同样是可取的。

最后，相比于一个产生危险物或副产品的反应而言，不产生危险反应产物或者副产物的化学反应更加安全。但是，也不能只看反应产物的化学危险性，还需要看产物的物理危害性。比如，如果反应产生的一种非冷凝气体没有被充分排出，那么可能会造成内部过压而引起管道破裂。

3.4.1.3　考虑尺寸扩大的情况

当按比例扩大反应工艺时，一个关键的考虑点是，不管发生正常或非正常放热反应，都应确保有足够的热量移除。在反应过程中，热量的产生是与体积（质量）成比例的，然而热量的排出充其量只与面积（表面积）成正比。尽管在实验室能很容易地控制反应温度，但是这并不意味着在放大尺寸的反应器中，温度仍能同样容易地被控制。因为在放大反应器或储存容器时，我们并没有充分考虑到传热所具有的危险性，尤其是那些可发生聚合反应或缓慢降解的容器。另外，反应系统按比例放大时，搅拌系统和冷却系统的精心设计很重要。

反应系统尺寸的放大还可能对基本过程控制系统和安全系统造成显著的影响。特别是较大的反应系统可能需要在工艺中的不同位置设置更多的温度传感器，以便能够迅速地检测出失控情况的发生。

3.4.2　控制预期反应的工艺过程设计

3.4.2.1　概述

当设计或操作一个关于预期反应的化工工艺时，需要考虑以下问题。

（1）了解预期反应和其他潜在化学反应的反应热。

（2）计算反应混合物的最大绝热反应温度。

（**3**）在最大绝热反应温度下，确定反应混合物中所有单组分的稳定性。

（**4**）在最大绝热反应温度下，确定反应混合物的稳定性。除了预期反应，在绝热反应温度下是否会有一些其他的化学反应发生。

（**5**）考虑可能的分解反应，特别是那些可能会产生其他产物的反应。

（**6**）识别潜在的反应污染物，特别是在反应环境下可能会普遍存在的一些污染物。另外，还需要考虑到微量金属离子的催化作用，比如钠、钙以及其他普遍存在于水中的金属离子。

（**7**）考虑由于预期反应量和工作条件的偏差而可能造成的影响。例如，双倍反应量是否是合理偏差，如果存在这样的偏差，会有什么样的影响？

（**8**）识别所有反应容器的热源并且确定它们的最高温度。

（**9**）确定可以用于冷却反应混合物的冷却剂的最低温度。

（**10**）了解所有的化学反应速率。可以通过热危险性测试法得到有效的动力学数据。

（**11**）考虑可能发生的气相反应。这可能包括燃烧反应；其他气相反应比如有机物蒸气与氯气的反应以及材料的气相分解反应，比如环氧乙烷或有机过氧化物。

（**12**）明确预期反应和非预期反应的危险性。

（**13**）快速反应是所期望的。希望在反应物相互接触时，化学反应立即发生。

（**14**）避免通过控制反应混合物的温度来限制反应速率。

3.4.2.2 放热反应和失控反应

若冷却系统的冷却能力低于反应的热生成速率，反应体系的温度将升高。温度越高，反应速率越大，这反过来又使热生成速率进一步加大。因为反应放热随温度呈指数增加，而反应器的冷却能力随着温度只是线性增加，于是冷却能力不足，温度进一步升高，最终发展成反应失控或热爆炸。相反，若冷却占优势，则体系温度降低，不会造成反应失控[6]。

以下有两种情况会导致反应失控，具体过程见图 30-3-1。

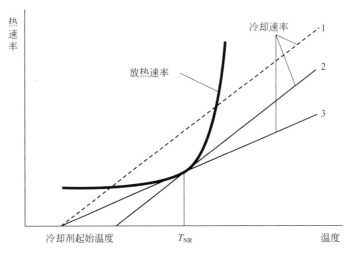

图 30-3-1 Semenov 热温图

第一，增加冷却系统的温度（图 30-3-1 中线 1～线 2）；第二，降低换热器的传热系数（图 30-3-1 中线 1～线 3）。当冷却温度较高时，相当于冷却线向右平移，即图中线 1 平移到线 2，两个交点相互逼近直到它们重合到一点。这个点对应于切点，是一个不稳定工作点，相应的冷却系统温度称为临界温度。当冷却介质温度大于临界温度时，冷却线与放热曲线没有交点，反应失控无法避免。

当传热系数降低时，相当于冷却线的斜率降低，即图中线 1 转变为线 3，从而形成临界状态，这可能在换热系统存在污垢、反应器内壁结皮或固体物沉淀的情况下发生。

还有很多可能出现的异常情况都可以导致反应失控，如下所列。

(1) 反应器中冷却介质的损失；

(2) 冷却介质温度的升高；

(3) 工艺温度升高，比如由于极端环境条件或制冷的缺失；

(4) 反应原料或混合物的异常发热，比如由于外部火或蒸汽注入一个容器夹套或直接进入物料中；

(5) 由于缺乏识别失控危险的能力或其他原因，对热敏感材料进行加热；

(6) 热交换表面逐渐结垢，使最大的冷却液流量都不再足以消除反应热；

(7) 系统的隔热导致散热的减少；

(8) 杂质或过量催化剂的添加将提高反应速率；

(9) 过多或过快地添加某种限量的反应物；

(10) 蒸汽管线的堵塞或其他的一些方式导致系统压力增加；

(11) 稀释剂减少或溶剂的损失；

(12) 在储存容器中的抑制剂浓度不充足，或者抑制剂混合不充分（包括由于材料冻结）；

(13) 反应性材料或混合物被转移到一个不能消除反应热的位置。

如上所述，失控反应不仅可以发生在反应器中，还可以发生在原料和产物的储存容器、净化系统，以及任何放热反应系统和自反应系统中。

3.4.2.3　半间歇式反应

实现放热反应的本质安全，需要明确能实现超快速反应的温度。反应器可以在此温度下进行操作，并且逐渐添加至少一种反应物来控制反应的放热。这种逐渐添加反应物的过程通常被称为半间歇式。物理限制的方法是改变添加限量反应物的速率，如使用计量泵、小进料管线限制流量，或使用节流孔板限定。理想的情况下，当限量反应物加入反应系统时，应被立即反应。如果有任何类型的故障（例如冷却失效、断电、搅拌损失）发生时，应该停止反应物进料，并且反应器内应包含很少的未反应材料的潜热。一些用来确认实际反应量的方法也是需要的。直接测量是最好的，但间接方法，诸如监测间歇式放热反应器的冷却需求，也是很有效的。

3.4.2.4　吸热反应

就算检测到失控的情况，吸热反应过程通常更容易恢复到安全状态。通常，停止热量输入就可以使反应链停止。在这方面，吸热反应在本质上比放热反应更安全。

另外，应特别考虑以下内容：

(1) 吸热反应的最终反应产物比原材料具有更大的内能。因此，当生成该物质的反应为吸热时，则该物质为吸热化合物。反应系统再次获得足够的能量，例如加热到分解温度，那么潜热又将不受控制而被释放出去。

(2) 同样，如果吸热反应失控，例如通过开大加热控制阀或蒸汽泄漏直接进入反应物料中，那么可能会发生一些放热的降解反应或其他副反应，导致热失控。

3.4.3 抑制不可控反应系统的设计

3.4.3.1 抑制剂注射系统

抑制剂注射系统主要用于乙酸、乙烯等聚合材料反应中。如果材料开始以不可控的形式发生自反应，那么聚合反应抑制剂的注入，可以在压力、温度达到最大值之前干扰反应过程。反应所需的抑制剂类型将取决于聚合反应的性质，例如，在自由基聚合反应中，自由基清除剂可以作为该反应的抑制剂。用于保证正常储罐稳定性要求的抑制剂通常都相同，但是其注入量可能会有所区别。

抑制剂注入系统需要精心设计和维护，这样才能成为一个高度可靠的安全系统。由于抑制剂注入系统随时处于使用状态，所以不得连续使用数月。必须注意，需要定期测试其功能和系统组件的有效性。

3.4.3.2 转储系统

对于抑制剂注射系统或淬火系统，抑制剂或淬火剂都是从外部供应区输送到反应物质中的。在转储系统中，活性材料应该从仓库/设备转移到同尺寸的更安全的位置。

3.4.3.3 泄压系统

泄压系统包括安全阀、防爆片、防爆门和放空管等。系统内一旦发生爆炸或压力骤增时，可以通过这些设施释放能量，以减小巨大压力对设备的破坏或爆炸事故的发生。

3.4.4 反应危险性评估和过程危险性分析

应定期对所有工艺新流程以及已有工艺流程进行反应危险性评估。评估内容包括以下几点[7]：

（1）评估化学反应过程，包括反应、副反应、反应热、潜在压力上升、中间产物特征等。

（2）审查用来判断化学物质性质的测试数据，如可燃特性、温升、冲击敏感性以及其他不稳定性。

（3）审查新工艺操作流程，尤其是不可预期的延误、设备仪器的损坏等情况。

这些评估也可以结合周期性过程危害分析（PHA），PHA可以通过假设分析方法和HAZOP方法等来实现。HAZOP方法更侧重于识别预期反应失控或发生非预期反应的场景。

3.4.4.1 最危险情况的考虑

工艺过程中每个节点的操作，流程设计者都应该设想到实际中可能出现的最危险的场景，如冷却水的缺失、电源故障、错误的反应物质混合、错误的阀位、线路堵塞、仪器故障、压缩空气的损耗及泄漏、搅拌不充分、打空泵、不纯净的原料。工程评价应该考虑最坏的后果，这样的话，即使发生最坏的情况，工艺过程也可以是安全可控的。危险与可操作性分析（HAZOP）可以用来帮助识别异常情况和最坏情况下的后果[8]。

3.4.4.2 反应性测试

在设计具有反应危险性的工艺设备时需要很多数据，包括热稳定性的测定值以及以下三点：①发生放热反应的初始温度；②反应速率随温度的变化趋势；③每单位量原料的产热量。

3.4.5 反应数据的来源

3.4.5.1 计算

化学系统中释放的潜热通常可以通过热力学计算得到。即使反应只有极少的能量释放，反应仍可能是具有危险性的。

3.4.5.2 差示扫描量热（DSC）

差示扫描量热是在程序升温的条件下，选择适当的参比物质，测量试样与参比物之间的能量差随温度变化的一种测试方法。差示扫描量热测试可以反映出待测物质的热稳定性情况，显示出化学物质的热分解情况。DSC 测量出来的初始反应温度高于真实反应中的初始温度，所以这种测试方法主要是用来做筛选实验的。

3.4.5.3 差热分析（DTA）

差热分析是在程序控制的条件下进行程序升温，比较测量物质与参比物质之间的温度差与温度关系的一种扫描分析技术。该法广泛应用于测定物质在热反应时的特征温度及吸收或放出的热量，包括物质相变、分解、化合、凝固、脱水、蒸发等物理或化学反应。这个测试方法基本上是定性的，可用于识别放热反应。与 DSC 一样，它主要用来做筛选实验，因为测量所得温度不足以得到定量性的结论。如果是一个放热反应，那么建议在 ARC 中进行测试。

3.4.5.4 加速量热仪（ARC）

加速量热仪是一种比较高端的绝热量热测试仪，其对反应器的处理不是通过隔热手段达到绝热的目的，而是通过调整炉膛的温度，使其始终与所测的样品池外表面热电偶的温度保持一致，以达到控制反应体系的热散失而形成绝热环境的目的。因此，样品池与环境不存在温度梯度，没有热量流动，是一个完全的绝热环境。ARC 能够模拟开展潜在失控反应实验测试，量化某些化学反应和化学物质的热危险性以及压力生成危险性。

在 ARC 测试过程中，将测试样品保持在绝热环境中，在工艺条件下完成反应过程，并测定反应过程中的热量情况、热量随时间的变化情况、温度变化情况和压力变化情况等数据。加速量热测试方法为化学物质的动力学研究提供了重要的数据。

3.4.5.5 泄放尺寸包量热仪（VSP）

VSP 是 ARC 技术的拓展，VSP 是用来描述化学反应失控的小型装置。在运用中，相比于 ARC 或其他方式，泄放尺寸包量热仪需要的专业知识更少。

3.4.5.6 先进的反应系统筛选工具（ARSST）

ARSST 具有反应系统鉴别工具（RSST）的性能，并结合了绝热量热计的最新进展，是可靠有效的绝热量热计，它能快速安全地识别工艺过程中潜在的放热危险。

参考文献

[1] 蒋军成．危险化学品安全技术与管理．北京：化学工业出版社，2013.

［2］ 吉田忠雄．化学药品的安全．北京：化学工业出版社，1982.

［3］ 蒋军成．化工安全．北京：机械工业出版社，2008.

［4］ 蒋军成，潘勇．有机化合物的分子结构与危险特性．北京：科学出版社，2011.

［5］ Perry R H, Green D W. Perry's Chemical Engineers' Handbook. New York: McGraw-Hill Professional, 1999.

［6］ 施特塞尔，陈网桦，彭金华，陈利平．化工工艺的热安全：风险评估与工艺设计．北京：科学出版社，2009.

［7］ Johnson R W, Lodal P N. Screen Your Facilities for Chemical Reactivity Hazards. Chem Eng Prog, 2003, 99（8）：50-58.

［8］ 丹尼尔 A 克劳尔，约瑟夫 F 卢瓦尔．化工过程安全理论及应用（原著第二版）．蒋军成，潘旭海，译．北京：化学工业出版社，2006.

4

化工过程安全分析

4.1　常见的泄漏源

　　化工、石油化工的火灾爆炸、人员中毒事故中，很多是由于物料的泄漏引起的。导致泄漏的原因可能是腐蚀、设备缺陷、材质选择不当、机械穿孔、密封不良以及人为操作失误等。充分准确地判断泄漏量的大小，掌握泄漏后有毒有害、易燃易爆物料的扩散范围，对明确现场救援与实施现场控制处理非常重要。由于泄漏而导致的事故的危害，很大程度上取决于有毒有害、易燃易爆物料的泄漏速度和泄漏量。泄漏速度快，则单位时间内的泄漏量就大；泄漏速度慢，单位时间内的泄漏量就小。物料的物理状态在其泄漏至空气后是否发生改变，对其危害范围也有非常明显的影响。常压下为液态的物料泄漏后四处流淌，同时蒸发为气体扩散；常温下加压压缩、液化储存的物料一旦泄漏至空气中会迅速膨胀、汽化，迅速扩散至大范围空间，如液化石油气、液氨、液氯的泄漏，显然其危害范围加大。泄漏物质的扩散不仅由其物态、性质所决定，又受到当时气象条件、当地的地表情况所影响。

　　泄漏机理可分为大面积泄漏和小孔泄漏。大面积泄漏是指在短时间内有大量的物料泄漏出来，储罐的超压爆炸就属于大面积泄漏。小孔泄漏是指物料通过小孔以非常慢的速率持续泄漏，上游的条件并不因此而立即受到影响；故通常可假设上游压力不变[1]。

　　图 30-4-1 显示了化工厂中常见的小孔泄漏的情况。对于这些泄漏，物质从储罐和管道上的小孔、裂纹以及法兰、阀门和泵体的裂缝和严重破坏或断裂的管道中泄漏出来。

　　图 30-4-2 显示了物料的物理状态是怎样影响泄漏过程的。对于存储于储罐内的气体或

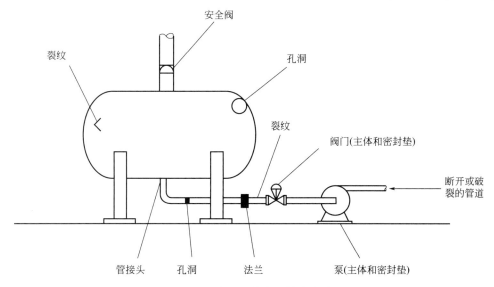

图 30-4-1　化工厂中常见的小孔泄漏

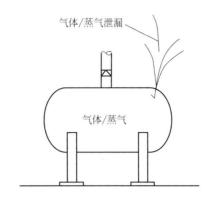

(a)

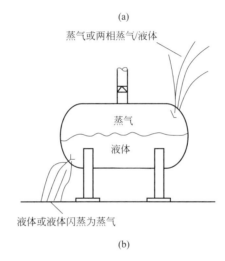

(b)

图 30-4-2　蒸气和液体以单相或两相状态从容器中泄漏出来

蒸气，裂缝导致气体或蒸气泄漏出来。对于液体，储罐内液面以下的裂缝导致液体泄漏出来。如果液体存储压力大于其大气环境下沸点所对应的压力，那么液面以下的裂缝，将导致泄漏的液体的一部分闪蒸为蒸气。由于液体的闪蒸，可能会形成小液滴或雾滴，并可能随风而扩散开来。液面以上的蒸气空间的裂缝能够导致气相泄漏，或气液两相流的泄漏，这主要依赖于物质的物理特性。

4.2　液体泄漏

4.2.1　液体通过小孔泄漏

根据机械能守恒，液体流动的不同能量形式遵守式（30-4-1）

$$\int \frac{\mathrm{d}p}{\rho} + \Delta \frac{\overline{u}^2}{2\alpha} + g\Delta z + F = -\frac{W_s}{m} \tag{30-4-1}$$

式中，p 为压力，Pa；ρ 为液体密度，kg·m^{-3}；$\overline{u}$ 为液体平均瞬时流速，m·s^{-1}；g 为重力加速度，m·s^{-2}；z 为高于基准面的高度，m；F 为静摩擦损失项，J·kg^{-1}；W_s 为轴

功，J；m 为质量，kg；Δ 函数为终止状态减去初始状态；α 为无量纲速率修正系数。α 取值为：①对于层流，α 取 0.5；②对于塞流，α 取 1.0；③对于湍流 $\alpha \rightarrow 1.0$。

对于不可压缩液体，密度是常数，有：

$$\int \frac{\mathrm{d}p}{\rho} = \frac{\Delta p}{\rho} \qquad (30\text{-}4\text{-}2)$$

液体通过过程单元上的小孔流出，见图 30-4-3。对于某工艺单元上的一个小孔，当液体通过裂缝流出时，工艺单元中的液体压力转化为动能。流动着的液体与裂缝所在壁面之间的摩擦力将液体的一部分动能转化为热能，从而使液体的流速降低。

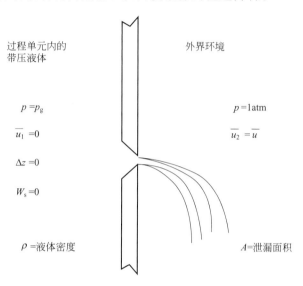

图 30-4-3 液体通过过程单元上的小孔流出

对于这种小孔泄漏，假设过程单元中的表压为 p_g，外部大气压是 1atm，因此 $\Delta p = p_g$。假设轴功为零，过程中的液体流速可以忽略。在液体通过小孔泄漏期间，认为液体高度没有发生变化，因此 $\Delta z = 0$。裂缝中的摩擦损失可由流出系数 C_1 来近似代替，其定义为：

$$-\frac{\Delta p}{\rho} - F = C_1^2 \left(-\frac{\Delta p}{\rho} \right) \qquad (30\text{-}4\text{-}3)$$

由机械能守恒方程式（30-4-1）及以上假设，便可得到液体通过小孔泄漏的平均泄漏速率：

$$\bar{u} = C_1 \sqrt{\alpha} \sqrt{\frac{2p_g}{\rho}} \qquad (30\text{-}4\text{-}4)$$

定义新的流出系数 C_0 为：

$$C_0 = C_1 \sqrt{\alpha} \qquad (30\text{-}4\text{-}5)$$

因此，得到液体通过小孔泄漏的、新的平均泄漏速率计算方程：

$$\bar{u} = C_0 \sqrt{\frac{2p_g}{\rho}} \qquad (30\text{-}4\text{-}6)$$

若小孔的面积为 A，则液体通过小孔泄漏的质量流率 Q_m 为：

$$Q_m = \rho \, \overline{u} A = A C_0 \sqrt{2\rho p_g} \tag{30-4-7}$$

流出系数 C_0 是从小孔中流出液体的雷诺数和小孔直径的函数[2]。文献所建议的指导性经验数据为：①对于锋利的小孔和雷诺数大于 30000 的小孔，流出系数近似取 0.61；②对于圆滑的喷嘴，流出系数可近似取 1.0；③对于与容器连接的短管（即长度与直径之比小于 3），流出系数近似取 0.81；④当流出系数不知道或不能确定时，取 1.0 以使计算结果最大化。

4.2.2 储罐中液体通过小孔泄漏

储罐上的小孔泄漏如图 30-4-4 所示。小孔在液面以下 h_L 处形成，液体通过这个小孔的泄漏，可由机械能守恒，即式（30-4-1）来表达，假设液体为不可压缩流体，表达式为式（30-4-2）。

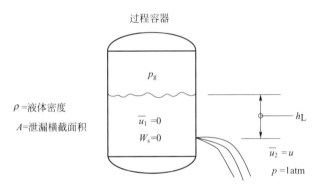

图 30-4-4 储罐上的小孔泄漏

储罐中的表压为 p_g，外界环境压力为大气压。轴功 W_s 为 0，且储罐中的液体流速为 0。无量纲流出系数 C_1 定义为：

$$-\frac{\Delta p}{\rho} - g\,\Delta z - F = C_1^2 \left(-\frac{\Delta p}{\rho} - g\,\Delta z \right) \tag{30-4-8}$$

利用机械能守恒［式（30-4-1）］，可计算出液体的平均瞬时泄漏速率 $\overline{u}$：

$$\overline{u} = C_1 \sqrt{\alpha} \sqrt{2\left(\frac{p_g}{\rho} + g h_L \right)} \tag{30-4-9}$$

式中，h_L 为小孔上方液体的高度。

新的流出系数 C_0 定义为：

$$C_0 = C_1 \sqrt{\alpha} \tag{30-4-10}$$

从小孔中流出液体的瞬时流率方程为：

$$\overline{u} = C_0 \sqrt{2\left(\frac{p_g}{\rho} + g h_L \right)} \tag{30-4-11}$$

如果小孔的面积为 A，则瞬时质量流率 Q_m 为：

$$Q_m = \rho \, \overline{u} A = \rho A C_0 \sqrt{2\left(\frac{p_g}{\rho} + g h_L\right)} \tag{30-4-12}$$

随着液体高度减少，储罐逐渐变空，速度流率和质量流率也随之减小。

假设液体表面上的表压 p_g 是常数。例如，容器内充有惰性气体来防止爆炸，或容器与外界大气相通时，这种情况就会出现。对于恒定横截面积为 A_t 的储罐，储罐中小孔以上的液体总质量为：

$$m = \rho A_t h_L \tag{30-4-13}$$

储罐中的质量变化率为：

$$\frac{dm}{dt} = -Q_m \tag{30-4-14}$$

式中，Q_m 可由式(30-4-12)给出。把式(30-4-12)和式(30-4-13)代入到式(30-4-14)中，并假设储罐的横截面和液体的密度为常数，可以得到一个描述液体高度变化的差分方程：

$$\frac{dh_L}{dt} = -\frac{C_0 A}{A_t} \sqrt{2\left(\frac{p_g}{\rho} + g h_L\right)} \tag{30-4-15}$$

把式(30-4-15)重新整理，并对其从初始高度 h_L^0 到任何高度 h_L 进行积分：

$$\int_{h_L^0}^{h_L} \frac{dh_L}{\sqrt{\dfrac{2p_g}{\rho} + 2g h_L}} = -\frac{C_0 A}{A_t} \int_0^t dt \tag{30-4-16}$$

将式(30-4-16)积分得到：

$$\frac{1}{g}\sqrt{\frac{2p_g}{\rho} + 2g h_L} - \frac{1}{g}\sqrt{\frac{2p_g}{\rho} + 2g h_L^0} = -\frac{C_0 A}{A_t} t \tag{30-4-17}$$

求解储罐中液面高度 h_L，得：

$$h_L = h_L^0 - \frac{C_0 A}{A_t}\sqrt{\frac{2p_g}{\rho} + 2g h_L^0}\, t + \frac{g}{2}\left(\frac{C_0 A}{A_t} t\right)^2 \tag{30-4-18}$$

将式(30-4-18)代入到式(30-4-12)中，可得到任何时刻 t 时，液体的质量流出速率：

$$Q_m = \rho C_0 A \sqrt{2\left(\frac{p_g}{\rho} + g h_L^0\right)} - \frac{\rho g C_0^2 A^2}{A_t} t \tag{30-4-19}$$

式(30-4-19)右边的第一项是 h_L，其值等于初始时的质量流出速率。

设 $h_L = 0$，通过求解式(30-4-18)，可以得到容器液面降至小孔所在高度处所需要的时间：

$$t_e = \frac{1}{C_0 g}\frac{A_t}{A}\left[\sqrt{2\left(\frac{p_g}{\rho} + g h_L^0\right)} - \sqrt{\frac{2p_g}{\rho}}\right] \tag{30-4-20}$$

如果容器内的压力是大气压，即 $p_g = 0$，则式(30-4-20)可简化为：

$$t_e = \frac{1}{C_0 g} \frac{A_t}{A} \sqrt{2gh_L^0}$$

(30-4-21)

4.2.3　液体通过管道泄漏

液体输送管道如图 30-4-5 所示。沿管道的压力梯度是液体流动的驱动力。液体与管壁之间的摩擦力把动能转化为热能，这导致液体流速的减小和压力的下降。

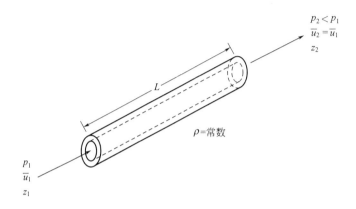

图 30-4-5　液体输送管道

不可压缩的液体在管道中流动时，可由机械能守恒定律［式(30-4-1)］结合不可压缩液体的假设［式(30-4-2)］来描述。最后的结果为：

$$\frac{\Delta p}{\rho} + \frac{\Delta \overline{u}^2}{2\alpha} + g\Delta z + F = -\frac{W_s}{m}$$

(30-4-22)

式(30-4-22)中的摩擦项 F，代表由摩擦导致的机械能损失，包括来自流经管道长度的摩擦损失；适合于诸如阀门、弯头、孔及管道的进口和出口。对于每一种有摩擦的设备，可使用以下的损失项形式：

$$F = K_f \frac{u^2}{2}$$

(30-4-23)

式中，K_f 为管道或管道配件导致的压差损失；u 为液体流速。

对于流经管道的液体，压差损失项 K_f 为：

$$K_f = \frac{4fL}{d}$$

(30-4-24)

式中，f 为 Fanning（范宁）摩擦系数（无量纲）；L 为流道长度，m；d 为流道直径，m。

Fanning 摩擦系数 f，是雷诺数 Re 和管道粗糙度 ε 的函数。表 30-4-1 给出了各种类型干净管道的 ε 值。如图 30-4-6 所示，是 Fanning 摩擦系数与雷诺数、管道相对粗糙度（ε/d 参数）之间的关系图。

表 30-4-1 干净管道的粗糙度 ε

管道材料	ε/mm	管道材料	ε/mm
水泥覆护钢	1～10	型钢	0.046
混凝土	0.3～3	熟铁	0.046
铸铁	0.26	玻璃	0
镀锌铁	0.15	塑料	0

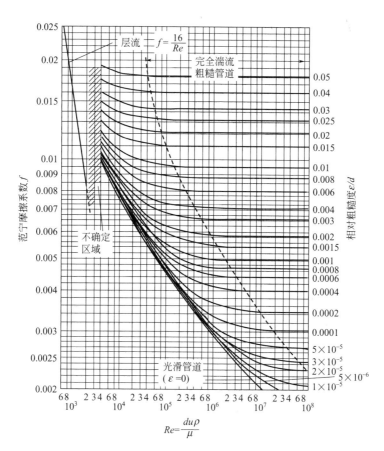

图 30-4-6 Fanning 摩擦系数与雷诺数、管道相对粗糙度之间的关系

对于层流，摩擦系数由式（30-4-25）给出：

$$f = \frac{16}{Re} \tag{30-4-25}$$

对于湍流，摩擦系数由式（30-4-26）给出：

$$\frac{1}{\sqrt{f}} = -4\lg\left(\frac{1}{3.7}\frac{\varepsilon}{d} + \frac{1.255}{Re\sqrt{f}}\right) \tag{30-4-26}$$

式（30-4-26）的另外一种形式，如式（30-4-27），对于由摩擦系数 f 来确定雷诺数是很有用的：

$$\frac{1}{Re}=\frac{\sqrt{f}}{1.255}\left(10^{-0.25/\sqrt{f}}-\frac{1}{3.7}\frac{\varepsilon}{d}\right) \tag{30-4-27}$$

对于粗糙管道中完全发展的湍流，f 独立于雷诺数，在图 30-4-6 中可看到，在雷诺数很高处，f 接近于常数。对于这种情况，式(30-4-27) 可简化为：

$$\frac{1}{\sqrt{f}}=4\lg\left(3.7\frac{d}{\varepsilon}\right) \tag{30-4-28}$$

对于光滑的管道，$\varepsilon=0$，式(30-4-26) 可简化为：

$$\frac{1}{\sqrt{f}}=4\lg\frac{Re\sqrt{f}}{1.255} \tag{30-4-29}$$

对于光滑管道，当雷诺数小于 100000 时，下面的近似于方程式(30-4-29) 的 Blasius（布拉修斯）方程是很有用的。

$$f=0.079\,Re^{-1/4} \tag{30-4-30}$$

Chen[3] 提出了一个简单的方程，该方程可在如图 30-4-6 所示的全部雷诺数范围内，给出摩擦系数 f，该方程是：

$$\frac{1}{\sqrt{f}}=-4\lg\left(\frac{\varepsilon/d}{3.7065}-\frac{5.0452\lg A}{Re}\right) \tag{30-4-31}$$

$$A=\left[\frac{(\varepsilon/d)^{1.1098}}{2.8257}+\frac{5.8506}{Re^{0.8981}}\right]$$

对于管道附件、阀门和其他流动阻碍物，传统的方法是在式(30-4-24) 中使用当量管长。该方法的难点是确定当量长度与摩擦系数。一种改进的方法是使用 2-K 方法，它在式(30-4-24) 中使用实际的流程长度，而不是当量长度，并且提供了针对管道附件、进口和出口的更详细的方法。2-K 方法根据两个常数来定义压差损失，即雷诺数和管道内径：

$$K_f=\frac{K_1}{Re}+K_\infty\left(1+\frac{1}{ID_{inches}}\right) \tag{30-4-32}$$

式中，K_f 为超压位差损失，无量纲；K_1，K_∞ 为常数，无量纲；Re 为雷诺数，无量纲；ID_{inches} 是流道内径，in。

附件和阀门中损失系数的 2-K 常数见表 30-4-2，包括了式(30-4-32) 中使用的各种类型的附件和阀门的 K 值。对于管道进口和出口，为了说明动能的变化，需要对式(30-4-32) 进行修改：

$$K_f=\frac{K_1}{Re}+K_\infty \tag{30-4-33}$$

对于管道进口，$K_1=160$；对于一般的进口，$K_\infty=0.50$；对于边界类型的进口，$K_\infty=1.0$。对于管道出口，$K_1=0$，$K_\infty=1.0$。对于高雷诺数（$Re>10000$），式(30-4-33) 中的第一项是可以忽略的，并且 $K_f=K_\infty$。对于低雷诺数（$Re<50$），式(30-4-33) 的第一项是占支配地位的，且 $K_f=K_1/Re$。式(30-4-33) 对于孔和管道尺寸的变化也是适用的。

表 30-4-2 附件和阀门中损失系数的 2-K 常数

附件		附件描述	K_1	K_∞
弯头				
90°		标准($r/D=1$),带螺纹的	800	0.40
		标准($r/D=1$),用法兰连接/焊接	800	0.25
		长半径($r/D=1.5$),所有类型	800	0.2
		斜接的($r/D=1.5$)		
		1 焊缝($90°$)	1000	1.15
		2 焊缝($45°$)	800	0.35
		3 焊缝($30°$)	800	0.30
		4 焊缝($22.5°$)	800	0.27
		5 焊缝($18°$)	800	0.25
45°		标准($r/D=1$),所有类型	500	0.20
		长半径($r/D=1.5$)	500	0.15
		斜接的,1 焊缝($45°$)	500	0.25
		斜接的,2 焊缝($22.5°$)	500	0.15
180°		标准($r/D=1$),带螺纹的	1000	0.60
		标准($r/D=1$),用法兰连接/焊接	1000	0.35
		长半径($r/D=1.5$),所有类型	1000	0.30
三通管				
作为弯头使用		标准的,带螺纹的	500	0.70
		长半径,带螺纹的	800	0.40
		标准的,用法兰连接/焊接	800	0.80
		短分支	1000	1.00
贯通		带螺纹的	200	0.10
		用法兰连接/焊接	150	0.50
		短分支	100	0.00
阀门				
闸阀、球阀或旋塞阀		全尺寸,$\beta=1.0$	300	0.10
		缩减尺寸,$\beta=0.9$	500	0.15
		缩减尺寸,$\beta=0.8$	1000	0.25
球心阀		标准的	1500	4.00
		斜角或 Y 形	1000	2.00
隔膜阀		Dam(闸坝)类型	1000	2.00
蝶形阀			800	0.25
止回阀		提升阀	2000	10.0
		回转阀	1500	1.50
		倾斜片状阀	1000	0.50

2-K 方法也可以用来描述液体通过小孔的流出。液体经小孔流出的流出系数的表达式，可由 2-K 方法确定，其结果是：

$$C_0 = \frac{1}{\sqrt{1 + \sum K_f}} \tag{30-4-34}$$

式中，$\sum K_f$ 为所有压差损失项之和，包括进口、出口、管长和附件，这些由式（30-4-24）、式（30-4-32）和式（30-4-33）计算。对于没有管道连接或附件的储罐上的一个简单的孔，摩擦仅仅是由孔的进口和出口效应引起的。对于雷诺数大于 10000 时，进口的 $K_f = 0.5$，出口的 $K_f = 1.0$，因而，$\sum K_f = 1.5$；由式（30-4-34）可知，$C_0 = 0.63$，这与推荐值 0.61 非常接近。

物质从管道系统中流出，质量流率的求解过程如下：①假设管道长度、直径和类型；沿管道系统的压力和高度变化；来自泵、涡轮等对液体的输入或输出功；管道上附件的数量和类型；液体的特性，包括密度和黏度。②指定初始点（点1）和终止点（点2）。指定时必须要仔细，因为式（30-4-22）中的个别项高度依赖于该指定。③确定点1和点2处的压力和高度；确定点1处的初始液体流速。④推测点2处的液体流速。如果认为是完全发展的湍流，则这一步不需要。⑤用式（30-4-25）～式（30-4-31）确定管道的摩擦系数。⑥确定管道的超压位差损失、附件的超压位差损失和进、出口效应的超压位差损失，将这些压差损失相加，使用式（30-4-23）计算净摩擦损失项。⑦计算式（30-4-22）中的所有各项的值，并将其代入到方程中。如果式（30-4-22）中所有项之和等于零，那么计算结束。如果不等于零，返回到第④步重新计算。⑧使用 $m = \rho \bar{u} A$ 确定质量流率。

如果认为是完全发展的湍流，求解是非常简单的。将已知项代入到式（30-4-22）中，将点2处的速度设为变量，直接求解该速度。

4.3　气体泄漏

4.3.1　气体通过小孔泄漏

理想气体通过小孔泄漏的解析解可以通过调用理想气体的绝热膨胀状态方程而得到：

$$\frac{p}{p_0} = \left(\frac{\rho}{\rho_0}\right)^\gamma = \left(\frac{T}{T_0}\right)^{\gamma/(\gamma-1)} \tag{30-4-35}$$

当热容比 $\gamma = \dfrac{C_p}{C_V}$ 时（C_p 为定压比热容，C_V 为定容比热容），可以得到：

$$G_{*g}^2 = \frac{2\gamma}{\gamma-1} \eta_2^{2/\gamma} \left[1 - \eta_2^{(\gamma-1)/\gamma}\right] \tag{30-4-36}$$

式（30-4-36）同时适用于亚声速流和塞流。式中，$G_{*g} = \dfrac{G}{\sqrt{p_0 \rho_0}}$，$\eta = \dfrac{p}{p_0}$。如果流型是塞流，出口压力同起始压力的比 η_2 将由塞压 η_{ch} 代替：

$$\eta_{ch} = \left(\frac{2}{\gamma+1}\right)^{\gamma/(\gamma-1)} \tag{30-4-37}$$

可以使用式(30-4-37) 来计算塞流。将塞压代入到之前的式子中，可以将普遍适用的公式简化为只适用于塞流的公式：

$$G_{*g}^2 = \gamma \left(\frac{2}{\gamma+1} \right)^{(\gamma+1)/(\gamma-1)} \qquad (30\text{-}4\text{-}38)$$

4.3.2　气体通过小孔泄放

在储罐中，气体随时间变化的质量 m_T 是由储罐体积 V_T 和气体密度 ρ 决定的：

$$m_T(t) = V_T \rho(t) \qquad (30\text{-}4\text{-}39)$$

与之前不同的是，需要解出 $\mathrm{d}t$，将式子整合后得到：

$$t = -V_T \int_{p_0}^{p} \frac{\mathrm{d}\rho}{\omega} \qquad (30\text{-}4\text{-}40)$$

式中，ω 为随时间变化的泄漏率。通常情况下，除了一小部分物质以外，储罐中的物质都会以声速流的方式泄漏。所以声速流的方程是最有用的。将 p 和 ρ 转换为 T，使用式(30-4-35)，将式(30-4-40) 转换为包含初始泄漏率和储罐内物质初始质量的公式：

$$\omega(t) = \omega_0 \left[F(t) \right]^{(\gamma+1)/(\gamma-1)} \qquad (30\text{-}4\text{-}41)$$

$$F(t) = (1+At)^{-1} \qquad (30\text{-}4\text{-}42)$$

$$A = \frac{\omega_0(\gamma+1)}{2m_{T0}} \qquad (30\text{-}4\text{-}43)$$

4.3.3　气体通过管道泄漏

建立气体经管道流动的模型：绝热法或等温法。绝热情形适用于气体快速流经绝热管道，等温法适用于气体以恒定不变的温度流经非绝热管道，地下水管线就是一个很好的例子。真实气体流动介于绝热和等温之间。遗憾的是，真实情形很难模型化，不能得到具有普遍性且适用的方程。

对于绝热和等温情形，定义马赫数很方便，其值等于气体流速与大多数情况下声音在气体中的传播速度之比：

$$Ma = \frac{\bar{u}}{a} \qquad (30\text{-}4\text{-}44)$$

式中，a 为声速。声速可用热力学关系确定：

$$a = \sqrt{\left(\frac{\partial p}{\partial \rho} \right)_{s'}} \qquad (30\text{-}4\text{-}45)$$

对于理想气体，等于：

$$a = \sqrt{\gamma R_g T / M} \qquad (30\text{-}4\text{-}46)$$

这说明，对于理想气体，声速仅仅是温度的函数。在 20℃ 的空气中，声速为 $344\mathrm{m} \cdot \mathrm{s}^{-1}$。

4.3.3.1 绝热流动

内部有蒸气流动的绝热管道如图 30-4-7 所示。对于这一特殊情况，出口处流速低于声速。流动是由沿管道的压力梯度驱动的。当气体流经管道时，因压力下降而膨胀，膨胀导致速度增加以及气体动能增加。动能是从气体的热能中得到的，导致温度降低。然而，在气体与管壁之间还存在着摩擦力。摩擦使气体温度升高。气体温度的增加或减少都是有可能的，这要依赖于动能和摩擦能的大小。

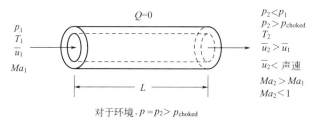

图 30-4-7 内部有蒸气流动的绝热管道

机械能守恒方程［式(30-4-1)］也可应用于绝热流动。对于该情形，其能以更方便的形式书写：

$$\frac{\mathrm{d}p}{\rho}+\frac{\overline{u}\,\mathrm{d}\,\overline{u}}{\alpha}+g\,\mathrm{d}z+\mathrm{d}F=-\frac{\delta W_{s}}{m} \tag{30-4-47}$$

对于这种情况，就气体而言，以下假设是有效的：

$$\frac{g}{g_{c}}\mathrm{d}z\approx0$$

假设一个没有任何阀门或附件的直管道，式(30-4-23) 和式(30-4-24) 联立并微分可得：

$$\mathrm{d}F=\frac{2f\,\overline{u}^{2}\,\mathrm{d}L}{g\,d}$$

因为没有机械连接，故：

$$\delta W_{s}=0$$

摩擦损失项中，一个重要的部分是假设沿管长方向的 Fanning 摩擦系数 f 为常数。该假设仅在高雷诺数下有效。

对于描述流动气体内温度的变化，总能量守恒是有用的。对于敞口稳定流动过程，总能量守恒是：

$$\mathrm{d}h+\frac{\overline{u}\,\mathrm{d}\,\overline{u}}{\alpha}+g\,\mathrm{d}z=\delta q-\frac{\delta W_{s}}{m} \tag{30-4-48}$$

式中，h 为气体的焓；q 为热能。引用以下假设：①对于理想气体，$\mathrm{d}h=C_{p}\mathrm{d}T$；②对于气体，$g/\mathrm{d}z\approx0$ 是有效的；③因为管道是绝热的，因此 $\delta q=0$；④因为不存在机械连接，所以 $\delta W_{s}=0$。

这些假设用于式(30-4-47) 和式(30-4-48)，两式联立，积分（在标有下标"1"的初始点和任意终止点之间），经过大量的推导，可得到：

$$\frac{T_2}{T_1} = \frac{Y_1}{Y_2}$$

$$Y_i = 1 + \frac{\gamma - 1}{2} Ma_i^2 \qquad (30\text{-}4\text{-}49)$$

$$\frac{p_2}{p_1} = \frac{Ma_1}{Ma_2} \sqrt{\frac{Y_1}{Y_2}} \qquad (30\text{-}4\text{-}50)$$

$$\frac{\rho_2}{\rho_1} = \frac{Ma_1}{Ma_2} \sqrt{\frac{Y_2}{Y_1}} \qquad (30\text{-}4\text{-}51)$$

$$G = \rho \, \overline{u} = Ma_1 p_1 \sqrt{\frac{\gamma M}{R_g T_1}} = Ma_2 p_2 \sqrt{\frac{\gamma M}{R_g T_2}} \qquad (30\text{-}4\text{-}52)$$

式中，G 为质量流量，质量/（面积·时间）。

$$\frac{\gamma + 1}{2} \ln \frac{Ma_2^2 Y_1}{Ma_1^2 Y_2} - \left(\frac{1}{Ma_1^2} - \frac{1}{Ma_2^2} \right) + \gamma \frac{4fL}{d} = 0 \qquad (30\text{-}4\text{-}53)$$

$$\qquad\qquad 动能 \qquad\qquad 可压缩性 \qquad\qquad 管道摩擦$$

式(30-4-53) 将马赫数与管道中的摩擦损失联系在一起。可压缩性一项说明了由于气体膨胀而引起的速度变化。

使用式(30-4-49)～式(30-4-51)，通过用温度和压力代替马赫数，使式(30-4-52) 和式(30-4-53) 转变为更方便有用的形式：

$$\frac{\gamma + 1}{\gamma} \ln \frac{p_1 T_2}{p_2 T_1} - \frac{\gamma - 1}{2\gamma} \frac{p_1^2 T_2^2 - p_2^2 T_1^2}{T_2 - T_1} \left(\frac{1}{p_1^2 T_2} - \frac{1}{p_2^2 T_1} \right) + \frac{4fL}{d} = 0 \qquad (30\text{-}4\text{-}54)$$

$$G = \sqrt{\frac{2M}{R_g} \frac{\gamma}{\gamma - 1} \frac{T_2 - T_1}{(T_1/P_1)^2 - (T_2/P_2)^2}} \qquad (30\text{-}4\text{-}55)$$

对大多数问题，管长（L）、内径（d）、上游温度（T_1）和压力（p_1）以及下游压力（p_2）都是已知的。要计算质量流量 G，步骤如下：①由表 30-4-1 确定管道的粗糙度 ε，计算 ε/d；②假设是高雷诺数的完全发展的湍流，由式(30-4-28) 确定 Fanning 摩擦系数 f；③由式(30-4-54) 确定 T_2；④由式(30-4-55) 计算总的质量流量 G。

对于长管或沿管程有较大的压差，气体流速可能接近声速。气体通过管道的绝热塞流如图 30-4-8 所示。达到声速时，气体流动就叫作塞流。气体在管道的末端达到声速。如果上游压力增加，或者下游压力降低，管道末端的气流速率维持声速不变。如果下游压力下降到低于塞压 p_{choked}，那么通过管道的流动将保持塞流，流速不变且不依赖于下游压力。即使该

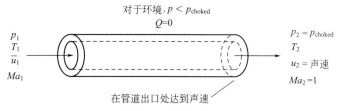

图 30-4-8　气体通过管道的绝热塞流

压力高于周围环境压力，管道末端的压力将维持在 p_choked。流出管道的气体会有一个突然的变化，即压力从 p_choked 变为周围环境压力。对于塞流，式（30-4-49）～式（30-4-53）可以通过设置 $Ma_2 = 1.0$ 得到简化，结果为：

$$\frac{T_\text{choked}}{T_1} = \frac{2Y_1}{\gamma + 1} \tag{30-4-56}$$

$$\frac{p_\text{choked}}{p_1} = Ma_1 \sqrt{\frac{2Y_1}{\gamma + 1}} \tag{30-4-57}$$

$$\frac{\rho_\text{choked}}{\rho_1} = Ma_1 \sqrt{\frac{\gamma + 1}{2Y_1}} \tag{30-4-58}$$

$$G_\text{choked} = \rho\,\bar{u} = Ma_1 p_1 \sqrt{\frac{\gamma M}{R_g T_1}} = p_\text{choked} \sqrt{\frac{\gamma M}{R_g T_\text{choked}}} \tag{30-4-59}$$

$$\frac{\gamma + 1}{2} \ln \frac{2Y_1}{(\gamma + 1)Ma_1^2} - \left(\frac{1}{Ma_1^2} - 1\right) + \gamma\, \frac{4fL}{d} = 0 \tag{30-4-60}$$

如果下游压力小于 p_choked，塞流就会发生。

对于涉及塞流绝热流动的许多问题，已知：管长（L）、内径（d）、上游压力（p_1）和温度（T_1），要计算质量流量 G，步骤如下：①假设是高雷诺数的、完全发展的湍流，由式（30-4-28）确定 Fanning 摩擦系数 f；②由式（30-4-60）确定 Ma_1；③由式（30-4-59）确定质量流量 G_choked；④由式（30-4-57）确定 p_choked，以确认处于塞流情况。

对于绝热管道流，式（30-4-56）～式（30-4-60）可以用前面讨论的 2-K 方法，通过将 $4fL/d$ 替代为 $\sum K_f$ 而得到简化。

通过定义气体膨胀系数 Y_g，可简化该过程。对于理想气体流动，声速和非声速情况下的质量流量都可以用 Darcy 公式表示：

$$G = \frac{m}{A} = Y_g \sqrt{\frac{2g\rho_1(p_1 - p_2)}{\sum K_f}} \tag{30-4-61}$$

式中，G 为质量通量，质量/（面积·时间）；m 为气体的质量流量，kg·s^{-1}；A 为孔面积，m^2；Y_g 为气体膨胀系数，无量纲；ρ_1 为上游气体密度，kg·m^{-3}；p_1 为上游气体压力，Pa；p_2 为下游气体压力，Pa；$\sum K_f$ 为压差损失项，包括管道进口和出口、管道长度和附件，无量纲。

压差损失项 $\sum K_f$，可使用 4.2.3 节中介绍的 2-K 方法得到。对于大多数气体事故泄漏，气体流动都是完全发展的湍流。这意味着对于管道，摩擦系数是不依赖于雷诺数的，对于附件 $K_f = K_\infty$，其求解也很直接。

式（30-4-61）中的气体膨胀系数 Y_g，仅依赖于气体的热容比 γ 和流道中的摩擦项 $\sum K_f$。通过使式（30-4-61）与式（30-4-59）相等，并求解 Y_g，就可以得到塞流中气体膨胀系数的公式，结果是：

$$Y_g = Ma_1 \sqrt{\frac{\gamma \sum K_f}{2} \frac{p_1}{p_1 - p_2}} \tag{30-4-62}$$

式中，Ma_1 为上游马赫数。

确定气体膨胀系数的过程如下：

首先，使用式(30-4-60) 计算上游马赫数。必须用 $\sum K_f$ 代替 $4fL/d$，以便考虑管道和附件的影响。使用试差法求解，假设上游的马赫数，并确定所假设的值是否与方程的结果相一致。这通过使用计算表格很容易实现。

然后，计算声压比。这可以通过式(30-4-57) 得到。如果实际值比由式(30-4-57) 计算得到的大，那么流动就是声速流或塞流，并且由式(30-4-57) 预测的压力下降可继续用于计算。如果实际结果比由式(30-4-57) 计算得到的小，那么流动就不是声速流，并且使用实际的压力降比值。

最后，由式(30-4-62) 计算气体膨胀系数 Y_g。

一旦确定了 γ 和摩擦损失项 $\sum K_f$，确定气体膨胀系数的计算就可以完成了。该计算可以用图 30-4-9、图 30-4-10 中的结果马上得到答案。如图 30-4-9 所示，压力降比率 $(p_1-p_2)/p_1$ 随热容比 γ 略有变化。气体膨胀系数 Y_g 少许依赖于热容比，当热容比由 $\gamma=1.2$ 变化为 $\gamma=1.67$ 时，Y_g 的变化相对于其在 $\gamma=1.4$ 时的值，仅变化了不到 1%。如图 30-4-10 所示，为 $\gamma=1.4$ 时的膨胀系数。

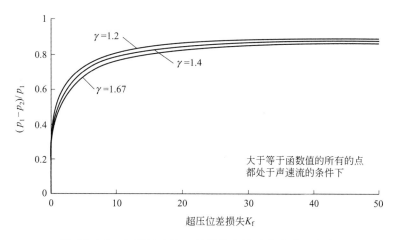

图 30-4-9 各种热容比下管道绝热流动的声速压力降

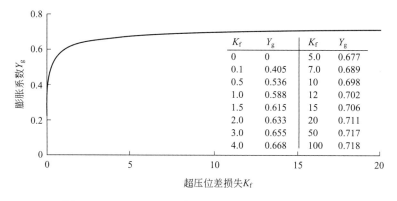

图 30-4-10 $\gamma=1.4$ 时绝热管道流动的膨胀系数 Y_g

图 30-4-9、图 30-4-10 中的函数值，可以使用形式为 $\ln Y_g = A(\ln K_f)^3 + B(\ln K_f)^2 +$

$C(\ln K_f)+D$ 的方程拟合。式中，A、B、C、D 都是常数。拟合结果见表 30-4-3，结果对于在给定的 K_f 变化范围内是精确的，误差在 1% 以内。

计算通过管道或小孔流出的绝热质量流量的过程如下：①已知基于气体类型的 γ；管道长度、直径和类型；管道进口和出口；附件的数量和类型；整体压降；上游气体密度。②假设是完全发展的湍流，确定管道的摩擦系数和附件以及管道进、出口的压差损失项。计算完成后，可计算雷诺数来验证假设，将各个压差损失项相加得到 ΣK_f。③由指定的压力降计算 $(p_1-p_2)/p_1$。在图 30-4-9 中，核对该值来确定流动是否是塞流。图 30-4-9 中，曲线上面的区域均代表塞流。通过图 30-4-9 直接确定声速塞压 p_2，即从表中内插一个值，或用表 30-4-3 中提供的公式计算。④由图 30-4-10 确定膨胀系数。读取图表中的数据，从表中内插数据，或者用表 30-4-3 中提供的公式计算。⑤用式（30-4-61）计算质量流量，在该公式中，使用步骤③中确定的音速塞压。这种方法可以应用于计算通过管道系统和小孔的气体泄漏。

表 30-4-3　膨胀系数 Y_g 和声速压力降比率与压差损失 K_f 之间的函数关系[①②]

函数值 y		A	B	C	D	K_f 的范围
膨胀系数 Y_g		0.0006	−0.0185	0.1141	0.5304	0.1～100
声速压力降比率	$\gamma=1.2$	0.0009	−0.0308	0.261	−0.7248	0.1～100
	$\gamma=1.4$	0.0011	−0.0302	0.238	−0.6455	0.1～300
	$\gamma=1.67$	0.0013	−0.0287	0.213	−0.5633	0.1～300

① 在指定区间内，函数关系值与真实值的误差在 1% 以下。

② 膨胀系数 Y_g 和声速压力降比率的方程式形同：$\ln Y_g=A(\ln K_f)^3+B(\ln K_f)^2+C(\ln K_f)+D$。

4.3.3.2　等温流动

气体通过管道的等温非塞流，如图 30-4-11 所示。这种情况下，假设气体流速远远低于声音在该气体中的速度，沿管程的压力梯度驱动气体流动。随着气体通过压力梯度的扩散，其流速必须增加到保持相同质量流量的大小。管子末端的压力与周围环境的压力相等。整个管道内的温度不变。

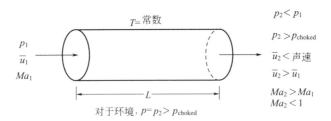

图 30-4-11　气体通过管道的等温非塞流

等温流动可用式（30-4-47）中的机械能守恒形式来表示。在这种情况下，对于气体，以下假设是正确的：

$$g\,\mathrm{d}z\approx0$$

联立式（30-4-23）和式（30-4-24），并微分：

$$\mathrm{d}F=\frac{2f\,\bar{u}^2\,\mathrm{d}L}{d}$$

假设 f 为常数，由于不存在机械连接，故：

$$\delta W_s = 0$$

由于温度不变，故总能量守恒。

把以上假设条件代入到式（30-4-47）中，经过大量的运算，得到：

$$T_2 = T_1 \tag{30-4-63}$$

$$\frac{p_2}{p_1} = \frac{Ma_1}{Ma_2} \tag{30-4-64}$$

$$\frac{\rho_2}{\rho_1} = \frac{Ma_1}{Ma_2} \tag{30-4-65}$$

$$G = \rho\,\bar{u} = Ma_1 p_1 \sqrt{\frac{\gamma M}{R_g T}} \tag{30-4-66}$$

式中，G 为质量流量，$kg \cdot m^{-2} \cdot s^{-1}$。

$$2\ln\frac{Ma_2}{Ma_1} - \frac{1}{\gamma}\left(\frac{1}{Ma_1^2} - \frac{1}{Ma_2^2}\right) + \frac{4fL}{d} = 0 \tag{30-4-67}$$

　　　　　　动能　　　　　　可压缩性　　　管道摩擦

式（30-4-67）中，各个能量项都已经确定。

式（30-4-67）更方便的形式是用压力代替马赫数。通过使用式（30-4-63）～式（30-4-65），可以得到这种简化形式，结果为：

$$2\ln\frac{p_1}{p_2} - \frac{M}{G^2 R_g T}(p_1^2 - p_2^2) + \frac{4fL}{d} = 0 \tag{30-4-68}$$

对于典型的问题，已知管长（L）、内径（d）、上游和下游的压力（p_1 和 p_2），确定质量流量 G，步骤如下：①假设是高雷诺数的、完全发展的湍流，由式（30-4-28）确定 Fanning 摩擦系数 f；②由式（30-4-68）计算质量流量 G。

Levenspiel 等[4]指出：如同绝热情形一样，气体在管道中作等温流动时，其最大流速可能不是声速，等温塞流时马赫数为[4]：

$$Ma_{\text{choked}} = \frac{1}{\sqrt{\gamma}} \tag{30-4-69}$$

使用机械能守恒式（30-4-47），并将其重新变换为以下形式：

$$-\frac{dp}{dL} = \frac{2fG^2}{\rho d}\frac{1}{1 - (\bar{u}^2 \rho / p)} = \frac{2fG^2}{\rho d}\frac{1}{1 - \gamma Ma^2} \tag{30-4-70}$$

当 $Ma \to 1/\sqrt{\gamma}$ 时，$-(dp/dL) \to \infty$。因此，对于气体通过管道中的等温塞流，如图 30-4-12 所示，可应用以下公式：

$$T_{\text{choked}} = T_1 \tag{30-4-71}$$

$$\frac{p_{\text{choked}}}{p_1} = Ma_1\sqrt{\gamma} \tag{30-4-72}$$

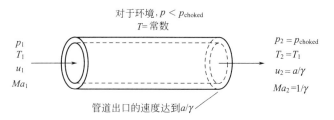

图 30-4-12   气体通过管道的等温塞流

$$\frac{\rho_{\text{choked}}}{\rho_1} = Ma_1 \sqrt{\gamma} \tag{30-4-73}$$

$$\frac{\overline{u}_{\text{choked}}}{\overline{u}_1} = \frac{1}{Ma_1 \sqrt{\gamma}} \tag{30-4-74}$$

$$G_{\text{choked}} = \rho \, \overline{u} = \rho_1 \, \overline{u}_1 = Ma_1 p_1 \sqrt{\frac{\gamma M}{R_g T}} = p_{\text{choked}} \sqrt{\frac{M}{R_g T}} \tag{30-4-75}$$

式中，G_{choked} 为质量流量，$\text{kg} \cdot \text{m}^{-2} \cdot \text{s}^{-1}$。另外有：

$$\ln \frac{1}{\gamma Ma_1^2} - \left(\frac{1}{\gamma Ma_1^2} - 1 \right) + \frac{4fL}{d} = 0 \tag{30-4-76}$$

对于大多数典型问题，管长（L）、内径（d）、上游压力（p_1）和温度（T）都是已知的。质量流量可通过以下步骤来确定：① 假设是高雷诺数的、完全发展的湍流，用式（30-4-28）确定 Fanning 摩擦系数；② 由式（30-4-76）确定 Ma_1；③ 由式（30-4-75）确定质量流量 G。

对于通过管道的气体流动，流动是绝热的还是等温的很重要。对于这两种情形，压力下降导致气体膨胀，进而促使气体流速增加。对于绝热流动，气体的温度可能升高，也可能降低，这主要取决于摩擦项和动能项的相对大小。对于塞流，绝热塞压比等温塞压小。对于源处的温度和压力为常数的实际管道流动，实际的流率比绝热流率小，但比等温流率大。对于管道流动问题，绝热流动和等温流动的差别很小。Levenspiel[4] 指出，倘若源处的压力和温度相同时，绝热模型通常会高估实际流动。Crane Co[4] 报道："当可压缩流体从某管道的末端流入较大横截面积的管道时，这种流动通常被认为是绝热流动"。Crane 是根据他的实验数据做出上述陈述的。他的实验是将空气排放到大气环境中，实验涉及了 130 种不同的管长和 220 种不同的管径。最后，在塞流的情况下，由于气体流速很快，等温流动在实际情况下很难达到。因此，绝热流动模型是可压缩气体经管道排放的可选模型。

4.4   扩展的泄漏模型

4.4.1   小孔泄漏的一般求解方法

4.4.1.1   小孔泄漏的能量平衡方法

通过解决能量平衡和（或）动量平衡的问题，可以求出泄漏速率。能量平衡问题解决起来相对简单，但是结果对相关的物理性质非常敏感。下面的公式适用于小孔泄漏，将一个单独的动量平衡方程应用在管流中，可以确定压力损失。

$$H_0 = H_2 + \frac{1}{2}(G^2 V_e^2)_2 + Q \qquad (30\text{-}4\text{-}77)$$

式中，V_e 为两相流的当量体积。在很多的情况下，传热项 Q 是可以忽略的。

下面来假设一个等熵膨胀的情况。高度改变的管道流模型如图 30-4-13 所示。压力要从 p_0 降至背压 p_b（通常是环境压力 p_a），选取中间值 p_1，在每个 p_1 处找到可以使 S 为常数的温度 T_{S1}。使用在平面 0 到 1 处的熵平衡求解气相组分 x：

$$S_0 = x S_{G1} + (1 - x - x_{sol}) S_{L1} + x_{sol} S_{sol} \qquad (30\text{-}4\text{-}78)$$

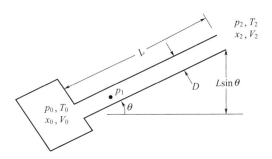

图 30-4-13 高度改变的管道流模型

下标 sol 代表固相。

因为固体的质量分数为常数，气体部分为：

$$x = \frac{S_0 - [(1 - x_{sol}) S_{L1} - x_{sol} S_{sol}]_{T_{S1}}}{(S_{G1} - S_{L1})_{T_{S1}}} \qquad (30\text{-}4\text{-}79)$$

通过物理相关性能，找到 T_{S1} 时的熵 H_2。速度可以通过求解均质流（$Q = 0$）下的式（30-4-77）得到：

$$G V_e = u = \sqrt{2(H_0 - H_2)} \qquad (30\text{-}4\text{-}80)$$

可以通过求解 p_1、T_{S1} 处的状态方程，得到相密度 ρ_G 和 ρ_L 以及均质流单位质量下体积的倒数 V_H。通过式（30-4-81）计算质量流量：

$$G = u\rho = \frac{u}{V} \qquad (30\text{-}4\text{-}81)$$

改变 p_1 的值，直到 G 求得最大值。塞压 p_{ch} 即 G_{max} 对应的 p_1 的值。泄漏速率 ω 可以通过质量流量、流量系数 C_D 以及小孔截面面积 A 来求得：

$$\omega = C_D A G_{max} \qquad (30\text{-}4\text{-}82)$$

4.4.1.2 使用无量纲变量的动量平衡方法

对于管道流来说，求解动量平衡非常重要。动量平衡可以使用下面的无量纲变量进行简化：

第 30 篇

压力比：
$$\eta = \frac{p}{p_0} \tag{30-4-83}$$

质量流量比：
$$G_* = \frac{G}{\sqrt{p_0 \rho_0}} \tag{30-4-84}$$

比容：
$$\varepsilon = \frac{v}{v_0} \tag{30-4-85}$$

根据小孔泄漏的能量平衡可得到如下动量平衡方程：

$$v\,\mathrm{d}p + G^2 v\,\mathrm{d}v + \left(4f\frac{\mathrm{d}z}{D} + K_e\right)\frac{1}{2}G^2 v_L^2 \phi_L^2 + g\sin\theta\,\mathrm{d}z = 0 \tag{30-4-86}$$

式中，每一项分别代表了压力梯度的影响、加速度的影响、线摩擦的影响以及势能的影响，弯头、入口效应等影响被包含在了 K_e 中；倾角 θ 是指管道和容器连接点与泄漏点相连，得到的连线同水平方向形成的夹角；ϕ_L^2 项将液相的摩擦压力损失修正为两相的压力损失；D 为管道直径。

将无量纲变量代入方程，得到：

$$\varepsilon\,\mathrm{d}\eta + G_*^2 \varepsilon\,\mathrm{d}\varepsilon + N\frac{1}{2}G_*^2 \varepsilon^2 \phi_L^2 + \frac{g\sin\theta\,\mathrm{d}z}{p_0 v_0} = 0 \tag{30-4-87}$$

这里 N 包含了摩擦损失：

$$N = 4f_L\frac{\mathrm{d}z}{D} + K_e \tag{30-4-88}$$

均相流的动量平衡可以整合成：

$$-N = \frac{G_{*p}^2 \varepsilon\,\mathrm{d}\varepsilon + \varepsilon\,\mathrm{d}\eta}{\frac{1}{2}G_{*p}^2 \varepsilon^2 + F_I} \tag{30-4-89}$$

这里定义管道倾斜因子 F_I 为：

$$F_I = \frac{gD\sin\theta}{4f_{L0}\,p_0 v_0} \tag{30-4-90}$$

4.4.2　过冷液体泄漏

因为液体实际上是不可压缩的，ε 是常数 ε_0。结合式(30-4-89)可以得到这样的公式：

$$-N\left(\frac{1}{2}G_{*p}^2 \varepsilon_0^2 + F_I\right) = \varepsilon_0 \int_{\eta_0}^{\eta_2} \mathrm{d}\eta = \eta_2 - \eta_0 \tag{30-4-91}$$

式中，$N = 4f\dfrac{\mathrm{d}z}{D} + K_e$；$F_I$ 为倾斜因子。

或者，

$$G_{*p}^2 = 2\left(\frac{1 - \eta_2}{N} - F_I\right) \tag{30-4-92}$$

在小孔流的公式中，N 等同于单位 1，并且 F_1 等于 0，所以得到：

$$G_{*\text{ori}} = \sqrt{2(1-\eta_2)} \tag{30-4-93}$$

式中，下标 ori 代表小孔流。

4.4.3 小孔泄漏的数值解求解方法

在小孔流中，动量平衡里的线性阻力和势能的改变是可以被忽略的[5]。动量平衡式（30-4-87）可以简化为：

$$G_{*}^2 \varepsilon \, d\varepsilon = -\varepsilon \, d\eta \tag{30-4-94}$$

这个公式可以在微分和积分形式下处理。

在微分形式下将变为：

$$G_{*\text{diff}} = -\left(\frac{d\varepsilon}{d\eta}\right)^{-1/2} \quad \text{或者} \quad G_{\text{diff}} = -\left(\frac{dv}{dp}\right)^{-1/2} \tag{30-4-95}$$

在积分形式下，将式（30-4-94）表示为：

$$\frac{1}{2} G_{*}^2 \, d\varepsilon^2 = -\varepsilon \, d\eta \tag{30-4-96}$$

可以得到：

$$G_{*} \, d\varepsilon = (-2\varepsilon \, d\eta)^{1/2} \tag{30-4-97}$$

一般来说，积分域应该是从 ε_0、η_0 到任意的一个终点 ε、η（这里认为 $\varepsilon_s = \varepsilon_0 = 1$）。下标 s 代表饱和情况。然而，这种利用 $d\varepsilon$ 的不定积分的方法比 $d\eta$ 法更好（下标 int 表示积分形式）：

$$G_{*\text{int}} = \frac{1}{\varepsilon}\left(2\int_{\eta}^{\eta_0} \varepsilon \, d\eta\right)^{1/2} \tag{30-4-98}$$

或者在二维形式里：

$$G_{\text{int}} = \frac{1}{v}\left(2\int_{p}^{p_0} v \, dp\right)^{1/2} \tag{30-4-99}$$

通过式（30-4-95）和式（30-4-99）可以得到压力点 p_1（$p_a < p_1 < p_0$），即质量流量最大的点。

这种方法的缺点是在对闪蒸部分和比容进行评估的时候，对物理方面的相关性质不够敏感。正因为如此，这种方法通常不建议使用，但是如果可以很好地确认相关物理性质的准确性，还是可以使用的。

4.4.4 可压缩流体的泄漏模型

考虑到动量平衡，可以使用式（30-4-89）将无量纲比容 ε 和无量纲压力比 η 联系起来。为了做到这一点，Leung[6] 设计出了一种方法：

$$\varepsilon = \begin{cases} \omega\left(\dfrac{\eta_s}{\eta} - 1\right) + 1 & \dfrac{\eta_s}{\eta} > 1 \\[3mm] 1.0 & \dfrac{\eta_s}{\eta} \leqslant 1 \end{cases} \tag{30-4-100}$$

式(30-4-100)体现出了两相或三相中,当 η 等于 η_s 时,从起泡点 p_S 开始,比容同压力的倒数(v 和 p^{-1},ε 和 η^{-1})的线性关系(下标 S 表示单位质量下熵为常数)。

对于单组分,ω 是通过克拉佩龙方程求得的:

$$\omega = \frac{C_{pL} T_0 p_S}{V_{L0}} \left[\frac{V_{GL0}(p_S)}{H_{GL0}(p_S)}\right]^2 \tag{30-4-101}$$

式中,H_{GL0} 为饱和情况下的蒸发热;V_{GL0} 为饱和情况下的体积差($V_G - V_L$);下标 p 代表管道流。

另外,可以利用 ε 和 η^{-1} 曲线在起泡点和第二个压力稍低的点之间的斜率来得到 ω,

$$\omega = \frac{\varepsilon_2 - 1}{\eta_s \eta_2} - 1 \tag{30-4-102}$$

这个公式对于多组分的混合物来说,应用起来更加方便。

这里 ω 的值可以被称为饱和度或者 ω_s,它只适用于闪蒸液体。但当 $\alpha_0 = x_{v0} v_{v0}/v_0$ 时,该方法也可以被应用在不凝性气体上:

$$\omega = \alpha_0 + (1 - \alpha_0)\omega_s \tag{30-4-103}$$

式中,α_0 为蒸气所占的体积分数;x_{v0} 为蒸气所占的质量分数;下标 $v0$ 为在 v_0 处的蒸气压力下的情况。

4.4.5 小孔和水平管道流的均相平衡模型

先用式(30-4-100)代替 ε,再将其同动量平衡方程整合到一起,这样即可得到均相平衡模型(HEM)。这种方法最先被应用在横向流中,即流动倾斜因子 $F_I = 0$ 时的流动。应用在小孔流上的时候,就需要有关小孔流的方程。对于管道流来说,则需要两种相应的方程:小孔流的方程由 G_{*ori} 给出,管道流的方程由 G_{*p} 给出[7~10]。两种方程的整合必须在过冷区和闪蒸区内进行。复杂的是,起泡点处的压力比 η_s 不是在小孔流集成范围内($\eta_s > \eta_1$)下降,并且在小孔处发生闪蒸(例一);就是在管道集成范围内($\eta_s < \eta_1$)下降,并且在管道内发生闪蒸(例二),这两种情况见图 30-4-14。

此外,在过冷区域 η_0 到 η_s 之间,dε 是 0,并且 ε 是单位常数 ε_0。

【例 30-4-1】 在小孔处闪蒸,管道中的两相闪蒸流

$$G_{*ori}^2 = \frac{2\{(1 - \eta_s) + [\omega\eta_s \ln(\eta_s/\eta_{ch}) - (\omega - 1)(\eta_s - \eta_{ch})]\}}{\varepsilon_{ch}^2} \tag{30-4-104}$$

$$G_{*p}^2 = 2\left\{\frac{\dfrac{\eta_1 - \eta_2}{1 - \omega} + \dfrac{\omega\eta_s}{(1-\omega)^2}\ln\dfrac{\eta_2\varepsilon_2}{\eta_1\varepsilon_1}}{N + 2\ln\dfrac{\varepsilon_2}{\varepsilon_1}}\right\} \tag{30-4-105}$$

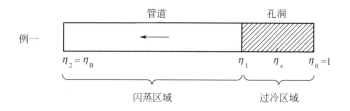

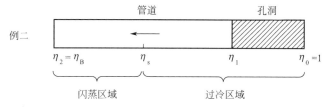

图 30-4-14 HEM 模型积分范围的选择

【**例 30-4-2**】 小孔处是过冷液体，在管道内闪蒸

$$G_{*\,ori}^2 = 2(\eta_0 - \eta_1) \tag{30-4-106}$$

$$G_{*\,p}^2 = 2\left[\frac{\eta_1 - \eta_s + \dfrac{\eta_s - \eta_2}{1-\omega} + \dfrac{\eta_s - \eta_2}{1-\omega} + \dfrac{\omega\eta_s}{(1-\omega)^2}\ln\dfrac{\eta_2\varepsilon_2}{\eta_s\varepsilon_S}}{N + 2\ln\dfrac{\varepsilon_2}{\varepsilon_S}}\right] \tag{30-4-107}$$

塞流点可以通过最大化关系来得到：

$$\left(\frac{\mathrm{d}G_*}{\mathrm{d}\eta_2}\right)_{\eta_2 = \eta_{ch}} = 0 \tag{30-4-108}$$

这样会得到一个塞流压力比 η_c 处的隐式方程（η_{ch}/η_s 的简化）：

当 $\omega \leqslant 2$：

$$\eta_c^2 + \omega(\omega - 2)(1 - \eta_c)^2 + 2\omega^2\ln\eta_c + 2\omega^2(1 - \eta_c) = 0 \tag{30-4-109}$$

当 ω 很大的时候，可以通过一个显式方程来提供一个适当的近似解：

当 $\omega \geqslant 2$：

$$\eta_c = 0.55 + 0.217\ln\omega - 0.046(\ln\omega)^2 + 0.004(\ln\omega)^3 \tag{30-4-110}$$

对于小孔流来说，用背压比 η_b 定义塞流的情况如下：

可压缩塞流：$\eta_b \leqslant \eta_{ch}$，$\eta = \eta_{ch}$。

可压缩亚声速流：$\eta_b > \eta_{ch}$，$\eta = \eta_b$。

过冷液体：总是亚声速流。

4.4.6 斜管泄漏的均相平衡模型

如果管道泄漏发生在较高的位置，那么高度的变化可以通过起始点和终止点来构造，如图 30-4-15 所示。

这样的话，高度的变化可以被当作是倾斜因子 F_1 非零的斜管。这更接近于实际的管道

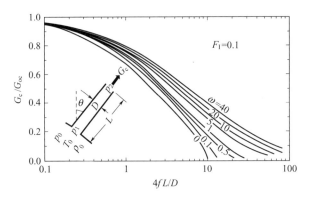

图 30-4-15 $F_\mathrm{I} = 0.1$ 时 HEM 模型针对斜管流的解

安装图，但也只是一个相对合适的近似值。

在下面的例子中，HEM 作为一个隐式方程体现在 G_{*p} 中。

【例 30-4-3】 在小孔处闪蒸，管道中的两相闪蒸流

使用式（30-4-104）：

$$N + \ln\left[\frac{X(\eta_2)}{X(\eta_1)}\left(\frac{\eta_1}{\eta_2}\right)^2\right] = \frac{1-\omega}{c}(\eta_1 - \eta_2) + \frac{b(1-\omega) - c\omega\eta_\mathrm{s}}{2c^2}\ln\frac{X(\eta_2)}{X(\eta_1)} + $$
$$\frac{bc\omega\eta_\mathrm{s} - (1-\omega)(b^2 - 2ac)}{2c^2}[I_0(\eta_2) - I_0(\eta_1)] \tag{30-4-111}$$

【例 30-4-4】 小孔处是过冷液体，在管道内闪蒸

使用式（30-4-106）：

$$N + \ln\left[\frac{X(\eta_2)}{X(\eta_\mathrm{S})}\left(\frac{\eta_\mathrm{S}}{\eta_2}\right)^2\right] = \frac{\eta_1 - \eta_\mathrm{S}}{\frac{1}{2}G_*^2 + F_\mathrm{I}} + \frac{1-\omega}{c}(\eta_\mathrm{S} - \eta_2) + \frac{b(1-\omega) - c\omega\eta_\mathrm{S}}{2c^2}\ln\frac{X(\eta_2)}{X(\eta_\mathrm{S})} + $$
$$\frac{bc\omega\eta_\mathrm{S} - (1-\omega)(b^2 - 2ac)}{2c^2}[I_0(\eta_2) - I_0(\eta_\mathrm{S})] \tag{30-4-112}$$

其中：

$$a = \frac{1}{2}G_*^2\,\omega^2\eta_\mathrm{S}^2 \tag{30-4-113}$$

$$b = \frac{1}{2}G_*^2\,2\omega(1-\omega)\eta_\mathrm{S} \tag{30-4-114}$$

$$c = \frac{1}{2}G_*^2\,(1-\omega)^2 + F_\mathrm{I} \tag{30-4-115}$$

$$q = 4ac - b^2 \tag{30-4-116}$$

$$X(\eta) = a + b\eta + c\eta^2 \tag{30-4-117}$$

$$I_0(\eta) = \int\frac{\mathrm{d}\eta}{X(\eta)} \tag{30-4-118}$$

当 $q>0$，$F_{\mathrm{I}}>0$，向上流动时：

$$I_0(\eta) = \frac{2}{\sqrt{q}} \tan^{-1} \frac{2c\eta + b}{\sqrt{q}} \qquad (30\text{-}4\text{-}119)$$

当 $q<0$，$F_{\mathrm{I}}<0$，向下流动时：

$$I_0(\eta) = \ln \frac{2c\eta + b - \sqrt{-q}}{2c\eta + b + \sqrt{-q}} \qquad (30\text{-}4\text{-}120)$$

当 $q=0$，$F_{\mathrm{I}}=0$，横向流动时：

$$I_0(\eta) = \frac{-1}{(1-\omega)\varepsilon\eta} \qquad (30\text{-}4\text{-}121)$$

针对斜管流的 HEM 方法见图 30-4-15。

4.4.7 均相平衡模型的非均相扩展

只有针对泄漏速率低的，特别是对于短管来说，HEM 方法才容易得出泄漏速率。为了解决这个缺陷，Diener 和 Schmidt[11,12] 提出了一个新的参数——非均相可压缩因子 N。N 的定义如下所示（下标 C 代表冷凝组分）：

$$N = \left(x_0 + C_{\mathrm{PL0}} T_0 p_0 \frac{v_{\mathrm{GL0}}}{H_{\mathrm{GL0}}^2} \ln \frac{1}{\eta_{\mathrm{C}}} \right)^a \qquad (30\text{-}4\text{-}122)$$

其中：

对小孔、短喷嘴来说，$a=0.6$；

对泄压阀、高扬程控制阀来说，$a=0.4$；

对长喷嘴来说，$a=0$。

塞流压力比 η_{c} 通过使用式（30-4-109）和式（30-4-110）来得到。非均相可压缩因子 N 被用来定义 ω：

$$\omega = \alpha_0 + \omega_{\mathrm{S}} N \qquad (30\text{-}4\text{-}123)$$

4.5 大气扩散及影响因素

大气扩散模型预测的是一种空气污染物释放后，在大气中的扩散情况。在这里所讨论的物理、数学扩散模型一般被用来达到：①取证目的（同实验室实验、现场实验或者事故等实际情况做对比）；②管理目的，例如针对选址进行的有毒、可燃物质释放后果的估计；③规划目的，释放后果可能被用来估计对装置和员工以及周围的人员所造成的风险。所有的这些估计都可以被用来进行应急响应或者缓解措施的设计，同时还要考虑到这些措施的优先等级。

重要的扩散影响因素可以分为三种：污染源、大气和地形参数、大气与污染物之间的相互作用。

第 30 篇

4.5.1　污染源

污染源包括以下几种因素：

（1）污染物扩散到大气中的速率和总量　对于连续释放的污染物质来说，下风向固定位置的污染物浓度同污染物泄漏处的速率成正比。同样，当污染物瞬间释放的时候，下风向固定位置的污染物浓度同泄漏的总量成正比。然而，物质从容器中泄漏，可能不会马上变成气体扩散到空中。举个例子，储存在大气压下的、低于其沸点的液体在释放后会形成液池。污染物进入大气的速率是由液池的传热速率以及液池对空气的传质速率决定的。然而，同样的液体储存在更高的压力下，在释放时可能形成气雾，以液相的形式进入大气中。如果在释放时所形成气雾中的液滴尺寸过大而不能悬浮在空中，液相就会落到地面上形成液池，而液池的蒸发就又要靠传热和传质来决定了。

（2）物质释放的动量　对于喷射释放来说，在无障碍喷射时所夹带的空气总量是和射流速度成正比的。在没有显著夹带空气的时候，喷射动量的消耗主要依靠喷射方向附近的障碍物。起始夹带空气的程度将会是危害程度的重要决定因素，尤其是易燃危险物。在没有空气稀释的情况下对物质起始动量消散的假设比较（可能过于）保守。爆炸性的释放是瞬间释放，将会有很高的动量。

（3）释放物质的浮力　释放污染物的浮力是由污染物初始的温度和分子量决定的，在气雾中无论是否存在可悬浮液相都是如此。比空气轻的污染物将会上升，变得更容易扩散。比空气重的污染物更倾向于下降到靠近地面的位置，浮力将成为这种物质在大气中的扩散情况的重要影响因素。其重要程度通常通过查理森数来进行量化；查理森数越大，表示浮力在大气扩散中的影响越大。

（4）其他污染源条件　污染物释放高度以及释放地点也是重要的污染源特征。

4.5.2　大气和地形参数

除了地形参数外，基本的大气参数也在下面列了出来。除此之外还有一些会对特殊环境（例如逆温层）造成重要影响的气象因素，这里就不再加以介绍了。

（1）风向　对危险区域的分布来说，风向是最重要的决定因素。除非是涉及高动量的释放或者释放污染物的浮力显得很重要的时候。在靠近地面的地方，横向风向的变化程度要大于垂直风向的变化，并且用评价大气稳定度的标准差 σ_θ 来进行衡量。

（2）大气稳定度　大气稳定度经常是由 Pasquill 稳定等级（从 A 到 F）来表征的。被用来进行大气湍流连续性表征的、广义的大气稳定度分级可以被应用在扩散过程中。中性大气稳定度（D）表示在最低大气层中的垂直动量通量不受垂直热通量影响。不稳定大气情况（C 到 A）下太阳对地面的加热要比热量散失快。因此，地面附近的空气温度比高处的空气温度高，较低密度的空气位于较高密度的空气的下面，导致了大气的不稳定，这种浮力的影响增强了大气的机械湍流。对于稳定的大气情况（E 到 F），太阳加热地面的速度没有地面的冷却速度快；因此地面附近的温度比高处空气的温度低。这种情况是稳定的，因为较高密度的空气位于较低密度的空气的下面，浮力的影响抑制了机械湍流。所有的大气扩散模型从某种角度上来说都要依靠大气参数的测量，而这些参数经常同 Pasquill 稳定等级的基础相关。所以，应该认为大气扩散模型所得出的结果仅代表在真实或者假设释放情况下，大气目前的情况。在扩散模型中，大气稳定等级是污染物在固定下风向处浓度的重要决定因素。对被动污染物来说，同稳定等级 D 相比，稳定等级 F 下的固定下风向处的浓度会高出一个量级。

（3）一般地形的特点　一般地形的特点更多的是用来描述污染物云团的深度和特征风速的高度。地面条件影响地表的机械混合和随高度而变化的风速。一般地形的特点更多的是用来描述污染物云团的深度和特征风速。树木和建筑物的存在加强了这种混合，而湖泊和空旷的区域，则减弱了这种混合。地面情况对垂直风速梯度的影响见图 30-4-16，显示了不同地面情况下，风速随高度的变化。

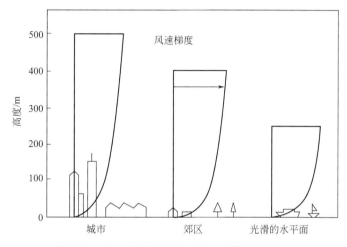

图 30-4-16　地面情况对垂直风速梯度的影响

（4）风速　因为风速会随着离地高度的不同而改变，参考风速 u_r 时必须指出其特定的高度 z_r。对于连续的污染物释放来讲，固定下风向处污染物的浓度大致同风速成反比。如上所示，在高风速的条件下，污染物是否比空气重就显得不那么重要了。

$$u = \frac{u_*}{k}\left(\ln\frac{z+d_0}{z_0} + \alpha\,\frac{z}{L}\right) \tag{30-4-124}$$

风速分布的剖面图受到大气稳定度、表面粗糙度 z_0 以及移动高度 d_0 的影响。对稳定条件来说，在 $z \gg z_0$，d_0 时，风速的垂直分布是对数形式；k 为卡门常数（通常为 0.4）；u_* 是摩擦速度（u_*^2 表征大气垂直混合速率）；L 是 Monin-Obukhov 长度（关于稳定分级的度量）；α 是 Monin-Obukhov 长度系数（稳定条件下 $\alpha = 5.2$）。对稳定等级 D 来说，$L = \infty$，所以 $z/L = 0$，即括号内第二项为 0。

（5）流动障碍　同一般地形特点相对比，流动障碍更多的是讨论长度尺寸，而不是污染物云团的深度或宽度以及特征风速的高度。流动障碍是提高还是降低污染物浓度，取决于具体的位置。流动障碍可以通过延迟污染物云团消散的方法提高污染物浓度。例如，在围堤内侧，浓度就会高，但是在围堤的下风侧，浓度就会变低。

4.5.3　大气与污染物之间的相互作用

大气与污染物之间的相互作用很重要，原因如下：

（1）释放的污染物会和周围的空气和表面发生化学反应。如果释放的污染物反应了，所有反应了的物质都不能再被当作是气载污染物。所以化学反应显著地降低了气载污染物的扩散速率和总量。

（2）当污染物云团的温度低于周围空气的时候，地面向污染物云团的传热将会对其进行加热。在一定的地面高度下，对冷的云团地面对云团的传热非常重要。因为当污染物的分子质量小于空气的时候，污染物云团的浮力会显著下降。在高风速情况下，传热是靠强制对流进行的，即使在一些条件下会产生比低风速条件下高的传热系数，但是低风速条件下的传热通常更加重要。原因有两点：①在低风速条件下，空气夹带量变少，所以热传导动力增加了；②在低风速条件下，污染物云团同地面的接触时间增加了。

4.6 大气扩散模型

通常讨论以下几种大气扩散模型。在不考虑建模方法的情况下，模型需要进行验证，针对合适的物理现象进行建模，并将得到的数据同实际相对比。如何选择合适的模型将受到不同情况的影响。

（1）**物理或风洞模型** 风洞模型已经被应用了很长时间，经常被用来研究像建筑、桥梁这样的结构体周围大气流场的分布，预测出压力的负载以及局部的速度。针对不同释放情况进行的污染物浓度风洞计算可以被用来估计危险区域。然而，风洞模型通常被认为是无法同时应用在机械缩放湍流和热致湍流上的。风洞实验在考虑模型的验证时非常好用。风洞模型通常不考虑横向风向的变化。

（2）**经验模型** 针对不同释放类型的特征，经验模型依赖于相关的大气扩散数据。Pasquill-Gifford 模型和 Britter-McQuaid 模型就是两个基于经验的模型。经验模型可以对其他数学模型进行验证。

（3）**复杂的数学模型** 随着数值计算算法的不断发展成熟，由微分方程描述的质量和动量守恒方程在扩散过程模拟中得到了广泛应用。然而，还有许多潜在的问题需要解决。在模型验证过程中，偏微分方程的求解必须充分体现出扩散过程的性质，尤其是那些地面向云团传热、浓缩而发生相变以及出现化学反应的情况。同时，扰动封闭的方法必须同扩散过程相适应，尤其是针对比空气重的污染物。不考虑求解偏微分方程的算法，所有的结果都必须是相互独立的（数值解不受网格宽度和时间步长的影响）。最后，模型还需要针对具体的场景进行验证。尽管降低了计算成本，这些模型仍然需要大量调查释放场景的成本。

（4）**简化的数学模型** 这些模型通常是从复杂数学模型中的基础守恒方程开始的，但是通过一些简单的假设来降低其在计算常微分方程时遇到的困难。在验证过程中，这些模型也需要解决相关的物理现象，就像其他被验证的模型那样。这种模型通常可以在计算机上被简单地计算出来。

所有的数学模型都可以预测出特定条件下的污染物释放平均时间。广义的来说，建议考虑一组在相同大气条件下的、污染物连续释放（烟羽）的实验。假设可以用相当敏感的传感器测量出给定下风向距离处、烟羽中心线附近污染物的浓度。由于大气的湍流特性以及扩散过程的进行，在不同实验中给定下风向距离处、烟羽中心线附近污染物的浓度不会相同。如果这些数据在污染物存在的这段时间内被求了平均值，那么在进行大量的实验以后，这个平均值是不会变化的，这就是统计平均值。在所给的平均时间足够短的情况下，统计平均值可以反映瞬时浓度。如果比较任意测量数据同统计平均值的不同，测量结果将会显示出一个高出平均值的浓度峰。峰顶超出平均浓度的值受很多因素的影响，但是出于很多目的，通常把峰顶浓度假设是平均浓度的 2 倍。对这个假设的例子来说，假定可以测得烟羽中心线处的浓度。然而，由于涉及大规模大气湍流的影响，风向会不断变化，被动污染物的烟羽中心线不会保持在同一个地方。在没有障碍物、平坦的地形高度下进行时，这种影响被称作烟羽扭曲。对一个固定的地面位置来说，浓度传感器将会被设置在烟羽的不同位置。对于恒定的平均风向来说，固定位置处的浓度在足够长的平均时间（10min 的平均时间被证明是可以使烟羽达到稳定的）下将会再一次接近统计均值。在这种情况下，浓度被称为 10min 浓度。由于烟羽扭曲的影响，浓度与不同平均时间的关系可以近似表示为：

$$\frac{\langle C \rangle_2}{\langle C \rangle_1} = \left(\frac{t_1}{t_2}\right)^p \tag{30-4-125}$$

式中，$\langle C \rangle_1$ 和 $\langle C \rangle_2$ 是平均时间 t_1、t_2 下的平均时间浓度；p 是一个指数，对被动烟羽来说，通常取 0.2。除了其他更复杂的方法以外，一些扩散模型考虑到烟羽扭曲的影响，都会调整扩散系数。式(30-4-125) 表明，浓度会随着平均时间的增长而降低。

4.6.1 术语

这里有一些重要的时间值：

(1) 源时间 t_s 被用来描述污染物变为气载污染物的时间；源时间总是受污染物储量的影响。

(2) 危险端点时间 t_h 被用来描述污染物造成危险所需要的时间。这里根据不同的毒害等级，存在很多不同的时间值。同易燃危险相关的时间值可以反映出局部最大浓度。

(3) 行程时间 t_t 是指污染物云团到达危险距离 x_e 处的时间。对于地面云团来说，将其近似为 $t_t = x_e/(u_r/2)$；对于在高处释放的云团，$t_t = x_h/u$。这里 u 是指特征风速。

源时间 t_s 只有比行程时间 t_t 长才有可能形成稳定的烟羽流。其他的时间值则受到具体模型的影响。

4.6.2 Pasquill-Gifford 扩散模型

高斯扩散模型是基于被动污染物释放的假设。基于被动污染物的理论模型，空间分布中将会包含与特征长度相关的高斯分布。通过对烟羽流进行广泛性的观察，Pasquill-Gifford 扩散模型将垂直和横向的特征长度（或者是扩散系数 σ_z 和 σ_y）同大气稳定等级联系了起来。其他同烟羽流扩散系数相关的影响因素也被整理了出来，例如表面粗糙度 z_0。对瞬间释放烟团的观测则用到了烟团的特征长度（增加了沿着风向的、额外的特征长度 σ_x）；在烟团模型中，σ_x 通常是由 σ_y 近似假设得到的。Pasquill-Gifford 方法提供了对浓度场分布的预测，下面将讨论可预测出的最大浓度，因为这才是危险评价中最重要的目的。

Pasquill-Gifford 烟羽模型：在给定下风向距离 x 后，被动烟羽流从一点（连续）释放时，最大（平均）浓度为：

$$\langle C \rangle_1 = \frac{E}{\pi \sigma_y \sigma_z u} \tag{30-4-126}$$

式中，E 为污染物变为气载污染物处的质量流量；u 为特征风速。通过下风向距离和大气稳定度求得的 Pasquill-Gifford 烟羽扩散系数有许多来源。被动扩散系数通常不在距离小于 100m 或者大于几千米时使用，因为预测这个范围之外的浓度需要特别谨慎。

要注意的是，σ_y 和 σ_z 的预测值对大气稳定度十分敏感。在稳定等级 D 和 F 之间，稳定等级 D 下的 σ_y 大概是稳定等级 F 下的 3 倍，σ_z 大概是其 2 倍。因为 $\langle C \rangle_l$ 同 $\sigma_y \sigma_z$ 成反比，稳定等级 F 下，$\langle C \rangle_l$ 的预测值大概是稳定等级 D 下的 6 倍。

Pasquill-Gifford 烟团模型：在给定下风向距离 x 后，被动烟团流从一点（瞬时）释放时最大（平均）浓度为：

$$\langle C \rangle = \frac{2E_t}{(2\pi)^{3/2} \sigma_x \sigma_y \sigma_z} \tag{30-4-127}$$

式中，E_t 为变成气载污染物的污染物总量。通过下风向距离和大气稳定度求得的 Pasquill-Gifford 烟团扩散系数有许多来源。像之前指出的那样，在烟团模型中，σ_x 通常是由 σ_y 近似假设得到的。被动烟团扩散系数通常不在距离小于 100m 时使用（这时泄漏源的影响会很重要），而大于几千米时，也要像之前一样谨慎。

要注意的是，对烟团来说，σ_y 和 σ_z 的预测值对大气稳定度也很敏感。在稳定等级 D 和 F 之间，稳定等级 D 下的 σ_y 大概是稳定等级 F 下的 3 倍，σ_z 大概是其 10 倍。因为 $<C>$ 同 $\sigma_y^2 \sigma_z$ 成反比，稳定等级 F 下，$\langle C \rangle$ 的预测值大概是稳定等级 D 下的 40 倍。

虚拟源：如之前所描述那样，高斯模型是针对一个理想点源制定的，这种方法在针对一个真实的释放时可能变得过于保守。也有一些针对面泄漏的公式，但是这些模型比点源模型更加烦琐。针对点源模型，在以往的方法中应用到了虚拟源。通常是用真实源中的最大浓度来确定可以得到同样浓度的等效逆风点源的位置。这种方法更趋向于过度补偿，并且会盲目地降低预测值。因为真实的泄漏源不只是一个点，还会向横向以及顺风向延伸。所以使用点源式(30-4-126) 或者(30-4-127) 时，模型中的浓度可以被假设是有界的，浓度下界的预测可以使用虚拟源方法。

假设源浓度 C_s 已知，虚拟距离可以使用已知源浓度来找到。对于烟羽流来说，求解方程式(30-4-126) 可以得到 $\sigma_y \sigma_z$。之后可以使用 E 和 C_s 进行迭代求解，求得虚拟源距离 x_v。对于烟团流来说，求解方程式(30-4-127) 可以得到 $\sigma_x \sigma_y \sigma_z$（或 $\sigma_y^2 \sigma_z$）；之后可以使用 E_t 和 C_s 进行迭代求解，求得虚拟源距离 x_v。在距离 x_e 处的扩散系数将会代表其到真实源处的距离 $x_e - x_v$。

被动烟团或烟羽：除了上述讨论的烟羽模型上的限制，这里还有一个顺风扩散时间的定义：$t_d = 2\sigma_x / u_r$。这里 σ_x 是在终点距离 x_e 处的参数。当 $t_s > 2.5t_d$ 时，释放总是可以被当作烟羽流。这里 t_s 是上面定义的源时间；而且当 $t_d > t_s$ 时，释放可以被当作是烟团流。当 $t_d \leqslant t_s \leqslant 2.5t_d$ 时，烟团和烟羽流模型都不再适用，预测浓度参考烟团流和烟羽流预测浓度的最大值。

4.6.3　重气扩散模型（Britter-McQuaid）

气体密度大于其扩散所经过的周围空气密度的气体都被称为重气。主要原因是气体的分子量比空气大，或气体在释放或其他过程期间受冷却作用，所导致的低温的影响。

某一典型的烟团释放后，可能形成具有相近的、垂直和水平尺寸的气云（源附近）。重气云在重力的影响下向地面下沉，直径增加，而高度减少。由于重力的驱使，气云向周围的空气侵入，会发生大量的初始稀释。随后，由于空气通过垂直和水平界面的进一步卷吸，气云高度增加。充分稀释以后，通常的大气湍流超过重力影响，而占支配地位，典型的高斯扩散特征便显现出来。

通过量纲分析和对现有的重气云扩散数据进行关联，建立了 Britter-McQuaid 模型。该模型对于瞬时或连续的地面重气释放非常适合。假设释放发生在周围环境温度下，并且没有小液滴生成。大多数数据都来自遥远农村平坦地形上的扩散实验。因此，模型计算的结果不适用于地形对扩散影响很大的地区。

该模型需要给定初始气云体积、初始烟羽体积流量、释放持续时间、初始气体密度。同时还需要 10m 高处的风速、下风向距离和周围气体密度，以确定重气模型是否适用。

初始气云浮力定义为：

$$g_0 = g(\rho_0 - \rho_a)/\rho_a \qquad (30\text{-}4\text{-}128)$$

式中，g_0 为初始浮力系数，长度/时间^2；g 为重力加速度，长度/时间^2；ρ_0 为泄漏物质的初始密度，质量/体积；ρ_a 为周围环境空气的密度，质量/体积。

特征源尺寸，依赖于释放的类型，也可以另定义。对于连续释放泄漏：

$$D_c = \left(\frac{q_0}{u}\right)^{1/2} \qquad (30\text{-}4\text{-}129)$$

式中，D_c 为重气连续泄漏的特征源尺寸，长度；q_0 为重气扩散的初始烟羽体积流量，体积/时间；u 为 10m 高处的风速，长度/时间。

对于瞬时释放，特征源尺寸定义为：

$$D_i = V_0^{1/3} \qquad (30\text{-}4\text{-}130)$$

式中，D_i 为重气瞬时释放的特征源尺寸，长度；V_0 为泄漏的重气物质的初始体积，长度^3。

十分厚重的气云，需用重气云表述的准则时，对于连续释放：

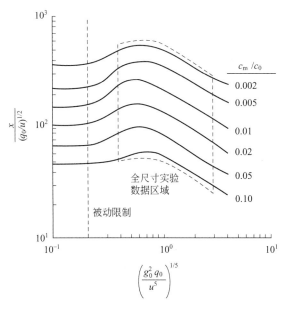

图 30-4-17 重气烟羽扩散的 Britter-McQuaid 模型

$$\left(\frac{g_0 q_0}{u^3 D_c}\right)^{1/3} \geqslant 0.15 \qquad\qquad (30\text{-}4\text{-}131)$$

对于瞬时释放：

$$\frac{\sqrt{g_0 V_0}}{u D_i} \geqslant 0.20 \qquad\qquad (30\text{-}4\text{-}132)$$

如果满足这些准则，那么图 30-4-17、图 30-4-18 就可以用来估算下风向的浓度。表 30-4-4、表 30-4-5 给出了图中关系的方程。

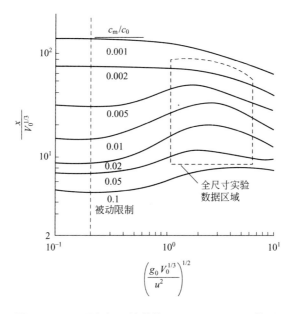

图 30-4-18　重气烟团扩散的 Britter-McQuaid 模型

表 30-4-4　描述图 30-4-17 中给出的烟羽 Britter-McQuaid 模型的关系曲线的近似方程

浓度比(c_m/c_0)	$\alpha = \lg\left(\dfrac{g_0^2 q_0}{u^5}\right)^{1/5}$ 的有效范围	$\beta = \lg\dfrac{x}{(q_0/u)^{1/2}}$
	$\alpha \leqslant -0.55$	1.75
0.1	$-0.55 < \alpha \leqslant -0.14$	$0.24\alpha + 1.88$
	$-0.14 < \alpha \leqslant 1$	$0.50\alpha + 1.78$
	$\alpha \leqslant -0.68$	1.92
0.05	$-0.68 < \alpha \leqslant -0.29$	$0.36\alpha + 2.16$
	$-0.29 < \alpha \leqslant -0.18$	2.06
	$-0.18 < \alpha \leqslant 1$	$-0.56\alpha + 1.96$
	$\alpha \leqslant -0.69$	2.08
0.02	$-0.69 < \alpha \leqslant -0.31$	$0.45\alpha + 2.39$
	$-0.31 < \alpha \leqslant -0.16$	2.25
	$-0.16 < \alpha \leqslant 1$	$-0.54\alpha + 2.16$

浓度比(c_m/c_0)	$\alpha = \lg\left(\dfrac{g_0^2 q_0}{u^5}\right)^{1/5}$ 的有效范围	$\beta = \lg\dfrac{x}{(q_0/u)^{1/2}}$
0.01	$\alpha \leqslant -0.70$	2.25
	$-0.70 < \alpha \leqslant -0.29$	$0.49\alpha + 2.59$
	$-0.29 < \alpha \leqslant -0.20$	2.45
	$-0.20 < \alpha \leqslant 1$	$-0.52\alpha + 2.35$
0.005	$\alpha \leqslant -0.67$	2.40
	$-0.67 < \alpha \leqslant -0.28$	$0.59\alpha + 2.80$
	$-0.28 < \alpha \leqslant -0.15$	2.63
	$-0.15 < \alpha \leqslant 1$	$-0.49\alpha + 2.56$
0.002	$\alpha \leqslant -0.69$	2.6
	$-0.69 < \alpha \leqslant -0.25$	$0.39\alpha + 2.87$
	$-0.25 < \alpha \leqslant -0.13$	2.77
	$-0.13 < \alpha \leqslant 1$	$-0.50\alpha + 2.71$

表 30-4-5　描述图 30-4-18 中给出的针对烟团的 Britter-McQuaid 模型的关系曲线的近似方程

浓度比(c_m/c_0)	$\alpha = \lg\left(\dfrac{g_0 V_0^{1/3}}{u^2}\right)^{1/2}$ 的有效范围	$\beta = \lg\dfrac{x}{V_0^{1/3}}$
0.1	$\alpha \leqslant -0.44$	0.70
	$-0.44 < \alpha \leqslant 0.43$	$0.26\alpha + 0.81$
	$0.43 < \alpha \leqslant 1$	0.93
0.05	$\alpha \leqslant -0.56$	0.85
	$-0.56 < \alpha \leqslant 0.31$	$0.26\alpha + 1.0$
	$0.31 < \alpha \leqslant 1.0$	$-0.12\alpha + 1.12$
0.02	$\alpha \leqslant -0.66$	0.95
	$-0.66 < \alpha \leqslant 0.32$	$0.36\alpha + 1.19$
	$0.32 < \alpha \leqslant 1$	$-0.26\alpha + 1.38$
0.01	$\alpha \leqslant -0.71$	1.15
	$-0.71 < \alpha \leqslant 0.37$	$0.34\alpha + 1.39$
	$0.37 < \alpha \leqslant 1$	$-0.38\alpha + 1.66$
0.005	$\alpha \leqslant -0.52$	1.48
	$-0.52 < \alpha \leqslant 0.24$	$0.26\alpha + 1.62$
	$0.24 < \alpha \leqslant 1$	$0.30\alpha + 1.75$
0.002	$\alpha \leqslant 0.27$	1.83
	$0.27 < \alpha \leqslant 1$	$-0.32\alpha + 1.92$
0.001	$\alpha \leqslant -0.10$	2.075
	$-0.10 < \alpha \leqslant 1$	$-0.27\alpha + 2.05$

确定释放是连续的还是瞬时的准则，可使用如下公式计算：

$$\frac{uR_d}{x} \tag{30-4-133}$$

式中，u 为 10m 高处的风速；R_d 为泄漏持续时间，时间；x 为下风向的空间距离，长度。

如果该数值大于或等于 2.5，那么重气释放被认为是连续的。如果该数值小于或等于 0.6，那么释放被认为是瞬时的。如果介于两者之间，那么用连续模型和瞬时模型来计算浓度，并取最大的浓度作为结果。

Britter-McQuaid 模型是一种无量纲分析技术，它基于由实验数据建立的相关关系。然而，因该模型仅仅建立在来自平坦的农村地形的实验数据之上，因而，仅适用于这些类型的释放。该模型也不能解释诸如释放高度、地面粗糙度和风速的影响。

4.7 容器爆炸损伤估计

大部分情况下，一次爆炸所释放出的能量（E）是可以大致预测出来的。而针对不同的爆炸种类，需要使用不同的方法。

4.7.1 必要假设

在计算容器破裂、对外做功的有效能量时，一般假设容器内的气体经过绝热膨胀达到大气压力。

$$E=\frac{p_e V}{\gamma-1}\left\{\left[1-\left(\frac{p_a}{p_e}\right)^{(\gamma-1)/\gamma}\right]+(\gamma-1)\frac{p_a}{p_e}\left[1-\left(\frac{p_a}{p_e}\right)^{-1/\gamma}\right]\right\} \tag{30-4-134}$$

式中，γ 为气体的热容比，$\gamma=C_p/C_v$；p_e 为容器失效处的压力；V 为气体体积；p_a 为大气压力。

在厚壁高压容器中，容器壁的应变能也是有效能量的组成部分。但是对于压力小于 200bar 的容器来说，其产生的应变能很小，可忽略不计。如果能够得到气体焓熵图，就可以直接计算出相应的绝热能。这是最好的方法，但是在很多情况下，并不能找到相关的图表。

爆炸能量会转变为多种能量形式，如爆炸波、碎片的动能、容器内物质的热能等。

① 爆炸波（30%）；

② 碎片的动能（40%）；

③ 其他的耗散机制（30%）。

4.7.2 爆炸特性

爆炸压力容器产生的爆炸波能量无法精确计算出来，但是可以通过几种近似方法进行估算。

一种估算爆炸波参数的方式是 TNT 当量法。这种方法假设破碎的压力容器所产生的破坏性等同于一定质量的 TNT 爆炸所造成的破坏性。这种方法在距离压力容器只有几个容器直径的范围内不适用。然而，可以通过计算相应的 TNT 质量和利用已知的爆炸特性粗略估计这一范围外的爆炸能量。这里的 TNT 当量是指容器爆炸时所释放的能量相当于多少吨

TNT 炸药爆炸时所释放的能量。TNT 爆炸能量为 $4.5MJ \cdot kg^{-1}$，所以 TNT 当量 $W = 0.3E/4.5kg$。标准 TNT 数据可被用于确定爆炸参数。这种方法在处理峰值压力小于 $4kN \cdot m^{-2}$ 的爆炸时是有局限性的。

爆炸参数还取决于容器所处的物理位置。容器处在地面或者离地面很近的位置和容器处在高空中是不一样的。通常，压力容器的破裂很少在地面上形成坑，所以一般不用考虑地面的坑裂。

4.7.3 碎片的形成

容器失效碎裂成若干碎片，是因为爆炸还是因为金属失效？这是无法预测的。所以在大多数情况下，假设几种失效情况，分别评估其影响是必要的。形成碎片的数量很大程度取决于爆炸的性质和容器的设计。对于高速爆炸，例如爆轰，容器通常被损坏成很多碎片。但对于低速爆炸，例如爆燃和 BLEVE 爆炸，通常形成的碎片少于 10 块，甚至会少于 5 块。

4.7.4 碎片初始速度

在能量传递的过程中，能量从膨胀气体转至容器碎片的效率并不高，只有极少数能够达到有效能量的 40%。根据 Baum[13] 的文章可知，碎片速度存在一个上限，即膨胀高压气体同周围大气中空气接触时，接触面上的速度，这个速度被称为零质量破片速度。对于大多数工业中的中低压容器来说，零质量破片速度小于约 1.3 马赫。这是由理想气体一维激波管理论（激波管接触表面速度公式）计算得到的。

$$\frac{V_f}{a_0} = -\frac{2}{\gamma-1}\left[\left(\frac{p_c}{p_e}\right)^{(\gamma-1)/(2\gamma)} - 1\right] \tag{30-4-135}$$

式中，V_f 为碎片速度；p_c 由式（30-4-136）确定：

$$\frac{a_a(1-\mu_a)\left(\frac{p_c}{p_a}-1\right)}{a_e\left[(1+\mu_a)\left(\frac{p_c}{p_a}+\mu_a\right)\right]^{1/2}} = \frac{2}{\gamma-1}\left[1-\left(\frac{p_a}{p_e} \times \frac{p_c}{p_a}\right)^{(\gamma-1)/(2\gamma)}\right] \tag{30-4-136}$$

$$\mu_a = \frac{\gamma_a-1}{\gamma_a+1} \tag{30-4-137}$$

式中，p_c 为膨胀气体接触表面压力；a_a 为环境条件声速；a_e 为容器失效前气体中的声速。

a_e 的值可运用气体膨胀时，初始温度和压力下的物理性质近似得出。式（30-4-136）须用试错法计算，大多数的碎片都不能达到零质量速度。

4.7.5 装有活性气体混合物的容器爆炸

很多情况下的破坏并不是由于容器在其正常操作压力下失效，而是由于容器内出现了异常的放热反应。通常是分解、聚合、爆燃、反应失控或者氧化反应。在评估这种事故的破坏能力时，一般可计算爆炸或反应的压力峰值。压力峰值 p_e 则被代入式（30-4-134），有效能量可被评估，爆炸和碎片危险即被确定。当预计的爆炸峰值压力 p_e 大大超过容器设计压力的时候，提高容器动态爆炸压力是非常必要的，从而使容器能够承受爆炸压力。气体在容器内的压力上升速度很快，气体可能达到的压力远超过预估容器的动态爆炸压力。因此，通常假设所计算的，都是反应完全后生成气体的压力。然而，有许多反应更适合运用动力学理论方法计算有效能量。一次爆炸释放的最大能量可根据亥姆霍兹自由能变化式（$-\Delta H = -\Delta E + T\Delta S$）进行评估。若其中所需数据无法得到，则必须运用吉布斯自由能式（$\Delta F = \Delta H - T\Delta S$）。特别是在计算很少甚至没有物质的量变化的反应，例如烃/空气氧化时，比亥姆霍兹能量方法简单。

4.7.6　装有惰性高压液体的容器爆炸

对于装有惰性高压液体的容器来说，可以造成损伤的能量是液体压缩能量和容器外壳应变能的总和。这种在容器失效中突然释放的能量通常会造成碎片飞溅，但是很少会造成显著的爆炸影响。

高达大约 150MN·m^{-2} 的流体压缩能量，可以用公式 $U_f = \beta_T p^2 V_L / 2$ 估计出来。式中，β_T 为液体的体积压缩系数；p 为液体压力；V_L 为液体体积。在高压下，这个简单的公式会变得特别保守，需要用更加复杂的方法去计算流体压缩能量。圆柱形容器在忽视顶盖后的弹性应变能可以通过式（30-4-128）估计出来：

$$U_m = \frac{p^2 V_L}{2E_y(k^2-1)}\left[3(1-2\nu) + 2k^2(1+\nu)\right] \tag{30-4-138}$$

式中，p 为液体压力；V_L 为液体体积；E_y 为弹性的杨氏模量；ν 为泊松比；k 为容器外径同内径的比值。

$$总能量 U = U_f + U_m$$

4.7.7　碎片的移动距离

没有适当的方法可以估计出碎片的移动距离，因为它们往往形状不固定，可能翻滚，还可能以一个未知的角度进行亚声速投射。保守的方法是假设碎片以同水平方向呈 45°的角度投射出去，并且忽略阻力和（或）升力的空气动力学影响。运用这种方法，可以得出碎片的移动距离 $R_g = V_f^2 / g$，g 为重力加速度。

4.7.8　碎片的打击速度

通常是无法评估出碎片的速度、弹道、入射角以及其在撞击那一瞬间的姿态的。因此，保守认为碎片撞击到目标的入射角是直角。这样就可以认为其速度同初速度一样，以最佳的状态穿透目标物。

4.7.9　冲击波的响应

冲击波对设备以及人的影响是很难评估出来的，因为没有独立的爆炸参数可以全面描述冲击可能造成的损伤。一些目标对于超压事故的响应更强烈，而其他的则对冲击的冲量更敏感。爆炸参数通常基于一种保守的假设，即假定冲击波垂直撞向目标物表面，所以会使用到垂直反射参数。

冲击波施加在目标上的压力取决于目标物摆放的方向。如果目标物表面正面受到冲击，目标将会受到反射或正面冲击压力 p_r；但是如果目标物表面是侧向受到冲击，目标物将会受到入射或侧面冲击压力 p_{inc}。反射冲击压力从不会小于入射压力的 2 倍，并且对于理想气体来说，可以高达入射压力的 8 倍。对于大多数工业目标物来说，入射压力大约小于 $17kN \cdot m^{-2}$，反射压力不会大于入射压力的 2.5 倍。

4.7.9.1　设备响应

设备对于爆炸的响应通常是两种因素的结合：一种是设备作为独立单位发生的位移；另一种是设备本身的失效。对于小的、不安全的物体，例如空桶、气瓶和空箱来说，设备的位移是一个重要的考虑因素。

目标物的响应可以通过一个包含冲击波持续时间同目标物自振周期比值（T/T_n）的公式体现出来。这些参数都不能被严密地确定下来。

针对一个特定目标的具体响应，通常只能被近似计算出来。当爆炸性质不能被很好确定的时候，准确性就不能保证。

冲击入射压力超过 $35kN \cdot m^{-2}$ 的区域是会造成严重损伤的区域，低于这个压力，对其中的设备只会造成轻微的损伤。

4.7.9.2　人的响应

爆炸会给人造成的最大的危险通常来源于周围的设备，也就是那些在人被炸飞以后可能会撞到的物体。人比设备更能抵抗冲击，当入射压力为 $180kN \cdot m^{-2}$ 的时候，即使受到长时间的冲击，人也可以存活下来。

参考文献

[1] 蒋军成. 化工安全. 北京：机械工业出版社，2008.

[2] Bragg S L. J Mech Eng Sci, 1960, 2（1）：35.

[3] Chen N H. Ind Eng Chem Fund, 1979, 18（3）：296.

[4] [美] 丹尼尔 A 克劳尔，约瑟夫 F 卢瓦尔. 化工过程安全理论及应用（原著第二版）. 蒋军成，潘旭海，译. 北京：化学工业出版社，2006.

[5] Jobson D A. P I Mech Eng, 1955, 169（1）：767.

[6] Leung J C. AIChE J, 1986, 32（10）：1743.

[7] Leung J C. AIChE J, 1990, 36（5）：797.

[8] Leung J C. Chem Eng Prog, 1992, 88（2）：70.

[9] Leung J C. J Loss Prevent Proc, 1990, 3（1）：27.

[10] Leung J C, Grolmes M A. AIChE J, 1987, 33（3）：524.

[11] Diener R , Schmidt J. Process Saf Prog, 2004, 23（4）：335.

[12] Diener R , Schmidt J. Process Saf Prog, 2005, 24（1）：29.

[13] Baum M R. J Press Vess-T ASME, 1984, 106（4）：362.

5

安全装置

5.1 泄压系统

尽管化工厂中有很多安全预防措施，但是设备的失效或操作者的失误都能引起过程压力增加，并超过安全的水平。如果压力上升到很高，就可能超过管线和容器的最大强度。这将导致过程装置的破裂，引发有毒或易燃易爆化学品的大量泄漏。

对该类型事故，首先就是要防止事故的发生。其主要工作通常是直接将过程控制在安全操作范围内，尽量减少超压情况的发生。

防止超压的最后一种方法是安装泄压系统，以便在过大的压力显现前释放掉液体或气体。泄压系统由泄压设备和与之相连在下游处理泄放物料的过程设备组成。

5.1.1 泄压系统术语

(1) 设定压力 泄压设备开始动作的压力。

(2) 最大允许工作压力（MAWP） 对于设定温度的容器，顶部允许的最大测量压力，有时也称为设计压力。随着操作温度的增加，MAWP减小，因为容器金属在高温下强度降低。同样，随着操作温度的下降，MAWP下降，因为金属在低温下将变脆。典型的容器失效发生在 4 倍或 5 倍于 MAWP 下，虽然在低于 2 倍 MAWP 压力下，容器可能会发生变形。

(3) 操作压力 正常工作期间的测量压力，通常比 MAWP 低 10%。

(4) 积聚压力 在泄放过程中，超出容器的 MAWP 的压力增量。表示为 MAWP 的百分比。

(5) 超压 在泄放过程中，容器内超出设定压力的压力增量。当设定压力为 MAWP 时，超压等于累积。表示为设定压力的百分比。

(6) 背压 由排放系统压力导致的泄放过程中泄压设备出口处的压力。

(7) 压降 泄压设备的设定压力与泄压设备复位压力之间的压力差。表示为设定压力的百分比。

(8) 最大允许累积压力 MAWP 和允许的压力累积之和。

(9) 泄压系统 泄压设备四周的部件总称，包括：连接泄压设备的管道、泄压设备、排放管线、放空桶、洗涤器、火炬，或在安全泄放过程中起辅助作用的其他类型的设备。

5.1.2 泄放场景

泄放设计场景：设计可靠的泄放系统过程中，最难的就是如何使泄放系统在出现紧急情况时做出正确判断，及时地采取泄放措施，而不是产生误判，造成误操作。难点就在于对于紧急情况的判断，通常是涉及人的高度主观判断。确定泄放的位置，需要了解过程中每个单元操作以及每一过程操作步骤。工程师必须预测可能导致压力上升的潜在问题。泄压设备要安装在确定的每一个潜在危险源处，即该处的事故状况下的压力会超过 MAWP。

提出需了解的、过程中的问题类型有：

① 伴随冷却、加热和搅动失效会发生什么？

② 如果过程受到污染，或催化剂或单体误加入，会发生什么？

③ 如果操作者失误会发生什么？

④ 关闭暴露于热或冷冻环境下的充满液体的容器或管线上的阀门的后果什么？

⑤ 如果管线失效，例如，进入低压容器的高压气体管线失效，会发生什么？

⑥ 周边单元失火对操作单元的影响有什么？

⑦ 什么条件能引起反应失控，应该怎样设计泄压系统来处理反应失控带来的泄放？

确定泄压设备位置应当遵循以下标准：

① 所有的容器都需要泄压设备，包括反应器、储罐、塔器和小型容器；

② 暴露于热（例如太阳）或冷冻环境下的、装有冷的液体管线的封闭部件，需要泄压设备；

③ 正压置换泵、压缩机和涡轮机的压力泄放一侧，需要泄压设备，存储容器需要压力或真空泄压设备，避免封闭容器内物料被吸入和抽出，或避免由凝结导致的真空的产生；

④ 容器的蒸汽夹套通常根据低压蒸汽进行分级，泄压设备被安装在护套中，防止由于操作者失误或调压器失效，导致过高的蒸汽压力。

一些常见的压力源和真空源如下。

(1) 温度相关 火灾；加热器和冷却器的失控；环境温度变化；化学反应失控。

(2) 设备及系统 泵和压缩机；加热器和冷却器；蒸馏和冷凝器；相互连通的排气管道；多用途管道（蒸汽、空气、水等）。

(3) 物理变化 气体吸收（HCl 溶于水）；热膨胀；蒸汽冷凝。

5.1.2.1 火灾

火灾会导致装置内液体蒸发汽化、反应热失控、产物热分解，最终导致压力上升。火焰直接炙烤还可能会导致容器壁面过热，容器内充满蒸气，冷却装置失效。在这种情况下，即使泄放系统已经开始动作，容器壁面也可能由于高温而失效。

在涉及易燃易爆液体的工厂内，压力容器（包括换热器和空气冷却器）存在暴露在外界火焰中的潜在风险。这一类可能暴露在池火中的容器都应安装泄放系统。其他的降低装置由于过热而超压的手段有：隔热、水喷雾以及远程压力控制系统等。厂房的布局应考虑到间距的要求，必须能使消防救援人员和消防设备进入火场。一些相邻近的设备不能通过简单的截止阀分隔，而是要通过正规的泄压装置，将压力泄放到指定的连通管中，连通管要能够承载泄放出的压力，并且，设计泄放压力不高于这些装置的最小 MAWP。

5.1.2.2 操作失效

许多的操作失效都会导致超压状况的产生：

(1) 出口堵塞 操作或者维修的失误（尤其是伴随着车间的重整），会导致工艺设备的液体或蒸汽出口堵塞，导致超压情况的发生。

(2) 手动阀打开 手动控制阀门作为分隔两个或多个设备或物料的设备，如果常闭的手动阀被无意打开了，会导致高压物料泄漏或是形成真空负压环境。

（3）**冷却水失效**　冷却水量不足是最常见的导致超压的原因之一。冷却水失效会影响一个或多个装置或工艺，甚至影响整个厂区，所以应该考虑冷却水在不同场景下失效的情况。

（4）**电源故障**　断电会导致电机驱动的设备停止，包括泵、压缩机、空冷器和搅拌器。

（5）**仪表气源失效**　缺少仪表供气可能导致的后果要结合阀门驱动装置失效进行评价。不能把气源和阀门驱动装置分开讨论，因为有些阀门会在气源供气正常的情况下卡在上次动作的位置。

（6）**热膨胀**　设备和管道在正常操作情况下充满液体，如果温度上升，设备和管道会受到液压膨胀作用。常见的引起热膨胀、导致高压的热源有太阳辐射、蒸汽、加热线圈以及来自设备上其他部件的热传导。

（7）**真空**　过程设备的真空状态有许多引发条件，包括仪器故障、放空液体、关闭非冷凝蒸汽清洗时没有加压、环境温度过低导致大气压降低。如果会发生真空状态，那么设备不仅仅要设计成能承受真空条件，而且必须要设置真空泄放系统。

5.1.2.3　装置失效

大部分的装置失效会导致超压情况发生，包括换热器或者其他容器内部管道的断裂，阀门或调节装置的失效。换热器或者其他容器应设计可靠的泄放系统，防止在内部失效的情况下产生超压。

5.1.2.4　反应失控

导致工艺容器的温度和压力失控的因素有很多，包括冷却失效、进料出料系统失效、过快的进料速率或过高的进料温度、污染物的存在、催化剂因素、搅拌失效。反应失控后，能量快速释放以及气态产物的生成，这些都导致反应器压力迅速上升。为了能准确地评价这些反应，反应动力学参数必须通过理论分析或通过实验获得[1]。

5.1.3　泄压装置

超压保护的常规方法是使用安全阀和爆破片把多余的压力排入安全处置装置中或直接排到大气中。

5.1.3.1　安全泄放阀（安全阀）

安全阀是压力容器安全装置中一种应用最广泛的形式。当压力容器中介质压力由于某种原因而升高到超过规定值时，阀门自动开启，继而全量排放，以防止压力继续升高；当介质压力由于安全阀的排放而降低，达到另一规定值时，阀门又自动关闭，阻止介质继续排出。当介质压力处于正常工作压力时，阀门保持关闭和密封状态。

为了说明安全阀的动作原理，以使用最为广泛的弹簧载荷式安全阀作为例子。图30-5-1是这类安全阀的示意图。

当被保护系统（即阀门进口处）介质处于正常工作压力时，由于弹簧载荷的作用使阀门处于关闭状态。此时，作用在阀瓣的作用力是上述弹簧和阀瓣压力之差造成的，使阀瓣和阀座（统称为关闭件）密封面相互压紧。单位密封面积上的压紧力称为比压力。只要这个比压力足够大，就能阻止介质泄出，使阀门关闭件达到必要的密封性。如果被保护系统中介质压力升高，超过正常工作压力时，关闭件密封面上的比压力就随之减小。比压力小到一定程度时，介质就开始通过关闭件密封面间的间隙向外泄漏，这就是所谓"前泄"现象。随着压力进一步升高，阀瓣开始脱离阀座而升起。压力继续升高时，阀门完全打开，达到规定的开启

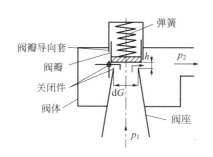

图 30-5-1 安全阀示意图

高度。只要阀的排放量足够大，系统中的压力将降低。当压力降低到一定值时，由于弹簧力的作用使阀门重新关闭。

重锤式或杠杆重锤式安全阀的动作原理与弹簧载荷式安全阀基本相同。所不同的是作用在阀瓣上的外加载荷不是由弹簧，而是由重锤或者借助于杠杆来提供的。

5.1.3.2 先导式安全阀

先导式安全阀的动作原理则与弹簧载荷式安全阀不同，这种安全阀由主阀和导阀（亦称副阀）组成。导阀随被保护系统压力的变化而动作，主阀则由导阀动作的驱动或控制而动作。

5.1.3.3 爆破片

爆破片是压力密闭装置（压力容器、设备及管道）防超压的安全附件之一。其作用犹如电器设备上的保险丝，通过本身的破坏保护了设备整体的安全。爆破片在设备处于正常操作时是密闭的。一旦超压，膜片本身立即爆破，超压介质迅速泄放，直至与环境压力相等，从而保护装置本身免受损伤。爆破片的爆破动作与其基本结构有关，一般可分为三种动作形式，即爆破形式、触破形式和脱落形式。图 30-5-2 为爆破片动作原理示意图。如图 30-5-2（a）所示，膜片破坏时的动作是一种典型的爆破形式。爆破前膜片受拉应力，当内部介质超压达到爆破片的规定爆破压力时，膜片因过度塑性变形而破裂。图 30-5-2（b）是一种触破形式的爆破片，膜片受压应力，内部超压达到规定爆破压力时，因弹性压缩而翻转，由于边缘夹持，翻转同时即触及刀刃而割破。如果边缘是铰支的，如图 30-5-2（c）所示，膜片翻转即脱落，成为一种脱落形式的破坏动作。

5.1.4 泄压系统计算

5.1.4.1 设计泄放率

设计泄放率是指当被保护装置处在允许最高压力的时候，泄放口需要泄放的速率[2]。

$$W_{req} = \frac{体积增长速率}{泄放流体比体积} \qquad (30\text{-}5\text{-}1)$$

对于稳态的设计场景来说，设计泄放率一旦确定，就可以据此确定泄放装置的大小、尺寸以及相应的连通管道的尺寸。下面给了一些简化情况下特殊情况的举例。为了清楚展现，将非反应系统和反应系统分开。

（1）非反应系统

① 考虑物料不断流入被保护容器（出口堵塞）情况 对于稳态的设计场景来说，持续

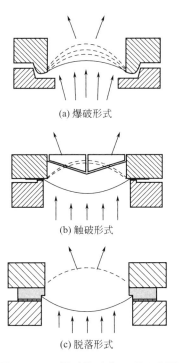

(a) 爆破形式

(b) 触破形式

(c) 脱落形式

图 30-5-2 爆破片动作原理示意图

流入物料的流量为 $W_{in}(kg \cdot s^{-1})$，在出口堵塞的情况下，容器内的压力会逐渐上升，物料的体积为 W_{in}/ρ_{in}，ρ_{in} 是物料流在最大压力下的密度。假设 ρ_{out} 为泄放流的密度，然后推导出设计泄放率：

$$W_{req} = \frac{W_{in}}{\rho_{in}} \rho_{out} \qquad (30\text{-}5\text{-}2)$$

② 考虑热量不断输入被保护容器　如果系统多余的热量不至于使容器内的液体沸腾，那么体积生成速率等于液体的热膨胀速率：

$$W_{req} = \frac{q\beta}{C_p} \qquad (30\text{-}5\text{-}3)$$

式中，q 为单位时间内输入的热量，$J \cdot s^{-1}$；β 为常压下的体积膨胀系数，$^{\circ}\!C^{-1}$；C_p 为定压比热容，$J \cdot kg^{-1} \cdot ^{\circ}\!C^{-1}$。

上面的参数都是在最大允许压力的情况下的值。如果是液体，β 通常可以通过温度变化大于 5℃ 导致的特定体积变化得到。如果是气体，式（30-5-3）变为：

$$W_{req} = \frac{q}{C_p T} \qquad (30\text{-}5\text{-}4)$$

式中，T 为热力学温度，K。

如果液体受热达到沸点，此时液体大量蒸发，导致体积不断增大。对于不起泡液体，全蒸发泄放的排放口尺寸是足够的，即使出现双向排放。单组分液体的设计泄放率如下：

$$W_{req} = \frac{q}{h_{fg}} \frac{v_{fg}}{v_g} \qquad (30\text{-}5\text{-}5)$$

式中，h_{fg} 为蒸发潜热，J•kg^{-1}；v_g 为蒸汽比体积，m^3•kg^{-1}；v_{fg} 为比体积增加量，$v_{fg} = v_g - v_f$，m^3•kg^{-1}；v_f 为液体的比体积，m^3•kg^{-1}。

在气液临界点附近，h_{fg}/v_{fg} 根据克拉佩龙公式，可以换为 $T(\mathrm{d}P/\mathrm{d}T)_{sat}$。

对于起泡液体：

$$W(T_p - T_s) = \frac{q}{C_p}\left(\ln\frac{m_0 q v_{fg}}{WVh_{fg}} - 1\right) + \frac{WVh_{fg}}{m_0 C_p v_{fg}} \tag{30-5-6}$$

式中，W 为泄放速率，kg•s^{-1}；T_p 为最高压力时的温度，℃；T_s 为设计压力下的温度，℃；m_0 为系统的初始质量，kg；V 为容器体积，m^3；q 为单位时间内输入的热量，J•s^{-1}；C_p 为液体的定压比热容，J•kg^{-1}•℃$^{-1}$。

(2) 反应系统　不受控制的化学反应热失控是十分复杂的。外部热量（比如火焰）作用于充满不稳定混合物的反应器的情况也视为此类型。复杂性是由于以下原因造成的：

① 反应速率随温度以指数形式变化。

② 反应放热速率随着时间变化（非稳态）。

③ 反应过程中会产生爆炸性气体和过热蒸气（分解反应）。

④ 反应物组分的变化导致沸腾点曲线的变化。

⑤ 黏度的增加会导致物料聚合。

为了解决这个复杂问题，美国 DIERS（紧急排放系统设计协会）开发了一种特殊的商业化实验台 VSP2（Vent Sizing Package 2）[3,4]。实际上 VSP2 就是一种绝热量热仪，这种绝热量热仪在泄放压力设计中被广泛应用，用于关键参数的测量。此装置能直接模拟复杂环境，比如外部受热、过量反应、冷却失效。下面介绍两种特殊场景。

沸腾液体反应系统，过去使用基于封闭积分方程的单一两相泄放分析法分析。简化假设：①通风率不随时间变化；②单位质量的热释放速率和物性参数是已知的；③系统波动是常数或递减的；④采用假设的单组分反应。设计泄放率如下：

$$W_{req} = \frac{m_0 C_p (\mathrm{d}T/\mathrm{d}t)_{av}}{\{[(V/m_0)/(h_{fg}/v_{fg})]^{1/2} + (C_p \Delta T)^{1/2}\}^2} \tag{30-5-7}$$

式中，$\Delta T = T_p - T_s$，是超出温度，单位为℃，和超出压力 Δp 相关；$(\mathrm{d}T/\mathrm{d}t)_{av}$ 是平均升温速率，单位为℃•s^{-1}。

平均升温速率通常是设置压力和允许最大压力之间温度的算术平均值。另外，式（30-5-7）中的 h_{fg}/v_{fg}，利用克拉佩龙方程用 $T(\mathrm{d}p/\mathrm{d}T)_{sat}$ 替换。通过封闭系统失控的 VSP2 测试，可以直接获得压力、温度的关系。

对于特殊的、有气体生成的反应系统，比如有微量气体溶解在液体中，并且对反应潜在热影响不大的分解反应。这样的反应系统不论泄放与否都会达到最大反应速率。那么泄放系统的主要目的就是为了限制"有气体生成的系统"压力的升高。最大气体生成速率通常根据反应装置的压力上升速率获得。在允许最大压力 p_m 时，受保护装置的气体体积生成速率为：

$$Q_{g,max} = \frac{m_0}{m_t}\frac{V_t}{p_m}\left(\frac{\mathrm{d}p}{\mathrm{d}t}\right)_{max} \tag{30-5-8}$$

式中，m_0 为装置内物料总质量，kg；m_t 为测试装置内的试样质量，kg；V_t 为气体在测试装置内所占的体积，m^3；p_m 为最大允许压力，Pa。根据体积上升速率，可以得到设计泄放率：

$$W_{req}^0 = \frac{Q_{g,max}}{V/m_0} \tag{30-5-9}$$

要注意的是，此计算公式适用于单一容器泄放口在最大压力时的泄放，没有其他的质量流失。如果在超压泄放间隔时间内有质量流失，那么还需要对其进行修正[5]。

5.1.4.2　泄放系统流量

这一部分将泄放流量和泄放系统的结构联系起来，通过泄放速率确定泄放口的大小。当系统结构有多个直径的情况下，质量流量通过泄放系统的几何结构来确定，通常使用反复试验法来确定。通常的办法是，假定一个通常小于压力泄放阀的孔径或管径的泄放口径，然后计算泄放压力，直到最终泄放压力满足给定的值。

在大多数典型泄放系统结构中，对于泄放量的计算有两类计算模型：喷嘴流和管道摩擦流。

在没有流动分离的情况下，充分发展的喷嘴流（理想无黏流）的流动路径，是沿着喷嘴的外形流动的。管道中的小缺陷和小摩擦损失的影响通过实验确定流量系数（K_d），以修正理想喷嘴流量。将此思想运用到泄压阀的结构中，在理想喷嘴中，流体从静止向运动转变时的初始加速度如下：

$$-\frac{G^2 v}{2} = \int_{p_0}^{p_1} v \mathrm{d}p \tag{30-5-10}$$

式中，p_0 为流体的滞止压力；p_1 为在最小泄放面积（管喉）处的静压；G 为质量流量，$kg \cdot m^{-2} \cdot s^{-1}$；$v$ 为流体的比体积，$m^3 \cdot kg^{-1}$。如果流体是可压缩的，当下游压力降低时，流量将增加至最大值，任何下游压力的减少都不会影响流量。最大流量情况被称为临界（或阻塞）条件。在这种情况下流量和压力有关：

$$G_c = \sqrt{\frac{-1}{(\mathrm{d}v/\mathrm{d}p)_s}} \tag{30-5-11}$$

式中，下标 s 表示理想喷嘴的等熵流动。对理想气体来说，$pv^k =$ 常数，用等熵膨胀法方程代入式(30-5-10)，得到以下的临界压力比 p_c/p_0 和临界流量 G_c 的关系式：

$$\frac{p_c}{p_0} = \left(\frac{2}{k+1}\right)^{k/(k-1)} \tag{30-5-12}$$

$$G_c = \left[k\left(\frac{2}{k+1}\right)^{(k+1)/(k-1)}\right]^{1/2} \sqrt{\frac{p_0}{v_0}} \tag{30-5-13}$$

式中，k 为理想气体的等熵膨胀指数，$k = C_p/C_V$；p_c 为在管喉部位的阻塞压力，Pa；p_0 为滞止口的压力，Pa；v_0 为理想气体在 p_0 时的比体积，$m^3 \cdot kg^{-1}$。

因此，在压力泄放系统中，给出了下面这个泄放率计算公式，注意本公式中使用的是国际标准单位（$kg \cdot s^{-1}$、m^2、$N \cdot m^{-2}$、K）：

$$W = K_d K_b A p_0 \left(\frac{M_w}{RT_0 Z}\right)^{1/2} \left[k\left(\frac{2}{k+1}\right)^{(k+1)/(k-1)}\right]^{1/2} \tag{30-5-14}$$

式中，K_d 为压力泄放阀喷嘴流量系数；K_b 为对背压流量的校正系数（查询规范获得，API-520-I）；A 为 PRV（压力泄放阀）的孔口面积，m^2；M_w 为分子的分子量；R 为气体常数；T_0 为入口的热力学温度；Z 为压缩系数。对于非理想气体在热力学临界或超临界区附近时，应该对 Z 进行特殊处理，具体请参考文献 [4]。

由于两相之间存在滑移和热力学非平衡状态，涉及许多都是两步泄放。传统的流量计算是基于均匀（无滑移）模型（HEM）。对两相流系统（单组分或多组分），p-v 关系可以根据定熵情况下的绝热闪蒸计算得到，通过将式（30-5-10）积分，提出一个有效的简化方法叫作 Ω 方法（详见前述章节），其中两相流膨胀 p-v 关系如下：

$$\frac{v}{v_0} = \omega\left(\frac{p_0}{p} - 1\right) + 1 \tag{30-5-15}$$

对于单组分流动，无量纲参数 ω 用来评价进口情况（下标 0），具体如下：

$$\omega = \alpha_0\left(1 - 2\frac{p_0 v_{fg0}}{h_{fg0}}\right) + \frac{C_{p0} T_0 p_0}{v_0}\left(\frac{v_{fg0}}{h_{fg0}}\right)^2 \tag{30-5-16}$$

对于沸点大于 80℃ 的多组分系统，在入口压力 p_0 的 80%～90% 进行绝热闪蒸计算，可获得两相流在压力 p_1 下的比体积 v_1，ω 计算如下[5]：

$$\omega = \frac{v_1/v_0 - 1}{p_0/p - 1} \tag{30-5-17}$$

对于不凝性气体和不闪燃液体（不闪燃两相流）来说，ω 的简单定义如下：

$$\omega = \frac{\alpha_0}{\Gamma} \tag{30-5-18}$$

两相的热平衡过程的等熵膨胀指数是如下：

$$\Gamma = \frac{xC_{pg} + (1-x)C_{pf}}{xC_{Vg} + (1-x)C_{pf}} \tag{30-5-19}$$

注意大多数问题中，Γ 几乎不变，因为流动气体质量分数远小于 1。冻结流动的情况下（即两相间没有热传递），式（30-5-18）里的 Γ 可用 k 代替，$k = C_{pg}/C_{Vg}$。但是这两种极限情况下得到的流量计算值的差异很小（小于 10%）[6]。

将式（30-5-15）代入式（30-5-10），可以得到完整的理想喷嘴流体的通用公式：

$$\frac{G}{\sqrt{p_0/v_0}} = \frac{\{-2[\omega\ln(p/p_0)] + (\omega-1)(1-p/p_0)\}^{0.5}}{\omega(p_0/p - 1) + 1} \tag{30-5-20}$$

临界压力比 p_c/p_0 通过解式（30-5-21）得到，此时为临界阻塞流发生情况：

$$\left(\frac{p_c}{p_0}\right)^2 + (\omega^2 - 2\omega)\left(1 - \frac{p_c}{p_0}\right)^2 + 2\omega^2\ln\frac{p_c}{p_0} + 2\omega^2\left(1 - \frac{p_c}{p_0}\right) = 0 \tag{30-5-21}$$

临界流量 G_c 由无量纲形式给出：

$$\frac{G_c}{\sqrt{p_0/v_0}} = \frac{p_c/p_0}{\sqrt{\omega}} \tag{30-5-22}$$

p_b 为流体的背压，如果 $p_c > p_b$，那么流体堵塞，通过式(30-5-22)得到临界质量流量。反之，流体不发生堵塞，将式(30-5-20)中的 p 用 p_b 替代，然后计算得到未堵塞时的质量流量[7,8]。

两相流气体流量泄放率计算公式与式(30-5-14)相似：

$$W = K_d K_b A G \qquad (30\text{-}5\text{-}23)$$

对于沸腾液体系统，ω 由式(30-5-16)和式(30-5-17)计算得到，对于有气体生成的系统，ω 由式(30-5-18)计算得到。

对于管道内的流动，涉及质量、能量和动量守恒方程的求解。动量方程是微分形式，这需要将管道划分成段，并进行数值积分。对于直径不变的管道，这些守恒方程如下：

质量：

$$G = 常数 \qquad (30\text{-}5\text{-}24)$$

能量：

$$h_0 = h + \frac{G^2 v^2}{2} \qquad (30\text{-}5\text{-}25)$$

动量：

$$v\,dp + G^2 \left(v\,dv + \frac{4f v^2\,dL}{2D} \right) + g\cos\theta\,dL = 0 \qquad (30\text{-}5\text{-}26)$$

式中，h_0 为停滞焓，$J \cdot kg^{-1}$；h 为停滞焓，$J \cdot kg^{-1}$；v 为流体的比体积；f 为范宁摩擦系数；L 为流体长度，m；g 为重力加速度；θ 为流体在水平面的倾斜角。

式(30-5-26)动量方程写成下面的形式更方便求解：

$$\Delta L = -\frac{\overline{v}\Delta p + G^2 v\Delta v}{(2f/D)G^2 v^2 + g\cos\theta} \qquad (30\text{-}5\text{-}27)$$

式中，$\overline{v}$ 为压力变化 Δp 过程中比体积的平均值；Δv 为压力变化 Δp 过程中比体积的变化量。

对式(30-5-27)数值积分，对于一个给定的管的长度 L，建议采用如下步骤[9~11]（注意，还需要考虑详细的热力学性质）：

① G 是已知值或猜想值。

② 压力增量是初始压力到终止压力的变化。

③ $\overline{v}$ 和 Δv 根据恒定的滞止焓过程式(30-5-25)在过程中的增量获得。

④ 对获得的 Δp，通过式(30-5-27)计算 ΔL。

⑤ 总管道长度是 $\sum \Delta L$。

⑥ 如果 ΔL 是负值，说明 Δp 太大。

⑦ 临界流动状态对应 $\Delta L = 0$，最终压力对应滞止压力。

⑧ 如果 $\sum \Delta L > L$，说明 G 想值太小了，重新猜想更大的 G，重复步骤①~⑦。如果 $\sum \Delta L < L$，说明 G 猜想值太大了，重新猜想更小的 G，重复步骤①~⑦。

⑨ 当在误差范围内满足 $\sum \Delta L = L$，那么计算结束。

5.2 紧急泄放装置的泄放物收集和处理

从紧急泄放装置（安全阀或者爆破片）中排放出的泄放物，在对其进行处理前，必须考虑一些因素，比如：

① 泄放物料是单相流（气体或蒸气）还是多相流（气液两相或气-液-固三相）？

② 排泄物是否易燃易爆？

③ 排泄物是否有毒性？

④ 排泄物对设备和人员是否有腐蚀性？

有毒的气体必须被排泄到火炬进行焚烧或使用洗涤器对其进行吸收洗涤。失控反应导致的多相流泄放，释放出的泄放物必须首先被分离或进入收集装置，最终排放到火炬、洗涤器或水封。

本节主要介绍紧急泄放装置设备的类型以及如何进行紧急泄放装置设备的选择。

5.2.1 设备的类型

处理泄放物的装置可以大致分为以下几类：

① 蒸气/气体/固体-液体分离器；

② 蒸气/气体收集处理装置。

最常用的两种蒸气/气-液分离设备是：

① 依靠重力作用原理的分离器——水平或垂直形式（也称作排污桶、分液桶）；

② 应急旋流分离器。

最常用的蒸气/气体收集处理装置有：

① 水封/罐和急冷塔；

② 应急火炬系统；

③ 应急洗涤器。

5.2.1.1 重力分离器

化学工业过程中常用的三种重力分离器是：水平排污收容罐、立式垂直排污收容罐、多反应分液罐。

(1) 水平排污收容罐 此类型的常规装置如图 30-5-3 所示，气液分离和收集都在同一个罐体中进行，通常设置在空间宽敞场所。两相混合物通常在罐体入口进入，气体通过上方的出口排出，液体由于重力作用留在罐中。由于入口速度较高，为了防止液滴被气流夹带而一起被排出罐体，设计出了许多装置，使气液更好分离，如图 30-5-4 所示。由于两相流具有很高的蒸气流量，入口最好设置在罐体的端部，出口设置在罐体的中部，这样可以降低蒸气速度，加强气液分离效率。

(2) 立式垂直排污收集罐 此种装置如图 30-5-5 所示，其功能、操作原理和水平分离器相似。垂直罐通常设置在地面空间比较狭窄、无法设置水平罐的地方。两相流混合物通过喷嘴进入容器内，由分离挡板进行分离。

(3) 多反应分液罐 这个装置可作为一系列紧密间隔的反应容器的安全装置[7]。

(4) 应急旋流分离器 常用的应急旋流分离器有两类，一类是单独设置收容罐，还有一

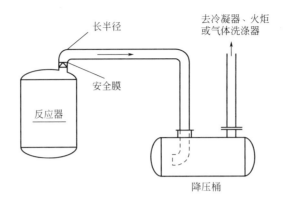

图 30-5-3　拥有降压桶的泄放收容系统（降压桶进行气液分离）

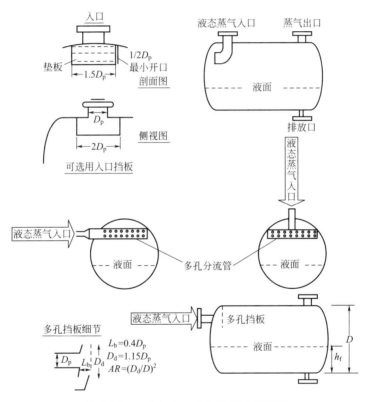

图 30-5-4　带有气液分离装置的分离罐

类是收容罐和分离器集成于一体的装置。

a. 单独设置收容罐的旋流分离器　如图 30-5-6、图 30-5-7 所示，此类装置常用于空间有限的化工厂。旋流分离器通过气液的旋转进行气液分离，下面设置收集罐进行液体的收集。这样的设置能使旋流分离器更靠近反应器，缩短了泄放管线的长度。旋流分离器的内部结构对其正常运行至关重要。

b. 收容罐和分离器集成于一体的旋流分离器　这种装置如图 30-5-8 所示，类似于上述类型，区别仅仅在于将收容罐和分离器集成于一体。使用过程中由于蒸气流量很大，罐体的直径较大。

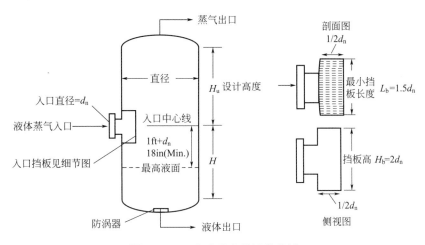

图 30-5-5 立式垂直排污收集罐

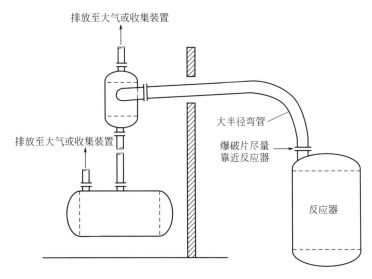

图 30-5-6 单独设置收容罐的旋流分离器

5.2.1.2 水封和急冷塔

水封/罐如图 30-5-9 所示，用来浓缩、凝结、冷却反应并收集液体混合物和蒸气，通过减压装置排到装有冷却液的池子中。泄放的蒸气和液体被通入冷却液池中，进行液体冷却，蒸气凝结。如果泄放物与冷却池中的液体混合，那么冷却液对其进行稀释，如果泄放物与冷却液不相容，那么在泄放完毕后，对混合液进行分离。剩下多余的气体通过上部管道通向下一步处理装置，例如火炬系统。

水封也可以用于活性物质的中和与消除。冷却池可以通过冷却终止一个化学反应的进行，也可以通过稀释终止反应，或者在冷却池中添加反应中和剂来达到终止反应的目的。例如，在冷却池中通入氢氧化钠溶液，中和氯和酸的混合物。但是，缓慢而温和的反应通常需要漫长的过程，要在此过程中保持充分的接触，一般的一个水封可能难以达到完全消除活性物质的目的，在这种情况下，需要多阶段设置应急洗涤器。

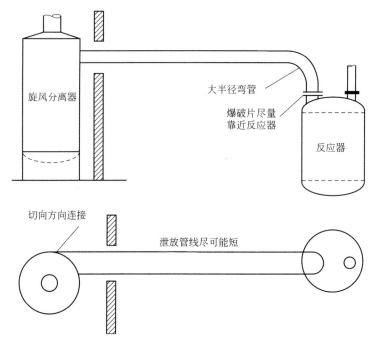

图 30-5-7　收容罐和分离器分开设置的旋流分离器设计细节

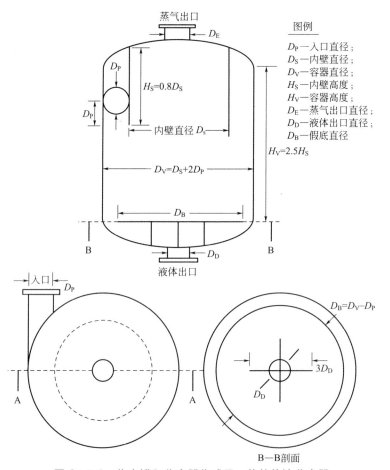

图 30-5-8　收容罐和分离器集成于一体的旋流分离器

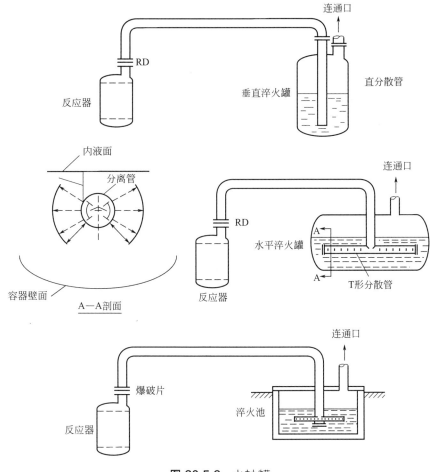

图 30-5-9 水封/罐

泄放物料的组分没有不凝性气体和水封的吸收效率很高，那么水封出口不必设置火炬系统或者洗涤器。通过设置增大淬火面积能够有效地增加冷凝效率，同时避免水击作用。图30-5-9是通常应用于化学工业和核工业的被动水封。

急冷塔如图30-5-10所示，其中有叠加挡板的部分，通常用作来流蒸气的不完全冷却。通过挡板的冷却，蒸气温度降至150～200℃。这一类型的装置在石油精炼厂很常用。

5.2.1.3 应急火炬系统

单相的泄放物（气体或蒸气）经过减压装置，直接输送到应急火炬系统。气液分离器分离出的蒸气、气体也能直接输送到应急火炬系统。应急火炬系统的设计和正常过程中火炬系统的设计相似（要求将废弃气体持续燃烧），但应急火炬系统仅在紧急状态在运作（间歇操作）。火炬系统可以分为两大类：垂直设置和水平设置。

(1) 垂直设置火炬系统 这一类火炬系统包括一些单独的、朝上的燃烧喷嘴。气体通过凸起的喷嘴喷出。垂直火炬系统的三种支撑方法如下：

① 自我支撑 依靠机械和结构设计的立管支撑火焰燃烧器。

② 拉线支撑 升高的火炬由钢缆牵拉，固定在地面上，通常使用多个角度的牵拉固定，以提供强有力的支撑。

③ 井字形支撑 支架由钢桁架结构提供支撑，此方法可用于多个火炬立管的支撑。

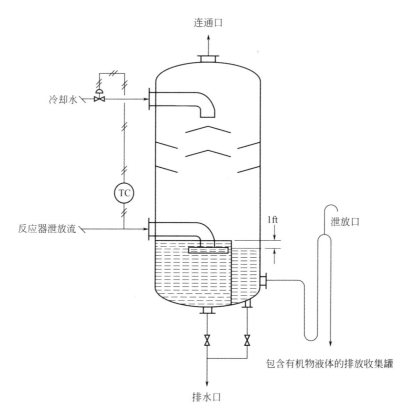

图 30-5-10　急冷塔（1ft＝0.3048m）

高架火炬系统的主要组成部分有火炬燃烧器（可加消烟器）、燃气引导管、点火器、支撑结构和管道。还有一些附加的功能，比如：火焰探测器，空气幕（浮力或速度类型），避雷针，液封装置，抑烟控制系统，风机，流量，成分，热量、视频监控，安全爬升装置，检修平台，辐射屏蔽，信号灯，挡雨罩。

（2）水平设置火炬系统　可以是一个封闭的地面火炬，也可以是一个开放的地面火炬（矩阵火炬）。

封闭的地面火炬系统是高架火炬系统的补充，它们使用同一个泄放系统的泄放物料。封闭地面火炬设置的主要原因是减少燃烧气体在附近区域的视觉冲击。地面火炬系统有许多优势，和高架火炬相比，地面封闭火炬的燃烧不产生烟气，没有可见火焰，没有气味，没有噪声，无热辐射（无需屏蔽）。封闭式地面火炬通常应用于正常生产中的火炬燃烧，但随着技术的进步，逐渐运用于应急火炬系统。

封闭式地面火炬可以用来燃烧有毒气体；但由于会产生不充分燃烧产物，所以要设置安全排放装置和更灵敏的探测监控设备。

开放场地的地面火炬（也称矩阵火炬），用于代替高架火炬；为了减少燃烧的视觉冲击，在人口密度较低的开阔偏远地区设置。开放场地的地面火炬由多个燃烧喷嘴组成的燃烧器安装在水平管上，连接集合管，设置在平地或坑内。该火炬系统可配备无烟燃烧或抑烟装置。

5.2.1.4　应急洗涤器

泄放物通常被送到应急洗涤器（也称为吸收器、柱或塔），目的是将气体用液体吸收。一些气体或蒸气可以通过物理方法吸附除去。其他的气体或蒸气可以通过化学吸收除去。

典型的应急洗涤系统由洗涤塔（通常填满吸收材料）、循环液泵、溶剂冷却器组成，某些情况下还需要鼓风机（图 30-5-11）。冗余设备和仪器的设置是为了保证洗涤器的正常运行。

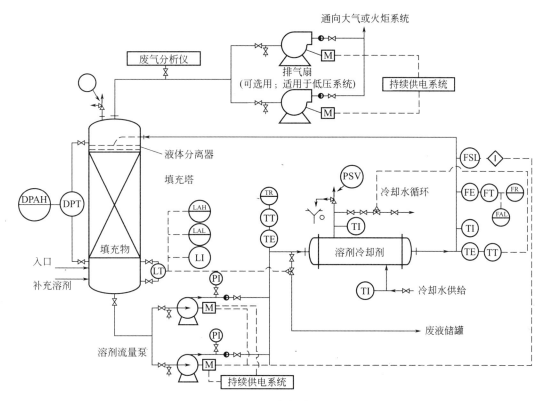

图 30-5-11 应急洗涤系统

5.2.2 设备选择准则和指南

应综合考虑多种因素来决定何种情况下选择哪一种汽/气/固-液分离器，来处理泄放出来的多相流，以及最终的处理装置（应急火炬、洗涤器、水封、急冷塔）的选择配套。这些因素包括：可用的空间，每种装置各自的优缺点，以及流体的物理化学性质。

每种装置各自的优缺点如下。

（1）重力分离器（水平和垂直）

优点：

① 分离效率高；

② 被动式装置，无需能源；

③ 在最大设计流量下分离效果好；

④ 操作压力低；

⑤ 能承载高负荷的泄放；

⑥ 可以与二次分离器结合使用；

⑦ 可以分离出高黏度液体；

⑧ 成本可控，经济性好。

缺点：

① 体积庞大；

② 低密度的物质（颗粒直径小于 $150\mu m$）分离成本高；

③ 不能分离稳定的泡沫；

④ 反应液体可能积累在分离器中。

（2）旋流分离器

优点：

① 处理直径大于 $20\mu m$ 的颗粒效率高达 90% 以上；

② 能处理泡沫状液体；

③ 被动式，无需能源；

④ 能处理含有固体的来流；

⑤ 相对低的成本。

缺点：

① 非应急专用；

② 在处理高黏度的混合物上可参考数据少；

③ 可能需要比重力分离器更高的压力降。

（3）水封和急冷塔

优点：

① 被动式，不需要能源；

② 可以处理两相泡沫、高黏度流；

③ 能处理高流量排放物；

④ 可以处理高压流体；

⑤ 可以终止反应，可以通过加入化学剂消泡；

⑥ 可以使用不同的冷却液。

缺点：

① 需要中试或放大实验；

② 需要足够的排放压力；

③ 不适合反应缓慢的吸收反应；

④ 不凝性气体会降低回收率；

⑤ 池子的尺寸要求较大。

（4）应急火炬

优点：

① 可以销毁 98% 以上的可燃物；

② 成熟的商业技术；

③ 实际投产率高达 99%；

④ 易调节；

⑤ 不会产生液体废弃物；

⑥ 可作为任何装置的最后处理设备。

缺点：

① 不适合某些腐蚀性化学物质（例如，大多数含氟化合物）；

② 需要点火器；

③ 非被动设备，需要大量的检测仪器；

④ 不能处理泡沫和液体；

⑤ 产生强光、噪声和气味，可能妨碍公众。

（5）应急洗涤器

优点：

① 处理量大；

② 高吸收率，出口浓度低；

③ 可以处理两相混合物；

④ 可以处理不稳定的泡沫；

⑤ 可以处理含固体来流；

⑥ 可用于活性材料的中和。

缺点：

① 紧急泄放后还需要处理废弃液；

② 非被动形式；

③ 需要大直径的罐体；

④ 会产生固体悬浮颗粒。

5.3 阻火安全装置

阻火装置的作用是防止外部火焰窜入有火灾爆炸危险的设备、管道、容器，或阻止火焰在设备或管道间蔓延，主要包括阻火器、安全液封、单向阀、阻火闸门等。

5.3.1 阻火器

阻火器是用来阻止易燃气体和易燃液体蒸气的火焰，以防止其蔓延的安全装置[12]。阻火器的工作原理是使火焰在管中蔓延的速度随着管径的减小而减小，最后可以达到一个火焰不蔓延的临界直径。

阻火器常用在容易引起火灾爆炸的高热设备和输送可燃气体、易燃液体蒸气的管道之间，以及可燃气体、易燃液体蒸气的排气管上。阻火器的典型设计见图 30-5-12～图 30-5-14。

图 30-5-12 阻火器的典型设计一

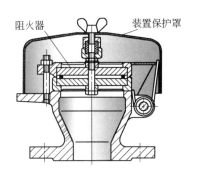

图 30-5-13　阻火器的典型设计二

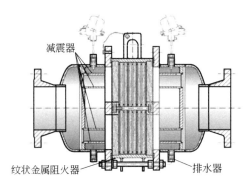

图 30-5-14　阻火器的典型设计三

除此以外，阻火器还有金属网、砾石和波纹金属片等形式。

（1）金属网阻火器　其结构是用若干具有一定孔径的金属网把中间分隔成许多小孔隙。对于一般有机溶剂，采用四层金属网即可阻止火焰蔓延，通常采用 6～12 层。

（2）砾石阻火器　其结构是用砂粒、卵石、玻璃球等作为填料，这些阻火介质使阻火器内的空间被分隔成许多非直线形小孔隙。当可燃气体发生燃烧时，这些非直线性微孔能有效地阻止火焰的蔓延，其阻火效果比金属网阻火器更好。阻火介质的直径一般为 3～4mm。

（3）波纹金属片阻火器　其壳体由铝合金铸造而成，阻火层由 0.1～0.2mm 厚的不锈钢带压制而成波纹形。两波纹带之间加一层同厚度的平带缠绕成圆形阻火层，阻火层上形成许多三角形孔隙，孔隙尺寸在 0.45～1.5mm，其尺寸大小由火焰速度的大小决定。三角形孔隙有利于阻止火焰通过，阻火层厚度一般不大于 50mm。

5.3.2　安全液封

安全液封的阻火原理是液体封在进出口之间，一旦液封的一侧着火，火焰都将在液封处被熄灭，从而阻止火焰蔓延。安全液封一般安装在气体管道与生产设备或气柜之间。一般用水作为阻火介质。

安全液封的结构形式常用的有敞开式和封闭式两种。液封罐是安全液封的一种，设置在有可燃气体、易燃液体蒸气或油污的污水管网上，以防止燃烧或爆炸沿管网蔓延（图 30-5-15）。

安全液封的安全使用要求如下[13]：

① 使用安全液封时，应随时注意水位不得低于水位阀门所标定的位置。但水位也不能

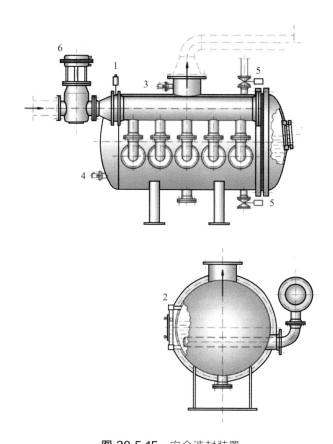

图 30-5-15 安全液封装置

1—流量测量装置；2—液位测量装置；3—气温测量装置；4—水温测量装置；
5—给排水控制装置；6—快速响应装置

过高，否则除了可燃气体通过困难外，水还可能随可燃气体一起进入出气管，每次发生火灾倒燃后应随时检查水位并补足。安全液封应保持垂直位置。

② 冬季使用安全液封时，在工作完毕后应把水全部排出、洗净，以免冻结。如发生冻结现象，只能用热水或蒸汽加热解冻，严禁用明火烘烤。为了防冻，可以在水中加少量氯化钠以降低冰点。

③ 使用封闭式安全液封时，由于可燃气体中可能带有黏性杂质，使用一段时间后容易黏附在阀和阀座等处，所以需要经常检查逆止阀的气密性。

5.3.3 单向阀

单向阀又称逆止阀、止回阀。其作用是仅允许流体向一定方向流动，遇有回流即自动关闭。常用于防止高压物料窜入低压系统，也可用作防止回火的安全装置。如液化石油气瓶上的调压阀就是单向阀的一种[14]。生产中用的单向阀有升降式、摇板式、球式等。

5.3.4 阻火闸门

阻火闸门是为了防止火焰沿通风管道蔓延而设置的阻火装置。正常情况下，阻火闸门易受熔合金元件控制，处于开启状态。一旦着火，温度高，会使易熔金属熔化，此时闸门失去控制，受重力作用自动关闭。也有的阻火闸门是手动的，在火灾发生时由人迅速关闭。

参考文献

［1］ Fauske H K，Leung J C. Chem Eng Prog，1985，81（8）：39-46.

［2］ Leung J C，Fauske H K，Fisher H G. Thermochimica Acta，1986，104：13-29.

［3］ Leung J C. AIChE J，1992，38（5）：723-732.

［4］ Leung J C，Epstein M. AIChE J，1988，34（9）：1568-1572.

［5］ Nazario F N，Leung J C. J Loss Prev Process Ind，1992，5（5）：263-269.

［6］ Leung J C，Epstein M. Trans ASME J Heat Transfer，1990，112（2）：528-530.

［7］ Center for Chemical Process Safety（CCPS）. Guidelines for Pressure Relief and Effluent Handling Systems. New York： American Institute of Chemical Engineers，1998.

［8］ DIERS Project Manual. Emergency Relief System Design Using DIERS Technology. New York： American Institute of Chemical Engineers，1992.

［9］ Leung J C. AIChE J，1986，32（10）：1622-1634.

［10］ Leung J C. AIChE J，1986，32（10）：1743-1746.

［11］ Leung J C. Chem Eng Prog，1992，92（12）：28-50.

［12］ 潘旭海. 燃烧爆炸理论及应用. 北京：化学工业出版社，2015.

［13］ 蒋军成. 化工安全. 北京：机械工业出版社，2008.

［14］ ［美］丹尼尔 A 克劳尔，约瑟夫 F 卢瓦尔. 化工过程安全理论及应用（原著第二版）. 蒋军成，潘旭海，译. 北京：化学工业出版社，2006.

6

危险源辨识及风险评价

6.1 危险源辨识

在事故发生以前，危险并不总是能够被辨识出来。尽管如此，辨识危险并在事故发生前最大限度地减少风险是非常必要的。

对于化工厂中的每一个生产过程，必须提出以下问题[1]：

① 存在哪些危险？

② 什么会发生故障以及怎样发生故障？

③ 发生故障的概率有多大？

④ 后果是什么？

第一个问题是指危险源的辨识。后面的三个问题与风险评价联系在一起，这将在风险评价中做详细介绍。风险评价包括产生事故的事件的确定，这些事件的发生概率以及后果。后果包括人员受伤或死亡、对环境的破坏、生产和资金的损失。

危险辨识和风险评价通常会被统称为危险评价。风险评价有时也被称为危险性分析。确定概率的风险评价程序经常被称为概率风险评价（probabilistic risk assessment，PRA），而确定概率和后果的程序被称为定量风险分析（quantitative risk analysis，QRA）[2]。

图 30-6-1 给出了用于危险辨识和风险评价的一般程序。在对过程进行初步分析后，能初步辨识出危险源。随后，确定事故发生的各种场景。接着是对事故概率和事故后果进行研究。如果风险是可被接受的，那么研究到此结束，如果风险不能被接受，那么必须对系统进行修改，并且要重新开始危险源辨识程序。

图 30-6-1 描述的程序经常根据实际情况而加以简化。如果有关设备失效速率的数据无法得到，那么风险评价程序就不能被充分应用。大多数工厂（甚至是工厂内的子单元）要对程序进行修改，以适应其特殊情况。

危险源辨识和风险评价的研究，可以在初步设计或过程操作期间的任何阶段来完成。危险源辨识与装置设计一起进行，这样能够使系统修改很容易地与最终的设计结合在一起。

危险辨识可独立于风险评价来完成。然而，如果两者同时完成，就能得到更好的结果。如果某个危险源的事故概率较低而且事故的后果并不严重，那么就没必要采用昂贵的安全设备和程序。例如，龙卷风对于化工厂来说具有危险性。其发生的概率是多少以及对此应该做些什么？对于大多数工厂，这些危险的概率很小：不需要采取措施进行预防。

可使用很多方法进行危险辨识和风险评价。这里只介绍一些使用较为普遍的方法。没有一种方法是最适用于任何一种特殊的应用场合，最好方法的选择需要经验。大多数公司使用下述方法或修改后的方法以适应具体情况。

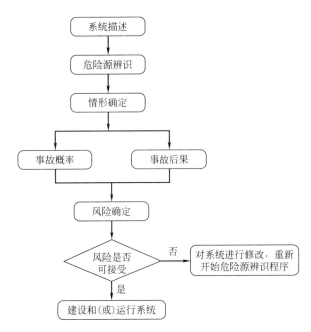

图 30-6-1 危险源辨识程序

本章中介绍的危险辨识方法包括：

① 过程危险检查表 它是过程中必须要检查的一些项目和可能问题的列表。

② 危险调查 一般使用 Dow 指数法。Dow 指数法能定量计算危险源的危险性和设备的可靠性。

③ 危险和可操作性（HAZOP）研究 该研究是以系统工程为基础的一种可用于定性分析或定量评价的危险性评价方法，用于探明生产装置和工艺过程中的危险及其原因，寻求必要对策。通过分析生产运行过程中工艺状态参数的变动，操作控制中可能出现的偏差以及这些变动与偏差对系统的影响和可能导致的后果，找出出现变动与偏差的原因，明确装置或系统内及生产过程中存在的主要危险、危害因素，并针对变动与偏差的后果提出应采取的措施。

④ 安全检查 是一种有效的，但不正式的研究类型。其结果高度依赖于检查小组的经验和合作。

6.1.1 过程危险检查表

过程危险检查表是要检查可能存在的问题和领域的列表。该表可提醒检查人员或操作人员潜在的问题、领域。该表可在过程设计期间使用，以确定设计的危险，或在过程运行之前使用。

化工过程的检查可能很详细，包括成百上千的条目，工作量较大。但是，在制定和使用检查表过程中的细节问题，能对结果产生重大影响。

过程危险检查表如表 30-6-1 所示。需要注意的是，表中提供了三个检查选项。第一列是用来确定这些领域已经被彻底地调查过。第二列是那些还没有应用于特殊过程的项目。最后一列用于标记那些需要进一步调查的领域。对于需特别注意的个别单元，应与检查表分开。

表 30-6-1　典型化工过程危险检查表

项目	完成	还没应用	需进一步研究
总体布置			
1. 区域进行了恰当的排水设计	☐	☐	☐
2. 提供有过道吗	☐	☐	☐
3. 必需的防火墙、堤防和专门的护栏	☐	☐	☐
4. 危险的地下障碍物	☐	☐	☐
5. 危险的上部约束	☐	☐	☐
6. 紧急通道和出口	☐	☐	☐
7. 足够的头上空间	☐	☐	☐
8. 紧急车辆通道	☐	☐	☐
9. 原料和最终产物的安全存储间距	☐	☐	☐
10. 足够的安全维护操作平台	☐	☐	☐
11. 正确设计和安全防护的起重机和电梯	☐	☐	☐
12. 架空输电线的清除	☐	☐	☐
建筑物			
1. 足够的梯子、楼梯和逃生通道	☐	☐	☐
2. 需要的防火门	☐	☐	☐
3. 对主要的障碍物进行标记	☐	☐	☐
4. 足够的通风	☐	☐	☐
5. 到达屋顶所需要的梯子或楼梯	☐	☐	☐
6. 在需要处设置护目镜	☐	☐	☐
7. 需要防火结构钢	☐	☐	☐
过程			
1. 考虑了暴露于临近操作的后果	☐	☐	☐
2. 需要专门的烟气或粉尘罩	☐	☐	☐
3. 不稳定的物质被正确储存	☐	☐	☐
4. 过程失控爆炸条件的实验室检查	☐	☐	☐
5. 防爆准备	☐	☐	☐
6. 可能因失误或污染造成的危险性反应	☐	☐	☐
7. 完全被理解和检查的化学过程	☐	☐	☐
8. 准备在紧急情况下对反应物进行快速处置	☐	☐	☐
9. 机械设备失效可能引起的危险	☐	☐	☐
10. 可能来自管道或设备内的逐渐或突然堵塞的危险	☐	☐	☐
11. 可能来自泡沫、烟气、薄雾或噪声的公众责任风险	☐	☐	☐
12. 为处置有毒物质所做的准备	☐	☐	☐
13. 涉及下水道中物质的危险	☐	☐	☐
14. 具有所有化学物质的安全技术说明书	☐	☐	☐

续表

项目	完成	还没应用	需进一步研究
过程			
15. 两个或更多公用设施的同时损失带来的危险	☐	☐	☐
16. 设计的修改改变了安全系数	☐	☐	☐
17. 最坏事件或事件结合产生的后果，检查了吗	☐	☐	☐
18. 过程图表的改正和更新	☐	☐	☐
管道系统			
1. 所需要的安全淋浴和洗眼器	☐	☐	☐
2. 所需要的自动喷水系统	☐	☐	☐
3. 热膨胀的防备	☐	☐	☐
4. 所有溢出管线接至安全区域	☐	☐	☐
5. 泄压管道朝向安全吗	☐	☐	☐
6. 遵循管道施工说明了吗	☐	☐	☐
7. 需要冲洗软管吗	☐	☐	☐
8. 按要求安装需要的止回阀了吗	☐	☐	☐
9. 易碎管道的保护和辨识考虑了吗	☐	☐	☐
10. 管道的外表可能会因化学品而遭到破坏	☐	☐	☐
11. 安全阀受影响	☐	☐	☐
12. 长而且大的通风管道有支撑吗	☐	☐	☐
13. 蒸气冷凝管道进行了安全设计	☐	☐	☐
14. 安全阀管道被设计成防阻塞的吗	☐	☐	☐
15. 连接所有过程的泄压排放泵及减压抽吸泵排放系统的情况怎样	☐	☐	☐
16. 城市供水管道没有同过程管道连接在一起	☐	☐	☐
17. 在火灾或其他紧急情况下，在较安全的距离处关闭可燃流体输送单元	☐	☐	☐
18. 提供个人绝缘保护	☐	☐	☐
19. 热的蒸气管线进行绝缘	☐	☐	☐
设备			
1. 针对最大操作压力的设计是否正确	☐	☐	☐
2. 腐蚀裕量考虑了吗	☐	☐	☐
3. 专门隔离危险设备	☐	☐	☐
4. 传送带、滚筒、皮带轮和齿轮的防护装置	☐	☐	☐
5. 检查保护装置的时间表	☐	☐	☐
6. 所有储罐的防火堤	☐	☐	☐
7. 储罐的防护围栏	☐	☐	☐
8. 建筑材料与过程化学品是否相容	☐	☐	☐
9. 改造过的和替换的设备的结构检查和过程压力检查	☐	☐	☐
10. 泄压泵和其他设备的独立管线符合要求吗	☐	☐	☐
11. 关键机械的自动润滑	☐	☐	☐
12. 有无紧急备用设备	☐	☐	☐

续表

项目	完成	还没应用	需进一步研究
通风			
1. 需要安全阀或爆破片吗	☐	☐	☐
2. 结构材料耐腐蚀吗	☐	☐	☐
3. 正确地设计通风(尺寸、方向、结构)	☐	☐	☐
4. 泄压管道上有所需要的阻火器吗	☐	☐	☐
5. 减压阀有防止超压的爆破片吗	☐	☐	☐
6. 压力表安装在爆破片和安全阀之间吗	☐	☐	☐
仪器和电气			
1. 所有控制器都是失效安全的吗	☐	☐	☐
2. 过程参数的双重指示需要吗	☐	☐	☐
3. 所有设备都贴有适当的标签	☐	☐	☐
4. 管道运行受到保护	☐	☐	☐
5. 当仪器必须被移走而停止服务时,提供安全装置来进行过程控制	☐	☐	☐
6. 反应滞后影响过程安全	☐	☐	☐
7. 对所有的启停开关进行标记	☐	☐	☐
8. 设备被设计为允许停工保护	☐	☐	☐
9. 电气失效引起不安全的情形	☐	☐	☐
10. 里面和外面操作具有充足的照明	☐	☐	☐
11. 为所有的观察孔、淋浴和洗眼器提供照明	☐	☐	☐
12. 保护电路的、充足的断路器	☐	☐	☐
13. 所有的设备接地	☐	☐	☐
14. 为安全操作需要专门的互锁	☐	☐	☐
15. 需要照明设备的紧急备用电源吗	☐	☐	☐
16. 电源失效期间需要紧急逃生照明吗	☐	☐	☐
17. 提供了全部必需的联系设备	☐	☐	☐
18. 紧急断开开关被正确地标明	☐	☐	☐
19. 需要专门的防爆电器设备吗	☐	☐	☐
安全保护装置			
1. 需要灭火器吗	☐	☐	☐
2. 需要专门的呼吸设备吗	☐	☐	☐
3. 需要将材料围绕起来吗	☐	☐	☐
4. 需要色度指示管吗	☐	☐	☐
5. 需要可燃蒸气检测仪器吗	☐	☐	☐
6. 灭火材料与过程物质兼容吗	☐	☐	☐
7. 需要专门的紧急程序和报警吗	☐	☐	☐

第 30 篇

续表

项目	完成	还没应用	需进一步研究
原材料			
1. 所有原料和产品都需要专门的处理设备吗	☐	☐	☐
2. 任何原料和产品都受外界天气的影响吗	☐	☐	☐
3. 所有产品都具有毒性和火灾危险性吗	☐	☐	☐
4. 正在使用的存储容器正确吗	☐	☐	☐
5. 存储容器上适当地标明毒性、可燃性和稳定性等	☐	☐	☐
6. 考虑严重的溢出后果了吗	☐	☐	☐
7. 对于存储容器、储罐和仓库需要销售者提供专门的说明书	☐	☐	☐
8. 仓库具有保护每一种被认为是重要产品的操作指令吗	☐	☐	☐

检查表的设计依赖于目的。计划在过程初步设计期间使用的检查表，与用于过程改造的检查表具有很大的不同。一些公司拥有针对特定设备的检查表，例如，热交换器或分离蒸馏塔的检查表。

检查表应该仅仅应用于危险辨识的初始阶段，检查表在辨识那些来自过程设计、工厂布局、化学品储存、电气系统等的危险是最有效的。

6.1.2 危险调查

Dow 火灾爆炸指数（F&EI）是危险调查中普遍使用的方法。这些是使用等级形式的系统化方法。最后的等级数给出了危险的相对等级。F&EI 也能估算事故后的经济损失。

F&EI 被设计用来对爆炸性和可燃性物质的存储、处理和加工，划分相对危险等级。该方法的主要思想是提供一种完整系统的方法，即通常独立于判断因素，来确定化工厂中燃烧爆炸危险性的相对大小。用于计算的主要表格见表 30-6-2 和表 30-6-3。

表 30-6-2 Dow 火灾爆炸指数计算主要表格

地区/国家		部门		场所		日期	
位置		生产单元		工艺单元			
评价人		审定人		建筑物			
检查人(管理部):			检查人(技术中心):			检查人(安全和损失预防):	
工艺设备中的物料							
操作状态: 设计 开车 正常操作 停车				确定 MF 的物质:			
物质系数当单元温度超过 140°F(60℃)时,则注明							

1. 一般工艺危险	危险系数范围	采用危险系数
基本系数	1.00	1.00
A. 放热化学反应	0.30～1.25	
B. 吸热过程	0.20～0.40	
C. 物料处理与输送	0.25～1.05	

续表

	危险系数范围	采用危险系数
D. 密闭式或室内工艺单元	0.25~0.90	
E. 通道	0.20~0.35	
F. 排放和溢出控制	0.25~0.50	
一般工艺危险系数(F_1)		
2. 特殊工艺危险	危险系数范围	采用危险系数
基本系数	1.00	1.00
A. 毒性物质	0.20~0.80	
B. 负压(<500mmHg)	0.50	
C. 易燃范围内或接近易燃范围的操作　惰化　　未惰化		
a. 灌装易燃液体	0.50	
b. 过程失常或吹扫故障	0.30	
c. 一直在燃烧范围内	0.80	
D. 粉尘爆炸	0.25~2.00	
E. 压力　　操作压力　　kPa(表压)　　释放压力　　kPa(表压)		
F. 低温	0.20~0.30	
G. 易燃或不稳定物质的质量:物质质量　　kg　　物质燃烧热 $H_c=$　　kcal/kg		
a. 工艺中的液体或气体		
b. 储罐中的液体或气体		
c. 储罐中的可燃固体及工艺中的粉尘		
H. 腐蚀和磨蚀	0.10~0.75	
I. 泄漏——接头和填料	0.10~1.50	
J. 使用明火设备		
K. 热油热交换系统	0.15~1.15	
L. 转动设备	0.50	
特殊工艺危险系数(F_2)		
工艺单元危险系数(F_1F_2)=F_3		
火灾爆炸指数($F_3\times MF$=F&EI)		

表 30-6-3　用于后果分析的表格

一、安全措施补偿系数

1. 工艺控制安全补偿系数(C_1)

项目	补偿系数范围	采用补偿系数[①]	项目	补偿系数范围	采用补偿系数[①]
a. 应急电源	0.98		f. 惰性气体保护	0.94~0.96	
b. 冷却装置	0.97~0.99		g. 操作规程/程序	0.91~0.99	
c. 抑爆装置	0.84~0.98		h. 化学活泼性物质检查	0.91~0.98	
d. 紧急切断装置	0.96~0.99		i. 其他工艺危险分析	0.91~0.98	
e. 计算机控制	0.93~0.99				

续表

C_1 值[2] ＝						

2. 物质隔离安全补偿系数(C_2)

项目	补偿系数范围	采用补偿系数[1]	项目	补偿系数范围	采用补偿系数[1]
a. 遥控阀	0.96～0.98		c. 排放系统	0.91～0.97	
b. 卸料/排空装置	0.96～0.98		d. 连锁系统	0.98	

C_2 值[2] ＝

3. 防火设施安全补偿系数(C_3)

项目	补偿系数范围	采用补偿系数[1]	项目	补偿系数范围	采用补偿系数[1]
a. 泄漏检测装置	0.94～0.98		f. 水幕	0.97～0.98	
b. 结构钢	0.95～0.98		g. 泡沫灭火装置	0.92～0.97	
c. 消防水供应系统	0.94～0.97		h. 手提式灭火器材/喷水枪	0.93～0.98	
d. 特殊灭火系统	0.91		i. 电缆防护	0.94～0.98	
e. 洒水灭火系统	0.74～0.97				

C_3 值[2] ＝

安全措施补偿系数＝$C_1 C_2 C_3$[2] ＝

二、工艺单元危险分析汇总

1. 火灾爆炸指数		—
2. 暴露半径		m
3. 暴露面积		m²
4. 暴露区内财产价值		百万元
5. 危害系数		—
6. 基本最大可能财产损失(基本 MPPD)[4×5]		百万元
7. 安全措施补偿系数		—
8. 实际最大可能财产损失(实际 MPPD)[6×7]		百万元
9. 最大可能停工天数(MPDO)		天
10. 停产损失(BI)		百万元

① 无安全补偿系数时，填入 1.00。

② 所采用安全补偿系数的乘积。

　　此方法刚开始是确定物质系数，其仅为化学品类型或所使用的化学物质的函数。该系数对于工艺危险进行了调整。这些调整或处理是根据条件进行的，例如，高于闪点或沸点的存储、吸热或放热反应和明火加热都会对工艺危险产生影响。在火灾爆炸指数确定后，使用各种安全系统和方法，进行安全措施补偿，来估算危害的后果。

　　表 30-6-2 所示的表格第一列为危险系数列，各种不安全情况下的危险系数置于该列中。第二列包含了采用的危险系数取值。此列允许根据安全条件的改变，考虑减少或增加危险系数值。如果在此出现了不确定的情况，则使用第一列中的全部危险指数值。

　　该方法的第一步，是将该工艺概念性地分为单独的工艺单元。工艺单元可以是一个简单的泵、反应器或储罐。大的工艺可以分为好几百个单独的单元。将火灾爆炸指数应用于所有的这些单元是不实际的。实际的方法是仅选取那些经验表明具有较大危险性的单元。通常使用过程安全检查表或危险调查，对最危险的单元进行 Dow 指数分析。

接下来是确定表 30-6-2 中使用的物质系数（MF）。Dow 火灾爆炸指数所选用的数据见表 30-6-4，表中列出了一些重要化合物的物质系数。表 30-6-4 中还列出了燃烧热、闪点和沸点的值。在火灾爆炸指数计算过程中，也会使用另外的一些数据。

表 30-6-4　Dow 火灾爆炸指数所选用的数据

化合物	物质系数	燃烧热/10^{-3}Btu·lb^{-1}	闪点/℉	沸点/℉
丙酮	16	12.3	−4	133
乙炔	29	20.7	气体	−118
苯	16	17.3	12	176
溴	1	0.0	—	—
1,3-丁二烯	24	19.2	−105	24
丁烷	21	19.7	气体	31
碳化钙	24	9.1	—	—
一氧化碳	21	4.3	气体	−313
氯	1	0.0	气体	−29
环己胺	16	18.7	−4	179
环己醇	10	15.0	154	322
柴油	10	18.7	100～130	315
乙烷	21	20.4	气体	−128
乙烯	24	20.8	气体	−155
1♯燃料油	10	18.7	100～162	304～574
6♯燃料油	10	18.7	100～270	—
汽油	16	18.8	−45	100～400
氢	21	51.6	气体	−423
甲烷	21	21.5	气体	−258
甲醇	16	8.6	52	147
矿物油	4	17.0	380	680
硝化甘油	40	7.8		
辛烷	16	20.5	56	258
戊烷	21	19.4	<−40	97
石油（天然的）	16	21.3	20～90	—
丙烯	21	19.7	−162	−54
苯乙烯	24	17.4	88	293
甲苯	16	17.4	40	232
氯乙烯	24	8.0	−108	7
二甲苯	16	17.6	77	279

注：1. $t/℃=\dfrac{5}{9}(t/℉−32)$。

2. 1Btu＝1055.06J。

一般情况下，物质系数越大，物质就越容易燃烧或爆炸。如果使用的是混合物，物质系数由混合物的性质确定。建议使用整个操作条件范围内最高的 MF 值。工艺的 MF 值写在表 30-6-2 中的表上部所给出的空格内。

下一步是确定一般工艺危险。危险系数应用于以下因素：

① 可以自加热的放热反应；

② 因为外部热源，如火灾，能发生反应的吸热反应；

③ 物料处理与输送，包括泵和输送管线的连接；

④ 防止漏出的蒸气扩散的密闭工艺单元；

⑤ 应急装备通道受限；

⑥ 可燃物质不易于排出工艺单元。

接下来是特殊工艺危险的危险系数的确定：

① 毒性物质能妨碍救火；

② 比大气压低的操作压力，有外界空气进入的风险；

③ 在燃烧范围内或接近燃烧范围的操作；

④ 粉尘爆炸的风险；

⑤ 操作压力大于大气压；

⑥ 低温操作，碳钢容器具有潜在的脆化危险；

⑦ 可燃物质的量；

⑧ 工艺单元结构的腐蚀与磨蚀；

⑨ 在接头处和填料处的泄漏；

⑩ 使用明火加热器形成的点火源；

⑪ 导热油热交换系统，热油的温度高于其引燃温度；

⑫ 大型的转动设备，包括泵和压缩机。

确定一般和特殊工艺危险性的详细说明和相互关系，可参考完整的 Dow F&EI[3]。

一般工艺危险系数（F_1）与特殊工艺危险系数（F_2）相乘得到工艺单元危险系数（F_3）。Dow F&EI 通过用单元危险系数乘以 MF 得到。表 30-6-5 中给出了基于指数值的危险程度。

表 30-6-5   由 Dow 火灾爆炸指数确定危险程度

Dow 火灾爆炸指数	危险程度
1～60	轻度
61～96	中度
97～127	较高
128～158	高度
159 或更高	特别严重

Dow F&EI 可用来确定事故的后果，包括最大可能财产损失（maximum probable property damage，MPPD）和最大可能停工天数（maximum probable days outage，MPDO）。

后果分析可通过使用表 30-6-3 的工作表来完成。在表格底部的风险分析汇总表格中完成计算。首先，使用完整的 Dow 指数法来估算破坏半径，确定半径内的设备的价格。其次，被爆炸或火灾破坏的设备比例用损失系数来表示。最后，应用基于安全系统的补偿系数，最终的数字，即为 MPPD 值；使用关系式，MPPD 值可用于估算 MPDO。方法的详细介绍可参见完整的 Dow 参考书[3]。

Dow 指数对于确定所需要的设备间距很有用。F&EI 使用完全基于 F&EI 值的经验关系式，来估算暴露半径。

6.1.3   危险和可操作性（HAZOP）研究

在 HAZOP 研究开始之前，必须有过程的详细信息。这包括最新的过程流程图，过程和设备图，详细的设备说明书。

详尽的 HAZOP 研究，需要一个由有经验的工厂代表、技术人员和安全专业人员组成的分析小组或委员会。一个受过 HAZOP 专门培训的技术人员作为委员会主席。此人主持讨论，必须对 HAZOP 方法和所检查的化学过程很有经验。虽然有很多可以在个人电脑上完成该功能的软件，但还必须有一人被指定从事记录结果的工作。委员会要有例会，每次时间不长，能确保持续下去，保证所有委员会成员的参与。复杂的过程可能需要花费几个月的双周会议来完成 HAZOP 研究。很明显，完整的 HAZOP 研究需要大量时间和精力投入。

HAZOP 方法使用如下的步骤来完成分析：

(1) 首先是详细的生产过程图解。将生产流程图解分割为许多过程单元。从而，反应器区域为一单元，储罐区域为另一单元。选择一个需要进行研究的单元。

(2) 选择研究节点（容器、管线、操作设备）。

(3) 描绘所研究节点的设计目的。例如，容器 V-1 被设计用来存储输入的苯，并根据需要将其输送至反应器。

(4) 选取某一过程参数[4,5]：流量、液位、温度、压力、浓度、pH 值、黏度、状态（固体、液体或气体）、搅拌、体积、反应性、样品、成分、开车、停车、稳定性、能量和惰性。

(5) 将引导词应用于过程参数，以便提示可能的偏差。表 30-6-6 中列出了一系列的引导词。一些引导词和过程参数的结合没有任何意思，对于过程管线和容器有效的引导词和过程参数的结合如表 30-6-7、表 30-6-8 所示。

表 30-6-6　HAZOP 方法中使用的引导词

引导词	意思	注释
No、Not、None(无)	目的完全否定	设计目的中没有一项被完成，但是却发生了其他的事情
More、Higher、Greater(过高)	数量增加	应用于数量，例如流率和温度；活性，例如加热和反应性
Less、Lower(过低)	数量减少	应用于数量，例如流率和温度；活性，例如加热和反应性
As well as(同样)	数量一样	所有的设计和操作意图连同一些额外的行为一起完成，例如过程流体被污染
Part of(部分)	数量减少	仅有部分设计意图被完成，其他一些则没有被完成
Reverse(相反)	逻辑相反	大多数被应用于过程，例如流动或化学反应；应用于物质，例如毒物代替解毒剂
Other than(替代)	完全代替	初始意图的任何一部分都没有被完成，初始的意图被其他所代替
Sooner than(较早)	太早或秩序出错	应用于过程步骤或行为
Later than(较晚)	太晚或秩序出错	应用于过程步骤或行为
Where else(其他)	在另外的位置	应用于过程场所，或操作过程场所

(6) 如果偏差适当，确定可能的原因，并指出所有的保护系统。

(7) 评价偏差所导致的后果（如果存在）。

(8) 建议应采取的操作方式（操作什么？由谁操作？什么时间操作？）。

(9) 记录所有的信息。

表 30-6-7　对于过程管线有效的引导词和过程参数的结合（×代表有效结合）

过程参数	No、Not、None（无）	More、Higher、Greater（过高）	Less、Lower（过低）	As well as（同样）	Part of（部分）	Reverse（相反）	Other than（替代）	Sooner than（较早）	Later than（较晚）	Where else（其他）
流量	×	×	×	×	×	×	×			
温度		×	×					×	×	
压力		×	×	×				×	×	
浓度	×	×	×	×	×		×	×	×	
pH		×	×					×	×	
黏度		×	×					×	×	
状态				×					×	

表 30-6-8　对于过程容器有效的引导词和过程参数的结合（×代表有效结合）

过程参数	No、Not、None（无）	More、Higher、Greater（过高）	Less、Lower（过低）	As well as（同样）	Part of（部分）	Reverse（相反）	Other than（替代）	Sooner than（较早）	Later than（较晚）	Where else（其他）
液位	×	×	×	×	×		×	×	×	×
温度		×	×					×	×	
压力		×	×	×				×	×	
浓度	×	×	×	×			×	×	×	
pH		×	×					×	×	
黏度		×	×					×	×	
搅拌	×	×	×		×	×		×	×	
体积	×	×	×	×				×	×	×
反应	×	×	×				×	×	×	
状态				×			×	×	×	
样品	×			×	×		×	×	×	

（10） 重复步骤（5）～（9），直到所有适用的引导词都已经应用于所选择的过程参数。

（11） 重复步骤（4）～（10），直到对于特定的研究节点所有适用的过程参数都被考虑到。

（12） 重复步骤（2）～（11），直到对于特定的一段中所有的节点都被考虑，并继续向生产流程图解中的下一段进行。

引导词"As well as（以及……）""Part of（……的一部分）"和"Other than（而是……）"，有时在概念上使用起来会很困难。"As well as（以及……）"的意思是除了预期的设计目的以外，某些事物也会发生。这可能是液体的沸腾、一些额外组分的迁移或一些流体被输送至预期以外的一些地方。"Part of（……的一部分）"的意思是缺少了其中一种组分，或流体正在被优先地抽取到过程中的仅仅一部分中去。"Other than（而是……）"应用于所期望的物质被某一物质所取代、物质被转移至别的地方，或物质被凝固起来不能被传输等情况下。引导词"Sooner than（在……之前）""Later than（在……之后）"和"Where else（其他……）"应用于间歇式过程。

HAZOP 方法的一个重要的环节是，机构需要记录和使用这些结果。有许多方法可用来完成该步骤，大部分公司制定了自己的方法。

6.1.4　其他方法

在辨识危险时，可采用的其他方法如下：

(1) 故障假设分析法　故障假设分析法（What-if）是一种对系统工艺过程或操作过程的创造性分析方法，目的在于识别危险性、危险情况或意想不到的事件。故障假设分析由经验丰富的人员执行，以识别可能发生的事故情况、结果、存在的安全措施以及降低危险性的建议，所识别出的潜在事件通常不进行风险分级。

故障假设分析方法一般要求分析人员用"What-if（如果-怎么样）"作为开头，对有关问题进行考虑，任何与工艺安全有关的问题都可以加以讨论。例如：

① 如果提供的原料组分发生变化，会怎样？

② 如果开车时给料泵停止运转，会怎样？

③ 如果操作工失误动作，打开阀门 B 而不是阀门 A，会怎样？

(2) 失效模式影响分析（FMEA）　失效模式影响分析（FMEA）是一种结构化的分析方法，可视为 HAZOP 分析方法的前身。20 世纪 50 年代，FEMA 方法最早应用于航天器主操作系统的失效分析；20 世纪 60 年代，美国航天局（NASA）成功将其应用在航天计划上。之后，FEMA 广泛应用于各个行业的设备或系统失效分析。

FEMA 可以根据分析对象的特点，将分析对象划分为系统、子系统、设备及元件等不同的分析层次。然后分析不同层级上可能发生的故障模式及其产生的影响，以便采取相应的措施，提高系统的安全可靠性。

6.2　风险评价

风险评价包括事件辨识和后果分析。事件辨识描述了事故是怎样发生的，它经常包括可能性分析。后果分析描述了所预计的破坏程度，包括人员的死亡、对环境或重要设备的破坏以及工作日的损失。

本篇 6.1 节中提供的危险辨识方法包括了风险评价的一些方面。Dow 火灾爆炸指数包括了最大可能财产损失（MPPD）和最大可能停工天数（MPDO）的计算[6]，这是后果分析的形式。然而，这些数字是由一些非常简单的计算得到的，包括公开的关系式。危险和可操作性（HAZOP）研究提供了有关特殊的事故是怎样发生的信息，这是事件辨识的形式。虽然检查专家委员会的经验决定了适当的操作方法，在进行典型的 HAZOP 研究时，没有使用概率或数字。

在这一章中，主要内容包括：

① 回顾概率数学，包括设备失效相关的数学理论；

② 单个部件的失效概率是怎样导致整体失效的；

③ 介绍两种概率方法（事件树和事故树）；

④ 介绍保护层次分析（lay of protection analysis，LOPA）的概念；

⑤ 介绍定量风险分析（quantitative risk analysis，QRA）与 LOPA 间的关系。

本章将重点放在事故情形发生概率的确定上。最后两节指出了概率是怎样应用于 QRA 和 LOPA 研究中的（LOPA 是简化后的 QRA）。应该强调的是，本章内容都是容易使用和应用的，可作为改进化工和石油化工装置和操作的重要依据。

6.2.1　回顾概率理论

过程中的设备失效或出现故障是单个部件之间相互作用的结果。过程的整体失效概率高度依赖于这种相互作用的性质。本节定义了各种相互作用的类型，并且介绍了怎样计算失效的概率。

收集有关某一部件的失效率，在有了足够的数据后就能指出，在经过某一平均的时期后部件就失效了。这称为平均失效率，用 μ 来表示，单位是失效/时间。部件在时间间隔（$0\sim t$）期间内不发生失效的概率，由泊松分布给出：

$$R(t)=\mathrm{e}^{-\mu t} \tag{30-6-1}$$

式中，R 为可靠度。式（30-6-1）假设失效率 μ 为常数。随着 $t\to\infty$，可靠度就越接近于 0。其速度依赖于失效率 μ，失效率越大，可靠度降低得越快。也有其他一些更复杂的分布，这种简单的指数分布是最常用的分布之一，因为仅需要一个简单的参数 μ。可靠度的补数是失效概率（有时也称为不可靠度）P，公式如下：

$$P(t)=1-R(t)=1-\mathrm{e}^{-\mu t} \tag{30-6-2}$$

失效密度函数定义为失效概率的导数：

$$f(t)=\frac{\mathrm{d}P(t)}{\mathrm{d}t}=\mu\mathrm{e}^{-\mu t} \tag{30-6-3}$$

整个失效密度函数下的面积为 1。

失效密度函数被用来确定在时间间隔 t_0 到 t_1 内，发生至少一次失效的概率 P：

$$P(t_0\to t_1)=\int_{t_0}^{t_1}f(t)\mathrm{d}t=\mu\int_{t_0}^{t_1}\mathrm{e}^{-\mu t}\mathrm{d}t=\mathrm{e}^{-\mu t_0}-\mathrm{e}^{-\mu t_1} \tag{30-6-4}$$

积分代表了失效密度函数下，时间 t_0 到 t_1 之间的面积占总面积的百分比。

部件两次失效之间的时间间隔称为失效间隔平均时间（mean time between failures，MTBF），由失效密度函数的第一时间给出：

$$E(t)=\mathrm{MTBF}=\int_0^{\infty}tf(t)\mathrm{d}t=\frac{1}{\mu} \tag{30-6-5}$$

函数 μ、f、P 和 R 的典型图形，如图 30-6-2 所示。

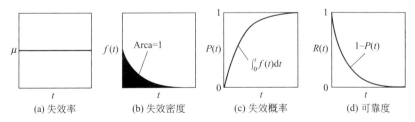

图 30-6-2　函数 μ、f、P 和 R 的典型图形

式（30-6-1）～式（30-6-5），仅当失效速率 μ 为常数时有效。许多部件表现出典型的浴盆失效率，见图 30-6-3。当设备部件刚投入使用的初期阶段和接近使用的寿命阶段的失效概率

最大。在这两者之间，失效概率相当恒定，式(30-6-1)~式(30-6-5)是有效的。

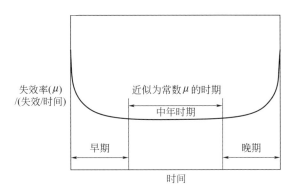

图 30-6-3 过程部件的典型浴盆失效率曲线

可以看出来，在部件的"中年时期"，其失效率几乎是常数。

6.2.1.1 过程单元间的相互作用

化工厂的事故，通常是众多过程部件之间复杂相互作用的结果。整个过程的失效概率是由单个部件的失效概率计算得到的。

过程部件以两种不同的方式相互作用。在一些事件中，过程失效需要许多并联部件的同时失效。该并联结构可由逻辑与 AND 函数来表示，这意味着单个部件的失效概率必须相乘：

$$P = \prod_{i=1}^{n} P_i \tag{30-6-6}$$

式中，n 为部件的总数；P_i 为每个部件的失效概率。

该规则很容易记忆，对于并联的部件，概率相乘。

对于并联单元的整体可靠度，由式(30-6-7)给出：

$$R = 1 - \prod_{i=1}^{n} (1 - R_i) \tag{30-6-7}$$

过程部件也会发生串联相互作用，这意味着在串联部件中任何一个部件的失效都将导致过程的失效。逻辑或 OR 函数就代表了这种情况。对于串联部件，过程的整体可靠度，由单个部件的可靠度相乘得到：

$$R = \prod_{i=1}^{n} R_i \tag{30-6-8}$$

整体失效概率由式(30-6-9)计算：

$$P = 1 - \prod_{i=1}^{n} (1 - P_i) \tag{30-6-9}$$

对于由部件 A 和 B 组成的系统，式(30-6-9)扩展为：

$$P(\text{A 或 B}) = P(\text{A}) + P(\text{B}) - P(\text{A})P(\text{B}) \tag{30-6-10}$$

乘积项 $P(A)P(B)$ 弥补了两个事件的重复计算。考虑投单个骰子，并确定点数是偶数或能被 3 整除的概率的例子，这种情况下：

$$P(偶数或被 3 整除) = P(偶数) + P(被 3 整除) - P(偶数和被 3 整除)$$

最后一项减去了两种条件都满足的情况。

如果失效概率很小（通常情况），$P(A)P(B)$ 项可以忽略，式(30-6-10) 可以简化为：

$$P(A 或 B) = P(A) + P(B) \tag{30-6-11}$$

该结论可推广到众多部件。对于这种特殊的情况，式(30-6-9) 可简化为：

$$P = \sum_{i=1}^{n} P_i$$

对于许多典型过程，部件的失效率数据见表 30-6-9。这些数据是由典型的化工过程确定的平均值。实际数据将依赖于厂商、建筑材料、设计、环境和其他因素。在该分析中的假设失效是独立的、强烈的和不间断的。一台设备的失效，并不促使邻近的设备增加失效概率。

对于并联和串联过程部件的计算总结，见图 30-6-4。

表 30-6-9   各种所选过程部件的失效率数据

设备	故障/年	设备	故障/年
控制器	0.29	pH 计	5.88
控制阀	0.60	压力测量	1.41
流量测量（流体）	1.14	减压阀	0.022
流量测量（固体）	3.75	压力开关	0.14
流动开关	1.12	电磁阀	0.42
气液色谱仪	30.6	分挡发动机	0.044
手动阀门	0.13	带状记录纸记录仪	0.22
指示灯	0.044	热电偶温度测量	0.52
液位测量（液体）	1.70	温度计温度测量	0.027
高度测量（固体）	6.86	阀门远程位置调节器	0.44
氧气分析器	5.65		

6.2.1.2   显性和隐性失效

紧急报警和关闭系统仅用于危险情况发生的时候。在操作者没有意识到这种情况时，设备可能发生故障，这称为隐性的失效。在没有合格的、可靠的设备检测的情况下，报警和紧急系统在没有警告时，也发生故障，此时立即明显的失效被称为显性失效。

汽车上漏过气的车胎对于司机来说是可能立即明显失效。然而，汽车尾部行李箱中的备用轮胎可能也是漏气的，直到该轮胎在使用的时候司机才会意识到该问题。

显性失效的部件循环见图 30-6-5，给出了显性失效的术语。部件能使用的时间称为操作周期，用 τ_0 表示。失效发生后，需要一个称为静止周期或停工周期（τ_r）的时间来维修部件。MTBF 是操作时间和停工时间的总和。

对于显性失效，某部件的静止或停工周期可通过对各种失效的静止周期进行平均来

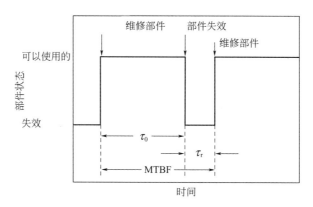

失效概率	可靠性	失效率
P_1, P_2 — OR — P $P=1-(1-P_1)(1-P_2)$ $P=1-\prod_{i=1}^{n}(1-P_i)$	R_1, R_2 — OR — R $R=R_1R_2$ $R=\prod_{i=1}^{n}R_i$	μ_1, μ_2 — OR — μ $\mu=\mu_1+\mu_2$ $\mu=\sum_{i=1}^{n}\mu_i$
部件的串联：任何一个部件的失效都将导致整个系统的失效。		
P_1, P_2 — AND — P $P=P_1P_2$ $P=\prod_{i=1}^{n}P_i$	R_1, R_2 — AND — R $R=1-(1-R_1)(1-R_2)$ $R=1-\prod_{i=1}^{n}(1-R_i)$	$\mu=(-\ln R)/t$
部件的并联：系统的失效需要两个部件的同时失效。需要注意的是，并没有一种便利的方法使失效率结合起来。		

图 30-6-4 各种类型部件连接的计算

图 30-6-5 显性失效的部件循环

计算：

$$\tau_r \approx \frac{1}{n} \sum_{i=1}^{n} \tau_{r_i} \qquad (30\text{-}6\text{-}12)$$

式中，n 为失效或停工发生的次数；τ_{r_i} 为维修某一失效所需要的时间。

与之相似，失效前的时间或操作周期，由式（30-6-13）计算：

$$\tau_0 \approx \frac{1}{n} \sum_{i=1}^{n} \tau_{0_i} \qquad (30\text{-}6\text{-}13)$$

式中，τ_{0_i} 为某一组失效之间的操作周期。

MTBF 是操作周期和维修周期之和：

$$\text{MTBF} = \frac{1}{\mu} = \tau_r + \tau_0 \qquad (30\text{-}6\text{-}14)$$

式中，μ 为失效概率。定义可用性和不可用性是非常方便的。可用性 A 仅仅是部件或过程达到功能的概率。不可用性 U 是部件或过程没有达到功能的概率。很明显：

$$A + U = 1 \qquad (30\text{-}6\text{-}15)$$

数量 τ_0 代表过程处于运转状态的时间，$\tau_r + \tau_0$ 代表全部时间。根据定义，可用性由式 (30-6-16) 给出：

$$A = \frac{\tau_0}{\tau_r + \tau_0} \qquad (30\text{-}6\text{-}16)$$

与之相似，不可用性为：

$$U = \frac{\tau_r}{\tau_0 + \tau_r} \qquad (30\text{-}6\text{-}17)$$

通过结合式(30-6-14)、式(30-6-16)、式(30-6-17) 的结果，能够写出显性失效的可用性和不可用性的方程：

$$\begin{aligned} U &= \mu\tau_r \\ A &= \mu\tau_0 \end{aligned} \qquad (30\text{-}6\text{-}18)$$

对于隐性失效，失效仅在常规检查后，才变得有效。隐性失效的部件循环，如图 30-6-6 所示。如果 τ_u 是检查间隔期间的平均不可用性周期，τ_i 是检查间隔，那么，

$$U = \frac{\tau_u}{\tau_i} \qquad (30\text{-}6\text{-}19)$$

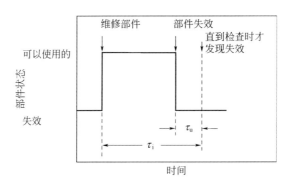

图 30-6-6 隐性失效的部件循环

平均不可用性周期由失效概率计算：

$$\tau_u = \int_0^{\tau_i} P(t)\,\mathrm{d}t \qquad (30\text{-}6\text{-}20)$$

同式(30-6-19) 结合，得到：

$$U = \frac{1}{\tau_i} \int_0^{\tau_i} P(t)\,\mathrm{d}t \qquad (30\text{-}6\text{-}21)$$

失效概率 $P(t)$ 由式(30-6-2)给出，代入式(30-6-21) 并积分，结果是：

$$U = 1 - \frac{1}{\mu\tau_i}(1 - \mathrm{e}^{-\mu\tau_i}) \qquad (30\text{-}6\text{-}22)$$

可用性的表达式为：

$$A = \frac{1}{\mu \tau_i}(1 - e^{\mu \tau_i}) \qquad (30-6-23)$$

如果 $\mu \tau_i \ll 1$，那么，失效概率近似为：

$$P(t) \approx \mu t \qquad (30-6-24)$$

对式（30-6-21）积分，得到隐性失效：

$$U = \frac{1}{2}\mu \tau_i \qquad (30-6-25)$$

该结果很有用，也很方便。它表明，对于隐性失效，过程或部件在周期等于半个检查间隔期间是不能利用的。检查间隔的减少会增加其可用性。

式（30-6-19）～式（30-6-25）假设维修时间是可以忽略的。这通常是有效的假设，因为假设过程设备通常在几小时内就能维修好，然而，检查间隔通常是每月一次。

6.2.1.3   同时发生的概率

所有的过程部件表明，失效的结果是部件的不可用。对于报警和紧急系统，当危险过程事件发生时，这些系统是不可能不可用的。仅当过程发生扰乱和紧急系统不可用时，才会导致危险，这需要事件的同时发生。

假设危险的过程事件在时间间隔 T_i 内发生了 p_d 次，该事件的发生频率为：

$$\lambda = \frac{p_d}{T_i} \qquad (30-6-26)$$

对于不可用性为 U 的紧急系统，仅当过程事件发生和紧急系统不可用时，危险情况才发生，这是每隔 $p_d U$ 一次的事件。危险事件的平均频率 λ_d 是危险同时发生的事件除以时间周期：

$$\lambda_d = \frac{p_d U}{T_i} = \lambda U \qquad (30-6-27)$$

对于小的失效速率，$U = \frac{1}{2}\mu \tau_i$，$p_d = \lambda T_i$。代入式（30-6-27），得到：

$$\lambda_d = \frac{1}{2}\lambda \mu \tau_i \qquad (30-6-28)$$

同时发生事件的平均时间（MTBC），是危险同时发生事件的平均概率的倒数：

$$MTBC = \frac{1}{\lambda_d} = \frac{2}{\lambda \mu \tau_i} \qquad (30-6-29)$$

6.2.1.4   冗余

设计系统，应使之即使当单一的仪器或控制功能发生故障时，一般情况下也能继续运行。这是通过冗余控制来完成的，包括两个或更多的测量、处理方式和操作机构来确保系统安全可靠的操作。冗余度依赖于过程的危险性和潜在的经济损失。额外的温度探测器是冗余温度测量的一个例子，而冗余温度控制回路的例子是额外的温度探测器、控制器和操作机构

（例如，冷却水控制阀）。

6.2.1.5 普通模式失效

有时候，事件的发生导致普通模式失效。这是一个同时影响很多个硬件的单一事件。例如，考虑典型的流量控制回路。普通模式失效是电力失效或仪表气源的失效，这种应用失效会导致几个控制回路同时失效。而有些系统通过 OR 门连接，这大大增加了失效率。当与控制系统一起工作时，人们需要慎重地设计系统，以减少普通模式失效。

6.2.2 事件树

事件树以初始事件开始并朝向最终的结果。这种方法是归纳法，提供了有关失效怎样才能发生和发生概率的信息。

当事故发生在工厂中时，各种安全系统开始运转，以防止事故传播。这些安全系统有的发生故障，有的成功运行。事件树法考虑了安全系统作用的初始事件的影响。

事件树分析的典型步骤为：

① 确定所感兴趣的初始事件；

② 确定设计用来处理初始事件的安全功能设施；

③ 构造事件树；

④ 描述所导致的事故顺序。

如果可以得到相当的数据，该方法可以用来为各种事件分配数值。这可以有效用于确定某一特定事件序列的概率和决定需要什么样的改进。

考虑图 30-6-7 所示的反应器系统。对于冷却液损失作为初始事件的事件树，如图 30-6-8 所示。确认出四种具有安全功能的部件，这些部件写在了图 30-6-8 中事件树表单的上部。第一个安全功能部件是高温报警器；第二个是在正常检查期间操作员注意到高的反应器温度；第三个是操作者通过及时纠正问题，恢复冷却液的流量；第四个是操作者对反应器进行紧急关闭。这些安全功能以它们逻辑上发生的顺序写在纸上。

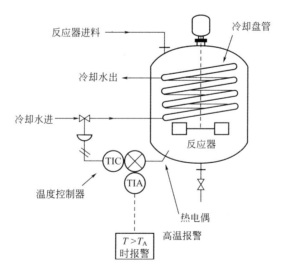

图 30-6-7 具有高温报警和温度控制器的反应器系统

事件树从左向右写。首先将初始事件写在纸张的中间靠左边的位置上。从初始事件开

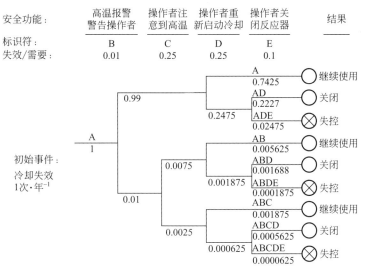

关闭=0.2227+0.001688+0.0005625=0.2250(次·年$^{-1}$)

失控=0.02475+0.0001875+0.0000625=0.02500(次·年$^{-1}$)

图 30-6-8 反应器冷却液损失事故的事件树分析

始，向第一个安全功能画直线。在该点处安全功能可能成功，也可能失效。根据惯例，成功的操作向上画直线，而失败的操作向下画直线。从这两种状态向下一个安全功能画水平线。

如果安全功能没有应用，水平线将延续穿过安全功能，没有任何分支。对于该实例（图30-6-8），上面的分支继续穿过第二个功能，操作者会注意到高温。如果高温报警器工作正确，操作者就能意识到高温情况。序列描述和后果将在事件树的右边做简要的说明。空白的圆表明了安全情况，圆里面画叉代表不安全情况。

序列描述栏里的文字符号对于确定详细的事件是有用的。字母表示了安全系统失效的顺序。初始事件通常被包括进来，并作为符号中的首字母。研究中对于以不同的初始事件绘制的事件树，使用不同的字母。对于这里的例子，字母顺序 ADE 代表初始事件 A，接下来是安全功能 D 和 E 的失效。

如果有关安全功能的失效率和初始事件的发生率的数据可以得到的话，事件树可以定量使用。对于这个例子（图 30-6-8），假设冷却失效这一事件每年发生一次。我们首先假设硬件安全功能在需要它们的时间中，有 1% 的时间是处于故障状态的，失效率为 0.01 失效/需要。同时也假设操作人员每 4 次就能发现 3 次反应器处于高温以及操作者每 4 次能 3 次成功重新恢复冷却液的流量。这两种情况都说明失效率为每 4 次中失效 1 次，即 0.25 失效/需要。最后，估计操作者每 10 次有 9 次能成功关闭系统，失效率为 0.1 失效/需要。

安全功能的失效率写在标题栏的下面。初始事件的发生频率写在源自初始事件的直线下面。

每一个连接处所完成的计算顺序，见图 30-6-9。此外，上面的分支，按照惯例，代表成功的安全功能，下面的分支代表失效。与下面的分支相联系的频率，通过将安全功能的失效率与进入该分支的频率相乘计算得到。与上面的分支相联系的频率，通过从 1 中减去安全功能的失效率计算（假设给出了安全功能的成功率），然后与进入分支的频率相乘。

与如图 30-6-8 所示的事件树相联系的净频率，是不安全状态频率的总和（圆圈状态和

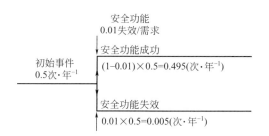

图 30-6-9　事件树中穿越安全功能的计算顺序

内部有叉的圆圈的状态）。对于该例，净频率估计为 0.02500 失效·年$^{-1}$（ADE、ABDE 和 ABCDE 失效的总和）。

该事件树分析表明，危险的失控反应平均将会每年发生 0.02500 次，或每 40 年发生一次。这是十分严重的。一种可能的解决办法是增加一个高温反应器关闭系统。在反应器温度超过某一固定值时，该控制系统将自动关闭反应器。紧急关闭温度要比报警值高，以便给操作者提供恢复冷却液流量的机会。

过程修改后的反应器事件树如图 30-6-10 所示。额外的安全功能在高温报警器失效，或操作者没能注意到高温的情况下提供支持。由图 30-6-10 可知，失控反应的发生频率估计为 0.0002500 次·年$^{-1}$，也就是 400 年发生一次。通过增加一个简单的冗余关闭系统，安全性就能得到显著提高。

事件树对于分析可能的失效模式的情形是有用的。如果能得到定量化的数据，就能进行失效频率的估算。这已成功用于为提高安全性而对设计进行的修改之中。困难之处在于，对大多数真实的过程，这种方法可能会非常的复杂，导致事件树很巨大。如果试图进行概率计算，那么对于事件树中的每一个安全功能都必须具有可以得到的数据。

事件树以特定的失效开始，以一系列的后果结束。如果工程师对于某一结果感兴趣，那么，并不能确定对于所选择的失效，就能得到其所感兴趣的结果，这也许就是事件树的主要不足之处。

6.2.3　事故树

事故树起源于航天工业，已经广泛地用于核工业，用来描述和量化与核电厂有关的危险和风险。这种方法正在工厂中得到越来越广泛的应用，主要是因为核工业所取得的许多成功的经验[7]。

除最简单的工厂，任何事物的事故树都是很大的，包括了成千上万的过程事件。幸运的是，这种方法已经进行了程序化，在交互式讨论的基础上，可以绘制事故树。

事故树是一种确定危险导致事故的演绎方法。这种方法以定义好的事故（或称顶事件）开始，向前追溯到各种能够引起事故的情形。

例如，汽车轮胎漏气可能是由两个事件引起的。一种情况是由于轮胎碾过路面上的碎片，如钉子；另外一种情况是轮胎失效。轮胎漏气被定义为顶事件，这两个原因是基本事件或中间事件。基本事件是不能被进一步定义的事件，中间事件是能够被继续定义的事件。例如，碾过路面上的碎片是基本事件，因为不可能再进行进一步的定义。轮胎失效是中间事件，因为它可能是由有缺陷的轮胎或破旧的轮胎导致的。

轮胎漏气的例子使用逻辑图表的事故树进行绘制，如图 30-6-11 所示。圆圈代表基本事

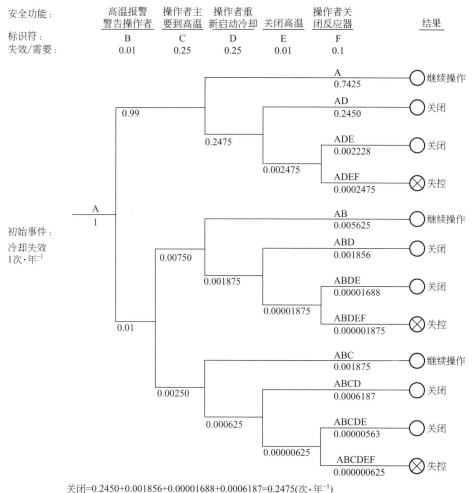

关闭=0.2450+0.001856+0.00001688+0.0006187=0.2475(次·年$^{-1}$)

失控=0.0002475+0.000001875+0.000000625=0.0002500(次·年$^{-1}$)

图 30-6-10 反应器的事件树分析（包括高温关闭系统）

件、矩形代表中间事件。像鱼形的符号代表逻辑或（OR）的功能。意思是任何一个输入事件都将引起输入状态的发生。如图 30-6-11 所示，轮胎漏气是由路面上的碎片或轮胎的失效引起的。与之相似，轮胎的失效是由有缺陷的轮胎或破旧的轮胎引起的。

事故树中的事件没有限制在硬件失效，也包括了软件、人员和环境因素。

对于相当复杂的化工过程，需要许多额外的逻辑功能符来构造事故树。详情见图 30-6-12。与门（AND）逻辑功能符对于描述并联作用的过程是重要的，意思是仅当两个输入状态都有效时，与门（AND）逻辑功能符的输出状态才是有效的。约束条件门（INHIBIT）功能符对于导致仅有部分时间失效的事件是有用的。例如，碾过路面上的碎片并不总是会导致轮胎漏气。约束条件门（INHIBIT）能用于图 30-6-11 所示的事故树来表现这种情形。

在实际的事故树绘制之前，必须完成许多预备的步骤：

（1）准确地定义顶事件 诸如"高的反应器温度"或"液位太高"的事件是准确的和适当的。诸如"反应器爆炸"或"过程火灾"的事件太含糊了。然而，诸如"阀门泄漏"的事件又太明确了。

第**30**篇

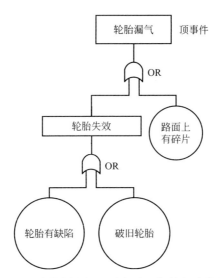

图 30-6-11 用事故树分析导致车胎漏气的各种类型的事件

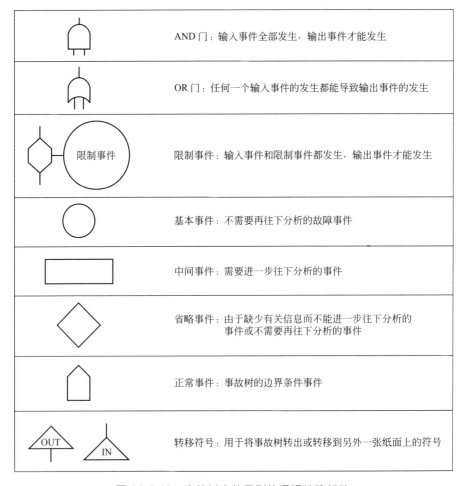

图 30-6-12 事故树中使用到的逻辑转移部件

（2）定义存在的事件　当顶事件发生时，确定什么条件是存在的。

（3）定义不予考虑的事件　这些是不太可能的或不处于目前考虑范围内的事件。这可能包括线路失效、闪电、龙卷风和飓风。

（4）定义过程的物理范围　在该事故树中，应该考虑什么部件？

（5）定义设备结构　什么阀被打开或关闭了？液位是多少？这是正常的操作状态吗？

（6）定义分析的程度　分析将仅考虑阀门，或有必要考虑阀门的组件？

方法中的下一步是绘制事故树。

第一步，在纸张的顶部绘制顶事件。将其标注为顶事件，是为了避免事故树持续多页纸时发生混乱。

第二步，定义导致顶事件的主要事件。将这些写下来作为中间事件、基本事件、不再发展的或外部事件。如果这些事件是并联相连的（为使顶事件发生，所有的事件必须都发生），那么这些事件必须通过与门（AND）同顶事件连接。如果这些事件是串联相连的（任何一个事件的发生，都能导致顶事件的发生），那么这些事件必须通过或门（OR）同顶事件连接。如果新事件不能通过某一个逻辑功能符与顶事件连接，那么新事件可能没有被正确说明。记住，事故树的目的是确定必然发生、或导致顶事件发生的单一事件。

第三步，考虑任何一个新的中间事件。要促使该单一事件发生，什么事件必须发生？将这些事件写下来作为树中中间的、基本的、不再发展的事件或外部事件，然后确定用什么逻辑功能符来表述这些最新事件之间的相互作用。

第四步，建造事故树直到所有的分支都以基本事件、不再发展的事件或外部事件结束为止。所有的中间事件必须进行展开。

【例 30-6-1】　考虑反应器报警指示器和紧急关闭系统。绘制该系统的事故树。

解　第一步是定义问题。

（1）顶事件　因超压而导致反应器破坏。

（2）存在的事件　高的过程压力。

（3）不允许的事件　搅拌器失效、电力失效、配线失效、龙卷风、飓风、电力动荡。

（4）物理范围　如图 30-6-13 所示的设备。

（5）设备结构　电磁阀打开，反应器进料通顺。

（6）分析程度　设备如图 30-6-13 所示。

顶事件写在事故树的顶部，并指出是顶事件（图 30-6-13）。对于超压，两个事件必须同时发生：报警指示器的失效和紧急关闭系统的失效。因此，它们必须通过与门（AND）功能符进行连接。报警指示器可能会由于压力开关 1 或报警指示灯的失效而出现故障。因此，它们必须通过或门（OR）功能符进行连接。紧急关闭系统可能会因为压力开关 2 或电磁阀的失效而出现故障，因此它们必须通过或门（OR）功能符进行连接。完整的事故树见图 30-6-13。

a. 确定最小割集　一旦事故树完全绘制出来，就可以进行很多的计算，第一个计算是确定最小割集。最小割集是能够导致顶事件发生的不同的事件集。一般情况下，顶事件通过多种不同事件的组合而发生。引起顶事件发生的基本事件的最低限度的集合称作最小割集。

最小割集对于确定导致顶事件发生的各种方式是有用的。一些最小割集较其他最小割集具有较高的可能性。例如，仅包含两个事件的集合比包含三个事件的集合具有更多的可能

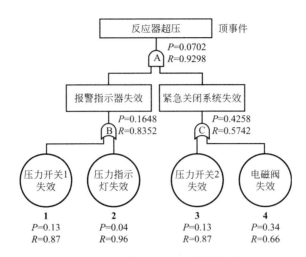

图 30-6-13 例 30-6-1 的事故树分析

性。相似地，包括人类相互作用的集合比只包括硬件的集合更容易发生故障。根据这些简单的规则，对最小割集依据失效概率来进行排序。对具有较高失效概率的集合进行仔细检查，以确定是否需要额外的安全系统。

最小割集可通过由 Fussell 和 Vesely 建立的方法来确定，该方法使用如例 30-6-2 所示。

【**例 30-6-2**】 确定例 30-6-1 中的事故树的最小割集。

解 方法中的第一步是使用字母来标注所有的门，用数字来标注所有的基本事件。顶事件下面的第一个逻辑门写为：

A

AND 门增加了割集中事件的数量，而 OR 门会导致更多的集合。逻辑门 A 有两个输入：一个是从门 B，另一个是从门 C。因为门 A 是 AND 门，门 A 被门 B 和门 C 取代：

AB C

门 B 有来自事件 1 和事件 2 的输入。因为门 B 是 OR 门，门 B 被在当前一行的下面所增加的一行所代替。首先，用其中一个输入代替门 B，然后在第一行下面创建另外一行。将所有位于第一行剩余的列中条目拷贝入新的一行中：

AB1 C
2 C

注意第一行中第二列中的 C 被拷贝到新的一行中。

下一步是将第一行中的 C 门替换为其输入事件。C 门也是 OR 门，因此用事件 3 替换 C 门，然后用其他事件创建第三行，从第一行的其他列中拷贝 1：

AB1 C3
2 C
1 4

最后，用其输入事件替代第二排中的 C 门，这便产生了第四行：

AB1   C3

2   C3

1   4

2   4

割集为：

1，3

2，3

1，4

2，4

这意味着这些基本事件割集中的任何一个的发生都能导致顶事件的发生。

该方法通常并不能给出最小割集。有时割集可能是以下形式：

1，2，2

上述割集被简化为简单的 1，2，3。在其他一些场合，割集可能包含扩展集，例如：

1，2

1，2，4

1，2，3

第二个和第三个集合是第一个基本集合的扩展集合，因为事件 1 和 2 是共同的事件。

去除扩展集合，就得到了最小割集。

该例题中不存在扩展集合。

b. 使用事故树的定量计算　事故树能用于完成定量计算，以确定顶事件的发生概率，有两种方法来完成这一计算。

第一种计算方法是通过使用事故树来完成。首先将所有基本的、外部的、不再发展的事件的失效概率写在事故树上。然后所需要的计算通过穿越各种逻辑门来完成。记住，通过 AND 门时概率相乘，通过 OR 门时，可靠度相乘。计算以这种方式持续进行，直到到达顶事件。限制门被认为是 AND 门的特殊情况。

这种方法的结果如图 30-6-13 所示。图中的符号 P 代表概率，R 代表可靠度。

另外一种方法是使用最小割集。这种方法仅当所有事件的概率都很小时，才能得到近似准确的结果。一般情况下，该结果要比实际的概率大。这种方法假设式(30-6-10)中的乘积项是可以忽略的。

最小割集代表了各种失效模式。对于例 30-6-2 中的事件（1，3）或（2，3）或（1，4）或（2，4），都能引发顶事件。为了估算整体失效概率，割集的概率加在一起。对于这个例子：

$$P(1 \text{ AND } 3) = (0.13)(0.13) = 0.0169$$

$$P(2 \text{ AND } 3) = (0.04)(0.13) = 0.0052$$

$$P(1 \text{ AND } 4) = (0.13)(0.34) = 0.0442$$

$$P(2 \text{ AND } 4) = (0.04)(0.34) = 0.0136$$

总计：0.0799

通过实际的事故树计算，得到的准确结果是 0.0702。割集之间是通过 OR 功能符相互联系。对于例 30-6-2，应把所有的割集概率加在一起。对于小概率事件，乘积项可忽略，相加将得到与真实结果近似的结果。

c. 事故树的优缺点　使用事故树的主要缺点是对于任何相当复杂的过程，事故树是很巨大的。包含有成千上万个门和中间事件的事故树是很常见的。这种大小的事故树需要大量的时间来完成，估计要以年计。

此外，事故树的建造者从来不能确定已经考虑了所有的失效模式。比较完整的事故树通常是由具有较多经验的工程师来完成的。

事故树也假设失效是"硬件"，硬件的某一项目不会部分失效。部分失效的一个很好的例子是泄漏的阀门。另外，该方法假设一个部件的失效，并不影响其他部件，从而导致部件失效概率发生变化。

在结构上，不同的个人所建造的事故树是不同的。一般情况下，不同的事故树导致最终预测的失效概率也是不同的。事故树的这种不精确特性是一个值得考虑的问题。

如果使用事故树来计算顶事件的失效概率，那么就需要知道事故树中所有事件的失效概率。这些概率通常是不知道的，或者知道的不是很精确。

事故树方法的主要优点是它开始于顶事件。顶事件是由使用者选择的，对于所感兴趣的失效很明确。这与事件树方法正好相反，事件树中单一失效导致的事件可能不是使用者所感兴趣的事件。

事故树也可用于确定最小割集。最小割集提供了对于导致顶事件发生各种方式的大量的认识。一些公司采用控制策略，来使他们所有的最小割集成为四个或更多的独立失效事件的结果。当然，这样就大大增加了系统的可靠性。

事故树方法能够应用计算机进行分析。绘制构造事故树、确定最小割集和计算失效概率能用软件进行。各种类型过程设备的失效概率可查阅有关参考资料。

d. 事故树和事件树的联系　事件树开始于初始事件，并向顶事件过程（归纳）发展。事故树开始于顶事件，并向前工作直到初始事件（演绎）。初始事件是事件的原因，而顶事件是最终的结果。两种方法是有联系的，因为事故树的顶事件是事件树的初始事件。两种方法可一起用于构造事件的完整图画，从初始原因，经过所有方式达到最终的结果。

6.2.4　QRA 和 LOPA

风险是发生概率、暴露概率和暴露后果的乘积。风险通常以图的形式来描述，如图 30-6-14所示。使用者决定他们自己的可接受风险和不可接受风险的水平。某一个过程或工厂的实际风险，通常用定量风险分析（QRA）或保护层次分析（LOPA）来确定。有时也使用其他的一些方法；然而，QRA 和 LOPA 是最通常使用的方法。

(1) 定量风险分析[8]　QRA 是确定操作、工程或管理系统中哪些需要修改，以减少风险的一种方法。QRA 的复杂性依赖于研究的目的和可以利用的信息。当 QRA 用于某一项目的开始阶段（概念检查和设计阶段）以及工厂的生命周期中时，能产生最大的效益。

QRA 法为管理者提供一种工具，帮助他们评价某一过程的总风险。当定性的方法不能够提供对于风险的足够理解时，QRA 法被用于评价潜在的风险。对于评价可选择的、减少风险的策略，QRA 法特别有效。

QRA 法研究的主要步骤包括：

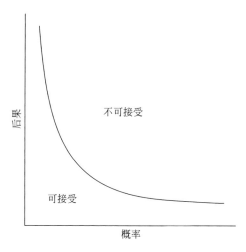

图 30-6-14　风险的一般描述

① 定义潜在的事件序列和潜在的事件；

② 评价事件后果（该步骤的典型工具包括扩散模型和火灾爆炸模型）；

③ 使用事件树和事故树来估算潜在的事件发生频率；

④ 估算事件对于人、环境和财产的作用；

⑤ 通过将影响和频率进行结合，来估算风险，可以使用类似于如图 30-6-14 所示的图来记录风险。

一般情况下，QRA 法是一种相对复杂的方法，需要专门的知识和投入大量的时间和人力、财力资源。在一些情况下，应用 LOPA 法可能会更适合。

（2）保护层次分析[9]　LOPA 法是一种分析和评价风险的半定量方法。这种方法包括描述后果和估算频率的简化方法。各种保护层次添加到过程中，例如，降低不愿看到后果的发生频率。保护层次可能包括固有的较安全的概念；基本的过程控制系统；安全测量功能；无源器件，诸如堤防或防爆墙；有源设备，诸如安全阀；人的干预。保护层次的概念见图 30-6-15。保护层次和后果的联合效应，同一些风险容许准则进行比较。

LOPA 法的主要目的是确定对于特定的事故情形，所采用的保护层次是否足够。如图 30-6-15 所示，许多保护层次的类型是可以接受的。图 30-6-15 不包括所有可能的保护层次。某一情形可能需要一个或许多保护层次，这主要依赖于过程的复杂程度和事故的潜在严重度。值得注意的是，对于某一给定的情形，为防止后果的发生，必须有一个保护层次成功地发挥作用。因为没有一个保护层次是完全有效的，无论如何，必须向过程中添加足够的保护层次，来将风险降低至可以接受的水平。

LOPA 法研究的主要步骤包括：

① 确定某一单一的后果（确定后果种类的简单方法将在后面介绍）；

② 确定事故情形和与后果有关的原因（情形由单一的原因-后果对组成）；

③ 确定情形的初始事件，估算初始事件发生频率（简单的方法将在后面介绍）；

④ 确定该特定后果可利用的保护层次，并估算每一保护层次所需的失效概率；

⑤ 将初始事件发生频率与独立保护层次的失效概率相结合，来估算该初始事件减轻后的后果发生次数；

⑥ 绘制后果与后果发生频率图来估算风险；

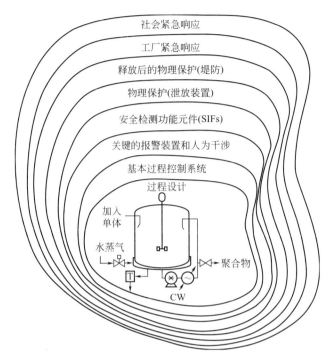

图 30-6-15   降低特定事故情形发生概率的保护层次

⑦ 评价风险的可接受性（如果不能接受，则需要增加额外的保护层次）。

这种方法对于其他后果和情形可重复使用，可以根据对象变化使用。

（3）后果   化学过程工业中，LOPA法关注的、最通常的情形是危险物品储存装置的破损。这种情形能发生一系列的事件，如容器的泄漏、管道破裂、垫圈失效或来自安全阀的释放。

在 QRA 法研究中，通过使用扩散模型和详细的分析来量化泄漏的后果，以确定火灾、爆炸或毒性所带来的后果。在 LOPA 研究中，后果通过使用以下几种方法中的一种来进行估算：①不具有对人员损伤的直接参考的半定量方法；②对人员损伤的定性估算；③对人员损伤的定量估算[10]。

当使用半定量的方法时，使用源模型来估算释放的量，后果由类型来刻画，半定量后果分类见表 30-6-10。同 QRA 法相比，这是一种使用起来比较容易的方法。

表 30-6-10   半定量后果分类

泄漏特征	后果严重度					
	1～10lb 泄漏	10～100lb 泄漏	100～1000lb 泄漏	1000～10000lb 泄漏	10000～100000lb 泄漏	＞100000lb 泄漏
剧毒且沸点高于 BP①	3 类	4 类	5 类	5 类	5 类	5 类
剧毒且沸点低于 BP,或者高毒且沸点高于 BP	2 类	3 类	4 类	5 类	5 类	5 类
高毒且沸点低于 BP,或可燃且沸点高于 BP	2 类	2 类	3 类	4 类	5 类	5 类
可燃且沸点低于 BP	1 类	2 类	2 类	3 类	4 类	5 类
可燃性液体	1 类	1 类	1 类	2 类	2 类	3 类

后果特征	后果严重度					
	空闲或非基础设备	工厂损失<1个月	工厂损失1~3个月	工厂损失>3个月	容器破裂3000~10000gal,100~300psi	容器破裂>10000gal,>300psi
大型主产品工厂的机械伤害	2类	3类	4类	4类	4类	5类
小型副产品工厂的机械伤害	2类	2类	3类	4类	4类	5类
后果损失/美元	0~10000	10000~1×10^5	1×10^5~1×10^6	1×10^6~1×10^7	>1×10^7	—
类别	1类	2类	3类	4类	5类	

① BP——大气环境沸点。

注：1lb=0.4536kg；1gal=3.78541dm³；1psi=6894.76Pa。

虽然这种方法易于使用，但它却能清楚地确定出可能需要额外关注的问题，如 QRA 法。它也能确定出一些不是很重要的问题，因为其后果不严重。

(4) 频率 当进行 LOPA 法研究时，可用多种方法来确定频率[11]。一种不是很精确的方法包括如下几步：

① 确定初始事件的失效频率。

② 将该频率进行调整，以包含需求，例如，如果反应器在一年当中仅使用 1 个月，那么反应器的失效频率应除以 12。频率也要调整，以考虑定期检修的效用。例如，如果控制系统每年定期检修 4 次，那么其失效频率就应该除以 4。

③ 调整失效频率，以考虑每一个独立的保护层次所需要的失效概率（PFDs）。

对于通常情况下的事故情形的初始事件的典型失效频率，见表 30-6-11。

表 30-6-11 初始事件的典型失效频率

初始事件	来自文献的发生频率范围（每年）	LOPA 使用中的选择值
压力容器残余失效	10^{-5}~10^{-7}	1×10^{-6}
管道残余失效,100m,全部破裂	10^{-5}~10^{-6}	1×10^{-5}
管道泄漏(10%截面),100m	10^{-3}~10^{-4}	1×10^{-3}
空气罐失效	10^{-3}~10^{-5}	1×10^{-3}
垫圈/包装冒气	10^{-2}~10^{-6}	1×10^{-2}
外套破裂的涡轮机/柴油机引擎超速	10^{-3}~10^{-4}	1×10^{-4}
第三方的干涉(挖土机、车辆等外部的作用)	10^{-2}~10^{-4}	1×10^{-2}
起重机吊装物下落	10^{-3}~10^{-4}/抬起	1×10^{-4}/抬起
雷击	10^{-3}~10^{-4}	1×10^{-3}
安全阀错误地打开	10^{-2}~10^{-4}	1×10^{-2}
冷却水失效	1~10^{-2}	1×10^{-1}
泵的密封垫失效	10^{-1}~10^{-2}	1×10^{-1}
卸载/装载软管失效	1~10^{-2}	1×10^{-1}

续表

初始事件	来自文献的发生频率范围（每年）	LOPA 使用中的选择值
BPCS 仪器线圈失效	$1\sim10^{-2}$	1×10^{-1}
调节器失效	$1\sim10^{-1}$	1×10^{-1}
小的外部火灾(多因素)	$10^{-1}\sim10^{-2}$	1×10^{-1}
大的外部火灾(多因素)	$10^{-2}\sim10^{-3}$	1×10^{-2}
LOTO(停车)程序失效(多种元件过程的总失效)	$10^{-3}\sim10^{-4}$/机会	1×10^{-3}/机会
操作者的失误(没有完成日常的程序、没有得到很好训练、很疲劳)	$10^{-1}\sim10^{-3}$/机会	1×10^{-2}/机会

　　每一个独立保护层（IPL）的 PFD，对于微弱的和强大的 IPL，分别在 10^{-1} 和 10^{-5} 之间变化。通常的经验是使用 PFD 为 10^{-2}，除非经验表明是更大或更小。对于调查来说，推荐的 PFD 见表 30-6-12、表 30-6-13。有三个准则来对某一系统或 IPL 的作用来进行分类：

表 30-6-12　被动的 IPL 的 PFD

被动的 IPL	注释(假设具有充分的设计基础、检查和维护程序)	来自工业的 PFD	来自 CCPS 的 PFD
防火堤	减小储罐满溢、破裂、溢出等造成的重大后果的发生频率	$1\times10^{-2}\sim1\times10^{-3}$	1×10^{-2}
地下排水系统	减小储罐满溢、破裂、溢出等造成的重大后果的发生频率	$1\times10^{-2}\sim1\times10^{-3}$	1×10^{-2}
敞开的通风口(没有阀门)	防止超压	$1\times10^{-2}\sim1\times10^{-3}$	1×10^{-2}
防火	减小热量输入率并为减压和消防提供额外的时间	$1\times10^{-2}\sim1\times10^{-3}$	1×10^{-2}
爆炸墙或掩体	通过限制爆炸,保护设备、建筑物等来减少爆炸导致的重大后果的发生频率	$1\times10^{-2}\sim1\times10^{-3}$	1×10^{-3}
本质安全设计	如果正确地执行,能够消除这种情形或大大减少与这种情形相联系的后果	$1\times10^{-1}\sim1\times10^{-6}$	1×10^{-2}
火焰或爆炸捕集器	如果正确地进行设计、安装和维护,能够消除潜在的通过管道系统进入容器或储罐的急速返回	$1\times10^{-1}\sim1\times10^{-3}$	1×10^{-2}

表 30-6-13　主动的 IPL 和人类行为的 PFD

主动的 IPL 或人类行为	注释[假设具有足够的设计基础,检查和维护程序(主动的 IPL),充足的文档资料、培训和测试程序(人类行为)]	来自工业的 PFD[12]	来自 CCPS 的 PFD[12]
安全阀	防止系统超压。该设备的效果对于服务和经验很敏感	$1\times10^{-1}\sim1\times10^{-5}$	1×10^{-2}
安全膜	防止系统超压。该设备的效果对于服务和经验很敏感	$1\times10^{-1}\sim1\times10^{-5}$	1×10^{-2}

续表

主动的 IPL 或人类行为	注释[假设具有足够的设计基础，检查和维护程序（主动的 IPL），充足的文档资料、培训和测试程序（人类行为）]	来自工业的 PFD[12]	来自 CCPS 的 PFD[12]
基本的过程控制系统	如果与所考虑的初始事件没有联系，那么就能将其作为 IPL 来信任	$1 \times 10^{-1} \sim$ 1×10^{-2}	1×10^{-1}
安全装置功能（互锁）	对于生命周期需求和额外的讨论	—	—
10min 反应时间的人类行为	具有所需要的编制完好的简单、清楚、可靠的指导文档	$1 \sim$ 1×10^{-1}	1×10^{-1}
40min 反应时间的人类行为	具有所需要的编制完好的简单、清楚、可靠的指导文档	$1 \times 10^{-1} \sim$ 1×10^{-2}	1×10^{-2}

① 当 IPL 以其设计时的功效发生作用时，其在防止后果时是有效的。

② IPL 独立对初始事件和其他所有的、被用于相同情形的 IPL 的组件发挥作用。

③ IPL 是可以审查的，即 IPL 的 PFD 必须能够确认，包括检查、测试和文档资料。

指定情形的后果发生频率，由式（30-6-30）计算：

$$f_i^C = f_i^I \times \prod_{j=1}^{i} \mathrm{PFD}_{ij} \qquad (30\text{-}6\text{-}30)$$

式中，f_i^C 为对于初始事件 i 特定的后果 C 减轻后，后果的发生频率；f_i^I 为初始事件 i 的发生频率；PFD_{ij} 为防止发生指定后果和特定初始事件 i 的第 j 个 IPL 的失效概率，如前所述，PFD 通常为 10^{-2}。

当同一后果具有很多情形时，每一种情形可用式（30-6-30）单独计算。后果的发生频率随后可由式（30-6-31）来确定：

$$f^C = \sum_{i=1}^{I} f_i^C \qquad (30\text{-}6\text{-}31)$$

式中，f_i^C 为第 i 个初始事件的第 C 个后果的发生频率；I 为具有相同后果的初始事件的总数。

参考文献

[1] Johnson R W, RudyS W, Unwin S D. Essential Practices for Managing Chemical Reactivity Hazards. New York: AIChE, 2003.

[2] AIChE. Dow's Fire and Explosion Index Hazard Classification Guide: 7th ed. New York: American Institute of Chemical Engineers, 1994.

[3] [美] 丹尼尔 A 克劳尔，约瑟夫 S 卢瓦尔. 化工过程安全理论及应用（原著第二版）. 蒋军成，潘旭海，译. 北京: 化学工业出版社，2006.

[4] AICHE/CCPS. Guidelines for Process Equipment Reliability Data. New York: CCPS-AIChE, 1989.

[5] AICHE/CCPS. Guidelines for Use of Vapor Cloud Dispersion Models. New York: CCPS-AIChE, 1987.

[6] Crowl D A. Understanding Explosions. New York: American Institute of Chemical Engineers, 2003.

第 **30** 篇

［7］ AICHE/CCPS. Guidelines for Evaluating the Characteristics of Vapor Cloud Explosions. New York： CCPS-AIChE，1994.

［8］ AICHE/CCPS. Guidelines for Use of Vapor Cloud Dispersion Models，2d ed. New York： CCPS-AIChE，1996.

［9］ AICHE/CCPS. Guidelines for Consequence Analysis of Chemical Releases. New York： CCPS-AIChE，1999.

［10］ Health and Safety Executive. Reducing Risks，Protecting People： HSE's Decision Making Process. London： HSE Books，2001.

［11］ AICHE/CCPS. Tools for Making Acute Risk Decisions with Chemical Process Safety Implications. New York： CCPS-AIChE，1995.

7

本质安全

近几十年来，国内外重大化工安全事故造成的恶劣后果，引发了人们对化工过程安全的广泛关注和思考。20 世纪 60 年代末，过程安全分析技术得以迅速发展，典型的方法如 Dow F&EI、HAZOP、CEI、FMEA、Checklist、FTA、ETA、LOPA 等，被广泛应用于化工过程安全领域。

20 世纪 70 年代中期，Trevor Kletz 提出了本质安全（inherent safety, IS）概念。1984 年，印度博帕尔毒气泄漏案造成了 2.5 万人直接死亡、55 万人间接致死，另外有 20 多万人永久残废的人间惨剧。这一事件表明，仅依靠传统安全方法，无法从本质上解决化工安全问题。由此，本质安全逐渐受到重视[1]。

自 1993 年，Edwards 首先提出原型本质安全指标法（prototype inherent safety index）以来[2]，本质安全评价方法发展迅速，指标体系和评价模式不断得到改进，已开发的方法达到十几种。此外，本质安全评价模块化并集成于过程的模拟优化软件也成为研究重点，促进了本质安全评价在工艺设计中的应用。

7.1　本质安全与全过程生命周期

7.1.1　本质安全

"本质安全"一词近期频繁出现，须首先明确它的含义。英国的 Trevor Kletz 教授首先提出了"本质安全"概念。他认为物质和过程的存在必然具有其不可分割的本质属性，比如某物质的剧毒性，某过程的高温、高压条件等。这是形成过程危害的根源，只有通过消除或最小化具有固有危害性质的物质或过程条件，才能从本质上消除过程的危害特征，实现过程的本质安全。严格地讲，不存在绝对的本质安全过程，当某过程相比于其他可选过程消除或降低了危害特征，就认为该过程是本质安全更佳的过程。

综上，本质安全与传统安全理念之间的区别体现在以下三方面：

(1) 着眼点不同　本质安全的宗旨是根除过程的危害特征，从而消除事故发生的可能性；而传统安全方法以控制危害为目标，仅能降低事故发生的概率或弱化后果的影响，并不能避免其发生。

(2) 采用方式不同　本质安全根据物质和过程的固有属性消除或最小化危害；而传统安全方法通过添加安全保护设施控制已存在的危害。

(3) 介入时机不同　本质安全注重在过程早期从源头上消除危害，同时要求在整个过程生命周期中，从本质上考虑过程安全；传统安全方法通常在过程中后期对危害进行分析、评价，提出改良措施。

7.1.2　全过程生命周期考虑本质安全

在化工过程的整个生命周期中，人们往往把关注点放在中后期，认为控制了过程的成熟期就抓住了过程的本质。其实不然，当形成过程雏形时其本质的基本特性已经形成，故在过程生命早期的决策更为重要。随着对过程认识的不断深入，人们希望从整个生命周期的全局出发，把握过程的命脉。借鉴在过程中对环境因素的考虑，人们对于在化工过程的整个生命周期中考虑本质安全，形成了一些共识。

过程的生命周期包括研究/开发、初步概念设计、基础设计、详细设计、建设施工、开车、操作运行、维护改造、退役等多个阶段。虽然工艺过程或工厂能够在它生命周期内的任何时刻得到修改，提高其本质安全，但是各阶段中考虑过程本质安全的机会大不相同。

在工艺过程开发的早期阶段，本质安全得到较多提高的潜能是最大的。在早期阶段，工艺工程师和化学家在工厂和工艺的确定方面具有最大的自由度，他们能够非常自由地考虑并改变基本过程，诸如对基本的化学反应和技术进行改变。而到中后期自由度逐渐减小，因为过程已经定型，只能添加安全保护设施，不但安全费用大幅增加，也使过程变得复杂。

7.2　本质安全设计原理

本质安全原理是本质安全设计的依据，是保证过程朝本质安全方向发展的一般性原则。根据国际过程安全组（International Process Safety Group）和美国化学工程师学会（American Institute of Chemical Engineers）的化工过程安全中心（Center for Chemical Process Safety，CCPS）对本质安全设计原理的定义，按照它们的优先级，主要分为最小化或强化、替代、缓和或弱化、简化[3,4]。

以下对本质安全设计进行分层次阐述，分别在本质安全层次、物理保护层次以及控制保护层次三个方面对本质安全原理进行分析。

7.2.1　本质安全层次

（1）最小化或强化
① 将大的间歇式反应器换为小的连续式反应器；
② 减少原料的存储量；
③ 改进控制来减少危险的中间化学品的量；
④ 减少过程持续时间。

（2）替代　如果不可能实现小型化，那么一种替代方法是使用一种更安全的材料。因此，在生产工艺中，如果不得不使用危险原料或者产生中间介质的话，可以使用不燃或不易燃物质来代替易燃的溶剂，并尽可能生成具有较小危险性的中间介质。比如：使用机械密封替代衬垫；使用焊接管替代法兰连接；使用低毒溶剂；使用机械压力表替代水银压力计；使用高闪点、高沸点和其他低危险性化学品；使用水替代热油作为热量转移载体。

（3）缓和或弱化　本质安全设计的另一个选择是弱化，或是在最不危险的情况下使用危险材料。因此大量的液氯、氨气和石油气可以在标准大气压下存储为冷藏液体，而不是在室温下。

缓和或弱化的常用技术包括：使用真空来降低沸点；降低过程温度和压力；使储罐降

温；将危险性物质溶解于安全的溶剂里；在反应器不可能失控的条件下进行操作；将控制室远离操作区；将泵房与其他房间隔开；听觉上隔离嘈杂的管线和设备；为控制室和储罐设置防护屏障。

（4）控制故障影响　可以通过设备的设计或改变反应条件来控制故障产生的影响，而不是通过增加保护装置。比如：

① 加热介质的温度，如蒸汽或热油，不应高于被加热材料发生自燃或失控反应的温度。

② 缠绕垫片比纤维垫圈更安全，因为即使螺栓松掉，其泄漏率也较低。

③ 管式反应器比罐状反应器更安全。

④ 气相反应器比液相反应器更安全。

⑤ 大型储罐附近的区域，相对于又大又浅的空地而言，较小较深的区域会更加安全。

⑥ 改变操作顺序、降低温度，或改变一个参数可以防止许多失控反应的发生。

（5）简化　相比于复杂的工艺而言，简单的工艺过程更加安全，因为这样发生设备故障

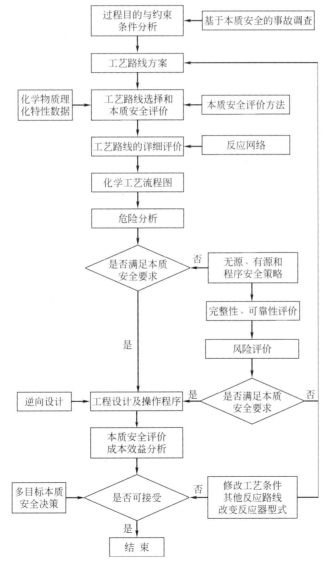

图 30-7-1　基于生命周期的化工过程本质安全设计流程

和人为失误的机会较少。一些工艺设计复杂化的原因如下：

① 控制危险。

② 适用性要求。

③ 继续坚持不再需要的传统规则或要求。

④ 直到设计后期，才认识到所设计流程的危害性。这个时候是不可能避免风险的，能做的只有添加复杂的设备来控制风险。

7.2.2　本质安全设计流程

基于生命周期的化工过程本质安全设计流程如图 30-7-1 所示。在设计之初，对相同或类似的设备系统在建造及运行中出现的故障及事故，利用基于本质安全的事故调查方法查找出事故的本质原因，并提出本质安全的措施，尽可能在源头消减危险；设计过程中采用化工过程本质安全设计及评价方法，尽可能使过程本质安全特性最大化；设计后期采用本质安全决策，以获得风险最小化的途径和方案。总之，过程设计的各个阶段均应采用化工过程本质安全设计原则，尽量消减过程中的危险。

当然，化工过程本质安全设计通常是针对某一具体危险而言的，对其他危险因素无效，甚至增加其危险性，所以必须慎重考虑每一处改动，识别危险并权衡各种设计方案。

7.3　本质安全评价方法

一直以来，本质安全指标始终是本质安全研究的重要方向之一。在本质安全的概念提出以前，已经出现了以指标为基础的安全评价方法，即广泛应用于工业领域的 Dow 火灾爆炸指标（Dow Fire&Explosion Index）法和蒙德指标（Mond Index）法。随着本质安全理念逐渐得到广泛的认可，大量关于本质安全指标的研究涌现出来。

7.3.1　Dow 火灾爆炸指标法和蒙德指标法

Dow 火灾爆炸指标法和蒙德指标法是开发较早的、用于评价过程安全的定量方法，广泛应用于化工过程安全评价领域。它们所包含的评价指标为后期开发的其他本质安全指标型方法提供了重要参考，而它们本身也可以粗略用于评价过程的本质安全水平。Dow F&E 指标法和 Mond 指标法能较好地覆盖化工厂中已存在的风险和危害，但需要工艺过程的详细信息，如工厂平面布置图、工艺流程图、过程类型、操作条件、设备及损失保护等。由于在过程设计的早期阶段许多信息未知，因此这两类方法只能粗略应用于概念设计阶段的本质安全评价[5]。

7.3.1.1　Dow 火灾爆炸指标法

Dow 火灾爆炸指标法评价程序如图 30-7-2 所示。

其计算程序如下，其中具体取值方法需要参阅道化学方法指南。

(1) 选取恰当的工艺单元　化工企业通常是由许多工艺过程组成的，各种工艺过程又包括多种设备、装置。在进行火灾爆炸危险性评价时，首先要确定恰当的工艺单元，也就是后续要评价的对象。

在选择被评价单元时，主要应考虑以下几点：潜在化学能，工艺单元中危险物质的数

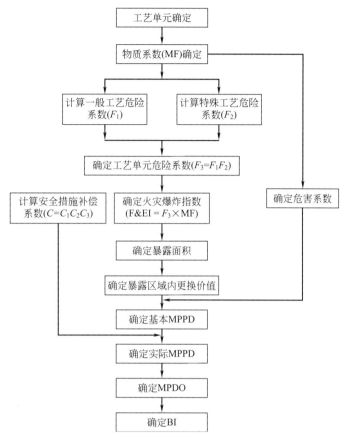

图 30-7-2 Dow 火灾爆炸指标法评价程序图

量，资金密度，操作压力和操作温度，导致火灾、爆炸事故的历史资料，对装置操作起关键作用的单元。这些参数的数值越大，则该工艺单元就越需要评价。

（2）确定物质系数（MF） 被评价的单元确定后，关键还是确定单元的物质系数，因为物质系数（MF）是评价单元危险性的基本数据。

物质系数是表述物质在燃烧或其他化学反应引起的火灾、爆炸中所释放能量大小的内在特性，因此物质系数由物质的燃烧性和化学活性来确定。常见化学物质的物质系数可以查表求得，必要时还应根据温度数据加以修正。

单元中的危险物质为混合物时，应根据各组分的危险性及含量加以确定。如无可靠数据，应该根据单元实际操作过程中存在的最危险物质作为决定物质，以确定物质系数、计算单元可能的最大危险。

（3）一般工艺危险系数（F_1）和特殊工艺危险系数（F_2） 一般工艺危险涉及 6 项内容，包括"放热化学反应""吸热反应""物料处理与输送""封闭单元或室内单元""通道"和"排放和泄漏控制"。根据各个单元的具体情况得到危险系数后，将各危险系数相加再加上基本系数"1"后即为一般工艺危险系数（F_1）。

特殊工艺危险涉及"毒性物质""负压操作""燃烧范围或其附近的操作""粉尘爆炸""释放压力""低温""易燃和不稳定物质的数量""腐蚀""泄漏""明火设备的使用""热油交换系统""转动设备"12 项危险影响因素。与一般危险工艺系数的求法类似，可得到特殊工艺危险系数（F_2）。

（4）计算工艺单元危险系数（F_3） 一般工艺危险系数（F_1）和特殊工艺危险系数（F_2）的乘积即为工艺单元危险系数（F_3）。工艺单元危险系数（F_3）的数值为 1～8，超过 8 时按 8 计。

（5）确定火灾爆炸指数及其危险等级 火灾、爆炸危险指数（F&EI）代表了单元的火灾、爆炸危险性的大小，它由物质系数（MF）与工艺单元危险系数（F_3）相乘得到，即火灾爆炸危险指数 F&EI=F_3×MF。

对照"F&EI 及危险等级表"可知该单元固有的危险等级。依次分为"最轻""较轻""中等""很大""非常大"五个等级。

（6）确定危害系数（DF） 危害系数代表了发生火灾、爆炸事故的综合效应，根据物质系数（MF）和工艺危险系数（F_3）确定，通过查"单元危害系数计算图"可以得到对应的（DF）。

（7）计算安全措施补偿系数 C 所有的危化企业都会针对自身的实际危险性，采取一定的安全措施以降低自身的危险性。基于此，根据所采取的安全措施对单元的危险性给予修正。

安全措施补偿区分为 3 种："工艺控制补偿系数 C_1""物质隔离补偿系数 C_2"和"防火措施补偿系数 C_3"。C_1、C_2、C_3 三者相乘即得到总的安全措施补偿系数 C。

① 工艺控制补偿系数（C_1） C_1 为 9 个因素所取系数的乘积，包括：应急电源，冷却，抑爆，紧急停车装置，计算机控制，惰性气体保护，操作指南或操作规程，活性化学物质检查，其他工艺过程危险分析。

② 物质隔离补偿系数（C_2） C_2 为 4 个因素所取系数的乘积，包括：远距离控制阀，备用卸料装置，排放系统，连锁装置。

③ 防火措施补偿系数（C_3） C_3 为 9 个因素所取系数的乘积，包括：泄漏检测装置，钢质结构，消防水供应，特殊系统，喷洒系统，水幕，泡沫装置，手提式灭火器/水枪，电缆保护。

说明：

针对各系统各自的特点和需要，这些众多的补偿措施有些不是没有考虑到或缺失，而是完全没必要采用，这种情况也一样将对应系数取值为 1。另外，道化学第七版中对于各补偿系数的取值采用断点方式，即只能取特定的值，而不能微调，譬如 C_1 中"冷却"只能取值 0.97、0.99 或 1。可以考虑结合被评价对象冷却系统的规模和可靠性灵活取值。

（8）计算暴露面积 暴露区域是指单元发生火灾、爆炸时可能受到影响的区域。在道化学指数法中，假定影响区域是一个以被评价单位为中心的圆面。用已计算出来的 F&EI 乘以 0.84 就可以得到暴露区域半径（单位为英尺，ft），并可由此计算暴露区域面积。

事实上发生火灾、爆炸时，其影响区域不可能是个标准的圆，但是这个圆的大小仍然可以大致表征影响范围的大小。具体划分暴露区域时还应考虑防火、防爆隔离等问题。如果被评价工艺单元是一个小设备，就可以该设备的中心为圆心，以暴露半径为半径画圆；如果单元较大，则应从单元外沿向外量取暴露半径，暴露区域加上评价单元的面积才是实际暴露区域的面积。

（9）暴露区域内财产的更换价值（RV） 暴露区域内财产的更换价值主要可以用以下两种方法来确定：

① 采用暴露区域内设备（包括内容物料）的更换价值。如果经济数据比较完善，能够知道各主要设备的价值，可以使用本方法；

② 从整个装置的更换价值推算单位面积的设备费用，再用暴露区域的面积与之相乘就可得到区域的更换价值。

（10）确定基本最大可能财产损失（基本 MPPD） 指数危险分析方法的一个目的是确定单元发生事故时，可能造成的最大财产损失（MPPD），以便从经济损失的角度出发，分析单元的危险性能否接受。

暴露区域内的财产更换价值与危害系数相乘就是基本最大可能财产损失。

即：

$$基本\ MPPD = RV \times DF$$

（11）计算实际最大可能财产损失（实际 MPPD） 用基本 MPPD 和安全措施补偿系数 C 相乘就可以得到经安全措施补偿后的实际 MPPD。这就是道化学方法中考虑安全措施对单元危险程度补偿作用的方法。

（12）估算最大可能工作日损失（MPDO）和停产损失（BI） 一旦发生事故，除了造成财产损失外，还会因停工而带来更多的损失。为了确定可能造成的停工损失，需要先确定最大可能工作日损失（MPDO）。根据提供的图表，可由 MPPD 结合"最大可能停工天数计算图"并考虑物价等因素，修正后可以得到 MPDO。

最大可能工作日损失（MPDO）确定后，停产损失（BI）按下式计算：

$$BI = MPDO/30 \times VPM \times 0.7 (美元)$$

式中，VPM 为每月产值；0.7 为固定成本和利润。

7.3.1.2 蒙德指标法

1974 年英国帝国化学工业公司（ICI）蒙德部在现有装置及计划建设装置的危险性研究中，对道化学公司火灾、爆炸危险性指数评价法在必要的几个方面做了重要改进和补充：①增加了毒性的概念和计算；②改进了某些补偿系数；③增加了几个特殊工程类型的危险性；④能对较广范围的工程及储存设备进行研究。蒙德法火灾、爆炸、毒性指标评价要点，如图 30-7-3 所示。

7.3.2 本质安全原型指标

Edwards 和 Lawrence 在 1993 年提出了本质安全原型指标（PIIS），该方法将本质安全指标分为两类，即化学类和过程类。化学类指标包括总量值、易燃性、爆炸性和毒性；过程类指标包括温度、压力和产量。通过计算化学分数和过程分数之和，在过程设计早期阶段获取过程的本质安全水平。

PIIS 法是较早开发的、在过程设计中考虑本质安全的指标型方法之一。它的目的是在概念设计阶段选择本质安全性较高的流程，对在过程设计早期获取本质安全信息是具有实际意义的。并且，该方法能在过程详细设计数据未知的情况下使用，其适用性是比较广泛的。该方法的缺点是没有综合考虑过程的安全、环境、健康危害，指标相对比较简单。

7.3.3 本质安全指标法

Heikkila 在 1996 年提出了本质安全指标法（ISI），该方法保持 PIIS 的基本结构不变的基础上，在化学类指标中增加了腐蚀性、主反应热、副反应热、化学作用四个指标；在过程

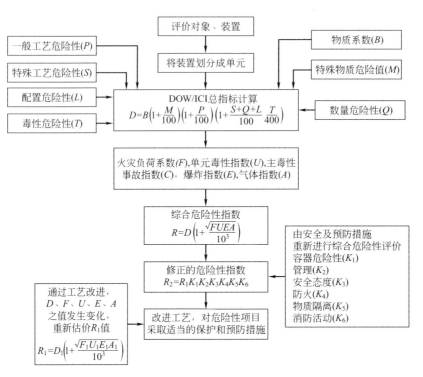

图 30-7-3 蒙德指标法火灾、爆炸、毒性指标评价要点

类指标中增加了设备安全和安全过程结构两个指标，从而扩大了本质安全指标的范围，并将设备安全和结构安全纳入了本质安全考虑。ISI 选取了在概念设计阶段可以得到、并且能够代表本质安全性的 12 个参数（表 30-7-1）进行评估。

表 30-7-1   本质安全指数和子指数

化学物质本质安全指数(I_{CI})		工艺过程本质安全指数(I_{PI})	
反应危险子指数	危险物质子指数	工艺条件指数	工艺系统子指数
主反应热 I_{RM}	可燃性 I_{FL}	存储量 I_I	设备 I_{EQ}
副反应热 I_{RS}	爆炸性 I_{EX}	过程温度 I_T	工艺结构 I_{ST}
化学物质相互作用性 I_{INT}	毒性 I_{TOX}	过程压力 I_p	
	腐蚀性 I_{COR}		

本质安全指数 I_{ISI} 包含两类子指数。一类为化学物质本质安全指数 I_{CI}，该指数根据工艺所涉及化学物质的物理化学性质或操作条件对化学物质的本质安全性能进行估算。另一类指数为工艺过程本质安全指数 I_{PI}，该指数是基于经验的、对工艺结构安全方面的评估。I_{ISI} 是化学物质本质安全指数 I_{CI} 和工艺过程本质安全指数 I_{PI} 之和。

$$I_{ISI} = I_{CI} + I_{PI} \qquad (30\text{-}7\text{-}1)$$

化学物质本质安全指数中，影响工艺本质安全的化学物质因素包括：工艺中化学物质的活性、可燃性、爆炸性、毒性和腐蚀性。工艺中每种化学物质的可燃性（I_{FL}）、爆炸性（I_{EX}）、毒性（I_{TOX}）和腐蚀性（I_{COR}）都需要分别确定，而化学物质的活性为主副反应热的最大指数值和化学物质相互作用的最大值。

$$I_{CI}=I_{RM.MAX}+I_{RS,MAX}+I_{INT,MAX}+(I_{FL}+I_{EX}+I_{TOX})_{MAX}+I_{COR.MAX} \qquad (30\text{-}7\text{-}2)$$

工艺过程本质安全指数中影响工艺过程自身本质安全性能的子指数有存储量（I_I）、过程温度（I_T）、过程压力（I_p）、设备安全指数（I_{EQ}）和工艺结构安全指数（I_{ST}）。工艺过程本质安全指数和其子指数之间的关系如下：

$$I_{PI}=I_I+I_{T.MAX}+I_{p,MAX}+I_{EQ,MAX}+I_{ST,MAX} \qquad (30\text{-}7\text{-}3)$$

该方法由于指数结构覆盖面较宽，使得分析结果的准确性得到了相应提高。但是，在项目初期设计阶段有些子指数的获取比较困难，需要更多依赖专家的经验。

7.3.4 基于模糊理论的本质安全指标法

Gentile 等[6]开发了基于模糊理论的本质安全指标，该方法是基于模糊理论分析本质安全指标。针对指标分析中得分的不灵敏性，如一般性分析方法中将指标的分数划为若干子区间，而每个子区间都设定为固定的分数，但相邻区间的端值数值差异很小却被划为不同的等级。如，压力区间 [100，200] kPa 分数为 0， [201，300]kPa 分数为 1，200kPa 和 201kPa 间差异很小，但其得分却不同。另外，对于语言描述性指标，如与水反应程度可分为非常剧烈、剧烈、温和和不反应，在等级划分时会存在一定的人为主观性和不确定性。基于模糊理论的本质安全指标方法着重改良了上述问题，通过运用模糊逻辑和概率理论，将指标分数的子区间设置为连续的，从而在一定程度上降低了指标分析中存在的主观性和不确定性。

基于模糊理论的本质安全指标方法，其创新主要体现在两个方面。首先，它将指标分析的区间边界模糊化了，因为安全和不安全在指标中的体现是不能清晰分割的，所以应用模糊边界的方法更符合实际。其次，运用 if-then 规则能够系统地将定量数据与定性信息相结合，使指标分析具有逻辑性。该方法的缺点是区间内函数形状和参数的选择不合理会导致结果的偏离；区间划分不合理会导致函数的复杂化而不易分析。

7.3.5 综合本质安全指标法

Khan 和 Amyotte[7]研究出了一套新的、适用于整个过程设计阶段的指标体系，即综合本质安全指标（I_2SI）。I_2SI 将本质安全基本原理的应用转化成本质安全的子指标，然后与危害子指标进行集成，得到集成的本质安全指标评价方法。

I_2SI 中集成了本质安全基本原理，将本质安全的应用程度转化成指标形式来评价过程的本质安全性，能够直观地显示本质安全原理的应用对过程的影响。同时，它还考虑了控制系统指标，虽然内容与其他指标方法有部分重复，但首次考虑了控制系统的影响。该方法采纳了 Gentile 等提出的模糊概率理论的指标分析方法，以消除指标定量时的主观性。综合 I_2SI 的理论方法可以看出，它是可以通用于过程整个生命周期的评价方法，具有较强的通用性。

综合本质安全指标法包含两类主要子指数：危害指数 HI 和本质安全潜力指数 ISPI。危害指数是对考虑了工艺的危害控制措施后的、工艺潜在危害的一种度量，而本质安全潜力指数反映了本质安全原则在工艺上的应用。可由 HI 和 ISPI，通过式(30-7-4)计算得综合本质安全指数。

$$I_2SI = \frac{ISPI}{HI} \qquad (30-7-4)$$

ISPI 和 HI 的取值都是 1~200，这个范围对于量化指数非常灵活。当 I_2SI 值 >1 时，表示本质安全的应用带来了积极的影响；I_2SI 的值越高，本质安全的影响越大。为了比较同一产品的不同工艺路线，可通过式(30-7-5)计算整个系统的 I_2SI 值。

$$I_2SI_{System} = \left(\prod_{i=1}^{N} I_2SI \right)^{1/2} \qquad (30-7-5)$$

式中，i 为第 i 个工艺单元；N 为总的工艺单元数。

7.3.6   其他本质安全指标评价方法

Koller 等（2000）[8] 开发了 EHS 方法，尤其适用于间歇过程。该方法综合环境、健康和安全三个方面进行评价，能灵活应用可获取的信息，并适用于信息缺失的情形。

Palaniappan 等（2002，2004）[9] 针对 PIIS 和 ISI 指标的区间水平不明显的问题（比如指标分数为 65 的过程路径，不一定优于分数为 62 的路径），开发了 i-safe 指标方法。该方法进一步扩充了指标范围，增加了 5 个补充指标，分别是危险化学指数（hazardous chemical index）、危险反应指数（hazardous reaction index）、总化学指数（total chemical index）、最差化学指数（worst chemical index）、最差反应指数（worst reaction index）。在出现 PIIS、ISI 指标分数相近时，应用补充指标对其进行评价。

Gupta 和 Edwards（2003）[10] 提出了图示法，建议用一个总的本质安全设计指标（ISDI）隐含不同参数对过程的影响；对于不同的过程路径，各指标参数应单独计算，并在指标不加和的情况下针对不同路径的各步骤单独比较。

Srinivasan 等提出了一种统计分析的方法比较过程路径，即本质优良性指示法（inherent benign-ness indicator，IBI）。该方法运用主元分析法（PCA）分析影响危害的各因素，从而揭示本质最良性的路径，克服了指标型方法中主观划分范围、主观设置权重、影响的覆盖面有限等不足。

7.3.7   本质安全指标评价方法的比较

不同的本质安全指标评价方法，其适用阶段、评价范围、特点等是不同的。各本质安全指标方法的比较见表 30-7-2。

表 30-7-2   本质安全指标方法的比较

序号	方法名称	主要适用阶段	评价范围	特点
1	Dow 火灾爆炸指数法、蒙德指标法	部分地用于概念设计阶段，完整地用于详细设计及以后阶段	物质危害	开发较早的指标型方法，针对火灾、爆炸危害效果较好
2	原型本质安全指标法	概念设计阶段	物质、过程危害	简单易行，数据需求量小
3	本质安全指标法	概念设计阶段	物质、反应、过程、结构危害	较综合地考虑了各类危害，但划分指标分数的主观性较大

续表

序号	方法名称	主要适用阶段	评价范围	特点
4	基于模糊论的本质安全指标法	概念设计阶段	物质、反应、过程、结构危害	指标取值区间连续化,降低了取值的主观性和不确定性,if-then 规划使指标间更具有逻辑性
5	综合本质安全指标法	整个生命周期	物质危害,控制系统,本质安全应用程序	引入对本质安全原理应用程序的评价,且考虑了控制系统的影响
6	环境健康安全指标法	概念设计阶段	安全、环境、健康危害	综合考虑安全、环境、健康危害,但比较简练
7	i-safe 指标法	概念设计阶段	物质、反应、过程、结构危害	通过补偿指标可以区分本质安全分数相近的不同过程
8	图示指标法	概念设计阶段	物质、过程危害	对不同路径各步骤,分别比较各指标,然后再进行指标加和计算
9	本质优良性指标法	概念设计阶段	物质、反应、过程、结构危害	引入主元分析法,克服指标区间及权重设置的主观性

从表 30-7-2 可以看出,现有的本质安全指标评价方法主要用于概念设计阶段的过程路径选择,为过程路径决策提供依据;涵盖了物质、反应、过程、结构危害的评价,基本均采用指标评价的方式;本质安全指标方法的改良包括指标范围、指标区间划分和权重设置、结合本质安全原理、细分评价范围等几个方面。

根据上述的比较,本质安全指标方法向着全面性、综合性、精确性等方向发展,积累了优良的改进思路和经验,但距离实现本质安全的目标具有很大的改进空间。综合国内外的文献资料,结合过程安全技术的应用现状,本质安全评价指标技术的趋势有以下几个方面:

① 综合的本质安全、健康、环境指标;

② 克服指标区间划分和权重设置的主观性;

③ 强化指标分析的逻辑性;

④ 本质安全指标与过程设计方法、工具的紧密集成。

本质安全评价指标方法在过程本质安全设计中占有重要地位,是定量衡量过程设计本质安全水平的重要手段。因此,进一步研究并开发综合性强、适用性广、准确性高、实效性好的本质安全指标方法,具有重要的理论意义和实际价值。本节通过对各类本质安全指标方法的系统分析,从指标的选择、标准、评价、关联、集成、综合等多个角度观察,力求把握本质安全指标的发展脉络,提出了对本质安全指标前景的展望,期望能为开发出更良好的本质安全指标提供新的思路。

参考文献

[1] Daniel A C, Laurence G B, Walter L F. Perrys' Chemical Engineerings' Handbook, 23 Section, Process Safety. NewYork: McGraw-Hill, 2008.

[2] Daniel A C, Robert E B, David G C. Inherently Safer Chemical Processes-A Life Cycle Approach. New York: American Institute of Chemical Engineers, 1996.

[3] 田震. 中国安全科学学报, 2006, 16 (12): 4.

[4] Crowl D A, Louvar J F. Chemical Process Safety: Fundamentals with Applications: 2d ed Englewood Cliffs. New Jersey: Prentice-Hall, 2002.

[5] Etowa C B, Amyotte P R, Pegg M J, et al. Journal of Loss Prevention in the Process Industries, 2002, 15 (6): 477.

[6] Gentile M, Rogers W J, Mannan M S. Process Safety and Environmental Protection, 2003, 81 (B6): 444.

[7] Khan F I, Amyotte P R. Process Safety Progress, 2004, 23 (2): 136.

[8] Koller G. Identification and Assessment of Relevant Environmental, Health and Safety Aspects During Early Phases of Process Development. PhD thesis No. 13607 (ETH Zurich, Switzerland), 2000.

[9] Palaniappan C, Srinivasan R, Tan R. Chemical Engineering and Processing, 2004, 43 (5): 641.

[10] Gupta J P, Edwards D W. Journal of Hazardous Materials, 2003, 104 (1-3): 15.

本卷索引

全书索引

X